내가 뽑은 원픽! 최신 출제경향에 맞춘 최고의 수험서

2024

전기기사 실기 +무료동영상

22개년 기출 + 핵심요약 핸드북

강준희 · 주진열 저

INFORMATION 동영상 시청 안내

2024 전기기사 실기

STEP 1 아래 QR 코드를 스캔하여 카페에 가입합니다.

카페 주소(cafe.naver.com/electrichy)를 직접 입력하거나,
네이버 카페에서 전기의 희열을 검색하셔도 됩니다.

STEP 2 아래에 닉네임을 적고 인증사진을 찍습니다.

2024 전기기사 실기	닉네임 :

- 지워지지 않는 펜으로 크게 기입
- 중복기입 및 중고도서 등 인증불가

STEP 3 도서 인증하기를 클릭하여 인증사진을 올립니다.

STEP 4 인증하기 후 등업 요청하기를 클릭하여 등업을 요청합니다.

카페 관리자가 등업을 하면 바로 시청이 가능합니다.

전기의 희열 카페에 가입하시면

○ 무료 동영상 강의 시청 및 시험정보 공유
○ 질문 게시판을 이용한 질의 응답 가능
○ 무료 특강 시청
등의 특전이 있습니다.

머리말

현대사회는 무한 경쟁 시대로 수험생 여러분의 가치와 능력을 증명하기 위한 노력이 매우 중요하고 절실합니다. 전기 분야 자격증은 중소기업은 물론 공기업 및 대기업 취업에도 유리한 자격증이지만 비전공자가 접근하기에는 다소 어려운 자격증입니다. 또한 최근 실기문제는 기존 과년도 문제를 변형하여 출제되므로 단순히 답만 암기하여 합격하기는 어려워졌습니다. 따라서 비전공자라도 본서의 학습플랜과 무료로 제공하는 동영상을 시청하면서 개념을 충분히 익히고 유형을 잘 파악하여 준비한다면 독학으로도 충분히 자격증을 취득할 수 있을 것입니다.

본서는 다음 사항에 중점을 두고 집필하였습니다.

◆ 본서의 특징

1. 22년간 시행된 모든 과년도를 **한국전기설비규정(KEC)에 맞게 수정**하였습니다.
2. **핵심요약 핸드북**과 **22개년 과년도 기출문제를 모두 무료 고화질 동영상으로 제공**합니다.
3. **암기**가 어려운 부분은 **간단 명료**하게, **수학**은 이해하기 **쉽게 해설**하였습니다.
4. 기출문제의 완벽한 복원으로 **동영상 업데이트** 및 **2024년까지 무료강의** 시청이 가능합니다.

또한 수험자들을 위하여 '네이버 전기의 희열 카페'에서는 도서와 관련한 문의 사항을, 유튜브를 통하여는 과년도 고빈출 및 변형되는 문제를 제공하고 있습니다.

끝으로 본 교재와 동영상을 통하여 공부한 모든 수험생의 합격을 기원하며, 출간을 위해 노력해 주신 인천대산전기직업학교 송우근 대표님, 예문사 정용수 대표님, 실무에 도움을 주신 김득모 선배님께 감사드립니다.

저자 강준희, 주진열

단기합격 공부방법

최근 10년간 출제 경향

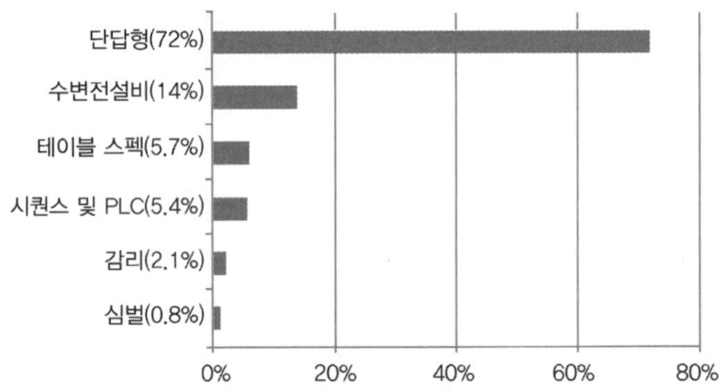

단답형 문제는 60~70%의 비중으로 출제된다. 만점을 목표로 하기보다는 핵심요약 핸드북으로 키워드와 암기법 위주로 공부한다. 수변전설비와 테이블 스펙, 시퀀스 부분의 비중은 20~30% 정도로 배점이 큰 편이고 기본 개념을 알아야 문제를 풀 수 있으므로 암기보다는 이해 위주의 공부가 필요하다.

단답형 문제

1) 앞글자를 이용한 단순암기

핵심요약 핸드북에 단순암기 방법을 제시하였으며, 동영상 강의를 시청하며 강사가 그때그때 제시하는 방법을 적극 활용한다.

예 전력용 퓨즈 특성 3가지를 쓰시오.

전차단특성, 단시간 허용특성, 용단특성 ➡ 전단용

2) 설명문제 암기법

핵심 키워드만 암기하는 것이 좋으며, 동영상 강의를 시청하며 강사가 제시하는 방법을 적극 활용한다.

예 전력용 퓨즈의 기능을 쓰시오.

① 부하전류를 안전하게 흐르게 한다. ➡ 부하전류만 암기

② 사고전류를 차단하여 기기를 보호한다. ➡ 사고전류만 암기

학습 플랜

간단한 계산문제

1) 문항의 조건 확인 필수(주어진 표, 소숫점 처리, 단위 등)
➡ 조건을 제대로 확인하지 않고 풀어 실수하는 경우가 많으므로 주어진 조건을 꼭 확인한다.

2) 쉬운 문제도 끝까지 검산할 것
➡ 계산기를 효율적으로 활용하면 시간이 단축되므로 끝까지 정답을 확인하는 습관을 갖는다.

3) 비슷한 문항도 변형된 곳이 있는지 꼭 확인할 것
➡ 과년도가 변형되어 출제되므로 어느 부분이 변형되었는지 제대로 읽고 풀어야 실수가 발생하지 않는다.

4) 최종 값에 반드시 대괄호와 단위 기입
➡ 단위(지수 등)를 잘못 기재하는 경우가 많으므로 꼭 단위를 확인하고 마무리한다.

복잡한 계산문제

1) 시간이 오래 걸리고 어려운 문제는 집중하여 반복학습
➡ 문제가 그대로 출제되어도 오답률이 많다. 집중이 잘 되는 시간에 동영상을 반복 시청한다.

2) 문항에 표시된 별 3개 이상의 문제를 풀어본다.
➡ 복습시간이 부족하면 출제 빈도가 많지 않은 별 1, 2개 문항은 과감히 패스한다.

시퀀스 및 PLC

1) 무조건 암기 NO!
➡ 단순한 암기로 풀 수 있는 문제가 아니므로 반드시 기초를 알아야 한다.

2) 이해하고 풀 것!
➡ 비슷한 문항이 반복되므로 몇 문제만 제대로 이해하면 응용할 수 있다.

그림 그리는 문제

1) 복선도, 단선도에서 접지 등을 표기할 것 ➡ 동영상에서 강사가 제시함

2) 상(선) 연결 시 반드시 •을 표기할 것

합격 PLAN

1. 필기시험(CBT) 응시 후 바로 합격 여부를 알 수 있고 실기시험까지 총 2개월의 여유가 있으므로 이 기간으로 과정을 설계하였음(재검자는 별 1개 문항도 시청할 것)
2. 공부하는 방법, 암기하는 방법, 문제유형 변경내용, KEC 등을 반복하여 동영상으로 자세히 설명했으니 활용할 것
3. 실기는 10년 정도 문제만 시청하면 이후에 반복되는 문항이 있어 복습 시 처음 공부할 때보다 시간이 절반으로 줄어들고 두 번째 복습 시는 또다시 절반으로 줄어든다. 문제는 3회 이상 무조건 반복하여 풀어보고 자주 틀리는 문항은 별도로 표시하거나 오답노트를 활용하여 시험 전에 꼭 체크할 것

1개월

1주차 | 동영상을 활용하여 핵심요약 핸드북 내용을 3회 이상 반복하여 암기하고 대표유형문제로 내용 숙지

1일차	2일차	3일차	4일차	5일차	6일차	7일차
핵심요약 핸드북 1회독		핵심요약 핸드북 2회독		핵심요약 핸드북 3회독		보충학습
월 일		월 일		월 일		월 일

2주차 | 별 2개 이상 문항을 동영상으로 학습(2002~2008)

1일차	2일차	3일차	4일차	5일차	6일차	7일차
2002년	2003년	2004년	2005년	2006년	2007년	2008년
월 일	월 일	월 일	월 일	월 일	월 일	월 일

3주차 | 별 2개 이상 문항을 동영상으로 학습(2009~2015)

1일차	2일차	3일차	4일차	5일차	6일차	7일차
2009	2010	2011	2012	2013	2014	2015
월 일	월 일	월 일	월 일	월 일	월 일	월 일

4주차 | 별 2개 이상 문항을 동영상으로 학습(2016~2023)

1일차	2일차	3일차	4일차	5일차	6일차	7일차
2016	2017	2018	2019	2020	2021	2022~2023
월 일	월 일	월 일	월 일	월 일	월 일	월 일

학습 플랜

2개월

1주차 | 별 2개 이상 복습하기 2002년~2013년 복습(동영상 1.2~1.3배속)

1일차	2일차	3일차	4일차	5일차	6일차	7일차
2002~2003	2004~2005	2006~2007	2008~2009	2010~2011	2012~2013	보충학습
월 일	월 일	월 일	월 일	월 일	월 일	월 일

2주차 | 2014년~2023년 복습(동영상 1.2~1.3배속)

1일차	2일차	3일차	4일차	5일차	6일차	7일차
2014~2015	2016~2017	2018~2019	2020~2022	2023	보충학습	보충학습
월 일	월 일	월 일	월 일	월 일	월 일	월 일

3주차 | 2002~2023 재복습하기(동영상 1.2~1.3배속)

1일차	2일차	3일차	4일차	5일차	6일차	7일차
2002~2005	2006~2009	2010~2013	2014~2017	2018~2023	보충학습	보충학습
월 일	월 일	월 일	월 일	월 일	월 일	월 일

4주차 | 마무리 학습

1일차	2일차	3일차	4일차	5일차	6일차	7일차
2002~2006	2007~2011	2012~2016	2017~2023	보충학습	보충학습	시험일
월 일	월 일	월 일	월 일	월 일	월 일	월 일

(암기된 문항을 제외하고 자주 틀리는 문제, 오답노트 등을 활용하여 학습하고 시험 당일에 핵심요약 핸드북을 정독하고 시험장에 입실한다.)

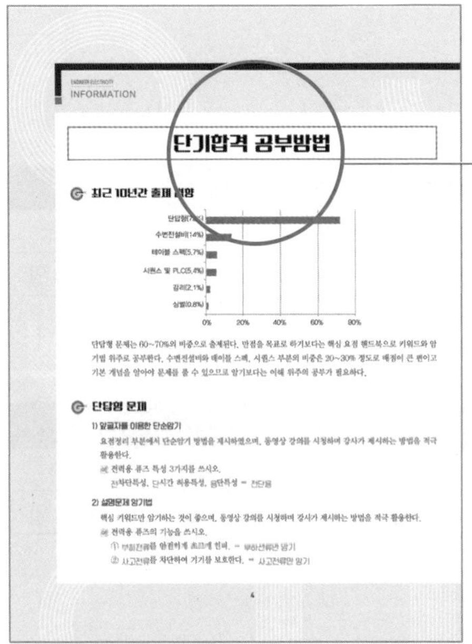

단기합격 공부방법
최근 출제 경향부터 어떻게 공부해야 하는지 학습전략을 설명해줍니다.

학습 플랜
학습 플랜 가이드로 공부 일정을 관리할 수 있어요. 개인에 맞게 일정을 변경하여 사용해보세요.

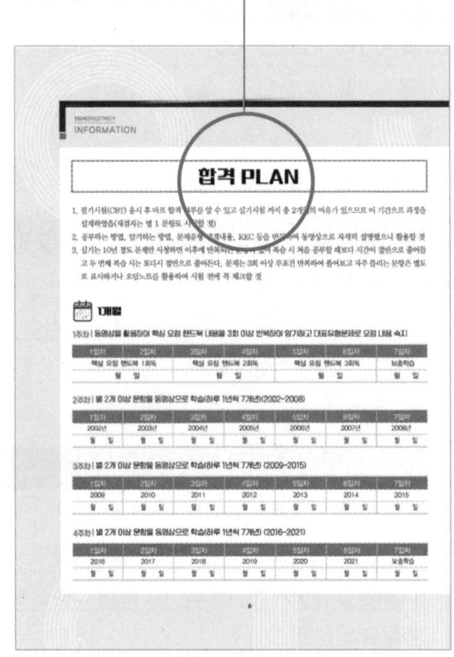

회독 체크 및 별표 표시
3회독 이상 학습을 체크할 수 있고 별 개수로 자주 출제되는 중요한 문제를 선별하였습니다.

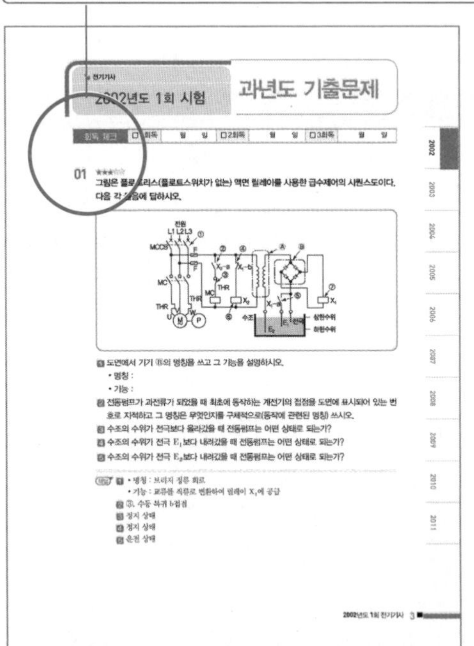

이 책의 구성과 특징

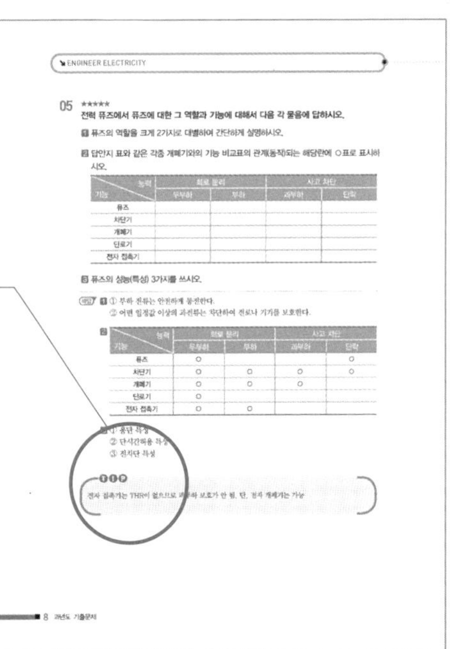

Tip
중요 내용, 추가 내용, 공식 등을 정리해 이해를 돕습니다.

핵심요약 핸드북
휴대가 간편한 핵심요약집으로, 본문 내용은 물론 대표 유형문제 동영상을 무료로 제공합니다.

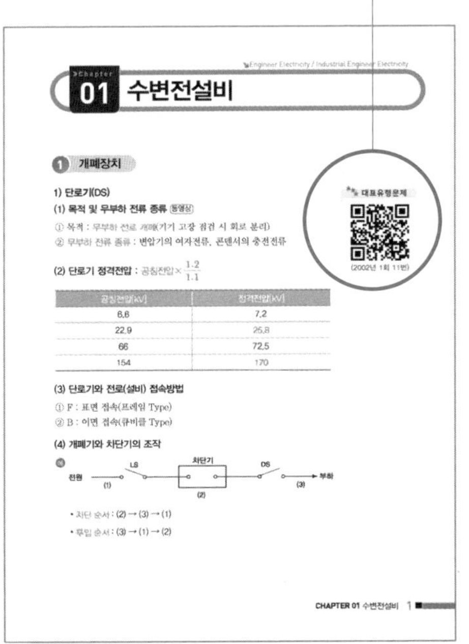

암기법, 키워드 표시
외우기 쉽도록 암기법과 키워드를 강조하여 가독성을 높였습니다.

CONTENTS

2002년 과년도 기출문제

2003년 과년도 기출문제

2004년 과년도 기출문제

2005년 과년도 기출문제

차 례

2006년 과년도 문제풀이

2007년 과년도 문제풀이

2008년 과년도 문제풀이

2009년 과년도 문제풀이

CONTENTS

2010년 과년도 문제풀이

2011년 과년도 문제풀이

2012년 과년도 문제풀이

2013년 과년도 문제풀이

차 례

2014년 과년도 문제풀이

2015년 과년도 문제풀이

2016년 과년도 문제풀이

2017년 과년도 문제풀이

CONTENTS

2018년 과년도 문제풀이

2019년 과년도 문제풀이

2020년 과년도 문제풀이

2021년 과년도 문제풀이

차 례

2022년 과년도 문제풀이

2023년 과년도 문제풀이

국가기술자격 실기시험 문제 및 답안지

20○○년도 기사 제○회 필답형 실기시험

종목	시험시간	배점	문제수	형별
전기기사	2시간 30분	100점		

구분	수험자 유의사항
공통사항	• 시험 시작시간 이후 입실 및 응시가 불가하며, 수험표 및 접수내역 사전확인을 통한 시험장 위치, 시험장 입실가능 시간을 숙지하시기 바랍니다. • 시험 준비물 – 공단인정 신분증(바로가기), 수험표 , 계산기[필요시], 흑색 볼펜류 필기구(필답, 기술사 필기), 계산기[필요시], 수험자지참준비물(작업형실기, 바로가기) ※ 공학용 계산기는 일부 등급에서 제한된 모델로만 사용이 가능하므로 사전에 필히 확인 후 지참 바랍니다. • 부정행위 관련 유의사항 – 시험 중 다음과 같은 행위를 하는 자는 국가기술자격법 제10조 제6항의 규정에 따라 당해 검정을 중지 또는 무효로 하고 3년간 국가기술자격법에 의한 검정을 받을 자격이 정지됩니다. • 부정행위 관련 유의사항 – 시험 중 다음과 같은 행위를 하는 자는 국가기술자격법 제10조 제6항의 규정에 따라 당해 검정을 중지 또는 무효로 하고 3년간 국가기술자격법에 의한 검정을 받을 자격이 정지됩니다. – 시험 중 다른 수험자와 시험과 관련된 대화를 하거나 답안지(작품 포함)를 교환하는 행위 – 시험 중 다른 수험자의 답안지(작품) 또는 문제지를 엿보고 답안을 작성하거나 작품을 제작하는 행위 – 다른 수험자를 위하여 답안(실기작품의 제작방법 포함)을 알려주거나 엿보게 하는 행위 – 시험 중 시험문제 내용과 관련된 물건을 휴대하여 사용하거나 이를 주고받는 행위 – 시험장 내외의 자로부터 도움을 받고 답안지를 작성하거나 작품을 제작하는 행위 – 다른 수험자와 성명 또는 수험번호(비번호)를 바꾸어 제출하는 행위 – 대리시험을 치르거나 치르게 하는 행위 – 시험시간 중 통신기기 및 전자기기를 사용하여 답안지를 작성하거나 다른 수험자를 위하여 답안을 송신하는 행위 – 그 밖에 부정 또는 불공정한 방법으로 시험을 치르는 행위 • 시험시간 중 전자 · 통신기기를 비롯한 불허물품 소지가 적발되는 경우 퇴실조치 및 당해시험은 무효처리 됩니다.

유의사항

구분	수험자 유의사항
실기시험	• 작업형 실기시험 1. 수험자지참준비물을 반드시 확인 후 준비해오셔야 응시 가능합니다. 2. 수험자는 시험위원의 지시에 따라야 하며 시험실 출입 시 부정한 물품 소지여부 확인을 위해 시험위원의 검사를 받아야 합니다. 3. 시험시간 중 전자 · 통신기기를 비롯한 불허물품 소지가 적발되는 경우 퇴실조치 및 당해시험은 무효처리 됩니다. 4. 수험자는 답안 작성 시 검정색 필기구만 사용하여야 합니다.(그 외 연필류, 유색 필기구 등을 사용한 답항은 채점하지않으며 0점 처리됩니다.) 5. 수험자는 시험시작 전에 지급된 재료의 이상 유무를 확인하고 이상이 있을 경우에는 시험위원으로 부터 조치를 받아야 합니다.(시험시작 후 재료교환 및 추가지급 불가) 6. 수험자는 시험 종료후 문제지와 작품(답안지)을 시험위원에게 제출하여야 합니다.(단, 문제지 제공 지정종목은 시험 종료 후 문제지를 회수하지 아니함) 7. 복합형(필답형+작업형)으로 시행되는 종목은 전 과정을 응시하지 않는 경우 채점대상에서 제외 됩니다. 8. 다음과 같은 경우는 득점에 관계없이 불합격 처리 합니다. –시험의 일부 과정에 응시하지 아니하는 경우 –문제에서 주요 직무내용이라고 고지한 사항을 전혀 해결하지 못하는 경우 –시험 중 시설 장비의 조작 또는 재료의 취급이 미숙하여 위해를 일으킬 것으로 시험위원 전원이 합의 하여 판단한 경우 9. 수험자는 시험 중 안전에 특히 유의하여야 하며, 시험장에서 소란을 피우거나 타인의 시험을 방해하는 자는 질서유지를 위해 시험을 중지시키고 시험장에서 퇴장 시킵니다. • 필답형 실기시험 1. 문제지를 받는 즉시 응시 종목의 문제가 맞는지 확인하셔야 합니다. 2. 답안지 내 인적사항 및 답안작성(계산식 포함)은 검정색 필기구만을 계속 사용하여야 합니다. 3. 답안정정 시에는 두 줄(=)을 긋고 다시 기재 가능하며, 수정테이프 사용 또한 가능합니다. 4. 계산문제는 반드시 '계산과정'과 '답'란에 정확히 기재하여야 하며 계산과정이 틀리거나 없는 경우 0점 처리됩니다. ※ 연습이 필요 시 연습란을 이용하여야 하며, 연습란은 채점대상이 아닙니다. 5. 계산문제는 최종결과 값(답)에서 소수 셋째자리에서 반올림하여 둘째 자리까지 구하여야 하나 개별 문제에서 소수처리에 대한 별도 요구사항이 있을 경우, 그 요구사항에 따라야 합니다. 6. 답에 단위가 없으면 오답으로 처리됩니다.(단, 문제의 요구사항에 단위가 주어졌을 경우는 생략되어도 무방합니다) 7. 문제에서 요구한 가지 수 이상을 답란에 표기한 경우, 답란기재 순으로 요구한 가지 수만 채점합니다.

memo

ENGINEER ELECTRICITY

2002년 과 년 도 문제풀이

2002년도 1회 시험

과년도 기출문제

회독 체크	□1회독	월 일	□2회독	월 일	□3회독	월 일

01

★★★☆☆ [7점]

그림은 플로트리스(플로트스위치가 없는) 액면 릴레이를 사용한 급수제어의 시퀀스도이다. 다음 각 물음에 답하시오.

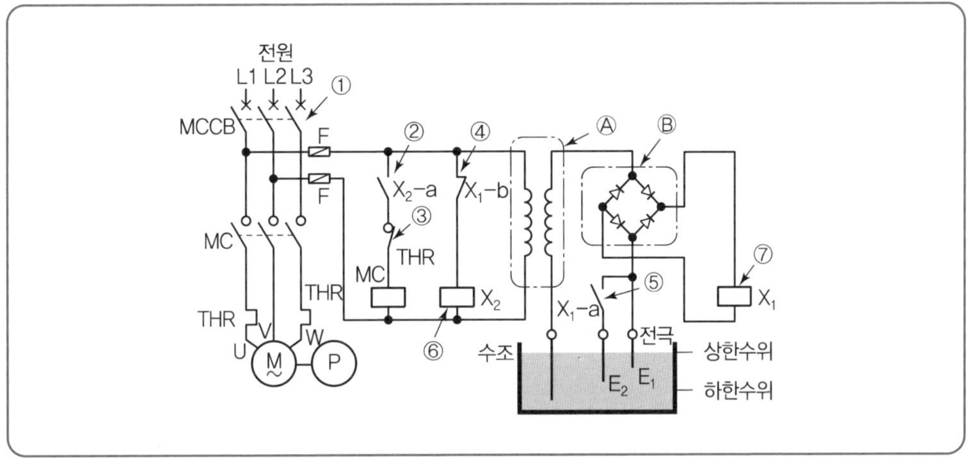

1 도면에서 기기 Ⓑ의 명칭을 쓰고 그 기능을 설명하시오.

- 명칭 :
- 기능 :

2 전동펌프가 과전류가 되었을 때 최초에 동작하는 계전기의 접점을 도면에 표시되어 있는 번호로 지적하고 그 명칭은 무엇인지를 구체적으로(동작에 관련된 명칭) 쓰시오.

3 수조의 수위가 전극보다 올라갔을 때 전동펌프는 어떤 상태로 되는가?

4 수조의 수위가 전극 E_1보다 내려갔을 때 전동펌프는 어떤 상태로 되는가?

5 수조의 수위가 전극 E_2보다 내려갔을 때 전동펌프는 어떤 상태로 되는가?

해답 1 • 명칭 : 브리지 정류 회로
• 기능 : 교류를 직류로 변환하여 릴레이 X_1에 공급

2 ③, 수동 복귀 b접점

3 정지 상태

4 정지 상태

5 운전 상태

02 ★★★★★

[5점]

그림과 같은 방전 특성을 갖는 부하에 필요한 축전지 용량[Ah]을 구하시오.(단, 방전전류 : $I_1=500[A]$, $I_2=300[A]$, $I_3=100[A]$, $I_4=200[A]$, 방전시간 : $T_1=120$분, $T_2=119.9$분, $T_3=60$분, $T_4=1$분, 용량환산시간 : $K_1=2.49$, $K_2=2.49$, $K_3=1.46$, $K_4=0.57$, 보수율 : 0.8을 적용한다.)

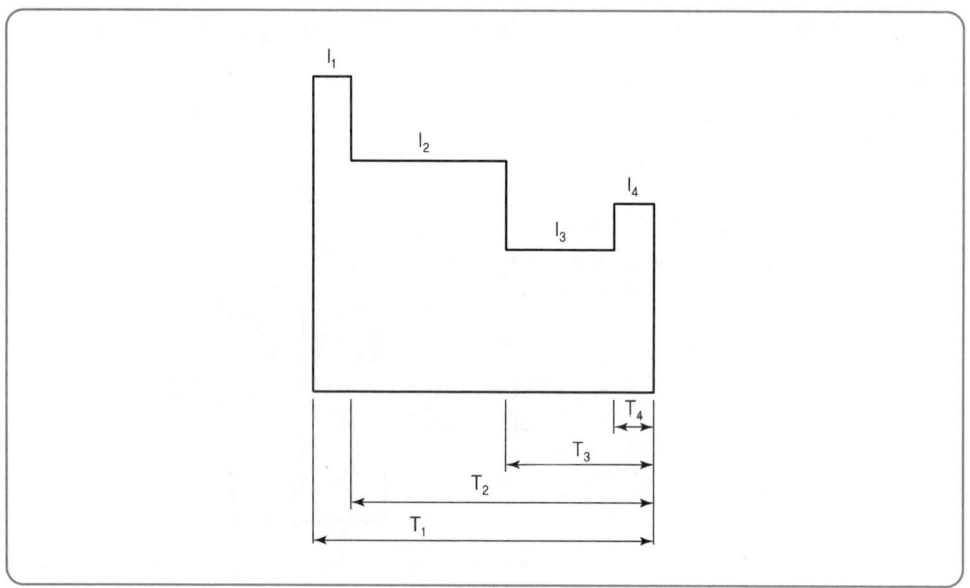

해답 계산 : $C=\frac{1}{L}[K_1I_1+K_2(I_2-I_1)+K_3(I_3-I_2)+K_4(I_4-I_3)]$

$=\frac{1}{0.8}\times[2.49\times500+2.49\times(300-500)+1.46\times(100-300)+0.57\times(200-100)]$

$=640[Ah]$

답 640[Ah]

03 ★★★★☆ [10점]

2중 모선에서 평상시에 No. 1 T/L은 A모선에서 No. 2 T/L은 B모선에서 공급하고 모선 연락용 CB는 개방되어 있다. 다음 각 물음에 답하시오.

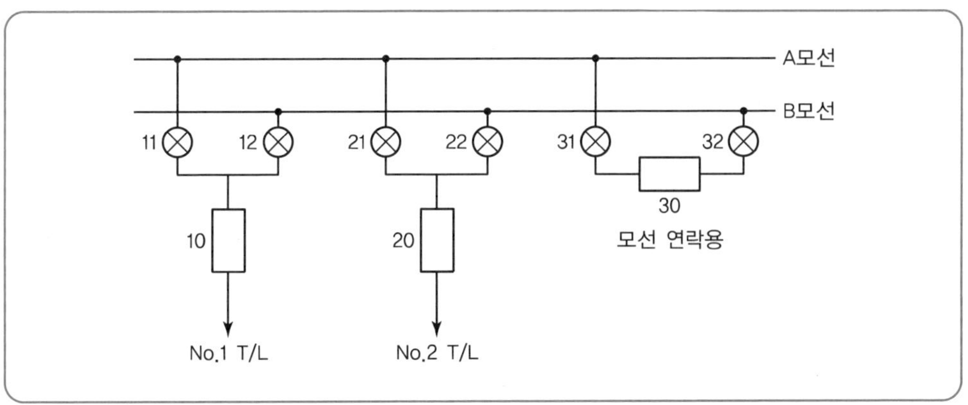

1 A모선을 점검하기 위하여 절체하는 순서는?(단, 10-OFF, 20-ON 등으로 표시)

2 A모선을 점검 후 원상 복구하는 조작 순서는?(단, 10-OFF, 20-ON 등으로 표시)

3 10, 20, 30에 대한 기기의 명칭은?

4 11, 21에 대한 기기의 명칭은?

5 2중 모선의 장점은?

해답

1 31(on) → 32(on) → 30(on) → 12(on) → 11(off) → 30(off) → 32(off) → 31(off)

2 31(on) → 32(on) → 30(on) → 11(on) → 12(off) → 30(off) → 32(off) → 31(off)

3 차단기

4 단로기

5 모선 점검 시 무정전 전원 공급

TIP

① 31, 32, 30은 조작 전, 후 개방하여 모선에서의 단락방지

② 154[kV] 선로에서 사용되고 있다.

③ 단로기는 부하전류의 개폐가 곤란하다. 따라서 A, B 모선을 병렬로 접속하면 A, B 모선의 전압이 동일하게 되어 단로기 11, 12, 21, 22 개폐 시에도 단로기에는 전류가 흐르지 않게 된다.

04 ★★★★☆ [12점]

그림과 같은 3상 배전선이 있다. 변전소(A점)의 전압은 3,300[V], 중간(B점) 지점의 부하는 50[A], 역률 0.8(지상), 말단(C점)의 부하는 50[A], 역률 0.8이다. AB 사이의 길이는 2[km], BC 사이의 길이는 4[km]이고, 선로의 km당 임피던스는 저항 0.9[Ω], 리액턴스 0.4[Ω]이라고 할 때 다음 각 물음에 답하시오.

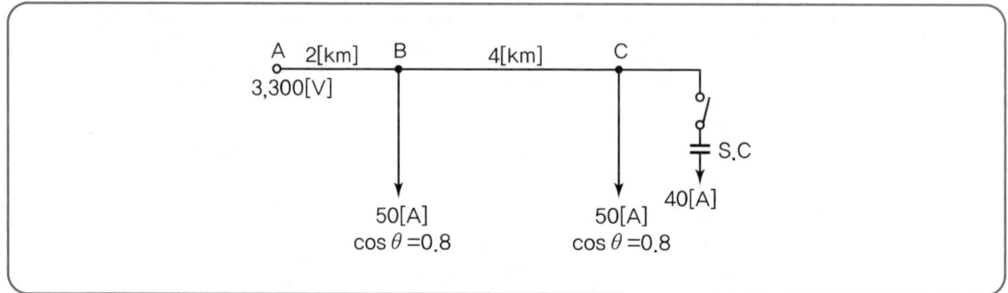

1 이 경우의 B점과 C점의 전압은 몇 [V]인가?
① B점의 전압
② C점의 전압

2 C점에 전력용 콘덴서를 설치하여 진상 전류 40[A]를 흘릴 때 B점과 C점의 전압은 각각 몇 [V]인가?
① B점의 전압
② C점의 전압

3 전력용 콘덴서를 설치하기 전과 후의 선로의 전력 손실을 구하시오.
① 전력용 콘덴서 설치 전
② 전력용 콘덴서 설치 후

해답 **1** 콘덴서 설치 전 B, C점의 전압

① B점의 전압

계산 : $V_B = V_A - \sqrt{3} I_1 (R_1 \cos\theta + X_1 \sin\theta)$

$= 3{,}300 - \sqrt{3} \times 100(0.9 \times 2 \times 0.8 + 0.4 \times 2 \times 0.6) = 2{,}967.45$[V]

답 2,967.45[V]

② C점의 전압

계산 : $V_C = V_B - \sqrt{3} I_2 (R_2 \cos\theta + X_2 \sin\theta)$

$= 2{,}967.45 - \sqrt{3} \times 50(0.9 \times 4 \times 0.8 + 0.4 \times 4 \times 0.6) = 2{,}634.9$[V]

답 2,634.9[V]

2 콘덴서 설치 후 B, C점의 전압

① B점의 전압

계산 : $V_B = V_A - \sqrt{3}\{I_1 \cos\theta \cdot R_1 + (I_1 \sin\theta - I_C) \cdot X_1\}$

$= 3{,}300 - \sqrt{3} \times \{100 \times 0.8 \times 1.8 + (100 \times 0.6 - 40) \times 0.8\} = 3{,}022.87[V]$

답 3,022.87[V]

② C점의 전압

계산 : $V_C = V_B - \sqrt{3} \times \{I_2 \cos\theta \cdot R_2 + (I_2 \sin\theta - I_C) \cdot X_2\}$

$= 3{,}022.87 - \sqrt{3} \times \{50 \times 0.8 \times 3.6 + (50 \times 0.6 - 40) \times 1.6\} = 2{,}801.17[V]$

답 2,801.17[V]

3 전력 손실

① 콘덴서 설치 전

계산 : $P_{L1} = 3I_1^2 R_1 + 3I_2^2 R_2 = 3 \times 100^2 \times 1.8 + 3 \times 50^2 \times 3.6 = 81{,}000[W] = 81[kW]$

답 81[kW]

② 콘덴서 설치 후

계산 : $I_1 = \sqrt{(100 \times 0.8)^2 + (100 \times 0.6 - 40)^2} = 82.46[A]$

$I_2 = \sqrt{(50 \times 0.8)^2 + (50 \times 0.6 - 40)^2} = 41.23[A]$

$\therefore\ P_{L2} = 3 \times 82.46^2 \times 1.8 + 3 \times 41.23^2 \times 3.6 = 55{,}080 = 55.08[kW]$

답 55.08[kW]

TIP

① 3상 전력 손실 $= 3I^2R$

② 콘덴서 전류 = 진상무효전류($-I_C$)

05 ★★★★★ [9점]

전력 퓨즈에서 퓨즈에 대한 그 역할과 기능에 대해서 다음 각 물음에 답하시오.

1 퓨즈의 역할을 크게 2가지로 대별하여 간단하게 설명하시오.

2 답안지 표와 같은 각종 개폐기와의 기능 비교표의 관계(동작)되는 해당란에 ○표로 표시하시오.

기능 \ 능력	회로 분리		사고 차단	
	무부하	부하	과부하	단락
퓨즈				
차단기				
개폐기				
단로기				
전자 접촉기				

3 퓨즈의 성능(특성) 3가지를 쓰시오.

해답 1 ① 부하 전류는 안전하게 통전한다.
② 어떤 일정값 이상의 과전류는 차단하여 전로나 기기를 보호한다.

2

기능 \ 능력	회로 분리		사고 차단	
	무부하	부하	과부하	단락
퓨즈	○			○
차단기	○	○	○	○
개폐기	○	○	○	
단로기	○			
전자 접촉기	○	○		

3 ① 용단 특성
② 단시간허용 특성
③ 전차단 특성

TIP

① 개폐기는 자동고장구분개폐기(ASS)
② 전자접촉기는 THR(열동계전기)이 없으므로 과부하 차단이 불가능
③ 전자개폐기는 THR(열동계전기)이 있으므로 과부하 차단이 가능

06 ★★★☆☆

[4점]

어떤 전기 설비에서 3,300[V]의 고압 3상 회로에 변압비 33의 계기용 변압기 2대를 그림과 같이 설치하였다. 전압계 V_1, V_2, V_3의 지시값을 각각 구하여라.

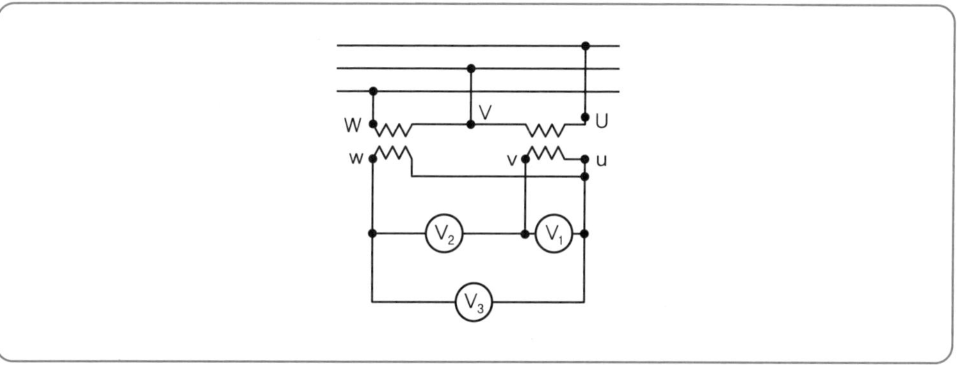

1 V_1 :

2 V_2 :

3 V_3 :

해답 1 계산 : $V_1 = \frac{V}{a} = \frac{3,300}{33} = 100[V]$

답 100[V]

2 계산 : $V_2 = \frac{V}{a} \times \sqrt{3} = \frac{3,300}{33} \times \sqrt{3} = 173.2[V]$

답 173.2[V]

3 계산 : $V_3 = \frac{V}{a} = \frac{3,300}{33} = 100[V]$

답 100[V]

TIP

$a = \frac{V_1}{V_2}$

여기서, a : 권수비

07 ★★☆☆☆ [10점]

과전류 계전기의 동작시험을 하기 위한 시험기의 배치도를 보고 다음 각 물음에 답하시오. (단, ○ 안의 숫자는 단자번호이다.)

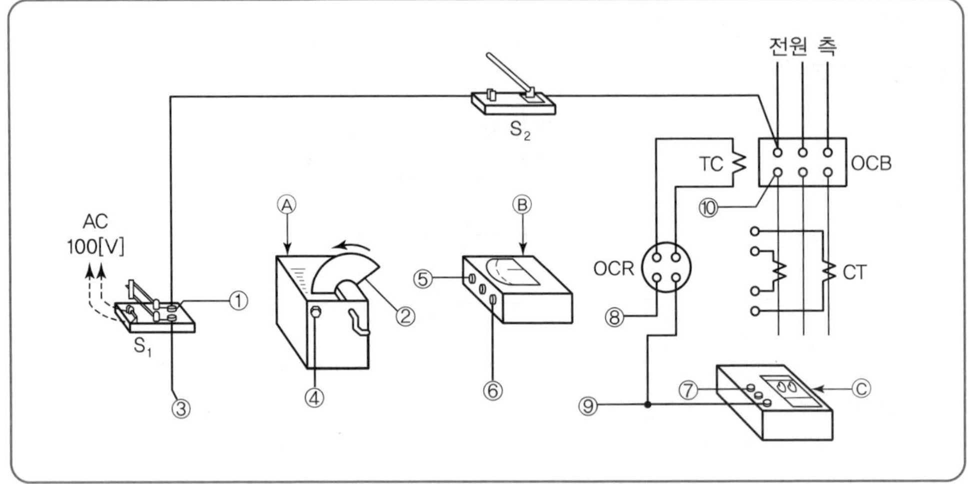

1 회로도의 기기를 사용하여 동작시험을 하기 위한 단자 접속을 ○ – ○ 안에 쓰시오.

① – ○　　　　② – ○

③ – ○　　　　⑥ – ○

⑦ – ○

2 Ⓐ, Ⓑ, Ⓒ에 표시된 기기의 명칭을 쓰시오.

Ⓐ 기기명 :

Ⓑ 기기명 :

Ⓒ 기기명 :

3 결선도에서 스위치 S_2를 투입(ON)하고 행하는 시험 명칭과 개방(OFF)하고 행하는 시험의 명칭은 무엇인가?

- S_2 ON 시의 시험명 :
- S_2 OFF 시의 시험명 :

해답 **1** ①–④, ②–⑤, ③–⑨, ⑥–⑧, ⑦–⑩

2 Ⓐ : 물 저항기, Ⓑ : 전류계, Ⓒ : 사이클 카운터

3 S_2 ON 시의 시험명 : 계전기 한시 동작 특성 시험

S_2 OFF 시의 시험명 : 계전기 최소 동작 전류 시험

TIP

3 ① S_2 개방 시 OCR 탭 이상 전류가 흐르면 동작하는 특성이다.

② S_2 투입 시 별도의 전원공급으로 동작시간이 빨라진다.

08 ★★★☆☆ [8점]

그림은 22.9[kV－Y]로 수전하는 수전 설비 용량 600[kVA]인 어떤 자가용 전기 수용가의 수변전 설비의 단선 결선도이다. 이 결선도를 보고 다음 각 물음에 답하시오.(단, 도면 중 PT×3, COS×3, DS×3 등은 개별적으로 투입, 개방할 수 있는 개폐기이다.)

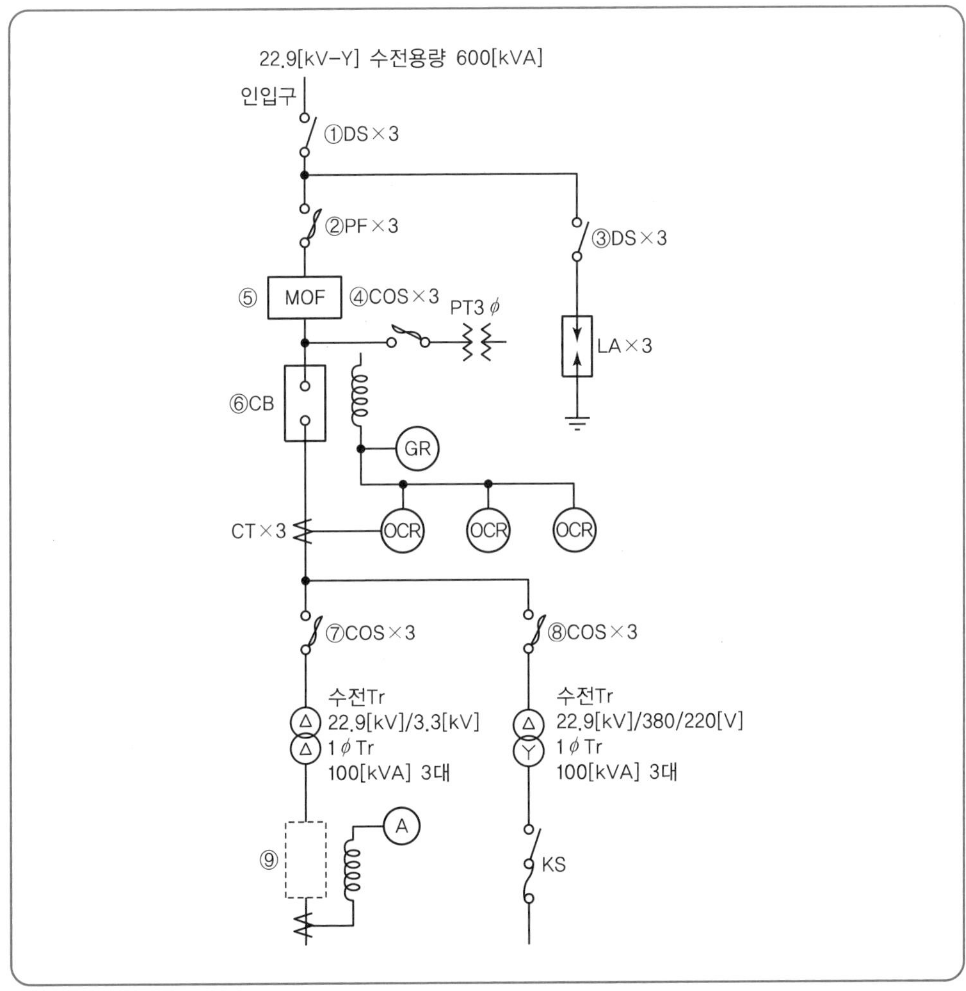

1 수변전 기기의 점검을 위하여 모든 차단기와 개폐기를 개방해 놓고 점검을 마친 후 구내에 송전하고자 한다. ①~⑧ 중 마지막 투입해야 하는 것은 어느 것인지 그 번호를 쓰시오.

2 ① DS 대신으로 사용할 수 있는 개폐기는 어떤 개폐기인가?

3 ①~⑧ 중 생략할 수 있는 것은 어느 것인지 그 번호를 쓰시오.

4 ⑨로 표시된 부분에는 어떤 기기를 설치하여야 하는가?

5 ②, ⑥, ⑦, ⑧ 중에서 부하 측에 부하전류가 흐르고 있을 때, 개방해서는 안 되는 것을 모두 쓰시오.

해답 1 ⑥

2 자동고장 구분 개폐기

3 ③

4 교류차단기

5 ②, ⑦, ⑧

TIP

3 ① 부하전류 차단 : LBS, CB

② 무부하전류 시 차단 : PF, COS, DS, LS 등

09 ★★★★★ [7점]

수용가들의 일부하곡선이 그림과 같을 때 다음 각 물음에 답하시오.(단, 실선은 A수용가, 점선은 B수용가이다.)

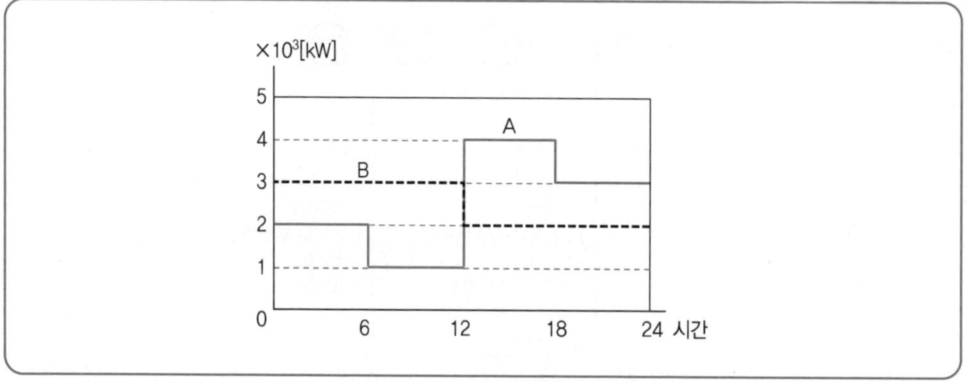

1 A, B 각 수용가의 수용률은 얼마인가?(단, 설비용량은 수용가 모두 10×10^3[kW]이다.)

① A수용가

② B수용가

2 A, B 각 수용가의 일부하율은 얼마인가?

① A수용가

② B수용가

3 A, B 각 수용가 상호 간의 부등률을 계산하고 부등률의 정의를 간단히 쓰시오.

① 부등률 계산

② 부등률의 정의

2002 2003 2004 2005 2006 2007 2008 2009 2010 2011

해답 **1** ① 계산 : $수용률=\frac{최대전력}{설비용량}\times 100=\frac{4\times 10^3}{10\times 10^3}\times 100=40[\%]$

답 40[%]

② 계산 : $수용률=\frac{최대전력}{설비용량}\times 100=\frac{3\times 10^3}{10\times 10^3}\times 100=30[\%]$

답 30[%]

2 ① 계산 : $부하율=\frac{평균전력}{최대전력}\times 100=\frac{(2,000+1,000+4,000+3,000)\times 6}{4,000\times 24}\times 100$

$=62.5[\%]$

답 62.5[%]

② 계산 : $부하율=\frac{평균전력}{최대전력}\times 100=\frac{(3,000+2,000)\times 12}{3,000\times 24}\times 100=83.33[\%]$

답 83.33[%]

3 ① 부등률 계산 : $\frac{개별\ 최대\ 전력의\ 합}{합성\ 최대\ 전력}=\frac{4,000+3,000}{4,000+2,000}=1.17$

② 부등률의 정의 : 전력 소비 기기를 동시에 사용하는 정도

TIP

① $부등률=\frac{개별\ 부하의\ 최대\ 수요\ 전력의\ 합}{합성\ 최대\ 전력}$

$=\frac{개별(설비용량\times 수용률)\ 최대\ 전력의\ 합}{합성\ 최대\ 전력}$

② • A수용가의 최대 전력 : 4,000[kW]
• B수용가의 최대 전력 : 3,000[kW]
• 합성 최대 전력 : 12시~18시 사이에 발생하며 그 값은 6,000[kW]

10 ★★★★☆ [7점]

송전단 전압이 3,300[V]인 변전소로부터 5[km] 떨어진 곳에 역률 0.8(지상), 400[kW]의 3상 동력 부하에 대하여 지중 송전선을 설치하여 전력을 공급하고자 한다. 케이블의 허용전류(또는 안전 전류) 범위 내에서 전압 강하가 10[%]를 초과하지 않도록 심선의 굵기를 결정하시오.(단, 케이블의 허용전류는 다음 표와 같으며 도체(동선)의 고유 저항은 1/55[Ω/m · mm²]로 하고, 케이블의 정전 용량 및 리액턴스 등은 무시한다.)

| 심선의 굵기와 허용전류 |

심선의 굵기[mm²]	23	30	38	58	60	80	100	125	150
허용전류	50	70	90	100	110	140	160	180	200

해답 계산 : $\delta = \dfrac{V_S - V_R}{V_R} \times 100$

$$V_R = \frac{V_S}{(1+\delta)} = \frac{3{,}300}{(1+0.1)} = 3{,}000[V]$$

$$e = V_S - V_R = 3{,}300 - 3{,}000 = 300[V]$$

$$I = \frac{400 \times 10^3}{\sqrt{3} \times 3{,}000 \times 0.8} = 96.225[A]$$

$$e = \sqrt{3}\, I(R\cos\theta + X\sin\theta)$$

$e = \sqrt{3}\, IR\cos\theta$에서

$$R = \frac{e}{\sqrt{3}\, I\cos\theta} = \frac{300}{\sqrt{3} \times 96.225 \times 0.8} = 2.25[\Omega]$$

$$\therefore A = \rho \cdot \frac{L}{R} = \frac{1}{55} \times \frac{5 \times 10^3}{2.25}$$

$=40.404[mm^2]$, 표에서 $58[mm^2]$

답 $58[mm^2]$

TIP

➤ 전압강하율을 이용하여 계산

전선의 굵기 계산 시 R(저항)값을 먼저 계산해야 한다.

① $P_L = 3I^2R$

② $e = \sqrt{3}I(R\cos\theta + X\sin\theta)$

11 ★★★★☆ [8점]

DS 및 CB로 된 선로와 접지용구에 대한 그림을 보고 다음 각 물음에 답하시오.

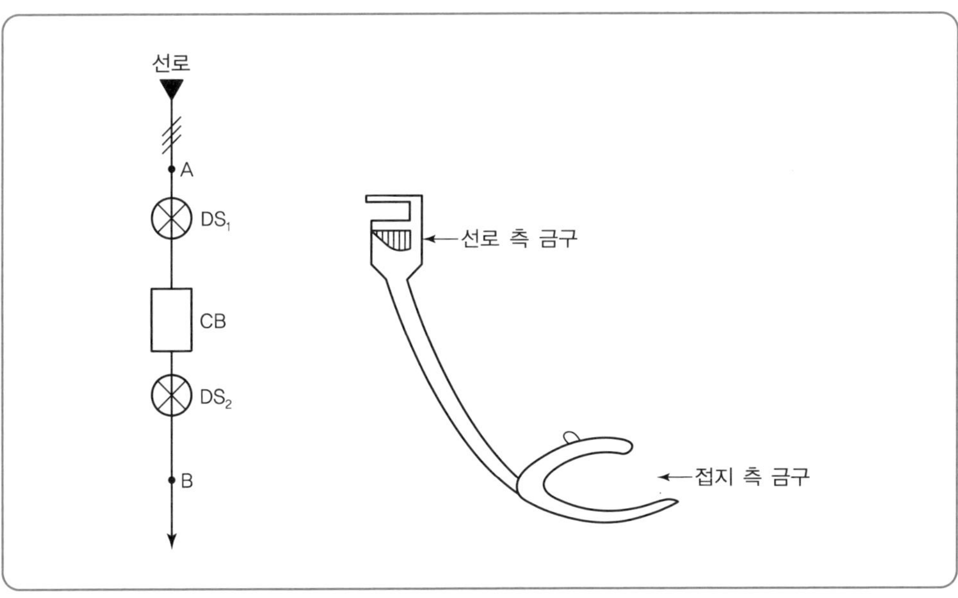

1 접지용구를 사용하여 접지하고자 할 때 접지순서 및 접지개소에 대하여 설명하시오.

2 부하 측에서 휴전작업을 할 때의 조작순서를 설명하시오.

3 휴전작업이 끝난 후 부하 측에 전력을 공급하는 조작순서를 설명하시오.
(단, 접지되지 않은 상태에서 작업한다고 가정한다.)

4 긴급할 때 DS로 개폐 가능한 전류의 종류를 2가지만 쓰시오.

해답 1 접지순서 : 대지에 연결 후 선로 측 연결
접지개소 : 선로 측 A와 부하 측 B

2 CB OFF → DS_2 OFF → DS_1 OFF

3 DS_2 ON → DS_1 ON → CB ON

4 ① 변압기 여자전류
② 선로의 충전전류

TIP

① 단락접지용구는 정전 후 오송전, 충전전류 등 작업자를 보호하기 위한 것이다.
② 기기수리, 교체 시 한전 측에서 먼저 정전시키므로 A점에는 전류가 흐르지 않는다.

12 ★★★★☆ [8점]

그림과 같은 유접점 회로를 배타적 논리합 회로(Exclusive OR Gate)라 한다. 이 회로를 이용하여 다음 각 물음에 답하시오.

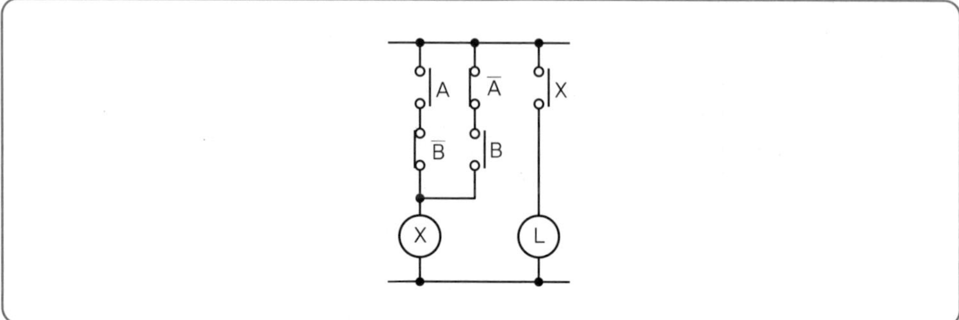

1 논리회로를 그리시오.

2 논리식을 쓰시오.

3 다음과 같은 진리표를 작성하시오.

A	B	X

4 타임차트를 그리시오.

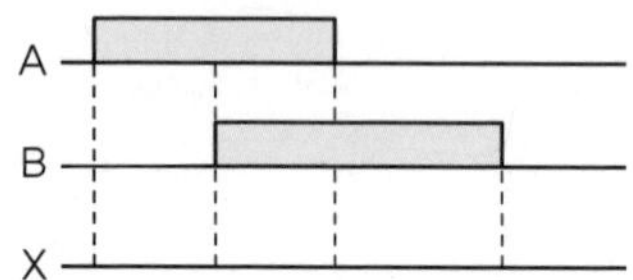

해답 1

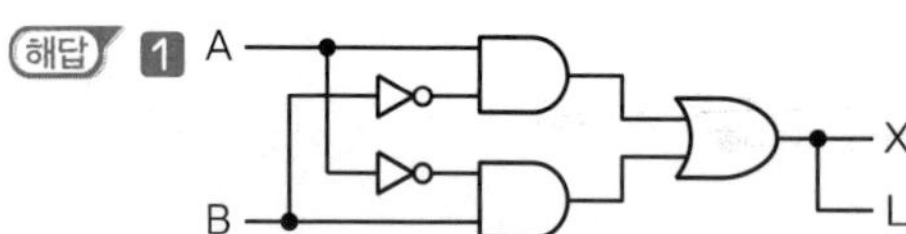

2 $X = A\overline{B} + \overline{A}B$

3

A	B	X
0	0	0
0	1	1
1	0	1
1	1	0

4

A

B

X

13 ★★★★★

[5점]

그림은 콘센트의 종류를 표시한 옥내배선용 그림 기호이다. 각 그림 기호의 명칭을 쓰시오.

1 ⓒ LK　　2 ⓒ ET

3 ⓒ EL　　4 ⓒ E

해답 1 ⓒ LK : 빠짐 방지형 콘센트

2 ⓒ ET : 접지 단자붙이 콘센트

3 ⓒ EL : 누전 차단기붙이 콘센트

4 ⓒ E : 접지극붙이 콘센트

TIP

명칭	그림기호	적요	
콘센트	ⓒ	① 천장에 부착하는 경우는 다음과 같다.	ⓒ
		② 바닥에 부착하는 경우는 다음과 같다.	ⓒ
		③ 용량의 표시방법은 다음과 같다. • 15[A]는 표기하지 않는다. • 20[A] 이상은 암페어 수를 표기한다.	ⓒ 20A
		④ 2구 이상인 경우는 구수를 표기한다.	ⓒ 2
		⑤ 3극 이상인 것은 극수를 표기한다.	ⓒ 3P
		⑥ 종류를 표시하는 경우는 다음과 같다.	
		빠짐방지형	ⓒ LK
		걸림형	ⓒ T
		접지극붙이	ⓒ E
		접지단자붙이	ⓒ ET
		누전차단기붙이	ⓒ EL
		⑦ 방수형은 WP를 표기한다.	ⓒ WP
		⑧ 폭발방지형은 EX를 표기한다.	ⓒ EX
		⑨ 의료용은 H를 표기한다.	ⓒ H

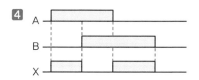

2002 2003 2004 2005 2006 2007 2008 2009 2010 2011

↘ 전기기사

2002년도 2회 시험

과년도 기출문제

회독 체크	□1회독	월 일	□2회독	월 일	□3회독	월 일

01 ★★★☆☆ [4점]

다음 그림과 같은 3상 3선식 전력량계의 미완성 결선도를 완성하시오.

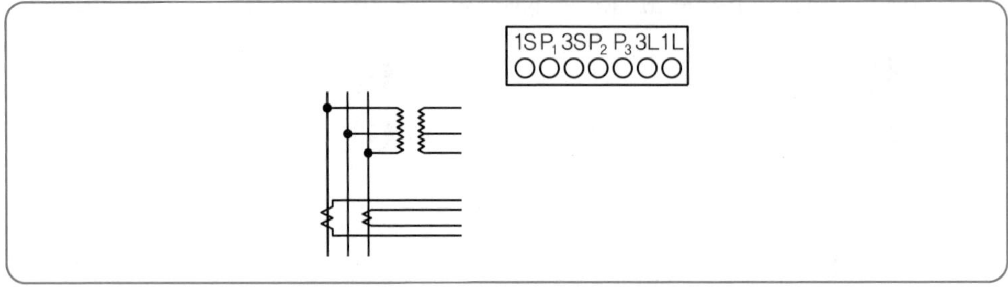

해답

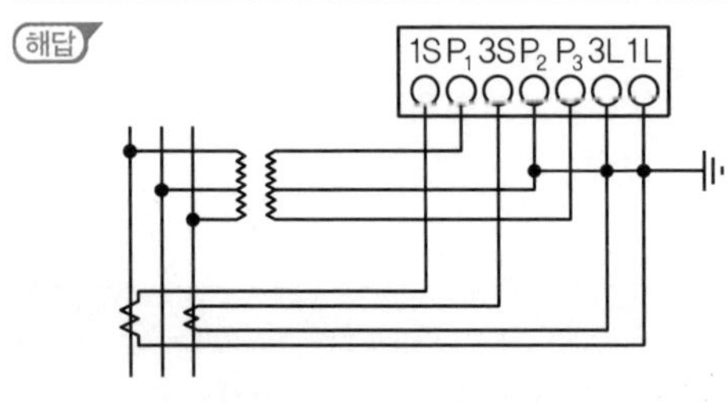

TIP

PT, CT 2차 측을 접지할 것 !

02 ★★★★★ [6점]

비상전원으로 사용되는 UPS의 원리에 대해서 개략의 블록 다이어그램을 그리고 설명하시오.

해답 **1** 블록 다이어그램

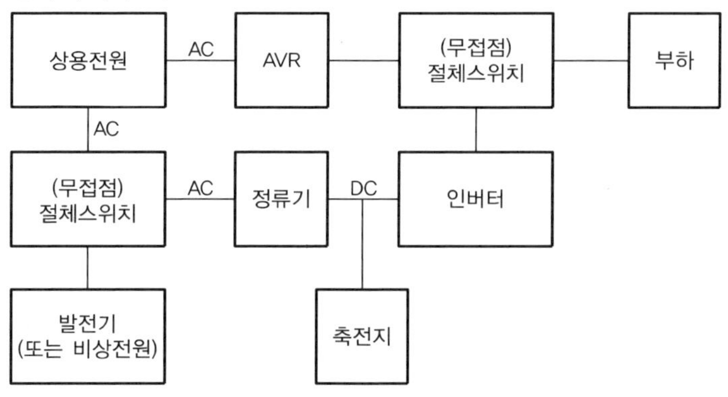

2 평상시에는 부하에 정전압, 정주파수를 공급하고 상시전원 정전 시에는 부하에 무정전을 공급하는 장치이다.

TIP

① 정류기 – 컨버터, 역변환기 – 인버터
② UPS 기능 ┌ 평상시 : 정전압 정주파수 공급
　　　　　　└ 정전시 : 비상전원 공급

03 ★☆☆☆☆ [6점]

릴레이 시퀀스와 무접점 시퀀스에 사용되는 전자 릴레이와 무접점 릴레이를 비교할 때 전자 릴레이의 장단점을 5가지씩만 쓰시오.

해답 **1** 장점

① 부하 내량이 크다.
② 온도 특성이 양호하다.
③ 전기적 노이즈에 강하다.
④ 경제적이다.
⑤ 부하가 큰 전력을 인출할 수 있다.

2 단점

① 소비 전력이 크다.
② 소형화에 한계가 있다.
③ 동작속도가 느리다.
④ 가동 접촉부 수명이 짧다.
⑤ 충격, 진동에 약하다.

04 ★★☆☆☆ [14점]

그림은 통상적인 단락, 지락보호에 쓰이는 방식으로서 주보호와 후비보호의 기능을 지니고 있다. 도면을 보고 다음 각 물음에 답하시오.

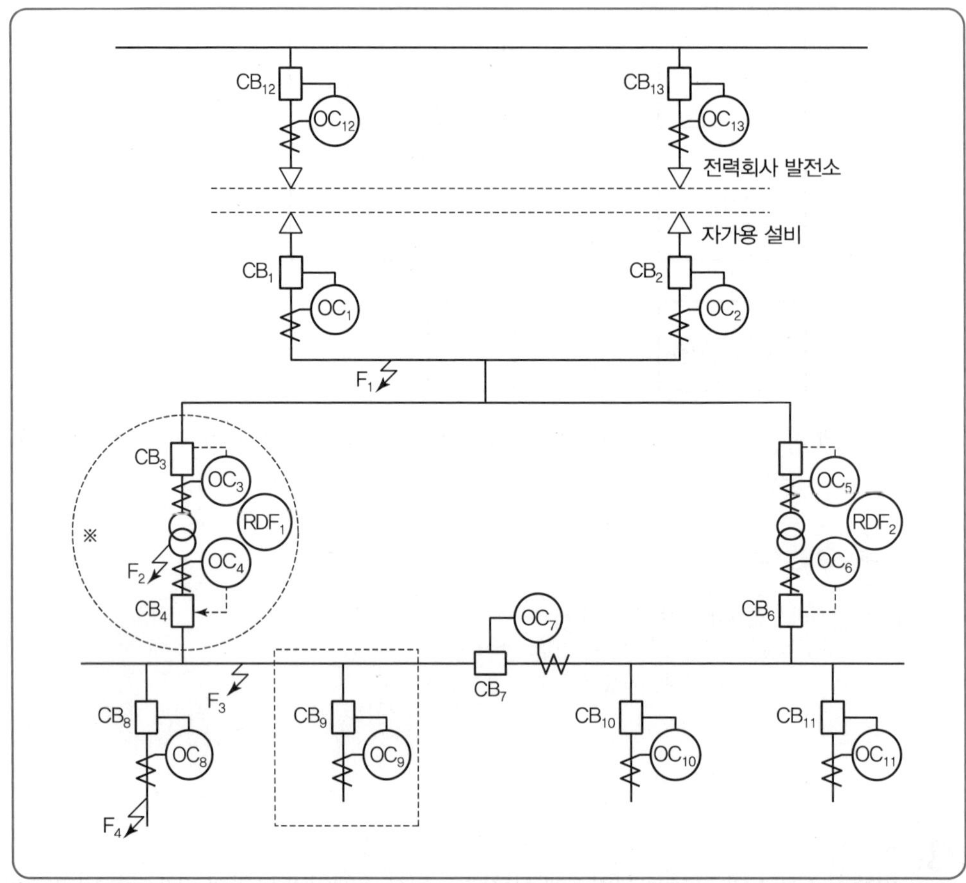

1 사고점이 F_1, F_2, F_3, F_4라고 할 때 주보호와 후비보호에 대한 다음 표의 ( ) 안을 채우시오.

사고점	주보호	후비보호
F_1	OC_1+CB_1 And OC_2+CB_2	(①)
F_2	(②)	OC_1+CB_1 And OC_2+CB_2
F_3	OC_4+CB_4 And OC_7+CB_7	OC_3+CB_3 And OC_6+CB_6
F_4	OC_8+CB_8	OC_4+CB_4 And OC_7+CB_7

2 그림은 도면의 ※ 표 부분을 좀 더 상세하게 나타낸 도면이다. 각 부분 ①~④에 대한 명칭을 쓰고 보호기능 구성상 ⑤~⑦의 부분을 검출부, 판정부, 동작부로 나누어 표현하시오.

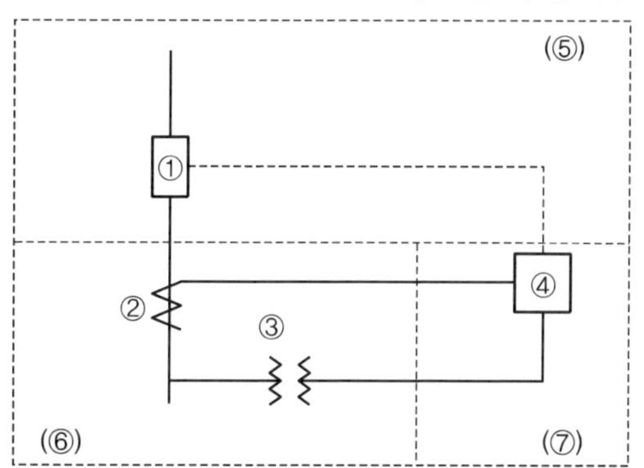

3 답란의 그림 F_2 사고와 관련된 검출부, 판정부, 동작부의 도면을 완성하시오.(단, 질문 2의 도면을 참고하시오.)

4 자가용 설비에 발전시설이 구비되어 있을 경우 자가용 수용가에 설치되어야 할 계전기는?

해답 1 ① $OC_{12} + CB_{12}$ and $OC_{13} + CB_{13}$

② $RDF_1 + OC_4 + CB_4$ and $RDF_1 + OC_3 + CB_3$

2 ① 차단기 ② 변류기

③ 계기용 변압기 ④ 과전류 계전기

⑤ 동작부 ⑥ 검출부

⑦ 판정부

3

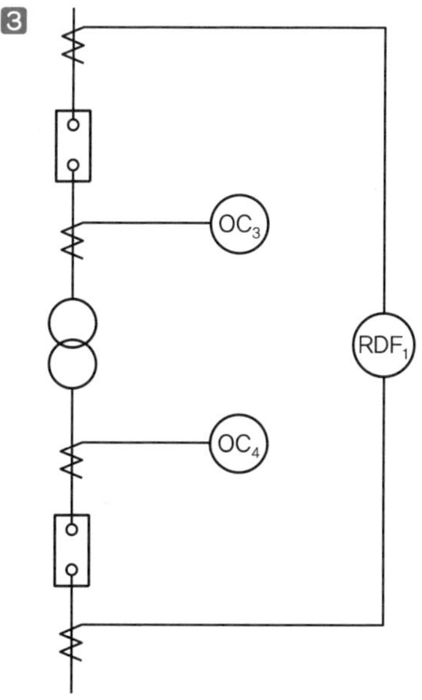

4 과전압 계전기, 과전류 계전기, 방향지락 계전기, 비율차동 계전기, 부족전압 계전기

TIP

1 후비보호는 전력회사를 기준으로 한다.
2 ① 동작부(CB는 차단만 하는 기능)
② 검출부(CT는 부하전류, 사고전류 검출기능)
③ 판정부(계전기는 사고전류, 부하전류를 판정하는 기능)
3 OCR CT와 비율차동계전기 CT를 별도로 설치한다.

05 ★★★★☆ [5점]

그림은 누름버튼 스위치 PB_1, PB_2, PB_3를 ON 조작하여 전동기 A, B, C를 운전하는 시퀀스 회로도이다. 이 회로를 타임차트 1~3의 요구사항과 같이 병렬 우선순위 회로로 고쳐서 그리시오.(단, R_1, R_2, R_3는 계전기이며, 이 계전기의 보조 a접점 또는 b접점을 추가 또는 삭제하여 작성하되 불필요한 접점을 사용하지 않도록 하며, 보조 접점에는 접점명을 기입하도록 한다.)

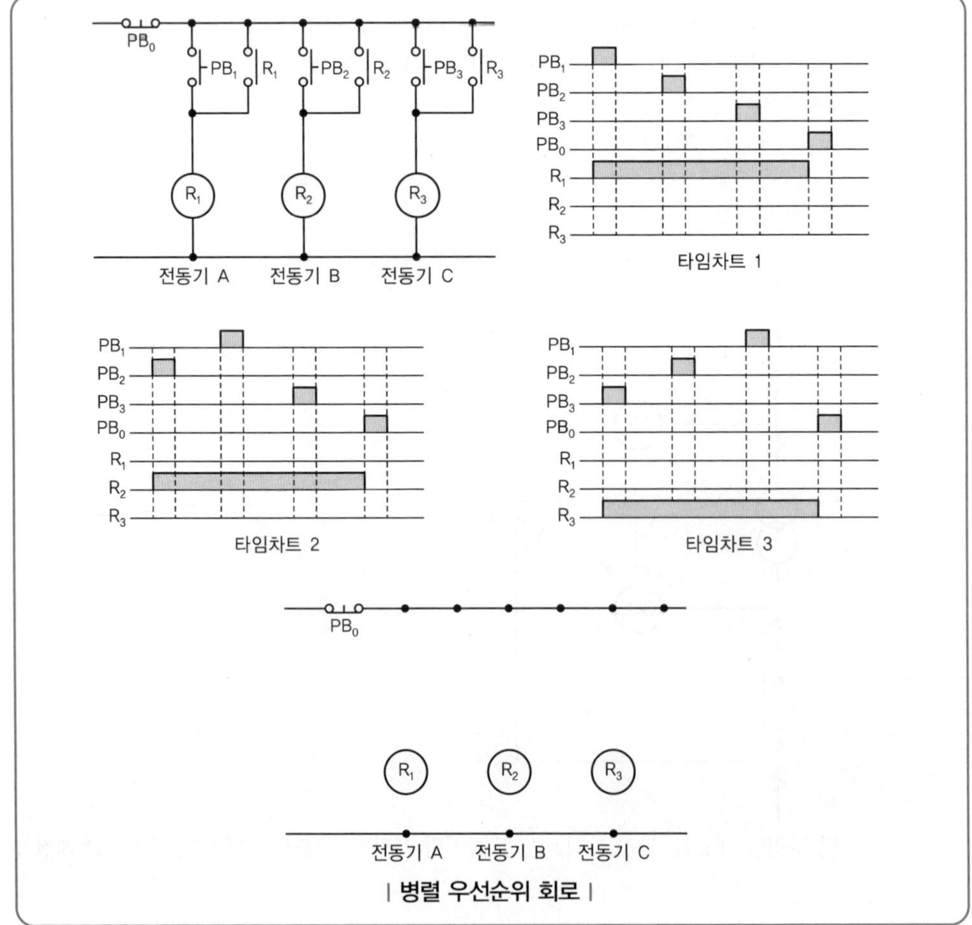

| 병렬 우선순위 회로 |

해답

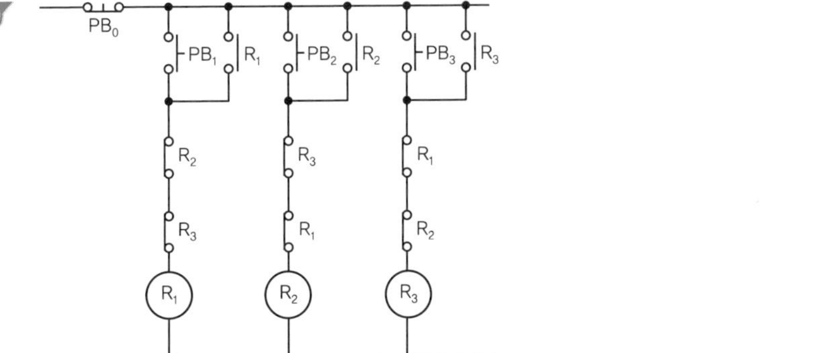

06 ★★★★☆

[4점]

면적 204[m²]인 방에 평균 조도 200[lx]를 얻기 위해 300[W] 백열전등(전광속 5,500[lm], 램프 전류 1.5[A]) 또는 40[W] 형광등(전광속 2,300[lm], 램프 전류 0.435[A])을 사용할 경우, 각각의 소요 전력은 몇 [VA]인가?(단, 조명률 55[%], 감광 보상률 1.3, 공급 전압 200[V], 단상 2선식이다.)

해답 ① 백열전등인 경우

계산 : $N = \frac{EAD}{FU} = \frac{200 \times 204 \times 1.3}{5{,}500 \times 0.55} = 17.53$[등]

전등의 수는 18등 선정

소요 전력 $P = VI = 200 \times 1.5 \times 18 = 5{,}400$[VA]

답 5,400[VA]

② 형광등인 경우

계산 : $N = \frac{EAD}{FU} = \frac{200 \times 204 \times 1.3}{2{,}300 \times 0.55} = 41.93$[등]

전등의 수는 42등 선정

소요 전력 $P = VI = 200 \times 0.435 \times 42 = 3{,}654$[VA]

답 3,654[VA]

07 ★★☆☆☆

[8점]

그림과 같이 3상 농형유도 전동기 4대가 있다. 이에 대한 MCC반을 구성하고자 할 때 다음 각 물음에 답하시오.

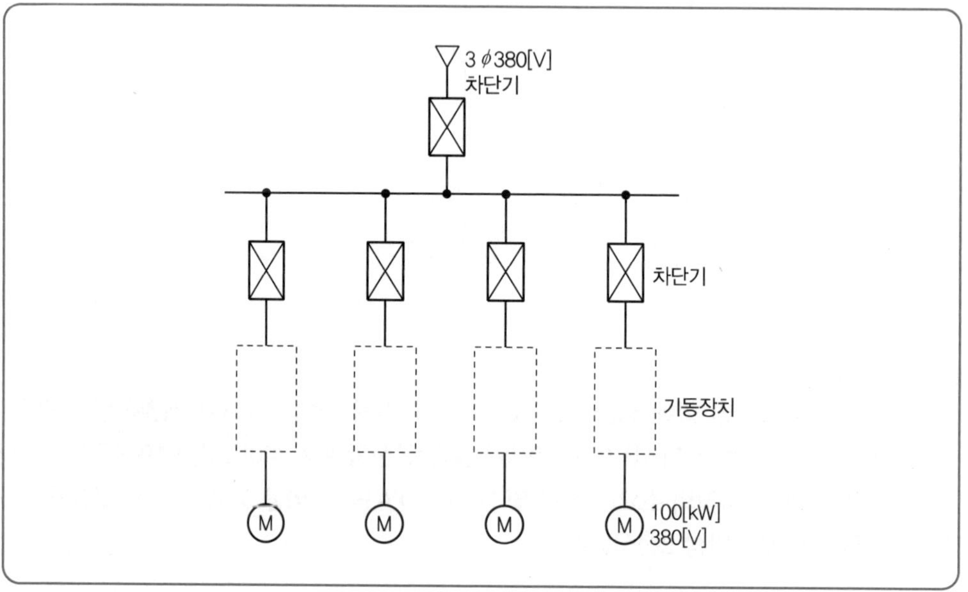

1 MCC(Motor Control Center)의 기기 구성에 대한 대표적인 장치를 3가지만 쓰시오.
2 전동기 기동방식을 기기의 수명과 경제적인 면을 고려한다면 어떤 방식이 적합한가?
3 콘덴서 설치 시 제5고조파를 제거하고자 한다. 그 대책에 대해 설명하시오.
4 차단기는 보호 계전기의 4가지 요소에 의해 동작되도록 하는데 그 4가지 요소를 쓰시오.

해답 1 • 차단장치
• 기동장치
• 제어 및 보호 장치

2 기동 보상기법

3 전력용 콘덴서 용량의 6[%] 정도의 직렬 리액터를 설치한다.

4 • 단일 전류 요소
• 단일 전압 요소
• 전압 · 전류 요소
• 2전류 요소

TIP

➤ 기동장치
① 전전압 기동 : 5[kW] 이하
② Y−△ 기동 : 5~15[kW]
③ 기동 보상 기법 : 15[kW] 이상

08 ★★★★☆ [9점]

다음의 임피던스 맵(Impedance Map)과 조건을 보고, 각 물음에 답하시오.

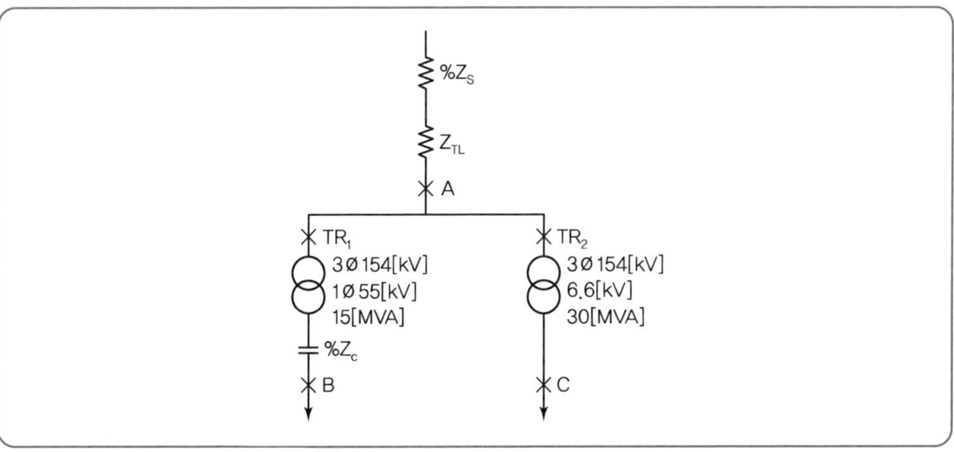

[조건]

- $\%Z_S$: 한전 s/s의 154[kV] 인출 측의 전원 측 정상 임피던스 1.2[%](100[MVA] 기준)
- Z_{TL} : 154[kV] 송전선로의 임피던스 1.83[Ω]
- $\%Z_{TR1}=10$[%](15[MVA] 기준)
- $\%Z_{TR2}=10$[%](30[MVA] 기준)
- $\%Z_C=50$[%](100[MVA] 기준)

1 다음 임피던스의 100[MVA] 기준 %임피던스를 구하시오.

① $\%Z_{TL}$　② $\%Z_{TR1}$

③ $\%Z_{TR2}$

2 A, B, C 각 점에서의 합성 %임피던스를 구하시오.

① $\%Z_A$　② $\%Z_B$

③ $\%Z_C$

3 A, B, C 각 점에서 차단기의 소요차단 전류는 몇 [kA]가 되겠는가?(단, 비대칭분을 고려한 상승 계수는 1.6으로 한다.)

① I_A　② I_B

③ I_C

해답 **1** ① 계산 : $Z_{TL}=1.83$[Ω]이고 100[MVA]를 기준으로 하여

$$\%Z_{TL}=\frac{PZ}{10V^2}=\frac{100\times10^3\times1.83}{10\times154^2}=0.77[\%]$$

답 0.77[%]

② 계산 : $\%Z_{TR1}'=10\times\frac{100}{15}=66.67[\%]$

답 66.67[%]

③ 계산 : $\%Z_{TR2}'=10\times\frac{100}{30}=33.33[\%]$

답 33.33[%]

2 100[MVA]를 기준으로 한 %Z 값을 도면에 다시 써서 그리면

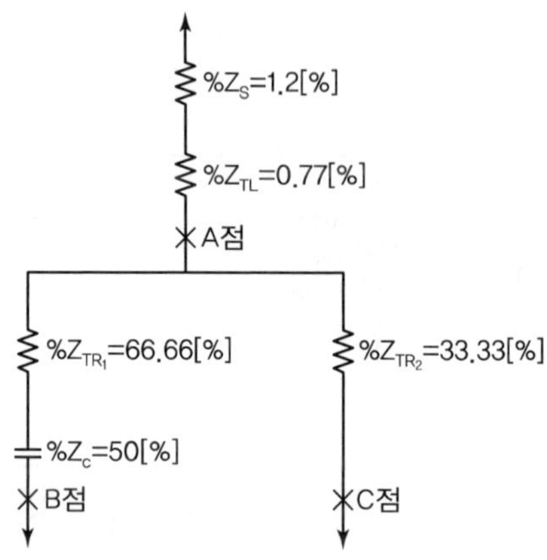

① 계산 : $\%Z_A=1.2+0.77=1.97[\%]$

답 1.97[%]

② 계산 : $\%Z_B=1.2+0.77+66.67-50=18.64[\%]$

답 18.64[%]

③ 계산 : $\%Z_C=1.2+0.77+33.33=35.3[\%]$

답 35.3[%]

3 ① 계산 : $I_A=\frac{100}{\%Z}I_n\times1.6=\frac{100}{1.97}\times\frac{100\times10^3}{\sqrt{3}\times154}\times10^{-3}\times1.6=30.45[kA]$ 답 30.45[kA]

② 계산 : $I_B=\frac{100}{\%Z}I_n\times1.6=\frac{100}{18.64}\times\frac{100\times10^3}{55}\times10^{-3}\times1.6=15.61[kA]$ 답 15.61[kA]

③ 계산 : $I_C=\frac{100}{\%Z}I_n\times1.6=\frac{100}{35.3}\times\frac{100\times10^3}{\sqrt{3}\times6.6}\times10^{-3}\times1.6=39.65[kA]$ 답 39.65[kA]

TIP

① 콘덴서 %Z는 진상이므로 −%Z 값을 갖는다.

② $\%Z_2=\frac{\text{기준용량}}{\text{자기용량}}\times\%Z_1$

③ $I_s=\frac{100}{\%Z}I_n$ 여기서, I_n : 정격전류

$I_n=\frac{P}{\sqrt{3}\times V}$ 여기서, P : 기준용량, V : 선간전압

09 ★★★★★

[6점]

변압기의 1일 부하 곡선이 그림과 같은 분포일 때 다음 물음에 답하시오.(단, 변압기의 전부하 동손은 130[W], 철손은 100[W]이다).

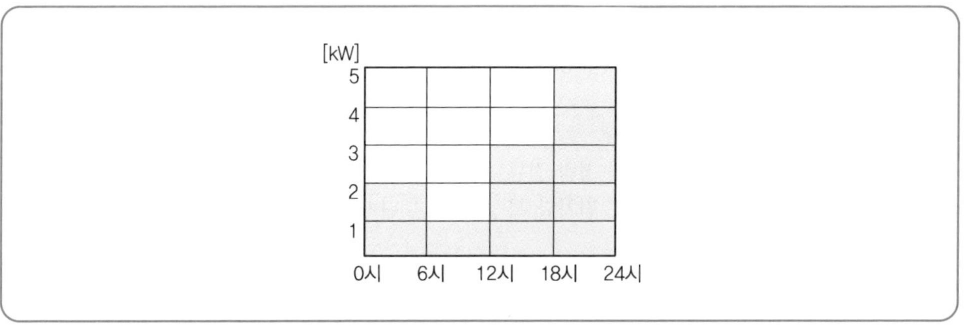

1 1일 중의 사용 전력량은 몇 [kWh]인가?

2 1일 중의 전손실 전력량은 몇 [kWh]인가?

3 1일 중 전일효율은 몇 [%]인가?

해답 1 1일 사용 전력량

계산 : 출력(전력량) W=전력×시간= $2\times6+1\times6+3\times6+5\times6=66$[kWh]

답 66[kWh]

2 1일 전손실

계산 : • 동손 : $P_c = m^2 \times P_c \times$ 시간

$$= \left[\left(\frac{2}{5}\right)^2 \times 0.13 + \left(\frac{1}{5}\right)^2 \times 0.13 + \left(\frac{3}{5}\right)^2 \times 0.13 + \left(\frac{5}{5}\right)^2 \times 0.13\right] \times 6$$

$= 1.22$[kWh]

• 철손 : $P_i = P_i \times$ 시간 $= 0.1 \times 24 = 2.4$[kWh]

$\therefore P_L = P_i + P_c = 2.4 + 1.22 = 3.62$[kWh]

답 3.62[kWh]

3 1일 전일효율

계산 : 효율 $\eta = \dfrac{\text{출력}}{\text{출력}+\text{손실}} \times 100[\%] = \dfrac{66}{66+3.62} \times 100 = 94.8[\%]$

답 94.8[%]

10 ★★★★☆ [6점]

수변전 설비에 설치하고자 하는 전력 퓨즈(Power Fuse)에 대해서 다음 각 물음에 답하시오.

1. 전력 퓨즈(PF)의 가장 큰 단점은 무엇인가?
2. 전력 퓨즈(PF)를 구입하고자 할 때 고려해야 할 주요 사항을 4가지만 쓰시오.
3. 전력 퓨즈(PF)의 성능(특성) 3가지를 쓰시오.

해답
1. 재투입이 불가능하다.
2. ① 정격 전압 ② 정격 전류 ③ 정격 차단 전류 ④ 사용 장소
3. ① 용단 특성 ② 전차단 특성 ③ 단시간 허용 특성

11 ☆☆☆☆☆ [6점]

답안지의 표는 누전차단기의 시설 예에 따른 표이다. 표의 빈칸에 누전차단기의 시설에 관하여 주어진 표시기호로 표시하시오.(단, 사람이 조작하고자 할 때 조작하는 장소의 조건과 시설장소의 조건은 같다고 한다). ※ KEC 규정에 따라 삭제

○ : 누전차단기를 시설하는 곳
△ : 주택에 기계기구를 시설하는 경우에는 누전차단기를 시설할 곳
□ : 주택구 내 또는 도로에 접한 면에 룸에어컨디셔너, 아이스박스, 진열창, 자동판매기 등 전동기를 부품으로 한 기계기구를 시설하는 경우에는 누전차단기를 시설하는 것이 바람직한 곳
× : 누전차단기를 시설하지 않아도 되는 곳

기계기구의 시설장소 / 전로의 대지전압	옥내		옥측		옥외	물기가 있는 장소
	건조한 장소	습기가 많은 장소	우선 내	우선 외		
150[V] 이하						
150[V] 초과 300[V] 이하						

해답

기계기구의 시설장소 / 전로의 대지전압	옥내		옥측		옥외	물기가 있는 장소
	건조한 장소	습기가 많은 장소	우선 내	우선 외		
150[V] 이하	×	×	×	□	□	○
150[V] 초과 300[V] 이하	△	○	×	○	○	○

12 ★★★★☆ [8점]

인텔리전트 빌딩에 대한 등급별 추정 전원 용량에 대한 다음 표를 이용하여 각 물음에 답하시오.

| 등급별 추정 전원 용량[VA/m²] |

내용 \ 등급별	0등급	1등급	2등급	3등급
조명	32	22	21	29
콘센트	–	13	5	5
사무자동화(OA) 기기	–	–	34	36
일반동력	38	45	45	45
냉방동력	40	43	43	43
사무자동화(OA) 동력	–	2	8	8
합계	110	125	156	166

1 연면적 10,000[m²]인 인텔리전트 2등급인 사무실 빌딩의 전력 설비용량을 상기 '등급별 추정 전원 용량[VA/m²]'을 이용하여 빈칸에 계산과정과 답을 쓰시오.

부하 내용	면적을 적용한 부하용량[kVA]
조명	
콘센트	
OA 기기	
일반동력	
냉방동력	
OA 동력	
합계	

2 물음 **1**에서 조명, 콘센트, 사무자동화기기의 적정 수용률은 0.8, 일반동력 및 사무자동화 동력의 적정 수용률은 0.5, 냉방동력의 적정 수용률은 0.8이고, 주 변압기 부등률은 1.2로 적용한다. 이때 전압방식을 2단 강압 방식으로 채택할 경우 변압기의 용량에 따른 변전설비의 용량을 산출하시오.(단, 조명, 콘센트, 사무자동화기기를 3상 변압기 1대로, 일반동력 및 사무자동화 동력을 3상 변압기 1대로, 냉방동력을 3상 변압기 1대로 구성하고 상기 부하에 대한 주 변압기 1대를 사용하도록 하며, 변압기 용량은 일반 규격 용량으로 정하도록 한다.)

① 조명, 콘센트, 사무자동화기기에 필요한 변압기 용량 산정

② 일반동력, 사무자동화동력에 필요한 변압기 용량 산정

③ 냉방동력에 필요한 변압기 용량 산정

④ 주 변압기 용량 산정

3 수전 설비의 단선 계통도를 간단하게 그리시오.

해답 **1**

부하 내용	면적을 적용한 부하용량[kVA]
조명	$21\times10{,}000\times10^{-3}=210$
콘센트	$5\times10{,}000\times10^{-3}=50$
OA 기기	$34\times10{,}000\times10^{-3}=340$
일반동력	$45\times10{,}000\times10^{-3}=450$
냉방동력	$43\times10{,}000\times10^{-3}=430$
OA 동력	$8\times10{,}000\times10^{-3}=80$
합계	$156\times10{,}000\times10^{-3}=1{,}560$

2 ① 계산 : TR_1 = 설비용량(부하용량)×수용률 $=(210+50+340)\times0.8=480$

답 500[kVA]

② 계산 : TR_2 = 설비용량(부하용량)×수용률 $=(450+80)\times0.5=265$ 답 300[kVA]

③ 계산 : TR_3 = 설비용량(부하용량)×수용률 $=430\times0.8=344$ 답 500[kVA]

④ 계산 : 주 변압기 용량 $=\dfrac{\text{개별 최대전력의 합}}{\text{부등률}}=\dfrac{480+265+344}{1.2}=907.5$

답 1,000[kVA]

3

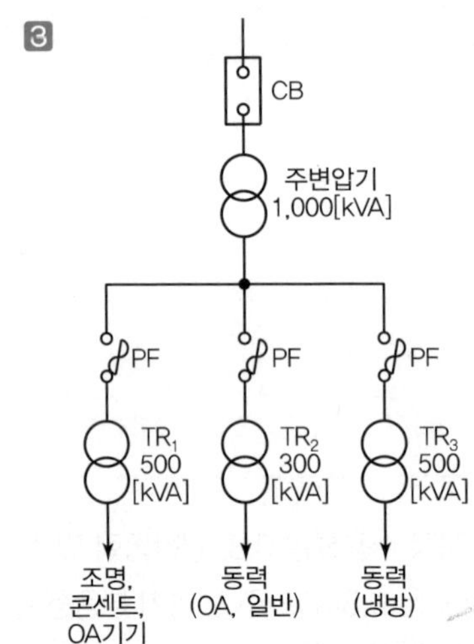

TIP

1) 3상 변압기 표준용량

3, 5, 7.5, 10, 15, 20, 30, 50, 75, 100, 150, 200, 300, 500, 750, 1,000[kVA]

2) 변압기 용량 선정 시

① "표준용량, 정격용량을 선정하시오"라고 하면 표준용량으로 답할 것

예 480[kVA] 답 500[kVA]

② "계산하시오, 구하시오"라고 하면 계산값으로 답할 것

예 480[kVA] 답 480[kVA], 500[kVA]

13 ★★★★☆ [8점]

일반용 조명 및 콘센트의 그림 기호에 대한 다음 각 물음에 답하시오.

1 ⊗ 로 표시되는 등은 어떤 등인가?

2 HID등을 ① ○$_{H400}$, ② ○$_{M400}$, ③ ○$_{N400}$로 표시하였을 때 각 등의 명칭은 무엇인가?

3 콘센트의 그림 기호는 (:)이다.

① 천장에 부착하는 경우의 그림 기호는?

② 바닥에 부착하는 경우의 그림 기호는?

4 다음 그림 기호를 구분하여 설명하시오.

① (:)$_2$ ② (:)$_{3P}$

해답 1 옥외등 2 ① 400[W] 수은등 ② 400[W] 메탈할라이드등 ③ 400[W] 나트륨등

3 ① (··) ② (··)▲

4 ① 2구 콘센트 ② 3극 콘센트

14 ★★★★☆ [10점]

도면은 154[kV]를 수전하는 어느 공장의 수전설비에 대한 단선도이다. 이 단선도를 보고 다음 각 물음에 답하시오.

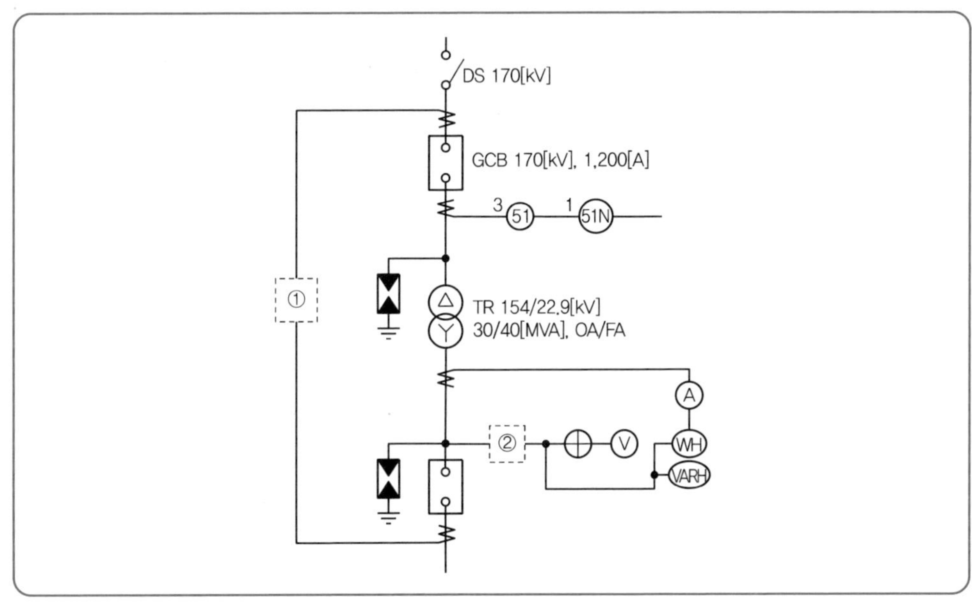

1 ①에 설치되어야 할 기기의 심벌을 그리고, 그 명칭을 쓰시오.

2 ②에 설치되어야 할 기기의 심벌을 그리고, 그 명칭을 쓰시오.

3 변압기에 표시되어 있는 OA/FA의 의미를 쓰시오.

4 22.9[kV] 계통에서 CT의 변류비는 얼마인가?

5 CT와 51, 51N 계전기의 복선도를 완성하시오.

6 154/22.9[kV]로 표시되어 있는 주 변압기 복선도를 그리시오.

해답 1 • 심벌 : (87T)

• 명칭 : 주 변압기 비율차동 계전기

2 • 심벌 : —⫘—

• 명칭 : 계기용 변압기

3 OA : 유입자냉식

FA : 유입풍냉식

4 변류기 1차 전류 $I = \dfrac{P}{\sqrt{3}\,V} \times (1.25 \sim 1.5)$

$$= \frac{40 \times 10^3}{\sqrt{3} \times 22.9} \times (1.25 \sim 1.5) = 1{,}008.47 \times (1.25 \sim 1.5) = 1{,}260.59 \sim 1{,}512.7[\text{A}]$$

답 1,500/5

5

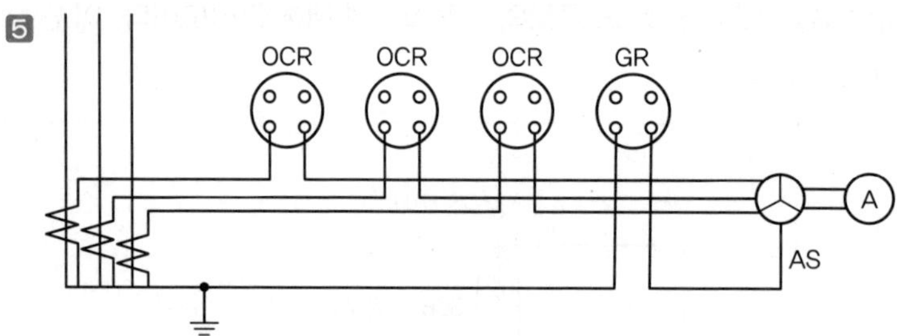

6

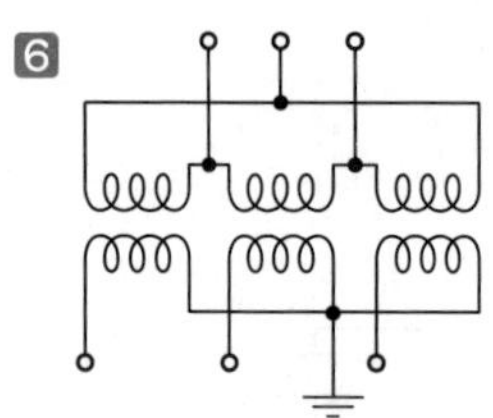

TIP

① OA(ONAN) : Oil Natural Air Natural, 유입 자냉식
② FA(ONAF) : Oil Natural Air Forced, 유입 풍냉식
③ OW(ONWF) : Oil Natural Water Forced, 유입 수냉식
④ FOA(OFAF) : Oil Forced Air Forced, 송유 풍냉식
⑤ FOW(OFWF) : Oil Forced Water Forced, 송유 수냉식

↘ 전기기사

2002년도 3회 시험

과년도 기출문제

회독 체크	□1회독	월 일	□2회독	월 일	□3회독	월 일

2002 2003 2004 2005 2006 2007 2008 2009 2010 2011

01 ★★★★☆ [5점]

그림과 같은 논리 회로의 명칭을 쓰고 진리표를 완성하시오.

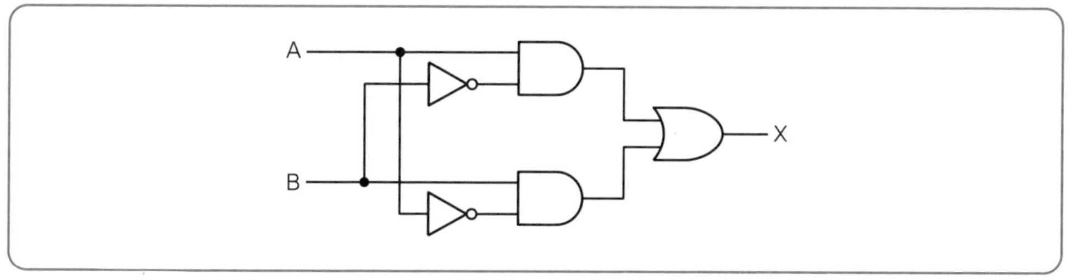

해답 1 명칭 : 배타적 논리합 회로(Exclusive OR Gate)

2 진리표

A	B	X
0	0	0
0	1	1
1	0	1
1	1	0

02 ★★★★★ [6점]

부하의 역률 개선에 대한 다음 각 물음에 답하시오.

1 역률을 개선하는 원리를 간단히 설명하시오.

2 부하 설비의 역률이 저하하는 경우 수용가가 볼 수 있는 손해를 두 가지만 쓰시오.

3 어느 공장의 3상 부하가 30[kW]이고, 역률이 65[%]이다. 이것의 역률을 90[%]로 개선하려면 전력용 콘덴서 몇 [kVA]가 필요한가?

해답 1 부하에 병렬로 콘덴서(용량성)를 설치하여 진상 전류를 흘려줌으로써 무효전력을 감소시켜 역률을 개선한다.

2 ① 전력 손실이 커진다. ② 전기 요금이 증가한다.

그 외

③ 전압강하가 증가한다. ④ 설비이용률이 작다.

3 계산 : $Q_c = P(\tan\theta_1 - \tan\theta_2) = 30 \times \left(\frac{\sqrt{1-0.65^2}}{0.65} - \frac{\sqrt{1-0.9^2}}{0.9}\right) = 20.54[\text{kVA}]$

답 20.54[kVA]

03 ★★☆☆☆ [9점]

그림은 3ϕ4W Line에 WHM을 접속하여 전력량을 적산하기 위한 결선도이다. 다음 물음에 답하시오.

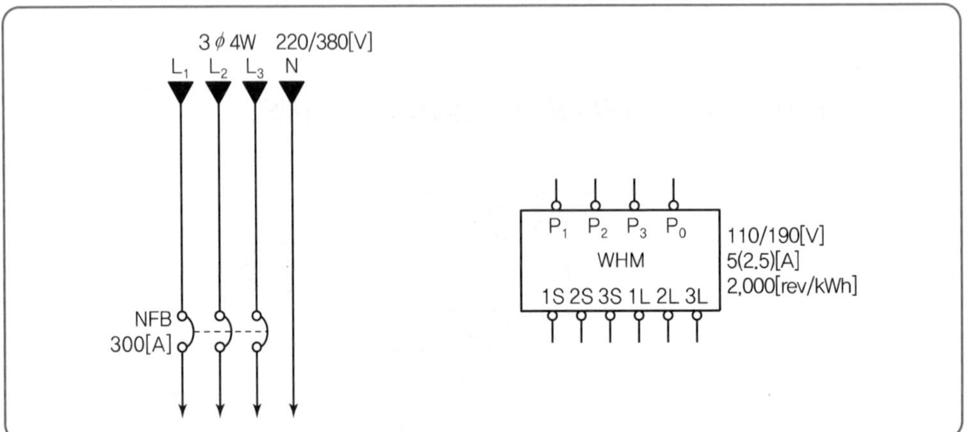

1. WHM이 정상적으로 적산이 가능하도록 변성기를 추가하여 결선도를 완성하시오.
2. 필요한 PT 비율은?
3. 이 WHM의 계기 정수는 2,000[rev/kWh]이다. 지금 부하 전류가 150[A]에서 변동 없이 지속되고 있다면 원판의 1분간의 회전수는?(단, CT비 : 300/5[A], $\cos\phi=1$, 50[%] 부하 시 WHM으로 흐르는 전류는 2.5[A])
4. WHM의 승률은?(단, CT비는 300/5, rpm = 계기 정수×전력)

해답 1

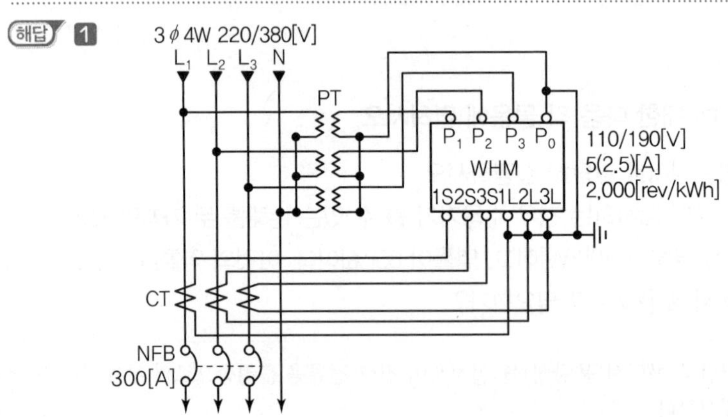

2 $PT=\dfrac{220}{110}$

3 계산 : $P_2=\dfrac{3{,}600n}{TK}$[kW]

$$n=\frac{60\times 2{,}000\times\sqrt{3}\times 190\times 2.5\times 10^{-3}}{3{,}600}=27.42[\text{회}]$$

답 27.42[회]

4 계산 : $\text{승률}=\text{PT비}\times\text{CT비}=\dfrac{220}{110}\times\dfrac{300}{5}=120$

답 120

TIP

$P_2 = \sqrt{3} V I I l \cos\theta$

04 ★★★★★ [6점]

선로나 간선에 고조파 전류를 발생시키는 발생기기가 있을 경우 그 대책을 적절히 세워야 한다. 이 고조파 억제 대책을 3가지만 쓰시오.

해답 ① 변압기의 다펄스화
② 능동필터 사용
③ 콘덴서용 직렬 리액터 설치

TIP

④ 단락용량 증대 ⑤ 변압기 △결선 ⑥ 리액터(AC, DC) 설치

05 ★★★★☆ [15점]

공장 구내 사무실 건물에 110/220[V] 단상 3선식을 채용하고, 공장 구내 변압기가 설치된 변전실에서 60[m] 되는 곳의 부하를 아래 "부하 집계표"와 같이 배분하는 분전반을 시설하고자 한다. 이 건물의 전기 설비에 대하여 다음의 허용 전류표를 참고하여 다음 물음에 답하시오.(단, 전압 강하는 2[%] 이하로 하여야 하고 전선관에 전선 3본 이하를 수용하는 경우 내단면적의 60[%] 이내로 하며, 간선의 수용률은 100[%]로 한다.)

1 간선의 굵기를 산정하시오.
2 간선 설비에 필요한 후강 전선관의 굵기를 산정하시오.
3 분전반의 복선 결선도를 작성하시오.
4 부하 집계표에 의한 설비불평형률을 계산하시오.
※ 전선 굵기 중 상과 중성선(N)의 굵기는 같게 한다.

| 부하 집계표 |

회로 번호	부하 명칭	총부하 [VA]	부하 분담[VA]		NFB 크기			비고
			A선	B선	극수	AF	AT	
1	백열등	2,460	2,460		1	30	15	
2	형광등	1,960		1,960	1	30	15	
3	전열	2,000	2,000(AB 간)		2	50	20	
4	팬코일	1,000	1,000(AB 간)		2	30	15	
합계		7,420						

[참고자료]

| 표 1. 전압 강하 및 전선 단면적 계산공식 |

전기 방식	전압 강하	전선 단면적
단상 2선식 및 직류 2선식	$e = \frac{35.6LI}{1,000A}$	$A = \frac{35.6LI}{1,000e}$
3상 3선식	$e = \frac{30.8LI}{1,000A}$	$A = \frac{30.8LI}{1,000e}$
단상 3선식 · 직류 3선식 · 3상 4선식	$e' = \frac{17.8LI}{1,000A}$	$A = \frac{17.8LI}{1,000e'}$

여기서, e : 각 선 간의 전압 강하[V], e′ : 외측선 또는 각 상의 1선과 중성선 사이의 전압 강하[V]
A : 전선의 단면적[mm²], L : 전선 1본의 길이[m], I : 전류[A]

| 표 2. 후강 전선관 굵기 선정 |

도체 단면적 [mm²]	전선 본수									
	1	2	3	4	5	6	7	8	9	10
	전선관의 최소 굵기[호]									
2.5	16	16	16	16	22	22	22	28	28	28
4	16	16	16	22	22	22	28	28	28	28
6	16	16	22	22	22	28	28	28	36	36
10	16	22	22	28	28	36	36	36	36	36
16	16	22	28	28	36	36	36	42	42	42
25	22	28	28	36	36	42	54	54	54	54
35	22	28	36	42	54	54	54	70	70	70
50	22	36	54	54	70	70	70	82	82	82
70	28	42	54	54	70	70	70	82	82	82
95	28	54	54	70	70	82	82	92	92	104
120	36	54	54	70	70	82	82	92		
150	36	70	70	82	92	92	104	104		
185	36	70	70	82	92	104				
240	42	82	82	92	104					

해답 1 부하가 많은 쪽을 기준으로 하여 전류 계산

$$I = \frac{2,460}{110} + \frac{2,000 + 1,000}{220} = 36[A]$$

$$e' = 110 \times 0.02 = 2.2[V] \text{(상전압 기준)}$$

$$A = \frac{17.8LI}{1,000e'} = \frac{17.8 \times 60 \times 36}{1,000 \times 2.2} = 17.48[mm^2]$$

답 표준규격 25[mm²] 선정

2 표 2에 의하여 25[mm²] 3본인 경우 28[호] 후강 전선관 선정

답 28[호]

3

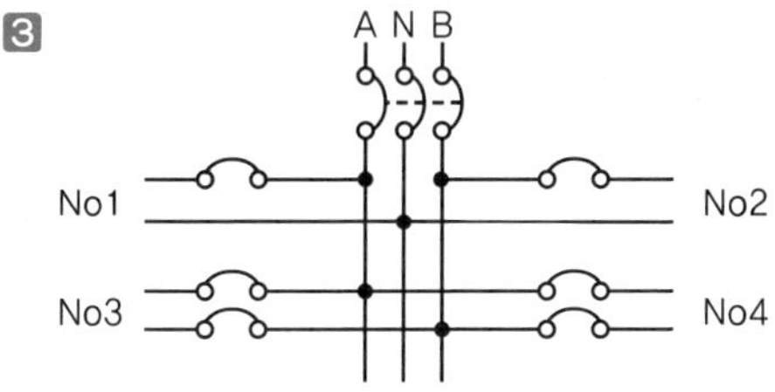

4 설비불평형률 $= \dfrac{\text{중성선과 각 전압 측 전선 간에 접속되는 부하설비 용량의 차}}{\text{총 부하 설비 용량의 1/2}} \times 100[\%]$

$$= \frac{2,460 - 1,960}{(2,460 + 1,960 + 2,000 + 1,000) \times \frac{1}{2}} \times 100 = 13.48[\%]$$

답 13.48[%]

TIP

① 전선규격(KSC IEC) (단위 : mm^2)
1.5, 2.5, 4, 6, 10, 16, 25, 35, 50, 70, 95, 120 …
② 복선도 표현 시 메인 차단기의 N상은 생략해도 무방하며 분기회로 No1, No2의 N상은 극수가 1극이므로 차단기 표시를 하지 않고 직결해야 한다.

06 ☆☆☆☆☆ [4점]

저압 배선 방법 중 캡타이어 케이블의 사용 구분에 따라 답안지의 표를 ○, △, ×로 구분하여 표시하시오.(단, ○ : 사용할 수 있다, △ : 노출 장소 또는 점검할 수 있는 은폐 장소에서만 사용할 수 있다, × : 사용할 수 없다.) ※ KEC 규정에 따라 삭제

시설 장소 / 사용전압 / 전선의 종류	옥내		옥측, 옥외	
	400[V] 미만	400[V] 이상	400[V] 미만	400[V] 이상
비닐절연 비닐 캡타이어 케이블				
고무 절연 클로로프렌 캡타이어 케이블				

해답

시설 장소 / 사용전압 / 전선의 종류	옥내		옥측, 옥외	
	400[V] 미만	400[V] 이상	400[V] 미만	400[V] 이상
비닐절연 비닐 캡타이어 케이블	△	×	△	×
고무 절연 클로로프렌 캡타이어 케이블	○	○	○	○

07 ★★★☆☆ [6점]

단상 유도 전동기에 대한 다음 각 물음에 답하시오.

1 기동 방식을 5가지만 쓰시오.

2 분상 기동형 단상 유도 전동기의 회전 방향을 바꾸려면 어떻게 하면 되는가?

3 단상 유도 전동기의 절연을 E종 절연물로 하였을 경우 허용 최고 온도는 몇 [℃]인가?

해답 1 ① 반발 유도형 ② 반발 기동형
③ 콘덴서 기동형 ④ 셰이딩 코일형
⑤ 분상 기동형

2 기동권선의 접속을 반대로 바꾸어 준다.

3 120[℃]

TIP

➤ 절연물 온도

종류	Y종	A종	E종	B종	F종	H종	C종
최고사용온도[℃]	90	105	120	130	155	180	180 이상

08 ★★★☆☆ [6점]

그림은 최대 사용 전압 6,900[V] 변압기의 절연 내력을 시험하기 위한 회로도이다. 그림을 보고 다음 각 물음에 답하시오.(단, 시험 전압은 10,350[V]이다.)

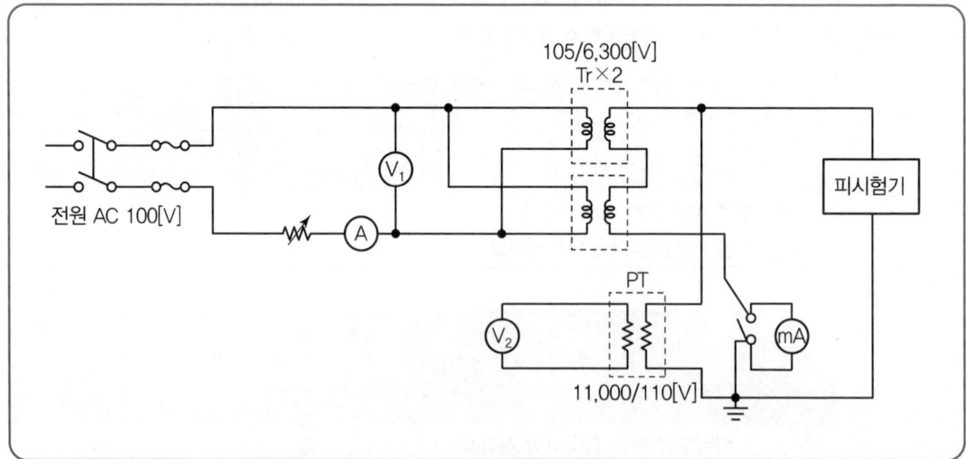

1 시험 시 전압계 V_1으로 측정되는 전압은 몇 [V]인가?

2 시험 시 전압계 V_2로 측정되는 전압은 몇 [V]인가?

3 PT의 설치 목적은 무엇인가?

4 전류계 (mA)의 설치 목적은 어떤 전류를 측정하기 위함인가?

해답 1 계산 : 절연 내력 시험 전압 $V = 6,900 \times 1.5 = 10,350[V]$

전압계 : (V1) $= 10,350 \times \frac{105}{6,300} \times \frac{1}{2} = 86.25[V]$

답 86.25[V]

2 계산 : (V2) $= 6,900 \times 1.5 \times \frac{110}{11,000} = 103.5[V]$

답 103.5[V]

3 피시험 기기의 절연내력 시험전압 측정

4 누설 전류 측정

TIP

V_1 전압계 지시값은 2차 전압 10,350(V)는 변압기 2대 값이고, 1차 전압은 변압기가 병렬(전압이 일정)이므로 1대 값이 된다.

즉, $10,350(V) \times \frac{1}{2}$이 된다.

09 ★★☆☆☆ [8점]

그림은 고압 측 전로가 비접지식인 전로에서 고 · 저압 혼촉사고가 발생된 것을 표현한 것이다. 변압기 TR_1의 내부에서 혼촉사고가 발생되었다고 할 때 다음 각 물음에 답하시오.(단, 대지정전용량 $C = 1.16[\mu F]$, 지락저항은 무시하고, I는 고압전로의 1선 지락전류이다.)

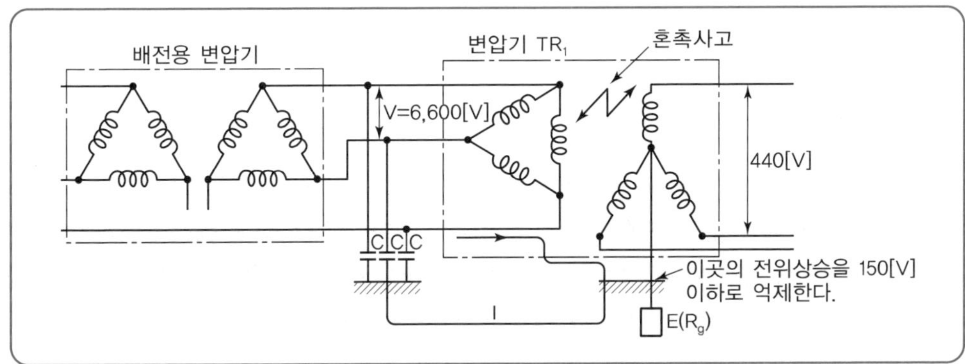

1 전로의 대지정전용량에 흐르는 전류(충전전류)는 몇 [A]인가?

2 변압기 TR_1의 2차 측 중성점의 접지저항 R_g는 몇 [Ω] 이하로 하여야 하는가?

※ KEC 규정에 따라 변경

3 변압기 결선에 대한 결선도(△ – △, △ – Y)를 작성하시오.

해답 1 계산 : $I_c = WC\frac{V}{\sqrt{3}} = 2\pi \times 60 \times 1.16 \times 10^{-6} \times \frac{6,600}{\sqrt{3}} = 1.666[A]$

답 1.67[A]

2 계산 : 배전선로 1선 지락전류 : $(I_g) = \frac{E}{Z} = \frac{\frac{V}{\sqrt{3}}}{\frac{1}{j3WC}} = j3WC\frac{V}{\sqrt{3}}$

$= 3 \times 2\pi \times 60 \times 1.16 \times 10^{-6} \times \frac{6,600}{\sqrt{3}}$

$= 4.99[A] \fallingdotseq 5[A]$

$\therefore$ 저항값$(R_g) = \frac{150}{I_g} = \frac{150}{5} = 30[\Omega]$

답 30[Ω]

3 ① △－△결선 ② △－Y결선

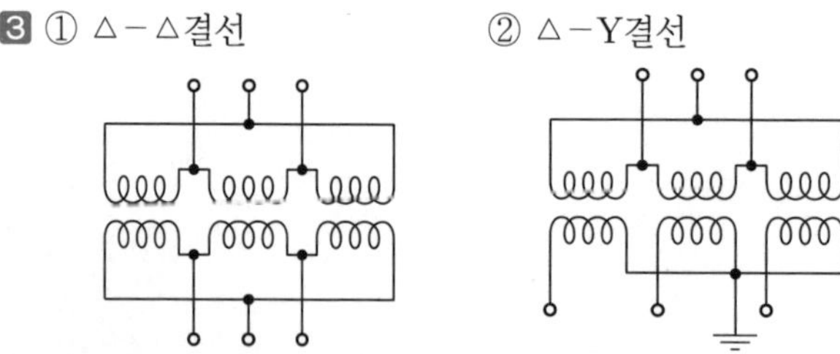

TIP

I_c(충전 전류)$= \frac{E}{\frac{1}{WC}} = WCE = WC\frac{V}{\sqrt{3}}[A]$ (여기서, E : 상전압 V : 선간전압)

10 ★★★★★

[8점]

조명 시설을 하기 위한 공간의 폭이 12[m], 길이가 18[m], 천장 높이가 3.85[m]인 사무실에 책상 면 위에 평균 조도를 200[lx]로 하려고 한다. 이때 다음 각 물음에 답하시오.(단, 사용되는 형광등 기구 40[W] 2등용의 광속은 5,600[lm]이며, 바닥에서 책상 면까지의 높이는 0.85[m]이고, 조명률은 50[%], 보수율은 80[%]라고 한다.)

1 형광등 기구(40[W] 2등용)는 몇 개가 필요한가?

2 이 조명 시설 공간의 실지수는 얼마인가?

해답 1 계산 : $N = \frac{EAD}{FU} = \frac{200 \times 12 \times 18 \times \frac{1}{0.8}}{5,600 \times 0.5} = 19.29$[등]

답 20[등]

❷ 계산 : 실지수(K) $= \dfrac{XY}{H(X+Y)} = \dfrac{12 \times 18}{(3.85-0.85)(12+18)} = 2.4$

답 2.4

TIP

감광보상률 $D = \dfrac{1}{\text{유지율}(M)}$

11 ★★★★★ [6점]

그림은 제1공장과 제2공장의 2개 공장에 대한 어느 날의 일부하 곡선이다. 이 그림을 보고 다음 각 물음에 답하시오.

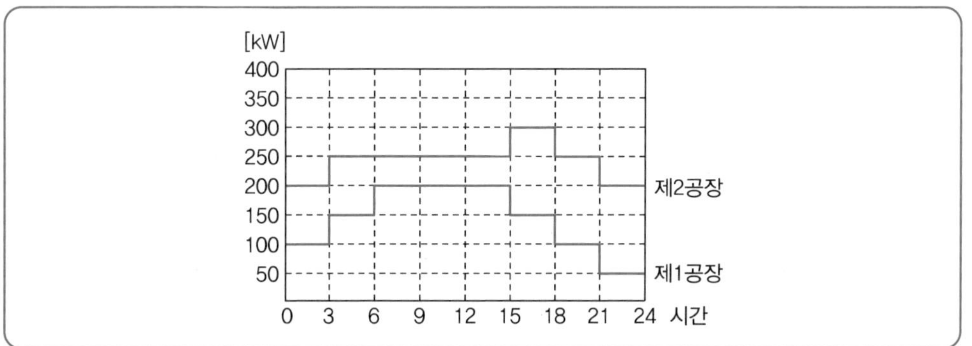

❶ 제1공장의 일부하율은 몇 [%]인가?

❷ 제1공장과 제2공장 상호 간의 부등률은 얼마인가?

해답 ❶ 일부하율 $= \dfrac{\text{평균 전력}}{\text{최대 전력}} \times 100[\%]$

계산 : 부하율 $= \dfrac{100 \times 3 + 150 \times 3 + 200 \times 9 + 150 \times 3 + 100 \times 3 + 50 \times 3}{24 \times 200} \times 100$

$= 71.88[\%]$

답 71.88[%]

❷ 부등률 $= \dfrac{\text{개별 최대 전력의 합}}{\text{합성 최대 전력}}$

계산 : 부등률 $= \dfrac{200+300}{450} = 1.11$

답 1.11

TIP

15~18시에서 합성최대전력(150+300)이 발생된다.

12 ★★★★★ [8점]

예비전원설비에 이용되는 연축전지와 알칼리축전지에 대하여 다음 각 물음에 답하시오.

1 연축전지와 비교할 때 알칼리축전지의 장점과 단점을 1가지씩 쓰시오.

2 연축전지와 알칼리축전지의 공칭 전압은 몇 [V]인가?

3 축전지의 일상적인 충전방식 중 부동충전방식을 간단히 설명하시오.

4 연축전지의 정전용량이 200[Ah]이고, 상시부하가 15[kW]이며, 표준전압이 100[V]인 부동충전방식 충전기의 2차 전류는 몇 [A]인가?(단, 상시부하의 역률은 1로 간주한다.)

해답 1 장점 : 수명이 길다. 단점 : 가격이 비싸다.

2 연축전지 : 2[V] 알칼리축전지 : 1.2[V]

3 상시부하는 충전기가 부담하고 일시적인 대전류부하는 축전지가 부담하는 방식

4 $$\text{충전기 2차 전류}(I_2) = \frac{\text{축전지용량}}{\text{방전율}} + \frac{\text{상시부하}}{\text{표준전압}} = \frac{200}{10} + \frac{15 \times 10^3}{100} = 170[\text{A}]$$

답 170[A]

TIP

➤ 방전율

① 연축전지 : 10(h)

② 알칼리축전지 : 5(h)

13 ★★★★☆ [6점]

자가용 전기 설비에 대한 다음 각 물음에 답하시오.

1 자가용 전기 설비의 중요 검사(시험) 사항을 3가지만 쓰시오.

2 예비용 자가 발전 설비를 시설하고자 한다. 다음 조건에서 발전기의 정격 용량은 최소 몇 [kVA]를 초과하여야 하는가?

[조건]

- 부하 : 유도 전동기 부하로서 기동 용량은 1,500[kVA]
- 기동 시의 전압 강하 : 25[%]
- 발전기의 과도 리액턴스 : 30[%]

해답 **1** 절연 저항 시험, 접지 저항 시험, 계전기 동작 시험

2 계산 : $P \geq \left(\frac{1}{0.25}-1\right)\times 1,500 \times 0.3 = 1,350[\text{kVA}]$

답 1,350[kVA]

TIP

1 ① 절연 저항 시험　② 접지 저항 시험
③ 절연 내력 시험　④ 계전기 동작 시험
⑤ 외관검사　⑥ 계측 장치 설치 상태 검사
⑦ 절연유 내압 시험 및 산가 측정

2 발전기 용량[kVA] $\geq \left(\frac{1}{\text{허용 전압강하}}-1\right)\times$ 기동 용량[kVA] $\times$ 과도 리액턴스

14 ★★★★☆ [7점]

답안지의 그림은 3상 유도 전동기의 운전에 필요한 미완성 회로 도면이다. 이 회로를 이용하여 다음 각 물음에 답하시오.

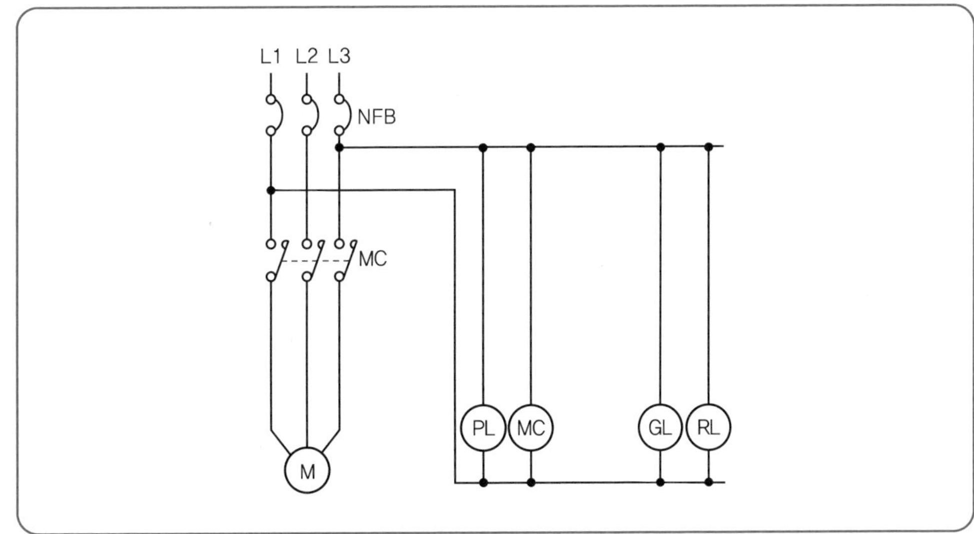

1 전원 표시가 가능하도록 전원 표시용 파일럿 램프 1개를 도면에 설치하시오.

2 운전 중에는 RL 램프가 점등되고, 정지 시에는 GL 램프가 점등되도록 회로를 구성하시오.

해답

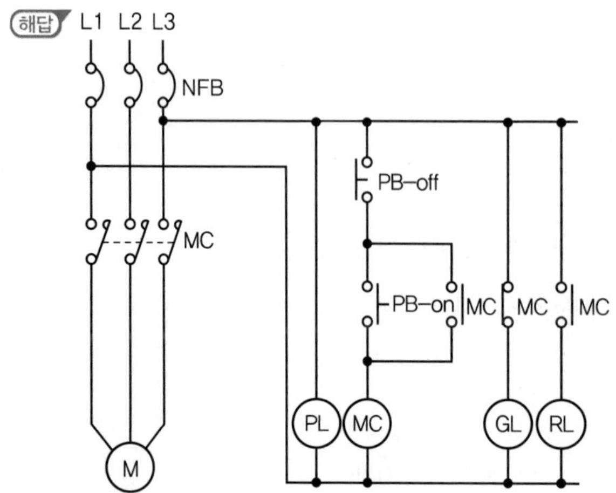

ENGINEER ELECTRICITY

2003년 과년도 문제풀이

전기기사

2003년도 1회 시험

과년도 기출문제

회독 체크	□1회독	월 일	□2회독	월 일	□3회독	월 일

01 ★★★★★ [8점]

도면은 전동기 A, B, C 3대를 기동시키는 데 필요한 제어회로이다. 이 회로를 보고 다음 각 물음에 답하시오.(단, MA : 전동기 A의 기동정지 개폐기, MB : 전동기 B의 기동정지 개폐기, MC : 전동기 C의 기동정지 개폐기이다.)

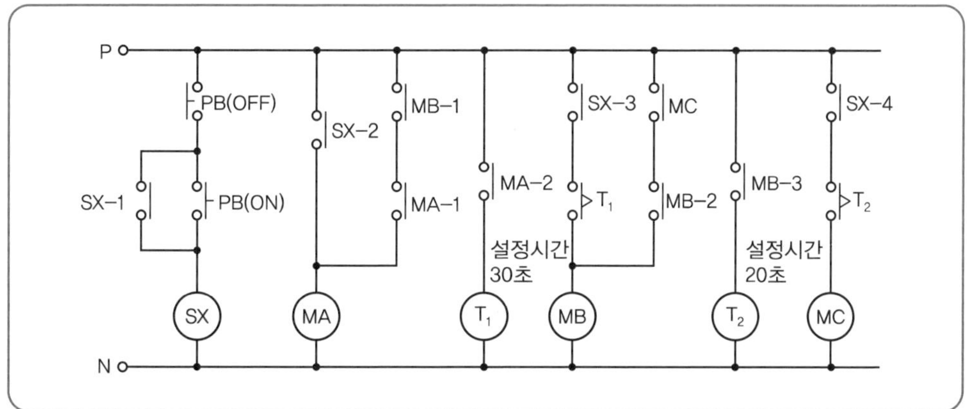

1. 전동기를 기동시키기 위하여 PB(ON)를 누를 경우 전동기의 기동과정을 상세히 설명하시오.
2. SX－1의 역할에 대한 접점 명칭은 무엇인가?
3. 전동기를 정지시키고자 PB(OFF)를 눌렀을 때, 전동기가 정지되는 순서는 어떻게 되는가?

해답

1. PB(ON)을 누르면 (SX)가 여자되어 (T_1), (MA)가 여자되고 A전동기가 기동한다. (T_1)의 설정시간 30초 후 (MB), (T_2)가 여자되고 B전동기가 기동한다. (T_2)의 설정시간 20초 후 (MC)가 여자되고 C전동기가 기동한다.
2. (SX) 자기유지접점
3. C → B → A

TIP

유접점 동작을 이해하고 접촉기 동작 순서에 따라 전동기 동작순서를 이해하자!

02 ★★☆☆☆ [5점]

그림과 같은 3상 3선식 회로의 전선 굵기를 구하시오.(단, 배선 설계의 길이는 50[m], 부하의 최대사용 전류는 300[A], 배선 설계의 전압 강하는 4[V]이며, 전선 도체는 구리이다.)

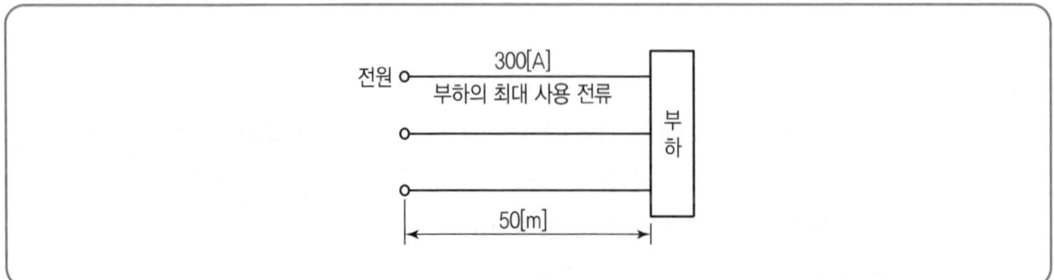

[참고자료]

| 전선 최대 길이(3상 3선식 380[V] · 전압 강하 3.8[V]) |

전류[A]	전선의 굵기[mm^2]												
	2.5	4	6	10	16	25	35	50	95	150	185	240	300
	전선 최대 길이[m]												
1	534	854	1281	2135	3416	5337	7472	10674	20281	32022	39494	51236	64045
2	267	427	640	1067	1708	2669	3736	5337	10140	16011	19747	25618	32022
3	178	285	427	712	1139	1779	2491	3558	6760	10674	13165	17079	21348
4	133	213	320	534	854	1334	1868	2669	5070	8006	9874	12809	16011
5	107	171	256	427	683	1067	1494	2135	4056	6404	7899	10247	12809
6	89	142	213	356	569	890	1245	1779	3380	5337	6582	8539	10674
7	76	122	183	305	488	762	1067	1525	2897	4575	5642	7319	9149
8	67	107	160	267	427	667	934	1334	2535	4003	4937	6404	8006
9	59	95	142	237	380	593	830	1186	2253	3558	4388	5693	7116
12	44	71	107	178	285	445	623	890	1690	2669	3291	4270	5337
14	38	61	91	152	244	381	534	762	1449	2287	2821	3660	4575
15	36	57	85	142	228	356	498	712	1352	2135	2633	3416	4270
16	33	53	80	133	213	334	467	667	1268	2001	2468	3202	4003
18	30	47	71	119	190	297	415	593	1127	1779	2194	2846	3558
25	21	34	51	85	137	213	299	427	811	1281	1580	2049	2562
35	15	24	37	61	98	152	213	305	579	915	1128	1464	1830
45	12	19	28	47	76	119	166	237	451	712	878	1139	1423

[비고]

1. 전압강하가 2[%] 또는 3[%]의 경우, 전선길이는 각각 이 표의 2배 또는 3배가 된다. 다른 경우에도 이 예에 따른다.
2. 전류가 20[A] 또는 200[A] 경우의 전선길이는 각각 이 표 전류 2[A] 경우의 1/10 또는 1/100이 된다. 다른 경우에도 이 예에 따른다.
3. 이 표는 평형부하의 경우에 대한 것이다.
4. 이 표는 역률을 1로 계산한 것이다.

(해답) 전선 최대 길이$=\dfrac{50\times\dfrac{300}{3}}{\dfrac{4}{3.8}}=4,750[\text{m}]$

따라서, 표의 3[A]란에서 전선 최대 길이가 4,750[m]를 넘는 6,760[m]인 전선의 굵기 95[mm^2] 선정

답 95[mm^2]

TIP

① 전선 최대 길이$=\dfrac{\text{배선 설계의 길이}\times\dfrac{\text{부하의 최대 사용 전류[A]}}{\text{표의 전류[A]}}}{\dfrac{\text{배선 설계의 전압 강하[V]}}{\text{표의 전압 강하[V]}}}$

② 표의 전류는 부하의 최대 사용 전류를 고려하여 표의 전류 중 임의의 값을 선정하면 된다.

즉, 부하의 최대 전류가 300[A]인 경우 표의 전류값을 3[A] 하면 $\dfrac{300}{3}=100$으로 계산이 용이하다.

③ 전선의 최대 길이를 ①을 통해 계산 후 임의로 선정한 전류의 "행"에서 ①의 결과 이상의 값을 선택한 후 동일 "열"의 굵기를 선정한다.

03 ★★☆☆☆ [10점]

다음은 어떤 자가용 전기설비 시설자의 결선도이다. 이 결선도를 보고 다음 각 물음에 답하시오.

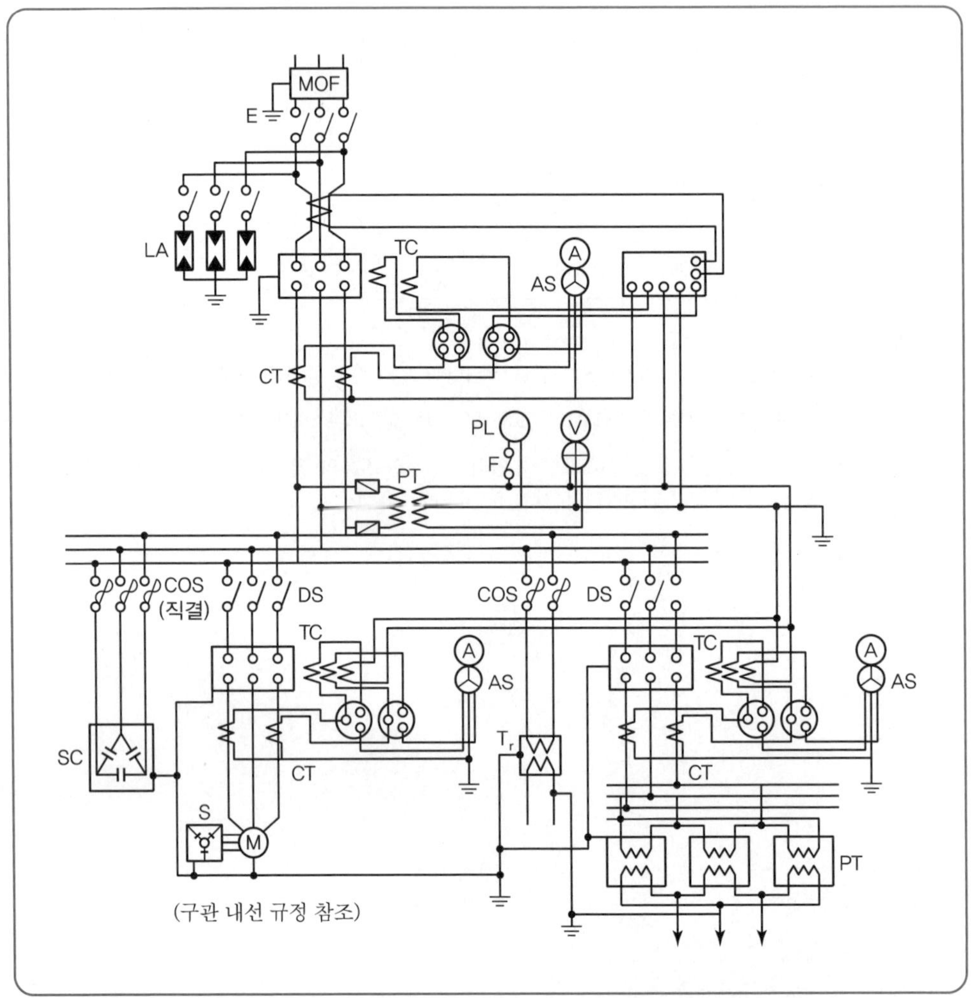

1. 고압 전동기의 조작용 배전반에서는 어떤 계전기를 장치하는 것이 바람직한가? (2가지를 쓰시오.)
2. 계기용 변성기는 어떤 형의 것을 사용하는 것이 바람직한가?
3. 본 도면에서 생략할 수 있는 부분은?
4. 계전기용 변류기는 차단기의 전원 측에 설치하는 것이 바람직한데, 그 이유는?
5. 진상 콘덴서에 연결하는 방전 코일의 목적은?

해답
1. ① 부족전압 계전기 ② 결상 계전기
2. 몰드형
3. LA용 DS
4. 고장점 보호 범위를 넓히기 위하여
5. 전원 개방 시 잔류 전하 방전

TIP

2 ① 계기용 변성기 : 몰드형
② 극성 : 감극성

4 계기용 변성기란? MOF, PT, CT

04 ★★★★☆ [10점]

다음 그림의 2중 모선에서 평상시에 No.1 T/L은 A모선에서 No.2 T/L은 B모선에서 공급하고 모선 연락용 CB는 개방되어 있다. 다음 각 물음에 답하시오.

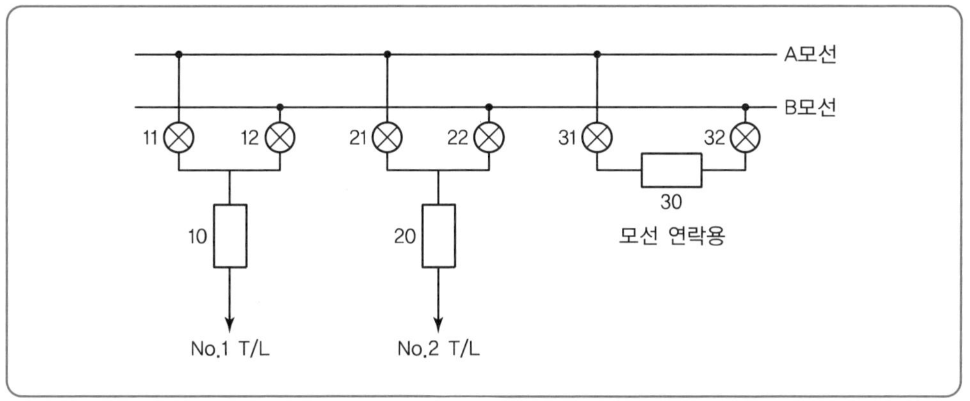

1 A모선을 점검하기 위하여 절체하는 순서는?(단, 10－off, 20－on 등으로 표시)

2 A모선 점검 후 원상 복귀하는 조작 순서는?(단, 10－off, 20－on 등으로 표시)

3 10, 20, 30에 대한 기기의 명칭은?

4 11, 21에 대한 기기의 명칭은?

5 2중 모선의 장점은?

해답
1 31(on) → 32(on) → 30(on) → 12(on) → 11(off) → 30(off) → 32(off) → 31(off)
2 31(on) → 32(on) → 30(on) → 11(on) → 12(off) → 30(off) → 32(off) → 31(off)
3 차단기
4 단로기
5 모선 점검 시 무정전 전원 공급

TIP

① 31, 32, 30은 조작 전, 후 개방하여 모선에서의 단락방지
② 154[kV] 선로에서 사용되고 있다.
③ 단로기는 부하전류의 개폐가 곤란하다. 따라서 A, B 모선을 병렬로 접속하면 A, B 모선의 전압이 동일하게 되어 단로기 11, 12, 21, 22 개폐 시에도 단로기에는 전류가 흐르지 않게 된다.

05 ★★★★★ [7점]

전력 퓨즈 및 각종 개폐기들의 능력을 비교할 때, 그 능력이 가능한 곳에 ○표를 하시오.

기능 \ 능력	회로 분리		사고 차단	
	무부하	부하	과부하	단락
퓨즈				
차단기				
개폐기				
단로기				
전자 접촉기				

해답

기능 \ 능력	회로 분리		사고 차단	
	무부하	부하	과부하	단락
퓨즈	○			○
차단기	○	○	○	○
개폐기	○	○	○	
단로기	○			
전자 접촉기	○	○		

TIP

① 개폐기는 자동고장구분개폐기(ASS)
② 전자접촉기는 THR(열동계전기)이 없으므로 과부하 차단이 불가능
③ 전자개폐기는 THR(열동계전기)이 있으므로 과부하 차단이 가능

06 ★★★★★ [8점]

비접지선로의 접지전압을 검출하기 위하여 그림과 같은 (Y－개방Δ) 결선을 한 GPT가 있다.

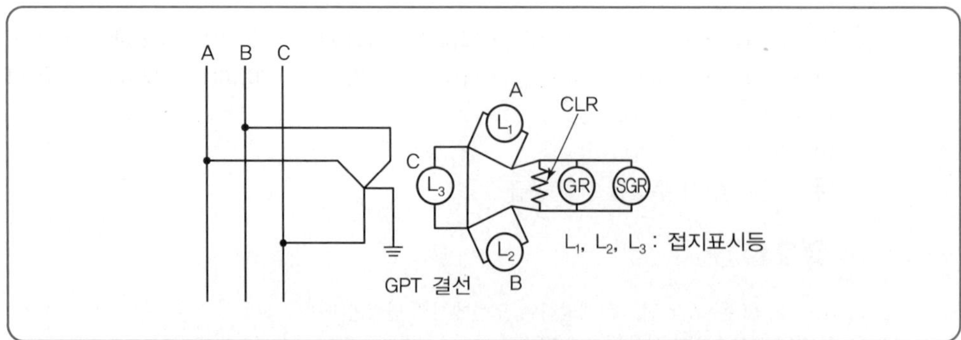

1 A상 고장 시(완전 지락 시), 2차 접지표시등 L_1, L_2, L_3의 점멸과 밝기를 비교하시오.

2 1선 지락사고 시 건전상(사고가 나지 않은 상)의 대지 전위의 변화를 간단히 설명하시오.

3 GR, SGR의 정확한 명칭을 우리말로 쓰시오.

해답 1 (L_1) : 소등, 어둡다. (L_2), (L_3) : 점등, 더욱 밝아진다.
2 전위가 상승한다.
3 GR : 지락(접지) 계전기, SGR : 선택지락(접지) 계전기

TIP

① 지락된 상의 전압은 0이고, 지락되지 않은 상은 전위가 상승한다.
A상이 지락되었으므로 (L_1)은 소등하고, (L_2), (L_3)는 점등한다.
② CLR : 한류저항기

2002 2003 2004 2005 2006 2007 2008 2009 2010 2011

07 ★★★★★ [5점]

그림과 같은 회로의 출력을 입력변수로 나타내고 AND 회로 1개, OR 회로 2개, NOT 회로 1개를 이용한 등가회로를 그리시오.

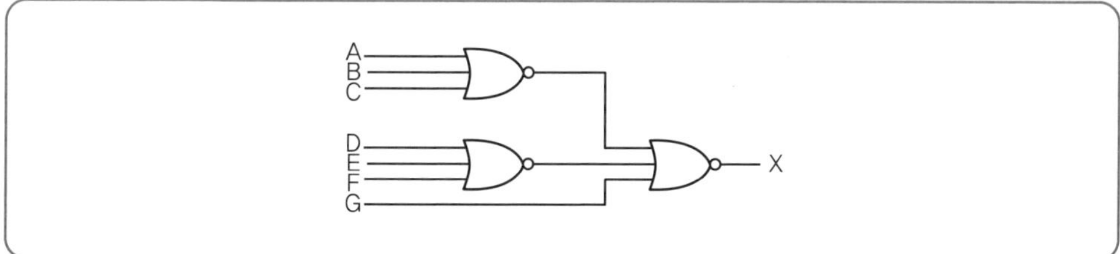

1 출력식
2 등가회로

해답 1 출력식 : $X = \overline{\overline{A+B+C}+\overline{D+E+F}+G}$
$= (A+B+C)\cdot(D+E+F)\cdot\overline{G}$
2 등가회로

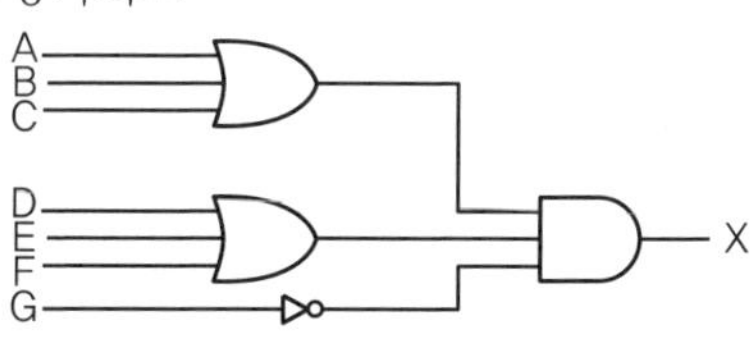

TIP

$X = \overline{\overline{A+B+C}+\overline{D+E+F}+G}$
$= \overline{\overline{A+B+C}}\cdot\overline{\overline{D+E+F}}\cdot\overline{G}$
$= (A+B+C)\cdot(D+E+F)\cdot\overline{G}$

08 ★★★★★

[8점]

다음 계통도에서 (1), (2), (3)의 명칭과 역할을 간단히 설명하시오.

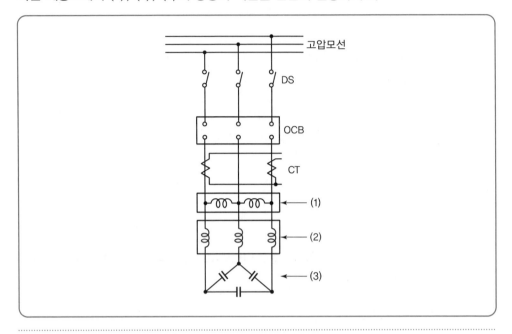

고압모선
DS
OCB
CT
(1)
(2)
(3)

해답 (1) 방전 코일(DC) : 전원(콘덴서 회로) 개방 시 잔류전하를 방전하여 인체의 감전사고를 방지
(2) 직렬 리액터(SR) : 제5고조파를 제거하여 전압의 파형 개선
(3) 전력용 콘덴서(SC) : 진상무효전력을 공급하여 부하의 역률 개선

TIP

방전코일, 직렬리액터 그림도 암기할 것!

09 ★★★★★

[4점]

3개의 접지판 상호 간의 저항을 측정한 값이 그림과 같이 G_1과 G_2 사이는 50[Ω], G_2와 G_3 사이는 40[Ω], G_1과 G_3 사이는 30[Ω]이었다면, G_3의 접지저항값은 몇 [Ω]인지 계산하시오.

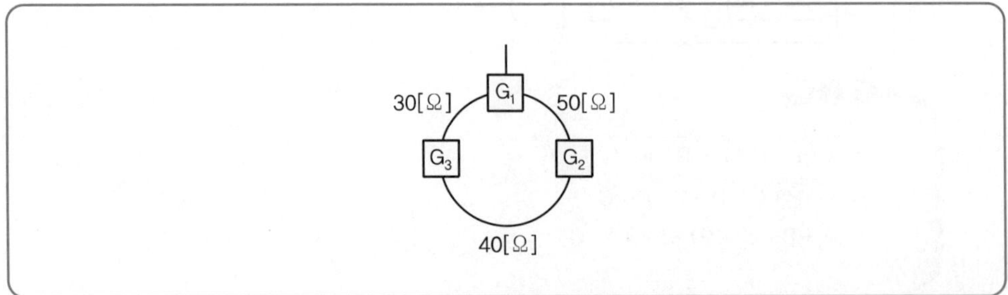

(해답) 계산 : 접지저항값 $R_{G3} = \frac{1}{2}(G_{23} + G_{13} - G_{12}) = \frac{1}{2}(40 + 30 - 50) = 10[\Omega]$

답 $10[\Omega]$

TIP

G_3 : 주접지
G_2, G_1 : 보조접지
주접지로 연결된 경우는 저항값을 덧셈하고 보조접지로 연결된 경우는 저항값을 뺄셈할 것

10 ☆☆☆☆☆ [4점]

저압 전로 중에 개폐기를 시설하는 경우에는 부하 용량에 적합한 크기의 개폐기를 각 극에 설치하여야 한다. 그러나 분기 개폐기에는 생략하여도 되는 경우가 있다. 다음 도면에서 생략하여도 되는 부분은 어느 개소인지를 모두 지적(영문 표기)하시오. ※ KEC 규정에 따라 삭제

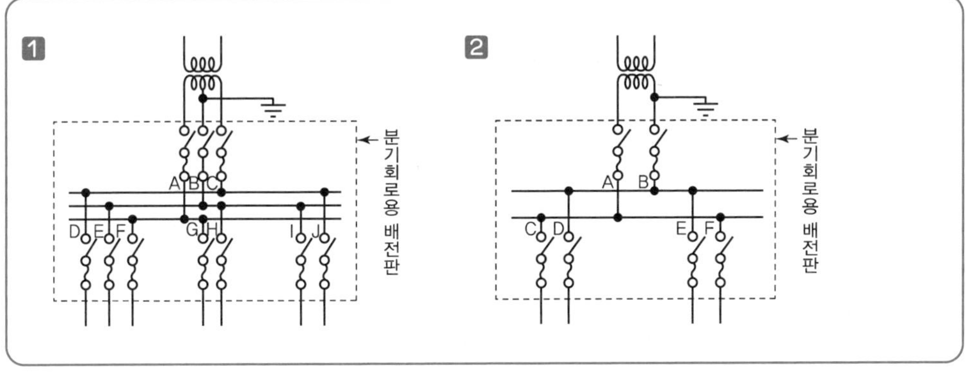

(해답) 1 E, H, I
2 D, E

TIP

변압기의 중성선 또는 접지 측 전선에 접속하는 분기 회로의 경우에는 개폐기를 생략할 수 있다.

11 ★★★★★

[14점]

그림과 같은 송전계통 S점에서 3상 단락사고가 발생하였다. 주어진 도면과 조건을 참고하여 발전기, 변압기(T_1), 송전선 및 조상기의 %리액턴스를 기준출력 100[MVA]로 ①, ②, ③, ④번을 환산하시오.

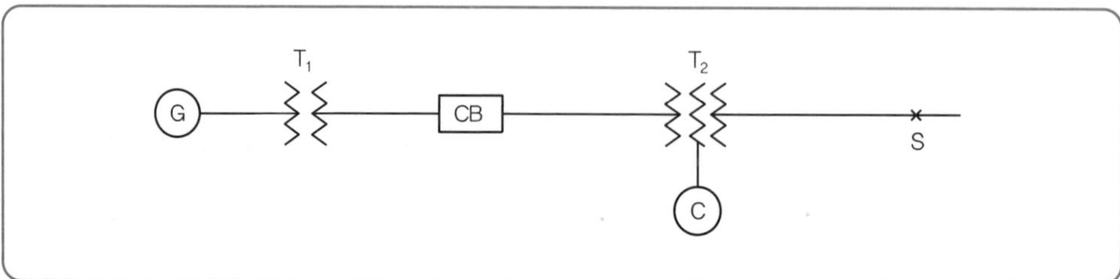

[조건]

번호	기기명	용량	전압	%X
①	G : 발전기	50,000[kVA]	11[kV]	30
②	T_1 : 변압기	50,000[kVA]	11/154[kV]	12
③	송전선		154[kV]	10(10,000[kVA])
	T_2 : 변압기	1차 25,000[kVA] 2차 30,000[kVA] 3차 10,000[kVA]	154[kV] 77[kV] 11[kV]	12(1차~2차) 15(2차~3차) 10.8(3차~1차)
④	C : 조상기	10,000[kVA]	11[kV]	20(10,000[kVA])

해답 ① 계산 : 발전기 $\%X_G = \dfrac{100}{50} \times 30 = 60[\%]$

답 60[%]

② 계산 : T_1 변압기 $\%X_{T1} = \dfrac{100}{50} \times 12 = 24[\%]$

답 24[%]

③ 계산 : 송전선 $\%X_\ell = \dfrac{100}{10} \times 10 = 100[\%]$

답 100[%]

④ 계산 : 조상기 $\%X_C = \dfrac{100}{10} \times 20 = 200[\%]$

답 200[%]

TIP

- 환산값(%X) $= \dfrac{\text{기준용량}}{\text{자기용량}} \times \%X$
- $\%X = \dfrac{P \cdot X}{10V^2}[\%]$
- $\%X \propto P$(용량)이므로 비례한 만큼 %X를 곱한다.

12 ★★★★★ [5점]

그림과 같은 특성곡선을 갖는 부하에 필요한 축전지 용량은 몇 [Ah]인지 구하시오.(단, 방전 전류 : $I_1=200$[A], $I_2=300$[A], $I_3=150$[A], $I_4=100$[A], 방전시간 : $T_1=130$[분], $T_2=120$[분], $T_3=40$[분], $T_4=5$[분], 용량환산시간 : $K_1=2.45$, $K_2=2.45$, $K_3=1.46$, $K_4=0.45$, 보수율은 0.8로 적용한다.)

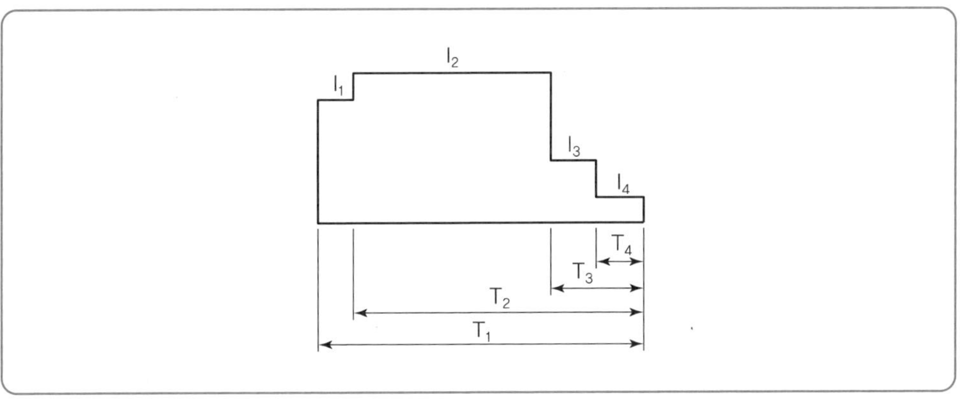

해답 계산 : $C=\frac{1}{L}[K_1I_1+K_2(I_2-I_1)+K_3(I_3-I_2)+K_4(I_4-I_3)]$

$=\frac{1}{0.8}[2.45\times200+2.45\times(300-200)+1.46\times(150-300)+0.45\times(100-150)]$

$=616.875$[Ah]

답 616.88[Ah]

13 ★★★☆☆ [5점]

부하율에 대하여 설명하고 "부하율이 적다"는 것은 무엇을 의미하는지 2가지를 쓰시오.

해답 ① 부하율 : 어떤 기간 중의 평균 수용 전력과 최대 수용 전력과의 비를 나타낸다.

② "부하율이 적다"의 의미

- 공급 설비를 유용하게 사용하지 못한다.
- 평균 수용 전력과 최대 수용 전력과의 차가 커지게 되므로 부하 설비의 가동률이 저하된다.

TIP

부하율 $=\frac{\text{평균 전력}}{\text{최대 전력}}\times100$[%]

14 ★★★★☆ [7점]

지중 전선로의 시설에 관한 다음 각 물음에 답하시오.

1 지중 전선로는 어떤 방식에 의하여 시설하여야 하는지 3가지만 쓰시오.

2 방식 조치를 하지 않은 지중 전선의 피복금속체의 접지는 제 몇 종 접지공사로 하여야 하는가? ※ KEC 규정에 따라 삭제

3 지중 전선로의 전선으로는 어떤 것을 사용하는가?

해답 1 직접매설식, 관로식, 암거식

2 ※ KEC 규정에 따라 삭제

3 케이블

TIP

➤ 케이블 매설 깊이

종류	하중을 받지 않는 경우	하중을 받는 경우
직접매설식	0.6m	1m
관로식	0.6m	1m

전기기사

2003년도 2회 시험

과년도 기출문제

회독 체크	□1회독	월 일	□2회독	월 일	□3회독	월 일

01 ★★★☆☆ [9점]

수전단 전압이 3,000[V]인 3상 3선식 배전선로의 수전단에 역률이 0.8(지상) 되는 520[kW]의 부하가 접속되어 있다. 이 부하에 동일 역률의 부하 80[kW]를 추가하여 600[kW]로 증가시키되 부하와 병렬로 콘덴서를 설치하여 수전단 전압 및 선로전류를 일정하게 불변으로 유지하고자 한다. 이때 필요한 소요 콘덴서 용량 및 부하 증가 전후의 송전단 전압을 구하시오. (단, 전선의 1선당 저항 및 리액턴스는 각각 1.78[Ω], 1.17[Ω]이다.)

1 이 경우 필요한 전력용 콘덴서 용량은 몇 [kVA]인가?
2 부하 증가 전의 송전단 전압은 몇 [V]인가?
3 부하 증가 후의 송전단 전압은 몇 [V]인가?

해답 1 계산

소요 콘덴서 용량 : 520[kW](역률 0.8) 부하 시와 600[kW] 부하 시의 선로 전류 및 수전단 전압이 일정하므로

$$I=\frac{520\times10^3}{\sqrt{3}\times3{,}000\times0.8}=\frac{600\times10^3}{\sqrt{3}\times3{,}000\times x}$$

$$\therefore\ x=\frac{600}{520}\times0.8=0.923$$

소요 콘덴서 용량

$$Q_C=600\times\left(\frac{0.6}{0.8}-\frac{\sqrt{1-0.923^2}}{0.923}\right)=199.859[\text{kVA}]$$

답 199.86[kVA]

2 부하 증가 전의 송전단 전압

계산 : 선로 전류 $I=\frac{P}{\sqrt{3}\,V_R\cos\theta}=\frac{520\times10^3}{\sqrt{3}\times3{,}000\times0.8}=125.09[\text{A}]$

전선의 저항 및 리액턴스는 $R=1.78[\Omega]$, $X=1.17[\Omega]$

또한 $\cos\theta=0.8$이므로, $\sin\theta=0.6$이다.

따라서, 송전단 전압

$$V_S=V_R+\sqrt{3}\,I(R\cos\theta+X\sin\theta)$$
$$=3{,}000+\sqrt{3}\times125.09\times(1.78\times0.8+1.17\times0.6)=3{,}460.62[\text{V}]$$

답 3,460.62[V]

3 부하 증가 후의 송전단 전압

계산 : 선로 전류 $I = \dfrac{600 \times 10^3}{\sqrt{3} \times 3{,}000 \times 0.923} = 125.1[A]$

따라서, 송전단 전압

$V_S = 3{,}000 + \sqrt{3} \times 125.1(1.78 \times 0.92 + 1.17 \times 0.39)$

$= 3{,}453.705[V]$

답 3,453.71[V]

TIP

① 520[kW]에서 600[kW] 전력을 증가시키려면 콘덴서를 설치하여 역률을 개선해야 한다.
② 부하 증가 후 송전단 전압($\cos\theta_2 = 0.923$)을 계산하고 콘덴서 설치 전과 설치 후의 전압강하까지 계산해야 한다.

02 ★★★☆☆ [6점]

그림은 구내에 설치할 3,300[V], 220[V], 10[kVA]인 주상변압기의 무부하 시험방법이다. 이 도면을 보고 다음 각 물음에 답하시오.

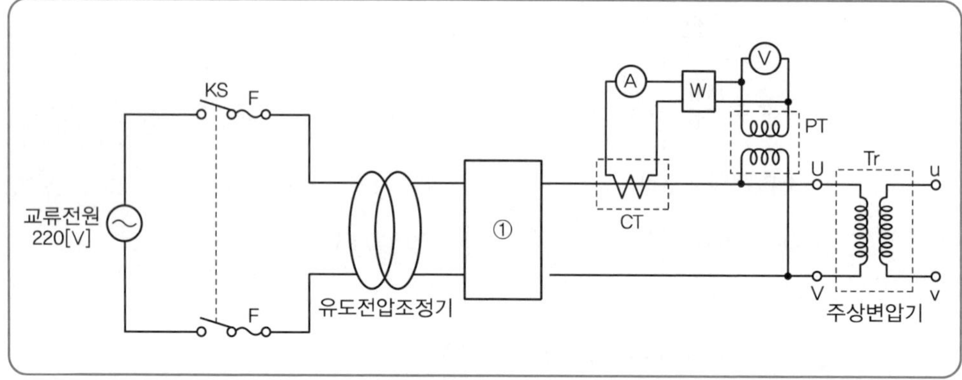

1 유도전압조정기의 오른쪽 ①번 속에는 무엇이 설치되어야 하는가?

2 시험할 주상변압기의 2차 측은 어떤 상태에서 시험을 하여야 하는가?

3 시험할 변압기를 사용할 수 있는 상태로 두고 유도전압조정기의 핸들을 서서히 돌려 전압계의 지시값이 1차 정격전압이 되었을 때 전력계가 지시하는 값은 어떤 값을 지시하는가?

해답 1 승압기
2 개방상태
3 철손(무부하손)

TIP

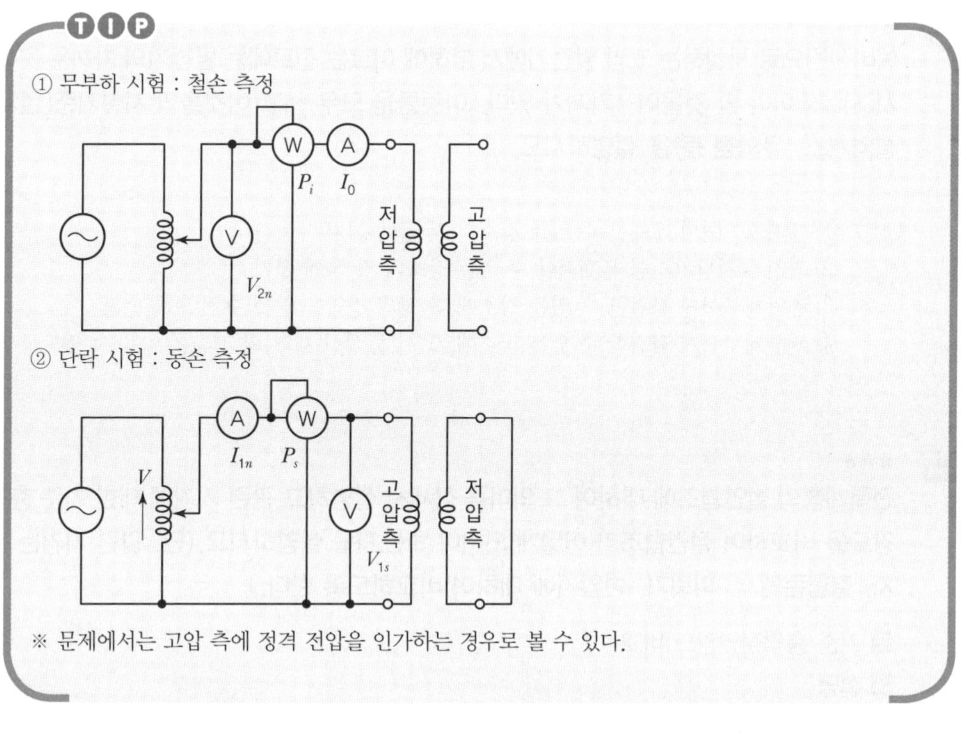

※ 문제에서는 고압 측에 정격 전압을 인가하는 경우로 볼 수 있다.

03

☆☆☆☆☆ [5점]

380[V] 농형 유도전동기의 출력이 30[kW]이다. 이것을 시설한 분기회로의 전선의 굵기와 과전류 차단기의 정격전류를 계산하시오.(단, 역률은 85[%]이고, 효율은 80[%]이며 전선의 허용전류는 다음 표와 같다.) ※ KEC 규정에 따라 삭제

동선의 단면적[mm²]	허용전류[A]
6	49
10	61
16	88
25	115
35	162

1 전선의 굵기

2 과전류 차단기의 정격전류

04 ★☆☆☆☆ [6점]

예비전원으로 시설하는 고압 발전기에서 부하에 이르는 전로에는 발전기의 가까운 곳에 반드시 시설되어야 할 것들이 4가지가 있다. 이것들을 모두 쓰고 이것들의 시설기준(설치방법, 설치개소, 유의점 등)을 설명하시오.

해답 ① 개폐기 : 쉽게 개폐할 수 있는 장소의 각 극에 설치
② 과전류 차단기 : 쉽게 개폐할 수 있는 장소의 각 극에 설치
③ 전압계 : 쉽게 점검할 수 있는 장소에 각 상의 전압을 읽을 수 있도록 선정
④ 전류계 : 쉽게 점검할 수 있는 장소에 각 선(중성선 제외)의 전류를 읽을 수 있도록 선정

05 ★★★☆☆ [5점]

전력계통의 절연협조에 대하여 그 의미를 상세히 설명하고 관련 기기에 대한 기준 충격절연강도를 비교하여 절연협조가 어떻게 되어야 하는지를 설명하시오.(단, 관련 기기는 선로애자, 결합콘덴서, 피뢰기, 변압기에 대하여 비교하도록 한다.)

1 기준 충격절연강도 비교
2 설명

해답 1 기준 충격절연강도 : 선로애자 > 결합콘덴서 > 변압기 > 피뢰기
2 설명 : 계통 내의 각 기기, 기구 및 애자 등의 상호 간에 적정한 절연강도를 지니게 함으로써 계통설계를 합리적, 경제적으로 할 수 있게 한 것을 절연협조라 한다.

TIP

➤ 절연협조 비교(절연강도)

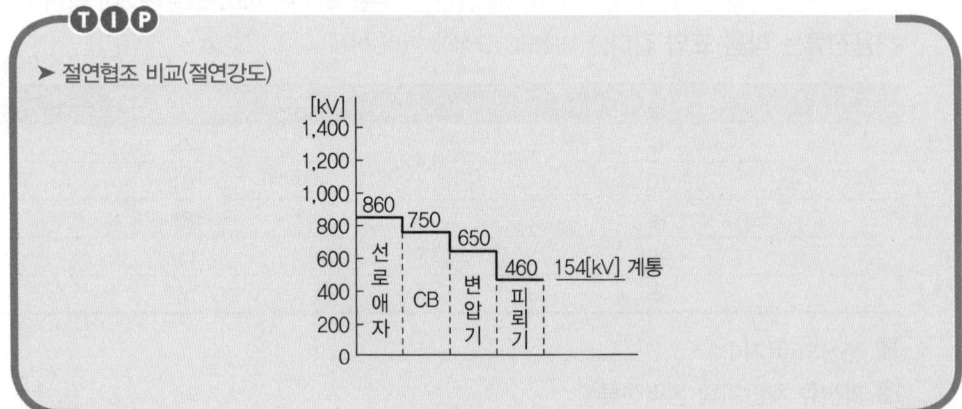

06 ★★★★★ [12점]

도면과 같은 시퀀스도는 기동 보상기에 의한 전동기의 기동제어 회로의 미완성 도면이다. 도면을 보고 다음 각 물음에 답하시오.

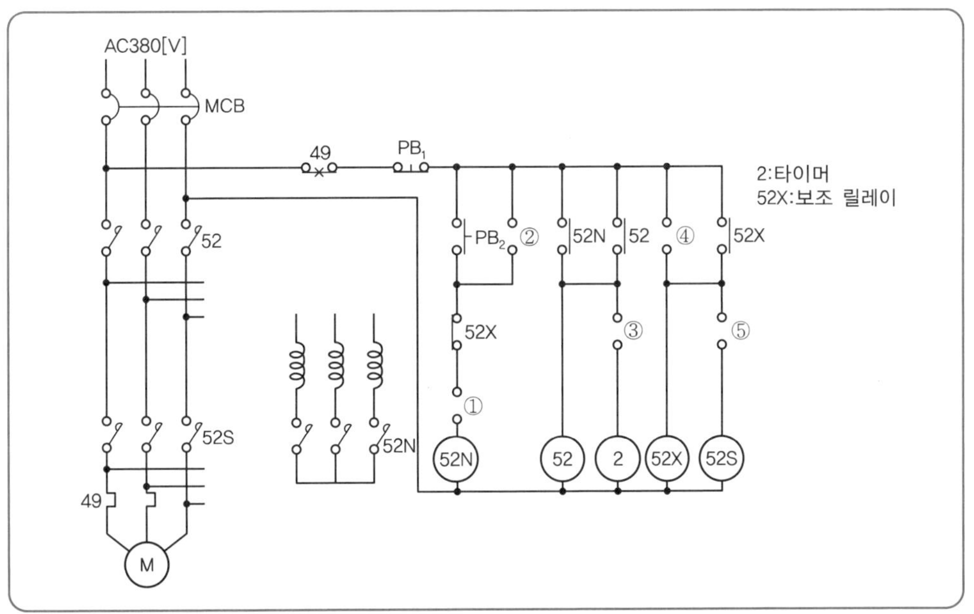

1. 전동기의 기동 보상기에 의한 기동제어 회로란 어떤 기동방법인지 그 방법을 상세히 설명하시오.
2. 주 회로에 대한 미완성 부분을 완성하시오.
3. 보조 회로의 미완성 접점을 그리고 그 접점의 명칭을 표기하시오.
4. ※ KEC 규정에 따라 삭제

해답 1. 전동기 기동 시 인가전압을 단권 변압기로 감압하여 공급함으로써 기동전류를 감소시키고 일정시간 후 기동이 완료되면 전전압으로 운전하는 방식

2 3

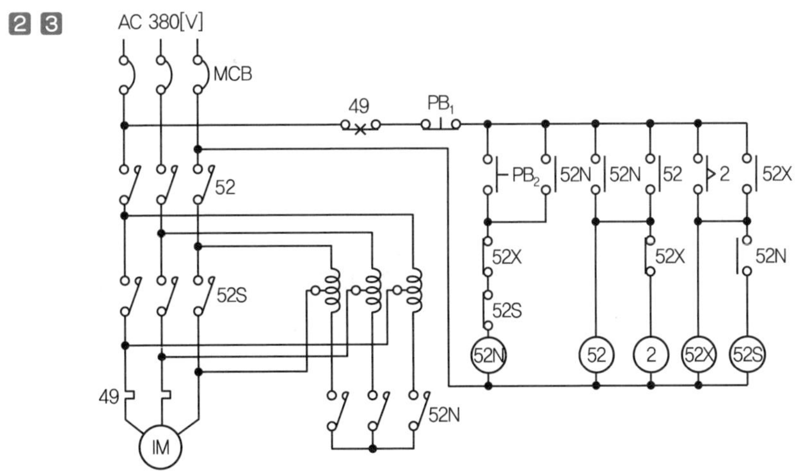

4 ※ KEC 규정에 따라 삭제

07 ★★☆☆☆ [6점]

그림과 같은 단상 3선식 배전선의 a, b, c 각 선간에 부하가 접속되어 있다. 전선의 저항은 3선이 같고, 각각 0.06[Ω]이라고 한다. ab, bc, ca 간의 전압을 구하시오.(단, 선로의 리액턴스는 무시한다.)

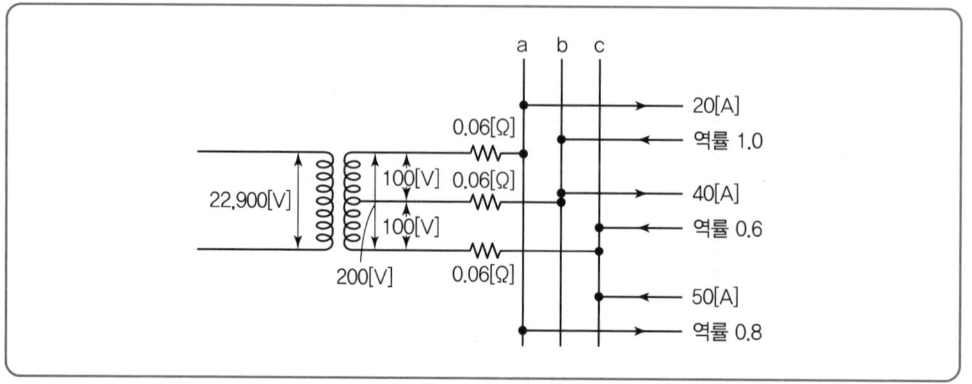

해답 계산 : 전압강하 $e = I \cdot R$

$V_{ab} = 100 - (I \cdot R) = 100 - (60 \times 0.06 - 4 \times 0.06) = 96.64[V]$ 답 96.64[V]

$V_{bc} = 100 - (I \cdot R) = 100 - (4 \times 0.06 + 64 \times 0.06) = 95.92[V]$ 답 95.92[V]

$V_{ca} = 200 - (I \cdot R) = 200 - (60 \times 0.06 + 64 \times 0.06) = 192.56[V]$ 답 192.56[V]

TIP

➤ 단상 3선식의 전류 방향

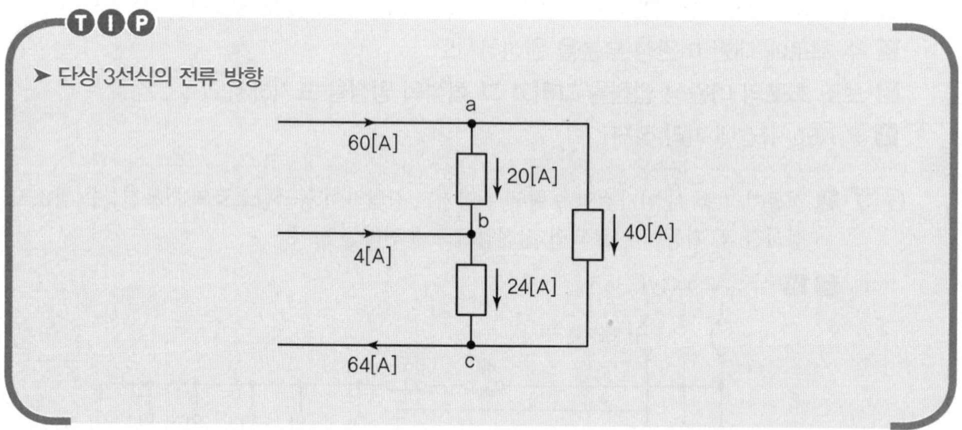

08 ★★★★☆ [3점]

피뢰기와 같은 구조로 되어 있으며 적용 전압 범위만을 조정하여 적용시키는 일종의 옥내 피뢰기로서 선로에서 발생할 수 있는 개폐 서지, 순간 과도전압 등의 이상전압이 2차기기에 악영향을 주는 것을 막기 위해 설치하는 것으로 대부분 큐비클에 내장 설치되어 건식류의 변압기나 기기계통을 보호하는 것은 어떤 것인가?

해답 서지 흡수기(Surge Absorber)

2002 2003 2004 2005 2006 2007 2008 2009 2010 2011

TIP

D.S
L.A
P.F
MOF
VCB(진공차단기)
S.A
변압기(몰드, 건식)

09 ★★★★☆ [4점]

길이 20[m], 폭 10[m], 천장높이 3.8[m], 조명률 50[%]인 사무실의 평균 조도를 200[lx]로 1일 12시간 유지하려고 한다. 전광속 5,500[lm]의 300[W] 백열전등을 사용할 경우 1일 사용 전력량[kWh]은 얼마인가?(단, 감광보상률은 1.3으로 계산하며 1일 12시간 이외에는 전등을 1등도 켜지 않는 것으로 한다.)

해답 계산 : $N = \dfrac{EAD}{FU} = \dfrac{200 \times 20 \times 10 \times 1.3}{5{,}500 \times 0.5} = 18.9 ≒ 19[등]$

$W = N \times 전력 \times 시간 = 19 \times 300 \times 12 \times 10^{-3} = 68.4[kWh]$

답 68.4[kWh]

10 ★★★★★ [9점]

다음은 어느 계전기 회로의 논리식이다. 이 논리식을 이용하여 다음 각 물음에 답하시오.(단, 여기에서 A, B, C는 입력이고, X는 출력이다.)

논리식 : $X = (A + B) \cdot \overline{C}$

1. 이 논리식을 로직을 이용한 시퀀스도(논리회로)로 나타내시오.
2. 물음 1에서 로직 시퀀스도로 표현된 것을 2입력 NAND gate만으로 등가 변환하시오.
3. 물음 1에서 로직 시퀀스도로 표현된 것을 2입력 NOR gate만으로 등가 변환하시오.

해답 1

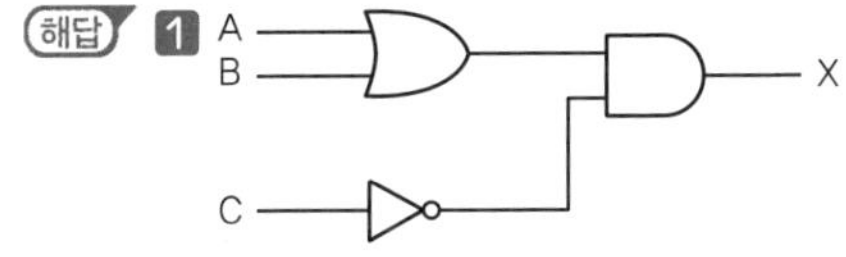

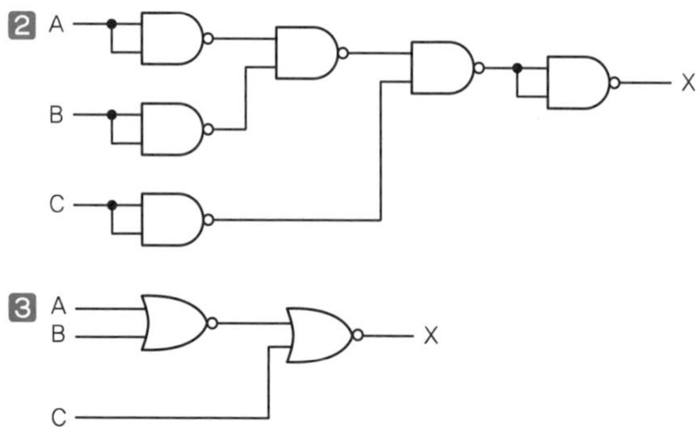

11 ★☆☆☆☆ [12점]

다음 그림은 수전 용량의 크기가 큰 보통의 수변전소의 배치도를 나타낸 것이다. 이 그림을 보고 다음 각 물음에 답하시오.

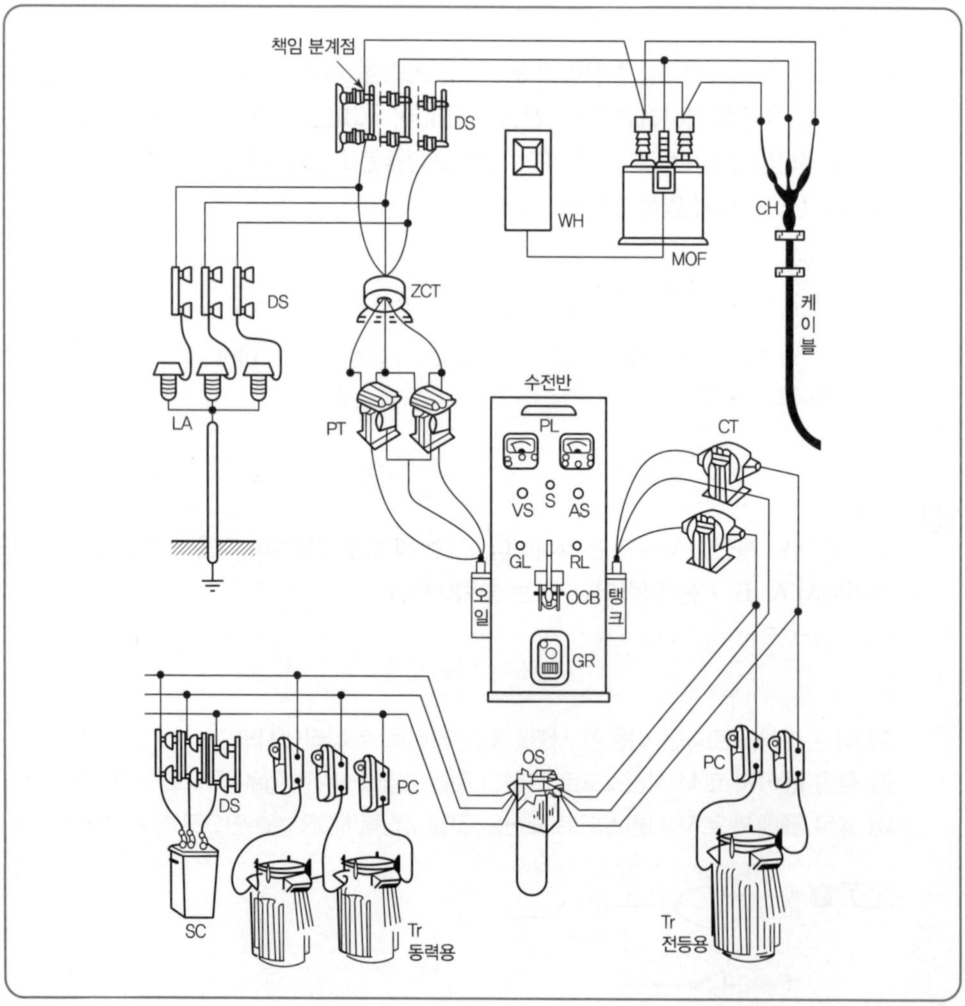

책임 분계점
DS
WH
MOF
CH
케이블
DS
ZCT
LA
PT
수전반
PL
VS S AS
GL RL
오일
OCB
탱크
GR
CT
DS
PC
OS
PC
SC
Tr 동력용
Tr 전등용

1 동력용 변압기는 단상변압기 2대를 사용하였다. 어떤 결선 방법으로 사용하는 것이 가장 적합한가?

2 여기에 사용된 다음 기기의 우리말 명칭을 쓰시오.

① MOF ② DS
③ PT ④ LA
⑤ ZCT ⑥ CH
⑦ OS ⑧ SC
⑨ OCB

3 이 그림을 단선계통도로 그리시오.

해답 **1** V결선

2 ① MOF : 전력 수급용 계기용 변성기 ② DS : 단로기
③ PT : 계기용 변압기 ④ LA : 피뢰기
⑤ ZCT : 영상 변류기 ⑤ CH : 케이블 헤드
⑦ OS : 유입 개폐기 ⑧ SC : 전력용 콘덴서
⑨ OCB : 유입 차단기

3

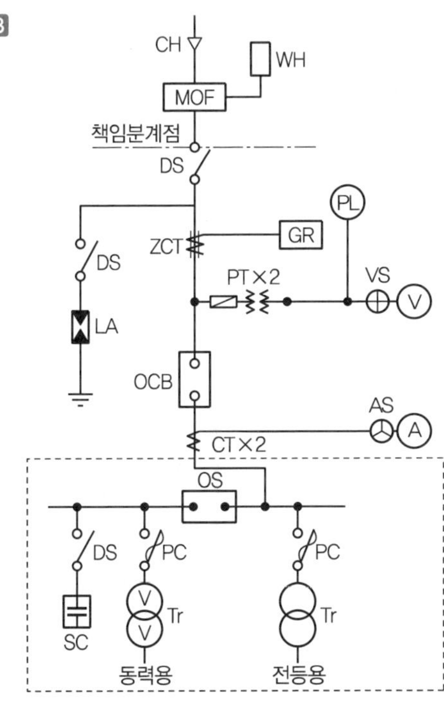

12 ★★★★☆

[6점]

송전선로의 길이가 길어지면서 송전선로의 전압이 대단히 커지고 있다. 따라서 여러 가지 이유에 의하여 단도체 대신 복도체 또는 다도체 방식이 채용되고 있는데 복(다)도체 방식을 단도체 방식과 비교할 때 장단점 3가지씩 쓰시오.

해답

장점	① 송전용량 증대 ② 코로나 손실 감소 ③ 안정도 증대
단점	① 페란티 현상 발생 ② 강풍이나 빙설에 의한 전선의 진동이 많이 생김 ③ 도체 사이의 흡입력으로 인한 충돌로 전선 표면에 손상 발생

TIP

송전용량 $P_S = \dfrac{V^2}{\sqrt{\dfrac{L}{C}}}$ 에서 복도체 방식은 L 감소, C 증가로 송전용량이 증가한다.

13 ★★★★★

[6점]

그림과 같이 전등만의 2군 수용가가 각각 1대씩의 변압기를 통해서 전력을 공급받고 있다. 각 군 수용가의 총설비용량은 각각 30[kW] 및 40[kW]라고 한다. 각 A군, B군 수용가에 사용할 변압기의 용량을 선정하시오. 또한 고압 간선에 걸리는 최대 부하는 얼마로 되겠는가?

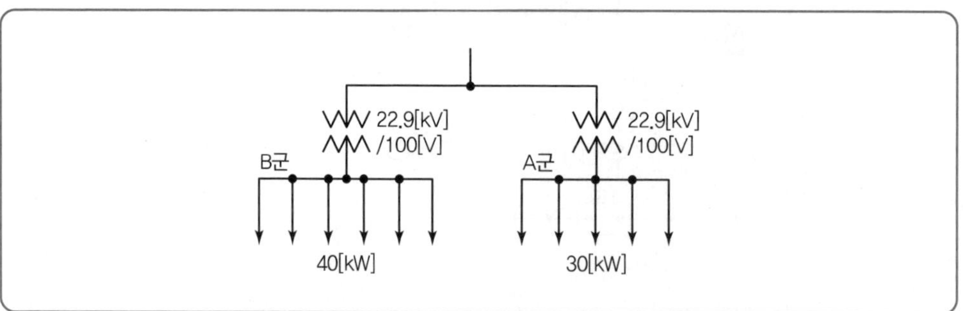

- 각 수용가의 수용률 : 0.5
- 수용가 상호 간의 부등률 : 1.2
- 변압기 상호 간의 부등률 : 1.3

변압기 표준 용량[kVA]							
5	10	15	20	25	50	75	100

1 각 군 수용가에 사용할 변압기의 용량을 산정하시오.
- A군
- B군

2 고압간선에 걸리는 최대 부하는 몇 [kW]인가?

해답 1 • A군 계산 : $T_A = \frac{\text{설비용량} \times \text{수용률}}{\text{부등률} \times \text{역률}} = \frac{30 \times 0.5}{1.2 \times 1} = 12.5[kVA]$ 답 15[kVA]

• B군 계산 : $T_B = \frac{\text{설비용량} \times \text{수용률}}{\text{부등률} \times \text{역률}} = \frac{40 \times 0.5}{1.2 \times 1} = 16.67[kVA]$ 답 20[kVA]

2 계산 : $\text{최대 부하} = \frac{T_A + T_B}{\text{부등률}} = \frac{12.5 + 16.67}{1.3} = 22.44[kW]$ 답 22.44[kW]

TIP

① $\text{변압기 용량}[kVA] = \frac{\text{부하 설비 용량}[kW] \times \text{수용률}}{\text{부등률} \times \text{역률}}$

② 부하의 역률이 주어지지 않았으므로 $\cos\theta = 1$로 계산한다.

③ 최대 부하=합성 최대 전력

14 ★★★★★ [5점]

설비불평형률에 대한 다음 각 물음에 답하시오.

1 저압, 고압 및 특별고압 수전의 3상 3선식 또는 3상 4선식에서 불평형 부하의 한도는 단상 접속부하로 계산하여 설비불평형률을 몇 [%] 이하로 하는 것을 원칙으로 하는가?

2 아래 그림과 같은 3상 4선식 380[V] 수전인 경우의 설비불평형률을 구하시오.(단, 전열부하의 역률은 1이다.)

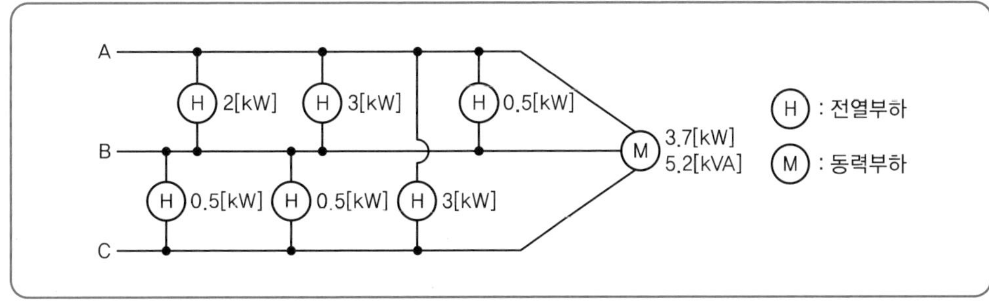

해답 1 30[%]

2 계산 : $설비불평형률=\frac{(2+3+0.5)-(0.5+0.5)}{(2+3+0.5+5.2+3+0.5+0.5)\times\frac{1}{3}}\times 100=91.84[\%]$

답 91.84[%]

TIP

➤ 3상 3선식 또는 3상 4선식의 경우

① $설비불평형률=\frac{각\ 선\ 간에\ 접속되는\ 단상부하의\ 최대와\ 최소의\ 차}{총\ 부하\ 설비용량의\ 1/3}\times 100[\%]$

② 30%를 초과하지 말 것

15 ★★★★☆ [6점]

점멸기의 그림 기호(●)에 대한 다음 각 물음에 답하시오.

1 용량 몇 [A] 이상은 전류치를 방기하는가?

2 ① $●_{2P}$과 ② $●_{4}$은 어떻게 구분되는지 설명하시오.

3 ① 방수형과 ② 폭발방지형은 어떤 문자를 방기하는가?

※ KEC 규정에 따라 변경

해답 1 15[A]

2 ① 2극 스위치 ② 4로 스위치

3 ① 방수형 : WP ② 폭발방지형 : EX

↘ 전기기사

2003년도 3회 시험

과년도 기출문제

회독 체크	□1회독	월 일	□2회독	월 일	□3회독	월 일

01 ★★☆☆☆ [8점]

다음 물음에 답하시오.

1 단순부하인 경우 출력이 600[kW], 역률 0.8, 효율 0.9일 때 비상용인 경우 발전기 용량 [kVA]은?

2 발전기실의 위치를 선정할 때 고려해야 할 사항 3가지를 쓰시오.

3 발전기 병렬운전 조건 4가지를 쓰시오.

4 발전기와 부하 사이에 설치하는 기기를 쓰시오.

해답 1 계산 : $P = VI\cos\theta \cdot \eta[\text{kW}]$

$$VI = \frac{600}{0.8 \times 0.9} = 833.333$$

답 833.33[kVA]

2 ① 변전실과 평면적, 입체적 관계를 충분히 검토할 것
② 부하의 중심이 되며 전기실에 가까울 것
③ 온도가 고온이 되어서는 안 되며, 습도가 많아도 안 됨
그 외
④ 기기의 반입 및 반출 운전보수가 편리할 것
⑤ 실내 환기가 충분할 것
⑥ 급배수가 용이할 것

3 ① 기전력의 크기가 같을 것
② 기전력의 주파수가 같을 것
③ 기전력의 위상이 같을 것
④ 기전력의 파형이 같을 것

4 전압계, 전류계, 과전류 차단기, 개폐기

02 ★☆☆☆☆ [4점]

H종 건식 변압기를 사용하려고 한다. 유입 변압기를 사용할 때와 비교하여 그 장점을 4가지만 쓰시오.(단, 변압기의 가격, 설치 시의 비용 등 금전에 관한 사항은 제외한다.)

해답 ① 소형 · 경량화할 수 있다.
② 유지 보수가 용이하다.
③ 난연성, 자기소화성으로 화재의 발생이나 연소의 우려가 적으므로 안정성이 높다.
④ 절연에 대한 신뢰성이 높다.

03 ★★★★★

[4점]

전력용 콘덴서를 통해 역률 과보상 시 나타나는 현상 3가지를 쓰시오.

해답 ① 모선 전압의 상승
② 계전기 오동작
③ 고조파 왜곡의 증대
그 외
④ 송전 손실 증가

04 ★★★★★

[6점]

다음 논리식에 대한 물음에 답하시오.

$$X = A + B\overline{C}$$

1 무접점 시퀀스로 그리시오.
2 NAND gate로 그리시오.
3 NOR gate를 최소로 이용하여 그리시오.

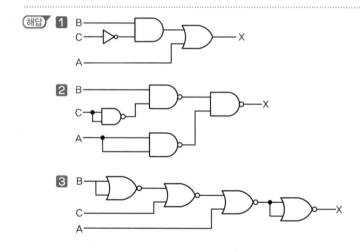

해답 1

2 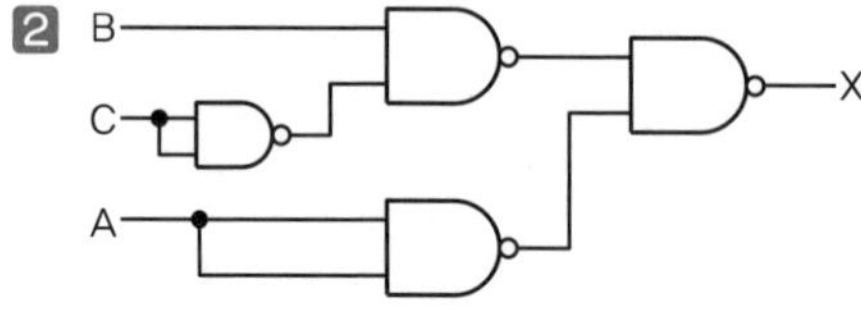

3 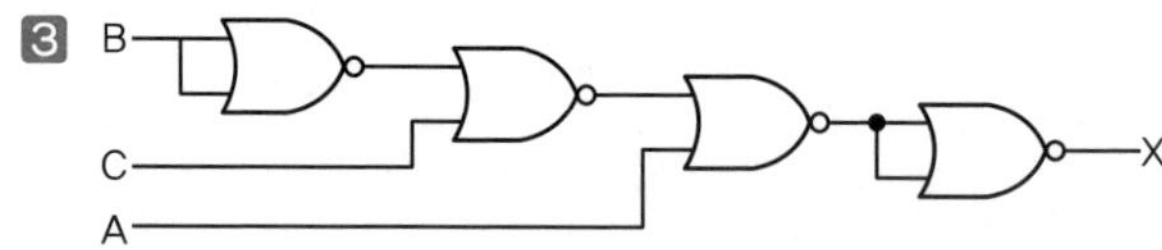

TIP

2 NAND gate : $\overline{\overline{A+B\overline{C}}} = \overline{\overline{A}\cdot\overline{B\overline{C}}}$

3 NOR gate : $\overline{\overline{A+B\overline{C}}} = \overline{\overline{A+\overline{\overline{B\overline{C}}}}} = \overline{\overline{A+\overline{\overline{B}+C}}}$

05 ★★★☆☆ [6점]

HID(High Intensity Discharge) Lamp에 대한 다음 각 물음에 답하시오.

1 이 램프는 어떠한 램프를 말하는가?(단, 우리말 명칭 또는 이 램프의 의미에 대한 설명을 쓸 것)

2 가장 많이 사용되는 램프의 종류를 3가지만 쓰시오.

해답 1 고휘도 방전램프

2 고압 수은등, 고압 나트륨등, 메탈할라이드 램프

06 ☆☆☆☆☆ [3점]

다음 주어진 조건을 이용하여 간선의 최소 허용 전류와 퓨즈의 용량을 구하시오.

※ KEC 규정에 따라 삭제

[조건]

- 전동기 정격전류 : 20[A]
- 전열 정격전류 : 6[A]×2개
- 전등 정격전류 : 3[A]

1 간선의 최소 허용 전류는?

2 퓨즈의 용량[A]은?

07 ★★★☆☆ [8점]

도로 조명 설계에 관한 다음 각 물음에 답하시오.

크기[W]	램프의 전류[A]	전광속[lm]
100	1.0	3,200~4,000
200	1.9	7,700~8,500
250	2.1	10,000~11,000
300	2.5	13,000~14,000
400	3.7	18,000~20,000

1 도로 조명 설계에 있어서 성능상 고려해야 할 중요 사항을 6가지만 쓰시오.

2 도로의 너비가 40[m]인 곳의 양쪽을 30[m] 간격을 두고 지그재그식으로 등주를 배치하여 도로 위의 평균조도를 5[lx]가 되도록 하고자 한다. 도로면 광속 이용률은 30[%], 유지율은 75[%]로 한다고 할 때 각 등주에 사용되는 수은등의 규격은 몇 [W]의 것을 사용하여야 하는가?

해답 **1** ① 노면 전체를 평균휘도로 조명할 것
② 충분한 조도로 조명할 것
③ 조명시설이 도로나 그 주변의 경관을 해치지 않을 것
④ 눈부심이 적을 것
⑤ 광속의 연색성이 적절할 것
⑥ 정연한 배열로 배치할 것

2 계산 : $F = \frac{DEA}{UN} = \frac{EA}{UNM} = \frac{5 \times \left(\frac{40}{2} \times 30\right)}{0.3 \times 0.75} = 13,333.33[\text{lm}]$ 표에서 300[W] 선정

답 300[W]

TIP

➤ A : 면적

① 양쪽 배열, 지그재그 배열 : (간격×폭)× $\frac{1}{2}$

② 편측 배열, 중앙 배열 : (간격×폭)

08 ★★★☆☆ [4점]

다음 그림과 같이 영상 변류기를 케이블에 설치하는 경우의 케이블 차폐층의 접지선은 어떻게 시설하는 것이 알맞은가?(단, 접지선을 추가로 그리시오.)

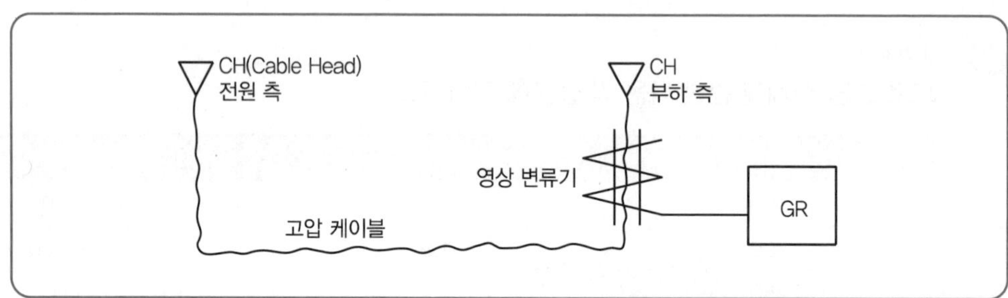

해답

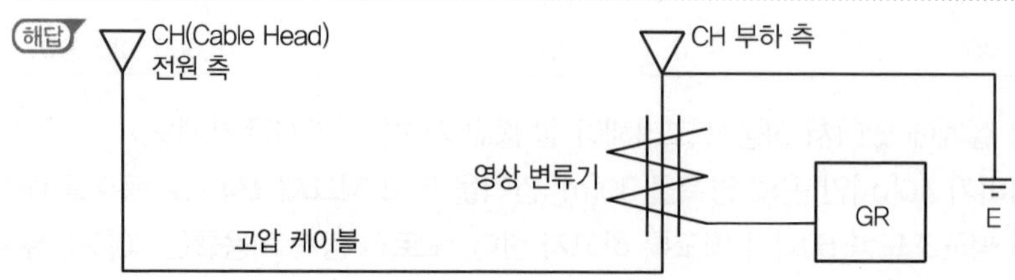

TIP

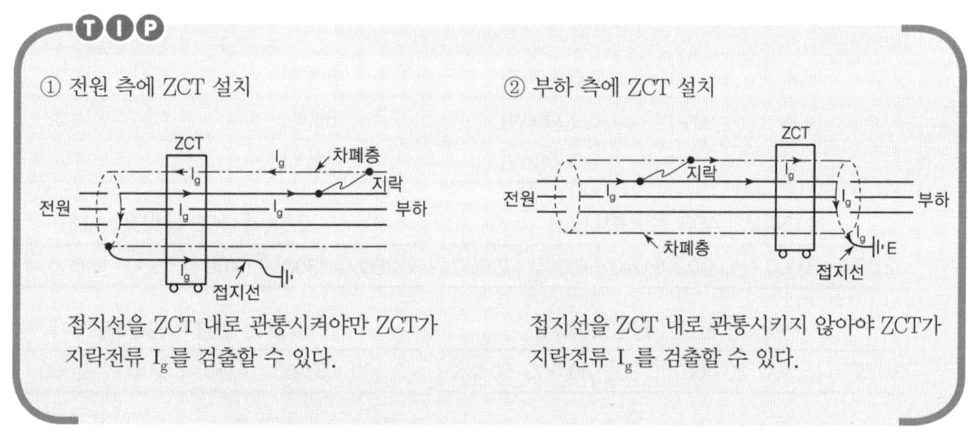

09 ★★★★★ [12점]

그림은 어떤 변전소의 도면이다. 변압기 상호 부등률이 1.3이고, 부하의 역률이 90[%]이다. STr의 내부 임피던스가 4.6[%], TR_1, TR_2, TR_3의 내부 임피던스가 10[%], 154[kV], BUS의 내부 임피던스가 0.4[%]이다. 다음 물음에 답하시오.

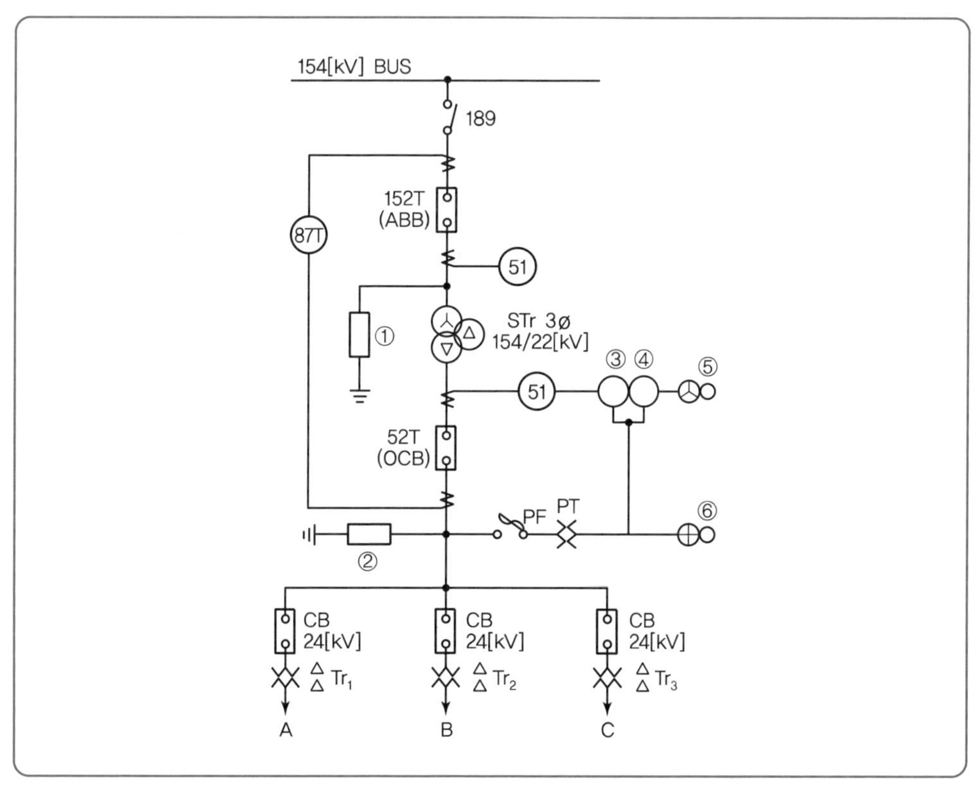

부하	용량	수용률	부등률
A	4,000[kW]	80[%]	1.2
B	3,000[kW]	84[%]	1.2
C	6,000[kW]	92[%]	1.2

154[kV] ABB 용량표[MVA]

2,000	3,000	4,000	5,000	6,000	7,000

22[kV] OCB 용량표[MVA]

200	300	400	500	600	700

154[kV] 변압기 용량표[kVA]

10,000	15,000	20,000	30,000	40,000	50,000

22[kV] 변압기 용량표[kVA]

2,000	3,000	4,000	5,000	6,000	7,000

1 TR_1, TR_2, TR_3 변압기 용량[kVA]은?

2 STr의 변압기 용량[kVA]은?

3 차단기 152T의 용량[MVA]은?

4 차단기 52T의 용량[MVA]은?

5 87T의 명칭은?

6 (51)의 명칭은?

7 ①~④에 알맞은 심벌을 기입하시오.

해답 1 $Tr_1, Tr_2, Tr_3 = \dfrac{\text{개별최대전력(설비용량×수용률)}}{\text{부등률×역률}}$

계산 : $Tr_1 = \dfrac{4,000 \times 0.8}{1.2 \times 0.9} = 2,962.96[kVA]$ 답 3,000[kVA]

계산 : $Tr_2 = \dfrac{3,000 \times 0.84}{1.2 \times 0.9} = 2,333.33[kVA]$ 답 3,000[kVA]

계산 : $Tr_3 = \dfrac{6,000 \times 0.92}{1.2 \times 0.9} = 5,111.11[kVA]$ 답 6,000[kVA]

2 계산 : $STr = \dfrac{\text{개별 최대전력의 합}}{\text{부등률}} = \dfrac{2,962.96 + 2,333.33 + 5,111.11}{1.3} = 8,005.69$

답 10,000[kVA]

3 계산 : $P_s = \dfrac{100}{\%Z}P = \dfrac{100}{0.4} \times 10 = 2,500[MVA]$ 답 3,000[MVA]

4 $P_s = \dfrac{100}{\%Z}P = \dfrac{100}{0.4 + 4.6} \times 10 = 200[MVA]$ 답 200[MVA]

5 주 변압기 비율 차동 계전기

6 과전류 계전기

7 ①, ② 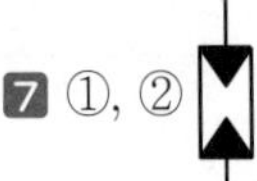 ③ KW ④ PF

TIP

1 부하 측의 부등률이 주어지면 용도별(Tr_1, Tr_2, Tr_3) 변압기에 적용할 것
2 주 변압기 계산 시 변압기 간의 부등률을 적용하고, 계산값으로 변압기 용량을 구할 것
5 (87T) : 주 변압기 비율차동계전기
(87) : 비율차동계전기

10 ★★★★☆ [8점]

다음 그림은 최대 사용 전압 6,900[V] 변압기의 절연 내력 시험을 위한 시험 회로이다. 그림을 보고 다음 물음에 답하시오.

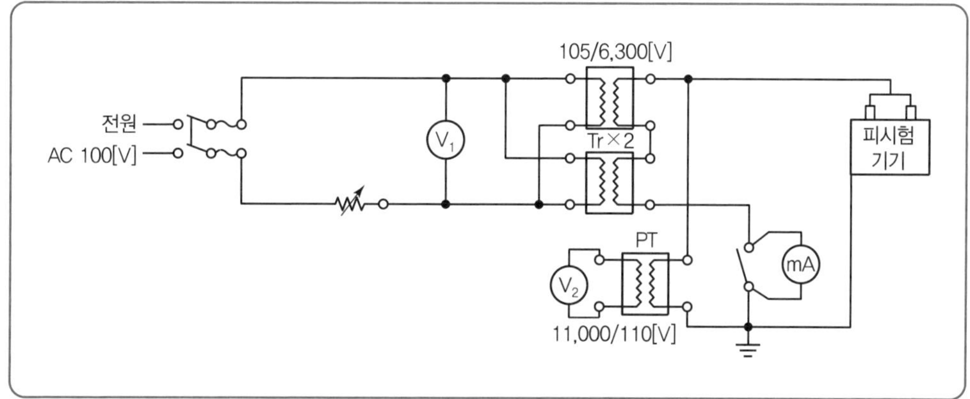

1 절연내력 시험 시 시험전압은 몇 [V]인가?
2 절연내력 시험 전압으로 얼마 동안 견디어야 하는가?
3 (V_1) 전압계로 측정되는 전압은 몇 [V]인가?
4 (mA)의 설치 목적은 무엇인가?

해답 1 계산 : $6{,}900 \times 1.5 = 10{,}350$[V]
답 10,350[V]
2 10분
3 계산 : $(V_1) = 10{,}350 \times \frac{1}{2} \times \frac{105}{6{,}300} = 86.25$[V]
답 86.25[V]
4 누설 전류의 측정

TIP

V_1 전압계 지시값은 2차 전압 10,350(V)는 변압기 2대 값이고, 1차 전압은 변압기가 병렬(전압이 일정)이므로 1대 값이 된다.

즉, 10,350(V)$\times\frac{1}{2}$이 된다.

11 ★★☆☆☆ [6점]

답란의 그림과 같이 3상 3선식 6,600[V] 비접지 고압선로로부터 전등, 전열등 단상 부하와 3상 부하를 함께 공급하기 위한 동력과 전등 공용 변압기 결선을 20[kVA] 단상 변압기 2대로 V결선하고 이때 필요한 보호 설비와 접지를 도해하시오.(단, 기기의 규격은 생략한다.)

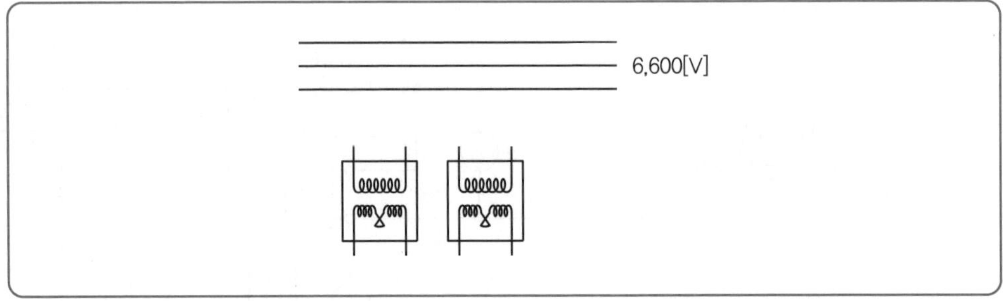

해답

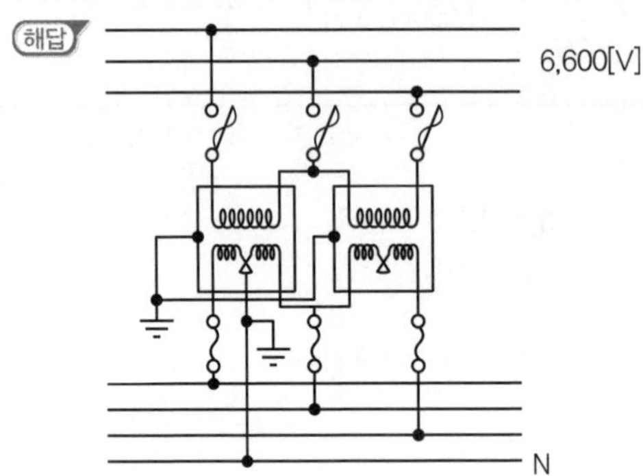

12 ★★★★★ [4점]

다음 물음에 답하시오.

1 축전지가 자기방전을 보충함과 동시에 다른 부하에 전원을 공급하는 충전방식의 명칭을 쓰시오.

2 축전지의 각 전해조에 일어나는 전위차를 보정하기 위해 1~3개월마다 1회 정전압으로 10~12시간 충전하는 충전방식의 명칭을 쓰시오.

해답 1 부동충전방식
2 균등충전방식

TIP

① 보통충전 : 필요할 때마다 표준 시간율로 소정의 충전을 하는 방식
② 세류충전 : 축전지의 자기방전을 보충하기 위하여 부하를 off 한 상태에서 미소전류로 항상 충전하는 방식
③ 균등충전 : 각 전해조에서 일어나는 전위차를 보정하기 위하여 1~3개월마다 1회, 정전압 충전하여 각 전해조의 용량을 균일화하기 위하여 행하는 충전방식
④ 부동충전 : 축전지의 자기방전을 보충함과 동시에 사용 부하에 대한 전력공급은 충전기가 부담하도록 하되 충전기가 부담하기 어려운 일시적인 대전류의 부하는 축전지가 분담하도록 하는 방식

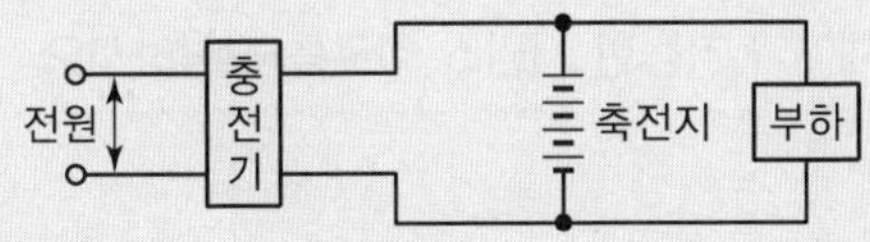

⑤ 급속충전 : 짧은 시간에 보통 충전 전류의 2~3배 전류로 충전하는 방식

13 ★★★★☆ [17점]

다음은 수중 PUMP로 자동제어 운전하는 회로도이다. 다음 각 물음에 답하시오.

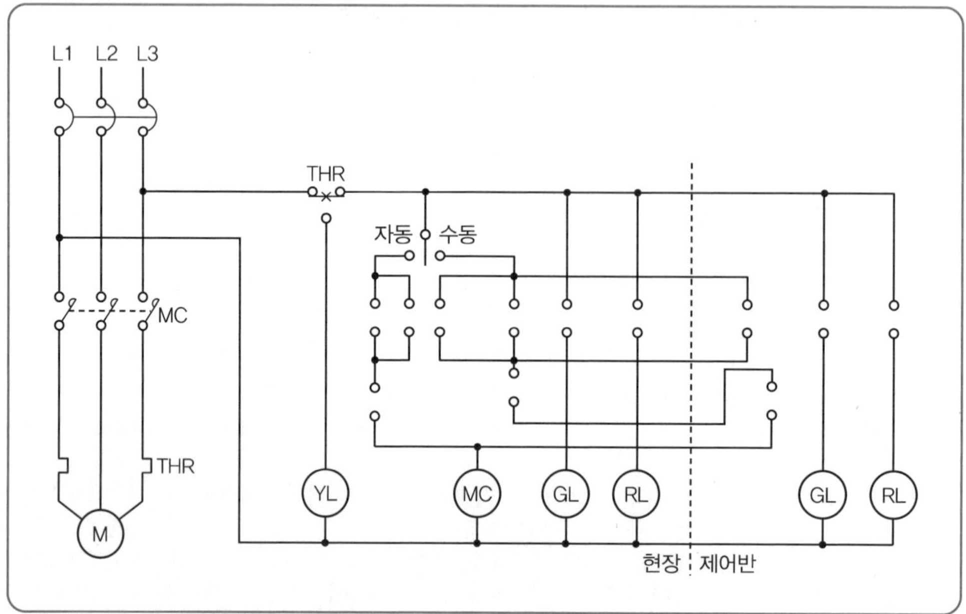

1 수동 자동으로 제어가 가능한 시퀀스 회로를 작성하시오.

[조건]

① 전환개폐기 사용
② 리밋 S/W나 플로트 스위치 사용
③ MOTOR 정지 시 G 램프
MOTOR 운전 시 R 램프
과부하 트립 시 Y 램프
④ 제어반과 현장에서 모두 제어 가능

2 현장 조작용 스위치에 사용되는 케이블은 어떤 종류인가?

3 위의 회로에서 사용할 수 있는 차단기 중 가장 적당한 차단기의 명칭을 쓰시오.

1

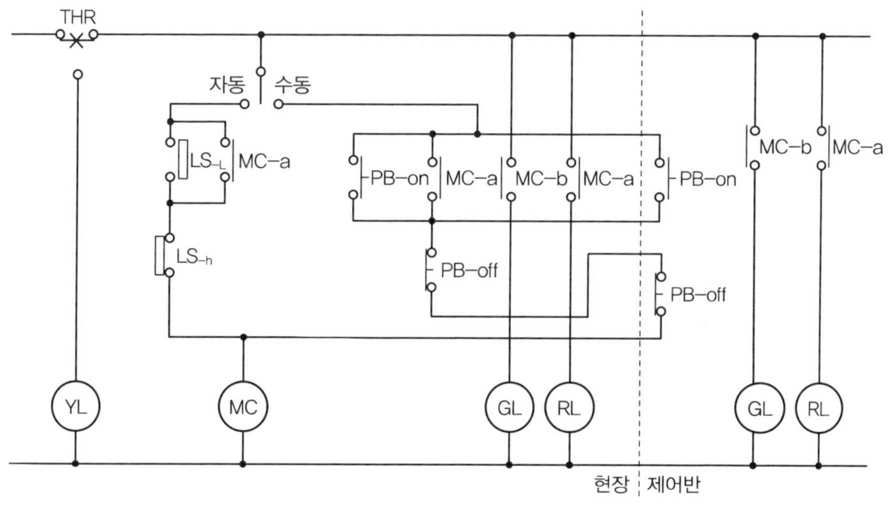

2 CVV(0.6/1[kV] 비닐절연 비닐시즈 케이블)

3 누전차단기

14 ★★★★★

[6점]

표와 같은 수용가 A, B, C에 공급하는 배전 선로의 최대 전력이 450[kW]라고 할 때 다음 각 물음에 답하시오.

1 수용가의 부등률은 얼마인가?

수용가	설비용량[kW]	수용률[%]
A	250	65
B	300	70
C	350	75

2 부등률이 클 때 이용률과 경제성은 어떠한가?

해답 1 부등률$=\dfrac{\text{설비 용량}\times\text{수용률}}{\text{합성 최대 전력}}=\dfrac{250\times0.65+300\times0.7+350\times0.75}{450}=1.41$

2 부등률이 클수록 공급설비가 유효하게 사용되고 있다는 것이고, 경제성은 높아진다.

TIP

부등률$=\dfrac{\text{개별 최대 수용 전력의 합}}{\text{합성 최대 수용 전력}}=\dfrac{\text{설비 용량}\times\text{수용률}}{\text{합성 최대 수용 전력}}$

15 ★★☆☆☆

[4점]

다음 물음에 답하시오.

1 과부하 시 자동으로 개폐할 수 있는 고장 구분 개폐기는?

2 과부하 시 개폐할 수 있고 22.9[kV] 이하에 사용하지 않으며 66[kV] 이상에 사용하는 개폐기는?

해답 1 자동 고장 구분 개폐기(ASS)

2 선로 개폐기(LS)

ENGINEER ELECTRICITY

2004년 과 년 도 문제풀이

전기기사

2004년도 1회 시험

과년도 기출문제

회독 체크	□1회독	월 일	□2회독	월 일	□3회독	월 일

2002 2003 2004 2005 2006 2007 2008 2009 2010 2011

01 ★★☆☆☆ [6점]

권상기용 전동기의 출력이 50[kW]이고 분당 회전속도가 950[rpm]일 때 그림을 참고하여 물음에 답하시오.(단, 기중기의 기계 효율은 100[%]이다.)

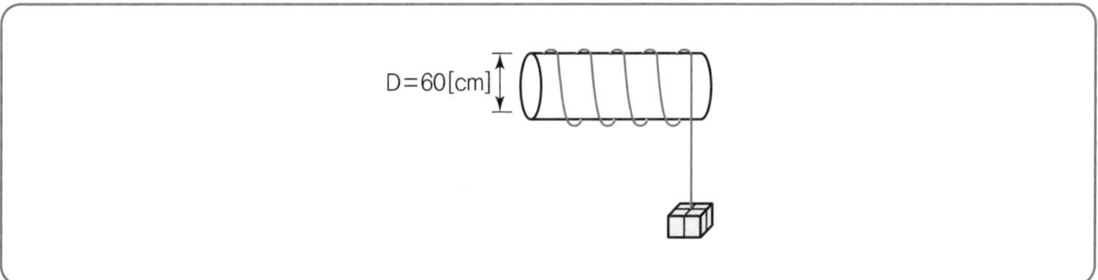

1 권상속도는 몇 [m/min]인가?

2 권상기의 권상중량은 몇 [kg]인가?

해답 1 계산 : 권상속도 $V = \pi DN = \pi \times 0.6 \times 950 = 1{,}790.71[\text{m/min}]$

답 $1{,}790.71[\text{m/min}]$

2 계산 : $P = \dfrac{WV}{6.12\eta}$ 에서

권상중량 $W = \dfrac{6.12P\eta}{V} = \dfrac{6.12 \times 50 \times 1}{1{,}790.71} \times 10^3 = 170.88[\text{kg}]$

답 $170.88[\text{kg}]$

TIP

권상기 출력 $P = \dfrac{WV}{6.12\eta}[\text{kW}]$

여기서, W : 무게[ton]

V : 속도[m/min]

η : 효율

02 ★★★★☆

[10점]

66[kV]/6.6[kV], 6,000[kVA]의 3상 변압기 1대를 설치한 배전 변전소로부터 긍장 1.5[km]의 1회선 고압 배전 선로에 의해 공급되는 수용가 인입구에서 3상 단락 고장이 발생하였다. 선로의 전압강하를 고려하여 다음 물음에 답하시오.(단, 변압기 1상당 리액턴스는 0.4[Ω], 배전선 1선당의 저항은 0.9[Ω/km], 리액턴스는 0.4[Ω/km]라 하고 기타의 정수는 무시한다.)

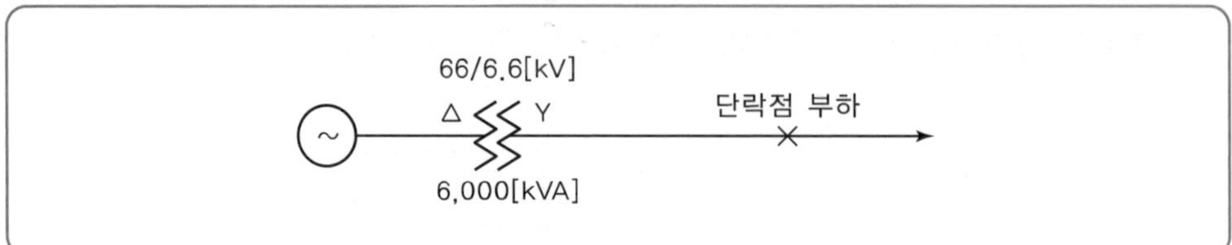

1 1상분의 단락회로를 그리시오.
2 수용가 인입구에서의 3상 단락전류를 구하시오.
3 이 수용가에서 사용되는 차단기로서는 몇 [MVA]인 것이 적당하겠는가?

해답 1

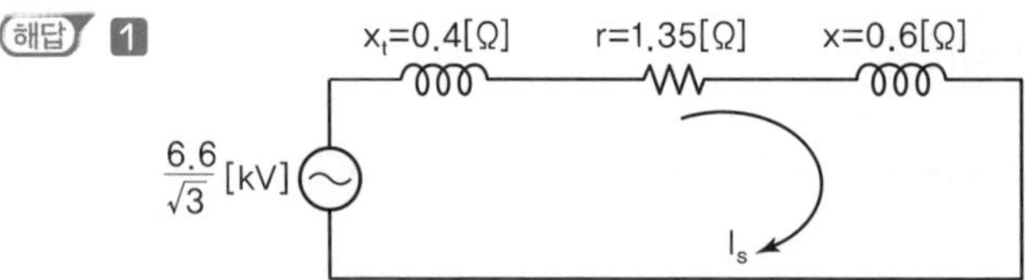

2 계산 : 선로 임피던스는 $r = 0.9 \times 1.5 = 1.35[\Omega]$, $x = 0.4 \times 1.5 = 0.6[\Omega]$
변압기 리액턴스 $x_t = 0.4[\Omega]$

$$\therefore \text{ 단락전류 } I_s = \frac{E}{\sqrt{r^2 + (x_t + x)^2}}$$

$$= \frac{\frac{6.6 \times 10^3}{\sqrt{3}}}{\sqrt{1.35^2 + (0.4 + 0.6)^2}}$$

$$= 2{,}268.12[A]$$

답 2,268.12[A]

3 계산 : 차단기 용량 $P_s = \sqrt{3}\, V I_s$

$$= \sqrt{3} \times 7{,}200 \times 2{,}268.12 \times 10^{-6}$$

$$= 28.29[MVA]$$

답 28.29[MVA]

TIP

① $I_s = \frac{E}{Z} = \frac{\frac{V}{\sqrt{3}}}{Z}$

여기서, E : 상전압 V : 선간 전압 Z : R+jX[Ω](1선당 값)

② 6.6[kV]의 차단기 정격전압 : 7.2[kV]

2002 2003 2004 2005 2006 2007 2008 2009 2010 2011

03 ★★★★★ [7점]

아래의 그림은 전동기의 정 · 역 운전 회로도의 일부분이다. 동작 설명과 미완성 도면을 이용하여 다음 각 물음에 답하시오.

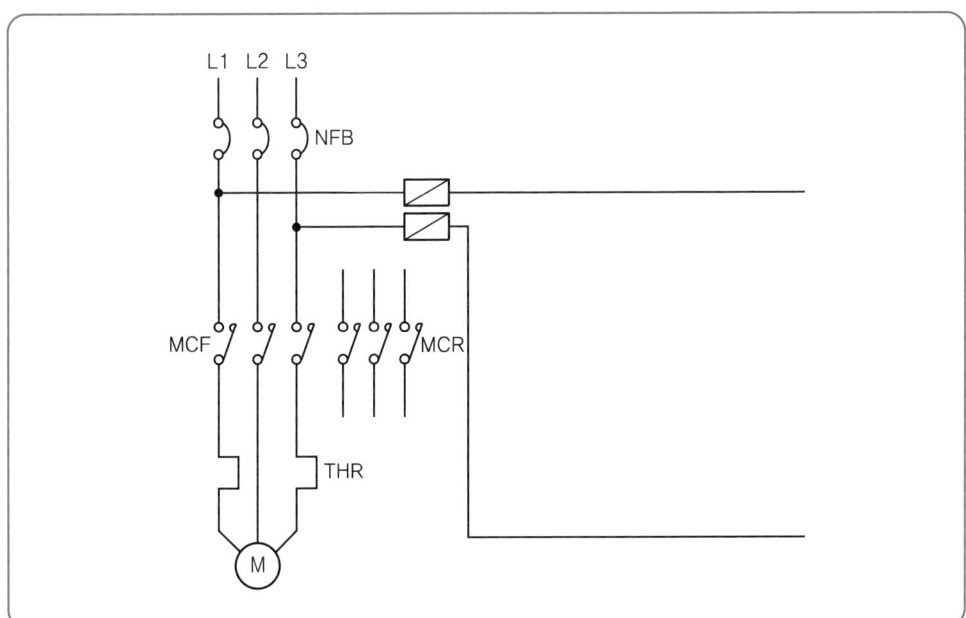

- NFB를 투입하여 전원을 인가하면 Ⓖ등이 점등되도록 한다.
- 누름버튼 스위치 PB_1(정)을 ON하면 MCF가 여자되며, 이때 Ⓖ등은 소등되고 Ⓡ등은 점등되도록 하며, 또한 정회전한다.
- 누름버튼 스위치 PB_0를 OFF하면 전동기는 정지한다.
- 누름버튼 스위치 PB_2(역)을 ON하면 MCR가 여자되며, 이때 Ⓨ등이 점등되게 된다.
- 과부하 시에는 열동계전기 THR이 동작되어 THR의 b접점이 개방되어 전동기는 정지된다.

※ 위와 같은 사항으로 동작되며, 특이한 사항은 MCF나 MCR 어느 하나가 여자되면 나머지 하나는 전동기가 정지 후 동작시켜야 동작이 가능하다.

※ MCF, MCR의 보조접점으로는 각각 a접점 1개, b접점 2개를 사용한다.

1 다음 주회로 부분을 완성하시오.

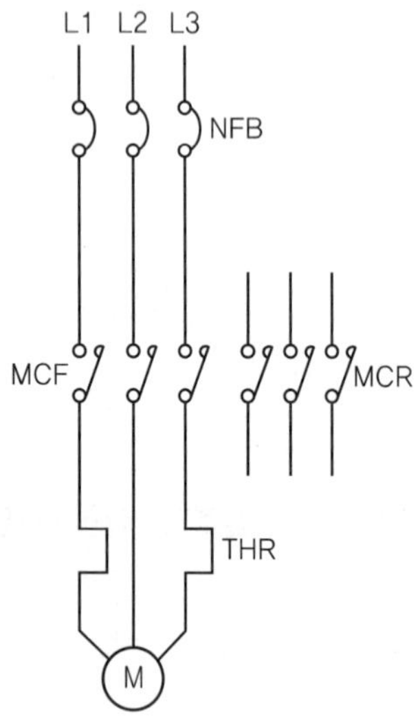

2 다음 보조회로 부분을 완성하시오.

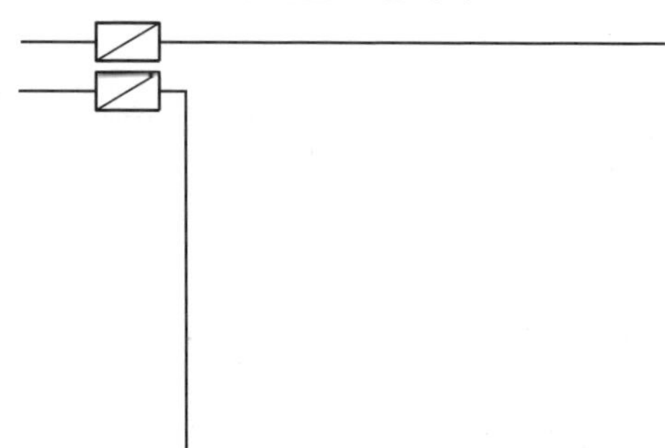

해답 **1**

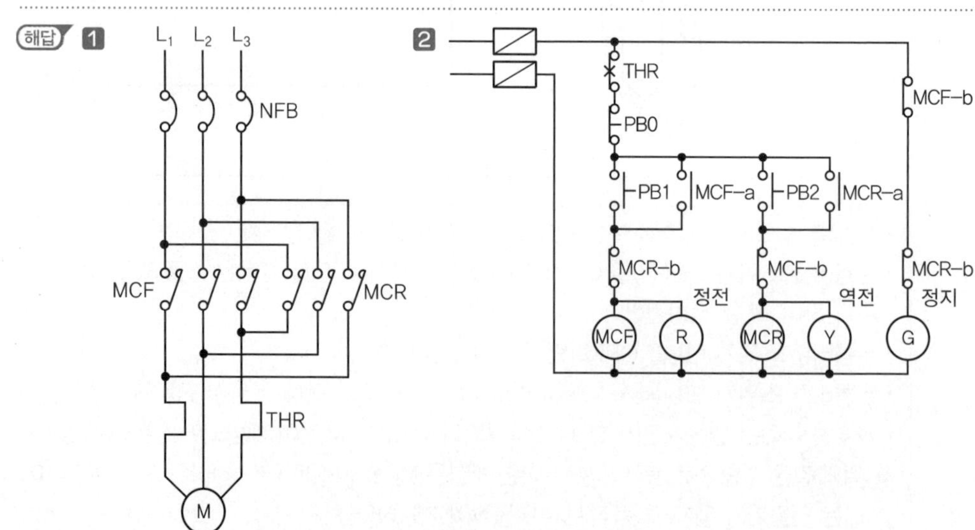

04 ★★★★★ [14점]

단상 3선식 110/220[V]을 채용하고 있는 어떤 건물이 있다. 변압기가 설치된 수전실로부터 50[m] 되는 곳에 부하 집계표와 같은 분전반을 시설하고자 한다. 다음 표를 참고하여 전압 변동률 2[%] 이하, 전압강하율 2[%] 이하가 되도록 다음 사항을 구하시오.(단, 공사방법은 B1이며, 전선은 PVC 절연전선이다. 후강 전선관 공사로 한다. 3선 모두 같은 선으로 한다. 부하의 수용률은 100[%]로 적용, 후강 전선관 내 전선의 점유율은 60[%] 이내를 유지할 것)

| 표 1. 부하 집계표 |

회로 번호	부하 명칭	부하[VA]	부하 분담[VA]		NFB 크기			비고
			A	B	극수	AF	AT	
1	전등	2,400	1,200	1,200	2	50	16	
2	〃	1,400	700	700	2	50	16	
3	콘센트	1,000	1,000	–	2	50	20	
4	〃	1,400	1,400	–	2	50	20	
5	〃	600	–	600	2	50	20	
6	〃	1,000	–	1,000	2	50	20	
7	팬코일	700	700	–	2	30	16	
8	팬코일	700	–	700	2	30	16	
합계		9,200	5,000	4,200				

| 표 2. 전선(피복 절연물을 포함)의 단면적 |

도체 단면적[mm^2]	절연체 두께[mm]	평균 완성 바깥지름[mm]	전선의 단면적[mm^2]
1.5	0.7	3.3	9
2.5	0.8	4.0	13
4	0.8	4.6	17
6	0.8	5.2	21
10	1.0	6.7	35
16	1.0	7.8	48
25	1.2	9.7	74
35	1.2	10.9	93
50	1.4	12.8	128
70	1.4	14.6	167
95	1.6	17.1	230
120	1.6	18.8	277
150	1.8	20.9	343
185	2.0	23.3	426
240	2.2	26.6	555
300	2.4	29.6	688
400	2.6	33.2	865

(주) 1. 전선의 단면적은 평균 완성 바깥지름의 상한값을 환산한 값이다.
2. KS C IEC60227-3의 450/750[V] 일반용 단심 비닐절연전선(연선)을 기준한 것이다.

| 표 3. 공사방법의 허용 전류[A] |

PVC 절연, 3개 부하전선, 동 또는 알루미늄

전선온도 : 70[℃], 주위온도 : 기중 30[℃], 지중 20[℃]

전선의 공칭단면적 [mm²]	표 A.52-1의 공사방법					
	A1	A2	B1	B2	C	D
1	2	3	4	5	6	7
동						
1.5	13.5	13	15.5	15	17.5	18
2.5	18	17.5	21	20	24	24
4	24	23	28	27	32	31
6	31	29	36	34	41	39
10	42	39	50	46	57	52
16	56	52	68	62	76	67
25	73	68	89	80	96	86
35	89	83	110	99	119	103
50	108	99	134	118	144	122
70	136	125	171	149	184	151
95	164	150	207	179	223	179
120	188	172	239	206	259	203
150	216	196	–	–	299	230
185	245	223	–	–	341	258
240	286	261	–	–	403	297
300	328	298	–	–	464	336

1 간선의 굵기는?(단, 중성선의 전압강하는 무시한다.)

2 후강 전선관의 굵기는?

3 간선 보호용 과전류 차단기의 정격 전류는?

4 분전반의 복선 결선도를 완성하시오.

5 설비불평형률은?

해답 1 계산 : A선의 전류 $I_A = \dfrac{5,000}{110} = 45.45[A]$

B선의 전류 $I_B = \dfrac{4,200}{110} = 38.18[A]$

I_A, I_B 중 큰 값인 45.45[A]를 기준으로 함

$A = \dfrac{17.8LI}{1,000e} = \dfrac{17.8 \times 50 \times 45.45}{1,000 \times 110 \times 0.02} = 18.39[mm^2]$

답 25[mm²]

2 계산 : 표 2에서 25[mm²] 전선의 피복 포함 단면적이 74[mm²]이므로
전선의 총 단면적 $A = 74 \times 3 = 222[mm^2]$
문제의 조건에서 후강 전선관 내단면적의 60[%]를 사용하므로

$$A = \frac{1}{4}\pi d^2 \times 0.6 \geqq 222 \qquad \therefore d = \sqrt{\frac{222 \times 4}{0.6 \times \pi}} = 21.7[mm]$$

답 22[mm] 후강 전선관 선정
(∵ 후강 전선관의 종류 : 16, 22, 28, 36, 42, 54, 70, 82, 92, 104 …)

3 계산 : 설계전류 $I_B = 45.45[A]$이고, 표 3에서 25[mm²] 전선 3본을 공사방법 B1으로 할 경우 허용전류 $I_Z = 89[A]$이므로 $I_B \leq I_n \leq I_Z$의 조건을 만족하는 정격전류 $I_n = 80[A]$의 배선용 차단기 선정

답 80[A]

4

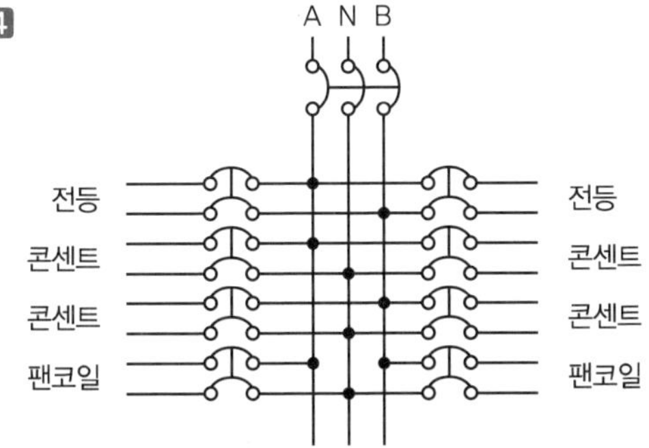

5 설비불평형률

$$= \frac{\text{중성선과 각 전압 측 전선 간에 접속되는 부하설비용량[kVA]의 차}}{\text{총 부하설비용량[kVA]의 } 1/2} \times 100[\%]$$

$$= \frac{3,100 - 2,300}{\frac{1}{2}(5,000 + 4,200)} \times 100 = 17.39[\%]$$

답 17.39[%]

TIP

➤ 도체와 과부하 보호장치 사이의 협조(KEC 212.4.1)

과부하에 대해 케이블(전선)을 보호하는 장치의 동작특성은 다음의 조건을 충족해야 한다.

$I_B \leq I_n \leq I_Z$, $I_2 \leq 1.45 \times I_Z$

여기서, I_B : 회로의 설계전류(선도체를 흐르는 설계전류 또는 함유율이 높은 영상분 고조파, 특히 제3고조파가 지속적으로 흐르는 경우 중성선에 흐르는 전류이다.)
I_Z : 케이블의 허용전류
I_n : 보호장치의 정격전류(사용 현장에 적합하게 조정된 전류의 설정값)
I_2 : 보호장치가 규약시간 이내에 유효하게 동작하는 것을 보장하는 전류

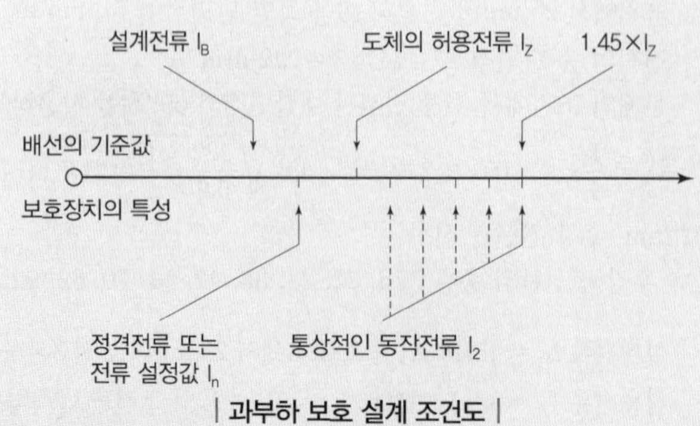

| 과부하 보호 설계 조건도 |

➤ 단상 3선식에서 설비불평형률

$$설비불평형률=\frac{중성선과\ 각\ 전압\ 측\ 전선\ 간에\ 접속되는\ 부하설비용량[kVA]의\ 차}{총\ 부하설비용량[kVA]의\ 1/2}\times 100[\%]$$

여기서, 불평형률은 40[%] 이하이어야 한다.

➤ 배선용 차단기 정격전류

① KS C 8321
6, 8, 10, 13, 16, 20, 25, 32, 40, 50, 63, 80, 100, 125, 150, 160, 175, 200A….

② KS C IEC60947-2
1, 1.25, 1.6, 2, 2.5, 3.15, 4, 5, 6.3, 8, 10, 12.5, 16, 20, 25, 31.5, 40, 50, 63, 80, 100, 125, 160, 200A….

➤ 4번 복선도 표현 시 메인 차단기의 N상은 생략하고 직결하여도 무방하며 분기 차단기의 경우 주어진 표에 따라 극수가 1극이면 A 또는 B선에만 차단기심벌을 표시하고 극수가 2극이면 2선 모두 차단기심벌을 표시한다. 단, 2극인 경우에도 N상에 선이 별도로 연결된 경우에는 N상에는 차단기심벌을 생략한다.

05 ★★★★★ [5점]

역률을 개선하면 전기요금의 저감과 배전선의 손실 경감, 전압강하 감소, 설비여력의 증가 등을 기할 수 있으나, 너무 과보상하면 역효과가 나타난다. 즉, 경부하 시에 콘덴서가 과대 삽입되는 경우의 결점을 3가지 쓰시오.

해답 ① 앞선 역률에 의한 전력손실이 생긴다.
② 모선 전압의 과상승
③ 계전기 오동작
그 외 ④ 고조파 왜곡의 증대

06 ★★★★★

[5점]

납축전지의 정격용량 100[Ah], 상시부하 5[kW], 표준전압 100[V]인 부동충전방식이 있다. 이 부동충전방식에서 다음 각 물음에 답하시오.

1 부동충전방식의 충전기 2차 전류는 몇 [A]인가?

2 부동충전방식의 회로도를 전원, 납축전지, 부하, 충전기 등을 이용하여 간단히 그리시오. (단, 심벌은 일반적인 심벌로 표현하되 심벌 부근에 심벌에 따른 명칭을 쓰도록 하시오.)

해답 1 계산 : $I_2 = \dfrac{\text{정격용량[Ah]}}{\text{방전율[h]}} + \dfrac{\text{상시부하용량[VA]}}{\text{표준 전압[V]}}$

$$\therefore I = \frac{100}{10} + \frac{5 \times 10^3}{100} = 60[A]$$

답 60[A]

2

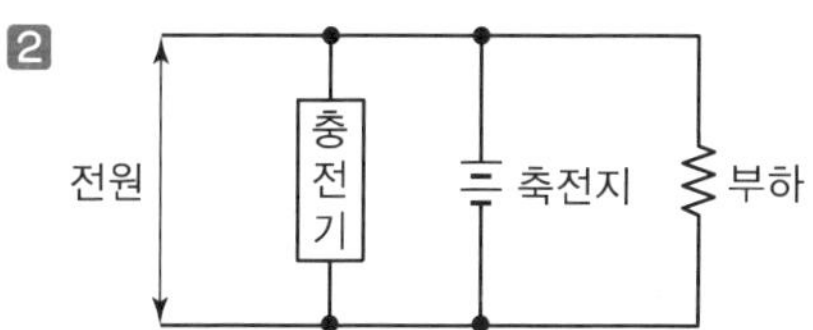

TIP

➤ 정격 방전율
- 납축전지 : 10[h]
- 알칼리축전지 : 5[h]

07 ★★★★☆

[8점]

TV나 형광등과 같은 전기제품에서의 깜빡거림 현상을 플리커 현상이라 하는데 이 플리커 현상을 경감시키기 위한 전원 측과 수용가 측에서의 대책을 각각 3가지씩 쓰시오.

해답 (1) 전원 측에서의 대책

① 단락용량이 큰 계통에서 공급한다.
② 전용 계통으로 공급한다.
③ 공급전압을 승압한다.
④ 전용 변압기로 공급한다.

(2) 수용가 측에서의 대책

① 직렬 콘덴서 방식
② 직렬 리액터 방식
③ 3권선 보상 변압기 방식

2002 2003 2004 2005 2006 2007 2008 2009 2010 2011

TIP

➤ 수용가 측에서의 대책

① 부하의 무효전력 변동분을 흡수하는 방법
- 동기조상기와 리액터 방식
- 사이리스터(Thyristor)를 이용하는 콘덴서 개폐 방식
- 사이리스터용 리액터

② 전원 계통에 리액터분을 보상하는 방법
- 직렬 콘덴서 방식
- 3권선 보상 변압기 방식

③ 전압강하를 보상하는 방법
- 부스터 방식
- 상호 보상 리액터 방식

④ 플리커 부하전류의 변동분을 억제하는 방법
- 직렬 리액터 방식
- 직렬 리액터 가포화 방식

08 ★★★★★ [5점]

어떤 부하에 그림과 같이 접속된 전압계, 전류계 및 전력계의 지시가 각각 V = 200[V], I = 30[A], W_1 = 5.96[kW], W_2 = 2.36[kW]이다. 이 부하에 대하여 다음 각 물음에 답하시오.

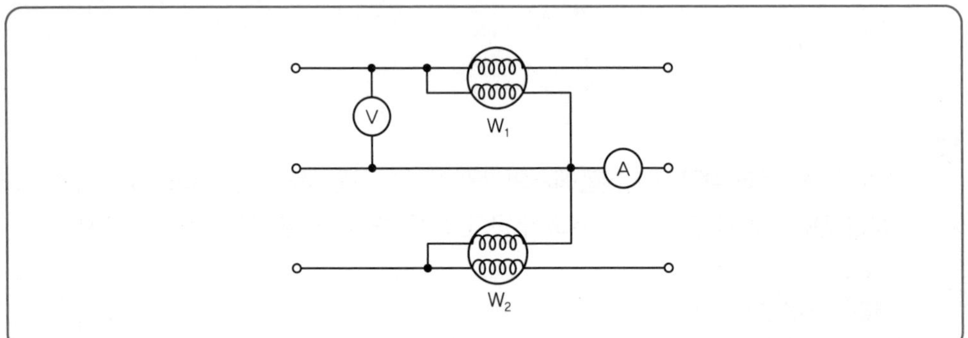

1 소비전력은 몇 [kW]인가?

2 피상전력은 몇 [kVA]인가?

3 부하역률은 몇 [%]인가?

해답 **1** 계산 : 소비전력 $P = W_1 + W_2 = 5.96 + 2.36 = 8.32[kW]$

답 8.32[kW]

2 계산 : 피상전력 $P_a = \sqrt{3} \times VI = \sqrt{3} \times 200 \times 30 \times 10^{-3} = 10.39[kVA]$

답 10.39[kVA]

3 계산 : 역률 $\cos\theta = \frac{P}{P_a} = \frac{8.32}{10.39} \times 100 = 80.08[\%]$

답 80.08[%]

09 ★☆☆☆☆ [12점]

다음 그림과 같은 배선평면도와 주어진 조건을 이용하여 각 물음에 답하시오.

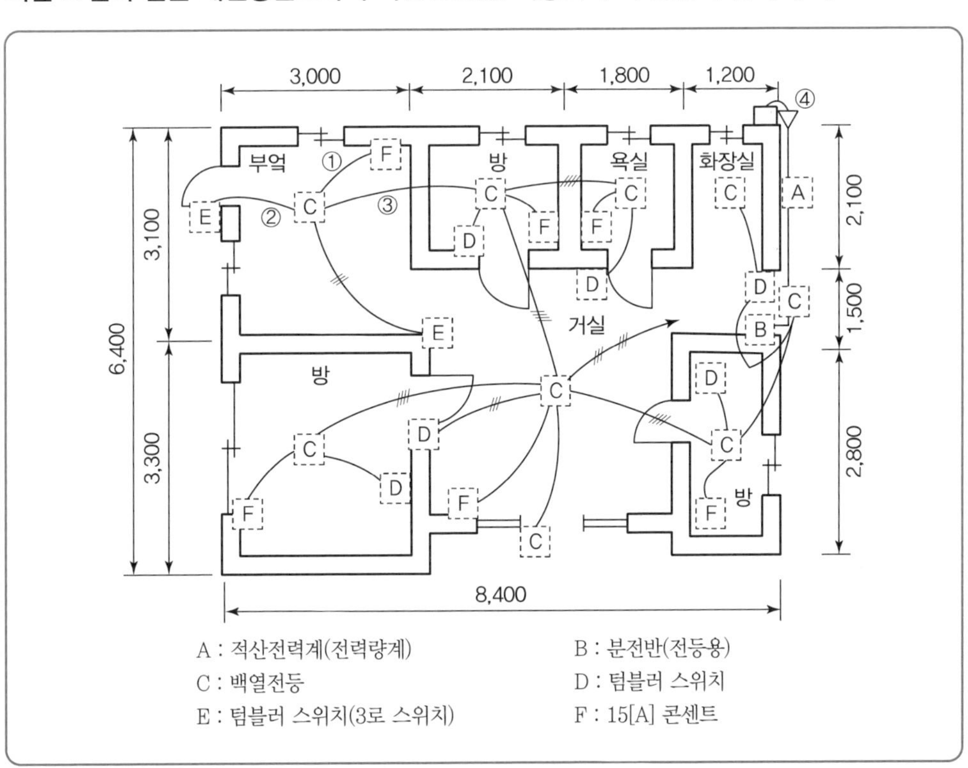

A : 적산전력계(전력량계)　　B : 분전반(전등용)
C : 백열전등　　D : 텀블러 스위치
E : 텀블러 스위치(3로 스위치)　　F : 15[A] 콘센트

1 점선으로 표시된 위치(A~F)에 기구를 배치하여 배선평면도를 완성하려고 한다. 해당되는 기구의 그림기호를 그리시오.

2 배선평면도의 ①~③의 배선 가닥수는 몇 가닥인가?

3 도면의 ④에 대한 그림기호의 명칭은 무엇인가?

4 본 배선평면도에 소요되는 4각 박스와 부싱은 몇 개인가?(단, 자재의 규격은 구분하지 않고 개수만 산정한다.)

[조건]

- 사용하는 전선은 모두 NR 4.0[mm^2]이다.
- 박스는 모두 4각 박스를 사용하며, 기구 1개에 박스 1개를 사용한다. 2개 연등인 경우에는 각 1개씩을 사용하는 것으로 한다.
- 전선관은 콘크리트 매입 후강 금속관이다.
- 층고는 3[m]이고, 분전반의 설치 높이는 1.5[m]이다.
- 3로 스위치 이외의 스위치는 단극 스위치를 사용하며, 2개를 나란히 사용한 개소는 2개소이다.

해답 **1**

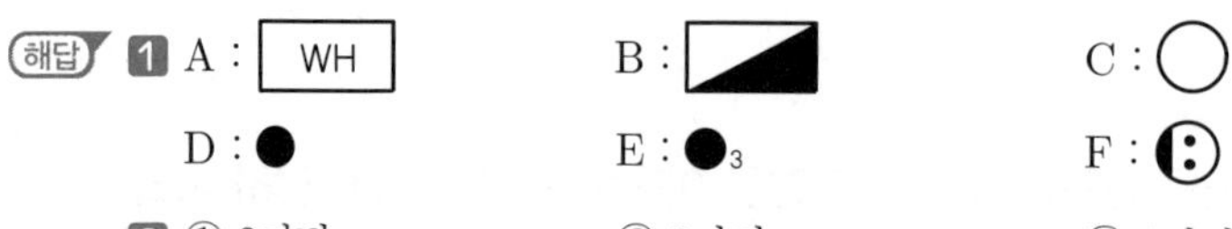

2 ① 2가닥　② 3가닥　③ 4가닥

3 케이블 헤드

4 4각 박스 25개, 부싱 46개

TIP

4 ① 4각 박스 25개
- C : 9개　• D : 6개　• E : 2개　• F : 6개
- 스위치 2개를 나란히 사용한 장소에 추가되는 스위치 박스 : 2개

② 부싱 46개
4각 박스 수(스위치 2개를 나란히 사용한 장소 제외)×2=23×2=46개

10 ★☆☆☆☆ [5점]

일반적으로 사용되고 있는 열음극 형광등과 비교하여 슬림라인(Slim Line) 형광등의 장점 5가지와 단점 3가지를 쓰시오.

해답 (1) 장점
① 순시기동으로 점등에 시간이 걸리지 않는다.
② 필라멘트를 예열할 필요가 없어 점등관 등 기동장치가 불필요하다.
③ 점등 불량으로 인한 고장이 없다.
④ 관이 길어 양광주가 길고 효율이 좋다.
⑤ 전압 변동에 의한 수명의 단축이 없다.

(2) 단점
① 전압이 높아 위험하다.
② 전압이 높아 기동 시에 음극이 손상되기 쉽다.
③ 점등장치가 비싸다.

11 ★★★★★ [6점]

피뢰기에 대한 다음 각 물음에 답하시오.

1 현재 사용되고 있는 교류용 피뢰기의 구조는 무엇과 무엇으로 구성되어 있는가?

2 피뢰기의 정격전압은 어떤 전압을 말하는가?

3 피뢰기의 제한전압은 어떤 전압을 말하는가?

해답 1 직렬 갭과 특성요소

2 속류를 차단할 수 있는 교류 최고 전압

3 피뢰기 방전 중 피뢰기 단자전압의 파고치

TIP

➤ 제한전압

뇌전류 방전 시 직렬 갭에 나타나는 전압

12 ★★★★★ [6점]

$3\phi 4W$ 22.9[kV] 수변전실 단선 결선도이다. 그림에서 표시된 ①~⑩까지의 명칭을 쓰시오.

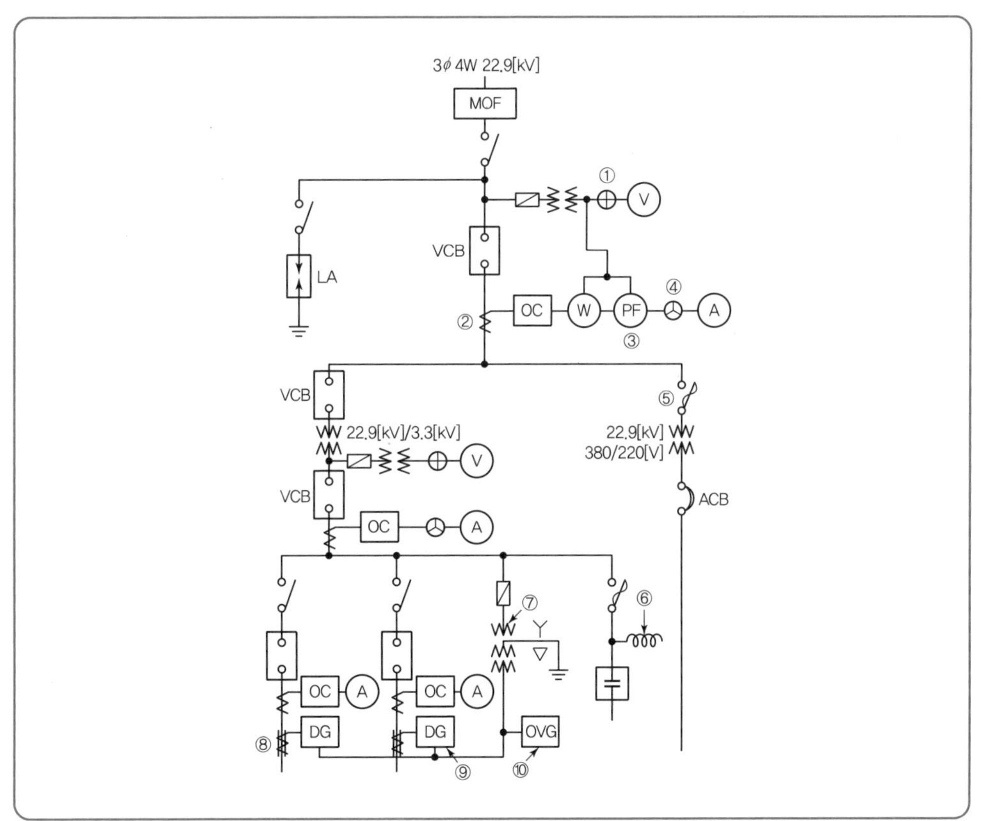

해답

번호	명칭	번호	명칭
①	전압계용 전환개폐기	⑥	방전 코일
②	변류기	⑦	접지형 계기용 변압기
③	역률계	⑧	영상 변류기
④	전류계용 전환개폐기	⑨	지락 방향 계전기
⑤	전력 퓨즈	⑩	지락 과전압 계전기

13 ★★★★★ [6점]

가로 8[m], 세로 18[m], 천장 높이 3[m], 작업면 높이 0.75[m]인 사무실에 천장 직부 형광등(40[W]×2)을 설치하고자 할 때 다음 물음에 답하시오.

[조건]

① 작업면 소요 조도 : 1,000[lx]
② 천장 반사율 : 70[%]
③ 벽 반사율 : 50[%]
④ 바닥 반사율 : 10[%]
⑤ 보수율 : 70[%]
⑥ 40[W]×2 형광등 1등의 광속 : 8,800[lm]

[참고자료]

| 확산형 기구(2등용) FA 42006 |

반사율[%] 천장	80				70				50				30				0
벽	70	50	30	10	70	50	30	10	70	50	30	10	70	50	30	10	0
바닥	10				10				10				10				0
실지수	조명률(%)																
1.5	67	58	50	45	64	55	49	43	58	51	45	41	52	46	42	38	33
2.0	72	64	57	52	69	61	55	50	62	56	51	47	57	52	48	44	38
2.5	75	68	62	57	72	66	60	55	65	60	56	52	60	55	52	48	42
3.0	78	71	66	61	74	69	64	59	68	63	59	55	62	58	55	52	45
4.0	81	76	71	67	77	73	69	65	71	67	64	61	65	62	59	56	50
5.0	83	78	75	71	79	75	72	69	73	70	67	64	67	64	62	60	52
7.0	85	82	79	76	82	79	76	73	75	73	71	68	79	67	65	64	56
10.0	87	85	82	80	84	82	79	77	78	76	75	72	71	70	68	67	59

1 실지수를 구하시오.

2 조명률을 구하시오.

3 등기구를 효율적으로 배치하기 위한 소요등수는 몇 조인가?

해답 1 계산 : $H = 3 - 0.75 = 2.25$

$\therefore$ 실지수 $K = \dfrac{XY}{H(X+Y)} = \dfrac{8 \times 18}{2.25 \times (8+18)} = 2.46$ 답 2.5

2 조명률은 [참고자료] 표에서 66[%] 답 66[%]

3 계산 : 소요등수 $N = \dfrac{EA}{FUM} = \dfrac{1,000 \times 8 \times 18}{8,800 \times 0.66 \times 0.7} = 35.42$ 답 36[조]

TIP

① 실지수(K)는 단위가 없다. ② $FUN = DEA$ ③ $D = \dfrac{1}{M}$ 여기서, M : 보수율, D : 감광보상률

➤ 실지수 분류 기호표

범위	4.5 이상	4.5~3.5	3.5~2.75	2.75~2.25	2.25~1.75
실지수	5.0	4.0	3.0	2.5	2.0
기호	A	B	C	D	E
범위	1.75~1.38	1.68~1.12	1.12~0.9	0.9~0.7	0.7 이하
실지수	1.5	1.25	1.0	0.8	0.6
기호	F	G	H	I	J

14 ★★★★☆ [5점]

아래 그림의 회로에 대한 각 물음에 답하시오.

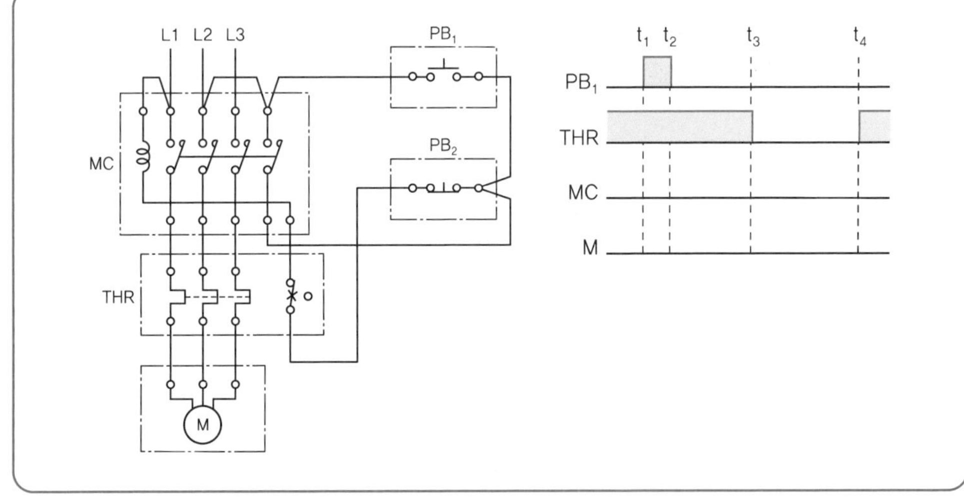

1 회로용 전자개폐기 MC의 보조접점을 사용하여 자기유지가 가능한 일반적인 시퀀스 회로로 다시 작성하시오.

2 시간 t_3에 열동계전기가 작동하고, 시간 t_4에서 수동으로 복귀하였다. 이때의 동작을 타임차트로 표시하시오.

해답 1

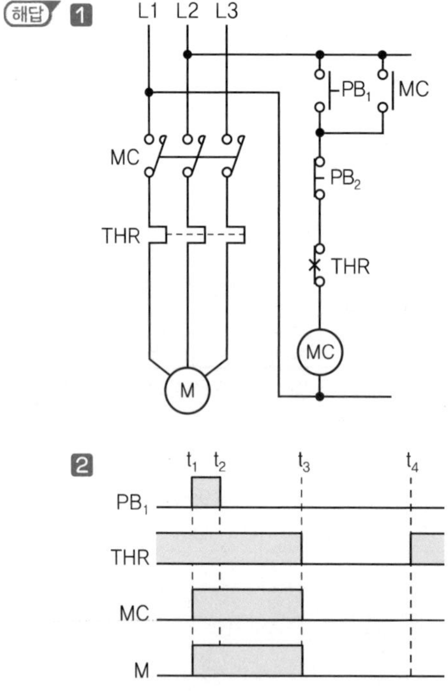

전기기사

2004년도 2회 시험

과년도 기출문제

회독 체크	□1회독	월 일	□2회독	월 일	□3회독	월 일

01 ★★★★☆ [6점]

다음 각 물음에 답하시오.

1 배선 도면에 $\bigcirc_{H400}$으로 표현되어 있다. 이것의 의미를 쓰시오.

2 비상용 조명을 건축기준법에 따른 형광등으로 시설하고자 할 때 그림 기호로 표현하시오.

3 평면이 15[m]×10[m]인 사무실에 40[W], 전광속 2,500[lm]인 형광등을 사용하여 평균 조도를 300[lx]로 유지하도록 설계하고자 한다. 이 사무실에 필요한 형광등 수를 산정하시오. (단, 조명률은 0.6이고, 감광보상률은 1.3이다.)

해답 1 400[W] 수은등

2 ■○■

3 계산 : $N = \dfrac{EAD}{FU} = \dfrac{300 \times 15 \times 10 \times 1.3}{2{,}500 \times 0.6} = 39$[등]

답 39[등]

TIP

① H : 수은등 ② F : 형광등 ③ N : 나트륨등
④ M : 메탈할라이드등 ⑤ X : 크세논등

02 ★★★★☆ [7점]

인텔리전트 빌딩(Intelligent building)은 빌딩자동화시스템, 사무자동화시스템, 정보통신시스템 건축환경을 총망라한 건설과 유지관리의 경제성을 추구하는 빌딩이라 할 수 있다. 이러한 빌딩의 전산시스템을 유지하기 위하여 비상전원으로 사용되고 있는 UPS에 대한 다음 각 물음에 답하시오.

1 UPS를 우리말로 하면 어떤 것을 뜻하는가?

2 UPS에서 AC → DC부와 DC → AC부로 변환하는 부분의 명칭을 각각 무엇이라 부르는가?

3 UPS가 동작되면 전력 공급을 위한 축전지가 필요한데 그때의 축전지 용량을 구하는 공식을 쓰시오. 단, 사용기호에 대한 의미도 설명하시오.

해답 1 무정전 전원 공급 장치

2 • AC → DC : 컨버터
• DC → AC : 인버터

3 $C = \frac{1}{L}KI\,[Ah]$

여기서, C : 축전지의 용량[Ah], L : 보수율(경년용량저하율)
K : 용량환산시간계수, I : 방전전류[A]

TIP

➤ UPS의 기능
① 평상시 : 정전압, 정주파수 공급
② 정전시 : 무정전 전원 공급

03 ★★★☆☆ [7점]

지중 전선로의 시설에 관한 다음 각 물음에 답하시오.

1 지중 전선로는 어떤 방식에 의하여 시설하여야 하는지 그 방식을 3가지만 쓰시오.
2 지중 전선로의 전선으로는 어떤 것을 사용하는가?

해답 1 직접매설식, 관로식, 암거식
2 케이블

TIP

➤ 직매식(관로식)의 매설 깊이
① 하중을 받는 경우 : 1[m] 이상
② 하중을 받지 않는 경우 : 0.6[m] 이상

04 ★★★★★ [4점]

자가 발전기를 구입하고자 한다. 부하는 단일부하로서 유도전동기이며, 기동용량이 1,800[kVA]이고, 기동 시 전압강하는 20[%]까지 허용하며, 발전기의 과도 리액턴스는 26[%]로 본다면 자가 발전기의 용량은 이론(계산)상 몇 [kVA] 이상의 것을 선정하여야 하는가?

해답 계산 : $P = \left(\frac{1}{0.2} - 1\right) \times 1{,}800 \times 0.26 = 1{,}872\,[kVA]$

답 1,872[kVA]

TIP

$$\text{발전기 정격용량} = \left(\frac{1}{\text{허용 전압강하}} - 1\right) \times \text{기동용량} \times \text{과도 리액턴스}\,[kVA]$$

05 ★★★★★

[4점]

그림과 같이 부하가 A, B, C에 시설될 경우, 이것에 공급할 변압기 Tr의 용량을 계산하여 표준용량으로 선정하시오.(단, 부등률은 1.1, 부하역률은 80[%]로 한다.)

변압기 표준용량[kVA]						
50	100	150	200	250	300	350

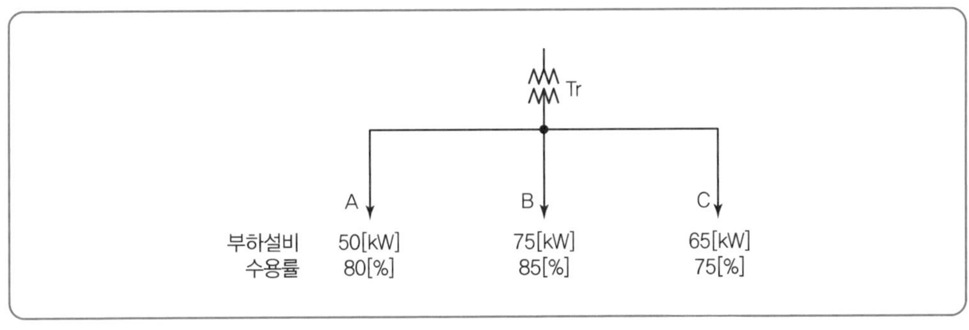

해답 계산 : 변압기 용량 $= \dfrac{\text{설비용량[kW]} \times \text{수용률}}{\text{부등률} \times \text{역률}}$

$= \dfrac{50 \times 0.8 + 75 \times 0.85 + 65 \times 0.75}{1.1 \times 0.8} = 173.3[\text{kVA}]$

답 표준용량 200[kVA] 선정

06 ★★★★★

[8점]

고압 선로에서의 접지사고 검출 및 경보장치를 그림과 같이 시설하였다. A선에 누전사고가 발생하였을 때 다음 각 물음에 답하시오.(단, 전원이 인가되고 경보벨의 스위치는 닫혀 있는 상태라고 한다.)

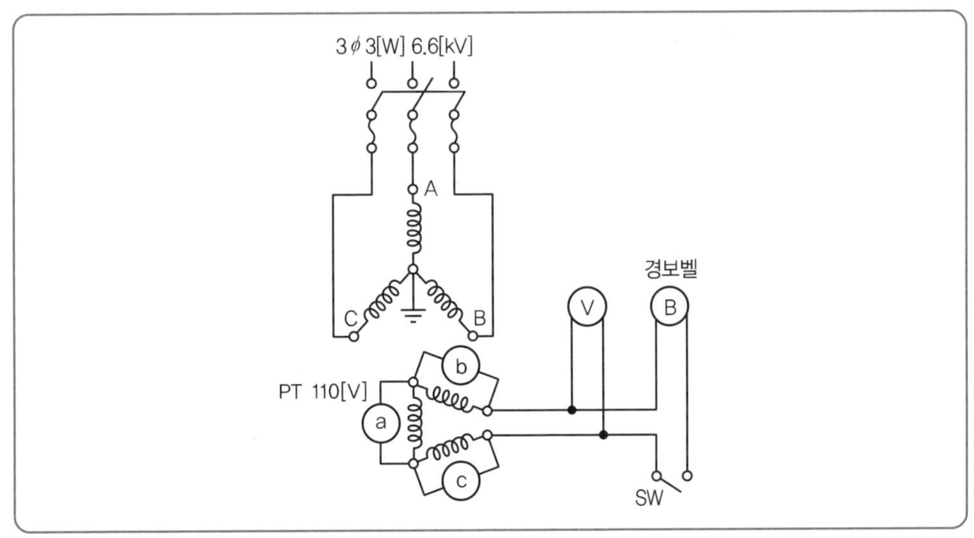

1 1차 측 A선의 대지전압이 0[V]인 경우 B선 및 C선의 대지전압은 각각 몇 [V]인가?
① B선의 대지전압
② C선의 대지전압

2 2차 측 전구 ⓐ의 전압이 0[V]인 경우 ⓑ 및 ⓒ 전구의 전압과 전압계 Ⓥ의 지시전압, 경보벨 Ⓑ에 걸리는 전압은 각각 몇 [V]인가?
① 전구 ⓑ의 전압
② 전구 ⓒ의 전압
③ 전압계 Ⓥ의 지시전압
④ 경보벨 Ⓑ에 걸리는 전압

해답 **1** ① B선의 대지전압

계산 : $\frac{6,600}{\sqrt{3}} \times \sqrt{3} = 6,600[V]$ 　　답 6,600[V]

② C선의 대지전압

계산 : $\frac{6,600}{\sqrt{3}} \times \sqrt{3} = 6,600[V]$ 　　답 6,600[V]

2 ① 전구 ⓑ의 전압

계산 : $\frac{110}{\sqrt{3}} \times \sqrt{3} = 110[V]$ 　　답 110[V]

② 전구 ⓒ의 전압

계산 : $\frac{110}{\sqrt{3}} \times \sqrt{3} = 110[V]$ 　　답 110[V]

③ 전압계 Ⓥ의 지시전압

계산 : $110 \times \sqrt{3} = 190.53[V]$ 　　답 190.53[V]

④ 경보벨 Ⓑ에 걸리는 전압

계산 : $110 \times \sqrt{3} = 190.53[V]$ 　　답 190.53[V]

TIP

① 지락된 상 : 0[V]
② 지락되지 않은 상 : $\sqrt{3}$ 배
② 개방단 : 3배

2002 2003 2004 2005 2006 2007 2008 2009 2010 2011

07 ★★★★★ [10점]

그림은 22.9[kV-Y] 1,000[kVA] 이하에 적용 가능한 특고압 간이수전설비 표준결선도이다. 이 결선도를 보고 다음 각 물음에 답하시오.

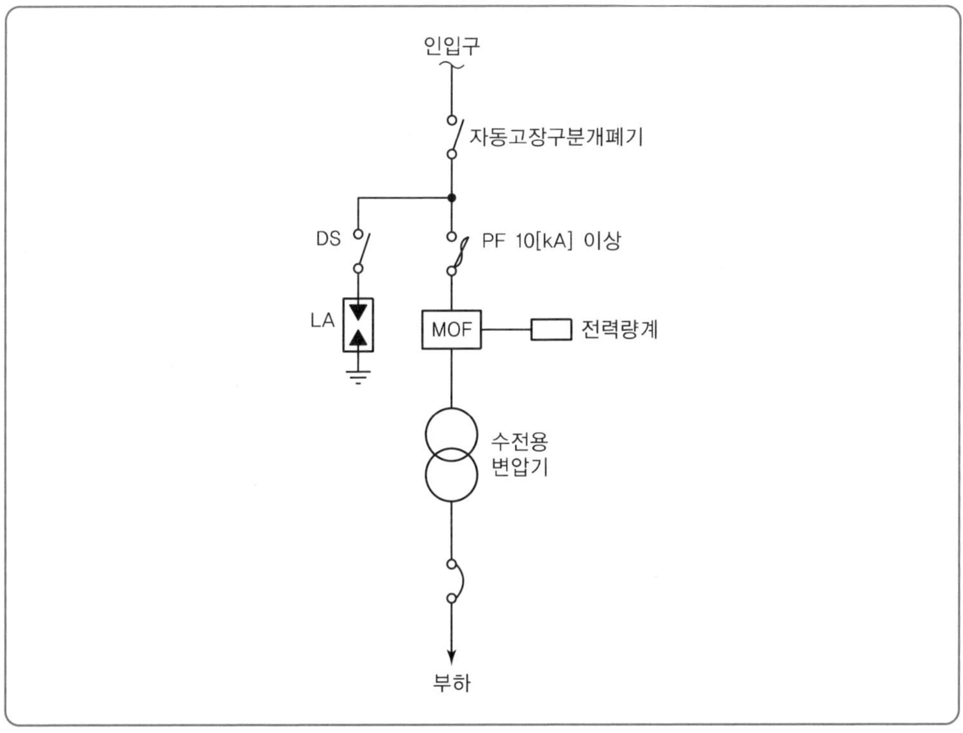

1. 본 도면에서 생략할 수 있는 것은?
2. 22.9[kV-Y]용의 LA는 ( ) 붙임형을 사용하여야 한다. ( ) 안에 알맞은 것은?
3. 인입선을 지중선으로 시설하는 경우로서 공동주택 등 사고 시 정전피해가 큰 수전설비 인입선은 예비선을 포함하여 몇 회선으로 시설하는 것이 바람직한가?
4. 22.9[kV-Y] 지중 인입선에는 어떤 케이블을 사용하여야 하는가?
5. 300[kVA] 이하인 경우 PF 대신 COS를 사용하였다. 이것의 비대칭차단전류 용량은 몇 [kA] 이상의 것을 사용하여야 하는가?

해답

1. LA용 DS
2. 디스콘넥터
3. 2회선
4. CNCV-W 케이블(수밀형) 또는 TR CNCV-W(트리억제형)
5. 10[kA]

TIP

➤ 특고압 간이수전설비

① LA용 DS는 생략할 수 있으며 22.9[kV－Y]용 LA는 Disconnector(또는 Isolator) 붙임형을 사용하여야 한다.

② 인입선을 지중선으로 시설하는 경우로 공동주택 등 고장 시 정전 피해가 큰 경우는 예비지중선을 포함하여 2회선으로 시설하는 것이 바람직하다.

③ 지중인입선의 경우에 22.9[kV－Y] 계통은 CNCV－W 케이블(수밀형) 또는 TR CNCV－W(트리억제형)을 사용하여야 한다. 다만, 전력구 · 공동구 · 덕트 · 건물구 내 등 화재 우려가 있는 장소에서는 FR CNCO－W(난연) 케이블을 사용하는 것이 바람직하다.

④ 300[kVA] 이하인 경우는 PF 대신 COS(비대칭 차단전류 10[kA] 이상의 것)을 사용할 수 있다.

⑤ 특별고압 간이수전설비는 PF의 용단 등의 결상사고에 대한 대책이 없으므로 변압기 2차 측에 설치되는 주차단기에는 결상계전기 등을 설치하여 결상사고에 대한 보호능력이 있도록 함이 바람직하다.

08 ★★★★☆ [8점]

다음 그림은 변류기를 영상 접속시켜 그 잔류 회로에 지락 계전기 DG를 삽입시킨 것이다. 선로의 전압은 66[kV], 중성점에 300[Ω]의 저항 접지로 하였고, 변류기의 변류비는 $\frac{300}{5}$ 이다. 송전 전력이 20,000[kW], 역률이 0.8(지상)일 때 a상에 완전 지락 사고가 발생하였다. 다음 각 물음에 답하시오.(단, 부하의 정상, 역상 임피던스, 기타의 정수는 무시한다.)

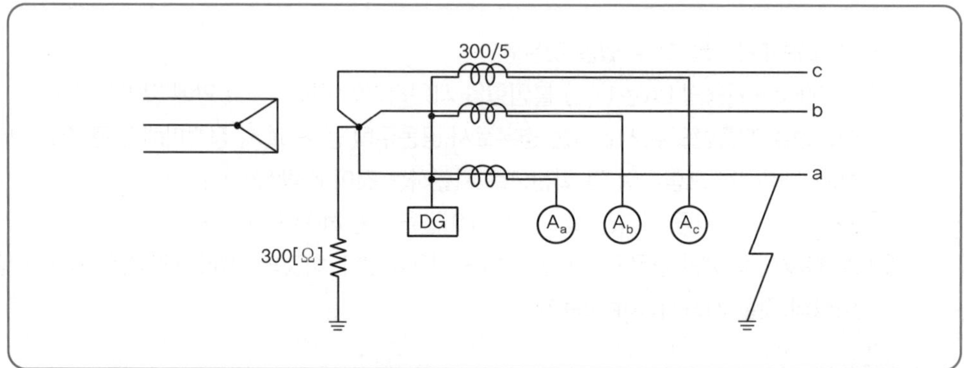

1 지락 계전기 DG에 흐르는 전류[A] 값은?

2 a상 전류계 A_a에 흐르는 전류[A] 값은?

3 b상 전류계 A_b에 흐르는 전류[A] 값은?

4 c상 전류계 A_c에 흐르는 전류[A] 값은?

해답 1 계산 : 지락전류 $I_g = \frac{E}{R} = \frac{66,000}{\sqrt{3} \times 300} = 127[A]$

$$i_n = i_g \times \frac{1}{CT비} = I_g \times \frac{5}{300} = 127 \times \frac{5}{300} = 2.12[A]$$ 답 2.12 [A]

2 계산 : 부하전류 $I_L = \frac{P}{\sqrt{3}V\cos\theta}(\cos\theta - j\sin\theta) = \frac{20,000}{\sqrt{3} \times 66 \times 0.8}(0.8 - j0.6)$

$= 175 - j131.2 = 218.7[A]$

건전상 b, c상에서는 부하전류만 흐르고 고장상 a상에는 I_L과 I_g가 중첩해서 흐른다.

따라서, $I_a = 175 - j131.2 + 127 = 302 - j131.2 = \sqrt{302^2 + 131.2^2} = 329.26[A]$

$$i_a = I_a \times \frac{1}{CT비} = I_a \times \frac{5}{300} = 329.26 \times \frac{5}{300} = 5.487[A]$$ 답 5.49[A]

3 계산 : 부하전류 $I_L = \frac{P}{\sqrt{3}V\cos\theta}(\cos\theta - j\sin\theta) = \frac{20,000}{\sqrt{3} \times 66 \times 0.8}(0.8 - j0.6)$

$= 175 - j131.2 = 218.7[A]$

$$i_b = I_L \times \frac{1}{CT비} = I_L \times \frac{5}{300} = 218.7 \times \frac{5}{300} = 3.65[A]$$ 답 3.65[A]

4 계산 : $i_c = i_b = 3.65[A]$ 답 3.65[A]

TIP

① DG 계전기에는 지락전류만 흐른다.
② a상에는 부하전류 및 지락전류가 흐른다.
③ b, c상에는 부하전류만 흐른다.

09 ★★★★☆ [6점]

다음 3상 3선식 220[V]인 수전회로에서 Ⓗ는 전열부하이고, Ⓜ은 역률 0.8인 전동기이다. 이 그림을 보고 다음 각 물음에 답하시오.

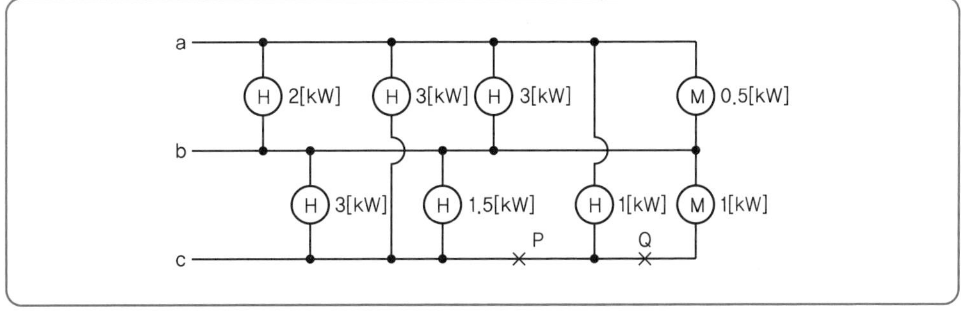

1 저압 수전의 3상 3선식 선로인 경우에 설비불평형률은 몇 [%] 이하로 하여야 하는가?

2 그림의 설비불평형률은 몇 [%]인가?(단, P, Q점은 단선이 아닌 것으로 계산한다.)

3 P, Q점에서 단선이 되었다면 설비불평형률은 몇 [%]가 되겠는가?

해답 **1** 30[%]

2 계산 : 설비불평형률$=\dfrac{\left(3+1.5+\dfrac{1}{0.8}\right)-(3+1)}{\dfrac{1}{3}\left(2+3+\dfrac{0.5}{0.8}+3+1.5+\dfrac{1}{0.8}+3+1\right)}\times 100=34.15[\%]$

답 34.15[%]

3 계산 : 설비불평형률$=\dfrac{\left(2+3+\dfrac{0.5}{0.8}\right)-3}{\dfrac{1}{3}\left(2+3+\dfrac{0.5}{0.8}+3+1.5+3\right)}\times 100=60[\%]$

답 60[%]

TIP

1, **2** 3상 3선식의 경우

설비불평형률$=\dfrac{\text{각 선간에 접속되는 단상부하의 최대와 최소의 차}}{\text{총 부하 설비용량의 1/3}}\times 100[\%]$

여기서설비불평형률은 30[%] 이하가 되도록 하여야 한다.

3 P, Q점에서 단선 후 변경된 회로

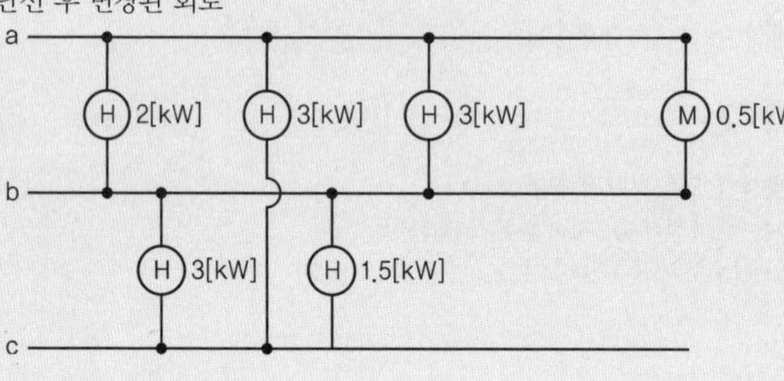

10 ★☆☆☆☆ [10점]

그림은 큐비클식 고압 수배전반을 표시하고 있다. 다음 각 물음에 답하시오.

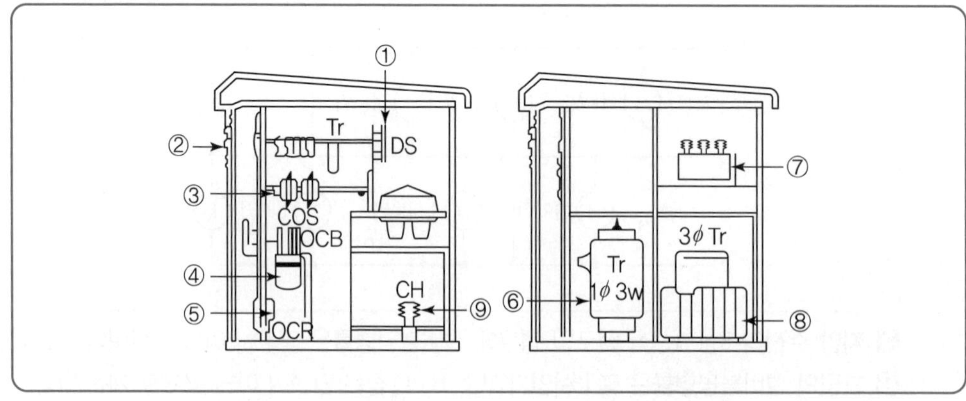

1 ④번 기기의 명칭을 우리말로 쓰시오.

2 ⑦번 기기의 명칭은 진상용 콘덴서로서 정격은 3ϕ 300[kVA]이다. 이때 진상용 콘덴서 용량은 수전설비용량에 포함되어야 하는지의 여부를 밝히고 만약 포함된다면 몇 [kVA]가 포함되는지를 밝히시오.

3 ⑨번의 CH는 무슨 뜻인지 명칭을 기입하시오.

해답 1 유입 차단기

2 포함되지 않는다.

3 케이블 헤드

11 ★★★☆☆ [6점]

보조 릴레이 A, B, C의 계전기로 출력(H레벨)이 생기는 유접점 회로와 무접점 회로를 그리시오. (단, 보조 릴레이의 접점은 모두 a접점만을 사용하도록 한다.)

1 A와 B를 같이 ON 하거나 C를 ON 할 때 X_1 출력

① 유접점 회로

② 무접점 회로

2 A를 ON 하고 B 또는 C를 ON 할 때 X_2 출력

① 유접점 회로

② 무접점 회로

해답 1 ① 유접점 회로 ② 무접점 회로

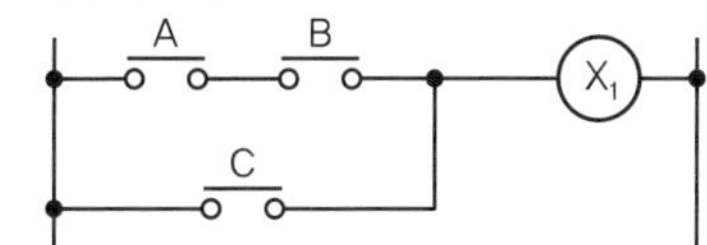

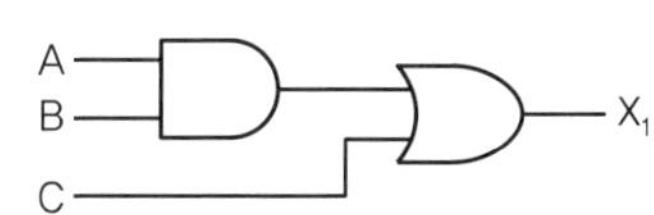

2 ① 유접점 회로 ② 무접점 회로

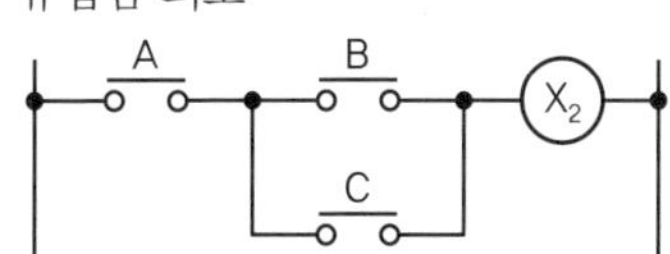

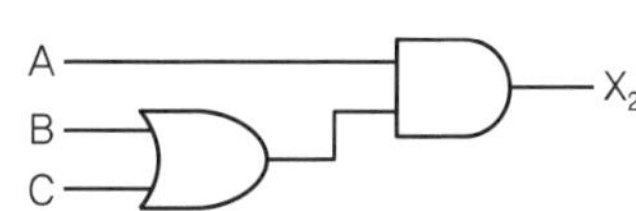

12 ★★★★★ [9점]

다음과 같은 아파트 단지를 계획하고 있다. 주어진 규모 및 조건을 이용하여 다음 각 물음에 답하시오.

[규모]

- 아파트 동수 및 세대수 : 2동, 300세대
- 세대당 면적과 세대수

동별	세대당 면적[m^2]	세대수
1동	50	30
	70	40
	90	50
	110	30
2동	50	50
	70	30
	90	40
	110	30

- 계단, 복도, 지하실 등이 공용면적 – 1동 : 1,700[m^2], 2동 : 1,700[m^2]

[조건]

- 면적의 [m^2]당 상정부하는 다음과 같다.
  - 아파트 : 30[VA/m^2]
  - 공용 부분 : 7[VA/m^2]
- 세대당 추가로 가산하여야 할 상정부하는 다음과 같다.
  - 80[m^2] 이하인 경우 : 750[VA]
  - 150[m^2] 이하의 세대 : 1,000[VA]
- 아파트 동별 수용률은 다음과 같다.
  - 70세대 이하 : 65[%]
  - 100세대 이하 : 60[%]
  - 150세대 이하 : 55[%]
  - 200세대 이하 : 50[%]
- 공용 부분의 수용률은 100[%]로 한다.
- 역률은 100[%]로 보고 계산한다.
- 주변전실로부터 1동까지는 150[m]이며 동 내부의 전압강하는 무시한다.
- 각 세대의 공급방식은 110/220[V]의 단상 3선식으로 한다.
- 변전실의 변압기는 단상 변압기 3대로 구성한다.
- 동 간 부등률은 1.4로 본다.
- 주변전실에서 각 동까지의 전압강하는 3[%]로 한다.
- 이 아파트 단지의 수전은 13,200/22,900[V]의 Y 3상 4선식의 계통에서 수전한다.

1 1동의 상정부하는 몇 [VA]인가?

2 2동의 수용(사용)부하는 몇 [VA]인가?

3 이 단지의 변압기는 단상 몇 [kVA]짜리 3대를 설치하여야 하는가?(단, 변압기의 용량은 10[%]의 여유율로 보며 단상 변압기의 표준용량은 75, 100, 150, 200, 300[kVA] 등이다.)

해답 **1** '상정부하=(바닥 면적×[m²]당 상정부하)+가산부하'에서

세대당 면적 [m²]	상정부하 [VA/m²]	가산부하 [VA]	세대수	상정부하 [VA]
50	30	750	30	[(50×30)+750]×30=67,500
70	30	750	40	[(70×30)+750]×40=114,000
90	30	1,000	50	[(90×30)+1,000]×50=185,000
110	30	1,000	30	[(110×30)+1,000]×30=129,000
합계	495,500[VA]			

∴ 공용면적까지 고려한 상정부하=495,500+1,700×7=507,400[VA]

답 507,400[VA]

2

세대당 면적 [m²]	상정부하 [VA/m²]	가산부하 [VA]	세대수	상정부하 [VA]
50	30	750	50	[(50×30)+750]×50=112,500
70	30	750	30	[(70×30)+750]×30=85,500
90	30	1,000	40	[(90×30)+1,000]×40=148,000
110	30	1,000	30	[(110×30)+1,000]×30=129,000
합계	475,000[VA]			

∴ 공용면적까지 고려한 수용부하=475,000×0.55+1,700×7=273,150[VA]

답 273,150[VA]

3 변압기 용량 ≥ 합성 최대 전력 $= \dfrac{\text{최대 수용전력}}{\text{부등률}} = \dfrac{\text{설비용량}\times\text{수용률}}{\text{부등률}}$

$$= \frac{495{,}500\times0.55+1{,}700\times7+273{,}150}{1.4}\times10^{-3}$$

$$=398.27[\text{kVA}]$$

변압기 1대의 용량 $\geq \dfrac{398.27}{3}\times1.1=146.03[\text{kVA}]$이므로

표준용량 150[kVA]를 선정한다.

답 150[kVA]

13 ★★★★☆ [6점]

변압기의 △-△결선 방식의 장점과 단점을 3가지씩 쓰시오.

해답 (1) 장점

① 제3고조파 전류가 △결선 내를 순환하므로 정현파 교류 전압을 유기하여 기전력의 파형이 왜곡되지 않는다.

② 1대가 고장 나면 나머지 2대로 V결선하여 사용할 수 있다.

③ 각 변압기의 상전류가 선전류의 $1/\sqrt{3}$ 이 되어 대전류에 적합하다.

(2) 단점

① 중성점을 접지할 수 없으므로 지락사고의 검출이 곤란하다.

② 권수비가 다른 변압기를 결선하면 순환전류가 흐른다.

③ 각 상의 임피던스가 다를 경우 3상 부하가 평형이 되어도 변압기의 부하전류는 불평형이 된다.

14 ☆☆☆☆☆ [4점]

전동기 Ⓜ과 전열기 Ⓗ가 그림과 같이 접속되어 있는 경우, 저압 옥내간선의 굵기를 결정하는 전류는 최소 몇 [A] 이상이어야 하는가?(단, 수용률은 70[%]를 반영하여 전류값을 계산하도록 한다.) ※ KEC 규정에 따라 변경

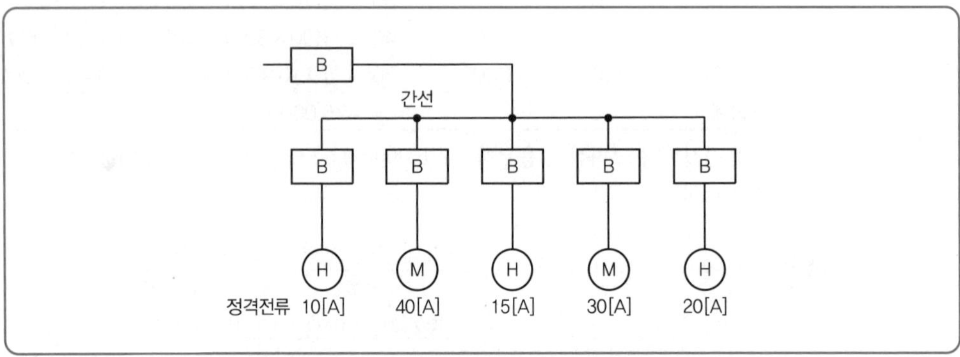

해답 전동기 부하 합계 전류 $\Sigma I_M = 40 + 30 = 70[A]$

전열기 부하 합계 전류 $\Sigma I_H = 10 + 15 + 20 = 45[A]$

설계전류 $I_B = (\Sigma I_M + \Sigma I_H) \times$ 수용률 $= (70 + 45) \times 0.7 = 80.5[A]$

답 80.5[A]

TIP

➤ 도체와 과부하 보호장치 사이의 협조(KEC 212.4.1)

과부하에 대해 케이블(전선)을 보호하는 장치의 동작특성은 다음의 조건을 충족해야 한다.

$I_B \le I_n \le I_Z$, $I_2 \le 1.45 \times I_Z$

여기서, I_B : 회로의 설계전류(선도체를 흐르는 설계전류 또는 함유율이 높은 영상분 고조파, 특히 제3고조파가 지속적으로 흐르는 경우 중성선에 흐르는 전류이다.)

I_Z : 케이블의 허용전류

I_n : 보호장치의 정격전류(사용 현장에 적합하게 조정된 전류의 설정값)

I_2 : 보호장치가 규약시간 이내에 유효하게 동작하는 것을 보장하는 전류

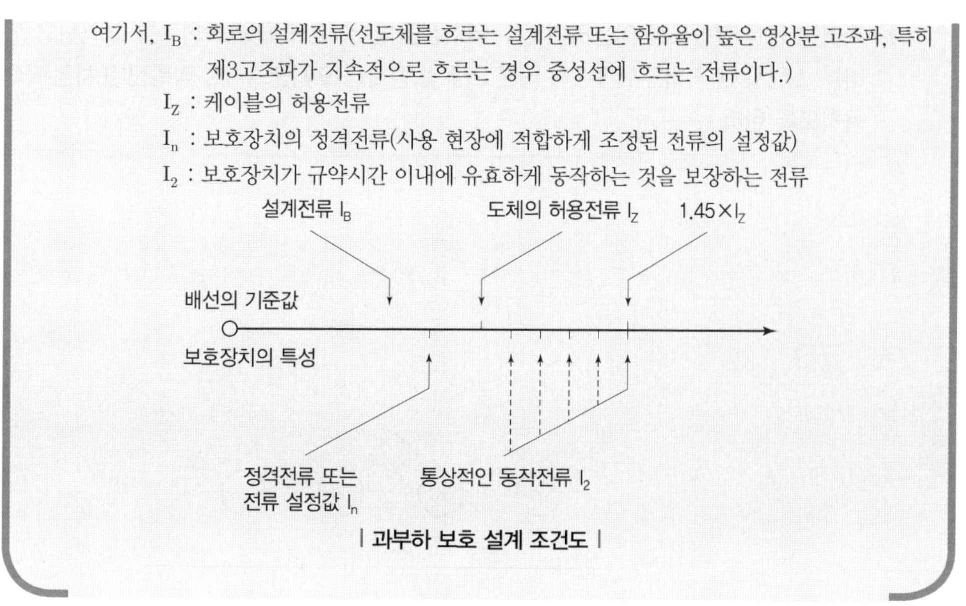

| 과부하 보호 설계 조건도 |

15 ★★★★★ [5점]

도면은 유도 전동기 IM의 정회전 및 역회전용 운전의 단선 결선도이다. 이 도면을 이용하여 다음 각 물음에 답하시오.(단, 52F는 정회전용 전자접촉기이고, 52R은 역회전용 전자접촉기이다.)

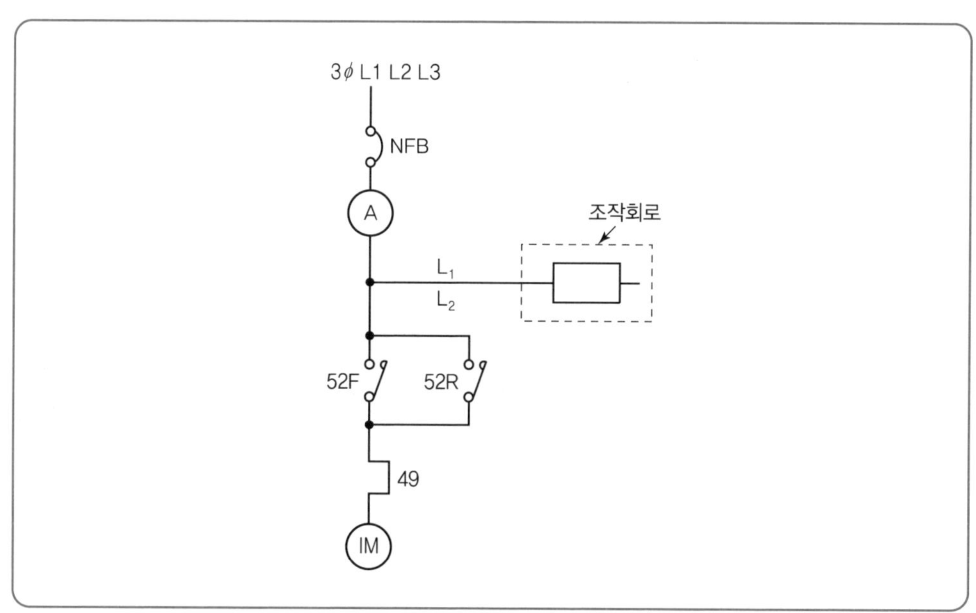

1 단선도를 이용하여 3선 결선도를 그리시오.(단, 점선 내의 조작회로는 제외하도록 한다.)

2 주어진 단선 결선도를 이용하여 정 · 역회전을 할 수 있도록 조작회로를 그리시오.(단, 누름 버튼 스위치 OFF 버튼 2개, ON 버튼 2개 및 정회전 표시램프 RL, 역회전 표시램프 GL도 사용하도록 한다.)

L1

L2

해답 1

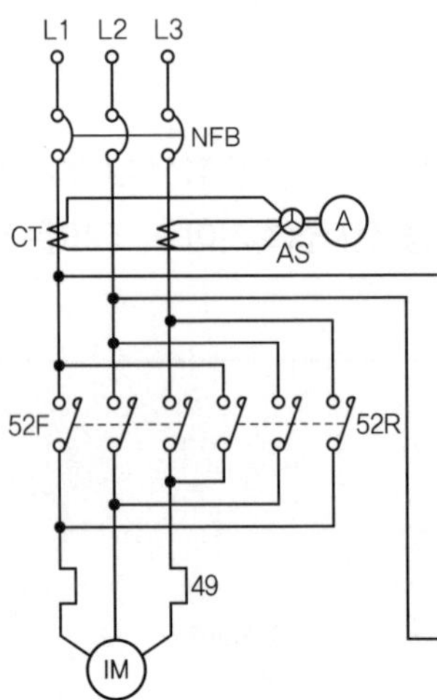

2

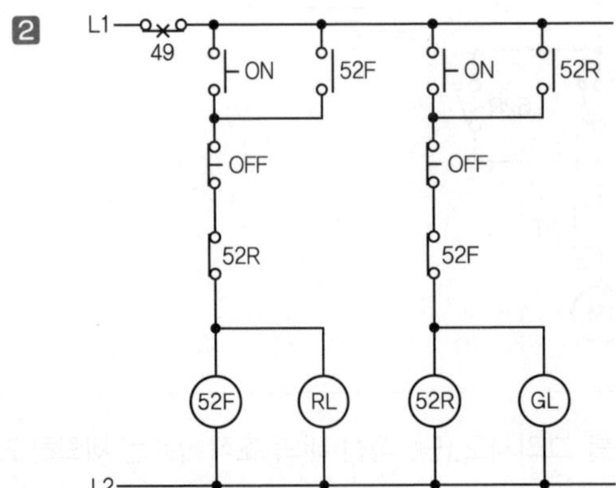

↘ 전기기사

2004년도 3회 시험

과년도 기출문제

회독 체크	□1회독	월 일	□2회독	월 일	□3회독	월 일

2002 2003 **2004** 2005 2006 2007 2008 2009 2010 2011

01 ★★★★★ [8점]

교류 동기 발전기에 대한 다음 각 물음에 답하시오.

1 정격전압 6,000[V], 용량 5,000[kVA]인 3상 교류 동기 발전기에서 여자전류가 300[A], 무부하 단자전압은 6,000[V], 단락전류는 700[A]라고 한다. 이 발전기의 단락비를 구하시오.

2 다음 ( ) 안에 알맞은 내용을 쓰시오.[단, ①~⑥의 내용은 크다(고), 작다(고), 낮다(고) 등으로 표현한다.]

> 단락비가 큰 교류발전기는 일반적으로 기계의 치수가 (①), 가격이 (②), 풍손 · 마찰손 · 철손이 (③), 효율은 (④), 전압 변동률은 (⑤), 안정도는 (⑥).

3 비상용 동기발전기의 병렬운전 조건 4가지를 쓰시오.

해답 1 계산 : $I_n = \frac{P}{\sqrt{3}V} = \frac{5,000 \times 10^3}{\sqrt{3} \times 6,000} = 481.13[A]$ ∴ 단락비 $K_s = \frac{I_s}{I_n} = \frac{700}{481.13} = 1.45$

답 1.45

2 ① 크고 ② 높고 ③ 많고 ④ 낮고 ⑤ 낮고 ⑥ 높다.

3 ① 기전력의 위상이 같을 것 ② 기전력의 크기가 같을 것
③ 기전력의 주파수가 같을 것 ④ 기전력의 파형이 같을 것

02 ★★★★★ [7점]

불평형부하와 관련된 다음 물음에 답하시오.

1 저압, 고압 및 특별고압 수전 3상 3선식 또는 3상 4선식에서 불평형률의 한도는 단상부하로 계산하여 몇 [%] 이하로 하는 것을 원칙으로 하는가?

2 부하설비가 그림과 같을 때 설비불평형률은 몇 [%]인가?(단, Ⓗ는 전열부하 Ⓜ은 전동부하이다.)

3 물음 1의 제한원칙에 따르지 않아도 되는 경우를 3가지만 쓰시오.

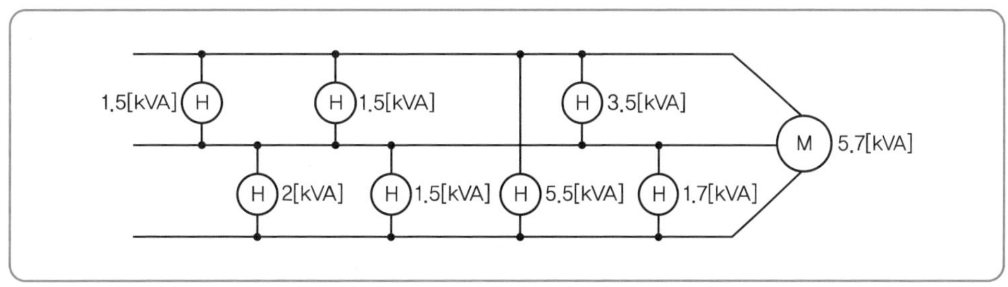

해답 **1** 30[%]

2 계산 : $\dfrac{\text{단상 설비용량의 최대} - \text{단상 설비용량의 최소}}{\text{총 설비용량([VA], [kVA])} \times \frac{1}{3}} \times 100$

$= \dfrac{(1.5+1.5+3.5)-(2+1.5+1.7)}{(1.5+1.5+3.5+2+1.5+1.7+5.5+5.7)\times\frac{1}{3}} \times 100 = 17.03[\%]$

답 17.03[%]

3 ① 저압수전에서 전용 변압기 등으로 수전하는 경우
② 고압 및 특고압 수전에서 100[kVA] 이하의 단상부하인 경우
③ 고·특고압 수전에서 단상부하 최대·최소의 차가 100[kVA] 이하인 경우
④ 특고압 수전에서 100[kVA] 이하의 단상 변압기 2대로 역V결선하는 경우

TIP

① $1\phi 3W$의 불평형률은 40[%] 이하
② 부하는 피상전력을 기준한다.(kVA, $\frac{kW}{\cos\theta}$, VA)

➤ 불평형부하의 제한
(1) 저압, 고압 및 특고압 수전의 3상 3선식 또는 3상 4선식에서 불평형 부하의 한도는 단상접속부하로 계산하여 설비불평형률을 30[%] 이하로 하는 것을 원칙으로 한다. 다만, 다음 각 호의 경우에는 이 제한에 따르지 아니할 수 있다.
① 저압수전에서 전용 변압기 등으로 수전하는 경우
② 고압 및 특고압 수전에서 100[kVA]([kW]) 이하의 단상부하인 경우
③ 고압 및 특고압 수전에서 단상부하용량의 최대와 최소의 차가 100[kVA]([kW]) 이하인 경우
④ 특고압 수전에서 100[kVA]([kW]) 이하의 단상 변압기 2대로 역V결선하는 경우
(2) 계약전력 5[kW] 정도 이하의 설비에서 소수의 전열기구류를 사용할 경우 등 완전한 평형을 얻을 수 없을 경우에는 단상 3선식의 한도인 40[%]를 초과할 수 있다.

03 ★★★☆☆ [7점]

도면은 자가용 수전설비의 복선 결선도이다. 도면을 보고 다음 각 물음에 답하시오.

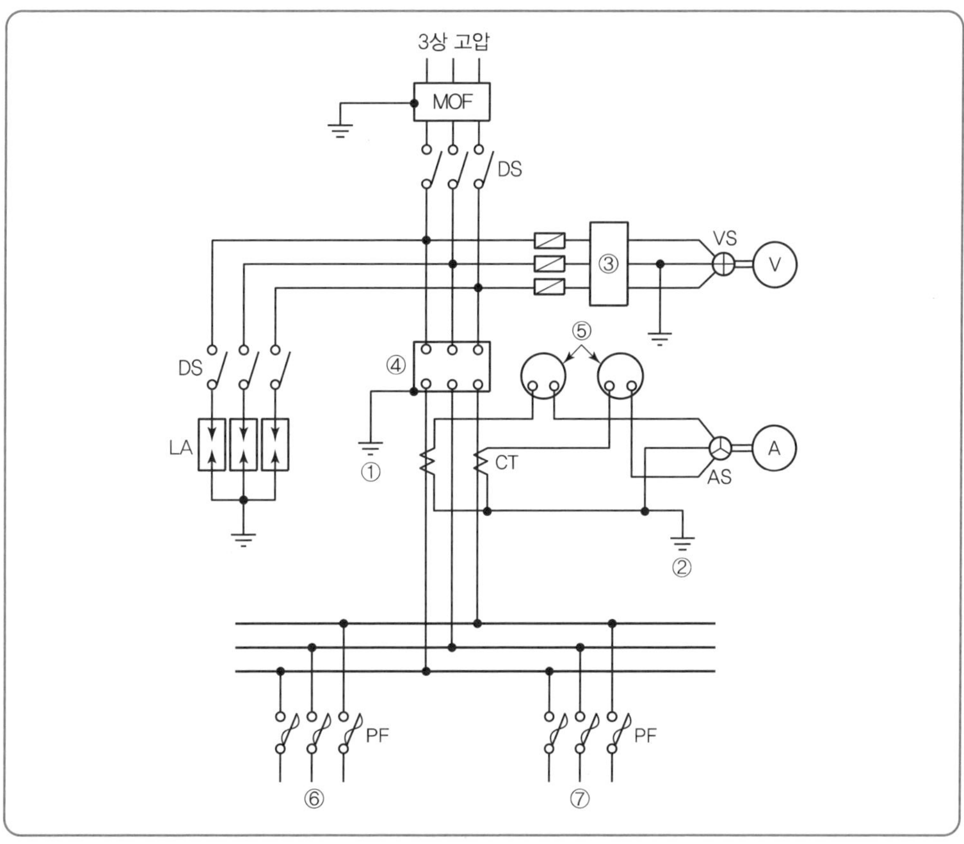

1 ③과 ④에 그려져야 할 기계 기구의 명칭은 무엇인가?

2 ⑤의 명칭은 무엇인가?

3 단상 변압기 3대를 ⑥은 △−Y결선하고, ⑦은 △−△결선하여 그리시오.

4 ①, ②의 접지공사 종류는? ※ KEC 규정에 따라 삭제

해답

1 ③ 계기용 변압기 ④ 교류 차단기

2 ⑤ 과전류 계전기

3 ⑥ △−Y결선 ⑦ △−△결선

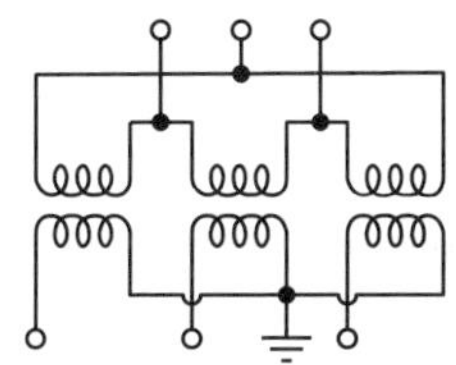

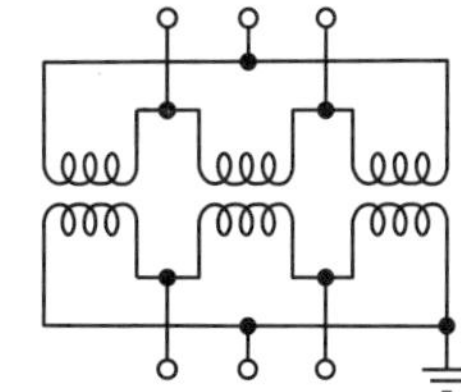

4 ※ KEC 규정에 따라 삭제

04 ★★★★☆

[3점]

단상 2선식 100[V]의 옥내배선에서 소비전력 40[W], 역률 80[%]의 형광등을 80[등] 설치할 때 이 시설을 16[A]의 분기회로로 하려고 한다. 이때 필요한 분기회로는 최소 몇 회선이 필요한가?(단, 한 회로의 부하전류는 분기회로 용량의 70[%]로 하고 수용률은 100[%]로 한다.)

해답 $\text{분기회로수(N)} = \dfrac{\text{총설비용량[VA]}}{\text{분기설비용량[VA]}} = \dfrac{\frac{40}{0.8} \times 80}{100 \times 16 \times 0.7} = 3.57\text{회로}$

답 16[A] 분기 4회선

05 ★★★☆☆

[3점]

그림에서 B점의 차단기 용량을 100[MVA]로 제한하기 위한 한류 리액터의 리액턴스는 몇 [%]인가?(단, 20[MVA]를 기준으로 한다.)

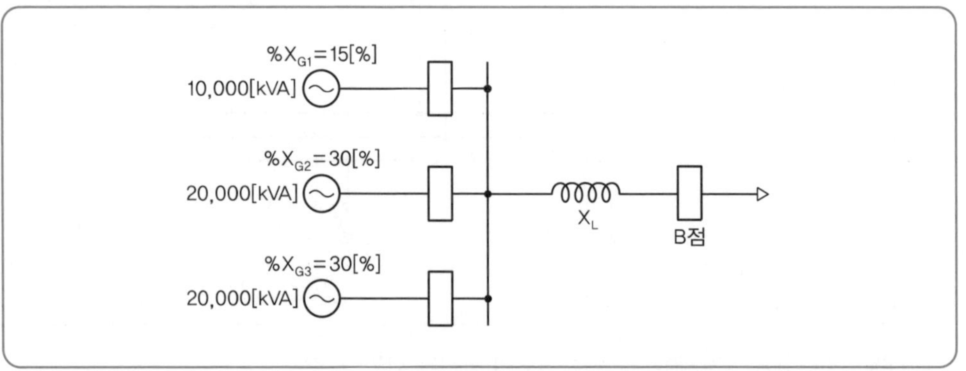

해답 계산 : 20[MVA] 기준이므로 우선 $\%X_{G1}$을 기준용량으로 환산한다.

$10[\text{MVA}] : 15[\%] = 20[\text{MVA}] : \%X'_{G1}$

$\%X'_{G1} = 30[\%]$

$\%X'_{G1}$, $\%X_{G2}$, $\%X_{G3}$는 병렬이므로 합성 $\%X_G = \dfrac{30}{3} = 10[\%]$

B점의 $\%X_B$를 구하면 $P_s = \dfrac{100}{\%X_B} \times P_n$에서

$\%X_B = \dfrac{100}{P_s} \times P_n = \dfrac{100}{100[\text{MVA}]} \times 20[\text{MVA}] = 20[\%]$

따라서, 합성 $\%X_G + \%X_L = \%X_B$

$\%X_L = \%X_B - \text{합성 } \%X_G = 20[\%] - 10[\%] = 10[\%]$

답 10[%]

TIP

① 한류리액터 : 단락전류를 억제하기 위한 리액턴스

② $\%X(\%Z) = \dfrac{\text{기준용량}}{\text{자기용량}} \times \%X(\%Z)$

③ 발전기 3대가 병렬이므로 $= \dfrac{1\text{대의 }\%X}{3}$

06 ★★★★☆ [8점]

그림과 같은 전자 릴레이 회로를 미완성 다이오드 매트릭스 회로에 다이오드를 추가시켜 다이오드 매트릭스 회로로 바꾸어 그리시오.

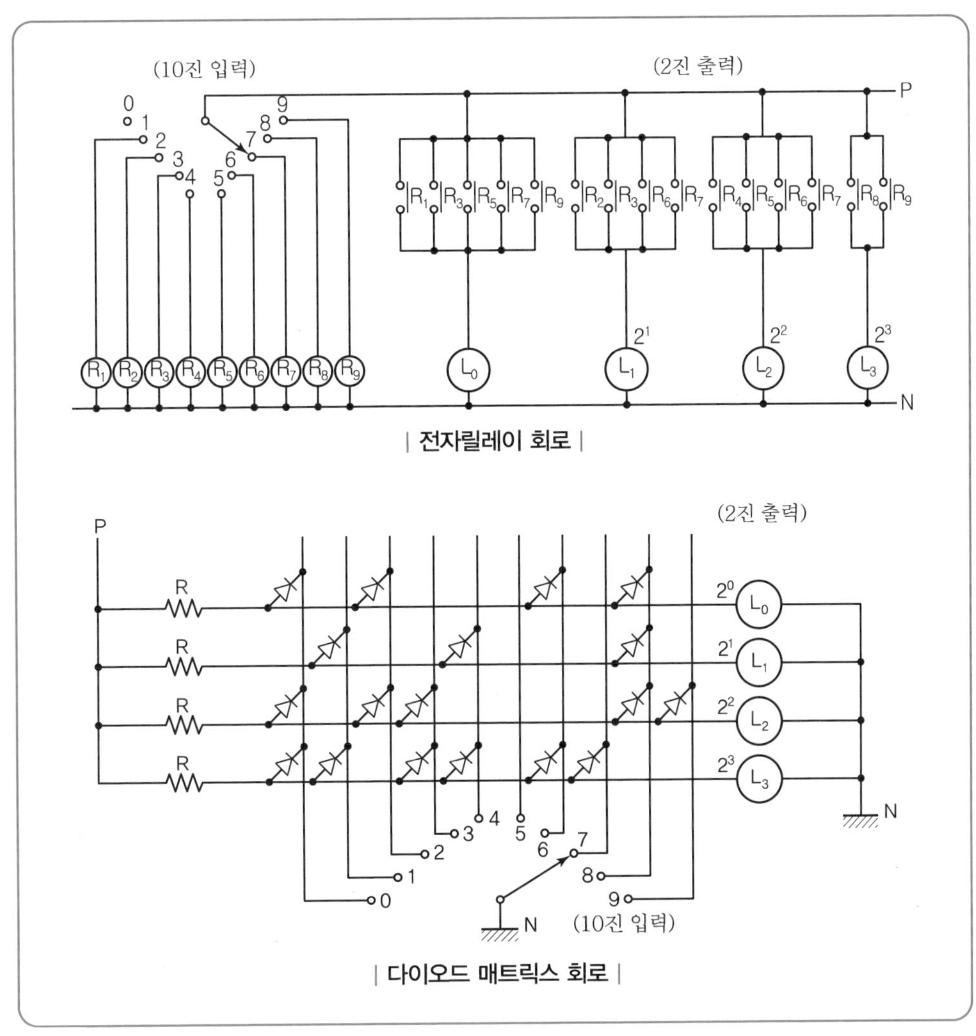

| 다이오드 매트릭스 회로 |

해답

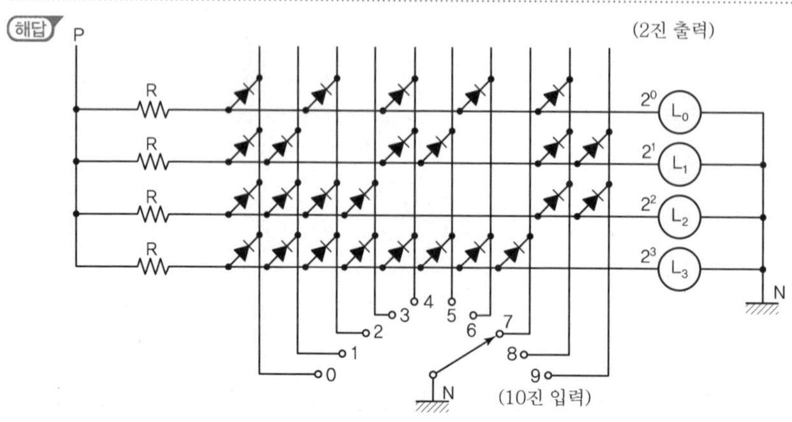

| 다이오드 매트릭스 회로 |

TIP

다이오드를 추가하면 램프가 소등되는 동작을 이해하고 회로를 완성한다.

07 ★★★★☆ [5점]

교류 단상 유도전동기에 대한 다음 각 물음에 답하시오.

1. 기동방식을 5가지만 쓰시오.
2. 분상기동형 단상유도 전동기의 회전방향을 바꾸려면 어떻게 하면 되는가?
3. 단상 유도전동기의 절연을 E종 절연물로 하였을 경우 허용 최고 온도는 몇 [℃]인가?

해답 1. ① 반발 유도형
② 반발 기동형
③ 콘덴서 기동형
④ 셰이딩 코일형
⑤ 분상 기동형

2. 기동 권선의 극성(접속)을 반대로 한다.
3. 120[℃]

TIP

➤ 절연물 온도

종류	Y종	A종	E종	B종	F종	H종	C종
최고사용온도[℃]	90	105	120	130	155	180	180 이상

08 ★★★★★ [10점]

도면은 어느 건물의 구내 간선 계통도이다. 주어진 조건과 참고자료를 이용하여 다음 각 물음에 답하시오.

1 P_1의 전부하 시 전류를 구하고, 여기에 사용될 배선용 차단기(MCCB)의 규격을 선정하시오.
2 P_1에 사용될 케이블의 굵기는 몇 [mm^2]인가?
3 배전반에 설치된 ACB의 최소 규격을 산정하시오.
4 가교 폴리에틸렌 절연 비닐 시즈 케이블의 영문 약호는?

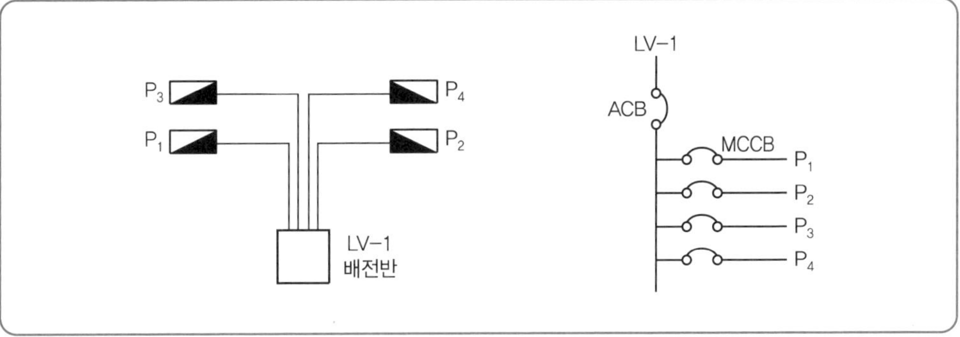

[조건]

- 전압은 380[V]/220[V]이며, $3\phi 4W$이다.
- Cable은 Tray배선으로 한다.(공중, 암거 포설)
- 전선은 가교 폴리에틸렌 절연 비닐 시즈 케이블이다.
- 허용 전압강하는 2[%]이다.
- 분전반 간 부등률은 1.1이다.
- 주어진 조건이나 참고자료의 범위 내에서 가장 적절한 부분을 적용시키도록 한다.
- Cable 배선거리 및 부하용량은 표와 같다.

분전반	거리[m]	연결부하[kVA]	수용률[%]
P_1	50	240	65
P_2	80	320	65
P_3	210	180	70
P_4	150	60	70

[참고자료]

| 표 1. 배선용 차단기(MCCB) |

Frame	100			225			400		
기본 형식	A11	A12	A13	A21	A22	A23	A31	A32	A33
극수	2	3	4	2	3	4	2	3	4
정격전류[A]	60, 75, 100			125, 150, 175, 200, 225			250, 300, 350, 400		

| 표 2. 기중 차단기(ACB) |

Type	G1	G2	G3	G4
정격전류[A]	600	800	1000	1250
정격 절연 전압[V]	1000	1000	1000	1000
정격 사용 전압[V]	660	660	660	660
극수	3, 4	3, 4	3, 4	3, 4
과전류 Trip 장치의 정격전류	200, 400, 630	400, 630, 800	630, 800, 1000	800, 1000, 1250

| 표 3. 전선 최대 길이(3상 3선식, 380[V], 전압강하 3.8[V]) |

전류[A]	전선의 굵기[mm^2]												
	2.5	4	6	10	16	25	35	50	95	150	185	240	300
	전선 최대 길이[m]												
1	534	854	1281	2135	3416	5337	7472	10674	20281	32022	39494	51236	64045
2	267	427	640	1067	1708	2669	3736	5337	10140	16011	19747	25618	32022
3	178	285	427	712	1139	1779	2491	3558	6760	10674	13165	17079	21348
4	133	213	320	534	854	1334	1868	2669	5070	8006	9874	12809	16011
5	107	171	256	427	683	1067	1494	2135	4056	6404	7899	10247	12809
6	89	142	213	356	569	890	1245	1779	3380	5337	6582	8539	10674
7	76	122	183	305	488	762	1067	1525	2897	4575	5642	7319	9149
8	67	107	160	267	427	667	934	1334	2535	4003	4937	6404	8006
9	59	95	142	237	380	593	830	1186	2253	3558	4388	5693	7116
12	44	71	107	178	285	445	623	890	1690	2669	3291	4270	5337
14	38	61	91	152	244	381	534	762	1449	2287	2821	3660	4575
15	36	57	85	142	228	356	498	712	1352	2135	2633	3416	4270
16	33	53	80	133	213	334	467	667	1268	2001	2468	3202	4003
18	30	47	71	119	190	297	415	593	1127	1779	2194	2846	3558
25	21	34	51	85	137	213	299	427	811	1281	1580	2049	2562
35	15	24	37	61	98	152	213	305	579	915	1128	1464	1830
45	12	19	28	47	76	119	166	237	451	712	878	1139	1423

(주) 1. 전압강하가 2[%] 또는 3[%]인 경우, 전선길이는 각각 이 표의 2배 또는 3배가 된다. 다른 경우에도 이 예에 따른다.
2. 전류가 20[A] 또는 200[A]인 경우의 전선길이는 각각 이 표의 전류 2[A]인 경우의 1/10 또는 1/100이 된다. 다른 경우에도 이 예에 따른다.
3. 이 표는 평형부하의 경우에 대한 것이다.
4. 이 표는 역률을 1로 하여 계산한 것이다.

해답 1 전부하 전류 $=\dfrac{설비용량\times 수용률}{\sqrt{3}\times 전압}=\dfrac{(240\times 10^3)\times 0.65}{\sqrt{3}\times 380}=237.02[A]$

따라서, MCCB 규격은 표 1에 의해서 표준용량을 선정하여 400AF의 정격전류 250[A] MCCB를 선정한다.

답 전부하 전류 : 237.02[A], 배선용 차단기 규격 : 400AF/250AT

2 전선 길이 $=\dfrac{배전설계긍장\times\dfrac{최대부하전류}{표전류}}{\dfrac{배전설계전압강하}{표의전압강하}}=\dfrac{50\times\dfrac{237.02}{25}}{\dfrac{380\times 0.02}{3.8}}=237.02[m]$

따라서, 케이블의 굵기는 표 3의 전류 25[A] 칸과, 전선 길이 237.02[m]를 초과하는 전선 최대 길이 299[m] 칸에 해당하는 35[mm²] 선정

답 35[mm²]

3 간선의 허용전류(I) $=\dfrac{합성\ 최대\ 전력}{\sqrt{3}\times V}=\dfrac{개별\ 최대전력의\ 합}{\sqrt{3}\times V\times 부등률}$

$=\dfrac{(240\times 0.65+320\times 0.65+180\times 0.7+60\times 0.7)}{\sqrt{3}\times 380\times 1.1}\times 10^3=734.81[A]$

이므로, 표 2에서 G2 Type의 정격전류 800[A]를 선정한다.

답 G2 Type 800[A]

4 CV1

09 ★★★★☆ [7점]

그림과 같은 릴레이 시퀀스도를 이용하여 다음 각 물음에 답하시오.

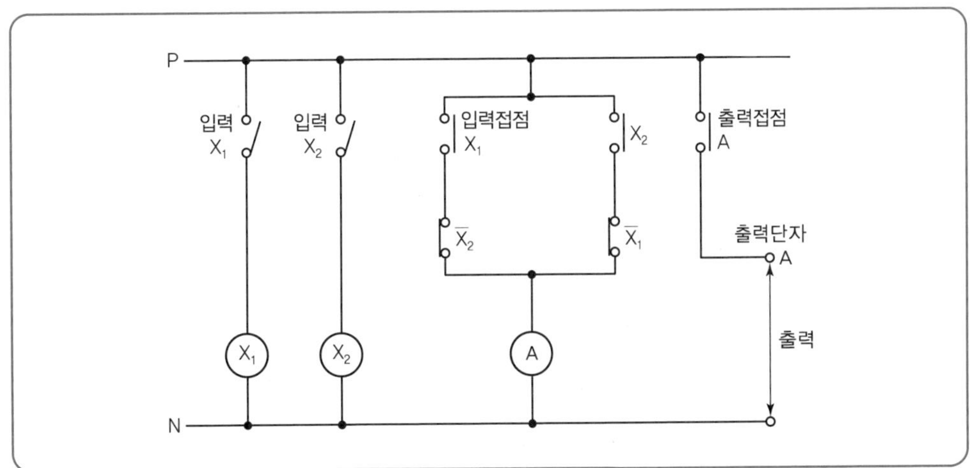

1 AND, OR, NOT 등의 논리심벌을 이용하여 주어진 릴레이 시퀀스도를 논리회로로 바꾸어 그리시오.

2 물음 1에서 작성된 회로에 대한 논리식을 쓰시오.

3 논리식에 대한 진리표를 완성하시오.

X_1	X_2	A
0	0	
0	1	
1	0	
1	1	

4 진리표를 만족할 수 있는 로직회로를 간소화하여 그리시오.

5 주어진 타임차트를 완성하시오.

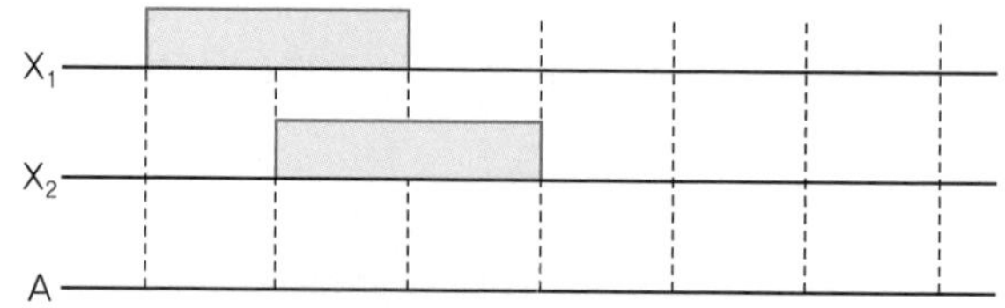

해답 1

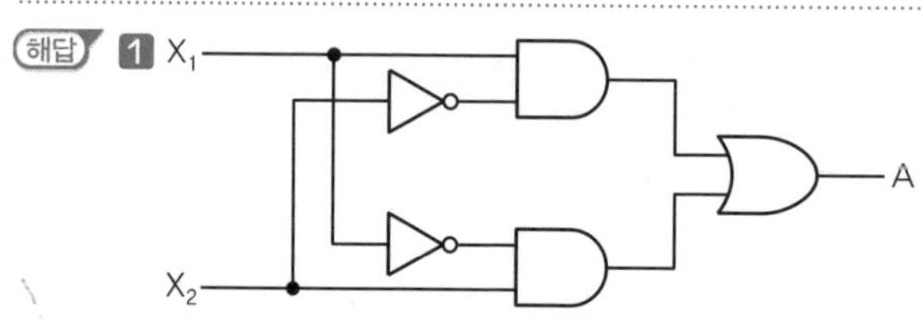

2 $A = X_1\overline{X}_2 + \overline{X}_1 X_2$

3

X_1	X_2	A
0	0	0
0	1	1
1	0	1
1	1	0

4

5

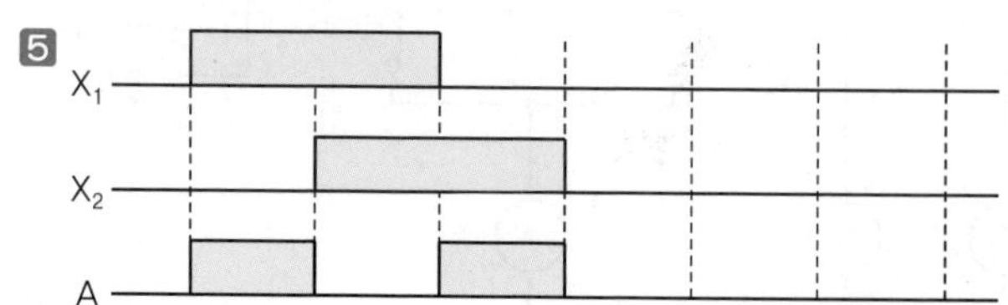

10 ★★★★★ [8점]

부하전력이 4,000[kW], 역률 80[%]인 부하에 전력용 콘덴서 1,800[kVA]를 설치하였다. 이때 다음 각 물음에 답하시오.

1 역률은 몇 [%]로 개선되었는가?

2 부하설비의 역률이 90[%] 이하일 경우(즉, 낮은 경우) 수용가 측면에서 어떤 손해가 있는지 3가지만 쓰시오.

3 전력용 콘덴서와 함께 설치되는 방전코일과 직렬 리액터의 용도를 간단히 설명하시오.

해답 1 계산 : 무효전력 $Q = P\tan\theta = 4{,}000 \times \dfrac{0.6}{0.8} = 3{,}000[\text{kVar}]$

$$\cos\theta = \frac{4{,}000}{\sqrt{4{,}000^2 + (3{,}000 - 1{,}800)^2}} \times 100 = 95.78[\%]$$

답 95.78[%]

2 ① 전력손실이 커진다.
② 전압강하가 커진다.
③ 전기요금이 증가한다.

3 • 방전 코일 : 전원 개방 시 콘덴서에 축적된 잔류전하 방전
• 직렬 리액터 : 제5고조파를 제거하여 파형 개선

TIP

① $Q = P\tan\theta[\text{kVar}]$

② $\cos\theta = \dfrac{P}{\sqrt{P^2 + (Q - Q_c)^2}} \times 100$

여기서, P : 유효전력[kW]
Q : 무효전력[kVar]
Q_c : 콘덴서 용량[kVA]

11 ★★★☆☆ [8점]

과전류 계전기의 동작시험을 하기 위한 시험기의 배치도를 보고 다음 각 물음에 답하시오.

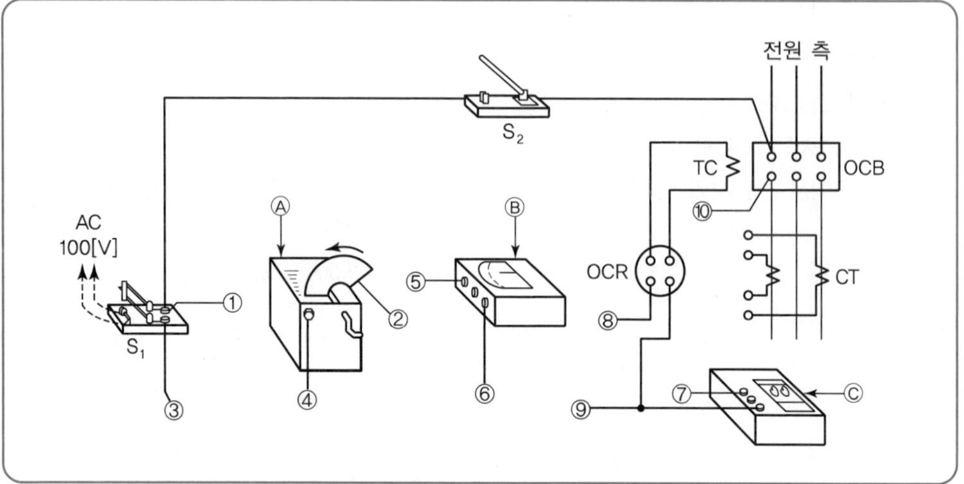

1 회로도의 기기를 사용하여 동작시험을 하기 위한 단자 접속을 ○ - ○ 안에 쓰시오.

① - ○　　② - ○

③ - ○　　⑥ - ○

⑦ - ○

2 Ⓐ, Ⓑ, Ⓒ에 표시된 기기의 명칭을 쓰시오.

Ⓐ 기기명 :

Ⓑ 기기명 :

Ⓒ 기기명 :

3 결선도에서 스위치 S_2를 투입(ON)하고 행하는 시험 명칭과 개방(OFF)하고 행하는 시험의 명칭은 무엇인가?

- S_2 ON 시의 시험명 :
- S_2 OFF 시의 시험명 :

해답 **1** ①-④, ②-⑤, ③-⑨, ⑥-⑧, ⑦-⑩

2 Ⓐ : 물 저항기, Ⓑ : 전류계, Ⓒ : 사이클 카운터

3
- S_2 ON 시의 시험명 : 계전기 한시 동작 특성 시험
- S_2 OFF 시의 시험명 : 계전기 최소 동작 전류 시험

TIP

3 ① S_2 개방 시 OCR에 과전류가 흐르면 동작하는 특성이다.

② S_2 투입 시 별도의 전원 공급으로 동작시간이 빨라진다.

12 ★★★★☆ [5점]

조명 설비에 대한 다음 각 물음에 답하시오.

1 배선 도면에 $\bigcirc_{H400}$으로 표현되어 있다. 이것의 의미를 쓰시오.

2 비상용 조명을 건축기준법에 따른 형광등으로 시설하고자 할 때 그림 기호로 표현하시오.

3 평면이 15[m]×10[m]인 사무실에 40[W], 전광속 2,500[lm]인 형광등을 사용하여 평균 조도를 300[lx]로 유지하도록 설계하고자 한다. 이 사무실에 필요한 형광등 수를 산정하시오. (단, 조명률은 0.6이고, 감광보상률은 1.3이다.)

해답 1 400[W] 수은등

2 ▬◯▬

3 계산 : $N = \dfrac{EAD}{FU} = \dfrac{300\times15\times10\times1.3}{2{,}500\times0.6} = 39$[등]

답 39[등]

TIP

① H : 수은등 ② F : 형광등 ③ N : 나트륨등
④ M : 메탈할라이드등 ⑤ X : 크세논등

13 ★★★★★ [6점]

표와 같은 수용가 A, B, C에 공급하는 배전 선로의 최대 전력이 450[kW]라고 할 때 다음 각 물음에 답하시오.

수용가	설비용량[kW]	수용률[%]
A	250	65
B	300	70
C	350	75

1 수용가의 부등률은 얼마인가?

2 부등률이 크다는 것은 어떤 것을 의미하는가?

3 수용률의 의미를 간단히 설명하시오.

해답 1 계산 : 부등률$= \dfrac{\text{개별 최대전력의 합(설}\times\text{수)}}{\text{합성최대전력}}$

$= \dfrac{250\times0.65+300\times0.7+350\times0.75}{450} = 1.41$ 답 : 1.41

2 최대 전력을 소비하는 기기의 사용 시간대가 서로 다르다.

3 수용설비 기기를 동시에 사용하는 정도를 나타낸 것

TIP

① 부등률 $= \dfrac{\text{개개 최대 수용전력의 합계}}{\text{합성 최대 수용전력}} = \dfrac{\text{설비용량} \times \text{수용률}}{\text{합성 최대 수용전력}}$

② 수용률 $= \dfrac{\text{최대 전력}}{\text{설비용량(kW)}} \times 100[\%]$

14 ★☆☆☆☆

[6점]

현재 건설 중인 우리나라 고속전철(KTX)에 인버터가 사용되는 것으로 되어 있는바 이 인버터에 대하여 다음 각 물음에 답하시오.

1 전류형 인버터와 전압형 인버터의 회로상의 차이점을 2가지씩 쓰시오.

전류형 인버터	전압형 인버터

2 전류형 인버터와 전압형 인버터에 적용되는 전동기를 쓰시오.

- 전류형 :
- 전압형 :

해답 

전류형 인버터	전압형 인버터
전압형 인버터의 콘덴서 대신에 리액터 사용	전압을 콘덴서로 평활하게 함
인버터부에 SCR 사용	컨버터부에 3상 다이오드 모듈 사용

2 • 전류형 : (고슬립) 유도전동기
• 전압형 : 동기전동기

15 ★★★★★ [9점]

그림의 회로는 Y-△ 기동방식의 주회로 부분이다. 도면을 보고 다음 각 물음에 답하시오.

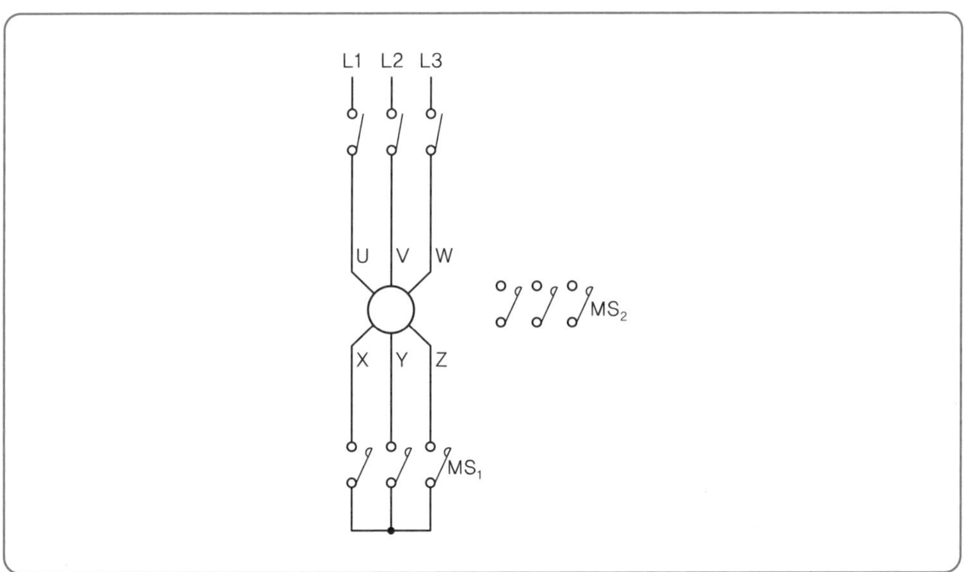

1 주회로 부분의 미완성 회로에 대한 결선을 완성하시오.

2 Y-△ 기동 시와 전전압 기동 시의 기동전류를 수치를 제시하면서 비교 설명하시오.

3 전동기를 운전할 때 Y-△ 기동에 대한 기동 및 운전에 대한 조작요령을 설명하시오.

해답 1

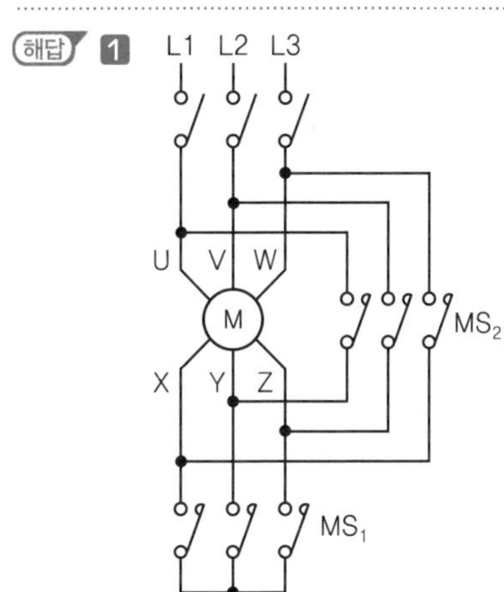

2 Y-△ 기동 시 기동전류는 전전압 기동 시 기동전류의 1/3배이다.

3 Y결선으로 기동한 후 타이머 설정시간 후 기동이 완료되면 △결선으로 운전한다. 이때 Y와 △는 동시에 투입되어서는 안 된다.

TIP

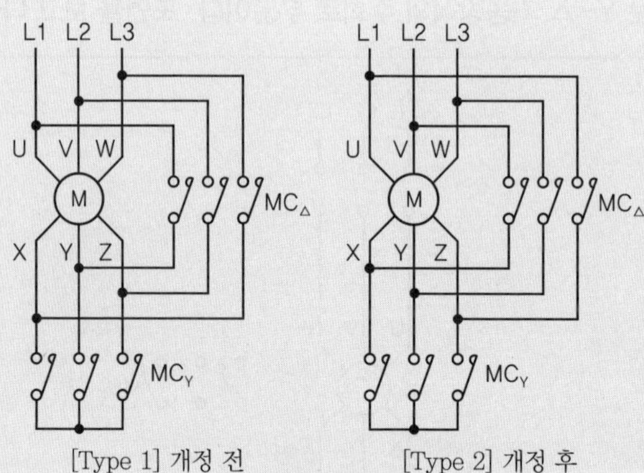

[Type 1] 개정 전 [Type 2] 개정 후

Type 1 또는 Type 2 모두 사용되나 기동 순간의 과도(돌입)전류를 감소시키기 위하여 현재는 Type 1이 많이 사용된다.

① 기동전류 $\dfrac{I_Y}{I_\triangle} = \dfrac{\dfrac{V_l}{\sqrt{3}Z}}{\dfrac{\sqrt{3}V_l}{Z}} = \dfrac{1}{3}$

② 기동전압(선간전압) $V_l = \sqrt{3}V_p \quad \therefore V_p = \dfrac{1}{\sqrt{3}}V_l$

③ 기동토크 $T_s \propto V^2 \quad \therefore \left(\dfrac{1}{\sqrt{3}}\right)^2 = \dfrac{1}{3}$

ENGINEER ELECTRICITY

2005년 과 년 도 문제풀이

전기기사

2005년도 1회 시험 과년도 기출문제

회독 체크	□1회독	월 일	□2회독	월 일	□3회독	월 일

2002 2003 2004 **2005** 2006 2007 2008 2009 2010 2011

01 ★★☆☆☆ [6점]

특고압 수전설비에 대한 다음 각 물음에 답하시오.

1 동력용 변압기에 연결된 동력부하 설비용량이 350[kW], 부하역률은 85[%], 효율 85[%], 수용률 60[%]일 때 동력용 3상 변압기의 용량은 몇 [kVA]인지를 산정하시오.(단, 변압기의 표준정격용량은 다음 표에서 산정한다.)

동력용 3상 변압기의 표준정격용량[kVA]					
200	250	300	400	500	600

2 3상 농형 유도전동기에 전용 차단기를 설치할 때 전용 차단기의 정격전류[A]를 구하시오.(단, 전동기는 160[kW]이고, 정격전압은 3,300[V], 역률은 85[%], 효율은 85[%], 차단기의 정격전류는 전동기 정격전류의 3배로 계산한다.)

해답 1 계산 : 변압기 용량 $= \dfrac{\text{설비용량} \times \text{수용률}}{\text{역률} \times \text{효율}} = \dfrac{350 \times 0.6}{0.85 \times 0.85} = 290.66\,[\text{kVA}]$

답 300[kVA]

2 계산 : 유도전동기의 전류 $I = \dfrac{P}{\sqrt{3}\,V\cos\theta \cdot \eta} = \dfrac{160 \times 10^3}{\sqrt{3} \times 3{,}300 \times 0.85 \times 0.85} = 38.74\,[\text{A}]$

차단기 정격전류는 전동기 정격전류의 3배를 적용

$I_n = 38.74 \times 3 = 116.22\,[\text{A}]$

답 116.22[A]

02 ★★★☆☆ [6점]

도로 조명 설계에 관한 다음 각 물음에 답하시오.

1 도로 조명 설계에 있어서 성능상 고려해야 할 중요 사항을 5가지만 쓰시오.

2 도로의 너비가 40[m]인 곳의 양쪽을 30[m] 간격을 두고 지그재그식으로 등주를 배치하여 도로 위의 평균조도를 5[lx]가 되도록 하고자 한다. 도로면 광속 이용률은 30[%], 유지율은 75[%]로 한다고 할 때 각 등주에 사용되는 수은등의 규격은 몇 [W]의 것을 사용하여야 하는가?

크기[W]	램프의 전류[A]	전광속[lm]
100	1.0	3,200~4,000
200	1.9	7,700~8,500
250	2.1	10,000~11,000
300	2.5	13,000~14,000
400	3.7	18,000~20,000

해답 **1** ① 노면 전체를 평균휘도로 조명
② 충분한 조도
③ 조명시설이 도로나 그 주변의 경관을 해치지 않을 것
④ 눈부심이 적을 것
⑤ 광속의 연색성이 적절할 것
그 외
⑥ 정연한 배치 배열

2 계산 : $F = \dfrac{DEA}{UN} = \dfrac{EA}{UNM} = \dfrac{5 \times \left(\dfrac{40}{2} \times 30\right)}{0.3 \times 0.75} = 13{,}333.33[\text{lm}]$

표에서 300[W] 선정

답 300[W]

TIP

➤ A : 면적

① 양쪽 배열, 지그재그 배열 : (간격×폭)×$\dfrac{1}{2}$

② 편측 배열, 중앙 배열 : (간격×폭)

03 ★★★☆☆ [6점]

연축전지의 고장 현상이 다음과 같을 때 이의 추정 원인을 쓰시오.

1 전 셀의 전압 불균일이 크고 비중이 낮다.

2 전 셀의 비중이 높다.

3 전해액 변색, 충전하지 않고 그냥 두어도 다량으로 가스가 발생한다.

해답 **1** 충전 부족으로 장시간 방치한 경우
2 증류수가 부족한 경우(액면 저하로 극판 노출)
3 전해액에 불순물의 혼입

04 ★★☆☆☆ [4점]

콘덴서의 회로에 제3고조파의 유입으로 인한 사고를 방지하기 위하여 콘덴서 용량의 13[%]인 직렬 리액터를 설치하고자 한다. 이 경우 투입 시의 전류는 콘덴서의 정격전류(정상 시 전류)의 몇 배가 흐르게 되는가?

해답 계산 : 콘덴서 투입 시 돌입전류

$$I = I_n\left(1 + \sqrt{\frac{X_c}{X_L}}\right) = I_n\left(1 + \sqrt{\frac{X_c}{0.13X_c}}\right) = 3.77I_n$$

답 3.77배

05 ★★★★☆ [6점]

답란의 그림은 농형 유도전동기의 Y−△ 기동 회로도이다. 이 중 미완성 부분인 ①~⑨까지 완성하시오.(단, 접점 등에는 접점 기호를 반드시 쓰도록 하며, $MC_{\triangle}$, MC_Y, MC는 전자접촉기, Ⓞ, Ⓡ, Ⓖ는 각 경우의 표시등이다.)

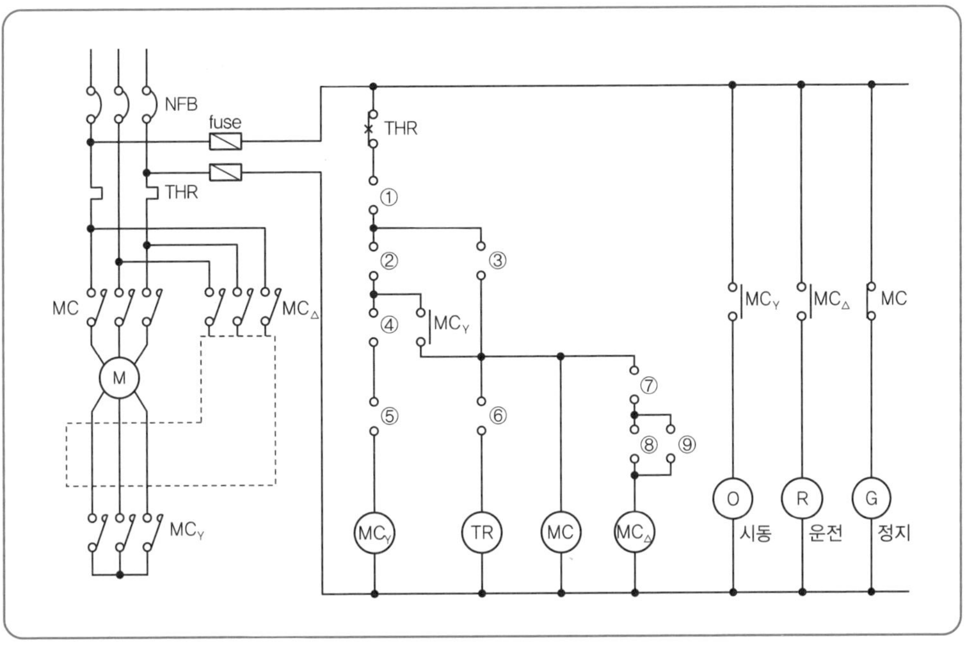

해답

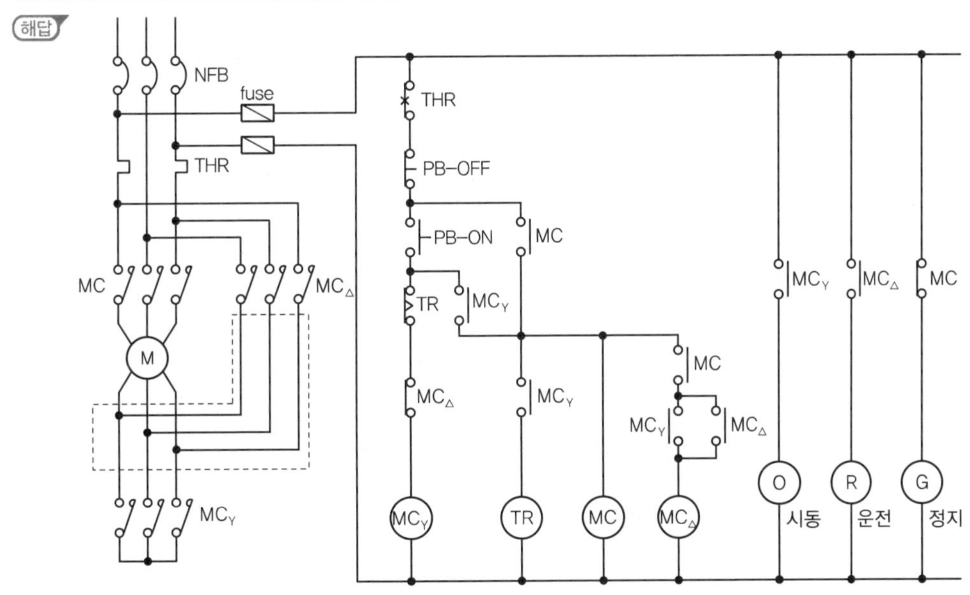

06 ★★☆☆☆

[10점]

그림은 누전차단기를 적용하는 것으로, CVCF 출력 측의 접지용 콘덴서 $C_0 = 6[\mu F]$이고, 부하 측 라인필터의 대지정전용량 $C_1 = C_2 = 0.1[\mu F]$, 누전차단기 ELB_1에서 지락점까지의 케이블 대지정전용량 $C_{L1} = 0$(ELB_1의 출력단에 지락 발생 예상), ELB_2에서 부하 2까지의 케이블 대지정전용량 $C_{L2} = 0.2[\mu F]$이다. 지락저항은 무시하며, 사용전압은 200[V], 주파수가 60[Hz]인 경우 다음 각 물음에 답하시오.

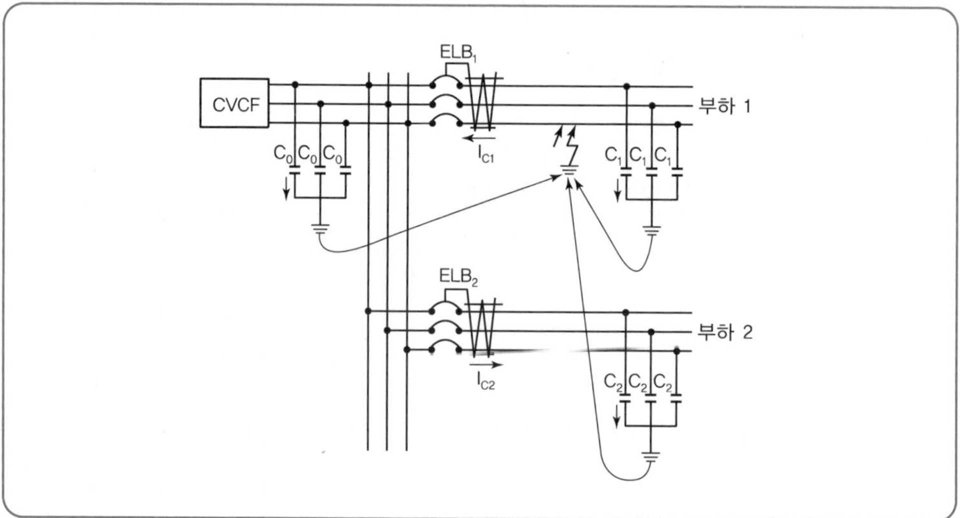

[조건]

- ELB_1에 흐르는 지락전류 I_{C1}은 약 796[mA]($I_{C1} = 3 \times 2\pi fCE$에 의하여 계산)이다.
- 누전차단기는 지락 시의 지락전류의 $\frac{1}{3}$에 동작 가능하여야 하며, 부동작 전류는 건전피더에 흐르는 지락전류의 2배 이상의 것으로 한다.
- 누전차단기의 시설 예에 대한 표시 기호는 다음과 같다.
  - ○ : 누전차단기를 시설할 것
  - △ : 주택에 기계기구를 시설하는 경우에는 누전차단기를 시설할 것
  - □ : 주택구 내 또는 도로에 접한 면에 룸에어컨디셔너, 아이스박스, 진열장, 자동판매기 등 전동기를 부품으로 한 기계기구를 시설하는 경우에는 누전차단기를 시설하는 것이 바람직하다.

* 사람이 조작하고자 하는 기계기구를 시설한 장소보다 전기적인 조건이 나쁜 장소에서 접촉할 우려가 있는 경우에는 전기적 조건이 나쁜 장소에 시설된 것으로 취급한다.

1 도면에서 CVCF는 무엇인가?

2 건전피더 ELB_2에 흐르는 지락전류 I_{C2}는 몇 [mA]인가?

3 누전차단기 ELB_1, ELB_2가 불필요한 동작을 하지 않기 위해서는 정격감도전류 몇 [mA] 범위의 것을 선정하여야 하는가?

4 누전차단기의 시설 예에 대한 표의 빈칸에 ○, △, □를 표현하시오.

기계기구 시설장소 / 전로의 대지전압	옥내		옥측		옥외	물기가 있는 장소
	건조한 장소	습기가 많은 장소	우선 내	우선 외		
150[V] 이하	−	−	−			
150[V] 초과 300[V] 이하			−			

해답 **1** 정전압 정주파수 전원장치

2 계산 : $I_{C2} = 3 \times 2\pi f(C_2 + C_{L2})\dfrac{V}{\sqrt{3}} = 3 \times 2\pi \times 60 \times (0.1+0.2) \times 10^{-6} \times \dfrac{200}{\sqrt{3}}$

$= 0.03918[A] = 39.18[mA]$

답 39.18[mA]

3 정격감도전류의 범위(부동작전류~동작전류)

계산 : ① 동작전류$\left(\text{지락전류} \times \dfrac{1}{3}\right)$

㉠ $ELB_1 : 796 \times \dfrac{1}{3} = 265.33[mA]$

㉡ $I_{C2} : 3 \times 2\pi f(C_0 + C_{L1} + C_1 + C_2 + C_{L2})E\left(\dfrac{V}{\sqrt{3}}\right)$

$= 3 \times 2\pi \times 60 \times (6+0+0.1+0.1+0.2) \times 10^{-6} \times \dfrac{200}{\sqrt{3}} = 0.8358[A]$

$= 835.8[mA]$

$ELB_2 : 835.8 \times \dfrac{1}{3} = 278.6[mA]$

② 부동작전류(건전상의 지락전류×2)

㉠ 부하 1 케이블에서 부하 2에 흐르는 지락전류(I_{g2})

$I_{g2} = 3 \times 2\pi f(C_2 + C_{L2}) \times E\left(\dfrac{V}{\sqrt{3}}\right)$

$= 3 \times 2\pi \times 60 \times (0.1+0.2) \times 10^{-6} \times \dfrac{200}{\sqrt{3}} \times 10^3 = 39.18[mA]$

$ELB_2 : 39.18 \times 2 = 78.36[mA]$

㉡ 부하 2 케이블에서 부하 1에 흐르는 지락전류(I_{g1})

$I_{g1} = 3 \times 2\pi \times f(C_1 + C_{L1}) \times E\left(\dfrac{V}{\sqrt{3}}\right)$

$= 3 \times 2\pi \times 60 \times (0.1+0) \times 10^{-6} \times \dfrac{200}{\sqrt{3}} \times 10^3 = 13.06[mA]$

$ELB_1 : 13.06 \times 2 = 26.12[mA]$

답 $ELB_1 : 26.12 \sim 265.33[mA]$

$ELB_2 : 78.36 \sim 278.6[mA]$

4

전로의 대지전압 \ 기계기구 시설장소	옥내		옥측		옥외	물기가 있는 장소
	건조한 장소	습기가 많은 장소	우선 내	우선 외		
150[V] 이하	-	-	-	□	□	○
150[V] 초과 300[V] 이하	△	○	-	○	○	○

07 ★★★★★

[9점]

불평형부하의 제한에 관련된 다음 물음에 답하시오.

1 저압, 고압 및 특별고압 수전 3상 3선식 또는 3상 4선식에서 불평형률의 한도는 단상부하로 계산하여 몇 [%] 이하로 하는 것을 원칙으로 하는가?

2 물음 1의 제한원칙에 따르지 않아도 되는 경우를 2가지만 쓰시오.

3 부하설비가 그림과 같을 때 설비불평형률은 몇 [%]인가?(단, Ⓗ는 전열기이고 Ⓜ은 전동기이다.)

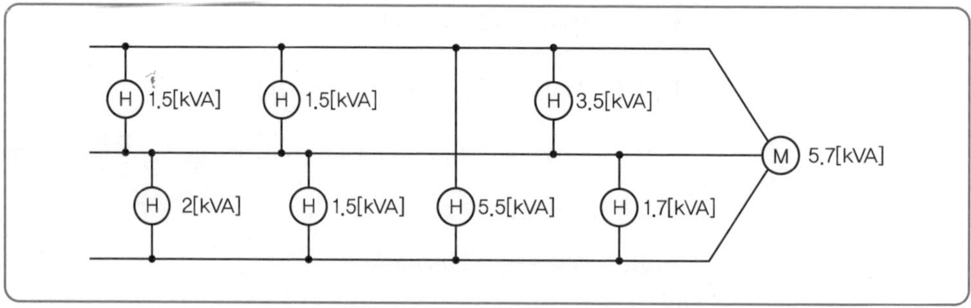

해답 1 30[%]

2 ① 저압수전에서 전용의 변압기 등으로 수전하는 경우
② 고압 및 특고압 수전에서 100[kVA] 이하의 단상부하인 경우
③ 고・특고압 수전에서 단상부하 최대・최소의 차가 100[kVA] 이하인 경우
④ 특고압 수전에서 100[kVA] 이하의 단상 변압기 2대로 역V결선하는 경우

3 계산 : $\dfrac{\text{단상 설비용량의 최대} - \text{단상 설비용량의 최소}}{\text{총 설비용량([VA], [kVA])} \times \frac{1}{3}} \times 100$

$= \dfrac{(1.5+1.5+3.5)-(2+1.5+1.7)}{(1.5+1.5+3.5+2+1.5+1.7+5.5+5.7)\times\frac{1}{3}} \times 100$

$=17.03[\%]$

답 17.03[%]

TIP

- 1ϕ3W는 불평형률을 40[%] 이하로 제한함

➤ 불평형부하의 제한

(1) 저압, 고압 및 특고압 수전의 3상 3선식 또는 3상 4선식에서 불평형 부하의 한도는 단상접속부하로 계산하여 설비불평형률을 30[%] 이하로 하는 것을 원칙으로 한다. 다만, 다음 각 호의 경우에는 이 제한에 따르지 아니할 수 있다.
① 저압수전에서 전용 변압기 등으로 수전하는 경우
② 고압 및 특고압 수전에서 100[kVA]([kW]) 이하의 단상부하인 경우
③ 고압 및 특고압 수전에서 단상부하 용량의 최대와 최소의 차가 100[kVA]([kW]) 이하인 경우
④ 특고압 수전에서 100[kVA]([kW]) 이하의 단상 변압기 2대로 역V결선하는 경우

(2) 계약전력 5[kW] 정도 이하의 설비에서 소수의 전열기구류를 사용할 경우 등 완전한 평형을 얻을 수 없을 경우에는 단상 3선식의 한도인 40[%]를 초과할 수 있다.

08 ★★★☆☆ [9점]

그림과 같은 3상 배전선에서 변전소(A점)의 전압은 3,300[V], 중간(B점) 지점의 부하는 50[A], 역률 0.8(지상), 말단(C점)의 부하는 50[A], 역률 0.8이다. A와 B 사이의 길이는 2[km], B와 C 사이의 길이는 4[km]이며, 선로의 [km]당 임피던스는 저항 0.9[Ω], 리액턴스 0.4[Ω]이라고 할 때 다음 각 물음에 답하시오.

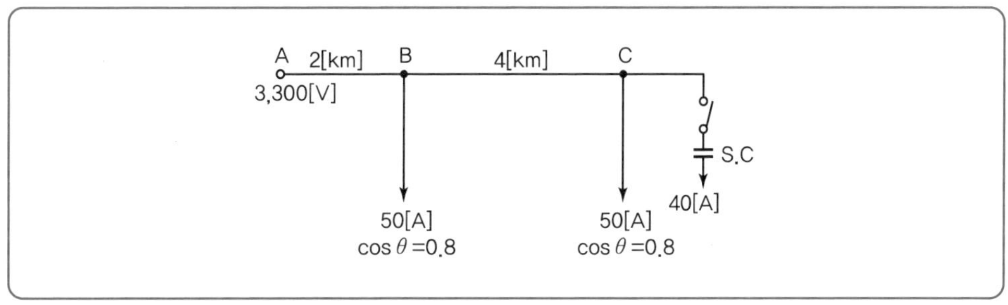

1 이 경우의 B점과 C점의 전압은 몇 [V]인가?
① B점의 전압
② C점의 전압

2 C점에 전력용 콘덴서를 설치하여 진상 전류 40[A]를 흘릴 때 B점과 C점의 전압은 각각 몇 [V]인가?
① B점의 전압
② C점의 전압

3 전력용 콘덴서를 설치하기 전과 후의 선로의 전력 손실을 구하시오.

① 전력용 콘덴서 설치 전

② 전력용 콘덴서 설치 후

해답 **1** 콘덴서 설치 전 B, C점의 전압

① B점의 전압

계산 : $V_B = V_A - \sqrt{3}I_1(R_1\cos\theta + X_1\sin\theta)$

$= 3{,}300 - \sqrt{3} \times 100(0.9 \times 2 \times 0.8 + 0.4 \times 2 \times 0.6) = 2{,}967.45[V]$

답 2,967.45[V]

② C점의 전압

계산 : $V_C = V_B - \sqrt{3}I_2(R_2\cos\theta + X_2\sin\theta)$

$= 2{,}967.45 - \sqrt{3} \times 50(0.9 \times 4 \times 0.8 + 0.4 \times 4 \times 0.6) = 2{,}634.9[V]$

답 2,634.9[V]

2 콘덴서 설치 후 B, C점의 전압

① B점의 전압

계산 : $V_B = V_A - \sqrt{3}\{I_1\cos\theta \cdot R_1 + (I_1\sin\theta - I_C) \cdot X_1\}$

$= 3{,}300 - \sqrt{3} \times \{100 \times 0.8 \times 1.8 + (100 \times 0.6 - 40) \times 0.8\} = 3{,}022.87[V]$

답 3,022.87[V]

② C점의 전압

계산 : $V_C = V_B - \sqrt{3} \times \{I_2\cos\theta \cdot R_2 + (I_2\sin\theta - I_C) \cdot X_2\}$

$= 3{,}022.87 - \sqrt{3} \times \{50 \times 0.8 \times 3.6 + (50 \times 0.6 - 40) \times 1.6\} = 2{,}801.17[V]$

답 2,801.17[V]

3 전력 손실

① 콘덴서 설치 전

계산 : $P_{L1} = 3I_1^2R_1 + 3I_2^2R_2 = 3 \times 100^2 \times 1.8 + 3 \times 50^2 \times 3.6 = 81{,}000[W] = 81[kW]$

답 81[kW]

② 콘덴서 설치 후

계산 : $I_1 = \sqrt{(100 \times 0.8)^2 + (100 \times 0.6 - 40)^2} = 82.46[A]$

$I_2 = \sqrt{(50 \times 0.8)^2 + (50 \times 0.6 - 40)^2} = 41.23[A]$

$\therefore P_{L2} = 3 \times 82.46^2 \times 1.8 + 3 \times 41.23^2 \times 3.6 = 55{,}080 = 55.08[kW]$

답 55.08[kW]

TIP

① 3상 전력손실 $= 3I^2R$

② 콘덴서 전류 = 진상무효전류 $(-I_C)$

2002 2003 2004 2005 2006 2007 2008 2009 2010 2011

09 ★★☆☆☆ [3점]

고압 배전선 전압을 조정하는 장치를 3가지만 쓰시오.

해답 ① 자동전압조기　② 유도전압조정기　③ 변압기의 탭조정

TIP

④ 승압기, ⑤ SVC(정지형 무효전력 장치)

10 ★★★☆☆ [14점]

그림과 같은 특고압 간이 수전설비에 대한 결선도를 보고 다음 각 물음에 답하시오.

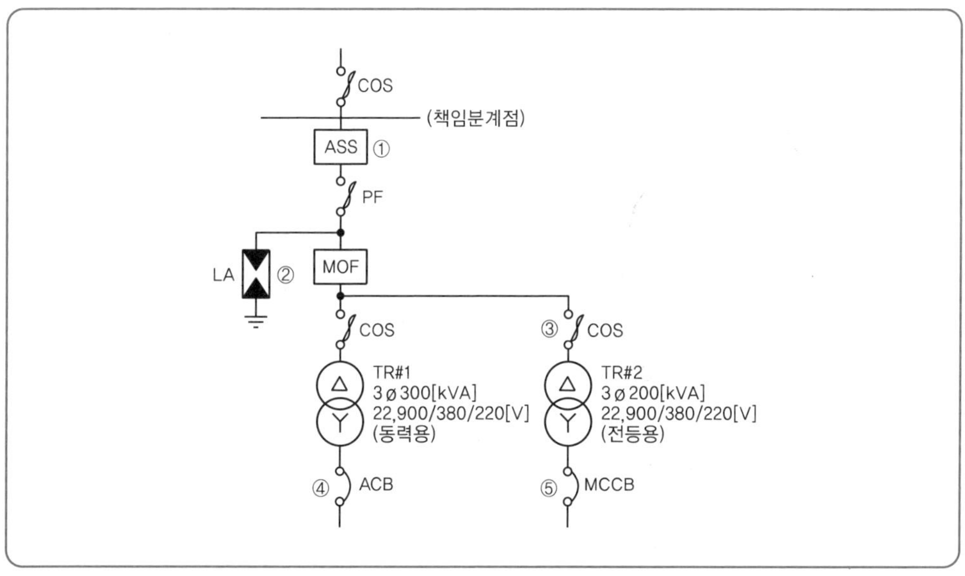

1. 수전실의 형태를 Cubicle Type으로 할 경우 고압반(HV : High voltage) 4면과 저압반(LV : Low voltage) 2면으로 구성된다. 수용되는 기기의 명칭을 각각 쓰시오.
2. ①, ②, ③의 정격전압과 정격전류를 구하시오.
3. ④, ⑤ 차단기의 용량(AF, AT)은 어느 것을 선정하면 되겠는가?(단, 역률은 100[%]로 계산한다.)

해답 1
- 고압반 : 피뢰기, 전력 수급용 계기용 변성기, 전등용 변압기, 동력용 변압기, 컷아웃스위치, 전력퓨즈
- 저압반 : 기중 차단기, 배선용 차단기

2
① 정격전압 : 25.8[kV], 정격전류 : 200[A]
② 정격전압 : 18[kV], 정격전류 : 2,500[A]

③ 정격전압 : 25[kV] 또는 25.8[kV], 정격전류 : 100[AF], 8[A]

3 ④ 계산 : $I_1 = \dfrac{P}{\sqrt{3}V} = \dfrac{300 \times 10^3}{\sqrt{3} \times 380} = 455.82[A]$ 답 AF : 630[A], AT : 600[A]

⑤ 계산 : $I_1 = \dfrac{P}{\sqrt{3}V} = \dfrac{200 \times 10^3}{\sqrt{3} \times 380} = 303.87[A]$ 답 AF : 400[A], AT : 350[A]

TIP

➤ ACB(AT, AF), MCCB(AT, AF)

AF	AT
400	250, 300, 350, 400
630	400(ACB), 500(MCCB), 630(600)
800	700, 800
1,000	1,000
1,200	1,200

11 ★★★★★ [5점]

다음은 통신실 등의 중요한 부하에 대한 무정전 전원 공급을 위한 그림이다. ㉮~㉮에 적당한 전기시설물의 명칭을 쓰시오.

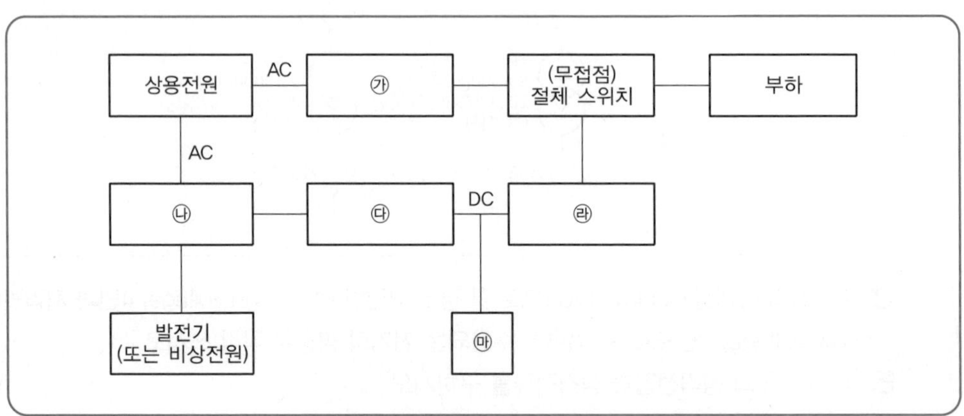

해답 ㉮ AVR ㉯ (무접점)절체 스위치 ㉰ 정류기
㉱ 인버터 ㉲ 축전지

TIP

➤ UPS의 목적

평상시에는 부하에 일정 전압, 일정 주파수를 공급하고 상시전원 정전 시에는 부하에 무정전 전원을 공급하는 장치이다.

12 ★★★★☆

[6점]

그림과 같은 송전계통 S점에서 3상 단락사고가 발생하였다. 주어진 도면과 조건을 참고하여 변압기(T_2)의 각각의 %리액턴스를 100[MVA] 출력으로 환산하고, 1차(P), 2차(T), 3차(S)의 %리액턴스를 구하시오.

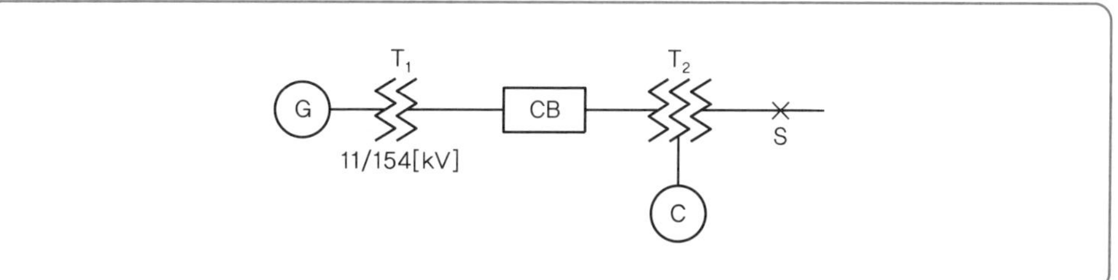

[조건]

번호	기기명	용량	전압	%X
1	발전기(G)	50,000[kVA]	11[kV]	30
2	변압기(T_1)	50,000[kVA]	11/154[kV]	12
3	송전선	10,000[kVA]	154[kV]	10
4	변압기(T_2)	1차 25,000[kVA]	154[kV]	1~2차 12
		2차 25,000[kVA]	77[kV]	2~3차 15
		3차 10,000[kVA]	11[kV]	3~1차 10.8
5	조상기(C)	10,000[kVA]	11[kV]	20

해답 계산 : ① 1~2차 간 $X_{P-T} = \frac{100}{25} \times 12 = 48[\%]$

② 2~3차 간 $X_{T-S} = \frac{100}{25} \times 15 = 60[\%]$

③ 3~1차 간 $X_{S-P} = \frac{100}{10} \times 10.8 = 108[\%]$

그러므로

1차 $X_P = \frac{X_{PT} + X_{SP} - X_{TS}}{2} = \frac{48 + 108 - 60}{2} = 48[\%]$

2차 $X_T = \frac{X_{PT} + X_{TS} - X_{SP}}{2} = \frac{48 + 60 - 108}{2} = 0[\%]$

3차 $X_S = \frac{X_{TS} + X_{SP} - X_{PT}}{2} = \frac{60 + 108 - 48}{2} = 60[\%]$

답 1차 : 48[%], 2차 : 0[%], 3차 : 60[%]

13 ★★★☆☆ [7점]

교류용 적산전력계에 대한 다음 각 물음에 답하시오.

1 잠동(Creeping) 현상에 대하여 설명하고 잠동을 막기 위한 유효한 방법을 2가지만 쓰시오.
2 적산전력계에 필요한 제반 특성을 5가지만 쓰시오.

해답 1 ① 잠동 : 무부하상태에서 정격주파수 및 정격전압의 110(%)를 인가하여 계기의 원판이 1회전 이상 회전하는 현상
② 방지대책
- 원판에 작은 구멍을 뚫는다.
- 원판에 작은 철편을 붙인다.

2 구비조건
① 옥내 및 옥외에 설치가 적당한 것
② 온도나 주파수 변화에 보상이 되도록 할 것
③ 기계적 강도가 클 것
④ 부하특성이 좋을 것
⑤ 과부하 내량이 클 것

14 ★★★★☆ [5점]

그림은 두 공장의 일부하 곡선이다. 이 그림을 이용하여 다음 각 물음에 답하시오.

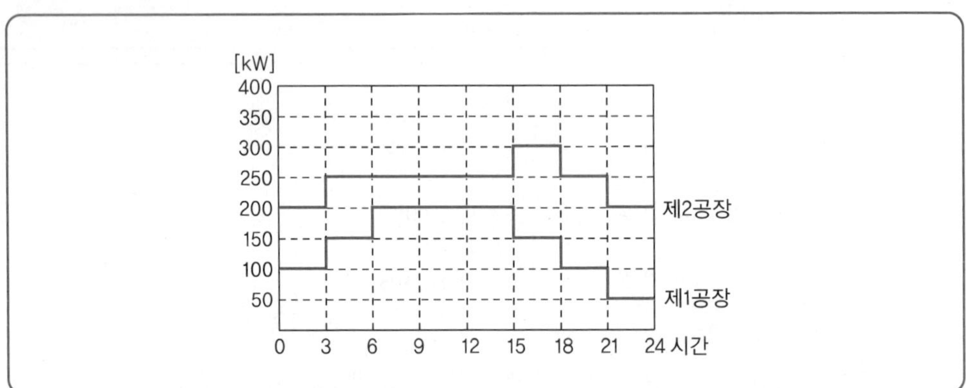

1 제2공장의 일부하율은 몇 [%]인가?
2 각 공장 상호 간의 부등률은 얼마인가?

해답 1 계산 : 일부하율$=\dfrac{\text{평균 전력}}{\text{최대 전력}}\times 100[\%]$

$$=\frac{200\times3+250\times12+300\times3+250\times3+200\times3}{24\times300}\times100=81.25[\%]$$

답 81.25[%]

2 계산 : 부등률 $= \dfrac{\text{개개의 최대 전력의 합계}}{\text{합성 최대 전력}}$

$$= \frac{200+300}{450} = 1.11$$

답 1.11

TIP

합성 최대 전력은 15시~18시 사이에 제 1공장의 150[kW]와 제2공장의 300[kW]의 합계인 450[kW]이다.

15 ★★★★☆ [4점]

그림과 같은 무접점의 논리회로도를 보고 다음 각 물음에 답하시오.

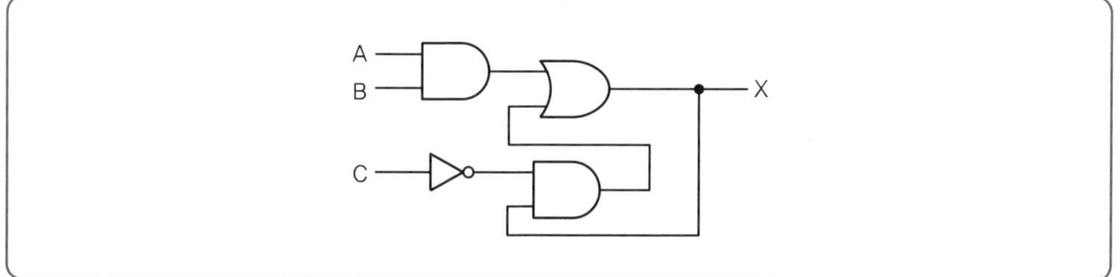

1 출력식을 나타내시오.

2 주어진 무접점 논리회로를 유접점 논리회로로 바꾸어 그리시오.

해답 **1** $X = AB + \overline{C}X$

2

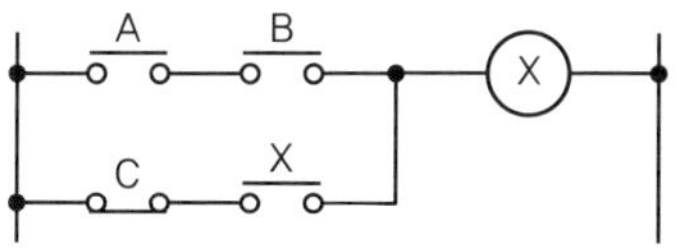

↘ 전기기사

2005년도 2회 시험

과년도 기출문제

회독 체크	□1회독	월 일	□2회독	월 일	□3회독	월 일

01 ★★★☆☆ [4점]

3상 3선식 200[V] 회로에서 400[A]의 부하를 전선의 길이 100[m]인 곳에 사용할 경우 전압강하율은 몇 [%]인가?(단, 사용 전선의 단면적은 300[mm²]이다.)

해답 계산 : 전압강하 $e = \frac{30.8LI}{1,000A} = \frac{30.8 \times 100 \times 400}{1,000 \times 300} = 4.11[V]$

따라서, 전압강하율 $\delta = \frac{V_s - V_r}{V_r} \times 100 = \frac{e}{V_r} \times 100 = \frac{4.11}{200} \times 100 = 2.06[\%]$

답 2.06[%]

02 ★★☆☆☆ [5점]

차단기의 트립 방식을 4가지 쓰고 각 방식을 간단히 설명하시오.

해답 ① 직류 전압 트립 방식 : 별도로 설치된 축전지 등의 제어용 직류 전원의 에너지에 의하여 트립되는 방식

② 과전류 트립 방식 : 차단기의 주회로에 접속된 변류기의 2차 전류에 의하여 차단기가 트립되는 방식

③ 콘덴서 트립 방식 : 충전된 콘덴서의 에너지에 의하여 트립되는 방식

④ 부족 전압 트립 방식 : 부족 전압 트립 장치에 인가되어 있는 전압의 저하에 의하여 차단기가 트립되는 방식

03 ★☆☆☆☆ [9점]

컴퓨터(PC)나 마이크로프로세서에 사용하기 위하여 전원장치로 UPS를 구성하려고 한다. 주어진 그림을 보고 다음 각 물음에 답하시오.

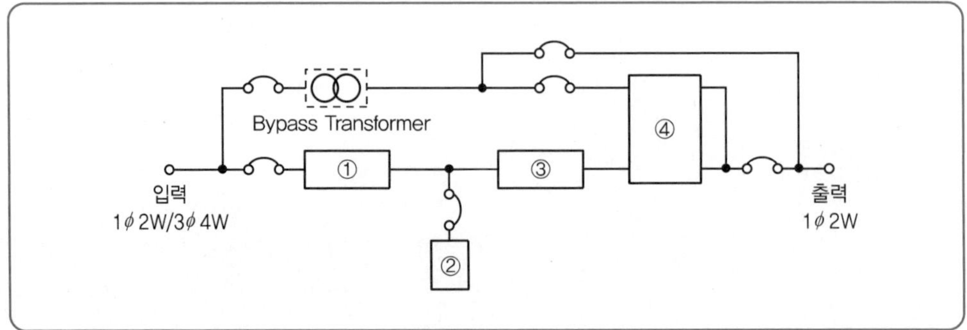

1 그림의 ①~④에 들어갈 기기 또는 명칭을 쓰고 그 역할에 대하여 간단히 설명하시오.

2 Bypass Transformer를 설치하여 회로를 구성하는 이유를 설명하시오.

3 전원장치인 UPS, CVCF, VVVF 장치에 대한 비교표를 다음과 같이 구성할 때 빈칸을 채우시오.(단, 출력전원에 대하여서는 가능은 ○, 불가능은 ×로 표시하시오.)

구분 \ 장치		UPS	CVCF	VVVF
우리말 명칭				
주회로 방식				
스위칭 방식	컨버터			
	인버터			
출력전압	무정전			
	정전압 정주파수			
	가변전압 가변주파수			

해답 1

번호	명칭	역할
①	컨버터	교류를 직류로 변환
②	축전지	충전장치에 의해 변환된 직류전력을 저장
③	인버터	직류를 사용 주파수의 교류전압으로 변환
④	절체 스위치	상용전원 정전 시 인버터 회로로 절체되어 부하에 무정전으로 전력을 공급하기 위한 장치

2 ① 회로의 절연을 위해

② UPS나 축전지의 점검 또는 고장에 대해서도 중요 부하에 응급적으로 상용 교류전력을 공급하기 위해

3

구분 \ 장치		UPS	CVCF	VVVF
우리말 명칭		무정전 전원공급 장치	정전압 정주파수 장치	가변전압 가변주파수 장치
주회로 방식		전압형 인버터	전압형 인버터	전류형 인버터
스위칭 방식	컨버터	PWM 제어 또는 위상제어	PWM 제어	PWM 제어 또는 위상제어
	인버터	PWM 제어	PWM 제어	PWM 제어
출력전압	무정전	○	×	×
	정전압 정주파수	○	○	×
	가변전압 가변주파수	×	×	○

04 ★★★★☆ [6점]

폭 16[m], 길이 22[m], 천장 높이 3.2[m]인 사무실이 있다. 주어진 조건을 이용하여 이 사무실의 조명 설계를 하고자 할 때 다음 각 물음에 답하시오.

[조건]

- 이 사무실의 평균조도는 550[lx]로 한다.
- 펜던트의 길이는 0.5[m], 책상면의 높이는 0.85[m]로 한다.
- 램프는 40[W] 2등용(H형) 펜던트를 사용하되, 노출형을 기준으로 하여 설계한다.
- 보수율은 0.75로 한다.
- 램프의 광속은 형광등 한 등당 3,500[lm]으로 한다.
- 조명률은 반사율 천장 50[%], 벽 30[%], 바닥 10[%]를 기준으로 하여 0.64로 한다.
- 기구 간격의 최대한도는 1.4H를 적용한다. 여기서, H[m]는 피조면에서 조명기구까지의 높이이다.
- 경제성과 실제 설계에 반영할 사항을 가장 최적의 상태로 적용하여 설계하도록 한다.
- 천장은 백색 텍스로, 벽면은 옅은 크림색으로 마감한다.

1 이 사무실의 실지수를 구하시오.

2 이 사무실에 시설되어야 할 조명기구의 수를 계산하고 실제로 몇 열, 몇 행으로 하여 몇 조를 시설하는 것이 합리적인지를 쓰시오.

해답 1 계산 : $K = \frac{XY}{H(X+Y)} = \frac{16 \times 22}{(3.2-0.5-0.85)\times(16+22)} = 5.01$

답 5.01

2 • 조도 기준상 필요한 등수

계산 : $N = \frac{EA}{FUM} = \frac{550 \times (16 \times 22)}{3{,}500 \times 2 \times 0.64 \times 0.75} = 57.62$

답 58[등]

• 등기구 배치 조건상 필요한 등수

조건에서 등간격 $\leq 1.4H = 1.4 \times 1.85 = 2.59$[m]

$\frac{16}{2.59} = 6.18 \rightarrow 7$열, $\frac{22}{2.59} = 8.49 \rightarrow 9$행

이므로 전체 등수는 $7 \times 9 = 63$조

답 7열 9행 63조

TIP

① 실지수(K)는 단위가 없다.

② FUN = DEA

③ $D = \frac{1}{M}$

여기서, M : 보수율, D : 감광보상률

05 ★★★★☆ [13점]

도면은 어느 154[kV] 수용가의 수전설비 단선 결선도의 일부분이다. 주어진 표와 도면을 이용하여 다음 각 물음에 답하시오.

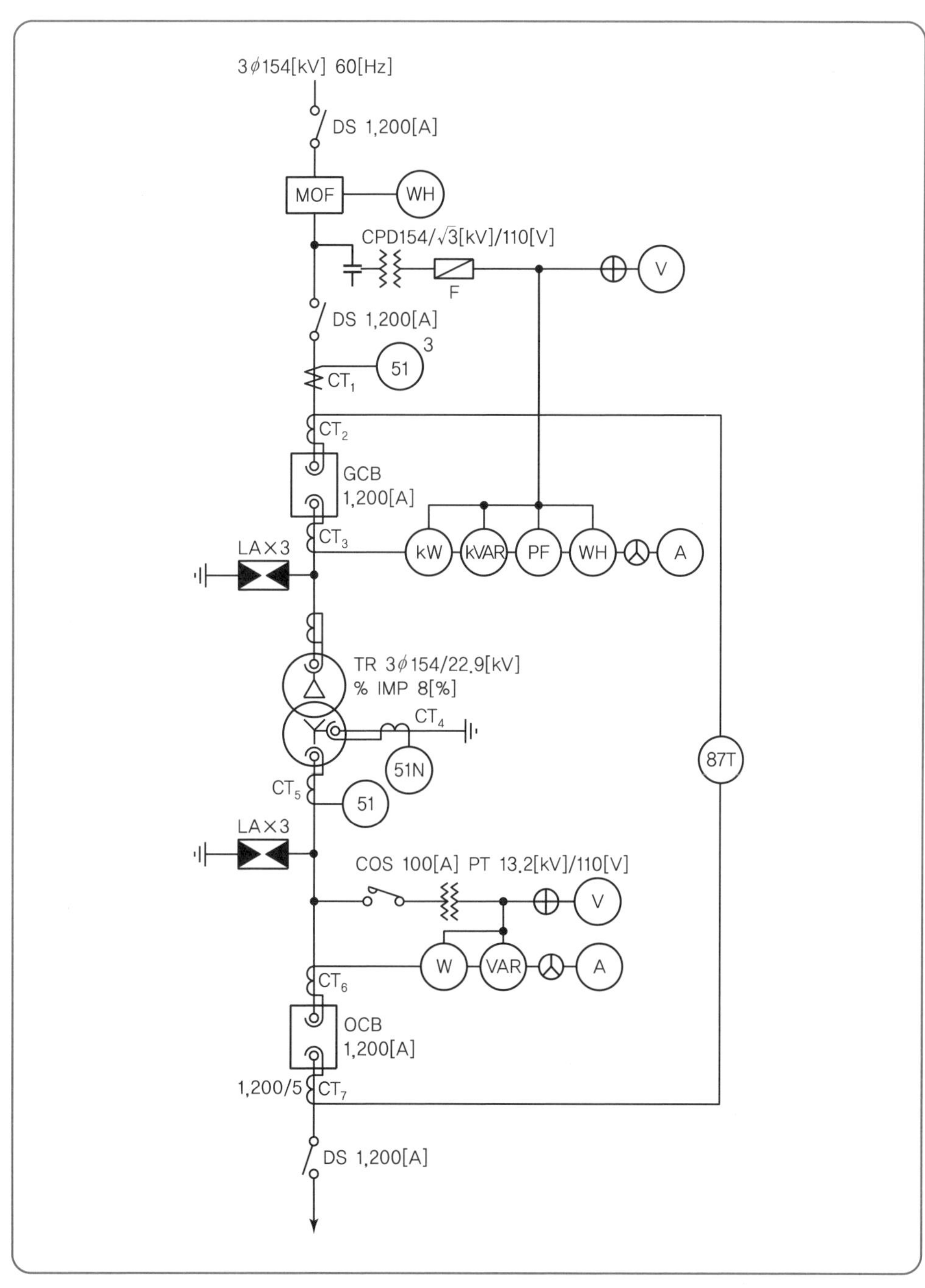

| CT의 정격 |

1차 정격 전류[A]	200	400	600	800	1,200	1,500
2차 정격 전류[A]	5					

1 변압기 2차 부하설비 용량이 51[MW], 수용률이 70[%], 부하역률이 90[%]일 때 도면의 변압기 용량은 몇 [MVA]가 되는가?
2 변압기 1차 측 DS의 정격전압은 몇 [kV]인가?
3 CT_1의 비는 얼마인지를 계산하고 표에서 선정하시오.
4 GCB 내에서 주로 사용되는 가스의 명칭을 쓰시오.
5 OCB의 정격차단전류가 23[kA]일 때, 이 차단기의 차단용량은 몇 [MVA]인가?
6 과전류 계전기의 정격부담이 9[VA]일 때 이 계전기의 임피던스는 몇 [Ω]인가?
7 CT_7 1차 전류가 600[A]일 때 CT_7의 2차에서 비율차동계전기의 단자에 흐르는 전류는 몇 [A]인가?

해답 1 계산 : $\text{변압기 용량} = \dfrac{\text{설비용량[MW]} \times \text{수용률}}{\text{역률}} = \dfrac{51 \times 0.7}{0.9} = 39.67\text{[MVA]}$

답 39.67[MVA]

2 170[kV]

3 계산 : $\text{CT의 1차 전류} = \dfrac{P}{\sqrt{3} \times V} \times (1.25 \sim 1.5) = \dfrac{39.67 \times 10^6}{\sqrt{3} \times 154 \times 10^3} = 148.72\text{[A]} \times 1.25\text{배} = 186\text{[A]}$

답 200/5

4 SF_6(육불화황)

5 계산 : $P_s = \sqrt{3}\, V_n I_s \text{[MVA]} = \sqrt{3} \times 25.8 \times 23 = 1{,}027.8\text{[MVA]}$

답 1,027.8[MVA]

6 계산 : $P = I^2 Z \quad \therefore Z = \dfrac{P}{I^2} = \dfrac{9}{5^2} = 0.36[\Omega]$

답 0.36[Ω]

7 계산 : $\text{CT의 2차 전류} = \text{부하전류} \times \dfrac{1}{\text{CT비}} \times \sqrt{3} = I_2 = 600 \times \dfrac{5}{1{,}200} \times \sqrt{3} = 4.33\text{[A]}$

답 4.33[A]

TIP

① 비율차동계전기 87T의 CT_7 결선이 △결선을 해야 하므로 $\sqrt{3}$ 배를 곱한다.
② 변압기 용량은 표준값을 적용하지 말 것!

06 ★★★★★ [6점]

접지저항을 측정하고자 한다. 다음 각 물음에 답하시오.

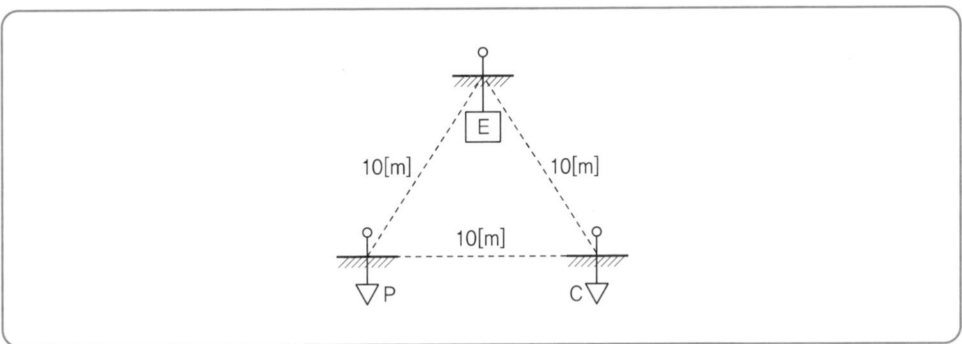

1 접지저항을 측정하기 위하여 사용되는 계기나 측정방법을 2가지 쓰시오.

2 그림과 같이 본접지 E에 제1보조접지 P, 제2보조접지 C를 설치하여 본접지 E의 접지저항값을 측정하려고 한다. 본접지 E의 접지저항은 몇 [Ω]인가?(단, 본접지와 P 사이의 저항값은 86[Ω], 본접지와 C 사이의 접지저항값은 92[Ω], P와 C 사이의 접지저항값은 160[Ω]이다.)

해답 1 ① 콜라우시 브리지에 의한 3극 접지저항 측정법
② 어스테스터에 의한 접지저항 측정법

2 계산 : $R_E = \frac{1}{2}(R_{EP} + R_{EC} - R_{PC}) = \frac{1}{2}(86 + 92 - 160) = 9[\Omega]$

답 9[Ω]

07 ★★★★★ [8점]

어느 공장에 예비전원설비로 발전기를 설계하고자 한다. 이 공장의 조건을 이용하여 다음 각 물음에 답하시오.

[부하]

- 부하는 전동기 부하 150[kW] 2대, 100[kW] 3대, 50[kW] 2대이며, 전등 부하는 40[kW]이다.
- 동력부하의 수용률은 용량이 최대인 전동기 1대는 100[%], 나머지 전동기는 그 용량의 합계를 80[%]로 계산하며, 전등 부하는 100[%]로 계산한다.
- 전동기 부하의 역률은 모두 0.9이고 전등 부하의 역률은 1이다.
- 발전기 과도 리액턴스는 25[%]를 적용한다.
- 발전기 용량의 여유율은 10[%]를 주도록 한다.
- 시동 용량은 750[kVA]를 적용한다.
- 허용 전압강하는 20[%]를 적용한다.
- 기타 주어지지 않은 조건은 무시하고 계산하도록 한다.

1 발전기에 걸리는 부하의 합계로부터 발전기 용량을 구하시오.

2 부하 중 가장 큰 전동기 시동 시의 용량으로부터 발전기의 용량을 구하시오.

3 물음 **1**과 **2**에서 계산된 값 중 어느 쪽 값을 기준하여 발전기 용량을 정하는지 그 값을 쓰고 실제 필요한 발전기 용량을 정하시오.

(해답) **1** 계산 : 발전기의 출력 $P = \dfrac{W_L \times S}{\cos\theta}$[kVA]

$$P = \left\{\frac{150 + (150 + 100 \times 3 + 50 \times 2) \times 0.8}{0.9} + \frac{40}{1}\right\} \times 1.1 = 765.11[\text{kVA}]$$

답 765.11[kVA]

2 계산 : $P \geq \left(\dfrac{1}{0.2} - 1\right) \times 750 \times 0.25 \times 1.1 = 825[\text{kVA}]$

답 825[kVA]

3 발전기 용량은 825[kVA]를 기준으로 정하며 표준용량 875[kVA]를 적용한다.

TIP

➤ 자가 발전 설비의 출력 결정

① 단순부하의 경우(전부하 정상운전 시의 소요입력에 의한 용량)

발전기의 출력 $P = \dfrac{\Sigma W_L \times S}{\cos\theta}$[kVA]

여기서, ΣW_L : 부하입력 총계

S : 부하수용률(비상용일 경우 1.0)

$\cos\theta$: 발전기의 역률(통상 0.8)

② 기동용량이 큰 부하가 있을 경우(전동기 시동에 대처하는 용량)

$P[\text{kVA}] \geq \left(\dfrac{1}{\text{허용 전압강하}} - 1\right) \times X_d \times \text{기동}[\text{kVA}]$

③ 발전기 용량 규격

정격출력		정격전압[V] (60[Hz])			정격출력		정격전압[V] (60[Hz])		
kVA	kW (역률 0.8)				kVA	kW (역률 0.8)			
12.5	10	220[V]	380/440[V]	–	437.5	350	–	380/440[V]	–
18.5	15	〃	〃	–	500	400	–	〃	–
25	20	〃	〃	–	562.5	450	–	〃	–
37.5	30	〃	〃	–	625	500	–	〃	3.3/6.6[kV]
50	40	〃	〃	–	750	600	–	〃	〃
62.5	50	〃	〃	–	875	700	–	〃	〃
75	60	〃	〃	–	1,000	800	–	〃	〃
93.75	75	〃	〃	–	1,125	900	–	〃	〃
125	100	〃	〃	–	1,250	1,000	–	〃	〃
156.25	125	〃	〃	–	1,562.5	1,250	–	–	〃
187.5	150	〃	〃	–	1,875	1,500	–	–	〃
218.75	175	〃	〃	–	2,187.5	1,750	–	–	〃
250	200	〃	〃	–	2,500	2,000	–	–	〃
312.5	250	–	〃	–	2,812.5	2,250	–	–	〃
375	300	–	〃	–	3,125	2,500	–	–	〃

08 ★★★★★ [9점]

불평형부하의 제한에 관련된 다음 물음에 답하시오.

1 저압 수전의 단상 3선식에서 중성선과 각 전압 측 전선 간의 부하는 불평형부하를 제한할 때 몇 [%]를 초과하지 않아야 하는가?

2 저압 및 고압, 특고압 수전의 3상 3선식 또는 3상 4선식에서 불평형부하의 한도는 단상접속 부하로 계산하여 불평형률은 몇 [%] 이하로 하는 것을 원칙으로 하는가?

3 그림과 같은 3상 3선식 380[V] 수전인 경우 설비불평형률은 몇 [%]인가?(단, Ⓗ는 전열기 부하이고, Ⓜ은 전동기 부하이다.)

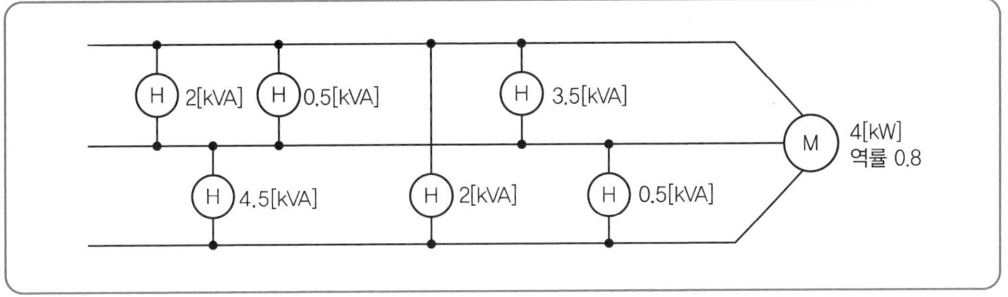

해답 1 40[%]

2 30[%] 이하

3 계산 : $\text{불평형률} = \dfrac{\text{각 선간에 접속되는 단상부하의 최대와 최소의 차}}{\text{총 부하 설비용량} \times \dfrac{1}{3}} \times 100$

$$= \frac{(2+0.5+3.5)-2}{\left(2+0.5+3.5+4.5+0.5+2+\dfrac{4}{0.8}\right)\times\dfrac{1}{3}} \times 100 = 66.67$$

답 66.67[%]

TIP

① 피상전력(VA, kVA)을 기준한다.

② 불평형부하의 제한

저압, 고압 및 특고압 수전의 3상 3선식 또는 3상 4선식에서 불평형 부하의 한도는 단상접속부하로 계산하여 설비불평형률을 30[%] 이하로 하는 것을 원칙으로 한다. 다만, 다음 각 호의 경우에는 이 제한에 따르지 아니할 수 있다.

- 저압수전에서 전용 변압기 등으로 수전하는 경우
- 고압 및 특고압 수전에서 100[kVA]([kW]) 이하의 단상부하인 경우
- 고압 및 특고압 수전에서 단상부하용량의 최대와 최소의 차가 100[kVA]([kW]) 이하인 경우
- 특고압 수전에서 100[kVA]([kW]) 이하의 단상 변압기 2대로 역V결선하는 경우

09 ★★★★☆

[5점]

다음의 표와 같은 전력개폐장치의 정상 전류와 이상 전류 시의 통전, 개 · 폐 등의 가능 유무를 빈칸에 표시하시오.(단, ○ : 가능, △ : 때에 따라 가능, × : 불가능)

기구 명칭	정상 전류			이상 전류		
	통전	개	폐	통전	투입	차단
차단기						
퓨즈						
단로기						
개폐기						

해답

기구 명칭	정상 전류			이상 전류		
	통전	개	폐	통전	투입	차단
차단기	○	○	○	○	○	○
퓨즈	○	×	×	×	×	○
단로기	○	△	×	○	×	×
개폐기	○	○	○	○	△	×

10 ★★★☆☆

[9점]

그림과 같은 로직 시퀀스 회로를 보고 다음 각 물음에 답하시오.

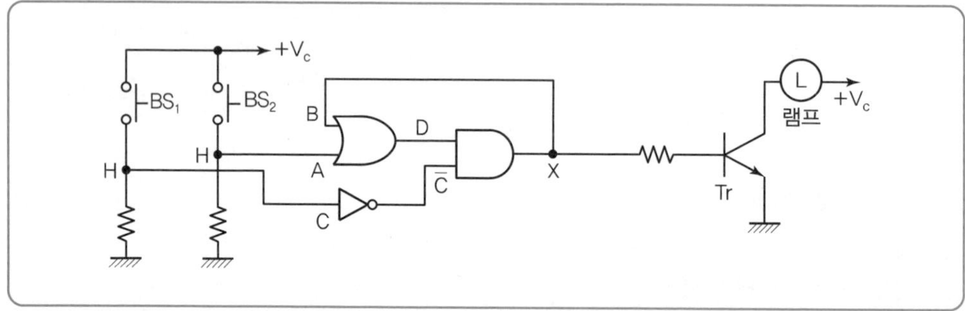

1 주어진 도면을 점선으로 구획하여 3단계로 구분하여 표시하되, 입력회로 부분, 제어회로 부분, 출력회로 부분으로 구획하고 그 구획단 하단에 회로의 명칭을 쓰시오.

2 로직 시퀀스 회로에 대한 논리식을 쓰시오.

3 주어진 미완성 타임차트와 같이 버튼 스위치 BS_1과 BS_2를 ON 하였을 때의 출력에 대한 타임 차트를 완성하시오.

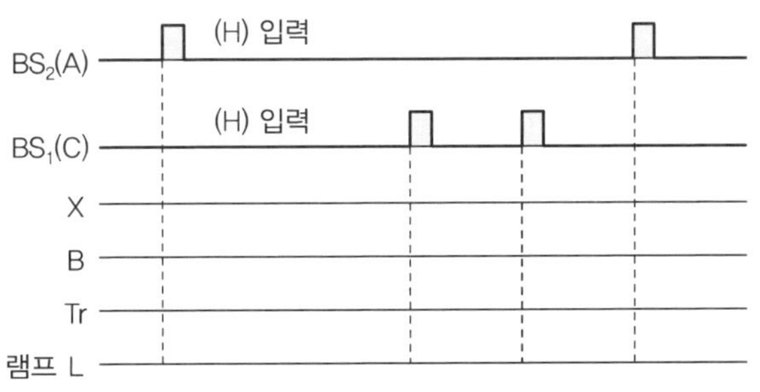

해답 **1**

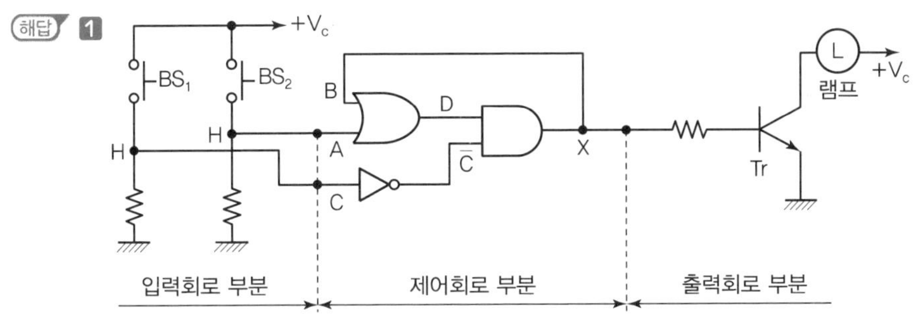

2 $X = (BS_2 + X) \cdot \overline{BS_1}$

3

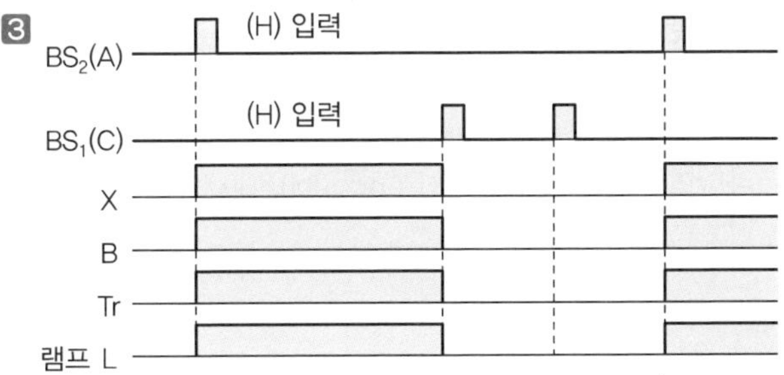

11 ★★★★☆ [6점]

변류기(CT)에 관한 다음 각 물음에 답하시오.

1 통전 중에 있는 변류기 2차 측에 접속된 기기를 교체하고자 할 때 가장 먼저 취하여야 할 사항을 설명하시오.

2 Y－△로 결선한 주 변압기의 보호로 비율차동계전기를 사용한다면 CT의 결선은 어떻게 하여야 하는지 설명하시오.

3 수전전압이 154[kV], 수전설비의 부하전류가 80[A]이다. 100/5[A]의 변류기를 통하여 과부하계전기를 시설하였다. 125[%]의 과부하에서 차단기를 차단시킨다면 과부하계전기의 전류값은 몇 [A]로 설정해야 하는가?

해답 **1** 2차 측을 단락시킨다.

2 △−Y를 결선하여 위상차를 보상한다.

3 계산 : 계전기 탭=부하전류$\times \frac{1}{\text{CT비}} \times (1.25 \sim 1.5) = 80 \times \frac{5}{100} \times 1.25 = 5$[A]

답 5[A]

TIP

① 비율차동계전기 CT결선은 30° 위상을 보정하기 위하여 변압기 결선과 반대로 한다.
② 점검 시
PT : 개방, CT : 단락(2차 측)

12 ★★★★★ [4점]

연면적 300[m²]의 주택이 있다. 이때 전등, 전열용 부하는 30[VA/m²]이며, 5,000[VA] 용량의 에어컨이 2대 가설되어 있으며, 사용하는 전압은 220[V] 단상이고 예비부하로 1,500[VA]가 필요하다면 분전반의 분기회로 수는 몇 회로인가?(단, 에어컨은 30[A] 전용 회선으로 하고 기타는 16[A] 분기회로로 한다.)

해답 계산 : ① 소형 기계 기구 및 전등

상정부하=바닥면적×부하밀도+가산부하=300×30+1,500=10,500[VA]

16[A] 분기회로 수= $\frac{10,500}{16 \times 220} = 2.98$회로

② 에어컨 전용

30[A] 분기 2회로 선정

답 16[A] 분기 3회로, 에어컨 전용 30[A] 분기 2회로 선정

TIP

분기회로 수(N)= $\frac{\text{총부하설비용량[VA]}}{\text{분기설비용량[VA]}}$

13 ★★★★★ [6점]

유도전동기 IM을 정 · 역운전하기 위한 시퀀스 도면을 그리려고 한다. 주어진 조건을 이용하여 유도전동기의 정 · 역운전 시퀀스 회로를 그리시오.

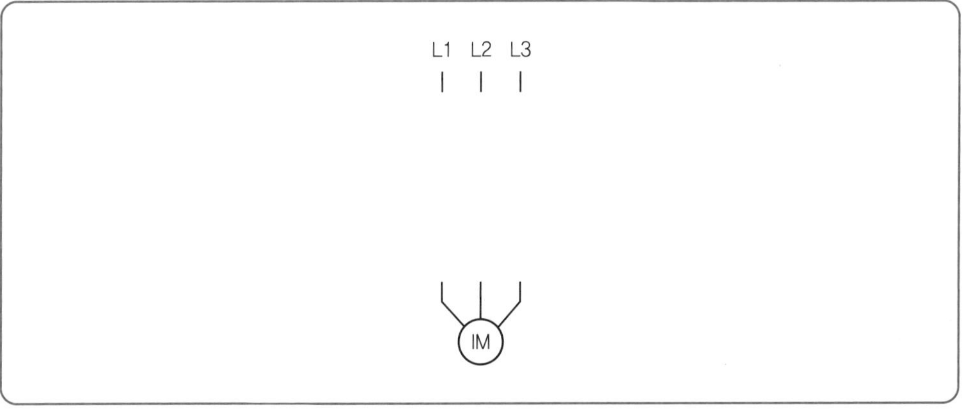

[기구]

- 기구는 누름버튼 스위치 PBS ON용 2개, OFF용 1개, 정전용 전자접촉기 MCF 1개, 역전용 전자접촉기 MCR 1개, 열동계전기 THR 1개를 사용한다.
- 접점의 최소 수를 사용하여야 하며, 접점에는 반드시 접점의 명칭을 쓰도록 한다.
- 과전류가 발생할 경우 열동계전기가 동작하여 전동기가 정지하도록 한다.
- 정회전과 역회전의 방향은 고려하지 않는다.

해답

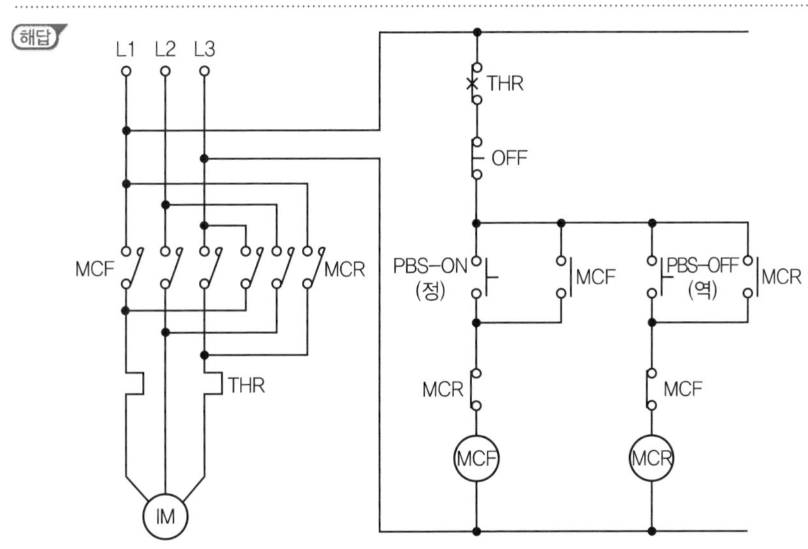

14 ★★★★☆ [5점]

그림은 콘센트의 종류를 표시한 옥내배선용 그림기호이다. 각 그림기호의 명칭을 쓰시오.

1 $\bigodot_{ET}$　2 $\bigodot_{E}$　3 $\bigodot_{WP}$　4 $\bigodot_{H}$

해답 1 $\bigodot_{ET}$: 접지단자붙이 콘센트　2 $\bigodot_{E}$: 접지극붙이 콘센트

3 $\bigodot_{WP}$: 방수형 콘센트　4 $\bigodot_{H}$: 의료용 콘센트

TIP

명칭	그림기호	적요	
콘센트	$\bigodot$	① 천장에 부착하는 경우는 다음과 같다.	$\bigodot$
		② 바닥에 부착하는 경우는 다음과 같다.	$\bigodot$ ▲
		③ 용량의 표시방법은 다음과 같다.	
		• 15[A]는 표기하지 않는다.	
		• 20[A] 이상은 암페어 수를 표기한다.	$\bigodot_{20A}$
		④ 2구 이상인 경우는 구수를 표기한다.	$\bigodot_{2}$
		⑤ 3극 이상인 것은 극수를 표기한다.	$\bigodot_{3P}$
		⑥ 종류를 표시하는 경우는 다음과 같다.	
		빠짐방지형	$\bigodot_{LK}$
		걸림형	$\bigodot_{T}$
		접지극붙이	$\bigodot_{E}$
		접지단자붙이	$\bigodot_{ET}$
		누전차단기붙이	$\bigodot_{EL}$
		⑦ 방수형은 WP를 표기한다.	$\bigodot_{WP}$
		⑧ 폭발방지형은 EX를 표기한다.	$\bigodot_{EX}$
		⑨ 의료용은 H를 표기한다.	$\bigodot_{H}$

15 ★★★★☆ [5점]

전력계통에 발생되는 단락용량 경감대책 5가지를 쓰시오.

해답 ① 계통의 분리
② 변압기 임피던스 변화
③ 한류 리액터 설치
④ 캐스케이드 보호방식
⑤ 계통 연계기 설치
⑥ 한류 퓨즈에 의한 백업 차단 특성

TIP

➤ 저압 측 대책
① 변압기 임피던스 변화
② 한류 리액터 설치
③ 계통 연계기 사용

전기기사

2005년도 3회 시험

과년도 기출문제

회독 체크	□1회독	월 일	□2회독	월 일	□3회독	월 일

01 ★★★★☆ [3점]

다음 표에 나타낸 어느 수용가들 사이의 부등률을 1.1로 한다면 이들의 합성 최대 전력은 몇 [kW]인가?

수용가	설비용량[kW]	수용률[%]
A	300	80
B	200	60
C	100	80

해답 계산 : $\text{합성 최대 전력} = \dfrac{\text{개별 최대 수용전력의 합}}{\text{부등률}} = \dfrac{\text{설비용량} \times \text{수용률}}{\text{부등률}}$

$$= \frac{300 \times 0.8 + 200 \times 0.6 + 100 \times 0.8}{1.1} = 400[\text{kW}]$$

답 400[kW]

02 ★★★★☆ [5점]

지중 전선로의 시설에 관한 다음 각 물음에 답하시오.

1 지중 전선로는 어떤 방식에 의하여 시설하여야 하는지 그 방식을 3가지만 쓰시오.

2 지중 전선로의 전선으로는 어떤 것을 사용하는가?

해답 1 직접매설식, 관로식, 암거식

2 케이블

TIP

➤ 매설깊이

구분	하중을 받지 않는 경우	하중을 받는 경우
직매식	0.6m	1m
관로식	0.6m	1m

03 ★★★★★

[5점]

그림과 같은 회로의 출력을 입력변수로 나타내고 AND 회로 1개, OR 회로 2개, NOT 회로 1개를 이용한 등가회로를 그리시오.

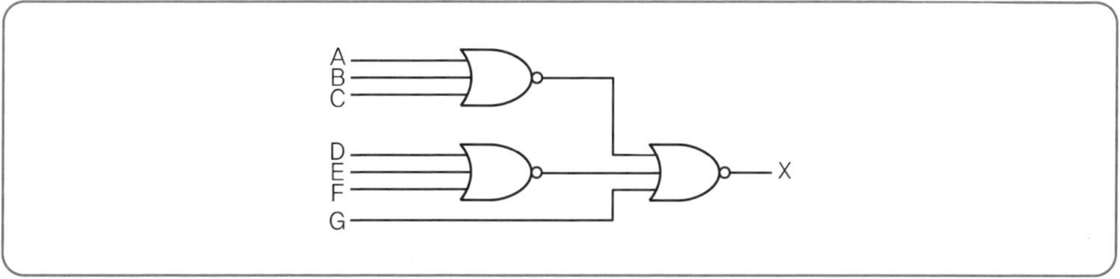

1. 출력식
2. 등가회로

해답 1. 출력식 : $X = \overline{\overline{A+B+C}+\overline{D+E+F}+G}$

$= (A+B+C)\cdot(D+E+F)\cdot\overline{G}$

2. 등가회로

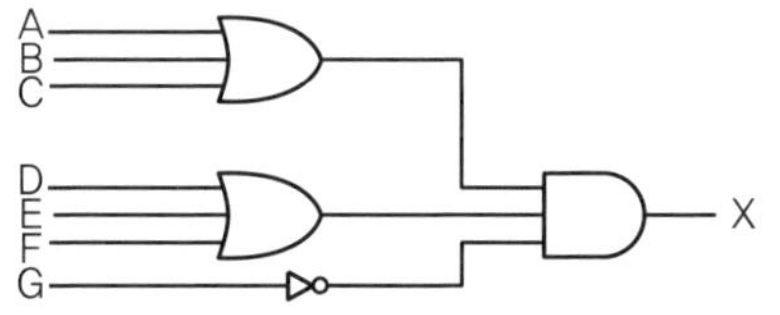

TIP

$$X = \overline{\overline{A+B+C}+\overline{D+E+F}+G}$$

$$= \overline{\overline{A+B+C}}\cdot\overline{\overline{D+E+F}}\cdot\overline{G}$$

$$= (A+B+C)\cdot(D+E+F)\cdot\overline{G}$$

04 ★★★☆☆ [5점]

조명설비의 깜박임 현상을 줄일 수 있는 조치는 다음의 경우 어떻게 하여야 하는가?

1 백열전등의 경우

2 3상 전원인 경우

3 전구가 2개씩인 방전등기구

해답 1 직류를 사용하여 점등한다.

2 전체 램프를 1/3씩 3군으로 나누어 각 군의 위상이 120°가 되도록 접속한다.

3 2등용으로 하나는 콘덴서, 다른 하나는 코일을 설치하여 위상차를 발생시켜 점등한다.

05 ★★★★☆ [8점]

다음은 수중 펌프용 전동기의 MCC(Motor Control Center)반 미완성 회로도이다. 다음 각 물음에 답하시오.

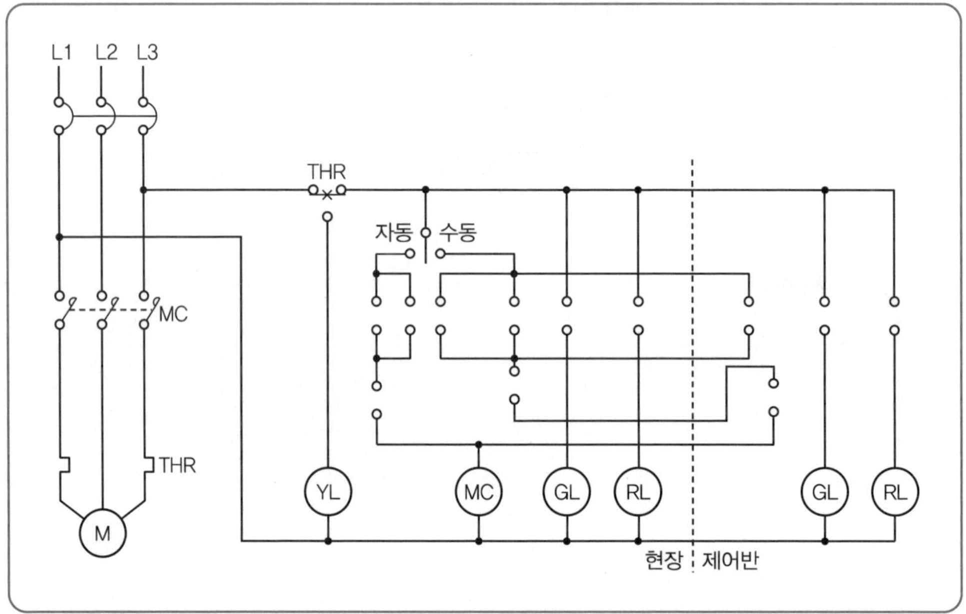

1 펌프를 현장과 중앙 감시반에서 조작하고자 한다. 다음 조건을 이용하여 미완성 회로도를 완성하시오.

[조건]

① 절체 스위치에 의하여 자동, 수동 운전이 가능하도록 작성

② 자동운전은 리밋 스위치 또는 플로트 스위치에 의하여 자동운전이 가능하도록 작성

③ 표시등은 현장과 중앙감시반에서 동시에 확인이 가능하도록 설치

④ 운전등은 Ⓡ, 정지등은 Ⓖ등, 열동계전기 동작에 의한 등은 Ⓨ등으로 작성

2 현장 조작반에서 MCC반까지 전선은 어떤 종류의 케이블을 사용하여 것이 적합한지 그 케이블의 종류를 쓰시오.

3 차단기는 어떤 종류의 차단기를 사용하는 것이 가장 좋은지 그 차단기의 종류를 쓰시오.

해답 1

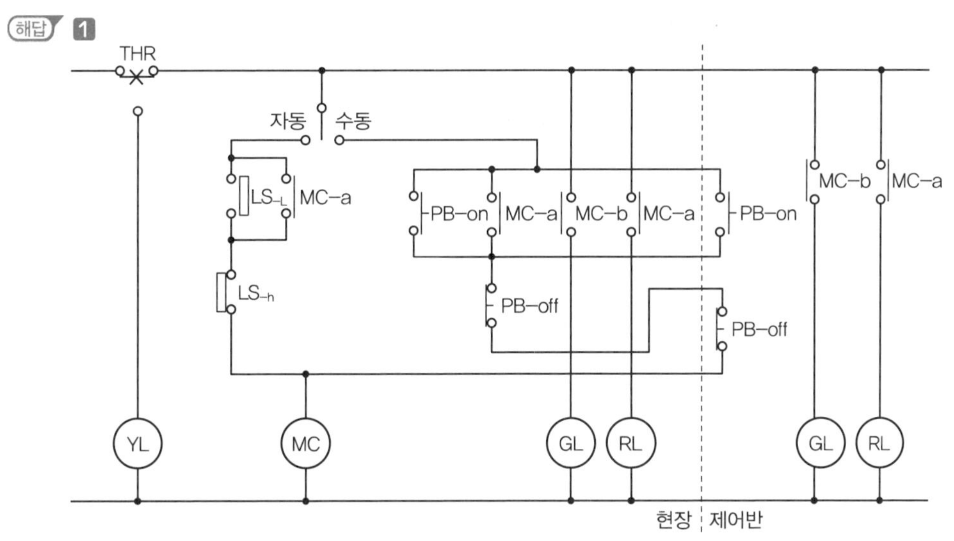

2 CVV(0.6/1[kV] 비닐절연 비닐시즈 케이블)

3 누전차단기

06 ★★★☆☆ [10점]

그림은 특고압 수전설비 표준 결선도의 미완성 도면이다. 이 도면에 대한 다음 각 물음에 답하시오.

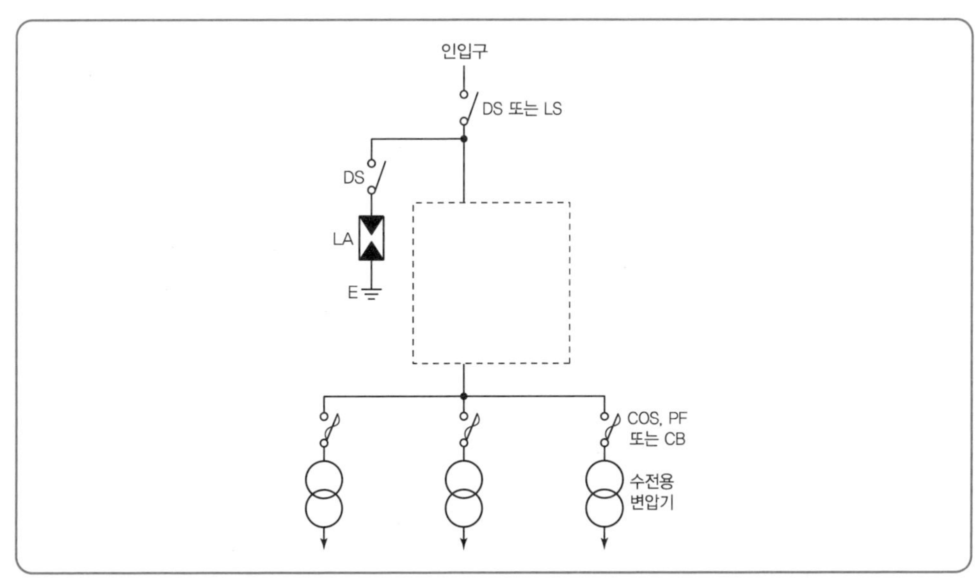

1 미완성 부분(점선 내 부분)에 대한 결선도를 완성하시오.(단, CB 1차 측에 PT를, CB 2차 측에 CT를 시설하는 경우로 미완성 부분만 작성하도록 하되, 미완성 부분에는 CB, GR, OCR×3, MOF, CT, PF, COS, TC 등을 사용하도록 한다.)

2 사용전압이 22.9[kV]라고 할 때 차단기의 트립 전원은 어떤 방식이 바람직한가?

3 수전전압이 66[kV] 이상인 경우에는 DS 대신 어떤 것을 사용하여야 하는가?

4 22.9[kV-Y] 1,000[kVA] 이하인 경우에는 간이 수전 결선도에 의할 수 있다. 본 결선도에 대한 간이 수전 결선도를 그리시오.

해답 1 / 4

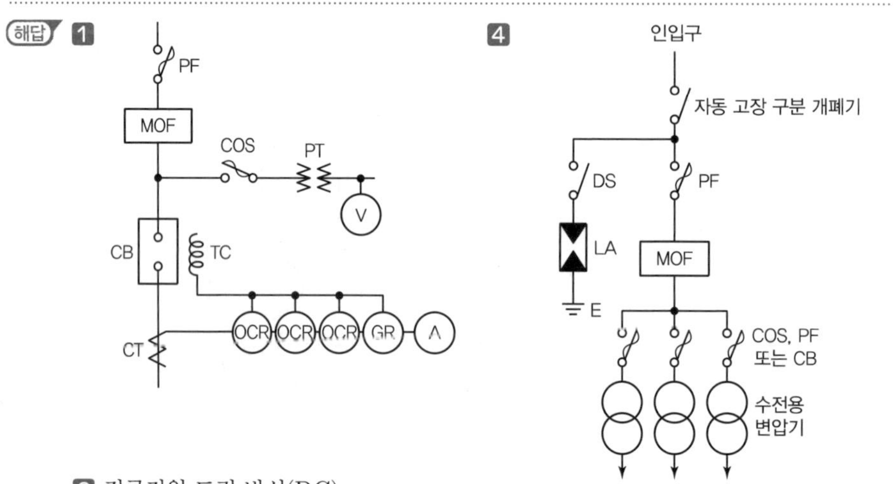

2 직류전원 트립 방식(DC)

3 선로개폐기(LS)

TIP

➤ CB 1차 측에 PT를, CB 2차 측에 CT를 실시하는 경우

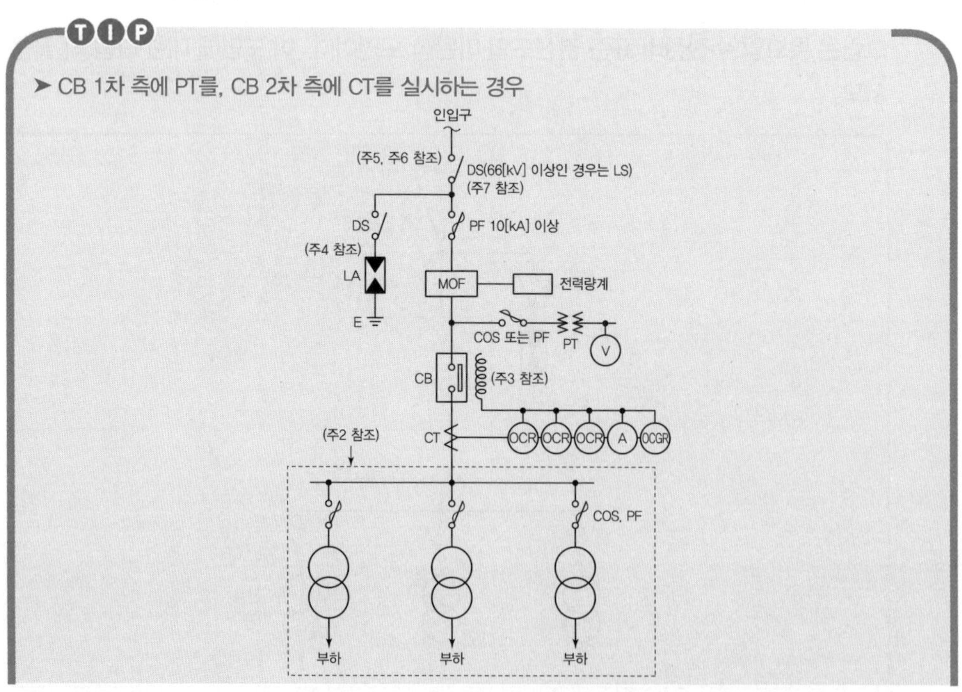

[주1] 22.9[kV~Y], 1,000[kVA] 이하인 경우는 간이 수전설비를 할 수 있다.
[주2] 결선도 중 점선 내의 부분은 참고용 예시이다.
[주3] 차단기의 트립 전원은 직류(DC) 또는 콘덴서 방식(CTD)이 바람직하며 66[kV] 이상의 수전설비에는 직류(DC)이어야 한다.
[주4] LA용 DS는 생략할 수 있으며 22.9[kV-Y]용의 LA는 Disconnector(또는 Isolator) 붙임형을 사용하여야 한다.
[주5] 인입선을 지중선으로 시설하는 경우에 공동주택 등 고장 시 정전 피해가 큰 경우는 예비 지중선을 포함하여 2회선으로 시설하는 것이 바람직하다.
[주6] 지중인입선의 경우에 22.9[kV-Y] 계통은 CNCV-W 케이블(수밀형) 또는 TR CNCV-W(트리억제형)를 사용하여야 한다. 다만, 전력구 · 공동구 · 덕트 · 건물구내 등 화재의 우려가 있는 장소에서는 FR CNCO-W(난연) 케이블을 사용하는 것이 바람직하다.
[주7] DS 대신 자동고장구분 개폐기(7,000[kVA] 초과 시에는 Sectionalizer)를 사용할 수 있으며 66[kV] 이상의 경우는 LS를 사용하여야 한다.

07 ★★☆☆☆ [4점]

H종 건식 변압기를 사용하려고 한다. 같은 용량의 유입 변압기를 사용할 때와 비교하여 그 이점을 4가지만 쓰시오.(단, 변압기의 가격, 설치 시의 비용 등 금전에 관한 사항은 제외한다.)

해답
① 절연에 대한 신뢰성이 높다.
② 소형 · 경량화할 수 있다.
③ 난연성, 자기소화성으로 화재 및 연소우려가 적으므로 안정성이 높다.
④ 절연유를 사용하지 않으므로 유지 보수가 용이

TIP

➤ 단점
① 소음이 크다.
② 서지 내전압이 약하다.
③ 옥내에서만 사용한다.

08 ★★★★★ [6점]

인텔리전트 빌딩(Intelligent building)은 빌딩자동화시스템, 사무자동화시스템, 정보통신시스템 건축환경을 총망라한 건설이며, 유지 관리의 경제성을 추구하는 빌딩이라 할 수 있다. 이러한 빌딩의 전산시스템을 유지하기 위하여 비상전원으로 사용되고 있는 UPS에 대한 다음 각 물음에 답하시오.

1 UPS를 우리말로 하면 어떤 것을 뜻하는가?

2 UPS에서 AC → DC부와 DC → AC부로 변환하는 부분의 명칭을 각각 무엇이라 부르는가?

3 UPS가 동작되면 전력 공급을 위한 축전지가 필요한데 그때의 축전지 용량을 구하는 공식을 쓰시오.(단, 사용 기호에 대한 의미도 설명하도록 하시오.)

해답 1 무정전 전원 공급 장치

2 • AC → DC : 컨버터
  • DC → AC : 인버터

3 $C = \frac{1}{L}KI[Ah]$

여기서, C : 축전지의 용량[Ah]
L : 보수율(경년용량저하율)
K : 용량환산시간계수
I : 방전전류[A]

09 ★★★☆☆ [9점]

다음 그림과 같은 사무실이 있다. 이 사무실의 평균조도를 200[lx]로 하고자 할 때 다음 각 물음에 답하시오.

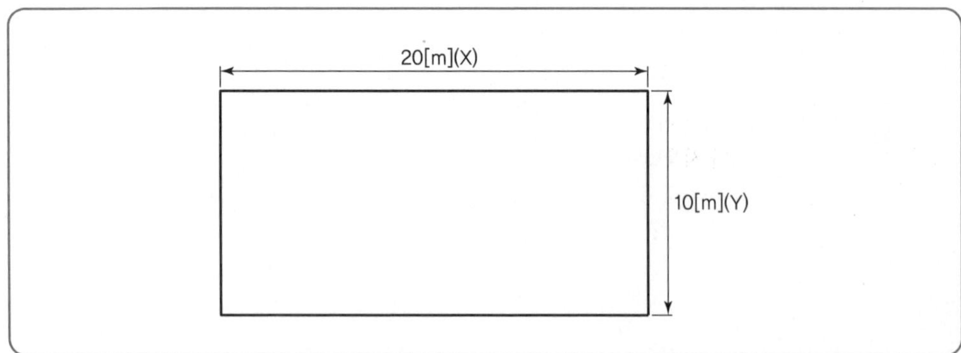

1 여기에 필요한 형광등의 개수를 구하시오.

[조건]
- 형광등은 40[W]를 사용한다.
- 광속은 형광등 40[W]에서 2,500[lm]으로 한다.
- 조명률은 0.6으로 한다.
- 감광보상률은 1.2로 한다.

2 등기구를 배치하시오.

[조건]
- 기둥은 없는 것으로 한다.
- 간격은 등기구 센터를 기준으로 한다.
- 가장 경제적인 것으로 한다.
- 등기구는 ○으로 표현한다.

3 등 간의 간격과 최외각에 설치된 등기구와 건물 벽 간의 간격(A, B, C, D)은 각각 몇 [m]인가?

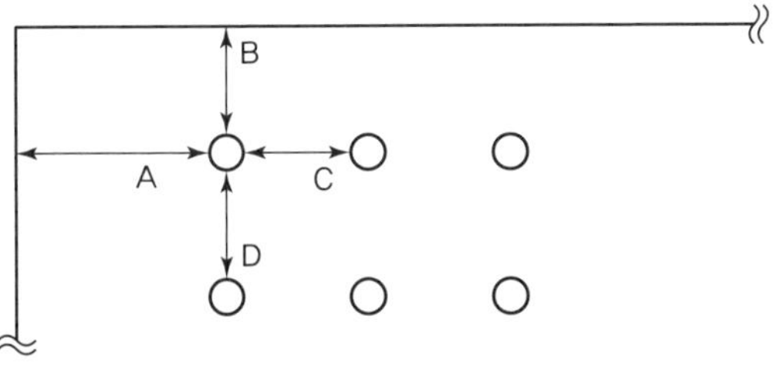

4 만일 주파수 60[Hz]에 사용하는 형광방전등을 50[Hz]에서 사용한다면 광속과 점등시간은 어떻게 변화되는가?(단, 증가, 감소, 빠름, 느림 등으로 표현할 것)

5 양호한 전반 조명이라면 등 간격은 등 높이의 몇 배 이하로 해야 하는가?

해답 **1** 계산 : $N = \dfrac{DEA}{FU} = \dfrac{1.2 \times 200 \times (10 \times 20)}{2{,}500 \times 0.6} = 32$[등]

답 32[등]

2

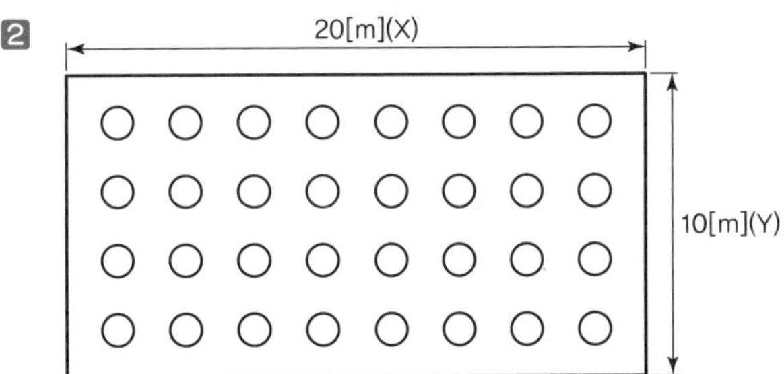

3
- A : 1.25[m]
- B : 1.25[m]
- C : 2.5[m]
- D : 2.5[m]

4
- 광속 : 증가
- 점등시간 : 느림

5 1.5배

10 ★★★★☆

[8점]

다음 그림은 변류기를 영상 접속시켜 그 잔류회로에 지락 계전기 DG를 삽입시킨 것이다. 선로의 전압은 66[kV], 중성점에 300[Ω]의 저항 접지로 하였고, 변류기의 변류비는 $\frac{300}{5}$[A]이다. 송전전력이 20,000[kW], 역률이 0.8(지상)일 때 a상에 완전 지락 사고가 발생하였다. 다음 각 물음에 답하시오.(단, 부하의 정상, 역상 임피던스, 기타의 정수는 무시한다.)

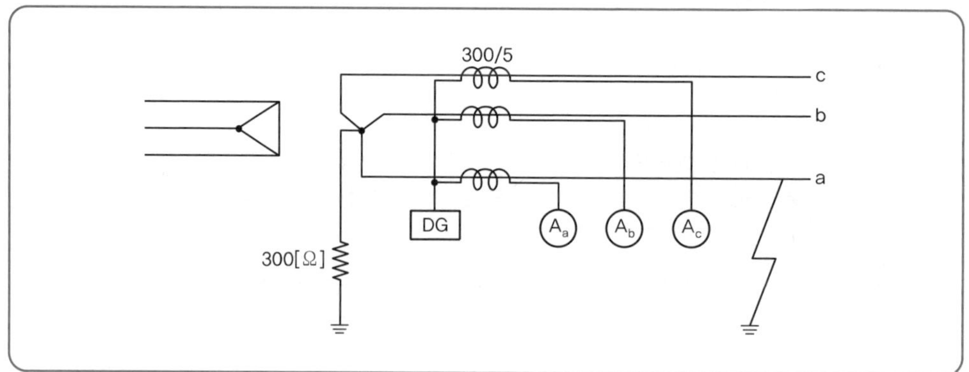

1 지락 계전기 DG에 흐르는 전류[A] 값은?
2 a상 전류계 A_a에 흐르는 전류[A] 값은?
3 b상 전류계 A_b에 흐르는 전류[A] 값은?
4 c상 전류계 A_c에 흐르는 전류[A] 값은?

해답 1 계산 : 지락전류 $I_g = \frac{E}{R} = \frac{66,000}{\sqrt{3} \times 300} = 127[A]$

$i_n = i_g \times \frac{1}{CT비} = I_g \times \frac{5}{300} = 127 \times \frac{5}{300} = 2.12[A[A]$ 답 2.12 [A]

2 계산 : 부하전류 $I_L = \frac{P}{\sqrt{3}V\cos\theta}(\cos\theta - j\sin\theta) = \frac{20,000}{\sqrt{3} \times 66 \times 0.8}(0.8 - j0.6)$

$= 175 - j131.2 = 218.7[A]$

건전상 b, c상에서는 부하전류만 흐르고 고장상 a상에는 I_L과 I_g가 중첩해서 흐른다.

따라서, $I_a = 175 - j131.2 + 127 = 302 - j131.2 = \sqrt{302^2 + 131.2^2} = 329.26[A]$

$i_a = I_a \times \frac{1}{CT비} = I_a \times \frac{5}{300} = 329.26 \times \frac{5}{300} = 5.487[A]$ 답 5.49[A]

3 계산 : 부하전류 $I_L = \frac{P}{\sqrt{3}V\cos\theta}(\cos\theta - j\sin\theta) = \frac{20,000}{\sqrt{3} \times 66 \times 0.8}(0.8 - j0.6)$

$= 175 - j131.2 = 218.7[A]$

$i_b = I_L \times \frac{1}{CT비} = I_L \times \frac{5}{300} = 218.7 \times \frac{5}{300} = 3.65[A]$ 답 3.65[A]

4 계산 : $i_c = i_b = 3.65[A]$ 답 3.65[A]

TIP

① DG 계전기에는 지락전류만 흐른다.
② a상에는 부하전류 및 지락전류가 흐른다.
③ b, c상에는 부하전류만 흐른다.

11 ★★★★☆ [6점]

2중 모선방식에서 평상시에 No.1 T/L은 A모선에서 공급하며 No.2 T/L은 B모선에서 공급하고 있다.(단, 모선 연락용 CB는 개방되어 있다.)

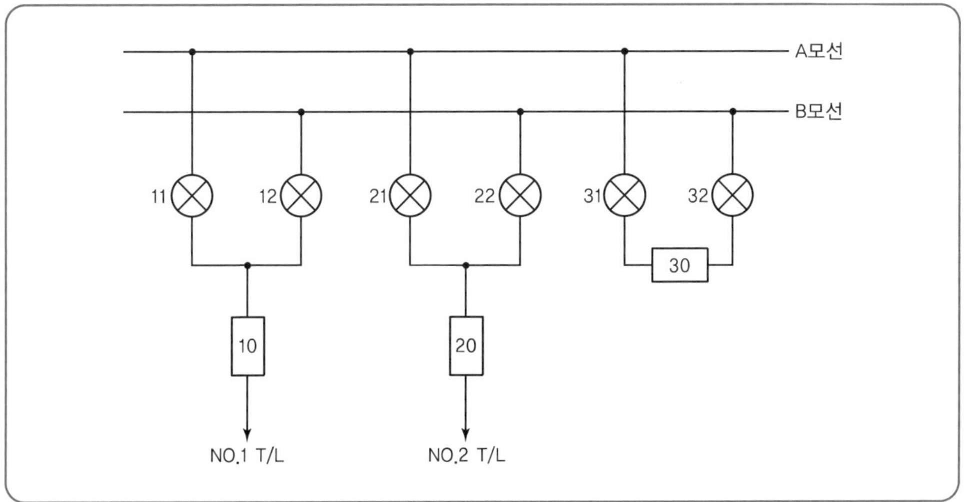

1 A모선을 점검하기 위하여 절체하는 순서는?(단, 10－OFF, 20－ON 등으로 표시)

2 A모선을 점검 후 원상 복구하는 조작 순서는?(단, 10－OFF, 20－ON 등으로 표시)

3 10, 20, 30에 대한 기기의 명칭은?

4 11, 21에 대한 기기의 명칭은?

5 2중 모선의 장점은?

해답

1 31－ON → 32－ON → 30－ON → 12－ON → 11－OFF → 30－OFF → 32－OFF → 31－OFF

2 31－ON → 32－ON → 30－ON → 11－ON → 12－OFF → 30－OFF → 32－OFF → 31－OFF

3 차단기

4 단로기

5 모선 점검 시 무정전 전원 공급

TIP

① 모선 연락용 차단기(30)는 단락 방지용으로 사용된다.(12, 21 투입 시)
② 2중 모선방식은 154[kV] 계통에서 주로 이용된다.

12 ★★★★★ [12점]

다음과 같은 아파트 단지를 계획하고 있다. 주어진 규모 및 조건을 이용하여 다음 각 물음에 답하시오.

[규모]

- 아파트 동수 및 세대수 : 2동, 300세대
- 세대당 면적과 세대수

동별	세대당 면적[m^2]	세대수
1동	50	30
	70	40
	90	50
	110	30
2동	50	50
	70	30
	90	40
	110	30

- 계단, 복도, 지하실 등의 공용면적
  - 1동 : 1,700[m^2]
  - 2동 : 1,700[m^2]

[조건]

- 면적의 [m^2]당 상정부하는 다음과 같다.
  - 아파트 : 30[VA/m^2]
  - 공용 부분 : 7[VA/m^2]
- 세대당 추가로 가산하여야 할 상정부하는 다음과 같다.
  - 80[m^2] 이하인 경우 : 750[VA]
  - 150[m^2] 이하의 세대 : 1,000[VA]
- 아파트 동별 수용률은 다음과 같다.
  - 70세대 이하 : 65[%]
  - 100세대 이하 : 60[%]
  - 150세대 이하 : 55[%]
  - 200세대 이하 : 50[%]
- 공용부분의 수용률은 100[%]로 한다.
- 역률은 100[%]로 보고 계산한다.

- 주변전실로부터 1동까지는 150[m]이며 동 내부의 전압강하는 무시한다.
- 각 세대의 공급방식은 110/220[V]의 단상 3선식으로 한다.
- 변전실의 변압기는 단상 변압기 3대로 구성한다.
- 동 간 부등률은 1.4로 본다.
- 주변전실에서 각 동까지의 전압강하는 3[%]로 한다.
- 이 아파트 단지의 수전은 13,200/22,900[V]의 Y 3상 4선식의 계통에서 수전한다.
- 아파트 동별 수용률은 다음과 같다.
  - 70세대 이하 : 65[%] − 100세대 이하 : 60[%]
  - 150세대 이하 : 55[%] − 200세대 이하 : 50[%]
- 모든 계산은 피상전력을 기준으로 한다.
- 간선의 후강 전선관 배선으로는 NR 전선을 사용하며, 간선의 굵기는 300[mm^2] 이하로 사용하여야 한다.
- 사용설비에 의한 계약전력은 사용설비의 개별입력의 합계에 대하여 다음 표의 계약전력환산율을 곱한 것으로 한다.

구분	계약전력환산율	비고
처음 75[kW]에 대하여	100[%]	계산의 합계치 단수가 1[kW] 미만일 경우 소수점 이하 첫째 자리에서 반올림한다.
다음 75[kW]에 대하여	85[%]	
다음 75[kW]에 대하여	75[%]	
다음 75[kW]에 대하여	65[%]	
300[kW] 초과분에 대하여	60[%]	

1. 1동의 상정부하는 몇 [VA]인가?
2. 2동의 수용(사용)부하는 몇 [VA]인가?
3. 이 단지의 변압기는 단상 몇 [kVA]짜리 3대를 설치하여야 하는가?(단, 변압기의 용량은 10[%]의 여유율로 보며 단상 변압기의 표준용량은 75, 100, 150, 200, 300[kVA] 등이다.)
4. 한국전력공사와 변압기설비에 의하여 계약한다면 몇 [kW]로 계약하여야 하는가?
5. 한국전력공사와 사용설비에 의하여 계약한다면 몇 [kW]로 계약하여야 하는가?

해답 1 '상정부하=(바닥 면적×[m^2]당 상정부하)+가산부하'에서

세대당 면적 [m^2]	상정부하 [VA/m^2]	가산부하 [VA]	세대수	상정부하 [VA]
50	30	750	30	[(50×30)+750]×30=67,500
70	30	750	40	[(70×30)+750]×40=114,000
90	30	1,000	50	[(90×30)+1,000]×50=185,000
110	30	1,000	30	[(110×30)+1,000]×30=129,000
합계	495,500[VA]			

∴ 공용면적까지 고려한 상정부하=495,500+1,700×7=507,400[VA]

답 507,400[VA]

2

세대당 면적 [m^2]	상정부하 [VA/m^2]	가산부하 [VA]	세대수	상정부하 [VA]
50	30	750	50	$[(50\times30)+750]\times50=112,500$
70	30	750	30	$[(70\times30)+750]\times30=85,500$
90	30	1,000	40	$[(90\times30)+1,000]\times40=148,000$
110	30	1,000	30	$[(110\times30)+1,000]\times30=129,000$
합계	475,000[VA]			

∴ 공용면적까지 고려한 수용부하$=475,000\times0.55+1,700\times7=273,150$[VA]

답 273,150[VA]

3 변압기 용량 ≥ 합성 최대 전력 $=\dfrac{\text{최대 수용전력}}{\text{부등률}}=\dfrac{\text{설비용량}\times\text{수용률}}{\text{부등률}}$

$$=\frac{495,500\times0.55+1,700\times7+273,150}{1.4}\times10^{-3}$$

$$=398.27[\text{kVA}]$$

변압기 1대의 용량 $\geq \dfrac{398.27}{3}\times1.1=146.03$[kVA]

따라서, 표준용량 150[kVA]를 선정한다.

답 150[kVA]

4 변압기 용량이 150[kVA] 3대이므로 450[kW]로 계약한다.

5 계산 : 설비용량$=(507,400+486,900)\times10^{-3}=994.3$[kVA]

계약전력$=75+75\times0.85+75\times0.75+75\times0.65+694.3\times0.6=660.33$[kW]

답 660[kW]

TIP

5 설비용량은 상정부하를 기준으로 한다. 따라서,
1동의 상정부하$=495,500+1,700\times7=507,400$[VA]
2동의 상정부하$=475,000+1,700\times7=486,900$[VA]
가 된다.

13 ★★★★☆ [7점]

정격전압 6,000[V], 정격출력 5,000[kVA]인 3상 교류발전기의 여자전류가 300[A]일 때 무부하 단자전압이 6,000[V]이고 또, 그 여자전류에 있어서의 3상 단락전류가 700[A]라고 한다. 다음 물음에 답하시오.

1 단락비를 구하시오.

2 수차 발전기와 터빈 발전기 중 단락비가 큰 것은?

3 다음 보기를 보고 (   ) 안에 알맞은 말을 기입하시오.

> **[보기]**
> 높다(고), 낮다(고), 많다(고), 적다(고), 크다(고)
>
> 단락비가 큰 기계는 기기 치수가 (①), 가격은 (②), 철손 및 기계손이 (③), 안정도가 (④), 전압 변동률은 (⑤), 효율은 (⑥)

해답 **1** 계산 : 정격전류$(I_n)=\dfrac{P}{\sqrt{3}\times V}=\dfrac{5{,}000}{\sqrt{3}\times 6}=481.14$, 단락비$(K_s)=\dfrac{I_s}{I_n}=\dfrac{700}{481.14}=1.45$

답 1.45

2 수차 발전기

3 ① 크고 ② 높고 ③ 많고 ④ 높고 ⑤ 적고 ⑥ 낮다.

TIP

단락비는 단위가 없다.

14 ★★★★★ [5점]

설비불평형률에 대한 다음 각 물음에 답하시오.(단, 전동기의 출력[kW]을 입력[kVA]으로 환산하면 5.2[kVA]이다.)

1 저압, 고압 및 특고압 수전의 3상 3선식 또는 3상 4선식에서 불평형부하의 한도는 단상부하로 계산하여 설비불평형률은 몇 [%] 이하로 하는 것을 원칙으로 하는가?

2 아래 그림과 같은 3상 3선식 440[V] 수전인 경우 설비불평형률을 구하시오.

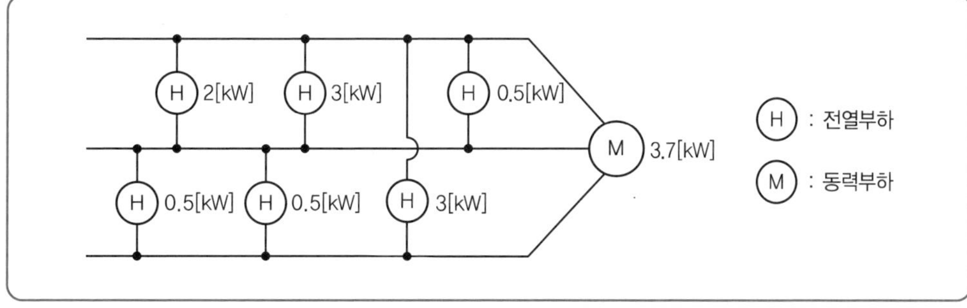

해답 **1** 30[%]

2 계산 : 불평형률$=\dfrac{(2+3+0.5)-(0.5+0.5)}{(2+3+0.5+5.2+3+0.5+0.5)\times\dfrac{1}{3}}\times 100=91.84[\%]$

답 91.84[%]

TIP

➤ 3상 3선식인 경우

① 설비불평형률 $= \dfrac{\text{각 선 간에 접속되는 단상부하의 최대와 최소의 차}}{\text{총 부하 설비용량의 1/3}} \times 100[\%]$

② 30%를 초과하지 말 것

15 ★★★☆☆ [7점]

교류용 적산전력계에 대한 다음 각 물음에 답하시오.

1 잠동(Creeping) 현상에 대하여 설명하고 잠동을 막기 위한 유효한 방법을 2가지만 쓰시오.

- 잠동현상
- 잠동을 방지하기 위한 방법

2 적산전력계가 구비해야 할 전기적, 기계적 및 성능상 특성을 5가지만 쓰시오.

해답 1 • 잠동 : 무부하 상태에서 정격주파수 및 정격전압의 110(%)를 인가하여 계기의 원판이 1회전 이상 회전하는 현상

• 방지대책

① 원판에 작은 구멍을 뚫는다.

② 원판에 작은 철편을 붙인다.

2 ① 옥내 및 옥외에 설치가 적당할 것

② 온도나 주파수 변화에 보상이 되도록 할 것

③ 기계적 강도가 클 것

④ 부하특성이 좋을 것

⑤ 과부하 내량이 클 것

ENGINEER ELECTRICITY

2006년 과 년 도 문제풀이

↘ 전기기사

2006년도 1회 시험

과년도 기출문제

회독 체크	□1회독	월 일	□2회독	월 일	□3회독	월 일

01 ★★★☆☆ [6점]

HID Lamp에 대한 다음 각 물음에 답하시오.

1. 이 램프는 어떠한 램프를 말하는가?(우리말 명칭 또는 이 램프의 의미에 대한 설명을 쓸 것)
2. HID Lamp로서 가장 많이 사용되는 등기구의 종류를 3가지만 쓰시오.

해답
1. 고휘도 방전램프
2. 고압 수은등, 고압 나트륨등, 메탈할라이드 램프

02 ★☆☆☆☆ [5점]

수전설비에 있어서 계통의 각 점에 사고 시 흐르는 단락전류의 값을 정확하게 파악하는 것이 수전설비의 보호방식을 검토하는 데 아주 중요하다. 단락전류를 계산하는 것은 주로 어떤 요소에 적용하고자 하는 것인지 그 적용 요소에 대하여 3가지만 설명하시오.

해답 ① 차단기의 차단용량 결정
② 보호계전기의 정정
③ 기기에 가해지는 전자력의 추정

03 ★★★★☆ [9점]

오실로스코프의 감쇄 Probe는 입력전압의 크기를 10배의 배율로 감소시키도록 설계되어 있다. 그림에서 오실로스코프의 입력 임피던스 R_s는 1[MΩ]이고, Probe의 내부저항 R_p는 9[MΩ]이다.

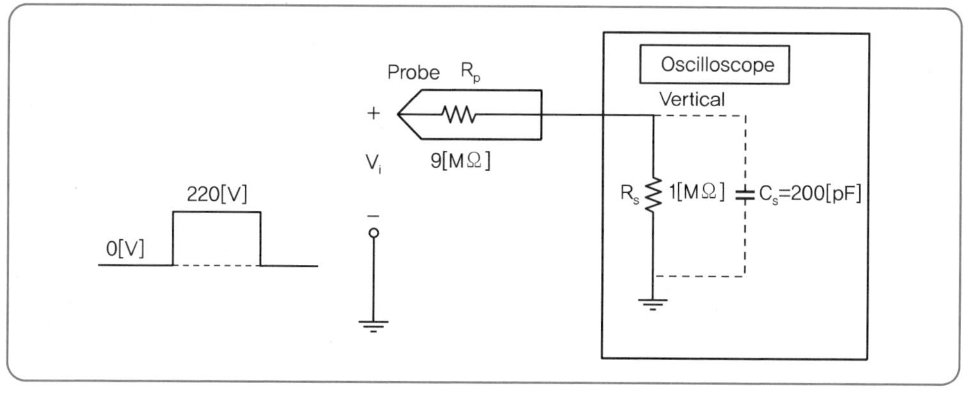

1 Probe의 입력전압이 $V_i = 220[V]$라면 Oscilloscope에 나타나는 전압은?

2 Oscilloscope의 내부저항 $R_s = 1[MΩ]$과 $C_s = 200[pF]$의 콘덴서가 병렬로 연결되어 있을 때 콘덴서 C_s에 대한 테브난의 등가회로가 다음과 같다면 시정수 τ와 $V_i = 220[V]$일 때의 테브난의 등가전압 E_{th}를 구하시오.

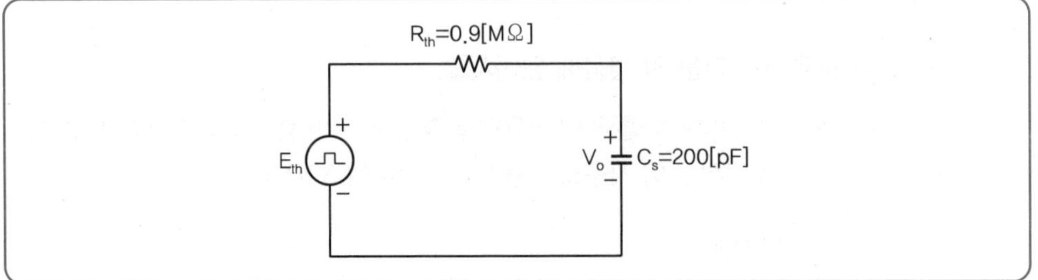

3 인가 주파수가 10[kHz]일 때 주기는 몇 [ms]인가?

해답 1 계산 : $V_o = \frac{V_i}{n} = \frac{220}{10} = 22[V]$ (여기서, n : 배율, V_i : 입력전압)

답 22[V]

2 계산 : 시정수 $\tau = R_{th}C_s = 0.9 \times 10^6 \times 200 \times 10^{-12} = 180 \times 10^{-6}[sec] = 180[\mu sec]$

등가전압 $E_{th} = \frac{R_s}{R_p + R_s} \times V_i = \frac{1}{9+1} \times 220 = 22[V]$

답 시정수 : 180[μsec], 등가전압 : 22[V]

3 계산 : $T = \frac{1}{f} = \frac{1}{10 \times 10^3} = 0.0001[sec] = 0.1[msec]$

답 0.1[msec]

04 ★★★☆☆ [4점]

고압회로용 전력용 콘덴서 설비의 보호장치에 사용되는 계전기를 3가지 쓰시오.

해답 ① 과전압 계전기
② 부족전압 계전기
③ 과전류 계전기

TIP

그 외 지락(접지)과전류 계전기, 지락(접지)과전압 계전기 등

05 ★☆☆☆☆

[6점]

극수 변환식 3상 농형 유도전동기가 있다. 고속 측은 4극이고 정격출력은 30[kW]이다. 저속 측은 고속 측의 1/3 속도라면 저속 측의 극수와 정격출력은 얼마인가?(단, 슬립 및 정격토크는 저속 측과 고속 측이 같다고 본다.)

1 극수

2 출력

해답 1 $P \propto \frac{1}{N}$ 이므로 $\frac{\text{저속}}{\text{고속}} = \frac{\frac{1}{\frac{1}{3}N}}{\frac{1}{N}} = 3$ ∴ 극수 $P = 12$[극](4×3)

답 12[극]

2 $W \propto N$이므로 $\frac{\text{저속}}{\text{고속}} = \frac{\frac{1}{3}N}{N} = \frac{1}{3}$ ∴ 출력 $W = 10$[kW]$(30 \times \frac{1}{3})$

답 10[kW]

TIP

1 $N = \frac{120f}{P}$

2 $W = 2\pi NT$

06 ★★★☆☆

[9점]

다음 그림과 같은 계통에서 6.6[kV] 모선에서 본 전원 측 %임피던스는 100[MVA] 기준으로 110[%]이고, 각 변압기의 %임피던스는 자기용량 기준으로 모두 3[%]이다. 지금 6.6[kV] 모선 F_1점, 380[V] 모선 F_2점에 각각 3상 단락고장 및 110[V]의 모선 F_3점에서 단락고장이 발생하였을 경우, 각각의 경우에 대한 고장전력 및 고장전류를 구하시오.

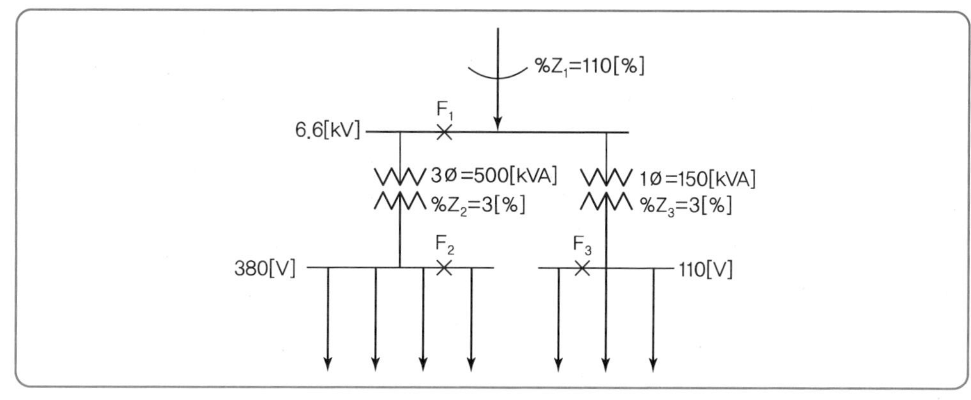

1 F_1점

2 F_2점

3 F_3점

해답 계산 : 1[MVA]를 기준으로 하여 %Z값을 다시 환산한다.

$$\%Z_1' = 110 \times \frac{1}{100} = 1.1[\%]$$

$$\%Z_2' = 3 \times \frac{1}{0.5} = 6[\%]$$

$$\%Z_3' = 3 \times \frac{1}{0.15} = 20[\%]$$

1 계산 : F_1점에서 전원 측 %Z=1.1[%]이므로

$$\text{단락전류}(I_{s1}) = \frac{100}{1.1} \times \frac{1 \times 10^3}{\sqrt{3} \times 6.6} = 7{,}952.48[A]$$

$$\text{단락용량}(P_{s1}) = \frac{100}{1.1} \times 1 = 90.91[MVA]$$

답 F_1점 : P_{S1} =90.91[MVA], I_{S1} =7,952.48[A]

2 계산 : F_2점에서 전원 측 %Z=1.1+6=7.1[%]

$$\text{단락전류}(I_{s2}) = \frac{100}{7.1} \times \frac{1 \times 10^3}{\sqrt{3} \times 0.38} = 21{,}399.19[A]$$

$$\text{단락용량}(P_{s2}) = \frac{100}{7.1} \times 1 = 14.08[MVA]$$

답 F_2점 : P_{S2} =14.08[MVA], I_{S2} =21,399.19[A]

3 계산 : F_3점에서 전원 측 %Z=1.1+20=21.1[%]

$$\text{단락전류}(I_{s3}) = \frac{100}{21.1} \times \frac{1 \times 10^3}{0.11} = 43{,}084.88[A] \ (1\phi\text{이므로})$$

$$\text{단락용량}(P_{s3}) = \frac{100}{21.1} \times 1 = 4.74[MVA]$$

답 F_3점 : P_{S3} =4.74[MVA], I_{S3} =43,084.88[A]

TIP

① 기준용량을 선정하여 그 용량에 맞게 %Z를 환산한다.

② $\%Z' = \frac{\text{기준용량}}{\text{자기용량}} \times \%Z$

07 ★★☆☆☆ [9점]

심야 전력용 기기의 전력요금을 종량제로 하는 경우 인입구 장치의 배선은 다음과 같다. 다음 각 물음에 답하시오.

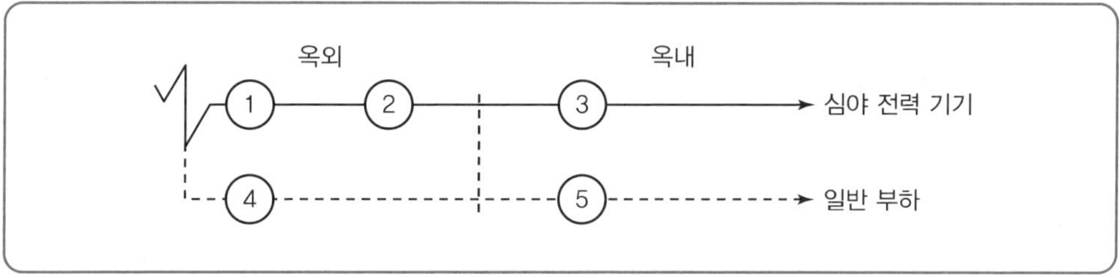

1 ①~⑤에 해당되는 곳에는 어떤 기구를 사용하여야 하는가?

2 인입구 장치에서 심야 전력 기기의 배선 공사 방법으로는 어떤 방법이 사용될 수 있는지 그 가능한 방법을 4가지만 쓰시오.

3 심야 전력 기기로 보일러를 사용하며 부하전류가 30[A], 일반 부하전류가 25[A]이다. 오후 10시부터 오전 6시까지의 중첩률이 0.6이라고 할 때, 부하 공용 부분에 대한 전선의 허용전류는 몇 [A] 이상이어야 하는가?

해답 1 ① : 타임 스위치
② : 전력량계
③ : 배선용 차단기(인입구 장치)
④ : 전력량계
⑤ : 인입구 장치

2 금속관 공사, 케이블 공사, 합성수지관 공사, 가요 전선관 공사

3 계산 : $I = I_1 + I_0 \times$ 중첩률 $= 30 + 25 \times 0.6 = 45$[A]

답 45[A] 이상

TIP

➤ 심야 전력 기기

① 정액제(定額制)의 경우

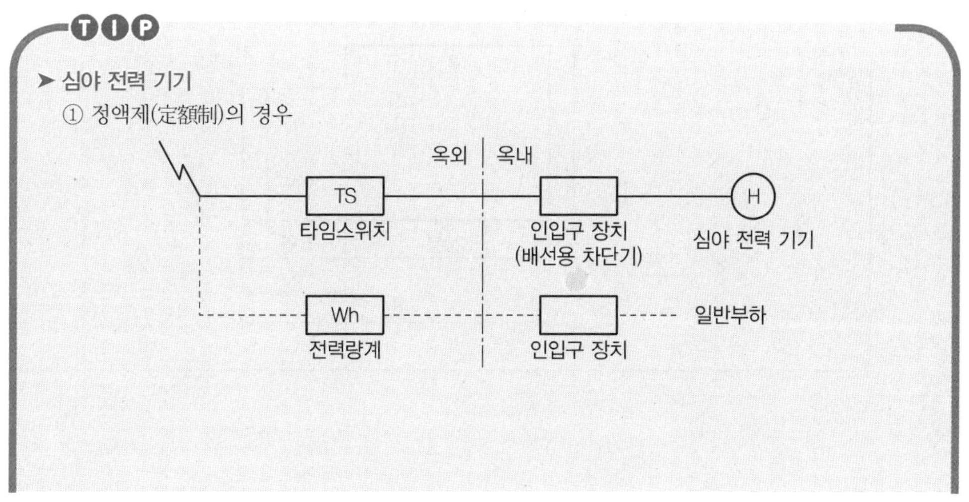

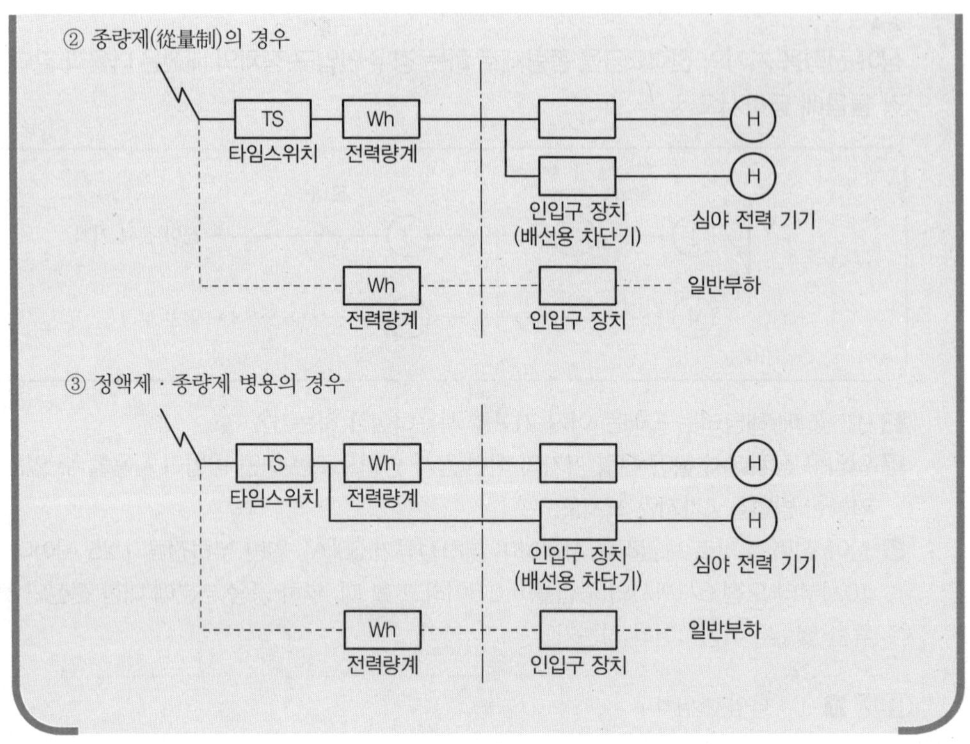

08 ★★★★★ [8점]

예비전원으로 이용되는 축전지에 대한 다음 각 물음에 답하시오.

1 그림과 같은 부하 특성을 갖는 축전지를 사용할 때 보수율이 0.8, 최저 축전지 온도 5[℃], 허용 최저 전압 90[V]일 때 몇 [Ah] 이상인 축전지를 선정하여야 하는가?(단, $I_1 = 50$[A], $I_2 = 40$[A], $K_1 = 1.15$, $K_2 = 0.91$, 셀(cell)당 전압은 1.06[V/cell]이다.)

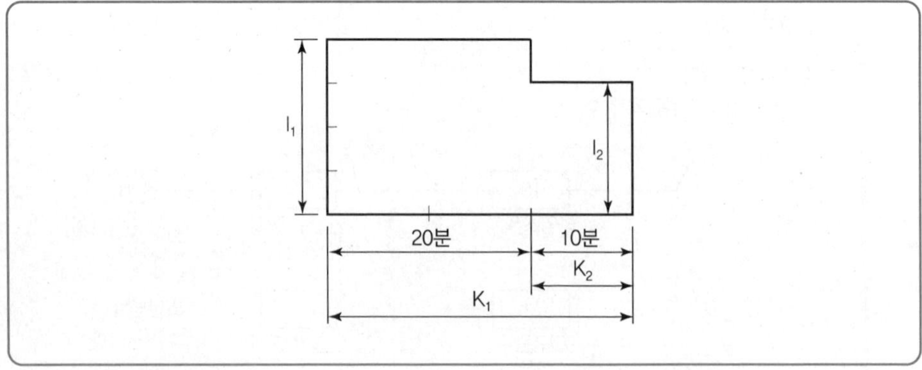

2 축전지의 과방전 및 방치 상태, 가벼운 설페이션(Sulfation) 현상 등이 생겼을 때 기능 회복을 위하여 실시하는 충전방식은 무엇인가?

3 연축전지와 알칼리축전지의 공칭전압은 각각 몇 [V]인가?

- 연축전지
- 알칼리축전지

4 축전지 설비를 하려고 한다. 그 구성요소를 크게 4가지로 구분하시오.

해답 1 계산 : $C = \frac{1}{L}[K_1I_1 + K_2(I_2 - I_1)] = \frac{1}{0.8}[1.15 \times 50 + 0.91(40 - 50)] = 60.5[Ah]$

답 60.5[Ah]

2 회복 충전 방식

3 • 연축전지 : 2[V]
• 알칼리축전지 : 1.2[V]

4 ① 축전지 ② 충전장치 ③ 보안장치 ④ 제어장치

09 ★☆☆☆☆ [6점]

그림은 유도전동기의 기동회로를 표시한 것이다. 이 도면을 보고 다음 각 물음에 답하시오.

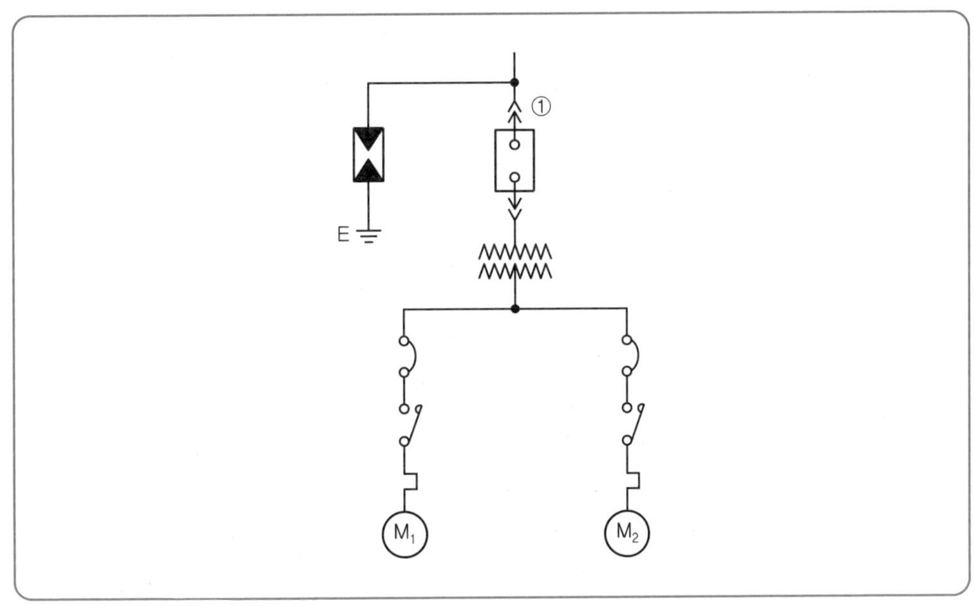

1 ①과 같이 화살표로 표시되어 있는 그림기호의 명칭을 구체적으로 쓰시오.

2 M_1, M_2의 전부하전류가 각각 20[A], 7[A]이다. 저압 옥내 간선의 허용전류는 몇 [A]인가?

※ KEC 규정에 따라 변경

해답 **1** 인출형(플러그인 타입) 차단기

2 계산 : 설계전류 $I_B = 20 + 7 = 27[A]$

$I_B \le I_n \le I_Z$에서 간선의 최소 허용전류 I_Z는 27[A] 이상이 되어야 한다.

답 27[A]

TIP

➤ 도체와 과부하 보호장치 사이의 협조(KEC 212.4.1)

과부하에 대해 케이블(전선)을 보호하는 장치의 동작특성은 다음의 조건을 충족해야 한다.

$I_B \le I_n \le I_Z$, $I_2 \le 1.45 \times I_Z$

여기서, I_B : 회로의 설계전류(선도체를 흐르는 설계전류 또는 함유율이 높은 영상분 고조파, 특히 제3고조파가 지속적으로 흐르는 경우 중성선에 흐르는 전류이다.)

I_Z : 케이블의 허용전류

I_n : 보호장치의 정격전류(사용 현장에 적합하게 조정된 전류의 설정값)

I_2 : 보호장치가 규약시간 이내에 유효하게 동작하는 것을 보장하는 전류

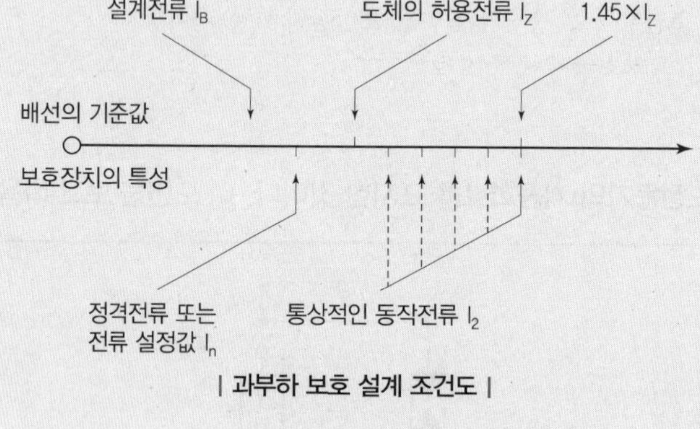

| 과부하 보호 설계 조건도 |

10 ★★★★☆ [10점]

도면은 수전 설비의 단선 결선도를 나타내고 있다. 이 도면을 보고 다음 각 물음에 답하시오.

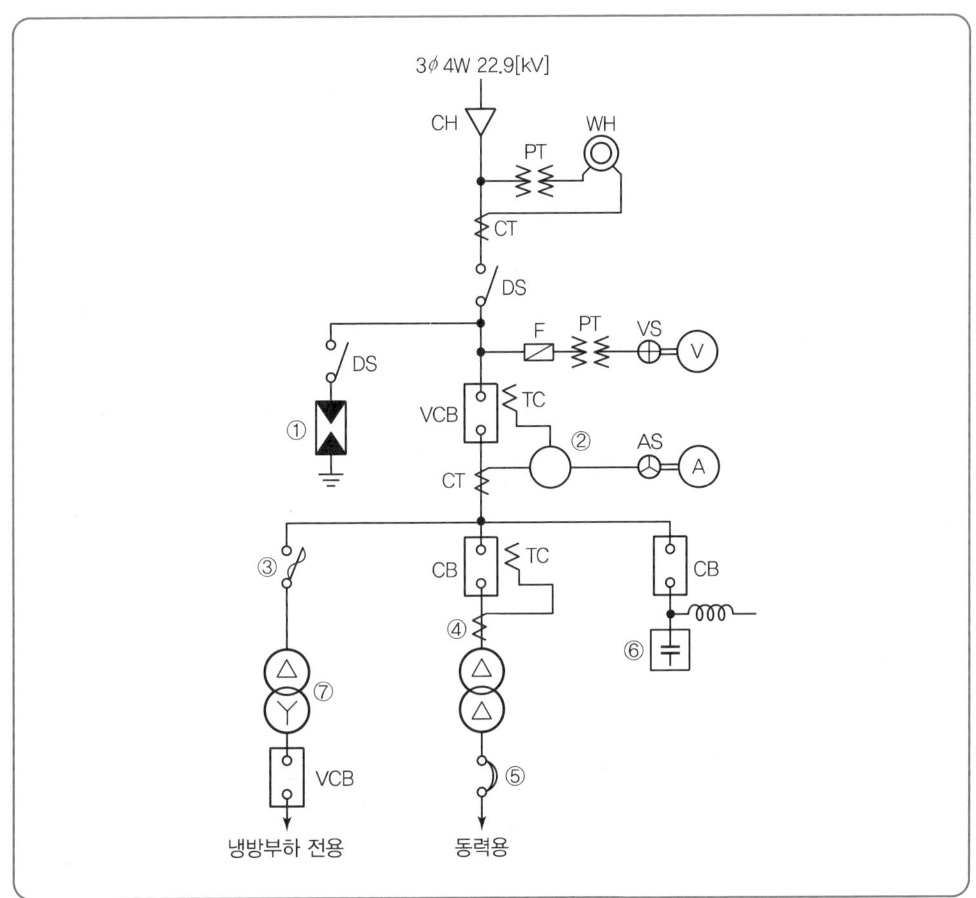

1 동력용 변압기에 연결된 동력부하 설비용량이 400[kW], 부하역률 85[%], 수용률 65[%]라고 할 때, 변압기 용량은 몇 [kVA]를 사용하여야 하는가?

| 변압기 표준용량[kVA] |

100	150	200	250	300	400	500

2 ①~⑤로 표시된 곳의 명칭을 쓰시오.

3 냉방용 냉동기 1대를 설치하고자 할 때, 냉방부하 전용 차단기로 VCB를 설치한다면 VCB 2차 측 정격전류는 몇 [A]인가?(단, 냉방용 냉동기의 전동기는 100[kW], 정격전압 3,300[V]인 3상 유도전동기로서 역률 85[%], 효율은 90[%]이고, 차단기 2차 측 정격전류는 전동기 정격전류의 3배로 한다고 한다.

4 도면에 표시된 ⑥번 기기에 코일을 연결한 이유를 설명하시오.

5 도면에 표시된 ⑦번 부분의 복선 결선도를 그리시오.

해답 **1** 계산 : 변압기 용량= $\frac{설비용량 \times 수용률}{역률} = \frac{400}{0.85} \times 0.65 = 305.88[kVA]$

답 400[kVA]

2 ① 피뢰기 ② 과전류 계전기

③ 컷아웃 스위치 ④ 변류기

⑤ 기중차단기

3 계산 : 부하 전류 $I = \frac{P}{\sqrt{3}\,V\cos\theta\,\eta} = \frac{100 \times 10^3}{\sqrt{3} \times 3{,}300 \times 0.85 \times 0.9} = 22.87[A]$

2차 측 정격전류는 전동기전류의 3배이므로

$22.87 \times 3 = 68.61[A]$

답 68.61[A]

4 전원 개방 시 콘덴서에 축적된 잔류전하의 방전을 위해

5

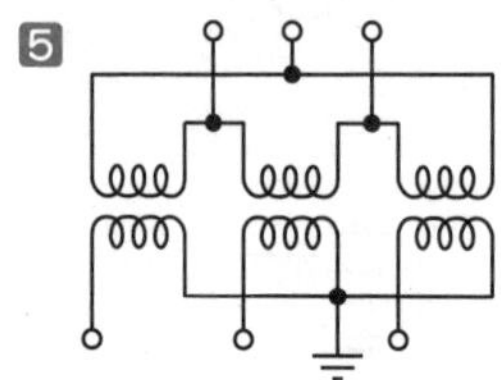

TIP

변압기 용량= $\frac{설비용량[kW] \times 수용률}{부등률 \times 역률}[kVA]$ (부등률을 주는 경우)

11 ★★★★☆ [7점]

그림은 전자 개폐기 MC에 의한 시퀀스 회로를 개략적으로 그린 것이다. 이 그림을 보고 다음 각 물음에 답하시오.

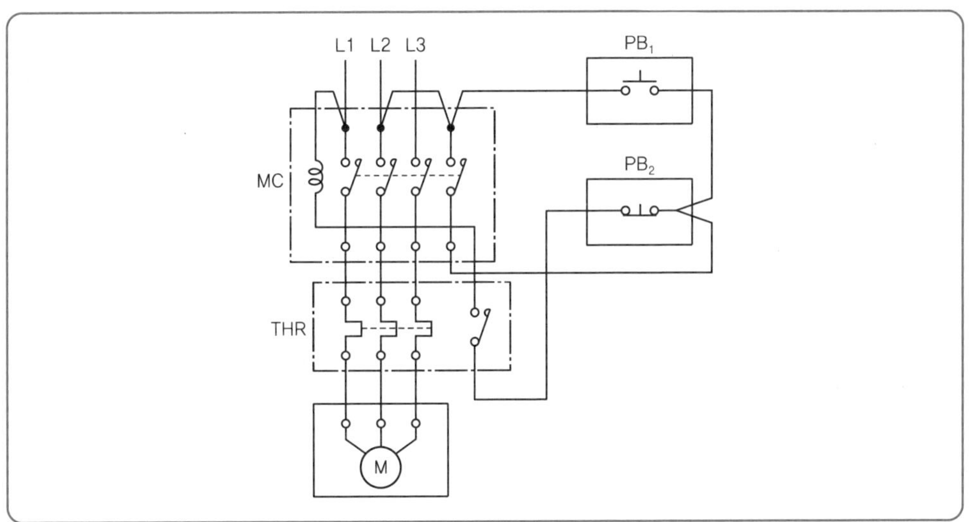

1 그림과 같은 회로용 전자 개폐기 MC의 보조접점을 사용하여 자기유지가 될 수 있는 일반적인 시퀀스 회로로 다시 작성하여 그리시오.

2 시간 t_3에 열동계전기가 작동하고, 시간 t_4에서 수동으로 복귀하였다. 이때의 동작을 타임차트로 표시하시오.

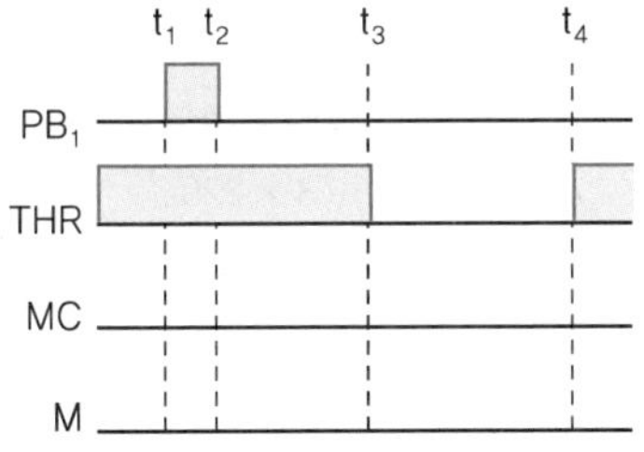

해답 1

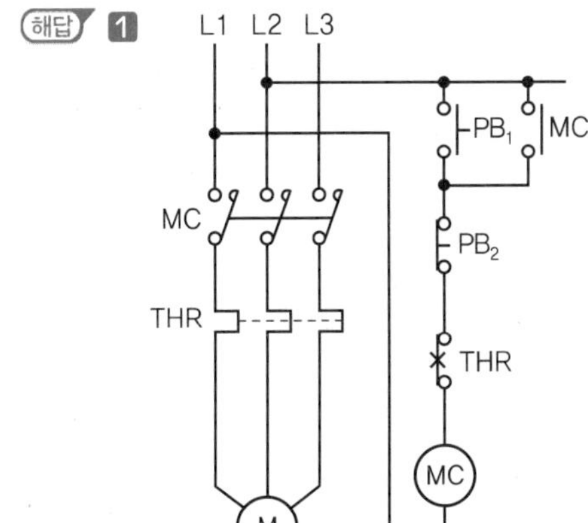

2

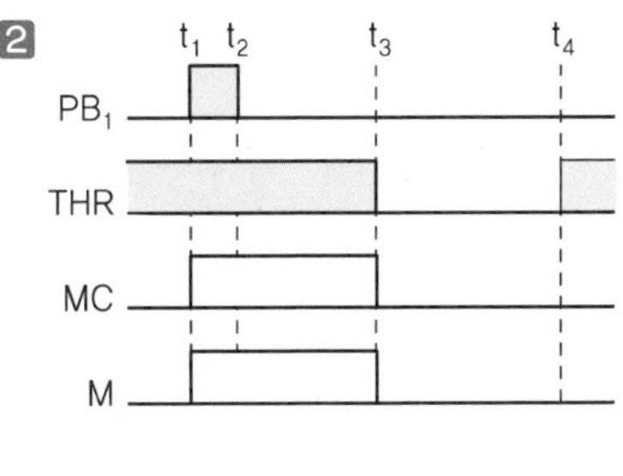

12 ★☆☆☆☆ [10점]

변압기의 권수비가 6,600/220[V]이고, 정격용량이 50[kVA]인 변압기 3대를 그림과 같이 △결선하여 100[kVA]인 3상 평형부하에 전력을 공급하고 있을 때, 변압기 1대가 소손되어 V결선하여 운전하려고 한다. 이때 다음과 각 물음에 답하시오.(단, 변압기 1대당 정격부하 시의 동손은 500[W], 철손은 150[W]이며, 각 변압기는 120[%]까지 과부하 운전할 수 있다고 한다.)

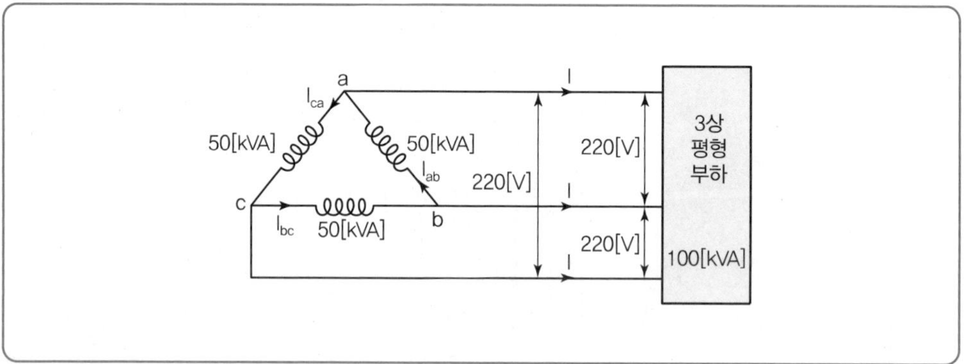

1 소손되기 전의 부하전류와 변압기의 상전류는 몇 [A]인가?

2 △결선할 때 전체 변압기의 동손과 철손은 각각 몇 [W]인가?

3 소손 후의 부하전류와 변압기의 상전류는 각각 몇 [A]인가?

4 변압기의 V결선 운전이 가능한지의 여부를 그 근거를 밝혀서 설명하시오.

5 V결선할 때 전체 변압기의 동손과 철손은 각각 몇 [W]인가?

해답 1 계산 : 부하전류 $I_l = \dfrac{P}{\sqrt{3}V} = \dfrac{100 \times 10^3}{\sqrt{3} \times 220} = 262.43[A]$

△결선이므로

상전류 $I_p = \dfrac{I_l}{\sqrt{3}} = \dfrac{262.43}{\sqrt{3}} = 151.51[A]$

답 부하전류 : 262.43[A], 변압기의 상전류 : 151.51[A]

2 계산 : • 동손

변압기의 부하율 $m = \dfrac{100}{150} \times 100 = 66.67[\%]$

동손은 부하율의 제곱에 비례하므로

$P_C = 0.6667^2 \times 500 \times 3 = 666.73[W]$

• 철손

철손은 부하전류와 무관하므로 $150 \times 3 = 450[W]$

답 동손 : 666.73[W], 철손 : 450[W]

3 계산 : 부하전류 $I = \frac{P}{\sqrt{3}V} = \frac{100 \times 10^3}{\sqrt{3} \times 220} = 262.43[A]$

상전류는 선전류와 같으므로

상전류 $I = \frac{P}{\sqrt{3}V} = \frac{100 \times 10^3}{\sqrt{3} \times 220} = 262.43[A]$

답 부하전류 : 262.43[A], 변압기의 상전류 : 262.43[A]

4 V결선으로 120[%] 과부하 시 V결선 출력 P_V를 구하면,

$P_V = \sqrt{3} \times 50 \times 1.2 = 103.92[kVA]$이므로 100[kVA] 부하에 전력을 공급할 수 있다.

따라서, V결선 운전이 가능하다.

5 계산 : • 동손

V결선 시 변압기 1대에 인가되는 부하$= \frac{100}{\sqrt{3}} = 57.74[kVA]$

부하율 $m = \frac{57.74}{50} \times 100 = 115.48[\%]$

동손은 부하율의 제곱에 비례하므로

$P_C = 1.1548^2 \times 500 \times 2 = 1{,}333.56[W]$

• 철손

철손은 부하전류와 무관하므로 $150 \times 2 = 300[W]$

답 동손 : 1,333.56[W], 철손 : 300[W]

TIP

① 부하율 $m = \frac{\text{부하용량}}{\text{공급용량}} \times 100[\%]$

② $P_V = \sqrt{3}$(1대 용량)

1대 용량$= \frac{P_V}{\sqrt{3}} = \frac{100}{\sqrt{3}} = 57.74[kVA]$

2002
2003
2004
2005
2006
2007
2008
2009
2010
2011

13 ★★★☆☆ [5점]

답안지의 그림은 3상 4선식 전력량계의 결선도를 나타낸 것이다. PT와 CT를 사용하여 미완성 부분의 결선도를 완성하시오.(단, 접지종별은 적지 않는다.)

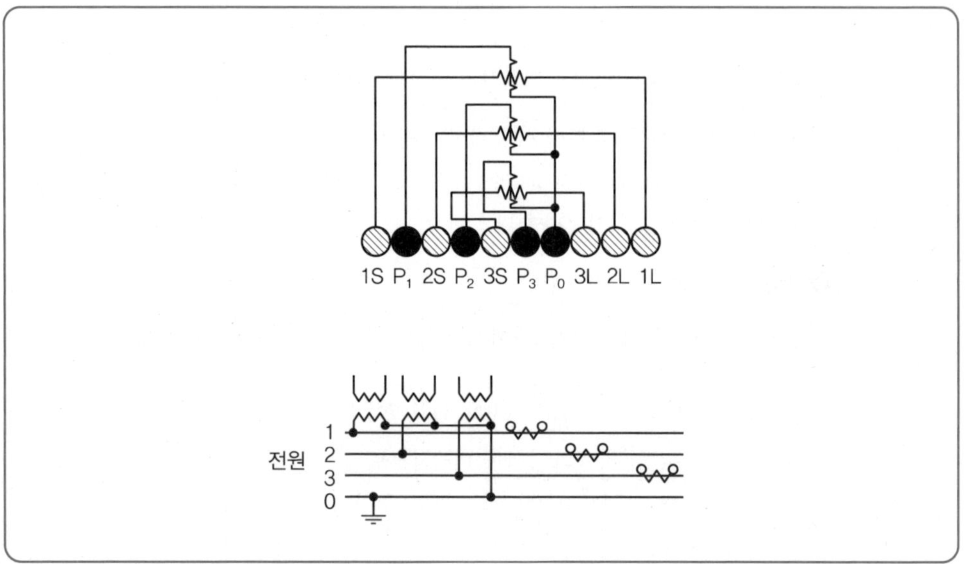

해답

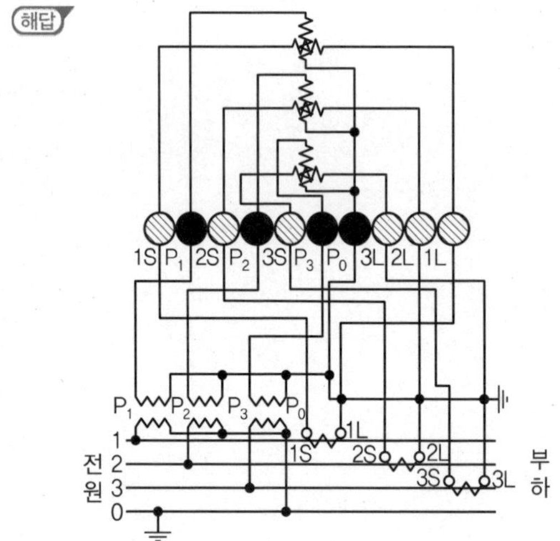

14 ★★★☆☆ [6점]

송전단 전압이 3,300[V]인 변전소로부터 5.8[km] 떨어진 곳에 있는 역률 0.9(지상) 500[kW]의 3상 동력부하에 대하여 지중 송전선을 설치하여 전력을 공급코자 한다. 케이블의 허용전류(또는 안전전류) 범위 내에서 전압강하가 10[%]를 초과하지 않도록 심선의 굵기를 결정하시오.(단, 케이블의 허용전류는 다음 표와 같으며 도체(동선)의 고유저항은 $\frac{1}{55}$[Ω · mm^2/m]로 하고 케이블의 정전용량 및 리액턴스 등은 무시한다.)

| 심선의 굵기와 허용전류 |

심선의 굵기[mm^2]	16	25	35	50	70	95	120	150
허용전류[A]	50	70	90	100	110	140	180	200

해답 계산 : ① 전압강하율 $\varepsilon = \frac{V_S - V_R}{V_R} \times 100 = 10[\%]$이므로 $V_R = \frac{V_S}{1+\varepsilon} = \frac{3,300}{1+0.1} = 3,000[V]$

② $e = V_S - V_R = 3,300 - 3,000 = \sqrt{3} I(R\cos\theta + X\sin\theta)$

$$I = \frac{P}{\sqrt{3} V\cos\theta} = \frac{500 \times 10^3}{\sqrt{3} \times 3,000 \times 0.9} = 106.92[A]$$

조건에서 리액턴스를 무시하면 $e = \sqrt{3} IR\cos\theta$에서 $R = \frac{e}{\sqrt{3} I\cos\theta}$가 된다.

$$\therefore\ R = \frac{300}{\sqrt{3} \times 106.92 \times 0.9} = 1.8[\Omega]$$

③ $R = \rho\frac{l}{A}$에서 $A = \rho\frac{l}{R}$이므로

$$A = \frac{1}{55} \times \frac{5,800}{1.8} = 58.59[mm^2]$$

답 70[mm^2] 선정

TIP

① 부하전류 I = 106.92[A]이므로 표에서 70[mm^2]가 적정

② 문제에서 전압강하가 주어졌으므로 허용 전압강하 10[%]를 초과하지 않는 굵기를 선정하여야 한다. 그러나 전압강하가 주어지지 않았다면 표의 허용전류만 고려하여 선정할 수 있다.

전기기사

2006년도 2회 시험 과년도 기출문제

회독 체크	□1회독	월 일	□2회독	월 일	□3회독	월 일

01 ★★★☆☆ [8점]

수변전설비에 설치하고자 하는 전력 퓨즈(Power fuse)에 대해서 다음 각 물음에 답하시오.

1 전력 퓨즈의 가장 큰 단점은 무엇인지 1가지를 쓰시오.

2 전력 퓨즈를 구입하고자 한다. 기능상 고려해야 할 주요 요소 3가지를 쓰시오.

3 전력 퓨즈의 성능(특성) 3가지를 쓰시오.

4 PF-S형 큐비클은 큐비클의 주 차단장치로서 어떤 종류의 전력 퓨즈와 무엇을 조합한 것인가?

① 전력 퓨즈의 종류

② 조합하여 설치하는 것

해답 1 재투입이 불가능하다.

2 ① 정격전압
② 정격전류
③ 정격차단 전류

3 ① 용단 특성
② 전차단 특성
③ 단시간 허용 특성

4 ① 전력 퓨즈의 종류 : 한류형 퓨즈
② 조합하여 설치하는 것 : 고압개폐기

TIP

① 간이수전설비는 비한류형 퓨즈 사용
② 정식수전설비(큐비클)는 한류형 퓨즈 사용

02 ★★★★★ [6점]

그림과 같은 논리회로를 이용하여 다음 각 물음에 답하시오.

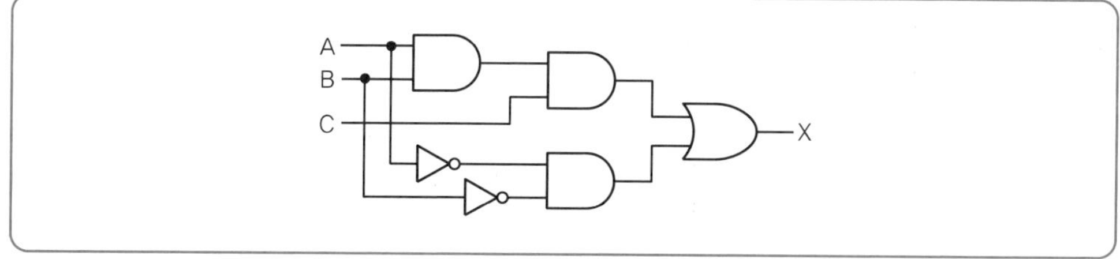

1 주어진 논리회로를 논리식으로 표현하시오.

2 논리회로의 동작상태를 다음의 타임차트에 나타내시오.

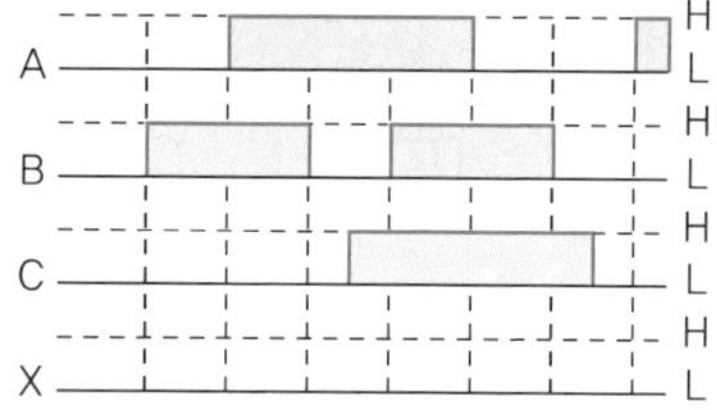

3 다음과 같은 진리표를 완성하시오.(단, L은 Low이고, H는 High이다.)

A	L	L	L	L	H	H	H	H
B	L	L	H	H	L	L	H	H
C	L	H	L	H	L	H	L	H
X								

해답 1 $X = A \cdot B \cdot C + \overline{A} \cdot \overline{B}$

2

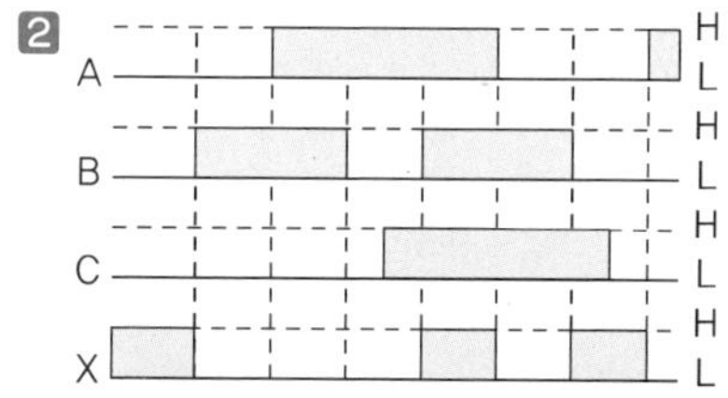

3

A	L	L	L	L	H	H	H	H
B	L	L	H	H	L	L	H	H
C	L	H	L	H	L	H	L	H
X	H	H	L	L	L	L	L	H

2002 2003 2004 2005 2006 2007 2008 2009 2010 2011

03 ★★★☆☆ [13점]

그림과 같은 결선도를 보고 다음 각 물음에 답하시오.

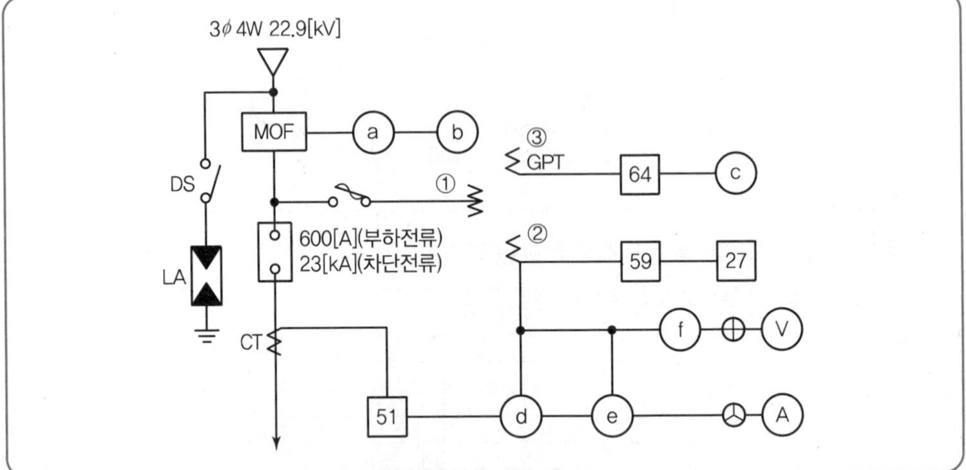

1. 그림에서 ⓐ~ⓒ까지의 계기의 명칭을 우리말로 쓰시오.
2. VCB의 정격전압과 차단용량을 산정하시오.
   ① 정격전압 :
   ② 차단용량 :
3. MOF의 우리말 명칭과 그 용도를 쓰시오.
   ① 명칭 :
   ② 용도 :
4. 그림에서 □ 속에 표시되어 있는 제어기구 번호에 대한 우리말 명칭을 쓰시오.
5. 그림에서 ⓓ~ⓕ까지에 대한 계기의 약호를 쓰시오.

해답 1 ⓐ 최대 수요 전력량계 ⓑ 무효 전력량계 ⓒ 영상 전압계

2 ① 정격전압

계산 : $22.9 \times \frac{1.2}{1.1} = 24.98$

답 25.8[kV]

② 차단용량

계산 : $P_s = \sqrt{3} \times 25.8 \times 23 = 1,027.8$

답 1,027.8[MVA]

3 ① 명칭 : 전력 수급용 계기용 변성기

② 용도 : 전력량을 적산하기 위하여 고전압과 대전류를 저전압과 소전류로 변성

4 • 51 : 과전류 계전기
• 59 : 과전압 계전기
• 27 : 부족전압 계전기
• 64 : 지락 과전압 계전기

5 ⓓ : kW ⓔ : PF ⓕ : F

TIP

① 차단용량 $= \sqrt{3} \times$ 정격전압 $\times$ 정격차단전류 $\times 10^{-6}$[MVA]

② 차단기 정격전압 $= V \times \frac{1.2}{1.1}$[kV]

04 ★★★★★ [6점]

어느 건물의 부하는 하루에 240[kW]로 5시간, 100[kW]로 8시간, 75[kW]로 나머지 시간을 사용한다. 이의 수전설비를 450[kVA]로 하였을 때에 부하의 평균 역률이 0.8이라면 이 건물의 수용률과 일부하율은 얼마인가?

1 수용률

2 부하율

해답 1 계산 : 수용률 $= \frac{\text{최대 수용전력}}{\text{설비용량}} \times 100 = \frac{240}{450 \times 0.8} \times 100 = 66.67[\%]$

답 수용률 : 66.67[%]

2 계산 : 부하율 $= \frac{\text{평균전력}}{\text{최대 수용전력}} \times 100 = \frac{240 \times 5 + 100 \times 8 + 75 \times 11}{240 \times 24} \times 100 = 49.05[\%]$

답 부하율 : 49.05[%]

TIP

① 평균전력 $= \frac{\text{전력 사용량}}{\text{사용시간}}$

② 수용률 $= \frac{\text{최대 수용전력[kW]}}{\text{설비용량[kW]}} \times 100$

05 ★★★★☆ [7점]

그림은 한시 계전기를 사용한 유도전동기의 Y－△ 기동회로의 미완성 회로이다. 이 회로를 이용하여 다음 각 물음에 답하시오.

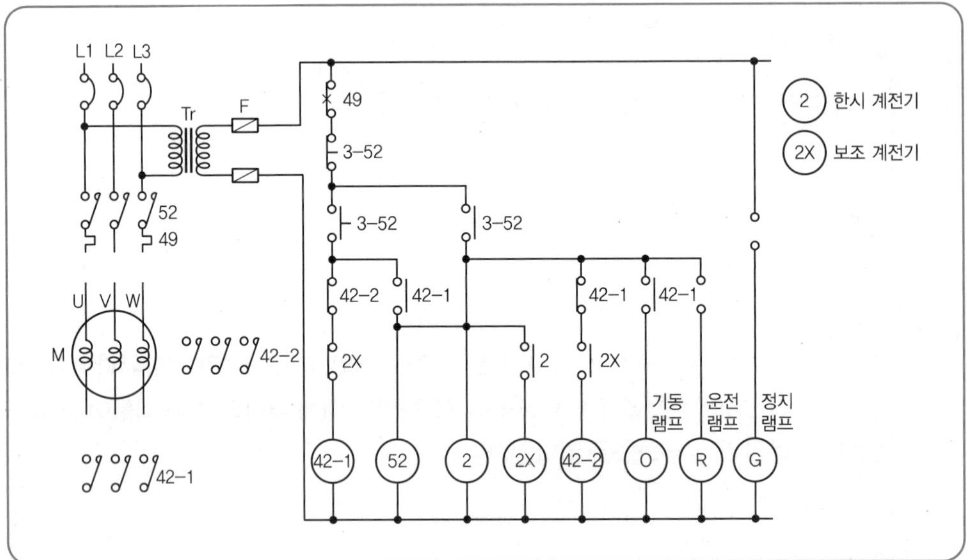

1 도면의 미완성 회로를 완성하시오.(단, 주회로 부분과 보조회로 부분)

2 기동 완료 시 열려(Open) 있는 접촉기를 모두 쓰시오.

3 기동 완료 시 닫혀(Close) 있는 접촉기를 모두 쓰시오.

해답 1

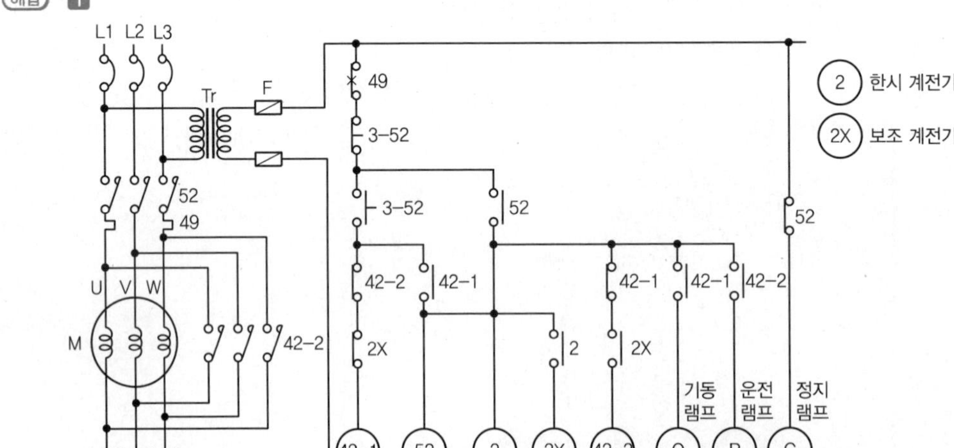

2 42－1

3 52, 42－2

06 ★☆☆☆☆

[6점]

전자형 배선용 차단기(MBB) 조작 회로에 케이블을 사용할 때 다음 조건을 이용하여 물음에 답하시오.

[조건]

① 대상이 되는 제어 케이블의 길이 : 왕복 1.2[km]

② 케이블의 저항치

케이블의 규격[mm²]	2.5	4	6	10	16
저항치[Ω/km]	9.4	5.3	3.4	2.4	1.4

③ • MBB의 조작회로(투입 코일 제외)의 투입 보조 릴레이(52X)의 코일 저항 66[Ω]
- MBB의 투입 허용 최소 동작전압 : 94[V]
- 트립 코일 저항 19.8[Ω]
- MBB 트립 허용 최소 동작전압 : 75[V]

④ 전원 전압
- 정격전압 : DC 125[V]
- 축전지의 방전 말기 전압 : DC 1.7[V/cell], 102[V]

1 MBB 투입 회로(투입 코일은 제외)의 경우 다음 전압일 때 케이블의 규격은 몇 [mm²]를 사용하는 것이 가장 적당한가?

① 전원전압 DC 125[V]의 경우

② 전원전압 DC 102[V]의 경우

2 MBB 트립 회로의 경우 다음 전압일 때 케이블의 규격은 몇 [mm²]를 사용하는 것이 가장 적당한가?

① 전원전압 DC 125[V]의 경우

② 전원전압 DC 102[V]의 경우

(해답) **1** 투입 회로

① 계산 : 전원전압 DC 125[V]의 경우

투입 코일의 허용 최저 전압이 94[V]이므로

선로의 허용 전압강하 $e = 125 - 94 = 31$[V]

투입 코일에 흐르는 전류 $I = \dfrac{94}{66} = 1.42$[A]

즉, $e = IR$에서 $R = \dfrac{e}{I} = \dfrac{31}{1.42} = 21.83$[Ω]

전선 1[km]당 최대 허용 저항 $r = \dfrac{21.83}{1.2} = 18.19$[Ω/km]

∴ 표에서 2.5[mm²] 선정

답 2.5[mm²]

② 계산 : 전원전압 DC 102[V]의 경우

선로의 허용 전압강하 $e = 102 - 94 = 8[V]$

$e = IR$에서 $R = \frac{e}{I} = \frac{8}{1.42} = 5.63[\Omega]$

전선 1[km]당 최대 허용 저항 $r = \frac{5.63}{1.2} = 4.69[\Omega/km]$

∴ 표에서 6[mm²] 선정

답 6[mm²]

2 트립 회로

① 계산 : 전원전압 DC 125[V]의 경우

선로의 허용 전압강하 $e = 125 - 75 = 50[V]$

트립 코일에 흐르는 전류 $I = \frac{75}{19.8} = 3.79[A]$

$e = IR$에서 $R = \frac{e}{I} = \frac{50}{3.79} = 13.19[\Omega]$

전선 1[km]당 최대 허용 저항 $r = \frac{13.19}{1.2} = 10.99[\Omega/km]$

∴ 표에서 2.5[mm²] 선정

답 2.5[mm²]

② 계산 : 전원전압 DC 102[V]의 경우

선로의 허용 전압강하 $e = 102 - 75 = 27[V]$

트립 코일에 흐르는 전류 $I = \frac{75}{19.8} = 3.79[A]$

$e = IR$에서 $R = \frac{e}{I} = \frac{27}{3.79} = 7.12[\Omega]$

전선 1[km]당 최대 허용 저항 $r = \frac{7.12}{1.2} = 5.93[\Omega/km]$

∴ 표에서 4[mm²] 선정

답 4[mm²]

07 ★★☆☆☆ [6점]

그림은 어떤 사무실의 조명설비 도면이다. 이 도면을 보고 다음 각 물음에 답하시오.(단, 점멸기 A는 A 형광등, B는 B 형광등, C는 C 형광등만 점멸시키는 것으로 한다.)

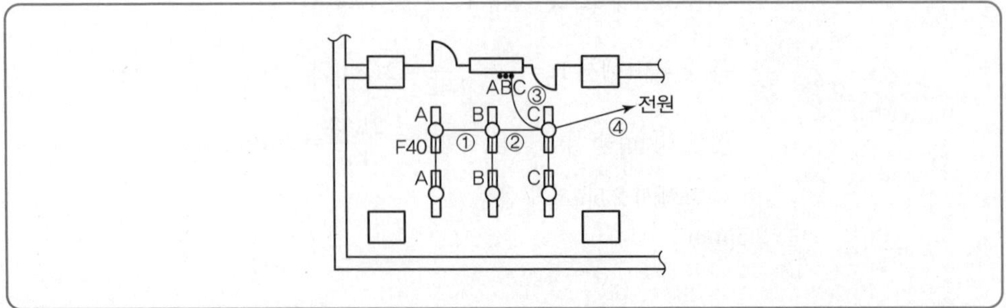

①~④ 부분의 전선 가닥 수는 각각 몇 가닥이 필요한가?

해답 ① 2가닥
② 3가닥
③ 4가닥
④ 2가닥

TIP

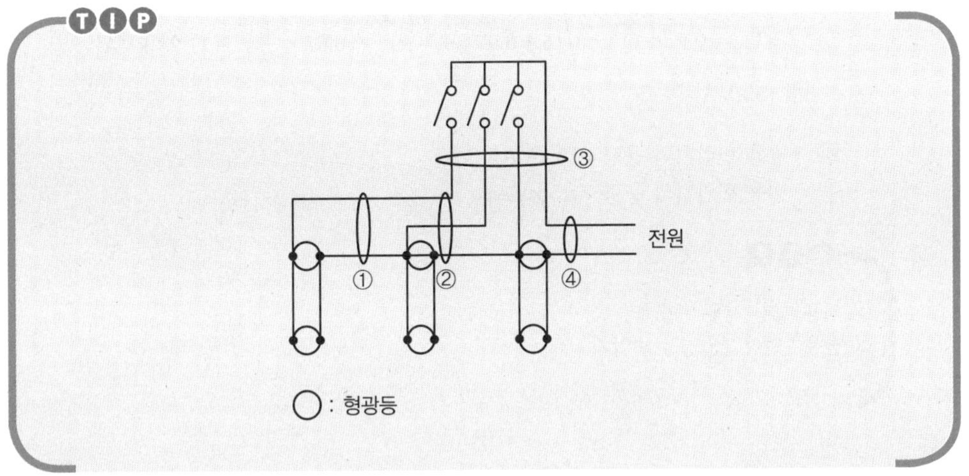

08 ★★★☆☆ [6점]

210[V], 10[kW], 역률이 $\sqrt{3}/2$ (지상)인 3상 부하와 210[V], 5[kW], 역률이 1.0인 단상 부하가 있다. 그림과 같이 단상변압기 2대를 V결선하여 이들 부하에 전력을 공급하고자 한다. 다음 각 물음에 답하시오.

| 변압기 표준용량[kVA] |

5	7.5	10	15	20	25	50	75	100

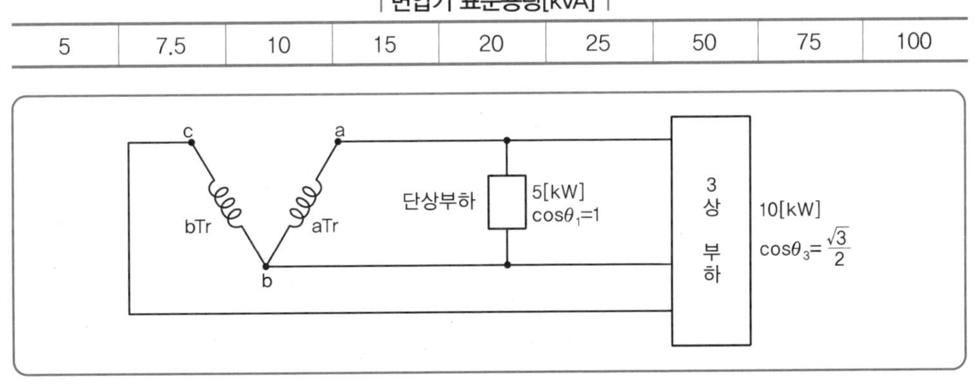

1 공용상과 전용상을 동일한 용량의 것으로 하는 경우에 변압기의 용량은 몇 [kVA]를 사용하여야 하는가?

2 공용상과 전용상을 각각 다른 용량의 것으로 하는 경우에 변압기의 용량은 각각 몇 [kVA]를 사용하여야 하는가?

해답 **1** 계산

① 전용 변압기(bTr)

$$bTr = \frac{P}{\sqrt{3}\cos\theta} = \frac{10}{\sqrt{3} \times \frac{\sqrt{3}}{2}} = 6.67[kVA]$$

② 공용 변압기(aTr)

$$aTr = \sqrt{P^2+Q^2} = \sqrt{\left(5+6.67\times\frac{\sqrt{3}}{2}\right)^2 + \left(6.67\times\frac{1}{2}\right)^2} = 11.28[kVA]$$

답 15[kVA]

2 • 공용 변압기의 용량 : 15[kVA]
• 전용 변압기의 용량 : 7.5[kVA]

TIP

① 전용 : 3상 전용 변압기
② 공용 : 단상 3상 공용 변압기

09 ★★★★★

[4점]

단상 2선식 220[V], 40[W] 2등용 형광등기구 60대를 설치하려고 한다. 16[A]의 분기회로로 할 경우, 몇 회로로 하여야 하는가?(단, 형광등 역률은 80[%]이고, 안정기의 손실은 고려하지 않으며, 1회로의 부하전류는 분기회로 용량의 80[%]로 본다.)

※ KEC 규정에 따라 변경

해답 계산 : 상정 부하용량 $P_a = \frac{40\times2\times60}{0.8} = 6{,}000[VA]$

분기회로 수 $N = \frac{6{,}000}{220\times16\times0.8} = 2.13$회로

답 16[A] 분기 3회로

TIP

분기회로 수(N)= $\frac{총설비용량[VA]\left(\frac{P}{\cos\theta}\right)}{분기설비용량[VA](\times 전류여유율)}$

단, 소수점 이하는 절상(올림) 한다.

10 ★★☆☆☆ [4점]

고압 동력 부하의 사용전력량을 측정하려고 한다. CT 및 PT 취부 3상 적산 전력량계를 그림과 같이 오결선(1S와 1L 및 P_1과 P_3가 바뀜)하였을 경우 어느 기간 동안 사용전력량이 3,000[kWh]였다면 그 기간 동안 실제 사용전력량은 몇 [kWh]이겠는가?(단, 부하역률은 0.8이다.)

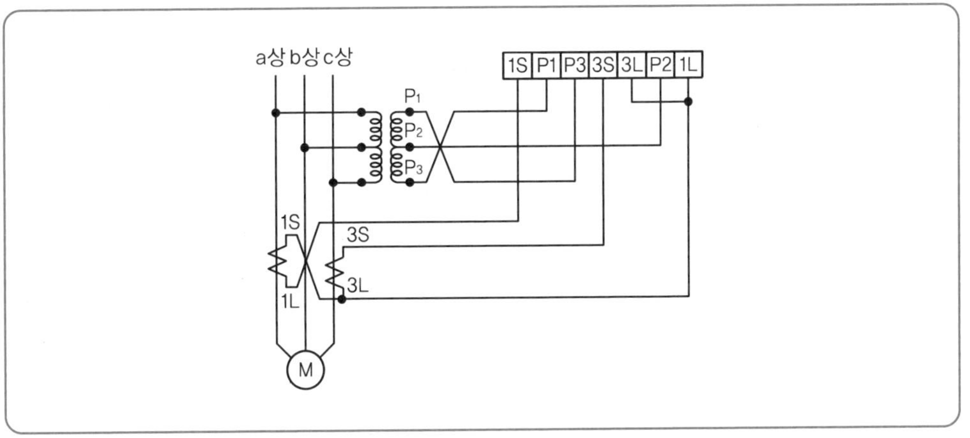

해답 계산 : $W = W_1 + W_2 = 2VI\sin\theta$이므로

$$VI = \frac{W_1 + W_2}{2\sin\theta} = \frac{3,000}{2\times 0.6} = \frac{1,500}{0.6}$$

$\therefore$ 실제 사용전력량 $W' = \sqrt{3}\,VI\cos\theta = \sqrt{3}\times\dfrac{1,500}{0.6}\times 0.8 = 3,464.1$[kWh]

답 3,464.1[kWh]

TIP

$W_1 = V_{32}I_1\cos(90° - \theta) = VI\cos(90° - \theta)$

$W_2 = V_{12}I_3\cos(90° - \theta) = VI\cos(90° - \theta)$

$\therefore\ W = W_1 + W_2 = 2VI\cos(90 - \theta) = 2VI\sin\theta$

여기서, I : 선전류, V : 선간전압, $\cos\theta$: 역률

11 ★★★★★ [6점]

선로에서 발생하는 고조파가 전기설비에 미치는 장해를 4가지만 설명하시오.

해답 ① 기기의 과열 및 소손

② 변압기 등의 소음 발생

③ 변압기의 철손, 동손 증가 및 용량 감소

④ 계전기의 오동작

TIP

구분	내용
고조파 발생	① 변압기 여자전류 ② 용접기, 아크로 ③ SCR 교류위상제어 ④ AC/DC 정류기 ⑤ 컴퓨터 등 단상 정류장치 ⑥ 안정기(고조파 전류발생량 실측 예) ⑦ 인버터(Inverter)
고조파 영향	① 전기설비 과열로 소손(콘덴서, 변압기, 발전기, 케이블) ② 공진(직렬, 병렬 공진) ③ 중성선에 미치는 영향(중성선에 과전류 흐름, 변압기 과열, 유도장해, 중성점 전위 상승) ④ 전압왜곡(Notching Voltage) ⑤ 역률저하, 전력손실 ⑥ 변압기 소음, 진동, Flat－Topping
고조파 억제 대책	① 변압기의 다펄스화 ② 위상변위(Phase Shift) ③ 단락용량 증대 ④ 콘덴서용 직렬 리액터 설치 ⑤ 수동 Filter(Passive Filter) 설치 ⑥ 능동 Filter(Active Filter) 설치 ⑦ 리액터(ACL, DCL) 설치 ⑧ Notching Voltage 개선(Line Reactor 설치) ⑨ PWM 방식 도입 ⑩ 중성선 영상고조파 대책 ㉠ NCE(Neutral Current Eliminator) 설치 ㉡ NCE 설치 영상분 고조파 흡수 ㉢ 3고조파 Blocking Filters

12 ★★★★☆ [6점]

자가용 전기설비에 대한 다음 각 물음에 답하시오.

1 자가용 전기설비의 중요 검사(시험) 사항을 3가지만 쓰시오.

2 예비용 자가발전설비를 시설코자 한다. 다음 조건에서 발전기의 정격용량은 최소 몇 [kVA]를 초과하여야 하는가?

[조건]

- 부하 : 유도전동기 부하로서 기동용량은 1,500[kVA]
- 기동 시의 전압강하 : 25[%]
- 발전기의 과도 리액턴스 : 30[%]

해답 **1** ① 접지 저항 시험
② 절연 저항 시험
③ 절연 내력 시험

2 계산 : 발전기 용량[kVA] $\geq \left(\frac{1}{\text{전압강하}} - 1\right) \times$ 기동용량[kVA] $\times$ 과도 리액턴스

$$P \geq \left(\frac{1}{0.25} - 1\right) \times 1{,}500 \times 0.3 = 1{,}350[\text{kVA}]$$

답 1,350[kVA]

TIP

➤ 전기설비 점검 검사 항목
① 절연 저항 시험
② 접지 저항 시험
③ 절연 내력 시험
④ 계전기 동작 시험
⑤ 외관검사
⑥ 계측장치 설치 상태 검사
⑦ 절연유 내압 시험 및 산가 측정

13 ★☆☆☆☆ [4점]

그림에서 고장 표시 접점 F가 닫혀 있을 때는 버저 BZ가 울리나 표시등 L은 켜지지 않으며, 스위치 24에 의하여 벨이 멈추는 동시에 표시등 L이 켜지도록 SCR의 게이트와 스위치 등을 접속하여 회로를 완성하시오. 또한 회로 작성에 필요한 저항이 있으면 그것도 삽입하여 도면을 완성하도록 하시오.(단, 트랜지스터는 NPN 트랜지스터이며, SCR은 P게이트형을 사용한다.)

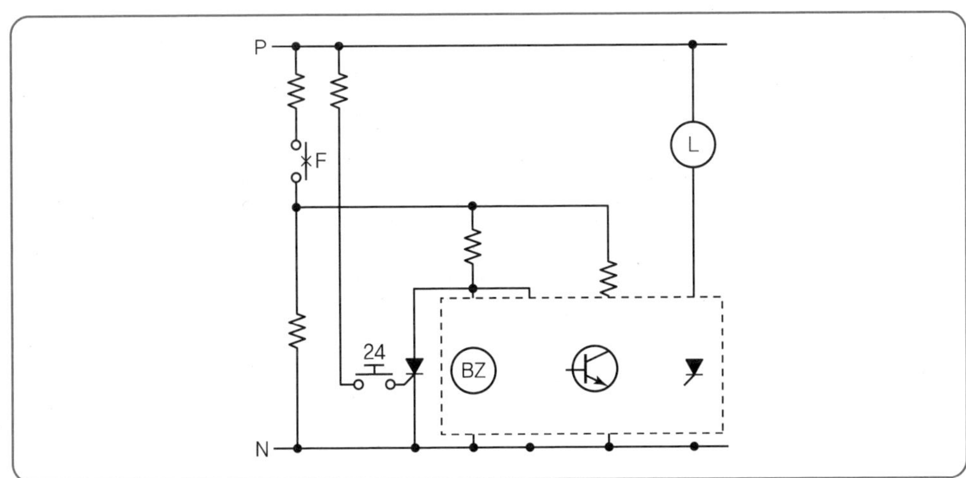

해답

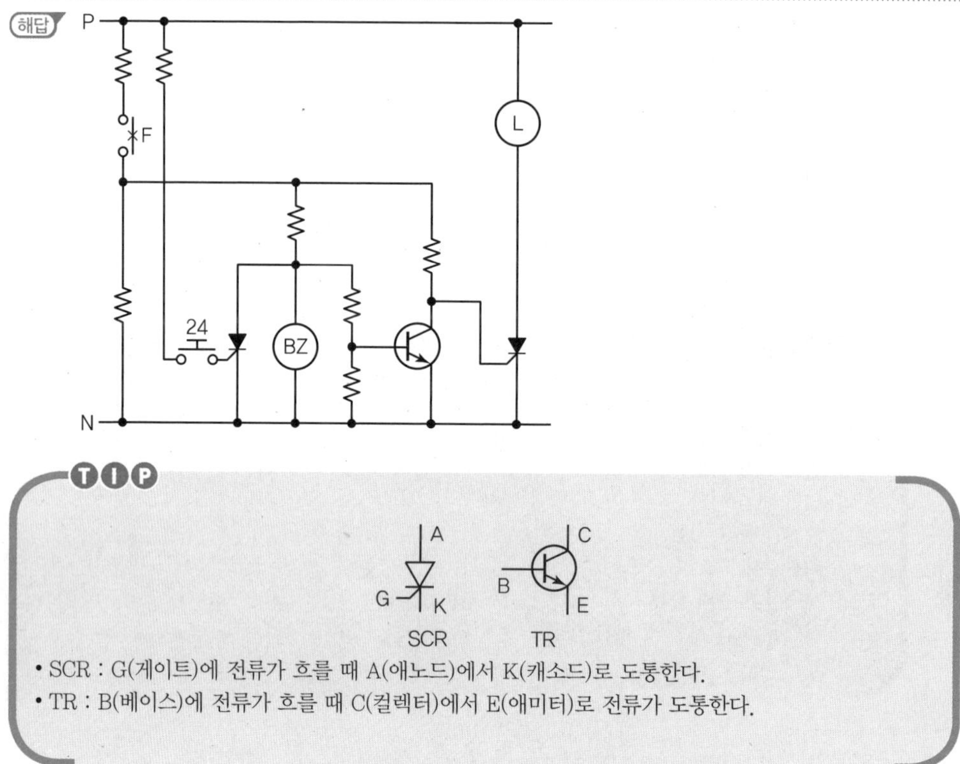

• SCR : G(게이트)에 전류가 흐를 때 A(애노드)에서 K(캐소드)로 도통한다.
• TR : B(베이스)에 전류가 흐를 때 C(컬렉터)에서 E(애미터)로 전류가 도통한다.

14 ★★★☆☆

[8점]

답안지의 그림은 1, 2차 전압이 66/22[kV]이고, Y-△결선된 전력용 변압기이다. 1, 2차에 CT를 이용하여 변압기의 비율차동계전기를 동작시키려고 한다. 주어진 도면을 이용하여 다음 각 물음에 답하시오.

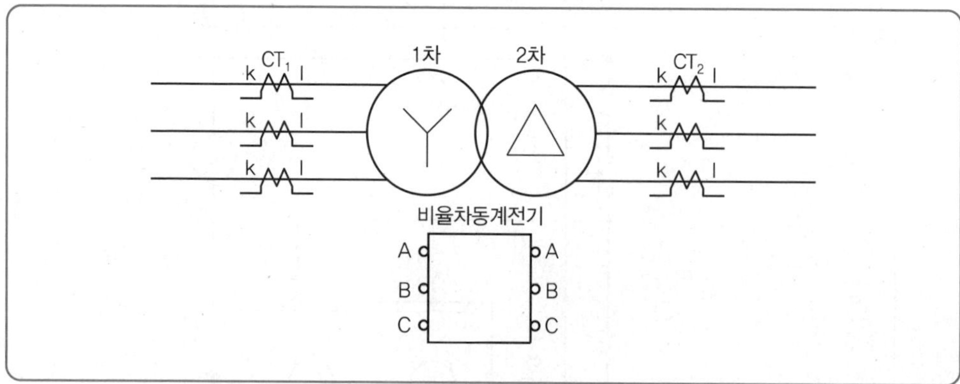

1 CT와 비율차동계전기의 결선을 주어진 도면에 완성하시오.

2 1차 측 CT의 권수비를 200/5로 했을 때 2차 측 CT의 권수비는 얼마가 좋은지를 쓰고, 그 이유를 설명하시오.

3 변압기를 전력 계통에 투입할 때 여자 돌입 전류에 의한 비율차동계전기의 오동작을 방지하기 위하여 이용되는 비율차동계전기의 종류(또는 방식)를 한 가지만 쓰시오.

4 우리나라에서 사용되는 CT의 극성은 일반적으로 어떤 극성의 것을 사용하는가?

해답 1

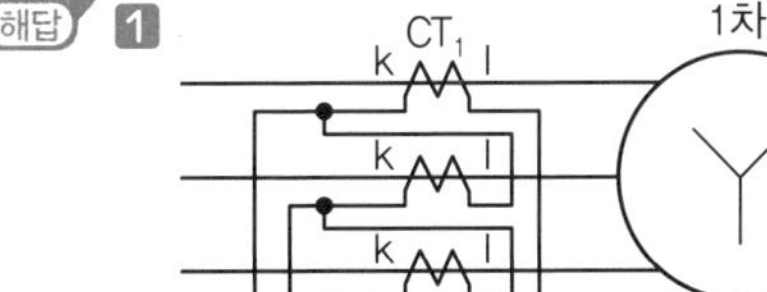
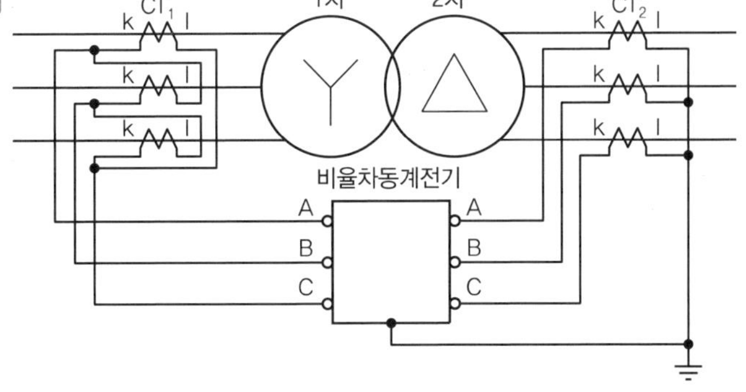

2 1차 전압이 3배 크므로 2차 측 전류가 3배 크다.

$$\frac{200}{5}\times 3 = \frac{600}{5}$$

답 600/5 선정

3 감도저하법

4 감극성

TIP

① 변압기의 권선이 Y－△이므로 CT_1은 △결선 CT_2는 Y결선한다.

② 오동작 방지법

- 감도저하법
- Trip Lock법
- 고조파 억제법

15 ★★★★★ [10점]

그림은 어느 인텔리전트 빌딩에 사용되는 컴퓨터 정보 설비 등 중요 부하에 대한 무정전 전원 공급을 하기 위한 블록다이어그램을 나타내었다. 다음 각 물음에 답하시오.

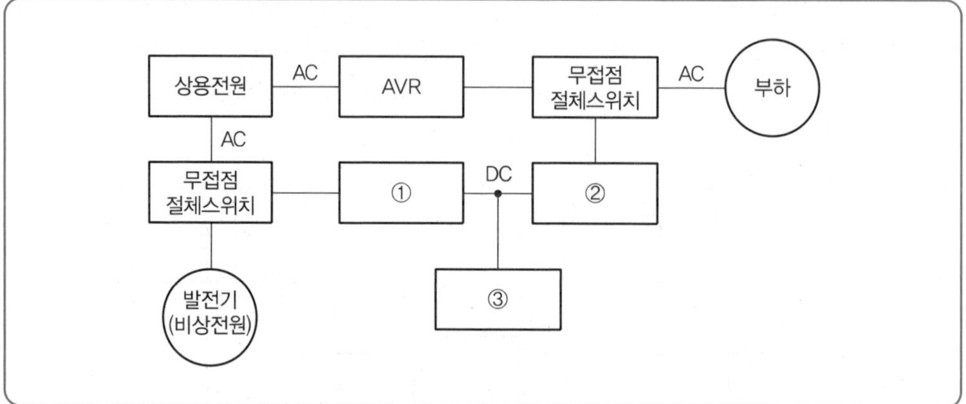

1 ①~③에 알맞은 전기시설물의 명칭을 쓰시오.

2 ①, ②에 시설되는 것의 전력변환방식을 각각 1가지씩만 쓰시오.

3 무정전 전원은 정전 시 사용하지만 평상 운전 시에는 예비전원으로 200[Ah]의 연축전지 100개가 설치되었다고 한다. 충전 시에 발생되는 가스와 충전이 부족할 경우 극판에 발생되는 현상 등에 대하여 설명하시오.

① 발생 가스

② 현상

4 발전기(비상전원)에서 발생된 전압을 공급하기 위하여 부하에 이르는 전로에는 발전기에 가까운 곳에서 쉽게 개폐 및 점검을 할 수 있는 곳에 기기 및 기구들을 설치하여야 하는 데 이 설치하여야 할 것들을 4가지만 쓰시오.

해답 **1** ① 컨버터
② 인버터
③ 축전지

2 ① AC를 DC로 변환(컨버터)
② DC를 AC로 변환(인버터)

3 ① 발생 가스 : 수소 가스
② 현상 : 설페이션 현상

4 ① 개폐기
② 과전류 차단기
③ 전압계
④ 전류계

전기기사

2006년도 3회 시험

과년도 기출문제

회독 체크	□1회독	월 일	□2회독	월 일	□3회독	월 일

01 ★★★★★ [5점]

비상용 자가발전기를 구입하고자 한다. 부하는 단일 부하로서 유도전동기이며, 기동용량이 1,800[kVA]이고, 기동 시 전압강하는 20[%]까지 허용하며, 발전기의 과도 리액턴스는 26[%]로 본다면 자가 발전기의 용량은 이론(계산)상 몇 [kVA] 이상의 것을 선정하여야 하는가?

해답 계산 : $P=\left(\frac{1}{0.2}-1\right)\times 1{,}800\times 0.26=1{,}872[\text{kVA}]$

답 1,872[kVA]

TIP

발전기 정격용량$=\left(\frac{1}{\text{전압강하}}-1\right)\times$기동용량$\times$과도 리액턴스[kVA]

02 ★★★★★ [8점]

스위치 S_1, S_2, S_3에 의하여 직접 제어되는 계전기 X, Y, Z가 있다. 전등 L_1, L_2, L_3, L_4가 동작표와 같이 점등된다고 할 때 다음 각 물음에 답하시오.

| 동작표 |

X	Y	Z	L_1	L_2	L_3	L_4
0	0	0	0	0	0	1
0	0	1	0	0	1	0
0	1	0	0	0	1	0
0	1	1	0	1	0	0
1	0	0	0	0	1	0
1	0	1	0	1	0	0
1	1	0	0	1	0	0
1	1	1	1	0	0	0

[조건]

- 출력 램프 L_1에 대한 논리식 : $L_1=X\cdot Y\cdot Z$
- 출력 램프 L_2에 대한 논리식 : $L_2=\overline{X}\cdot Y\cdot Z+X\cdot\overline{Y}\cdot Z+X\cdot Y\cdot\overline{Z}$
  $=\overline{X}\cdot Y\cdot Z+X\cdot(\overline{Y}\cdot Z+Y\cdot\overline{Z})$
- 출력 램프 L_3에 대한 논리식 : $L_3=\overline{X}\cdot\overline{Y}\cdot Z+\overline{X}\cdot Y\cdot\overline{Z}+X\cdot\overline{Y}\cdot\overline{Z}$
  $=X\cdot\overline{Y}\cdot\overline{Z}+\overline{X}\cdot(Y\cdot\overline{Z}+\overline{Y}\cdot Z)$
- 출력 램프 L_4에 대한 논리식 : $L_4=\overline{X}\cdot\overline{Y}\cdot\overline{Z}$

1 답안지의 유접점 회로에 대한 미완성 부분을 최소 접점수로 도면을 완성하시오.

예

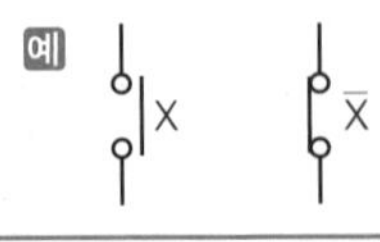

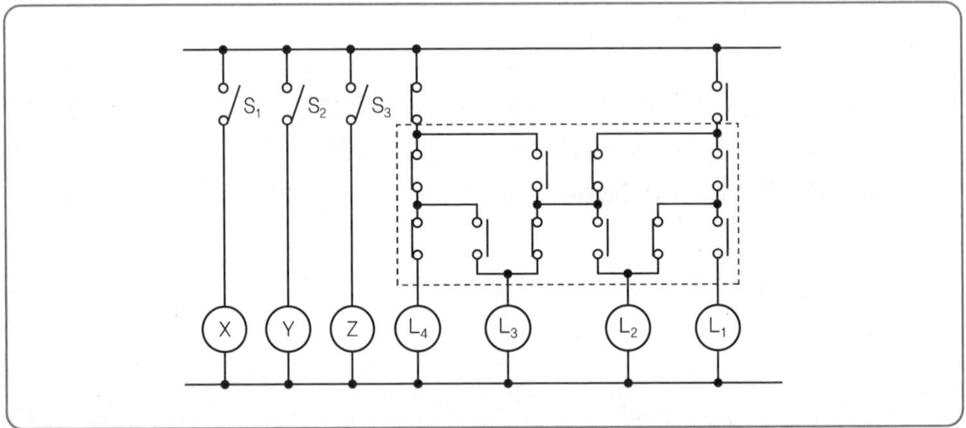

2 답안지의 무접점 회로에 대한 미완성 부분을 완성하고 출력을 표시하시오.

예 출력 : L_1, L_2, L_3, L_4

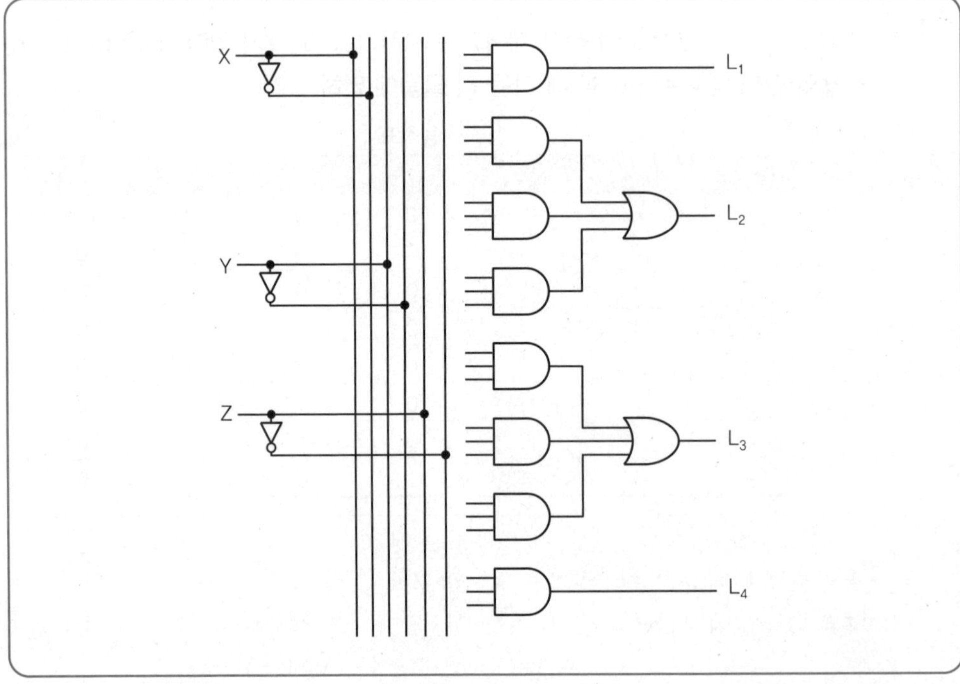

해답 1

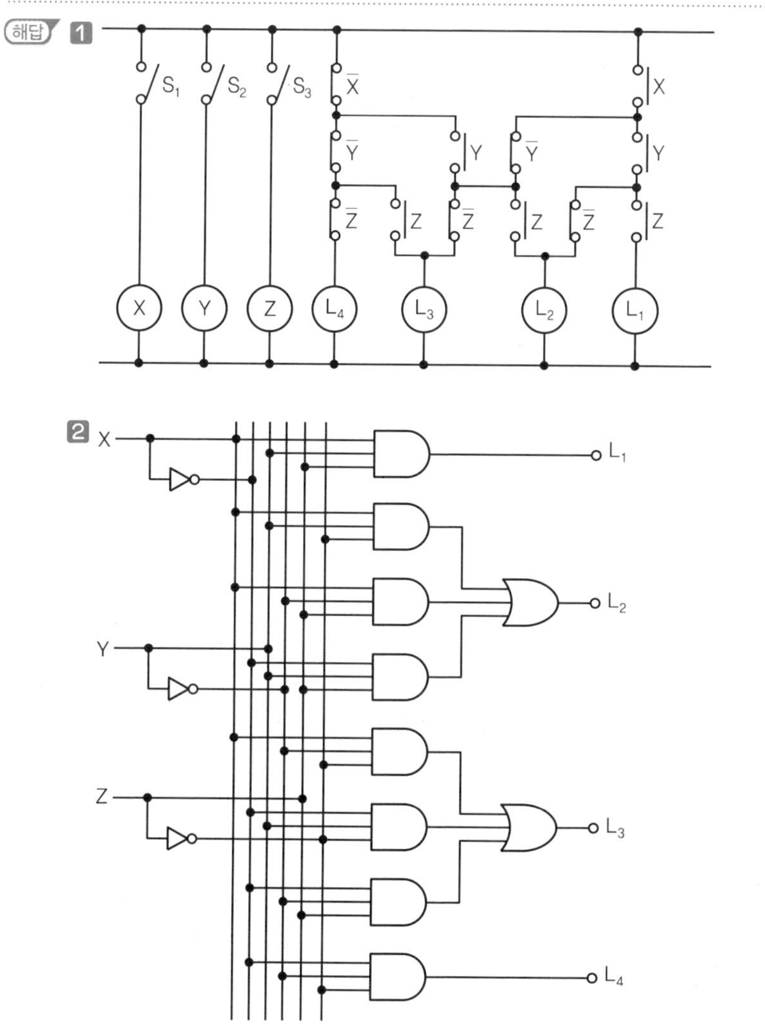

03 ★★★★★ [5점]

전력용 퓨즈의 역할과 기능에 대한 다음 각 물음에 답하시오.

1 퓨즈의 역할을 2가지로 대별하여 간단하게 설명하시오.

2 답안지 표와 같은 각종 개폐기와의 기능 비교표의 관계(동작)되는 해당 난에 ○표로 표시하시오.

기능 \ 능력	회로분리		사고차단	
	무부하	부하	과부하	단락
퓨즈				
차단기				
개폐기				
단로기				
전자접촉기				

해답 1 ① 부하전류를 안전하게 통전시킨다.
② 과전류를 차단하여 선로 및 기기를 보호한다.

2

기능 \ 능력	회로분리		사고차단	
	무부하	부하	과부하	단락
퓨즈	○			○
차단기	○	○	○	○
개폐기	○	○	○	
단로기	○			
전자접촉기	○	○		

TIP

① 개폐기는 자동고장구분개폐기(ASS)
② 전자접촉기는 THR(열동계전기)이 없으므로 과부하 차단이 불가능
③ 전자개폐기는 THR(열동계전기)이 있으므로 과부하 차단이 가능

04 ★★★★☆ [11점]

사무실로 사용하는 건물에 단상 3선식 110/220[V]를 채용하고 변압기가 설치된 수전실에서 60[m] 되는 곳의 부하를 "부하집계표"와 같이 배분하는 분전반을 시설하고자 한다. 주어진 조건과 참고자료를 이용하여 다음 각 물음에 답하시오.

[조건]

- 공사방법은 A1으로 PVC 절연전선을 사용한다.
- 전압강하는 3[%] 이하로 되어야 한다.(단, 중성선의 전압강하는 무시한다.)
- 부하집계표는 다음과 같다.

회로 번호	부하 명칭	총 부하 [VA]	부하 분담[VA]		비고
			A선	B선	
1	전등	2,920	1,460	1,460	
2	〃	2,680	1,340	1,340	
3	콘센트	1,100	1,100		
4	〃	1,400	1,400		
5	〃	800		800	
6	〃	1,000		1,000	
7	팬코일	750	750		
8	〃	700		700	
합계		11,350	6,050	5,300	

[참고자료]

| 표 1. 간선의 굵기, 개폐기 및 과전류 차단기의 용량 |

최대 상정 부하 전류 [A]	배선 종류에 의한 간선의 동 전선 최소 굵기[mm^2]												개폐기의 정격 [A]	과전류 차단기의 정격 [A]	
	공사방법 A1				공사방법 B2				공사방법 C						
	2개 선		3개 선		2개 선		3개 선		2개 선		3개 선			B종 퓨즈	A종 퓨즈 또는 배선용 차단기
	PVC	XLPE, EPR	PVC	XLPE, EPR	PVC	XLPE, EPR	PVC	XLPE, EPR	PVC	XLPE, EPR	PVC	XLPE, EPR			
20	4	2.5	4	2.5	2.5	2.5	2.5	2.5	2.5	2.5	2.5	2.5	30	20	20
30	6	4	6	4	4	2.5	6	4	4	2.5	4	2.5	30	30	30
40	10	6	10	6	6	4	10	6	6	4	6	4	60	40	40
50	16	10	16	10	10	6	10	10	10	6	10	6	60	50	50
60	16	10	25	16	16	10	16	10	10	10	16	10	60	60	60
75	25	16	35	25	16	10	25	16	16	10	16	16	100	75	75
100	50	25	50	35	25	16	35	25	25	16	35	25	100	100	100
125	70	35	70	50	35	25	50	35	35	25	50	35	200	125	125
150	70	50	95	70	50	35	70	50	50	35	70	50	200	150	150
175	95	70	120	70	70	50	95	50	70	50	70	50	200	200	175
200	120	70	150	95	95	70	95	70	70	50	95	70	200	200	200
250	185	120	240	150	120	70	–	95	95	70	120	95	300	250	250
300	240	150	300	185	–	95	–	120	150	95	185	120	300	300	300
350	300	185	–	240	–	120	–	–	185	120	240	150	400	400	350
400	–	240	–	300	–	–	–	–	240	120	240	185	400	400	400

[비고]

1. 단상 3선식 또는 3상 4선식 간선에서 전압강하를 감소하기 위하여 전선을 굵게 할 경우라도 중성선은 표의 값보다 굵은 것으로 할 필요는 없다.
2. 최소 전선 굵기는 1회선에 대한 것이며, 2회선 이상일 경우는 복수회로 보정계수를 적용하여야 한다.
3. 공사방법 A1은 벽 내의 전선관에 공사한 절연전선 또는 단심케이블, B1은 벽면의 전선관에 공사한 절연전선 또는 단심케이블, 공사방법 C는 벽면에 공사한 단심 또는 다심케이블을 시설하는 경우의 전선 굵기를 표시하였다.
4. B종 퓨즈의 정격전류는 전선의 허용전류의 0.96배를 초과하지 않는 것으로 한다.

| 표 2. 간선의 수용률 |

건축물의 종류	수용률[%]
주택, 기숙사, 여관, 호텔, 병원, 창고	50
학교, 사무실, 은행	70

[주] 전등 및 소형 전기 기계 기구의 용량 합계가 10[kVA]를 초과하는 것은 그 초과 용량에 대해서는 표의 수용률을 적용할 수 있다.

| 표 3. 후강 전선관 굵기의 선정 |

도체 단면적 [mm^2]	전선 본수									
	1	2	3	4	5	6	7	8	9	10
	전선관의 최소 굵기[호]									
2.5	16	16	16	16	22	22	22	28	28	28
4	16	16	16	22	22	22	28	28	28	28
6	16	16	22	22	22	28	28	28	36	36
10	16	22	22	28	28	36	36	36	36	36
16	16	22	28	28	36	36	36	42	42	42
25	22	28	28	36	36	42	54	54	54	54
35	22	28	36	42	54	54	54	70	70	70
50	22	36	54	54	70	70	70	82	82	82
70	28	42	54	54	70	70	70	82	82	82
95	28	54	54	70	70	82	82	92	92	104
120	36	54	54	70	70	82	82	92		
150	36	70	70	82	92	92	104	104		
185	36	70	70	82	92	104				
240	42	82	82	92	104					

1 간선으로 사용하는 전선(동도체)의 단면적은 몇 [mm^2]인가?

2 간선보호용 퓨즈(A종)의 정격전류는 몇 [A]인가?

3 이곳에 사용되는 후강 전선관의 지름은 몇 [mm]인가?

4 설비불평형률은 몇 [%]가 되겠는가?

해답 1 계산 : 전압강하 $e = 110 \times 0.03 = 3.3[V]$ (상전압 기준)

$$A선\ 전류\ I_A = \frac{6,050}{110} = 55[A]$$

$$B선\ 전류\ I_B = \frac{5,300}{110} = 48.18[A]$$ 이므로 전류는 A선 전류 55[A]를 기준으로 하면

$$1\phi 3W식\ 전선\ 단면적\ A = \frac{17.8LI}{1,000e} = \frac{17.8 \times 60 \times 55}{1,000 \times 3.3} = 17.8[mm^2]$$

답 전선 굵기 25[mm^2] 선정

2 표 1에서 공사방법 A1, PVC 절연전선 3개 선을 사용하는 경우 전선의 굵기가 25[mm^2]일 때 과전류차단기의 정격전류 60[A] 선정

3 표 3에서 25[mm^2] 전선 3본이 들어갈 수 있는 전선관 28[mm] 선정

4 계산 : $$불평형률 = \frac{중심선과\ 각\ 전압측\ 선간에\ 접속되는\ 부하설비\ 용량의\ 차}{총\ 부하설비\ 용량(VA) \times \frac{1}{2}} \times 100$$

$$= \frac{3,250 - 2,500}{11,350 \times \frac{1}{2}} \times 100 = 13.22[\%]$$

답 13.22[%]

05 ★★★★★ [9점]

그림의 회로는 Y-△ 기동방식의 주회로 부분이다. 도면을 보고 다음 각 물음에 답하시오.

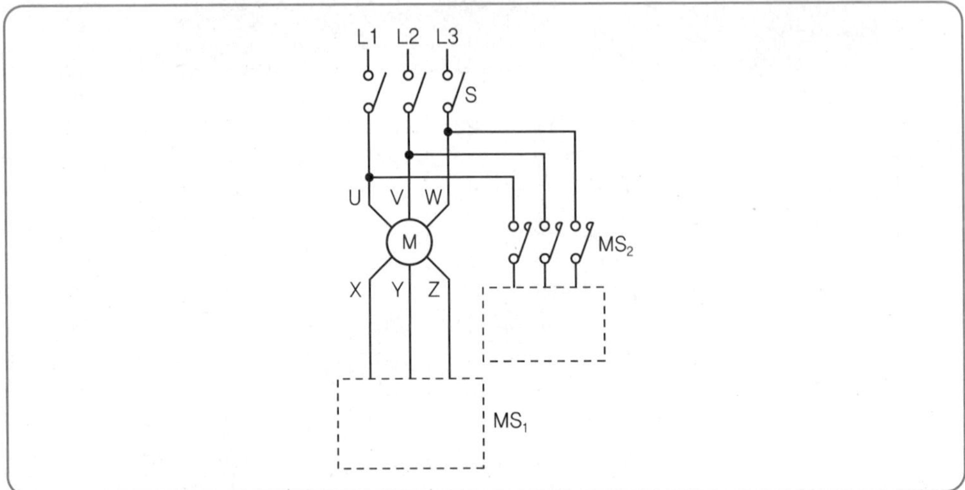

1 주회로 부분의 미완성 회로에 대한 결선을 완성하시오.

2 Y-△ 기동 시와 전전압 기동 시의 기동전류를 비교 설명하시오.

3 전동기를 운전할 때 Y-△ 기동에 대한 기동 및 운전에 대한 조작요령을 설명하시오.

1

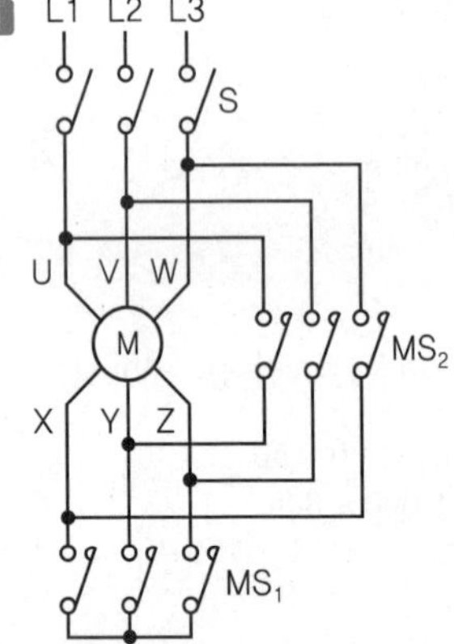

2 Y-△ 기동 시 기동전류는 전전압 기동 시 기동전류의 1/3배이다.

3 S와 MS_1이 폐로되어 전동기는 Y결선으로 기동하고, 설정시간 후 기동이 완료되면 MS_1은 개로되고 MS_2가 폐로되어 전동기는 △결선으로 운전한다. 이때, Y와 △는 동시투입이 되어서는 안 된다.

TIP

① 기동전류 $\dfrac{I_Y}{I_\triangle}=\dfrac{\dfrac{V_l}{\sqrt{3}Z}}{\dfrac{\sqrt{3}V_l}{Z}}=\dfrac{1}{3}$

② 기동전압(선간전압) $V_l=\sqrt{3}V_p \quad \therefore V_p=\dfrac{1}{\sqrt{3}}V_l$

③ 기동토크 $T_s \propto V^2 \quad \therefore \left(\dfrac{1}{\sqrt{3}}\right)^2=\dfrac{1}{3}$

06 ★★★☆☆ [4점]

계기용 변압기(PT) 1차 측 및 2차 측에 퓨즈를 부착하는지 여부를 밝히고, 퓨즈를 부착하는 경우에 그 이유를 간단히 설명하시오.

해답 ① 부착 여부 : 1차 측 및 2차 측에 부착한다.
② 부착 이유
- 1차 측 : 사고 확대 방지
- 2차 측 : 과전류로부터 PT나 계기 보호

TIP

CT는 fuse를 설치하지 않는다.

07 ★★★★☆ [8점]

그림과 같은 UPS시스템의 중심 부분인 CVCF의 기본 회로에 대하여 다음 각 물음에 답하시오.

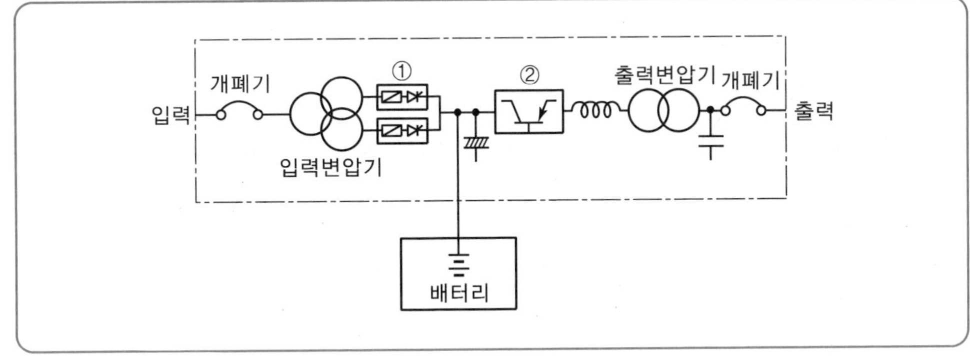

1 UPS는 어떤 장치인가?

2 CVCF는 무슨 의미인가?

3 도면의 ①, ②에 해당되는 것은?

해답 1 무정전 전원공급장치

2 정전압 정주파수 변환장치

3 ① 컨버터, ② 인버터

TIP

① 정류기 – 컨버터, 역변환기 – 인버터

② UPS의 기능 ┌ 평상시 : 정전압 정주파수 공급
└ 정전시 : 비상전원 공급

08 ★★★☆☆

[9점]

가스절연개폐기(GIS)에 대하여 다음 물음에 답하시오.

1 가스절연개폐기(GIS)에 사용되는 가스의 종류는?

2 가스절연개폐기에 사용하는 가스는 공기에 비하여 절연내력이 몇 배 정도 좋은가?

3 가스절연개폐기에 사용되는 가스의 장점을 3가지 쓰시오.

해답 1 SF_6(육불화유황) 가스

2 2~3배

3 ① 절연 회복이 빠르다.
② 소호능력이 우수하다.
③ 절연내력은 공기의 2~3배 정도이다.
그 외
④ 불연성 가스로 무독 가스이다.
⑤ 안정성이 뛰어나다.

09 ★★★☆☆

[4점]

머레이 루프법(Murray Loop)으로 선로의 고장 지점을 찾고자 한다. 선로의 길이가 4[km](0.2[Ω/km])인 선로에 그림과 같이 접지 고장이 생겼을 때 고장점까지의 거리 X는 몇 [km]인가?(단, P=270[Ω], Q=90[Ω]에서 브리지가 평형되었다고 한다.)

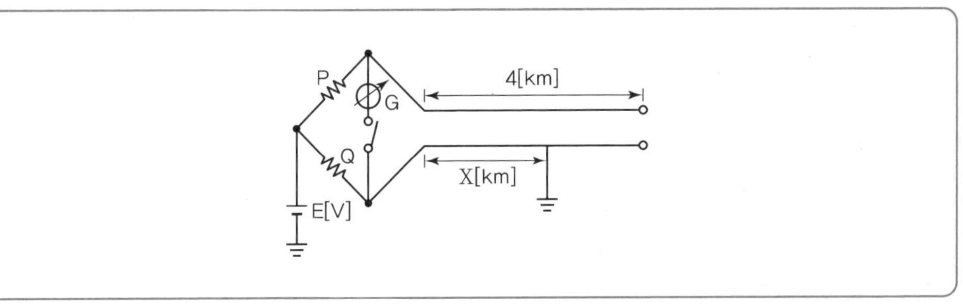

(해답) 계산 : $PX = Q(8-X)$이므로 이를 풀면

$$PX = 8Q - XQ$$

$$X = \frac{Q}{P+Q} \times 8 = \frac{90}{270+90} \times 8 = 2[km]$$

답 2[km]

TIP

① 선로의 길이＝4[km]×2(왕복거리)＝8[km]
② 대각선을 곱한다.
③ 고장점까지 저항을 X라 하면 휘트스톤 브리지 원리를 이용한다.

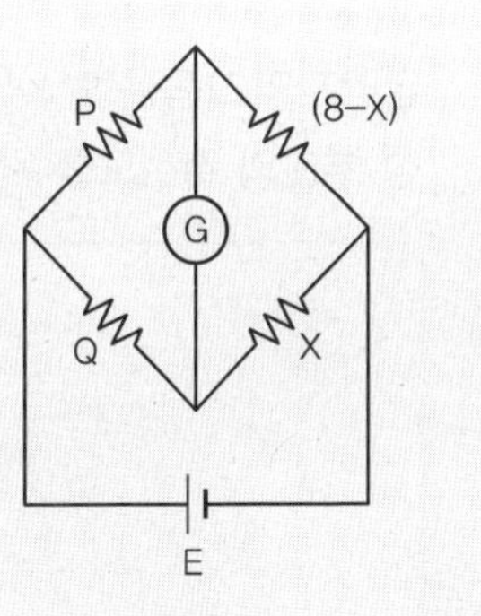

10 ★★★★★ [8점]

가로 10[m], 세로 16[m], 천장 높이 3.85[m], 작업면 높이 0.85[m]인 사무실에 천장 직부 형광등 F40×2를 설치하려고 한다.

1 F40×2의 심벌을 그리시오.

2 이 사무실의 실지수는 얼마인가?

3 이 사무실을 작업면 조도 300[lx], 천장 반사율 70[%], 벽 반사율 50[%], 바닥 반사율 10[%], 40[W] 형광등 1등의 광속 3,150[lm], 보수율 70[%], 조명률 61[%]로 한다면 이 사무실에 필요한 소요 등기구 수는 몇 등인가?

해답 1 

2 계산 : $실지수(K)=\frac{XY}{H(X+Y)}=\frac{10\times16}{(3.85-0.85)\times(10+16)}=2.05$

답 2.05

3 계산 : $N=\frac{EAD}{FU}=\frac{300\times(10\times16)}{(3{,}150\times2)\times0.61\times0.7}=17.84$

답 18[등]

TIP

$감광보상률(D)=\frac{1}{보수율(M)}$

11 ★★★☆☆ [4점]

답안지의 그림은 3상 4선식 전력량계의 결선도를 나타낸 것이다. PT와 CT를 사용하여 미완성 부분의 결선도를 완성하시오.(단, 접지종별은 적지 않는다.)

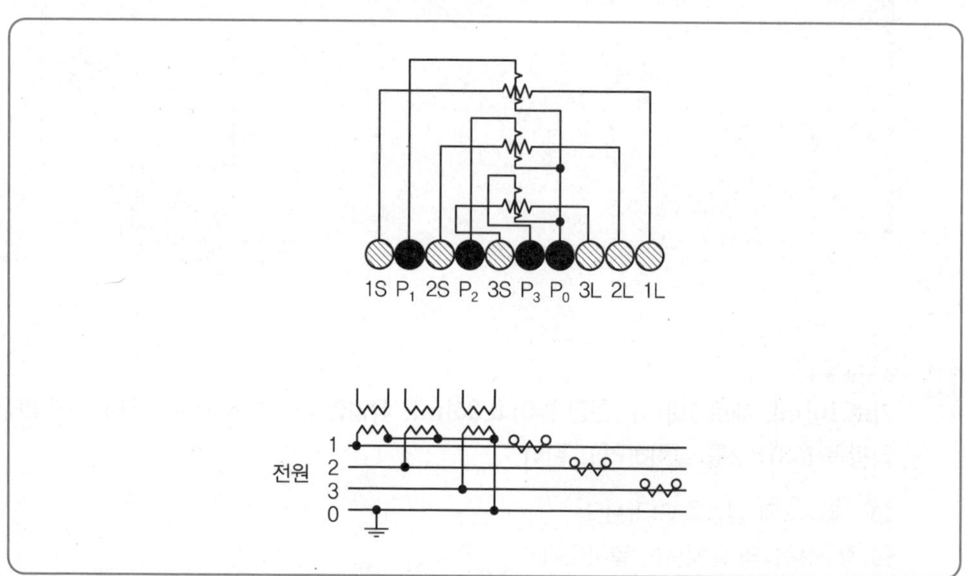

해답

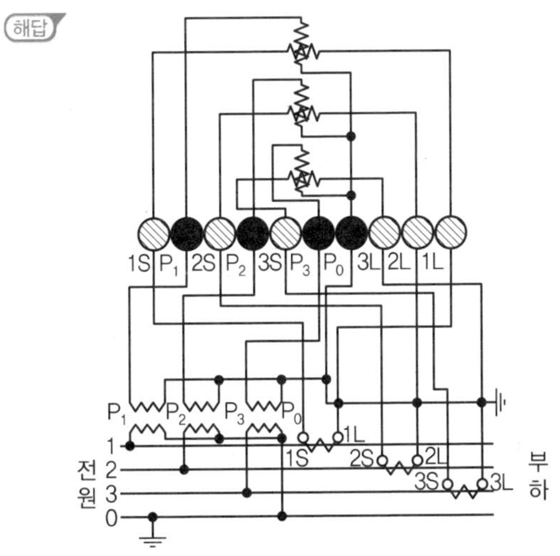

12 ★★★★☆ [8점]

다음 그림은 전자식 접지저항계를 사용하여 접지극의 접지저항을 측정하기 위한 배치도이다. 물음에 답하시오.

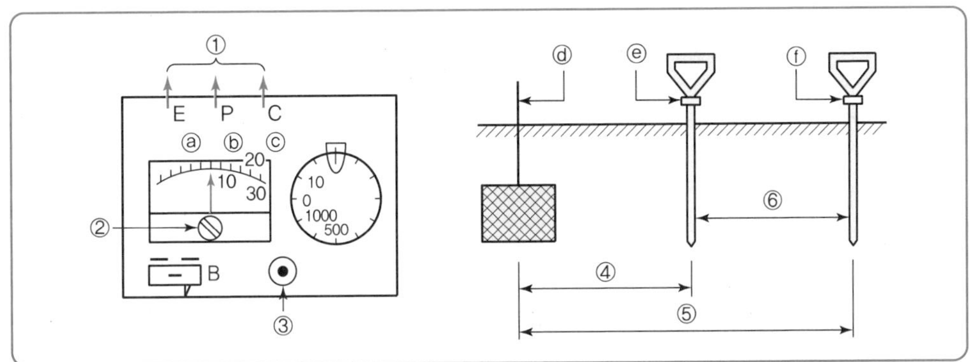

1. 보조접지극을 설치하는 이유는 무엇인가?
2. 설치 간격 ⑤와 ⑥은 얼마인가?
3. 그림에서 ①의 측정단자 접속은?
4. 접지극의 매설 깊이는?

해답
1. 전압과 전류를 공급하여 접지저항을 측정하기 위함
2. ⑤ 20[m], ⑥ 10[m]
3. ⓐ → ⓓ, ⓑ → ⓔ, ⓒ → ⓕ
4. 0.75[m] 이상

13 ★★★★★

[5점]

어느 수용가가 당초 역률(지상) 80[%]로 60[kW]의 부하를 사용하고 있었는데 새로이 역률(지상) 60[%]로 40[kW]의 부하를 증가해서 사용하게 되었다. 이때 콘덴서로 합성역률을 90[%]로 개선하려고 할 경우 콘덴서의 소요 용량은 몇 [kVA]인가?

해답 계산 : 60[kW]의 무효전력 $Q_1 = P_1 \tan\theta_1 = 60 \times \frac{0.6}{0.8} = 45[kVAR]$

40[kW]의 무효전력 $Q_2 = P_2 \tan\theta_2 = 40 \times \frac{0.8}{0.6} = 53.33[kVAR]$

합성유효분$=60+40=100[kW]$

합성무효분$=45+53.33=98.33[kVAR]$

합성역률 $\cos\theta_1 = \frac{P}{\sqrt{P^2+Q^2}} \times 100 = \frac{100}{\sqrt{100^2+98.33^2}} = 0.713$

$\cos\theta_2$를 0.9로 개선하기 위한 콘덴서 용량 Q_C

$= 100\left[\frac{\sqrt{1-0.713^2}}{0.713} - \frac{\sqrt{1-0.9^2}}{0.9}\right] = 49.908[kVA]$

답 49.91[kVA]

TIP

$Q_C = P(\tan\theta_1 - \tan\theta_2)[kVA]$

여기서, P : 유효전력[kW]

14 ★★★☆☆

[5점]

어느 건물의 연면적이 420[m²]이다. 이 건물에 표준부하를 적용하여 전등, 일반동력 및 냉방동력 공급용 변압기 용량을 각각 다음 표를 이용하여 선정하시오.(단, 전등은 단상 부하로서 역률은 1이며, 일반동력, 냉방동력은 3상 부하로서 각 역률은 0.95, 0.9이다.)

| 표준부하 |

부하	표준부하[W/m²]	수용률[%]
전등	30	75
일반동력	50	65
냉방동력	35	70

| 변압기 용량 |

상별	용량[kVA]
단상	3, 5, 7.5, 10, 15, 20, 30, 50
3상	3, 5, 7.5, 10, 15, 20, 30, 50

해답 ① 전등 변압기 계산 : $Tr = 30 \times 420 \times 0.75 \times 10^{-3} = 9.45[kVA]$ 답 10[kVA]

② 일반동력 변압기 계산 : $Tr = \frac{50 \times 420 \times 0.65 \times 10^{-3}}{0.95} = 14.37[kVA]$ 답 15[kVA]

③ 냉방동력 변압기 계산 : $Tr = \frac{35 \times 420 \times 0.7 \times 10^{-3}}{0.9} = 11.43[kVA]$ 답 15[kVA]

TIP

$$\text{표준부하 변압기 용량} = \frac{\text{면적}[m^2] \times \text{표준부하}[W/m^2] \times \text{수용률}}{\text{역률}}$$

15 ★★★☆☆ [7점]

수용가의 수전설비의 결선도이다. 다음 물음에 답하시오.

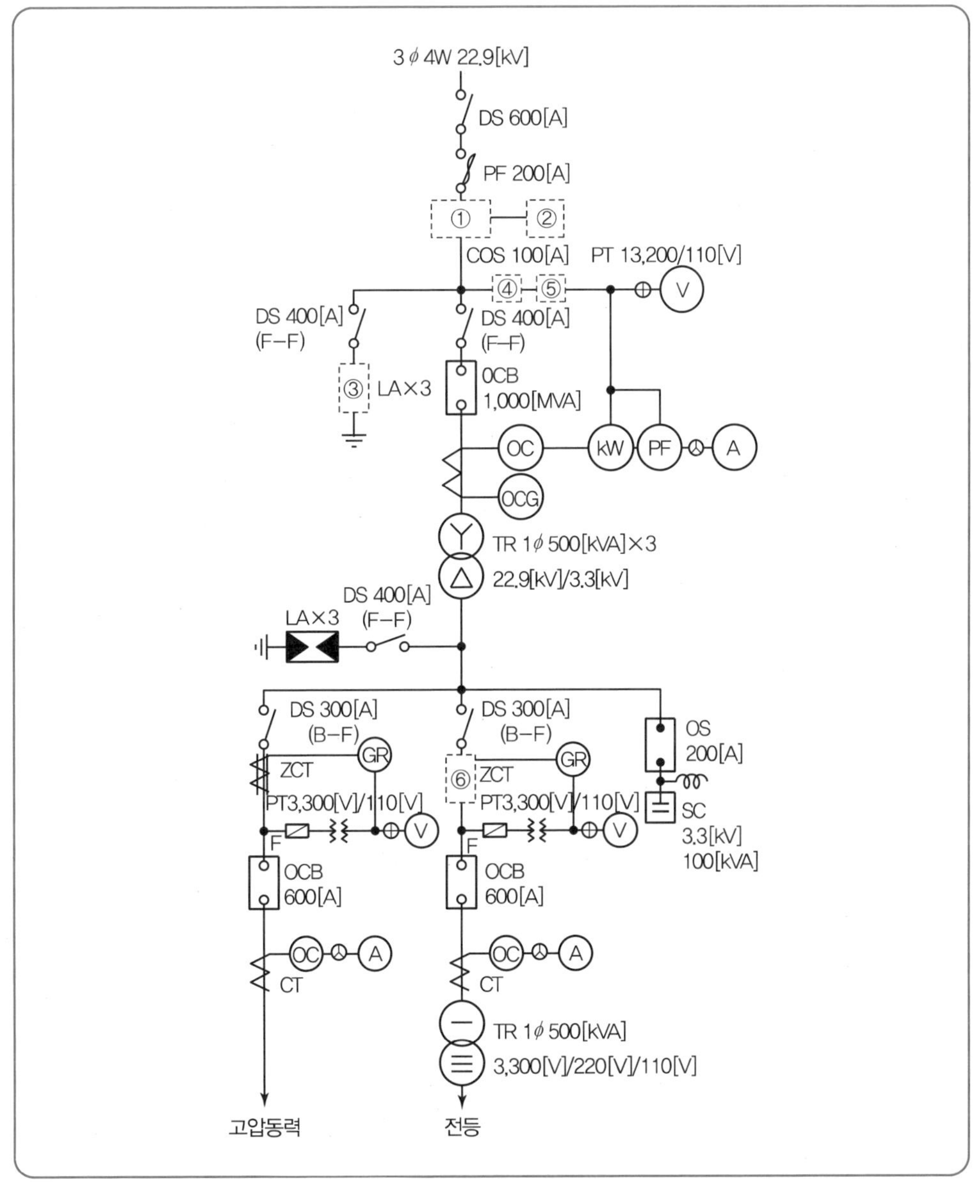

1 미완성 결선도에 심벌을 넣어 도면을 완성하시오.
2 22.9[kV] 측의 DS의 정격전압[kV]은?
3 22.9[kV] 측의 LA의 정격전압[kV]은?
4 3.3[kV] 측의 옥내용 PT는 주로 어떤 형을 사용하는가?
5 22.9[kV] 측 CT의 변류비는?(단, 1.25배의 값으로 변류비를 결정한다.)

해답 1
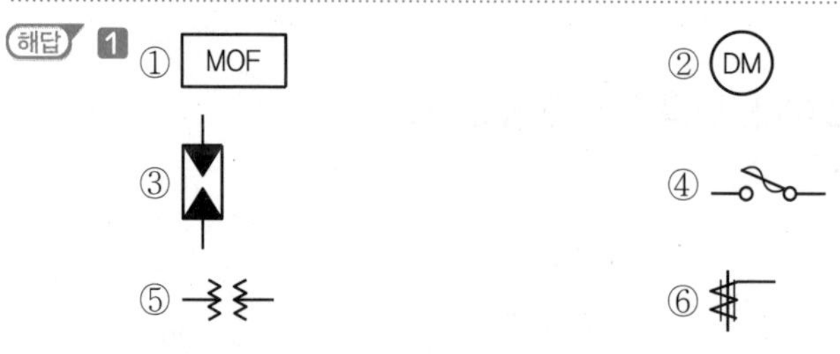

2 25.8[kV]
3 18[kV]
4 몰드형
5 계산 : $I_1 = \frac{P}{\sqrt{3}V} \times 1.25 = \frac{500 \times 3}{\sqrt{3} \times 22.9} \times 1.25 = 47.27$

답 50/5

ENGINEER ELECTRICITY

2007년 과년도 문제풀이

2007년도 1회 시험 과년도 기출문제

회독 체크	□1회독	월 일	□2회독	월 일	□3회독	월 일

2002 2003 2004 2005 2006 2007 2008 2009 2010 2011

01 ★★★☆☆ [5점]

3상 200[V], 20[kW], 역률 80[%]인 부하의 역률을 개선하기 위하여 15[kVA]의 진상 콘덴서를 설치하는 경우 전류의 차(역률 개선 전과 역률 개선 후)는 몇 [A]가 되겠는가?

해답 계산 : ① 역률 개선 전 전류 I_1

$$I_1 = \frac{P}{\sqrt{3}\,V\cos\theta_1} = \frac{20{,}000}{\sqrt{3}\times 200\times 0.8} = 72.17[A]$$

② 역률 개선 후 전류 I_2

- 콘덴서 설치 후 무효전력 $Q = P\tan\theta - Q_c = 20\cdot\frac{0.6}{0.8} - 15 = 0[kVar]$
- 콘덴서 설치 후 역률 $\cos\theta_2 = \frac{P}{\sqrt{P^2+Q^2}} = \frac{20}{\sqrt{20^2+0^2}} = 1$
- 역률 개선 후 전류 $I_2 = \frac{P}{\sqrt{3}\,V\cos\theta_2} = \frac{20{,}000}{\sqrt{3}\times 200\times 1} = 57.74[A]$

③ 차전류 $I = I_1 - I_2 = 72.17 - 57.74 = 14.43[A]$

답 14.43[A]

TIP

$$I = \frac{P}{\sqrt{3}\,V\cos\theta}$$

02 ★★★★★ [8점]

전원에 고조파 성분이 포함되어 있는 경우 부하설비의 과열 및 이상 현상이 발생하는 경우가 있다. 이러한 고조파 전류가 발생하는 주원인과 그 대책을 각각 3가지씩 쓰시오.

1 고조파 전류의 발생원인　　2 대책

해답 1 고조파 전류의 발생원인

① 전기로, 아크로 등

② Converter, Inverter 등의 전력 변환 장치

③ 변압기, 전동기 등의 여자전류

2 대책

① 전력 변환 장치의 Pulse 수를 크게 한다.

② 직렬 리액터 설치

③ 변압기의 △결선

TIP

그 외

(1) 고조파 전류의 발생원인
- ① 전기용접기 등
- ② 송전 선로의 코로나
- ③ 전력용 콘덴서 등

(2) 대책
- ① 필터를 사용하여 제거한다.
- ② 선로의 코로나 방지를 위하여 복도체, 다도체를 사용한다.

03 ★★★★☆ [6점]

보조 릴레이 A, B, C의 계전기로 출력(H레벨)이 생기는 유접점 회로와 무접점 회로를 그리시오.(단, 보조 릴레이의 접점은 모두 a접점만을 사용하도록 한다.)

1 A와 B를 같이 ON 하거나 C를 ON 할 때 X_1 출력
- 유접점 회로
- 무접점 회로

2 A를 ON 하고 B 또는 C를 ON 할 때 X_2 출력
- 유접점 회로
- 무접점 회로

해답 **1** • 유접점 회로

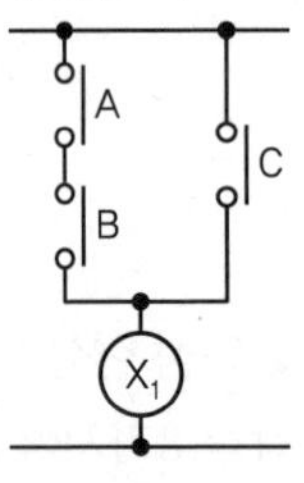

• 무접점 회로

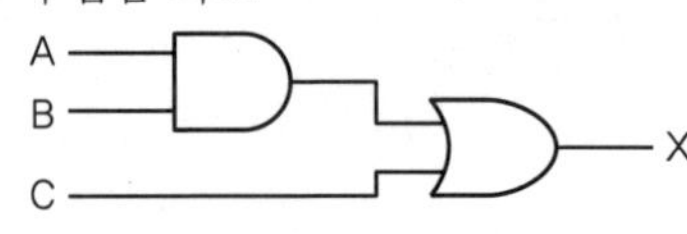

2 • 유접점 회로

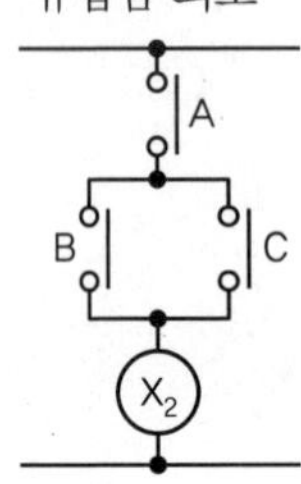

• 무접점 회로

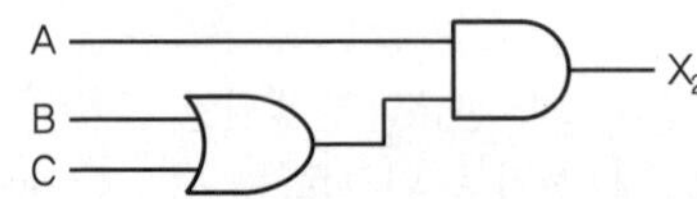

04 ★★★★☆ [4점]

그림과 같은 회로에서 최대 눈금 15[A]의 직류 전류계 2개를 접속하고 전류 20[A]를 흘리면 각 전류계의 지시는 몇 [A]인가?(단, 전류계 최대 눈금의 전압강하는 A_1이 75[mV], A_2가 50[mV]이다.)

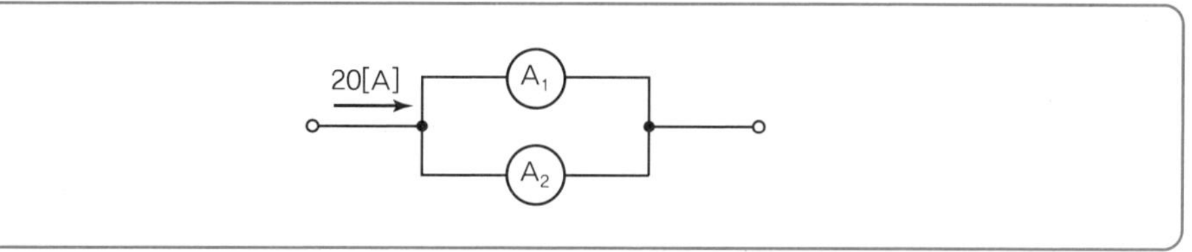

해답 계산 : 전류계 내부 저항

$$R_1 = \frac{V_1}{I_1} = \frac{75\times10^{-3}}{15} = \frac{1}{200}[\Omega],\ R_2 = \frac{V_2}{I_2} = \frac{50\times10^{-3}}{15} = \frac{1}{300}[\Omega]$$

전류 분배 법칙에 의해 각 전류계에 흐르는 전류 A_1, A_2는

$$A_1 = \frac{R_2}{R_1+R_2}\times I = \frac{\frac{1}{300}}{\frac{1}{200}+\frac{1}{300}}\times 20 = 8[A]$$

$$A_2 = I - A_1 = 20 - 8 = 12[A]$$

답 $A_1 = 8[A]$, $A_2 = 12[A]$

05 ★★★★☆ [5점]

평형 3상 회로에 변류비 100/5인 변류기 2개를 그림과 같이 접속하였을 때 전류계에 3[A]의 전류가 흘렀다. 1차 전류의 크기는 몇 [A]인가?

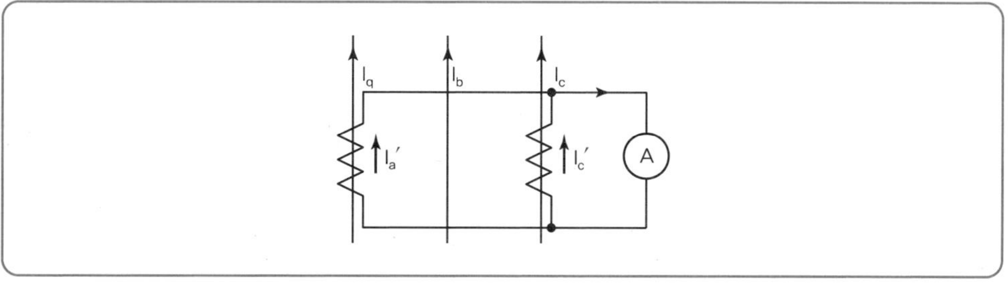

해답 계산 : $I_1 = I_2 \times \text{CT}비 = 3\times\frac{100}{5} = 60$

답 60[A]

TIP

CT 결선은 화동(가동) 결선

06 ★☆☆☆☆

[5점]

옥외용 변전소 내의 변압기 사고라고 생각할 수 있는 사고의 종류를 5가지만 쓰시오.

해답 ① 권선의 상간단락 및 층간단락
② 권선과 철심 간의 절연파괴에 의한 지락사고
③ 고저압 권선의 혼촉
④ 권선의 단선
⑤ Bushing Lead선의 절연파괴
그 외
⑥ 지속적 과부하 등에 의한 과열 사고

07 ★★☆☆☆

[6점]

다음 물음에 답하시오.

1 그림과 같은 송전 철탑에서 등가 선간거리[m]는?

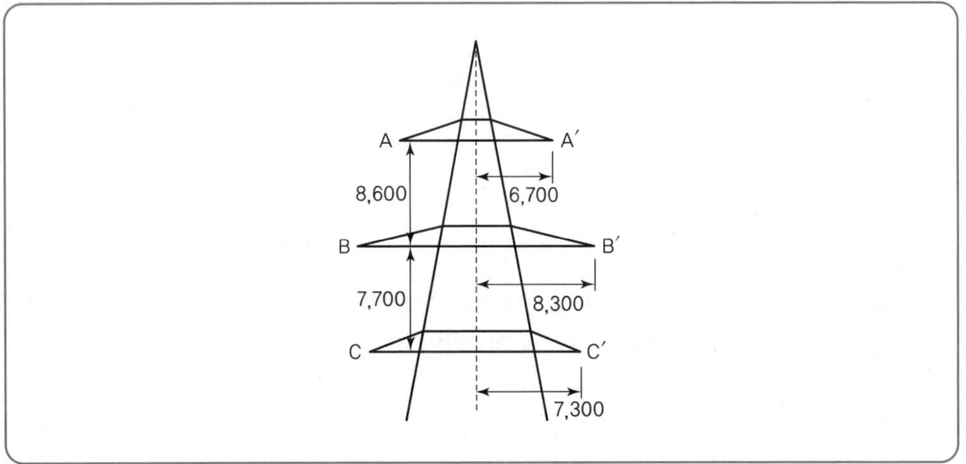

2 간격 400[mm]인 정4각형 배치의 4도체에서 소선 상호 간의 기하학적 평균거리[m]는?

해답 1 계산 : $D_{AB} = \sqrt{8.6^2 + ((16.6-13.4)/2)^2} = 8.75[m]$

$D_{BC} = \sqrt{7.7^2 + ((16.6-14.6)/2)^2} = 7.76[m]$

$D_{CA} = \sqrt{(8.6+7.7)^2 + ((14.6-13.4)/2)^2} = 16.31[m]$

등가 선간거리 $D_e = \sqrt[3]{D_{AB} \cdot D_{BC} \cdot D_{CA}} = \sqrt[3]{8.75 \times 7.76 \times 16.31} = 10.35[m]$

답 10.35[m]

2 계산 : $D = \sqrt[6]{2}S = \sqrt[6]{2} \times 0.4 = 0.45$

답 0.45[m]

TIP

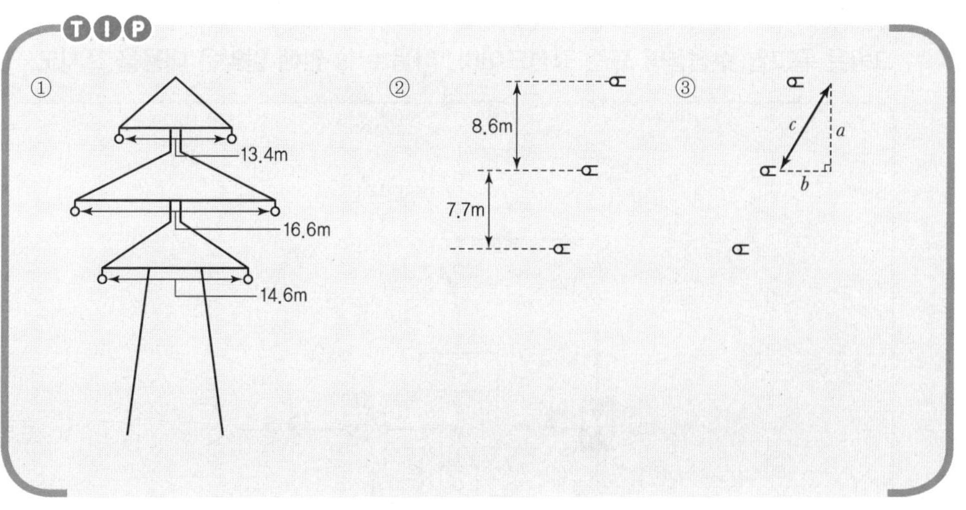

08 ★★★☆☆ [8점]

송전단 전압이 3,300[V]인 변전소로부터 6[km] 떨어진 곳까지 지중으로 역률 0.9(지상) 600[kW]의 3상 동력부하에 전력을 공급할 때 케이블의 허용전류(또는 안전전류) 범위 내에서 전압강하가 10[%]를 초과하지 않는 케이블을 다음 표에서 선정하시오.(단, 도체(동선)의 고유저항은 1/55[Ω · mm²/m]로 하고 케이블의 정전용량 및 리액턴스 등은 무시한다.)

| 심선의 굵기와 허용전류 |

심선의 굵기[mm²]	35	50	95	150	185
허용전류[A]	175	230	300	410	465

해답 계산 : 전압강하율 $\delta = \dfrac{V_s - V_r}{V_r} \times 100$에서

$$0.1 = \frac{3{,}300 - V_R}{V_R} \qquad \therefore\ V_R = 3{,}000[V]$$

부하전류 $I = \dfrac{P}{\sqrt{3}V_r\cos\theta} = \dfrac{600 \times 10^3}{\sqrt{3} \times 3{,}000 \times 0.9} = 128.3[A]$

전압강하 $e = V_s - V_r = 3{,}300 - 3{,}000 = 300[V]$

$e = \sqrt{3}I(R\cos\theta + X\sin\theta)$에서 정전용량 및 리액턴스 등을 무시하면

$e = \sqrt{3}IR\cos\theta$이므로

$$R = \frac{e}{\sqrt{3}I\cos\theta} = \frac{300}{\sqrt{3} \times 128.3 \times 0.9} = 1.5[\Omega]$$

$R = \rho \times \dfrac{L}{A}$에서

$$A = \frac{\rho \times L}{R} = \frac{\frac{1}{55} \times 6{,}000}{1.5} = 72.73[mm^2]$$

답 95[mm²] 선정

09 ★★★★★ [5점]

그림은 특고압 수전설비 표준 결선도이다. 다음 ( ) 안에 알맞은 내용을 쓰시오.

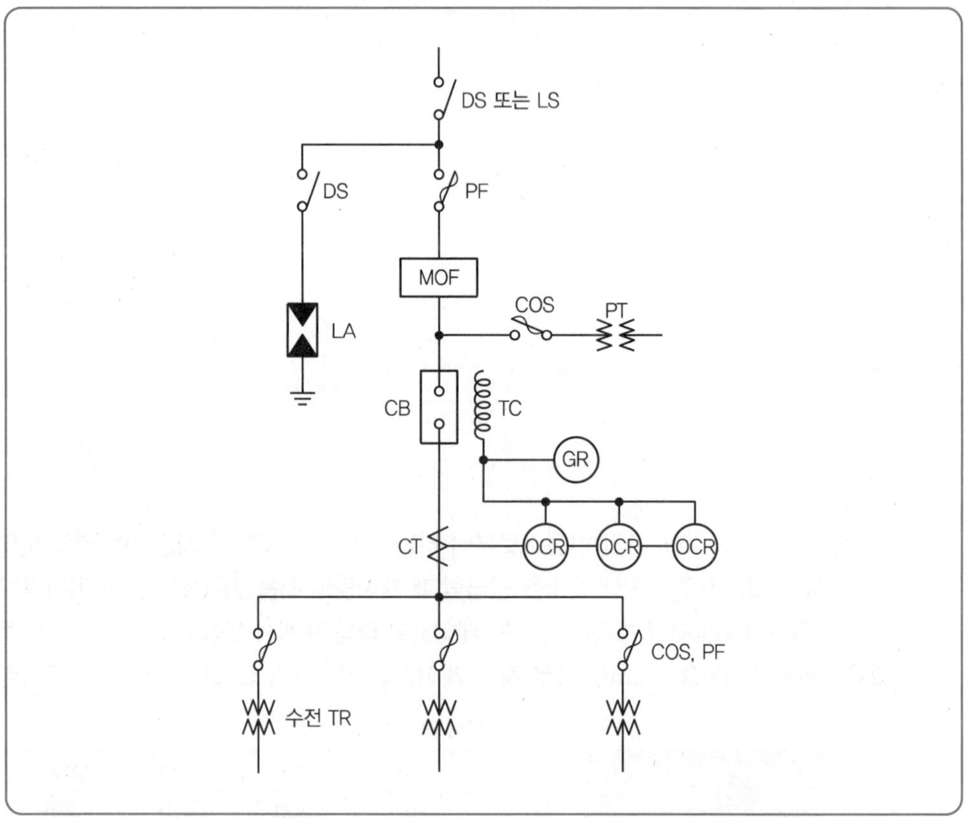

1 수전전압이 154[kV], 수전전력이 2,000[kVA]인 경우 차단기의 트립 전원은 ( ) 방식으로 한다.

2 아파트 및 공동주택 등의 수전설비 인입선을 지중선으로 인입하는 경우, 수전전압이 22.9[kV−Y]일 때, 지중선으로 사용할 케이블은 ( ) 케이블을 사용한다.

3 위의 2에서 수전설비 인입선은 사고 시 정전에 대비하기 위하여 ( )회선으로 인입하는 것이 바람직하다.

4 그림에서 수전전압이 ( )[kV] 이상인 경우에는 LS를 사용하여야 한다.

해답

1 직류(DC)

2 CNCV−W(수밀형) 또는 TR CNCV−W(트리 억제형)

3 2

4 66

TIP

➤ CB 1차 측에 PT를 CB 2차 측에 CT를 실시하는 경우

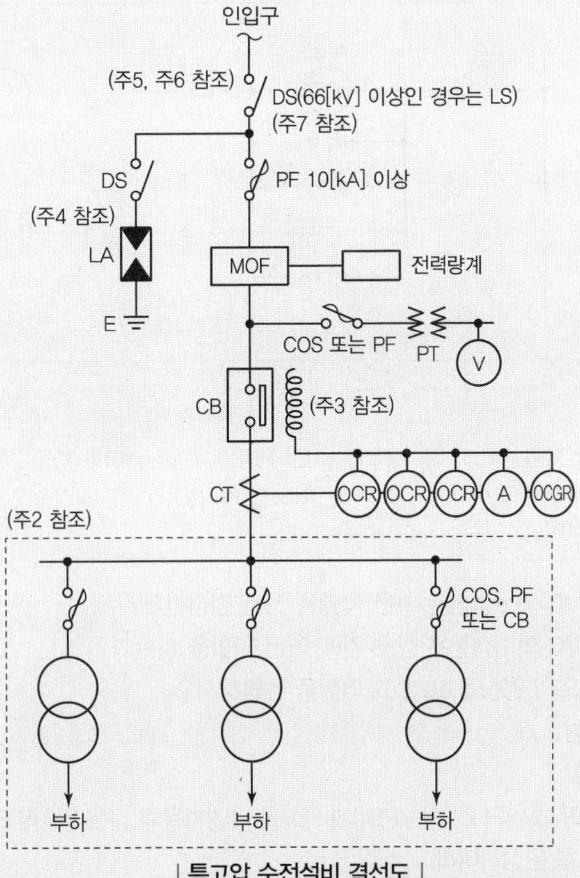

| 특고압 수전설비 결선도 |

[주1] 22.9[kV-Y], 1,000[kVA] 이하인 경우는 간이 수전설비를 할 수 있다.

[주2] 결선도 중 점선 내의 부분은 참고용 예시이다.

[주3] 차단기의 트립 전원은 직류(DC) 또는 콘덴서 방식(CTD)이 바람직하며 66[kV] 이상의 수전설비에는 직류(DC)이어야 한다.

[주4] LA용 DS는 생략할 수 있으며 22.9[kV-Y]용의 LA는 Disconnector(또는 Isoaltor) 붙임형을 사용하여야 한다.

[주5] 인입선을 지중선으로 시설하는 경우에 공동주택 등 고장 시 정전 피해가 큰 경우는 예비 지중선을 포함하여 2회선으로 시설하는 것이 바람직하다.

[주6] 지중인입선의 경우에 22.9[kV-Y] 계통은 CNCV-W 케이블(수밀형) 또는 TR CNCV-W(트리 억제형)을 사용하여야 한다. 다만, 전력구 · 공동구 · 덕트 · 건물구 내 등 화재의 우려가 있는 장소에서는 FR CNCO-W(난연) 케이블을 사용하는 것이 바람직하다.

[주7] DS 대신 자동고장구분 개폐기(7,000[kVA] 초과 시에는 Sectionalizer)를 사용할 수 있으며 66[kV] 이상의 경우는 LS를 사용하여야 한다.

10 ★★★★★ [9점]

주어진 시퀀스도와 작동원리를 이용하여 다음 각 물음에 답하시오.

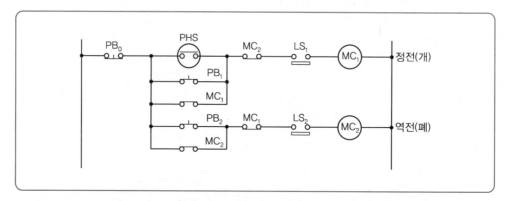

PHS
PB_0 MC_2 LS_1 MC_1 정전(개)
PB_1
MC_1
PB_2 MC_1 LS_2 MC_2 역전(폐)
MC_2

[작동원리]

자동차 차고의 셔터에 라이트가 비치면 PHS에 의해 셔터가 자동으로 열리며, 또한 PB_1을 조작(ON)해도 열린다. 셔터를 닫을 때는 PB_2를 조작(ON)하면 셔터는 닫힌다. 리밋 스위치 LS_1은 셔터의 상한이고, LS_2는 셔터의 하한이다.

1 MC_1, MC_2의 a접점은 어떤 역할을 하는 접점인가?

2 MC_1, MC_2의 b접점은 상호 간에 어떤 역할을 하는가?

3 LS_1, LS_2의 명칭을 쓰고 그 역할을 설명하시오.

① 명칭 :

② 역할 :

4 시퀀스도에서 PHS(또는 PB_1)과 PB_2를 타임차트와 같은 타이밍으로 ON 조작하였을 때의 타임차트를 완성하여라.

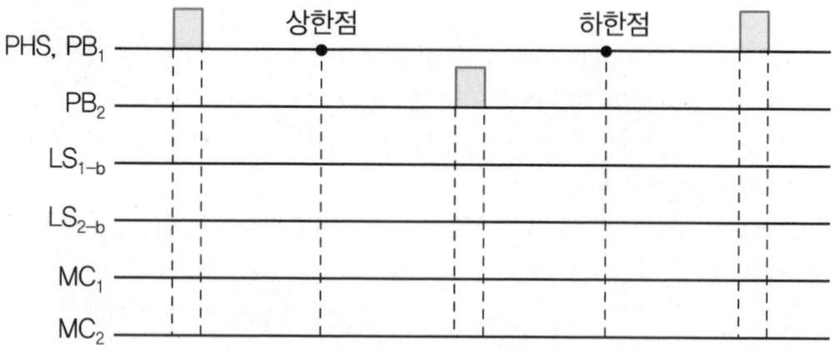

해답 **1** MC_{1-a} : MC_1 자기유지, MC_{2-a} : MC_2 자기유지

2 인터록(MC_1, MC_2 동시투입 방지)

3 ① 명칭 : LS_1 : 상한 리밋 스위치

LS_2 : 하한 리밋 스위치

② 역할 : LS_1 : 셔터의 상한점 감지 시 MC_1을 소자시킨다.

LS_2 : 셔터의 하한점 감지 시 MC_2를 소자시킨다.

4

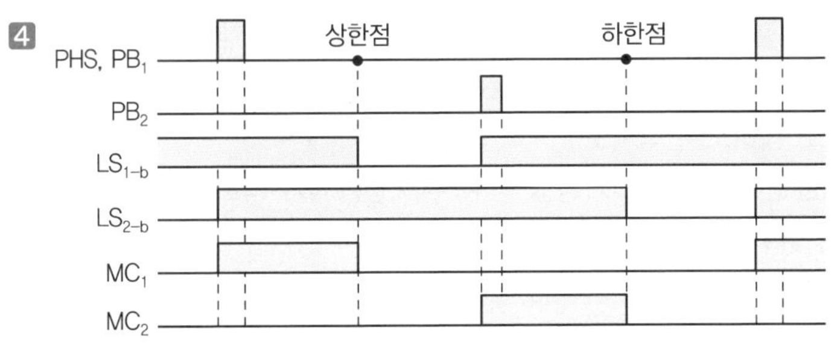

11 ★★★☆☆ [9점]

그림과 같은 시퀀스도는 3상 농형 유도전동기의 정 · 역 및 Y−△ 기동회로이다. 이 시퀀스도를 보고 다음 각 물음에 답하시오.(단, $MC_{1\sim4}$: 전자접촉기, PB_0 : 누름버튼 스위치, PB_1과 PB_2 : 1a와 1b 접점을 가지고 있는 누름버튼 스위치, $PL_{1\sim3}$: 표시등, T : 한시 동작 순시 복귀 타이머이다.)

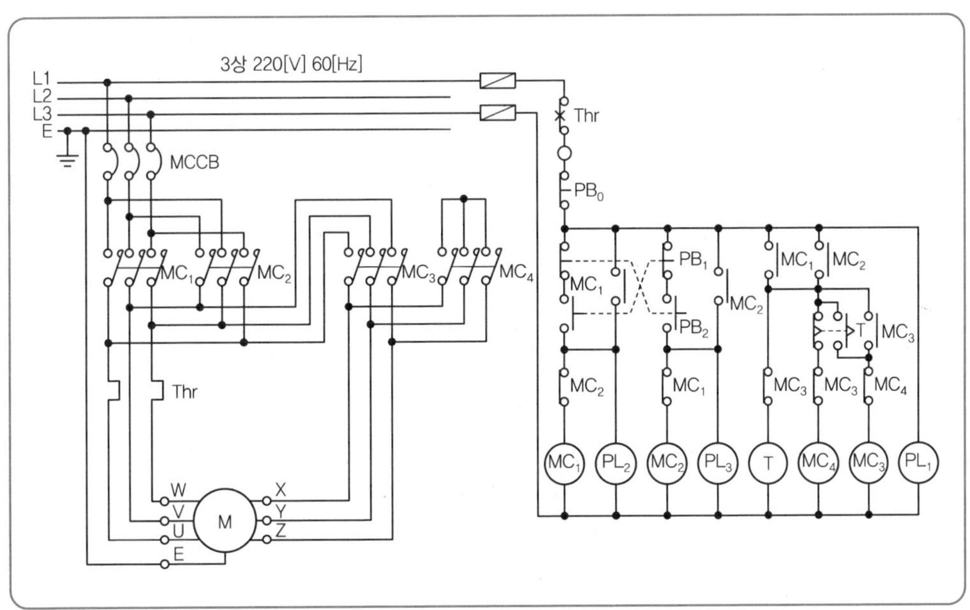

1 MC_1을 정회전용 전자접촉기라고 가정하면 역회전용 전자접촉기는 어느 것인가?

2 유도전동기를 Y결선과 △결선시키는 전자접촉기는 어느 것인가?

- Y결선 :
- △결선 :

3 유도전동기를 정 · 역 운전할 때, 정회전 전자접촉기와 역회전 전자접촉기가 동시에 작동하지 못하도록 보조회로에서 전기적으로 안전하게 구성하는 것을 무엇이라 하는가?

4 유도전동기를 Y−△로 기동하는 이유에 대하여 설명하시오.

5 유도전동기가 Y결선에서 △결선으로 되는 것은 어느 기계 기구의 어떤 접점에 의한 입력신호를 받아서 △결선 전자접촉기가 작동하여 운전되는가?(단, 접점 명칭은 작동원리에 따른 우리말 용어로 답하도록 하시오.)

6 MC_1을 정회전 전자접촉기로 가정할 경우, 유도전동기가 역회전 Y-△로 운전할 때 작동(여자)되는 전자접촉기를 모두 쓰시오.

7 MC_1을 정회전 전자접촉기로 가정할 경우, 유도전동기가 역회전할 경우만 점등되는 표시램프는 어떤 것인가?

8 주회로에서 Thr은 무엇인가?

해답
1 MC_2
2 • Y결선 : MC_4
• △결선 : MC_3
3 인터록
4 기동전류를 줄여 기동 시 부하부담을 감소시키기 위하여
5 한시 동작 순시 복귀 a접점
6 MC_2, MC_3
7 PL_3
8 열동계전기

12 ★★★☆☆ [5점]

그림은 타이머 내부 결선도이다. * 표시의 점선 부분에 대한 접점의 동작 설명을 하시오.

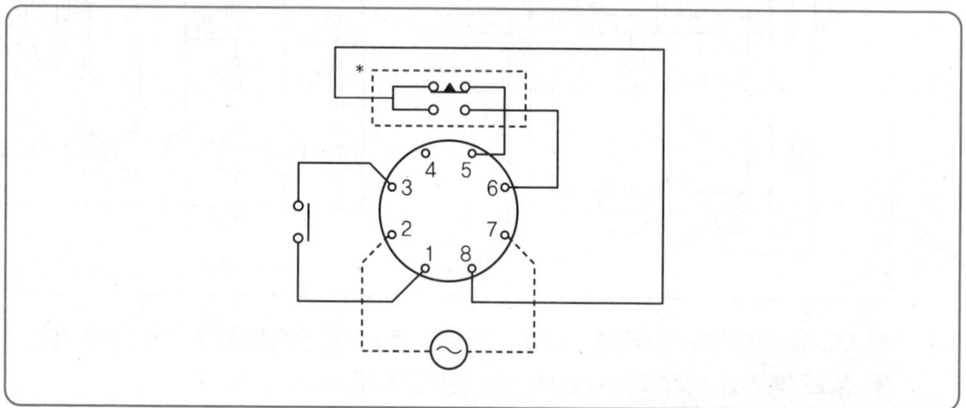

해답 한시 동작 순시 복귀 a, b접점으로 타이머가 여자된 후 설정시간 후에 동작되며, 소자되면 즉시 복귀한다.

13 ★★★★★ [9점]

그림은 고압 진상용 콘덴서 설치도이다. 다음 물음에 답하시오.

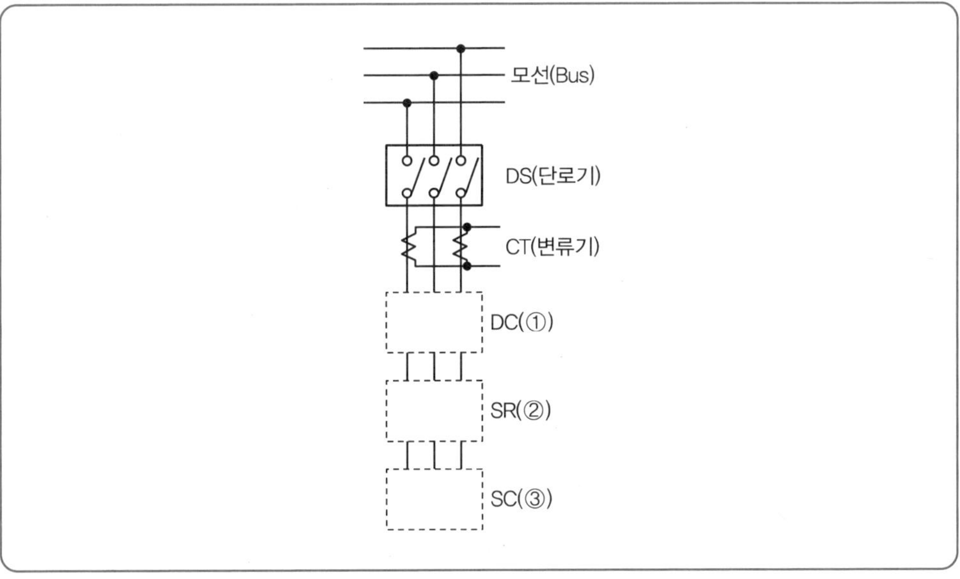

1 ①, ②, ③의 명칭을 우리말로 쓰시오.

① ( ), ② ( ), ③ ( )

2 ①, ②, ③의 설치 이유를 쓰시오.

①

②

③

3 ①, ②, ③의 회로를 완성하시오.

① ② ③

해답 **1** ① 방전 코일, ② 직렬 리액터, ③ 전력용 콘덴서

2 ① 전원 개방 시 콘덴서에 잔류전하 방전

② 제5고조파 제거

③ 역률 개선

3 ① ② ③

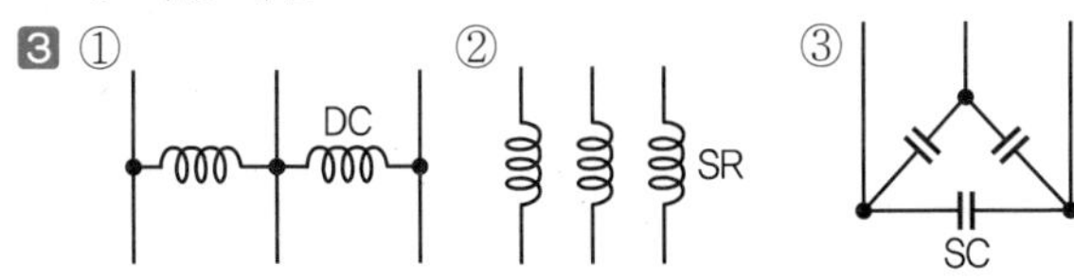

TIP

약호(DC, SR, SC)가 주어지지 않은 상태에서 회로를 완성해 보세요.

2002 2003 2004 2005 2006 2007 2008 2009 2010 2011

14 ★☆☆☆☆ [5점]

아날로그형 계전기에 비교할 때 디지털형 계전기의 장점을 5가지만 쓰시오.

해답 ① 신뢰도가 높다.
② 소형화할 수 있다.
③ 고성능, 다기능화가 가능하다.
④ 융통성이 높다.
⑤ 변성기의 부담이 작아진다.

15 ★★★★☆ [11점]

그림과 같은 송전계통 S점에서 3상 단락사고가 발생하였다. 주어진 도면과 조건을 참고하여 고장점 및 차단기를 통과하는 단락전류를 구하시오.

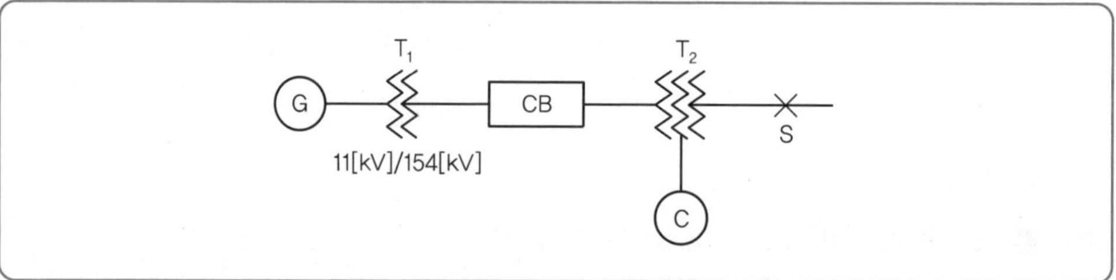

번호	기기명	용량	전압	%X
1	발전기(G)	50,000[kVA]	11[kV]	30
2	변압기(T_1)	50,000[kVA]	11/154[kV]	12
3	송전선	–	154[kV]	10(10,000[kVA] 기준)
4	변압기(T_2)	1차 25,000[kVA]	154[kV]	12(25,000[kVA] 기준, 1차~2차)
		2차 30,000[kVA]	77[kV]	15(25,000[kVA] 기준, 2차~3차)
		3차 10,000[kVA]	11[kV]	10.8(10,000[kVA] 기준, 3차~1차)
5	조상기(C)	10,000[kVA]	11[kV]	20(10,000[kVA])

1 고장점의 단락전류
2 차단기의 단락전류

해답 **1** 계산 : $I_s = \frac{100}{\%Z} \times I_n$ 에서 %Z를 구하기 위해서 먼저 100[MVA]로 환산

- G의 $\%X = \frac{100}{50} \times 30 = 60[\%]$
- T_1의 $\%X = \frac{100}{50} \times 12 = 24[\%]$
- 송전선의 $\%X = \frac{100}{10} \times 10 = 100[\%]$
- C의 $\%X = \frac{100}{10} \times 20 = 200[\%]$

• T_2의 %X

1~2차 : $\frac{100}{25} \times 12 = 48[\%]$

2~3차 : $\frac{100}{25} \times 15 = 60[\%]$

3~1차 : $\frac{100}{10} \times 10.8 = 108[\%]$

1차 $= \frac{\%Z_{12} + \%Z_{31} - \%Z_{23}}{2} = \frac{48 + 108 - 60}{2} = 48[\%]$

2차 $= \frac{\%Z_{12} + \%Z_{23} - \%Z_{31}}{2} = \frac{48 + 60 - 108}{2} = 0[\%]$

3차 $= \frac{\%Z_{23} + \%Z_{31} - \%Z_{12}}{2} = \frac{60 + 108 - 48}{2} = 60[\%]$

G에서 T_2 1차까지 $\%X_1 = 60 + 24 + 100 + 48 = 232[\%]$

C에서 T_2 3차까지 $\%X_3 = 200 + 60 = 260[\%]$ (조상기는 3차 측 연결)

합성 $\%Z = \frac{\%X_1 \times \%X_3}{\%X_1 + \%X_3} + \%X_2 = \frac{232 \times 260}{232 + 260} + 0 = 122.6[\%]$

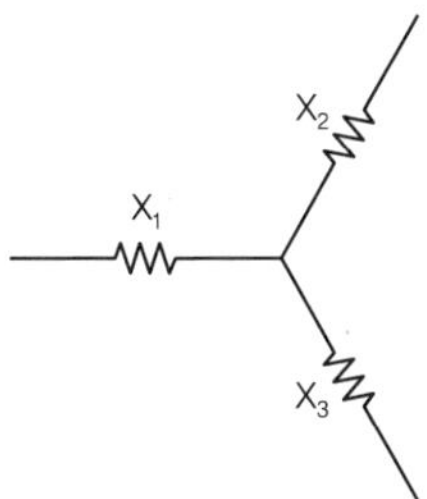

고장점의 단락전류 $I_s = \frac{100}{122.6} \times \frac{100 \times 10^3}{\sqrt{3} \times 77} = 611.59[A]$

답 611.59[A]

2 계산 : 전류분배의 법칙을 이용하여

$I_{s1}' = I_s \times \frac{\%X_3}{\%X_1 + \%X_3} = 611.59 \times \frac{260}{232 + 260}$ 을 구한 후,

전류와 전압의 반비례 관계를 이용하여 154[kV]를 환산하면

차단기의 단락전류 $I_s' = 611.59 \times \frac{260}{232 + 260} \times \frac{77}{154} = 161.6[A]$

답 161.6[A]

TIP

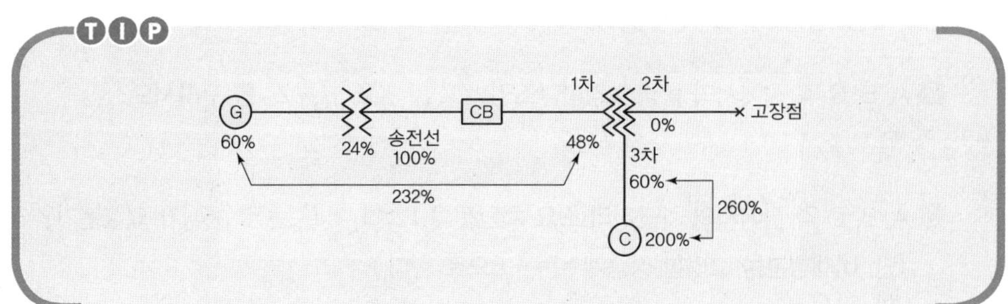

전기기사

2007년도 2회 시험

과년도 기출문제

회독 체크	□1회독	월 일	□2회독	월 일	□3회독	월 일

01 ★★★★☆ [9점]

주어진 Impedance Map과 조건을 보고 다음 각 물음에 답하시오.

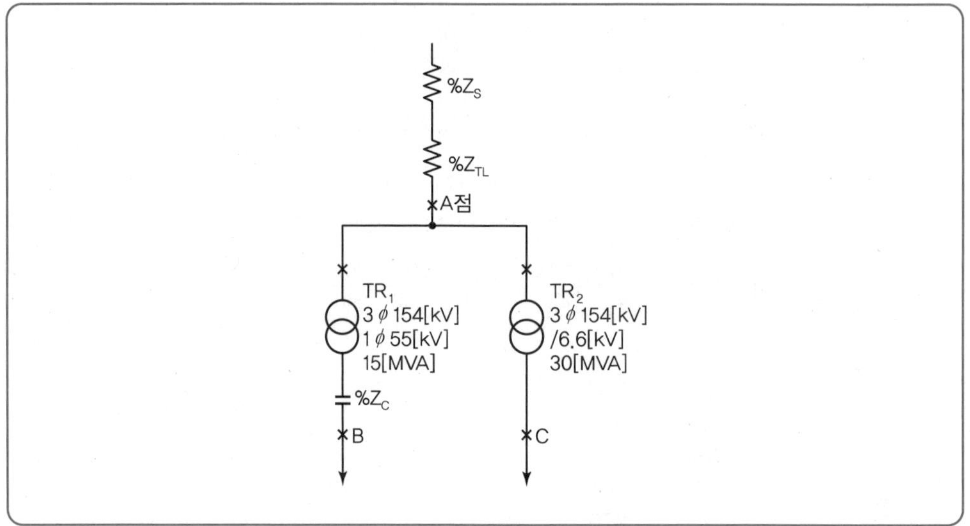

[조건]

- $\%Z_S$: 한전 변전소의 154[kV] 인출 측의 전원 측 정상 임피던스 1.2[%](100[MVA] 기준)
- Z_{TL} : 154[kV] 송전 선로의 임피던스 1.83[Ω]
- $\%Z_{TR1}$ =10[%] (15[MVA] 기준)
- $\%Z_{TR2}$ =10[%] (30[MVA] 기준)
- $\%Z_C$ =50[%] (100[MVA] 기준)

1 $\%Z_{TL}$, $\%Z_{TR1}$, $\%Z_{TR2}$에 대하여 100[MVA] 기준 %임피던스를 구하시오.

① $\%Z_{TL}$ ② $\%Z_{TR1}$ ③ $\%Z_{TR2}$

2 A, B, C 각 점에서의 합성 %임피던스인 $\%Z_A$, $\%Z_B$, $\%Z_C$를 구하시오.

① $\%Z_A$ ② $\%Z_B$ ③ $\%Z_C$

3 A, B, C 각 점에서의 차단기의 소요 차단전류 I_A, I_B, I_C는 몇 [kA]가 되겠는가?
(단, 비대칭분을 고려한 상승계수는 1.6으로 한다.)

① I_A ② I_B ③ I_C

해답 **1** ① 계산 : $Z_{TL} = 1.83[\Omega]$이고 100[MVA]를 기준하여

$$\%Z_{TL} = \frac{PZ}{10V^2} = \frac{100\times10^3\times1.83}{10\times154^2} = 0.77[\%]$$ 답 0.77[%]

② 계산 : $\%Z_{TR1} = 10\times\frac{100}{15} = 66.67[\%]$ 답 66.67[%]

③ 계산 : $\%Z_{TR2} = 10\times\frac{100}{30} = 33.33[\%]$ 답 33.33[%]

※ 100[MVA]를 기준으로 한 %Z 값을 도면에 다시 써서 그리면

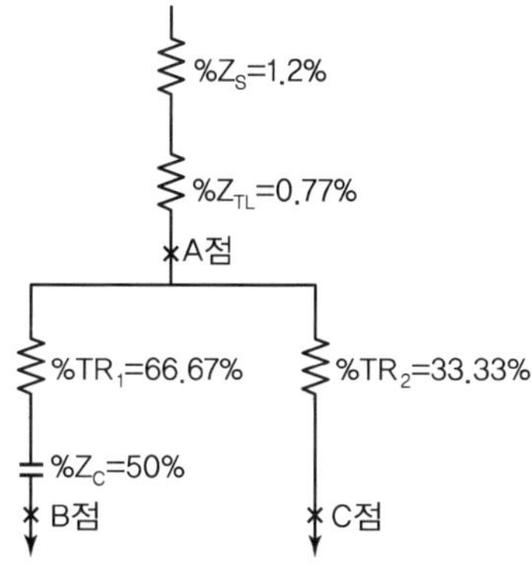

2 계산

① $\%Z_A = 1.2+0.77 = 1.97[\%]$ 답 1.97[%]

② $\%Z_B = 1.2+0.77+66.66-50 = 18.64[\%]$ 답 18.64[%]

③ $\%Z_C = 1.2+0.77+33.33 = 35.3[\%]$ 답 35.3[%]

3 계산

① $I_A = \frac{100}{\%Z}I_n\times1.6 = \frac{100}{1.97}\times\frac{100\times10^3}{\sqrt{3}\times154}\times10^{-3}\times1.6 = 30.45[kA]$ 답 30.45[kA]

② $I_B = \frac{100}{\%Z}I_n\times1.6 = \frac{100}{18.64}\times\frac{100\times10^3}{55}\times10^{-3}\times1.6 = 15.61[kA]$ 답 15.61[kA]

③ $I_C = \frac{100}{\%Z}I_n\times1.6 = \frac{100}{35.3}\times\frac{100\times10^3}{\sqrt{3}\times6.6}\times10^{-3}\times1.6 = 39.65[k$ 답 39.65[kA]

TIP

① 콘덴서 %Z는 진상이므로 −%Z 값을 갖는다.

② $\%Z_2 = \frac{기준용량}{자기용량}\times\%Z_1$

③ $I_S = \frac{100}{\%Z}I_n$ 여기서, I_n : 정격전류

$I_n = \frac{P}{\sqrt{3}\times V}$ 여기서, P : 기준용량, V : 선간전압

02 ★★☆☆☆ [4점]

3상 3선식 배전선로의 각 선간의 전압강하의 근삿값을 구하고자 하는 경우에 이용할 수 있는 계산식을 다음의 조건을 이용하여 구하시오.

[조건]

1. 배전선로의 길이 : L[m], 배전선의 굵기 : A[mm^2], 배전선의 전류 : I[A]
2. 표준연동선의 고유저항(20[℃]) : $\frac{1}{58}$[$\Omega \cdot mm^2/m$], 동선의 도전율 : 97[%]
3. 선로의 리액턴스를 무시하고 역률은 1로 간주해도 무방한 경우임

해답 계산 : 저항 $R = \frac{1}{58} \times \frac{100}{C} \times \frac{L}{A} = \frac{1}{58} \times \frac{100}{97} \times \frac{L}{A} = \frac{1}{56.26} \times \frac{L}{A} = 0.0178 \times \frac{L}{A}$

전압강하 $e = \sqrt{3}\,IR = \sqrt{3} \times 0.0178 \times \frac{IL}{A} = \frac{30.8LI}{1{,}000A}$

답 $e = \frac{30.8LI}{1{,}000A}$[V]

03 ★★★☆☆ [5점]

제3고조파의 유입으로 인한 장해를 방지하기 위하여 전력용 콘덴서 회로에 콘덴서 용량의 11[%]인 직렬 리액터를 설치하였다. 이 경우에 콘덴서의 정격전류가 10[A]라면 콘덴서 투입 전류는 몇 [A]인가?

해답 계산 : $I = I_n\left(1 + \sqrt{\frac{X_C}{X_L}}\right) = I_n\left(1 + \sqrt{\frac{X_C}{0.11X_C}}\right) = 10 \times \left(1 + \sqrt{\frac{1}{0.11}}\right) = 40.15$[A]

여기서, I : 투입전류, I_n : 정격전류

답 40.15[A]

04 ★★★☆☆ [6점]

그림과 같이 지상역률 0.8인 부하와 유도성 리액턴스를 병렬로 접속한 회로에 교류전압 220[V]를 인가할 때 각 전류계 A_1, A_2 및 A_3의 지시는 18[A], 20[A] 및 34[A]이었다. 다음 물음에 답하시오.

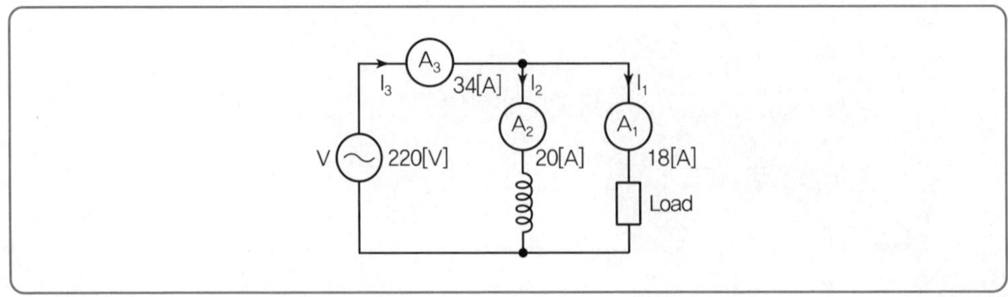

1 이 부하의 무효전력 Q는 약 몇 [kVar]인가?
2 이 부하의 소비전력 P는 약 몇 [kW]인가?

해답 1 계산 : 부하의 무효전력 $Q = VI_1 \sin\theta = 220 \times 18 \times 0.6 \times 10^{-3} = 2.38[\text{kVar}]$
답 2.38[kVar]

2 계산 : 부하의 소비전력 $P = VI_1 \cos\theta = 220 \times 18 \times 0.8 \times 10^{-3} = 3.17[\text{kW}]$
답 3.17[kW]

05 ★☆☆☆☆ [5점]

개폐기 중에서 다음 기호(심벌)가 의미하는 것은 무엇인지 모두 쓰시오.

해답 3극 50[A]인 개폐기로서 퓨즈 정격 20[A], 정격전류 5[A]인 전류계붙이

06 ★★★★☆ [5점]

전기설비의 폭발방지구조 종류를 4가지만 쓰시오.

해답 ① 내압 폭발방지구조, ② 유입 폭발방지구조, ③ 압력 폭발방지구조, ④ 안전증 폭발방지구조

TIP

➤ 폭발방지구조의 종류

구분	
폭발방지구조의 종류	내압 폭발방지구조(d)
	유입 폭발방지구조(o)
	압력 폭발방지구조(p)
	안전증 폭발방지구조(e)
	본질안전 폭발방지구조(ia, ib)
	특수 폭발방지구조(s)

2002 2003 2004 2005 2006 2007 2008 2009 2010 2011

07 ★★★★☆ [7점]

그림과 같은 릴레이 시퀀스도를 이용하여 다음 각 물음에 답하시오.

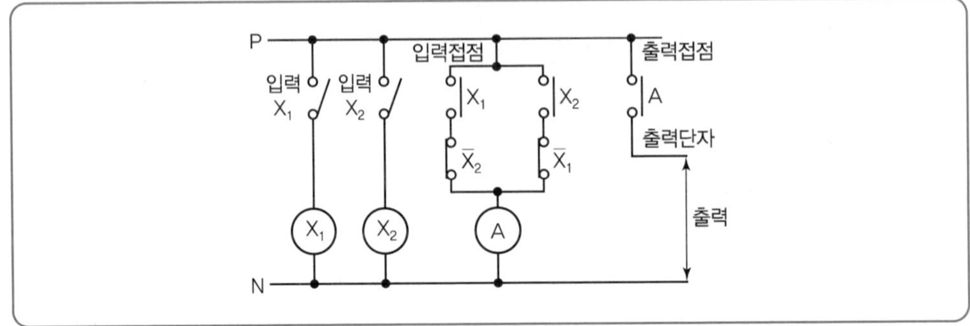

1 AND, OR, NOT 등의 논리게이트를 이용하여 주어진 릴레이 시퀀스도를 논리회로로 바꾸어 그리시오.

2 물음 1에서 작성된 회로에 대한 논리식을 쓰시오.

3 논리식에 대한 진리표를 완성하시오.

X_1	X_2	A
0	0	
0	1	
1	0	
1	1	

4 진리표를 만족할 수 있는 로직회로(Logic Circuit)를 간소화하여 그리시오.

5 주어진 타임차트를 완성하시오.

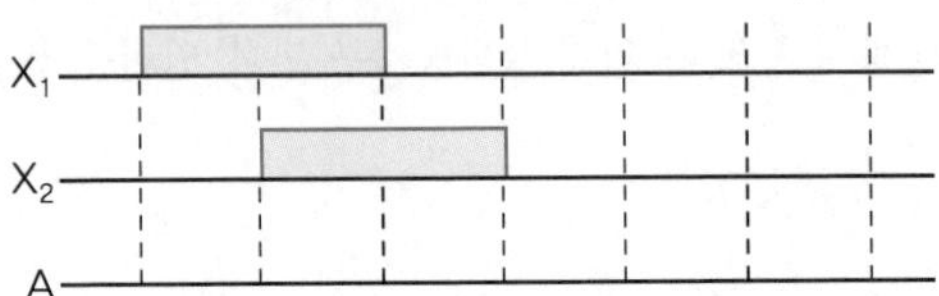

해답 1

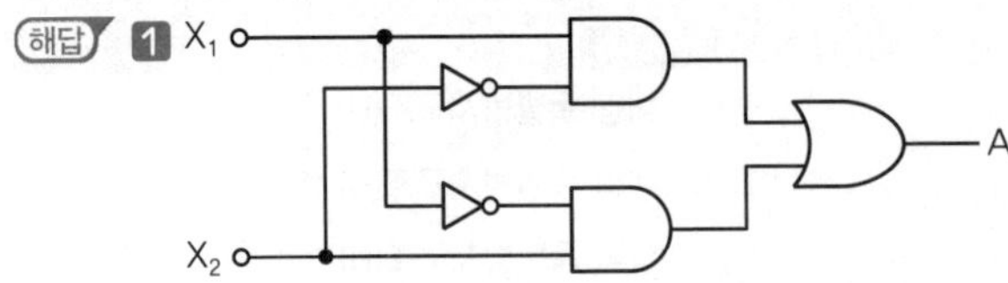

2 $A = X_1 \cdot \overline{X}_2 + \overline{X}_1 \cdot X_2$

3

X_1	X_2	A
0	0	0
0	1	1
1	0	1
1	1	0

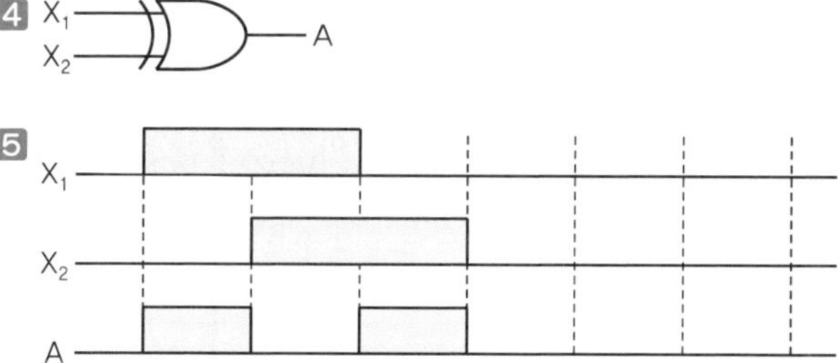

08 ★★★★★

[10점]

답안지의 그림은 리액터 시동, 정지 시퀀스 제어의 미완성 회로 도면이다. 이 도면을 이용하여 다음 각 물음에 답하시오.

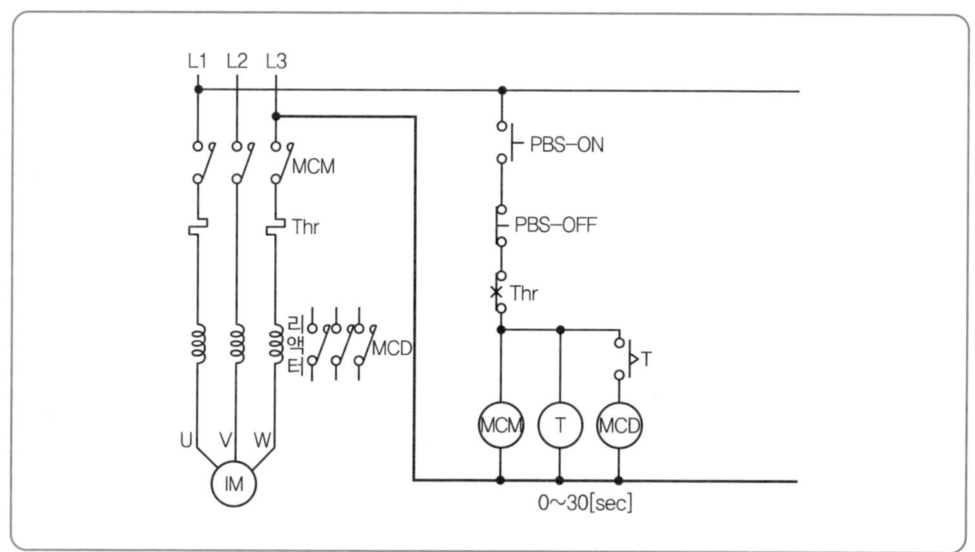

1 미완성 부분의 다음 회로를 완성하시오.

① 리액터 단락용 전자접촉기 MCD와 주회로를 완성하시오.

② PBS-ON 스위치를 투입하였을 때 자기유지가 될 수 있는 회로를 구성하시오.

③ 전동기 운전용 램프 RL과 정지용 램프 GL 회로를 구성하시오.

2 직입 시동 시의 시동전류가 정격전류의 6배가 흐르는 전동기를 80[%] 탭에서 리액터 시동한 경우의 시동 전류는 약 몇 배 정도가 되는가?

3 직입 시동 시의 시동토크가 정격토크의 2배였다고 하면 80[%] 탭에서 리액터 시동한 경우의 시동토크는 약 몇 배로 되는가?

해답 1

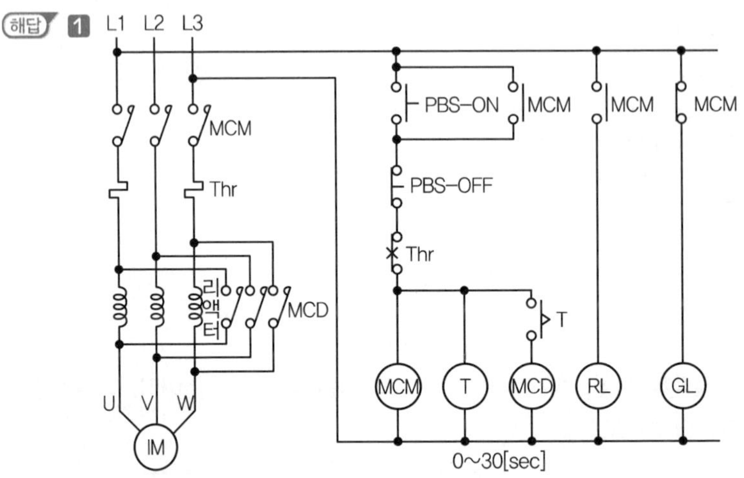

2 계산 : 기동전류 $I_S \propto V$이고, 시동전류는 정격전류의 6배이므로

$$I_S = 6I \times 0.8 = 4.8I$$

답 4.8배

3 계산 : 시동토크 $T_S \propto V^2$이고, 시동토크는 정격토크의 2배이므로

$$T_S = 2T \times 0.8^2 = 1.28T$$

답 1.28배

09 ★☆☆☆☆ [4점]

저압 전로 중에 개폐기를 시설하는 경우에는 부하 용량에 적합한 크기의 개폐기를 각 극에 설치하여야 한다. 그러나 분기 개폐기에는 생략하여도 되는 경우가 있는데, 다음 도면에서 생략하여도 되는 부분은 어느 개소인지를 모두 쓰시오.(단, 생략 가능한 개소는 영문자로 표기하도록 한다.) ※ KEC 규정에 따라 삭제

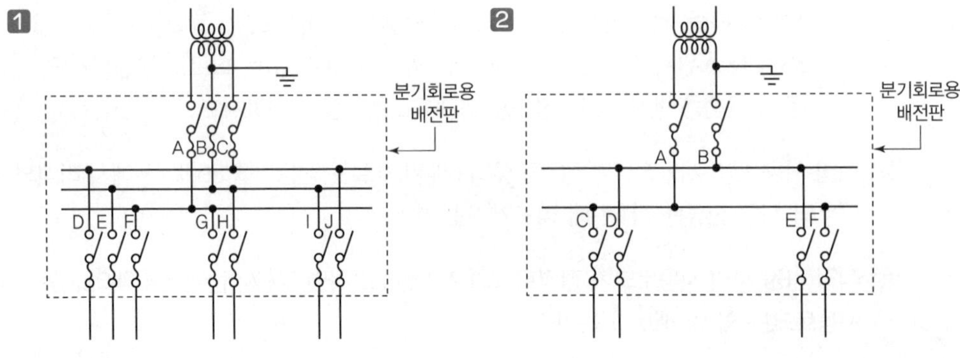

해답 1 E, H, I

2 D, E

10 ★★★★☆ [5점]

변류비 $\frac{30}{5}$ 인 CT 2개를 그림과 같이 접속할 때 전류계에 4[A]가 흐른다면 CT 1차 측에 흐르는 전류는 몇 [A]인가?

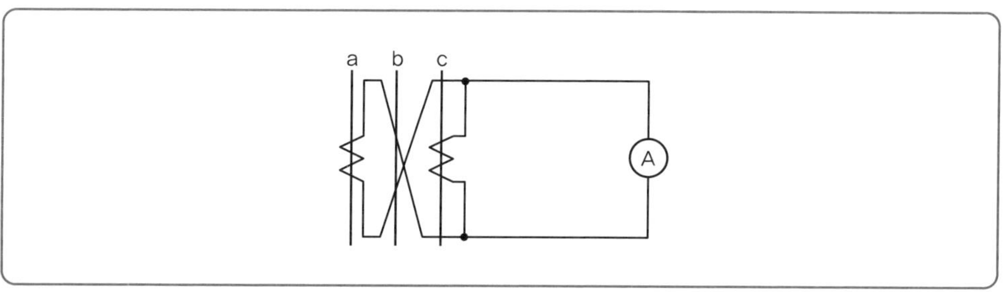

해답 계산 : $I_1 = Ⓐ \times \frac{1}{\sqrt{3}} \times 변류비 = 4 \times \frac{1}{\sqrt{3}} \times \frac{30}{5} = 13.86$

답 13.86[A]

TIP

➤ CT 교차 접속 벡터

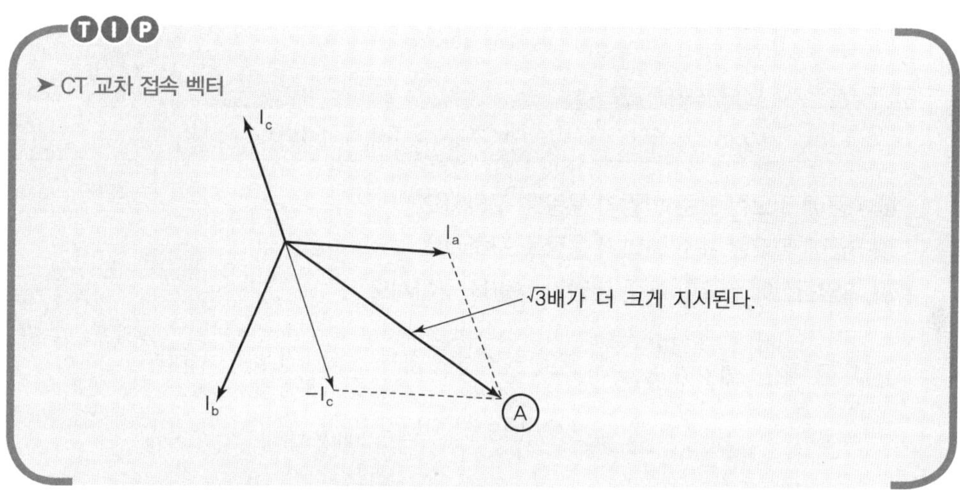

11 ★★★★☆ [6점]

도면과 조건을 이용하여 다음 각 물음에 답하시오.(단, 전등부하이다.)

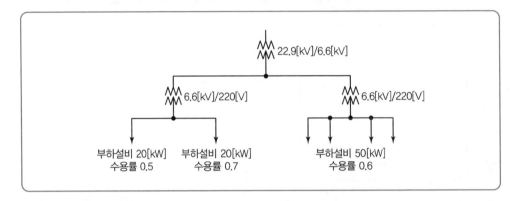

22.9[kV]/6.6[kV]

6.6[kV]/220[V] 6.6[kV]/220[V]

부하설비 20[kW] 수용률 0.5

부하설비 20[kW] 수용률 0.7

부하설비 50[kW] 수용률 0.6

[조건]

① 수용가의 수용률

A군 : 20[kW], 0.5 / 20[kW], 0.7

B군 : 50[kW], 0.6

② 수용가 상호 간의 부등률 : 1.2

③ 변압기 상호 간의 부등률 : 1.2

④ 변압기 표준용량[kVA] : 5, 10, 15, 20, 25, 50, 75, 100

1 A군에 필요한 표준 변압기 용량을 구하시오.

2 B군에 필요한 표준 변압기 용량을 구하시오.

3 고압간선에 필요한 표준 변압기 용량을 구하시오.

해답 1 계산 : $\text{변압기 용량} = \dfrac{\text{합성 최대 수용전력}}{\cos\theta} = \dfrac{\text{설비용량} \times \text{수용률}}{\text{부등률} \times \cos\theta}$

$$= \frac{20 \times 0.5 + 20 \times 0.7}{1.2 \times 1} = 20[\text{kVA}]$$

답 20[kVA]

2 계산 : $\text{변압기 용량} = \dfrac{\text{합성 최대 수용전력}}{\cos\theta} = \dfrac{\text{설비용량} \times \text{수용률}}{\text{부등률} \times \cos\theta}$

$$= \frac{50 \times 0.6}{1.2 \times 1} = 25[\text{kVA}]$$

답 25[kVA]

3 계산 : 변압기 용량 = 합성 최대 수용전력

$$= \frac{\dfrac{20 \times 0.5 + 20 \times 0.7}{1.2} + \dfrac{50 \times 0.6}{1.2}}{1.2} = 37.5[\text{kVA}]$$

답 50[kVA]

12 ★★★★★

[5점]

가로 12[m], 세로 24[m]인 사무실 공간에 40[W] 2등용 형광등기구의 전광속이 5,600[lm]이고 램프 전류 0.87[A]인 조명기구를 설치하여 평균 조도를 400[lx]로 할 경우, 이 사무실의 최소 분기회로 수는 얼마인가?(단, 조명률 61[%], 감광보상률 1.3이며, 전기방식은 220[V] 단상 2선식으로 16[A] 분기회로로 한다.) ※ KEC 규정에 따라 변경

해답 계산 : $N = \frac{EAD}{FU} = \frac{400 \times 12 \times 24 \times 1.3}{5{,}600 \times 0.61} = 43.84 \rightarrow 44[\text{등}]$

분기회로 수 $N = \frac{\text{등수} \times 1\text{등 전류}[A]}{\text{분기회로 전류}[A]} \frac{44 \times 0.87}{16} = 2.39$

답 16[A] 분기 3회로

13 ★★★☆☆

[5점]

유도전동기는 농형과 권선형으로 구분되는데 아래 표의 ①~⑤ 각 형식별 기동법을 빈칸에 쓰시오.

전동기 형식	기동법	기동법의 특징
농형	①	전동기에 직접 전원을 접속하여 기동하는 방식으로 5[kW] 이하의 소용량에 사용
	②	1차 권선을 Y접속으로 하여 전동기를 기동 시 상전압을 감압하여 기동하고 속도가 상승하여 운전속도에 가깝게 도달하였을 때 △접속으로 바꿔 큰 기동전류를 흘리지 않고 기동하는 방식으로 보통 5.5~37[kW] 정도의 용량에 사용
	③	기동전압을 떨어뜨려서 기동전류를 제한하는 기동방식으로 고전압 농형 유도전동기를 기동할 때 사용
권선형	④	유도전동기의 비례추이 특성을 이용하여 기동하는 방법으로 회전자 회로에 슬립링을 통하여 가변저항을 접속하고 속도의 상승과 더불어 가변저항을 순차적으로 작게 바꾸면서 기동하는 방법
	⑤	회전자 회로에 고정저항과 리액터를 병렬 접속한 것을 삽입하여 기동하는 방법

해답 ① 직입기동

② Y－△ 기동

③ 기동보상기법

④ 2차 저항 기동법

⑤ 2차 임피던스 기동법

14 ★★★★☆ [14점]

도면은 154[kV]를 수전하는 어느 공장의 수전설비에 대한 단선도이다. 이 단선도를 보고 다음 각 물음에 답하시오.

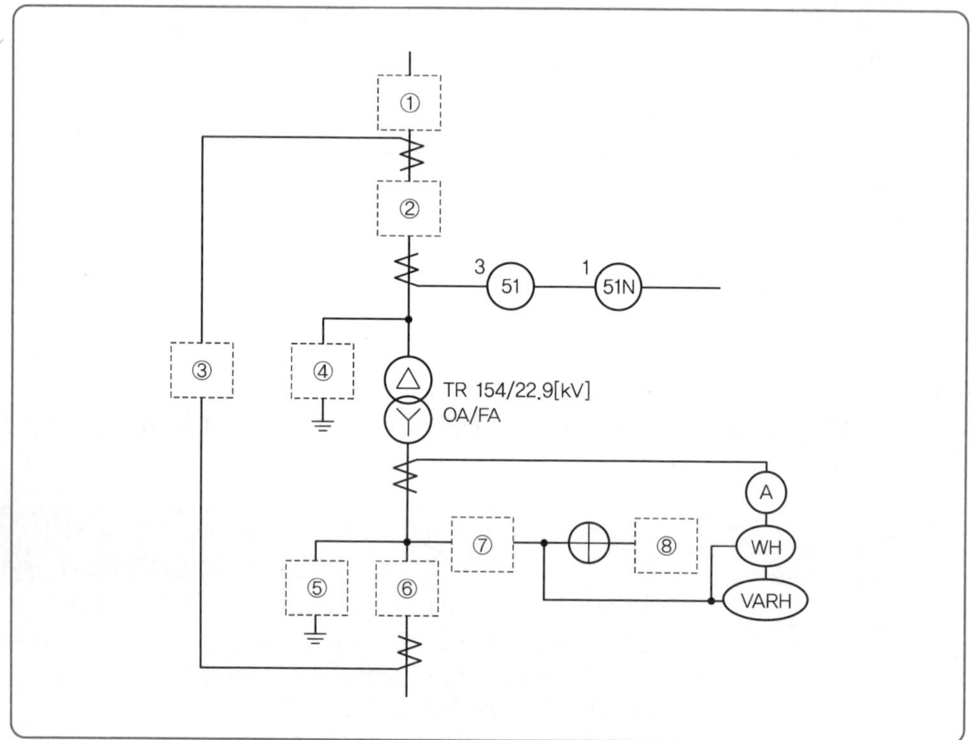

1. ①에 설치되어야 할 기기의 심벌을 그리고, 그 명칭을 쓰시오.
2. ②에 설치되어야 할 기기의 심벌을 그리고, 그 명칭을 쓰시오.
3. ③에 설치되어야 할 기기의 심벌을 그리고, 그 명칭을 쓰시오.
4. ④에 설치되어야 할 기기의 심벌을 그리고, 그 명칭을 쓰시오.
5. ⑤에 설치되어야 할 기기의 심벌을 그리고, 그 명칭을 쓰시오.
6. ⑥에 설치되어야 할 기기의 심벌을 그리고, 그 명칭을 쓰시오.
7. ⑦에 설치되어야 할 기기의 심벌을 그리고, 그 명칭을 쓰시오.

해답 1 • 심벌 : LS • 명칭 : 선로개폐기

2 • 심벌 : • 명칭 : 차단기

3 • 심벌 : 

• 명칭 : 주 변압기 비율차동계전기

4 • 심벌 : • 명칭 : 피뢰기

5 • 심벌 : • 명칭 : 피뢰기

6 • 심벌 : • 명칭 : 차단기

7 • 심벌 : • 명칭 : 계기용 변압기

TIP

① 심벌은 단선도를 기준으로 할 것
② 명칭은 우리말로 쓸 것
- OA : 유입 자냉식
- FA : 유입 풍냉식
- OW : 유입 수냉식
- AN : 건식 자냉식
- AF : 건식 풍냉식

15 ★★★★☆ [10점]

정격용량 500[kVA]의 변압기에서 배전선의 전력손실은 40[kW], 부하 L_1, L_2에 전력을 공급하고 있다. 지금 그림과 같이 전력용 콘덴서를 기존 부하와 병렬로 연결하여 합성역률을 90[%]로 개선하고 새로운 부하를 증설하려고 할 때 다음 물음에 답하시오.(단, 여기서 부하 L_1은 역률 60[%], 180[kW]이고, 부하 L_2의 전력은 120[kW], 160[kVar]이다.)

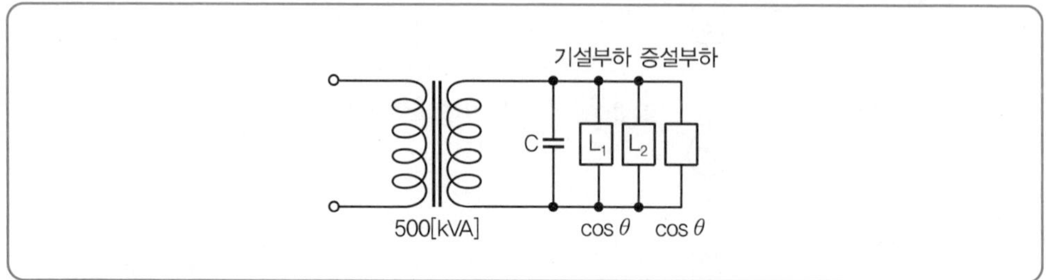

1 부하 L_1과 L_2의 합성용량[kVA]과 합성역률은?
① 합성용량
② 합성역률

2 합성역률을 90[%]로 개선하는 데 필요한 콘덴서 용량(Q_c)은 몇 [kVA]인가?

3 역률 개선 시 배전의 전력손실은 몇 [kW]인가?

4 역률 개선 시 변압기용량의 한도까지 부하설비를 증설하고자 할 때 증설부하용량은 몇 [kVA]인가?

해답 1 ① 합성용량

계산 : 유효전력 $P = P_1 + P_2 = 180 + 120 = 300[kW]$

무효전력 $Q = Q_1 + Q_2 = P_1 \tan\theta_1 + Q_2 = 180 \times \frac{0.8}{0.6} + 160 = 400[kVar]$

합성용량 $P_a = \sqrt{P^2 + Q^2} = \sqrt{300^2 + 400^2} = 500[kVA]$

답 500[kVA]

② 합성역률

계산 : $\cos\theta = \frac{P}{P_a} = \frac{300}{500} \times 100 = 60[\%]$

답 60[%]

2 계산 : $Q_c = P(\tan\theta_1 - \tan\theta_2) = 300\left(\frac{0.8}{0.6} - \frac{\sqrt{1-0.9^2}}{0.9}\right) = 254.7[kVA]$

답 254.7[kVA]

3 계산 : $P_L \propto \dfrac{1}{\cos^2\theta}$ 이므로

$$40 : P_L' = \frac{1}{0.6^2} : \frac{1}{0.9^2}$$

$$P_L' = \left(\frac{0.6}{0.9}\right)^2 \times 40 = 17.78[\text{kW}]$$

답 17.78[kW]

4 계산 : 역률 개선 후 변압기에 인가되는 부하는

$$P_a = \sqrt{(P+P_L)^2 + (Q-Q_c)^2}$$

$$= \sqrt{(300+17.78)^2 + (400-254.7)^2} = 349.42[\text{kVA}]$$

증설부하용량 $P_a' = 500 - 349.42 = 150.58[\text{kVA}]$

답 150.58[kVA]

TIP

① $Q = P\tan\theta[\text{kVar}]$

② $P_L = \dfrac{RP^2}{V^2\cos^2\theta}[\text{kW}]$

↘ 전기기사

2007년도 3회 시험

과년도 기출문제

회독 체크	□1회독	월 일	□2회독	월 일	□3회독	월 일

01 ★☆☆☆☆ [5점]

적외선 전구에 대한 다음 각 물음에 답하시오.

1 주로 어떤 용도에 사용되는가?

2 주로 몇 [W] 정도의 크기로 사용되는가?

3 효율은 몇 [%] 정도 되는가?

4 필라멘트의 온도는 절대온도로 몇 [K] 정도 되는가?

5 적외선 전구에서 가장 많이 나오는 빛의 파장은 몇 [μm]인가?

해답 1 적외선에 의한 가열 및 건조(표면 가열)

2 250[W]

3 75[%]

4 2,500[K]

5 1~3[μm]

02 ★★★☆☆ [5점]

그림과 같은 배광곡선을 갖는 반사갓형 수은등 400[W](22,000[lm])를 사용할 경우 기구 직하 7[m] 점으로부터 수평으로 5[m] 떨어진 점의 수평면 조도를 구하시오.

(단, $\cos^{-1} 0.814 = 35.5°$, $\cos^{-1} 0.707 = 45°$, $\cos^{-1} 0.583 = 54.3°$)

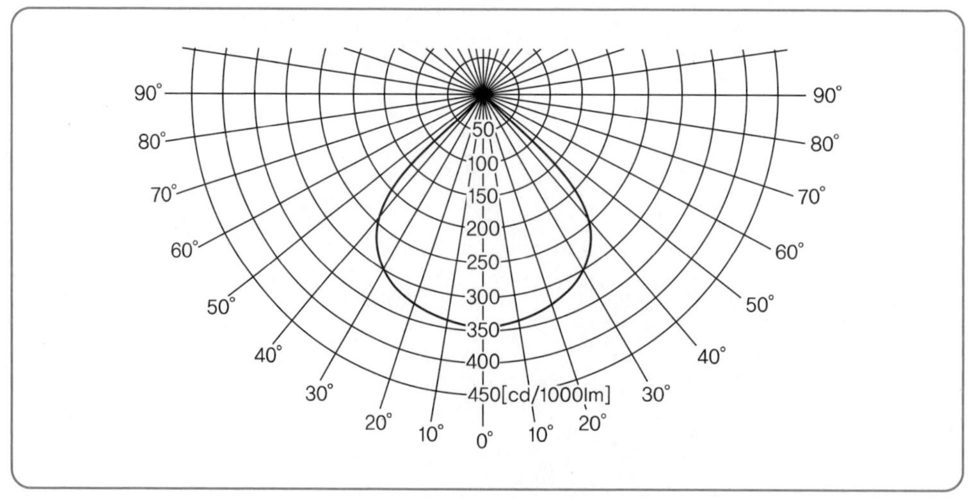

(해답) 계산 : $\cos\theta = \dfrac{h}{\sqrt{h^2+d^2}} = \dfrac{7}{\sqrt{7^2+5^2}} = 0.814$, $\therefore\ \theta = \cos^{-1}0.814 = 35.5°$

그림에서 각도 35.5°의 광도값은 약 280[cd/1,000lm]이므로

수은등의 광도 $I = \dfrac{22,000}{1,000} \times 280 = 6,160$[cd]

$\therefore$ 수평면 조도 $E_h = \dfrac{I}{r^2}\cos\theta = \dfrac{6,160}{(\sqrt{7^2+5^2})^2} \times 0.814 = 67.76$[lx]

답 67.76[lx]

03 ★★★★☆ [11점]

인텔리전트 빌딩에 대한 등급별 추정 전원용량에 대한 다음 표를 이용하여 각 물음에 답하시오.

| 등급별 추정 전원용량[VA/m²] |

내용 \ 등급별	0등급	1등급	2등급	3등급
조명	32	22	21	29
콘센트	–	13	5	5
사무자동화(OA)기기	–	–	34	36
일반동력	38	45	45	45
냉방동력	40	43	43	43
사무자동화(OA)동력	–	2	8	8
합계	110	125	156	166

1 연면적 10,000[m²]인 인텔리전트 2등급인 사무실 빌딩의 전력설비용량을 상기 '등급별 추정 전원용량[VA/m²]'을 이용하여 빈칸에 계산과정과 답을 쓰시오.

부하 내용	면적을 적용한 부하용량[kVA]
조명	
콘센트	
OA 기기	
일반동력	
냉방동력	
OA 동력	
합계	

2 물음 1에서 조명, 콘센트, 사무자동화기기의 적정 수용률은 0.8, 일반동력 및 사무자동화동력의 적정 수용률은 0.5, 냉방동력의 적정 수용률은 0.8이고, 주 변압기 부등률은 1.2로 적용한다. 이때 전압방식을 2단 강압 방식으로 채택할 경우 변압기의 용량에 따른 변전설비의 용량을 산출하시오.(단, 조명, 콘센트, 사무자동화기기를 3상 변압기 1대로, 일반동력 및 사무

자동화동력을 3상 변압기 1대로, 냉방동력을 3상 변압기 1대로 구성하고 상기 부하에 대한 주 변압기 1대를 사용하도록 하며, 변압기 용량은 일반 규격 용량으로 정하도록 한다.)

① 조명, 콘센트, 사무자동화기기에 필요한 변압기 용량 산정

② 일반동력, 사무자동화동력에 필요한 변압기 용량 산정

③ 냉방동력에 필요한 변압기 용량 산정

④ 주 변압기 용량 산정

3 수전설비의 단선 계통도를 간단하게 그리시오.

해답 1

부하 내용	면적을 적용한 부하용량[kVA]
조명	$21\times10{,}000\times10^{-3}=210$
콘센트	$5\times10{,}000\times10^{-3}=50$
OA 기기	$34\times10{,}000\times10^{-3}=340$
일반동력	$45\times10{,}000\times10^{-3}=450$
냉방동력	$43\times10{,}000\times10^{-3}=430$
OA 동력	$8\times10{,}000\times10^{-3}=80$
합계	$156\times10{,}000\times10^{-3}=1{,}560$

2 ① 계산 : $TR_1=$설비용량(부하용량)×수용률$=(210+50+340)\times0.8=480$

답 500[kVA]

② 계산 : $TR_2=$설비용량(부하용량)×수용률$=(450+80)\times0.5=265$

답 300[kVA]

③ 계산 : $TR_3=$설비용량(부하용량)×수용률$=430\times0.8=344$

답 500[kVA]

④ 계산 : 주 변압기 용량 $=\dfrac{\text{개별 최대전력의 합}}{\text{부등률}}=\dfrac{480+265+344}{1.2}=907.5$

답 1,000[kVA]

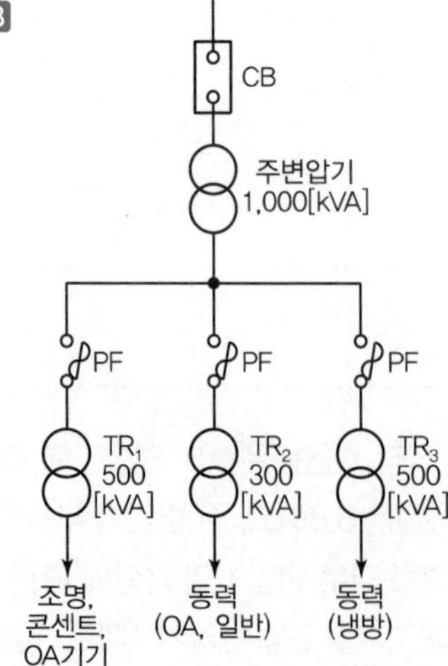

TIP

(1) 3상 변압기 표준용량[kVA]
3, 5, 7.5, 10, 15, 20, 30, 50, 75, 100, 150, 200, 300, 500, 750, 1,000

(2) 변압기 용량 선정 시
① "표준용량, 정격용량, 선정하시오"라고 하면 표준용량으로 답할 것
예 계산값 : 480[kVA]　답 500[kVA]
② "계산하시오, 구하시오"라고 하면 계산값으로 답할 것
예 계산값 : 480[kVA]　답 480[kVA], 500[kVA]

2002 2003 2004 2005 2006 2007 2008 2009 2010 2011

04 ★★★☆☆ [5점]

그림은 A, B 수용가에 대한 일부하의 분포도이다. 다음 각 물음에 답하시오.

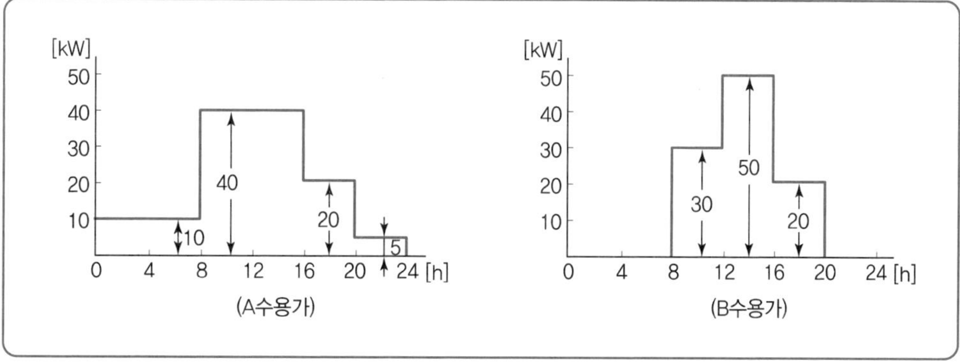

1 A수용가의 일부하율은 얼마인가?

2 변압기 1대로 A, B 수용가에 전력을 공급할 경우의 종합부하율과 변압기 용량을 구하시오.
① 종합부하율
② 변압기 용량

해답 **1** 계산 : $평균전력 = \dfrac{사용전력량}{시간} = \dfrac{10\times8+40\times8+20\times4+5\times4}{24} = 20.83[\text{kW}]$

$부하율 = \dfrac{평균전력}{최대\ 전력}\times100 = \dfrac{20.83}{40}\times100 = 52.08[\%]$　답 52.08[%]

2 ① 종합부하율

계산 : A수용가의 평균전력 = 20.83[kW]

$B수용가의\ 평균전력 = \dfrac{사용전력량}{시간} = \dfrac{30\times4+50\times4+20\times4}{24} = 16.67[\text{kW}]$

$종합평균전력 = 20.83+16.67 = 37.5[\text{kW}]$

$종합부하율 = \dfrac{종합\ 평균\ 전력}{합성\ 최대\ 전력}\times100 = \dfrac{37.5}{40+50}\times100 = 41.67[\%]$　답 41.67[%]

② 변압기 용량

계산 : A, B 수용가의 합성 최대 수용전력은 12시에서 16시 사이에 발생하므로

변압기 용량 ≥ 합성 최대 수용전력 = 40 + 50 = 90[kW]

답 90[kVA]

TIP

① 부하율(F) $= \dfrac{\text{평균전력}}{\text{최대전력}} \times 100$

② 평균전력 $= \dfrac{\text{사용 전력량}}{\text{시간}}$

05 ★★★★☆ [6점]

그림과 같은 무접점 논리회로에 대응하는 유접점 릴레이(시퀀스) 회로를 그리시오.

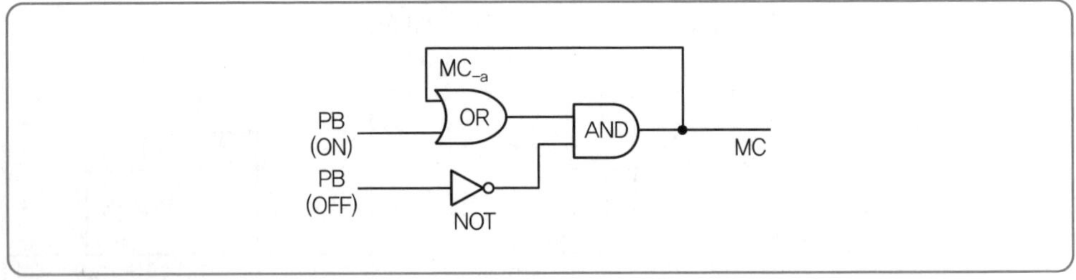

해답

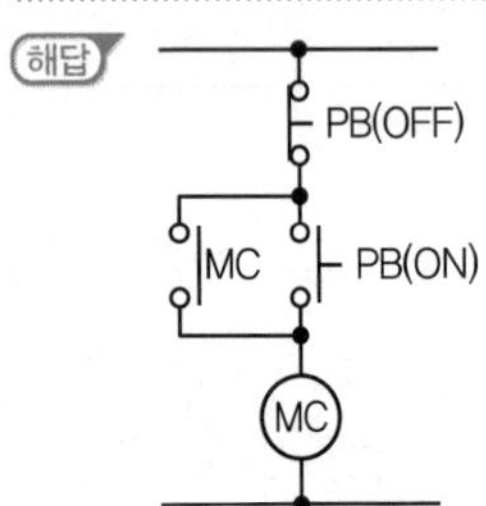

06 ☆☆☆☆☆ [5점]

다음과 같이 전열기 Ⓗ와 전동기 Ⓜ이 간선에 접속되어 있을 때 간선 허용전류의 최솟값은 몇 [A]인가?(단, 수용률은 100[%]이며, 전동기의 기동계급은 표시가 없다고 본다.)

※ KEC 규정에 따라 변경

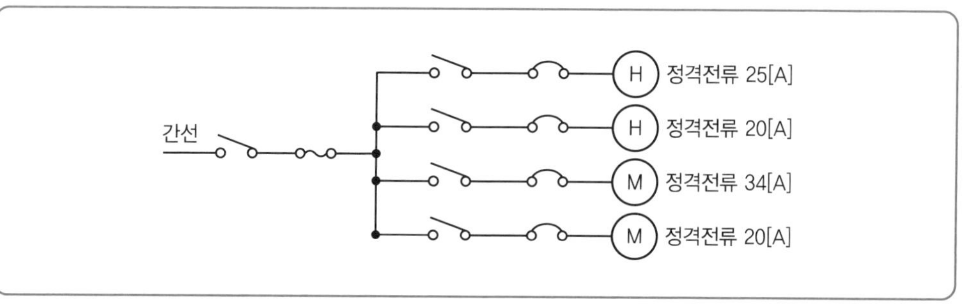

해답 계산 : 전열기 전류의 합 $\Sigma I_H = 25 + 20 = 45[A]$

전동기 전류의 합 $\Sigma I_M = 34 + 20 = 54[A]$

설계전류 $I_B = \Sigma I_H + \Sigma I_M = 45 + 54 = 99[A]$

답 99[A]

TIP

➤ 도체와 과부하 보호장치 사이의 협조(KEC 212.4.1)

과부하에 대해 케이블(전선)을 보호하는 장치의 동작특성은 다음의 조건을 충족해야 한다.

$I_B \le I_n \le I_Z$, $I_2 \le 1.45 \times I_Z$

여기서, I_B : 회로의 설계전류(선 도체를 흐르는 설계전류 또는 함유율이 높은 영상분 고조파, 특히 제3고조파가 지속적으로 흐르는 경우 중성선에 흐르는 전류이다.)

I_Z : 케이블의 허용전류

I_n : 보호장치의 정격전류(사용 현장에 적합하게 조정된 전류의 설정값)

I_2 : 보호장치가 규약시간 이내에 유효하게 동작하는 것을 보장하는 전류

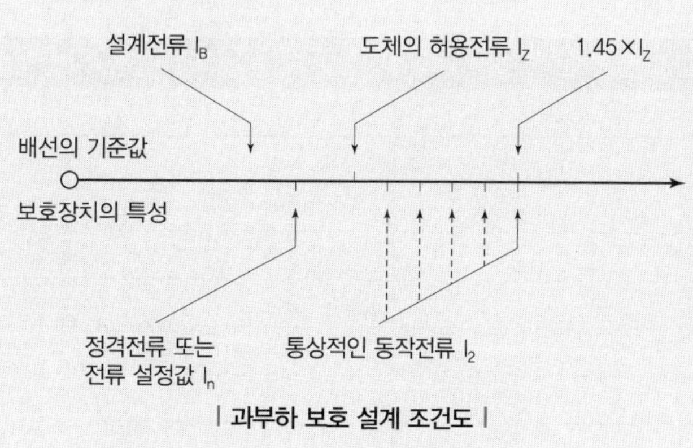

| 과부하 보호 설계 조건도 |

07 ★★★★☆ [13점]

$3\phi 4W$ 22.9[kV] 수전설비 단선 결선도이다. 그림의 ①~⑩번까지 표준 심벌을 사용하여 도면을 완성하고 표의 빈칸 ①~⑩에 알맞은 내용을 쓰시오.

1

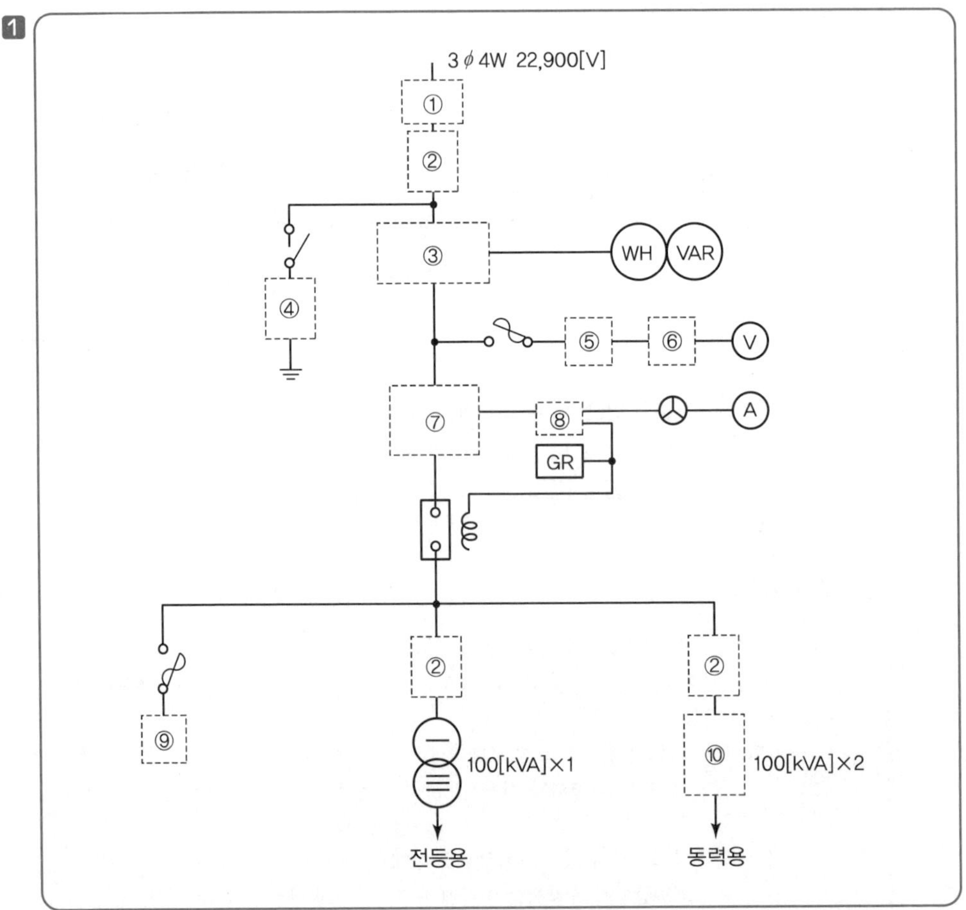

2

번호	약호	명칭	용도 및 역할
①			
②			
③			
④			
⑤			
⑥			
⑦			
⑧			
⑨			
⑩			

해답 1

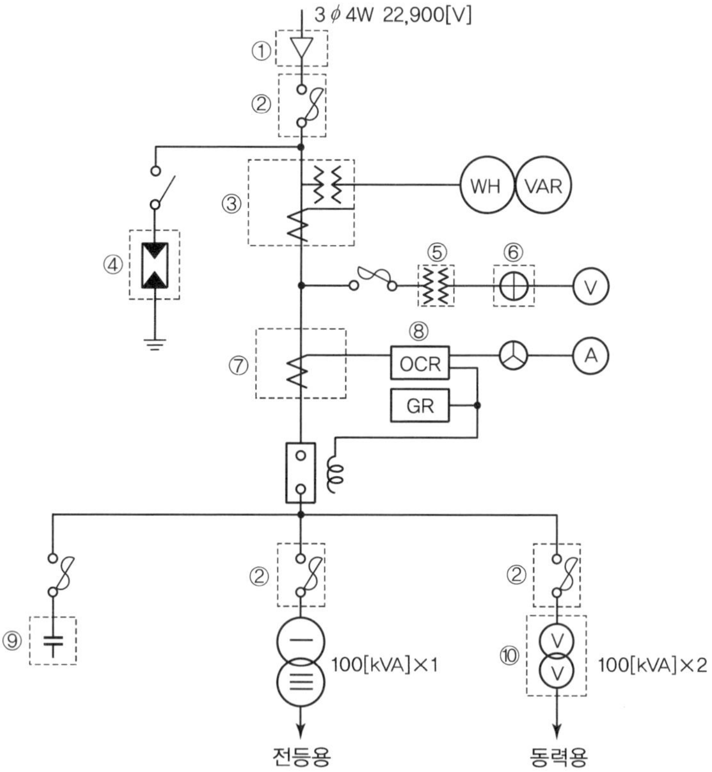

2

번호	약호	명칭	용도 및 역할
①	CH	케이블 헤드	케이블의 단말을 처리하여 절연보호
②	PF	전력 퓨즈	사고 파급 방지 및 사고전류 차단
③	MOF	전력수급용 계기용 변성기	전력량을 측정하거 위해 PT 및 CT를 한 탱크 속에 넣은 것
④	LA	피뢰기	이상 전압을 대지로 방전시키고 그 속류를 차단
⑤	PT	계기용 변압기	고전압을 저전압으로 변성하여 계기나 계전기의 전압원으로 사용
⑥	VS	전압계용 전환 개폐기	3상 회로에서 각 상의 전압을 1개의 전압계로 측정하기 위하여 사용하는 전환 스위치
⑦	CT	계전기용 변류기	대전류를 소전류로 변류하여 전류를 측정
⑧	OCR	과전류 계전기	과전류로부터 차단기를 개방
⑨	SC	전력용 콘덴서	부하의 역률을 개선하기 위하여 사용
⑩	TR	수전용 변압기	고압을 저압으로 변성하여 부하의 전력 공급

2002 2003 2004 2005 2006 2007 2008 2009 2010 2011

08 ★★★★☆ [5점]

전력계통의 절연협조에 대하여 설명하고 관련 기기에 대한 기준충격절연강도를 비교하여 절연협조가 어떻게 되어야 하는지를 쓰시오.(단, 관련 기기는 선로애자, 결합 콘덴서, 피뢰기, 변압기에 대하여 비교하도록 한다.)

1 절연협조

2 기준충격절연강도 비교

해답 1 절연협조 : 계통 내의 각 기기, 기구 및 애자 등의 상호 간에 적정한 절연강도를 지니게 함으로써 계통 설계를 합리적, 경제적으로 할 수 있게 한 것을 절연협조라 한다.

2 기준충격절연강도 비교 피뢰기 < 변압기 < 결합 콘덴서 < 선로애자

TIP

➤ 절연협조 비교(절연강도)

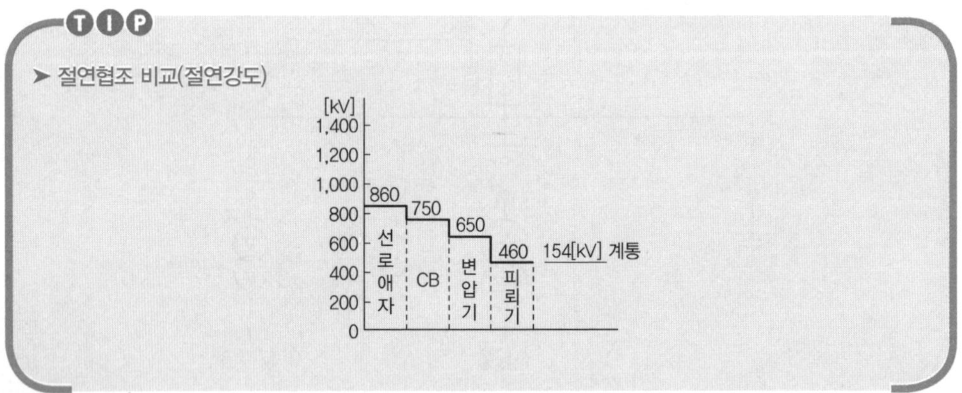

09 ★★★★☆ [5점]

유입변압기와 몰드형 변압기를 비교하였을 때 몰드형 변압기의 장점(5가지)과 단점(2가지)을 쓰시오.

해답 (1) 장점

① 내습, 내진성이 양호하다.
② 난연성이 우수하다.
③ 전력손실이 적다.
④ 소형화, 경량화할 수 있다.
⑤ 절연유를 사용하지 않으므로 유지 보수가 용이하다.

(2) 단점

① 가격이 비싸다.
② 충격파 내전압이 낮다.

TIP

그 외
① 장점 : 단시간 과부하 내량이 높다.
② 단점 : 수지층에 차폐물이 없으므로 운전 중 코일 표면과 접촉하면 위험하다.

10 ★★☆☆☆ [8점]

그림과 같이 3상 농형 유도전동기 4대가 있다. 이에 대한 MCC반을 구성하고자 할 때 다음 각 물음에 답하시오.

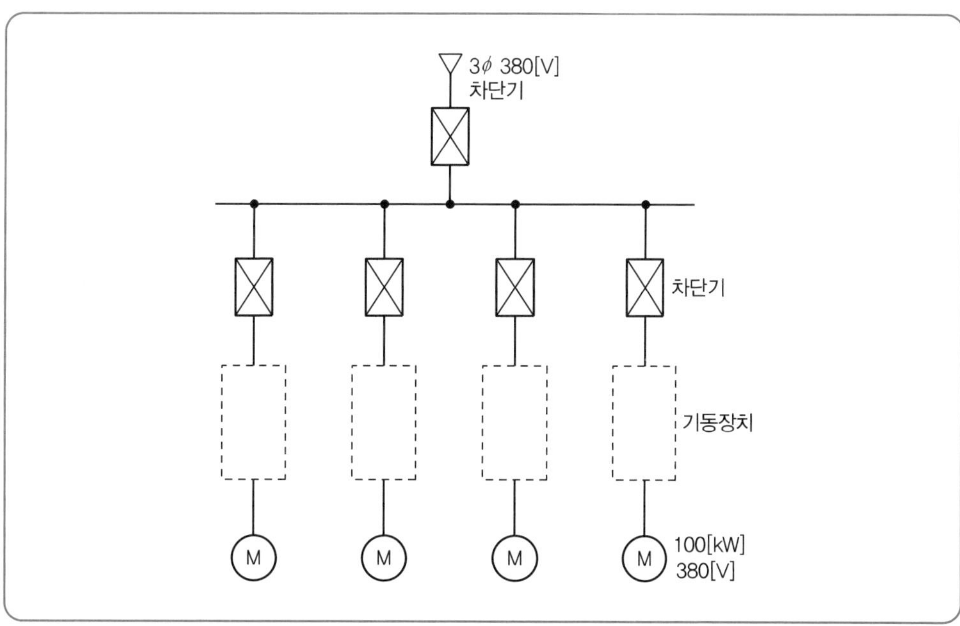

1 MCC(Motor Control Center)의 기기 구성의 대표적인 장치를 3가지만 쓰시오.

2 전동기 기동방식은 기기의 수명과 경제적인 면을 고려한다면 어떤 방식이 적합한가?

3 콘덴서 설치 시 제5고조파를 제거하고자 한다. 그 대책에 대하여 설명하시오.

4 차단기는 보호계전기의 4가지 요소에 의해 동작되도록 하는데 그 4가지 요소를 쓰시오.

해답 **1** ① 차단 장치
② 기동 장치
③ 제어 및 보호 장치

2 기동보상기법

3 콘덴서 용량의 6[%] 정도의 직렬 리액터를 설치한다.

4 ① 단일 전류 요소　② 단일 전압 요소
③ 전압, 전류 요소　④ 2전류 요소

TIP

➤ 전동기 기동방식
① 전전압 기동 : 5[kW] 이하
② Y−△기동 : 5~15[kW]
③ 기동보상기법 : 15[kW] 이상

11 ★★★★★ [5점]

고조파 발생기기를 사용하는 경우 여러 가지 문제점이 발생된다. 이에 따른 고조파 억제 대책을 5가지만 쓰시오.

해답 ① 변압기의 다펄스화
② 위상 변위(Phase Shift)
③ 단락용량 증대
④ 콘덴서용 직렬 리액터 설치
⑤ 수동 Filter(Passive Filter) 설치
그 외
⑥ 능동 Filter(Active Filter) 설치
⑦ 리액터(ACL, DCL) 설치
⑧ Notching Voltage 개선(Line Reactor 설치)

TIP

➤ 고조파 전류의 발생원인
① 전기로, 아크로 등
② Converter, Inverter 등의 전력변환장치
③ 전기용접기 등
④ 송전 선로의 코로나
⑤ 변압기, 전동기 등의 여자전류
⑥ 전력용 콘덴서 등

12 ★★☆☆☆ [5점]

피뢰기에 흐르는 정격방전전류는 변전소의 차폐유무와 그 지방의 연간 뇌우(雷雨) 발생일 수와 관계되나 모든 요소를 고려한 경우 일반적인 시설장소별 적용할 피뢰기의 공칭방전전류를 쓰시오.

공칭방전전류	설치장소	적용조건
①	변전소	• 154[kV] 이상의 계통 • 66[kV] 및 그 이하의 계통에서 Bank 용량이 3,000[kVA]를 초과하거나 특히 중요한 곳 • 장거리 송전케이블(배전선로 인출용 단거리 케이블은 제외) 및 정전축전기 Bank를 개폐하는 곳 • 배전선로 인출 측(배전 간선 인출용 장거리 케이블은 제외)
②	변전소	66[kV] 및 그 이하의 계통에서 Bank 용량이 3,000[kVA] 이하인 곳
③	선로	배전선로

해답 ① 10,000[A] ② 5,000[A] ③ 2,500[A]

13 ★★★★☆ [5점]

다음은 펌프용 유도전동기의 수동 및 자동 절환 운전 회로도이다. 그림의 ①~⑦ 기기의 명칭을 쓰시오.

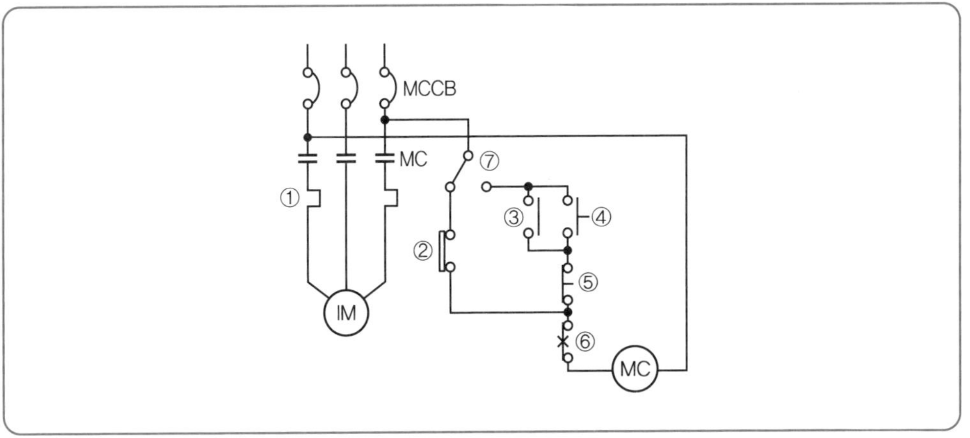

해답 ① 열동계전기 ② 리밋 스위치
③ 순시동작순시복귀 a접점 ④ 수동조작자동복귀 a접점
⑤ 수동조작자동복귀 b접점 ⑥ 열동계전기 b접점(수동복귀 b접점)
⑦ 수동 및 자동절환 스위치(=셀렉터스위치)

14 ★☆☆☆☆ [11점]

변압기가 있는 회로에서 전류 I_1, I_2를 단위법(pu)으로 구하는 과정이다. 다음 조건을 이용하여 풀이 과정의 ①~⑪에 알맞은 내용을 쓰시오.

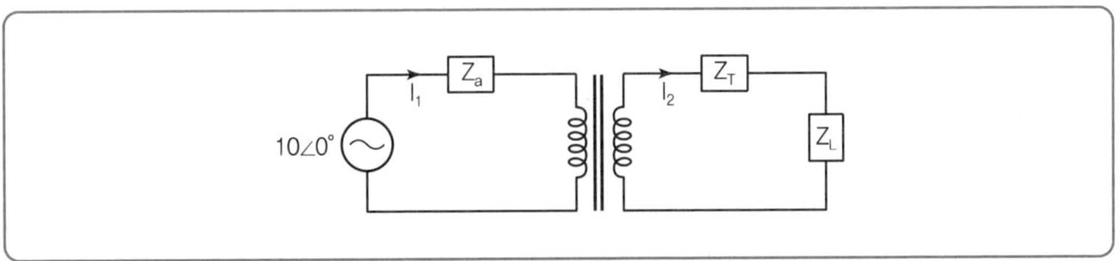

[조건]

① 단상발전기의 정격전압과 용량은 각각 $10\angle 0°$[kV], 100[kVA]이고 pu임피던스 $Z = j0.8$ [pu]이다.

② 변압기의 변압비는 5 : 1이고 정격용량 100[kVA] 기준으로 %임피던스는 $j12$[%]이고, 부하 임피던스 $Z_L = j120$[Ω]이다.

[풀이과정]

1 변압기 1차 측의 전압 및 용량의 기준값을 10[kV], 100[kVA]로 하면 2차 측의 전압 기준값은 (① [kV])가 된다.

2 그러므로 변압기 1, 2차 측의 전압 pu 값은 각각
V_{1pu} =(② [pu]), V_{2pu} =(③ [pu])이다.

3 변압기 1, 2차 측 전류의 기준값은 각각
I_{1b}=(④ [A]), I_{2b}=(⑤ [A])이고

4 변압기의 2차 측 회로의 임피던스 기준값 Z_{2b}=(⑥ [Ω])이므로
부하의 임피던스 단위값 Z_{Lpu} =(⑦ [pu])가 되므로
회로 전체의 임피던스 단위값 $Z_{pu} = Z_{Gpu} + Z_{Tpu} + Z_{Lpu}$ =(⑧ [pu])이다.

5 전류의 단위값은 $I_{1pu} = I_{2pu}$ =(⑨ [pu])로 되므로

6 회로의 실제 전류 I_1=(⑩ [A]), I_2=(⑪ [A])이다.

해답 1 계산 : $a = \frac{n_1}{n_2} = \frac{V_1}{V_2}$ 에서

$$V_2 = \frac{n_2}{n_1} V_1 = \frac{1}{5} \times 10 = 2[\text{kV}]$$

답 ① 2[kV]

2 계산 : $V_{1pu} = \frac{V_1}{V_{1n}} = \frac{10}{10} = 1[\text{pu}]$

$$V_{2pu} = \frac{V_2}{V_{2n}} = \frac{2}{2} = 1[\text{pu}]$$

답 ② 1[pu]　③ 1[pu]

3 계산 : $I_{1b} = \frac{P_n}{V_{1n}} = \frac{100}{10} = 10[\text{A}]$

$$I_{2b} = \frac{P_n}{V_{2n}} = \frac{100}{2} = 50[\text{A}]$$

답 ④ 10[A]　⑤ 50[A]

4 계산 : $Z_{2pu} = \frac{I_{2n} \times Z_{2b}}{V_{2n}}$ 에서

$$Z_{2b} = \frac{V_{2n} \times Z_{2pu}}{I_{2n}} = \frac{2{,}000 \times 1}{50} = 40[\Omega]$$

$$Z_{Lpu} = \frac{Z_2}{Z_{2b}} = \frac{120}{40} = 3[\text{pu}]$$

$$Z_{pu} = 0.8 + \frac{12}{100} + 3 = 3.92[\text{pu}]$$

답 ⑥ 40[Ω]　　⑦ 3[pu]　　⑧ 3.92[pu]

5 계산 : $I_{1pu} = \dfrac{V_{1pu}}{Z_{pu}} = \dfrac{1}{3.92} = 0.26[pu]$

$I_{2pu} = \dfrac{V_{2pu}}{Z_{pu}} = \dfrac{1}{3.92} = 0.26[pu]$

답 ⑨ 0.26[pu]

6 계산 : $I_1 = I_{1pu} \times I_{1b} = 0.26 \times 10 = 2.6[A]$

$I_2 = I_{2pu} \times I_{2b} = 0.26 \times 50 = 13[A]$

답 ⑩ 2.6[A]　　⑪ 13[A]

15 ★★★☆☆ [6점]

변압기의 △-△ 결선방식의 장점과 단점을 3가지씩 쓰시오.

해답 (1) 장점

① 제3고조파 전류가 △결선 내를 순환하므로, 기전력의 파형이 왜곡되지 않는다.

② 1대가 고장이 나면 나머지 2대로 V결선하여 사용할 수 있다.

③ 변압기의 상전류가 선전류의 $1/\sqrt{3}$ 이 되어 대전류에 적합하다.

(2) 단점

① 지락사고의 검출이 곤란하다.

② 권수비가 다른 변압기를 결선하면 순환전류가 흐른다.

③ 각 상의 임피던스가 다를 경우 3상 부하가 평형이 되어도 변압기의 부하전류는 불평형이 된다.

memo

ENGINEER ELECTRICITY

2008년 과년도 문제풀이

2008년도 1회 시험 과년도 기출문제

회독 체크	□1회독	월 일	□2회독	월 일	□3회독	월 일

01 ★★★★★

[6점]

그림은 22.9[kV−Y] 1,000[kVA] 이하에 적용 가능한 특고압 간이수전설비의 표준 결선도이다. 이 결선도를 보고 다음 각 물음에 답하시오.

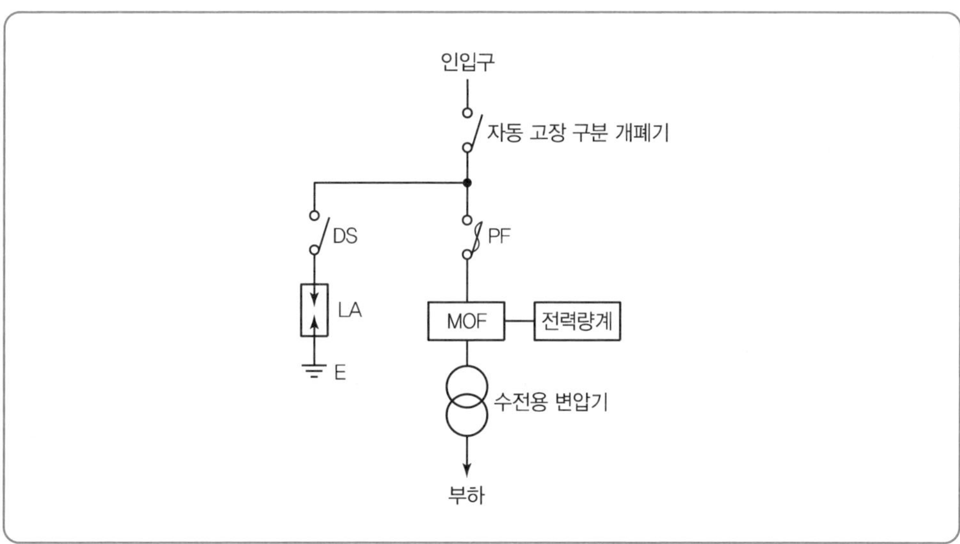

1. 본 도면에서 사용된 시설 중 생략할 수 있는 것은 어느 것인가?
2. LA는 어떤 장치가 붙어 있는 형태의 것을 사용하여야 하는가?
3. 인입선을 지중선으로 시설하는 경우로 공동주택 등 고장 시 정전 피해가 큰 경우는 예비 지중선을 포함하여 몇 회선으로 시설하는 것이 바람직한가?
4. 22.9[kV−Y] 지중인입선에는 어떤 종류의 케이블을 사용하여야 하는가?
5. 300[kVA] 이하인 경우 PF 대신 COS를 사용할 수 있다. 이 경우 COS의 비대칭 차단 전류용량은 몇 [kA] 이상의 것을 사용하여야 하는가?

해답

1. LA용 DS 또는 피뢰기용 단로기
2. 디스커넥터 또는 아이솔레이터
3. 2회선
4. CNCV−W(수밀형) 또는 TR CNCV−W(트리 억제형)
5. 10[kA]

TIP

➤ 22.9[kV−Y] 1,000[kVA] 이하를 시설하는 경우

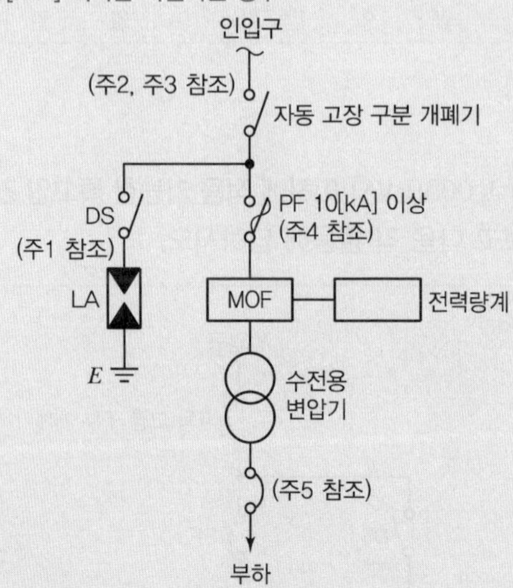

[주1] LA용 DS는 생략할 수 있으며 22.9[kV−Y]용의 LA는 Disconnector(또는 Isolator) 붙임형을 사용하여야 한다.

[주2] 인입선을 지중선으로 시설하는 경우로 공동주택 등 고장 시 정전 피해가 큰 경우는 예비지중선을 포함하여 2회선으로 시설하는 것이 바람직하다.

[주3] 지중인입선의 경우에 22.9[kV−Y] 계통은 CNCV−W 케이블(수밀형) 또는 TR CNCV−W(트리 억제형)를 사용하여야 한다. 다만, 전력구 · 공동구 · 덕트 · 건물구내 등 화재의 우려가 있는 장소에서는 FR CNCO−W(난연) 케이블을 사용하는 것이 바람직하다.

[주4] 300[kVA] 이하인 경우는 PF 대신 COS(비대칭 차단 전류 10[kA] 이상의 것)를 사용할 수 있다.

[주5] 특고압 간이수전설비는 PF의 용단 등의 결상사고에 대한 대책이 없으므로 변압기 2차 측에 설치되는 주차단기에는 결상계전기 등을 설치하여 결상사고에 대한 보호능력이 있도록 함이 바람직하다.

02 ★★★★★

[5점]

고압 선로에서의 접지사고 검출 및 경보장치를 그림과 같이 시설하였다. A선에 누전사고가 발생하였을 때 다음 각 물음에 답하시오.(단, 전원이 인가되고 경보벨의 스위치는 닫혀 있는 상태라고 한다.)

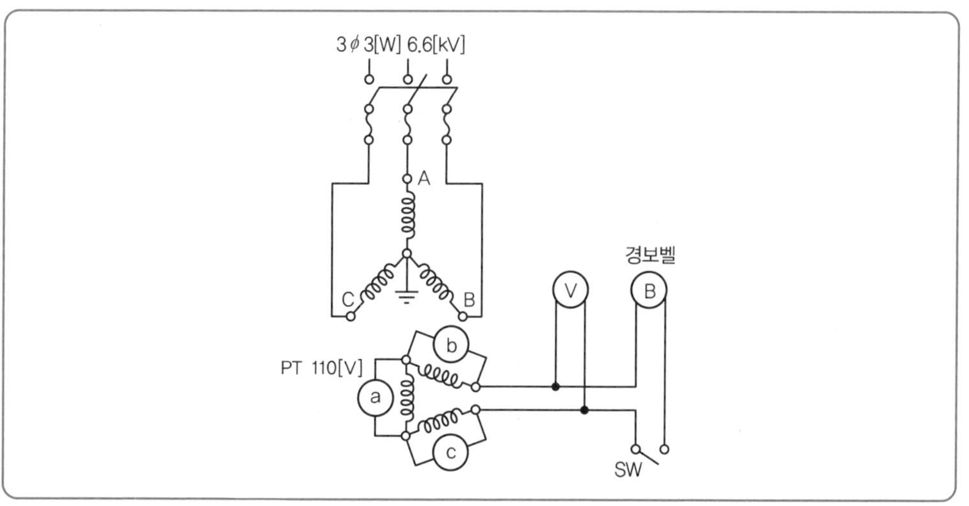

1 1차 측 A선의 대지 전압이 0[V]인 경우 B선 및 C선의 대지 전압은 각각 몇 [V]인가?

① B선의 대지전압

② C선의 대지전압

2 2차 측 전구 ⓐ의 전압이 0[V]인 경우 ⓑ 및 ⓒ 전구의 전압과 전압계 Ⓥ의 지시전압, 경보벨 Ⓑ에 걸리는 전압은 각각 몇 [V]인가?

① 전구 ⓑ의 전압

② 전구 ⓒ의 전압

③ 전압계 Ⓥ의 지시 전압

④ 경보벨 Ⓑ에 걸리는 전압

해답 **1** ① B선의 대지전압

계산 : $\frac{6,600}{\sqrt{3}} \times \sqrt{3} = 6,600[V]$ 답 6,600[V]

② C선의 대지전압

계산 : $\frac{6,600}{\sqrt{3}} \times \sqrt{3} = 6,600[V]$ 답 6,600[V]

2 ① 전구 ⓑ의 전압

계산 : $\frac{110}{\sqrt{3}} \times \sqrt{3} = 110[V]$ 답 110[V]

② 전구 ⓒ의 전압

계산 : $\frac{110}{\sqrt{3}} \times \sqrt{3} = 110[V]$ 답 110[V]

③ 전압계 Ⓥ의 지시전압

계산 : $110 \times \sqrt{3} = 190.53[V]$ 　　답 190.53[V]

④ 경보벨 Ⓑ에 걸리는 전압

계산 : $110 \times \sqrt{3} = 190.53[V]$ 　　답 190.53[V]

TIP

① 지락된 상 : 0[V]
② 지락되지 않은 상 : $\sqrt{3}$ 배
② 개방단 : 3배

03 ★★★★☆ [5점]

정격용량 100[kVA]인 변압기에서 지상역률 60[%]의 부하에 100[kVA]를 공급하고 있다. 역률을 90[%]로 개선하여 변압기의 전용량까지 부하에 공급하고자 한다. 다음 각 물음에 답하시오.

1 소요되는 전력용 콘덴서의 용량은 몇 [kVA]인가?

2 역률 개선에 따른 유효전력의 증가분은 몇 [kW]인가?

해답 1 계산 : • 역률 개선 전 무효전력 $Q_1 = P_a \sin\theta_1 = 100 \times 0.8 = 80[kVar]$

• 역률 개선 후 무효전력 $Q_2 = P_a \sin\theta_2 = 100 \times \sqrt{1-0.9^2} = 43.59[kVar]$

따라서, 필요한 콘덴서의 용량 $Q = Q_1 - Q_2 = 80 - 43.59 = 36.41[kVA]$

답 36.41[kVA]

2 계산 : $P_1 = P_a \cos\theta_1 = 100 \times 0.6 = 60[kW]$

$P_2 = P_a \cos\theta_2 = 100 \times 0.9 = 90[kW]$

$\therefore \ \triangle P = 90 - 60 = 30[kW]$

답 30[kW]

04 ★★★☆☆ [5점]

접지공사에서 접지저항을 저감시키는 방법을 5가지만 쓰시오.

해답 ① 접지극의 길이를 길게 한다.
② 접지극을 병렬 접속한다.
③ 접지봉의 매설 깊이를 깊게 한다.
④ 접지저항 저감제를 사용한다.
⑤ 심타공법으로 시공한다.

TIP

➤ 접지저항 저감법

(1) 물리적 저감법

① 접지극의 길이를 길게 한다.

- 직렬 접지 시공
- 매설 지선 시설
- 평판 접지극 시설

② 접지극을 병렬 접속한다.

$R = k\frac{R_1R_2}{R_1+R_2}$ (여기서, k는 결합계수로 보통 1.2를 적용한다.)

③ 접지봉의 매설 깊이를 깊게 한다.(지표면하 75[cm] 이하에 시설)

④ 접지극과 대지와의 접촉저항을 향상시키기 위하여 심타공법으로 시공한다.

(2) 화학적 저감법

① 접지극 주변의 토양 개량(염, 유산, 암모니아, 탄산소다, 카본 분말, 벤토나이트 등 화공약품을 사용하는 데 따른 환경오염 문제로 사용이 제한되고 있다.)

② 접지저항 저감제 사용(주로 아스론 사용)

05 ★★★★★

[6점]

고조파 전류는 SCR 등 전력제어소자 등에 의하여 발생하고 있는데 이러한 고조파 전류가 회로에 흐를 때 미치는 영향과 그 대책을 각각 3가지씩 쓰시오.

1 영향

2 대책

해답 1 영향

① 콘덴서 및 리액터에 과대전류가 흘러 과열, 소손, 여러 가지 진동, 이상음 등이 발생

② 전자유도에 의하여 통신선에 잡음전압이 발생

③ 유도전동기에 철손 및 동손 등 손실이 증가

2 대책

① 전력변환장치의 Pulse 수를 크게 한다.

② 고조파 필터를 사용하여 제거한다.

③ 변압기 결선에서 △결선을 채용한다.

TIP

(1) 고조파 전류의 발생원인
① 변압기, 전동기 등의 여자전류
② Converter, Inverter, Chopper 등의 전력변환장치
③ 전기로, 아크로 등
④ 송전 선로의 코로나
⑤ 전기용접기 등
⑥ 전력용 콘덴서 등

(2) 대책
① 전력변환장치의 Pulse수를 크게 한다.
② 고조파 필터를 사용하여 제거한다.
③ 변압기 결선에서 △결선을 채용한다.
④ 고조파를 발생하는 기기들을 따로 모아 결선해서 별도의 상위 전원으로부터 전력을 공급하고 여타 기기들로부터 분리시킨다.
⑤ 전력용 콘덴서에는 직렬 리액터를 설치한다.
⑥ 선로의 코로나 방지를 위하여 복도체, 다도체를 사용한다.

구분	내용
고조파 발생	① 변압기 여자전류 ② 용접기, 아크로 ③ SCR 교류위상제어 ④ AC/DC 정류기 ⑤ 컴퓨터 등 단상 정류장치 ⑥ 안정기(고조파 전류발생량 실측 예) ⑦ 인버터(Inverter)
고조파 영향	① 전기설비 과열로 소손(콘덴서, 변압기, 발전기, 케이블) ② 공진(직렬, 병렬 공진) ③ 중성선에 미치는 영향(중성선에 과전류 흐름, 변압기 과열, 유도장해, 중성점 전위 상승) ④ 전압왜곡(Notching Voltage) ⑤ 역률저하, 전력손실 ⑥ 변압기 소음, 진동, Flat－Topping
고조파 억제 대책	① 변압기의 다펄스화 ② 위상변위(Phase Shift) ③ 단락용량 증대 ④ 콘덴서용 직렬 리액터 설치 ⑤ 수동 Filter(Passive Filter) 설치 ⑥ 능동 Filter(Active Filter) 설치 ⑦ 리액터(ACL, DCL) 설치 ⑧ Notching Voltage 개선(Line Reactor 설치) ⑨ PWM 방식 도입 ⑩ 중성선 영상고조파 대책 ㉠ NCE(Neutral Current Eliminator) 설치 ㉡ NCE 설치 영상분 고조파 흡수 ㉢ 3고조파 Blocking Filters

06 ★★★★★

[8점]

스위치 S_1, S_2, S_3에 의하여 직접 제어되는 계전기 X, Y, Z가 있다. 전등 L_1, L_2, L_3, L_4가 동작표와 같이 점등된다고 할 때 다음 각 물음에 답하시오.

| 동작표 |

X	Y	Z	L_1	L_2	L_3	L_4
0	0	0	0	0	0	1
0	0	1	0	0	1	0
0	1	0	0	0	1	0
0	1	1	0	1	0	0
1	0	0	0	0	1	0
1	0	1	0	1	0	0
1	1	0	0	1	0	0
1	1	1	1	0	0	0

[조건]

- 출력 램프 L_1에 대한 논리식 $L_1 = X \cdot Y \cdot Z$
- 출력 램프 L_2에 대한 논리식 $L_2 = \overline{X} \cdot Y \cdot Z + X \cdot \overline{Y} \cdot Z + X \cdot Y \cdot \overline{Z}$
- 출력 램프 L_3에 대한 논리식 $L_3 = \overline{X} \cdot \overline{Y} \cdot Z + \overline{X} \cdot Y \cdot \overline{Z} + X \cdot \overline{Y} \cdot \overline{Z}$
- 출력 램프 L_4에 대한 논리식 $L_4 = \overline{X} \cdot \overline{Y} \cdot \overline{Z}$

1 답안지의 유접점 회로에 대한 미완성 부분을 최소 접점수로 도면을 완성하시오.

예

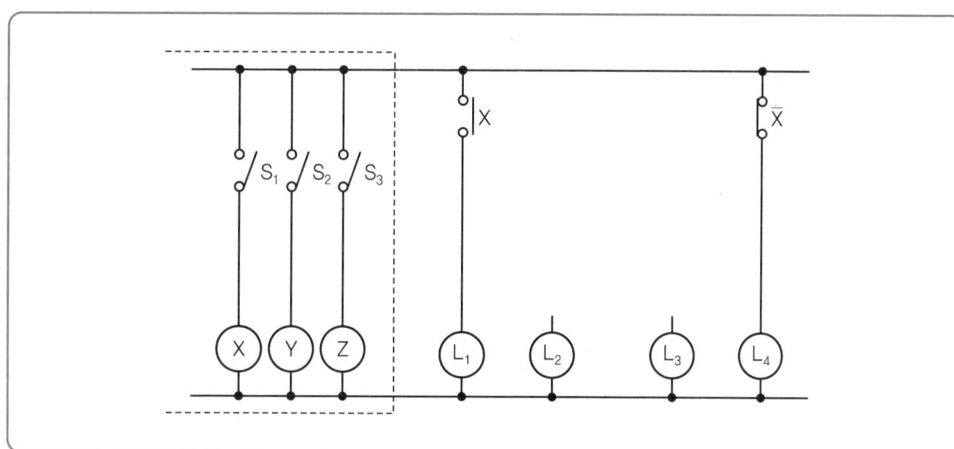

2 답안지의 무접점 회로에 대한 미완성 부분을 완성하고 출력을 표시하시오.

예 출력 L_1, L_2, L_3, L_4

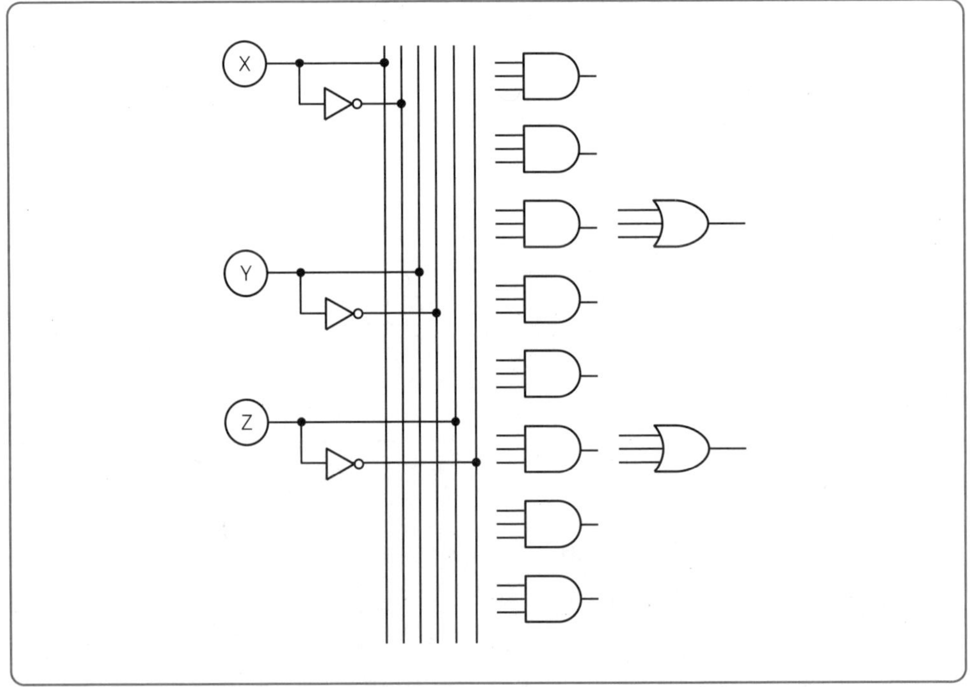

해답 **1** L_2, L_3를 간소화하면

$$L_2 = \overline{X} \cdot Y \cdot Z + X \cdot \overline{Y} \cdot Z + X \cdot Y \cdot \overline{Z} = \overline{X} \cdot Y \cdot Z + X \cdot (\overline{Y} \cdot Z + Y \cdot \overline{Z})$$

$$L_3 = \overline{X} \cdot \overline{Y} \cdot Z + \overline{X} \cdot Y \cdot \overline{Z} + X \cdot \overline{Y} \cdot \overline{Z} = X \cdot \overline{Y} \cdot \overline{Z} + \overline{X} \cdot (Y \cdot \overline{Z} + \overline{Y} \cdot Z)$$

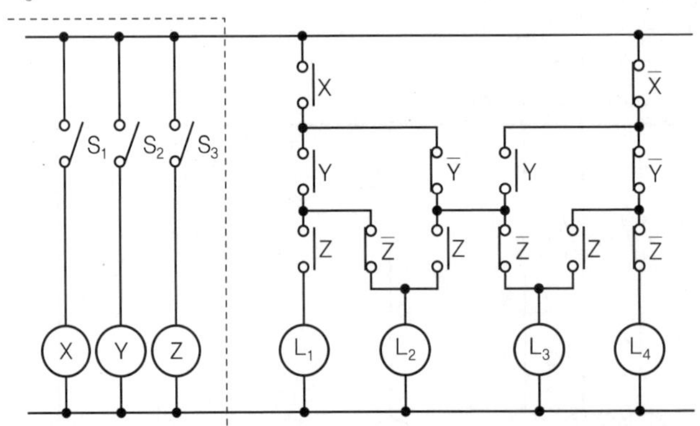

2

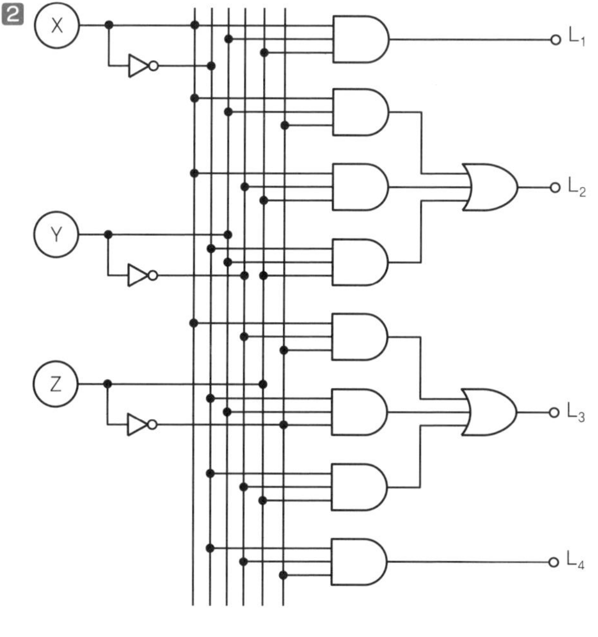

07 ★★★★★

[6점]

지표면상 10[m] 높이에 수조가 있다. 이 수조에 초당 1[m³]의 물을 양수하는데 펌프용 전동기에 3상 전력을 공급하기 위해서 단상 변압기 2대를 V결선하였다. 펌프 효율이 70[%]이고, 펌프 축동력에 20[%] 여유를 두는 경우 다음 각 물음에 답하시오.(단, 펌프용 3상 농형 유도 전동기의 역률을 100[%]로 가정한다.)

1 펌프용 전동기의 소요동력은 몇 [kVA]인가?

2 변압기 1대의 용량은 몇 [kVA]인가?

해답 1 계산 : $P = \dfrac{9.8QHK}{\eta \times \cos\theta}$

$= \dfrac{9.8 \times 1 \times 10 \times 1.2}{0.7 \times 1} = 168[kVA]$ 답 168[kVA]

2 계산 : 단상 변압기 2대를 V결선했을 경우의 출력 $P_V = \sqrt{3} \cdot$ (1대 용량)[kVA]

∴ 변압기 1대의 정격용량 : $P_1 = \dfrac{168}{\sqrt{3}} = 96.99[kVA]$ 답 96.99[kVA]

TIP

① $P = \dfrac{9.8QH}{\eta}K[kW]$

② $P = \dfrac{9.8QHK}{\eta \cdot \cos\theta}[kVA]$

08 ★★☆☆☆ [5점]

고압 배전선의 구성과 관련된 미완성 환상식(루프식) 배전간선의 단선도를 완성하시오.

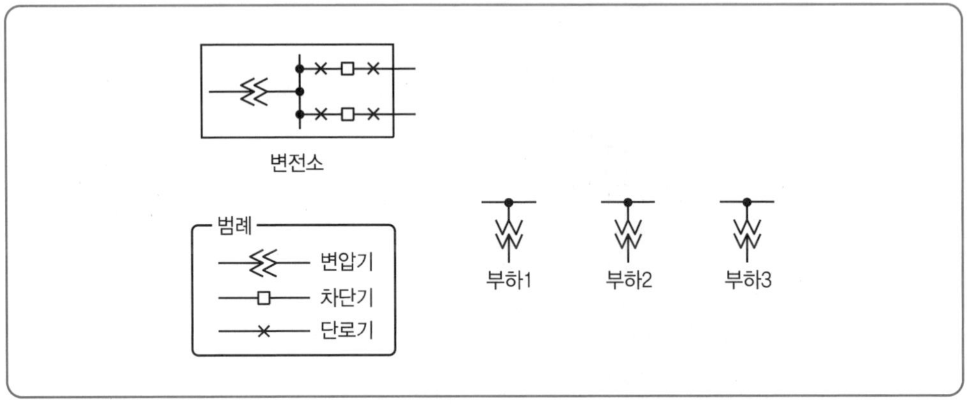

해답

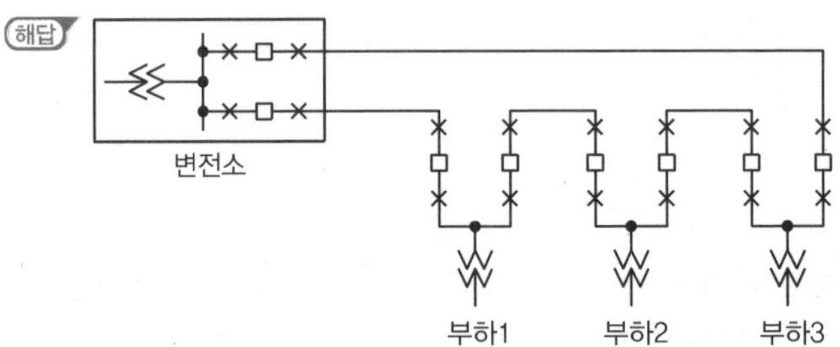

09 ★★★★☆ [5점]

3상 3선식 송전선에서 수전단의 선간전압이 30[kV], 부하역률이 0.8인 경우 전압강하율이 10[%]라 하면 이 송전선은 몇 [kW]까지 수전할 수 있는가?(단, 전선 1선의 저항은 15[Ω], 리액턴스는 20[Ω]이라 하고 기타의 선로정수는 무시하는 것으로 한다.)

해답 계산 : 전압강하율 $\delta = \frac{P}{V^2}(R + X\tan\theta) \times 100[\%]$에서

$$P = \frac{\delta V^2}{R + X\tan\theta} \times 10^{-3}$$

$$= \frac{0.1 \times (30 \times 10^3)^2}{15 + 20 \times \frac{0.6}{0.8}} \times 10^{-3} = 3{,}000[kW]$$

답 3,000[kW]

TIP

➤ 전압강하율

① $\delta = \frac{V_S - V_R}{V_R} \times 100[\%]$ ② $\delta = \frac{P}{{V_R}^2}(R + X\tan\theta) \times 100[\%]$

여기서, V_S : 송전단 전압, V_R : 수전단 전압, P : 전력

10 ★☆☆☆☆ [5점]

수변전설비를 설계하고자 한다. 기본설계에 있어서 검토할 주요 사항을 5가지만 쓰시오.

해답 ① 필요한 전력의 추정 ② 수전전압 및 수전방식
③ 주회로의 결선방식 ④ 감시 및 제어 방식
⑤ 변전설비의 형식
그 외
⑥ 변전실의 위치와 면적

TIP

➤ 수변전설비의 기본설계에서 검토해야 하는 주요 사항
① 필요한 전력의 추정(부하설비용량의 추정, 수전용량의 추정, 계약전력의 추정)
② 수전전압 및 수전방식
③ 주회로의 결선방식
㉠ 수전방식
㉡ 모선방식
㉢ 변압기의 뱅크 수와 뱅크 용량 및 상별(단상, 3상)
㉣ 배전 전압 및 방식
㉤ 비상용 또는 예비용 발전기를 시설할 경우 수전과 발전과의 절환방식
㉥ 사용기기의 결정
④ 감시 및 제어 방식
⑤ 변전설비의 형식
⑥ 변전실의 위치와 면적

11 ★★★☆☆ [10점]

조명설비에서 전력을 절약하는 효율적인 방법에 대해 5가지만 쓰시오.

해답 ① 고효율 등기구 채택 ② 고조도 저휘도 반사갓 채택
③ 적절한 조광제어 실시 ④ 고역률 등기구 채택
⑤ 등기구의 적절한 보수 및 유지 관리

TIP

그 외
⑥ 슬림라인 형광등 및 안정기 내장형 램프 채택
⑦ 창 측 조명기구 개별 점등
⑧ 재실감지기 및 카드키 채택
⑨ 전반조명과 국부조명의 적절한 병용(TAL 조명)
⑩ 등기구의 격등 제어 회로 구성

12 ★★★☆☆

[7점]

주어진 조건을 참조하여 다음 각 물음에 답하시오.

[조건]

차단기 명판(Name Plate)에 BIL 150[kV], 정격차단전류 20[kA], 차단시간 8사이클, 솔레노이드(Solenoid)형이라고 기재되어 있다.(단, BIL은 절연계급 20호 이상 비유효 접지계에서 계산하는 것으로 한다.)

1 BIL이란 무엇인가?

2 이 차단기의 정격전압은 몇 [kV]인가?

3 이 차단기의 정격차단용량은 몇 [MVA]인가?

해답 1 기준충격 절연강도

2 계산 : BIL＝절연계급×5＋50[kV]에서

$$\text{절연계급}=\frac{\text{BIL}-50}{5}=\frac{150-50}{5}=20[\text{kV}]$$

$$\text{공칭전압}=\text{절연계급}\times 1.1=20\times 1.1=22[\text{kV}]$$

$$\therefore\ \text{정격전압 } V_n=22\times\frac{1.2}{1.1}=24[\text{kV}]$$

답 24[kV]

3 계산 : $P_s=\sqrt{3}V_nI_s=\sqrt{3}\times 24\times 20=831.38[\text{MVA}]$

답 831.38[MVA]

TIP

➤ **절연내력과 기준충격 절연강도**

BIL이란 Basic Impulse Insulation Level의 약자이며, 뇌임펄스 내전압시험값으로서 절연 레벨의 기준을 정하는 데 적용된다.

절연계급 20호 이상의 비유효 접지계의 BIL은 다음과 같이 계산된다.

BIL＝절연계급×5＋50[kV]

13 ★★★★★

[7점]

유도전동기 IM을 정 · 역운전하기 위한 시퀀스 도면을 작성하려고 한다. 주어진 조건을 이용하여 시퀀스 도면을 그리시오.

[기구]

- 기구는 누름버튼 스위치 PBS ON용 2개, OFF용 1개, 정전용 전자접촉기 MCF 1개, 역전용 전자접촉기 MCR 1개, 열동계전기 THR 1개를 사용한다.
- 접점의 최소수를 사용하여야 하며, 접점에는 반드시 접점의 명칭을 쓰도록 한다.
- 과전류가 발생할 경우 열동계전기가 동작하여 전동기가 정지하도록 한다.
- 정회전과 역회전의 방향은 고려하지 않는다.

L1 L2 L3

MCCB

IM

해답

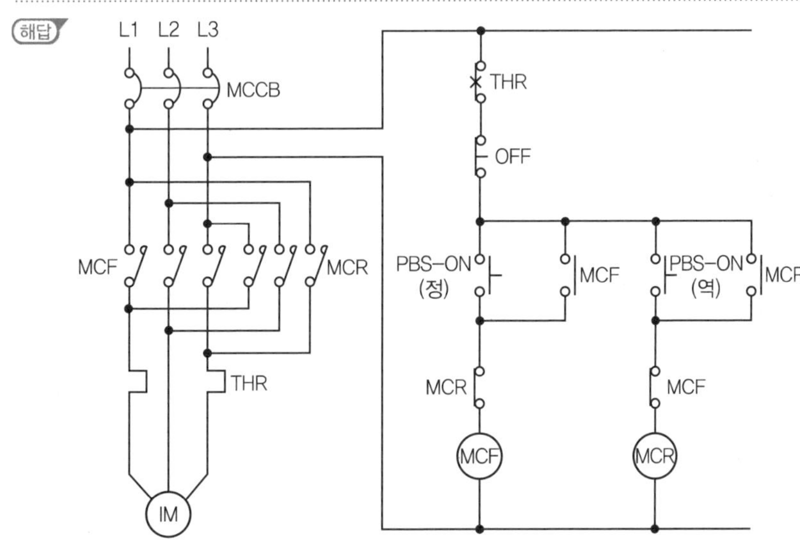

14 ★☆☆☆☆ [5점]

20[kVA] 단상 변압기가 있다. 역률이 1일 때 전부하 효율은 97[%]이고 75[%] 부하에서 최고 효율이 되었다. 전부하 시 철손은 몇 [W]인가?

해답 계산 : 효율 $\eta = \dfrac{P_a \cos\theta}{P_a \cos\theta + P_i + P_c} \times 100[\%]$

전손실 $P_L = P_i + P_c = \dfrac{P_a \cos\theta}{\eta} - P_a \cos\theta = \left(\dfrac{20 \times 1}{0.97} - 20 \times 1\right) \times 10^3 = 618.56[W]$

동손 $P_c = 618.56 - P_i$

최대 효율조건 $P_i = m^2 P_c$에서

최대 효율이 나타나는 부하 $m = \sqrt{\dfrac{P_i}{P_c}} = 0.75$이므로

철손 $P_i = 0.75^2 P_c$

$P_i = 0.75^2 (618.56 - P_i)$

$P_i + 0.75^2 P_i = 0.75^2 \times 618.56$

$P_i = \dfrac{0.75^2 \times 618.56}{1 + 0.75^2} = 222.68[W]$

답 222.68[W]

TIP

전부하 시 동손 $P_C = P_L - P_i = 618.56 - 222.68 = 395.88[W]$

15 ★★★★☆ [9점]

그림과 같은 3상 배전선이 있다. 변전소(A점)의 전압은 3,300[V], 중간 지점(B점)의 부하는 50[A], 역률 0.8(지상), 말단(C점)의 부하는 50[A], 역률 0.8이다. A, B 사이의 길이는 2[km], B, C 사이의 길이는 4[km]이고, 선로의 km당 임피던스는 저항 0.9[Ω], 리액턴스 0.4[Ω]이다.

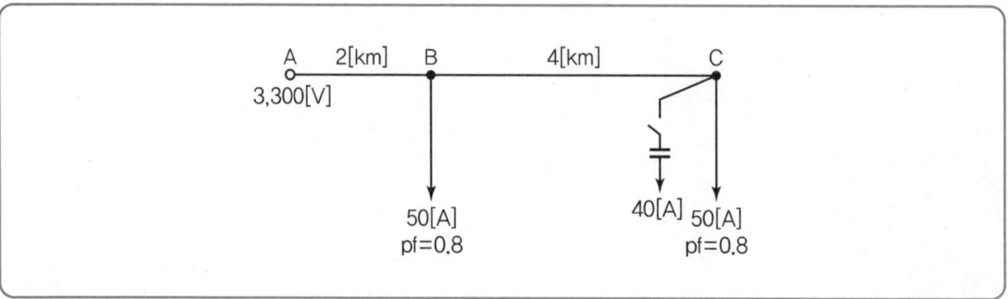

1 이 경우의 B점, C점의 전압은?

① B점

② C점

2 C점에 전력용 콘덴서를 설치하여 진상전류 40[A]를 흘릴 때 B점, C점의 전압은?

① B점

② C점

3 전력용 콘덴서를 설치하기 전과 후의 선로의 전력손실을 구하시오.

① 설치 전

② 설치 후

해답 **1** 콘덴서 설치 전

① B점의 전압

계산 : $V_B = V_A - \sqrt{3}I_1(R_1\cos\theta + X_1\sin\theta)$

$= 3{,}300 - \sqrt{3} \times 100(1.8 \times 0.8 + 0.8 \times 0.6) = 2{,}967.45[V]$

답 2,967.45[V]

② C점의 전압

계산 : $V_C = V_B - \sqrt{3}I_2(R_2\cos\theta + X_2\sin\theta)$

$= 2{,}967.45 - \sqrt{3} \times 50(3.6 \times 0.8 + 1.6 \times 0.6) = 2{,}634.9[V]$

답 2,634.9[V]

2 콘덴서 설치 후

① B점의 전압

계산 : $V_B = V_A - \sqrt{3} \times \{I_1\cos\theta \cdot R_1 + (I_1\sin\theta - I_C) \cdot X_1\}$

$= 3{,}300 - \sqrt{3} \times \{100 \times 0.8 \times 1.8 + (100 \times 0.6 - 40) \times 0.8\} = 3{,}022.87[V]$

답 3,022.87[V]

② C점의 전압

계산 : $V_C = V_B - \sqrt{3} \times \{I_2\cos\theta \cdot R_2 + (I_2\sin\theta - I_C) \cdot X_2\}$

$= 3{,}022.87 - \sqrt{3} \times \{50 \times 0.8 \times 3.6 + (50 \times 0.6 - 40) \times 1.6\} = 2{,}801.17[V]$

답 2,801.17[V]

3 전력손실

① 설치 전

계산 : $P_{L1} = 3I_1^2R_1 + 3I_2^2R_2 = 3 \times 100^2 \times 1.8 + 3 \times 50^2 \times 3.6 = 81{,}000[W] = 81[kW]$

답 81[kW]

② 설치 후

계산 : $I_1 = 100(0.8 - j0.6) + j40 = 80 - j20 = 82.46[A]$

$I_2 = 50(0.8 - j0.6) + j40 = 40 + j10 = 41.23[A]$

$\therefore P_{L2} = 3 \times 82.46^2 \times 1.8 + 3 \times 41.23^2 \times 3.6 = 55{,}077[W] = 55.08[kW]$

답 55.08[kW]

TIP

① $R_1 = 0.9 \times 2 = 1.8[\Omega]$, $R_2 = 0.9 \times 4 = 3.6[\Omega]$
$X_1 = 0.4 \times 2 = 0.8[\Omega]$, $X_2 = 0.4 \times 4 = 1.6[\Omega]$
② 전력용 콘덴서를 설치하여 진상전류(I_C)를 흘려주면 무효전류가 감소한다.
③ 3상 배전 선로의 전력손실 $P_L = 3I^2R[W]$

16 ★★★★☆

[6점]

그림과 같이 주상 변압기 2대와 수저항기를 사용하여 변압기의 절연내력시험을 할 수 있다. 이때 다음 각 물음에 답하시오.(단, 최대 사용전압 6,900[V]의 변압기의 권선을 시험할 경우이며, $\frac{E_2}{E_1} = 105/6,300[V]$임)

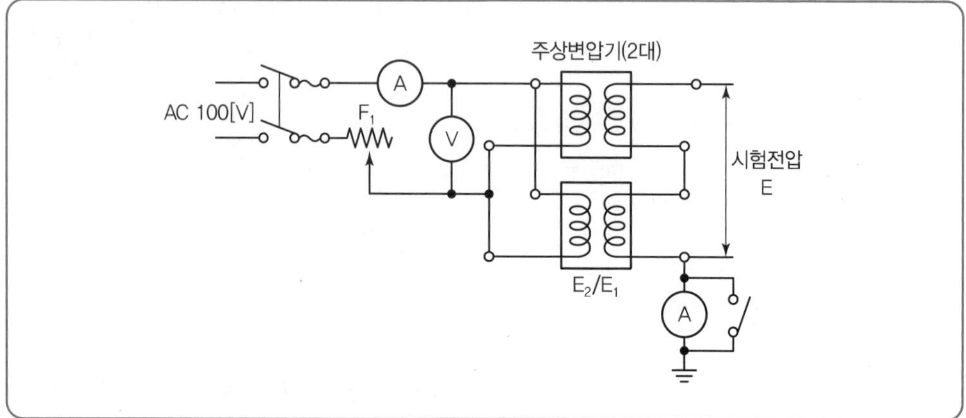

1. 절연내력시험전압은 몇 [V]이며, 이 시험전압을 몇 분간 가하여 이에 견디어야 하는가?
   ① 절연내력시험전압
   ② 가하는 시간
2. 시험 시 전압계 Ⓥ로 측정되는 전압은 몇 [V]인가?
3. 도면의 오른쪽 하단에 접지되어 있는 전류계는 어떤 용도로 사용되는가?

해답

1. ① 절연내력시험전압
   계산 : 절연내력시험전압 $V = 6,900 \times 1.5 = 10,350[V]$
   답 10,350[V]
   ② 가하는 시간 : 10분
2. 계산 : $V = 10,350 \times \frac{1}{2} \times \frac{105}{6,300} = 86.25[V]$
   답 86.25[V]
3. 누설전류의 측정

TIP

V_1 전압계 지시값은 2차 전압 10,350(V)는 변압기 2대 값이고, 1차 전압은 변압기가 병렬(전압이 일정)이므로 1대 값이 된다.

즉, 10,350(V)$\times \frac{1}{2}$이 된다.

전기기사

2008년도 2회 시험

과년도 기출문제

회독 체크	□1회독	월 일	□2회독	월 일	□3회독	월 일

01 ★★★☆☆ [5점]

저항 4[Ω]과 정전용량 C[F]인 직렬 회로에 주파수 60[Hz]의 전압을 인가한 경우 역률이 0.8이었다. 이 회로에 30[Hz], 220[V]의 교류 전압을 인가하면 소비전력은 몇 [W]가 되겠는가?

해답 계산 : 주파수가 60[Hz]인 경우

역률 $\cos\theta = \frac{R}{Z} = \frac{R}{\sqrt{R^2+X_C^2}} = \frac{4}{\sqrt{4^2+X_C^2}} = 0.8$이므로 $\sqrt{4^2+X_C^2} = \frac{4}{0.8}$

$\therefore X_C = \sqrt{\left(\frac{4}{0.8}\right)^2 - 4^2} = 3[\Omega]$, $X_C = \frac{1}{\omega C} = \frac{1}{2\pi f C}$,

$C = \frac{1}{\omega \cdot X_C} = \frac{1}{2\pi \times 60 \times 3} = 8.84 \times 10^{-4}[F]$

$\therefore X_C' = \frac{1}{\omega C} = \frac{1}{2\pi \times 30 \times 8.84 \times 10^{-4}} ≒ 6[\Omega]$

결국 $P = \frac{V^2 R}{R^2+X_C^2}[W] = \frac{220^2 \times 4}{4^2+6^2} = 3{,}723.08[W]$

답 3,723.08[W]

TIP

➤ R과 X의 직렬 단상 회로에서 소비되는 전력 P

$P = VI\cos\theta = I^2R = \left(\frac{V}{Z}\right)^2 \cdot R = \left(\frac{V}{\sqrt{R^2+X^2}}\right)^2 \cdot R = \frac{V^2 \cdot R}{R^2+X^2}[W]$

02 ★★★★☆ [5점]

빌딩 설비나 대규모 공장 설비, 지하철 및 전기철도 설비의 수배전설비에는 각각 전기적 특성을 감안한 몰드(Mold) 변압기가 사용되고 있다. 몰드 변압기의 특징을 5가지 쓰시오.

해답 ① 자기 소화성이 우수하므로 화재의 염려가 없다.
② 소형 경량화할 수 있다.
③ 습기, 가스, 염분 및 소손 등에 대해 안정하다.
④ 보수 및 점검이 용이하다.
⑤ 저진동 및 저소음이다.
그 외
⑥ 단시간 과부하 내량이 크다.
⑦ 전력손실이 감소한다.

03 ★★☆☆☆ [6점]

3상 4선식 Y 결선 시 전등과 동력을 공급하는 옥내배선의 경우 상별 부하전류가 평형으로 유지되도록 상별로 결선하기 위하여 전압 측 전선에 색별 배선을 하거나 색 테이프를 감는 등의 방법으로 표시를 하여야 한다. 다음 그림의 L1상, L2상, N상, L3상의 ( ) 안에 알맞은 색상을 쓰시오.(단, 상별 색이 1가지 이상인 경우 해당 색을 모두 쓰시오.)

※ KEC 규정에 따라 변경

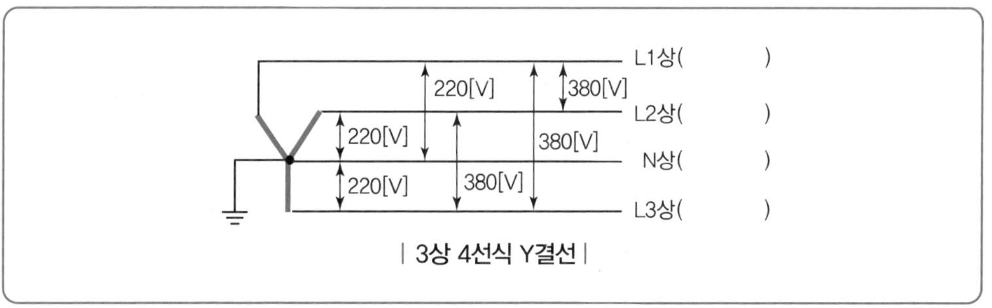

| 3상 4선식 Y결선 |

해답

- L1상 : 갈색
- L2상 : 검정색
- N상 : 파란색
- L3상 : 회색

TIP

➤ 전선의 식별

① 전선의 색상은 표에 따른다.

상(문자)	색상
L1	갈색
L2	검정색
L3	회색
N	파란색
보호도체	녹색-노란색

② 색상 식별이 종단 및 연결 지점에서만 이루어지는 나도체 등은 전선 종단부에 색상이 반영구적으로 유지될 수 있는 도색, 밴드, 색 테이프 등의 방법으로 표시해야 한다.

04 ★★★☆☆ [10점]

그림은 특고압 수전설비 결선도의 미완성 도면이다. 이 도면을 보고 다음 각 물음에 답하시오.(단, CB 1차 측에 CT를, CB 2차 측에 PT를 시설하는 경우이다.)

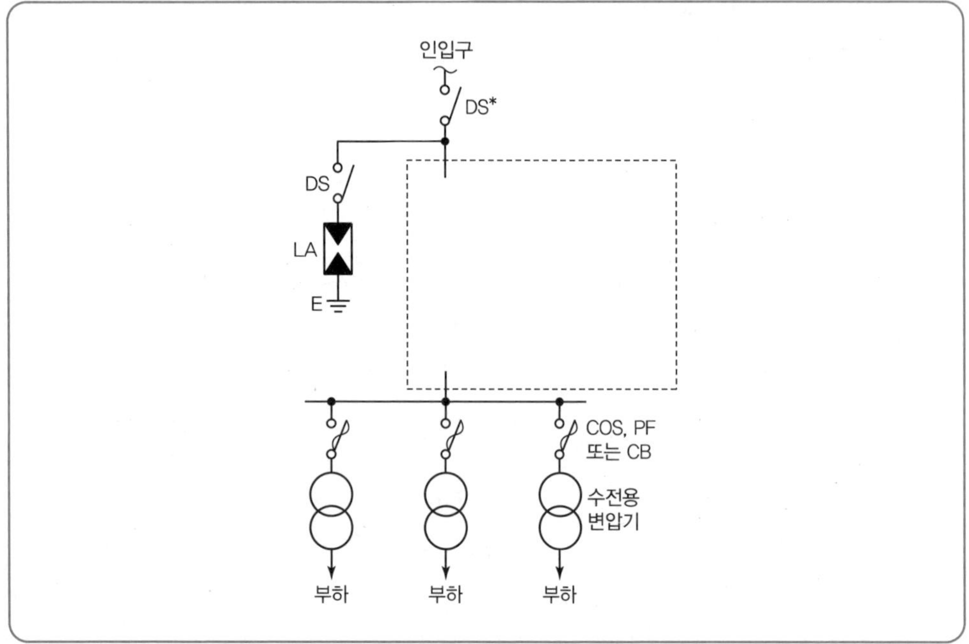

1. 미완성 부분(점선 내부 부분)에 대한 결선도를 그리시오.(단, 미완성 부분만 작성하되 미완성 부분에는 CB, OCR : 3개, OCGR, MOF, PT, CT, PF, COS, TC, A, V, 전력량계 등을 사용하도록 한다.)
2. 사용전압이 22.9[kV]라고 할 때 차단기의 트립전원은 어떤 방식이 바람직한지 2가지를 쓰시오.
3. 수전전압이 66[kV] 이상인 경우 *표로 표시된 DS 대신 어떤 것을 사용하여야 하는가?
4. 22.9[kV-Y] 1,000[kVA] 이하를 시설하는 경우 특고압 간이수전설비 결선도에 의할 수 있다. 본 결선도에 대한 간이수전설비 결선도를 그리시오.

해답 1

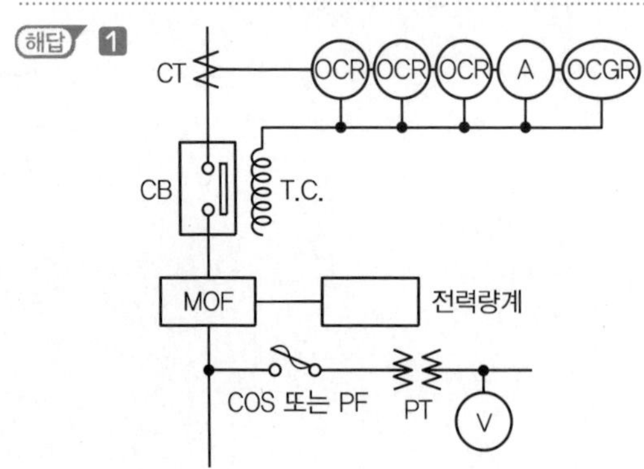

2 ① 직류(DC) 방식
② 콘덴서(CTD) 방식

3 LS(선로 개폐기)

4

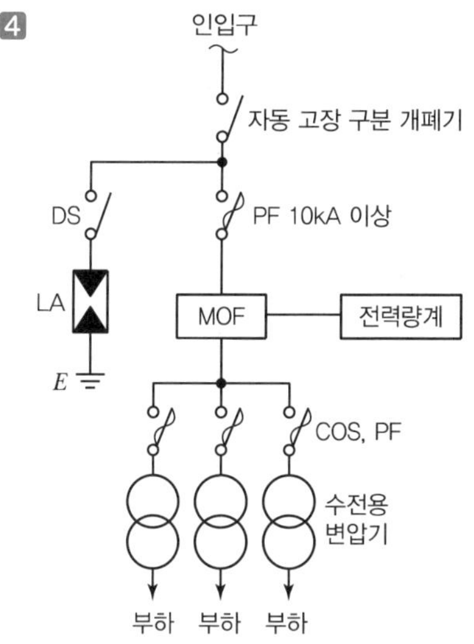

05 ★★☆☆☆ [9점]

배선설계에 있어서 주택용 분기 과전류 차단기의 정격전류에 따른 분기회로의 종류 7가지를 쓰시오. ※ KEC 규정에 따라 변경

해답 ① 16[A] 분기회로 ② 20[A] 분기회로
③ 25[A] 분기회로 ④ 32[A] 분기회로
⑤ 40[A] 분기회로 ⑥ 50[A] 분기회로
⑦ 63[A] 분기회로

TIP

산업용 분기회로의 종류	주택용 분기회로의 종류
15[A] 분기회로	16[A] 분기회로
20[A] 분기회로	20[A] 분기회로
30[A] 분기회로	25[A] 분기회로
40[A] 분기회로	32[A] 분기회로
50[A] 분기회로	40[A] 분기회로
60[A] 분기회로	50[A] 분기회로
75[A] 분기회로	63[A] 분기회로
100[A] 분기회로	80[A] 분기회로
–	100[A] 분기회로

06 ★★★☆☆ [5점]

평형 3상 회로에 그림과 같이 접속된 전압계의 지시값이 220[V], 전류계의 지시값이 20[A], 전력계의 지시값이 2[kW]일 때 다음 각 물음에 답하시오.

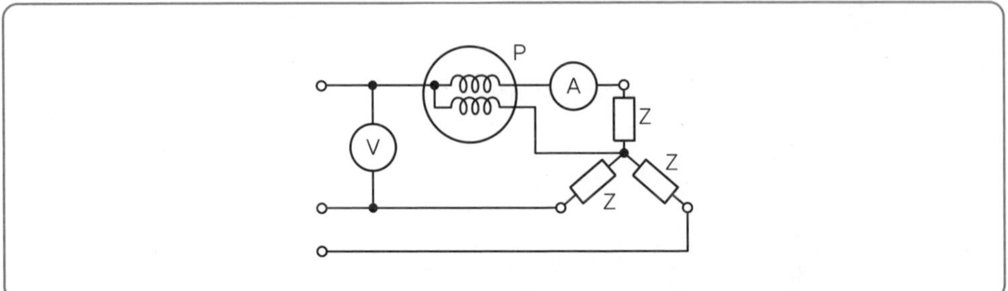

1 회로의 소비전력은 몇 [kW]인가?
2 부하의 저항은 몇 [Ω]인가?
3 부하의 리액턴스는 몇 [Ω]인가?

해답 1 계산 : 1상 유효전력 $P_1 = 2[\text{kW}]$이므로

3상 유효전력 $P_3 = 3P = 3 \times 2 = 6[\text{kW}]$ 답 6[kW]

2 계산 : 1상 전력 $P = I^2R$에서 저항 $R = \dfrac{P}{I^2} = \dfrac{2 \times 10^3}{20^2} = 5[\Omega]$ 답 5[Ω]

3 계산 : 임피던스 $Z = \dfrac{V_P}{I} = \dfrac{\frac{220}{\sqrt{3}}}{20} = \dfrac{11}{\sqrt{3}}[\Omega]$

리액턴스 $X = \sqrt{Z^2 - R^2} = \sqrt{\left(\dfrac{11}{\sqrt{3}}\right)^2 - 5^2} = 3.92[\Omega]$ 답 3.92[Ω]

07 ★☆☆☆☆ [5점]

연동선을 사용한 코일의 저항이 0[℃]에서 4,000[Ω]이었다. 이 코일에 전류를 흘렸더니 그 온도가 상승하여 코일의 저항이 4,500[Ω]으로 되었다고 한다. 이때 연동선의 온도를 구하시오.

해답 계산 : $R_T = \dfrac{234.5 + T}{234.5 + t} R_t$, $(234.5 + T)R_t = (234.5 + t)R_T$, $234.5 + T = \dfrac{(234.5 + t)R_T}{R_t}$

$\therefore T = \dfrac{(234.5 + t)R_T}{R_t} - 234.5 = \dfrac{(234.5 + 0) \times 4{,}500}{4{,}000} - 234.5 = 29.31[℃]$

답 29.31[℃]

2002 2003 2004 2005 2006 2007 2008 2009 2010 2011

08 ★★★★★

[5점]

매분 10[m³]의 물을 높이 15[m]인 탱크에 양수하는 데 필요한 전력을 V결선한 변압기로 공급한다면, 여기에 필요한 단상 변압기 1대의 용량은 몇 [kVA]인가?(단, 펌프와 전동기의 합성 효율은 65[%]이고, 전동기의 전부하역률은 90[%]이며, 펌프의 축동력은 15[%]의 여유를 둔다고 한다.)

해답 계산 : $P = \dfrac{9.8HQK}{\eta} = \dfrac{9.8 \times 15 \times \dfrac{1}{60} \times 10 \times 1.15}{0.65} = 43.35[kW]$

[kVA]로 환산하면

부하 용량$= \dfrac{P}{\cos\theta} = \dfrac{43.35}{0.9} = 48.17[kVA]$

V결선 시 용량 $P_V = \sqrt{3}P_1$에서

단상 변압기 1대의 용량 $P_1 = \dfrac{P_V}{\sqrt{3}} = \dfrac{48.17}{\sqrt{3}} = 27.81[kVA]$

답 27.81[kVA]

09 ★★★☆☆

[8점]

그림은 전력계통의 모선 도면이다. 이 도면을 보고 다음 각 물음에 답하시오.(단, 도면에서 T/L은 송전선로, CB는 차단기, Tr은 변압기이다.)

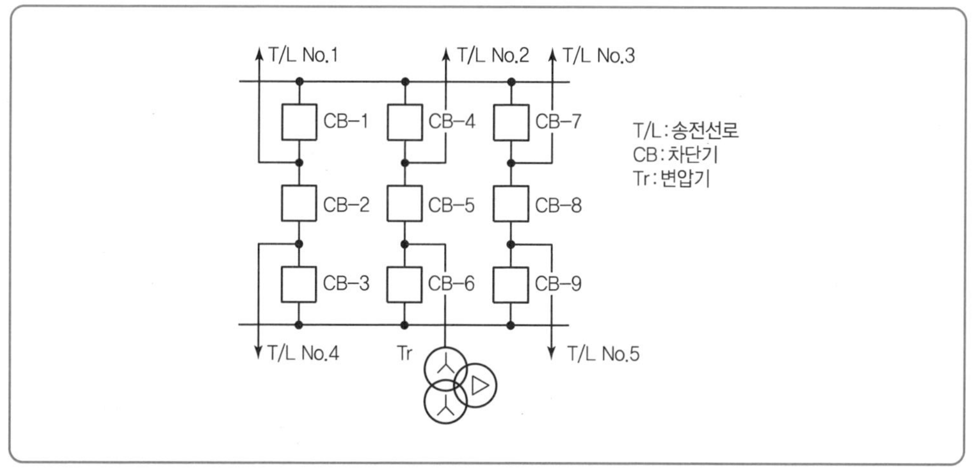

1 이 모선 방식의 명칭을 구체적으로 쓰시오.

2 T/L 4에서 지락 고장이 발생하였을 때 차단되는 차단기 2개를 쓰시오.

3 T/L 1이 고장일 때 CB–1이 고장 상태이기 때문에 고장을 차단하지 못하였다. 이때 차단기 고장 보호(Breaker failure protection)를 채택한 경우라면 차단되는 차단기는 어느 것인지 그 2가지를 쓰시오.(단, 상대 S/S, CB는 생략한다.)

4 유입 변압기 Tr은 도면의 그림 기호로 볼 때, 어떤 종류의 변압기인지 그 명칭을 쓰시오.

해답 1 2중 모선 방식의 1.5 차단 방식(One And Half Breaker System)
2 CB−2, CB−3
3 CB−4, CB−7
4 3권선 변압기

10

★☆☆☆☆ [5점]

154[kV], 60[Hz], 선로의 길이 200[km]인 3상 송전선에 설치한 소호리액터의 공진탭의 용량은 몇 [kVA]인가?(단, 1선당 대지정전 용량은 0.0043[μF/km]이다.)

해답 계산 : $P = 2\pi f C l V^2 \times 10^{-3}$[kVA]

$= 2\pi \times 60 \times 0.0043 \times 10^{-6} \times 200 \times (154 \times 10^3)^2 \times 10^{-3} = 7{,}689.02$[kVA]

답 7,689.02[kVA]

TIP

소호리액터 용량 $P = \omega C V^2 = 2\pi f C l V^2 \times 10^{-3}$[kVA]

11

★☆☆☆☆ [5점]

접지 시스템 설계에 가장 기본적인 과정은 시공 현장의 대지저항률을 측정하여 분석하는 것이다. 4개의 측정탐침(4−Test Probe)을 지표면에 일직선상에 등거리로 박아서 측정장비 내에서 저주파 전류를 탐침을 통해 대지에 흘려보내어 대지 저항률을 측정하는 방법을 무엇이라 하는가?

해답 워너의 4전극법

TIP

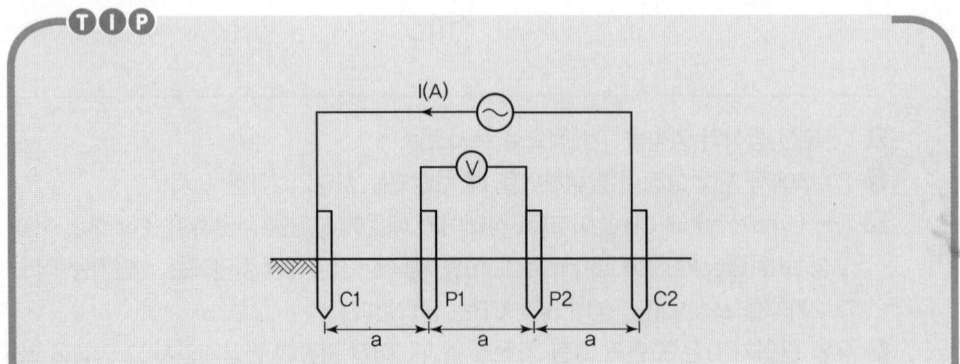

① 4개의 전극(C1, P1, P2, C2)을 일정한 등간격(a)으로 설치하여 C1, C2에 전류를 흘리고, P1, P2의 전압을 측정하여 R값을 측정한다.

② $\rho = 2\pi a \cdot R$, $R = \frac{\rho}{2\pi a}$ (V/I)에 수식을 대입하여 토양의 고유저항을 측정한다.

단, ρ : 토양의 고유저항[Ω·cm], a : 전극의 간격[cm], R = (V/I)[Ω]

12 ★★★★★ [11점]

다음과 같은 규모의 아파트 단지를 계획하고 있다. 주어진 조건을 이용하여 다음 각 물음에 답하시오.

[규모]

- 아파트 동수 및 세대수 : 2동, 300세대
- 세대당 면적과 세대수

동별	세대당 면적[m^2]	세대수
1동	50	30
	70	40
	90	50
	110	30
2동	50	50
	70	30
	90	40
	110	30

- 계단, 복도, 지하실 등의 공용면적
  - 1동 : 1,700[m^2]　　- 2동 : 1,700[m^2]

[조건]

- 면적의 [m^2]당 상정부하는 다음과 같다.
  - 아파트 : 30[VA/m^2]　　- 공용 부분 : 7[VA/m^2]
- 세대당 추가로 가산하여야 할 상정부하는 다음과 같다.
  - 80[m^2] 이하의 세대 : 750[VA]
  - 150[m^2] 이하의 세대 : 1,000[VA]
- 아파트 동별 수용률은 다음과 같다.
  - 70세대 이하 : 65[%]　　- 100세대 이하 : 60[%]
  - 150세대 이하 : 55[%]　　- 200세대 이하 : 50[%]
- 모든 계산은 피상전력을 기준으로 한다.
- 역률은 100[%]로 보고 계산한다.
- 주변전실로부터 1동까지는 150[m]이며 동 내부의 전압강하는 무시한다.

- 각 세대의 공급방식은 110/220[V]의 단상 3선식으로 한다.
- 변전실의 변압기는 단상 변압기 3대로 구성한다.
- 동 간 부등률은 1.4로 본다.
- 공용부분의 수용률은 100[%]로 한다.
- 주변전실에서 각 동까지의 전압강하는 3[%]로 한다.
- 간선의 후강 전선관 배선으로는 NR 전선을 사용하며, 간선의 굵기는 300[mm^2] 이하로 사용하여야 한다.
- 이 아파트 단지의 수전은 13,200/22,900[V]의 Y 3상 4선식의 계통에서 수전한다.
- 사용설비에 의한 계약전력은 사용설비의 개별 입력의 합계에 대하여 다음 표의 계약전력 환산율을 곱한 것으로 한다.

구분	계약전력환산율	비고
처음 75[kW]에 대하여	100[%]	계산의 합계치 단수가 1[kW] 미만일 경우 소수점 이하 첫째 자리에서 반올림한다.
다음 75[kW]에 대하여	85[%]	
다음 75[kW]에 대하여	75[%]	
다음 75[kW]에 대하여	65[%]	
300[kW] 초과분에 대하여	60[%]	

1 1동의 상정부하는 몇 [VA]인가?

2 2동의 수용부하는 몇 [VA]인가?

3 이 단지의 변압기는 단상 몇 [kVA]짜리 3대를 설치하여야 하는가?(단, 변압기의 용량은 10[%]의 여유율로 보며 단상 변압기의 표준용량은 75, 100, 150, 200, 300[kVA] 등이다.)

4 한국전력공사와 변압기 설비에 의하여 계약한다면 몇 [kW]로 계약하여야 하는가?

5 한국전력공사와 사용설비에 의하여 계약한다면 몇 [kW]로 계약하여야 하는가?

해답 1 계산 : 상정부하=(바닥 면적×[m^2]당 상정 부하)+가산부하에서

세대당 면적 [m^2]	상정부하 [VA/m^2]	가산부하 [VA]	세대수	상정부하[VA]
50	30	750	30	[(50×30)+750]×30=67,500
70	30	750	40	[(70×30)+750]×40=114,000
90	30	1,000	50	[(90×30)+1,000]×50=185,000
110	30	1,000	30	[(110×30)+1,000]×30=129,000
합계	495,500[VA]			

∴ 공용면적까지 고려한 상정부하=495,500+1,700×7=507,400[VA]

답 507,400[VA]

2 계산

세대당 면적 $[m^2]$	상정부하 $[VA/m^2]$	가산부하 [VA]	세대수	상정부하[VA]
50	30	750	50	$[(50\times30)+750]\times50=112,500$
70	30	750	30	$[(70\times30)+750]\times30=85,500$
90	30	1,000	40	$[(90\times30)+1,000]\times40=148,000$
110	30	1,000	30	$[(110\times30)+1,000]\times30=129,000$
합계	475,000[VA]			

∴ 공용면적까지 고려한 수용부하 $=475,000\times0.55+1,700\times7=273,150$[VA]

답 273,150[VA]

3 계산 : 변압기 용량 ≥ 합성 최대 전력 $=\dfrac{\text{최대 수용전력}}{\text{부등률}}=\dfrac{\text{설비용량}\times\text{수용률}}{\text{부등률}}$

$$=\frac{495,500\times0.55+1,700\times7+273,150}{1.4}\times10^{-3}$$

$$=398.27[\text{kVA}]$$

변압기 1대의 용량 $\dfrac{398.27}{3}\times1.1=146.03$[kVA]이므로

표준 용량 150[kVA]를 선정한다.

답 150[kVA]

4 변압기 용량 150[kVA] 3대이므로 450[kW]로 계약한다.

5 계산 : 설비용량 $=(507,400+486,900)\times10^{-3}=994.3$[kVA]

계약전력 $=75+75\times0.85+75\times0.75+75\times0.65+694.3\times0.6=660$[kW]

답 660[kW]

TIP

5 설비용량은 상정부하를 기준으로 한다.
1동의 상정부하 $=495.500+1,700\times7=507,400$[VA]
2동의 상정부하 $=475,000+1,700\times7=486,900$[VA]가 된다.

13 ★★★☆☆ [6점]

부하전력 및 역률을 일정하게 유지하고 전압을 2배로 승압하면 전압강하, 전압강하율, 선로손실 및 선로손실률은 승압 전과 비교하여 각각 어떻게 되는가?

1 전압강하

2 전압강하율

3 선로손실

4 선로손실률

해답 **1** 계산 : $e \propto \frac{1}{V}$ ∴ 전압강하 $e' = \frac{1}{2}e$ 답 $\frac{1}{2}$배

2 계산 : $\delta \propto \frac{1}{V^2}$ ∴ 전압강하율 $\delta' = \left(\frac{1}{2^2}\right)\delta = \frac{1}{4}\delta$ 답 $\frac{1}{4}$배

3 계산 : $P_L \propto \frac{1}{V^2}$ ∴ 선로손실 $P_L' = \left(\frac{1}{2^2}\right)P_L = \frac{1}{4}P_L$ 답 $\frac{1}{4}$배

4 계산 : $k \propto \frac{1}{V^2}$ ∴ 선로손실률 $k' = \left(\frac{1}{2^2}\right)k = \frac{1}{4}k$ 답 $\frac{1}{4}$배

TIP

① 전압강하 $e = \frac{P}{V}(R + X\tan\theta)[V]$

② 전압강하율 $\delta = \frac{e}{V} \times 100 = \frac{P}{V^2}(R + X\tan\theta) \times 100[\%]$

③ 전력손실 $P_L = \frac{P^2R}{V^2\cos^2\theta}[kW]$

④ 전력손실률 $k = \frac{P_L}{P} \times 100 = \frac{PR}{V^2\cos^2\theta} \times 100[\%]$

14 ★★★★★ [5점]

어느 수용가가 당초 역률(지상) 80[%]로 150[kW]의 부하를 사용하고 있는데, 새로 역률(지상) 60[%], 100[kW]의 부하를 증가하여 사용하게 되었다. 이때 콘덴서로 합성역률을 90[%]로 개선하는 데 필요한 용량은 몇 [kVA]인가?

해답 계산 : 무효전력 $Q = P_1\tan\theta_1 + P_2\tan\theta_2 = 150 \times \frac{0.6}{0.8} + 100 \times \frac{0.8}{0.6} = 245.83[kVar]$

유효전력 $P = 150 + 100 = 250[kW]$

합성역률 $\cos\theta = \frac{P}{\sqrt{P^2 + Q^2}} = \frac{250}{\sqrt{250^2 + 245.83^2}} = 0.71$

$\therefore Q_c = P(\tan\theta_1 - \tan\theta_2) = 250\left(\frac{\sqrt{1-0.71^2}}{0.71} - \frac{\sqrt{1-0.9^2}}{0.9}\right) = 126.88[kVA]$

답 126.88[kVA]

TIP

$Q = P\tan\theta = P\frac{\sin\theta}{\cos\theta}[kVar]$

여기서, P : 유효전력[kW], Q : 무효전력[kVar]

15 ★☆☆☆☆ [5점]

건물의 보수공사를 하는데 32[W]×2 매입 하면개방형 형광등 30등을 32[W]×3 매입 루버형으로 교체하고, 20[W]×2 펜던트형 형광등 20등을 20[W]×2 직부개방형으로 교체하였다. 철거되는 20[W]×2 펜던트형 등기구는 재사용할 것이다. 천장 구멍 뚫기 및 취부테 설치와 등기구 보강 작업은 계상하지 않으며, 공구손료 등을 제외한 직접 노무비만 계산하시오. (단, 인공 계산은 소수 셋째 자리까지 구하고, 내선전공의 노임은 95,000원으로 한다.)

| 형광등기구 설치 |

(단위 : 등, 적용 직종 내선전공)

종별	직부형	펜던트형	반매입 및 매입형
10[W] 이하×1	0.123	0.150	0.182
20[W] 이하×1	0.141	0.168	0.214
20[W] 이하×2	0.177	0.215	0.273
20[W] 이하×3	0.223	–	0.335
20[W] 이하×4	0.323	–	0.489
30[W] 이하×1	0.150	0.177	0.227
30[W] 이하×2	0.189	–	0.310
40[W] 이하×1	0.223	0.268	0.340
40[W] 이하×2	0.277	0.332	0.415
40[W] 이하×3	0.359	0.432	0.545
40[W] 이하×4	0.468	–	0.710
110[W] 이하×1	0.414	0.495	0.627
110[W] 이하×2	0.505	0.601	0.764

① 하면개방형 기준임. 루버 또는 아크릴 커버형일 경우 해당 등기구 설치 품의 110[%]
② 등기구 조립 · 설치, 결선, 지지금구류 설치, 장내 소운반 및 잔재 정리 포함
③ 매입 또는 반매입 등기구의 천장 구멍 뚫기 및 취부테 설치 별도 가산
④ 매입 및 반매입 등기구에 등기구보강대를 별도로 설치할 경우 이 품의 20[%] 별도 계상
⑤ 광천장 방식은 직부형 품 적용
⑥ 폭발방지형 200[%]
⑦ 높이 1.5[m] 이하의 Pole형 등기구는 직부형 품의 150[%] 적용(기초대 설치 별도)
⑧ 형광등 안정기 교환은 해당 등기구 시설 품의 110[%]. 다만, 펜던트형은 90[%]
⑨ 아크릴 간판의 형광등 안정기 교환은 매입형 등기구 설치 품의 120[%]
⑩ 공동주택 및 교실 등과 같이 동일 반복 공정으로 비교적 쉬운 공사의 경우는 90[%]
⑪ 형광램프만 교체 시 해당 등기구 1등용 설치 품의 10[%]
⑫ T-5(28[W]) 및 FLP(36[W], 55[W])는 FL 40[W] 기준 품 적용
⑬ 펜던트형은 파이프 펜던트형 기준, 체인 펜던트는 90[%]
⑭ 등의 증가 시 매 증가 1등에 대하여 직부형은 0.005[인], 매입 및 반매입형은 0.015[인] 가산
⑮ 철거 30[%], 재사용 철거 50[%]

해답 계산 : ① 설치인공 : • 32W×3 매입 루버형 : $0.545 \times 30 \times 1.1 = 17.985$[인]
• 20W×2 직부개방형 : $0.177 \times 20 = 3.54$[인]
② 철거인공 : • 32W×2 매입 하면개방형 : $0.415 \times 30 \times 0.3 = 3.735$[인]
• 20W×2 펜던트형 : $0.215 \times 20 \times 0.5 = 2.15$[인]
③ 총 소요인공 : 내선전공$= 17.985 + 3.54 + 3.735 + 2.15 = 27.41$[인]
④ 직접노무비$= 27.41 \times 95{,}000 = 2{,}603{,}950$[원]

답 2,603,950[원]

16 ★★☆☆☆ [5점]

다음 동작사항을 읽고 미완성 시퀀스도를 완성하시오.

[동작사항]

① 3로 스위치 S_3가 OFF인 상태에서 푸시버튼스위치 PB_1을 누르면 부저 B_1이, PB_2를 누르면 B_2가 울린다.
② 3로 스위치 S_3가 ON인 상태에서 푸시버튼스위치 PB_1을 누르면 R_1이, PB_2를 누르면 R_2가 점등된다.
③ 콘센트에는 항상 전압이 걸린다.

L1
PB_1 PB_2
R_1 B_1 R_2 B_2
on off S_3
L3

해답

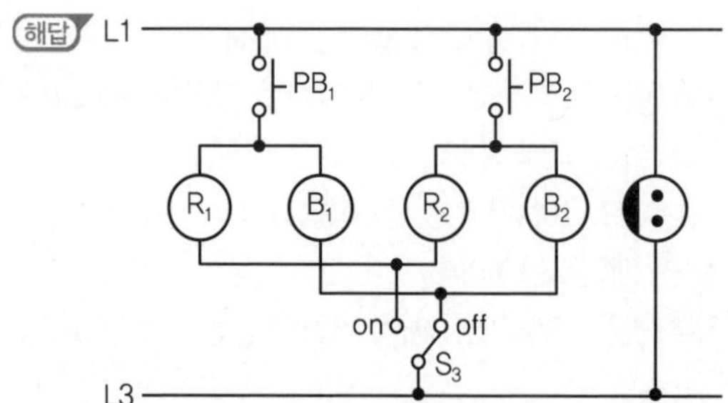

2008년도 3회 시험

과년도 기출문제

회독 체크	□1회독	월 일	□2회독	월 일	□3회독	월 일

01 ★★☆☆☆ [5점]

단자전압 3,000[V]인 선로에 전압비가 3,300/220[V]인 승압기를 접속하여 60[kW], 역률 0.85의 부하에 공급할 때 몇 [kVA]의 승압기를 사용하여야 하는가?

해답 계산 : 2차전압 $V_2 = V_1\left(1+\frac{1}{a}\right) = 3{,}000\left(1+\frac{220}{3{,}300}\right) = 3{,}200[V]$

부하전류 $I_2 = \frac{P}{V_2\cos\theta} = \frac{60\times10^3}{3{,}200\times0.85} = 22.06[A]$

승압기 용량 $P_a = eI_2 = 220\times22.06\times10^{-3} = 4.85[kVA]$

답 5[kVA] 승압기 선정

02 ★★★★★ [8점]

도면은 전동기 A, B, C 3대를 기동시키는 제어회로이다. 이 회로를 보고 다음 각 물음에 답하시오.(단, MA : 전동기 A의 기동 정지 개폐기, MB : 전동기 B의 기동 정지 개폐기, MC : 전동기 C의 기동 정지 개폐기이다.)

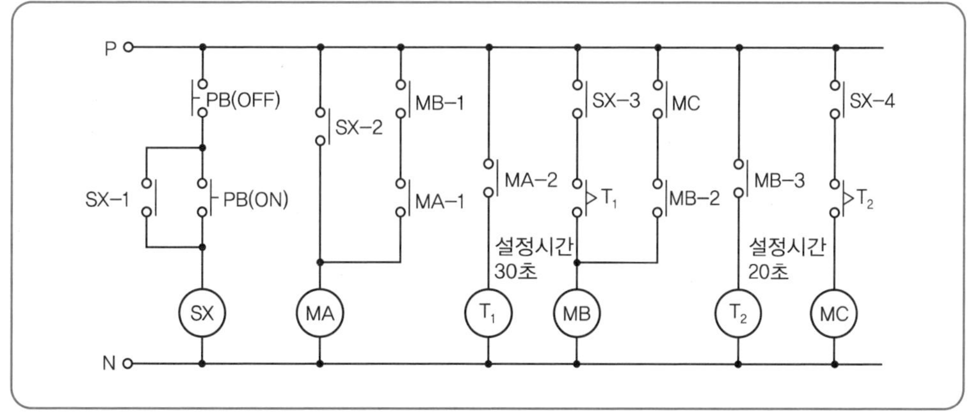

1 전동기를 기동시키기 위하여 PB(ON)을 누르면 전동기는 어떻게 기동되는지 그 기동과정을 상세히 설명하시오.

2 SX-1의 역할에 대한 접점 명칭은 무엇인가?

3 전동기(A, B, C)를 정지시키고자 PB(OFF)를 눌렀을 때, 전동기가 정지되는 순서는 어떻게 되는가?

해답 1 PB(ON)을 누르면 (SX)가 여자되어 SX 접점에 의해 (MA)가 여자되고, 이때 전동기 A가 기동한다. MA 접점에 의해 (T_1)이 여자되어 설정시간 30초 후에 (MB)가 여자되고, 이때 전동기 B가 기동한다. MB 접점에 의해 (T_2)가 여자되고 설정시간 20초 후에 (MC)가 여자되어 전동기 C가 기동한다.

2 (SX) 자기유지

3 C → B → A

03 ★★☆☆☆ [5점]

계약부하설비에 의한 계약 최대 전력을 정하는 경우에 부하설비 용량이 900[kW]인 경우 전력회사와의 계약 최대 전력은 몇 [kW]인가?(단, 계약 최대 전력 환산표는 다음과 같다.)

구분	승률	비고
처음 75[kW]에 대하여	100[%]	계산의 합계치 단수가 1[kW] 미만일 경우에는 소수점 이하 첫째 자리에 4사5입 합니다.
다음 75[kW]에 대하여	85[%]	
다음 75[kW]에 대하여	75[%]	
다음 75[kW]에 대하여	65[%]	
300[kW] 초과분에 대하여	60[%]	

해답 계산 : 계약전력 $= 75 + 75 \times 0.85 + 75 \times 0.75 + 75 \times 0.65 + 600 \times 0.6 = 603.75$[kW]

답 604[kW]

04 ★☆☆☆☆ [5점]

다음 그림은 변압기 1뱅크의 미완성 단선도이다. 이 단선도에 전기적으로 변압기 내부고장을 보호하는 계전기(비율차동계전기) 회로를 주어진 그림에 그려 넣어 완성하시오.

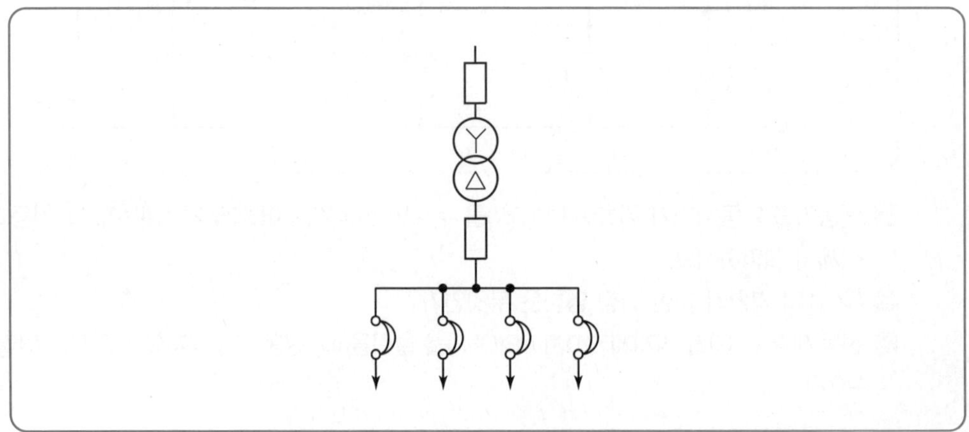

해답

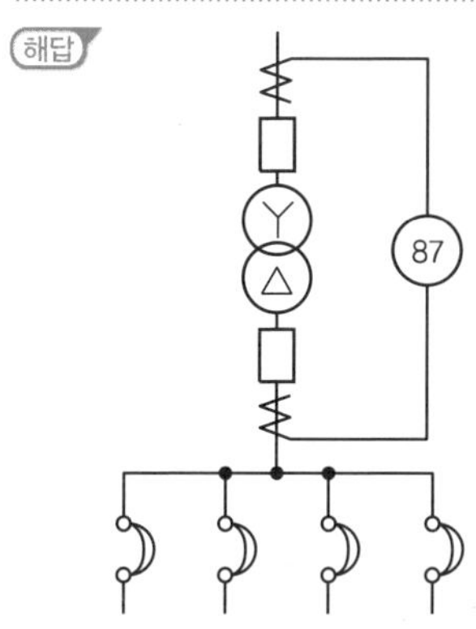

05 ★★★★★ [5점]

비상전원으로 사용되는 UPS의 원리에 대해서 개략의 블록다이어그램을 그리고 설명하시오.

① 블록다이어그램

② 설명

해답 ① 블록다이어그램

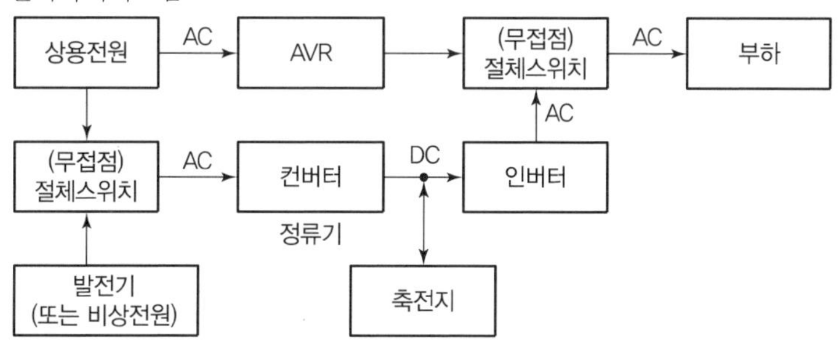

② 설명

무정전 전원 공급 장치로 평상시 상용전원을 공급하며 정전 시 축전지의 전원을 교류로 변환하여 부하의 전력을 공급한다.

06 ★☆☆☆☆ [5점]

일반용 전기설비 및 자가용 전기설비에 있어서의 과전류(過電流)의 종류 2가지와 각각에 대한 용어의 정의를 쓰시오. ※ KEC에 따른 해답 변경

해답 ① 과부하전류 : 정격용량을 초과한 부하설비를 운전하는 경우, 정격전류값을 초과하여 흐르는 전류를 말한다.

② 단락전류 : 회로 간에 단락이 발생한 경우, 선로에 흐르는 매우 큰 값의 전류를 말한다.

07 ★★☆☆☆ [5점]

발전기실의 위치를 선정할 때 고려하여야 할 사항을 4가지만 쓰시오.

해답 ① 변전실과 평면적, 입체적 관계를 충분히 검토할 것
② 부하의 중심이 되며 전기실에 가까울 것
③ 온도가 고온이 되어서는 안 되며, 습도가 많아도 안 됨
④ 기기의 반입 및 반출 운전보수가 편리할 것
그 외
⑤ 실내 환기가 충분할 것 ⑥ 급배수가 용이할 것

TIP
① 발전기실의 높이는 발전기 높이의 약 2배 정도를 확보하여야 한다.
② 발전기실의 면적 $S \geq 1.7\sqrt{P}$ (추천 값 : $S \geq 3\sqrt{P}$)
여기서, S : 발전기실의 필요 면적[m^2], P : 발전기의 출력[PS]

08 ★★★☆☆ [5점]

송전계통에는 변압기, 차단기, 계기용 변압 변류기, 애자 등 많은 기기와 기구 등이 사용되고 있는데, 이들의 절연강도는 서로 균형을 이루어야 한다. 만약, 대충 정해져 있다면 그다지 중요하지 않은 개소의 절연을 강화하였기 때문에, 중요한 기기의 절연이 파괴될 수도 있다. 그러므로, 절연 설계에 있어 계통에서 발생하는 이상 전압, 기기 등의 절연강도, 피뢰 장치로 저감된 전압 쪽 보호레벨(Level)의 3자 사이의 관련이 합리적이어야 하는데, 이것을 절연협조(Insulation Coordination)라 한다. 그림은 이와 같이 정한 절연협조의 예를 든 것이다. 그림의 ①~④ 각 개소에 해당되는 것을 다음 보기에서 골라 쓰시오.

[보기]
변압기, 피뢰기, 결합 콘덴서, 선로 애자

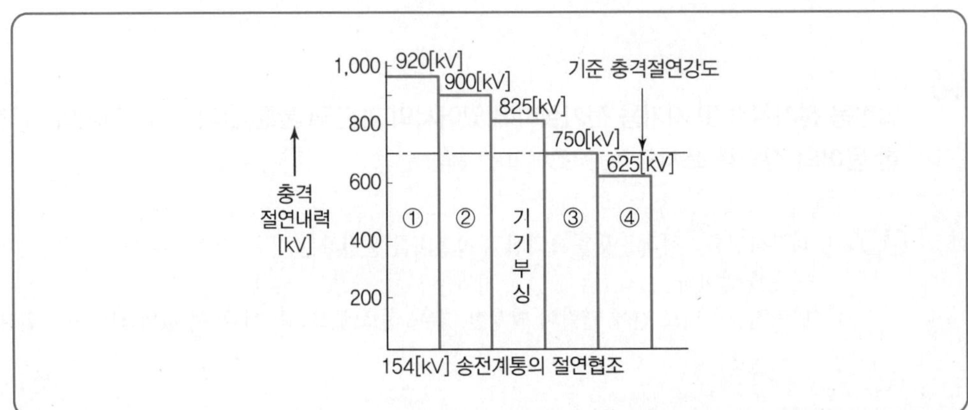

해답 ① 선로 애자　② 결합 콘덴서
③ 변압기　④ 피뢰기

09 ★★☆☆☆ [5점]

지중 배전 선로에서 사용하는 대부분의 전력 케이블은 합성수지의 절연체를 사용하고 있어 사용기간의 경과에 따라 충격전압 등의 영향으로 절연성능이 떨어진다. 이러한 전력 케이블의 고장점 측정을 위해 사용되는 방법을 3가지만 쓰시오.

해답 ① 머레이루프법(Murray's Loop Method)
② 정전용량법
③ 펄스 측정법(Pulse Radar Method)

TIP
그 외
④ 수색 코일법
⑤ 음향에 의한 방법

10 ★★★☆☆ [8점]

접지방식은 각기 다른 목적이나 종류의 접지를 상호 연접시키는 통합접지와 개별적으로 접지하되 상호 일정한 거리 이상 이격하는 독립접지(단독접지)로 구분할 수 있다. 독립접지와 비교하여 통합접지의 장점과 단점을 각각 3가지만 쓰시오.

1 통합접지의 장점
2 통합접지의 단점

해답 1 통합접지의 장점
① 접지극의 연접으로 합성저항의 저감 효과 발생
② 접지극의 연접으로 접지극의 신뢰도 향상
③ 접지극의 수량 감소
그 외
④ 계통접지의 단순화

2 통합접지의 단점
① 계통의 이상 전압 발생 시 유기전압 상승
② 다른 기기 계통으로부터 사고 파급
③ 피뢰접지와 공용이므로 뇌서지에 대한 영향을 받을 수 있다.

11 ★★★☆☆

[5점]

3상 배전선로의 말단에 늦은 역률 80[%]인 평형 3상의 집중부하가 있다. 변전소 인출구의 전압이 3,300[V]인 경우 부하의 단자전압을 3,000[V] 이하로 떨어뜨리지 않으려면 부하전력은 얼마인가?(단, 전선 1선의 저항은 2[Ω], 리액턴스 1.8[Ω]으로 하고 그 외의 선로정수는 무시한다.)

해답 계산 : $e = \dfrac{P}{V_R}(R + X\tan\theta)[V]$에서 $P = \dfrac{eV_R}{R + X\tan\theta} \times 10^{-3}[kW]$이므로

$$P = \frac{300 \times 3{,}000}{2 + 1.8 \times \dfrac{0.6}{0.8}} \times 10^{-3} = 268.66[kW]$$

답 268.66[kW]

12 ★★☆☆☆

[9점]

그림과 같이 수용가 인입구의 전압이 22.9[kV], 주차단기의 차단용량이 250[MVA]이며, 10[MVA], 22.9/3.3[kV] 변압기의 임피던스가 5.5[%]일 때 다음 각 물음에 답하시오.

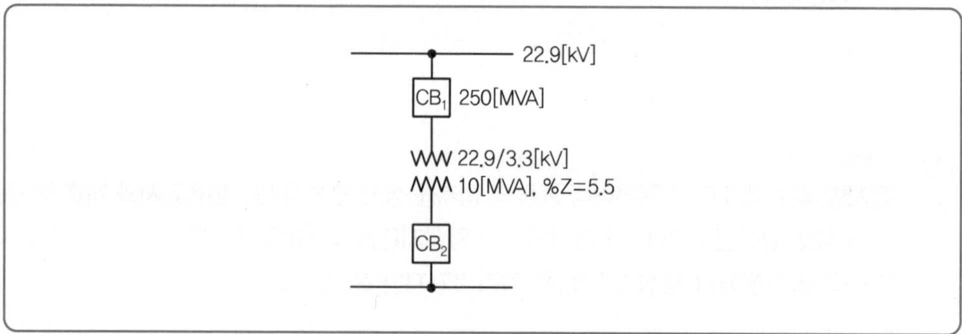

1. 기준용량은 10[MVA]로 정하고 임피던스 맵(Impedance Map)을 그리시오.
2. 합성 %임피던스를 구하시오.
3. 변압기 2차 측에 필요한 차단기 용량을 구하여 제시된 표(차단기의 정격차단용량)를 참조하여 차단기 용량을 선정하시오.

차단기의 정격차단용량[MVA]												
10	20	30	50	75	100	150	250	300	400	500	750	1,000

해답 1 기준용량을 10[MVA]로 할 때 전원 측 임피던스

$$P_s = \frac{100}{\%Z_s} \times P_n \text{에서 } \%Z_s = \frac{100}{P_s} \times P_n = \frac{100}{250} \times 10 = 4[\%]$$

전원 측 $\%Z_s$=4[%]

변압기 $\%Z_{tr}$=5.5[%]

단락점

2 계산 : 합성 %임피던스 $\%Z = \%Z_s + \%Z_{tr} = 4 + 5.5 = 9.5[\%]$

답 9.5[%]

3 계산 : 단락용량 $P_s = \frac{100}{\%Z} \times P_n = \frac{100}{9.5} \times 10 = 105.26[MVA]$

답 150[MVA]

13 ★★★★☆ [8점]

전선로 부근이나 애자 부근(애자와 전선의 접속 부근)에 임계전압 이상이 가해지면 전선로나 애자 부근에 발생하는 코로나 현상에 대하여 다음 각 물음에 답하시오.

1 코로나 현상이란?

2 코로나 현상이 미치는 영향에 대하여 4가지만 쓰시오.

3 코로나 방지대책 중 2가지만 쓰시오.

해답 1 코로나 현상

임계전압 이상의 전압이 전선로 부근이나 애자 부근에 가해지면 주위의 공기의 절연이 부분적으로 파괴되는 현상

2 영향

① 코로나 손실 발생 ② 전선의 부식

③ 통신선 유도 장해 ④ 코로나 잡음

3 방지대책

① 복도체 및 다도체 방식을 채용한다.

② 굵은 도체를 사용한다.

그 외

③ 가선금구 개량

14 ★★★★☆ [7점]

그림과 같은 릴레이 시퀀스도를 이용하여 다음 각 물음에 답하시오.

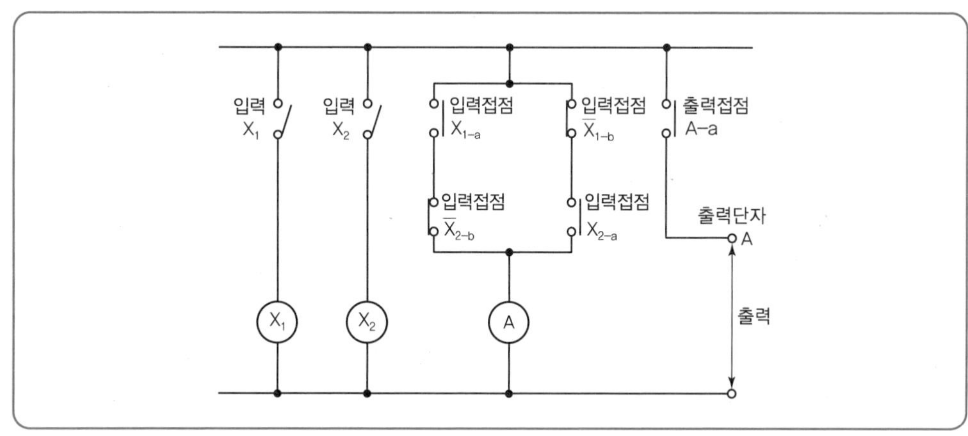

1 AND, OR, NOT 등의 논리게이트를 이용하여 주어진 릴레이 시퀀스도를 논리회로로 바꾸어 그리시오.

2 물음 1에서 작성된 회로에 대한 논리식을 쓰시오.

3 논리식에 대한 진리표를 완성하시오.

입력		출력
X_1	X_2	A
0	0	
0	1	
1	0	
1	1	

4 진리표를 만족할 수 있는 로직회로를 간소화하여 그리시오.

5 주어진 타임차트를 완성하시오.

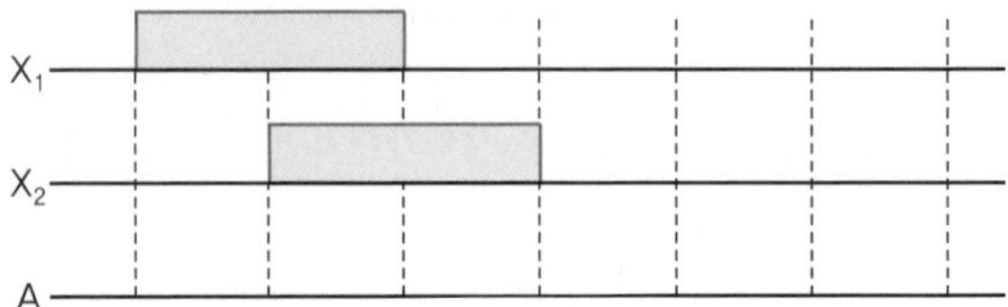

해답 1

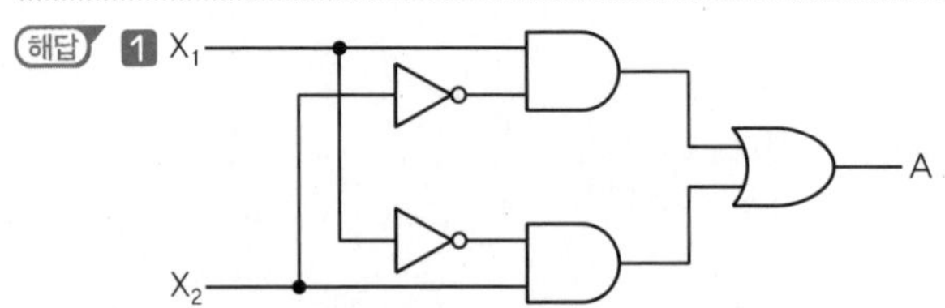

2 $A = X_1\overline{X}_2 + \overline{X}_1X_2$

3

입력		출력
X_1	X_2	A
0	0	0
0	1	1
1	0	1
1	1	0

4 X_1, X_2 — A

5

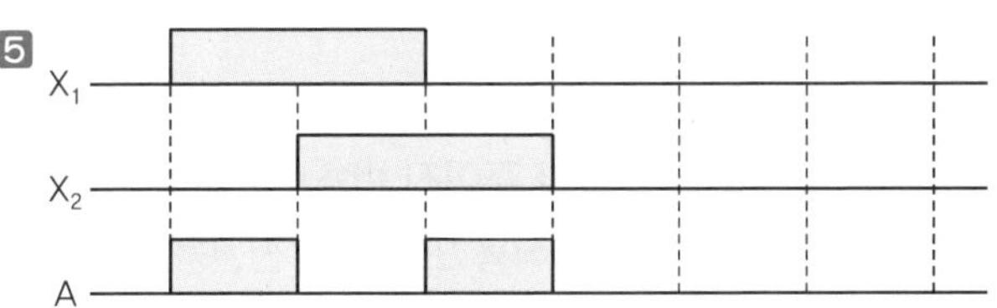

15 ☆☆☆☆☆ [5점]

옥내 저압 배선을 설계하고자 한다. 이때 시설장소의 조건에 관계없이 한 가지 배선방법으로 배선하고자 할 때 옥내에는 건조한 장소, 습기 진 장소, 노출 배선 장소, 은폐배선을 하여야 할 장소, 점검이 불가능한 장소 등으로 되어 있다고 한다면 적용 가능한 배선 방법은 어떤 방법이 있는지 그 방법을 4가지만 쓰시오.(단, 사용전압이 400[V] 이하인 경우이다.)

※ KEC 규정에 따라 삭제

해답 ① 금속관 공사 ② 합성수지관 공사(CD관 제외)
③ 케이블 공사 ④ 케이블트레이 공사

16 ★☆☆☆☆ [5점]

50,000[kVA]의 변압기가 있다. 이 변압기의 손실은 80[%] 부하율일 때 53.4[kW]이고, 60[%] 부하율일 때 36.6[kW]이다. 다음 각 물음에 답하시오.

1 이 변압기의 40[%] 부하율일 때의 손실을 구하시오.

2 최고 효율은 몇 [%] 부하율일 때인가?

해답 1 계산 : 손실 $P_L = P_i + m^2 P_c$이므로

$m = 0.8$일 때 손실 $P_L = P_i + 0.8^2 P_c = 53.4[kW]$

$m = 0.6$일 때 손실 $P_L = P_i + 0.6^2 P_c = 36.6[kW]$

철손이 일정하므로

$53.4 - 0.8^2 P_c = 36.6 - 0.6^2 P_c$

$53.4 - 36.6 = (0.8^2 - 0.6^2) P_c$

$P_c = \dfrac{53.4 - 36.6}{0.8^2 - 0.6^2} = 60[kW]$

그러므로, 철손 $P_i = 53.4 - 0.8^2 \times 60 = 15[kW]$

$\therefore$ $m = 0.4$일 때 손실 $P_L = 15 + 0.4^2 \times 60 = 24.6[kW]$

답 24.6[kW]

2 계산 : $m = \sqrt{\dfrac{P_i}{P_c}} \times 100 = \sqrt{\dfrac{15}{60}} \times 100 = 50[\%]$

답 50[%]

17 ★☆☆☆☆ [5점]

3상 4선식의 13,200/22,900[V], 특고압 수전설비를 시설하고자 한다. 책임 분기 개폐기로부터 주 변압기까지의 기기배치를 보기에서 골라 주어진 번호로 나열하시오.(단, CB 1차 측에 CT를 CB 2차 측에 PT를 시설하는 경우로 조작용 또는 비상전원용 10[kVA] 이하인 용량의 변압기는 없는 것으로 하며 계전기류는 생략한다.)

[보기]

① MOF	② 차단기(CB)	③ 피뢰기(LA)
④ 변압기(TR)	⑤ 변성기(PT)	⑥ 변류기(CT)
⑦ 단로기(DS)	⑧ 컷아웃스위치(COS)	

해답 ⑦ → ③ → ⑥ → ② → ① → ⑧ → ⑤ → ④

TIP

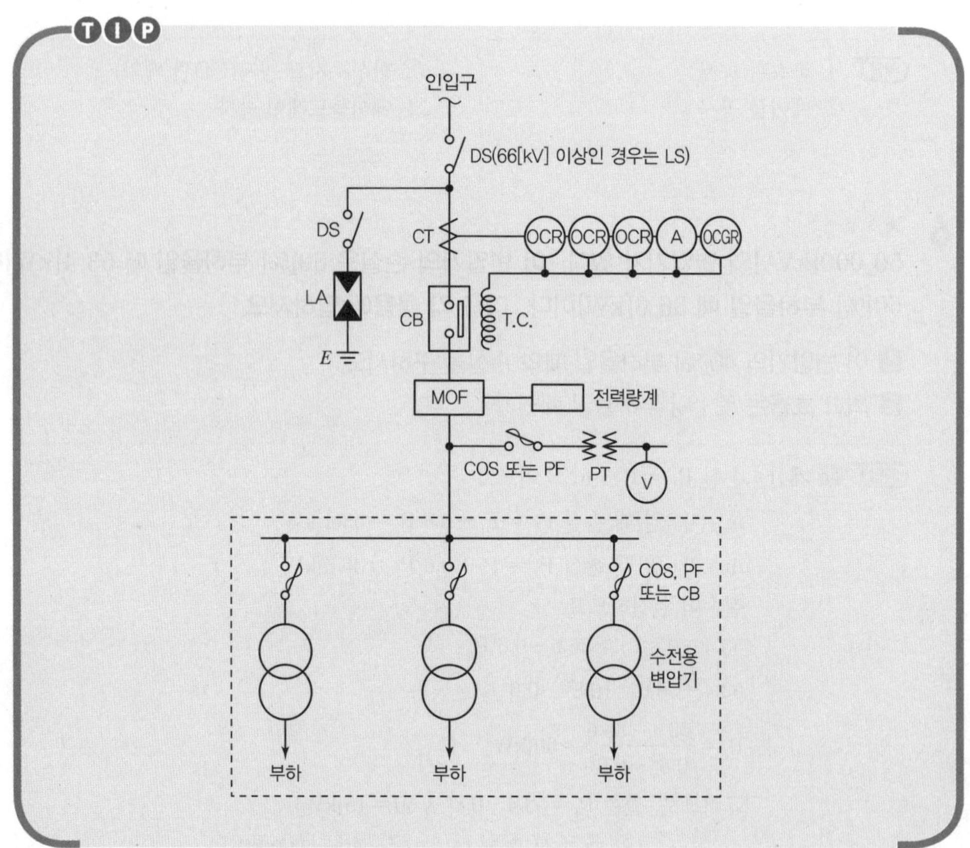

ENGINEER ELECTRICITY

2009년 과 년 도 문제풀이

↘ 전기기사

2009년도 1회 시험 과년도 기출문제

회독 체크	□1회독	월 일	□2회독	월 일	□3회독	월 일

01 ★★★★★ [5점]

전등만의 수용가를 두 군으로 나누어 각 군에 변압기 1대씩을 설치하여 각 군의 수용가의 총 설비용량을 각각 30[kW], 40[kW]라 한다. 각 수용가의 수용률을 0.6, 수용가 간의 부등률을 1.2, 변압기군의 부등률을 1.4라 하면 고압간선에 대한 최대 부하[kW]는?

해답 계산 : $\text{부등률} = \dfrac{\text{개별 최대 수용전력의 합}}{\text{합성 최대 수용전력}} = \dfrac{\text{설비용량} \times \text{수용전력}}{\text{합성 최대 수용전력}}$

$$\text{고압간선에서의 최대 수용전력} = \dfrac{\dfrac{30 \times 0.6}{1.2} + \dfrac{40 \times 0.6}{1.2}}{1.4} = 25[\text{kW}]$$

답 25[kW]

TIP

① $\text{부등률} = \dfrac{\text{개별 최대 수용전력의 합}}{\text{합성 최대 수용전력}} = \dfrac{\text{설비용량} \times \text{수용전력}}{\text{합성 최대 수용전력}}$

② $\text{합성 최대 수용전력} = \dfrac{\text{설비용량} \times \text{수용률}}{\text{부등률}}$

③ $\text{고압간선에서의 최대 부하전력} = \dfrac{\text{각 변압기의 최대 수용전력의 합}}{\text{변압기군의 부등률}}$

02 ★★★★☆ [6점]

그림과 같은 전자 릴레이 회로를 미완성 다이오드 매트릭스 회로에 다이오드를 추가시켜 다이오드 매트릭스 회로로 바꾸어 그리시오.

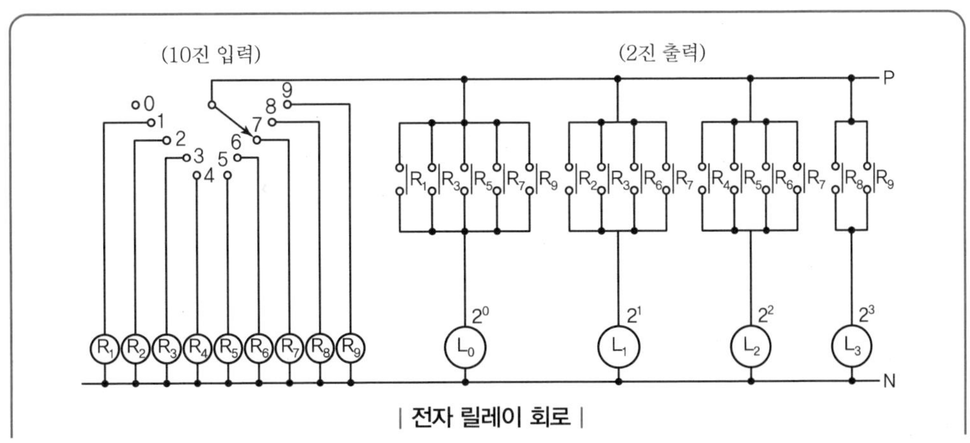

| 전자 릴레이 회로 |

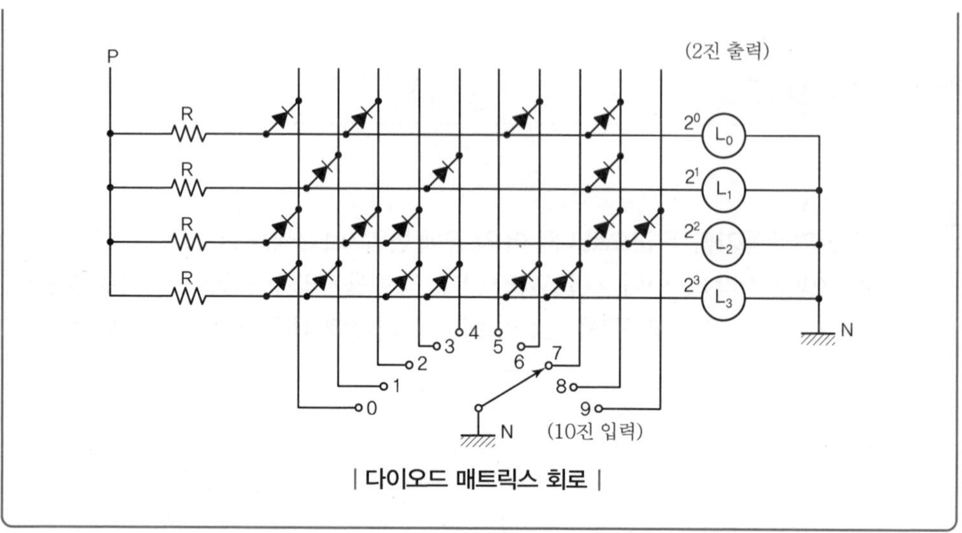

| 다이오드 매트릭스 회로 |

해답

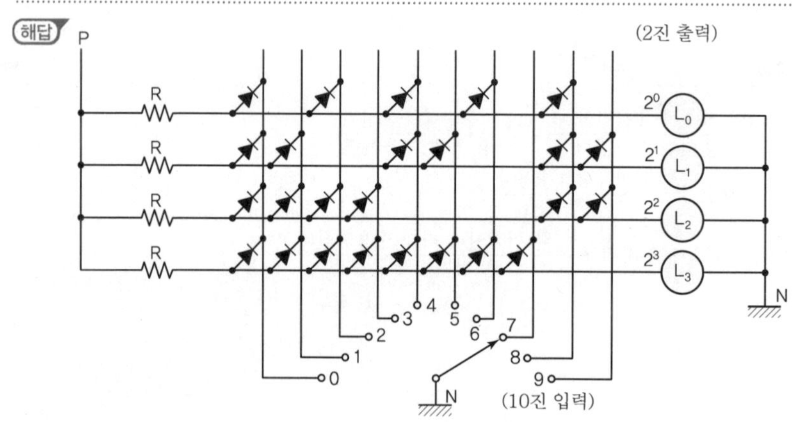

| 다이오드 매트릭스 회로 |

TIP

- $2^3=8$, $2^2=4$, $2^1=2$, $2^0=1$
- 8421 코드로 다이오드의 개수와 동일한 특징을 갖는다.

03 ★☆☆☆☆ [6점]

발전소 및 변전소에 사용되는 다음 각 모선 보호 방식에 대하여 설명하시오.

- 전류 차동 계전 방식 :
- 전압 차동 계전 방식 :
- 위상 비교 계전 방식 :
- 방향 비교 계전 방식 :

해답 • 전류 차동 방식 : 모선에 유입하는 전류의 총계와 유출하는 전류의 총계가 서로 다르다는 것을 이용해서 고장 검출을 하는 방식이다.
• 전압 차동 방식 : 모선 내 고장 시 계전기에 큰 전압이 인가되어서 동작하는 방식이다.
• 위상 비교 방식 : 모선에 접속된 각 회선의 전류 위상을 비교함으로써 모선 내 고장인지 외부 고장인지를 판별하는 방식
• 방향 비교 방식 : 모선으로부터 유출하는 고장전류가 없는데 어느 회선으로부터 모선 방향으로 고장전류의 유입이 있는지 파악하여 모선 내 고장인지 외부 고장인지를 판별하는 방식

04 ★★★★☆ [5점]

다음의 요구사항에 의하여 동작이 되도록 회로의 미완성된 부분(①~⑦)에 접점기호를 그리시오.

[요구사항]

• 전원이 투입되면 GL이 점등하도록 한다.
• 누름버튼 스위치(PB-ON 스위치)를 누르면 MC에 전류가 흐름과 동시에 MC의 보조접점에 의하여 GL이 소등되고 RL이 점등되도록 한다. 이때 전동기는 운전된다.
• 누름버튼 스위치(PB-ON 스위치) ON에서 손을 떼어도 MC는 계속 동작하여 전동기의 운전은 계속된다.
• 타이머 T에 설정된 일정 시간이 지나면 MC에 전류가 끊기고 전동기는 정지, RL은 소등, GL은 점등된다.
• 타이머 T에 설정된 시간 전이라도 누름버튼 스위치(PB-OFF 스위치)를 누르면 전동기는 정지되며, RL은 소등, GL은 점등된다.
• 전동기 운전 중 사고로 과전류가 흘러 열동계전기가 동작되면 모든 제어회로의 전원이 차단된다.

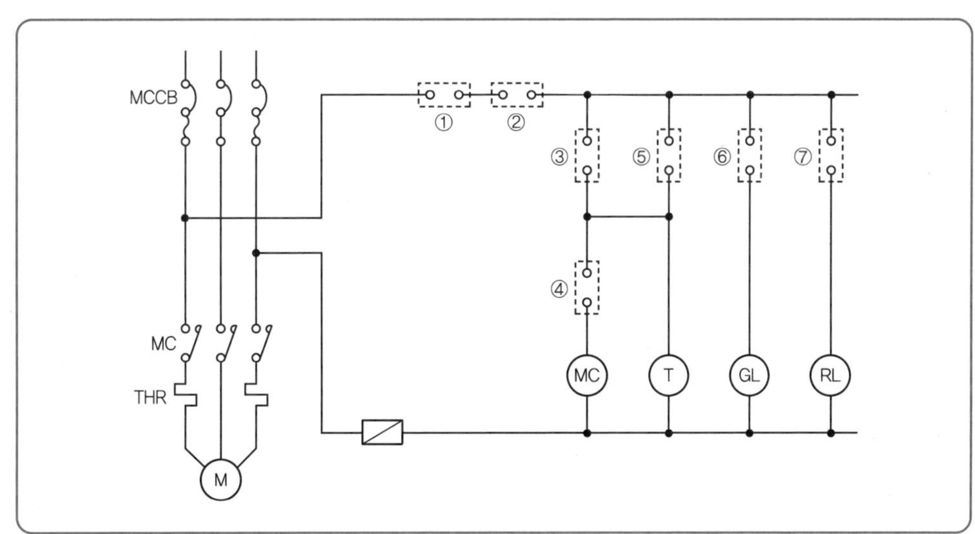

해답

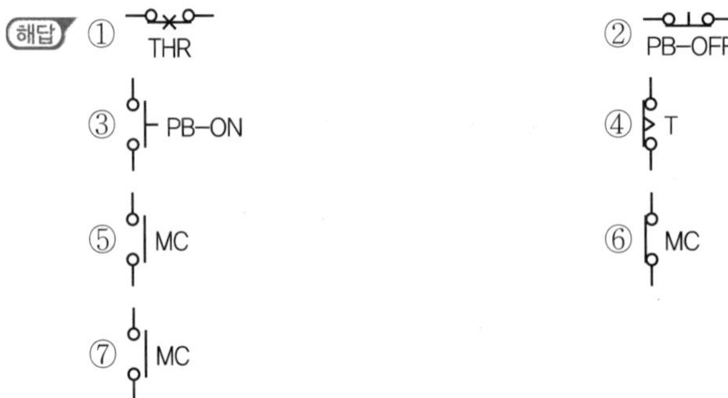

05 ★☆☆☆☆ [5점]

에스컬레이터용 전동기의 용량[kW]을 계산하시오.(단, 에스컬레이터 속도 : 30[m/s], 경사각 : 30°, 에스컬레이터 적재하중 : 1,200[kgf], 에스컬레이터 총효율 : 0.6, 승객 승입률 : 0.85이다.)

해답 계산 : 에스컬레이터용 전동기의 용량

$$P = \frac{W \times V \times \sin\theta \times \beta}{6{,}120 \times \eta} = \frac{1{,}200 \times 30 \times 60 \times 0.5 \times 0.85}{6{,}120 \times 0.6} = 250[kW]$$

답 250[kW]

TIP

① $P = \frac{W \times V \times \sin\theta \times \beta}{6{,}120 \times \eta}$

여기서, W : 적재하중[kg], V : 속도[m/min]

η : 종합효율, β : 승객유입률

θ : 경사각

② $\sin 30° = 0.5$

③ 권상기 용량 $P = \frac{WV}{6.12\eta}$[kW]

여기서, W : 무게[ton]

V : 속도[m/min]

η : 효율

06 ★☆☆☆☆ [5점]

다음은 고압 및 특고압 진상용 콘덴서 관련 방전장치에 관한 사항이다. (①), (②)에 알맞은 내용을 쓰시오.

"고압 및 특고압 진상용 콘덴서 회로에 설치하는 방전장치는 콘덴서 회로에 직접 접속하거나 또는 콘덴서 회로를 개방하였을 경우 자동적으로 접속되도록 장치하고 또한 개로 후 (①)초 이내에 콘덴서의 잔류전하를 (②)[V] 이하로 저하시킬 능력이 있는 것을 설치하는 것을 원칙으로 한다."

해답 ① 5초
② 50[V]

TIP

➤ 방전장치

① 저압 콘덴서용 방전장치
방전장치는 콘덴서 개로 후 3분 이내에 콘덴서의 잔류전하를 75[V] 이하로 저하시킬 수 있는 능력을 가질 것

② 고압 및 특고압 콘덴서용 방전장치
방전장치는 콘덴서 개로 후 5초 이내에 콘덴서의 잔류전하를 50[V] 이하로 저하시킬 수 있는 능력을 가질 것

07 ★★☆☆☆ [5점]

그림의 회로에서 저항 R은 아는 값이다. 전압계 1개를 사용하여 부하의 역률을 구하는 방법에 대하여 쓰시오.

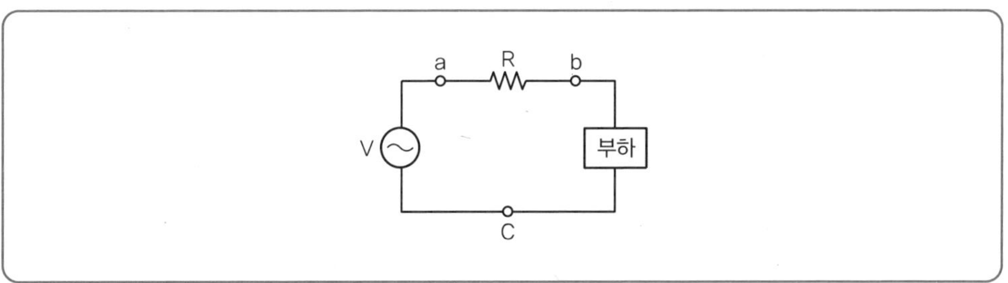

해답 a, c 사이의 전압을 V_3, a, b 사이의 전압을 V_2, b, c 사이의 전압을 V_1이라고 하면

$V_3^2 = V_1^2 + V_2^2 + 2V_1V_2\cos\theta$이므로 $\cos\theta = \dfrac{V_3^2 - V_1^2 - V_2^2}{2V_1V_2}$이 된다.

TIP

다음 그림과 같은 3전압계법을 응용하여 한 개의 전압계를 세 번 사용하면 부하의 역률을 구할 수 있다.

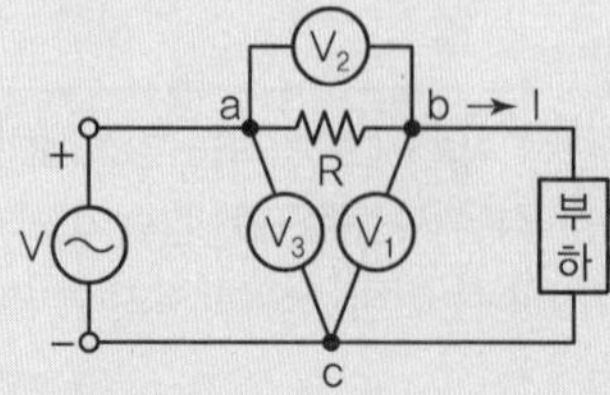

a, c 사이의 전압을 V_3, a, b 사이의 전압을 V_2, b, c 사이의 전압을 V_1 이라고 하면 V_2는 전류 I와 동상이고, V_1은 I보다 θ만큼 위상이 앞서게 된다.

$$V_3^2 = (V_2 + V_1\cos\theta)^2 + (V_1\sin\theta)^2$$
$$V_3^2 = V_2^2 + 2V_1V_2\cos\theta + V_1^2\cos^2\theta + V_1^2\sin^2\theta$$
$$V_3^2 = V_2^2 + 2V_1V_2\cos\theta + V_1^2(\cos^2\theta + \sin^2\theta)$$
$$V_3^2 = V_2^2 + V_1^2 + 2V_1V_2\cos\theta$$
$$\therefore \cos\theta = \frac{V_3^2 - V_1^2 - V_2^2}{2V_1V_2}$$

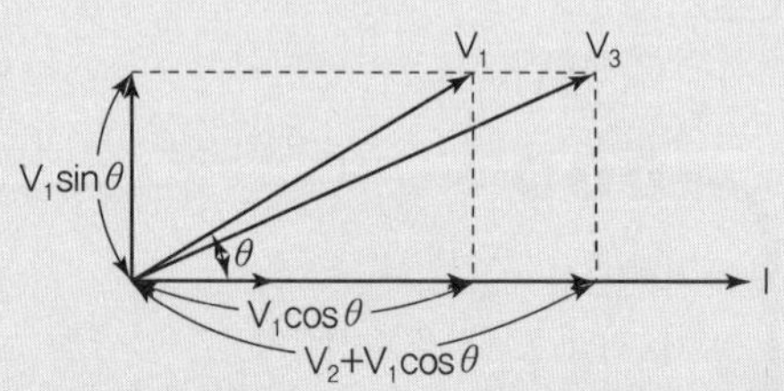

08 ★★★★★ [8점]

설비불평형률에 관한 다음 각 물음에 답하시오.

1. 저압, 고압 및 특고압 수전의 3상 3선식 또는 3상 4선식에서 불평형 부하의 한도는 단상 접속 부하로 계산하여 설비불평형률을 몇 [%] 이하로 하는 것을 원칙으로 하는가?
2. 1항 문제의 제한원칙에 따르지 않아도 되는 경우를 4가지만 쓰시오.
3. 부하설비가 그림과 같을 때 설비불평형률은 몇 [%]인가?(단, ⓗ는 전열기 부하이고, Ⓜ은 전동기 부하이다.)

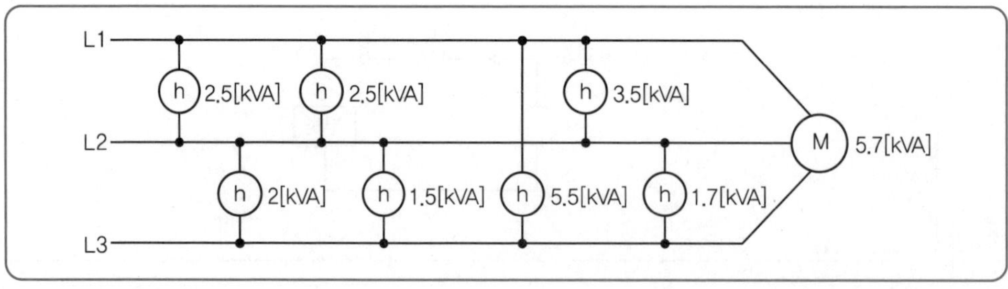

해답 1 30[%] 이하

2 ① 저압 수전에서 전용 변압기 등으로 수전하는 경우
② 고압 및 특고압 수전에서 100[kVA]([kW]) 이하의 단상 부하인 경우
③ 고압 및 특고압 수전에서 단상 부하 용량의 최대와 최소의 차가 100[kVA]([kW]) 이하인 경우

④ 특고압 수전에서 100[kVA]([kW]) 이하의 단상 변압기 2대로 역V결선하는 경우

3 계산 : 불평형률$= \dfrac{(2.5+2.5+3.5)-(2+1.5+1.7)}{(2.5+2.5+3.5+2+1.5+5.5+1.7+5.7)\times\dfrac{1}{3}}\times 100 = 39.76[\%]$

답 39.76[%]

TIP

① 설비불평형률$= \dfrac{\text{각 간선에 접속되는 단상 부하 총 설비용량의 최대와 최소의 차}}{\text{총 부하설비용량의 1/3}}$

② R상 → L1, S상 → L2, T상 → L3

2002 2003 2004 2005 2006 2007 2008 2009 2010 2011

09 ★★★★★ [6점]

그림은 22.9[kV-Y] 1,000[kVA] 이하에 적용 가능한 특고압 간이수전설비 결선도이다. 각 물음에 답하시오.

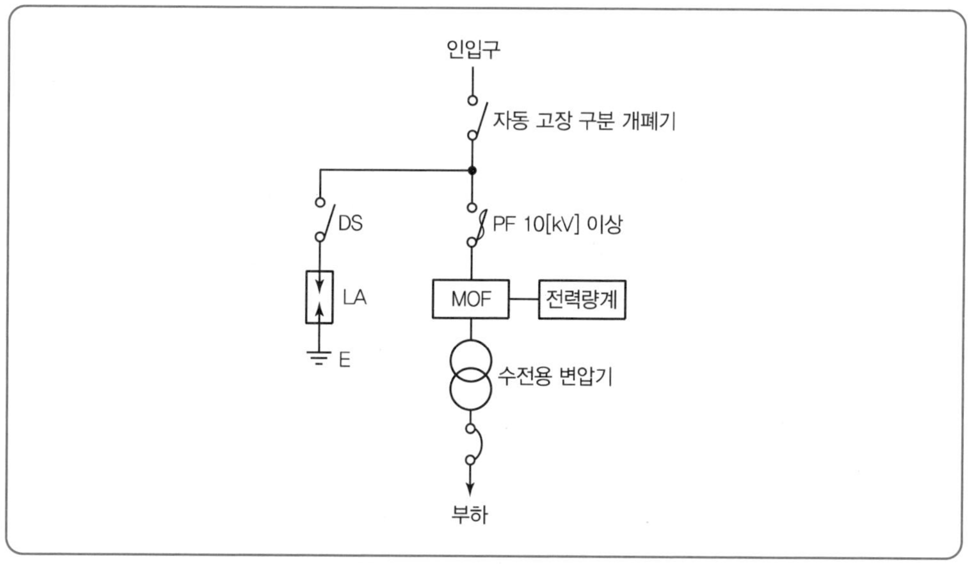

1 위 결선도에서 생략할 수 있는 것은?

2 22.9[kV-Y]용의 LA는 어떤 것을 사용하여야 하는가?

3 인입선을 지중선으로 시설하는 경우로 공동주택 등 고장 시 정전 피해가 큰 경우에는 예비 지중선을 포함하여 몇 회선으로 시설하는 것이 바람직한가?

4 지중인입선의 경우에 22.9[kV-Y] 계통은 CNCV-W 케이블(수밀형) 또는 TR CNCV-W(트리 억제형)을 사용하여야 한다. 다만, 전력구 · 공동구 · 덕트 · 건물구내 등 화재의 우려가 있는 장소에서는 어떤 케이블을 사용하는 것이 바람직한가?

5 300[kVA] 이하인 경우는 PF 대신 어떤 것을 사용할 수 있는가?

해답 1 LA용 DS
2 디스커넥터 또는 아이솔레이터 붙임형
3 2회선
4 FR CNCO－W(난연) 케이블
5 COS(비대칭 차단전류 10[kA] 이상의 것)

TIP

➤ 22.9[kV-Y] 1,000[kVA] 이하를 시설하는 경우

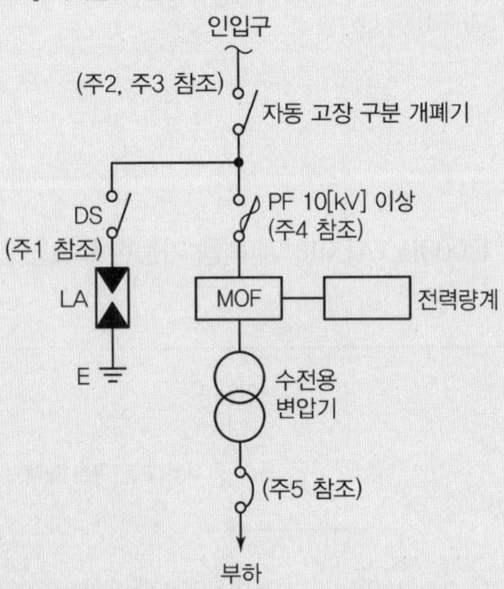

[주1] LA용 DS는 생략할 수 있으며 22.9[kV-Y]용의 LA는 Disconnector(또는 Isolator) 붙임형을 사용하여야 한다.

[주2] 인입선을 지중선으로 시설하는 경우로 공동주택 등 고장 시 정전 피해가 큰 경우는 예비지중선을 포함하여 2회선으로 시설하는 것이 바람직하다.

[주3] 지중인입선의 경우에 22.9[kV-Y] 계통은 CNCV-W 케이블(수밀형) 또는 TR CNCV-W(트리 억제형)을 사용하여야 한다. 다만, 전력구 · 공동구 · 덕트 · 건물구내 등 화재의 우려가 있는 장소에서는 FR CNCO-W(난연) 케이블을 사용하는 것이 바람직하다.

[주4] 300[kVA] 이하인 경우는 PF 대신 COS(비대칭 차단전류 10[kA] 이상의 것)을 사용할 수 있다.

[주5] 특고압 간이수전설비는 PF의 용단 등의 결상사고에 대한 대책이 없으므로 변압기 2차 측에 설치되는 주차단기에는 결상계전기 등을 설치하여 결상사고에 대한 보호능력이 있도록 함이 바람직하다.

10 ★★★★☆ [5점]

500[kVA] 단상 변압기 3대를 △－△결선의 1뱅크로 하여 사용하고 있는 변전소가 있다. 지금 부하의 증가로 1대의 단상 변압기를 증가하여 2뱅크로 하였을 때 최대 몇 [kVA]의 3상 부하에 대응할 수 있겠는가?

해답 계산 : $P = 2P_V = 2 \times \sqrt{3}P_1 = 2 \times \sqrt{3} \times 500 = 1{,}732.05\,[\text{kVA}]$

답 $1{,}732.05\,[\text{kVA}]$

TIP

단상 변압기 4대로 V－V 결선 2bank 운전이 가능함

11 ★★★★★ [9점]

오실로스코프의 감쇄 Probe는 입력전압의 크기를 10배의 배율로 감소시키도록 설계되어 있다. 그림에서 오실로스코프의 입력 임피던스 R_s는 1[MΩ]이고, Probe의 내부 저항 R_p는 9[MΩ]이다.

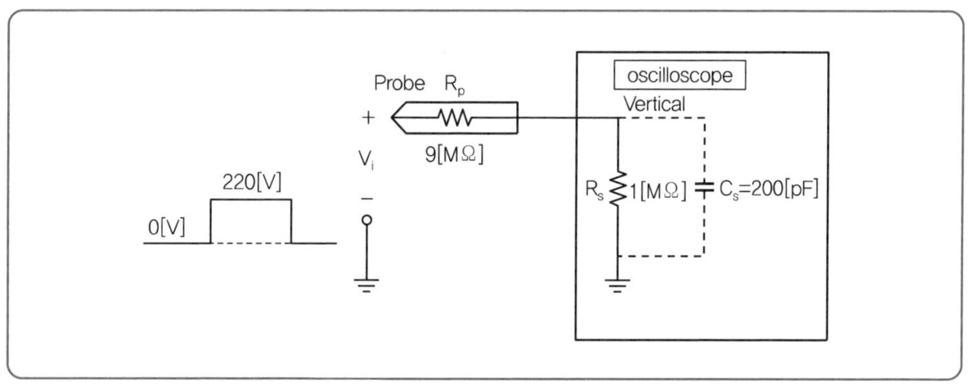

1 이때 Probe의 입력전압 $V_i = 220$[V]라면 Oscilloscope에 나타나는 전압은?

2 Oscilloscope의 내부저항 $R_s = 1$[MΩ]과 $C_s = 200$[pF]의 콘덴서가 병렬로 연결되어 있을 때 콘덴서 C_s에 대한 테브난의 등가회로가 다음과 같다면 시정수 τ와 $V_i = 220$[V]일 때의 테브난의 등가전압 E_{th}를 구하시오.

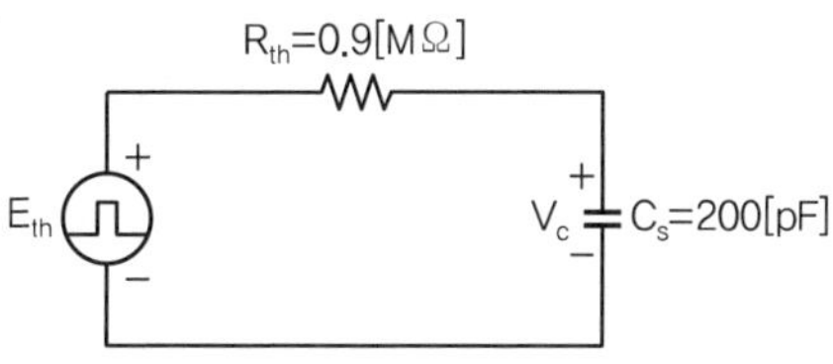

3 인가 주파수가 10[kHz]일 때 주기는 몇 [ms]인가?

해답 **1** 계산 : $V_o = \frac{V_i}{n} = \frac{220}{10} = 22[V]$

답 22[V]

2 시정수 $\tau = R_{th}C_s = 0.9 \times 10^6 \times 200 \times 10^{-12} = 180 \times 10^{-6}[sec] = 180[\mu sec]$

등가전압 $E_{th} = \frac{R_s}{R_p + R_s} \times V_i = \frac{1}{9+1} \times 220 = 22[V]$

3 계산 : $T = \frac{1}{f} = \frac{1}{10 \times 10^3} = 0.1 \times 10^{-3}[sec] = 0.1[msec]$

답 0.1[msec]

12 ★☆☆☆☆ [5점]

그림과 같이 환상 직류 배전 선로에서 각 구간의 왕복 저항은 0.1[Ω], 급전점 A의 전압은 100[V], 부하점 B, D의 부하전류는 각각 25[A], 50[A]라 할 때 부하점 B의 전압은 몇 [V]인가?

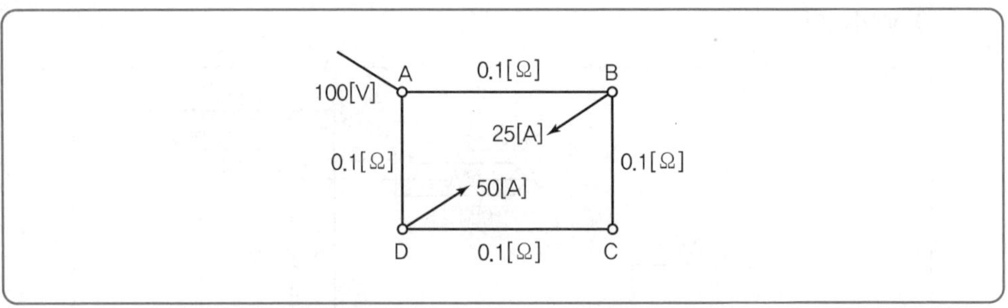

해답 계산 : 그림과 같이 전류 방향을 가정하면

폐회로 내의 전압강하의 합은 0이므로

$0.1I_1 + 0.1(I_1 - 25) + 0.1(I_1 - 25) - 0.1I_2 = 0$

$0.3I_1 - 0.1I_2 = 5$ ························ ①

또, $I_1 + I_2 = 75[A]$이므로

$I_1 = 75 - I_2$ ······························ ②

식 ②를 식 ①에 대입하면

$0.3(75 - I_2) - 0.1I_2 = 5$

$22.5 - 0.4I_2 = 5$

$I_2 = \frac{22.5 - 5}{0.4} = 43.75[A]$

$\therefore I_1 = 75 - I_2 = 75 - 43.75 = 31.25[A]$

부하점 B의 전압 $V_B = V_A - I_1R = 100 - 31.25 \times 0.1 = 96.88[V]$

답 96.88[V]

TIP

- 카르히호프의 전압법칙(KVL) : 임의의 폐회로 내의 기전력의 총합과 전압강하의 총합은 같다.
- 카르히호프의 전류법칙(KCL) : 임의의 점을 기준으로 들어가는 전류와 나가는 전류의 대수합은 0이다.

13 ★☆☆☆☆ [5점]

다음 변압기 냉각방식의 명칭은 무엇인가?

예 AA(AN) : 건식 자냉식

① OA(ONAN) : ② FA(ONAF) :

③ OW(ONWF) : ④ FOA(OFAF) :

⑤ FOW(OFWF) :

해답 ① OA(ONAN) : 유입 자냉식 ② FA(ONAF) : 유입 풍냉식

③ OW(ONWF) : 유입 수냉식 ④ FOA(OFAF) : 송유 풍냉식

③ FOW(OFWF) : 송유 수냉식

TIP

- ONAN(OA) : Oil Natural Air Natural
- ONAF(FA) : Oil Natural Air Forced
- ONWF(OW) : Oil Natural Water Forced
- OFAF(FOA) : Oil Forced Air Forced
- OFWF(FOW) : Oil Forced Water Forced

14 ★★☆☆☆ [10점]

수전설비의 수전실 등의 시설에 있어서 변압기, 배전반 등 수전설비의 주요 부분이 원칙적으로 유지하여야 할 거리 기준과 관련 수전설비의 배전반 등의 최소 유지거리에 대하여 빈칸 ①~⑩에 알맞은 내용을 쓰시오.

| 수전설비의 배전반 등의 최소 유지거리 |

(단위 : m)

위치별 / 기기별	앞면 또는 조작 · 계측면	뒷면 또는 점검면	열상호 간 (점검하는 면)	기타의 면
특고압 배전반	①	②	③	–
고압 배전반 저압 배전반	④	⑤	⑥	–
변압기 등	⑦	⑧	⑨	⑩

[비고]

1. 앞면 또는 조작・계측면은 배전반 앞에서 계측기를 판독할 수 있거나 필요 조작을 할 수 있는 최소 거리임
2. 뒷면 또는 점검면은 사람이 통행할 수 있는 최소 거리임. 무리 없이 편안히 통행하기 위하여 0.9[m] 이상으로 함이 좋다.
3. 열상호 간(점검하는 면)은 기기류를 2열 이상 설치하는 경우를 말하며, 배전반류의 내부에 기기가 설치되는 경우는 이의 인출을 대비하여 내장기기의 최대 폭에 적절한 안전거리(통상 0.3[m] 이상)를 가산한 거리를 확보하는 것이 좋다.
4. 기타 면은 변압기 등을 벽 등에 면하여 설치하는 경우 최소 확보 거리이다. 이 경우도 사람의 통행이 필요할 경우는 0.6[m] 이상으로 함이 바람직하다.

해답

위치별 / 기기별	앞면 또는 조작 · 계측면	뒷면 또는 점검면	열상호 간 (점검하는 면)	기타의 면
특고압 배전반	1.7[m]	0.8[m]	1.4[m]	–
고압 배전반 저압 배전반	1.5[m]	0.6[m]	1.2[m]	–
변압기 등	0.6[m]	0.6[m]	1.2[m]	0.3[m]

15 ★★★★★ [5점]

다음 그림은 수전계통의 일부를 나타낸 것이다. 그림에서 가, 나, 다의 명칭과 역할에 대하여 쓰시오.

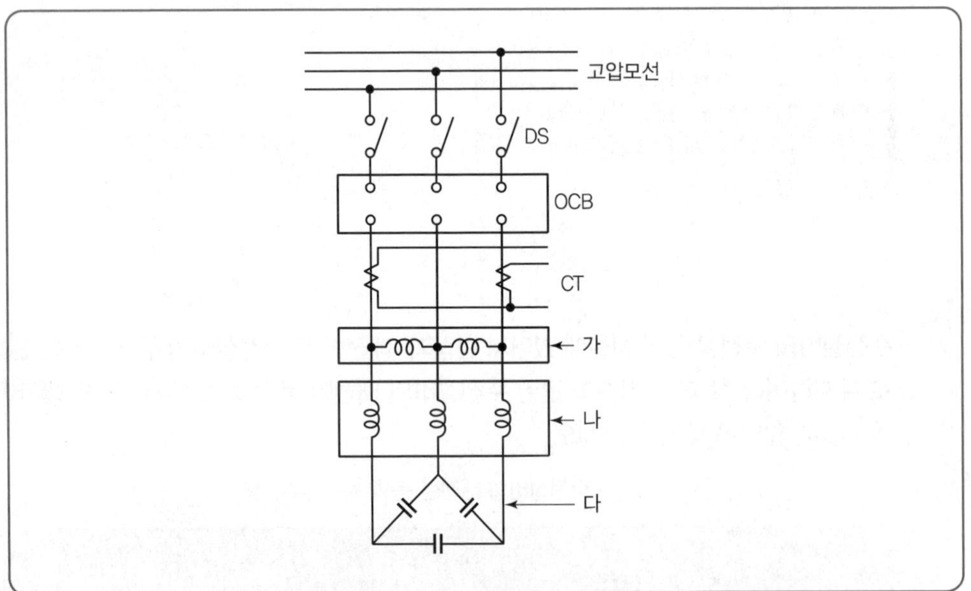

해답

번호	명칭	역할
가	방전 코일	전원 개방 시 콘덴서에 축적된 잔류전하를 방전
나	직렬 리액터	제5고조파를 제거하여 파형을 개선한다.
다	전력용 콘덴서	역률을 개선한다.

16 ★★★★★ [5점]

어떤 수용가에서 뒤진 역률 80[%]로 60[kW]의 부하를 사용하고 있었으나 새로이 뒤진 역률 60[%], 40[kW]의 부하를 증가하여 사용하게 되었다. 이때 콘덴서를 이용하여 합성역률을 90[%]로 개선하려고 한다면 필요한 전력용 콘덴서 용량은 몇 [kVA]가 되겠는가?

해답 계산 : 무효전력 $Q = P_1 \tan\theta_1 + P_2 \tan\theta_2 = 60 \times \frac{0.6}{0.8} + 40 \times \frac{0.8}{0.6} = 98.33[\text{kVar}]$

유효전력 $P = 60 + 40 = 100[\text{kW}]$

합성역률 $\cos\theta = \frac{P}{\sqrt{P^2 + Q^2}} = \frac{100}{\sqrt{100^2 + 98.33^2}} = 0.71$

$\therefore Q_C = P(\tan\theta_1 - \tan\theta_2) = 100\left(\frac{\sqrt{1-0.71^2}}{0.71} - \frac{\sqrt{1-0.9^2}}{0.9}\right) = 50.75[\text{kVA}]$

답 50.75[kVA]

TIP

$Q = P\tan\theta[\text{kVar}]$

여기서, Q : 무효전력

P : 유효전력

↘ 전기기사

2009년도 2회 시험 과년도 기출문제

회독 체크	□1회독	월 일	□2회독	월 일	□3회독	월 일

01 ★★★★☆ [6점]

66[kV]/6.6[kV], 6,000[kVA]의 3상 변압기 1대를 설치한 배전 변전소로부터 선로 길이 1.5[km]의 1회선 고압 배전 선로에 의해 공급되는 수용가 인입구에서 3상 단락고장이 발생하였다. 선로의 전압강하를 고려하여 다음 물음에 답하시오.(단, 변압기 1상당의 리액턴스는 0.4[Ω], 배전선 1선당의 저항은 0.9[Ω/km], 리액턴스는 0.4[Ω/km]라 하고 기타의 정수는 무시하는 것으로 한다.)

66/6.6[kV]
△ Y
단락점 부하
6,000[kVA]

1. 1상분의 단락회로를 그리시오.
2. 수용가 인입구에서의 3상 단락전류를 구하시오.
3. 이 수용가에서 사용하는 차단기로서는 몇 [MVA]인 것이 적당하겠는가?

해답 1

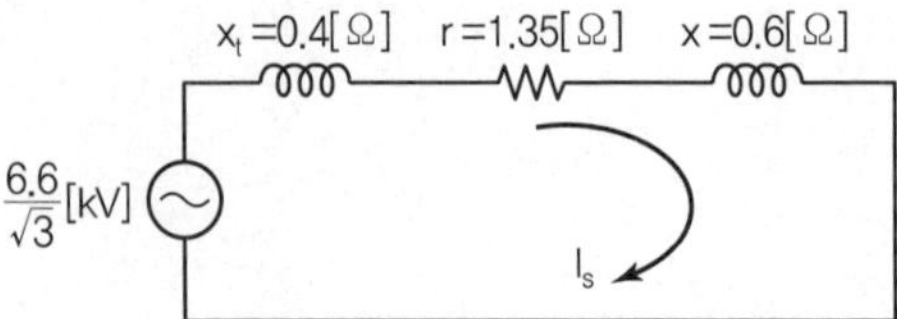

2 계산 : 선로 임피던스는

$r = 0.9 \times 1.5 = 1.35[\Omega]$

$x = 0.4 \times 1.5 = 0.6[\Omega]$

변압기 리액턴스 $x_t = 0.4[\Omega]$

$$\therefore \text{단락 전류 } I_s = \frac{E}{\sqrt{r^2 + (x_t + x)^2}} = \frac{\frac{6.6 \times 10^3}{\sqrt{3}}}{\sqrt{1.35^2 + (0.4 + 0.6)^2}} = 2,268.12[A]$$

답 2,268.12[A]

3 차단기 용량

계산 : $P_s = \sqrt{3} VI_s = \sqrt{3} \times 6,600 \times \frac{1.2}{1.1} \times 2,268.12 \times 10^{-6} = 28.29[MVA]$

답 28.29[MVA]

TIP

① 차단기 용량 $P_s = \sqrt{3} \times$ 정격전압 $\times$ 정격차단전류

② 정격전압 = 공칭전압 $\times \frac{1.2}{1.1}$

02 ★☆☆☆☆ [5점]

차단기 "동작책무"란?

해답 차단기에 부과된 1회 또는 2회 이상의 투입, 차단 동작을 일정 시간 간격을 두고 행하는 일련의 동작을 동작책무라 한다.

TIP

➤ 재폐로 방식

① 일반용 : O − (1분) − CO − (3분) − CO

② 고속도 재투입용 : O − (t초) − CO − (3분 또는 1분) − CO

여기서, O(Open) : 차단, C(Close) : 투입

03 ★☆☆☆☆ [5점]

다음과 같은 소형 변압기 심벌의 명칭을 각각 쓰시오.

Ⓣ$_B$    Ⓣ$_H$

해답
- Ⓣ$_B$: 벨 변압기
- Ⓣ$_R$: 리모컨 변압기
- Ⓣ$_N$: 네온 변압기
- Ⓣ$_F$: 형광등용 안정기
- Ⓣ$_H$: HID등(고효율 방전등)용 안정기

04 ★★☆☆☆

[6점]

권상기용 전동기의 출력이 50[kW]이고 분당 회전속도가 950[rpm]일 때 그림을 참고하여 물음에 답하시오.(단, 기중기의 기계효율은 100[%]이다.)

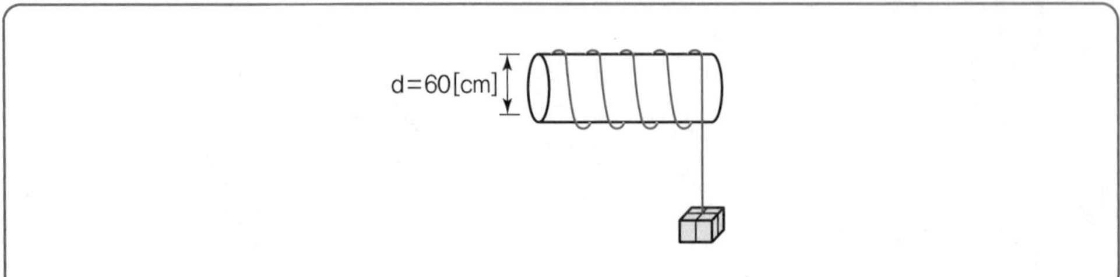

1 권상속도는 몇 [m/min]인가?

2 권상기의 권상중량은 몇 [kgf]인가?

해답 1 계산 : $v = \pi DN = \pi \times 0.6 \times 950 = 1{,}790.71[m/min]$

답 1,790.71[m/min]

2 계산 : $P = \dfrac{Gv}{6.12\eta}$, $G = \dfrac{6.12P\eta}{v} = \dfrac{6.12 \times 50 \times 1}{1{,}790.71} \times 1{,}000 = 170.88[kgf]$

답 170.88[kgf]

TIP

① $v = \pi DN$

여기서, v : 권상속도[m/min], D : 회전체의 지름[m], N : 회전속도[rpm]

② $P = \dfrac{Gv}{6.12\eta}$

여기서, P : 전동기 출력[kW], G : 권상중량[ton], v : 권상속도[m/min], η : 기중기의 기계효율

05 ★★★★☆

[5점]

다음과 같은 충전방식에 대해 간단히 설명하시오.

1 보통충전

2 세류충전

3 균등충전

4 부동충전

5 급속충전

해답 1 보통충전 : 필요할 때마다 표준시간율로 소정의 충전을 하는 방식

2 세류충전 : 축전지의 자기방전을 보충하기 위하여 부하를 off한 상태에서 미소 전류로 항상 충전하는 방식

3 균등충전 : 각 전해조에서 발생하는 전위 차를 보정하기 위하여 1~3개월마다 1회, 정전압 충전하여 각 전해조의 용량을 균일화하기 위하여 행하는 충전방식

4 부동충전 : 축전지의 자기방전을 보충함과 동시에 사용부하에 대한 전력공급은 충전기가 부담하도록 하되 충전기가 부담하기 어려운 일시적인 대전류의 부하는 축전지가 부담하도록 하는 방식

5 급속충전 : 짧은 시간에 보통 충전전류의 2~3배의 전류로 충전하는 방식

06

★★☆☆☆ [5점]

154[kV] 중성점 직접접지 계통의 피뢰기 정격전압은 어떤 것을 선택해야 하는가?(단, 접지계수는 0.75이고, 여유도는 1.1이다.)

| 피뢰기의 정격전압(표준값[kV]) |

126	144	154	168	182	196

해답 계산 : $V_n = \alpha \cdot \beta \cdot V_m = 0.75 \times 1.1 \times 170 = 140.25[kV]$

답 144[kV]

TIP

피뢰기의 정격전압[kV] = 접지계수 × 여유도 × 계통의 최고 전압

07

★★★★★ [7점]

다음은 어느 계전기 회로의 논리식이다. 이 논리식을 이용하여 다음 각 물음에 답하시오.(단, 여기에서 A, B, C는 입력이고, X는 출력이다.)

논리식 : $X = (A+B) \cdot \overline{C}$

1 이 논리식을 로직을 이용한 시퀀스도(논리회로)로 나타내시오.

2 물음 1에서 로직 시퀀스도로 표현된 것을 2입력 NAND gate만으로 등가 변환하시오.

3 물음 1에서 로직 시퀀스도로 표현된 것을 2입력 NOR gate만으로 등가 변환하시오.

해답 1

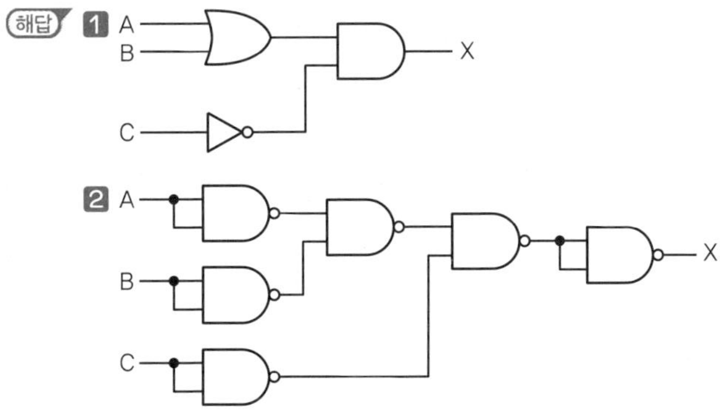

3 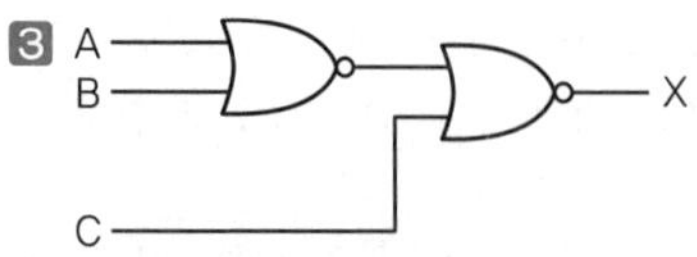

TIP

2 $X=(A+B)\cdot\overline{C}=\overline{\overline{\overline{\overline{(A+B)}}\cdot\overline{C}}}=\overline{\overline{\overline{\overline{A}\cdot\overline{B}}\cdot\overline{C}}}$

3 $X=(A+B)\cdot\overline{C}=\overline{\overline{(A+B)\cdot\overline{C}}}=\overline{\overline{A+B}+C}$

08 ★★★★★

[8점]

도면은 유도전동기 IM의 정회전 및 역회전용 운전의 단선 결선도이다. 이 도면을 이용하여 다음 각 물음에 답하시오.(단, 52F는 정회전용 전자접촉기이고, 52R은 역회전용 전자접촉기이다.)

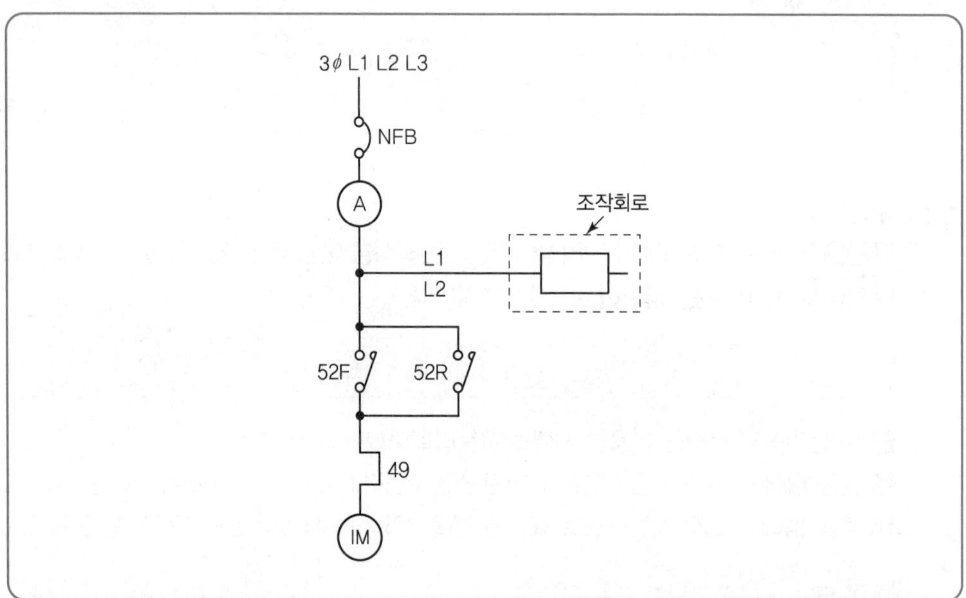

1 단선도를 이용하여 3선 결선도를 그리시오.(단, 점선 내의 조작회로는 제외하도록 한다.)

2 주어진 단선 결선도를 이용하여 정 · 역회전을 할 수 있도록 조작회로를 그리시오.(단, 누름 버튼 스위치 OFF 버튼 2개, ON 버튼 2개 및 정회전 표시램프 RL, 역회전 표시램프 GL도 사용하도록 한다.)

L1

52F RL 52R GL

L2

해답 1

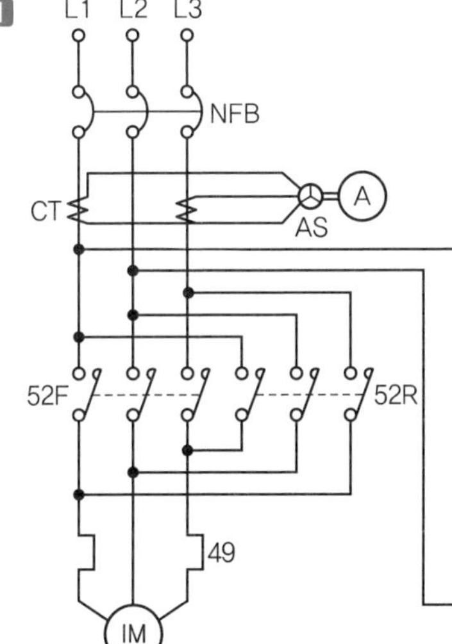

2

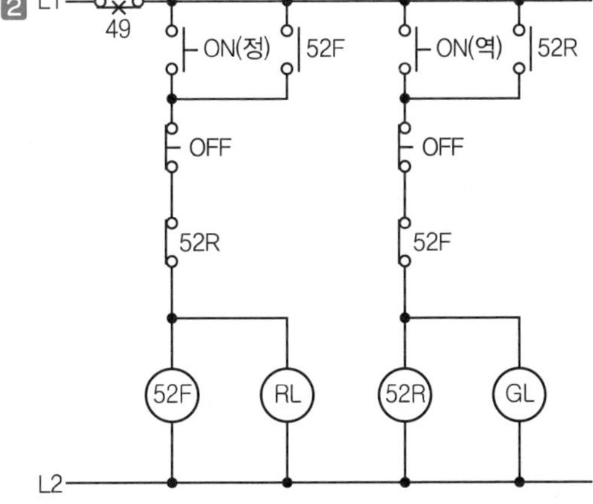

09 ★☆☆☆☆ [4점]

변압기 본체 탱크 내에 발생한 가스 또는 이에 따른 유류를 검출하여 변압기 내부고장을 검출하는 데 사용되는 계전기로서 본체와 콘서베이터 사이에 설치하는 계전기는?

해답 브흐홀쯔 계전기

10 ★★★★☆ [8점]

Spot Network 수전방식에 대해 설명하고 장점 4가지를 쓰시오.

1 Spot Network 방식이란?

2 장점

해답 1 Spot Network 방식

배전용 변전소로부터 2회선 이상의 배전선으로 수전하는 방식으로 배전선 1회선에 사고가 발생한 경우일지라도 다른 건전한 회선으로부터 자동적으로 수전할 수 있는 무정전 방식으로 신뢰도가 매우 높은 방식이다.

2 장점

① 무정전 전력 공급이 가능하다.

② 공급신뢰도가 높다.

③ 전압변동률이 낮다.

④ 부하증가에 대한 적응성이 좋다.

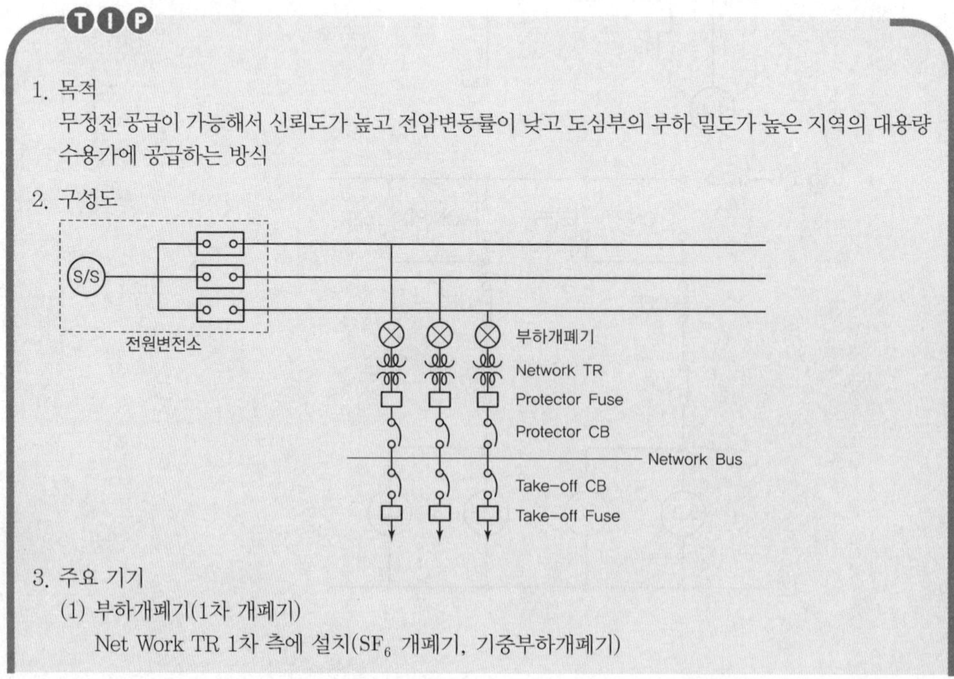

TIP

1. 목적

무정전 공급이 가능해서 신뢰도가 높고 전압변동률이 낮고 도심부의 부하 밀도가 높은 지역의 대용량 수용가에 공급하는 방식

2. 구성도

3. 주요 기기

(1) 부하개폐기(1차 개폐기)

Net Work TR 1차 측에 설치(SF_6 개폐기, 기중부하개폐기)

(2) Net Work TR

① 1회선 정전 시 다른 건전한 회선만으로 최대부하에 견딜 수 있을 것

② 130% 과부하에서 8시간 운전 가능할 것(Mold, SF_6, Gas TR 사용)

③ 변압기 용량$=\dfrac{\text{최대수용전력}}{\text{변압기 대수}-1}\times\dfrac{100}{\text{과부하율}}$[kVA](변압기 대수 1개당 1회선 연결)

2002
2003
2004
2005
2006
2007
2008
2009
2010
2011

11 ★☆☆☆☆ [5점]

인체가 전기설비에 접촉되어 감전 재해가 발생하였을 때 감전 피해의 위험도를 결정하는 요인 4가지를 쓰시오.

해답 ① 통전전류의 크기 ② 통전경로
③ 통전시간 ④ 전원의 종류

TIP

(1) 1차적 감전요소(위험도 결정 조건)

① 통전 전류의 크기 : 인체에 흐르는 전류의 양에 따라 위험도가 결정된다.

② 통전경로 : 같은 전류값이라 하여도 통전경로에 따라 위험도가 다르다.

③ 통전시간 : 심실세동전류는 통전시간에 관계되며, 시간이 길수록 위험하다.

④ 전원의 종류 : 전압이 동일하여도 교류가 직류보다 더 위험하다.

(2) 2차적 감전요소

① 인체의 저항

② 전압

③ 계절

12 ★★★★★ [5점]

면적 216[m^2]인 사무실의 조도를 200[lx]로 할 경우에 램프 2개의 전광속 4,600[lm], 램프 2개의 전류가 1[A]인, 40W×2 형광등을 시설할 경우에 조명률 51[%], 감광보상률 1.3으로 가정하고, 전기방식은 220[V] 단상 2선식으로 할 때 이 사무실의 16[A] 분기 회로수는?(단, 콘센트는 고려하지 않는다.) ※ KEC 규정에 따라 변경

해답 계산 : 전등 수 $N=\dfrac{EAD}{FU}=\dfrac{200\times216\times1.3}{4{,}600\times0.51}=23.94$[등] ∴ 24[등]

분기회로 수 $N'=\dfrac{\text{등수}\times1\text{등 전류[A]}}{\text{분기회로 전류[A]}}=\dfrac{24\times1}{16}=1.5$회로(절상) ∴ 2회로

답 16[A] 분기 2회로

TIP

$FUN = EAD$에서 $N = \frac{EAD}{FU}$

여기서, F : 광원 1개당의 광속[lm], N : 광원의 개수[등], E : 작업면상의 평균 조도[lx], A : 방의 면적[m^2], D : 감광보상률, U : 조명률

13 ★★★☆☆ [6점]

PLC 래더 다이어그램이 그림과 같을 때 표 (b)에 ①~⑥의 프로그램을 완성하시오. [단, 회로 시작(STR), 출력(OUT), AND, OR, NOT 등의 명령어를 사용한다.]

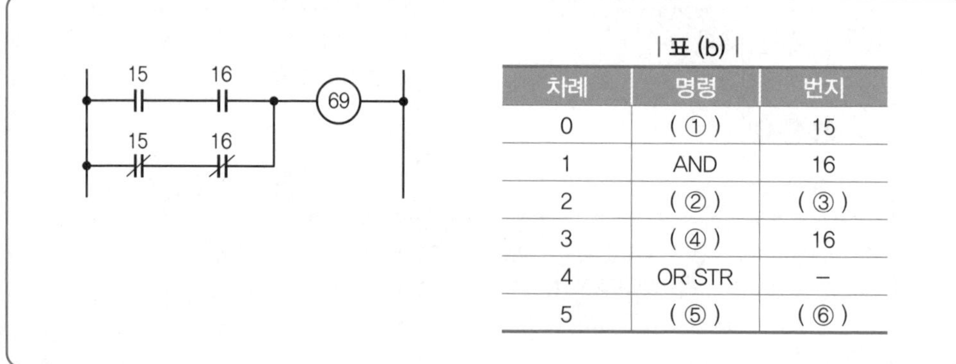

| 표 (b) |

차례	명령	번지
0	(①)	15
1	AND	16
2	(②)	(③)
3	(④)	16
4	OR STR	–
5	(⑤)	(⑥)

해답 ① STR
② STR NOT
③ 15
④ AND NOT
⑤ OUT
⑥ 69

14 ☆☆☆☆☆ [4점]

분기회로에는 저압 옥내간선과의 분기점에서 전선의 길이가 (㉮) 이하인 장소에 개폐기 및 과전류차단기를 시설하여야 한다. 다만, 간선과의 분기점에서 개폐기 및 과전류차단기까지의 전선에 그 전원 측 저압 옥내간선을 보호하는 과전류차단기 정격전류의 (㉯) 이상[단, 전선의 길이가 (㉰) 이하일 경우에는 (㉱) 이상]의 허용전류를 가지는 것을 사용할 경우에는 (㉲)를 초과하는 장소에 시설할 수 있다. ※ KEC 규정에 따라 삭제

해답 ㉮ 3[m] ㉯ 55[%] ㉰ 8[m] ㉱ 35[%] ㉲ 3[m]

15 ★★★☆☆ [5점]

고압 동력부하의 사용전력량을 측정하려고 한다. CT 및 PT 취부 3상 적산 전력량계를 그림과 같이 오결선(1S와 1L 및 P_1과 P_3가 바뀜)하였을 경우 어느 기간 동안 사용전력량이 300[kWh]였다면 그 기간 동안 실제 사용전력량은 몇 [kWh]이겠는가?(단, 부하역률은 0.8이라 한다.)

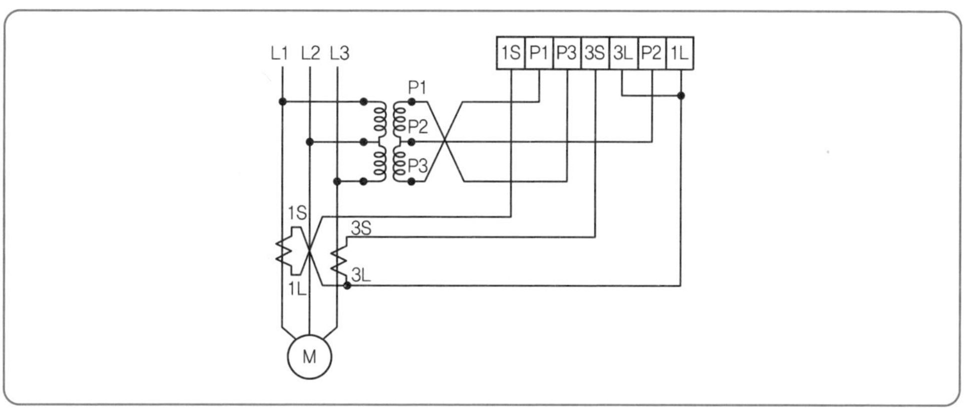

해답 계산 : $W = W_1 + W_2 = 2VI\sin\theta$이므로 $VI = \dfrac{W_1 + W_2}{2\sin\theta} = \dfrac{300}{2\times 0.6} = \dfrac{150}{0.6} = 250$

$\therefore$ 실제 사용전력량 $W' = \sqrt{3}\,VI\cos\theta = \sqrt{3}\times 250\times 0.8 = 346.41$[kWh]

답 346.41[kWh]

TIP

$W_1 = V_{32}I_1\cos(90°-\theta) = VI\cos(90°-\theta)$

$W_2 = V_{12}I_3\cos(90°-\theta) = VI\cos(90°-\theta)$

$\therefore\ W = W_1 + W_2 = 2VI\cos(90°-\theta) = 2VI\sin\theta$

여기서, E : 상전압, I : 선전류, V : 선간전압, $\cos\theta$: 역률

16 ★☆☆☆☆ [5점]

다음 표의 ①~③에 사고 종류에 대한 보호장치 및 보호조치를 알맞게 넣으시오.

항목	사고 종류	보호장치 및 보호조치
고압 배전선로	접지사고	①
	과부하, 단락	②
	뇌해	피뢰기, 가공지선
주상 변압기	과부하, 단락	고압 퓨즈
저압 배전선로	고저압 혼촉	③
	과부하, 단락	저압 퓨즈

해답 ① 접지 계전기
② 과전류 계전기
③ 저압 측 혼촉방지 접지(계통접지) ※ KEC규정에 따라 해답 변경

17 ★★★★☆ [5점]

변류비가 200/5인 CT의 1차 전류가 150[A]일 때 CT 2차 측 전류는 몇 [A]인가?

해답 계산 : $I_2 = I_1 \times \frac{1}{\text{CT비}} = 150 \times \frac{5}{200} = 3.75[\text{A}]$ 답 3.75[A]

TIP

$I_1 = Ⓐ \times \text{CT비}$ 여기서, Ⓐ : 전류계 지시값

18 ★★★★★ [6점]

고압간선에 다음과 같은 A, B 수용가가 있다. A, B 각 수용가의 개별 부등률은 1.0이고 A, B 간 합성 부등률은 1.2라고 할 때 고압간선에 걸리는 최대 부하용량은 몇 [kVA]인가?

회선	부하 설비[kW]	수용률[%]	역률[%]
A	250	60	80
B	150	80	80

해답 계산 : A수용가의 최대 전력$= \frac{\text{설비용량} \times \text{수용률}}{\text{부등률}} = \frac{250 \times 0.6}{1.0} = 150[\text{kW}]$

B수용가의 최대 전력$= \frac{\text{설비용량} \times \text{수용률}}{\text{부등률}} = \frac{150 \times 0.8}{1.0} = 120[\text{kW}]$

고압간선에서의 최대 전력 $P = \frac{\text{개별 최대전력의 합}}{\text{부등률}} = \frac{150+120}{1.2} = 225[\text{kW}]$

고압간선에 걸리는 최대 부하용량 $P_a = \frac{225}{0.8} = 281.25[\text{kVA}]$ 답 281.25[kVA]

TIP

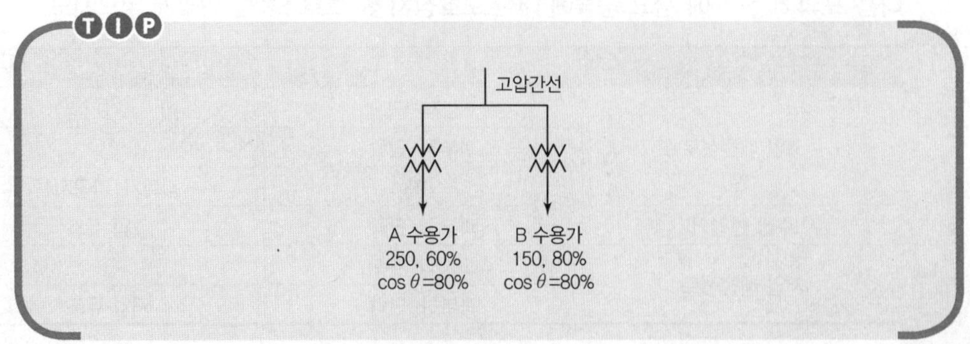

2009년도 3회 시험 과년도 기출문제

회독 체크	□1회독	월 일	□2회독	월 일	□3회독	월 일

01 ★★★☆☆ [7점]

다음 그림과 같은 유접점 회로에 대한 주어진 미완성 PLC 래더 다이어그램을 완성하고, 표의 빈칸 ①~⑥에 해당하는 것을 넣어 프로그램을 완성하시오.(단, 회로 시작 LOAD, 출력 OUT, 직렬 AND, 병렬 OR, b접점 NOT, 그룹 간 묶음 AND LOAD이다.)

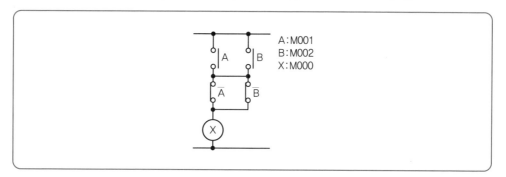

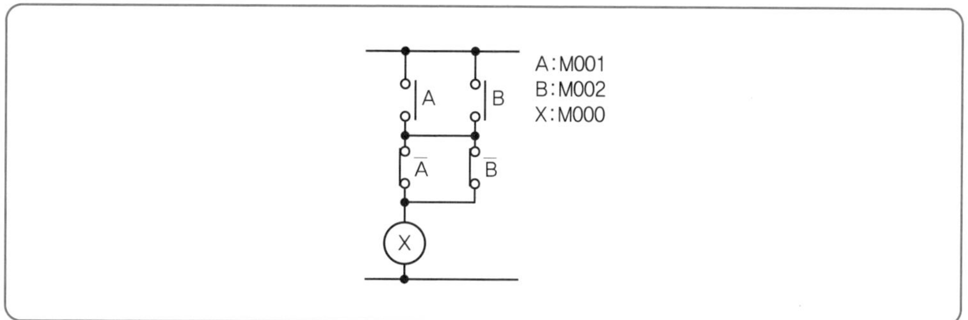

1 래더 다이어그램

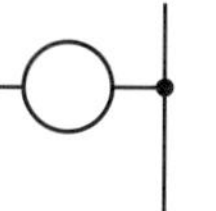

2 프로그램

차례	명령	번지
0	LOAD	M001
1	①	M002
2	②	③
3	④	⑤
4	⑥	–
5	OUT	M000

해답 **1**

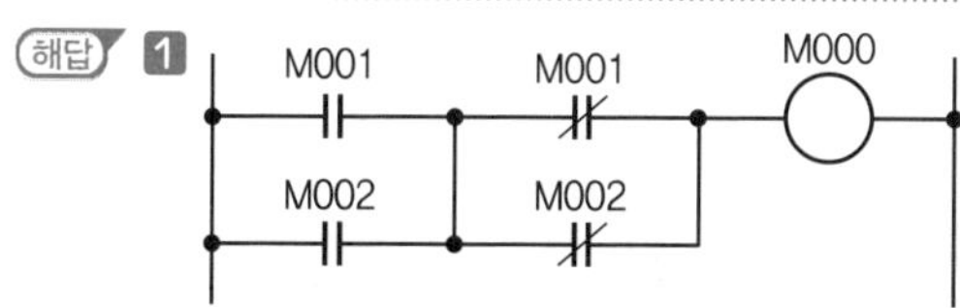

2 ① OR ② LOAD NOT ③ M001 ④ OR NOT ⑤ M002 ⑥ AND LOAD

02 ★★☆☆☆ [5점]

다음 그림 기호는 일반 옥내배선의 전등 · 전력 · 통신 · 신호 · 재해방지 · 피뢰시설 등의 배선, 기기 및 부착위치, 부착방법을 표시하는 도면에 사용하는 그림 기호이다. 각 그림 기호의 명칭을 쓰시오.

1 [E]　2 [B]　3 [EC]　4 [S]　5 ⊛G

해답 1 누전 차단기　2 배선용 차단기　3 접지 센터　4 개폐기　5 누전 경보기

03 ★★★☆☆ [7점]

그림의 단선 결선도를 보고 ①~⑤에 들어갈 기기에 대하여 표준 심벌을 그리고 약호, 명칭, 용도 및 역할에 대하여 쓰시오.

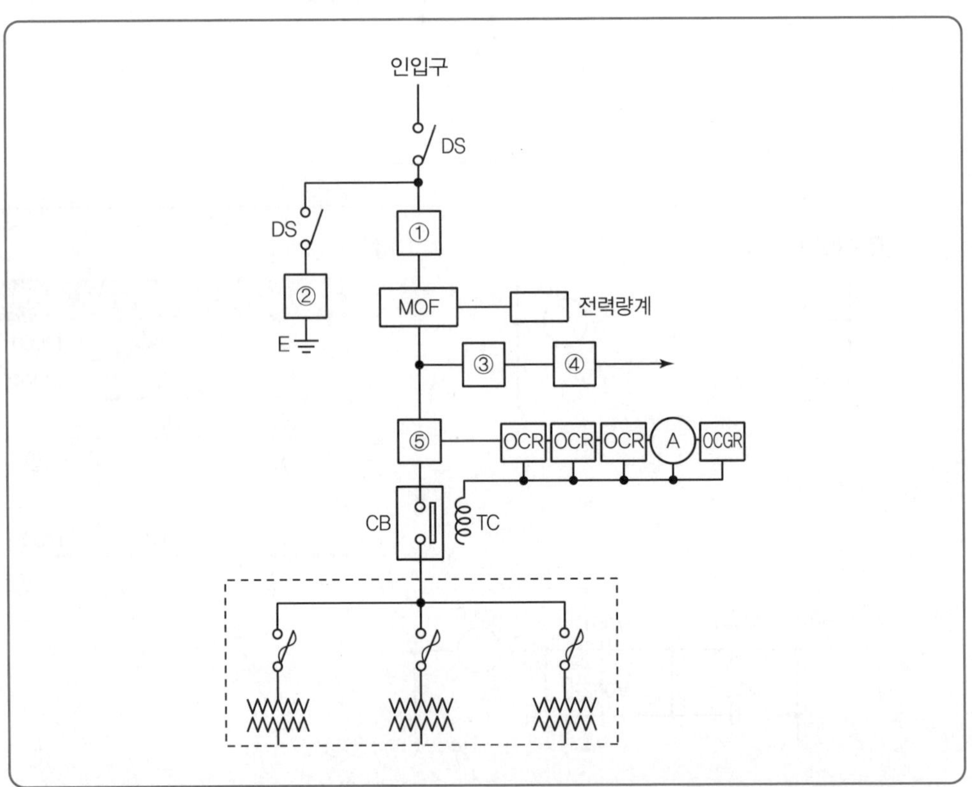

번호	심벌	약호	명칭	용도 및 역할
①				
②				
③				
④				
⑤				

해답

번호	심벌	약호	명칭	용도 및 역할
①		PF	전력용 퓨즈	단락전류 차단
②		LA	피뢰기	이상 전압 내습 시 이를 대지로 방전시키며 속류를 차단한다.
③		COS	컷아웃 스위치	계기용 변압기의 고장 발생 시 사고 확대를 방지한다.
④		PT	계기용 변압기	고전압을 저전압으로 변성한다.
⑤		CT	변류기	대전류를 소전류로 변성한다.

04 ★☆☆☆☆ [3점]

다음은 인체에 전류가 흘러 감전된 정도를 설명한 것이다. ( ) 안에 알맞은 용어를 쓰시오.

1 (　　) 전류 : 인체에 흐르는 전류가 수 [mA]를 넘으면 자극으로서 느낄 수 있게 되는데 사람에 따라서는 1[mA] 이하에서 느끼는 경우도 있다.

2 (　　) 전류 : 도체를 잡은 상태로 인체에 흐르는 전류를 증가시켜가면 5~20[mA] 정도의 범위에서 근육이 수축 경련을 일으켜 사람 스스로 도체에서 손을 뗄 수 없는 상태로 된다.

3 (　　) 전류 : 인체 통과 전류가 수십 [mA]에 이르면 심장 근육이 경련을 일으켜 신체 내의 혈액공급이 정지되며 사망에 이르게 될 우려가 있으며, 단시간 내에 통전을 정지시키면 죽음을 면할 수 있다.

해답 1 최소 감지
2 불수
3 심실 세동

05 ★☆☆☆☆ [4점]

전압 1.0183[V]를 측정하는 데 전압계 측정값이 1.0092[V]이었다. 이 경우의 다음 각 물음에 답하시오.(단, 소수점 이하 넷째 자리까지 계산하시오.)

1 오차

• 계산 :　　　　　　　　• 답 :

2 오차율

• 계산 :　　　　　　　　• 답 :

3 보정계수(값)

- 계산 : • 답 :

4 보정률

- 계산 : • 답 :

해답 1 계산 : 오차 = 측정값 − 참값 = 1.0092 − 1.0183 = − 0.0091 답 − 0.0091

2 계산 : $\text{오차율} = \dfrac{\text{측정값} - \text{참값}}{\text{참값}} \times 100$

$= \dfrac{1.0092 - 1.0183}{1.0183} \times 100 = -0.8936[\%]$ 답 − 0.8936[%]

3 계산 : 보정값 = 참값 − 측정값 = 1.0183 − 1.0092 = 0.0091 답 0.0091

4 계산 : $\text{보정률} = \dfrac{\text{보정값}}{\text{측정값}} \times 100 = \dfrac{0.0091}{1.0092} \times 100 = 0.9017[\%]$ 답 0.9017[%]

06 ★☆☆☆☆ [5점]

퓨즈 정격 사항에 대하여 주어진 표의 빈칸에 알맞은 내용을 쓰시오.

계통전압[kV]	퓨즈 정격	
	퓨즈 정격전압[kV]	최대 설계전압[kV]
6.6	①	8.25
13.2	15	②
22 또는 22.9	③	25.8
66	69	④
154	⑤	169

해답 ① 6.9 또는 7.5 ② 15.5 ③ 23 ④ 72.5 ⑤ 161

TIP

➤ 전력 퓨즈의 정격

계통전압[kV]	퓨즈 정격	
	퓨즈 정격전압[kV]	최대 설계전압[kV]
6.6	6.9 또는 7.5	− 8.25
13.2	15	15.5
22 또는 22.9	23	25.8
66	69	72.5
154	161	169

07 ★☆☆☆☆ [3점]

발 · 변전소에는 전력의 집합, 융통, 분배 등을 위하여 모선을 설치한다. 무한대 모선(Infinite Bus)이란 무엇인지 설명하시오.

해답 무한대 모선이란 전압의 그 크기와 위상이 부하의 증감에 관계없이 전혀 변하지 않으며, 큰 관성정수를 가지고 있는 무한대 용량의 전원을 말한다.

08 ★★★☆☆ [5점]

3상 3선식 송전선에서 수전단의 선간전압이 30[kV], 부하역률이 0.8인 경우 전압강하율이 10[%]라 하면 이 송전선은 몇 [kW]까지 수전할 수 있는가?(단, 전선 1선의 저항은 15[Ω], 리액턴스는 20[Ω]이라 하고, 기타의 선로정수는 무시하는 것으로 한다.)

해답 계산 : 전압강하율 $\delta = \dfrac{P}{V^2}(R + X\tan\theta) \times 100[\%]$에서

$$P = \frac{\delta V^2}{R + X\tan\theta} \times 10^{-3}[kW]$$

$$\therefore\ P = \frac{0.1 \times (30 \times 10^3)^2}{\left(15 + 20 \times \dfrac{0.6}{0.8}\right)} \times 10^{-3} = 3{,}000[kW]$$

답 3,000[kW]

TIP

① 전압강하 $e = \dfrac{P}{V}(R + X\tan\theta)[V]$

② 전압강하율 $\delta = \dfrac{e}{V} \times 100 = \dfrac{P}{V^2}(R + X\tan\theta) \times 100[\%]$

③ 전력손실 $P_L = \dfrac{P^2R}{V^2\cos^2\theta}[kW]$

④ 전력손실률 $k = \dfrac{P_L}{P} \times 100 = \dfrac{PR}{V^2\cos^2\theta} \times 100[\%]$

09 ★★★☆☆ [6점]

그림과 같은 2 : 1 로핑의 기어리스 엘리베이터에서 적재하중은 1,000[kg], 속도는 140[m/min]이다. 구동 로프 바퀴의 직경은 760[mm]이며, 기체의 무게는 1,500[kg]인 경우 다음 각 물음에 답하시오.(단, 평형률은 0.6, 엘리베이터의 효율은 기어리스에서 1 : 1 로핑인 경우는 85[%], 2 : 1 로핑인 경우는 80[%]이다.)

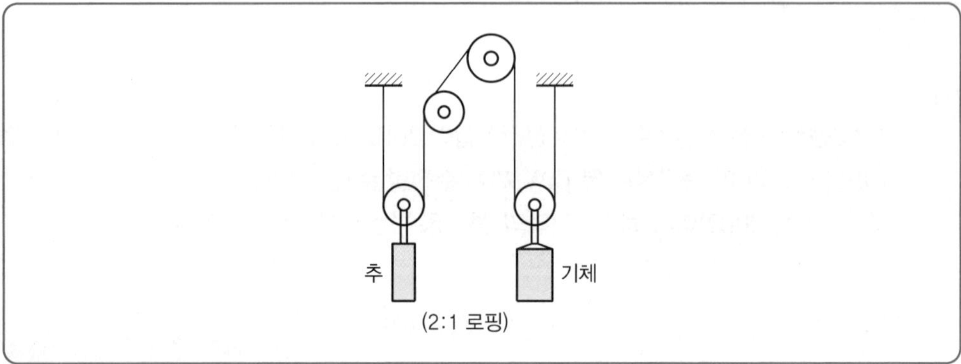

(2:1 로핑)

1 권상소요동력은 몇 [kW]인지 계산하시오.

2 전동기의 회전수는 몇 [rpm]인지 계산하시오.

해답 1 계산 : $P = \dfrac{KGV}{6,120\eta} = \dfrac{0.6 \times 1,000 \times 140}{6,120 \times 0.8} = 17.16[kW]$ 답 17.16[kW]

2 계산 : $N = \dfrac{V}{D\pi} = \dfrac{280}{0.76 \times \pi} = 117.27[rpm]$ 답 117.27[rpm]

TIP

① $P = \dfrac{KGV}{6,120\eta}$ (K : 평형률, G : 적재하중[kg], V : 케이지 속도[m/min], η : 권상기 효율)

② $N = \dfrac{V}{D\pi}$ (V : 로프의 속도[m/min], D : 구동 로프 바퀴의 직경[m])

여기서, V는 2 : 1 로핑이므로 케이지 속도 140[m/min]일 때 로프의 속도 V는 280[m/min]이다.

10 ★★★★☆

[6점]

그림은 기동입력 BS_1을 준 후 일정 시간이 지난 후에 전동기 M이 기동 운전되는 회로의 일부이다. 여기서 전동기 M이 기동하면 릴레이 X와 타이머 T가 복구되고 램프 RL이 점등되며 램프 GL은 소등되고, Thr이 트립되면 램프 OL이 점등하도록 회로의 점선 부분을 아래의 수정된 회로에 완성하시오. [단, MC의 보조접점(2a, 2b)을 모두 사용한다.]

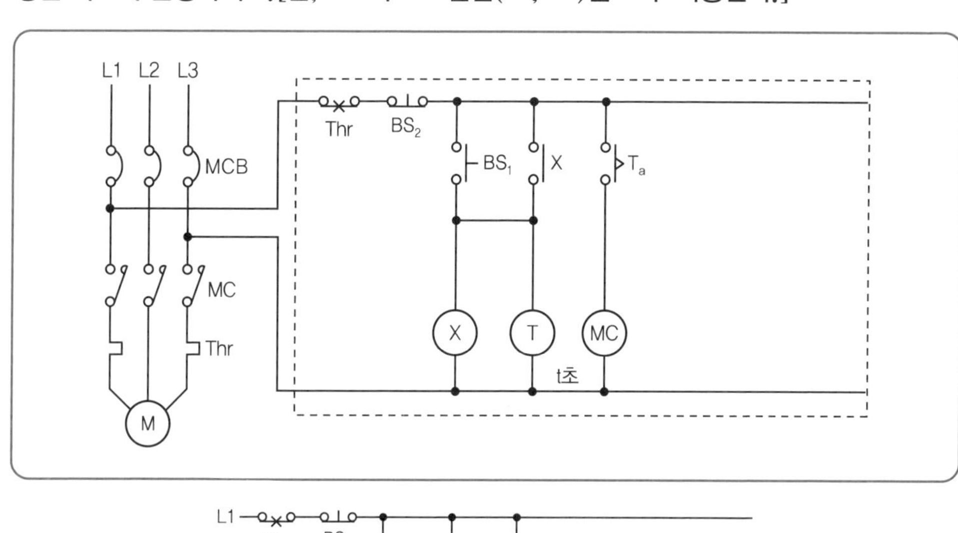

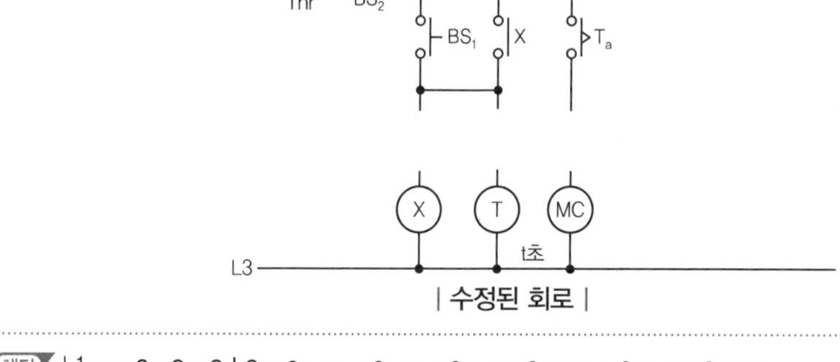

| 수정된 회로 |

해답

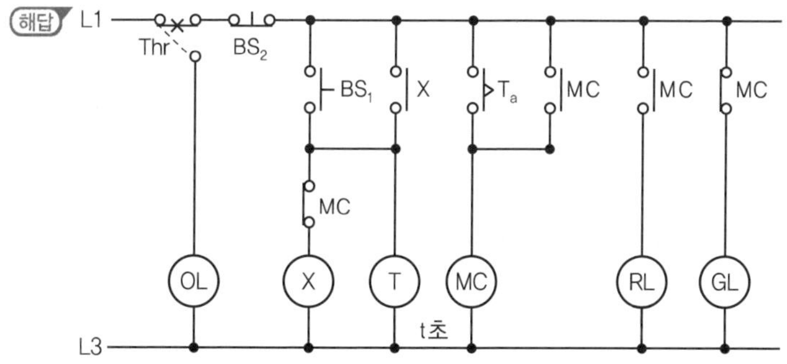

11 ★★★★☆ [6점]

다음은 가공 송전 선로의 코로나 임계전압을 나타낸 식이다. 이 식을 보고 다음 각 물음에 답하시오.

$$E_0 = 24.3 m_0 m_1 \delta d \log_{10}\frac{D}{r} [kV]$$

1 기온 t[℃]에서의 기압을 b[mmHg]라고 할 때 $\delta = \frac{0.386b}{273+t}$로 나타내는데 이 δ는 무엇을 의미하는지 쓰시오.

2 m_1이 날씨에 의한 계수라면, m_0는 무엇에 의한 계수인지 쓰시오.

3 코로나에 의한 장해의 종류를 2가지만 쓰시오.

4 코로나 발생을 방지하기 위한 주요 대책을 2가지만 쓰시오.

해답
1 상대 공기 밀도
2 전선 표면의 계수
3 ① 코로나 손실 ② 통신선 유도장해
그 외
③ 전선 부식 ④ 전파장해
4 ① 굵은 전선 사용 ② 다도체 및 복도체 사용
그 외
③ 가선금구 개량

TIP

코로나 임계전압 $E_0 = 24.3 m_0 m_1 \delta d \log_{10}\frac{D}{r}$[kV]

여기서, m_0 : 전선 표면의 상태계수, m_1 : 날씨의 계수(맑은 날 1.0, 우천 시 0.8)
δ : 상대 공기 밀도, d : 전선의 지름[cm], r : 전선의 반지름[cm]
D : 전선의 등가선간거리[cm]

12 ★☆☆☆☆ [3점]

보호계전기의 기억작용이란 무엇인지 설명하시오.

해답 계전기의 입력이 급변했을 때 변화 전의 전기량을 계전기에 일시적으로 잔류하게 하는 것

TIP

➤ 거리계전기 종류
① 임피던스형 계전기 ② 리액턴스형 계전기 ③ 모우(Mho)형 계전기 ④ 옴(Ohm)형 계전기

13 ★☆☆☆☆ [6점]

동기 발전기를 병렬로 접속하여 운전하는 경우에 생기는 횡류 3가지를 쓰고, 각각의 작용에 대하여 설명하시오.

해답 ① 무효 횡류 : 병렬운전 중인 발전기의 전압을 서로 같게 한다.
② 유효 횡류 : 병렬운전 중인 발전기의 위상을 서로 같게 한다.
③ 고조파 무효 횡류 : 전기자 권선의 저항손이 증가하여 과열의 원인이 된다.

14 ★★★★☆ [6점]

인텔리전트 빌딩(Intelligent Building)은 빌딩자동화시스템, 사무자동화시스템, 정보통신시스템, 건축환경을 총망라한 건설이며, 유지 관리의 경제성을 추구하는 빌딩이라 할 수 있다. 이러한 빌딩의 전산시스템을 유지하기 위하여 비상전원으로 사용되고 있는 UPS에 대한 다음 각 물음에 답하시오.

1 UPS를 우리말로 표현하시오.
2 UPS에서 AC → DC부와 DC → AC부로 변환하는 부분의 명칭을 각각 무엇이라 부르는지 쓰시오.
3 UPS가 동작되면 전력공급을 위한 축전지가 필요한데, 그때의 축전지 용량을 구하는 공식을 쓰시오.(단, 기호를 사용할 경우, 사용 기호에 대한 의미를 설명하도록 한다.)

해답 1 무정전 전원 공급 장치
2 • AC → DC 변환부 : 컨버터
• DC → AC 변환부 : 인버터
3 $C = \frac{1}{L}KI$[Ah]
여기서, C : 축전지의 용량[Ah], L : 보수율(경년용량저하율)
K : 용량 환산시간계수, I : 방전전류[A]

15 ★★★☆☆ [8점]

도로의 조명설계에 관한 다음 각 물음에 답하시오.

1 도로 조명설계에 있어서 성능상 고려하여야 할 중요 사항을 5가지만 쓰시오.

2 도로의 너비가 40[m]인 곳의 양쪽으로 35[m] 간격으로 지그재그식으로 등주를 배치하여 도로 위의 평균 조도를 6[lx]가 되도록 하고자 한다. 도로면의 광속 이용률은 30[%], 유지율은 75[%]로 한다고 할 때 각 등주에 사용되는 수은등은 몇 [W]의 것을 사용하여야 하는지, 전광속을 계산하고, 주어진 수은등 규격표에서 찾아 쓰시오.

| 수은등 규격표 |

크기[W]	램프 전류[A]	전광속[lm]
100	1.0	3,200~4,000
200	1.9	7,700~8,500
250	2.1	10,000~11,000
300	2.5	13,000~14,000
400	3.7	18,000~20,000

해답 1 ① 노면 전체를 평균휘도로 조명
② 충분한 조도
③ 조명시설이 도로나 그 주변의 경관을 해치지 않을 것
④ 눈부심이 적을 것
⑤ 광속의 연색성이 적절할 것
그 외
⑥ 정연한 배치 배열

2 계산 : $F = \frac{EBA}{2MU} = \frac{6 \times 40 \times 35}{2 \times 0.75 \times 0.3} = 18,666.67[\text{lm}]$

답 표에서 400[W] 선정

TIP

1 이외에도 ⑥ 주간에 도로의 풍경을 손상하지 않는 디자인으로 할 것

2 지그재그식 1등당 조명 면적 $A = \frac{1}{2} \times B(\text{도로 폭}) \times S(\text{등 간격})$

감광보상률 $D = \frac{1}{M(\text{유지율})}$

$\therefore$ FNU = EAD에서 $F = \frac{EAD}{N} = \frac{EBA}{2MU}[\text{lm}]$

16 ★★☆☆☆ [5점]

전동기에는 소손을 방지하기 위하여 전동기용 과부하 보호장치를 시설하여 자동적으로 회로를 차단하거나 과부하 시에 경보를 내는 장치를 하여야 한다. 전동기 소손 방지를 위한 과부하 보호장치의 종류를 4가지만 쓰시오.

해답 ① 전동기용 퓨즈
② 열동계전기
③ 전동기 보호용 배선용 차단기
④ 정지형 계전기(전자식 계전기, 디지털식 계전기 등)

17 ★★☆☆☆ [6점]

비접지 3상 3선식 배전방식과 비교하여, 3상 4선식 다중접지 배전방식의 장점 및 단점을 각각 4가지씩 쓰시오.

해답 (1) 장점
① 1선 지락 사고 시 건전상의 대지전압이 낮다.
② 개폐 서지의 값을 저감시킬 수 있으므로 피뢰기의 책무를 경감시키고 그 효과를 증대시킬 수 있다.
③ 변압기의 단절연이 가능하고, 기기 값이 저렴하다.
④ 1선 지락 사고 시 보호 계전기의 동작이 확실하다.

(2) 단점
① 유도장해가 크다.
② 과도 안정도가 나빠진다.
③ 지락전류가 매우 커서 기기에 대한 기계적 충격이 크다.
④ 대전류 차단이 많아 수명이 단축된다.

2002 2003 2004 2005 2006 2007 2008 2009 2010 2011

18 ★☆☆☆☆ [5점]

그림과 같이 △결선된 배전 선로에 접지 콘덴서 $C_s = 2[\mu F]$를 사용할 때 L1상에 지락이 발생한 경우의 지락전류[mA]를 구하시오.(단, 주파수는 60[Hz]로 한다.)

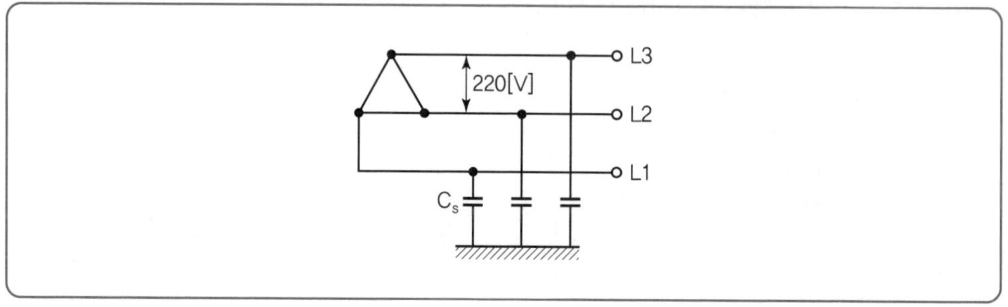

해답 계산 : $I_g = 3\omega C_s E = \sqrt{3}\,\omega C_s V = \sqrt{3} \times 2\pi \times 60 \times 2 \times 10^{-6} \times 220 \times 10^3 = 287.31[mA]$

답 287.31[mA]

TIP

① $I_g = 3\omega C_s \dfrac{V}{\sqrt{3}} = \sqrt{3}\,\omega C_s V[A]$

② R상 → L1
S상 → L2
T상 → L3

ENGINEER ELECTRICITY

2010년 기출문제

↘ 전기기사

2010년도 1회 시험

과년도 기출문제

회독 체크	□1회독	월 일	□2회독	월 일	□3회독	월 일

2002
2003
2004
2005
2006
2007
2008
2009
2010
2011

01 ★★★★☆ [5점]

그림과 같이 전류계 3개를 가지고 부하전력을 측정하려고 한다. 각 전류계의 지시가 $A_1 = 7[A]$, $A_2 = 4[A]$, $A_3 = 10[A]$이고, $R = 25[\Omega]$일 때 다음을 구하시오.

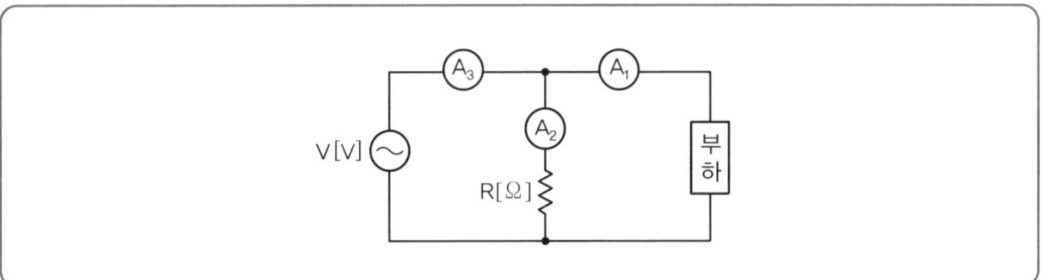

1 부하전력[W]을 구하시오.

2 부하역률을 구하시오.

해답 1 계산 : 전력 $P = VI\cos\theta = A_2 \cdot R \cdot A_1 \cdot \dfrac{A_3^2 - A_1^2 - A_2^2}{2A_1A_2}$

$$= \frac{R}{2}(A_3^2 - A_1^2 - A_2^2) = \frac{25}{2}(10^2 - 7^2 - 4^2) = 437.5[W]$$

답 437.5[W]

2 계산 : $A_3^2 = A_1^2 + A_2^2 + 2A_1A_2\cos\theta$

$$\therefore \cos\theta = \frac{A_3^2 - A_1^2 - A_2^2}{2A_1A_2} = \frac{10^2 - 7^2 - 4^2}{2 \times 7 \times 4} = 0.63 = 63[\%]$$

답 63[%]

02 ★★☆☆☆ [5점]

전동기 과부하 발생 시에 자동으로 차단하거나 경보를 발생하는 계전기 5가지만 쓰시오.

해답 ① 열동형 계전기
② 전동기 보호용 배선용 차단기
③ 유도형 계전기
④ 정지형 계전기
⑤ 전동기 퓨즈

03 ☆☆☆☆☆ [5점]

3상 3선식 중성점 비접지식 6,600[V] 가공전선로가 있다. 이 전로에 접속된 주상변압기 100[V] 측 그 1단자에 접지공사를 할 때 접지저항값은 얼마 이하로 유지하여야 하는가?(단, 지락전류를 실측한 결과 5[A]이다.)

※ KEC 규정에 따라 문항 변경

해답 계산 : $R_2 = \dfrac{150}{I_1} = \dfrac{150}{5} = 30[\Omega]$이다.

답 30[Ω] 이하

TIP

➤ 고압, 22.9[kV] 다중접지식

① $\dfrac{150}{I_1}[\Omega]$ 이하

② $\dfrac{300}{I_1}[\Omega]$ 이하(2초 이내 차단)

③ $\dfrac{600}{I_1}[\Omega]$ 이하(1초 이내 차단)

04 ★★☆☆☆ [9점]

다음 물음에 답하시오.

1 변압기의 호흡작용이란 무엇인가?

2 호흡작용으로 인하여 발생되는 문제점을 쓰시오.

3 호흡작용으로 인해 발생되는 문제점을 방지하기 위한 대책은?

해답 1 변압기 내부온도 상승 시 절연유의 부피가 팽창, 수축하게 되어 외부의 공기가 변압기 내부로 출입하게 되는 현상

2 절연내력 감소, 냉각효과 감소

3 호흡기 등 설치

05 ★★☆☆☆ [5점]

배전 변압기에서 800[kW] 역률 0.8의 한 부하에 공급할 경우 변압기 전력 손실은 90[kW]이다. 지금 이 부하와 병렬로 300[kVA]의 콘덴서를 시설할 때 배전 변압기 손실은 몇 [kW]인가?

해답 • 콘덴서 설치 전 무효분 : $Q = P\tan\theta = 800 \times \dfrac{0.6}{0.8} = 600[\text{kVar}]$

- 콘덴서 설치 후 무효분 : $Q' = Q - Q_c = 600 - 300 = 300$[kVar]
- 콘덴서 설치 후 역률 $\cos\theta_2 = \dfrac{800}{\sqrt{800^2 + 300^2}} = 0.936$

$\therefore\ P_{C2} = P_{C1} \times \left[\dfrac{\cos\theta_1}{\cos\theta_2}\right]^2 = 90 \times \left[\dfrac{0.8}{0.936}\right]^2 = 65.746$[kW]

여기서, P_{C1} : 콘덴서 설치 전 손실

P_{C2} : 콘덴서 설치 후 손실

답 65.75[kW]

TIP

① $P_C \propto \dfrac{1}{\cos^2\theta}$

② $Q = P\tan\theta$[kVar]

③ $\cos\theta = \dfrac{P}{\sqrt{P^2 + Q^2}}$

여기서, P : 유효전력

Q : 무효전력

06 ★★★☆☆

[5점]

디젤 발전기를 6시간 전부하로 운전할 때 287[kg]의 중유가 소비되었다. 이 발전기의 정격 출력[kVA]은?(단, 중유의 열량 10,000[kcal/kg], 기관 효율 36.3[%], 발전기 효율 82.7[%], 전부하 역률 90[%]이다.)

해답 계산 : $P = \dfrac{mH\eta_t\eta_c}{860 \cdot T \cdot \cos\theta}$

$= \dfrac{287 \times 10{,}000 \times 0.363 \times 0.827}{860 \times 6 \times 0.9} = 185.524$

여기서, m : 연료무게(량)[kg]

H : 열량[kcal/kg]

T : 운전시간

$\cos\theta$: 역률

답 185.52[kVA]

TIP

$\eta = \dfrac{860W}{mH} \times 100 = \dfrac{860P \cdot T}{mH} \times 100$

07 ★★★☆☆ [6점]

그림과 같이 높이 5[m]의 점에 있는 백열전등에서 광도 12,500[cd]의 빛이 수평거리 7.5[m]의 점 P에 주어지고 있다. 표 1, 2를 이용하여 다음 각 물음에 답하시오.

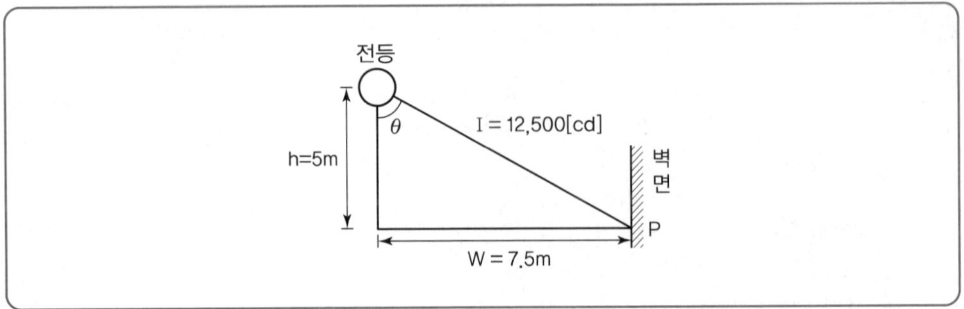

1 P점의 수평면 조도를 구하시오.

2 P점의 수직면 조도를 구하시오.

| 표 1. W/h에서 구한 $\cos^2\theta \cdot \sin\theta$ |

W	0.1h	0.2h	0.3h	0.4h	0.5h	0.6h	0.7h	0.8h	0.9h	1.0h	1.5h	2.0h	3.0h	4.0h	5.0h
$\cos^2\theta$ $\sin\theta$	.099	.189	.264	.320	.358	.378	.385	.381	.370	.354	.256	.179	.095	.057	.038

| 표 2. W/h에서 구한 $\cos^3\theta$의 값 |

W	0.1h	0.2h	0.3h	0.4h	0.5h	0.6h	0.7h	0.8h	0.9h	1.0h	1.5h	2.0h	3.0h	4.0h	5.0h
$\cos^3\theta$	.985	.943	.879	.800	.716	.631	.550	.476	.411	.354	.171	.089	.032	.014	.008

비고

- 0.1, 0.2………은 0.1h, 0.2h……임
- $\cos^2\theta$는 $\cos^2\theta \cdot \sin\theta$임
- .99, .189………0.099, 0.189……임

해답 1 계산 : 주어진 그림에서 W/h=7.5/5=1.5이면 W=1.5h이다.

$$수평면\ 조도\ E_h = \frac{I}{r^2}\cos\theta = \frac{I}{h^2}\cos^3\theta$$

$$= \frac{12,500}{5^2} \times 0.171 = 85.5$$

답 85.5[lx]

2 계산 : 주어진 그림에서 W/h=7.5/5=1.5이면 W=1.5h이다.

$$수직면\ 조도\ E_v = \frac{I}{r^2}\sin\theta = \frac{I}{h^2}\cos^2\theta \cdot \sin\theta$$

$$= \frac{12,500}{5^2} \times 0.256 = 128$$

답 128[lx]

TIP

① $\cos\theta = \frac{h}{r}$

$r = \frac{h}{\cos\theta}$

② 광원

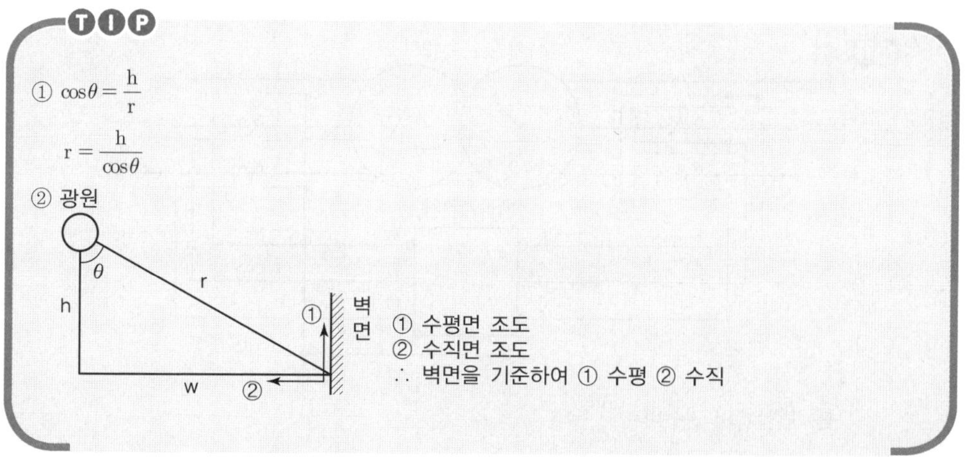

08 ★★★★☆

[6점]

답안지의 그림은 1, 2차 전압이 66/22[kV]이고, Y−△ 결선된 전력용 변압기이다. 1, 2차에 CT를 이용하여 변압기의 차동계전기를 동작시키려고 한다. 주어진 도면을 이용하여 다음 각 물음에 답하시오.

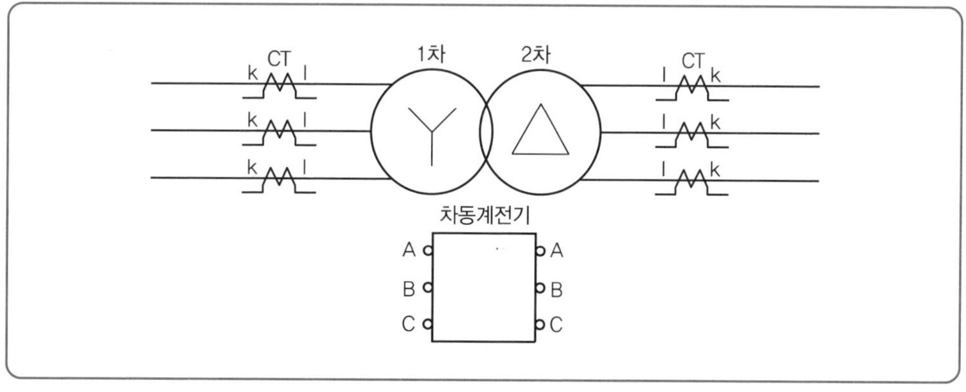

1. CT와 차동계전기의 결선을 주어진 도면에 완성하시오.
2. 1차 측 CT의 권수비를 200/5로 했을 때 2차 측 CT의 권수비는 얼마가 좋은지를 쓰고, 그 이유를 설명하시오.
3. 변압기를 전력계통에 투입할 때 여자돌입전류에 의한 차동계전기의 오동작을 방지하기 위하여 이용되는 차동계전기의 종류(또는 방식)를 한 가지만 쓰시오.
4. 우리나라에서 사용되는 CT의 극성은 일반적으로 어떤 극성의 것을 사용하는가?

해답 **1**

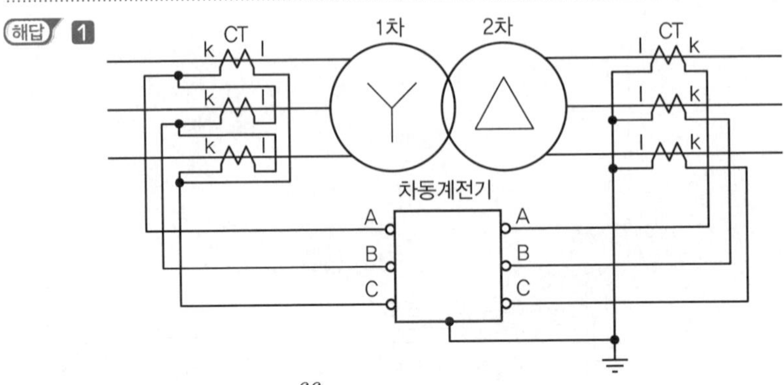

2 변압기의 권수비$=\frac{66}{22}=3$

따라서, 2차 측 CT의 권수비는 1차 측 CT의 권수비의 3배이어야 한다.

2차 측 CT의 권수비$=\frac{200}{5}\times 3(\text{배})=\frac{600}{5}$ 　　　　답 600/5 선정

3 감도저하법

4 감극성

TIP

① K는 전원단자로 비율차동계전기에 연결한다.

② CT는 위상차를 보상하기 위하여 변압기 결선에 반대로 △-Y결선을 한다.

09 ★★★★☆ [7점]

다음 회로는 환기 팬의 자동운전회로이다. 이 회로와 동작 개요를 보고, 다음 각 물음에 답하시오.

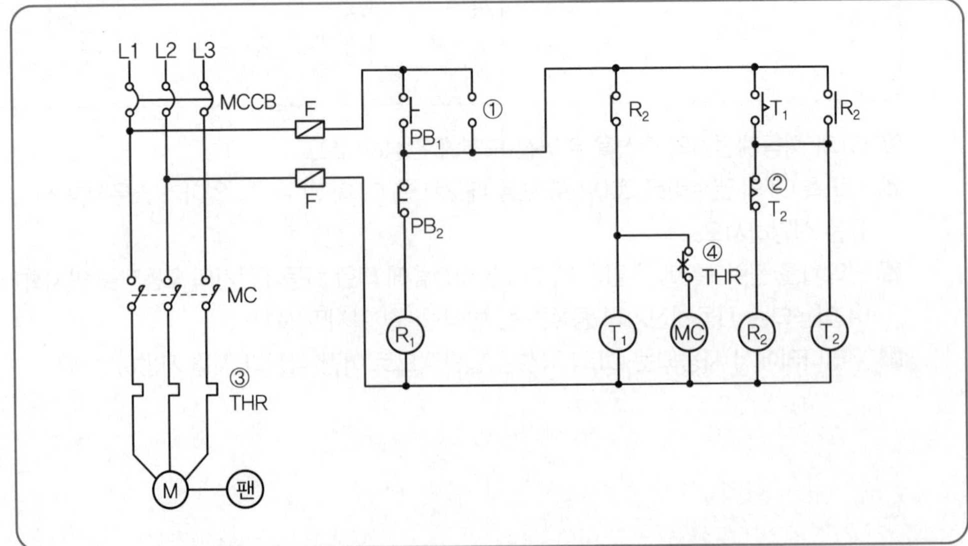

[동작 설명]

① 한시 동작할 경우가 없는 환기용 전등의 운전 회로에서 기동 버튼에 의하여 운전을 개시하면 그 다음에는 자동적으로 운전 정지를 반복하는 회로이다.

② 기동 버튼 PB_1을 'ON' 조작하면 타이머 (T_1)의 설정 기간만 환기팬을 운전하고 자동적으로 정지한다. 그리고 타이머 (T_2)의 설정 기간에만 정지하고 재차 자동적으로 운전을 개시한다.

③ 운전 도중에 환기팬을 정지시키려고 할 경우에는 버튼 스위치 PB_2를 'ON' 조작하여 실행한다.

1 ②로 표시된 접점 기호의 명칭과 동작을 간단히 설명하시오.
2 THR로 표시된 ③, ④의 명칭과 동작을 간단히 설명하시오.
3 위 시퀀스도에서 릴레이 R_1이 자기 유지될 수 있도록 ①로 표시된 곳에 접점 기호를 그려 넣으시오.

해답 1 명칭 : 한시 동작 순시 복귀 b접점(타이머 b접점)
동작 : T_2가 여자가 되면 일정 시간 후 접점이 열리고, T_2가 소자가 되면 즉시 접점이 닫힌다.

2 ③ 명칭 : 열동계전기
동작 : 전동기의 과부하 운전 방지
④ 명칭 : 열동계전기, b접점
동작 : 전동기의 과부하 운전 시 접점이 열린다.

3 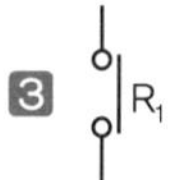

10 ★★★☆☆ [6점]

가스절연 변전소(GIS)에 대한 다음 각 물음에 답하시오.

1 가스절연 변전소(GIS)에 사용되는 가스는 어떤 가스인가?
2 가스절연 변전소(GIS)의 장점 4가지만 쓰시오.

해답 1 SF_6 가스
2 ① 설비의 축소화
② 주변 환경과의 조화
③ 고성능, 고신뢰성
④ 설치 공기의 단축
그 외
⑤ 점검 보수의 간소화
⑥ 종합적인 경제성이 좋다.

TIP

➤ 단점 ① 사고의 대응이 부적절할 경우 대형사고 유발 우려가 있다.
② 고장 발생 시 조기 복구, 임시 복구가 거의 불가능하다.
③ 육안 점검이 곤란하며 SF_6 Gas의 세심한 주의가 필요하다.
④ 한랭지에서는 가스의 액화 방지 장치가 필요하다.

11 ★★☆☆☆ [5점]

전구를 수요자가 부담하는 종량 수용가에서 A, B 어느 전구를 사용하는 편이 유리한가를 다음 표를 이용하여 산정하시오.

전구의 종류	전구의 수명	1[cd]당 소비전력[W] (수명 중의 평균)	평균 구면광도 [cd]	1[kWh]당 전력요금[원]	전구의 값[원]
A	1,500시간	1.0	38	20	90
B	1,800시간	1.1	40	20	100

해답 계산

시간당 소비비용[원/h]=소비전력[원/h]+설치비[원/h]

$=[\text{원/kWh}]\times10^{-3}\times[\text{W/cd}]\times[\text{cd}]+[\text{원}]/[\text{h}]$

- A전구의 시간당 소비비용[원/h] $=20\times10^{-3}\times1.0\times38+\dfrac{90}{1,500}=0.82$[원/h]
- B전구의 시간당 소비비용[원/h] $=20\times10^{-3}\times1.1\times40+\dfrac{100}{1,800}=0.94$[원/h]
- A전구가 B전구보다 시간당 소비비용이 적어 유리하다.

답 A전구

12 ★★☆☆☆ [7점]

그림 릴레이 접점에 관한 다음 각 물음에 답하시오.

1 한시동작 순시복귀 a접점기호를 그리시오.

2 한시동작 순시복귀 a접점의 타임차트를 완성하시오.

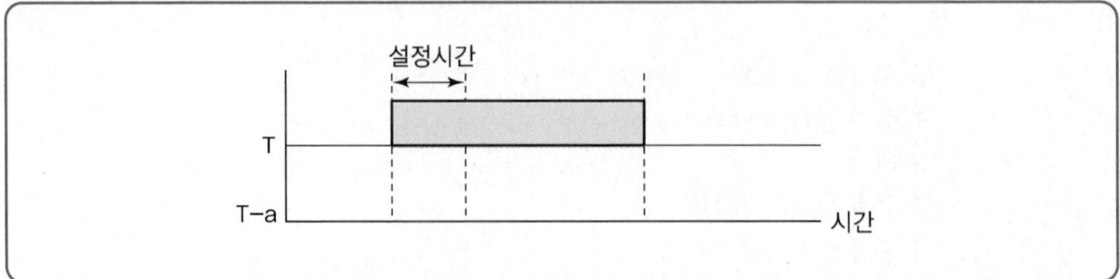

3 한시동작 순시복귀 a접점의 동작상황을 설명하시오.

해답 1

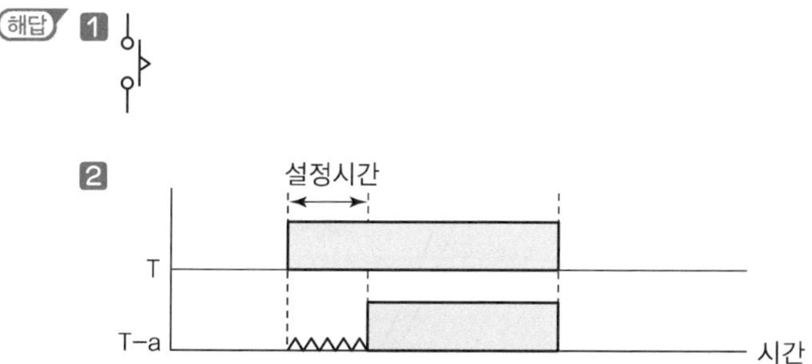

3 타이머가 여자되면 설정된 시간 후에 a접점은 폐로되고 타이머가 소자되면 순시복귀한다.

13 ★★☆☆☆ [4점]

다음의 유접점시퀀스회로를 무접점논리회로로 전환하여 그리시오.

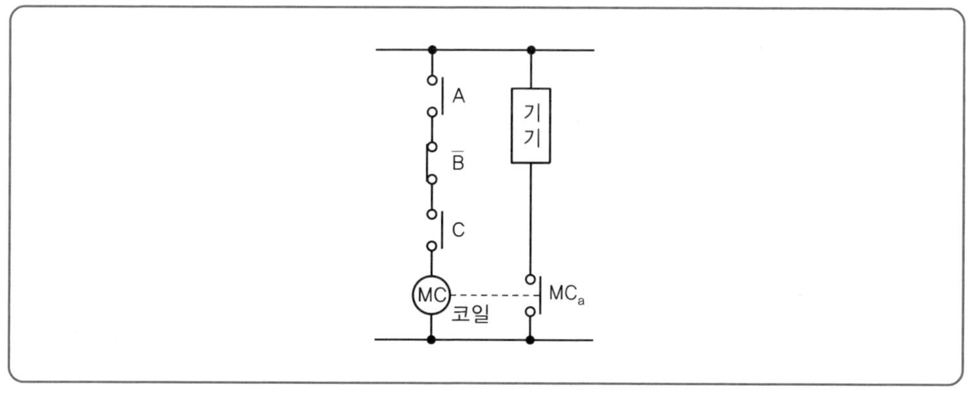

해답

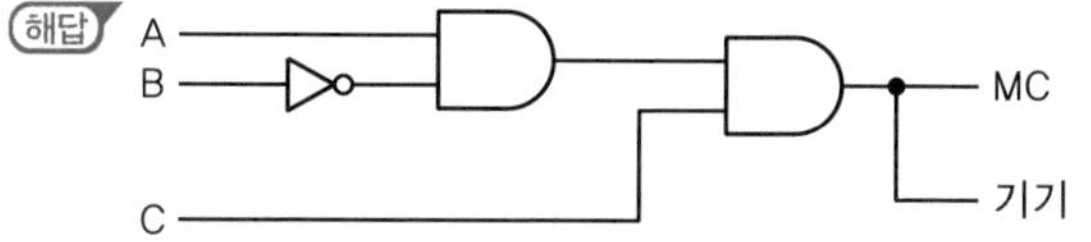

14 ★★★★☆ [6점]

다음 물음에 답하시오.

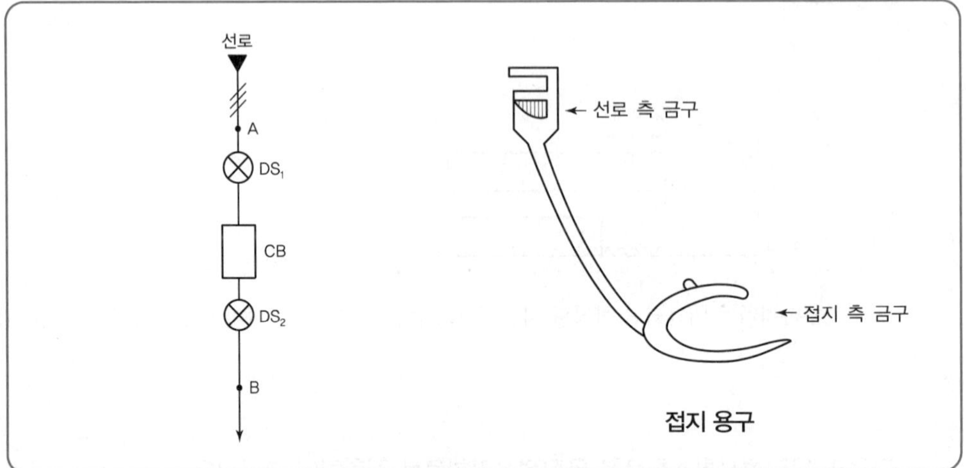

1. 접지용구를 사용하여 접지를 하고자 할 때 접지순서 및 접지개소에 대하여 설명하시오.
2. 부하 측에서 휴전작업을 할 때의 조작순서를 설명하시오.
3. 휴전작업이 끝난 후 부하 측에 전력을 공급하는 조작순서를 설명하시오.(단, 접지되지 않은 상태에서 작업한다고 가정한다.)
4. 긴급할 때 DS로 개폐 가능한 전류의 종류를 2가지만 쓰시오.

해답

1. 접지순서 : 대지에 연결 후 선로 측 연결
   접지개소 : 선로 측 A와 부하 측 B
2. CB OFF → DS_2 OFF → DS_1 OFF
3. DS_2 ON → DS_1 ON → CB ON
4. ① 변압기 여자전류, ② 콘덴서 충전전류

TIP

①

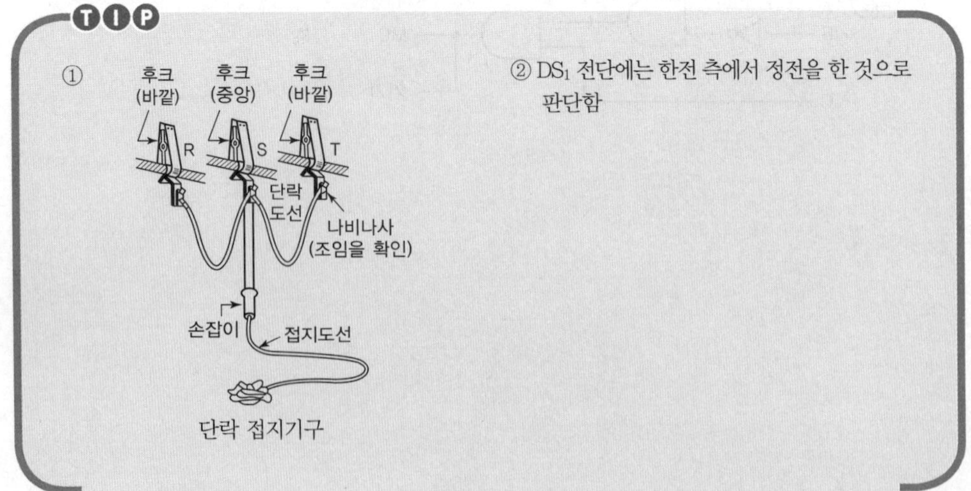

단락 접지기구

② DS_1 전단에는 한전 측에서 정전을 한 것으로 판단함

15 ★★☆☆☆ [5점]

그림은 갭형 피뢰기와 갭레스형 피뢰기 구조를 나타낸 것이다. 화살표로 표시된 각 부분의 명칭을 쓰시오.

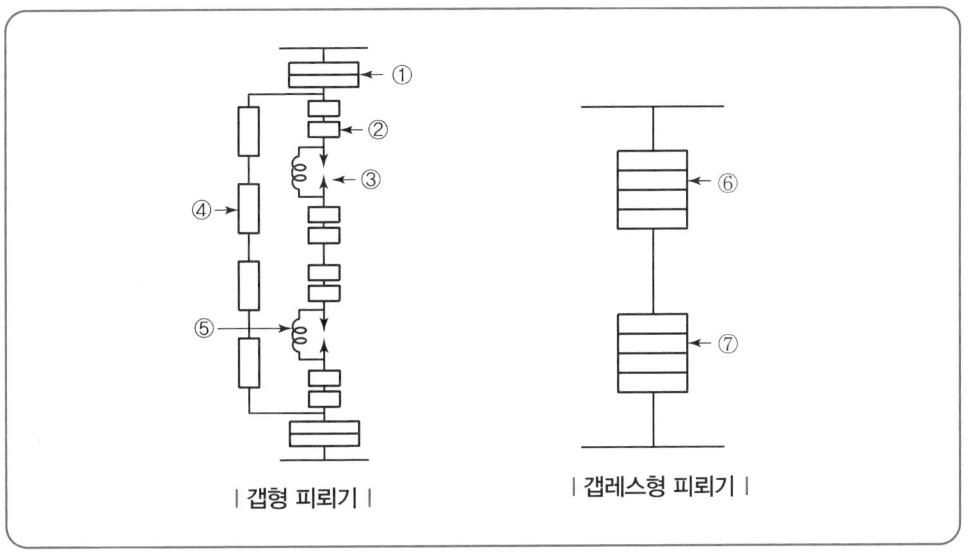

해답

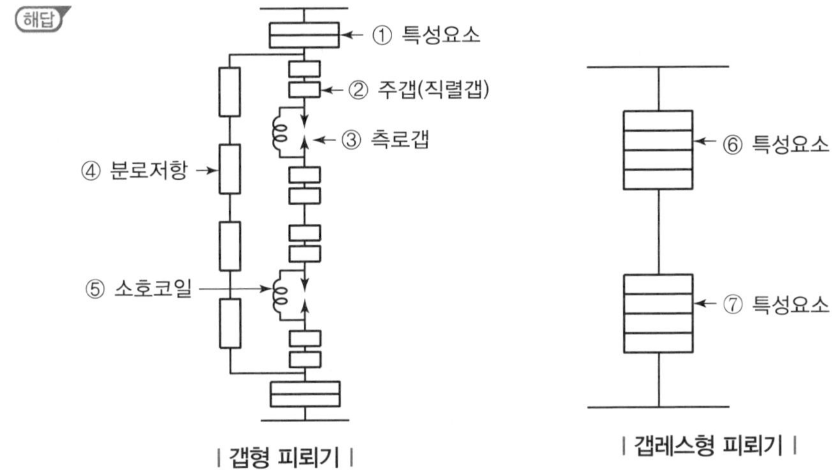

16 ★★★★★

[4점]

매분 12[m³]의 물을 높이 15[m]인 탱크에 양수하는 데 필요한 전력을 V결선한 변압기로 공급한다면, 여기에 필요한 단상변압기 1대의 용량은 몇 [kVA]인지 선정하시오. 단, 펌프와 전동기의 합성효율은 65[%]이고, 전동기의 전부하역률은 80[%]이며 펌프의 축동력은 15[%]의 여유를 본다고 한다.

해답 **1** 계산 : $P = \frac{HQK}{6.12\eta} = \frac{15 \times 12 \times 1.15}{6.12 \times 0.65} = 52.04[kW]$

용량 $= \frac{52.04}{0.8} = 65.05[kVA]$

V결선 시 출력 $P_V = \sqrt{3}\,P_1$에서

$P_1 = \frac{P_V}{\sqrt{3}} = \frac{65.05}{\sqrt{3}} = 37.56[kVA]$

따라서, 표준용량 50[kVA]인 변압기를 선정한다.

답 50[kVA]

TIP

① Q : 양수량으로 [m³/s]이므로 12/60[초] 한다.

② $P = VI\cos\theta$

$VI(P_a) = \frac{P}{\cos\theta}$

③ $P = \frac{QH}{6.12\eta}K$

여기서, Q[m³/min], H[m]

17 ★★★☆☆

[5점]

수변전 설비에서 에너지 절약 방안 4가지만 쓰시오.

해답 ① 변압기 대수제어를 통한 운전관리

② 최대 전력수요 제어장치(D.C)

③ 고효율 변압기 선정

④ 변압기의 적정용량 선정

그 외

⑤ 수전전압 강압 방식의 종류

18 ★★★☆☆ [5점]

다음 명령어를 참고하여 미완성 PLC 래더 다이어그램을 완성하시오.

STEP	명령	번지
0	STR	P000
1	STR	P001
2	OR	P002
3	AND STR	–
4	AND NOT	P003
5	OUT	P020

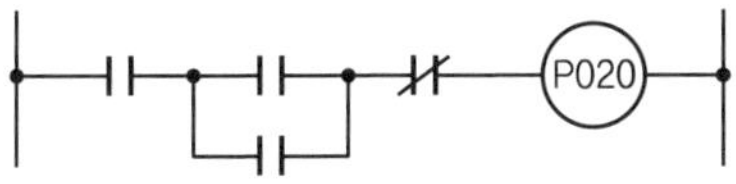

P020

해답

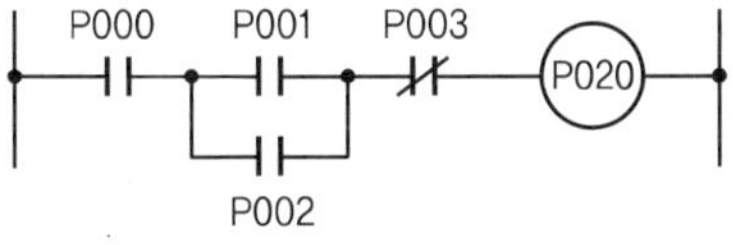

P000 P001 P003 P020

P002

2002 2003 2004 2005 2006 2007 2008 2009 2010 2011

전기기사

2010년도 2회 시험 과년도 기출문제

회독 체크	□1회독	월 일	□2회독	월 일	□3회독	월 일

01 ★★☆☆☆ [5점]

그림에서 고장 표시 접점 F가 닫혀 있을 때는 버저 BZ가 울리나 표시등 L은 켜지지 않으며, 스위치 24에 의하여 벨이 멈추는 동시에 표시등 L이 켜지도록 SCR의 게이트와 스위치 등을 접속하여 회로를 완성하시오. 또한 회로 작성에 필요한 저항이 있으면 그것도 삽입하여 도면을 완성하도록 하시오.(단, 트랜지스터는 NPN 트랜지스터이며, SCR은 P게이트형을 사용한다.)

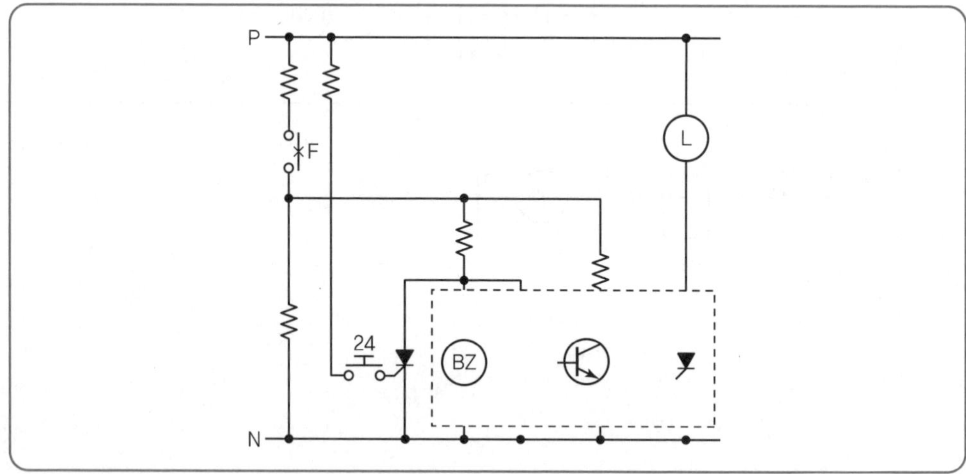

해답

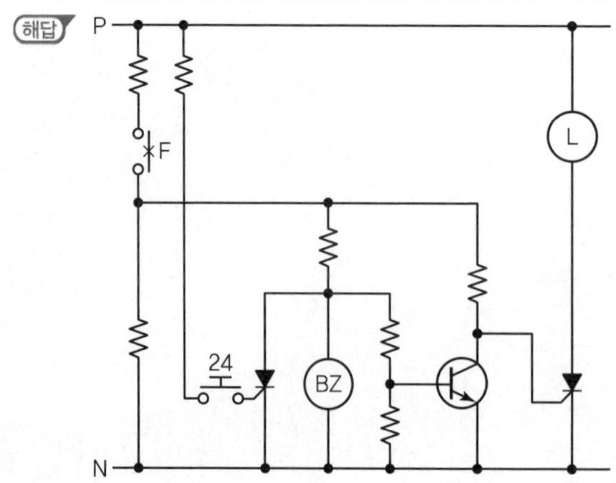

TIP

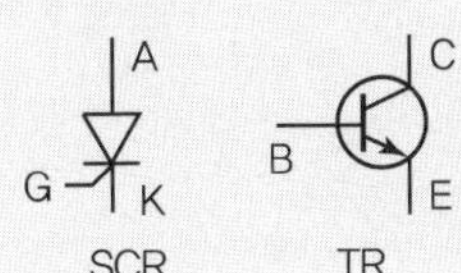

- SCR : G(게이트)에 전류가 흐를 때 A(애노드)에서 K(캐소드)로 도통한다.
- TR : B(베이스)에 전류가 흐를 때 C(컬렉터)에서 E(애미터)로 전류가 도통한다.

02 ★★★☆☆ [5점]

어떤 전기설비에서 3,300[V]의 고압 3상 회로에 변압비 33의 계기용 변압기 2대를 그림과 같이 설치하였다. 다음 각 물음에 답하시오.

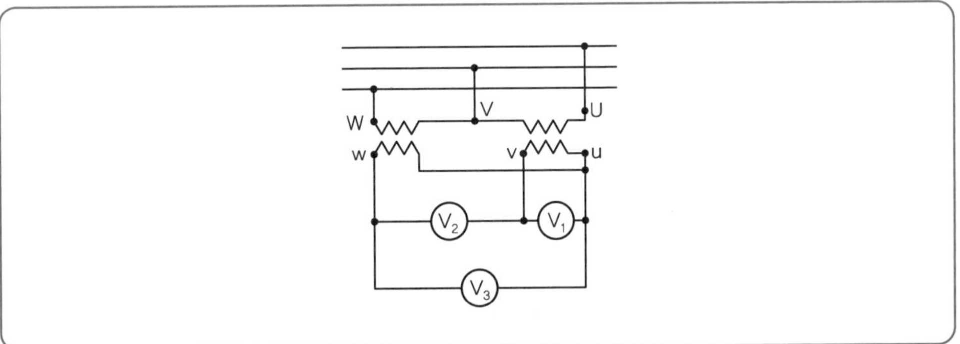

1. V_1의 지시값[V]을 구하시오.
2. V_2의 지시값[V]을 구하시오.
3. V_3의 지시값[V]을 구하시오.

해답 1 계산 : $V_1 = \frac{V}{a} = \frac{3,300}{33} = 100[V]$

답 100[V]

2 계산 : $V_2 = \frac{V}{a} \times \sqrt{3} = \frac{3,300}{33} \times \sqrt{3} = 173.21[V]$

답 173.21[V]

3 계산 : $V_3 = \frac{V}{a} = \frac{3,300}{33} = 100[V]$

답 100[V]

TIP

$$a = \frac{V_1}{V_2},\ V_1 = \sqrt{3}\,V$$

여기서, a : 권수비

03 ★★★★☆

[8점]

그림과 같은 수변전 결선도를 보고 다음 물음에 답하시오.

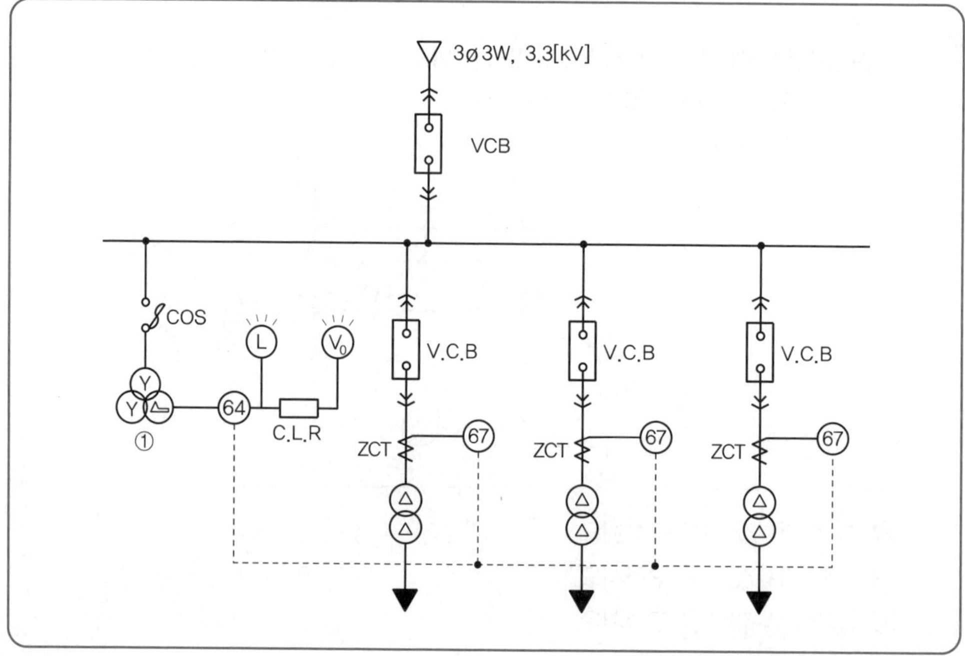

1 ①의 알맞은 기기의 명칭을 쓰시오.

2 위 배전계통의 접지방식을 쓰시오.

3 도면에서 C.L.R의 명칭을 쓰시오.

4 위 도면에서 계전기 (67)의 명칭을 쓰시오.

해답
1 접지형 계기용 변압기
2 비접지방식
3 한류저항기
4 지락방향계전기

TIP

① △－△ 결선 변압기 2차 측에는 혼촉 방지용 접지를 할 것
(단, 혼촉 방지판이 설치된 경우는 접지를 하지 않는다.)
② CLR : SGR을 동작시키기 위해 유효지락전류를 발생시킨다.

04 ★★★★★ [6점]

어느 건물의 부하는 하루에 240[kW]로 8시간, 100[kW]로 5시간, 75[kW]로 나머지 시간을 사용한다. 이에 따른 수전설비를 450[kVA]로 하였을 때, 부하의 평균역률이 0.8인 경우 다음 각 물음에 답하시오.

1 이 건물의 일부하율[%]을 구하시오.
2 이 건물의 수용률[%]을 구하시오.

해답 1 계산 : $\text{부하율} = \dfrac{\text{평균 전력[kW]}}{\text{최대 수용 전력[kW]}} \times 100$

$= \dfrac{240 \times 8 + 100 \times 5 + 75 \times 11}{240 \times 24} \times 100 = 56.34[\%]$

답 56.34[%]

2 계산 : $\text{수용률} = \dfrac{\text{최대 수용 전력[kW]}}{\text{설비 용량[kW]}} \times 100$

$= \dfrac{240}{450 \times 0.8} \times 100 = 66.67[\%]$

답 66.67[%]

TIP

$\text{설비용량} = \text{kVA} \times \cos\theta\,[\text{kW}]$
$= 450 \times 0.8[\text{kW}]$

2002 2003 2004 2005 2006 2007 2008 2009 2010 2011

05 ★★☆☆☆ [8점]

변압기에 대한 다음 각 물음에 답하시오.

1 무부하 탭 절환장치는 어떠한 장치인지 쓰시오.
2 비율차동계전기는 어떤 목적으로 이용되는지 쓰시오.
3 유입풍냉식은 어떤 냉각방식인지 쓰시오.
4 무부하손은 어떤 손실을 말하는지 쓰시오.

해답 1 무부하 시 변압기의 탭(tap)을 조정하는 장치로서 2차 측 전압을 조정한다.
2 변압기 내부고장 검출 시 이용한다.
3 송풍기를 변압기에 부착하여 강제로 통풍하는 장치이다.
4 부하에 관계없이 발생되는 손실을 말한다.

TIP

① 부하 시 탭 절환장치 : 부하가 걸린 상태에서 변압기 탭(tap)을 조정
② 무부하손 종류 : 유전체손, 와류손, 히스테리시스손

06 ★★☆☆☆ [5점]

전동기는 소손방지를 위하여 전동기용 퓨즈, 열동계전기(Thermal Relay), 전동기보호용 배선용차단기, 유도형계전기, 정지형계전기(전자식계전기, 디지털계전기 등) 등의 전동기용 과부하 보호장치를 사용하여 자동적으로 회로를 차단하거나 과부하 시에 경보를 내는 장치를 사용하여야 한다. 이때, 적용되지 않는 경우 5가지만 쓰시오.

해답 ① 전동기 자체에 유효한 과부하소손방지장치가 있는 경우
② 전동기 권선의 임피던스가 높고 기동 불능 시에도 전동기가 소손될 우려가 없을 경우 (일반적으로 35[W] 정도 이하의 교류전동기가 이에 상당한다.)
③ 전동기의 출력이 4[kW] 이하이고, 그 운전상태를 취급자가 전류계 등으로 상시 감시할 수 있을 경우
④ 일반 공작기계용 전동기 또는 호이스트 등과 같이 취급자가 상주하여 운전할 경우
⑤ 부하의 성질상 전동기가 과부하될 우려가 없을 경우

그 외
⑥ 단상전동기로 16[A] 분기회로(배선용 차단기는 20[A])에서 사용할 경우
⑦ 전동기의 출력이 0.2[kW] 이하일 경우

07 ★★★☆☆ [5점]

수변전 동력설비의 에너지 절약방안 5가지만 쓰시오.

해답 ① 고효율 전동기 채용
② 역률 개선
③ 전동기 효율적 운전
④ VVVF 채용
⑤ 심야전력 설비채용
그 외
⑥ 에너지 절약형 공조설비

TIP

➤ 조명설비 에너지 절약 방안
① 조도의 선정(알맞은 조도)
② 광원의 선정(슬립형, HID, LED, 삼파장 램프)
③ 조명기구의 선정(반사갓, 고효율 안정기)
④ 자동 조명제어(자연채광, 시간－조명 패턴제어)

08 ★★★★★ [5점]

면적 216[m²]의 사무실에 전광속 4,600[lm], 램프 전류 0.87[A]인 2×40[W] 형광등을 설치하여 평균 조도를 200[lx]로 할 경우, 이 사무실의 최소분기회로수는 얼마인가?(단, 조명률 51[%], 감광 보상률은 1.3이며 전기방식 200[V] 단상 2선식으로 15[A] 분기회로로 한다.)

해답 계산 : $등수(N)=\dfrac{AED}{FU}=\dfrac{216\times200\times1.3}{4{,}600\times0.51}=23.9\fallingdotseq24[등]$

$$분기회로수(N)=\frac{등수\times1등\ 전류[A]}{분기회로\ 전류[A]}=\frac{20.88}{15[A]}=1.39$$

답 2회로

TIP

① 1등당 램프 전류가 0.87[A] 2×40[W] 형광등이 24개이므로
0.87×24=20.88[A]
② 15[A] 분기회로

09 ★★★★★ [5점]

다음 논리식에 대한 물음에 답하시오.(단, A, B, C는 입력, X는 출력이다.)

[논리식] $X = A + B \cdot \overline{C}$

1 논리식을 로직 시퀀스도로 나타내시오.

2 물음 1에서 로직 시퀀스도로 표현된 것을 2입력 NAND gate를 최소로 사용하여 동일한 출력이 나오도록 회로를 변환하시오.

3 물음 1에서 로직 시퀀스도로 표현된 것을 2입력 NOR gate를 최소로 사용하여 동일한 출력이 나오도록 회로를 변환하시오.

해답

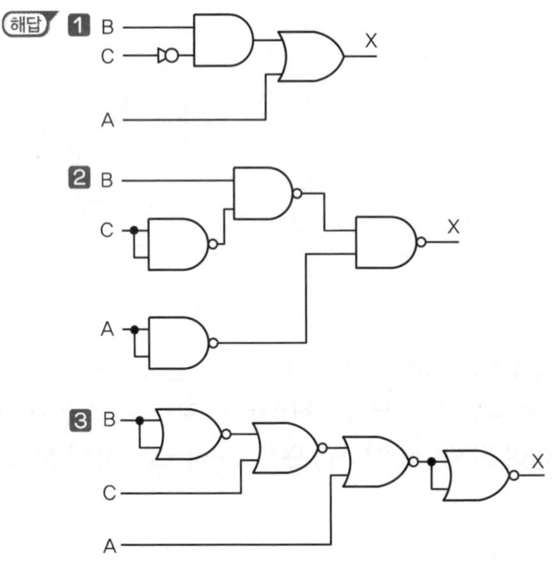

10 ★☆☆☆☆ [5점]

콘덴서(Condenser) 설비의 주요 사고 원인 3가지를 설명하시오.

해답 ① 단락사고 : 콘덴서 층간 단락, 설비 내의 선간 단락, 모선간 단락
② 지락사고 : 콘덴서 배선의 지락, 모선의 지락
③ 절연 소손 : 과보상에 다른 과전압, 투입서지 등의 이상전압

2002 2003 2004 2005 2006 2007 2008 2009 2010 2011

11 ★★★☆☆ [5점]

220[V], 60[Hz]의 정현파 전원에 정류기를 그림과 같이 연결하여 20[Ω]의 부하에 전류를 통한다. 이 회로에 직렬로 접속한 가동 코일형 전류계 Ⓐ₁과 가동 철편형 전류계 Ⓐ₂는 각각 몇 [A]를 지시하는지 구하시오.(단, 정류기는 이상적인 정류기이고, 전류계의 저항은 무시한다.)

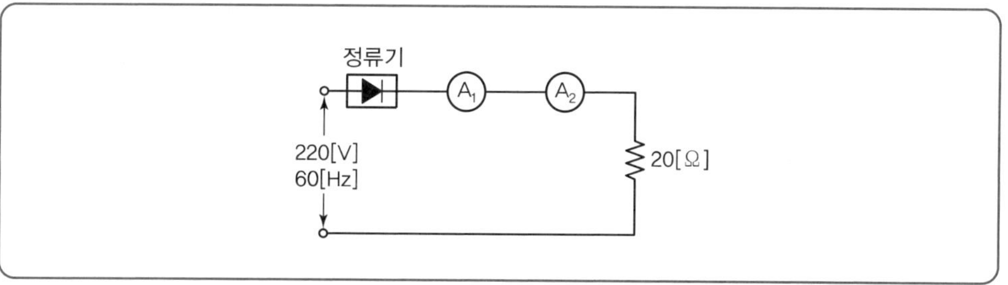

1 가동 코일형 전류계 A_1 지시값

2 가동 철편형 전류계 A_2 지시값

해답 1 계산 :

$$(A_1) = \frac{V_a}{R} = \frac{\frac{220\sqrt{2}}{\pi}}{20} = 4.95$$

답 4.95[A]

2 계산 :

$$(A_2) = \frac{V_0}{R} = \frac{\frac{220\sqrt{2}}{2}}{20} = 7.777$$

답 7.78[A]

TIP

① 가동 코일형은 평균값을 지시

$$V_a = \frac{V_m}{\pi} = \frac{220\sqrt{2}}{\pi}$$

여기서, V_m : 최댓값

② 가동 철편형은 실효값을 지시

$$V_0 = \frac{V_m}{2} = \frac{220\sqrt{2}}{2}$$

12 ★★★★☆ [5점]

다음은 PLC 래더 다이어그램을 주어진 표의 빈칸 "㉮"~"㉵"에 명령어를 채워 프로그램을 완성하시오.

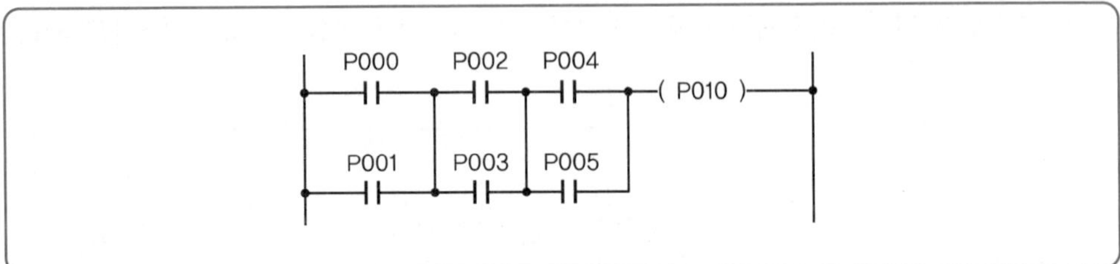

[보기]

- 입력 : LOAD
- 직렬 : AND
- 병렬 : OR
- 블록 간 병렬결합 : OR LOAD
- 블록 간 직렬결합 : AND LOAD

Step	명령어	번지
0	LOAD	P000
1	(㉮)	P001
2	(㉯)	(㉴)
3	(㉰)	(㉵)
4	AND LOAD	–
5	(㉱)	(㉶)
6	(㉲)	P005
7	AND LOAD	–
8	OUT	P010

해답
㉮ OR
㉯ LOAD
㉰ OR
㉱ LOAD
㉲ OR
㉳ P002
㉴ P003
㉵ P004

13 ★★★★☆ [5점]

220[V] 전동기의 철대를 접지하여 절연 파괴로 인한 철대와 대지 사이의 위험 접촉 전압을 25[V] 이하로 하고자 한다. 공급 변압기 혼촉방지(계통) 접지저항값이 10[Ω], 저압 전로의 임피던스를 무시할 경우 전동기의 보호접지 접지저항값은 몇 [Ω] 이하로 하면 되는가?

※ KEC 규정에 따라 문항 변경

해답 계산 : $e = V\dfrac{R_3}{R_2 + R_3}$ 에서 $25 = 220 \times \dfrac{R_3}{10 + R_3}$ 이므로, 여기서 $R_3 = 1.282[\Omega]$

답 1.28[Ω]

① 문제의 설명을 회로도로 나타내면 다음과 같다.

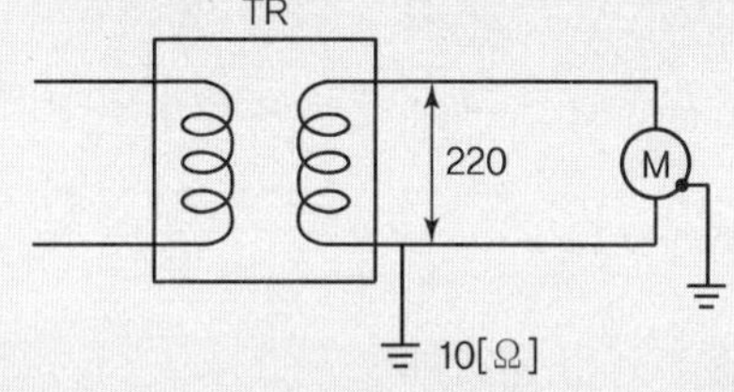

② 인체 접촉 시 접촉 전압 등가 회로

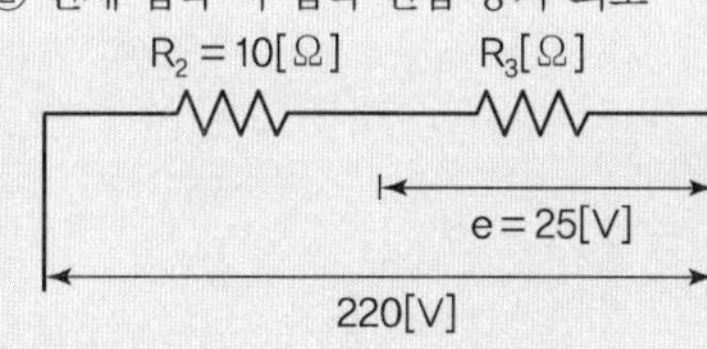

여기서, R_2 : 혼촉방지접지(계통접지), R_3 : 기기보호접지

14 ★★★★★

[5점]

시간당 15[m³]로 솟아나오는 지하수를 10[m]의 높이에 배수하고자 한다. 이때 7.5[kW]의 전동기를 사용한다면 매 시간당 몇 분씩 운전하면 되는지 구하시오.(단, 펌프의 효율은 70[%]로 하고, 관로의 손실계수는 1.2로 한다.)

해답 계산 : $P = \dfrac{9.8QHK}{\eta} = \dfrac{9.8\dfrac{V}{t}HK}{\eta}$ [kW]에서

$t = \dfrac{9.8VHK}{P\eta} = \dfrac{9.8 \times 15 \times 10 \times 1.2}{7.5 \times 0.7}$

$= 336[sec]$

여기서, H : 낙차(양정)

Q : $[m^3/sec]$ v/t

K : 계수

$T = \dfrac{336}{60} = 5.6[min]$

답 5.6[분]

TIP

$P = \dfrac{QHK}{6.12\eta}$ $\quad Q[m^3/min]$, $H[m]$

$7.5 = \dfrac{15/t \times 10 \times 1.2}{6.12 \times 0.7}$

$t = 5.6[min]$

15 ★★☆☆☆

[5점]

수변전설비를 설계하고자 한다. 기본설계에 계획 시 검토할 주요 사항을 5가지만 쓰시오. (단, 기능적인 측면과 기술적인 측면을 고려하여 작성)

해답
① 사용기기의 선정
② 변전설비시스템 결정
③ 제어 및 보호방식
④ 주회로 접속방식의 선정
⑤ 수전방식의 결정
⑥ 수전 전압의 결정
⑦ 계약전력의 추정
⑧ 변전 설비 용량 선정
⑨ 부하설비 용량 산출

16 ★★★★☆ [6점]

전동기 부하를 역률개선을 위하여 회로에 병렬로 역률개선용 저압콘덴서를 설치하여 전동기의 역률을 개선하여 90[%] 이상으로 유지하려고 한다. 주어진 표를 이용하여 다음 물음에 답하시오.

| 표 1. [kW] 부하에 대한 콘덴서 용량 산출표 |

구분		개선 후의 역률														
		1.0	0.99	0.98	0.97	0.96	0.95	0.94	0.93	0.92	0.91	0.9	0.875	0.85	0.825	0.8
개선전의 역률	0.4	230	216	210	205	201	197	194	190	187	184	182	175	168	161	155
	0.425	213	198	192	188	184	180	176	173	170	167	164	157	151	144	138
	0.45	198	183	177	173	168	165	161	158	155	152	149	143	136	129	123
	0.475	185	171	165	161	156	153	149	146	143	140	137	130	123	116	110
	0.5	173	159	153	148	144	140	137	134	130	128	125	118	111	104	93
	0.525	162	148	142	137	133	129	126	122	119	117	114	107	100	93	87
	0.55	152	138	132	127	123	119	116	112	109	106	104	97	90	83	77
	0.575	142	128	122	117	114	110	106	103	99	95	94	87	80	73	67
	0.6	133	119	113	108	104	101	97	94	91	88	85	78	71	65	58
	0.625	125	111	105	100	96	92	89	85	82	79	77	70	63	56	50
	0.65	116	103	97	92	88	84	81	77	74	71	69	62	55	48	42
	0.675	109	95	89	84	81	76	73	70	66	64	61	54	47	40	34
	0.7	102	88	81	77	73	69	66	62	59	56	54	46	40	33	27
	0.725	95	81	75	70	66	62	59	55	52	49	46	39	33	26	20
	0.75	88	74	67	63	58	55	52	49	45	43	40	33	26	19	13
	0.775	81	67	61	57	52	49	45	42	39	36	33	26	19	12	6.5
	0.8	75	61	54	50	46	42	39	35	34	29	27	19	13	6	
	0.825	69	54	48	44	40	36	32	29	26	23	21	14	7		
	0.85	62	48	42	37	33	29	26	22	19	16	14	7			
	0.875	55	41	35	30	26	23	18	16	13	10	7				
	0.9	48	34	28	23	19	16	12	9	6	2.8					

| 표 2. 저압(200[V])용 콘덴서 규격표, 정격 주파수 : 60[Hz] |

상수	단상 및 3상								
정격용량[μF]	10	15	20	25	30	50	75	100	150

1 정격전압 200[V], 정격출력 7.5[kW], 역률 80[%]인 전동기의 역률을 90[%]로 개선하고자 하는 경우 필요한 3상 전력용 콘덴서의 용량[kVA]을 구하시오.

2 물음 **1**에서 구한 3상 콘덴서의 용량[kVA]을 [μF]로 환산한 용량으로 구하고, '표 2 저압(200[V]용) 콘덴서 규격표'를 이용하여 적합한 콘덴서를 선정하시오.

해답 **1** 계산

개선 전 역률 0.8, 개선 후 역률 0.9가 만나는 점을 표 1에서 찾으면 27[%]이므로 계수 k = 0.27이다.

$\therefore\ P_C = VI\cos\theta \times k = 7.5 \times 0.27 \fallingdotseq 2.03[kVA]$

답 2.03[kVA]

2 계산

콘덴서의 용량 공식($P_C = \dfrac{V^2}{X_C} = \omega CV^2[kVA]$)을 이용해 표 2의 용량을 선정하면

$$C = \frac{P_C}{\omega V^2} \times 10^6 = \frac{2.03 \times 10^3}{2\pi \times 60 \times 200^2} \times 10^6 = 134.618 \leq 150[\mu F]$$

답 150[μF]

17 ★☆☆☆☆ [5점]

용량이 1,000[kVA]인 발전기를 역률 80[%]로 운전할 때 시간당 연료소비량[l/h]을 구하시오.(단, 발전기의 효율은 0.93, 엔진의 연료 소비율은 190[g/ps · h), 연료의 비중은 0.92이다.)

해답 계산 : 발전기 용량$= \dfrac{1{,}000 \times 0.8}{0.93} = 860.22[kW]$

$$190[g/ps \cdot h] \times \frac{860.22 \times 10^3}{735.5}[ps] = 222.22[kg/h]$$

$$222.22[kg/h] \times \frac{1}{0.92}[l/kg] = 241.54[l/h]$$

답 241.54[l/h]

TIP

1[ps] = 735.5[W], 비중[kg/l]

18 ★★★★☆ [7점]

그림은 유도전동기의 정 · 역운전의 미완성회로도이다. 주어진 조건을 이용하여 주회로 및 보조회로의 미완성부분을 완성하시오.(단, 전자접촉기의 보조 a, b접점에는 전자접촉기의 기호도 함께 표시하도록 한다.)

[조건]

- Ⓕ는 정회전용, Ⓡ는 역회전용 전자접촉기이다.
- 정회전을 하다가 역회전을 하려면 전동기를 정지시킨 후, 역회전시키도록 한다.
- 역회전을 하다가 정회전을 하려면 전동기를 정지시킨 후, 정회전시키도록 한다.
- 정회전 시의 정회전용 램프 Ⓦ가 점등되고, 역회전 시 역회전용 램프 Ⓨ가 점등되며, 정지 시에는 정지용 램프 Ⓖ가 점등되도록 한다.
- 과부하 시에는 전동기가 정지되고 정회전용 램프와 역회전용 램프는 소등되며, 정지 시의 램프만 점등되도록 한다.
- 스위치는 누름버튼스위치 ON용 2개를 사용하고, 전자접촉기의 보조 a접점은 F－a 1개, R－a 1개, b접점은 F－b 2개, R－b 2개를 사용하도록 한다.

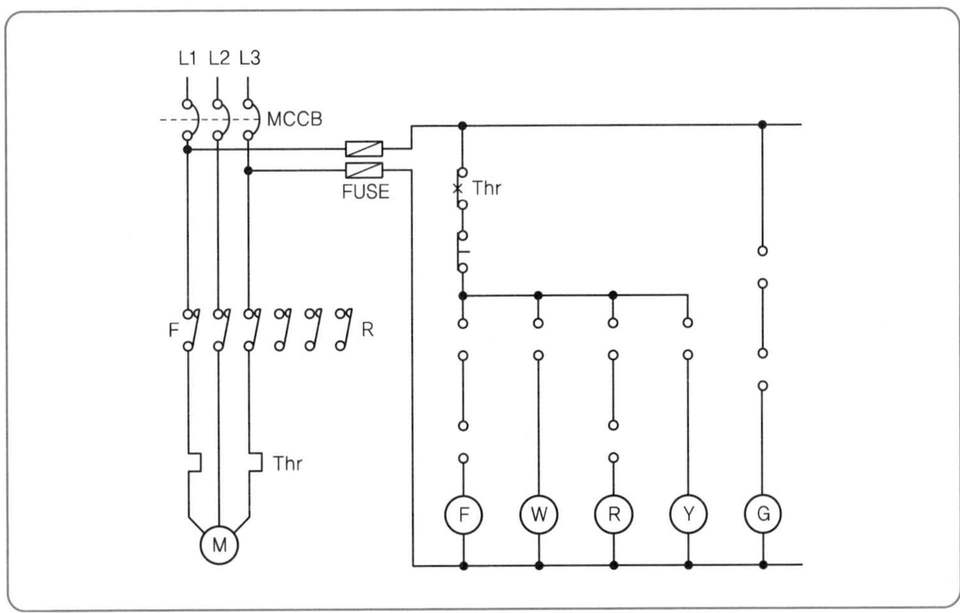

해답

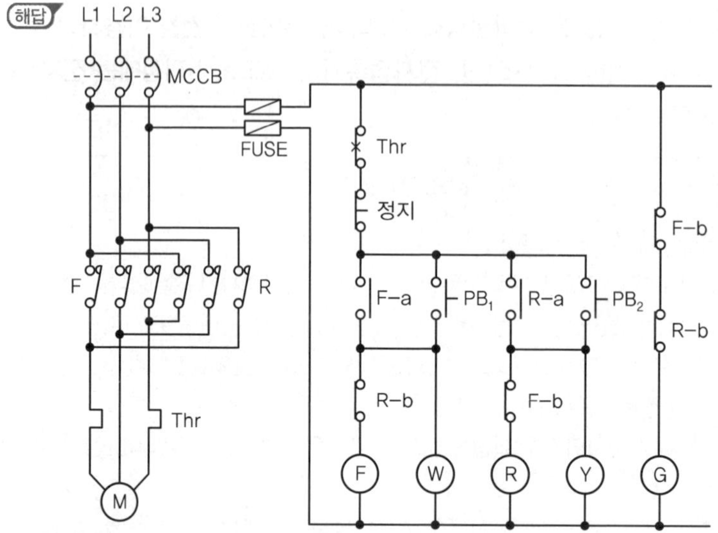

전기기사

2010년도 3회 시험

과년도 기출문제

회독 체크	□1회독	월 일	□2회독	월 일	□3회독	월 일

01 ★★★☆☆ [6점]

비접지 선로의 접지 전압을 검출하기 위하여 그림과 같은 Y－개방 △결선을 한 GPT가 있다.

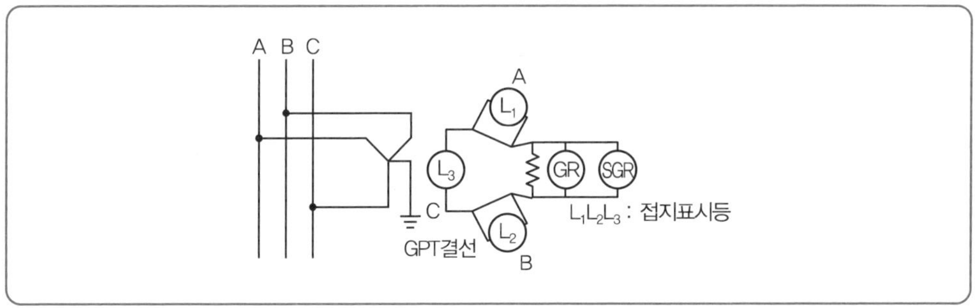

1 A상 고장 시(완전 지락 시) 2차 접지 표시등 (L1), (L2), (L3)의 점멸 상태와 밝기를 비교하시오.

2 1선 지락사고 시 건전상의 대지 전위의 변화를 간단히 설명하시오.

3 GR, SGR의 우리말 명칭을 간단히 쓰시오.

해답 1 (L1) : 소등, 어둡다. (L2), (L3) : 점등, 더욱 밝아진다.

2 전위가 상승한다.

3 GR : 지락(접지) 계전기

SGR : 선택지락(접지) 계전기

TIP

1 지락된 상의 전압은 0이고 지락되지 않은 상은 전위가 상승한다. A상이 지락되었으므로 (L1) 은 소등하고, (L2), (L3) 는 점등한다.

02 ★★★☆☆ [5점]

케이블의 트리현상에 대해 설명하고, 종류 4가지를 쓰시오.

해답 트리현상 : 절연체의 절연이 나뭇가지 모양으로 파괴되는 현상

종류 : ① 수트리 ② 화학적

③ 전기적 ④ 기계적

그 외 ⑤ 생물학적

03 ★★★☆☆

[5점]

다음 그림에서 (가), (나) 부분의 전선 수는?

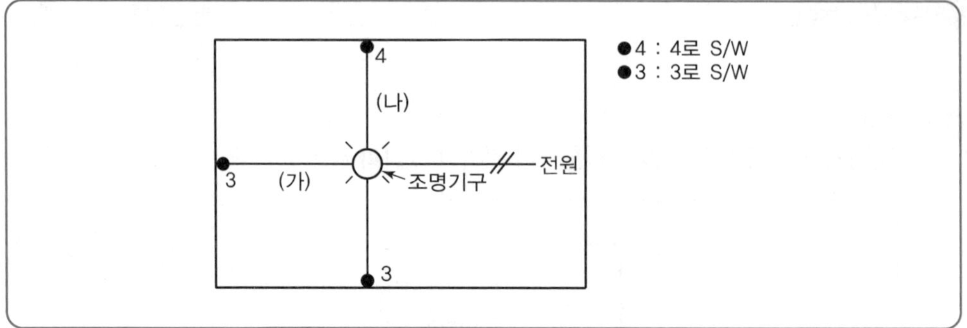

해답 1 (가) : 3본
2 (나) : 4본

TIP

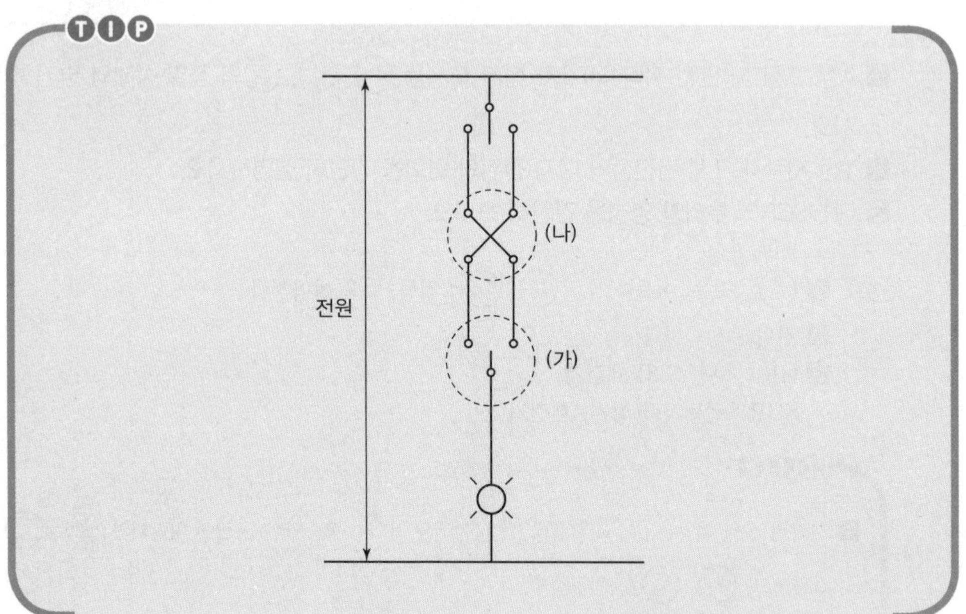

04 ★★☆☆☆

[5점]

전기화재 발생원인 5가지를 쓰시오.

해답 ① 단락 ② 과부하
③ 누전 ④ 아크
⑤ 반단선 ⑥ 접촉불량
⑦ 절연 열화 ⑧ 낙뢰

05 ★★★★★

[17점]

그림은 어떤 변전소의 도면이다. 변압기 상호 부등률이 1.3이고, 부하의 역률이 90[%]이다. STr의 내부 임피던스가 4.6[%], TR_1, TR_2, TR_3의 내부 임피던스가 10[%], 154[kV], BUS의 내부 임피던스가 0.4[%]이다. 다음 물음에 답하시오.

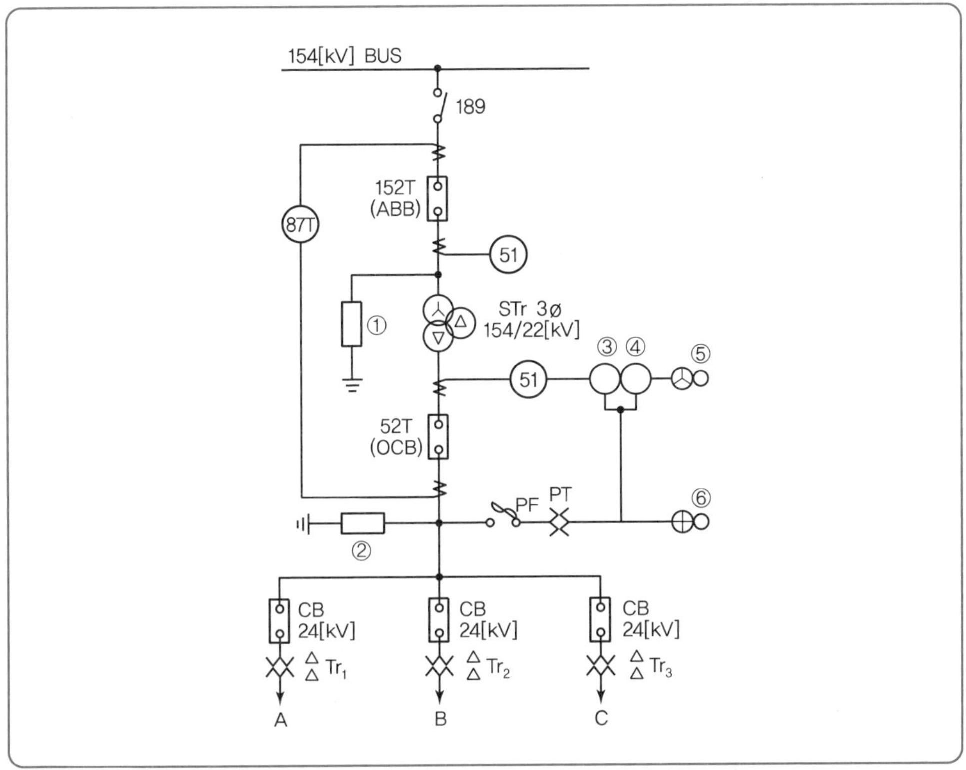

부하	용량	수용률	부등률
A	4,000[kW]	80[%]	1.2
B	3,000[kW]	84[%]	1.2
C	6,000[kW]	92[%]	1.2

154[kV] ABB 용량표[MVA]

2,000	3,000	4,000	5,000	6,000	7,000

22[kV] OCB 용량표[MVA]

200	300	400	500	600	700

154[kV] 변압기 용량표[kVA]

10,000	15,000	20,000	30,000	40,000	50,000

22[kV] 변압기 용량표[kVA]

2,000	3,000	4,000	5,000	6,000	7,000

1 TR_1, TR_2, TR_3 변압기 용량[kVA]은?

2 STr의 변압기 용량[kVA]은?

3 차단기 152T의 용량[MVA]은?

4 차단기 52T의 용량[MVA]은?

5 87T의 명칭은?

6 (51)의 명칭은?

7 ①~⑥에 알맞은 심벌을 기입하시오.

해답 **1** $Tr_1, Tr_2, Tr_3 = \dfrac{\text{개별최대전력(설비용량×수용률)}}{\text{부등률×역률}}$

계산 : $Tr_1 = \dfrac{4,000 \times 0.8}{1.2 \times 0.9} = 2,962.96[kVA]$

답 3,000[kVA]

계산 : $Tr_2 = \dfrac{3,000 \times 0.84}{1.2 \times 0.9} = 2,333.33[kVA]$

답 3,000[kVA]

계산 : $Tr_3 = \dfrac{6,000 \times 0.92}{1.2 \times 0.9} = 5,111.11[kVA]$

답 6,000[kVA]

2 계산 : $STr = \dfrac{\text{개별 최대전력의 합}}{\text{부등률}} = \dfrac{2,962.96 + 2,333.33 + 5,111.11}{1.3} = 8,005.69$

답 10,000[kVA]

3 계산 : $P_s = \dfrac{100}{\%Z}P = \dfrac{100}{0.4} \times 10 = 2,500[MVA]$

답 3,000[MVA]

4 $P_s = \dfrac{100}{\%Z}P = \dfrac{100}{0.4 + 4.6} \times 10 = 200[MVA]$

답 200[MVA]

5 주 변압기 비율 차동 계전기

6 과전류 계전기

7 ①, ②  ③ KW ④ PF ⑤ A ⑥ V

TIP

① 부하 측의 부등률이 주어지면 용도별(Tr_1, Tr_2, Tr_3) 변압기에 적용할 것

② 주 변압기 계산 시 변압기 간의 부등률을 적용하고, 계산값으로 변압기 용량을 구할 것

③ (87T) : 주 변압기 비율차동계전기

(87) : 비율차동계전기

06 ★★★★☆ [6점]

그림과 같은 3상 3선식 220[V]의 수전회로가 있다. Ⓗ는 전열부하이고, Ⓜ은 역률 0.8의 전동기이다. 이 그림을 보고 다음 각 물음에 답하시오.

1 저압수전이 3상 3선식 선로인 경우에 설비불평형률은 몇 [%] 이하로 하여야 하는가?

2 그림의 설비불평형률은 몇 [%]인가? 단, P, Q점은 단선이 아닌 것으로 계산한다.

3 P, Q점에서 단선이 되었다면 설비불평형률은 몇 [%]가 되겠는가?

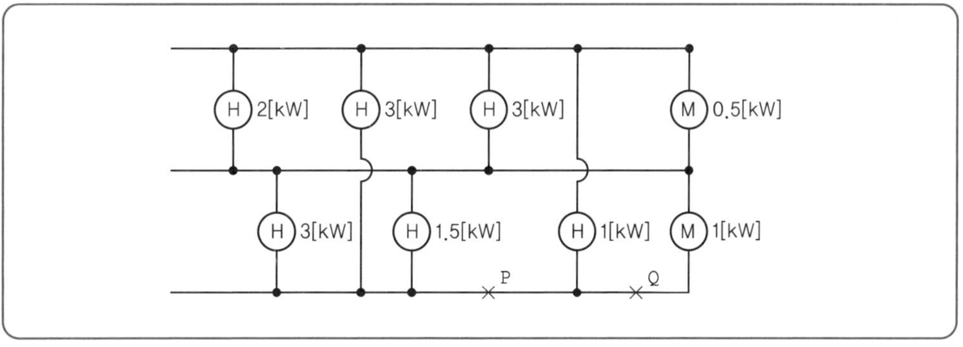

해답 1 30[%]

2 $$설비불평형률=\frac{\left(3+1.5+\frac{1}{0.8}\right)-(3+1)}{\frac{1}{3}\left(2+3+\frac{0.5}{0.8}+3+1.5+\frac{1}{0.8}+3+1\right)}\times 100=34.15[\%]$$

답 34.15[%]

3 $$설비불평형률=\frac{\left(2+3+\frac{0.5}{0.8}\right)-3}{\frac{1}{3}\left(2+3+\frac{0.5}{0.8}+3+1.5+3\right)}\times 100=60[\%]$$

답 60[%]

TIP

1, 2 3상 3선식의 경우

$$설비불평형률=\frac{각\ 선간에\ 접속되는\ 단상부하의\ 최대와\ 최소의\ 차}{총\ 부하\ 설비용량의\ 1/3}\times 100[\%]$$

여기서, 설비불평형률은 30[%] 이하가 되도록 하여야 한다.

3 P점에서 단선 후 변경된 회로

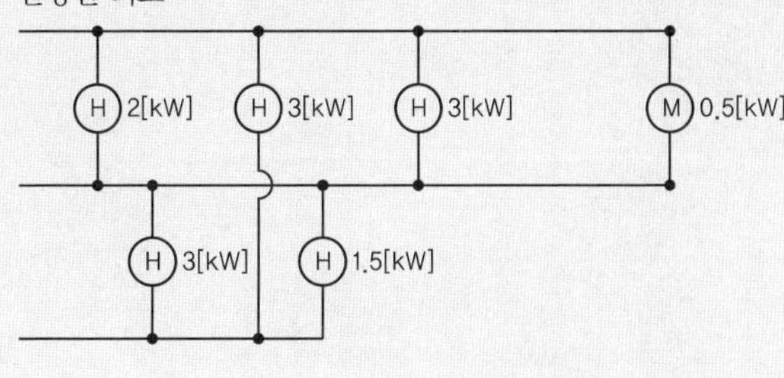

07 ★★★☆☆ [4점]

머레이 루프법(Murray Loop)으로 선로의 고장 지점을 찾고자 한다. 선로의 길이가 4[km](0.2[Ω/km])인 선로에 그림과 같이 접지 고장이 생겼을 때 고장점까지의 거리 X는 몇 [km]인가?(단, P=270[Ω], Q=90[Ω]에서 브리지가 평형되었다고 한다.)

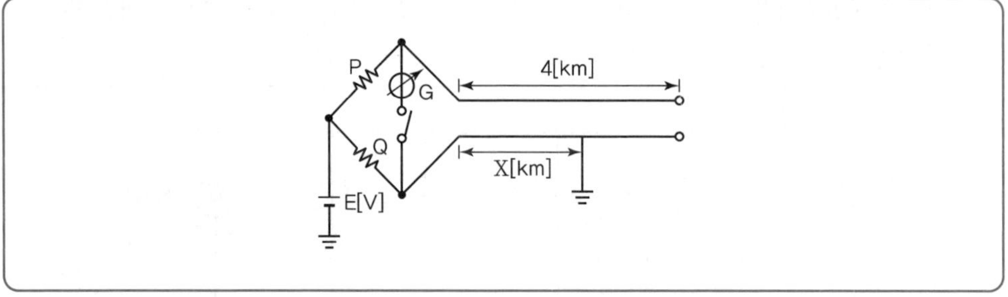

해답 계산 : $PX = Q(8-X)$이므로 이를 풀면

$$PX = 8Q - XQ$$

$$X = \frac{Q}{P+Q} \times 8 = \frac{90}{270+90} \times 8 = 2[\text{km}]$$

답 2[km]

TIP

① 선로의 길이 = 4[km] × 2(왕복거리) = 8[km]
② 대각선을 곱한다.
③ 고장점까지 저항을 X라 하면 휘트스톤 브리지 원리를 이용한다.

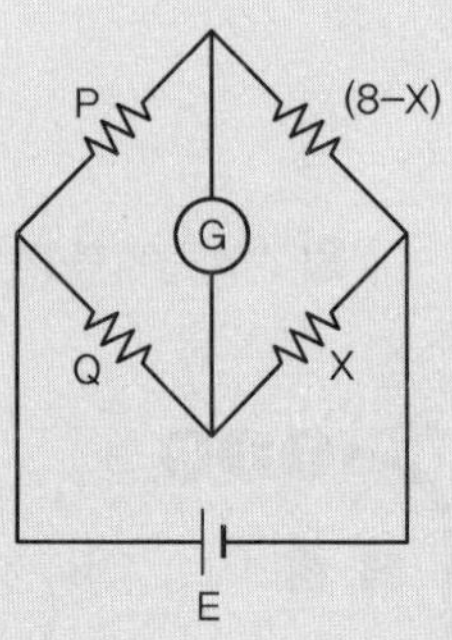

08 ★★☆☆☆ [4점]

조명설비에서 전력을 절약하는 효율적인 방법에 대하여 7가지만 쓰시오.

해답 ① 고효율 등기구 채용
② 고역률 등기구 채용
③ 슬림라인 형광등 및 전구식 형광등 채용
④ 고조도 저휘도 반사갓 채용
⑤ 적절한 조광 제어 실시
⑥ 전반조명과 국부조명을 적절히 병용하여 이용
⑦ 창측 조명 기구 개별 점등
⑧ 등기구의 격등 제어 및 회로구성

09 ★★☆☆☆ [5점]

그림과 같이 6,300/210[V]인 단상 변압기 3대를 △－△결선하여 수전단 전압이 6,000[V]인 배전선로에 연결된 변압기 한 대가 가극성이었다고 한다. 전압계 Ⓥ에는 몇 [V]의 전압이 유기되는가?

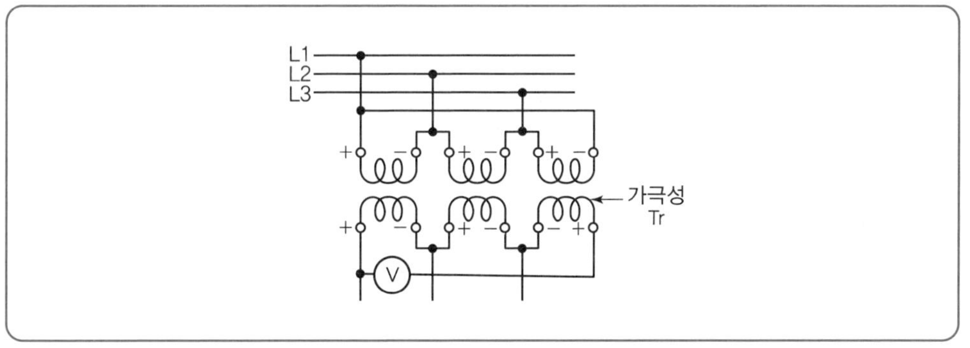

해답 계산

① 권수비 : $a = \frac{V_1}{V_2} = \frac{6,300}{210} = 30$

② 권수비에서 $V_2 = \frac{V_1}{a} = \frac{6,000}{30} = 200[V]$

③ 키르히호프의 제2법칙(전압법칙)에 의해서

$$V = V_{12} + V_{23} + V_{13} = V_a + a^2 V_b - aV_c$$
$$= 200\angle 0° + 200\angle 240° - 200\angle 120°$$
$$= 200 + 200\left(-\frac{1}{2} - j\frac{\sqrt{3}}{2}\right) - 200\left(-\frac{1}{2} + j\frac{\sqrt{3}}{2}\right)$$
$$= 200 - j200\sqrt{3} = \sqrt{200^2 + (200\sqrt{3})^2} = 400[V]$$

답 400[V]

10 ★★★★★ [6점]

어느 공장에 예비전원설비로 발전기를 설계하고자 한다. 이 공장의 조건을 이용하여 다음 각 물음에 답하시오.

[부하]

- 부하는 전동기 부하 150[kW] 2대, 100[kW] 3대, 50[kW] 2대이며, 전등 부하는 40[kW]이다.
- 동력부하의 수용률은 용량이 최대인 전동기 1대는 100[%], 나머지 전동기는 그 용량의 합계를 80[%]로 계산하며, 전등 부하는 100[%]로 계산한다.
- 전동기 부하의 역률은 모두 0.9이고 전등 부하의 역률은 1이다.
- 발전기 과도 리액턴스는 25[%]를 적용한다.
- 발전기 용량의 여유율은 10[%]를 주도록 한다.
- 시동 용량은 750[kVA]를 적용한다.
- 허용 전압강하는 20[%]를 적용한다.
- 기타 주어지지 않은 조건은 무시하고 계산하도록 한다.

1 발전기에 걸리는 부하의 합계로부터 발전기 용량을 구하시오.
2 부하 중 가장 큰 전동기 시동 시의 용량으로부터 발전기의 용량을 구하시오.
3 물음 1과 2에서 계산된 값 중 어느 쪽 값을 기준하여 발전기 용량을 정하는지 그 값을 쓰고 실제 필요한 발전기 용량을 정하시오.

해답 1 계산 : 발전기의 출력 $P = \frac{W_L \times S}{\cos\theta}$[kVA]

$$P = \left\{\frac{150 + (150 + 100 \times 3 + 50 \times 2) \times 0.8}{0.9} + \frac{40}{1}\right\} \times 1.1 = 765.11[\text{kVA}]$$

답 765.11[kVA]

2 계산 : $P \geq \left(\frac{1}{0.2} - 1\right) \times 750 \times 0.25 \times 1.1 = 825[\text{kVA}]$

답 825[kVA]

3 발전기 용량은 825[kVA]를 기준으로 정하며 표준용량 875[kVA]를 적용한다.

TIP

➤ 자가 발전 설비의 출력 결정

① 단순부하의 경우(전부하 정상운전 시의 소요입력에 의한 용량)

발전기의 출력 $P = \frac{\Sigma W_L \times S}{\cos\theta}$[kVA]

여기서, ΣW_L : 부하입력 총계

S : 부하수용률(비상용일 경우 1.0)

$\cos\theta$: 발전기의 역률(통상 0.8)

② 기동용량이 큰 부하가 있을 경우(전동기 시동에 대처하는 용량)

$P[\text{kVA}] \geq \left(\frac{1}{\text{허용 전압강하}} - 1\right) \times X_d \times \text{기동}[\text{kVA}]$

③ 발전기 용량 규격

정격출력 kVA	정격출력 kW (역률 0.8)	정격전압[V] (60[Hz])			정격출력 kVA	정격출력 kW (역률 0.8)	정격전압[V] (60[Hz])		
12.5	10	220[V]	380/440[V]	–	437.5	350	–	380/440[V]	–
18.5	15	〃	〃	–	500	400	–	〃	–
25	20	〃	〃	–	562.5	450	–	〃	–
37.5	30	〃	〃	–	625	500	–	〃	3.3/6.6[kV]
50	40	〃	〃	–	750	600	–	〃	〃
62.5	50	〃	〃	–	875	700	–	〃	〃
75	60	〃	〃	–	1,000	800	–	〃	〃
93.75	75	〃	〃	–	1,125	900	–	〃	〃
125	100	〃	〃	–	1,250	1,000	–	〃	〃
156.25	125	〃	〃	–	1,562.5	1,250	–	–	〃
187.5	150	〃	〃	–	1,875	1,500	–	–	〃
218.75	175	〃	〃	–	2,187.5	1,750	–	–	〃
250	200	〃	〃	–	2,500	2,000	–	–	〃
312.5	250	–	〃	–	2,812.5	2,250	–	–	〃
375	300	–	〃	–	3,125	2,500	–	–	〃

11 ★★★★☆ [5점]

그림은 전자개폐기 MC에 의한 시퀀스 회로를 개략적으로 그린 것이다. 이 그림을 보고 다음 각 물음에 답하시오.

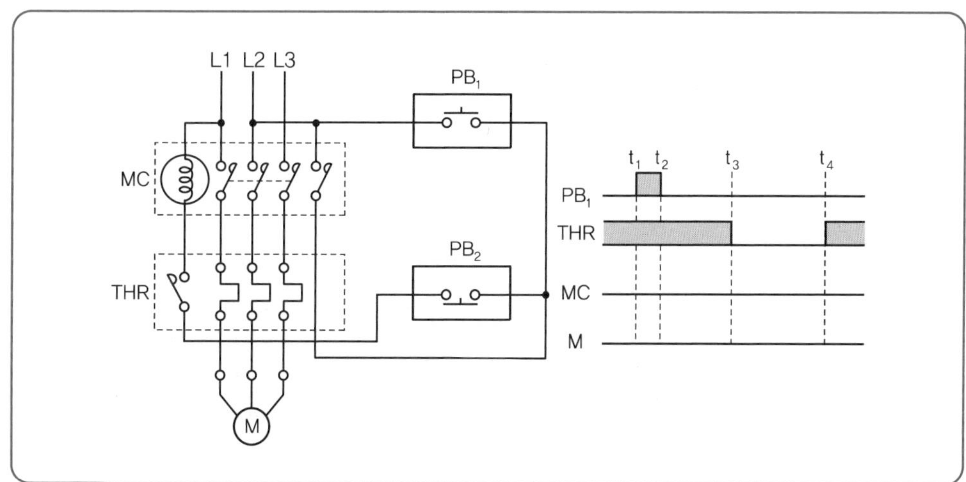

1 그림과 같은 회로용 전자개폐기 MC의 보조 접점을 사용하여 자기유지가 될 수 있는 일반적인 시퀀스 회로로 다시 작성하여 그리시오.

2 시간 t_3에 열동계전기가 작동하고, 시간 t_4에서 수동으로 복귀하였다. 이때의 동작을 타임차트로 표시하시오.

해답 1

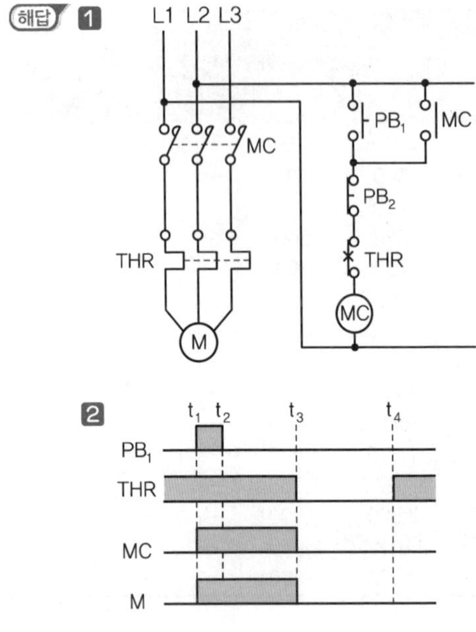

12 ★★★★★ [4점]

지표면상 10[m] 높이의 수조가 있다. 이 수조에 시간당 3,600[m³]의 물을 양수하는 데 필요한 펌프용 전동기의 소요동력은 몇 [kW]인가?(단, 펌프효율은 80[%]이고, 펌프축 동력에 20[%] 여유를 준다.)

해답 계산 : $P = \frac{9.8QHK}{\eta}$[kW]에서 $P = \frac{9.8 \times 3,600 \times 10 \times 1.2}{3,600 \times 0.8} = 147$[kW]

답 147[kW]

TIP

① $P = \frac{9.8 \times Q \times H}{\eta} \times K$[kW]

여기서, Q : 유량[m³/sec]
H : 낙차(양정)[m]
η : 효율
K : 계수

② $P = \frac{Q \times H}{6.12\eta} \times K$[kW]

여기서, Q : 유량[m³/min]
H : 낙차(양정)[m]
η : 효율

13 ★★★☆☆ [5점]

100[V], 20[A]용 단상 적산 전력계에 어느 부하를 가할 때 원판의 회전 수 30회에 대하여 40[초] 걸렸다. 만일 이 계기의 20[A]에 있어서 오차가 ±2[%]라 하면 부하 전력은 몇 [kW]인가?(단, 이 계기의 계기 정수는 1,000[Rev/kWh]이다.)

해답 계산 : $오차율 = \frac{측정값 - 참값}{참값} \times 100[\%]$

$$측정값 = \frac{3,600 \cdot n}{TK}[kW] = \frac{3,600 \times 30}{40 \times 1,000} = 2.7[kW]$$

$$0.02 = \frac{2.7 - 참값}{참값}$$

$$참값 = \frac{2.7}{1.02} = 2.647[kW]$$

답 2.65[kW]

14 ★★★★☆ [4점]

점포가 붙어 있는 주택이 그림과 같을 때 주어진 참고자료를 이용하여 예상되는 설비 부하용량을 산정하고, 분기회로수는 원칙적으로 몇 회로로 하여야 하는지 산정하시오.(단, 사용전압은 220[V]라고 한다.)

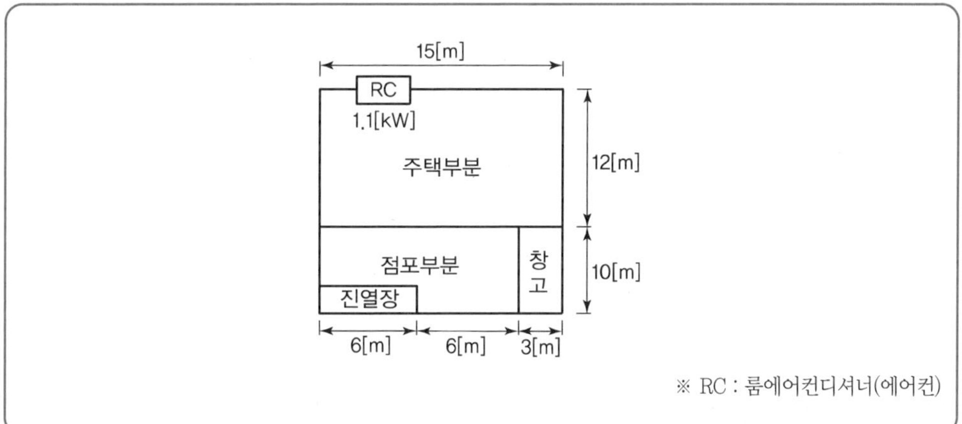

[참고자료]

1. 설비 부하 용량은 다만 '1' 및 '2'에 표시하는 종류 및 그 부분에 해당하는 표준부하에 바닥 면적을 곱한 값에 '3'에 표시하는 건물 등에 대응하는 표준부하[VA]를 가한 값으로 할 것

| 표준부하 |

건축물의 종류	표준부하[VA/m²]
공장, 공회당, 사원, 교회, 극장, 영화관, 연회장 등	10
기숙사, 여관, 호텔, 병원, 학교, 음식점, 다방, 대중 목욕탕	20
주택, 아파트, 사무실, 은행, 상점, 이발소, 미장원	30

2. 건물(주택, 아파트 제외) 중 별도 계산할 부분의 표준부하

| 부분적인 표준부하 |

건축물의 부분	표준부하[VA/m²]
복도, 계단, 세면장, 창고, 다락	5
강당, 관람석	10

3. 표준부하에 따라 산출한 수치에 가산하여야 할 [VA] 수
   ① 주택, 아파트(1세대마다)에 대하여는 1,000~500[VA]
   ② 상점의 진열장에 대하여는 진열장 폭 1[m]에 대하여 300[VA]
   ③ 옥외의 광고등, 전광 사인등의 [VA] 수
   ④ 극장, 댄스홀 등의 무대 조명, 영화관 등의 특수 전등부하의 [VA] 수

해답 설비 부하 용량=주택+점포+창고+진열장+RC(룸에어컨디셔너)+가산부하

$=(15\times12\times30)+(12\times10\times30)+(3\times10\times5)+(6\times300)+1{,}100+1{,}000$

$=13{,}050[\text{VA}]$

$$\text{분기회로수(N)}=\frac{\text{부하설비용량[VA]}}{\text{정격전압[V]}\times\text{분기회로 전류[A]}}=\frac{13{,}050[\text{VA}]}{220[\text{V}]\times16[\text{A}]}=3.71\leq 4\text{회로}$$

답 13,050[VA], 16[A] 분기 4회로

TIP

1) 표준부하(상정부하) = Σ(면적 × 면적부하) + Σ(길이 × 길이부하) + 가산부하
2) 분기회로수 : 220[V]에서 정격소비전력 3[kW] (110[V]는 1.5[kW]) 이상인 냉방기기 및 취사용 기기는 전용 분기회로로 한다.
3) 주택, 아파트의 표준부하밀도는 30 또는 40[VA/m²]로 주어진 표를 기준한다.

15 ★☆☆☆☆ [5점]

공사 시방서는 어떠한 서식인지 설명하시오.

해답 공사에 대한 일반사항, 제작, 시공설치, 재료 등의 내용을 규정하여 기록한 시공 관련 서식

16 ★★★★★ [5점]

어느 수용가가 당초 역률(지상) 80[%]로 150[kW]의 부하를 사용하고 있는데, 새로 역률(지상) 60[%], 100[kW]의 부하를 증가하여 사용하게 되었다. 이때 콘덴서로 합성역률을 90[%]로 개선하는 데 필요한 용량은 몇 [kVA]인가?

해답 계산 : 무효전력 $Q = 150 \times \frac{0.6}{0.8} + 100 \times \frac{0.8}{0.6} = 245.83[\text{kVar}]$

유효전력 $P = 150 + 100 = 250[\text{kW}]$

합성역률 $\cos\theta = \frac{P}{\sqrt{P^2 + Q^2}} = \frac{250}{\sqrt{250^2 + 245.83^2}} = 0.71$

$\therefore Q_c = P(\tan\theta_1 - \tan\theta_2) = 250\left(\frac{\sqrt{1-0.71^2}}{0.71} - \frac{\sqrt{1-0.9^2}}{0.9}\right) = 126.88[\text{kVA}]$

답 126.88[kVA]

TIP

$Q = P\tan\theta = P\frac{\sin\theta}{\cos\theta}[\text{kVar}]$

여기서, P : 유효전력[kW], Q : 무효전력[kVar]

17 ★☆☆☆☆ [4점]

예상이 곤란한 콘센트, 비틀어 끼우는 접속기, 소켓 등이 있는 경우 수구의 종류에 따른 예상부하[VA/개]를 쓰시오.

• 콘센트	• 소형 전등 수구	• 대형 전등 수구

해답 • 콘센트 : 150[VA/개]
• 소형 전등 수구 : 150[VA/개]
• 대형 전등 수구 : 300[VA/개]

2002 2003 2004 2005 2006 2007 2008 2009 2010 2011

18 ★★★☆☆

[5점]

그림과 같은 PLC 시퀀스를 보고 프로그램 표를 완성하시오.(단, 명령어는 회로 시작 STR, 출력 OUT, 그룹 접속 AND STR, OR STR 및 AND, OR, NOT로 한다.)

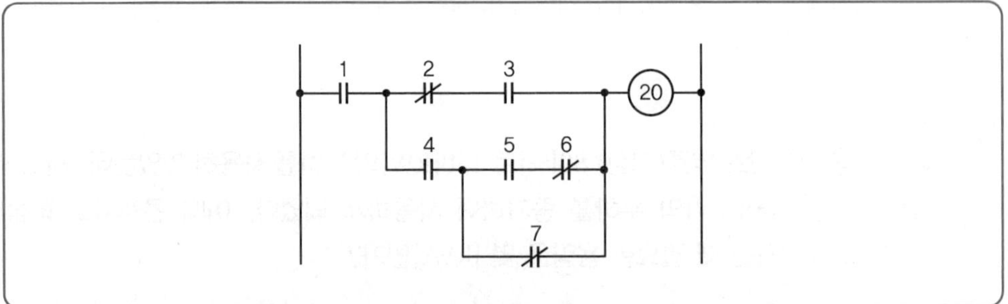

차례	명령	번지	차례	명령	번지
0	STR	1	6		7
1		2	7		–
2		3	8		–
3		4	9		–
4		5	10	OUT	20
5		6			

해답

차례	명령	번지
0	STR	1
1	STR NOT	2
2	AND	3
3	STR	4
4	STR	5
5	AND NOT	6
6	OR NOT	7
7	AND STR	–
8	OR STR	–
9	AND STR	–
10	OUT	20

ENGINEER ELECTRICITY

2011년 기출문제

전기기사

2011년도 1회 시험 과년도 기출문제

회독 체크	□1회독	월 일	□2회독	월 일	□3회독	월 일

01 ★☆☆☆☆ [5점]

다음 시퀀스 회로도의 (L_1), (L_2), (L_3) 중에서 두 개 이상의 램프가 점등되었을 때, (RL)가 점등되는 회로이다. 다음 물음에 답하시오.

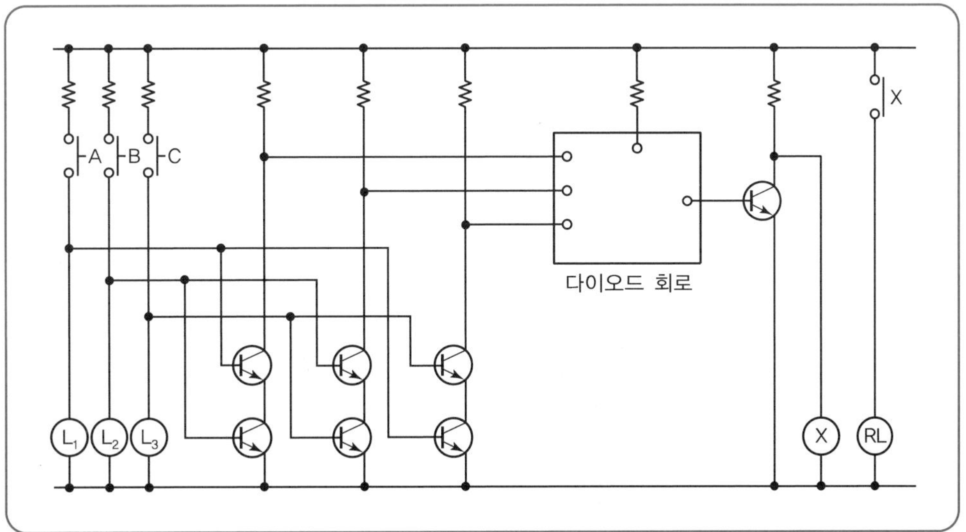

1 시퀀스 회로의 일부인 다이오드 회로를 완성하시오.(단, 다이오드 소자(—▶|—)를 이용할 것)

2 진리표를 완성하시오.

입력			출력
A	B	C	X

3 X의 논리식을 나타내시오.(단, 간소화하여 나타낼 것)

해답 1

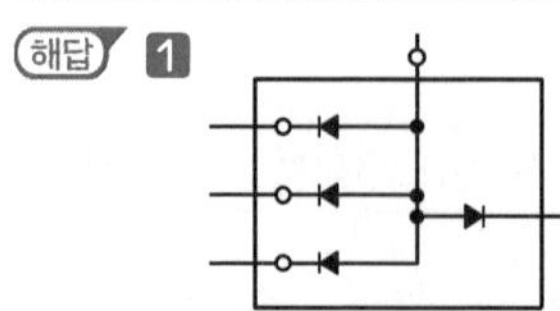

2

입력			출력
A	B	C	X
0	0	0	0
0	0	1	0
0	1	0	0
0	1	1	1
1	0	0	0
1	0	1	1
1	1	0	1
1	1	1	1

3
- $\overline{A}BC+A\overline{B}C+AB\overline{C}+ABC=\overline{A}BC+A\overline{B}C+AB\overline{C}+ABC+ABC+ABC$
  $=BC+AC+AB=AB+BC+AC$
- $\overline{A}BC+A\overline{B}C+AB\overline{C}+ABC=BC(\overline{A}+A)+A\overline{B}C+AB\overline{C}=BC+A\overline{B}C+AB\overline{C}$
  $=C\{B+A\overline{B}\}+AB\overline{C}=C\{(A+B)\cdot(B+\overline{B})\}+AB\overline{C}$
  $=AC+BC+AB\overline{C}=AC+B\{(C+A)(C+\overline{C})\}$
  $=AC+BC+AB=AB+BC+AC$

답 $X=AB+BC+AC$

02 ★★★☆☆ [5점]

3상 유도전동기는 농형과 권선형으로 구분되는데 각 기동법을 다음 빈칸에 쓰시오.

전동기형식	기동법	특징
농형	㉮	① 5[kW] 이하의 소용량 전동기 적용 ② 기동장치가 없는 정격전압을 인가하여 기동
	㉯	① 기동 시 Y결선으로 정격전압의 $\frac{1}{\sqrt{3}}$ 감압 ② 5[kW] 이상~15[kW] 이하의 유도 전동기 기동
	㉰	전동기의 인가되는 전압을 제어하여 기동전류 및 토크를 제어
권선형	㉱	전동기 2차 회로에 가변 저항기를 접속하고 비례추이 원리 이용
	㉲	전동기 2차 회로에 저항과 리액터를 병렬 접속

해답 ㉮ 전전압기동(직입기동) ㉯ $Y-\Delta$ 기동
㉰ 기동보상기법 ㉱ 2차 저항기동법
㉲ 2차 임피던스 기동법

03 ★★★★☆ [3점]

사용 중의 변류기 2차 측을 개로하면 변류기에는 어떤 현상이 발생하는지 원인과 결과를 쓰시오.

해답 ❶ 원인 : 개로 시 변류기 2차 측에 과전압 발생
❷ 결과 : 변류기의 절연이 소손된다.

TIP

➤ 대책
2차 측을 단락시킨다.

04 ★★★★★ [9점]

그림과 같은 3상 배전선에서 변전소(A점)의 전압은 3,300[V], 중간(B점) 지점의 부하는 50[A], 역률 0.8(지상), 말단(C점)의 부하는 50[A], 역률 0.8이고, A와 B 사이의 길이는 2[km], B와 C 사이의 길이는 4[km]이며, 선로의 [km]당 임피던스는 저항 0.9[Ω], 리액턴스 0.4[Ω]이라고 할 때 다음 각 물음에 답하시오.

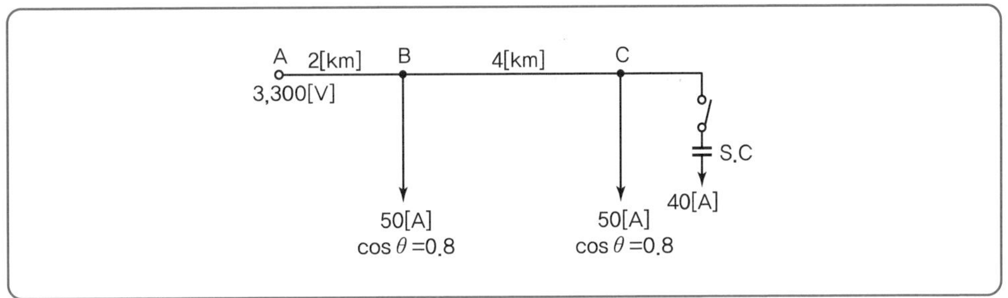

❶ 이 경우의 B점과 C점의 전압은 몇 [V]인가?
① B점의 전압
② C점의 전압

❷ C점에 전력용 콘덴서를 설치하여 진상 전류 40[A]를 흘릴 때 B점과 C점의 전압은 각각 몇 [V]인가?
① B점의 전압
② C점의 전압

❸ 전력용 콘덴서를 설치하기 전과 후의 선로의 전력 손실을 구하시오.
① 전력용 콘덴서 설치 전
② 전력용 콘덴서 설치 후

해답 **1** 콘덴서 설치 전 B, C점의 전압

① B점의 전압

계산 : $V_B = V_A - \sqrt{3} I_1 (R_1 \cos\theta + X_1 \sin\theta)$

$= 3,300 - \sqrt{3} \times 100(0.9 \times 2 \times 0.8 + 0.4 \times 2 \times 0.6) = 2,967.45[V]$

답 2,967.45[V]

② C점의 전압

계산 : $V_C = V_B - \sqrt{3} I_2 (R_2 \cos\theta + X_2 \sin\theta)$

$= 2,967.45 - \sqrt{3} \times 50(0.9 \times 4 \times 0.8 + 0.4 \times 4 \times 0.6) = 2,634.9[V]$

답 2,634.9[V]

2 콘덴서 설치 후 B, C점의 전압

① B점의 전압

계산 : $V_B = V_A - \sqrt{3}\{I_1 \cos\theta \cdot R_1 + (I_1 \sin\theta - I_C) \cdot X_1\}$

$= 3,300 - \sqrt{3} \times \{100 \times 0.8 \times 1.8 + (100 \times 0.6 - 40) \times 0.8\} = 3,022.87[V]$

답 3,022.87[V]

② C점의 전압

계산 : $V_C = V_B - \sqrt{3} \times \{I_2 \cos\theta \cdot R_2 + (I_2 \sin\theta - I_C) \cdot X_2\}$

$= 3,022.87 - \sqrt{3} \times \{50 \times 0.8 \times 3.6 + (50 \times 0.6 - 40) \times 1.6\} = 2,801.17[V]$

답 2,801.17[V]

3 전력 손실

① 콘덴서 설치 전

계산 : $P_{L1} = 3I_1^2 R_1 + 3I_2^2 R_2 = 3 \times 100^2 \times 1.8 + 3 \times 50^2 \times 3.6 = 81,000[W] = 81[kW]$

답 81[kW]

② 콘덴서 설치 후

계산 : $I_1 = \sqrt{(100 \times 0.8)^2 + (100 \times 0.6 - 40)^2} = 82.46[A]$

$I_2 = \sqrt{(50 \times 0.8)^2 + (50 \times 0.6 - 40)^2} = 41.23[A]$

$\therefore P_{L2} = 3 \times 82.46^2 \times 1.8 + 3 \times 41.23^2 \times 3.6 = 55,080 = 55.08[kW]$

답 55.08[kW]

TIP

① 3상 전력 손실 $= 3I^2R$

② 콘덴서 전류 = 진상무효전류 $(-I_C)$

05 ★★★★☆ [6점]

그림에 제시된 건물의 표준 부하표를 보고 건물 단면도의 분기회로수를 산출하시오.
(단, ① 사용전압은 220[V]로 하고 룸 에어컨은 별도 회로로 한다.
② 가산해야 할 [VA] 수는 표에 제시된 값 범위 내에서 큰 값을 적용한다.
③ 부하의 상정은 표준 부하법에 의해 설비 부하용량을 산출한다.)

| 건물의 표준 부하표 |

건물의 종류		표준부하[VA/m²]
P	공장, 공회당, 사원, 교회, 극장, 연회장 등	10
	기숙사, 여관, 호텔, 병원, 학교, 음식점, 다방, 대중목욕탕 등	20
	주택, 아파트, 사무실, 은행, 상점, 이용소, 미장원	30
Q	복도, 계단, 세면장, 창고, 다락	5
	강당, 관람석	10
C	주택, 아파트(1세대마다)에 대하여	500~1,000[VA]
	상점의 진열장은 폭 1[m]에 대하여	300[VA]
	옥외의 광고등, 광전사인, 네온사인 등	실[VA] 수
	극장, 댄스홀 등의 무대조명, 영화관의 특수 전등부하	실[VA] 수

(단, P : 주 건축물의 바닥면적[m²], Q : 건축물 일부분의 바닥면적[m²], C : 가산해야 할 [VA] 수임)

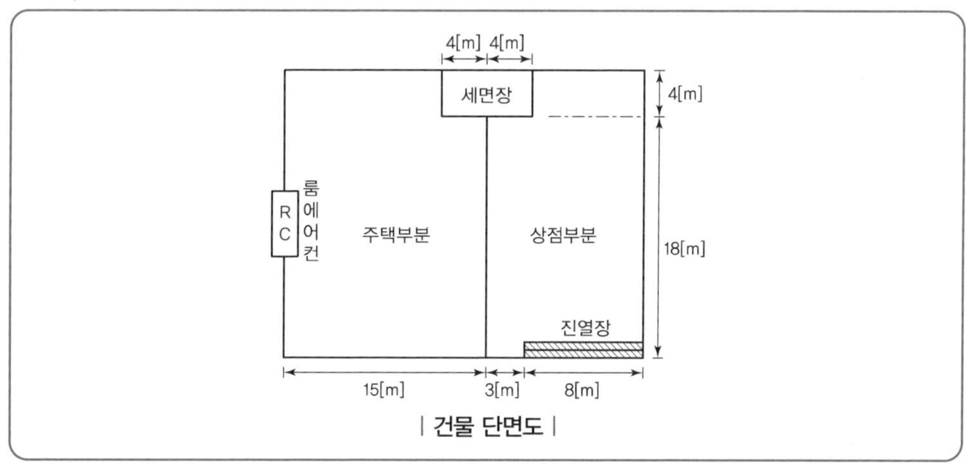

| 건물 단면도 |

해답 계산

- 주택 : $P_1 = (15 \times 22 - 4 \times 4) \times 30 + 1,000 = 10,420$[VA]
- 상점 : $P_2 = (11 \times 22 - 4 \times 4) \times 30 + 8 \times 300 = 9,180$[VA]
- 세면장 : $P_3 = (8 \times 4) \times 5 = 160$[VA]

$$\text{주택, 상점, 세면장 분기회로수} = \frac{P_1 + P_2 + P_3}{\text{정격전압[V]} \times \text{분기회로 전류[A]}} = \frac{10,420 + 9,180 + 160}{220 \times 16}$$
$$= 5.61 \leq 6\text{회로}$$

총분기회로수=6회로+1회로(룸에어컨)=7[회로]

답 총7회로(16[A] 분기 6회로 , RC 1회로)

TIP

➤ 룸에어컨 분기회로 결정

① 110[V]일 때 : 1.5[kW]를 이상인 경우 전용회로

② 220[V]일 때 : 3[kW]를 이상인 경우 전용회로

③ 문제 조건에 따라 전용회로를 결정한다.

④ 주택 및 아파트의 표준부하 밀도는 제시된 $30VA/m^2$ 또는 $40VA/m^2$를 적용한다.

06 ★★★★★ [5점]

지표면상 10[m] 높이에 수조가 있다. 이 수조에 초당 1[m^3]의 물을 양수하는 데 사용되는 펌프용 전동기에 3상 전력을 공급하기 위하여 단상 변압기 2대를 V결선하였다. 펌프효율이 70[%]이고, 펌프축 동력에 20[%]의 여유를 두는 경우 다음 각 물음에 답하시오.(단, 펌프용 3상 농형 유도전동기의 역률을 100[%]로 가정한다.)

1 펌프용 전동기의 소요동력은 몇 [kW]인가?

2 변압기 1대의 용량은 몇 [kVA]인가?

해답 1 계산 : $P = \frac{9.8HQK}{\eta} = \frac{9.8 \times 10 \times 1 \times 1.2}{0.7} = 168[kW]$

답 168[kW]

2 계산 : 단상 변압기 2대를 V결선했을 경우의 출력

$P_V = \sqrt{3}P_1[kVA]$

유도전동기의 역률은 100[%]이므로

$P_V = \sqrt{3}P_1 = \frac{168[kW]}{1} = 168[kVA]$

∴ 변압기 1대의 정격 용량 : $P_1 = \frac{168}{\sqrt{3} \times 1} = 96.99[kVA]$

답 96.99[kVA]

TIP

① 변압기 2대 운전 시 V결선

㉠ $P_V = \sqrt{3} \times 1$대 용량$\times \cos\theta[kW]$

㉡ 1대 용량$= \frac{P_V(kW)}{\sqrt{3} \times \cos\theta}[kVA]$

② 변압기 용량 선정 시

㉠ "표준용량, 정격용량, 선정하시오"라고 하면 표준값을 적용

예 48.5[kVA] 답 50[kVA]

㉡ "구하라, 계산하시오"라고 하면 계산값이나, 표준값을 적용

예 48.5[kVA] 답 48.5 또는 50[kVA]

③ $P = \frac{Q \times H}{6.12\eta} \times K[kW]$

여기서, Q : 유량[m^3/min], H : 낙차(양정)[m], η : 효율

2002 2003 2004 2005 2006 2007 2008 2009 2010 2011

07 ★★★★☆ [6점]

점멸기의 그림기호에 대한 다음 각 물음에 답하시오.(참고 : 점멸기의 그림기호 : ●)

1 용량이 몇 [A] 이상일 때 전류치를 방기하는가?

2 ① $●_{2P}$과 ② $●_4$은 어떻게 구분되는지 설명하시오.

3 ① 방수형과 ② 폭발방지형은 어떤 문자를 표기하는가?

해답 1 15[A]

2 ① 2극 점멸기

② 4로 점멸기

3 ① WP ② EX

08 ★★★★★ [5점]

3개의 접지판 상호 간의 저항을 측정한 값이 그림과 같이 G_1과 G_2 사이는 50[Ω], G_2와 G_3 사이는 40[Ω], G_1과 G_3 사이는 30[Ω]이었다면, G_3의 접지저항값은 몇 [Ω]인지 계산하시오.

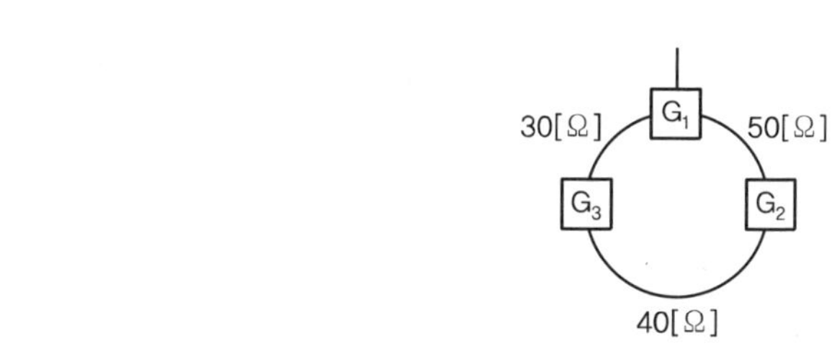

해답 계산 : 접지저항값 $R_{G3} = \frac{1}{2}(G_{23} + G_{13} - G_{12}) = \frac{1}{2}(40 + 30 - 50) = 10[\Omega]$

답 10[Ω]

TIP

① G_3 : 주 접지

② G_2, G_1 : 보조 접지

주 접지로 연결된 경우는 저항값을 덧셈하고 보조접지로 연결된 경우는 저항값을 뺄셈할 것

09 ★★★★☆

[5점]

각 방향에 900[cd]의 광도를 갖는 광원을 높이 3[m]에 취부한 경우 직하로부터 30° 방향의 수평면 조도[lx]를 구하시오.

해답 계산 : $r = \dfrac{3}{\cos 30°} ≒ 3.46$

수평면 조도 : $E_h = \dfrac{I}{r^2}\cos\theta = \dfrac{900}{3.46^2} \times \cos 30° = 65.1\,[lx]$

답 65.1[lx]

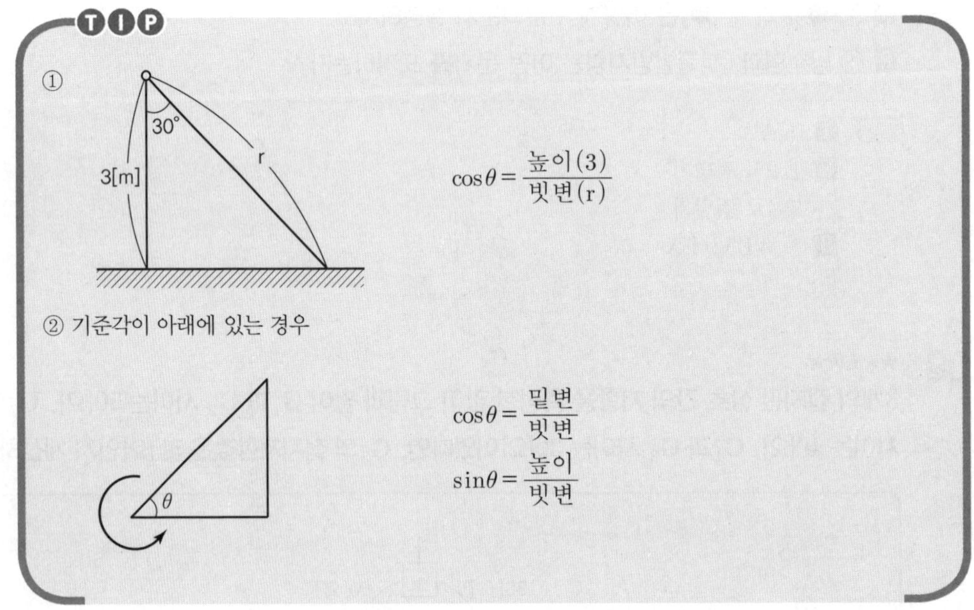

TIP
①
30°
3[m]
r
cosθ = 높이(3) / 빗변(r)
② 기준각이 아래에 있는 경우
θ
cosθ = 밑변 / 빗변
sinθ = 높이 / 빗변

10 ★★★☆☆

[8점]

다음 결선도는 수동 및 자동(하루 중 설정시간 동안 운전) Y－Δ 배기팬 MOTOR 결선도 및 조작회로이다. 다음 각 물음에 답하시오.

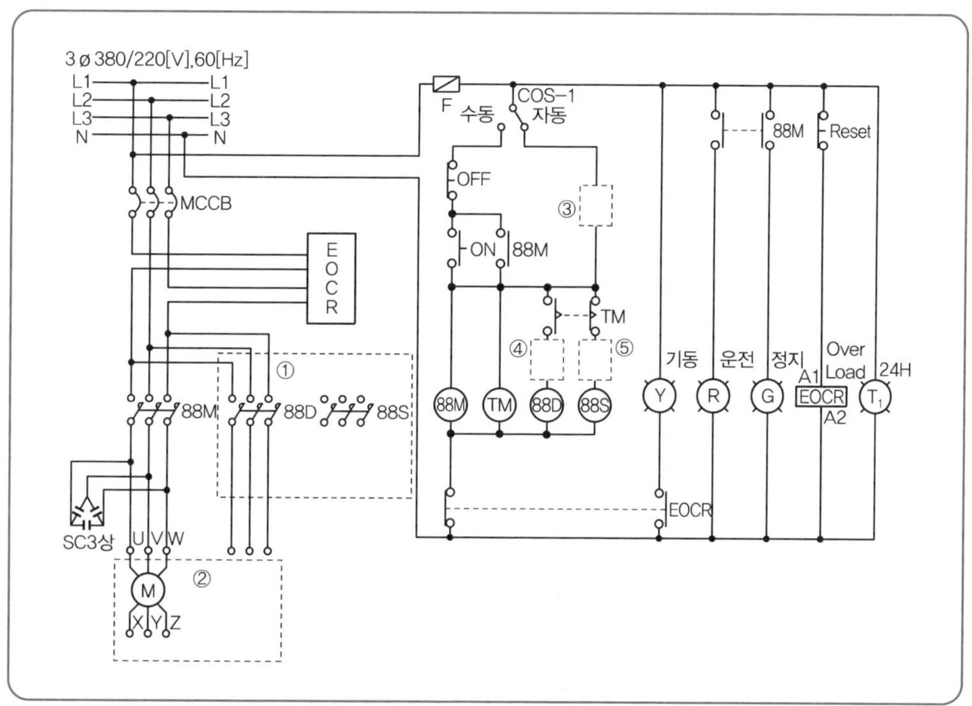

1 ③, ④, ⑤의 미완성 부분의 접점을 그리고 그 접점기호를 표기하시오.

2 ①, ② 부분의 누락된 회로를 완성하시오.

3 —o^o— 의 접점 명칭을 쓰시오.

해답 **1** ③ T_1, ④ 88S, ⑤ 88D

2

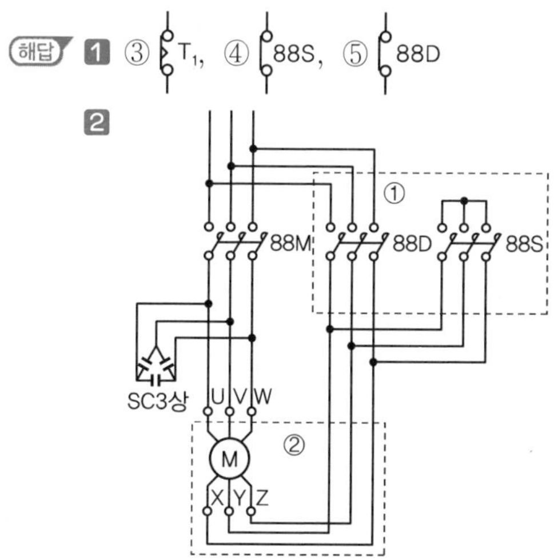

3 한시동작 순시복귀 a접점

11 ★★★★☆ [5점]

역률 80[%], 500[kVA]의 부하를 가진 변압설비에 150[kVA]의 콘덴서를 설치해서 역률을 개선하는 경우 변압기에 걸리는 부하는 몇 [kVA]인지 계산하시오.

해답 계산 : 역률 개선 전의 유효전력 : $P = P_a \cos\theta = 500 \times 0.8 = 400$[kW]

역률 개선 전의 무효전력 : $Q_1 = P_a \sin\theta = 500 \times 0.6 = 300$[kVar]

역률 개선 후의 무효전력 : $Q_2 = 300 - 150 = 150$[kVar]

따라서, 역률을 개선하는 경우 변압기에 걸리는 부하는

$W = \sqrt{P^2 + Q_2^2} = \sqrt{400^2 + 150^2} = 427.2$[kVA]

답 427.2[kVA]

TIP

① 물어보는 단위가 [kW]일 경우

$P_2 = \text{kVA} \times \cos\theta_2$[kW]

② 물어보는 단위가 [kVA]인 경우

$\text{kVA} = \sqrt{P^2 + Q^2}$ [kVA]

여기서, kVA : 피상전력

P : 유효전력

Q : 무효전력

$\cos\theta_2$: 콘덴서 설치 후 역률

12 ☆☆☆☆☆ [4점]

수변전 부하의 저압간선에서 다른 저압간선을 분기하는 경우 그 접속개소에 과전류차단기를 설치하여야 하는데, 분기선의 길이가 8[m] 이하인 경우 과전류차단기를 생략하려면 분기선의 허용전류는 간선 과전류차단기 정격전류의 몇 [%] 이상인지 쓰시오.

※ KEC 규정에 따라 삭제

13 ★★★★★ [9점]

그림은 고압 진상용 콘덴서 설치도이다. 다음 물음에 답하시오.

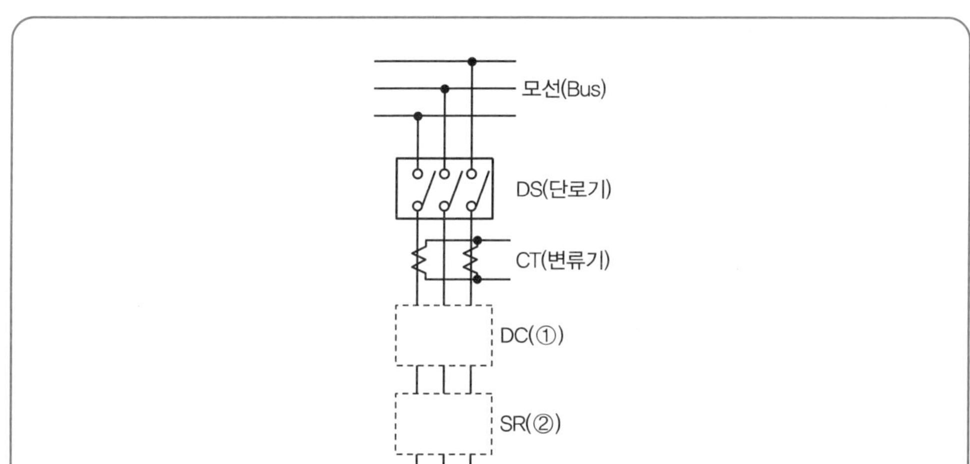

1 ①, ②, ③의 명칭을 우리말로 쓰시오.

① (   ), ② (   ), ③ (   )

2 ①, ②, ③의 설치 이유를 쓰시오.

①

②

③

3 ①, ②, ③의 회로를 완성하시오.

①   ②   ③

해답 **1** ① 방전 코일, ② 직렬 리액터, ③ 전력용 콘덴서

2 ① 전원 개방 시 콘덴서에 잔류전하 방전

② 제5고조파 제거

③ 역률 개선

3 ① ② ③

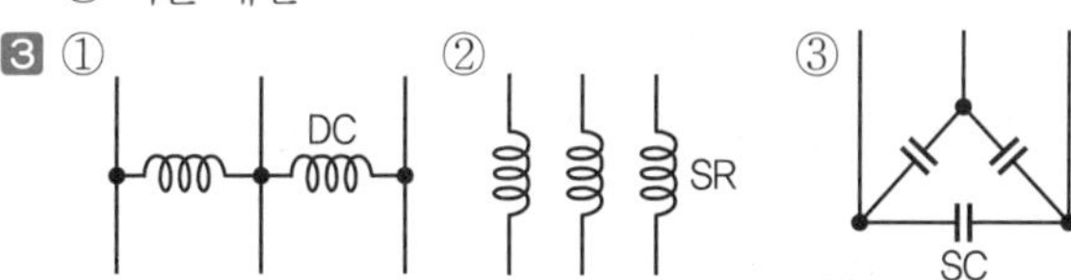

14 ★★★★★ [4점]

그림과 같은 회로에서 단상 전압 210[V] 전동기의 전압 측 리드선과 전동기 외함 사이가 완전 지락되었다. 변압기의 저압 측은 혼촉방지(계통) 접지로 저항이 30[Ω], 전동기의 외함접지 저항은 40[Ω]이라 하고 변압기 및 전로의 임피던스를 무시한 경우에 접촉한 사람에게 위험을 주는 대지 전압은? ※ KEC 규정에 따라 문항 변경

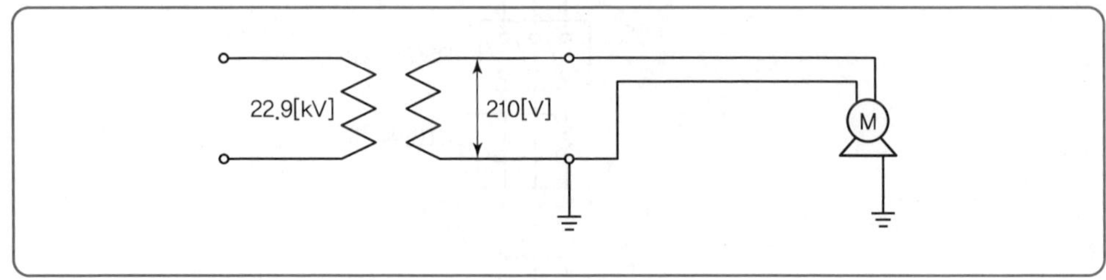

해답 계산 : $e = V\dfrac{R_3}{R_2+R_3} = 210 \times \dfrac{40}{30+40} = 120[V]$

답 120[V]

TIP

① 등가회로도

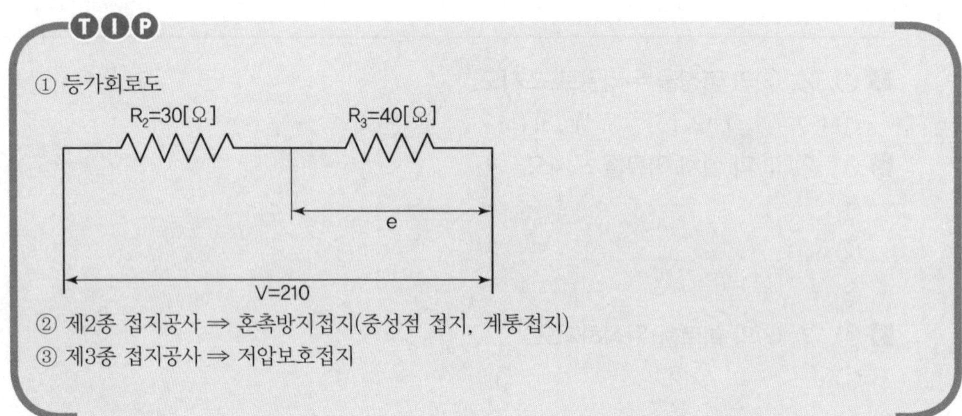

② 제2종 접지공사 ⇒ 혼촉방지접지(중성점 접지, 계통접지)
③ 제3종 접지공사 ⇒ 저압보호접지

15 ★★★☆☆ [5점]

부하율에 대하여 설명하고 "부하율이 적다"는 것은 무엇을 의미하는지 2가지를 쓰시오.

해답 ① 부하율 : 어떤 기간 중의 평균 수용 전력과 최대 수용 전력과의 비를 나타낸다.
② "부하율이 적다"의 의미
- 공급 설비를 유용하게 사용하지 못한다.
- 평균 수용 전력과 최대 수용 전력과의 차가 커지게 되므로 부하 설비의 가동률이 저하된다.

TIP

$$부하율 = \frac{평균전력}{최대수용전력} \times 100 = \frac{사용전력량(kWh)/시간(h)}{최대수용전력(kW)} \times 100$$

2002 2003 2004 2005 2006 2007 2008 2009 2010 2011

16 ★★★★★ [4점]

수전전압 22.9[kV−Y]에 진공차단기와 몰드, 건식 변압기를 사용하는 경우 개폐 시 이상전압으로부터 변압기 등 기기보호 목적으로 사용되는 것으로 LA와 같은 구조와 특성을 가진 기기의 명칭을 쓰시오.

해답 서지 흡수기(S.A)

TIP

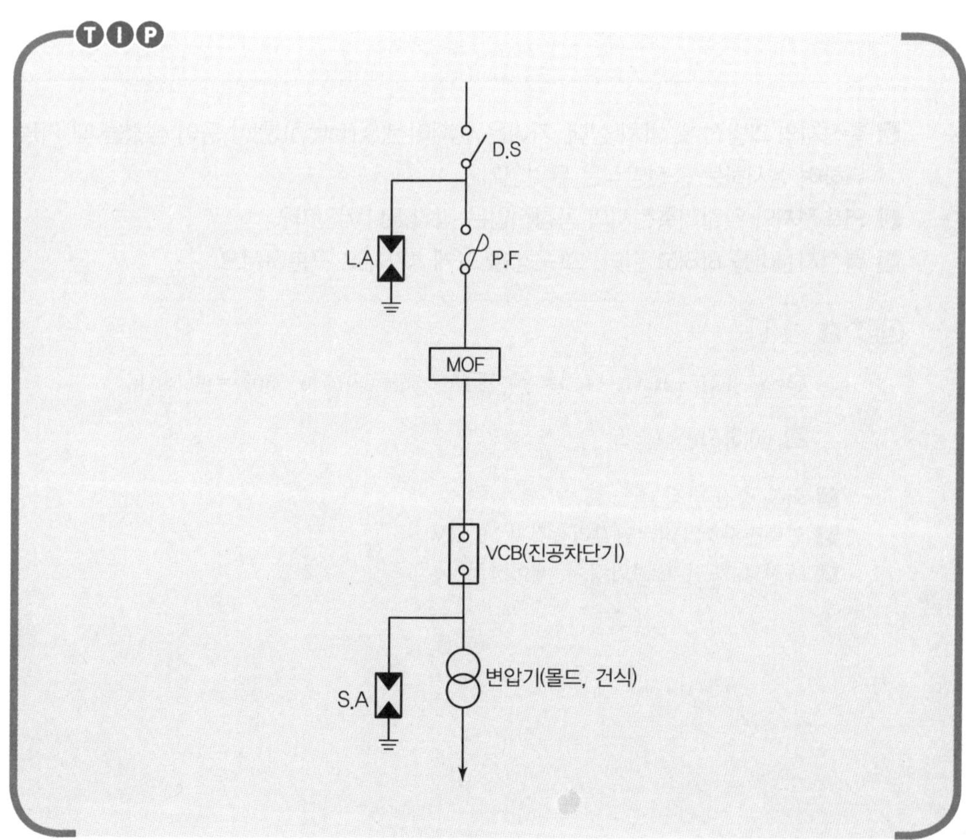

17 ★★★★★ [8점]

예비전원으로 이용되는 축전지에 대한 다음 각 물음에 답하시오.

1 그림과 같은 부하 특성을 갖는 축전지를 사용할 때 보수율 0.8, 최저축전지온도 5[℃], 허용 최저전압 90[V]일 때 몇 [Ah] 이상인 축전지를 선정하여야 하는가?(단, $K_1 = 1.15$, $K_2 = 0.91$, 셀당 전압은 1.06[V/cell]이다.)

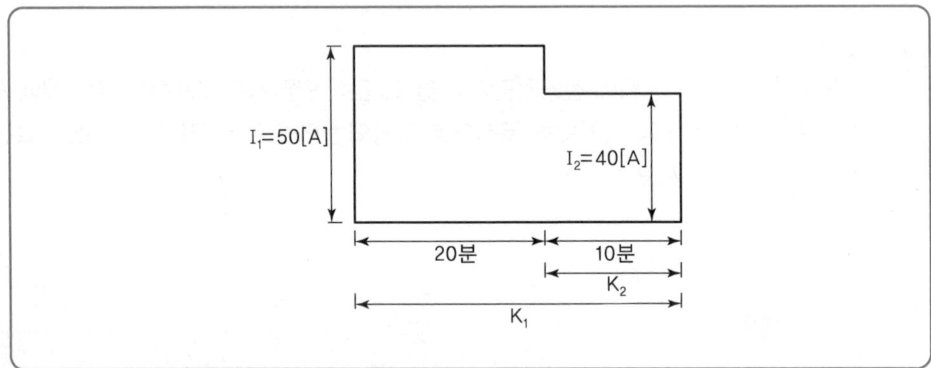

2 축전지의 과방전 및 방치 상태, 가벼운 설페이션(Sulfation) 현상 등이 생겼을 때 기능 회복을 위하여 실시하는 충전방식은 무엇인가?

3 연축전지와 알칼리축전지의 공칭전압은 각각 몇 [V]인가?

4 축전지설비를 하려고 한다. 그 구성을 크게 4가지로 구분하시오.

해답 1 계산

$$C = \frac{1}{L}[K_1 I_1 + K_2(I_2 - I_1)] = \frac{1}{0.8}[1.15 \times 50 + 0.91(40 - 50)] = 60.5[Ah]$$

답 60.5[Ah]

2 회복 충전 방식

3 연축전지 : 2[V], 알칼리축전지 : 1.2[V]

4 축전지, 충전기, 보안장치, 제어장치

18 ★★★★★ [4점]

그림과 같이 부하가 A, B, C에 시설될 경우, 이것에 공급할 변압기 용량을 계산하여 표준 용량을 선정하시오.(단, 부등률은 1.1, 부하 역률은 80[%]로 한다.)

| 변압기 표준 용량[kVA] |

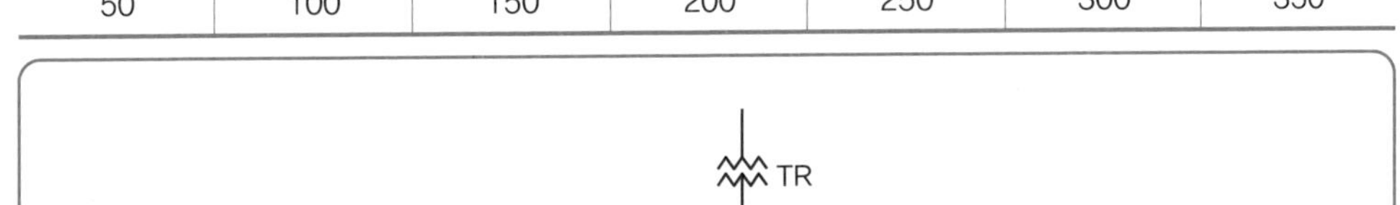

50	100	150	200	250	300	350

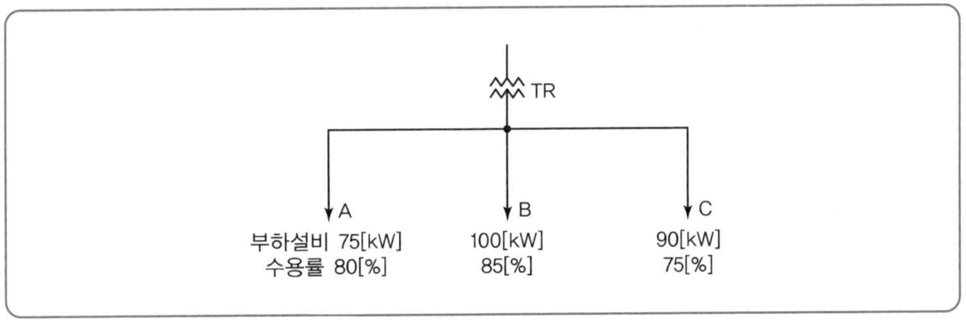

해답 계산 : 변압기 용량 $= \dfrac{\text{설비용량[kW]} \times \text{수용률}}{\text{부등률} \times \text{역률}} = \dfrac{75 \times 0.8 + 100 \times 0.85 + 90 \times 0.75}{1.1 \times 0.8}$

$= 241.48[\text{kVA}]$

답 표에서 250[kVA] 선정

TIP

변압기 용량(kVA) $= \dfrac{\text{합성최대전력}}{\cos\theta} = \dfrac{\text{설비용량[kW]} \times \text{수용률}}{\text{부등률} \times \cos\theta}$

↘ 전기기사

2011년도 2회 시험 과년도 기출문제

회독 체크	□1회독	월 일	□2회독	월 일	□3회독	월 일

01 ★★★★★

[5점]

양수량 60[m³/min], 전양정 50[m]인 소화용 펌프 전동기의 용량은 약 몇 [kW]인가? (단, 펌프효율 $\eta = 85[\%]$, 여유계수 K = 1.2로 한다.)

해답 계산 : $P = \dfrac{9.8QHK}{\eta} = \dfrac{9.8 \times \dfrac{60}{60} \times 50 \times 1.2}{0.85} = 691.76[\text{kW}]$

답 P = 691.76[kW]

TIP

$$P = \frac{QH}{6.12\eta}K = \frac{60 \times 50 \times 1.2}{6.12 \times 0.85}[\text{kW}]$$

02 ★★★★☆

[5점]

교류단상 유도 전동기에 대한 다음 각 물음에 답하시오.

1 기동 방식을 5가지만 쓰시오.

2 분상 기동형 단상 유도 전동기의 회전 방향을 바꾸려면 어떻게 하면 되는가?

3 단상 유도 전동기의 절연을 E종 절연물로 하였을 경우 허용 최고 온도는 몇 [℃]인가?

해답 1 ① 반발 유도형 ② 반발 기동형
③ 분상 기동형 ④ 셰이딩 코일형
⑤ 콘덴서 기동형

2 기동권선의 극성(접속)을 반대로 한다.

3 120[℃]

TIP

➤ 절연물 온도

종류	Y종	A종	E종	B종	F종	H종	C종
최고사용온도[℃]	90	105	120	130	155	180	180 이상

2002 2003 2004 2005 2006 2007 2008 2009 2010 2011

03 ★★★★★ [8점]

불평형부하와 관련된 다음 물음에 답하시오.

1 저압, 고압 및 특별고압수전 3상 3선식 또는 3상 4선식에서 불평형률의 한도는 단상부하로 계산하여 몇 [%] 이하로 하는 것을 원칙으로 하는가?

2 부하 설비가 그림과 같을 때 설비불평형률은 몇 [%]인가?(단, Ⓗ는 전열부하 Ⓜ은 전동부하이다.)

3 문제 **1**의 제한원칙에 따르지 않아도 되는 경우를 3가지만 쓰시오.

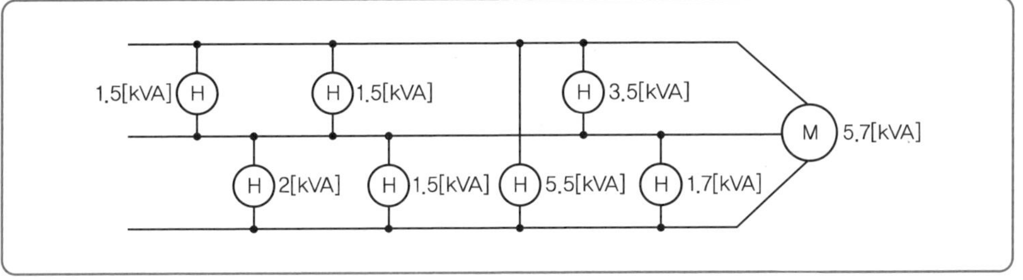

해답 **1** 30[%]

2 $\dfrac{\text{단상설비용량의 최대}-\text{최소}}{\text{총설비용량}([\text{VA}],[\text{kVA}])\times\dfrac{1}{3}}\times 100$

계산 : $\dfrac{(1.5+1.5+3.5)-(2+1.5+1.7)}{(1.5+1.5+3.5+2+1.5+1.7+5.5+5.7)\times\dfrac{1}{3}}\times 100=17.03[\%]$

답 17.03[%]

3 ① 저압수전에서 전용 변압기 등으로 수전하는 경우
② 고압 및 특고수전에서 100[kVA] 이하의 단상부하인 경우
③ 고 · 특고압 수전에서 단상부하 최대 · 최소의 차가 100[kVA] 이하인 경우
④ 특고압수전에서 100[kVA] 이하의 단상 변압기 2대로 역 V결선하는 경우

TIP

① $1\phi 3\text{W}$은 불평형률 40[%] 이하
② 부하는 피상전력을 기준한다.(kVA, $\dfrac{\text{kW}}{\cos\theta}$, VA)

04 ★★☆☆☆

[5점]

그림의 단상 전파 정류 회로에서 교류 측 공급 전압이 $628\sin\omega t$[V], 직류 측 부하 저항이 20[Ω]이다. 물음에 답하시오.

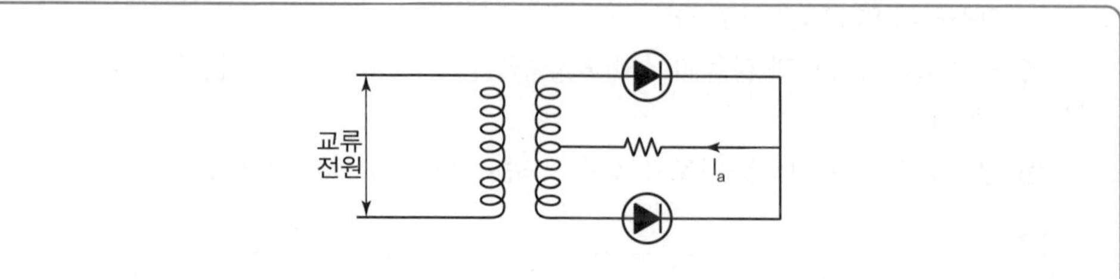

1 교류 전류의 실효값은?

2 직류 부하전압의 평균값은?

3 직류 부하전류의 평균값은?

해답 1 계산 : $E_m = 628$[V]

$$\therefore E = \frac{E_m}{\sqrt{2}} = \frac{628}{\sqrt{2}} = 444.06[V]$$

$$I = \frac{E}{R} = \frac{444.06}{20} = 22.2[A]$$

답 22.2[A]

2 계산 : $E = \dfrac{628}{\sqrt{2}} = 444.06[V]$

$$E_a = \frac{2\sqrt{2}E}{\pi} = 0.9E = 0.9 \times 444.06 = 399.65[V]$$

답 399.65[V]

3 계산 : $I_a = \dfrac{E_a}{R} = \dfrac{399.65}{20} = 19.98[A]$

답 19.98[A]

TIP

① 다이오드 전파정류 평균값

$E_a = \dfrac{2\sqrt{2}E}{\pi} \fallingdotseq 0.9E$ (단, E는 실효값)

② 다이오드 반파정류 평균값

$E_a = \dfrac{\sqrt{2}E}{\pi} \fallingdotseq 0.45E$

05 ★★★☆☆ [8점]

다음 그림은 변전설비의 단선결선도이다. 물음에 답하시오.

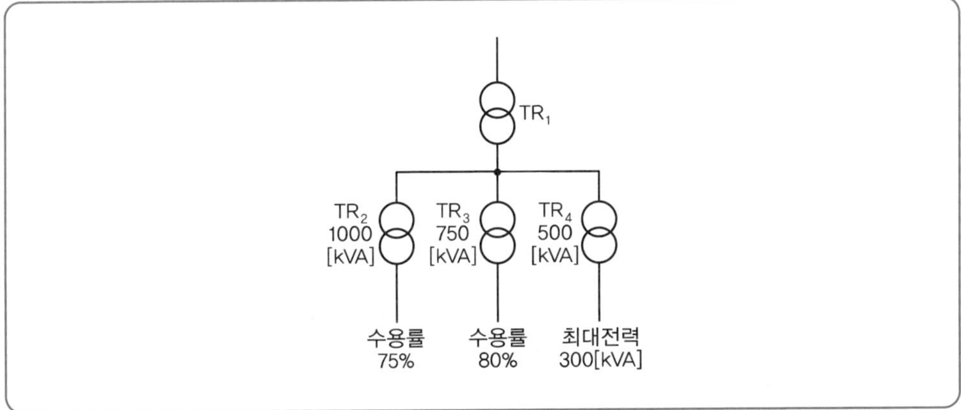

1 부등률이란?

2 부등률 적용 변압기는?

3 부등률(TR_1)은 얼마인가?(단, 합성최대전력은 1,320[kVA])

4 TR_1의 표준용량은 몇 [kVA]인가?

5 특고압용 차단기 종류 3가지만 쓰시오.

해답 1 전력 기기를 동시에 사용하는 정도

2 TR_1

3 계산 : $\text{부등률} = \dfrac{\text{개별 최대전력의 합}}{\text{합성최대전력}} = \dfrac{1,000 \times 0.75 + 750 \times 0.8 + 300}{1,320} = 1.25$

답 1.25

4 계산 : $\text{TR 용량} = \dfrac{\text{합성최대전력(kW)}}{\cos\theta} = \text{합성최대전력[kVA]}$

1,320[kVA]이므로 1,500[kVA]

답 1,500[kVA]

5 진공차단기, 공기차단기, 가스차단기

TIP

① 단독부하(TR_2, TR_3, TR_4)의 변압기 용량은 수용률 적용

② 여러 부하(TR_1) 변압기 용량은 부등률 적용

06 ★★★★★ [5점]

유입 변압기와 비교한 몰드 변압기의 장점 5가지를 쓰시오.

해답
① 난연성이 우수함
② 절연의 신뢰성 향상
③ 내진 · 내습성이 좋음
④ 소형 · 경량화
⑤ 저전력 손실, 고효율

그 외
⑥ 단시간 과부하 내량이 큼
⑦ 소음이 적고 무공해 운전

TIP

➤ 단점
① 가격이 비싸다.
② 옥외 설치 및 대용량 제작이 곤란하다.
③ 내전압 성능이 낮아 VCB 같은 고속도 차단기의 경우 Surge 방지대책으로 Surge Absorber(서지 흡수기)를 채용한다.
④ 수지층에 차폐물이 없으므로 운전 중 코일표면과 접촉하면 위험하다.

07 ★★★★☆ [5점]

다음 논리 회로에 대한 물음에 답하시오.

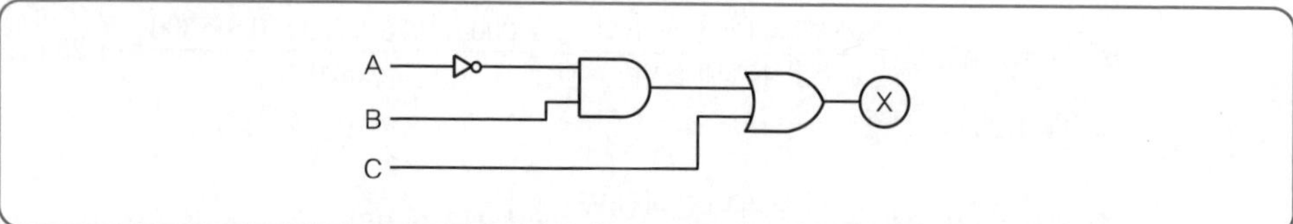

1 NAND만의 회로를 그리시오.

2 NOR만의 회로를 그리시오.

해답 1

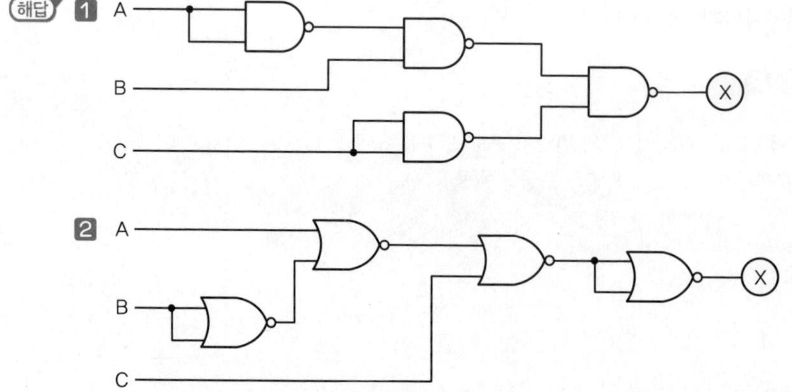

08 ★★★☆☆ [8점]

다음 그림은 전자식 접지 저항계를 사용하여, 접지극의 접지 저항을 측정하기 위한 배치도이다. 각 물음에 답하여라.

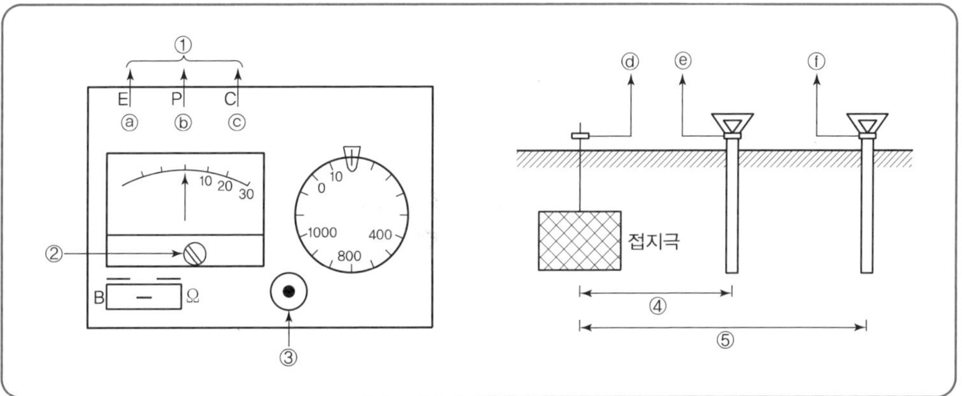

1 그림에서 ①의 측정 단자와 각 접지극의 접속은?

2 그림에서 ②의 명칭은?

3 접지극의 매설깊이는?

4 그림에서 ④의 거리는 몇 [m] 이상인가?

5 그림에서 ⑤의 거리는 몇 [m] 이상인가?

해답 1 ⓐ－ⓓ, ⓑ－ⓔ, ⓒ－ⓕ

2 영위 조정(0점 조정)기

3 지하 0.75[m] 이상

4 10[m]

5 20[m]

09 ★★★★☆ [5점]

주상변압기의 1차 측 사용 탭이 6,300[V]의 경우 2차 측 전압이 110[V]이었다. 2차 측 전압을 약 100[V]로 하기 위해서는 1차 측 사용 탭을 얼마로 하여야 되는지 실제 변압기의 사용 탭 중에서 선정하시오.

해답 계산 : $V_1' = V_1 \times \frac{\text{현재의 탭 전압}}{\text{변경할 탭 전압}} = 6{,}300 \times \frac{110}{100} = 6{,}930[V]$

답 6,900[V]

TIP

➤ 변압기 탭(Tap) 표준

5,700[V], 6,000[V], 6,300[V], 6,600[V], 6,900[V]

10 ☆☆☆☆☆ [5점]

그림과 같은 전동기 Ⓜ과 전열기 Ⓗ에 공급하는 저압 옥내 간선을 보호하는 과전류 차단기가 설치된 경우 간선 허용 전류의 최솟값은? ※ KEC 규정에 따라 문항 변경

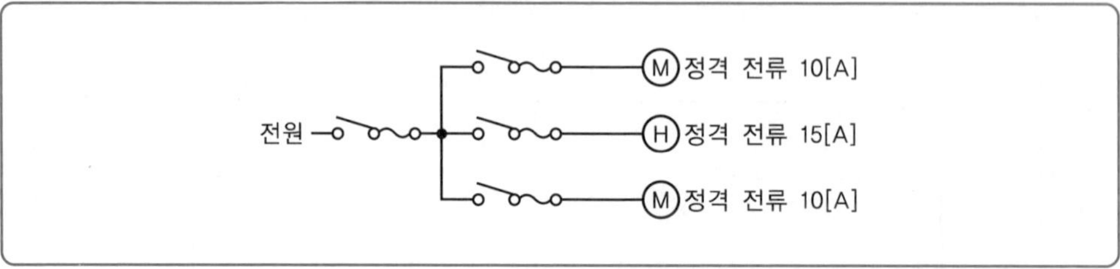

해답 계산 : $\Sigma I_M = 10 + 10 = 20[A]$

$\Sigma I_H = 15[A]$

설계전류 $I_B = (20 + 15) = 35[A]$

답 35[A]

TIP

➤ 도체와 과부하 보호장치 사이의 협조(KEC 212.4.1)

과부하에 대해 케이블(전선)을 보호하는 장치의 동작특성은 다음의 조건을 충족해야 한다.

$I_B \leq I_n \leq I_Z$, $I_2 \leq 1.45 \times I_Z$

여기서, I_B : 회로의 설계전류(선 도체를 흐르는 설계전류 또는 함유율이 높은 영상분 고조파, 특히 제3고조파가 지속적으로 흐르는 경우 중성선에 흐르는 전류이다.)

I_Z : 케이블의 허용전류

I_n : 보호장치의 정격전류(사용 현장에 적합하게 조정된 전류의 설정값)

I_2 : 보호장치가 규약시간 이내에 유효하게 동작하는 것을 보장하는 전류

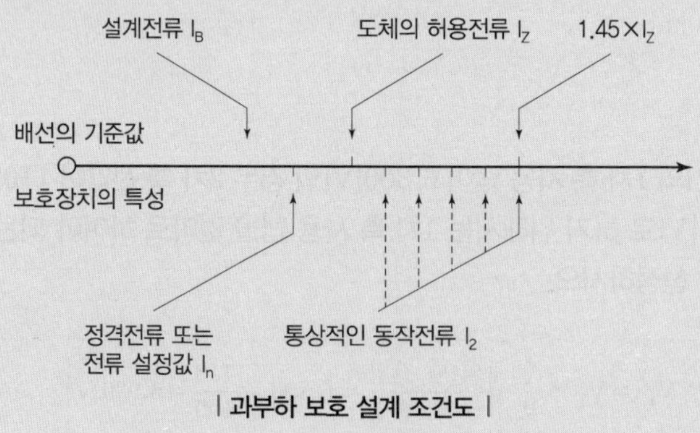

| 과부하 보호 설계 조건도 |

11 ★★☆☆☆ [3점]

최대 사용 전압 360[kV]의 가공 전선이 최대 사용 전압 161[kV] 가공 전선과 교차하여 시설되는 경우 두 가공 전선 간의 최소 이격 거리는 몇 [m]인가?

해답 계산 : $2 + [(36 - 6) \times 0.12] = 5.6$[m]
→ 소수점 절상

답 5.6[m]

TIP

➤ 타 전력선과 이격거리(판단기준)
① 35[kV] 이하 : 2[m]
② 60[kV] 이하 : 2[m]
③ 60[kV] 초과 시 10[kV]당 12[cm]를 이격할 것

12 ★★☆☆☆ [4점]

피뢰기에 흐르는 일반적인 시설장소별 적용할 피뢰기의 공칭방전전류를 쓰시오.

공칭방전전류	설치장소	적용조건
① [A]	변전소	• 154[kV] 이상의 계통 • 66[kV] 및 그 이하의 계통에서 Bank 용량이 3,000[kVA]를 초과하거나 특히 중요한 곳
② [A]	변전소	• 66[kV] 및 그 이하의 계통에서 Bank 용량이 3,000[kVA] 이하인 곳
③ [A]	선로	• 22.9[kV] 배전선로

해답 ① 10,000[A]　② 5,000[A]　③ 2,500[A]

13 ★★★★★ [5점]

조도 500[lx] 전반 조명을 시설한 40[m²]의 방이 있다. 이 방에 조명기구 1대당 광속 500[lm], 조명률 50[%], 유지율 80[%]인 등기구를 설치하려고 한다. 이때 조명기구 1대의 소비 전력이 70[W]라면 이 방에서 24시간 연속점등한 경우 하루의 소비전력량은 얼마인가?

해답 계산

조명설계공식 FUN = EDA, $D = \frac{1}{M}$ 이용

• 총 전등수 : $N = \frac{EDA}{FU} = \frac{EA}{FUM} = \frac{500 \times 40}{500 \times 0.5 \times 0.8} = 100$[등]

• 하루 소비전력량 : $W = P \cdot t = (70 \times 100) \cdot 24 \times 10^{-3} = 168$[kWh]

답 168[kWh]

14 ★★★★☆ [6점]

수전 전압 6,600[V], 가공 전선로의 %임피던스가 47.3[%]일 때 수전점의 3상 단락 전류가 6,000[A]인 경우 기준 용량과 수전용 차단기의 차단 용량은 얼마인가?

| 차단기의 정격 용량[MVA] |

10	20	30	50	75	100	150	250	300	400	500

1 기준 용량

2 차단 용량

해답 1 기준 용량

계산 : 단락 전류 $I_s = \frac{100}{\%Z} I_n$ 에서

정격 전류 $I_n = \frac{\%Z}{100} I_s = \frac{47.3}{100} \times 6{,}000 = 2{,}838[A]$

∴ 기준 용량 : $P = \sqrt{3}VI = \sqrt{3} \times 6{,}600 \times 2{,}838 \times 10^{-6} = 32.44$

답 32.44[MVA]

2 차단 용량

계산 : $P_s = \sqrt{3}V_sI_s = \sqrt{3} \times 6{,}600 \times \frac{1.2}{1.1} \times 6{,}000 \times 10^{-6} = 74.82[MVA]$

답 75[MVA]

TIP

① 기준용량(피상전력)
$P = \sqrt{3}$ ×공칭전압×정격전류

② 차단용량(차단기용량)
$P_s = \sqrt{3}$ ×정격전압×정격차단전류

15 ★★★☆☆

[5점]

3상 380[V], 20[kW], 역률 80[%]인 부하의 역률을 개선하기 위하여 15[kVA]의 진상 콘덴서를 설치하는 경우 전류의 차(역률 개선 전과 역률 개선 후)는 몇 [A]가 되겠는가?

해답 계산

① 역률 개선 전 전류 I_1

$$I_1 = \frac{P}{\sqrt{3}V\cos\theta_1} = \frac{20{,}000}{\sqrt{3}\times 380\times 0.8} = 37.98[A]$$

② 역률 개선 후 전류 I_2

- 콘덴서 설치 후 무효전력 $Q = P\frac{\sin\theta}{\cos\theta} - Q_c = 20\frac{0.6}{0.8} - 15 = 0[kVar]$
- 콘덴서 설치 후 역률 $\cos\theta_2 = \frac{P}{\sqrt{P^2+Q^2}} = \frac{20}{\sqrt{20^2+0^2}} = 1$
- 역률 개선 후 전류 $I_2 = \frac{P}{\sqrt{3}V\cos\theta_2} = \frac{20{,}000}{\sqrt{3}\times 380\times 1} = 30.39[A]$

③ 차전류 $I = I_1 - I_2 = 37.98 - 30.39 = 7.59[A]$

답 7.59[A]

16 ★★★★☆

[8점]

TV나 조명과 같은 전기제품에서의 깜빡거림 현상을 플리커 현상이라 하는데, 이 플리커 현상을 경감시키기 위한 공급자 측과 수용가 측에서의 대책을 각각 3가지씩 쓰시오.

1 공급자 측

2 수용가 측

해답 1 공급자 측

① 전용 계통으로 공급한다.

② 단락 용량이 큰 계통에서 공급한다.

③ 전용 변압기로 공급한다.

그 외

④ 공급 전압을 승압한다.

2 수용가 측

① 직렬 콘덴서 방식

② 부스터 방식

③ 동기 조상기와 리액터 방식

그 외

④ 직렬 리액터 방식

17 ★★☆☆☆ [6점]

태양광 발전의 장단점 4가지만 쓰시오.

해답 **1** 장점

① 에너지원이 천정, 무제한
② 필요한 장소에서 필요량 발전 가능
③ 유지보수 용이
④ 무인화 가능

그 외

⑤ 장수명

2 단점

① 발전량이 일사량에 의존
② 에너지 밀도가 낮음
③ 큰 설치면적
④ 설치비용이 고가

그 외

⑤ 발전단가 높음

18 ★★☆☆☆ [4점]

일반용 전기설비 및 자가용 전기설비에 있어서의 과전류 종류 2가지와 각각에 대한 용어의 정의를 쓰시오.

해답 ① 과부하전류 : 정격용량을 초과한 부하설비를 운전하는 경우, 정격전류값을 초과하여 흐르는 전류를 말한다.

② 단락전류 : 회로 간에 단락이 발생한 경우, 선로에 흐르는 매우 큰 값의 전류를 말한다.

TIP

① 지락전류 : 지락에 의하여 전로의 외부로 유출되어 화재 인축의 감전 또는 전로나 기기의 손상 등 사고를 일으킬 우려가 있는 전류를 말한다.

② 누설전류 : 전로 이외를 흐르는 전류로서 전로의 절연체의 내부 및 표면과 공간을 통하여 선간 또는 대지 사이를 흐르는 전류를 말한다.

회독 체크	□1회독	월 일	□2회독	월 일	□3회독	월 일

01 ★★☆☆☆ [6점]

다음과 같이 백열전구 3등(L_1, L_2, L_3)을 현관, 거실, 대문의 각각 3장소에서 점멸할 수 있도록 가닥 수와 점멸기의 심벌을 그리시오.

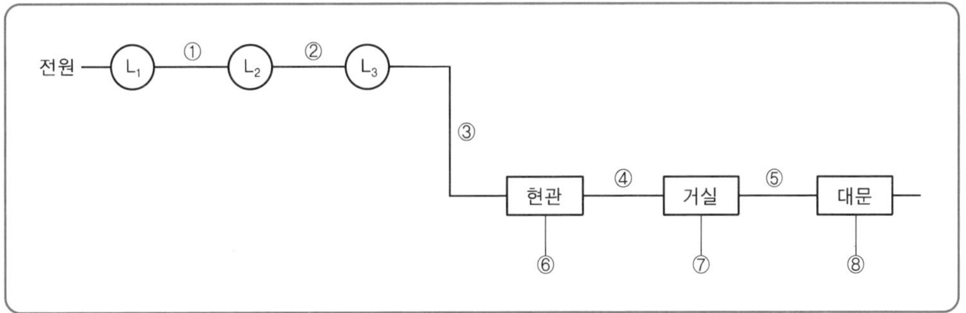

1. ①~⑤까지 전선의 가닥 수를 쓰시오.
2. ⑥~⑧까지 점멸기의 심벌을 그리시오.

해답
1. ① 3가닥, ② 3가닥, ③ 2가닥, ④ 3가닥, ⑤ 3가닥
2. ⑥ $●_3$, ⑦ $●_4$, ⑧ $●_3$

TIP

➤ 3개소 점멸

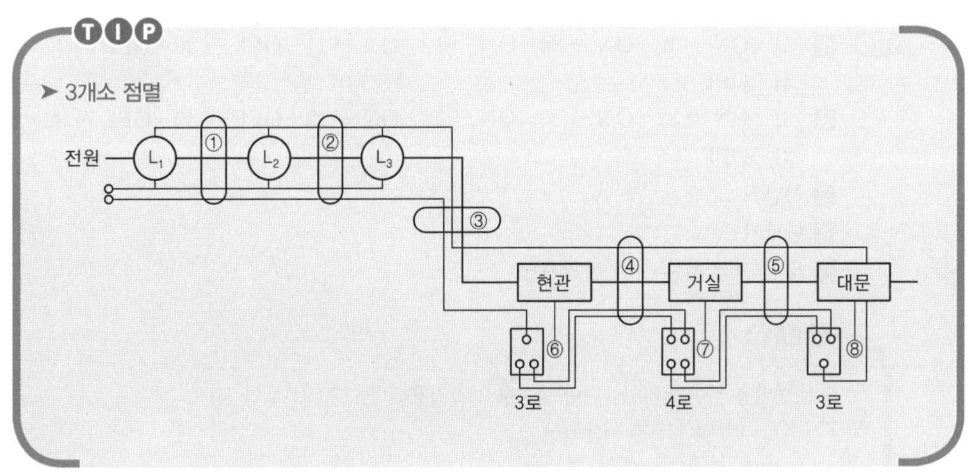

02 ★★★☆☆ [8점]

2중 모선방식에서 평상시에 No.1 T/L은 A모선에서 공급하며 No.2 T/L은 B모선에서 공급하고 있다.(단, 모선 연락용 CB는 개방되어 있다.)

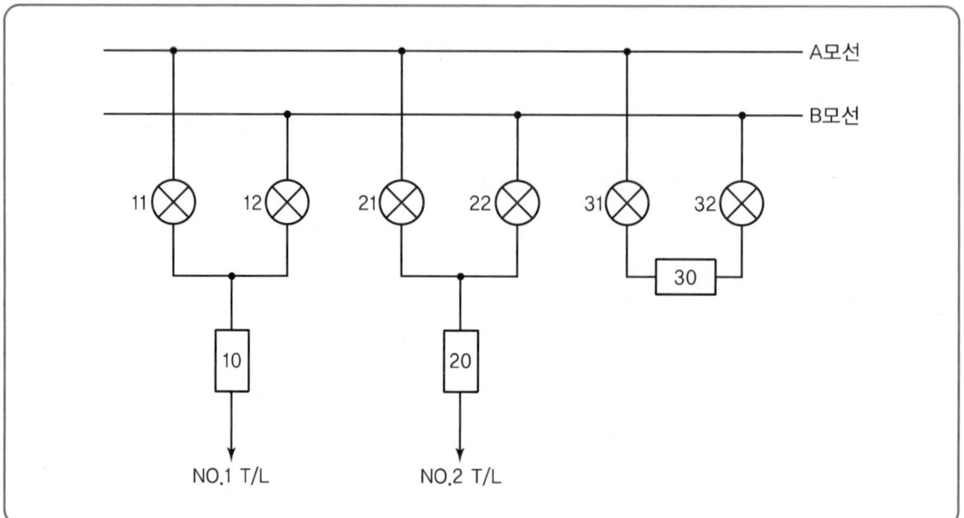

1. A모선을 점검하기 위하여 절체하는 순서는?(단, 10－OFF, 20－ON 등으로 표시)
2. A모선을 점검 후 원상 복구하는 조작 순서는?(단, 10－OFF, 20－ON 등으로 표시)
3. 10, 20, 30에 대한 기기의 명칭은?
4. 11, 21에 대한 기기의 명칭은?
5. 2중 모선의 장점은?

해답

1. 31－ON → 32－ON → 30－ON → 12－ON → 11－OFF → 30－OFF → 32－OFF → 31－OFF
2. 31－ON → 32－ON → 30－ON → 11－ON → 12－OFF → 30－OFF → 32－OFF → 31－OFF
3. 차단기
4. 단로기
5. 모선 점검 시 무정전 전원 공급

TIP

① 모선 연락용 차단기(30)는 단락 방지용으로 사용된다.(12, 21 투입 시)
② 154[kV] 계통에서 주로 이용된다.

03 ★★★☆☆

[5점]

대용량의 변압기 내부고장을 보호할 수 있는 보호장치를 5가지만 쓰시오.

해답 ① 비율차동 계전기 ② 온도 계전기
③ 과전류 계전기 ④ 충격압력 계전기
⑤ 브흐홀쯔 계전기
그 외
⑥ 차동 계전기

TIP

①, ③, ⑥ : 전기적인 보호계전기
②, ④, ⑤ : 기계적인 보호계전기

04 ★★★★★

[4점]

어느 수용가의 총설비 부하 용량은 전등 600[kW], 동력 2,000[kW]라고 한다. 각 수용가의 수용률은 50[%]이고, 각 수용가 간의 부등률은 전등 1.2, 동력 1.3, 전등과 동력 상호 간은 1.4라고 하면 여기에 공급되는 변전시설 용량은 몇 [kVA]인가?(단, 부하 전력 손실은 10[%]로 하며, 역률은 1로 계산한다.)

해답 계산 : $\text{전등부하 최대전력} = \dfrac{\text{설비용량} \times \text{수용률}}{\text{부등률}} = \dfrac{600 \times 0.5}{1.2} = 250[\text{kW}]$

$\text{동력부하 최대전력} = \dfrac{\text{설비용량} \times \text{수용률}}{\text{부등률}} = \dfrac{2{,}000 \times 0.5}{1.3} = 769.23[\text{kW}]$

$\text{TR 용량} = \dfrac{\text{개별 최대전력의 합}}{\text{부등률} \times \text{역률}} \times \text{전력손실} = \dfrac{250 + 769.23}{1.4 \times 1} \times 1.1 = 800.823[\text{kVA}]$

답 800.82[kVA]

TIP

① 변전시설 용량은 TR 용량을 구한다.
② 전등부하, 동력부하 간의 부등률이 다르므로 각각 계산한다.
③ $\text{TR 용량} = \dfrac{\text{설비용량} \times \text{수용률}}{\text{부등률} \times \text{역률}}$

05 ★☆☆☆☆ [5점]

1개의 건축물에는 그 건축물 대지전위의 기준이 되는 접지극, 접지도체 및 주 접지단자를 아래 그림과 같이 구성한다. 건축 내 전기기기의 노출 도전성 부분 및 계통 외 도전성 부분(건축 구조물의 금속제 부분 및 가스, 물, 난방 등의 금속배관설비) 모두를 주 접지단자에 접속한다. 이것에 의해 하나의 건축물 내 모든 금속제 부분에 주 등전위 본딩이 시설된 것이 된다. 또한 손의 접근한계 내에 있는 전기기기 상호 간 및 전기기기와 계통의 도전성 부분은 보조 등전위 본딩용 도체에 접속한다. 그림에서 ①~⑤까지 명칭을 쓰시오.

※ KEC 규정에 따라 문항 변경

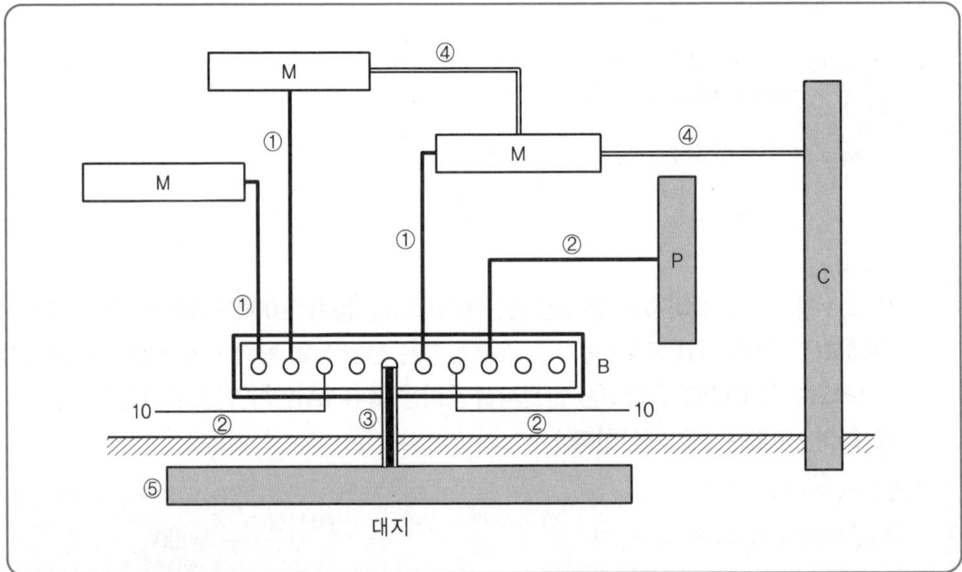

- B : 주 접지단자
- M : 전기기구의 노출 도전성 부분
- C : 철골, 금속덕트의 계통 외 도전성 부분
- P : 수도관, 가스관 등 금속배관
- 10 : 기타 기기(예 : 통신설비)

해답 ※ KEC 규정에 따라 해답 변경

① 보호도체(PE)
② 주 등전위 본딩용 도체
③ 접지도체
④ 보조 등전위 본딩용 도체
⑤ 접지극

TIP

➤ 접지설비 개요

1개의 건축물에는 그 건축물 대지전위의 기준이 되는 접지극, 접지도체 및 주 접지단자를 다음 그림과 같이 구성한다. 건축 내 전기기기의 노출 도전성 부분 및 계통 외 도전성 부분(건축구조물의 금속제부분 및 가스, 물, 난방 등의 금속배관설비) 모두를 주 접지단자에 접속한다. 이것에 의해 하나의 건축물 내 모든 금속제 부분에 주 등전위 본딩이 시설된 것이 된다. 또한 손의 접근한계 내에 있는 전기기기 상호 간 및 전기기기와 계통의 도전성 부분은 보조 등전위 본딩용 도체에 접속한다.

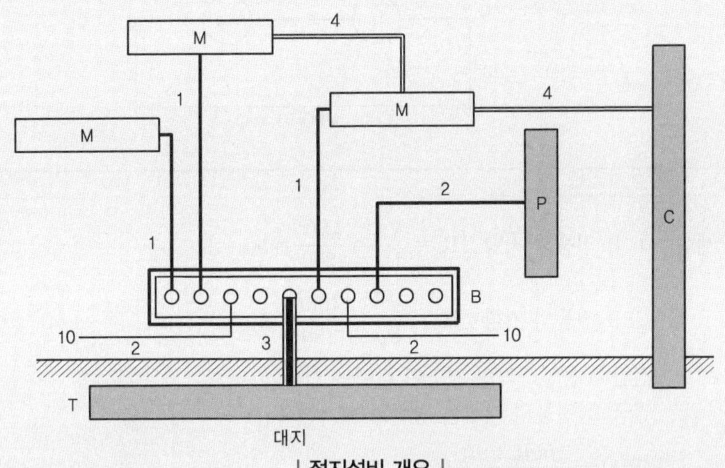

| 접지설비 개요 |

1 : 보호도체(PE)
2 : 주 등전위 본딩용 도체
3 : 접지도체
4 : 보조 등전위 본딩용 도체
10 : 기타 기기(예 : 통신설비)

B : 주 접지단자
M : 전기기구의 노출 도전성 부분
C : 철골, 금속덕트의 계통의 도전성 부분
P : 수도관, 가스관 등 금속배관
T : 접지극

06 ★★★★★ [5점]

바닥면적이 30[m²]인 방에 전광속 2,400[lm]의 40[W] 형광등을 4개 시설하면 평균 조도는 얼마나 되는가?(단, 조명률 65[%], 유지율 0.84로 계산한다.)

해답 계산 : $E=\dfrac{FUN}{A\times\dfrac{1}{M}}=\dfrac{2{,}400\times4\times0.65}{30\times\dfrac{1}{0.84}}=174.72[\text{lx}]$

답 174.72[lx]

TIP

$E=\dfrac{FUN}{AD}$, 감광보상율$(D)=\dfrac{1}{\text{유지율}(M)}$

07 ★★☆☆☆ [5점]

다음 그림과 같은 L_1전등 100[V], 200[W], L_2전등 100[V], 250[W]을 직렬로 연결하고 200[V]로 인가하였을 때 L_1, L_2전등에 걸리는 전압을 동일하게 유지하기 위하여 어느 전등에 몇 [Ω]의 저항을 병렬로 설치하여야 하는가?

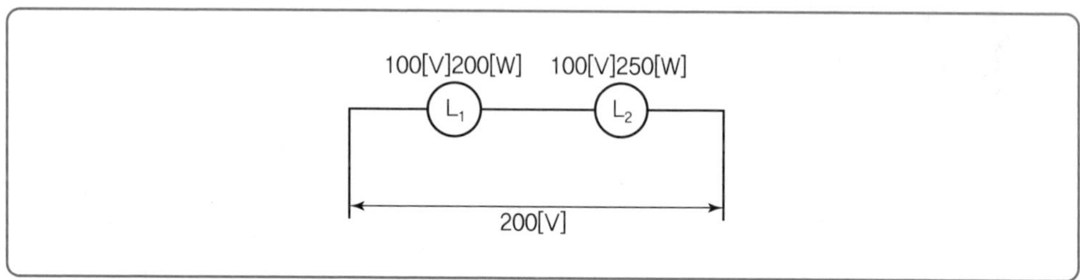

해답 계산 : ① L_1전등의 저항 : $R_1 = \dfrac{V^2}{P_1} = \dfrac{100^2}{200} = 50[\Omega]$

② L_2전등의 저항 : $R_2 = \dfrac{V^2}{P_2} = \dfrac{100^2}{250} = 40[\Omega]$

전압이 동일하려면 저항이 같아야 한다.
결국 L_1전등의 저항을 병렬로 설치한다.

$40[\Omega] = \dfrac{50R}{50+R}$

$50R = 40(50+R)$

$5R = 4(50+R) = 200+4R$

$\therefore R = 200[\Omega]$

답 L_1전등에 200[Ω]의 저항을 병렬로 설치한다.

08 ★★★★☆ [13점]

아래 도면은 어느 수전설비의 단선 결선도이다. 도면을 보고 다음의 물음에 답하시오.

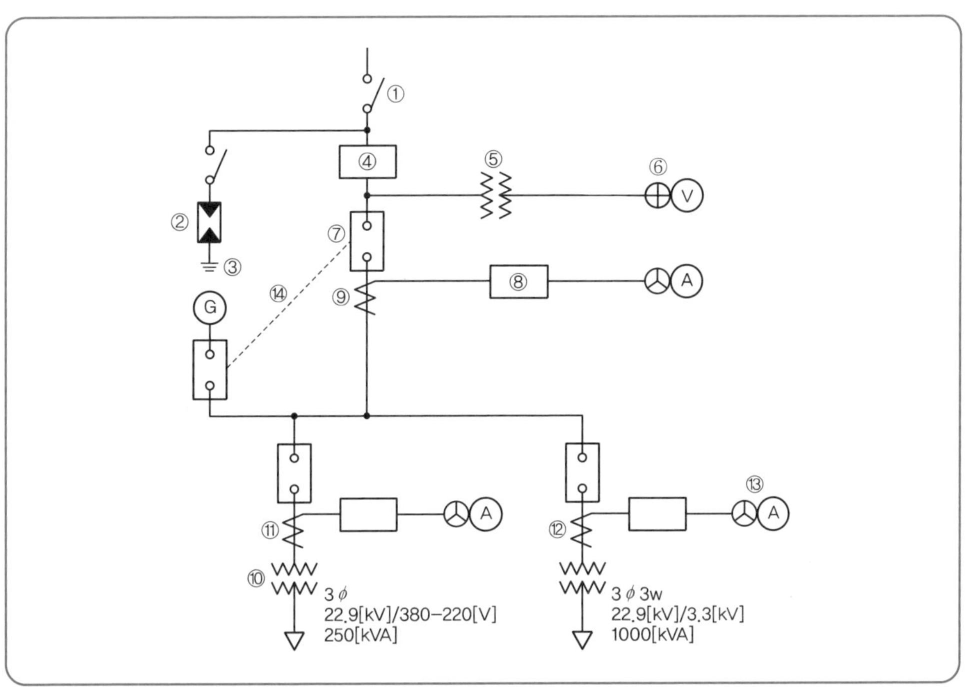

1 ①~⑨ 그리고 ⑬에 해당되는 부분의 명칭과 용도를 쓰시오.

2 다음 물음에 답하시오.

가. ⑤의 1, 2차 전압은?

나. ⑩의 2차 측 결선방법은?

다. ⑪, ⑫의 1, 2차 전류는?(단, CT 정격 전류는 부하 정격 전류의 1.5배로 한다.)

라. ⑭의 명칭 및 용도는?

해답 **1**

번호	명칭	용도
①	단로기	무부하 시 전로 개폐
②	피뢰기	이상전압 내습 시 대지로 방전시키고 속류를 차단한다.
③	※ KEC 규정에 따라 삭제	
④	전력수급용 계기용 변성기	전력량을 산출하기 위해서 PT와 CP를 하나의 함에 내장한 것
⑤	계기용 변압기	고전압을 저전압으로 변성한다.
⑥	전압계용 절환 개폐기	하나의 전압계로 3상의 선간전압을 측정하는 절환 개폐기
⑦	교류 차단기	고장전류 차단 및 부하전류 개폐
⑧	과전류 계전기	과부하 및 단락사고 시 차단기 개방
⑨	변류기	대전류를 소전류로 변류한다.
⑬	전류계용 절환 개폐기	하나의 전류계로 3상의 선간전류를 측정하는 절환 개폐기

2 가. 1차 전압 : 13,200[V], 2차 전압 : 110[V]

나. Y결선

다. ⑪번 계산 : 1차 전류$=\frac{P}{\sqrt{3}\,V}=\frac{250}{\sqrt{3}\times 22.9}=6.3[A]$ 답 6.3[A]

$=6.3\times 1.5=9.45$ $\frac{10}{5}$ 선정

$\therefore\ I_2=I_1\times\frac{1}{CT비}=6.3\times\frac{5}{10}=3.15[A]$ 답 3.15[A]

⑫번 계산 : 1차 전류$=\frac{P}{\sqrt{3}\,V}=\frac{1,000}{\sqrt{3}\times 22.9}=25.21[A]$ 답 25.21[A]

$=25.21\times 1.5=37.8$ $\frac{40}{5}$ 선정

$\therefore\ I_2=I_1\times\frac{1}{CT비}=25.21\times\frac{5}{40}=3.15[A]$ 답 3.15[A]

라. 명칭 : 인터록

용도 : 상용전원, 발전기 전원 동시투입 방지

TIP

변압기(TR) 2차측 220[V]/380[V]이면 Y결선이 된다.

09 ★★★★★ [4점]

다음의 논리회로를 OR, AND, NOT만으로 등가회로를 그리고, 논리식을 쓰시오.

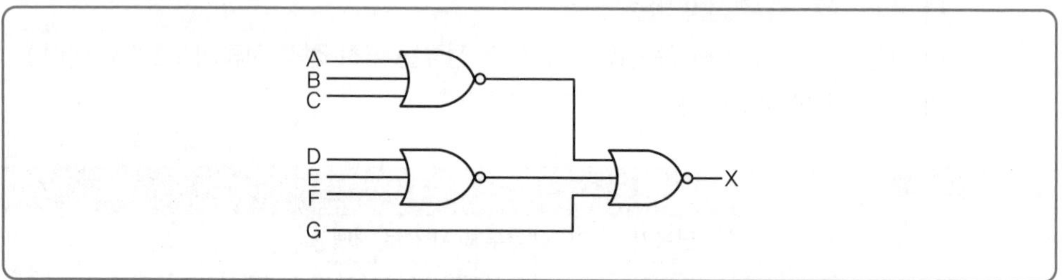

해답 ① 등가회로

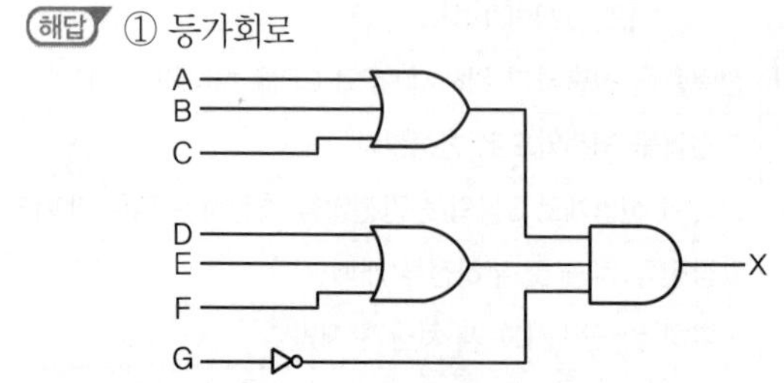

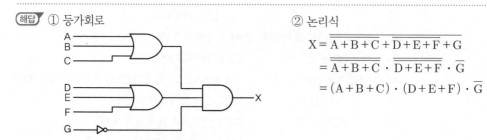

② 논리식

$X=\overline{\overline{A+B+C}+\overline{D+E+F}+G}$

$=\overline{\overline{A+B+C}}\cdot\overline{\overline{D+E+F}}\cdot\overline{G}$

$=(A+B+C)\cdot(D+E+F)\cdot\overline{G}$

10 ★★☆☆☆ [5점]

3상 3선식 송전선로가 있다. 수전단 전압이 60[kV], 역률 85[%], 전력손실률이 5[%]이고 저항은 0.3[Ω/km], 리액턴스는 0.4[Ω/km], 전선의 길이는 20[km]일 때 이 송전선로의 송전단 전압은 몇 [kV]인가?

해답 계산 : 전력손실 $P_L = 0.05P = 0.05 \times \sqrt{3} V_r I \cos\theta$

전력손실 $P_L = 3I^2R$

따라서, $3I^2R = 0.05 \times \sqrt{3} V_r I \cos\theta$

전류 $I = \dfrac{0.05 \times \sqrt{3} V_r \cos\theta}{3R} = \dfrac{0.05 \times \sqrt{3} \times 60{,}000 \times 0.85}{3 \times 0.3 \times 20} = 245.37[A]$

여기서, P : 전력

V_r : 수전단 전압

V_s : 송전단 전압

P_L : 전력손실

$V_s = 60 + \sqrt{3} \times 245.37(0.3 \times 20 \times 0.85 + 0.4 \times 20 \times \sqrt{1-0.85^2}) \times 10^{-3} = 63.96[kV]$

답 63.96[kV]

TIP

송전단 전압 $V_s = V_r + \sqrt{3} I (R\cos\theta + X\sin\theta)$

11 ★★★☆☆ [5점]

가공전선로 처짐정도의 정의와 처짐정도가 너무 크거나 너무 작을 시 전선로에 미치는 영향을 3가지만 쓰시오. ※ KEC 규정에 따라 변경

1 정의

2 영향

해답 1 정의 : 전선이 처진 정도

2 영향 : ① 처짐정도가 크면 지지물의 높이가 증가한다.

② 처짐정도가 크면 크게 흔들려 전선 상호 간 단락사고가 발생한다.

③ 처짐정도가 작으면 온도에 따라 장력이 증가되고 단선될 수 있다.

TIP

$D = \dfrac{WS^2}{8T}[m]$ 여기서, W : 전선무게[kg/m], S : 경간, T : 수평장력

$T = \dfrac{\text{인장하중}}{\text{안전율}}$

12 ★★★★★ [5점]

그림과 같은 부하 특성일 때 알칼리 축전지용량 저하율 $L = 0.8$, 최저축전지온도 5[℃], 허용 최저전압 1.06[V/cell]일 때 축전지용량은 얼마인가?(단, 여기서 용량환산시간 $K_1 = 1.38$, $K_2 = 0.67$, $K_3 = 0.24$이다.)

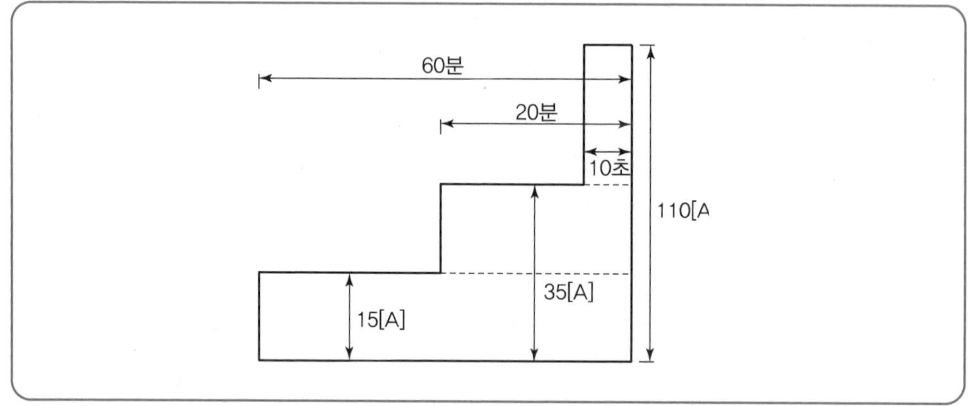

해답 계산 : $C = \frac{1}{L}[K_1I_1 + K_2(I_2 - I_1) + K_3(I_3 - I_2)]$

$= \frac{1}{0.8}[1.38 \times 15 + 0.67 \times (35 - 15) + 0.24 \times (110 - 35)] = 65.125[Ah]$

답 65.13[Ah]

13 ☆☆☆☆☆ [3점]

사무실, 공장 등에 시설하는 전체 조명용 전등은 부분조명이 가능하도록 등기구 수 몇 개 이내마다 전등군으로 구분하여 전등군마다 점멸이 가능하도록 하여야 하는가?

※ KEC에 없는 규정이지만 참고하세요!

해답 6등

TIP

① 가정용 조명 : 조명등기구마다 설치
② 공장, 사무실 : 6등 이하마다 설치

14 ★★★★★ [8점]

부하 전력이 3,000[kW], 역률 85[%]인 부하에 전력용 콘덴서 1,200[kVA]를 설치하였다. 이때 다음 각 물음에 답하시오.

1 역률은 몇 [%]로 개선되었는가?

2 부하설비의 역률이 90[%] 이하일 경우(즉, 낮은 경우) 수용가 측면에서 어떤 손해가 있는지 3가지만 쓰시오.

3 전력용 콘덴서와 함께 설치되는 방전코일과 직렬리액터의 용도를 간단히 설명하시오.

해답 1 계산 : $Q_1 = P\tan\theta = 3{,}000 \times \dfrac{\sqrt{1-0.85^2}}{0.85} = 1{,}859.23[\text{kVar}]$

콘덴서 설치 후 무효분 $Q_2 = 1{,}859.23 - 1{,}200 = 659.23[\text{kVar}]$

$$\cos\theta_2 = \frac{P}{\sqrt{P^2+Q^2}} \times 100 = \frac{3{,}000}{\sqrt{(3{,}000)^2+(659.23)^2}} \times 100\ \% = 97.669$$

답 97.67[%]

2 ① 전력손실 증가
② 전압강하 증가
③ 전기요금 증가

3 • 방전코일(DC) : 잔류전하를 방전하여 인체의 감전사고 방지
• 직렬리액터(SR) : 제5고조파를 제거하여 전압의 파형을 개선

15 ★★★☆☆ [5점]

눈부심이 있는 경우 작업능률의 저하, 재해원인, 시력의 피로 등이 발생하므로 이 눈부심을 적극 피할 수 있도록 고려해야 한다. 눈부심을 일으키는 원인 5가지만 쓰시오.

해답 ① 눈으로 느끼는 광속이 많을 때
② 휘도가 높을 때
③ 눈의 순응이 어려울 때
④ 광원을 계속적으로 직시할 때
⑤ 광원이 배경과 휘도대비가 클 때

TIP

➤ 눈부심 대책
① 루버 설치
② 보호각 조정
③ 반간접 조명
④ 휘도가 낮은 광원 선택

16 ★★★★★ [6점]

그림과 같은 송전계통 S점에서 3상 단락사고가 발생하였다. 주어진 도면과 조건을 참고하여 발전기, 변압기(T_1), 송전선 및 조상기의 %리액턴스를 기준출력 100[MVA]로 ①, ②, ③, ④번을 환산하시오.

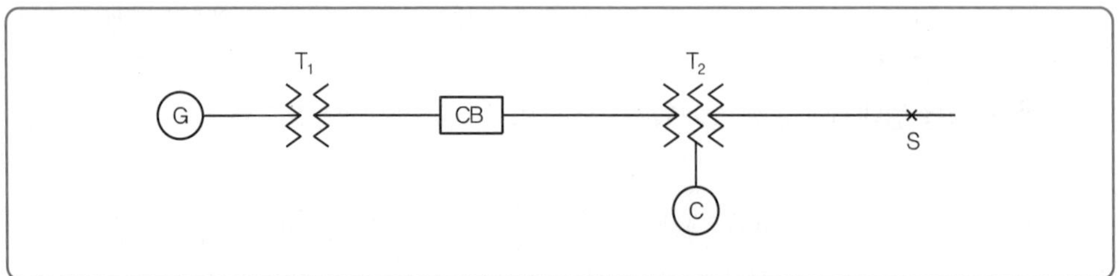

[조건]

번호	기기명	용량	전압	%X
①	G : 발전기	50,000[kVA]	11[kV]	30
②	T_1 : 변압기	50,000[kVA]	11/154[kV]	12
③	송전선		154[kV]	10(10,000[kVA])
	T_2 : 변압기	1차 25,000[kVA] 2차 30,000[kVA] 3차 10,000[kVA]	154[kV] 77[kV] 11[kV]	12(1차~2차) 15(2차~3차) 10.8(3차~1차)
④	C : 조상기	10,000[kVA]	11[kV]	20(10,000[kVA])

해답 ① 계산 : 발전기 $\%X_G = \dfrac{100}{50} \times 30 = 60[\%]$

답 60[%]

② 계산 : T_1 변압기 $\%X_{T1} = \dfrac{100}{50} \times 12 = 24[\%]$

답 24[%]

③ 계산 : 송전선 $\%X_\tau = \dfrac{100}{10} \times 10 = 100[\%]$

답 100[%]

④ 계산 : 조상기 $\%X_C = \dfrac{100}{10} \times 20 = 200[\%]$

답 200[%]

TIP

① 환산값(%X) $= \dfrac{\text{기준용량}}{\text{자기용량}} \times \%X$

② $\%X = \dfrac{P \cdot X}{10V^2}[\%]$

$\%X \propto P$(용량)이므로 비례한 만큼 %X를 곱한다.

17 ★☆☆☆☆ [5점]

배전선로의 사고종류에 따라 보호계전기 및 보호조치를 다음 표의 ①~③까지 답하시오. (단, ①, ②는 보호계전기, ③은 보호조치임) ※ KEC 규정에 따라 ③ 해답 변경

항목	사고종류	보호계전기 및 보호조치
고압 배전선로	지락사고	①
	과부하, 단락사고	②
	뇌해사고	피뢰기, 가공지선
주상 변압기	과부하, 단락사고	고압 퓨즈(컷 아웃 스위치)
저압 배전선로	고저압 혼촉	③
	과부하, 단락사고	저압 퓨즈

해답 ① 지락계전기(접지계전기)
② 과전류계전기
③ 저압측 혼촉방지접지(계통접지)

18 ★★★★☆ [3점]

최대 사용전압이 154[kV]인 중성점 직접접지식 전로의 절연내력 시험전압은 몇 [kV]인가?

해답 계산 : $154 \times 0.72 = 110.88$[kV]
답 110.88[kV]

TIP

① 7,000[V] 이하	V×1.5배	최대 사용전압
② 다중접지	V×0.92배	25[kV] 이하
③ 170[kV] 이하 직접접지	V×0.72배	최대 사용전압

memo

ENGINEER ELECTRICITY

2012년 과 년 도 문제풀이

전기기사

2012년도 1회 시험 과년도 기출문제

회독 체크	□1회독	월 일	□2회독	월 일	□3회독	월 일

01 ★★★☆☆ [5점]

저항 4[Ω]과 정전용량 C[F]인 직렬 회로에 주파수 60[Hz]의 전압을 인가한 경우 역률이 0.8이었다. 이 회로에 50[Hz], 220[V]의 교류 전압을 인가하면 소비전력은 몇 [W]가 되겠는가?

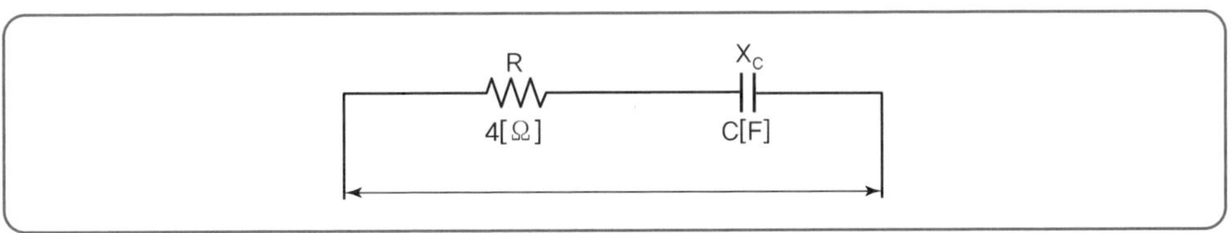

해답 계산 : $\cos\theta = \frac{R}{Z}$에서 $0.8 = \frac{4}{\sqrt{4^2 + {X_C}^2}}$, $\sqrt{4^2 + {X_C}^2} = \frac{4}{0.8}$

$$\therefore X_C = \sqrt{\left(\frac{4}{0.8}\right)^2 - 4^2} = 3[\Omega],$$

$$X_C = \frac{1}{\omega C},\ C = \frac{1}{\omega \cdot X_C} = \frac{1}{2\pi \times 60 \times 3} = 8.84 \times 10^{-4}[F]$$

$$\therefore X_C' = \frac{1}{\omega' C} = \frac{1}{2\pi \times 50 \times 8.84 \times 10^{-4}} = 3.6[\Omega]$$

$$P = \frac{V^2 R}{R^2 + {X_C}^2}[W] = \frac{220^2 \times 4}{4^2 + 3.6^2} = 6{,}685.08[W]$$

답 6,685.08[W]

02 ★★★★★ [5점]

조도 500[lx] 전반 조명을 시설한 60[m²]의 실이 있다. 이 실에 조명기구 1대당 광속 6,000[lm], 조명률 80[%], 유지율 62.5[%]인 등기구를 설치하려고 한다. 이때 조명기구 1대의 소비 전력을 80[W]라면 이 실에서 24시간 연속점등한 경우 하루 동안 소비전력량은 몇 [kWh]인가?

해답 계산

- 총 전등 수 : $N = \frac{EDA}{FU} = \frac{EA}{FUM} = \frac{\text{조도} \times \text{면적}}{\text{광속} \times \text{조명률} \times \text{유지율}} = \frac{500 \times 60}{6{,}000 \times 0.8 \times 0.625} = 10$[등]
- 하루 소비전력량 : $W = P \cdot t = (80 \times 10) \cdot 24 \times 10^{-3} = 19.2$[kWh] 답 19.2[kWh]

TIP

조명설계공식 $FUN = EDA$, $D = \frac{1}{M}$ 이용   D : 감광보상률, M : 유지율

03 ★★★☆☆

[6점]

아래 그림을 보고 PLC 시퀀스의 프로그램을 완성하시오. 명령어는 회로시작(R), 출력(W), AND[A], OR(O), NOT(N), 시간지연(DS)이고, 0.1초 단위이다.

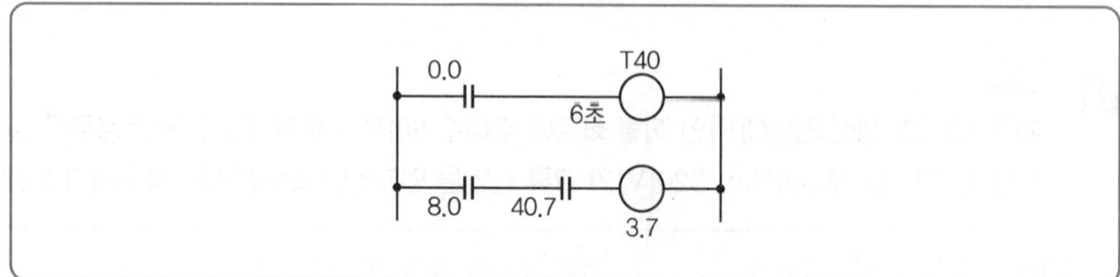

step	op	add	step	op	add
0	R	(가)	3	(라)	8.0
1	DS	(나)	4	(마)	(바)
2	W	(다)	5	(사)	(아)

해답 (가) 0.0 (나) 60
(다) T40 (라) R
(마) A (바) 40.7
(사) W (아) 3.7

TIP

지연시간(DS)은 $\frac{1}{10}$초를 기준단위로 사용하므로,(0.1초를 1초로 생각한다.)

지연시간$=\frac{\text{타이머시간}}{\text{기준단위시간}}=\frac{6\text{초}}{\frac{1}{10}}=60$이다.

step	op	add	step	op	add
0	R	0.0	3	R	8.0
1	DS	60	4	A	40.7
2	W	T40	5	W	3.7

04 ★★★★★

[3점]

콘덴서란 무효전력을 보상하여 역률을 개선하면 전기 요금의 저감과 배전선의 손실 경감, 전압 강하 감소 등을 기할 수 있으나, 너무 과보상하면 역효과가 나타난다. 즉, 경부하 시에 콘덴서가 과대 삽입되는 경우의 문제점을 3가지 쓰시오.

해답 ① 모선 전압의 상승 ② 계전기 오동작 ③ 고조파 왜곡의 증대
그 외 ④ 송전 손실 증가

05 ★★★★★ [5점]

매분 $10[m^3]$의 물을 높이 15[m]인 탱크에 양수하는 데 필요한 전력을 V결선한 변압기로 공급한다면, 여기에 필요한 단상 변압기 1대의 용량은 몇 [kVA]인가?(단, 펌프와 전동기의 합성 효율은 65[%]이고, 전동기의 전부하역률은 90[%]이며, 펌프의 축동력은 15[%]의 여유를 둔다고 한다.)

해답 계산 : $P = \frac{9.8HQK}{\eta} = \frac{9.8 \times 15 \times \frac{1}{60} \times 10 \times 1.15}{0.65} = 43.35[kW]$

[kVA]로 환산하면

부하 용량$= \frac{P}{\cos\theta} = \frac{43.35}{0.9} = 48.17[kVA]$

V결선 시 용량 $P_V = \sqrt{3}P_1$에서

단상 변압기 1대의 용량 $P_1 = \frac{P_V}{\sqrt{3}} = \frac{48.17}{\sqrt{3}} = 27.81[kVA]$

답 27.81[kVA]

TIP

① Q : 유량(m^3/sec)이므로 12/60(sec)

② V결선 시 용량 $P_V = \sqrt{3} \times VI = \sqrt{3} \times 1$대 용량(VI)

③ $P = \frac{QH}{6.12\eta}K$ 여기서, Q : $[m^3/min]$, H : [m]

06 ★☆☆☆☆ [5점]

전동기, 전열 또는 전력장치의 배선에는 이것에 공급하는 분기회로의 배선에서 기계기구 또는 장치를 분리할 수 있도록 단로용 기구로 각개에 개폐기 또는 콘센트를 시설하여야 한다. 해당되지 않는 경우 2가지를 쓰시오.

해답 ① 전용분기회로에서 공급될 경우

② 배선 중에 시설하는 현장조작개폐기가 전로의 각 극을 개폐할 수 있을 경우

07 ★★☆☆☆ [6점]

풀 박스(Pull Box)와 정크션 박스(Joint Box)의 용도를 쓰시오.

1 풀 박스

2 정크션 박스

해답 ❶ 풀 박스 : 전선의 통과를 쉽게 하기 위하여 배관의 도중에 설치하는 박스
❷ 정크션 박스 : 전선 접속 시 접속 부분이 노출되지 않도록 하는 박스

08 ★★★★☆ [5점]

3상 3선식 380[V]회로에 그림과 같이 부하가 연결되어 있다. 간선의 허용전류[A]를 구하시오.(단, 전동기의 평균 역률은 80[%]이다.)

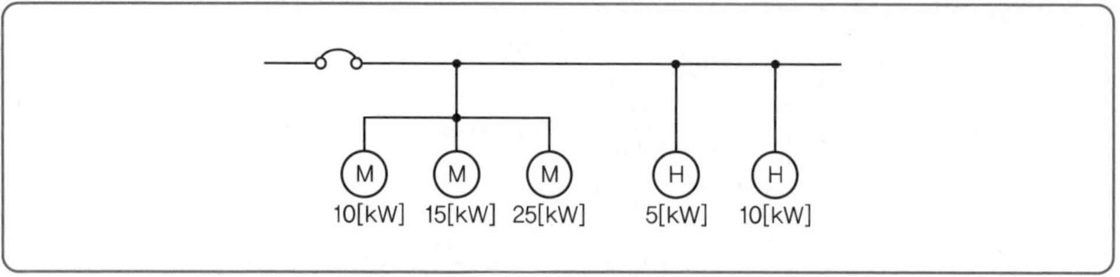

해답 계산 : • 전동기 정격전류의 합 : $\Sigma I_M = \dfrac{(10+15+25)\times 10^3}{\sqrt{3}\times 380\times 0.8} = 94.96[A]$

• 전동기의 유효전류 : $I_1 = 94.96\times 0.8 = 75.97[A]$

• 전동기의 무효전류 : $I_2 = 94.96\times\sqrt{1-0.8^2} = 56.98[A]$

• 전열기 정격전류의 합 : $\Sigma I_H = \dfrac{(5+10)\times 10^3}{\sqrt{3}\times 380\times 1.0} = 22.79[A]$

• 설계전류 $I_B = \sqrt{(75.97+22.79)^2+56.98^2} = 114.02[A]$

따라서, $I_B \le I_n \le I_z$의 조건을 만족하는 전선의 허용전류 $I_z \ge 114.02[A]$

답 114.02[A]

09 ★★☆☆☆ [5점]

역률을 높게 유지하기 위하여 개개의 부하에 고압 및 특고압 진상용 콘덴서를 설치하는 경우는 현장조작개폐기보다 부하 측에 접속하고 또한 다음 각 호에 의하여 시설하는 것을 원칙으로 한다. 각 물음에 답하시오.

❶ 콘덴서의 용량은 부하의 (　　)보다 크게 하지 말 것
❷ 콘덴서는 본선에 직접 접속하고 특히 전용의 (　　), (　　), (　　) 등을 설치하지 말 것
❸ 고압 및 특별고압 진상용 콘덴서의 설치로 공급회로의 고조파전류가 현저하게 증대할 경우에는 콘덴서회로에 유효한 (　　)를 설치하여야 한다.
❹ 가연성유봉입(可燃性油封入)의 고압진상용 콘덴서를 설치하는 경우는 가연성의 벽, 천장 등과 (　　)[m] 이상 이격하는 것이 바람직하다.

해답 ❶ 무효분　　❷ 퓨즈, 개폐기, 유입차단기
❸ 직렬 리액터　　❹ 1

10 ★★★★★ [5점]

아래 그림은 PB－ON 스위치를 ON한 후 일정 시간이 지난 다음에 MC가 동작하여 전동기 M이 운전되는 회로이다. 여기에 사용한 타이머 Ⓣ는 입력 신호가 소멸했을 때 열려서 이탈되는 형식인데 전동기가 회전하면 릴레이 (Ry)가 복구되어 타이머에 입력 신호가 소멸되고 전동기는 계속 회전할 수 있도록 할 때 이 회로는 어떻게 고쳐야 하는가?

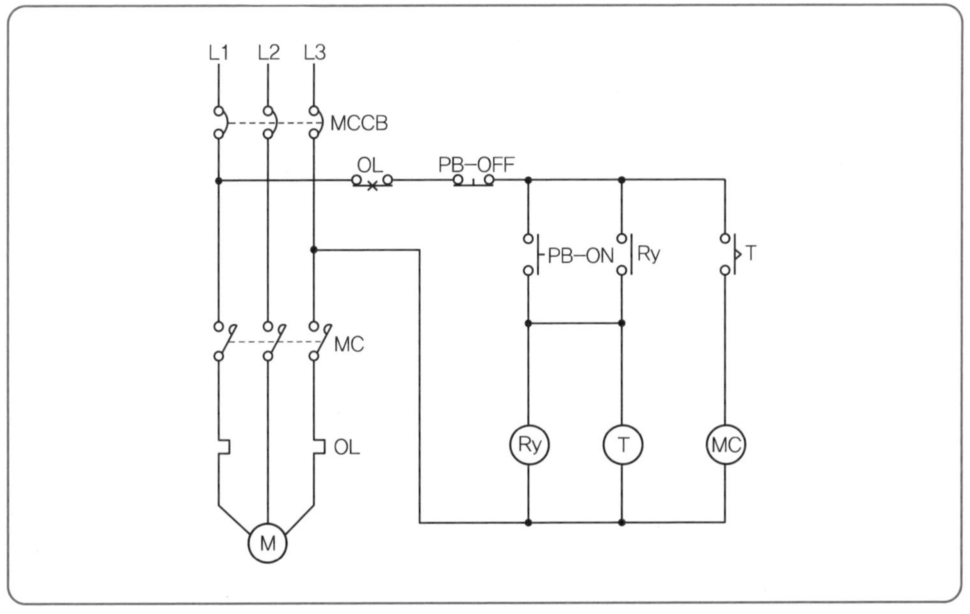

해답

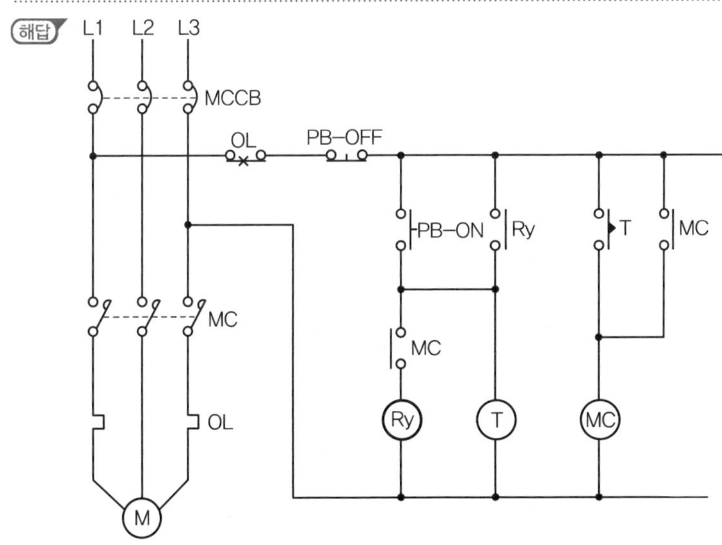

11 ★★★☆☆ [6점]

그림과 같은 시퀀스제어회로를 AND, OR, NOT의 기본논리회로(Logic Symbol)를 이용하여 무접점회로를 나타내시오.

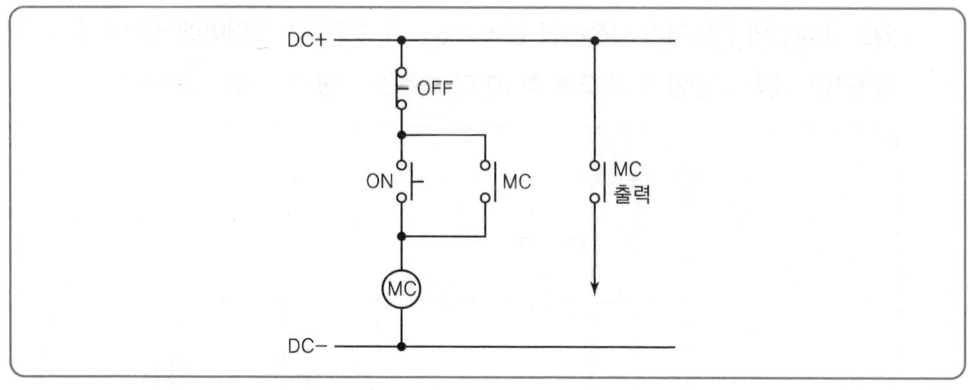

해답

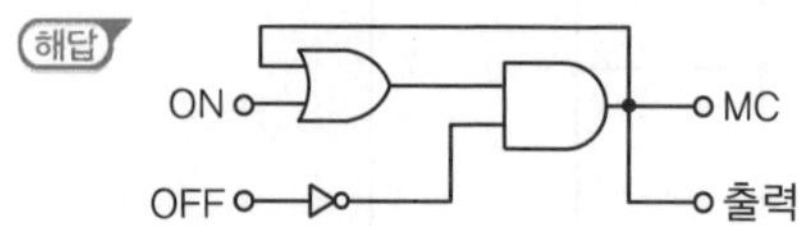

12 ★★★☆☆ [10점]

아래 그림은 저압 전로에 있어서의 지락 고장을 표시한 것이다. 그림의 전동기 Ⓜ(단상, 110[V])의 내부와 외함 간에 누전으로 지락 사고를 일으킨 경우 변압기 저압 측 전로의 1선은 한국전기설비규정(KEC)에 의거 고 · 저압 혼촉 시의 대지 전위 상승을 억제하기 위한 접지공사를 하도록 규정하고 있다. 아래 물음에 답하시오. ※ KEC 규정에 따라 변경

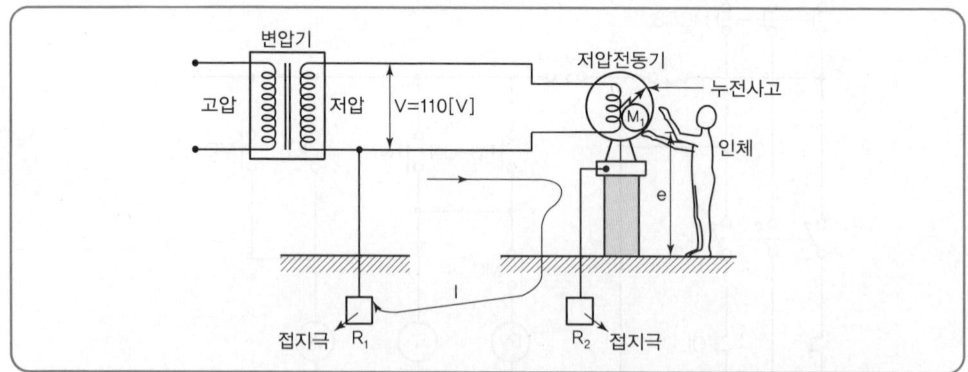

1 위 그림에 대한 등가회로를 그리면 아래와 같다. 물음에 답하시오.

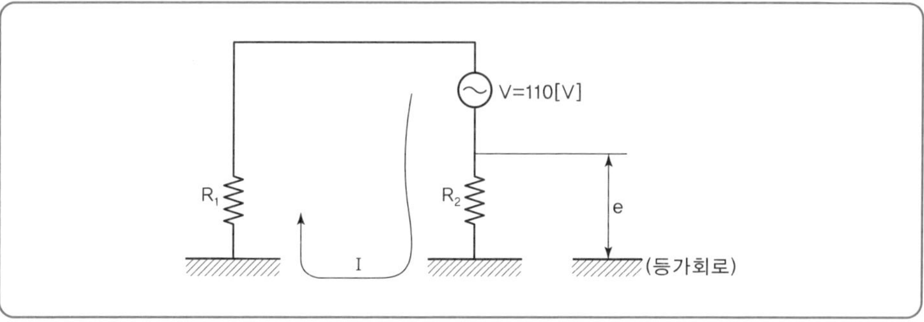

① 등가회로상의 e는 무엇을 의미하는가?

② 등가회로상의 e의 값을 표시하는 수식을 표시하시오.

③ 저압 회로의 지락 전류 $I = \frac{V}{R_1 + R_2}$[A]로 표시할 수 있다. 고압 측 전로의 중성점이 비접지식인 경우에 고압 측 전로의 1선 지락 전류가 4[A]라고 하면 변압기의 2차 측(저압 측)에 대한 접지저항값은 얼마인가? 또, 위에서 구한 접지저항값(R_1)을 기준으로 하였을 때의 R_2의 값을 구하고 위 등가회로상의 I, 즉 저압 측 전로의 1선 지락 전류를 구하시오.(단, e의 값은 25[V]로 제한하도록 한다.)

2 접지극의 매설 깊이는 얼마 이하로 하는가?

3 변압기 2차 측 접지선 크기는 단면적 몇 [mm²] 이상의 연동선이나 이와 동등 이상의 세기 및 굵기의 것을 사용하는가?

해답 **1** ① 인체에 가해지는 대지전위 상승분

② $e = \frac{R_2}{R_1 + R_2} \times V$

③ 계산 : $R_1 = \frac{150}{I} = \frac{150}{4} = 37.5[\Omega]$ 답 $37.5[\Omega]$

계산 : $25 = \frac{R_2}{37.5 + R_2} \times 110$ 답 $R_2 = 11.03[\Omega]$

계산 : $I = \frac{V}{R_1 + R_2} = \frac{110}{37.5 + 11.03} = 2.27[A]$ 답 $2.27[A]$

2 지하 75[cm] 이상 또는 0.75[m] 이상

3 6[mm²] 이상

TIP

➤ 접지도체의 굵기

① 6[mm²] : 큰 고장전류가 흐르지 않는 경우

② 16[mm²] : 피뢰설비가 접속된 경우

13 ★★★☆☆ [6점]

그림은 구내에 설치할 3,300[V], 220[V], 10[kVA]인 주상변압기의 무부하 시험방법이다. 이 도면을 보고 다음 각 물음에 답하시오.

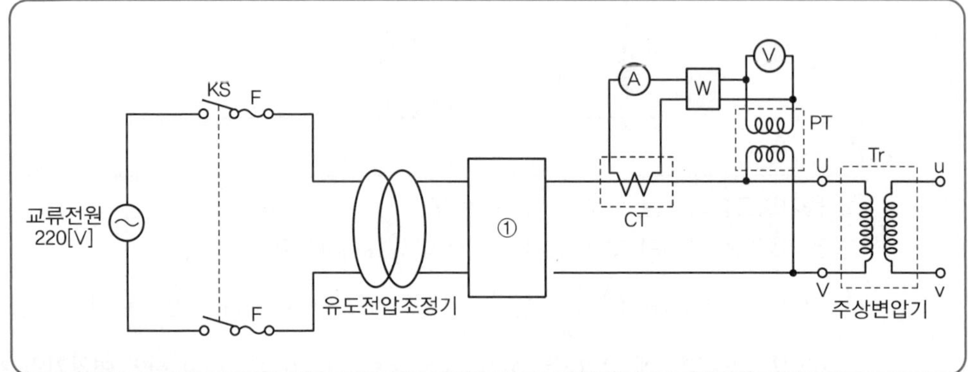

1 유도전압조정기의 오른쪽 ①번 속에는 무엇이 설치되어야 하는가?

2 시험할 주상변압기의 2차 측은 어떤 상태에서 시험을 하여야 하는가?

3 시험할 변압기를 사용할 수 있는 상태로 두고 유도전압조정기의 핸들을 서서히 돌려 전압계의 지시값이 1차 정격전압이 되었을 때 전력계가 지시하는 값은 어떤 값을 지시하는가?

해답 1 승압기
2 개방상태
3 철손(무부하손)

14 ★★★★☆ [5점]

단자전압 3,000[V]인 선로에 전압비가 3,300/220[V]인 승압기를 접속하여 60[kW], 역률 0.85의 부하에 공급할 때 몇 [kVA]의 승압기를 사용하여야 하는가?

해답 계산 : 2차전압 $V_2 = V_1\left(1+\dfrac{1}{a}\right) = 3{,}000\left(1+\dfrac{220}{3{,}300}\right) = 3{,}200[V]$

부하전류 $I_2 = \dfrac{P}{V_2\cos\theta} = \dfrac{60\times10^3}{3{,}200\times0.85} = 22.06[A]$

승압기 용량 $P_a = eI_2 = 220\times22.06\times10^{-3} = 4.85[kVA]$

답 5[kVA] 승압기 선정

TIP

➤ 승압기 용량 계산방법

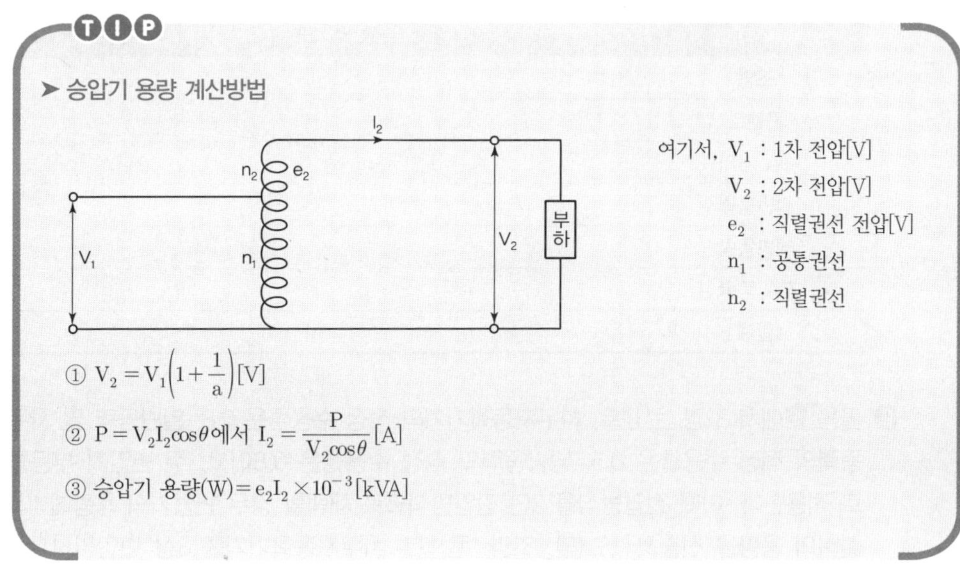

여기서, V_1 : 1차 전압[V]
V_2 : 2차 전압[V]
e_2 : 직렬권선 전압[V]
n_1 : 공통권선
n_2 : 직렬권선

① $V_2 = V_1\left(1+\frac{1}{a}\right)$[V]

② $P = V_2 I_2 \cos\theta$에서 $I_2 = \frac{P}{V_2 \cos\theta}$[A]

③ 승압기 용량(W) $= e_2 I_2 \times 10^{-3}$[kVA]

15 ★★★★☆ [8점]

인텔리전트 빌딩의 등급별 추정 전원 용량에 대한 다음 표를 이용하여 각 물음에 답하시오.

| 등급별 추정 전원 용량[VA/m²] |

내용 \ 등급별	0등급	1등급	2등급	3등급
조명	32	22	22	29
콘센트	–	13	5	5
사무자동화(OA) 기기	–	–	34	36
일반동력	38	45	45	45
냉방동력	40	43	43	43
사무자동화(OA) 동력	–	2	8	8
합계	110	125	157	166

1 연면적 10,000[m²]인 인텔리전트 2등급인 사무실 빌딩의 전력 설비용량을 상기 '등급별 추정 전원 용량[VA/m²]'을 이용하여 빈칸에 계산과정과 답을 쓰시오.

부하 내용	면적을 적용한 부하용량[kVA]
조명	
콘센트	
OA 기기	
일반동력	
냉방동력	
OA 동력	
합계	

2 물음 **1**에서 조명, 콘센트, 사무자동화기기의 적정 수용률은 0.8, 일반동력 및 사무자동화 동력의 적정 수용률은 0.5, 냉방동력의 적정 수용률은 0.8이고, 주 변압기 부등률은 1.2로 적용한다. 이때 전압방식을 2단 강압방식으로 채택할 경우 변압기의 용량에 따른 변전설비의 용량을 산출하시오.(단, 조명, 콘센트, 사무자동화기기를 3상 변압기 1대로, 일반동력 및 사무자동화 동력을 3상 변압기 1대로, 냉방동력을 3상 변압기 1대로 구성하고 상기 부하에 대한 주 변압기 1대를 사용하도록 하며, 변압기 용량은 일반 규격 용량으로 정하도록 한다.)

① 조명, 콘센트, 사무자동화기기에 필요한 변압기 용량 산정
② 일반동력, 사무자동화 동력에 필요한 변압기 용량 산정
③ 냉방동력에 필요한 변압기 용량 산정
④ 주 변압기 용량 산정

3 수전 설비의 단선 계통도를 간단하게 그리시오.

해답 **1**

부하 내용	면적을 적용한 부하용량[kVA]
조명	$22 \times 10{,}000 \times 10^{-3} = 220$
콘센트	$5 \times 10{,}000 \times 10^{-3} = 50$
OA 기기	$34 \times 10{,}000 \times 10^{-3} = 340$
일반동력	$45 \times 10{,}000 \times 10^{-3} = 450$
냉방동력	$43 \times 10{,}000 \times 10^{-3} = 430$
OA 동력	$8 \times 10{,}000 \times 10^{-3} = 80$
합계	$157 \times 10{,}000 \times 10^{-3} = 1{,}570$

2 ① 계산 : TR_1 = 설비용량(부하용량) × 수용률 = $(220+50+340) \times 0.8 = 488$

답 500[kVA]

② 계산 : TR_2 = 설비용량(부하용량) × 수용률 = $(450+80) \times 0.5 = 265$

답 300[kVA]

③ 계산 : TR_3 =설비용량(부하용량)×수용률=430×0.8=344

답 500[kVA]

④ 계산 : 주 변압기 용량 $= \frac{\text{개별 최대전력의 합}}{\text{부등률}} = \frac{488+265+344}{1.2} = 914.17$

답 1,000[kVA]

3

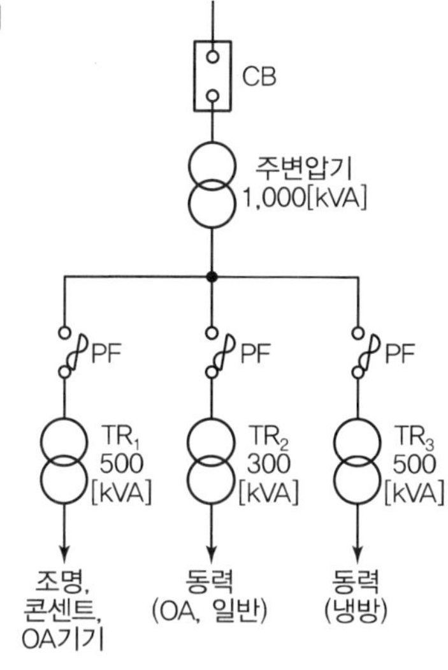

TIP

1) 3상 변압기 표준 용량

3, 5, 7.5, 10, 15, 20, 30, 50, 75, 100, 150, 200, 300, 500, 750, 1,000[kVA]

2) 변압기 용량 선정 시

① "표준용량, 정격용량, 선정하시오"라고 하면 표준용량으로 답할 것

예 480[kVA] 답 500[kVA]

② "계산하시오, 구하시오"라고 하면 계산값으로 답할 것

예 480[kVA] 답 480[kVA], 500[kVA]

16 ★★★☆☆ [5점]

그림은 3상 4선식 배전 선로에 단상 변압기 2대가 있는 미완성 회로이다. 이것을 역 V결선하여 2차에 3상 전원 방식으로 결선하시오.

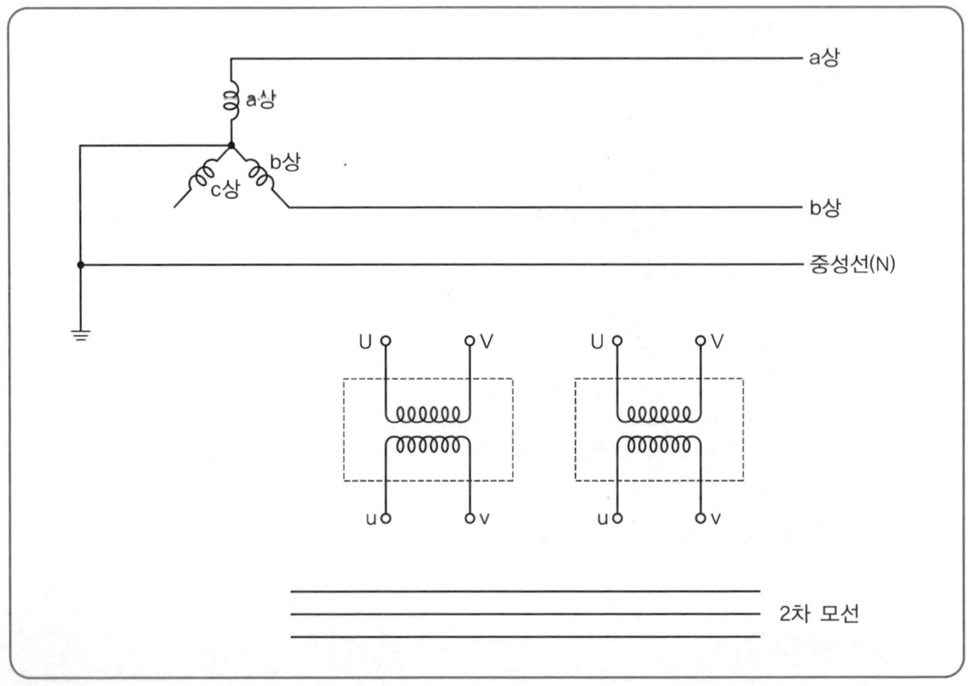

해답

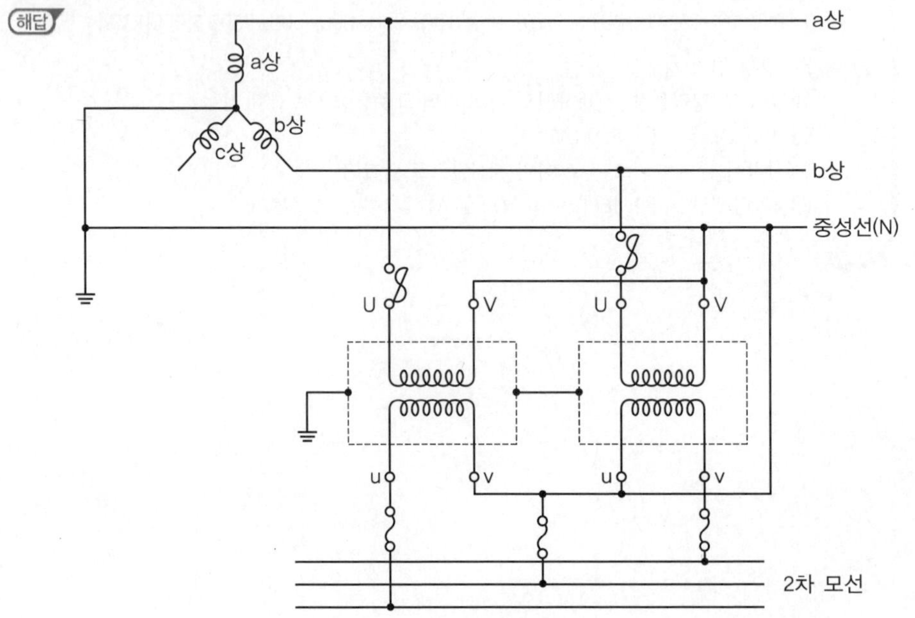

TIP

① $3\phi3W$(6,600) : V결선
② $3\phi4W$(22,900) : 2차 역 V결선
③ 1차 측에는 COS 또는 [symbol], 2차 측에는 저압 Fuse

2012 2013 2014 2015 2016 2017 2018 2019 2020 2021

17 ★★★☆☆ [5점]

최대 수용 전력이 8,000[kW], 부하 역률 0.9, 네트워크(Network) 수전 회선 수 3회선, 네트워크 변압기의 과부하율이 130[%]인 경우 네트워크 변압기 용량은 몇 [kVA] 이상이어야 하는가?

해답 계산 : $\text{변압기 용량(네트워크)} = \dfrac{\text{최대수용전력}}{\text{변압기 대수} - 1} \times \dfrac{100}{\text{과부하율}}[\text{kVA}]$

$$= \frac{\frac{8,000}{0.9}}{3-1} \times \frac{100}{130} = 3,418.80[\text{kVA}]$$

답 3,418.80[kVA]

TIP

1. 목적
   무정전 공급이 가능해서 신뢰도가 높고 전압변동률이 낮고 도심부의 부하 밀도가 높은 지역의 대용량 수용가에 공급하는 방식
2. 구성도

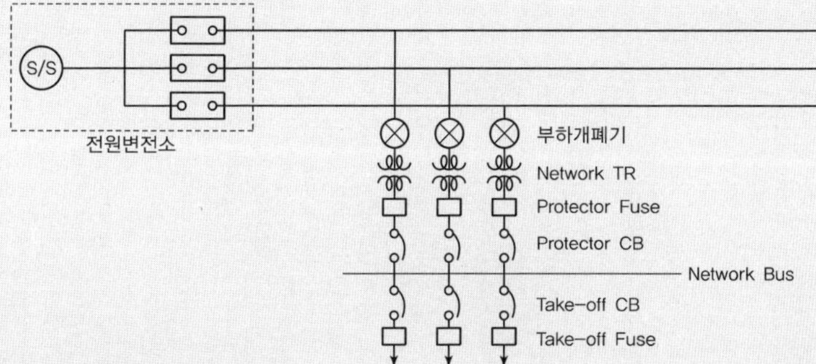

3. 주요 기기
   (1) 부하개폐기(1차 개폐기)
   Net Work TR 1차 측에 설치(SF_6 개폐기, 기중부하개폐기)
   (2) Net Work TR
   ① 1회선 정전 시 다른 건전한 회선만으로 최대부하에 견딜 수 있을 것
   ② 130% 과부하에서 8시간 운전 가능할 것(Mold, SF_6, Gas TR 사용)
   ③ $\text{변압기 용량} = \dfrac{\text{최대수용전력}}{\text{변압기 대수} - 1} \times \dfrac{100}{\text{과부하율}}$[kVA](변압기 대수 1개당 1회선 연결)

18 ★★★☆☆ [5점]

다음 그림은 콘덴서 설비의 단선도이다. 주어진 그림의 ①~⑤번에 맞는 우리말 이름과 역할을 쓰시오.

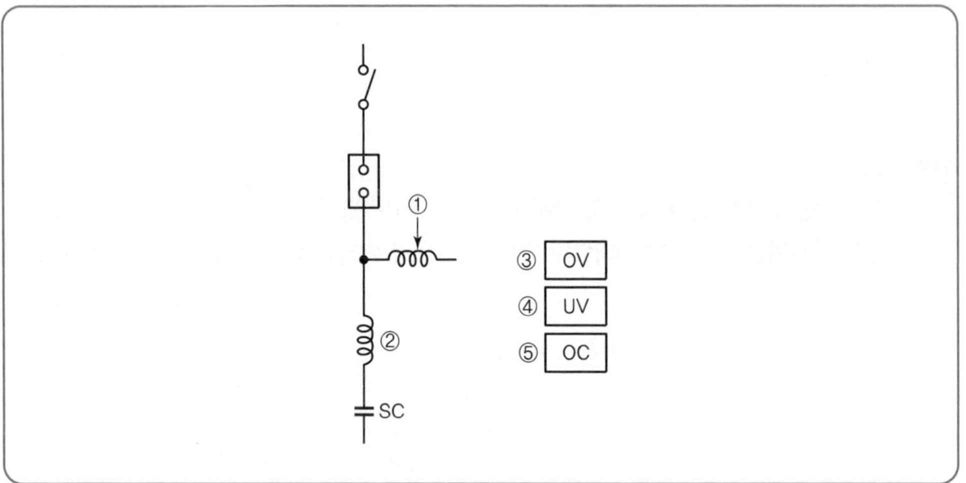

해답
① 방전코일 : 전원 개방 시 잔류전하 방전
② 직렬리액터 : 제5고조파 제거하여 파형 개선
③ 과전압계전기 : 과전압으로부터 차단기 개방
④ 부족전압계전기 : 정전 시, 전압부족 시 차단기 개방
⑤ 과전류계전기 : 과전류부터 차단기 개방

2012년도 2회 시험 과년도 기출문제

회독 체크	□1회독	월 일	□2회독	월 일	□3회독	월 일

2012
2013
2014
2015
2016
2017
2018
2019
2020
2021

01 ★★★☆☆ [9점]

주어진 Impedance Map과 조건을 보고 다음 각 물음에 답하시오.

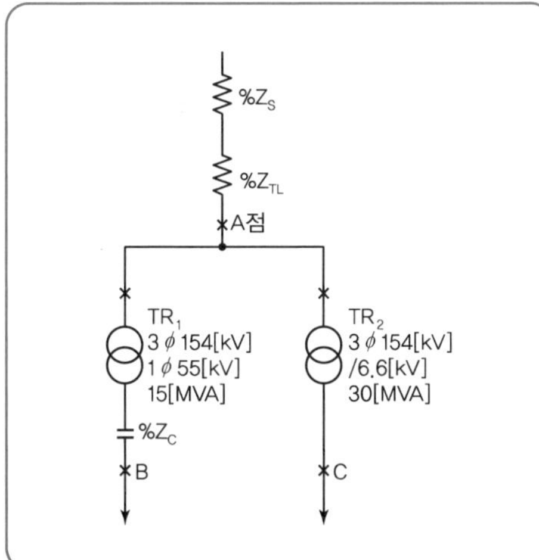

[조건]

- $\%Z_S$: 한전 변전소의 154[kV] 인출 측의 전원 측 정상 임피던스 1.2[%] (100[MVA] 기준)
- Z_{TL} : 154[kV] 송전 선로의 임피던스 1.83[Ω]
- $\%Z_{TR1}=10[\%]$ (15[MVA] 기준)
- $\%Z_{TR2}=10[\%]$ (30[MVA] 기준)
- $\%Z_C=50[\%]$ (100[MVA] 기준)

1 $\%Z_{TL}$, $\%Z_{TR1}$, $\%Z_{TR2}$에 대하여 100[MVA] 기준 %임피던스를 구하시오.

① $\%Z_{TL}$ ② $\%Z_{TR1}$

③ $\%Z_{TR2}$

2 A, B, C 각 점에서의 합성 %임피던스인 $\%Z_A$, $\%Z_B$, $\%Z_C$를 구하시오.

① $\%Z_A$ ② $\%Z_B$

③ $\%Z_C$

3 A, B, C 각 점에서의 차단기의 소요 차단전류 I_A, I_B, I_C는 몇 [kA]가 되겠는가? (단, 비대칭분을 고려한 상승 계수는 1.6으로 한다.)

① I_A ② I_B

③ I_C

해답 **1** 계산

① $Z_{TL}=1.83[\Omega]$이고 100[MVA]를 기준하여

$$\%Z_{TL}=\frac{PZ}{10V^2}=\frac{100\times10^3\times1.83}{10\times154^2}=0.77[\%]$$ 답 0.77[%]

② $\%Z_{TR1}=10\times\frac{100}{15}=66.666[\%]$ 답 66.67[%]

③ $\%Z_{TR2} = 10 \times \frac{100}{30} = 33.33[\%]$ 답 33.33[%]

100[MVA]를 기준으로 한 %Z값을 도면에 다시 써서 그리면

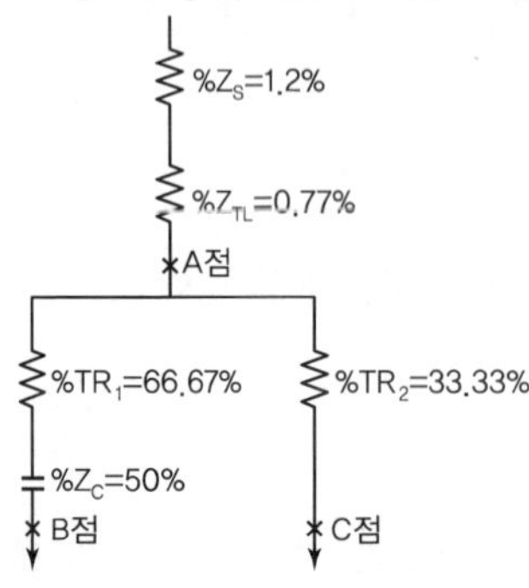

2 계산

① $\%Z_A = 1.2 + 0.77 = 1.97[\%]$ 답 1.97[%]

② $\%Z_B = 1.2 + 0.77 + 66.66 - 50 = 18.64[\%]$ 답 18.64[%]

③ $\%Z_C = 1.2 + 0.77 + 33.33 = 35.3[\%]$ 답 35.3[%]

3 계산

① $I_A = \frac{100}{\%Z} I_n \times 1.6 = \frac{100}{1.97} \times \frac{100 \times 10^3}{\sqrt{3} \times 154} \times 10^{-3} \times 1.6 = 30.45[kA]$ 답 30.45[kA]

② $I_B = \frac{100}{\%Z} I_n \times 1.6 = \frac{100}{18.64} \times \frac{100 \times 10^3}{55} \times 10^{-3} \times 1.6 = 15.61[kA]$ 답 15.61[kA]

③ $I_C = \frac{100}{\%Z} I_n \times 1.6 = \frac{100}{35.3} \times \frac{100 \times 10^3}{\sqrt{3} \times 6.6} \times 10^{-3} \times 1.6 = 39.65[k$ 답 39.65[kA]

TIP

① 콘덴서 %Z는 진상이므로 −%Z 값을 갖는다.

② $\%Z_2 = \frac{\text{기준용량}}{\text{자기용량}} \times \%Z_1$

③ $I_S = \frac{100}{\%Z} I_n$ 여기서, I_n : 정격전류

$I_n = \frac{P}{\sqrt{3} \times V}$ 여기서, P : 기준용량, V : 선간전압

02 ★★☆☆☆ [5점]

공칭전압 6,600[V]를 수전하고자 한다. 수전점에서 계산한 3상 단락용량은 70[MVA]이다. 수전용 차단기의 정격차단전류 I_s [kA]를 계산하시오.

(해답) 단락용량

계산 : $P_s = \sqrt{3} \times$ 공칭전압 $\times$ 정격차단전류(I_s)

$$I_s = \frac{70 \times 10^6}{\sqrt{3} \times 6{,}600} \times 10^{-3} = 6.12[kA]$$

답 6.12[kA]

TIP

➤ **차단용량**

① 삼상 $P_s = \sqrt{3} \times$ 정격전압 $\times$ 정격차단전류 $\times 10^{-6}$[MVA]

② 정격전압 = 공칭전압 $\times \frac{1.2}{1.1} = 6.6 \times \frac{1.2}{1.1} = 7.2$[kV]

03 ★★★☆☆ [5점]

그림과 같은 100/200[V] 단상 3선식 회로를 보고 다음 각 물음에 답하시오.

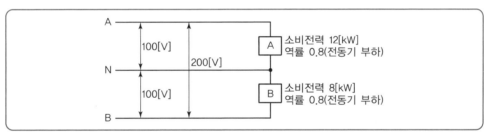

A
100[V]
200[V]
N
100[V]
B
A 소비전력 12[kW] 역률 0.8(전동기 부하)
B 소비전력 8[kW] 역률 0.8(전동기 부하)

1 중성선 N에 흐르는 전류는 몇 [A]인가?

2 중성선의 굵기를 정하는 전류는 몇 [A]인가?

3 부하는 저압 전동기이다. 이 전동기는 제 몇 종 절연을 하는가?(단, 이 전동기의 허용온도는 105[℃]라고 한다.)

(해답) 1 계산 : $I_A = \frac{P}{V\cos\theta} = \frac{12 \times 10^3}{100 \times 0.8} = 150[A]$, $I_B = \frac{P}{V\cos\theta} = \frac{8 \times 10^3}{100 \times 0.8} = 100[A]$

$\therefore I_N = 150 - 100 = 50[A]$

답 50[A]

2 150[A]

3 A종

TIP

① 중성선 굵기를 결정하는 전류는 각 선 중 큰 전류로 선정

②

절연물 종류	Y종	A종	E종	B종	F종	H종	C종
최고허용온도[℃]	90	105	120	130	155	180	180 이상

04 ★★★★☆ [8점]

중성점 직접 접지 계통에 인접한 통신선의 전자 유도장해 경감대책에 관한 다음 물음에 답하시오.

1 근본대책

2 전력선 측 대책(5가지)

3 통신선 측 대책(5가지)

해답 1 근본대책 : 전력선과 통신선의 이격거리를 충분히 둔다.

2 전력선 측 대책(5가지)

① 중성점을 접지할 경우 저항값을 가능한 한 큰 값으로 한다.
② 고속도 지락 보호 계전 방식을 채용한다.
③ 차폐선을 설치한다.
④ 지중전선로 방식을 채용한다.
⑤ 상호 인덕턴스를 작게 한다.

3 통신선 측 대책(5가지)

① 절연 변압기를 설치하여 구간을 분할한다.
② 연피통신케이블을 사용한다.
③ 통신선에 우수한 피뢰기를 사용한다.
④ 배류 코일을 설치한다.
⑤ 전력선과 교차 시 수직교차한다.

05 ★★★★★ [5점]

가로 10[m], 세로 16[m], 천장높이 3.85[m], 작업면 높이 0.85[m]인 사무실에 천장 직부 형광등 F40×2를 설치하려고 한다. 다음 물음에 답하시오.

1 F40×2의 그림기호를 그리시오.

2 이 사무실의 실지수는 얼마인가?

3 이 사무실의 작업면 조도를 300[lx], 천장 반사율 70[%], 벽 반사율 50[%], 바닥반사율 10[%], 40[W] 형광등 1등의 광속 3,150[lm], 보수율 70[%], 조명률 61[%]로 한다면 이 사무실에 필요한 등기구 수는?

 1

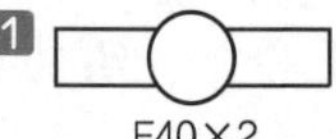

2 계산 : 등고 H=천장 높이−작업면 높이=3.85−0.85=3

$$실지수=\frac{XY}{H(X+Y)}=\frac{10\times16}{3\cdot(10+16)}=2.05$$

답 2.05

3 계산 : 조명설계공식 FUN=EDA

$$전등\ 수\ N=\frac{EDA}{FU}=\frac{EA}{FUM}=\frac{조도\times면적}{광속\times조명률\times유지율}$$

$$=\frac{300\times(10\times16)}{(3{,}150\times2)\times0.61\times0.7}=17.84$$

답 18[등]

2012 2013 2014 2015 2016 2017 2018 2019 2020 2021

06 ★★☆☆☆ [6점]

그림은 교류 차단기에 장치하는 경우에 표시하는 전기용 기호의 단선도용 심벌이다. 이 심벌의 정확한 명칭은?

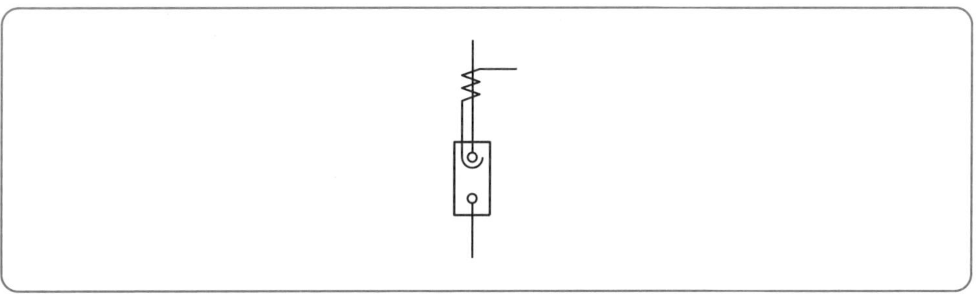

해답 부싱형 변류기

07 ★☆☆☆☆ [4점]

회전날개의 지름이 31[m]인 프로펠러형 풍차의 풍속이 16.5[m/s]일 때 풍력 에너지[kW]를 계산하시오.(단, 공기의 밀도는 1.225[kg/m³]이다.)

해답 계산 : $P=\frac{1}{2}mV^2=\frac{1}{2}(\rho AV)V^2=\frac{1}{2}\rho AV^3$

여기서, P : 에너지[W], m : 에너지[kg], V : 평균풍속[m/s]

ρ : 공기의 밀도(1.225[kg/m³]), A : 로터의 단면적[m²]

$\therefore\ P=\frac{1}{2}\rho AV^3=\frac{1}{2}\times 1.225\times\pi\times\left(\frac{31}{2}\right)^2\times 16.5^3\times 10^{-3}=2{,}076.69[\text{kW}]$

답 2,076.69[kW]

TIP

➤ 풍차에너지 출력(P) : $P=\frac{1}{2}mV^2=\frac{1}{2}(\rho AV)\cdot V^2=\frac{1}{2}\rho AV^3[\text{W}]$

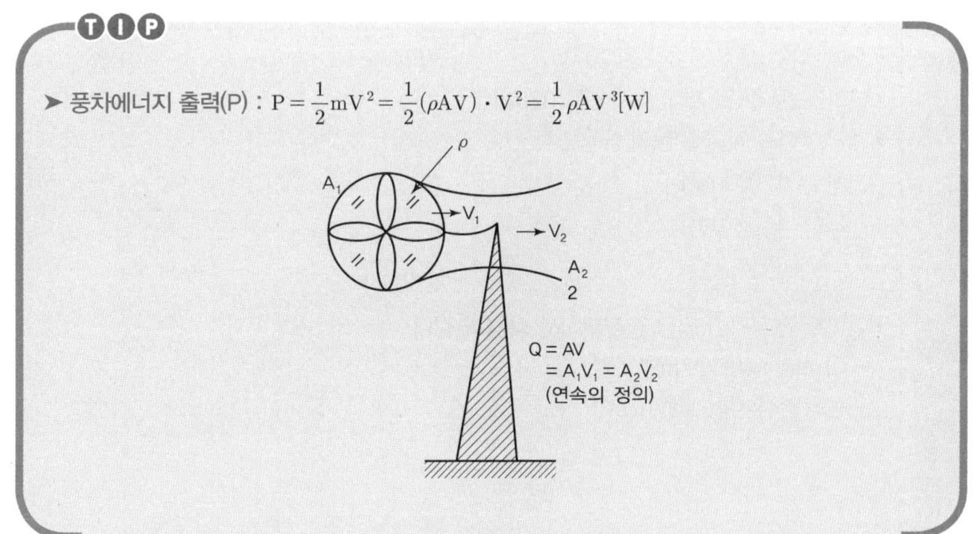

08 ★★★★★

[4점]

알칼리축전지의 정격용량은 100[Ah], 상시부하 5[kW], 표준전압 100[V]인 부동충전 방식의 충전기 2차 전류는 몇 [A]인지 계산하시오.(단, 알칼리축전지의 방전율은 5시간율로 한다.)

해답 계산 : $I = \frac{100}{5} + \frac{5,000}{100} = 70$

답 70[A]

TIP

충전기 2차 전류$= \frac{P}{V} + \frac{\text{정격용량}}{\text{방전율}}$

방전율 ① 알칼리축전지 : 5[h]

② 연축전지 : 10[h]

09 ★★★★★

[8점]

다음 표와 같은 아파트 2개 단지를 계획하고 있다. 주어진 규모 및 조건사항을 이용하여 다음 각 물음에 답하시오.

| 세대당 면적과 세대 수 |

동별	세대당 면적[m^2]	세대 수	동별	세대당 면적[m^2]	세대 수
A동	50	30	B동	50	50
	70	40		70	30
	90	50		90	40
	110	30		110	30

[규모]

- 아파트 동 수 및 세대 수 : 2동, 300세대
- 계단, 복도, 지하실 등의 공용면적
  - 1동 : 1,700[m^2]
  - 2동 : 1,700[m^2]

[조건]

- 아파트 면적의 [m^2]당 상정부하는 다음과 같다.
  - 아파트 : 30[VA/m^2]
  - 공용면적부분 : 5[VA/m^2]

- 세대당 추가로 가산하여야 할 피상전력[VA]은 다음과 같다.
  - 80[m^2] 이하의 세대 : 750[VA]
  - 150[m^2] 이하의 세대 : 1,000[VA]
- 아파트 동별 수용률은 다음과 같다.
  - 70세대 이하인 경우 : 65[%]
  - 100세대 이하인 경우 : 60[%]
  - 150세대 이하인 경우 : 55[%]
  - 200세대 이하인 경우 : 50[%]
- 모든 계산은 피상 전력을 기준한다.
- 역률은 100[%]로 보고 계산한다.
- 주변전실로부터 1동까지는 150[m]이며 동내의 전압 강하는 무시한다.
- 각 세대의 공급 방식은 110/220[V]의 단상 3선식으로 한다.
- 변전실의 변압기는 단상 변압기 3대로 구성한다.
- 동간 부등률은 1.4로 본다.
- 공용부분의 수용률은 100[%]로 한다.
- 주변전실에서 각 동까지의 전압 강하는 3[%]로 한다.
- 간선은 후강 전선관 배관으로 IV 전선을 사용하며 간선의 굵기는 325[mm^2] 이하를 사용하여야 한다.
- 이 아파트 단지의 수전은 13,200/22,900[V]의 Y 3상 4선식의 계통에서 수전한다.

1 A동의 상정부하는 몇 [VA]인가?

2 B동의 수용(사용)부하는 몇 [VA]인가?

3 이 단지에는 단상 몇 [kVA]용 변압기 3대를 설치하여야 하는가?(단, 변압기 용량은 10[%]의 여유율을 두도록 하며, 단상변압기의 표준용량은 75, 100, 150, 200, 300[kVA] 등이다.)

(해답) **1** 계산

- A동 세대당 상정부하의 합=((바닥면적×[m^2]당 상정부하)+가산부하)×세대 수
  - ① 50[m^2] 상정부하의 합=((50×30)+750)×30=67,500
  - ② 70[m^2] 상정부하의 합=((70×30)+750)×40=114,000
  - ③ 90[m^2] 상정부하의 합=((90×30)+1,000)×50=185,000
  - ④ 110[m^2] 상정부하의 합=((110×30)+1,000)×30=129,000
  - ⑤ 공동면적 상정부하=1,700×5=8,500
- A동 상정부하=Σ 세대당 상정부하의 합+공동면적 상정부하
  =67,500+114,000+185,000+129,000+8,500=504,000[VA]

답 504,000[VA]

2 계산

- B동 세대당 상정부하의 합=((바닥면적×[m^2]당 상정부하)+가산부하)×세대 수
  - ① 50[m^2] 상정부하의 합=((50×30)+750)×50=112,500
  - ② 70[m^2] 상정부하의 합=((70×30)+750)×30=85,500
  - ③ 90[m^2] 상정부하의 합=((90×30)+1,000)×40=148,000

④ 110[m^2] 상정부하의 합=((110×30)+1,000)×30=129,000
⑤ 공동면적 상정부하=1,700×5=8,500

• B동 수용부하=Σ 세대당 상정부하의 합×수용률+공동면적 상정부하
=(112,500+85,500+148,000+129,000)×0.55+8,500=269,750[VA]

답 269,750[VA]

3 계산 : 변압기 용량은 수용부하 기준

A동 수용부하=495,500×0.55+8,500=281,025[VA]

B동 수용부하=269,750[VA]

$$\text{단상 변압기 용량}=\frac{281,025+269,750}{3\times1.4}\times1.1\times10^{-3}$$
$$=144.25[\text{kVA}]$$

표준 용량은 150[kVA]로 선정한다.

답 150[kVA]

TIP

➤ 3상 변압기 용량

$$\text{3상 변압기 용량}=3\times\text{단상 변압기 용량}=\frac{\text{전체 수용부하}}{\text{부등률}}$$

10 ★☆☆☆☆ [4점]

지중전선에 화재가 발생한 경우 화재의 확대 방지를 위하여 케이블이 밀집 시설되는 개소의 케이블은 난연성 케이블을 사용하여 시설하는 것을 원칙으로 하며, 부득이 일반 케이블로 시설하는 경우는 케이블에 방재대책을 강구하여 시행하는 것이 바람직하다. 이에 따라 케이블과 접속재에 사용하는 방재용 자재 2가지를 쓰시오.

해답 난연도료, 난연테이프

TIP

지중전선에 화재가 발생한 경우 화재의 확대 방지를 위하여 케이블이 밀집 시설되는 개소의 케이블은 난연성 케이블을 사용하여 시설하는 것을 원칙으로 하며, 부득이 일반 케이블로 시설하는 경우는 케이블에 방재대책을 강구하여 시행하는 것이 바람직하다.

1. 적용장소
집단 아파트 또는 집단 상가의 구내 수전실, 케이블 처리실, 전력구, 덕트 및 4회선 이상 시설된 맨홀

2. 적용대상 및 방재용 자재
① 케이블 및 접속재 : 난연테이프 및 난연도료
② 바닥, 벽, 천장 등의 케이블 관통부 : 난연실(퍼티), 난연보드, 난연레진, 모래 등

3. 방재 시설방법
   ① 케이블 처리실(옥내 덕트 포함)
      케이블 전 구간 난연처리
   ② 전력구(공동구)
      ㉠ 수평길이 20m마다 3m 난연처리
      ㉡ 케이블 수직부(45° 이상) 전량 난연처리
      ㉢ 접속부위 난연처리
   ③ 관통부분
      벽 관통부를 밀폐시키고 케이블 양측 3m씩 난연재 적용
   ④ 맨 홀
      접속개소의 접속재 포함 1.5m 난연처리

11 ★★★★★ [5점]

부하가 유도 전동기이며 기동용량이 1,826[kVA]이고, 기동 시 전압강하는 21[%]이며, 발전기의 과도 리액턴스가 26[%]이다. 자가 발전기의 정격용량은 몇 [kVA] 이상이어야 하는지 계산하시오.

해답 계산 : $\left(\frac{1}{e}-1\right)\times x_d \times$기동용량$=\left(\frac{1}{0.21}-1\right)\times 0.26\times 1{,}826 = 1{,}786[kVA]$

답 1,786[kVA]

TIP

발전기 용량$=\left(\frac{1}{\text{전압강하율}}-1\right)\times$과도리액턴스$\times$기동용량[kVA]

12 ★★★★☆ [6점]

송전단 전압 66[kV], 수전단 전압 61[kV]인 송전선로에서 수전단의 부하가 끊어진 경우의 수전단 전압이 63[kV]라 할 때 다음 각 물음에 답하시오.

1 전압강하율을 계산하시오.

2 전압변동률을 계산하시오.

해답 1 계산 : 전압강하율$=\frac{\text{송전단전압}-\text{수전단전압}}{\text{수전단전압}}\times 100 = \frac{66-61}{61}\times 100 = 8.2[\%]$

답 8.2[%]

2 계산 : $전압변동률=\frac{무부하수전단전압-수전단전압}{수전단전압}\times 100$

$$=\frac{63-61}{61}\times 100=3.28[\%]$$

답 3.28[%]

TIP

부하가 끊어진 경우 ⇒ 무부하 상태

13 ☆☆☆☆☆ [6점]

과부하보호장치는 다른 분기회로나 콘센트 회로가 접속되어 있지 않고, 다음 중 하나를 충족하는 경우에는 변경이 있는 배선에 설치할 수 있다. ①, ②에 대하여 쓰시오.

※ KEC 규정에 따라 변경

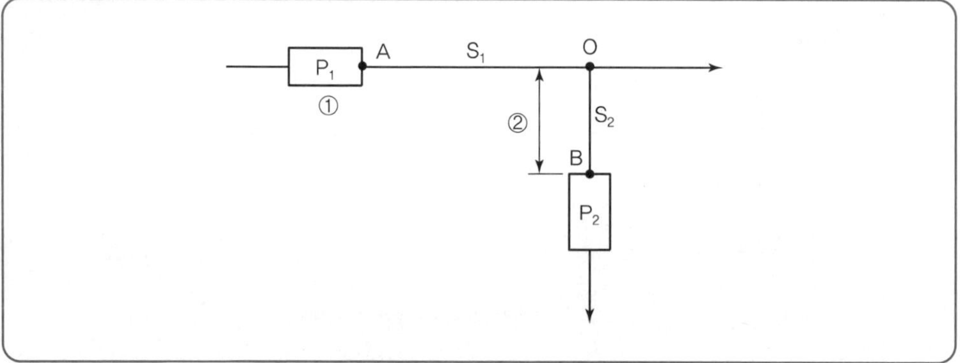

1 분기회로에 대하여 (①)가 이루어지고 있는 경우, P_2는 분기회로의 분기점(O)으로부터 부하 측으로 거리에 구애받지 않고 이동하여 설치할 수 있다.

2 단락의 위험과 화재 및 인체에 대한 위험성이 최소화되도록 시설된 경우, 분기회로의 보호장치(P_2)는 분기회로의 분기점(O)으로부터 (②)까지 이동하여 설치할 수 있다.

해답 ① 단락보호
② 3[m] 이하

14 ★☆☆☆☆ [5점]

다음의 진리표를 보고 무접점 회로와 유접점 논리회로로 각각 나타내시오.

입력			출력
A	B	C	X
0	0	0	0
0	0	1	0
0	1	0	0
0	1	1	0
1	0	0	1
1	0	1	0
1	1	0	0
1	1	1	1

1 논리식을 간략화하여 나타내시오.

2 무접점 회로

3 유접점 회로

해답 1 계산 : $X = A\overline{B}\,\overline{C} + ABC = A(\overline{B}\,\overline{C} + BC)$

답 $A(\overline{B}\,\overline{C} + BC)$

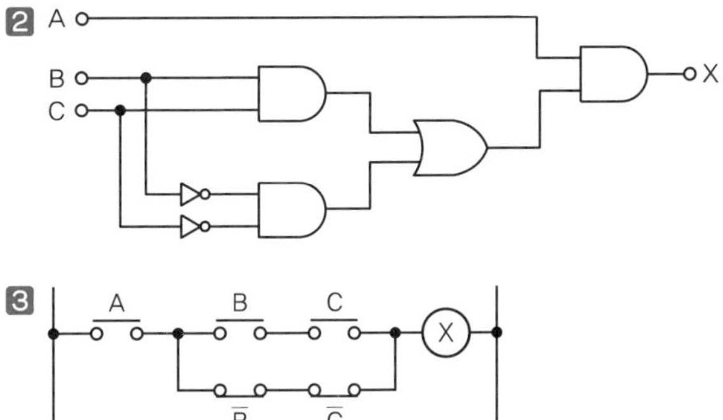

15 ★★☆☆☆ [6점]

전력용 콘덴서의 내부고장 보호방식으로 NCS 방식과 NVS 방식이 있다. 다음 각 물음에 답하시오.

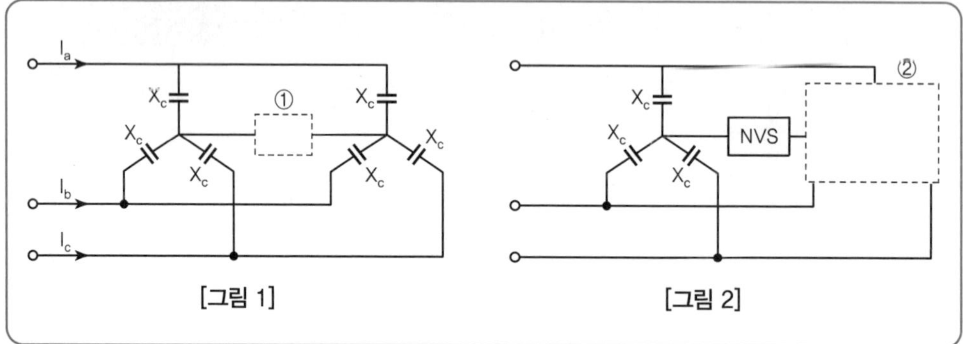

1 NCS와 NVS의 명칭을 쓰시오.

2 [그림 1] ①, [그림 2] ②에 누락된 부분을 완성하시오.

해답 **1** NCS : 중성점 전류 검출 방식
NVS : 중성점 전압 검출 방식

2

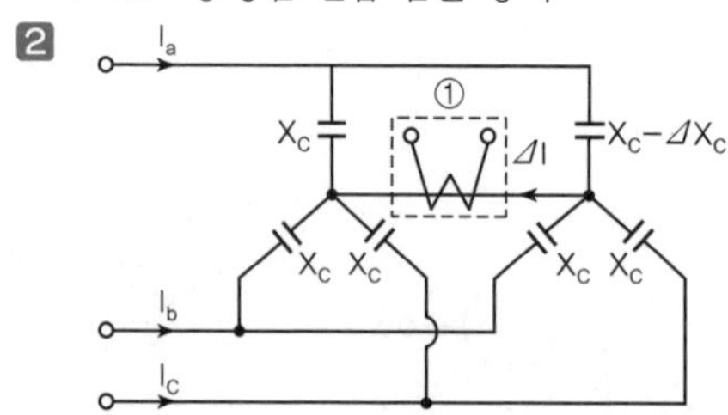

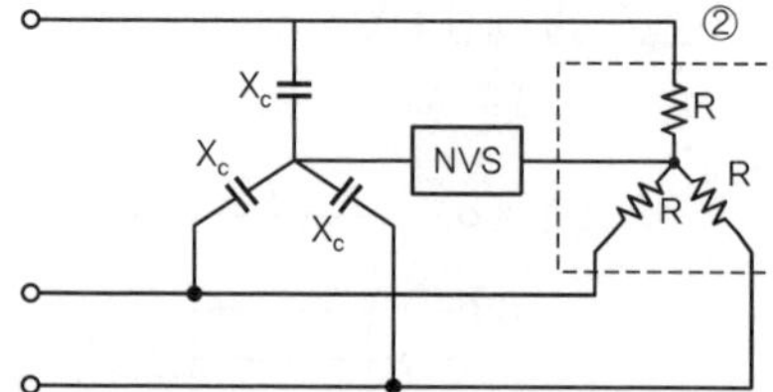

TIP

① NCS : 중성점 간을 직결한 연결선에 흐르는 전류를 감지하여 고장회로를 제거하는 방식
② NVS : 콘덴서 소자 파괴 시 중성점 간의 불평형 전압을 검출하는 방식

16 ★★☆☆☆ [4점]

다음 상용전원과 예비전원 운전 시 유의하여야 할 사항이다. ( ) 안에 알맞은 내용을 쓰시오.

> 상용전원과 예비전원 사이에는 병렬운전을 하지 않는 것이 원칙이므로 수전용 차단기와 발전용 차단기 사이에는 전기적 또는 기계적 (①)을 시설해야 하며 (②)를 사용해야 한다.

해답 ① 인터록
② 자동전환개폐기

17 ★★★★☆ [4점]

그림은 누름버튼스위치 PB_1, PB_2, PB_3를 ON 조작하여 전동기 A, B, C를 운전하는 시퀀스회로도이다. 이 회로를 타임차트 1~3의 요구사항과 같이 병렬 우선 순위회로로 고쳐서 그리시오. (단, R_1, R_2, R_3는 계전기이며, 이 계전기의 보조 a접점 또는 b접점을 추가 또는 삭제하여 작성하되 불필요한 접점을 사용하지 않도록 하며, 보조 접점에는 접점명을 기입하도록 한다.)

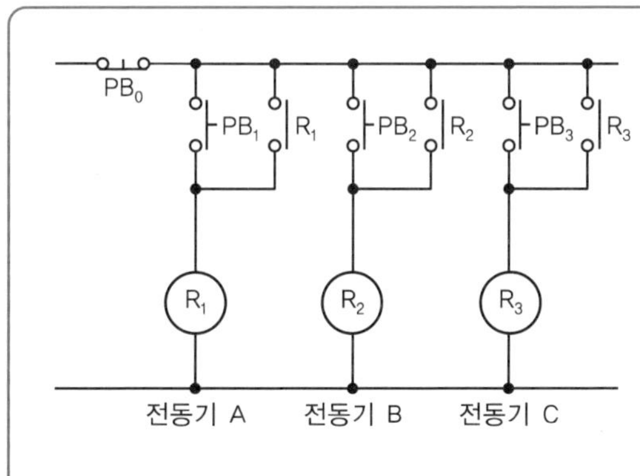

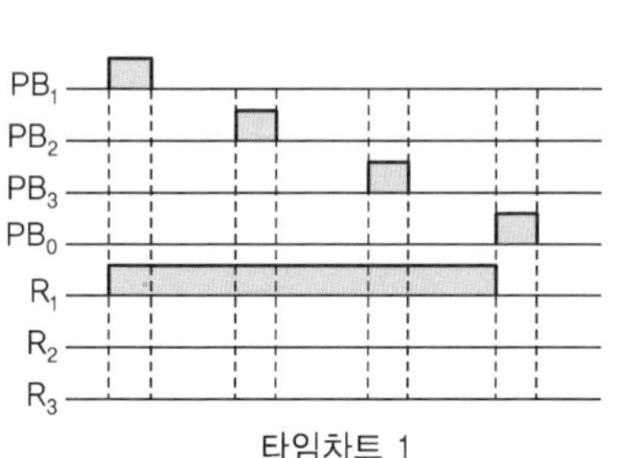

타임차트 1

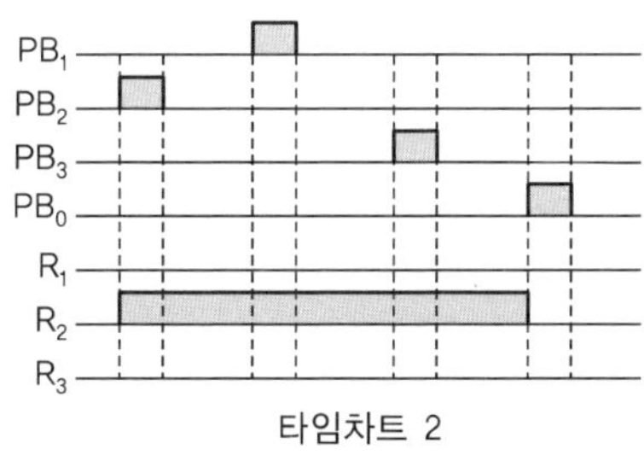

타임차트 2

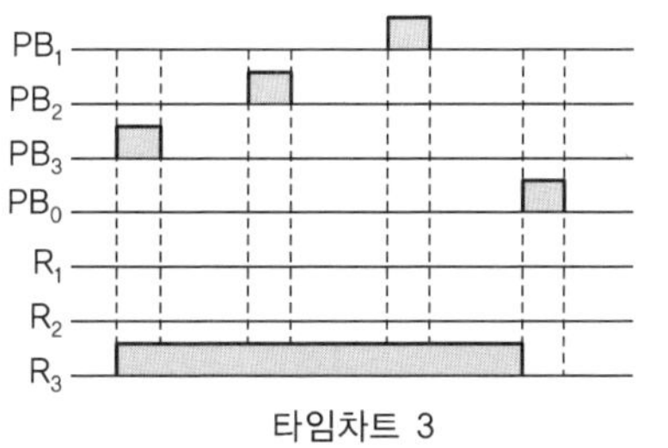

타임차트 3

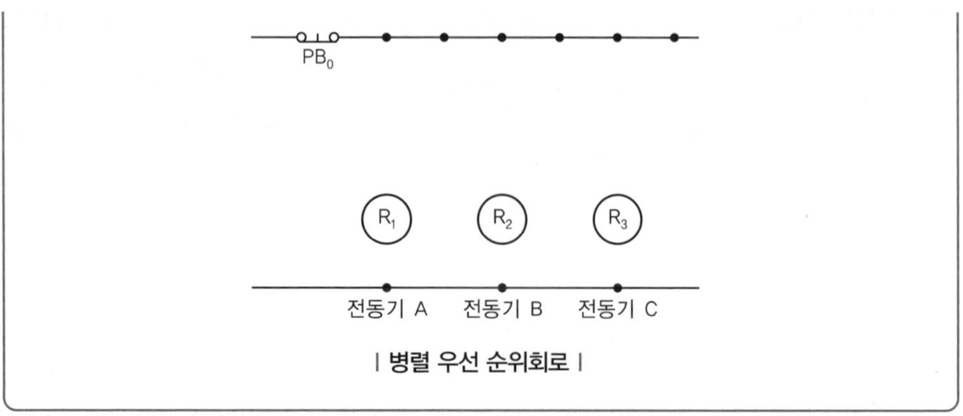
PB0
R1
R2
R3
전동기 A
전동기 B
전동기 C

| 병렬 우선 순위회로 |

해답

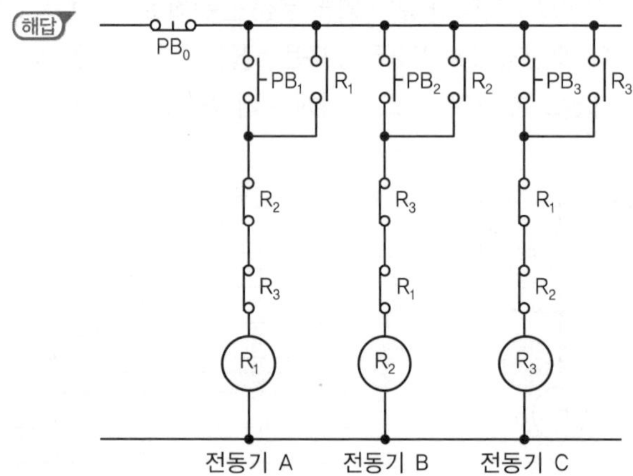
PB0
PB1
R1
PB2
R2
PB3
R3
R2
R3
R3
R1
R1
R2
R1
R2
R3
전동기 A
전동기 B
전동기 C

18 ★★★★☆ [6점]

△－Y 결선방식의 주 변압기 보호에 사용되는 비율차동계전기의 간략화한 회로도이다. 주 변압기 1차 및 2차 측 변류기(CT)의 미결선된 2차 회로를 완성하시오.

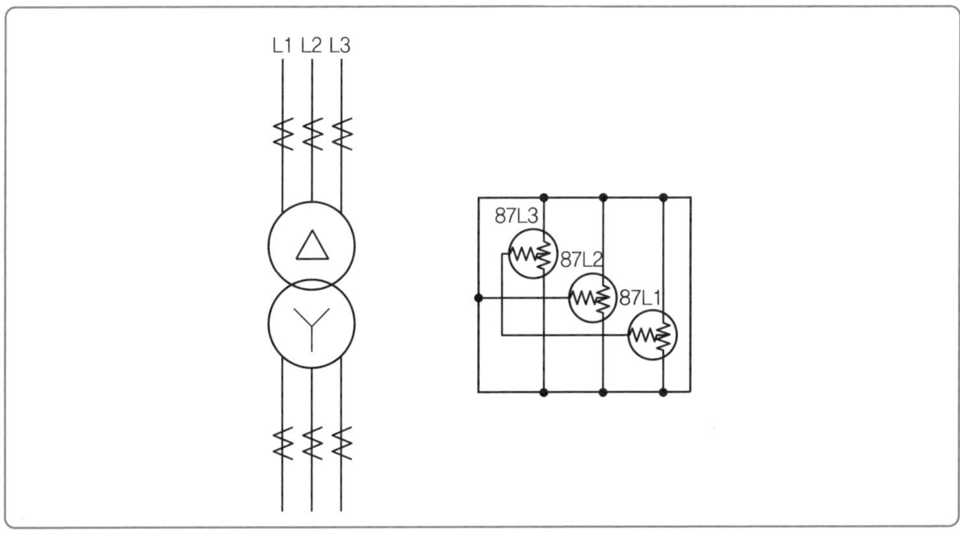

해답

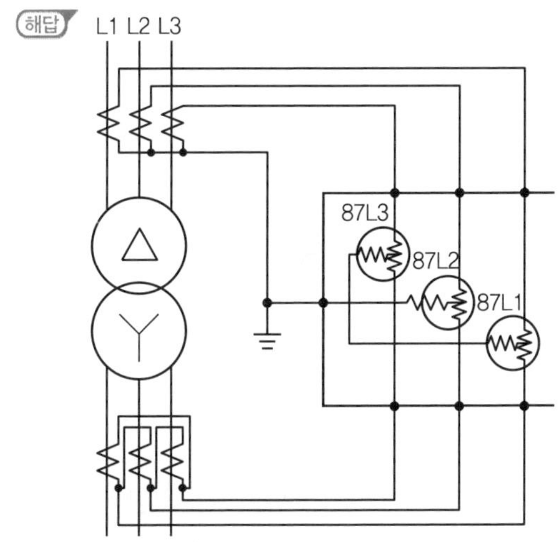

↘ 전기기사

2012년도 3회 시험

과년도 기출문제

회독 체크	□1회독	월 일	□2회독	월 일	□3회독	월 일

01 ★★☆☆☆ [8점]

아래의 표에서 금속관 부품의 특징에 해당하는 부품명을 쓰시오.

부품명	특징
①	박스에 금속관을 고정할 때 커플링으로 관 상호 간을 접속할 때 커플링이 도는 것을 방지하기 위해서 사용된다. 6각형과 톱니형 두 가지가 있다. 톱니형은 두꺼운 전선관의 경우 54[mm] 이상을 사용한다.
②	전선의 절연 피복을 보호하기 위해서 금속관의 관 끝에 취부한다. 안쪽을 절연물로 피복하였기 때문에 안정성이 높다.
③	바닥 밑으로 매입배선을 할 때 콘센트 기타 바닥에 취부하는 기구를 취부할 때, 또는 배선을 시설하는 경우에 사용한다.
④	금속관을 아우트렛 박스 등의 녹아웃(Knock Out)에 취부할 때 녹아웃의 지름이 관의 지름보다 큰 관계로 록 너트만으로는 고정할 수 없을 때 보조적으로 사용한다.
⑤	금속관의 상호를 접속할 때 사용한다.
⑥	전선접속, 조명기구, 콘센트 등의 취부에 사용한다. 중형 4각(얕은형, 깊은형), 대형 4각(얕은형, 깊은형) 등 사용목적에 따라 여러 종류가 있다.
⑦	노출배관 공사와 점검할 수 있는 은폐배관 공사 등에서 전선관을 조영재에 취부해서 고정하는 경우에 사용한다.(1공형, 2공형)
⑧	서비스 캡이라고도 하며 노출배관에서 금속배관으로 들어갈 때 관단에 사용한다.

해답 ① 록 너트 ② 절연부싱
③ 플로어 박스 ④ 링리듀서
⑤ 커플링 ⑥ 아우트렛 박스
⑦ 새들 ⑧ 엔드

02 ★★☆☆☆ [5점]

단권 변압기 3대를 사용한 3상 △결선 승압기에 의해 50[kVA]인 3상 평형 부하의 전압을 3,000[V]에서 3,300[V]로 승압하는 데 필요한 변압기의 용량을 선정하시오.

해답 변압기 용량$=\dfrac{V_h^2-V_L^2}{\sqrt{3}\times V_h V_L}\times$부하용량

여기서, V_h : 승압 후 전압

V_L : 승압 전 전압

계산 : $TR=\dfrac{3{,}300^2-3{,}000^2}{\sqrt{3}\times 3{,}300\times 3{,}000}\times 50=5.511[kVA]$

답 7.5[kVA]

03 ★★☆☆☆ [12점]

그림과 주어진 조건 및 참고표를 이용하여 3상 단락용량, 3상 단락전류, 차단기의 차단용량 등을 계산하시오.

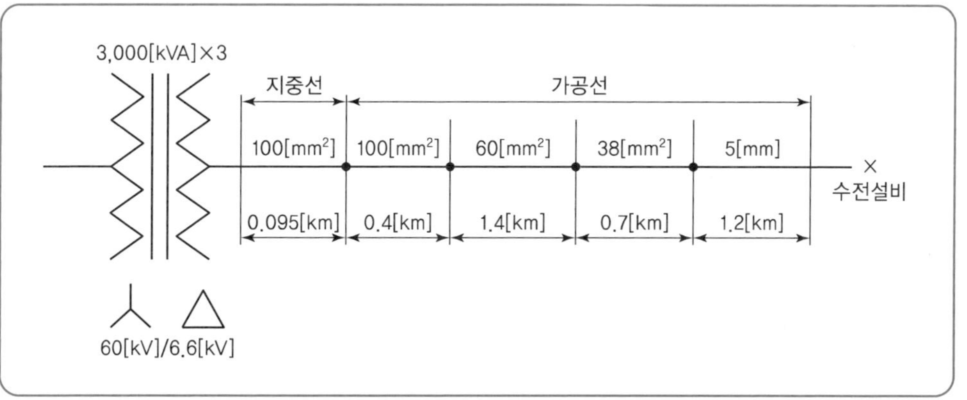

[조건]

수전설비 1차 측에서 본 1상당의 합성임피던스 $\%X_g = 1.5[\%]$이고, 변압기 명판에는 7.4[%]/3,000[kVA](기준용량은 10,000[kVA]이다.)

| 표 1. 유입차단기 전력퓨즈의 정격차단용량 |

정격전압[V]	정격 차단용량 표준치(3상[MVA])						
3,600	10	25	50	(75)	100	150	250
7,200	25	50	(75)	100	150	(200)	250

| 표 2. 가공 전선로(경동선) %임피던스 |

배선 방식	선의 굵기 / %r, x	%r, x의 값은[%/km]									
		100	80	60	50	38	30	22	14	5[mm]	4[mm]
3상 3선 3[kV]	%r	16.5	21.1	27.9	34.8	44.8	57.2	75.7	119.15	83.1	127.8
	%x	29.3	30.6	31.4	32.0	32.9	33.6	34.4	35.7	35.1	36.4
3상 3선 6[kV]	%r	4.1	5.3	7.0	8.7	11.2	18.9	29.9	29.9	20.8	32.5
	%x	7.5	7.7	7.9	8.0	8.2	8.4	8.6	8.7	8.8	9.1
3상 4선 5.2[kV]	%r	5.5	7.0	9.3	11.6	14.9	19.1	25.2	39.8	27.7	43.3
	%x	10.2	10.5	10.7	10.9	11.2	11.5	11.8	12.2	12.0	12.4

※ 3상 4선식 5.2[kV] 선로에서 전압선 2선, 중앙선 1선인 경우 단락 용량의 계획은 3상 3선 3[kV] 시에 따른다.

| 표 3. 지중 케이블 전로의 %임피던스 |

배선 방식	선의 굵기 / %r, x	250	200	150	125	100	80	60	50	38	30	22	14
3상 3선 3[kV]	%r	6.6	8.2	13.7	13.4	16.8	20.9	27.6	32.7	43.4	55.9	118.5	–
	%x	5.5	5.6	5.8	5.9	6.0	6.2	6.5	6.6	6.8	7.1	8.3	–
3상 3선 6[kV]	%r	1.6	2.0	2.7	3.4	4.2	5.2	6.9	8.2	8.6	14.0	29.6	–
	%x	1.5	1.5	1.6	1.6	1.7	1.8	1.9	1.9	1.9	2.0	–	–
3상 4선 5.2[kV]	%r	2.2	2.7	3.6	4.5	5.6	7.0	9.2	14.5	14.5	18.6	–	–
	%x	2.0	2.0	2.1	2.2	2.3	2.3	2.4	2.6	2.6	2.7	–	–

(%r, x의 값은 [%/km])

※ 3상 4선식 5.2[kV] 전로의 %r, %x의 값은 6[kV] 케이블을 사용한 것으로서 계산한 것이다.
※ 3상 3선식 5.2[kV]에서 전압선 2선, 중앙선 1선의 경우 단락용량의 계산은 3상 3선식 3[kV] 전로에 따른다.

1 수전설비에서의 합성 %임피던스를 계산하시오.
2 수전설비에서의 3상 단락용량을 계산하시오.
3 수전설비에서의 3상 단락전류를 계산하시오.
4 수전설비에서의 정격차단용량을 계산하고, 표에서 적당한 용량을 찾아 선정하시오.

해답 1 계산

- 변압기 : 기준용량 10,000[kVA]으로 환산하면

$$\%X_t = \frac{10,000}{3,000} \times 7.4 = 24.67[\%]$$

- 지중선 : 표 3에 의해

$$\%Z_l = \%r + j\%x = (0.095 \times 4.2) + j(0.095 \times 1.7) = 0.399 + j0.1615$$

- 가공선 : 표 2에 의해

구분		%r	%x
가공선	100[mm²]	0.4×4.1＝1.64	0.4×7.5＝3
	60[mm²]	1.4×7＝9.8	1.4×7.9＝11.06
	38[mm²]	0.7×11.2＝7.84	0.7×8.2＝5.74
	5[mm]	1.2×20.8＝24.96	1.2×8.8＝10.56
계		44.24	30.36

- 합성 %임피던스 $\%Z = \%Z_g + \%Z_t + \%Z_l$

$$= j1.5 + j24.67 + 0.399 + j0.1615 + 44.24 + j30.36$$
$$= 44.639 + j56.6915 = 72.16[\%]$$

답 72.16[%]

2 계산 : 단락용량 $P_s = \frac{100}{\%Z}P_n = \frac{100}{72.16} \times 10,000 = 13,858.09[kVA]$

답 13,858.09[kVA]

❸ 계산 : 단락전류 $I_s = \frac{100}{\%Z} I_n = \frac{100}{72.16} \times \frac{10,000}{\sqrt{3} \times 6.6} = 1,212.27[A]$

답 1,212.27[A]

❹ 계산 : 차단용량$= \sqrt{3} \times$ 정격 전압 $\times$ 정격 차단 전류

$= \sqrt{3} \times 7,200 \times 1,212.27 \times 10^{-6} = 15.12[MVA]$

답 25[MVA] 선정

04 ★★★★★ [5점]

조명설비에 대한 다음 각 물음에 답하시오.

❶ 배선 도면에 $\bigcirc_{H300}$으로 표현되어 있다. 이것의 의미를 쓰시오.

❷ 평면이 30×15[m]인 사무실에 32[W], 전광속 3,000[lm]인 형광등을 사용하여 평균 조도를 450[lx]로 유지하도록 설계하고자 한다. 이 사무실에 필요한 형광등 수를 산정하시오. (단, 조명률은 0.6이고, 감광보상률은 1.3이다.)

해답 ❶ 300[W] 수은등

❷ 계산

조명설계공식 FUN=EDA 이용

전등 수 : $N = \frac{EDA}{FU} = \frac{\text{조도} \times \text{감상보상률} \times \text{면적}}{\text{광속} \times \text{조명률}}$

$= \frac{450 \times 1.3 \times (30 \times 15)}{3,000 \times 0.6} = 146.25$

답 147[등]

05 ★★★★★ [3점]

특고압 대용량 유입변압기 내부사고 시 보호계전기 중 기계적인 계전기를 3가지만 쓰시오.

해답 ① 충격 압력계전기

② 온도 계전기

③ 부흐홀쯔 계전기

TIP

➤ 전기적인 계전기

① 비율 차동 계전기

② 과전류 계전기

③ 차동 계전기

06 ★★★★★ [5점]

전력용 콘덴서에 설치하는 직렬 리액터(S.R)의 용량 산정에 대하여 설명하시오.

해답 $5\omega_L = \dfrac{1}{5\omega_C}$

$\omega_L = \dfrac{1}{25} \cdot \dfrac{1}{\omega_C}$ 여기서, ω_L : 리액터

$\omega_L = 0.04 \cdot \dfrac{1}{\omega_C}$ 여기서, $\dfrac{1}{\omega_C}$: 콘덴서

이론상 : 4[%]이지만 실제 : 6[%]

TIP

주파수 변동을 고려하여 이론값보다 크게 선정한다.

07 ★★☆☆☆ [4점]

지름 30[cm]인 완전 확산성 반구형 전구를 사용하여 평균 휘도가 0.3[cd/cm²]인 천장등을 가설하려고 한다. 기구효율을 0.75라 하면, 이 전구의 광속은 몇 [lm] 정도이어야 하는지 계산하시오.(단, 광속발산도는 0.95[lm/cm²]라 한다.)

해답 계산 : 광원의 면적(반구) : $S = \dfrac{4\pi r^2}{2} = \dfrac{\pi D^2}{2} = \dfrac{\pi \times 30^2}{2} = 1{,}413.72[cm^2]$

광속 $F = \dfrac{R \times S}{\eta} = \dfrac{\text{광속발산도} \times \text{광원의 면적}}{\text{기구효율}} = \dfrac{0.95 \times 1{,}413.72}{0.75} = 1{,}790.71[lm]$

답 1,790.71[lm]

TIP

광속발산도 $R = \dfrac{F}{S} \cdot \eta$ 이용

08 ★★★★☆ [6점]

3상 4선식 교류 380[V], 30[kVA] 부하가 변전실 배전반에서 300[m] 떨어져 설치되어 있다. 허용 전압강하는 얼마이며 이 경우 배전용 전선의 최소 굵기는 얼마로 하여야 하는지 계산하시오. ※ KEC 규정에 따라 변경

1 허용 전압강하를 계산하시오.

2 전선의 굵기를 선정하시오.

해답 1 계산

$e=380\times0.055=20.9[V]$ (∵ 저압수전 -5%, $(300-100)m\times0.005=1\%\rightarrow0.5\%$ 적용)

답 20.9[V]

2 계산

$$I=\frac{P}{\sqrt{3}V}=\frac{30\times10^3}{\sqrt{3}\times380}=45.58[A]$$

$$\text{전선의 굵기}=\frac{17.8LI}{1{,}000e}=\frac{17.8\times300\times45.58}{1{,}000\times220\times0.055}=20.12[mm^2]$$

답 25[mm²]

TIP

① 다른 조건을 고려하지 않을 경우 설비의 인입구로 부터 기기까지의 전압강하는 아래의 값 이하이어야 한다.

설비의 유형	조명[%]	기타[%]
A – 저압으로 수전하는 경우	3	5
B * – 고압 이상으로 수전하는 경우	6	8

* 가능한 한 최종회로 내의 전압강하가 A유형을 넘지 않도록 하는 것이 바람직하다. 사용자의 배선설비가 100[m] 넘는 부분의 전압강하는 미터당 0.005[%] 증가할 수 있으나 이러한 증가분은 0.5[%]를 넘지 않도록 한다.

② 배전방식에 따른 도체단면적

단상 2선식	$A=\frac{35.6LI}{1{,}000e}$	선간
3상 3선식	$A=\frac{30.8LI}{1{,}000e}$	선간
3상 4선식	$A=\frac{17.8LI}{1{,}000e}$	대지간

③ IEC 전선규격[mm²]

1.5, 2.5, 4, 6, 10, 16, 25, 35, 50, 70, 95, 120, 150, 185⋯.

09 ★★★☆☆ [7점]

그림은 통상적인 단락, 지락보호에 쓰이는 방식으로서 주보호와 후비보호의 기능을 지니고 있다. 도면을 보고, 사고점이 F_1, F_2, F_3, F_4라고 할 때 주보호와 후비보호에 대한 다음 표의 ( ) 안을 채우시오.

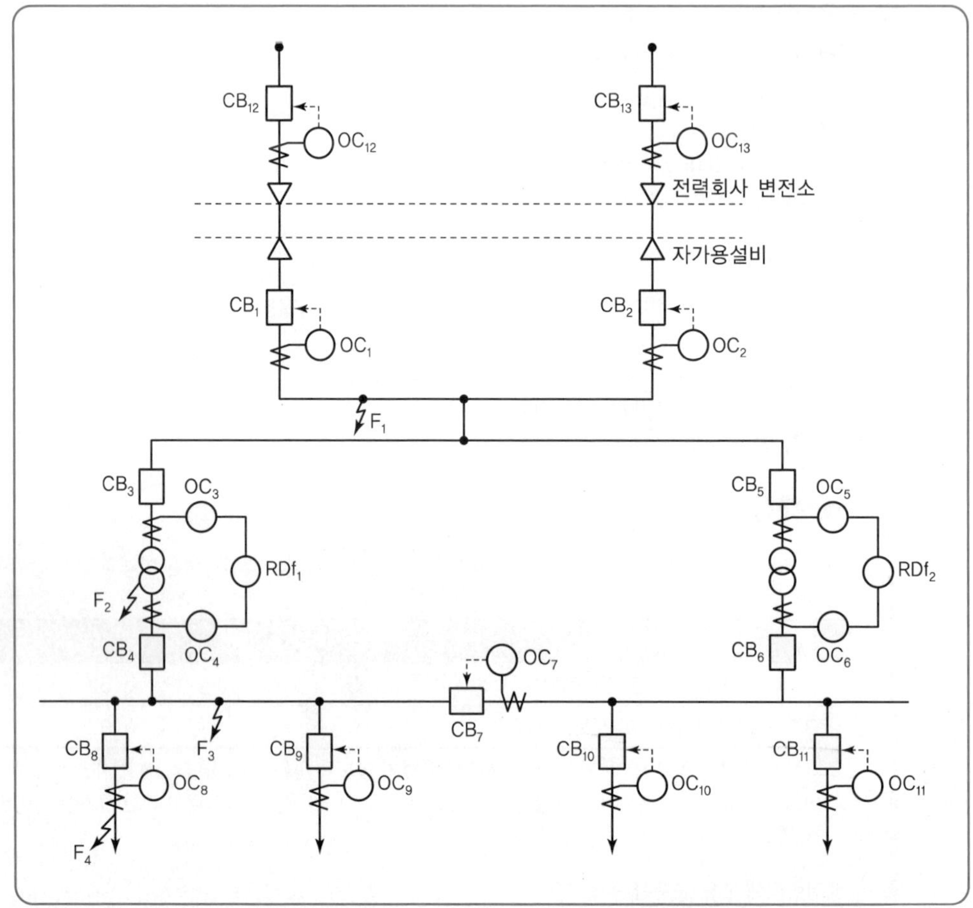

사고점	주보호	후비보호
F_1	예시) OC_1+CB_1, OC_2+CB_2	(①)
F_2	(②)	(③)
F_3	(④)	(⑤)
F_4	(⑥)	(⑦)

해답
① $OC_{12}+CB_{12}$, $OC_{13}+CB_{13}$
② $RDf_1+OC_4+CB_4$, $OC_3+CB_3+RDF_1$
③ OC_1+CB_1, OC_2+CB_2
④ OC_4+CB_4, OC_7+CB_7
⑤ OC_3+CB_3, OC_6+CB_6
⑥ OC_8+CB_8
⑦ OC_4+CB_4, OC_7+CB_7

TIP

① 후비보호 : 사업자(한전) 측 보호
② 주보호 : 수용가 측 보호

10 ★★★★★ [6점]

비접지선로의 접지전압을 검출하기 위하여 그림과 같은 (Y－개방Δ) 결선을 한 GPT가 있다.

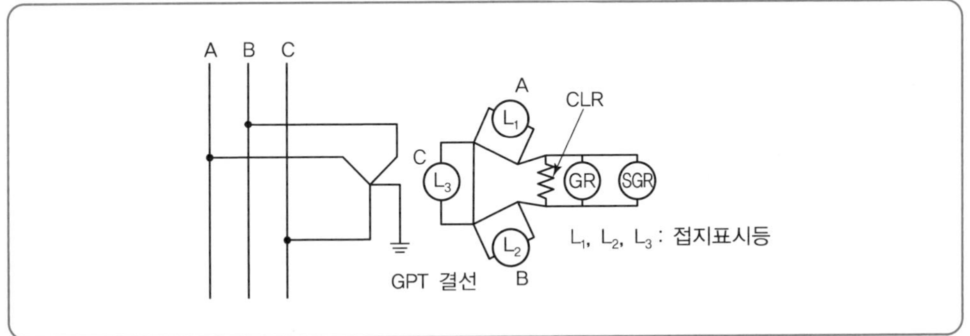

1 A상 고장 시(완전 지락 시), 2차 접지표시등 (L1), (L2), (L3)의 점멸과 밝기를 비교하시오.

2 1선 지락사고 시 건전상(사고가 안 난 상)의 대지 전위의 변화를 간단히 설명하시오.

3 GR, SGR의 정확한 명칭을 우리말로 쓰시오.

해답 **1** (L1) : 소등, 어둡다. (L2), (L3) : 점등, 더욱 밝아진다.

2 전위가 상승한다.

3 GR : 지락(접지) 계전기
SGR : 선택지락(접지) 계전기

TIP

① 지락된 상의 전압은 0이고, 지락되지 않은 상은 전위가 상승한다. A상이 지락되었으므로 (L1)은 소등하고, (L2), (L3)는 점등한다.
② CLR : 한류저항기

11 ★☆☆☆☆ [3점]

전력용 콘덴서의 일상점검 중 육안검사 항목 3가지만 쓰시오.

해답 ① 기름 누설 ② 단자부 과열 ③ 애자 손상
그 외 ④ 보호장치 동작 ⑤ 용기 등의 녹 발생

12 ★★☆☆☆ [10점]

그림은 누전차단기의 적용으로 CVCF 출력 측의 접지용 콘덴서 $C_0 = 6[\mu F]$이고, 부하 측 라인필터의 대지정전용량 $C_1 = C_2 = 0.1[\mu F]$, 누전차단기 ELB_1에서 지락점까지의 케이블에 대지정전용량 $C_{L1} = 0$(ELB_1의 출력단에 지락 발생 예상), ElB_2에서 부하 2까지의 케이블 대지정전용량 $C_{L2} = 0.2[\mu F]$이다. 지락저항은 무시하며, 사용전압은 200[V], 주파수가 60[Hz]인 경우 다음 각 물음에 답하시오.

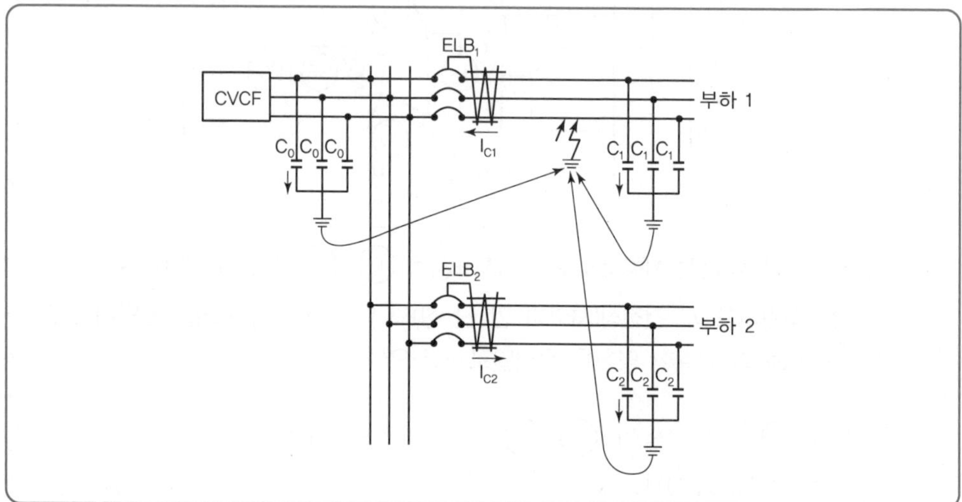

1. 도면에서 CVCF는 무엇인가?
2. 건전 피더 ELB_2에 흐르는 지락전류 I_{C2}는 몇 [mA]인가?
3. 누전차단기 ELB_1, ELB_2가 불필요한 동작을 하지 않기 위해서는 정격감도 전류 몇 [mA] 범위의 것을 선정하여야 하는가?
4. 누전차단기의 시설 예에 대한 표의 빈칸에 ○, △, □를 표현하시오.

기계기구 시설장소 / 전로의 대지전압	옥내		옥측		옥외	물기가 있는 장소
	건조한 장소	습기가 많은 장소	우선 내	우선 외		
150[V] 이하	–	–	–			
150[V] 초과 300[V] 이하			–			

[조건]

- ELB_1에 흐르는 지락전류 I_{C1}은 약 796[mA]($I_{C1} = 3 \times 2\pi fCE$에 의하여 계산)이다.
- 누전차단기는 지락 시의 지락전류의 $\frac{1}{3}$에 동작 가능하여야 하며, 부동작 전류는 건전피더에 흐르는 지락전류의 2배 이상의 것으로 한다.
- 누전차단기의 시설 예에 대한 표시 기호는 다음과 같다.
  ○ : 누전차단기를 시설할 것
  △ : 주택에 기계기구를 시설하는 경우에는 누전차단기를 시설할 것
  □ : 주택구내 또는 도로에 접한 면에 룸에어컨디션, 아이스박스, 진열장, 자동판매기 등 전동기를 부품으로 한 기계기구를 시설하는 경우에는 누전차단기를 시설하는 것이 바람직하다.

* 사람이 조작하고자 하는 기계기구를 시설한 장소보다 전기적인 조건이 나쁜 장소에서 접촉할 우려가 있는 경우에는 전기적 조건이 나쁜 장소에 시설된 것으로 취급한다.

해답 **1** 정전압 정주파수 전원장치

2 계산 : $I_{C2} = 3 \times 2\pi f(C_2 + C_{L2})\frac{V}{\sqrt{3}} = 3 \times 2\pi \times 60 \times (0.1 + 0.2) \times 10^{-6} \times \frac{200}{\sqrt{3}}$

$= 0.03918[A] = 39.18[mA]$

여기서, I_{C2} : ELB_2에 흐르는 지락전류

답 39.18[mA]

3 정격감도 전류의 범위(부동작전류~동작전류)

① 동작전류$\left(\text{지락전류} \times \frac{1}{3}\right)$

계산 : ELB_1에 $I_{C1} = 796 \times \frac{1}{3} = 265.33[mA]$

ELB_2에 $I_{C2} = 835.8 \times \frac{1}{3} = 278.6[mA]$

ELB_2에 $I_g(\text{지락전류}) = 3 \times 2\pi f(C_0 + C_{L1} + C_1 + C_2 + C_{L2})E\left(\frac{V}{\sqrt{3}}\right)$

$= 3 \times 2\pi \times 60 \times (6 + 0 + 0.1 + 0.1 + 0.2)$

$\times 10^{-6} \times \frac{200}{\sqrt{3}} = 0.835[A]$

$= 835.8[mA]$

② 부동작전류(건전상의 지락전류×2)

㉠ 부하 1 케이블에서 부하 2에 흐르는 지락전류(ELB_2)

계산 : $I_{C2} = 3 \times 2\pi f(C_2 + C_{L2}) \times E\left(\frac{V}{\sqrt{3}}\right)$

$= 3 \times 2\pi \times 60 \times (0.1 + 0.2) \times 10^{-6} \times \frac{200}{\sqrt{3}} \times 10^3 = 39.18[mA]$

$ELB_2 = 39.18 \times 2\text{배} = 78.36[mA]$

㉡ 부하 2 케이블에서 부하 1에 흐르는 지락전류(ELB_1)

계산 : $I_{C1} = 3 \times 2\pi \times f(C_1 + C_{L1}) \times E\left(\frac{V}{\sqrt{3}}\right)$

$$= 3 \times 2\pi \times 60 \times (0.1 + 0) \times 10^{-6} \times \frac{200}{\sqrt{3}} \times 10^3 = 13.06[mA]$$

$ELB_1 = 13.06 \times 2$배 $= 26.12[mA]$

답 $ELB_1 = 26.12 \sim 265.33[mA]$

$ELB_2 = 78.36 \sim 278.6[mA]$

4

전로의 대지전압 \ 기계기구 시설장소	옥내 건조한 장소	옥내 습기가 많은 장소	옥측 우선 내	옥측 우선 외	옥외	물기가 있는 장소
150[V] 이하	−	−	−	□	□	○
150[V] 초과 300[V] 이하	△	○	−	○	○	○

13 ★★★★★ [5점]

다음 그림과 같이 150/5[A] 변류기 1차 측에 100[A]의 3상 평형 전류가 흐를 때 전류계 A_3에 흐르는 전류는 몇 [A]인가?

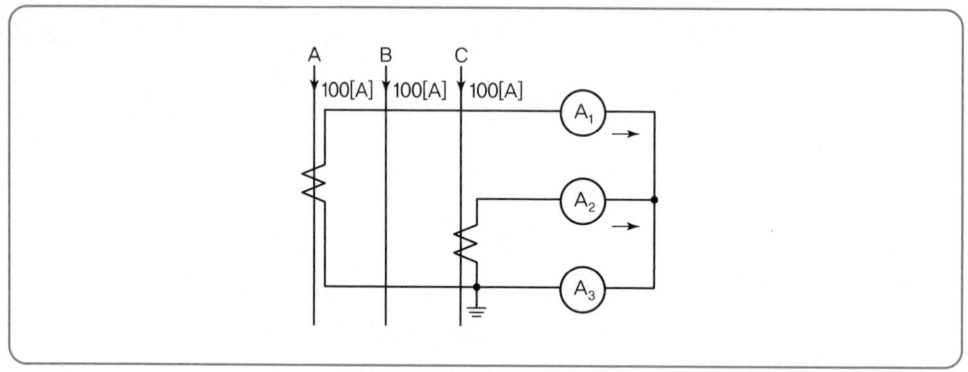

해답 계산 : $A_3 = I_1 \times \frac{1}{CT비}$

$$= 100 \times \frac{5}{150} = 3.333$$

답 3.3[A]

TIP

A_3에 흐르는 전류는 A_1 및 A_2에 흐르는 전류의 벡터 합이다.

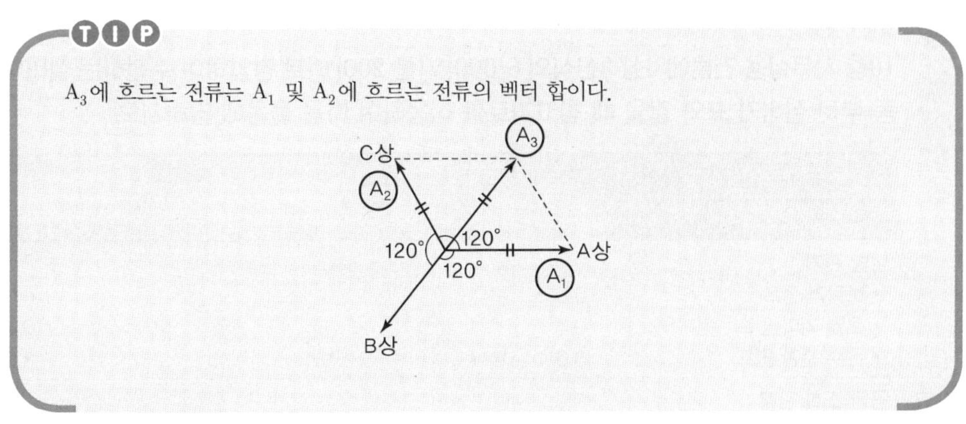

14 ★★★★☆ [4점]

카르노도표를 보고 물음에 답하시오.(단, "0" : L(Low Level), "1" : H(High Level)이며, 입력은 A B C, 출력은 X이다.)

A \ BC	0 0	0 1	1 1	1 0
0		1		1
1		1		1

1 논리식으로 나타낸 후 간략화하시오.

2 무접점 논리회로를 그리시오.

해답 1 계산 : $X = \overline{A}\overline{B}C + A\overline{B}C + \overline{A}B\overline{C} + AB\overline{C}$

$= (\overline{A} + A)\overline{B}C + (\overline{A} + A) \cdot B\overline{C}$ ········· 보수법칙

$= \overline{B}C + B\overline{C}$

답 $X = \overline{B}C + B\overline{C}$

2

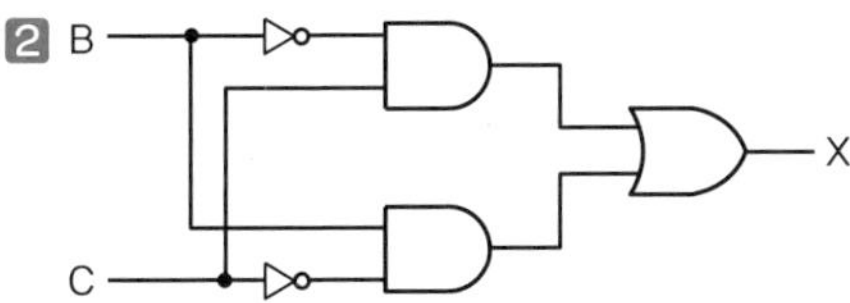

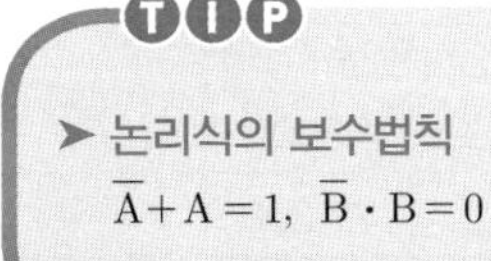

TIP

➤ 논리식의 보수법칙

$\overline{A} + A = 1$, $\overline{B} \cdot B = 0$

15 ★★★★★

[6점]

10층 사무실용 건물에 3상 3선식의 6,000[V]를 200[V]로 강압하여 수전하는 설비이다. 각 종 부하 설비가 표와 같을 때 참고자료를 이용하여 다음 물음에 답하시오.

동력 부하 설비					
사용 목적	용량[kW]	대수	상용 동력[kW]	하계 동력[kW]	동계 동력[kW]
난방 관계					
• 보일러 펌프	6.0	1			6.0
• 오일 기어 펌프	0.4	1			0.4
• 온수 순환 펌프	3.0	1			3.0
공기 조화 관계					
• 1, 2, 3층 패키지 컴프레서	7.5	6		45.0	
• 컴프레서 팬	5.5	3	16.5		
• 냉각수 펌프	5.5	1		5.5	
• 쿨링 타워	1.5	1		1.5	
급수 · 배수 관계					
• 양수 펌프	3.0	1	3.0		
기타					
• 소화 펌프	5.5	1	5.5		
• 셔터	0.4	2	0.8		
합 계			25.8	52.0	9.4

조명 및 콘센트 부하 설비					
사용 목적	와트 수 [W]	설치 수량	환산 용량 [VA]	총 용량 [VA]	비고
전등관계					
• 수은등 A	200	4	260	1,040	200[V] 고역률
• 수은등 B	100	8	140	1,120	200[V] 고역률
• 형광등	40	820	55	45,100	200[V] 고역률
• 백열전등	60	10	60	600	
콘센트 관계					
• 일반 콘센트		80	150	12,000	2P 15[A]
• 환기팬용 콘센트		8	55	440	
• 히터용 콘센트		2		3,000	
• 복사기용 콘센트	1,500	4		3,600	
• 텔레타이프용 콘센트		2		2,400	
• 룸 쿨러용 콘센트		6		7,200	
기타					
• 전화 교환용 정류기		1		800	
합 계				77,300	

| 참고자료 1. 변압기 보호용 전력퓨즈의 정격 전류 |

상수	단상				3상			
공칭전압	3.3[kV]		6.6[kV]		3.3[kV]		6.6[kV]	
변압기 용량 [kVA]	변압기 정격전류 [A]	정격전류 [A]	변압기 정격전류 [A]	정격전류 [A]	변압기 정격전류 [A]	정격전류 [A]	변압기 정격전류 [A]	정격전류 [A]
5	1.52	5	0.76	1.5	0.88	1.5	–	–
10	3.03	7.5	1.52	3	1.8	3	0.88	1.5
15	4.55	7.5	2.28	3	2.63	3	1.3	2
20	6.06	7.5	3.03	7.5	–	–	–	–
30	9.10	15	4.56	7.5	5.26	7.5	2.63	3
50	15.2	20	7.60	15	8.45	15	4.38	7.5
75	22.7	30	11.4	15	13.1	15	6.55	7.5
100	30.3	45	15.2	20	17.5	20	8.75	15
150	45.5	50	22.7	30	26.3	30	13.1	15
200	60.7	75	30.3	50	35.0	50	17.5	25
300	91.0	100	45.5	60	52.0	75	26.3	30
400	121.4	150	60.7	75	70.0	75	35.0	50
500	152.0	200	75.87	100	87.5	100	43.8	50

| 참고자료 2. 배전용 변압기의 정격 |

항목			소형 6[kV] 유입 변압기							중형 6[kV] 유입 변압기						
정격 용량[kVA]			3	5	7.5	10	15	20	30	50	75	100	150	200	300	500
정격 2차 전류 [A]	단상	105 [V]	28.6	47.6	71.4	95.2	143	190	286	476	714	852	1,430	1,904	2,857	4,762
		210 [V]	14.3	23.8	35.7	47.6	71.4	95.2	143	238	357	476	714	952	1,429	2,381
	3상	210 [V]	8	13.7	20.6	27.5	41.2	55	82.5	137	206	275	412	550	825	1,376

항목			소형 6[kV] 유입 변압기	중형 6[kV] 유입 변압기
정격 전압	정격 2차 전압		6,300[V] 6/3[kV] 공용 : 6,300[V]/3,150[V]	6,300[V] 6/3[kV] 공용 : 6,300[V]/3,150[V]
	정격 2차 전압	단상	210[V] 및 105[V]	200[kVA] 이하의 것 : 210[V] 및 105[V] 200[kVA] 이하의 것 : 210[V]
		3상	210[V]	210[V]
탭 전압	전용량 탭전압	단상	6,900[V], 6,600[V] 6/3[kV] 공용 : 6,300[V]/3,150[V] 6,600[V]/3,300[V]	6,900[V], 6,600[V]
		3상	6,600[V] 6/3[kV] 공용 : 6,600[V]/3,300[V],	6/3[kV] 공용 : 6,300[V]/3,150[V] 6,600[V]/3,300[V]
	저감 용량 탭전압	단상	6,000[V], 5,700[V] 6/3[kV] 공용 : 6,000[V]/3,000[V] 5,700[V]/2,850[V]	6,000[V], 5,700[V]
		3상	6,600[V] 6/3[kV] 공용 : 6,000[V]/3,300[V]	6/3[kV] 공용 : 6,000[V]/3,300[V] 5,700[V]/2,850[V]
변압기의 결선		단상	2차 권선 : 분할 결선	3상 1차 권선 : 성형 권선 2차 권선 : 삼각 권선
		3상	1차 권선 : 성형 권선, 2차 권선 : 성형 권선	

| 참고자료 3. 역률개선용 콘덴서의 용량 계산표[%] |

구분		개선 후의 역률																	
		1.00	0.99	0.98	0.97	0.96	0.95	0.94	0.93	0.92	0.91	0.90	0.89	0.88	0.87	0.86	0.85	0.83	0.80
개선 전의 역률	0.50	173	159	153	148	144	140	137	134	131	128	125	122	119	117	114	111	106	98
	0.55	152	138	132	127	123	119	116	112	108	106	103	101	98	95	92	90	85	77
	0.60	133	119	113	108	104	100	97	94	91	88	85	82	79	77	74	71	66	58
	0.62	127	112	106	102	97	94	90	87	84	81	78	75	73	70	67	65	59	52
	0.64	120	106	100	95	91	87	84	81	78	76	72	69	66	63	61	58	53	45
	0.66	114	100	94	89	85	81	78	74	71	68	65	63	60	57	54	52	47	39
	0.68	108	94	88	83	79	75	72	68	65	62	59	57	54	51	49	46	41	33
	0.70	102	88	82	77	73	69	66	63	59	56	54	51	48	45	43	40	35	27
	0.72	96	82	76	71	67	64	60	57	54	51	48	45	42	40	37	34	29	21
	0.74	91	77	71	68	62	58	55	51	48	45	43	40	37	34	32	29	24	16
	0.76	86	71	65	60	58	53	49	46	43	40	37	34	32	29	26	24	18	11
	0.78	80	66	60	55	51	47	44	41	38	35	32	29	26	24	21	18	13	5
	0.79	78	63	57	53	48	45	41	38	34	32	29	25	24	21	18	16	10	2.6
	0.80	75	61	55	50	46	42	39	36	32	29	27	24	21	18	16	13	8	
	0.81	72	58	52	47	43	40	36	33	30	27	24	21	18	16	13	10	5	
	0.82	70	56	50	45	41	37	34	30	27	24	21	18	16	13	10	8	2.6	
	0.83	67	53	47	43	38	34	31	28	25	22	19	16	13	11	8	5		
	0.84	65	50	44	40	35	32	28	25	22	19	16	13	11	8	5	2.6		
	0.85	62	48	42	37	33	29	25	23	19	16	14	11	8	5	2.7			
	0.86	59	45	39	34	30	28	23	20	17	14	11	8	5	2.6				
	0.87	57	42	36	32	28	24	20	17	14	11	8	6	2.7					
	0.88	54	40	34	29	25	21	18	15	11	8	6	2.8						
	0.89	41	37	31	26	22	18	15	12	9	6	2.8							
	0.90	48	34	28	23	19	16	12	9	6	2.8								
	0.91	46	31	25	21	16	13	9	8	3									
	0.92	43	28	22	18	13	10	8	3.1										
	0.93	40	25	19	14	10	7	3.2											
	0.94	36	22	16	11	7	3.4												
	0.95	33	19	13	8	3.7													
	0.96	29	15	9	4.1														
	0.97	25	11	4.8															
	0.98	20	8																
	0.99	14																	

1 동계 난방 때 온수 순환 펌프는 상시 운전하고, 보일러용과 오일 기어 펌프의 수용률이 60[%]일 때 난방 동력 수용 부하는 몇 [kW]인가?

2 동력 부하의 역률이 전부 80[%]라고 한다면 피상 전력은 각각 몇 [kVA]인가?(단, 상용 동력, 하계 동력, 동계 동력별로 각각 계산하시오.)

구분	계산과정	답
상용 동력		
하계 동력		
동계 동력		

3 총 전기설비용량은 몇 [kVA]를 기준으로 하여야 하는가?

4 전등의 수용률은 70[%], 콘센트 설비의 수용률은 50[%]라고 한다면 몇 [kVA]의 단상 변압기에 연결하여야 하는가?(단, 전화 교환용 정류기는 100[%] 수용률로서 계산한 결과에 포함시키며 변압기 예비율은 무시한다.)

5 동력 설비 부하의 수용률이 모두 60[%]라면 동력 부하용 3상 변압기의 용량은 몇 [kVA]인가?(단, 동력 부하의 역률은 80[%]로 하며 변압기의 예비율은 무시한다.)

6 상기 건물에 시설된 변압기 총 용량은 몇 [kVA]인가?

7 단상 변압기와 3상 변압기의 1차 측의 전력 퓨즈의 정격 전류는 각각 몇 [A]의 것을 선택하여야 하는가?

8 선정된 동력용 변압기 용량에서 역률을 95[%]로 개선하려면 콘덴서 용량은 몇 [kVA]인가?

해답 1 계산 : 수용부하=(수용률 적용 부하×수용률)+수용률 비적용 부하

$=((6.0+0.4)\times 0.6)+3.0=6.84[\text{kW}]$

답 6.84[kW]

2 계산 : $\text{피상전력}[\text{kVA}]=\dfrac{\text{각 동력}[\text{kW}]}{\text{역률}}$

구분	계산과정	답
상용동력	$\dfrac{25.8}{0.8}=32.25[\text{kVA}]$	32.25[kVA]
하계동력	$\dfrac{52}{0.8}=65[\text{kVA}]$	65[kVA]
동계동력	$\dfrac{9.4}{0.8}=11.75[\text{kVA}]$	11.75[kVA]

3 계산 : 총 전기설비용량=상용동력[kVA]+하계동력[kVA]+기타 설비용량[kVA]

$=32.25+65+77.3=174.55[\text{kVA}]$

답 174.55[kVA]

4 계산 : 수용 부하=Σ 각 관계 설비부하×수용률

$=(1.04+1.12+45.1+0.6)\times 0.7+(12+0.44+3+3.6+2.4+7.2)\times 0.5+0.8\times 1$

$=48.622[\text{kVA}]$

일 때, 참고자료 1에서 선정하면 50[kVA]이다.

답 50[kVA]

5 계산 : 총 동력설비용량을 구할 때는 하계동력과 동계동력은 동시에 사용하지 않으므로, 용량이 큰 하계동력을 선정하여 상용동력과 합산한다.

총 동력설비용량=$(32.25+65)\times 0.6=58.35[\text{kVA}]$일 때, [참고자료 1]에서 선정하면 75[kVA]이다.

답 75[kVA]

6 계산 : 총 변압기 용량=단상 변압기 용량+3상 변압기 용량
=50+75=125[kVA]

답 125[kVA]

7 계산 : [참고자료 1]의 6.6[kV]에서
단상은 50[kVA]일 때 15[A], 3상은 75[kVA]일 때 7.5[A]이다.

답 단상 : 15[A], 3상 : 7.5[A]

8 계산 : 동력설비의 개선 전 역률 80[%](물음 2 참조)에서 95[%]로 역률 개선 시
[참고자료 3]에서 80[%](세로)와 95[%](가로)가 만나는 0.42를 선정하면,
콘덴서의 용량=[kW]×0.42=(변압기 용량[kVA]×개선 전 역률)×0.42
=(75×0.8)×0.42=25.2[kVA]

답 25.2[kVA]

16 ★☆☆☆☆ [6점]

간이 수변전설비에서는 1차 측 개폐기로 ASS(Auto Section Switch)나 인터럽터 스위치를 사용하고 있다. 이 두 스위치의 명칭을 쓰고 차이점을 비교 설명하시오.

해답 1 ASS
① 명칭 : 자동 고장 구분 개폐기
② 차이점 : 과부하 차단, 사고확대 방지

2 인터럽터 스위치
① 명칭 : 기중 부하 개폐기
② 차이점 : 300[kVA] 이하인 입구 개폐기로 사용되며 충전전류 등 소전류 개폐가 가능하다.

17 ★★★★☆ [5점]

디젤발전기를 5시간 전부하로 운전할 때 중유의 소비량이 287[kg]이었다. 이 발전기의 정격 출력을 계산하시오.(단, 중유의 열량은 10^4[kcal/kg], 기관효율 35.3[%], 발전기효율 85.7[%], 전부하 시 발전기역률 85[%]이다.)

해답 계산 : $P = \dfrac{BH\eta_t\eta_g}{860T\cos\theta} = \dfrac{287 \times 10^4 \times 0.353 \times 0.857}{860 \times 5 \times 0.85} = 237.55$[kVA]

답 237.55[kVA]

TIP

$\eta = \dfrac{860Pt}{mH} \times 100$

여기서, P : 전력(kW), m : 질량(kg), H : 열량(kcal/kg), t : 시간(h)

ENGINEER ELECTRICITY

2013년 기출문제

2013년도 1회 시험

과년도 기출문제

회독 체크	□1회독	월 일	□2회독	월 일	□3회독	월 일

01 ★★★☆☆ [5점]

그림과 같은 수전계통을 보고 다음 각 물음에 답하시오.

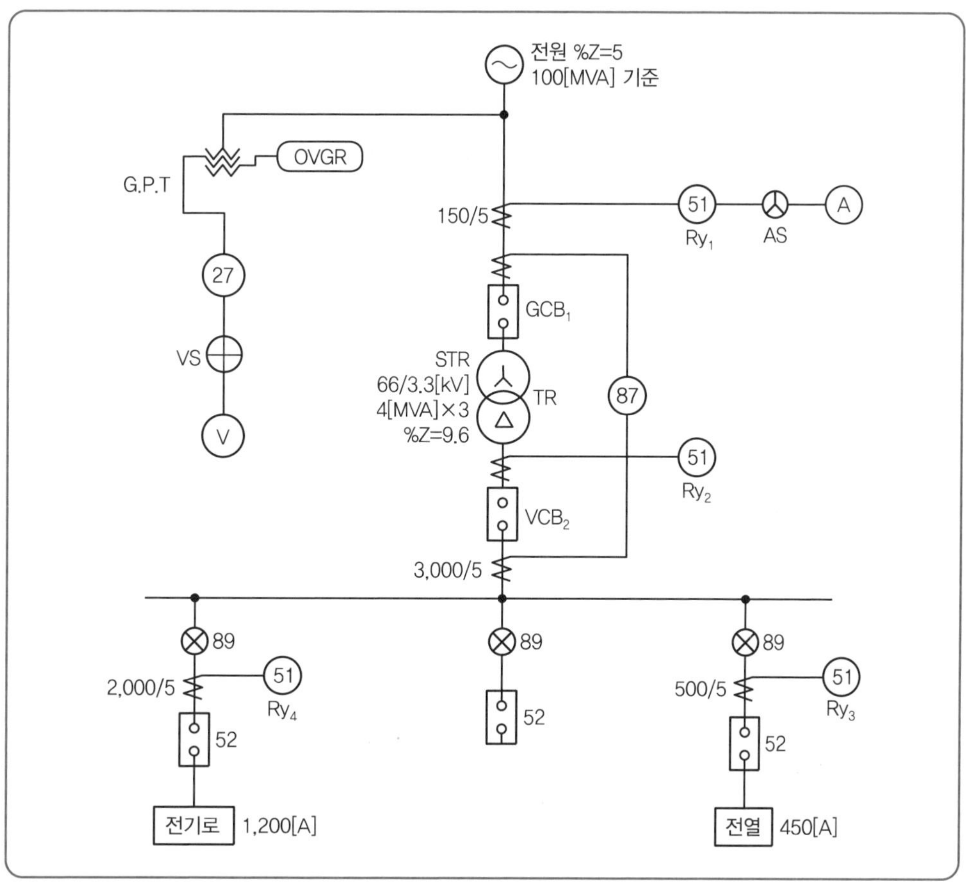

1 "27"과 "87" 계전기의 명칭과 용도를 설명하시오.

2 다음의 조건에서 과전류계전기 Ry_1, Ry_2, Ry_3, Ry_4의 탭(Tap) 설정값은 몇 [A]가 가장 적정한지를 계산에 의하여 정하시오.

[조건]

- Ry_1, Ry_2의 탭 설정값은 부하전류 1.6배에서 설정한다.
- Ry_3의 탭 설정값은 부하전류 1.5배에서 설정한다.
- Ry_4는 부하가 변동 부하이므로, 탭 설정값은 부하전류 2배에서 설정한다.
- 과전류 계전기의 전류탭은 2[A], 3[A], 4[A], 5[A], 6[A], 7[A], 8[A]가 있다.

3 차단기 GCB_1의 정격전압은 몇 [kV]인가?

4 전원 측 차단기 GCB_1의 정격용량을 계산하고, 다음의 표에서 가장 적당한 것을 선정하도록 하시오.

| 차단기의 정격차단용량[MVA] |

1,000	1,500	2,000	3,500

해답 1

계전기	명칭	용도
27	부족전압 계전기	정전 · 부족전압 시 차단기 개방
87	비율차동 계전기	변압기의 내부고장 보호용으로 사용

2

계전기	계산	설정값
Ry_1	$I=\dfrac{4\times10^6\times3}{\sqrt{3}\times66\times10^3}\times\dfrac{5}{150}\times1.6=5.6[A]$	6[A]
Ry_2	$I=\dfrac{4\times10^6\times3}{\sqrt{3}\times3.3\times10^3}\times\dfrac{5}{3{,}000}\times1.6=5.6[A]$	6[A]
Ry_3	$I=450\times\dfrac{5}{500}\times1.5=6.75[A]$	7[A]
Ry_4	$I=1{,}200\times\dfrac{5}{2{,}000}\times2=6[A]$	6[A]

3 72.5[kV]

4 계산 : $P_s=\dfrac{100}{\%Z}P=\dfrac{100}{5}\times100=2{,}000[MVA]$ 답 2,000[MVA]

TIP

① 변압기 용량 $=\dfrac{\text{개별 최대전력의 합}}{\text{부등률}\times\cos\theta}$

② (87) 계전기 → 전류차동계전기는 60, 70년도에 사용된 것이며 80년 이후로는 비율차동계전기가 사용되고 있다.

③ 변압기용량 선정

"정격값, 표준용량, 선정하라"라고 하면 표준용량을 답해야 함

예 47.5[kVA] 답 50[kVA]

"구하라, 얼마인가" 등으로 나오면 계산값을 써도 됨

예 47.5[kVA] 답 47.5 또는 50[kVA]

④ 계전기탭=부하전류$(I_1)\times\dfrac{1}{\text{CT비}}\times$배수

02 ★★☆☆☆

[5점]

다음 개폐기의 종류를 나열한 것이다. 기기의 특징에 알맞은 명칭을 빈칸에 쓰시오.

명칭	특징
①	• 전로의 접속을 바꾸거나 끊는 목적으로 사용 • 전류의 차단능력은 없음 • 무전류 상태에서 전로 개폐
②	• 평상시 부하전류의 개폐는 가능하나 이상 시 (과부하, 단락) 보호기능은 없음 • 개폐 빈도가 적은 부하의 개폐용 스위치로 사용 • 전력 Fuse와 사용 시 결상방지 목적으로 사용
③	• 평상시 부하전류 혹은 과부하 전류까지 안전하게 개폐 • 부하의 개폐 · 제어가 주목적이고, 개폐 빈도가 많음 • 부하의 조작, 제어용 스위치로 이용
④	• 평상시 전류 및 사고 시 대전류를 지장 없이 개폐 • 주회로 보호용 사용
⑤	• 일정치 이상의 과부하전류에서 단락전류까지 대전류 차단 • 전로의 개폐 능력은 없다.

해답 ① 단로기 ② 고압 부하개폐기
③ 전자개폐기 ④ 차단기
⑤ 전력퓨즈

03 ★★☆☆☆

[5점]

옥외용 변전소 내의 변압기 사고라고 생각할 수 있는 사고의 종류 5가지만 쓰시오.

해답 ① 권선의 단선 ② 고 · 저압 권선 간의 혼촉
③ 부싱 파괴 또는 리드선의 절연파괴 ④ 권선(Coil)의 상간 및 층간 단락
⑤ 권선과 철심 간의 절연파괴 또는 접지(지락) 그 외 ⑥ 과열사고(과부하)

04 ★★☆☆☆

[5점]

유도전동기에 콘덴서를 설치할 경우 자기여자현상이 발생되는 이유와 현상을 설명하시오.

해답 ① 이유 : 콘덴서의 용량성 무효전류가 유도전동기의 자화전류보다 큰 경우에 발생한다.
② 현상 : 전동기 단자 전압이 상승하여 절연고장된다.

TIP

➤ 대책
① 무효전력 정격값 선정
② 전동기 무부하전류(자화전류)의 80[%] 값으로 콘덴서 용량 선정
③ 전동기 권장용량 사용

05 ★★☆☆☆ [6점]

그림과 같이 부하를 운전 중인 상태에서 변류기 2차 측의 전류계를 교체할 때에는 어떠한 순서로 작업해야 하는지 쓰시오.(단, K와 L은 변류기 1차 단자, k와 l은 변류기 2차 단자, a와 b는 전류계 단자이다.)

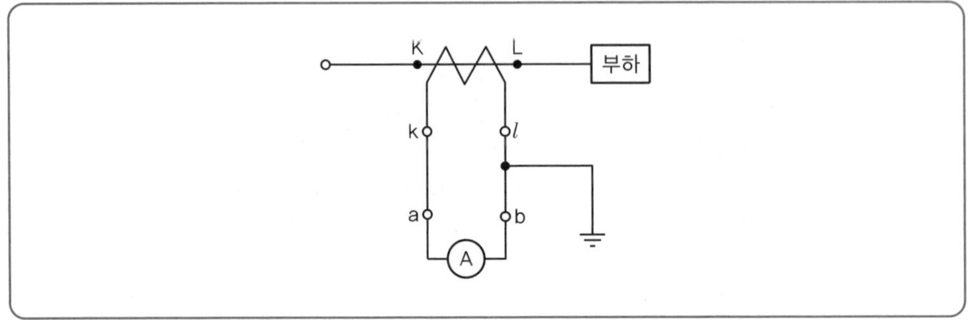

해답 ① 변류기 2차 단자 k와 l을 단락
② 전류계 단자 a와 b를 분리하여 전류계 교체
③ 단락한 변류기 2차 단자 k와 l을 개방

06 ★★★★★ [5점]

그림과 같이 역률 100[%]인 부하가 각 상과 중성선 간에 연결되어 있다. a상, b상, c상에 흐르는 전류가 220[A], 172[A] 및 190[A]이다. 중성점에 흐르는 전류 크기의 절댓값은?

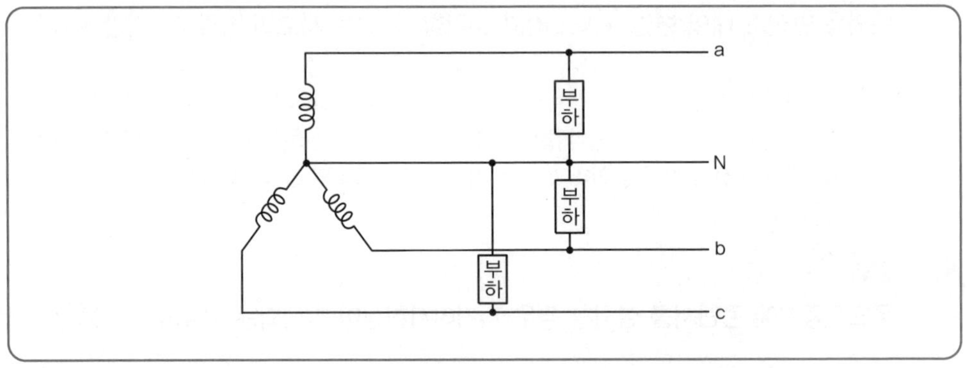

해답 계산 : $I_N = I_a + I_b + I_c = I_a + a^2 I_b + a I_c$

$$= 220 + 172 \cdot \left(-\frac{1}{2} - j\frac{\sqrt{3}}{2}\right) + 190 \cdot \left(-\frac{1}{2} + j\frac{\sqrt{3}}{2}\right)$$

$$= 39 + j9\sqrt{3}$$

$$\therefore |I_N| = \sqrt{39^2 + (9\sqrt{3})^2} = 42[A]$$

답 42[A]

TIP

$a = 1\angle 120 = 1\angle -240 = -\frac{1}{2} + j\frac{\sqrt{3}}{2}$

$a^2 = 1\angle 240 = 1\angle -120 = -\frac{1}{2} - j\frac{\sqrt{3}}{2}$

$I_N = I_a + I_b + I_c = I_a + 1\angle 240 \cdot I_b + 1\angle 120 \cdot I_c$

$\quad = I_a + I_b\left(-\frac{1}{2} - j\frac{\sqrt{3}}{2}\right) + I_c\left(-\frac{1}{2} + j\frac{\sqrt{3}}{2}\right)$

07 ★★★★★ [5점]

그림은 축전지 충전회로이다. 다음 물음에 답하시오.

1 충전방식은?

2 이 방식의 역할(특징)을 쓰시오.

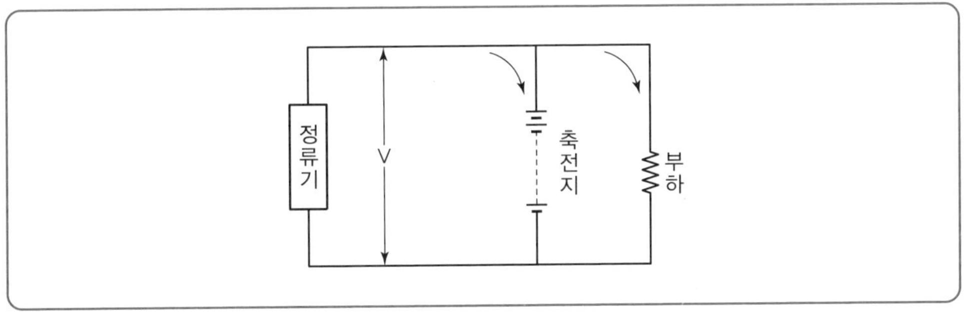

해답 1 부동충전방식

2 부동충전방식은 축전지의 자가 방전을 보충함과 동시에 상용부하에 대한 전력공급은 충전기가 부담하고, 일시적인 대전류부하는 축전지로 하여금 부담케 하는 방식이다.

TIP

부동충전방식 회로도를 암기할 것!

08 ★★★★★

[5점]

길이 30[m], 폭 50[m]인 방에 평균조도 200[lx]를 얻기 위해 전광속 2,500[lm]의 40[W] 형광등을 사용했을 때 필요한 등수를 계산하시오.(단, 조명율 0.6, 감광보상율 1.2이고 기타 요인은 무시한다.)

해답 계산 : $N = \frac{EAD}{FU} = \frac{200 \times 30 \times 50 \times 1.2}{2,500 \times 0.6} = 240$[등]

답 240[등]

TIP

$N = \frac{EAD}{FU} = \frac{EA}{FUM}$[등]

여기서, F : 광원 1개당의 광속[lm], N : 광원의 개수[등], E : 작업면상의 평균조도[lx]
A : 방의 면적[m^2], D : 감광보상률(D > 1), U : 조명률[%], M : 유지율(보수율)

09 ★★★★☆

[12점]

다음 그림은 리액터 기동 정지 조작회로의 미완성 도면이다. 이 도면에 대하여 다음 물음에 답하시오.

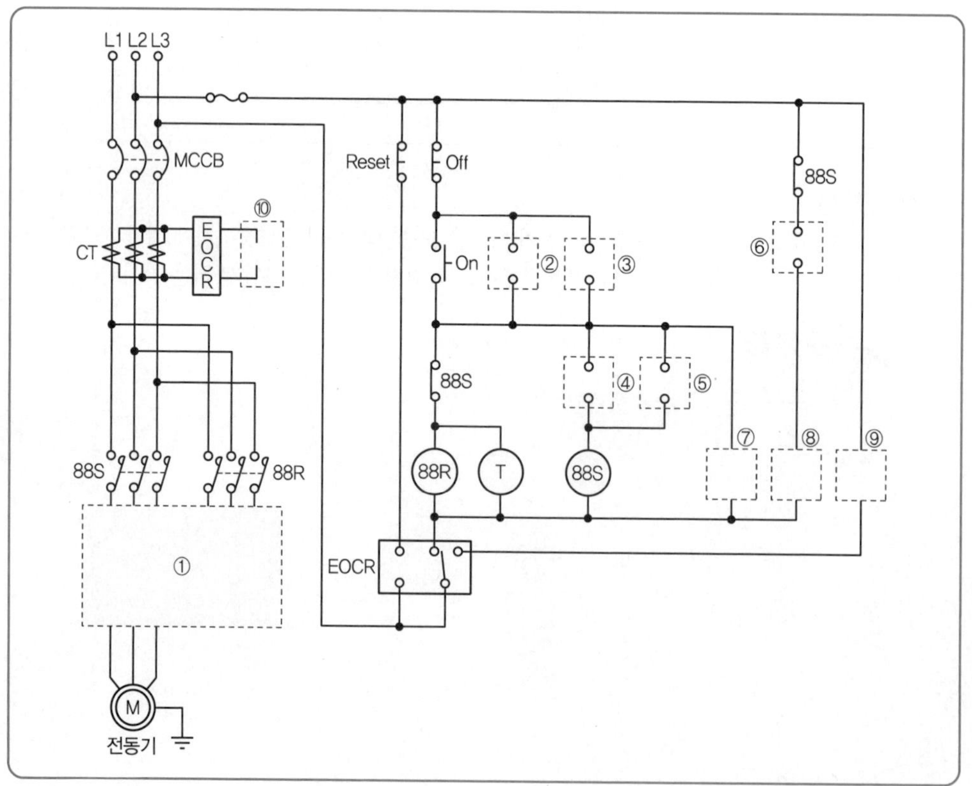

1 ① 부분의 미완성 주회로를 회로도에 직접 그리시오.

2 제어회로에서 ②, ③, ④, ⑤, ⑥ 부분의 접점을 완성하고 그 기호를 쓰시오.

3 ⑦, ⑧, ⑨, ⑩ 부분에 들어갈 LAMP와 계기의 그림 기호를 그리시오.(예 : (G) 정지, (R) 기동 및 운전, (P) 과부하로 인한 정지)

4 직입기동 시 시동전류가 정격전류의 6배가 되는 전동기를 65[%] 탭에서 리액터 시동한 경우 시동전류는 약 몇 배 정도가 되는지 계산하시오.

5 직입기동 시 시동토크가 정격토크의 2배였다고 하면 65[%] 탭에서 리액터 시동한 경우 시동토크는 어떻게 되는지 설명하시오.

해답 **1**

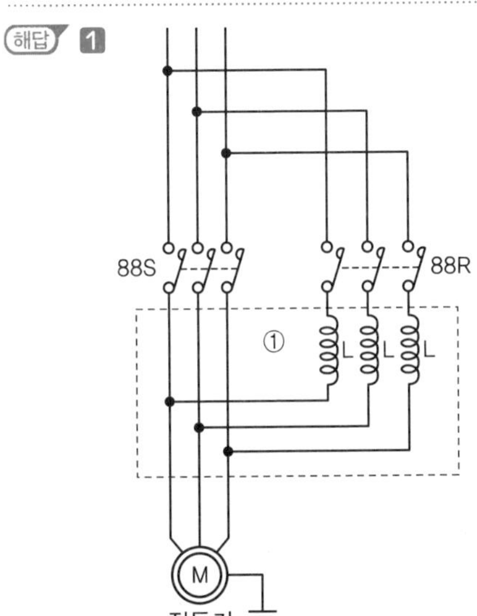

2

구분	②	③	④	⑤	⑥
접점 및 기호	88R	88S	T-a	88S	88R

3

구분	⑦	⑧	⑨	⑩
그림 기호	(R)	(G)	(P)	(A)

4 계산 : 기동 전류 $I_0 \propto V_1$이고, 시동 전류는 정격 전류의 6배이므로

$I_0 = 6I \times 0.65 = 3.9I$ 　　답 3.9배

5 계산 : 시동 토크 $T_0 \propto V_1^2$이고, 시동 토크는 정격 토크의 2배이므로

$T_0 = 2T \times 0.65^2 = 0.845T$ 　　답 0.85배

10 ★★★★★

[5점]

부하가 유도전동기이며, 기동 용량이 1,000[kVA]이고, 기동 시 전압강하는 20[%]이며, 발전기의 과도리액턴스가 25[%]이다. 이 전동기를 운전할 수 있는 자가발전기의 최소용량은 몇 [kVA]인지 계산하시오.

해답 계산 : $\left(\frac{1}{e}-1\right)\times x_d \times$ 기동 용량 $=\left(\frac{1}{0.2}-1\right)\times 0.25\times 1{,}000 = 1{,}000[\text{kVA}]$

답 1,000[kVA]

TIP

발전기 정격용량 $=\left(\frac{1}{\text{허용 전압 강하}}-1\right)\times$ 기동 용량 $\times$ 과도리액턴스[kVA]

11 ★★★☆☆

[5점]

그림과 같은 배전선로가 있다. 이 선로의 전력손실은 몇 [kW]인지 계산하시오.

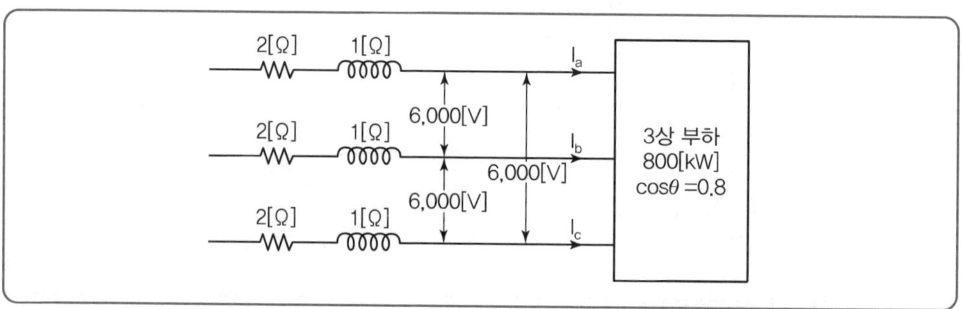

해답 계산 : 부하 전류 $I=\frac{P}{\sqrt{3}V\cos\theta}=\frac{800\times 10^3}{\sqrt{3}\times 6{,}000\times 0.8}=96.23[\text{A}]$

전력 손실 $P_l = 3I^2R = 3\times 96.23^2\times 2\times 10^{-3} = 55.56[\text{kW}]$

답 55.56[kW]

TIP

① 3상 부하 전력손실 $=3I^2R$

② 단상 부하 전력손실 $=I^2R$

12 ★☆☆☆☆

[5점]

3상 전원에 단상 전열기 2대를 연결하여 사용할 경우 3상 평형전류가 흐르는 변압기의 결선 방법이 있다. 3상을 2상으로 변환하는 이 결선방법의 명칭과 결선도를 그리시오.(단, 단상변압기 2대를 사용한다.)

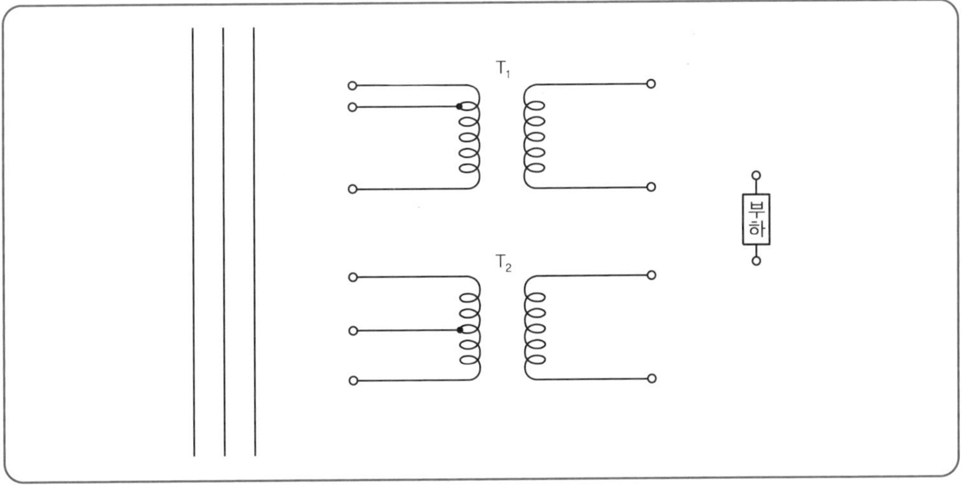

해답 1 스코트 결선

2

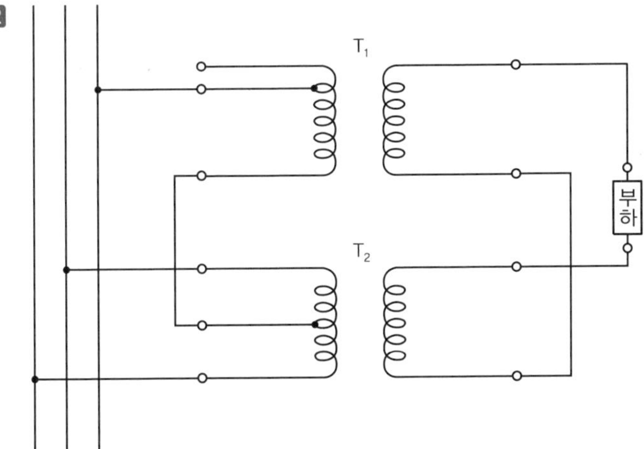

TIP

➤ 연결 방법

① 2대의 단상변압기 사용

② T_2 중성점과 T_1변압기 1점을 연결

③ T_1 변압기 $0.866\left(\dfrac{\sqrt{3}}{2}\right)$에서 Tap을 T_2 변압기 T_2 양단과 T_1 변압기 1차 측에 3상 전원을 연결한다.

13 ★★★★☆

[5점]

정격용량 100[kVA]인 변압기에서 지상역률 60[%]의 부하에 100[kVA]를 공급하고 있다. 역률을 90[%]로 개선하여 변압기의 전용량까지 부하에 공급하고자 한다. 다음 각 물음에 답하시오.

1 소요되는 전력용 콘덴서의 용량은 몇 [kVA]인가?

2 역률 개선에 따른 유효전력의 증가분은 몇 [kW]인가?

해답 **1** 계산 : • 역률 개선 전 무효전력 $Q_1 = P_a \sin\theta_1 = 100 \times 0.8 = 80[\text{kVar}]$

• 역률 개선 후 무효전력 $Q_2 = P_a \sin\theta_2 = 100 \times \sqrt{1-0.9^2} = 43.59[\text{kVar}]$

따라서, 필요한 콘덴서의 용량 $Q = Q_1 - Q_2 = 80 - 43.59 = 36.41[\text{kVA}]$

답 36.41[kVA]

2 계산 : $P_1 = P_a \cos\theta_1 = 100 \times 0.6 = 60[\text{kW}]$

$P_2 = P_a \cos\theta_2 = 100 \times 0.9 = 90[\text{kW}]$

$\therefore \triangle P = 90 - 60 = 30[\text{kW}]$

답 30[kW]

14 ★★★★★

[6점]

수용가들의 일부하곡선이 그림과 같을 때 다음 각 물음에 답하시오.(단, 실선은 A수용가, 점선은 B수용가이다.)

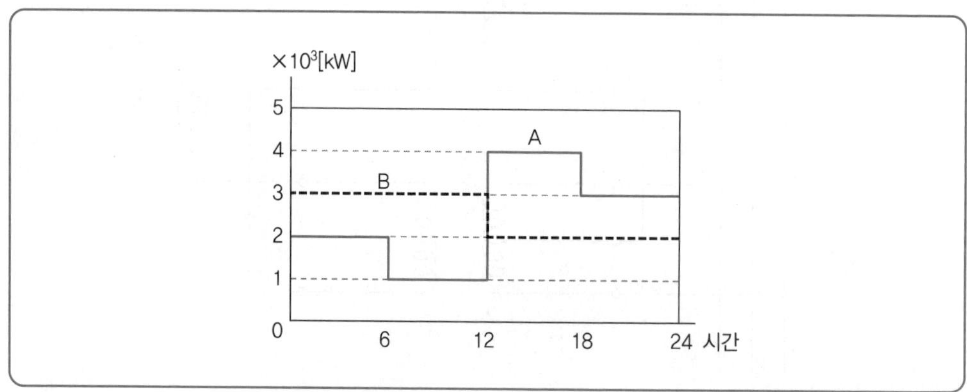

1 A, B 각 수용가의 수용률은 얼마인가?(단, 설비용량은 수용가 모두 10×10^3[kW]이다.)

① A수용가　　② B수용가

2 A, B 각 수용가의 일부하율은 얼마인가?

① A수용가　　② B수용가

3 A, B 각 수용가 상호 간의 부등률을 계산하고 부등률의 정의를 간단히 쓰시오.

① 부등률 계산　　② 부등률의 정의

해답 **1** ① 계산 : 수용률 $= \frac{\text{최대전력}}{\text{설비용량}} \times 100 = \frac{4 \times 10^3}{10 \times 10^3} \times 100 = 40[\%]$ 답 40[%]

② 계산 : 수용률 $= \frac{\text{최대전력}}{\text{설비용량}} \times 100 = \frac{3 \times 10^3}{10 \times 10^3} \times 100 = 30[\%]$ 답 30[%]

2 ① 계산 : 부하율 $= \frac{\text{평균전력}}{\text{최대전력}} \times 100 = \frac{(2{,}000 + 1{,}000 + 4{,}000 + 3{,}000) \times 6}{4{,}000 \times 24} \times 100$

$= 62.5[\%]$ 답 62.5[%]

② 계산 : 부하율 $= \frac{\text{평균전력}}{\text{최대전력}} \times 100 = \frac{(3{,}000 + 2{,}000) \times 12}{3{,}000 \times 24} \times 100 = 83.33[\%]$

답 83.33[%]

3 ① 부등률 계산 : $\frac{\text{개별 최대 전력의 합}}{\text{합성 최대 전력}} = \frac{4{,}000 + 3{,}000}{4{,}000 + 2{,}000} = 1.17$

② 부등률의 정의 : 전력 소비 기기를 동시에 사용하는 정도 답 1.17

TIP

① 합성최대전력은 두 수용가의 전력을 합친 것 중 가장 큰 것
② 개별최대전력은 각 수용가의 가장 큰 전력

15 ★★★★☆ [5점]

그림과 같은 부하를 갖는 변압기의 최대수용전력은 몇 [kVA]인지 계산하시오.

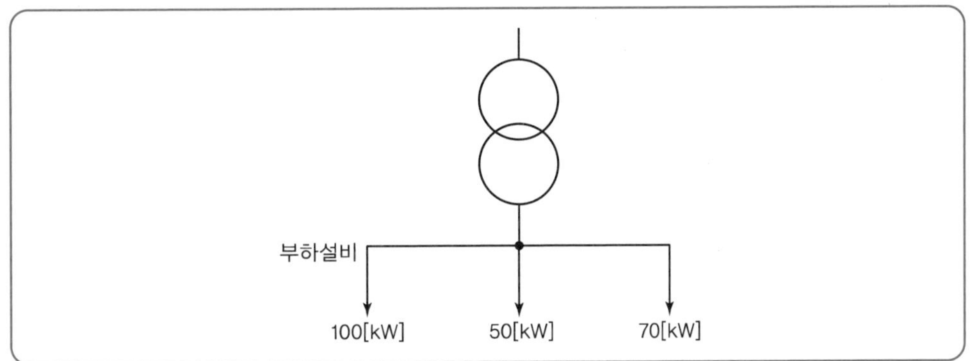

단, ① 부하 간 부등률은 1.2이다.
② 부하의 역률은 모두 85[%]이다.
③ 부하에 대한 수용률은 다음 표와 같다.

부하	수용률
10[kW] 이상, 50[kW] 미만	70[%]
50[kW] 이상, 100[kW] 미만	60[%]
100[kW] 이상, 150[kW] 미만	50[%]
150[kW] 이상	45[%]

해답 계산 : 변압기 최대수용전력$=\dfrac{\text{설비 용량}\times\text{수용률}}{\text{부등률}\times\text{역률}}$

$\therefore\ \mathrm{Tr}=\dfrac{100\times0.5+50\times0.6+70\times0.6}{1.2\times0.85}=119.61[\mathrm{kVA}]$

답 119.61[kVA]

TIP

① 최대수용전력 = 합성최대전력
② 문제의 단위가 [kVA]이므로 역률로 나누어준다.

16 ★★★★★ [6점]

전력계통에 발생되는 단락용량 경감대책 5가지를 쓰시오.

해답 ① 계통의 분리
② 변압기 임피던스 변화
③ 한류 리액터 설치
④ 캐스케이드 보호방식
⑤ 계통 연계기 설치
⑥ 한류퓨즈에 의한 백업차단 특성

TIP

➤ 저압측 대책
① 변압기 임피던스 변화
② 한류 리액터 설치
③ 계통 연계기 사용

17 ★★★☆☆ [10점]

다음 전동기의 사양을 그림과 같이 배치하여 금속관 공사에 의하여 시설한다고 가정하고 간선분기 회로를 설계하고, 다음 각 물음에 대한 답을 작성하여라.(단, 공사방법은 B_1, XLPE 절연전선을 사용한다.)

M_1 : 3ϕ 200[V] 0.75[kW] 농형 유도 전동기(직입 기동)
M_2 : 3ϕ 200[V] 3.7[kW] 농형 유도 전동기(직입 기동)
M_3 : 3ϕ 200[V] 5.5[kW] 농형 유도 전동기(직입 기동)
M_4 : 3ϕ 200[V] 15[kW] 농형 유도 전동기(Y−Δ 기동)
M_5 : 3ϕ 200[V] 30[kW] 농형 유도 전동기(기동 보상기)

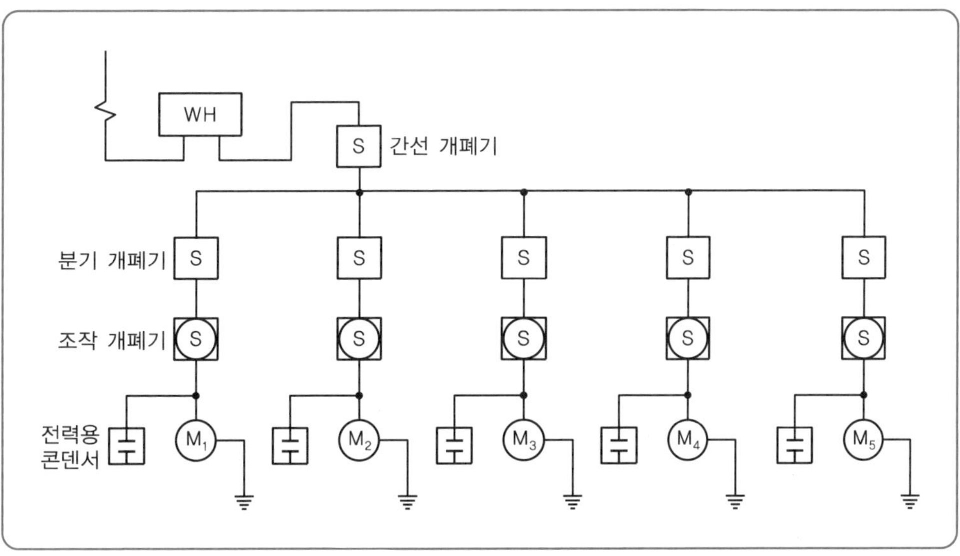

1 각 전동기 분기회로의 해당되는 값을 표에서 찾아서 빈칸에 써라.

구분		M_1	M_2	M_3	M_4	M_5
규약 전류[A]						
전선	최소 굵기[mm^2]					
	최대길이[m]	해당 없음				
개폐기 용량[A]	분기					
	조작					
과전류 보호기[A]	분기					
	조작					
초과눈금전류계[A]						
접지선의 굵기[mm^2]						
금속관의 굵기[mm]						
콘덴서의 용량[μF]						

2 간선에 해당되는 값을 표에 찾아서 다음 빈칸에 써라.

구분	전선		개폐기 용량[A]	과전류 보호기 용량[A]	금속관의 굵기[mm]
	최소 굵기[mm^2]	최대 길이[m]			
간선		해당 없음			

| 표 1. 후강 전선관 굵기의 선정 |

도체 단면적 [mm^2]	전선본수									
	1	2	3	4	5	6	7	8	9	10
	전선관의 최소 굵기[mm]									
2.5	16	16	16	16	22	22	22	28	28	28
4	16	16	16	22	22	22	28	28	28	28
6	16	16	22	22	22	28	28	28	36	36
10	16	22	22	28	28	36	36	36	36	36
16	16	22	28	28	36	36	36	42	42	42
25	22	28	28	36	36	42	54	54	54	54
35	22	28	36	42	54	54	54	70	70	70
50	22	36	54	54	70	70	70	82	82	82
70	28	42	54	54	70	70	70	82	82	92
95	28	54	54	70	70	82	82	92	92	104
120	36	54	54	70	70	82	82	92		
150	36	70	70	82	92	92	104	104		
185	36	70	70	82	92	104				
240	42	82	82	92	104					

[비고]

1. 전선 1본수는 접지선 및 직류 회로의 전선에도 적용한다.
2. 이 표는 실험 결과와 경험을 기초로 하여 결정한 것이다.
3. 이 표는 KS C IEC 60227-3의 $\frac{450}{750}$[V] 일반용 단심 비닐절연전선을 기준한 것이다.

| 표 2. 콘덴서 설치용량 기준표(200[V], 380[V], 3상 유도전동기) |

정격출력 [kW]	설치하는 콘덴서 용량(90[%]까지)					
	200[V]		380[V]		440[V]	
	[μF]	[kVA]	[μF]	[kVA]	[μF]	[kVA]
0.2	15	0.2262	–	–		
0.4	20	0.3016	–	–		
0.75	30	0.4524	–	–		
1.5	50	0.754	10	0.544	10	0.729
2.2	75	1.131	15	0.816	15	1.095
3.7	100	1.508	20	1.088	20	1.459
5.5	175	2.639	50	2.720	40	2.919
7.5	200	3.016	75	4.080	40	2.919
11	300	4.524	100	5.441	75	5.474
15	400	6.032	100	5.441	75	5.474
22	500	7.54	150	8.161	100	7.299
30	800	12.064	200	10.882	175	12.744
37	900	13.572	250	13.602	200	14.598

[비고]

1. 200[V]용과 380[V]용은 전기공급약관 시행세칙에 의한다.

2. 440[V]용은 계산하여 제시한 값으로 참고용이다.
3. 콘덴서가 일부 설치되어 있는 경우는 무효전력[kVar] 또는 용량([kVA] 또는 [μF]) 합계에서 설치되어 있는 콘덴서의 용량([kVA] 또는 [μF])의 합계를 뺀 값을 설치하면 된다.

| 표 3. 200[V] 3상 유도 전동기의 간선의 전선 굵기 및 기구의 용량 |

(B종 퓨즈의 경우)

전동기 kW 수의 총계 [kW] 이하	최대 사용 전류 [A] 이하	배선종류에 의한 간선의 최소 굵기[mm^2]						직입기동 전동기 중 최대 용량의 것									
		공사방법 A_1		공사방법 B_1		공사방법 C		0.75 이하	1.5	2.2	3.7	5.5	7.5	11	15	18.5	22
		3개선		3개선		3개선		기동기 사용 전동기 중 최대 용량의 것									
								–	–	–	5.5	7.5	11 15	18.5 22	–	30 37	–
		PVC	XLPE, EPR	PVC	XLPE, ERP	PVC	XLPE, ERP	과전류차단기[A]…… (칸 위 숫자) 개폐기용량[A]……(칸 아래 숫자)									
3	15	2.5	2.5	2.5	2.5	2.5	2.5	15 30	20 30	30 30	–	–	–	–	–	–	–
4.5	20	4	2.5	2.5	2.5	2.5	2.5	20 30	20 30	30 30	50 60	–	–	–	–	–	–
6.3	30	6	4	6	4	4	2.5	30 30	30 30	50 60	50 60	75 100	–	–	–	–	–
8.2	40	10	6	10	6	6	4	50 60	50 60	50 60	75 100	75 100	100 100	–	–	–	–
12	50	16	10	10	10	10	6	50 60	50 60	50 60	75 100	75 100	100 100	150 200	–	–	–
15.7	75	35	25	25	16	16	16	75 100	75 100	75 100	75 100	100 100	100 100	150 200	150 200	–	–
19.5	90	50	25	35	25	25	16	100 100	100 100	100 100	100 100	100 100	150 200	150 200	200 200	200 200	–
23.2	100	50	35	35	25	35	25	100 100	100 100	100 100	100 100	100 100	150 200	150 200	200 200	200 200	200 200
30	125	70	50	50	35	50	35	150 200	150 200	150 200	150 200	150 200	150 200	150 200	200 200	200 200	200 200
37.5	150	95	70	70	50	70	50	150 200	150 200	150 200	150 200	150 200	150 200	150 200	200 200	300 300	300 300
45	175	120	70	95	50	70	50	200 200	200 200	200 200	200 200	200 200	200 200	200 200	200 200	300 300	300 300
52.5	200	150	95	95	70	95	70	200 200	200 200	200 200	200 200	200 200	200 200	200 200	200 200	300 300	300 300
63.7	250	240	150	–	95	120	95	300 300	300 300	300 300	300 300	300 300	300 300	300 300	300 300	300 300	400 400
75	300	300	185	–	120	185	120	300 300	300 300	300 300	300 300	300 300	300 300	300 300	300 300	300 300	400 400
86.2	350	–	240	–	–	240	150	400 400	400 400	400 400	400 400	400 400	400 400	400 400	400 400	400 400	400 400

[비고]
1. 최소 전선 굵기는 1회선에 대한 것이다.
2. 공사방법 A_1은 벽 내의 전선관에 공사한 절연전선 또는 다심케이블을 시설하는 경우의 전선 굵기를 표시하였다.

3. '전동기 중 최대의 것'에는 동시 기동하는 경우를 포함한다.
4. 과전류 차단기의 용량은 해당 조항에 규정되어 있는 범위에서 실용상 거의 최댓값을 표시한다.
5. 과전류 차단기의 선정은 최대용량의 정격전류의 3배에 다른 전동기의 정격전류의 합계를 가산한 값 이하를 표시함
6. 고리퓨즈는 300[A] 이하에서 사용하여야 한다.

| 표 4. 200[V] 3상 유도 전동기 1대인 경우의 분기회로(B종 퓨즈의 경우) |

정격 출력 [kW]	전부하 전류 [A]	배선종류에 의한 간선의 최소 굵기[mm^2]					
		공사방법 A_1 3개선		공사방법 B_1 3개선		공사방법 C 3개선	
		PVC	XLPE, EPR	PVC	XLPE, EPR	PVC	XLPE, EPR
0.2	1.8	2.5	2.5	2.5	2.5	2.5	2.5
0.2	3.2	2.5	2.5	2.5	2.5	2.5	2.5
0.75	4.8	2.5	2.5	2.5	2.5	2.5	2.5
1.5	8	2.5	2.5	2.5	2.5	2.5	2.5
2.2	11.1	2.5	2.5	2.5	2.5	2.5	2.5
3.7	17.4	2.5	2.5	2.5	2.5	2.5	2.5
5.5	26	6	4	4	2.5	4	2.5
7.5	34	10	6	6	4	6	4
11	48	16	10	10	6	10	6
15	65	25	16	16	10	16	10
18.5	79	35	25	25	16	25	16
22	93	50	25	35	25	25	16
30	124	70	50	50	35	50	35
37	152	95	70	70	50	70	50

정격 출력 [kW]	전부하 전류 [A]	개폐기 용량[A]				과전류 차단기(B종 퓨즈)[A]				전동기용 초과눈금 전류계의 정격전류 [A]	접지선의 최소 굵기 [mm^2]
		직입기동		기동기 사용		직입기동		기동기 사용			
		현장 조작	분기	현장 조작	분기	현장 조작	분기	현장 조작	분기		
0.2	1.8	15	15			15	15			3	2.5
0.4	3.2	15	15			15	15			5	2.5
0.75	4.8	15	15			15	15			5	2.5
1.5	8	15	30			15	20			10	4
2.2	11.1	30	30			20	30			15	4
3.7	17.4	30	60			30	50			20	6
5.5	26	60	60	30	60	50	60	30	50	30	6
7.5	34	100	100	60	100	75	100	50	75	30	10
11	48	100	200	100	100	100	150	75	100	60	16
15	65	100	200	100	100	100	150	100	100	60	16
18.5	79	200	200	100	200	150	200	100	150	100	16
22	93	200	200	100	200	150	200	100	150	100	16
30	124	200	400	200	200	200	300	150	200	150	25
37	152	200	400	200	200	200	300	150	200	200	25

해답 1

구분		M_1	M_2	M_3	M_4	M_5
규약 전류[A]		4.8	17.4	26	65	124
전선 최소 굵기[mm²]		2.5	2.5	2.5	10	35
개폐기 용량[A]	분기	15	60	60	100	200
	조작	15	30	60	100	200
과전류 보호기[A]	분기	15	50	60	100	200
	조작	15	30	50	100	150
초과눈금전류계[A]		5	20	30	60	150
접지선의 굵기[mm²]		2.5	6	6	16	25
금속관의 굵기[mm]		16	16	16	36	36
콘덴서의 용량[μF]		30	100	175	400	800

2

구분	전선 최소 굵기[mm²]	개폐기 용량[A]	과전류 차단기 용량[A]	금속관의 굵기[mm]
간선	95	300	300	54

TIP

1 ① 규약전류, 전선 최소 굵기, 개폐기 용량, 과전류 차단기, 초과눈금 전류계, 접지선의 굵기는 표 4를 이용하여 정격출력에 따라 선정할 수 있다.
② 콘덴서 용량은 표 2를 이용하여 정격출력에 따라 선정할 수 있다.
③ 각 금속관의 굵기는 표 1을 이용하여 전선의 굵기와 가닥수에 따라 선정할 수 있다.
단, M_1, M_2, M_3, M_5는 3가닥 (직입, 기동보상기), M_4는 6가닥($Y-\Delta$기동)이다.

2 전동기의 총계$=0.75+3.7+5.5+15+30=54.95 \le 63.7$[kW]
간선의 최대 사용전류$=4.8+17.4+26+65+124=237.2 \le 250$[A]일 때, 전선 최소 굵기, 개폐기 용량과 전류, 차단기 용량은 표 3을 이용하여 선정할 수 있다.
금속관의 굵기는 표 1을 이용하여 전선의 굵기(95[mm²])와 가닥 수(3가닥)에 따라 선정할 수 있다.

↘ 전기기사

2013년도 2회 시험

과년도 기출문제

회독 체크	□1회독	월 일	□2회독	월 일	□3회독	월 일

01 ★☆☆☆☆ [5점]

다음 논리식을 유접점 회로와 무접점 회로로 나타내시오.

논리식 : $X = A \cdot \overline{B} + (\overline{A} + B) \cdot \overline{C}$

해답 유접점 회로

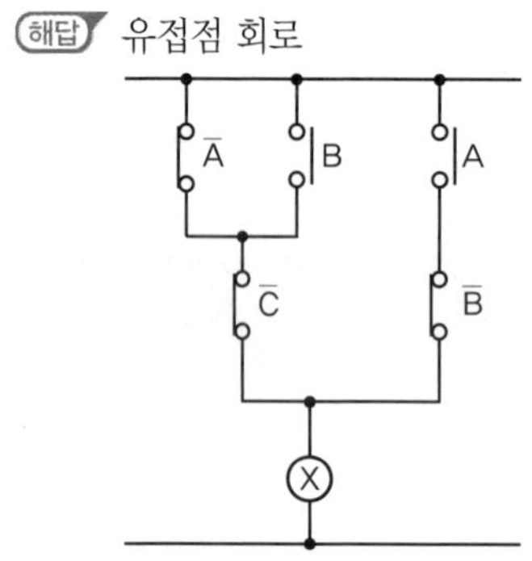

무접점 회로

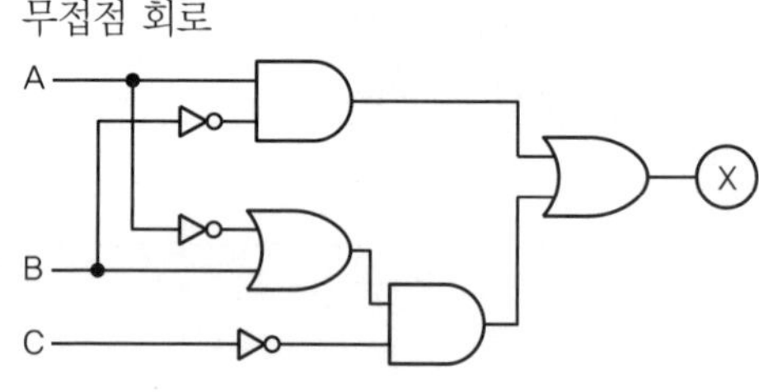

02 ★★★★★ [5점]

지표면상 20[m] 높이에 수조가 설치되어 있고, 이 수조에 분당 12[m³]의 물을 양수한다고 할 때 다음 각 물음에 답하시오.(단, 여유계수는 1.25이고, 펌프효율은 60[%]이며, 전동기의 역률은 0.8이다.)

1. 펌프용 전동기의 용량은 몇 [kW]이겠는가?
2. 펌프용 전동기의 전력에 공급하기 위한 변압기의 용량은 몇 [kVA]인가?

해답 1 계산 : $P = \frac{9.8KQH}{\eta} = \frac{9.8 \times 1.25 \times 12 \times 20}{60 \times 0.6} = 81.667$

답 81.67[kW]

2 계산 : $P_a = \frac{P}{\cos\theta} = \frac{81.67}{0.8} = 102.087[kVA]$

답 102.09[kVA]

TIP

$P = \frac{QH}{6.12\eta}K$

여기서, Q : [m³/min], H : [m]

03 ★★★☆☆ [5점]

다음 그림과 같은 사무실이 있다. 이 사무실의 평균조도를 100[lx]로 하고자 할 때 다음 각 물음에 답하시오.

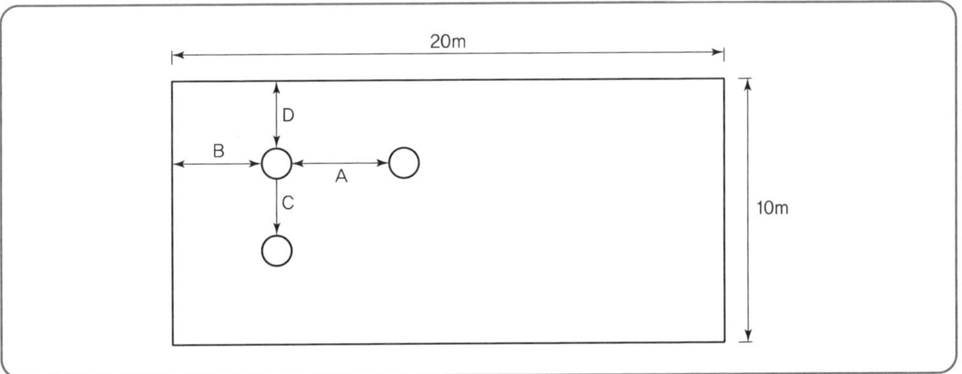

[조건]

- 광속은 형광등 40[W] 사용자 2,500[lm]으로 한다.
- 조명률은 0.6으로 한다.
- 감광보상률은 1.2로 한다.
- 건물의 천장 높이는 3.85[m], 작업면은 0.85[m]로 한다.
- 간격은 등기구 센터를 기준으로 한다.
- 등기구는 ○으로 표현한다.

1 여기에 필요한 형광등 개수를 구하시오.

2 등기구를 답안지에 배치하시오.

3 등 간의 간격과 최외각에 설치된 등기구와 건물 벽 간의 간격(A, B, C, D)은 몇 [m]인가?

4 만일 주파수 60[Hz]에 사용하는 형광방전등을 50[Hz]에서 사용한다면 광속과 점등시간은 어떻게 되는가?(단, 증가, 감소, 빠름, 늦음 등으로 표현할 것)

5 양호한 전반 조명이라면 등 간격은 등높이의 몇 배 이하로 해야 하는가?

해답 1 계산 : 등 수 $N = \dfrac{DEA}{FU} = \dfrac{1.2 \times 100 \times (20 \times 10)}{2{,}500 \times 0.6} = 16$[등]

답 16[등]

2

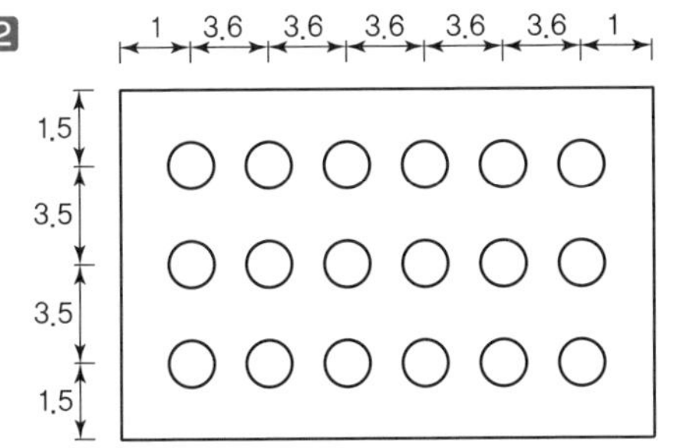

3 등의 배치간격

계산 : ① $S \le 1.5H = 1.5 \times 3 = 4.5[m]$

여기서, $H = 3.85 - 0.85 = 3[m]$

② $S_0 \le \frac{1}{2}H = \frac{1}{2} \times 3 = 1.5[m]$

답 A : 3.6[m], B : 1[m], C : 3.5[m], D : 1.5[m]

4 • 광속 : 증가
• 점등시간 : 늦음

5 1.5[배]

TIP

2 계산상 등수는 16[등]이나 설계 도면에 등 배치상 18[등]이 적정함

3 등의 배치간격

① $S \le 1.5H = 1.5 \times 3 = 4.5[m]$ 즉, 등간격은 4.5[m] 이하

② $S_0 \le \frac{1}{2}H = \frac{1}{2} \times 3 = 1.5[m]$ 즉, 등과 벽 사이 간격은 1.5[m] 이하

04 ★★☆☆☆ [5점]

다음 심벌의 명칭을 쓰시오.

1 MD

2 ----□---- LD

3 ————— (F7)

해답 1 금속 덕트

2 라이팅 덕트

3 플로어 덕트

05 ★★★★☆ [5점]

도면은 어느 건물의 구내간선 계통도이다. 주어진 조건과 참고자료를 이용하여 다음 각 물음에 답하시오.

1 P1의 전 부하 시 전류를 구하고, 여기에 사용될 배선용 차단기(MCCB)의 규격을 선정하시오.

2 P1에 사용될 케이블의 굵기는 몇 [mm²]인가?

3 배선반에 설치된 ACB의 최소 규격을 산정하시오.

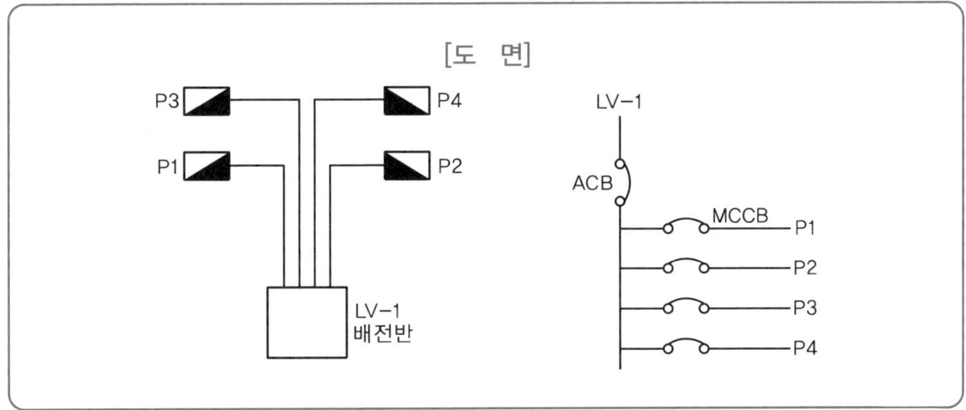

[조건]

- 전압은 380[V]/220[V]이며, 3ϕ4 W이다.
- CABLE은 TRAY 배선으로 한다.(공중, 암거 포설)
- 전선은 600[V] 가교 폴리에틸렌 절연 비닐 외장 케이블이다.
- 허용 전압 강하는 2%이다.
- 분전반 간 부등률은 1.1이다.
- 주어진 조건이나 참고자료의 범위 내에서 가장 적절한 부분을 적용시키도록 한다.
- CABLE 배선거리 및 부하 용량은 표와 같다.

분전반	거리[m]	연결부하[kVA]	수용률[%]
P_1	50	240	65
P_2	80	320	65
P_3	210	180	70
P_4	150	60	70

[참고자료]

| 표 1. 배선용 차단기(MCCB) |

Frame	100			225			400		
기본 형식	A11	A12	A13	A21	A22	A23	A31	A32	A33
극수	2	3	4	2	3	4	2	3	4
정격 전류[A]	60, 75, 100			125, 150, 175, 200, 225			250, 300, 350, 400		

| 표 2. 기중 차단기(ACB) |

TYPE	G1	G2	G3	G4
정격 전류[A]	600	800	1,000	1,250
정격 절연 전압[V]	1,000	1,000	1,000	1,000
정격 사용 전압[V]	660	660	660	660
극수	3, 4	3, 4	3, 4	3, 4
전류 Trip 장치의 정격 전류[A]	200, 400, 630	400, 630, 800	630, 800, 1,000	800, 1,000, 1,250

| 표 3. 전선 최대 길이(3상 4선식 380[V] · 전압강하 3.8[V] |

전류[A]	전선의 굵기[mm^2]												
	2.5	4	6	10	16	25	35	50	95	150	185	240	300
	전선 최대 길이[m]												
1	534	854	1281	2135	3416	5337	7472	10674	20281	32022	39494	51236	64045
2	267	427	640	1067	1708	2669	3736	5337	10140	16011	19747	25618	32022
3	178	285	427	712	1139	1779	2491	3558	6760	10674	13165	17079	21348
4	133	213	320	534	854	1334	1868	2669	5070	8006	9874	12809	16011
5	107	171	256	427	683	1067	1494	2135	4056	6404	7899	10247	12809
6	89	142	213	356	569	890	1245	1779	3380	5337	6582	8539	10674
7	76	122	183	305	488	762	1067	1525	2897	4575	5642	7319	9149
8	67	107	160	267	427	667	934	1334	2535	4003	4937	6404	8006
9	59	95	142	237	380	593	830	1186	2253	3558	4388	5693	7116
12	44	71	107	178	285	445	623	890	1690	2669	3291	4270	5337
14	38	61	91	152	244	381	534	762	1449	2287	2821	3660	4575
15	36	57	85	142	228	356	498	712	1352	2135	2633	3416	4270
16	33	53	80	133	213	334	467	667	1268	2001	2468	3202	4003
18	30	47	71	119	190	297	415	593	1127	1779	2194	2846	3558
25	21	34	51	85	137	213	299	427	811	1281	1580	2049	2562
35	15	24	37	61	98	152	213	305	579	915	1128	1464	1830
45	12	19	28	47	76	119	166	237	451	712	878	1139	1423

해답 **1** 계산 : 전부하전류(I) $= \dfrac{P(\text{설비용량} \times \text{수용률})}{\sqrt{3}\ V} = \dfrac{240 \times 10^3 \times 0.65}{\sqrt{3} \times 380} = 237.02[A]$

MCCB 규격은 참고자료 표 1에서 237.02[A]를 만족하는 프레임의 크기는 400[A], 정격전류는 250[A]

답 전부하전류 : 237.02[A], 프레임 : 400[AF], 정격전류 : 250[AT]

2 계산

전선의 길이(L) = 50[m], 부하전류 237.02[A], $3\phi4W$이므로

$$\text{전선의 최대긍장} = \frac{50 \times \dfrac{237.02}{25}}{\dfrac{380 \times 0.02}{3.8}} = 237.02[\text{m}]\text{이므로}$$

표 3에서 전선 굵기 선정

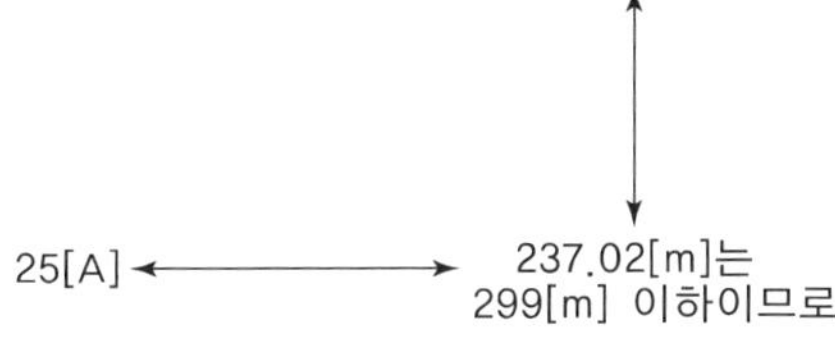

답 35[mm²]

3 계산

$$\text{간선의 허용전류(I)} = \frac{\text{개별최대전력의합}}{\text{부등률} \times \sqrt{3} \times V}$$

$$= \frac{(240 \times 0.65 + 320 \times 0.65 + 180 \times 0.7 + 60 \times 0.7) \times 10^3}{\sqrt{3} \times 380 \times 1.1} = 734.81[\text{A}]$$

표 2에서 734.81[A]는 허용전류가 800[A] 이하이므로 800[A]를 선정한다.

답 G2 800[A]

TIP

$$\text{전선의 최대긍장} = \frac{\text{배전설계긍장} \times \dfrac{\text{최대 부하전류}}{\text{표전류}}}{\dfrac{\text{배전설계전압강하}}{\text{표의 전압강하}}}$$

06 ★★★☆☆ [9점]

아몰퍼스변압기의 장점 3가지와 단점 3가지를 쓰시오.

해답

- 장점
  - ① 무부하 손실이 작다.
  - ② 수명이 길다.
  - ③ 신뢰성이 우수하다.
  - 그 외
  - ④ 효율이 우수하다.
- 단점
  - ① 대량생산이 어렵다.
  - ② 철심의 연성이 부족하다.
  - ③ 돌입전류가 크다.
  - 그 외
  - ④ 변압기 용량이 작다.

07 ★★☆☆☆ [5점]

수용가 사용설비용량이 1,000[kW]인 경우 최대 계약전력 환산표를 보고 전기사업자와의 최대 계약전력값은 몇 [kW]인지 구하시오.

| 최대 계약전력 환산율 |

구분	계약전력 환산율	비고
처음 75[kW]에 대하여	100	계산의 합계치가 1[kW] 미만일 때 이하 첫째 자리에서 반올림
다음 75[kW]에 대하여	85	
다음 75[kW]에 대하여	75	
다음 75[kW]에 대하여	65	
300[kW] 초과분에 대하여	60	

해답 계산 : $(75\times 1)+(75\times 0.85)+(75\times 0.75)+(75\times 0.65)+(700\times 0.6)=663.75$

답 664[kW]

TIP

설비용량 1,000[kW]는 300[kW] 초과분이 700[kW]가 된다.
따라서, 초과분에 대한 것이므로 700×0.6이 된다.

08 ★★★★★ [4점]

표와 같은 수용가 A, B, C에 공급하는 배전 선로의 최대 전력이 800[kW]라고 할 때 다음 각 물음에 답하시오.

1 수용가의 부등률은 얼마인가?

2 부등률이 크다는 것은 어떤 것을 의미하는가?

수용가	설비용량[kW]	수용률[%]
A	250	60
B	300	70
C	350	80
D	400	80

해답 1 $\text{부등률}=\frac{\text{설비용량}\times\text{수용률}}{\text{합성 최대 전력}}=\frac{250\times 0.6+300\times 0.7+350\times 0.8+400\times 0.8}{800}=1.2$

답 1.2

2 최대 전력을 소비하는 기기의 사용 시간대가 서로 다르다.

TIP

① 최대전력은 합성최대전력을 말한다.
② 부등률 = $\frac{\text{개별 최대전력의 합}}{\text{합성 최대전력}}$
③ 부등률이란, 전력기기를 동시에 사용하는 정도

09 ★★★☆☆ [5점]

저압, 고압 및 특별고압수전의 3상 3선식 또는 3상 4선식에서 불평형부하의 한도는 단상접속 부하로 계산하여 설비불평형률을 30[%] 이하로 하는 것을 원칙으로 한다. 그러나 이 원칙에 따르지 아니할 수 있는 경우가 있는데 다음 경우로 구분하여 30[%] 제한에 따르지 않아도 되는 경우를 설명할 때 ( ) 안에 알맞은 것은?

1. 저압수전에서 ( ) 등으로 수전하는 경우이다.
2. 고압 및 특별고압수전에서는 ( )[kVA] 이하의 단상부하인 경우이다.
3. 특별고압 및 고압수전에서는 단상부하 용량의 최대와 최소의 차가 ( )[kVA] 이하인 경우이다.
4. 특별고압수전에서는 ( )[kVA] 이하의 단상 변압기 2대로 ( )결선하는 경우이다.

해답
1. 전용 변압기
2. 100
3. 100
4. 100, 역V

TIP

특별고압 및 고압수전에서 대용량의 단상 전기로 등의 사용에서 전항의 제한에 따르기가 어려울 때는 전기사업자와 협의하여 다음 각 호에 의하여 포설한다.
① 단상 부하가 1개일 경우에는 2차 역 V결선에 의할 것. 다만, 300[kVA]를 초과하지 말 것
② 단상 부하가 2개일 경우에는 스코트 결선에 의할 것. 다만, 300[kVA]를 초과하지 말 것
③ 단상 부하가 3개일 경우에는 가급적 선로 전류가 평형이 되도록 각 선 간에 부하를 접속할 것

10 ★★★★☆

[5점]

알칼리전지의 정격용량 100[Ah], 상시부하 6[kW], 표준전압 100[V]인 부동 충전 방식이 있다. 이 부동 충전 방식에서 충전기 2차 전류는 몇 [A]인가?(단, 상시부하의 역률은 1로 한다.)

해답 계산 : $I_2 = \frac{P}{V} + \frac{\text{정격용량}}{\text{방전율}} = \frac{6,000}{100} + \frac{100}{5} = 80[A]$

답 80[A]

TIP

➤ 방전율

① 연축전지 : 10[h] ② 알칼리전지 : 5[h]

11 ★★★★☆

[5점]

다음은 통신실 등의 중요한 부하에 대한 무정전 전원공급을 위한 그림이다. ㉮~㉲에 적당한 전기시설물의 명칭을 쓰시오.

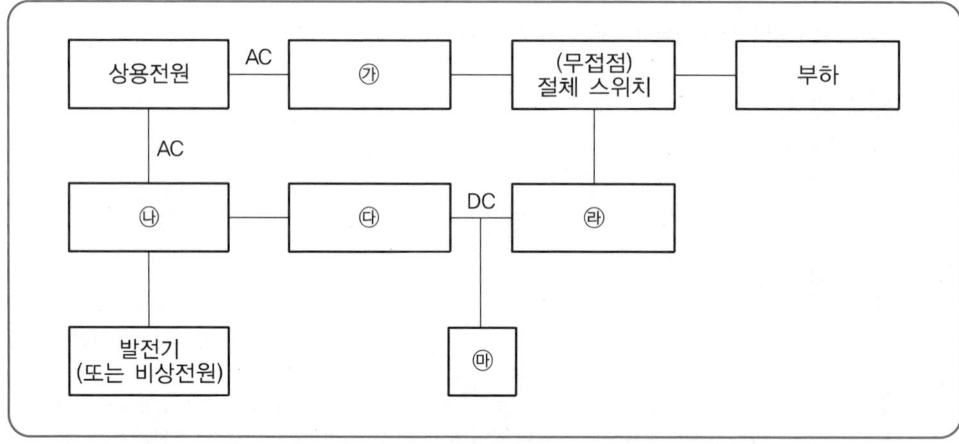

해답 ㉮ AVR

㉯ (무접점)절체 스위치

㉰ 정류기

㉱ 인버터

㉲ 축전지

TIP

➤ ups 목적

평상시에는 부하에 일정전압, 일정주파수를 공급하고 상시전원 정전 시에는 부하에 무정전 전원을 공급하는 장치이다.

12 ★★☆☆☆ [6점]

다음 미완성 부분의 결선도를 완성하고, 필요한 곳에 접지를 하시오.

1 CT와 AS와 전류계 결선도

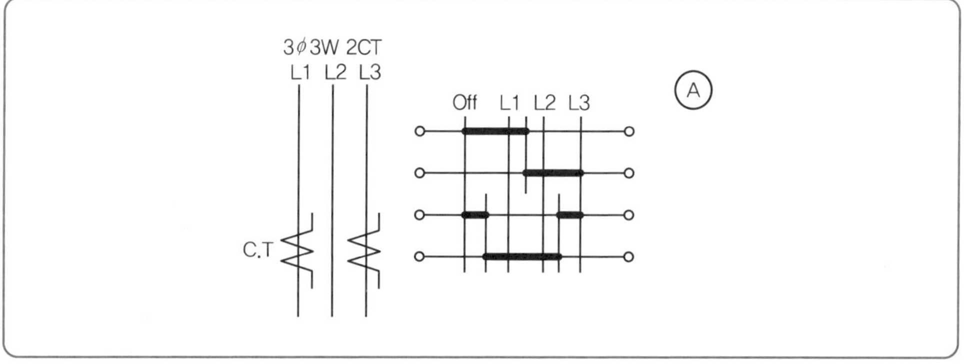

2 PT와 VS와 전압계 결선도

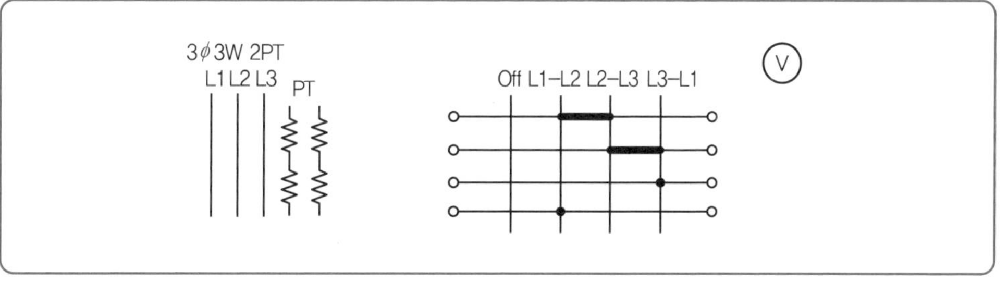

해답 **1** 3φ3W 2CT

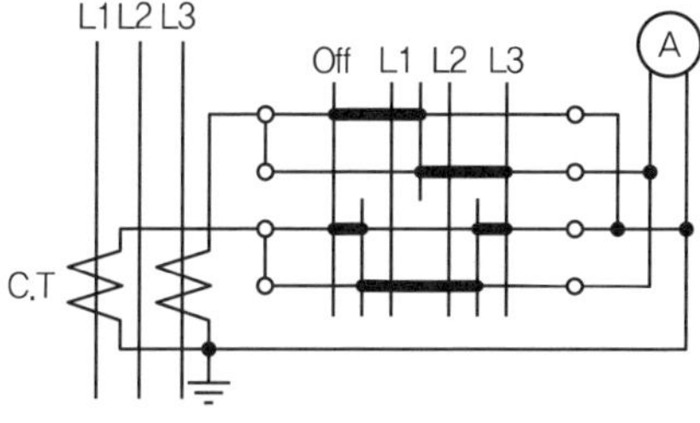

2 3φ3W 2PT

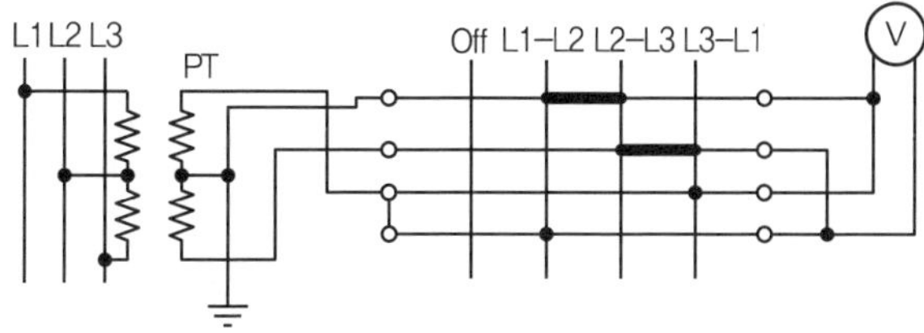

13 ★★★★★ [5점]

다음 그림은 변류기를 영상 접속시켜 그 잔류 회로에 지락 계전기 DG를 삽입시킨 것이다. 선로의 전압은 66[kV], 중성점에 300[Ω]의 저항 접지로 하였고, 변류기의 변류비는 $\frac{300}{5}$[A]이다. 송전 전력이 20,000[kW], 역률이 0.8(지상)일 때 a상에 완전 지락 사고가 발생하였다. 다음 각 물음에 답하시오.(단, 부하의 정상, 역상 임피던스, 기타의 정수는 무시한다.)

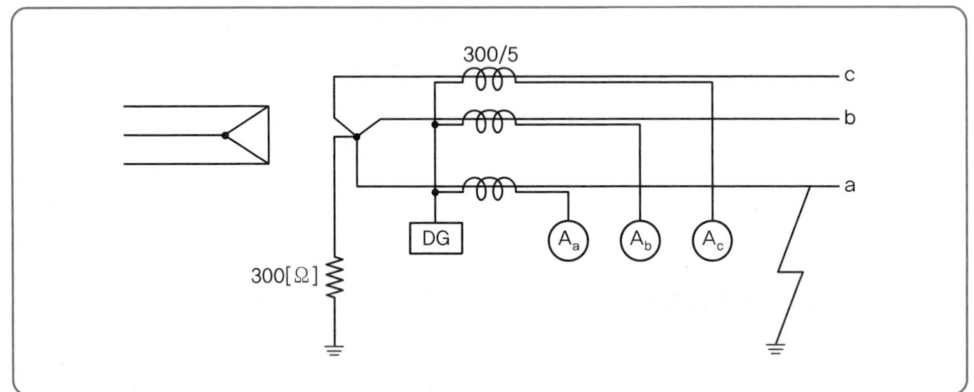

1. 지락 계전기 DG에 흐르는 전류[A] 값은?
2. a상 전류계 A_a에 흐르는 전류[A] 값은?
3. b상 전류계 A_b에 흐르는 전류[A] 값은?
4. c상 전류계 A_c에 흐르는 전류[A] 값은?

해답

1 계산 : 지락전류 $I_g = \frac{E}{R} = \frac{66,000}{\sqrt{3} \times 300} = 127[A]$

$i_n = i_g \times \frac{1}{CT비} = I_g \times \frac{5}{300} = 127 \times \frac{5}{300} = 2.12[A[A]$ 답 2.12 [A]

2 계산 : 부하전류 $I_L = \frac{P}{\sqrt{3}V\cos\theta}(\cos\theta - j\sin\theta) = \frac{20,000}{\sqrt{3} \times 66 \times 0.8}(0.8 - j0.6)$

$= 175 - j131.2 = 218.7[A]$

건전상 b, c상에서는 부하전류만 흐르고 고장상 a상에는 I_L과 I_g가 중첩해서 흐른다.

따라서, $I_a = 175 - j131.2 + 127 = 302 - j131.2 = \sqrt{302^2 + 131.2^2} = 329.26[A]$

$i_a = I_a \times \frac{1}{CT비} = I_a \times \frac{5}{300} = 329.26 \times \frac{5}{300} = 5.487[A]$ 답 5.49[A]

3 계산 : 부하전류 $I_L = \frac{P}{\sqrt{3}V\cos\theta}(\cos\theta - j\sin\theta) = \frac{20,000}{\sqrt{3} \times 66 \times 0.8}(0.8 - j0.6)$

$= 175 - j131.2 = 218.7[A]$

$i_b = I_L \times \frac{1}{CT비} = I_L \times \frac{5}{300} = 218.7 \times \frac{5}{300} = 3.65[A]$ 답 3.65[A]

4 계산 : $i_c = i_b = 3.65[A]$ 답 3.65[A]

4 계산 : $i_c = i_b = 3.65[A]$

답 3.65[A]

TIP

① DG 계전기에는 지락전류만 흐른다.
② a상에는 부하전류 및 지락전류가 흐른다.
③ b, c상에는 부하전류만 흐른다.

2012 2013 2014 2015 2016 2017 2018 2019 2020 2021

14 ★★☆☆☆ [5점]

다음 동작설명과 같이 동작이 될 수 있는 시퀀스 제어도를 그리시오.

[동작설명]

1. 3로 스위치 S_{3-1}을 ON, S_{3-2}를 ON했을 시 R_1, R_2가 직렬 점등되고, S_{3-1}을 OFF, S_{3-2}를 OFF했을 시 R_1, R_2가 병렬 점등한다.
2. 푸시 버튼 스위치 PB를 누르면 R_3와 B가 병렬로 동작한다.

해답

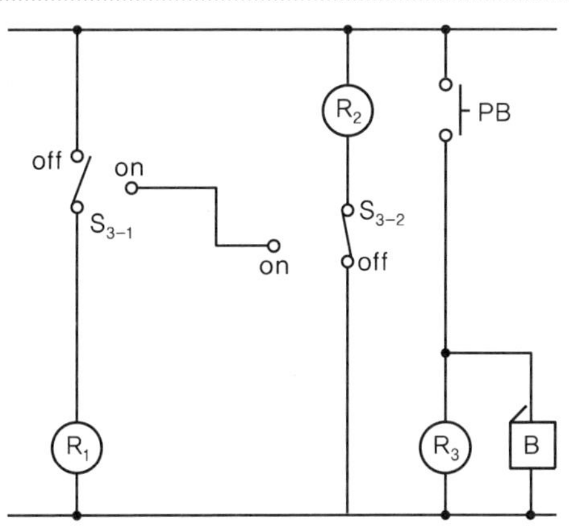

15 ☆☆☆☆☆ [4점]

고 · 저압 변압기의 그림을 보고 접지선을 연결하고 목적을 설명하시오.

※ KEC 규정에 따라 삭제

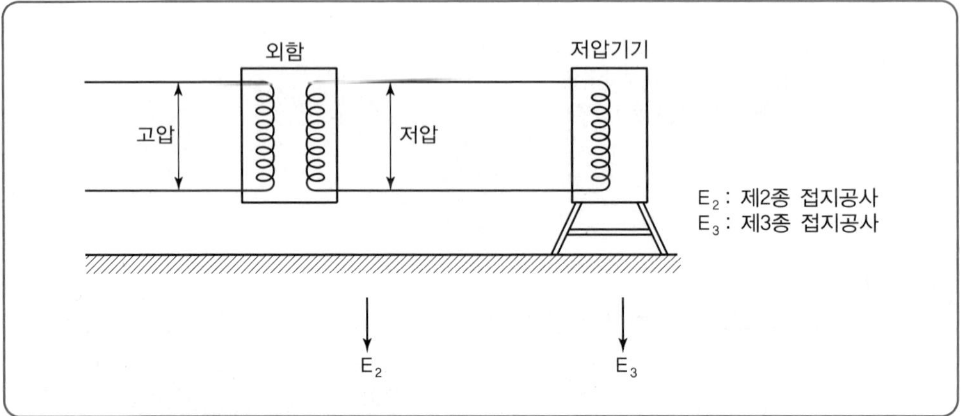

TIP

① E_2 : 혼촉방지접지(계통, 중성점)

② E_3 : 저압보호접지

16 ★★★★☆ [13점]

그림과 같은 송전계통 S점에서 3상 단락사고가 발생하였다. 주어진 도면과 조건을 참고하여 다음 각 물음에 답하시오.

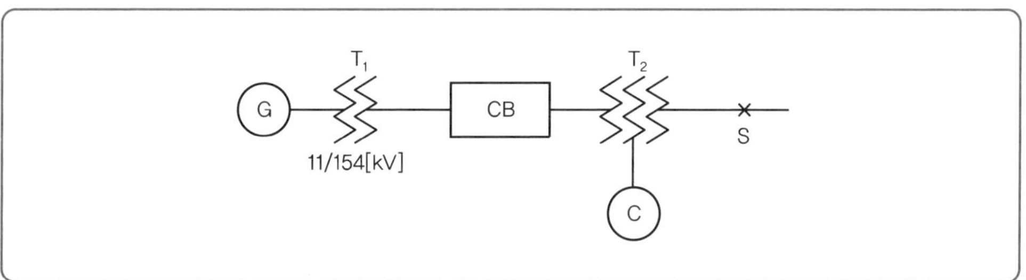

[조건]

번호	기기명	용량	전압	%X
1	발전기(G)	50,000[kVA]	11[kV]	30
2	변압기(T_1)	50,000[kVA]	11/154[kV]	12
3	송전선		154[kV]	10(10,000[kVA])
4	변압기(T_2)	1차 25,000[kVA]	154[kV](1차-2차)	12(25,000[kVA])
		2차 30,000[kVA]	77[kV](2차-3차)	15(25,000[kVA])
		3차 10,000[kVA]	11[kV](3차-1차)	10.8(10,000[kVA])
5	조상기(C)	10,000[kVA]	11[kV]	20

1 발전기, 변압기(T_1), 송전선 및 조상기의 %리액턴스를 기준출력 100[MVA]로 환산하시오.

2 변압기(T_2)의 각각의 %리액턴스를 100[MVA] 출력으로 환산하고, 1차(P), 2차(T), 3차(S)의 %리액턴스를 구하시오.

3 고장점과 차단기를 통과하는 각각의 단락전류를 구하시오.

- 고장점의 단락전류
- 차단기의 단락전류

4 차단기의 차단용량은 몇 [MVA]인가?

해답 **1** ① 발전기

계산 : $\%X_G = \frac{100}{50} \times 30 = 60[\%]$

답 60[%]

② 변압기

계산 : $\%X_{T1} = \frac{100}{50} \times 12 = 24[\%]$

답 24[%]

③ 송전선

계산 : $\%X_L = \frac{100}{10} \times 10 = 100[\%]$

답 100[%]

④ 조상기

계산 : $\%X_C = \frac{100}{10} \times 20 = 200[\%]$

답 200[%]

2 계산

100[MVA] 기준으로 환산하면

- 1차~2차 : $\%X_{1-2} = \frac{100}{25} \times 12 = 48[\%]$
- 2차~3차 : $\%X_{2-3} = \frac{100}{25} \times 15 = 60[\%]$
- 3차~1차 : $\%X_{3-1} = \frac{100}{10} \times 10.8 = 108[\%]$

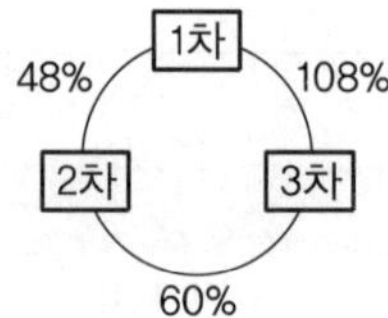

$$\%X_1 = \frac{X_{12} + X_{31} - X_{23}}{2} = \frac{48 + 108 - 60}{2} = 48[\%]$$

답 48[%]

$$\%X_2 = \frac{X_{12} + X_{23} - X_{31}}{2} = \frac{48 + 60 - 108}{2} = 0[\%]$$

답 0[%]

$$\%X_3 = \frac{X_{31} + X_{23} - X_{12}}{2} = \frac{108 + 60 - 48}{2} = 60[\%]$$

답 60[%]

3

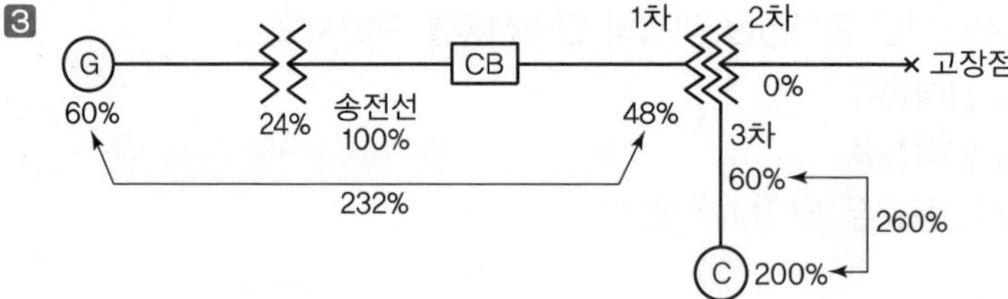

계산

- 합성 $\%X = \frac{X_1 \times X_3}{X_1 + X_3} + X_2 = \frac{232 \times 260}{232 + 260} + 0 = 122.6[\%]$
- 고장점 $I_s = \frac{100}{\%Z} I_n = \frac{100}{122.6} \times \frac{100 \times 10^3[\text{kVA}]}{\sqrt{3} \times 77[\text{kV}]} = 611.59[\text{A}]$

답 611.59(A)

계산

- 차단기 단락전류$(I_{s1}) = \frac{260}{232+260} \times 611.59[A] = 323.2[A]$

  이를 154[kV]로 환산하면

  $I'_{s1} = \frac{77}{154} \times 323.2 = 161.6[A]$

  답 161.6[A]

4 계산 : $P_s = \sqrt{3} \times$ 정격전압 $\times$ 정격차단전류 $= \sqrt{3} \times 170 \times 161.6 \times 10^{-3}$
$= 47.582[MVA]$

답 47.58[MVA]

17 ★★★★★ [5점]

다음 각 물음에 답하시오.

1 역률을 개선하기 위한 전력용 콘덴서 용량은 최대 무슨 전력 이하로 설정하여야 하는지 쓰시오.

2 고조파를 제거하기 위해 콘덴서에 무엇을 설치해야 하는지 쓰시오.

3 역률 개선 시 나타나는 효과 3가지를 쓰시오.

해답 1 지상 무효전력

2 직렬 리액터

3 전압강하 감소, 전력손실 감소, 유효전력 증대

TIP

콘덴서는 진상 무효전력이므로 부하의 지상 무효전력보다 작아야 한다.

18 ★★☆☆☆ [4점]

그림과 같이 변압기 2대를 사용하여 정전용량 1[μF]인 케이블의 절연내력시험을 행하였다. 60[Hz]인 시험전압으로 5,000[V]를 가했을 때 전압계 Ⓥ, 전류계 Ⓐ의 지시값은?(단, 여기서 변압기 탭 전압은 저압 측 105[V], 고압 측 3,300[V]로 하고 내부 임피던스 및 여자전류는 무시한다.)

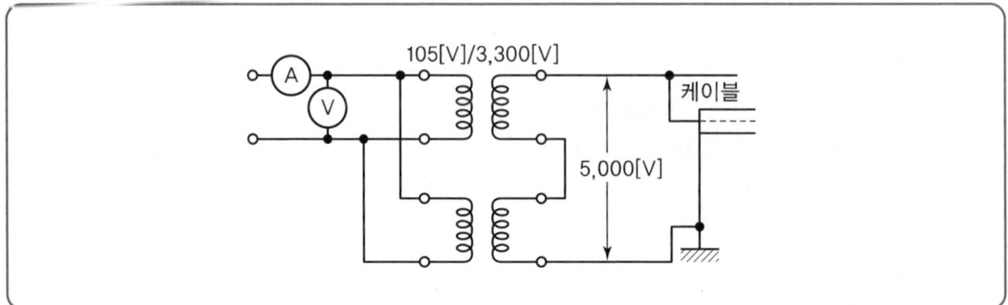

1 전압계 Ⓥ 지시값

2 전류계 Ⓐ 지시값

해답 1 계산 : 전압계 Ⓥ$= 5{,}000 \times \frac{1}{2} \times \frac{105}{3{,}300} = 79.55$[V]

답 79.55[V]

2 계산

- 케이블에 흐르는 충전전류 $I_c = 2\pi fCE = 2\pi \times 60 \times 1 \times 10^{-6} \times 5{,}000 = 1.88$[A]
- 전류계에 흐르는 전류 Ⓐ$= 1.88 \times \frac{3{,}300}{105} \times 2 = 118.17$[A]

답 118.17[A]

TIP

① 전압계 지시값은 2차 전압 5,000(V)는 변압기 2대 값이고, 1차 전압은 변압기가 병렬(전압이 일정)이므로 1대 값이 된다.
즉, 5,000(V)$\times \frac{1}{2}$이 된다.

② 전류계의 지시값은 1차 측 전류가 병렬이므로 2배가 흐른다.

전기기사

2013년도 3회 시험

과년도 기출문제

회독 체크	□1회독	월 일	□2회독	월 일	□3회독	월 일

2012 2013 2014 2015 2016 2017 2018 2019 2020 2021

01 ★★★☆☆ [6점]

전압 6,600[V], 전류 50[A], 저항 0.66[Ω], 철손 1,000[W]인 변압기에서 다음 조건일 때 효율을 구하시오.

1 전부하 시

① $\cos\theta=1$일 때 효율값 ② $\cos\theta=0.8$일 때 효율값

2 $\frac{1}{2}$부하 시

① $\cos\theta=1$일 때 효율값 ② $\cos\theta=0.8$일 때 효율값

해답 **1** ① 계산 : 전부하 역률 $\cos\theta=1$일 때

$$\text{효율 } \eta=\frac{1\times 6{,}600\times 50\times 1}{1\times 6{,}600\times 50\times 1+1{,}000+1^2\times 50^2\times 0.66}\times 100=99.203$$

답 99.20[%]

② 계산 : 전부하 역률 $\cos\theta=0.8$일 때

$$\text{효율 } \eta=\frac{1\times 6{,}600\times 50\times 0.8}{1\times 6{,}600\times 50\times 0.8+1{,}000+1^2\times 50^2\times 0.66}\times 100=99.006$$

답 99[%]

2 ① 계산 : $\frac{1}{2}$부하 역률 $\cos\theta=1$일 때

$$\text{효율 } \eta=\frac{\frac{1}{2}\times 6{,}600\times 50\times 1}{\frac{1}{2}\times 6{,}600\times 50\times 1+1{,}000+0.5^2\times 50^2\times 0.66}\times 100=99.151$$

답 99.15[%]

② 계산 : $\frac{1}{2}$부하 역률 $\cos\theta=0.8$일 때

$$\text{효율 } \eta=\frac{\frac{1}{2}\times 6{,}600\times 50\times 0.8}{\frac{1}{2}\times 6{,}600\times 50\times 0.8+1{,}000+0.5^2\times 50^2\times 0.66}\times 100=98.941$$

답 98.94[%]

TIP

① $\text{효율}=\frac{(\text{전력}\times m)}{(\text{전력}\times m)+\text{철손}+(\text{동손}\times m^2)}$ 여기서, m : 부하율

② 전력 $P=VI\cos\theta$[W]

③ 동손 $P_C=I^2R$[W]

02 ★★★★☆ [7점]

그림과 같은 PLC 시퀀스가 있다. 물음에 답하시오.

1 PLC 프로그램 작성 시 래더도 상하 사이에는 접점이 그려질 수 없다. 문제의 도면을 바르게 작성하시오.

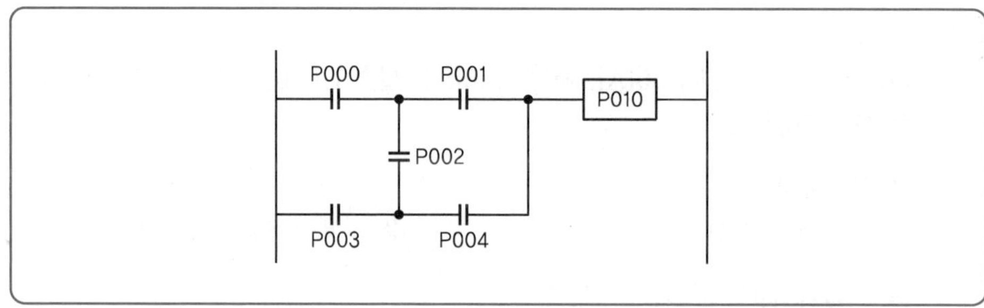

2 PLC 프로그램을 표의 ①~⑧에 완성하시오.(단, 명령어는 LOAD, AND, OR, NOT, OUT를 사용한다.)

STEP	OP	add	STEP	OP	add
0	LOAD	P000	7	AND	P002
1	AND	P001	8	⑤	⑥
2	①	②	9	OR LOAD	
3	AND	P002	10	⑦	⑧
4	AND	P004	11	AND	P004
5	OR LOAD		12	OR LOAD	
6	③	④	13	OUT	P010

해답 **1**

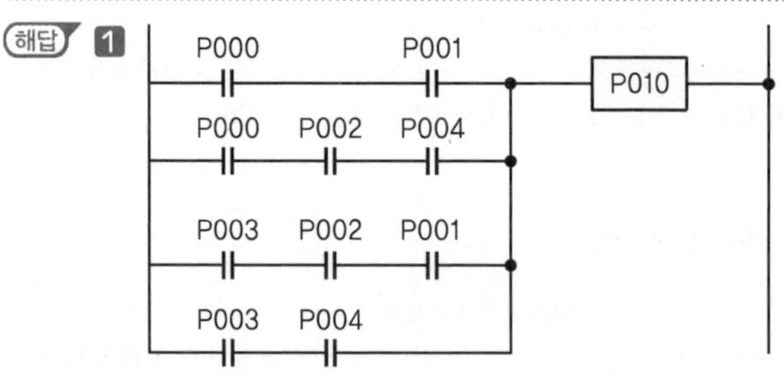

2 ① LOAD
② P000
③ LOAD
④ P003
⑤ AND
⑥ P001
⑦ LOAD
⑧ P003

03 ★☆☆☆☆ [6점]

그림과 같은 평면도의 2층 건물에 대한 배선설계를 하기 위하여 주어진 조건을 이용하여 1층 및 2층을 분리하여 분기 회로수를 결정하고자 한다. 다음 각 물음에 답하시오.

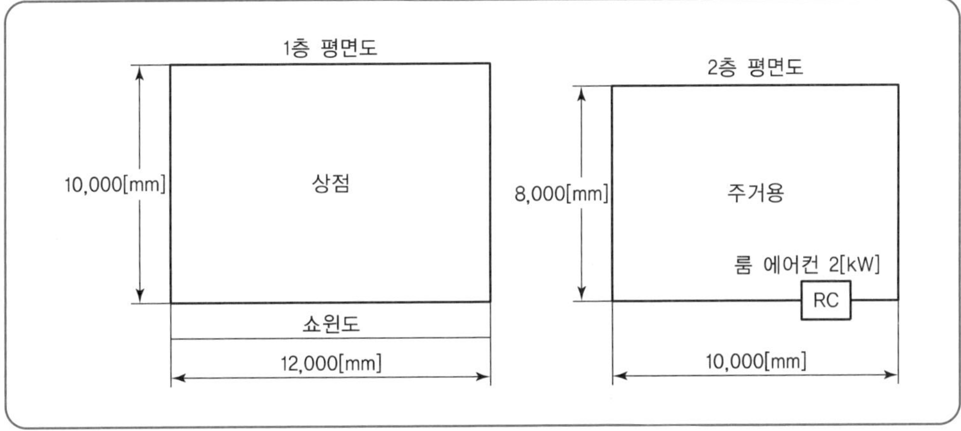

[조건]

- 분기 회로는 16[A] 분기 회로로 하고 80[%]의 정격이 되도록 한다.
- 배전 전압은 220[V]를 기준으로 하여 적용 가능한 최대 부하를 상정한다.
- 주택 및 상점의 표준 부하는 30[VA/m²]로 하되 1층, 2층으로 분리하여 분기 회로수를 결정하고 상점과 주거용에 각각 1,000[VA]를 가산하여 적용한다.
- 상점의 쇼윈도에 대해서는 길이 1[m]당 300[VA]를 적용한다.
- 옥외 광고등 500[VA]짜리 2등이 상점에 있는 것으로 하고, 하나의 전용분기회로로 구성한다.
- 예상이 곤란한 콘센트, 틀어끼우는 접속기, 소켓 등이 있을 경우에라도 이를 상정하지 않는다.
- RC는 전용분기회로로 한다.

1 1층의 부하용량과 분기 회로수를 구하시오.
2 2층의 부하용량과 분기 회로수를 구하시오.

해답 1 계산 : 부하용량 $P = (12 \times 10 \times 30) + 12 \times 300 + 1{,}000 = 8{,}200$[VA]

$$\text{분기 회로수 } N = \frac{\text{정격용량}}{\text{정격전압} \times \text{분기회로전류} \times \text{용량}} = \frac{8{,}200}{220 \times 16 \times 0.8} = 2.91[\text{회로}]$$

답 16[A] 분기 4회로(옥외 광도등 1회로 포함)

2 계산 : 부하용량 $P = 10 \times 8 \times 30 + 1{,}000 = 3{,}400$[VA]

$$\text{분기 회로수 } N = \frac{\text{정격용량}}{\text{정격전압} \times \text{분기회로전류} \times \text{용량}} = \frac{3{,}400}{220 \times 16 \times 0.8} = 1.21[\text{회로}]$$

답 16[A] 분기 3회로(RC 1회로 포함)

2012 2013 2014 2015 2016 2017 2018 2019 2020 2021

TIP

① 1층 부하용량=바닥면적×표준부하밀도+쇼윈도 부하(m당 300)+가산부하이며 옥외 광고등이 상점에 있는 것으로 하나의 전용 분기회로로 구성한다.
② 2층 부하용량=바닥면적×표준부하밀도+가산부하이며 RC는 조건에 따라 전용분기회로로 구성한다.

04 ★★★★☆

[5점]

다음은 전압등급 3[kV]인 SA의 시설 적용을 나타낸 표이다. 빈칸에 적용 또는 불필요를 구분하여 쓰시오.

2차 보호기기 / 차단기의 종류	전동기	변압기			콘덴서
		유입식	몰드식	건식	
VCB	①	②	③	④	⑤

해답 ① 적용, ② 불필요, ③ 적용, ④ 적용, ⑤ 불필요

TIP

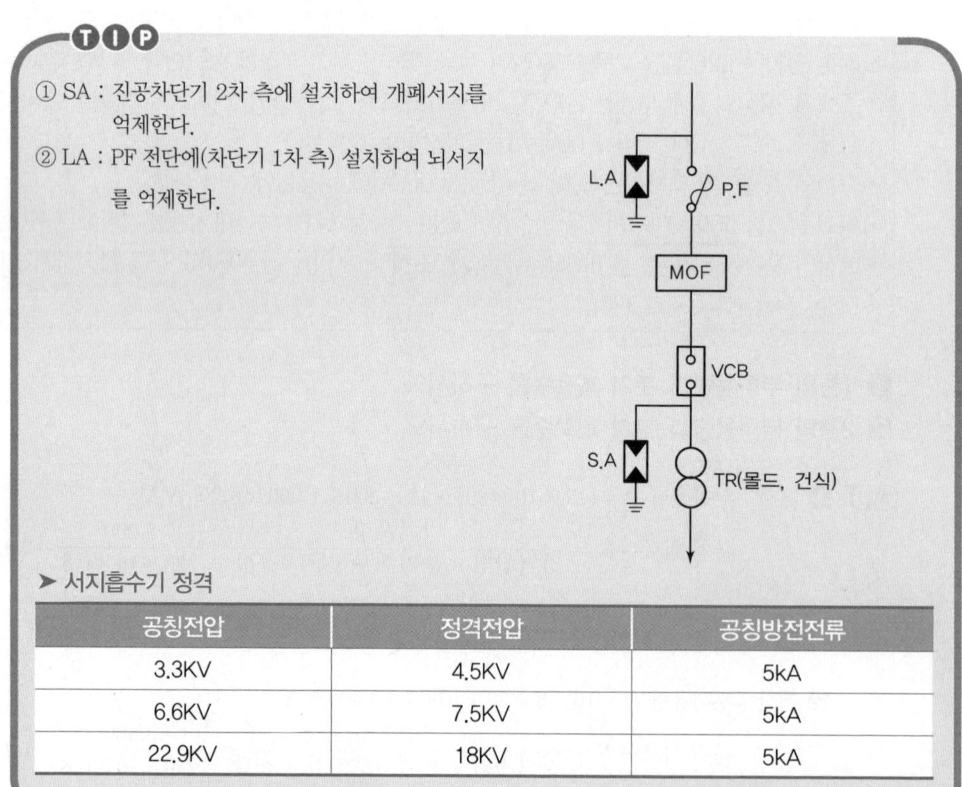

① SA : 진공차단기 2차 측에 설치하여 개폐서지를 억제한다.
② LA : PF 전단에(차단기 1차 측) 설치하여 뇌서지를 억제한다.

➤ 서지흡수기 정격

공칭전압	정격전압	공칭방전전류
3.3KV	4.5KV	5kA
6.6KV	7.5KV	5kA
22.9KV	18KV	5kA

05 ★★☆☆☆ [5점]

미완성된 단선도의 ⬚ 안에 유입 차단기, 피뢰기, 전압계, 전류계, 지락 보호 계전기, 과전류 보호 계전기, 계기용 변압기, 계기용 변류기, 영상 변류기, 전압계용 전환 개폐기, 전류계용 전환 개폐기 등을 사용하여 $3\phi 3W$식 6,600[V] 수전 설비 계통의 단선도를 완성하시오. 단, 단로기, 컷아웃 스위치, 퓨즈 등도 필요 개소가 있으면 도면의 알맞은 개소에 삽입하여 그리도록 하며, 또한 각 심벌은 KS 규정에 의하고 심벌 옆에는 약호를 쓰도록 한다.

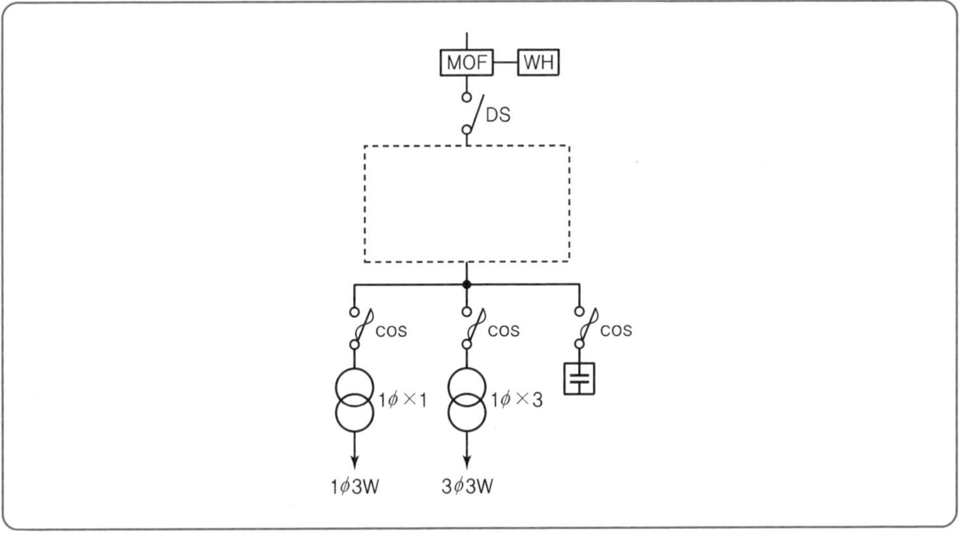

해답

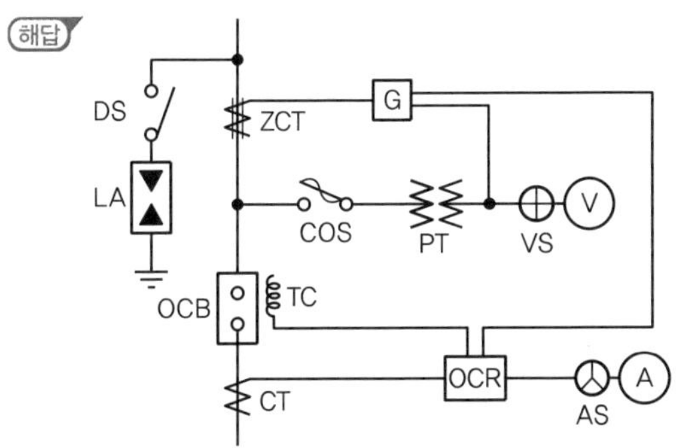

TIP

MOF가 인입개폐기(DS) 1차 측에 있으므로 고압수전설비를 기준으로 한다.

06 ★★★☆☆ [4점]

전력용 콘덴서의 부속설비인 방전코일과 직렬리액터의 사용 목적은 무엇인가?

해답 ① 방전 코일 : 콘덴서에 축적된 잔류전하를 방전
② 직렬 리액터 : 제5고조파를 제거하여 파형을 개선

07 ★★★☆☆ [7점]

지중 전선로의 시설에 관한 다음 각 물음에 답하시오.

1 지중 전선로는 어떤 방식에 의하여 시설하여야 하는지 3가지만 쓰시오.
2 특고압용 지중전선에 사용하는 케이블의 종류를 2가지만 쓰시오.

해답 1 직접매설식, 관로식, 암거식
2 알루미늄피케이블, 가교 폴리에틸렌 절연비닐시스케이블(CV)

TIP

전압의 종류	케이블의 종류
저압	1. 알루미늄피케이블 2. 클로로프렌 외장케이블 3. 비닐외장케이블 4. 폴리에틸렌 외장케이블 5. 미네랄 인슈레이션(MI)케이블 6. 상기 케이블에 보호피복을 한 케이블
고압	1. 알루미늄피케이블 2. 클로로프렌 외장케이블 3. 비닐외장케이블 4. 폴리에틸렌 외장케이블 5. 콤바인덕트(CD)케이블 6. 상기 케이블에 보호피복을 한 케이블
특고압	1. 알루미늄피케이블 2. 에틸렌 프로필렌고무 혼합물 케이블 3. 폴리에틸렌 혼합물 케이블 4. 가교 폴리에틸렌 절연비닐시스케이블(CV) 5. 파이프형 압력 케이블 6. 상기 케이블에 보호피복을 한 케이블

08 ★★☆☆☆ [5점]

워너(Weener)의 4전극법에 대하여 간단히 설명하시오.

해답 대지 저항을 측정하는 방법으로 4전극을 설치하여 전극의 전압과 전류를 인가하여 측정하는 방법

TIP

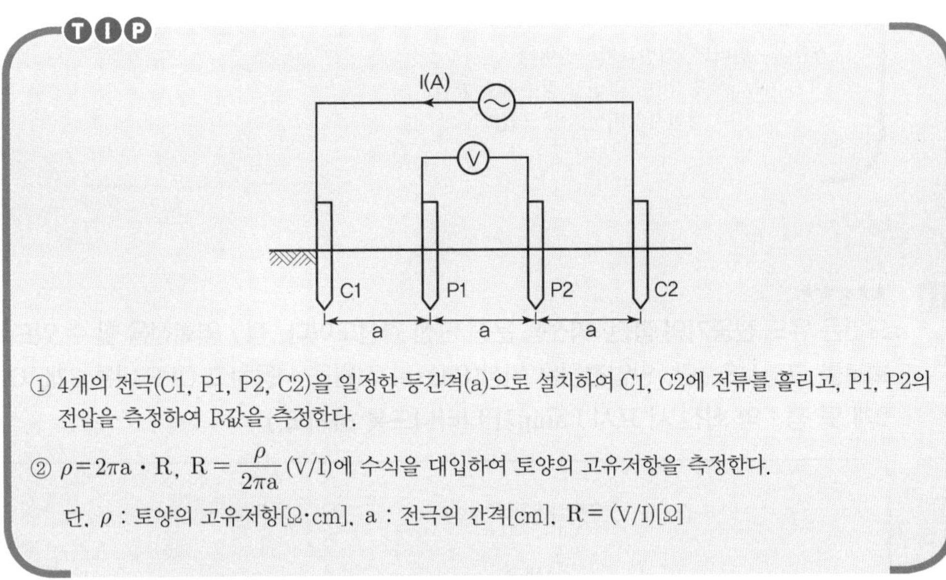

① 4개의 전극(C1, P1, P2, C2)을 일정한 등간격(a)으로 설치하여 C1, C2에 전류를 흘리고, P1, P2의 전압을 측정하여 R값을 측정한다.

② $\rho = 2\pi a \cdot R$, $R = \frac{\rho}{2\pi a}$(V/I)에 수식을 대입하여 토양의 고유저항을 측정한다.

단, ρ : 토양의 고유저항[Ω·cm], a : 전극의 간격[cm], R = (V/I)[Ω]

09 ★★★☆☆ [5점]

그림과 같은 UPS시스템의 중심 부분인 CVCF의 기본 회로에 대하여 다음 각 물음에 답하시오.

1. UPS는 어떤 장치인가?
2. CVCF는 무슨 의미인가?
3. 도면의 ①, ②에 해당되는 것은?

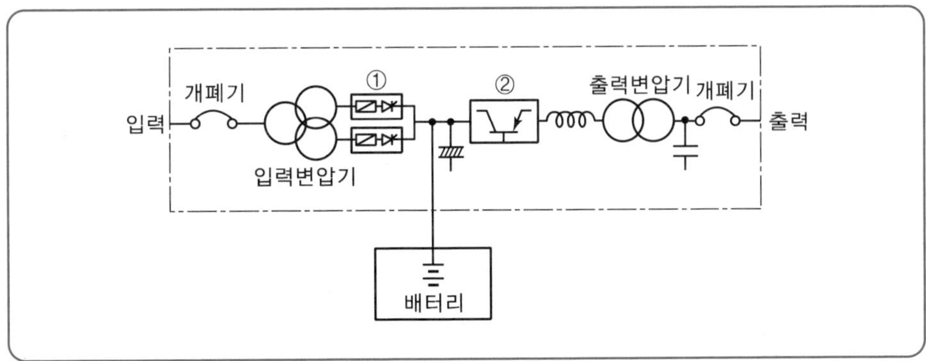

(해답) **1** 무정전 전원공급장치
2 정전압 정주파수 변환장치
3 ① 컨버터, ② 인버터

TIP

① 정류기 – 컨버터, 역변환기 – 인버터
② UPS 기능 ┌ 평상시 : 정전압 정주파수 공급
　　　　　　└ 정전시 : 비상전원 공급

10 ★★★★★

[5점]

도면은 유도 전동기의 정전, 역전용 운전 단선 결선도이다. 정 · 역회전을 할 수 있도록 조작 회로를 그리시오.(단, 인입전원은 위상(Phase) 전원을 사용하고 OFF 버튼 3개, ON 버튼 2개 및 정 · 역 회전 시 표시 Lamp가 나타나도록 하시오.)

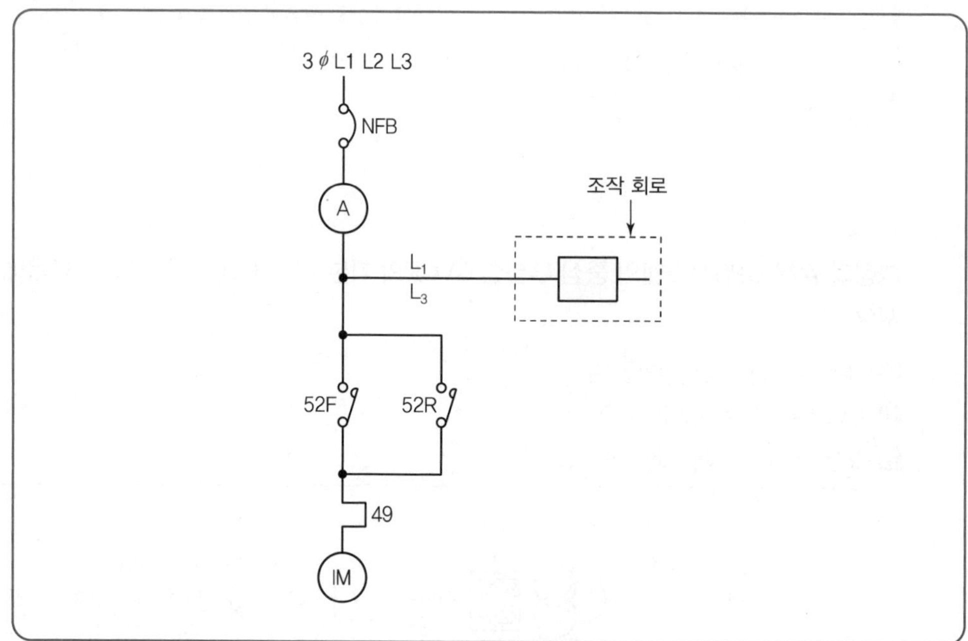

해답

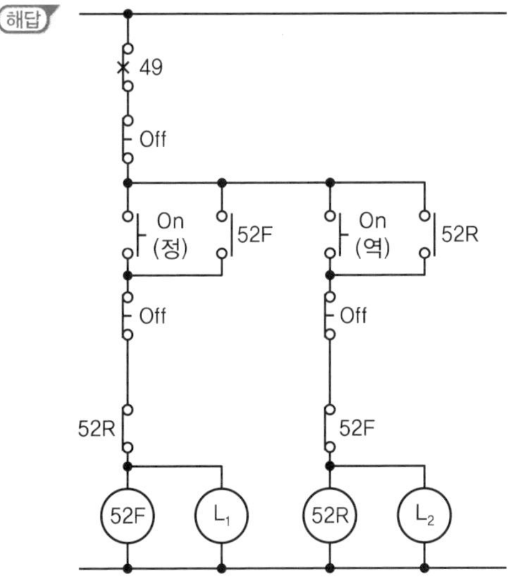

11 ★★☆☆☆ [6점]

물리적인 접지저항 저감법 4가지와 저감재의 구비조건 4가지를 쓰시오.

해답 (1) 접지저항 저감법

① 병렬 접속한다.

② 메쉬공법을 하는 경우 포설망을 크게, 접지 간격을 작게 한다.

③ 접지극을 깊게 매설한다.

④ 접지극의 치수를 크게 한다.

(2) 저감재 구비조건

① 저감효과가 클 것

② 접지극을 부식시키지 말 것

③ 지속성이 있을 것

④ 공해가 없을 것

그 외

⑤ 공법이 용이할 것

12 ☆☆☆☆☆

[8점]

3상 3선식 비접지계통 6,600[V]의 4개 간선은 다음과 같이 부하에 전력을 공급하는 선로가 있다. 다음 각 물음에 답하시오. ※ KEC 규정에 따라 삭제

간선 \ 종류	케이블 이외의 것	케이블
1	긍장 20[km]	연장 2.0[km]
2	–	연장 3.0[km]
3	긍장 20[km]	–
4	긍장 15[km]	연장 3.0[km]

1 지락전류를 계산하시오.

2 제2종 접지저항값을 구하시오.

TIP

KEC에서는 지락전류의 실측값으로 주어짐

13 ★★☆☆☆

[5점]

어느 수용가의 부하설비용량이 950[kW], 수용률 65[%], 부하 역률 76[%]일 때 변압기용량은 몇 [kVA]인지 표준용량으로 답하시오.

해답 계산 : $P_a = \dfrac{\text{설비용량} \times \text{수용률}}{\text{역률}} = \dfrac{950 \times 0.65}{0.76} = 812.5[\text{kVA}]$

답 1,000[kVA]

TIP

➤ 변압기 용량

① "선정하라, 정격용량, 표준용량을 구하라"라고 하면 정격값을 쓸 것!

예 71.5 답 75[kVA]

② "계산하시오, 구하시오"라고 하면 계산값 또는 정격값을 쓸 것!

예 71.5 답 71.5 또는 75[kVA]

14 ★★★★★ [5점]

3상 4선식에서 역률 100[%]의 부하가 각 상과 중성선 간에 연결되어 있다. a상, b상, c상에 흐르는 전류가 각각 220[A], 180[A], 180[A]이다. 중성선에 흐르는 전류의 크기의 절대값은 몇 [A]인가?

해답 계산 : $I_N = I_a + I_b + I_c = I_a + a^2 I_b + a I_c$

$$= 220 + 180 \cdot \left(-\frac{1}{2} - j\frac{\sqrt{3}}{2}\right) + 180 \cdot \left(-\frac{1}{2} + j\frac{\sqrt{3}}{2}\right) = 40[A]$$

답 40[A]

TIP

① $a = 1\angle 120 = 1\angle -240 = -\frac{1}{2} + j\frac{\sqrt{3}}{2}$

② $a^2 = 1\angle 240 = 1\angle -120 = -\frac{1}{2} - j\frac{\sqrt{3}}{2}$

③ $I_N = I_a + I_b + I_c = I_a + 1\angle 240 \cdot I_b + 1\angle 120 \cdot I_c$

$= I_a + I_b\left(-\frac{1}{2} - j\frac{\sqrt{3}}{2}\right) + I_c\left(-\frac{1}{2} + j\frac{\sqrt{3}}{2}\right)$

15 ★★★☆☆ [5점]

그림과 같은 배광곡선을 갖는 반사갓형 수은등 400[W](22,000[lm])를 사용할 경우 기구직하 7[m] 점으로부터 수평으로 5[m] 떨어진 점의 수평면 조도를 구하시오.
(단, $\cos^{-1} 0.814 = 35.5°$, $\cos^{-1} 0.707 = 45°$, $\cos^{-1} 0.583 = 54.3°$)

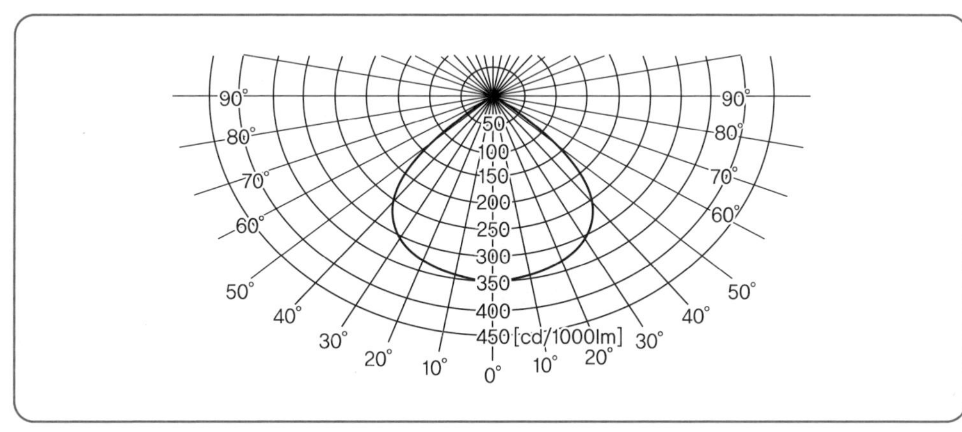

해답 계산 :

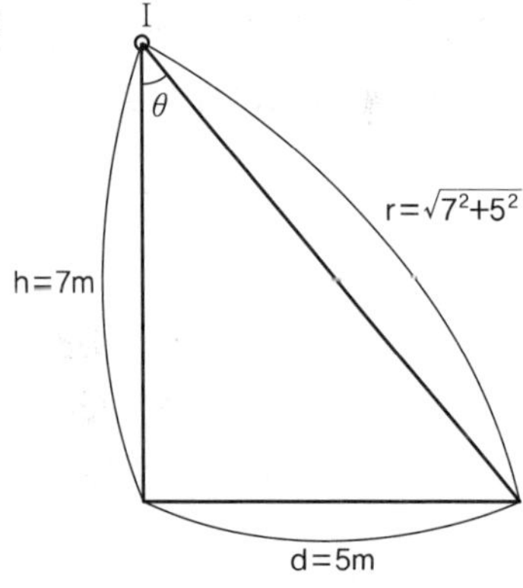

$$\cos\theta = \frac{h}{\sqrt{h^2+d^2}} = \frac{7}{\sqrt{7^2+5^2}} = 0.814$$

여기서, $\theta = \cos^{-1}0.814 = 35.5°$ 표에서 각도 35.5°에서 광도값은 약 280[cd/1,000lm]이므로 수은등의 광도는 $I = \frac{22,000}{1,000} \times 280 = 6,160$[cd]이다.

수평면 조도 $E_h = \frac{I}{r^2}\cos\theta = \frac{6,160}{(\sqrt{7^2+5^2})^2} \times 0.814 = 67.76$[lx]

답 67.76[lx]

16 ★★★★★ [5점]

단상 변압기의 병렬운전 조건 4가지를 간단하게 쓰고, 이들 조건이 맞지 않을 경우에 어떤 현상이 나타나는지 간단히 쓰시오.

해답 (1) 병렬운전 조건

① 각 변압기의 극성이 같을 것

② 각 변압기의 권수비가 같을 것(1, 2차 전압이 같을 것)

③ 각 변압기의 백분율 임피던스가 같을 것

④ 각 변압기의 저항과 누설리액턴스의 비가 같을 것

(2) 조건이 맞지 않을 경우

- ①, ② 큰 순환전류가 흘러 온도 상승, 소손한다.
- ③ 조건이 맞지 않으면 임피던스가 적은 쪽은 과부하에 걸리고 임피던스가 큰 쪽은 부하분담을 적게 하므로 이용률이 저하된다.
- ④ 전류 간의 위상차가 생겨 동손이 증가

TIP

3상변압기 : 각 변위와 상회전 방향이 같을 것

17 ★★★★☆ [4점]

부하설비가 각각 A−10[kW], B−20[kW], C−20[kW], D−30[kW]되는 수용가가 있다. 이 수용장소의 수용률이 A와 B는 각각 80[%], C와 D는 각각 60[%]이고 이 수용장소의 부등률은 1.3이다. 이 수용장소의 종합최대전력은 몇 [kW]인가?

해답 계산 : $종합최대전력 = \frac{설비용량 \times 수용률}{부등률}$

$$= \frac{(10+20)\times 0.8 + (20+30)\times 0.6}{1.3} = 41.54[kW]$$

답 41.54[kW]

TIP

$$합성최대전력(최대전력) = \frac{개별\ 최대전력(수용률 \times 설비용량)의\ 합}{부등률}$$

18 ★★★★☆ [7점]

어느 수용가가 자가용 디젤 발전기 설비를 계획하고 있다. 발전기 용량 산출에 필요한 부하의 종류 및 특성이 다음과 같을 때 주어진 조건과 참고자료를 이용하여 전부하를 운전하는 데 필요한 발전기 용량[kVA]을 답안지의 빈칸을 채우면서 선정하시오.

[조건]

- 전동기 시동 시에 필요한 용량은 무시한다.
- 수용률 적용(동력) : 최대 입력 전동기 1대에 대하여 100[%], 2대는 80[%], 전등, 기타는 100[%]를 적용한다.
- 전등, 기타의 역률은 100[%]를 적용한다.

부하의 종류	출력[kW]	극수(극)	대수(대)	적용 부하	기동 방법
전동기	37	8	1	소화전 펌프	리액터 기동
	22	6	2	급수 펌프	〃
	11	6	2	배풍기	Y−Δ 기동
	5.5	4	1	배수 펌프	직입 기동
전등, 기타	50	−	−	비상 조명	−

| 표 1. 저압 특수 농형 2종 전동기(KSC 4202)[개방형 · 반밀폐형] |

정격 출력 [kW]	극수	동기 속도 [rpm]	전부하 특성		기동 전류 I_{st} 각 상의 평균값 [A]	비고		
			효율 η [%]	역률 pf [%]		무부하 전류 I_0 각 상의 전류값 [A]	전부하 전류 I 각 상의 전류값 [A]	전부하 슬립 S [%]
5.5	4	1,800	82.5 이상	79.5 이상	150 이하	12	23	5.5
7.5			83.5 이상	80.5 이상	190 이하	15	31	5.5
11			84.5 이상	81.5 이상	280 이하	22	44	5.5
15			85.5 이상	82.0 이상	370 이하	28	59	5.0
(19)			86.0 이상	82.5 이상	455 이하	33	74	5.0
22			86.5 이상	83.0 이상	540 이하	38	84	5.0
30			87.0 이상	83.5 이상	710 이하	49	113	5.0
37			87.5 이상	84.0 이상	875 이하	59	138	5.0
5.5	6	1,200	82.0 이상	74.5 이상	150 이하	15	25	5.5
7.5			83.0 이상	75.5 이상	185 이하	19	33	5.5
11			84.0 이상	77.0 이상	290 이하	25	47	5.5
15			85.0 이상	78.0 이상	380 이하	32	62	5.5
(19)	6	1,200	85.5 이상	78.5 이상	470 이하	37	78	5.0
22			86.0 이상	79.0 이상	555 이하	43	89	5.0
30			86.5 이상	80.0 이상	730 이하	54	119	5.0
37			87.0 이상	80.0 이상	900 이하	65	145	5.0
5.5	8	900	81.0 이상	72.0 이상	160 이하	16	26	6.0
7.5			82.0 이상	74.0 이상	210 이하	20	34	5.5
11			83.5 이상	75.5 이상	300 이하	26	48	5.5
15			84.0 이상	76.5 이상	405 이하	33	64	5.5
(19)			85.5 이상	77.0 이상	485 이하	39	80	5.5
22			85.0 이상	77.5 이상	575 이하	47	91	5.0
30			86.5 이상	78.5 이상	760 이하	56	121	5.0
37			87.0 이상	79.0 이상	940 이하	68	148	5.0

| 표 2. 자가용 디젤 표준 출력[kVA] |

50	100	150	200	300	400

	효율[%]	역률[%]	입력[kVA]	수용률[%]	수용률 적용값[kVA]
37×1					
22×2					
11×2					
5.5×1					
50					
계					

발전기 정격용량 : [kVA]

해답

	효율[%]	역률[%]	입력[kVA]	수용률[%]	수용률 적용값[kVA]
37×1	87	79	$\frac{37}{0.87 \times 0.79} = 53.83$	100	53.83
22×2	86	79	$\frac{22 \times 2}{0.86 \times 0.79} = 64.76$	80	51.81
11×2	84	77	$\frac{11 \times 2}{0.84 \times 0.77} = 34.01$	80	27.21
5.5×1	82.5	79.5	$\frac{5.5}{0.825 \times 0.795} = 8.39$	100	8.39
50	100	100	50	100	50
계	–	–	211[kVA]	–	191.24[kVA]

발전기 정격용량 : 200[kVA]

TIP

① 표 1에서 전동기 용량과 극수에 맞는 효율과 역률을 찾아 표에 기입한다.

② 입력[kVA] = $\frac{\text{정격출력 [kW]}}{\text{효율} \times \text{역률}}$ 로 계산한다.

③ 수용률 적용값[kVA] = 입력[kVA] × 수용률로 계산하여 합계 용량을 산출한다.

memo

ENGINEER ELECTRICITY

2014년 기출문제

전기기사

2014년도 1회 시험

과년도 기출문제

회독 체크	□1회독	월 일	□2회독	월 일	□3회독	월 일

01 ★★★☆☆ [7점]

다음 도면은 3상 유도전동기의 기동보상기에 의한 기동제어회로 미완성 도면이다. 이 도면을 보고 다음 각 물음에 답하시오.

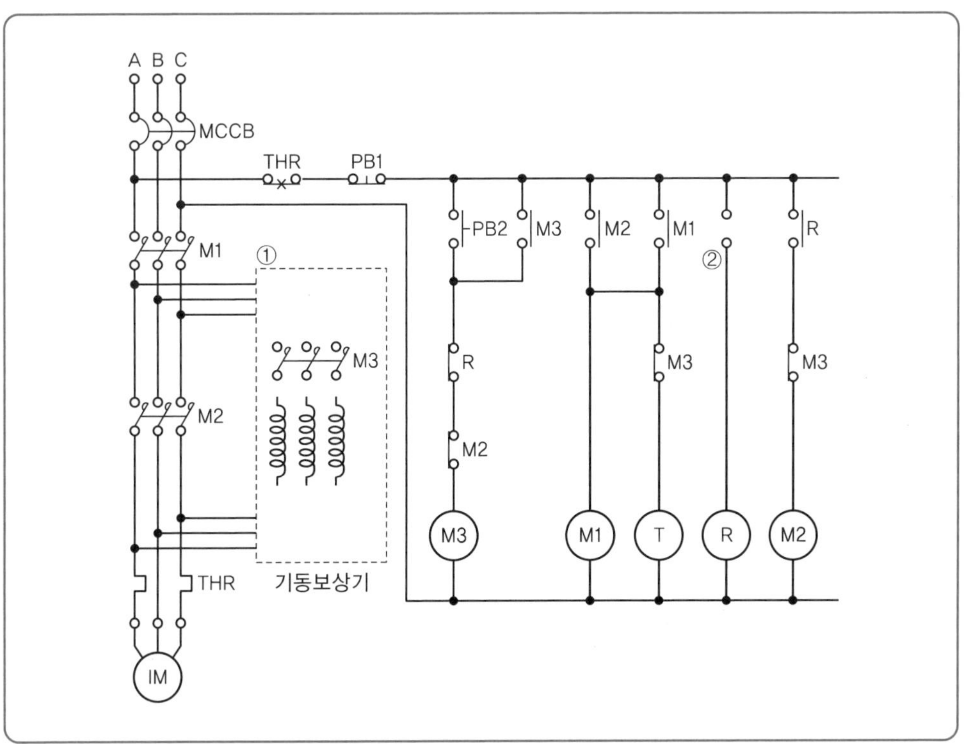

• M_1, M_2, M_3 : 전자개폐기	• THR : 열동계전기
• T : 타이머	• R : 릴레이

1 ① 부분에 들어갈 기동보상기와 M3의 주회로 배선을 회로도에 직접 그리시오.

2 ② 부분에 들어갈 적당한 접점의 기호와 명칭을 회로도에 직접 그리시오.

3 보조회로에서 잘못된 부분이 있으면 올바르게 수정하시오.

해답

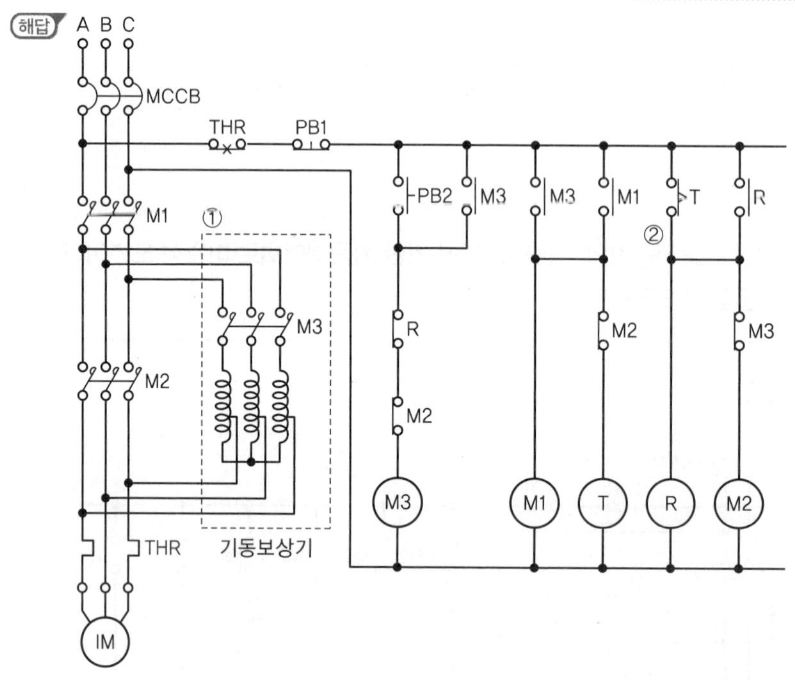

02 ★☆☆☆☆ [5점]

그림은 전위 강하법에 의한 접지저항 측정방법이다. 다음 물음에 답하시오.

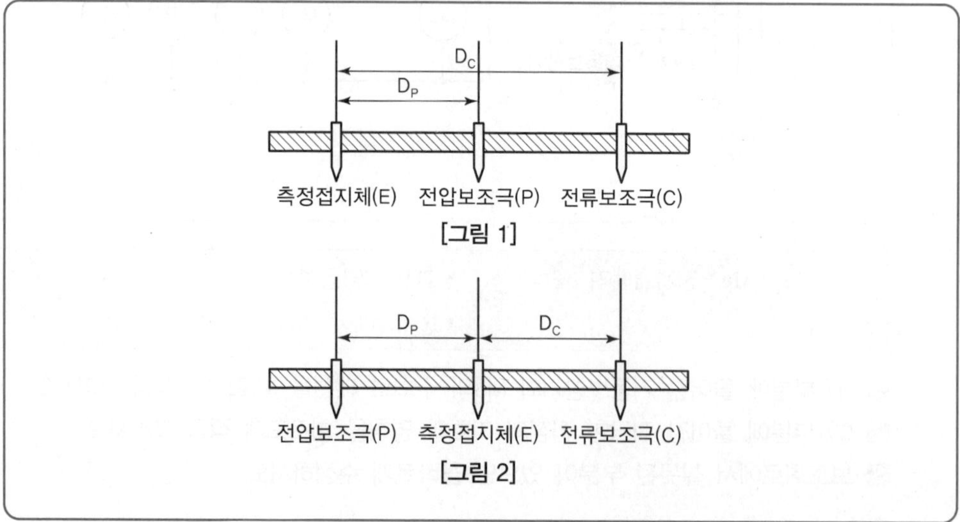

[그림 1]

[그림 2]

1 그림 1과 그림 2의 측정방법 중 접지저항값이 바르게 나오는 측정방법은?

2 접지저항을 측정할 때 E−C 간 거리의 몇 [%]인 곳에 전위 전극을 설치하면 정확한 접지저항값을 얻을 수 있는지 설명하시오.

해답 1 그림 1
2 61.8[%]

TIP

E－P 간의 간격은 E－C 간 간격의 61.8[%]로 측정할 때 정확한 저항값을 측정할 수 있다.

03 ★★★★☆ [4점]

전기설비를 폭발방지화한 폭발방지기기의 구조에 따른 종류 중 4가지만 쓰시오.

※ KEC 규정에 따라 변경

해답 ① 내압 폭발방지구조 ② 유입 폭발방지구조
③ 안전증 폭발방지구조 ④ 본질안전 폭발방지구조
그 외
⑤ 특수 폭발방지구조

TIP

➤ 폭발방지구조의 종류

구분	
폭발방지구조의 종류	내압 폭발방지구조(d)
	유입 폭발방지구조(o)
	압력 폭발방지구조(p)
	안전증 폭발방지구조(e)
	본질안전 폭발방지구조(ia, ib)
	특수 폭발방지구조(s)

04 ★★★★★ [5점]

양수량 30[m³/min], 총 양정 15[m]의 양수 펌프용 전동기의 소요출력[kW]은 얼마인지 계산하시오.(단, 펌프의 효율은 70[%]이며, 여유계수는 1.1로 한다.)

해답 계산 : $P = \frac{9.8QH}{n} \times k = \frac{9.8 \times 30/60 \times 15}{0.7} \times 1.1$

$= 115.5$

답 115.5[kW]

TIP

$$P = \frac{QH}{6.12\eta}K$$

여기서, Q : 유량[m^3/min], H : 낙차[m], η : 효율

05 ★★★☆☆ [6점]

도면은 수전설비의 단선 결선도를 나타내고 있다. 도면을 보고 다음 각 물음에 답하시오.

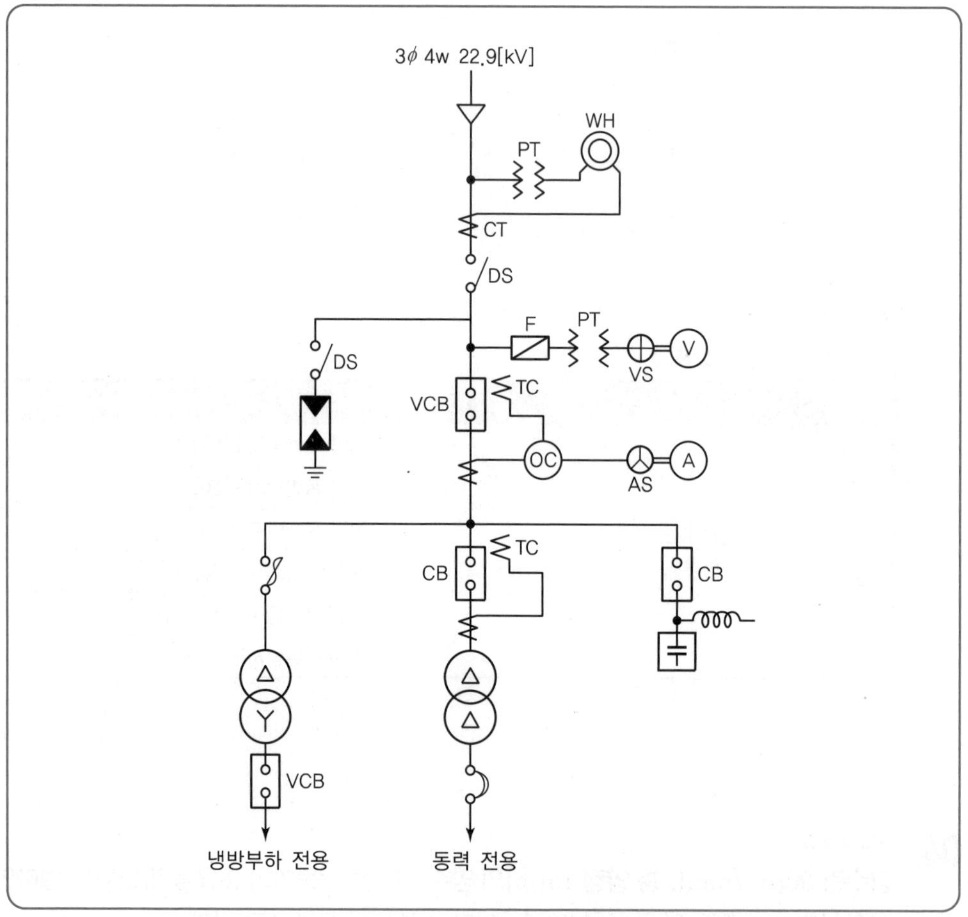

1 동력용 변압기에 연결된 동력부하 설비용량이 400[kW], 부하 역률 85[%], 수용률 65[%]라고 할 때, 변압기 용량은 몇 [kVA]를 사용하여야 하는가?

| 변압기 표준용량[kVA] |

100	150	200	250	300	400	500

2 냉방용 냉동기 1대 설치하고자 할 때, 냉방부하 전용 차단기로 VCB를 설치한다면 VCB 2차 측 정격전류는 몇 [A]인가?(단, 냉방용 냉동기의 전동기는 100[kW], 정격전압 3,300[V]인 3상 유도전동기로서 역률 85[%], 효율은 90[%]이고, 차단기 2차 측 정격전류는 전동기 정격전류의 3배로 한다고 한다.)

해답 ① 계산 : $\frac{\text{설비용량[kW]} \times \text{수용률}}{\text{역률}} = \frac{400 \times 0.65}{0.85} = 305.88$

답 400[kVA]

② 계산 : $I = \frac{P}{\sqrt{3} V \cos\theta \eta} \times 3 = \frac{100}{\sqrt{3} \times 3.3 \times 0.85 \times 0.9} \times 3 = 68.61$

답 68.61[A]

TIP

① $\text{kVA} = \frac{\text{설비용량[kW]} \times \text{수용률}}{\text{역률}} = \text{설비용량[kVA]} \times \text{수용률}$

② $P = \sqrt{3} VI \cos\theta \text{[kW]}$

06 ★★★★★ [4점]

폭 15[m]인 도로의 간격 20[m]를 두고 양쪽 배열로 가로등이 점등되어 있다. 한 등의 전광속은 3,000[lm], 조명률은 45[%]일 때, 도로의 평균 조도를 계산하시오.

해답 계산 : 평균조도 $E = \frac{FUN}{AD} = \frac{3,000 \times 0.45 \times 1}{\frac{1}{2} \times 15 \times 20} = 9\text{[lx]}$

답 9[lx]

TIP

➤ A : 면적

① 양쪽 배열, 지그재그 배열 : (간격×폭)× $\frac{1}{2}$

② 편측 배열, 중앙 배열 : (간격×폭)

07 ★★★☆☆ [8점]

예비전원으로 사용되는 축전지 설비에 대한 다음 각 물음에 답하시오.

1 연축전지 설비의 초기에 단전지 전압의 비중이 저하되고, 전압계가 역전하였다. 어떤 원인으로 추정할 수 있는가?

2 충전장치 고장, 과충전, 액면저하로 인한 극판노출, 교류분 전류의 유입과대 등의 원인에 의하여 발생될 수 있는 현상은?

3 축전지와 부하를 충전기에 병렬로 접속하여 사용하는 충전방식은 어떤 충전방식인가?

4 축전지 용량은 $C = \frac{1}{L}KI$[Ah]로 계산한다. 공식에서 문자 L, K, I는 무엇을 의미하는지 쓰시오.

해답 1 축전지의 역접속

2 축전지의 현저한 온도 상승 또는 소손

3 부동충전방식

4 L : 보수율, K : 용량환산시간계수, I : 방전전류(부하전류)

08 ★★★★☆ [5점]

수전전압 6,600[V], 가공 전선로의 %임피던스가 58.5[%]일 때, 수전점의 3상 단락전류가 7,000[A]인 경우 기준용량을 구하고, 수전용 차단기의 차단 용량을 선정하시오.

| 차단기의 정격 용량[MVA] |

10	20	30	50	75	100	150	250	300	400	500

해답 1 계산

단락전류 : $I_s = \frac{100}{\%Z}I$에서 $I = I_s \times \frac{\%Z}{100} = \frac{7{,}000 \times 58.5}{100} = 4{,}095$[A]

기준용량 : $P = \sqrt{3}VI = \sqrt{3} \times 6{,}600 \times 4{,}095 \times 10^{-6} = 46.81$

답 46.81[MVA]

2 계산

차단용량 : $P_s = \sqrt{3} \times 6{,}600 \times \frac{1.2}{1.1} \times 7{,}000 \times 10^{-6} = 87.29$

답 100[MVA]

TIP

① $P_s = \frac{100}{\%Z}P$

② $P_s = \sqrt{3} \times$정격전압×정격차단전류(단락전류)

여기서, P_s : 차단용량

09 ★★★☆☆ [5점]

전압 220[V], 1시간의 사용 전력량 40[kWh], 역률 80[%]인 3상 부하가 있다. 이 부하의 역률을 개선하기 위하여 용량 30[kVA]인 진상 콘덴서를 설치할 경우에 개선 후의 무효전력은 몇 [kVar]이며 전류는 몇 [A] 감소하게 되겠는가?

해답 계산 : 콘덴서 설치 전 무효분 : $Q = P\tan\theta = 40 \times \frac{0.6}{0.8} = 30[\text{kVar}]$

콘덴서 설치 후 무효분 : $Q' = Q - Q_c = 30 - 30 = 0[\text{kVar}]$, 즉 $\cos\theta_2 = 1$이다.

콘덴서 설치 전 전류$(I_1) = \frac{P}{\sqrt{3}V\cos\theta_1} = \frac{40\times10^3}{\sqrt{3}\times220\times0.8} = 131.21[A]$

콘덴서 설치 후 전류$(I_2) = \frac{P}{\sqrt{3}V\cos\theta_2} = \frac{40\times10^3}{\sqrt{3}\times220\times1} = 104.97[A]$

감소전류 $= 131.21 - 104.97 = 26.24[A]$

답 0[kVar], 26.24[A]

10 ★★★☆☆ [5점]

길이 2[km]인 3상 배전선에서 전선의 저항이 0.3[Ω/km], 리액턴스 0.4[Ω/km]라 한다. 지금 송전단 전압 V_s를 3,450[V]로 하고 송전단에서 거리 1[km]인 점에 $I_1 = 100[A]$, 역률 0.8(지상), 1.5[km]인 지점에 $I_2 = 100[A]$, 역률 0.6(지상), 종단점에 $I_3 = 100[A]$, 역률 0(진상)인 3개의 부하가 있다면 종단에서의 선간 전압은 몇 [V]가 되는가?

해답 계산 : $V_R = V_S - e = V_S - \sqrt{3}I(R\cos\theta + X\sin\theta)$

$$V_R = V_S - \sqrt{3}\{(I_1\cos\theta_1 + I_2\cos\theta_2 + I_3\cos\theta_3)R_1 + (I_1\sin\theta_1 + I_2\sin\theta_2 + I_3\sin\theta_3)X_1 + (I_2\cos\theta_2 + I_3\cos\theta_3)R_2 + (I_2\sin\theta_2 + I_3\sin\theta_3)X_2 + I_3\cos\theta_3 R_3 + I_3\sin\theta_3 X_3\}$$

$$V_R = 3{,}450 - \sqrt{3}\{[100\times0.8 + 100\times0.6 + 100\times0]\times0.3 + [100\times0.6 + 100\times0.8 + 100\times(-1)]\times0.4 + [100\times0.6 + 100\times0]\times0.15 + [100\times0.8 + 100\times(-1)]\times0.2 + 100\times0\times0.15 + [100\times(-1)\times0.2]\} = 3{,}375.52[V]$$

답 3,375.52[V]

TIP

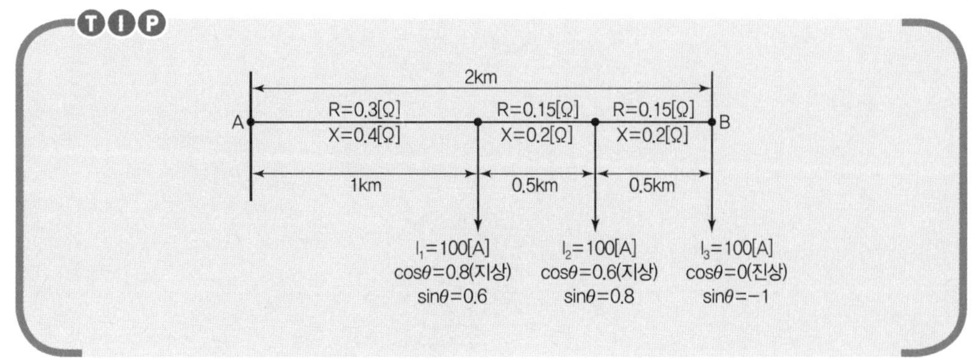

11 ★★☆☆☆ [5점]

정지형 무효전력 보상장치(SVC)에 대하여 간단히 설명하시오.

해답 병렬콘덴서와 병렬리액터를 이용하여 무효전력을 제어하는 장치

12 ★☆☆☆☆ [10점]

3.7[kW]와 7.5[kW]의 직입기동 3상 농형 유도전동기 및 25[kW]의 3상 권선형 유도전동기 등 3대를 그림과 같이 접속하였다. 이때 다음 각 물음에 답하시오.(단, 공사방법 B1으로 XLPE 절연전선을 사용하였으며, 정격전압은 200[V]이고 간선 및 분기회로에 사용되는 전선 도체의 재질 및 종류는 같다.)

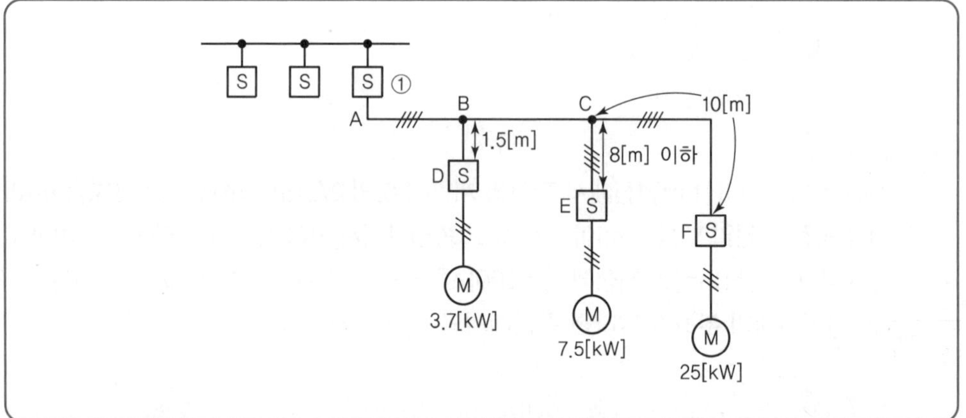

1 간선에 사용되는 과전류 차단기와 개폐기(①)의 최소 용량은 몇 [A]인가?

① 계산

② 과전류 차단기 용량

③ 개폐기 용량

2 간선의 최소 굵기는 몇 [mm²]인가?

| 표 1. 200[V] 3상 유도 전동기의 간선 굵기 및 기구의 용량 |

(B종 퓨즈의 경우) (동선)

전동기 [kW] 수의 총계 [kW] 이하	최대 사용 전류 [A] 이하	배선 종류에 의한 간선의 최소 굵기[mm^2]						직입기동 전동기 중 최대 용량의 것											
		공사방법 A_1		공사방법 B_1		공사방법 C		0.75 이하	1.5	2.2	3.7	5.5	7.5	11	15	18.5	22	30	37 ~ 55
								기동기 사용 전동기 중 최대 용량의 것											
								–	–	–	5.5	7.5	11 15	18.5 22	–	30 37	–	45	55
		PVC	XLPE, EPR	PVC	XLPE, EPR	PVC	XLPE, EPR	과전류 차단기[A] …… (칸 위 숫자) 개폐기 용량[A] …… (칸 아래 숫자)											
3	15	2.5	2.5	2.5	2.5	2.5	2.5	15 30	20 30	30 30	–	–	–	–	–	–	–	–	–
4.5	20	4	2.5	2.5	2.5	2.5	2.5	20 30	20 30	30 30	50 60	–	–	–	–	–	–	–	–
6.3	30	6	4	6	4	4	2.5	30 30	30 30	50 60	50 60	75 100	–	–	–	–	–	–	–
8.2	40	10	6	10	6	6	4	50 60	50 60	50 60	75 100	75 100	100 100	–	–	–	–	–	–
12	50	16	10	10	10	10	6	50 60	50 60	50 60	75 100	75 100	100 100	150 200	–	–	–	–	–
15.7	75	35	25	25	16	16	16	75 100	75 100	75 100	75 100	100 100	100 100	150 200	150 200	–	–	–	–
19.5	90	50	25	35	25	25	16	100 100	100 100	100 100	100 100	100 100	150 200	150 200	200 200	200 200	–	–	–
23.2	100	50	35	35	25	35	25	100 100	100 100	100 100	100 100	100 100	150 200	150 200	200 200	200 200	200 200	–	–
30	125	70	50	50	35	50	35	150 200	150 200	150 200	150 200	150 200	150 200	150 200	200 200	200 200	200 200	–	–
37.5	150	95	70	70	50	70	50	150 200	150 200	150 200	150 200	150 200	150 200	150 200	200 200	300 300	300 300	300 300	–
45	175	120	70	95	50	70	50	200 200	200 200	200 200	200 200	200 200	200 200	200 200	200 200	300 300	300 300	300 300	300 300
52.5	200	150	95	95	70	95	70	200 200	200 200	200 200	200 200	200 200	200 200	200 200	200 200	300 300	300 300	400 400	400 400
63.7	250	240	150	–	95	120	95	300 300	300 300	300 300	300 300	300 300	300 300	300 300	300 300	300 300	400 400	400 400	500 600
75	300	300	185	–	120	185	120	300 300	300 300	300 300	300 300	300 300	300 300	300 300	300 300	300 300	400 400	400 400	500 600
86.2	350	–	240	–	–	240	150	400 400	400 400	400 400	400 400	400 400	400 400	400 400	400 400	400 400	400 400	400 400	600 600

[비고]

1. 최소 전선 굵기는 1회선에 대한 것이다.
2. 공사방법 A_1은 벽 내의 전선관에 공사한 절연전선 또는 단심케이블, B_1은 벽면의 전선관에 공사한 절연전선 또는 단심케이블, 공사방법 C는 벽면에 공사한 단심 또는 다심케이블을 시설하는 경우의 전선 굵기를 표시하였다.
3. 「전동기 중 최대의 것」에 동시 기동하는 경우를 포함한다.

4. 과전류차단기의 용량은 해당 조항에 규정되어 있는 범위에서 실용상 거의 최댓값을 표시한다.
5. 과전류차단기의 선정은 최대용량의 정격전류의 3배에 다른 전동기의 정격전류의 합계를 가산한 값 이하를 표시한다.
6. 고리퓨즈는 300[A] 이하에서 사용하여야 한다.

| 표 2. 200[V] 3상 유도 전동기 1대인 경우의 분기회로(B종 퓨즈의 경우) |

정격출력 [kW]	전부하전류 [A]	배선 종류에 의한 동 전선의 최소 굵기[mm²]					
		공사방법 A_1 (3개선)		공사방법 B_1 (3개선)		공사방법 C (3개선)	
		PVC	XLPE, EPR	PVC	XLPE, EPR	PVC	XLPE, EPR
0.2	1.8	2.5	2.5	2.5	2.5	2.5	2.5
0.4	3.2	2.5	2.5	2.5	2.5	2.5	2.5
0.75	4.8	2.5	2.5	2.5	2.5	2.5	2.5
1.5	8	2.5	2.5	2.5	2.5	2.5	2.5
2.2	11.1	2.5	2.5	2.5	2.5	2.5	2.5
3.7	17.4	2.5	2.5	2.5	2.5	2.5	2.5
5.5	26	6	4	4	2.5	4	2.5
7.5	34	10	6	6	4	6	4
11	48	16	10	10	6	10	6
15	65	25	16	16	10	16	10
18.5	79	35	25	25	16	25	16
22	93	50	25	35	25	25	16
30	124	70	50	50	35	50	35
37	152	95	70	70	50	70	50

정격출력 [kW]	전부하전류 [A]	개폐기용량[A]				과전류차단기(B종 퓨즈)[A]				전동기용 초과눈금 전류계의 정격전류 [A]	접지선의 최소 굵기 [mm²]
		직입기동		기동기 사용		직입기동		기동기 사용			
		현장조작	분기	현장조작	분기	현장조작	분기	현장조작	분기		
0.2	1.8	15	15			15	15			3	2.5
0.4	3.2	15	15			15	15			5	2.5
0.75	4.8	15	15			15	15			5	2.5
1.5	8	15	30			15	20			10	4
2.2	11.1	30	30			20	30			15	4
3.7	17.4	30	60			30	50			20	6
5.5	26	60	60	30	60	50	60	30	50	30	6
7.5	34	100	100	60	100	75	100	50	75	30	10
11	48	100	200	100	100	100	150	75	100	60	16
15	65	100	200	100	100	100	150	100	100	60	16
18.5	79	200	200	100	200	150	200	100	150	100	16
22	93	200	200	100	200	150	200	100	150	100	16
30	124	200	400	200	200	200	300	150	200	150	25
37	152	200	400	200	200	200	300	150	200	200	25

[비고]
1. 최소 전선 굵기는 1회선에 대한 것이며, 2회선 이상일 경우는 복수회로 보정계수를 적용하여야 한다.
2. 공사방법 A_1은 벽 내의 전선관에 공사한 절연전선 또는 단심케이블, B_1은 벽면의 전선관에 공사한 절연전선 또는 단심케이블, 공사방법 C는 벽면에 공사한 단심 또는 다심케이블을 시설하는 경우의 전선 굵기를 표시하였다.
3. 전동기 2대 이상을 동일 회로로 할 경우에는 간선의 표를 적용한다.

해답 **1** 계산 : 전동기 수의 총 전력 = 3.7 + 7.5 + 25 = 36.2[kW]

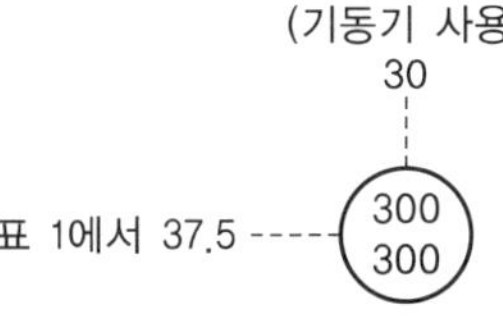

답 과전류 차단기 용량 : 300[A], 개폐기 용량 : 300[A]

2 전동기 수의 총 전력 = 3.7 + 7.5 + 25 = 36.2[kW]

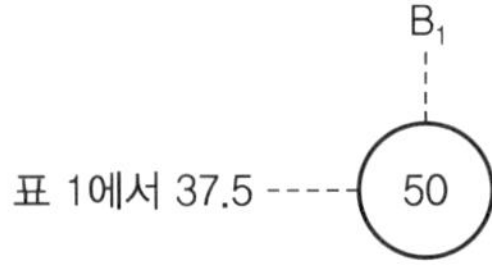

답 50[mm^2]

13 ★☆☆☆☆ [5점]

154[kV]의 송전선이 그림과 같이 연가되어 있을 경우 중성점과 대지 간에 나타나는 잔류 전압을 구하시오.(단, 전선 1[km]당의 대지 정전용량은 맨 윗선 0.004[μF], 가운뎃선 0.0045[μF], 맨 아랫선 0.005[μF]라 하고 다른 선로정수는 무시한다.)

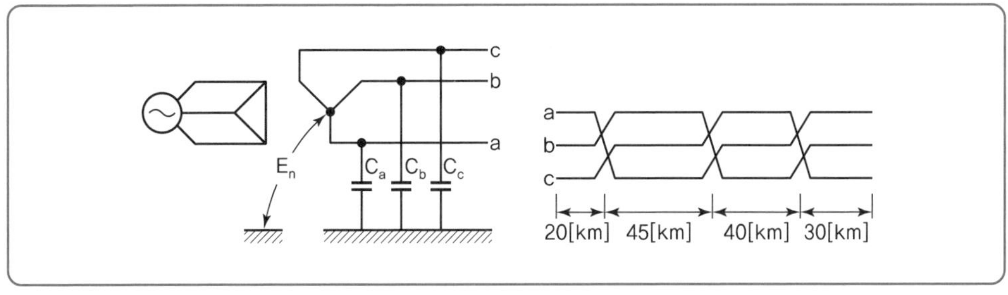

해답 계산 : $C_a = 0.004 \times (20+30) + 0.0045 \times 40 + 0.005 \times 45 = 0.605[\mu F]$

$C_b = 0.004 \times 45 + 0.0045 \times (20+30) + 0.005 \times 40 = 0.605[\mu F]$

$C_c = 0.004 \times 40 + 0.0045 \times 45 + 0.005 \times (20+30) = 0.6125[\mu F]$

$$E_n = \frac{\sqrt{0.605(0.605-0.605)+0.605(0.605-0.6125)+0.6125(0.6125-0.605)}}{0.605+0.605+0.6125} \times \frac{154{,}000}{\sqrt{3}} = 366[V]$$

답 366[V]

TIP

중성점 잔류전압 $E_n = \dfrac{\sqrt{C_a(C_a - C_b) + C_b(C_b - C_c) + C_c(C_c - C_a)}}{C_a + C_b + C_c} \times \dfrac{V}{\sqrt{3}}$ [V]

여기서, E : 상전압, V : 선간전압

14 ★★★☆☆

[5점]

단상 2선식 220[V] 옥내 배선에서 용량 100[VA], 역률 80[%]의 형광등 50개와 소비전력 60[W]인 백열등 50개를 설치할 때 최소 분기 회로수는 몇 회로인가?(단, 16[A] 분기회로로 하며, 수용률은 80[%]로 한다.)

해답 계산 : ① 형광등

$P = VI\cos\theta \times N = 100 \times 0.8 \times 50 = 4{,}000[W]$

$P_r = VI\sin\theta \times N = 100 \times 0.6 \times 50 = 3{,}000[Var]$

② 백열등

$P = 60[W] \times 50 = 3{,}000[W]$

$P_r = 0$

③ 피상전력

$P_a = \sqrt{P^2 + P_r^2} = \sqrt{(4{,}000 + 3{,}000)^2 + 3{,}000^2} = 7{,}615.77[VA]$

④ 분기회로수

$N' = \dfrac{\text{총설비용량[VA]}}{\text{분기설비용량[VA]}} = \dfrac{7{,}615.77 \times 0.8}{220 \times 16} = 1.73$

답 16[A] 2분기회로

TIP

분기 회로수 $= \dfrac{\text{부하용량[VA]}}{\text{정격전압} \times \text{분기회로전류}} \times$ 수용률

15 ★★★★☆ [4점]

다음의 논리식을 간소화하시오.

1. $X = (A+B+C)A$
2. $X = \overline{A}C + BC + AB + \overline{B}C$

해답
1. $X = (A+B+C)A = AA + AB + AC = A + AB + AC = A(1+B+C) = A$
2. $X = C(B+\overline{B}) + AB + \overline{A}C = C + AB + \overline{A}C = C(1+\overline{A}) + AB = AB + C$

TIP

① $AA = A$
② $1+B+C=1$
③ $A+\overline{A}=1$, $B+\overline{B}=1$

16 ★★★★☆ [6점]

송전선로의 거리가 길어지면서 송전선로의 전압이 대단히 높아지고 있다. 이에 따라 단도체 대신 복도체 또는 다도체 방식이 채용되고 있는데 복도체(또는 다도체) 방식을 단도체 방식과 비교할 때 그 장점과 단점을 3가지씩 쓰시오.

해답 (1) 장점
① 송전용량 증대
② 코로나 방지
③ 안정도 향상

(2) 단점
① 페란티 현상 발생
② 전선의 진동이 많이 발생
③ 도체 사이의 흡입력에 의한 충돌 발생

TIP

➤ 코로나 임계전압

$$E_0 = 24.3 m_0 m_1 \delta d \log_{10} \frac{D}{r} [kV]$$

여기서, m_0 : 표면계수, m_1 : 천후계수, δ : 공기상대밀도
d : 직경, r : 반지름, D : 선간거리

17 ★★★★☆ [5점]

단상변압기 용량 10[kVA], 철손 100[W], 전부하 동손 150[W]인 단상변압기 2대를 V결선하여 부하를 걸었을 때, 전부하 효율은 약 몇 [%]인가?(단, 부하의 역률은 0.9)

해답 계산 : 효율 $\eta = \dfrac{전력}{전력+철손+동손} \times 100 = \dfrac{\sqrt{3}\times 10 \times 0.9}{\sqrt{3}\times 10\times 0.9 + (2\times 0.1)+(2\times 0.15)} \times 100$

$= 96.892[\%]$

답 96.89[%]

TIP

① 철손, 동손은 변압기 1대의 값이므로 2배가 된다.

② $P_V = \sqrt{3} \times 1대\ 용량 \times \cos\theta[kW]$

18 ★★☆☆☆ [6점]

정격전압 1차 6,600[V], 2차 210[V], 7.5[kVA]의 단상변압기 2대를 승압기로 V결선하여 6,300[V]의 3상 전원에 접속하였다. 다음 물음에 답하시오.

1 승압된 전압은 몇 [V]인지 계산하시오.

2 3상 V결선 승압기의 결선도를 완성하시오.

해답 1 계산 : 2차 전압 $V_2 = V_1\left(1+\dfrac{1}{a}\right) = 6,300\left(1+\dfrac{210}{6,600}\right) = 6,500.45[V]$

답 6,500.45[V]

2

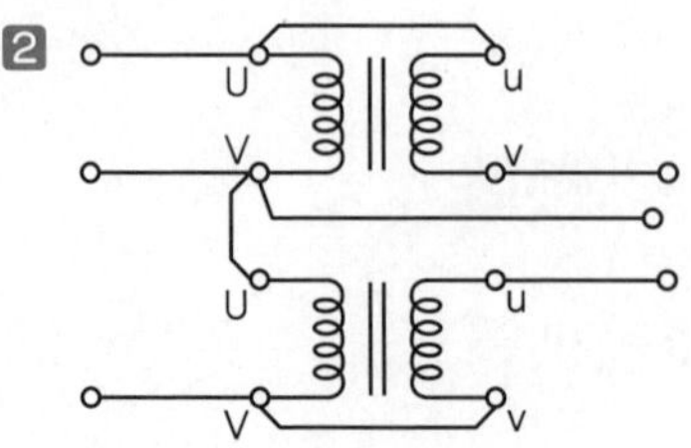

↘ 전기기사

2014년도 2회 시험 과년도 기출문제

회독 체크	□1회독	월 일	□2회독	월 일	□3회독	월 일

01 ★★★★☆ [4점]

다음 표에 나타낸 어느 수용가들 사이의 부등률을 1.1로 한다면 종합 최대전력은 몇 [kW]인가?

수용가	설비용량[kW]	수용률[%]
A	100	85
B	200	75
C	300	65

해답 계산 : $\text{합성최대전력} = \dfrac{\text{설비용량} \times \text{수용률}}{\text{부등률}} = \dfrac{100 \times 0.85 + 200 \times 0.75 + 300 \times 0.65}{1.1}$

$= 390.91[\text{kW}]$

답 390.91[kW]

TIP

$\text{합성최대전력} = \dfrac{\text{설비용량} \times \text{수용률}}{\text{부등률}} = \dfrac{\text{개별 최대 수용전력의 합}}{\text{부등률}}$

02 ★☆☆☆☆ [5점]

T−5 램프의 특징 5가지를 쓰시오.

해답 ① 수명이 길다.
② 친환경화(저수은)
③ 실내조명에서 최적화된 밝기 향상(35[℃])
④ 관장의 최적화 및 세관화
⑤ 공간활용 등 디자인 연출

2012 2013 2014 2015 2016 2017 2018 2019 2020 2021

03 ★★★☆☆ [11점]

도면을 보고 다음 각 물음에 답하시오.

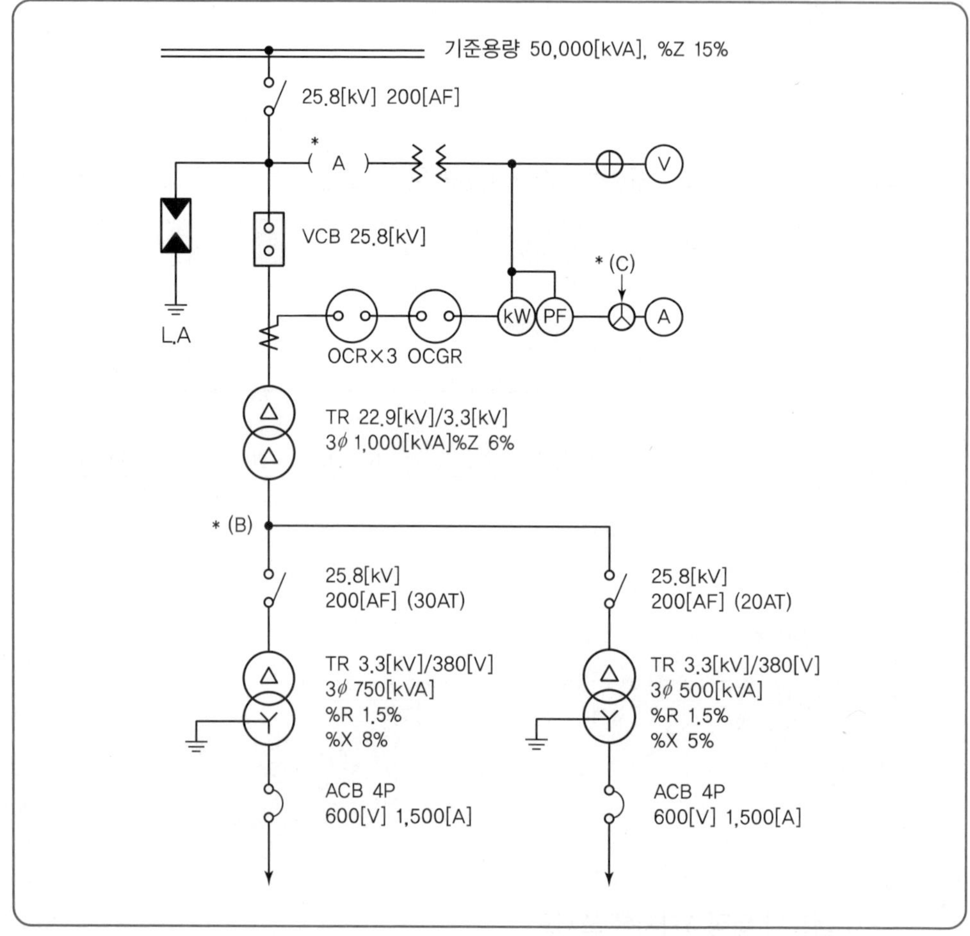

1 (A)의 사용될 기기를 약호로 답하시오.

2 (C)의 명칭을 약호로 답하시오.

3 B점에서 단락되었을 경우 단락 전류는 몇 [A]인가?(단, 선로 임피던스는 무시한다.)

4 VCB의 최소 차단 용량은 몇 [MVA]인가?

5 ACB의 우리말 명칭은 무엇인가?

6 단상 변압기 3대를 이용한 $\Delta-\Delta$ 결선도 및 $\Delta-\mathrm{Y}$ 결선도를 그리시오.

해답 1 PF 또는 COS

2 AS

3 계산 : 기준용량 50,000[kVA]

$$\text{변압기 }\%Z = \frac{50{,}000}{1{,}000} \times 6\% = 300[\%]$$

$$\text{합성 }\%Z = 300 + 15 = 315[\%]$$

$$I_s = \frac{100}{\%Z} I_n = \frac{100}{315} \cdot \frac{50{,}000}{\sqrt{3} \times 3.3} = 2777.06[\text{A}]$$

답 2,777.06[A]

4 계산 : $P_s = \frac{100}{15} \times 50{,}000 \times 10^{-3} = 333.33$

답 333.33[MVA]

5 기중 차단기

6 $\Delta - \Delta$ 결선도

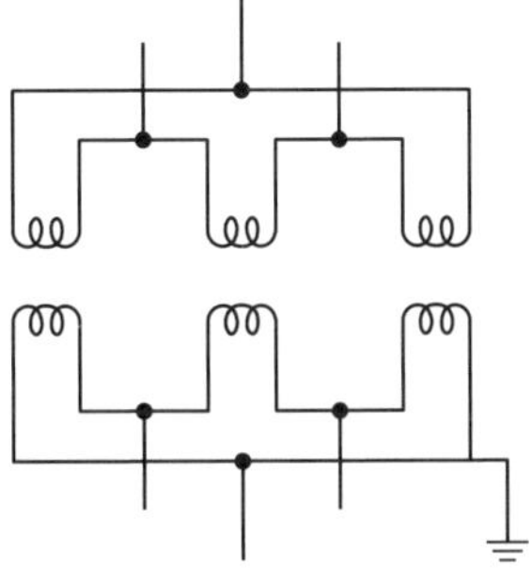

$\Delta - Y$ 결선도

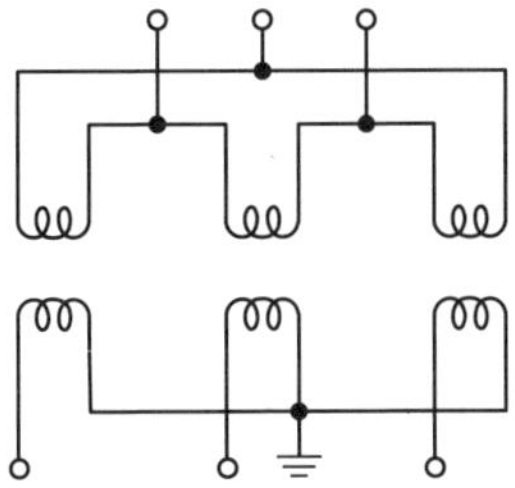

TIP

① 단락전류 $I_s = \frac{100}{\%Z} I_n \quad I_n = \frac{P(\text{기준용량})}{\sqrt{3}V}$

② 차단용량 $P_s = \frac{100}{\%Z} P(\text{기준용량})$

③ 변압기 2차 측(저압 측) : 혼촉 방지용 접지 또는 혼촉 방지판 설치

04 ★★★☆☆

[6점]

TV나 형광등과 같은 전기제품에서의 깜빡거림 현상을 플리커 현상이라 하는데 이 플리커 현상을 경감시키기 위한 전원 측과 수용가 측에서의 대책을 각각 3가지씩 쓰시오.

해답 (1) 전원 측에서의 대책

① 단락용량이 큰 계통에서 공급한다. ② 전용 계통으로 공급한다.
③ 공급 전압을 승압한다. ④ 전용 변압기로 공급한다.

(2) 수용가 측에서의 대책

① 직렬콘덴서방식 ② 직렬리액터방식
③ 3권선 보상변압기 방식

TIP

➤ 수용가 측에서의 대책

① 부하의 무효전력 변동분을 흡수하는 방법
- 동기 조상기와 리액터 방식
- 사이리스터(Thyristor) 이용하는 콘덴서 개폐 방식
- 사이리스터용 리액터

② 전원 계통에 리액터분을 보상하는 방법
- 직렬콘덴서 방식
- 3권선 보상 변압기 방식

③ 전압 강하를 보상하는 방법
- 부스터 방식
- 상호 보상 리액터 방식

④ 플리커 부하전류의 변동분을 억제하는 방법
- 직렬 리액터 방식
- 직렬 리액터 가포화 방식

05 ★★★★☆

[4점]

다음 각 물음에 답하시오.

1 최대사용 전압이 3.3[kV]인 중성점 비접지식 전로의 절연 내력 시험전압은 얼마인가?
2 전로의 사용전압이 380[V]인 경우 절연저항값은 몇 [MΩ] 이상이어야 하는가?
3 최대사용 전압이 380[V]인 전동기의 절연 내력 시험전압[V]은?
4 절연 내력 시험방법에 대하여 설명하시오.

해답 1 계산 : 절연 내력 시험전압 $=3,300\times1.5=4,950$[V]

답 4,950[V]

2 1[MΩ] ※ KEC 규정에 따라 해답 변경

3 계산 : 시험전압$=380\times1.5=570$[V]

답 570[V]

4 절연 내력 시험전압에 계속하여 10분간 가하여 견디어야 한다.

TIP

➤ 절연 내력 시험전압(전로기기)

최대 사용전압	시험전압		최저
7,000V 이하(비접지)	V×1.5배		500[V]
7,000V 초과(비접지) 60,000V 초과(비접지)	V×1.25		
다중접지(22.9[kV])	V×0.92		
중성점 직접접지 170[kV] 이하	V×0.72		
170[kV] 초과	L.A	V×0.72	
		V×0.64	

➤ 기술기준 제52조(저압전로의 절연 성능)

전로의 사용전압[V]	DC시험전압[V]	절연저항[MΩ]
SELV 및 PELV	250	0.5
FELV, 500[V] 이하	500	1.0
500[V] 초과	1,000	1.0

06 ★★★☆☆ [6점]

22.9[kV−Y] 중성선 다중 접지 전선로에 정격전압 13.2[kV], 정격용량 250[kVA]의 단상 변압기 3대를 이용하여 아래 그림과 같이 Y−Δ 결선 하고자 한다. 다음 각 물음에 답하시오.

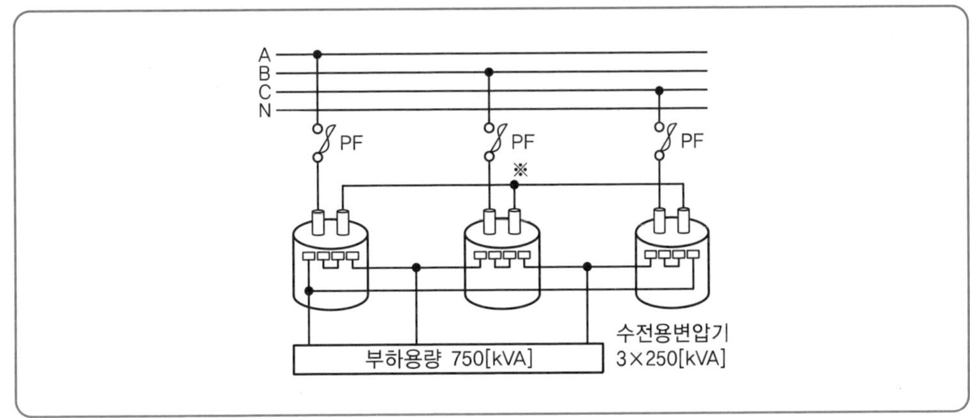

❶ 변압기 1차 측 Y결선의 중성점(※ 부분)을 전선로 N선에 연결해야 하는가? 연결해서는 안 되는가?

❷ 연결해야 한다면 연결해야 할 이유를, 연결해서는 안 된다면 연결해서는 안 되는 이유를 설명하시오.

❸ 전력 퓨즈의 용량은 몇 [A]인지 선정하시오.

| 퓨즈의 정격 용량[A] |

1	3	5	10	15	20	30	40	50	60	75	100	125	150	200	250	300	400

해답 ❶ 연결해서는 안 된다.

❷ 한 상이 결상 시 나머지 2대의 변압기가 역V결선되므로 과부하로 인하여 변압기가 소손될 수 있다.

❸ 계산 : 전부하 전류 $I=\dfrac{P}{\sqrt{3}\times V}=\dfrac{750\times 10^3}{\sqrt{3}\times 22900}=18.91[A]$

2배를 적용하여,

$18.91\times 2=37.82[A]$

답 40[A]

07 ★★★☆☆ [5점]

전력용 콘덴서의 설치 목적 4가지를 쓰시오.

해답 ① 전력손실 감소 ② 전압강하 감소

③ 설비용량의 여유 증가 ④ 전기요금 감소

08 ★☆☆☆☆ [5점]

두 대의 변압기 병렬운전에서 모든 정격은 모두 같고 1차 환산 누설 임피던스값이 각각 3+j 2[Ω]과 2+j 3[Ω]이다. 순환전류[A]는 얼마인가?(단, 부하전류는 50[A]이다.)

해답 계산 : 각 변압기의 임피던스가 같다. 따라서 부하전류는 각 회로에 25[A]씩 흐른다.

$$I_c=\frac{I_1Z_1-I_2Z_2}{Z_1+Z_2}=\frac{25(3+j2)-25(2+j3)}{(2+j3)+(3+j2)}=\frac{75+j50-50-j75}{5+j5}$$

$$=\frac{25-j25}{5+j5}=\frac{(25-j25)(5-j5)}{(5+j5)(5-j5)}$$

$$=\frac{125-j125-j125+j^2125}{5^2+5^2}=\frac{-j250}{50}=-j5[A]$$

답 5[A]

TIP

① $2+j3=\sqrt{2^2+3^2}=\sqrt{13}$

② $3+j2=\sqrt{3^2+2^2}=\sqrt{13}$

③ 임피던스가 같으므로 $\frac{50}{2}=25[A]$

09 ★★★★☆ [5점]

분전반에서 30[m]의 거리에 있는 단상 2선식, 부하전류 10[A]인 부하에 전압강하를 0.5[V] 이하로 하고자 할 경우 필요한 전선의 굵기를 구하시오.(단, 전선의 도체는 구리이다.)

해답 계산 : 전선의 굵기 $A=\frac{35.6LI}{1{,}000e}=\frac{35.6\times30\times10}{1{,}000\times0.5}=21.36[mm^2]$

답 $25[mm^2]$

TIP

전선규격[mm²]		
1.5	2.5	4
6	10	16
25	35	50
70	95	120
150	185	240
300	400	500

전선의 단면적	
단상 2선식	$A=\frac{35.6LI}{1{,}000\cdot e}$
3상 3선식	$A=\frac{30.8LI}{1{,}000\cdot e}$
단상 3선식 3상 4선식	$A=\frac{17.8LI}{1{,}000\cdot e}$

10 ★★★★☆ [3점]

그림(무접점 논리회로)을 보고 유접점회로와 논리식을 표현하시오.

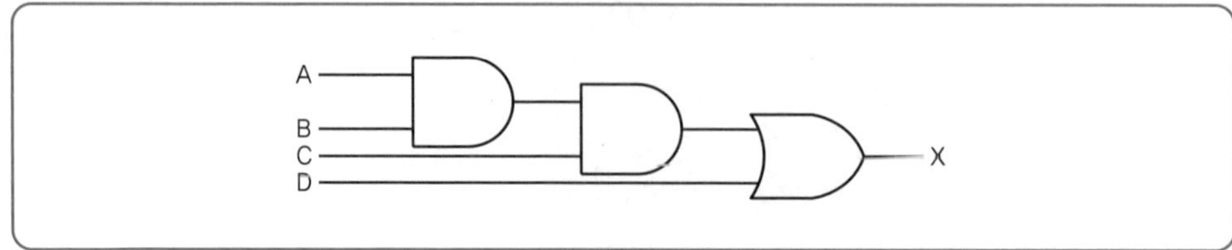

해답 1 유접점회로

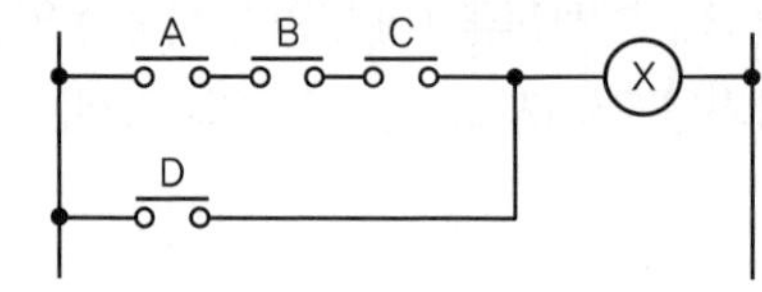

2 논리식

$X = ABC + D$

11 ★★★★★ [4점]

다음 물음에 답하시오.

1 폭발방지형 전동기에 대하여 정의를 쓰시오.

2 전기설비의 폭발방지구조 종류 중 4가지만 쓰시오.

※ KEC 규정에 따라 변경

해답 1 폭발성 가스 중에서의 사용에 적합하도록 구조가 특별히 고려된 전동기

2 내압 폭발방지구조, 유입 폭발방지구조, 압력 폭발방지구조, 안전증 폭발방지구조, 그 외 본질안전 폭발방지구조

TIP

➤ 폭발방지구조의 종류

구분	
폭발방지구조의 종류	내압 폭발방지구조(d)
	유입 폭발방지구조(o)
	압력 폭발방지구조(p)
	안전증 폭발방지구조(e)
	본질안전 폭발방지구조(ia, ib)
	특수 폭발방지구조(s)

12 ★★★★☆ [5점]

고조파 발생기기를 사용하는 경우 여러 가지 문제점이 발생된다. 따라서 고조파 억제 대책을 5가지만 쓰시오.

해답 ① 변압기의 다펄스화 ② 위상변위(Phase Shift)
③ 단락용량 증대 ④ 콘덴서용 직렬리액터 설치
⑤ 수동 Filter(Passive Filter) 설치
그 외
⑥ 능동 Filter(Active Filter) 설치 ⑦ 리액터(ACL, DCL) 설치
⑧ Notching Voltage 개선(Line Reactor 설치)

13 ★★★☆☆ [8점]

다음 그림은 3상 유도 전동기 4대를 시설한 것이다. 도면을 충분히 이해한 다음 참고자료를 이용하여 다음 각 물음에 답하시오.(단, 공사방법은 B1, XLPE 사용)

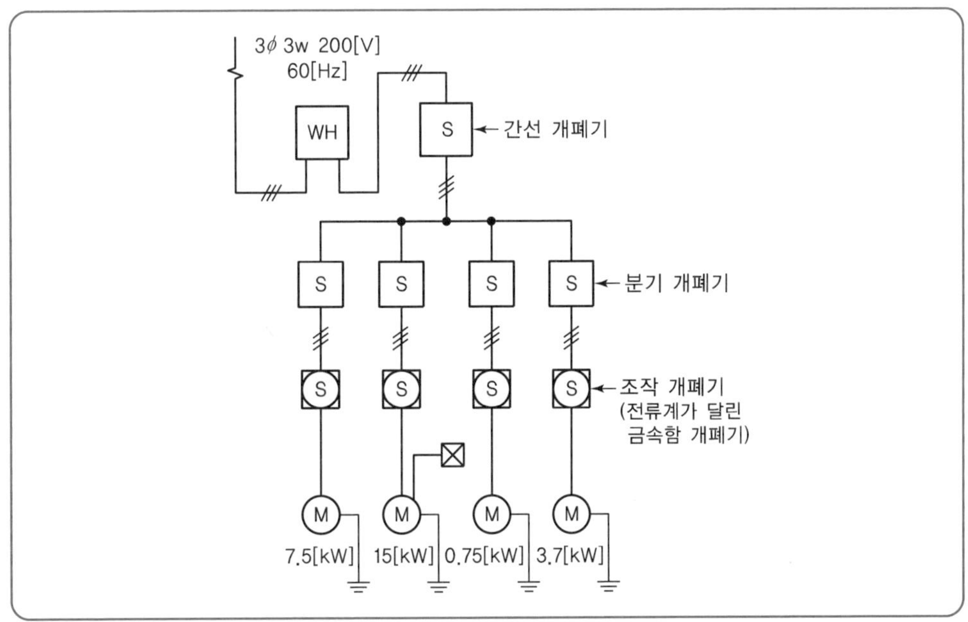

① 3상 200[V] 7.5[kW] : 직접 기동	② 3상 200[V] 15[kW] : 기동기 사용
③ 3상 200[V] 0.75[kW] : 직접 기동	④ 3상 200[V] 3.7[kW] : 직접 기동

1 간선의 최소 굵기[mm^2] 및 간선 금속관의 최소 굵기는?

2 간선의 과전류 차단기 용량[A] 및 간선의 개폐기 용량[A]은?

3 7.5[kW] 전동기의 분기 회로에 대한 다음을 구하시오.

① 개폐기 용량 ─ 분기[A]
　　　　　　　└ 조작[A]

② 과전류 차단기 용량 ┬ 분기[A]
                    └ 조작[A]

③ 접지선 굵기[mm²]

④ 초과 눈금 전류계[A]

⑤ 금속관의 최소 굵기[호]

| 표 1. 200[V] 3상 유도 전동기 1대인 경우의 분기회로(B종 퓨즈의 경우) |

정격 출력 [kW]	전부하 전류 [A]	배선 종류에 의한 동 전선의 최소 굵기[mm²]					
		공사방법 A_1		공사방법 B_1		공사방법 C	
		3개선		3개선		3개선	
		PVC	XLPE, EPR	PVC	XLPE, EPR	PVC	XLPE, EPR
0.2	1.8	2.5	2.5	2.5	2.5	2.5	2.5
0.4	3.2	2.5	2.5	2.5	2.5	2.5	2.5
0.75	4.8	2.5	2.5	2.5	2.5	2.5	2.5
1.5	8	2.5	2.5	2.5	2.5	2.5	2.5
2.2	11.1	2.5	2.5	2.5	2.5	2.5	2.5
3.7	17.4	2.5	2.5	2.5	2.5	2.5	2.5
5.5	26	6	4	4	2.5	4	2.5
7.5	34	10	6	6	4	6	4
11	48	16	10	10	6	10	6
15	65	25	16	16	10	16	10
18.5	79	35	25	25	16	25	16
22	93	50	25	35	25	25	16
30	124	70	50	50	35	50	35
37	152	95	70	70	50	70	50

정격 출력 [kW]	전부하 전류 [A]	개폐기 용량[A]				과전류 차단기(B종 퓨즈)[A]				전동기용 초과눈금 전류계의 정격전류 [A]	접지선의 최소굵기 [mm²]
		직입기동		기동기 사용		직입기동		기동기 사용			
		현장 조작	분기	현장 조작	분기	현장 조작	분기	현장 조작	분기		
0.2	1.8	15	15			15	15			3	2.5
0.4	3.2	15	15			15	15			5	2.5
0.75	4.8	15	15			15	15			5	2.5
1.5	8	15	30			15	20			10	4
2.2	11.1	30	30			20	30			15	4
3.7	17.4	30	60			30	50			20	6
5.5	26	60	60	30	60	50	60	30	50	30	6
7.5	34	100	100	60	100	75	100	50	75	30	10
11	48	100	200	100	100	100	150	75	100	60	16
15	65	100	200	100	100	100	150	100	100	60	16
18.5	79	200	200	100	200	150	200	100	150	100	16
22	93	200	200	100	200	150	200	100	150	100	16
30	124	200	400	200	200	200	300	150	200	150	25
37	152	200	400	200	200	200	300	150	200	200	25

[비고]

1. 최소 전선 굵기는 1회선에 대한 것이며, 2회선 이상일 경우는 부록 500-2의 복수회로 보정계수를 적용하여야 한다.
2. 공사방법 A_1은 벽 내의 전선관에 공사한 절연전선 또는 단심케이블, B_1은 벽면의 전선관에 공사한 절연전선 또는 단심케이블, 공사방법 C는 벽면에 공사한 단심 또는 다심케이블을 시설하는 경우의 전선 굵기를 표시하였다.
3. 전동기 2대 이상을 동일회로로 할 경우는 간선의 표를 적용할 것

| 표 2. 전동기 공사에서 간선의 전선 굵기 · 개폐기 용량 및 적정 퓨즈(200[V], B종 퓨즈) |

전동기[kW] 수의 총계[kW] 이하	최대 사용 전류[A] 이하	배선종류에 의한 간선의 최소 굵기[mm^2]						직입기동 전동기 중 최대 용량의 것											
		공사방법 A_1		공사방법 B_1		공사방법 C		0.75 이하	1.5	2.2	3.7	5.5	7.5	11	15	18.5	22	30	37 ~ 55
								기동기 사용 전동기 중 최대 용량의 것											
								–	–	–	5.5	7.5	11 15	18.5 22	–	30 37	–	45	55
		PVC	XLPE, EPR	PVC	XLPE, EPR	PVC	XLPE, EPR	과전류 차단기[A] …… (칸 위 숫자) 개폐기 용량[A] …… (칸 아래 숫자)											
3	15	2.5	2.5	2.5	2.5	2.5	2.5	15 30	20 30	30 30	–	–	–	–	–	–	–	–	–
4.5	20	4	2.5	2.5	2.5	2.5	2.5	20 30	20 30	30 30	50 60	–	–	–	–	–	–	–	–
6.3	30	6	4	6	4	4	2.5	30 30	30 30	50 60	50 60	75 100	–	–	–	–	–	–	–
8.2	40	10	6	10	6	6	4	50 60	50 60	50 60	75 100	75 100	100 100	–	–	–	–	–	–
12	50	16	10	10	10	10	6	50 60	50 60	50 60	75 100	75 100	100 100	150 200	–	–	–	–	–
15.7	75	35	25	25	16	16	16	75 100	75 100	75 100	75 100	100 100	100 100	150 200	150 200	–	–	–	–
19.5	90	50	25	35	25	25	16	100 100	100 100	100 100	100 100	100 100	150 200	150 200	200 200	200 200	–	–	–
23.2	100	50	35	35	25	35	25	100 100	100 100	100 100	100 100	100 100	150 200	150 200	200 200	200 200	200 200	–	–
30	125	70	50	50	35	50	35	150 200	150 200	150 200	150 200	150 200	150 200	150 200	200 200	200 200	200 200	–	–
37.5	150	95	70	70	50	70	50	150 200	150 200	150 200	150 200	150 200	150 200	150 200	200 200	300 300	300 300	300 300	–
45	175	120	70	95	50	70	50	200 200	200 200	200 200	200 200	200 200	200 200	200 200	200 200	300 300	300 300	300 300	300 300
52.5	200	150	95	95	70	95	70	200 200	200 200	200 200	200 200	200 200	200 200	200 200	200 200	300 300	300 300	400 400	400 400
63.7	250	240	150	–	95	120	95	300 300	300 300	300 300	300 300	300 300	300 300	300 300	300 300	300 300	400 400	400 400	500 600
75	300	300	185	–	120	185	120	300 300	300 300	300 300	300 300	300 300	300 300	300 300	300 300	300 300	400 400	400 400	500 600
86.2	350	–	240	–	–	240	150	400 400	400 400	400 400	400 400	400 400	400 400	400 400	400 400	400 400	400 400	400 400	600 600

[비고]

1. 최소 전선 굵기는 1회선에 대한 것이며, 2회선 이상일 경우는 부록 500－2의 복수회로 보정계수를 적용하여야 한다.
2. 공사방법 A_1은 벽 내의 전선관에 공사한 절연전선 또는 단심케이블, B_1은 벽면의 전선관에 공사한 절연전선 또는 단심케이블 공사방법 C는 벽면에 공사한 단심 또는 다심케이블을 시설하는 경우의 전선 굵기를 표시하였다.
3. 「전동기 중 최대인 것」에는 동시 기동하는 경우를 포함한다.
4. 과전류 차단기의 용량은 해당 조항에 규정되어 있는 범위에서 실용상 거의 최댓값을 표시한다.
5. 과전류 차단기의 선정은 최대 용량의 정격전류의 3배에 다른 전동기의 정격전류의 합계를 가산한 값 이하를 표시한다.
6. 이 표의 전선 굵기 및 허용전류는 부록 500－2에서 공사방법 A_1, B_1, C는 표 A 52－4와 표 A－52－5에 의한 값으로 하였다.
7. 고리퓨즈는 300[A] 이하에서 사용하여야 한다.

| 표 3. 후강 전선관 굵기의 선정 |

도체 단면적 [mm²]	전선본수									
	1	2	3	4	5	6	7	8	9	10
	전선관의 최소 굵기[호]									
2.5	16	16	16	16	22	22	22	28	28	28
4	16	16	16	22	22	22	28	28	28	28
6	16	16	22	22	22	28	28	28	36	36
10	16	22	22	28	28	36	36	36	36	36
16	16	22	28	28	36	36	36	42	42	42
25	22	28	28	36	36	42	54	54	54	54
35	22	28	36	42	54	54	54	70	70	70
50	22	36	54	54	70	70	70	82	82	82
70	28	42	54	54	70	70	70	82	82	82
95	28	54	54	70	70	82	82	92	92	104
120	36	54	54	70	70	82	82	92		
150	36	70	70	82	92	92	104	104		
185	36	70	70	82	92	104				
240	42	82	82	92	104					

해답

1 간선의 최소 굵기 : 35[mm²], 간선 금속관의 최소 굵기 : 36[mm], 36(호)

2 간선의 과전류 차단기 용량 : 150[A], 간선의 개폐기 용량 : 200[A]

3

① 개폐기 용량 ─ 분기 100[A], 조작 100[A]

② 과전류 차단기 용량 ─ 분기 100[A], 조작 75[A]

③ 접지선 굵기 : 10[mm²]

④ 초과 눈금 전류계 : 30[A]

⑤ 금속관의 최소 굵기 : 16[호]

TIP

① 간선의 굵기

전동기 총 전력 = 7.5 + 15 + 0.75 + 3.7 = 26.95[kW]

표 2

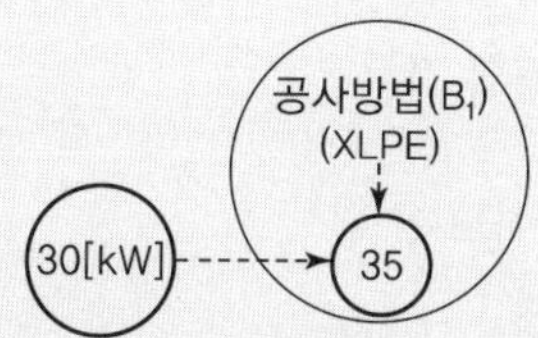

② 금속관의 굵기(간선)

표 3

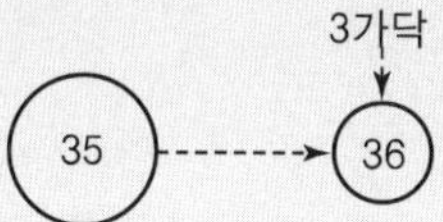

③ 전동기 총 전력 = 26.95[kW]

표 2

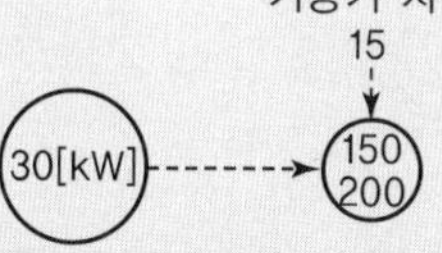

④ 표 1

7.5[kW], 200[V] 3ϕ유도전동기의 분기회로에 대한 것을 구할 수 있다.

또한, 표 3에서 4[mm^2] 전선 3본을 넣을 수 있는 최소 굵기의 후강 전선관은 16호가 된다.

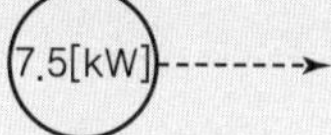

14 ★★☆☆☆ [10점]

다음 물음에 답하시오.

1 단순부하인 경우 출력이 600[kW], 역률 0.8, 효율 0.9일 때 비상용인 경우 발전기 용량[kVA]은?

2 발전기실의 위치를 선정할 때 고려해야 할 사항 3가지를 쓰시오.

3 발전기 병렬운전 조건 4가지를 쓰시오.

해답 **1** 계산 : $P = VI\cos\theta n[kW]$

$$VI = \frac{600}{0.8 \times 0.9} = 833.333$$

답 833.33[kVA]

2 ① 변전실과 평면적, 입체적 관계를 충분히 검토할 것
② 부하의 중심이 되며 전기실에 가까울 것
③ 온도가 고온이 되어서는 안 되며, 습도가 많아도 안 됨
그 외
④ 기기의 반입 및 반출 운전보수가 편리할 것
⑤ 실내 환기가 충분할 것
⑥ 급배수가 용이할 것

3 ① 기전력의 크기가 같을 것
② 기전력의 주파수가 같을 것
③ 기전력의 위상이 같을 것
그 외
④ 기전력의 파형이 같을 것

15 ★★☆☆☆ [5점]

500[kVA]의 변압기에 역률 80[%]인 부하 500[kVA]가 접속되어 있다. 지금 변압기에 전력용 콘덴서 100[kVA]를 설치하여 운전하고자 할 경우 증가시킬 수 있는 유효전력은 몇 [kW]인가?

해답 계산 : $P_a = \sqrt{(P + \Delta P)^2 + (Q - Q_c)^2}$

$Q = 500 \times 0.6 = 300[kVar]$

$P = 500 \times 0.8 = 400[kW]$

$500 = \sqrt{(400 + \Delta P)^2 + (300 - 100)^2}$

$\Delta P = 58.257$

여기서, P_a : 피상전력, P : 유효전력, Q : 무효전력, Q_c : 콘덴서용량

답 58.26[kW]

TIP

피상전력$(P_a) = \sqrt{유^2 + 무^2}$

$= \sqrt{(유^2) + (무 - 콘덴서용량)^2}$

여기서, 유 : 유효전력, 무 : 무효전력

16 ★☆☆☆☆ [5점]

4극 10[HP], 200[V], 60[Hz]의 3상 권선형 유도 전동기가 35[kg · m]의 부하를 걸고 슬립 3[%]로 회전하고 있다. 여기에 1.2[Ω]의 저항 3개를 Y결선으로 하여 2차에 삽입하니 1,530[rpm]으로 되었다. 2차 권선의 저항[Ω]은 얼마인가?

해답 계산 : $N_s = \frac{120f}{P} = \frac{120 \times 60}{4} = 1,800[rpm]$

$s' = \frac{1,800 - 1,530}{1,800} = 0.15$

$\frac{r_2}{s} = \frac{r_2 + R}{s'}$ 이므로, $\frac{r_2}{0.03} = \frac{r_2 + 1.2}{0.15}$

$\therefore r_2 = \frac{s}{s' - s}R = \frac{0.03}{0.15 - 0.03} \times 1.2 = 0.3[\Omega]$

답 0.3[Ω]

17 ★★★☆☆ [4점]

조명설비에 대한 다음 각 물음에 답하시오.

1. 배선도면에 ○N300으로 표현되어 있다. 이것의 의미를 쓰시오.
2. 면적 150[m²]인 사무실에 전광속 3,100[lm]인 형광등을 사용하여 평균 조도를 300[lx]로 유지하도록 설계하고자 한다. 이 사무실에 필요한 형광등 수를 산정하시오.(단, 조명률은 0.6이고, 감광보상률은 1.3이다.)

해답 1. 300[W] 나트륨등

2. 계산 : $N = \frac{EAD}{FU} = \frac{300 \times 150 \times 1.3}{3,100 \times 0.6} = 31.45$[등] 답 32[등]

TIP

① N : 나트륨등, ② H : 수은등, ③ M : 메탈헬라이드등

18 ★★☆☆☆ [5점]

다음 각 상태에 따른 영상변류기(ZCT)의 영상전류(지락전류) 검출에 대하여 설명하시오.

1. 정상상태(평형부하)
2. 지락상태

해답 1. 영상전류(지락전류)가 검출되지 않는다.
2. 영상전류(지락전류)가 검출된다.

전기기사

2014년도 3회 시험

과년도 기출문제

회독 체크	□1회독	월 일	□2회독	월 일	□3회독	월 일

01 ★★★★★ [5점]

폭 24[m]의 도로 양쪽에 20[m] 간격으로 지그재그 식으로 가로등을 배치하여 노면의 평균 조도를 5[lx]로 한다면 광속은 각 등주상에 몇 [lm]의 전구가 필요한가?(단, 도로면에서의 광속이용률은 25[%], 감광보상률은 1이다.)

해답 계산 : $F = \frac{EAD}{UN} = \frac{5 \times \frac{1}{2} \times 24 \times 20 \times 1}{0.25 \times 1} = 4{,}800[\text{lm}]$

답 4,800[lm]

TIP

➤ A : 면적

① 양쪽 배열, 지그재그 배열 : (간격×폭)×$\frac{1}{2}$

② 편측 배열, 중앙 배열 : (간격×폭)

02 ★★★☆☆ [8점]

주어진 표는 어떤 부하 데이터의 예이다. 이 부하 데이터를 수용할 수 있는 발전기 용량을 산정하시오.(단, 발전기 표준역률은 0.8, 허용전압강하 25[%], 발전기 리액턴스 20[%], 원동기 기관 과부하 내량 1.2)

예	부하의 종류	출력 [kW]	전부하 특성				시동 특성		시동 순서	비고
			역률 [%]	효율 [%]	입력 [kVA]	입력 [kW]	역률 [%]	입력 [kVA]		
200[V] 60[Hz]	조명	10	100	−	10	10	−	−	1	
	스프링클러	55	86	90	71.1	61.1	40	142.2	2	Y−Δ기동
	소화전 펌프	15	83	87	21.0	17.2	40	42	3	Y−Δ기동
	양수 펌프	7.5	83	86	10.5	8.7	40	63	3	직입기동

1 전부하 정상운전 시의 입력에 의한 것

2 전동기 시동에 필요한 용량

[참고]

$$P[\text{kVA}] = \frac{(1-\Delta E)}{\Delta E} X_a \cdot Q_L [\text{kVA}]$$

3 순시최대부하에 의한 용량

[참고]

$$P[kVA] = \frac{\Sigma W_0[kW] + \{Q_{Lmax}[kVA] \times \cos\theta_{QL}\}}{K \times \cos\theta_G}$$

해답 **1** 전부하 특성에서 입력[kW]을 적용하고, 표준역률 0.8이므로

계산 : 발전기 용량$= \frac{10+61.1+17.2+8.7}{0.8} = 121.25$[kVA]

답 121.25[kVA]

2 스프링클러가 기동할 때 용량은 142.2[kVA]이고 소화전 펌프와 양수 펌프가 기동할 때 용량은 42+63=105[kVA]이므로 기동용량이 큰 142.2[kVA]를 적용한다.

계산 : $P = \frac{1-0.25}{0.25} \times 0.2 \times 142.2 = 85.32$[kVA]

답 85.32[kVA]

3 조명과 스프링클러는 전부하 운전하고 소화전 펌프와 양수 펌프가 기동할 때 발전기 용량이 순시최대부하에 의한 용량이므로 기동순서에서 1.2는 전부하이고 3이 기동할 때이다.

계산 : $P = \frac{(\text{기운전 중인 부하의 합계}) + (\text{시동 돌입부하} \times \text{시동 시 역률})}{(\text{원동기 기관과부하내량}) \times (\text{발전기 표준역률})}$

$= \frac{[10+61.1]+[(42+63)\times 0.4]}{0.8 \times 1.2} = 117.81$[kVA]

답 117.81[kVA]

03 ★★★★★ [4점]

역률을 개선하면 전기요금의 감소와 배전선의 손실 경감, 전압강하 감소, 설비 여력의 증가 등을 기할 수 있으나, 너무 과보상하면 역효과가 나타난다. 즉, 경부하 시에 콘덴서가 과대 삽입되는 경우의 문제점 2가지를 쓰시오.

해답 ① 모선 전압의 상승
② 계전기 오동작
그 외
③ 고조파 왜곡의 증대
④ 송전 손실 증가

04 ★★★★☆ [5점]

3상 3선식 배전선로에 역률 0.8, 출력 180[kW]인 3상 평형 유도 부하가 접속되어 있다. 부하단의 수전 전압이 6,000[V], 배전선 1조의 저항이 6[Ω], 리액턴스가 4[Ω]이라고 하면 송전단 전압은 몇 [V]인가?

해답 계산 : $P = \sqrt{3}VI\cos\theta$에서

$$I = \frac{P}{\sqrt{3}V\cos\theta} = \frac{180 \times 10^3}{\sqrt{3} \times 6{,}000 \times 0.8} = 21.65[A]$$

송전단 전압 $V_s = V_r + \sqrt{3}I(R\cos\theta + X\sin\theta)$

$$= 6{,}000 + \sqrt{3} \times 21.65 \times (6 \times 0.8 + 4 \times 0.6) = 6{,}269.99[V]$$

답 6,269.99[V]

TIP

① 선간전압인 경우 $e = \sqrt{3}I(R\cos\theta + X\sin\theta)$
상전압인 경우 $e = I(R\cos\theta + X\sin\theta)$
② $P = \sqrt{3}VI\cos\theta[kW]$

05 ★☆☆☆☆ [5점]

대지 고유 저항률 500[Ω · m], 직경 20[mm], 길이 1,800[mm]인 봉형 접지전극을 설치하였다. 접지저항(대지저항) 값은 얼마인가?

해답 계산 : $\rho = \dfrac{2\pi l R}{\ln\dfrac{2l}{a}}$

$$R = \frac{\rho}{2\pi l}\ln\frac{2l}{a} = \frac{500}{2\pi \times 1.8}\ln\frac{2 \times 1.8}{\frac{20 \times 10^{-3}}{2}} = 260.222$$

여기서, ρ : 고유저항률, l : 길이(접지본), a : 반지름

답 260.22[Ω]

06 ★☆☆☆☆ [5점]

정격이 5[kW], 50[V]인 타여자 직류발전기가 있다. 무부하로 하였을 경우 단자전압이 55[V]가 된다면, 발전기의 전기자 회로의 등가저항은 얼마인가?

해답 계산 : 타여자 발전기의 유기기전력 $E = V + R_aI_a[V]$이고,
부하전류(I)와 전기자전류(I_a)는 같으므로,

$$I = I_a = \frac{P}{V} = \frac{5{,}000}{50} = 100[A]$$

$\therefore\ R_a = \dfrac{E-V}{I_a} = \dfrac{55-50}{100} = 0.05[\Omega]$

답 $0.05[\Omega]$

TIP

① 무부하 시에는 전압강하가 없으므로 유기기전력(E)=무부하 단자 전압
② 부하전류와 전기자전류는 같다(계자 전류와 관계없음).

2012 2013 2014 2015 2016 2017 2018 2019 2020 2021

07 ★★☆☆☆ [5점]

66[kV], 500[MVA], %임피던스 30[%]인 발전기에 용량이 600[MVA], %임피던스 20[%]인 변압기가 접속되어 있다. 변압기 2차 측 345[kV] 지점에 단락이 일어났을 때 단락전류는 몇 [A]인가?

해답 계산 : 기준용량을 600[MVA]로 하면

2차 정격전류 $I_{2n} = \dfrac{P_n}{\sqrt{3}\cdot V_{2n}} = \dfrac{600\times10^3}{\sqrt{3}\times345} = 1{,}004.09[A]$

발전기의 %임피던스$= \dfrac{600}{500}\times30 = 36[\%]$

$\therefore$ 단락전류 $I_s = \dfrac{100}{\%Z}I_n = \dfrac{100}{36+20}\times1{,}004.09 = 1{,}793.02[A]$

답 1,793.02[A]

TIP

① $\%Z' = \dfrac{\text{기준용량}}{\text{자기용량}}\times\%Z$

② $I_s = \dfrac{100}{\%Z}I_n$ 여기서, I_n : 정격전류

③ $I_n = \dfrac{P}{\sqrt{3}\times V}$ 여기서, P : 기준용량, V : 선간전압

08 ★★★★★ [6점]

도면과 같은 시퀀스도는 기동 보상기에 의한 전동기의 기동제어 회로의 미완성 도면이다. 이 도면을 보고 다음 각 물음에 답하시오.

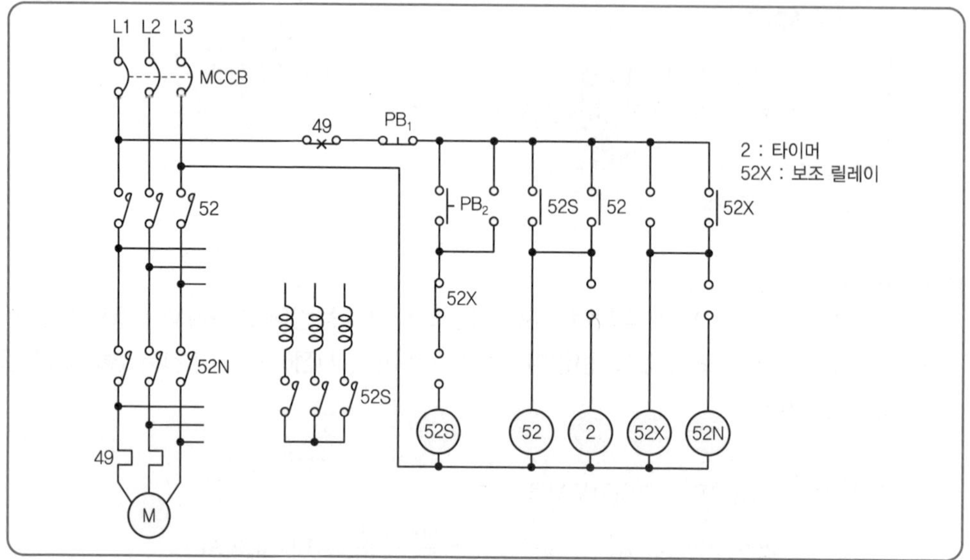

1. 전동기의 기동 보상기 기동제어는 어떤 기동 방법인지 그 방법을 상세히 설명하시오.
2. 주 회로에 대한 미완성 부분을 완성하시오.
3. 보조회로의 미완성 접점을 그리고 그 접점 명칭을 표기하시오.(예 : 52X)
4. 이 전동기는 몇 종 접지공사를 하는가? ※ KEC 규정에 따라 삭제

해답 1 기동 시 전동기에 대한 공급전압을 단권 변압기로 감압하여 공급함으로써 기동전류를 억제하고 기동 완료 후 전전압을 가하는 방식

2 3

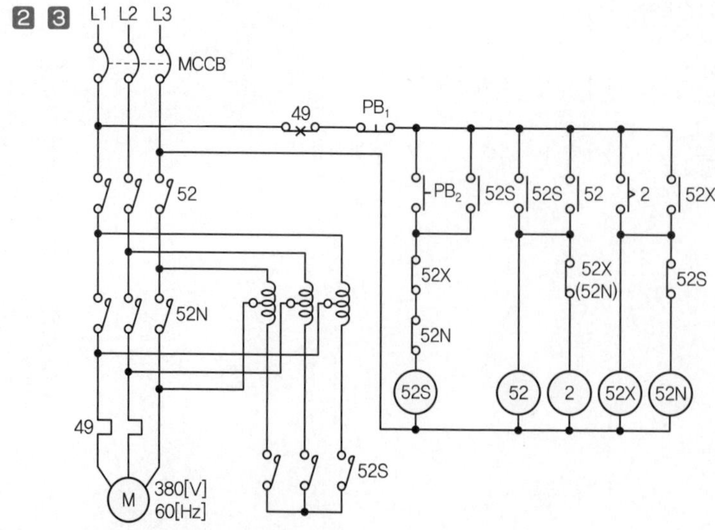

4 ※ KEC 규정에 따라 삭제

09 ★★★★☆ [9점]

도면은 어느 154[kV] 수용가의 수전설비 단선 결선도의 일부분이다. 주어진 표와 도면을 이용하여 다음 각 물음에 답하시오.

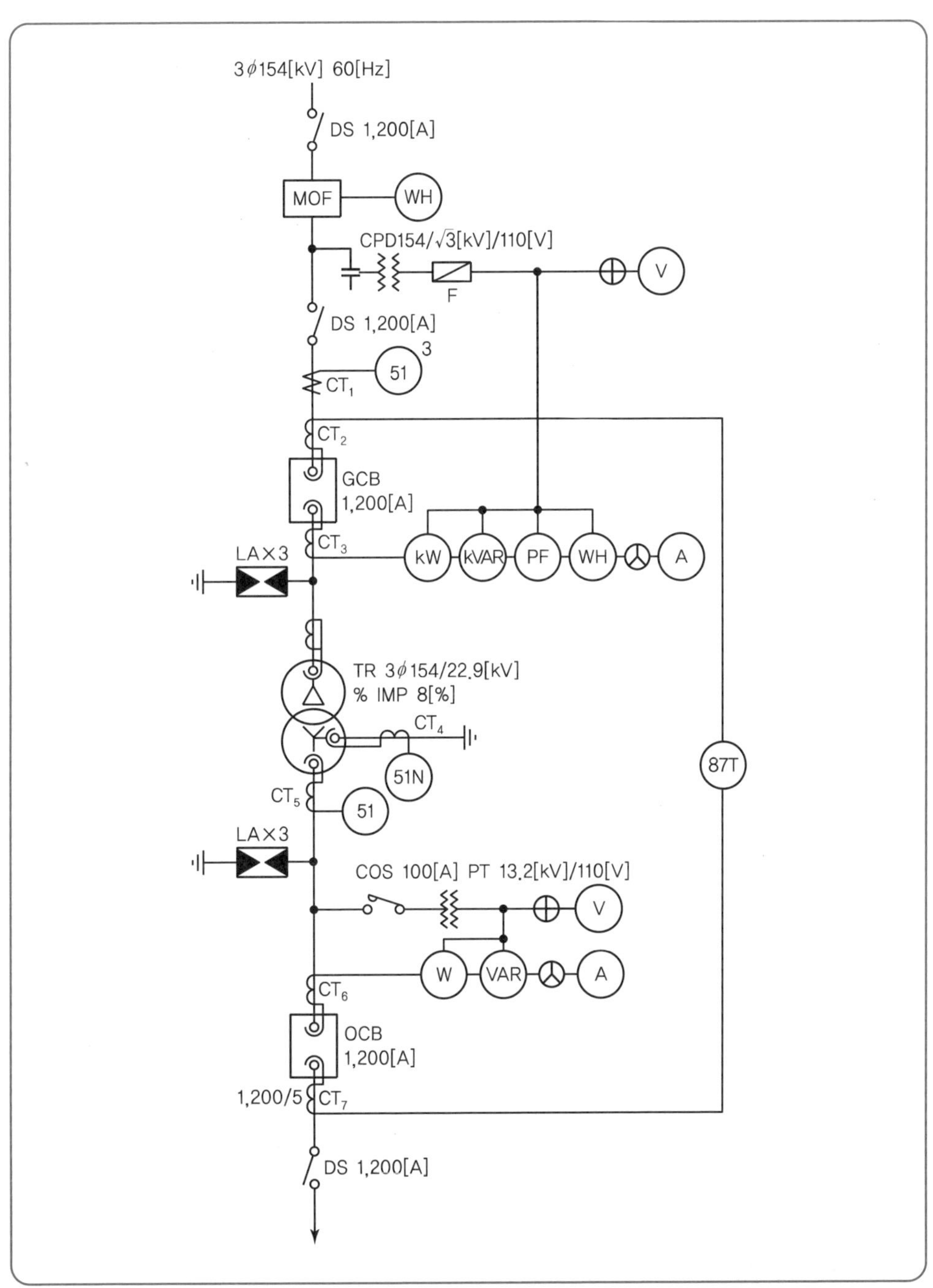

| CT의 정격 |

1차 정격 전류[A]	200	400	600	800	1,200	1,500
2차 정격 전류[A]	5					

1 변압기 2차 부하설비 용량이 51[MW], 수용률이 70[%], 부하역률이 90[%]일 때 도면의 변압기 용량은 몇 [MVA]가 되는가?
2 변압기 1차 측 DS의 정격전압은 몇 [kV]인가?
3 CT_1의 비는 얼마인지를 계산하고 표에서 선정하시오.
4 GCB 내에서 주로 사용되는 가스의 명칭을 쓰시오.
5 OCB의 정격 차단전류가 23[kA]일 때, 이 차단기의 차단용량은 몇 [MVA]인가?
6 과전류 계전기의 정격부담이 9[VA]일 때 이 계전기의 임피던스는 몇 [Ω]인가?
7 CT_7 1차 전류가 600[A]일 때 CT_7의 2차에서 비율차동계전기의 단자에 흐르는 전류는 몇 [A]인가?

해답 1 계산 : 변압기 용량$=\dfrac{\text{설비용량[MW]}\times\text{수용률}}{\text{역률}}=\dfrac{51\times0.7}{0.9}=39.67\text{[MVA]}$

답 39.67[MVA]

2 170[kV]

3 계산 : CT의 1차 전류$=\dfrac{P}{\sqrt{3}\times V}\times(1.25\sim1.5)=\dfrac{39.67\times10^6}{\sqrt{3}\times154\times10^3}=148.72\text{[A]}$

$=148.72\times1.25\text{배}=186\text{[A]}$

답 200/5

4 SF_6(육불화황)

5 계산 : $P_s=\sqrt{3}V_nI_s\text{[MVA]}=\sqrt{3}\times25.8\times23=1{,}027.8\text{[MVA]}$

답 1,027.8[MVA]

6 계산 : $P=I^2Z$

$\therefore Z=\dfrac{P}{I^2}=\dfrac{9}{5^2}=0.36[\Omega]$ 답 0.36[Ω]

7 계산 : CT의 2차 전류$=\text{부하전류}\times\dfrac{1}{\text{CT비}}\times\sqrt{3}=I_2=600\times\dfrac{5}{1{,}200}\times\sqrt{3}=4.33\text{[A]}$

답 4.33[A]

TIP

① 비율차동계전기 87T의 CT_7 결선이 Δ결선을 해야 하므로 $\sqrt{3}$배를 곱한다.
② 변압기용량은 표준값을 적용하지 말 것!

10 ★★★★☆ [6점]

어떤 공장의 어느 날 부하실적이 1일 사용전력량 196[kWh]이며, 1일의 최대전력이 12[kW]이고, 최대전력일 때의 전류값이 34[A]이었을 경우 다음 각 물음에 답하시오.(단, 이 공장은 220[V], 11[kW]인 3상 유도전동기를 부하설비로 사용한다고 한다.)

1 일 부하율은 몇 [%]인가?

2 최대공급전력일 때의 역률은 몇 [%]인가?

해답 1 계산 : $\text{부하율} = \dfrac{\text{전력량/시간}}{\text{최대전력}} \times 100 = \dfrac{196/24}{12} \times 100 = 68.1[\%]$

답 68.1[%]

2 계산 : $\cos\theta = \dfrac{P}{\sqrt{3}\,VI} = \dfrac{12 \times 10^3}{\sqrt{3} \times 220 \times 34} \times 100 = 92.62[\%]$

답 92.62[%]

TIP

$\text{부하율} = \dfrac{\text{평균전력}}{\text{최대전력}} \times 100 = \dfrac{\text{전력량/시간}}{\text{최대전력}} \times 100$

11 ★★☆☆☆ [5점]

다음 물음에 답하시오.

1 전압계, 전류계법으로 저항값을 측정하기 위한 회로를 완성하시오.

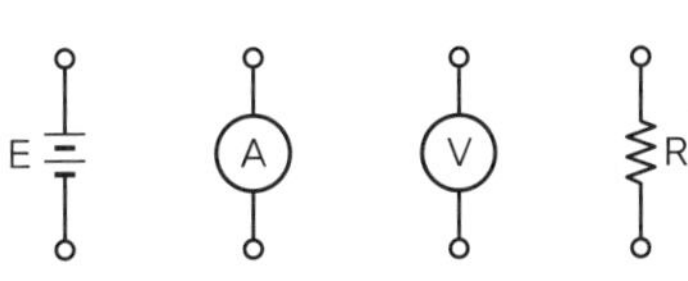

2 저항 R에 대한 식을 쓰시오.

해답 1

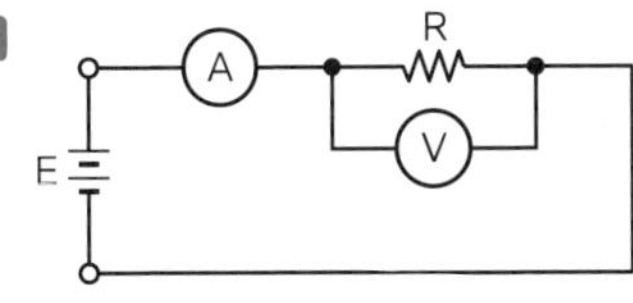

2 $R = \dfrac{Ⓥ}{Ⓐ}\left(\dfrac{V}{I}\right)$

TIP

전류계는 직렬, 전압계는 병렬로 연결하며 전류계는 전압계 전단에 설치한다.

12 ★★☆☆☆ [5점]

다음 물음에 답하시오.

1 그림과 같은 송전 철탑에서 등가 선간거리[m]는?

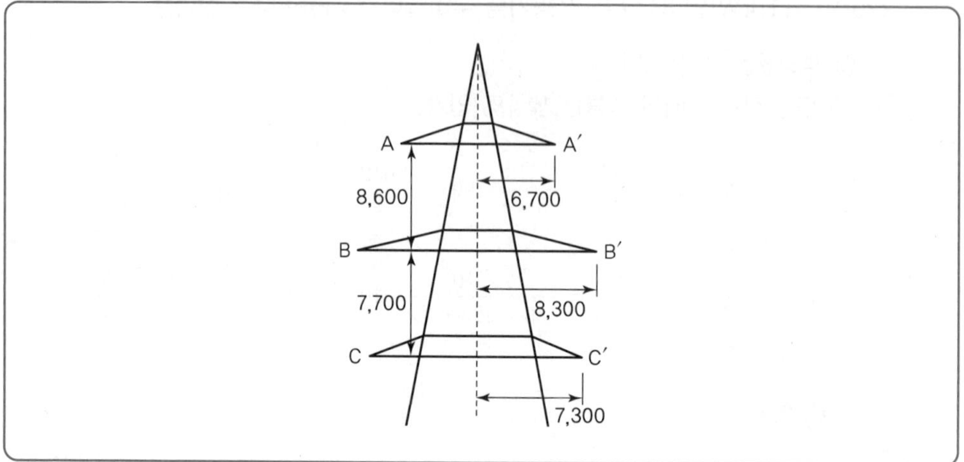

2 간격 400[mm]인 정4각형 배치의 4도체에서 소선 상호 간의 기하학적 평균거리[m]는?

해답 1 계산 : $D_{AB} = \sqrt{8.6^2 + ((16.6-13.4)/2)^2} = 8.75[m]$

$D_{BC} = \sqrt{7.7^2 + ((16.6-14.6)/2)^2} = 7.76[m]$

$D_{CA} = \sqrt{(8.6+7.7)^2 + ((14.6-13.4)/2)^2} = 16.31[m]$

등가 선간거리 $D_e = \sqrt[3]{D_{AB} \cdot D_{BC} \cdot D_{CA}} = \sqrt[3]{8.75 \times 7.76 \times 16.31} = 10.35[m]$

답 10.35[m]

2 계산 : $D = \sqrt[6]{2}S = \sqrt[6]{2} \times 0.4 = 0.45$

답 0.45[m]

TIP

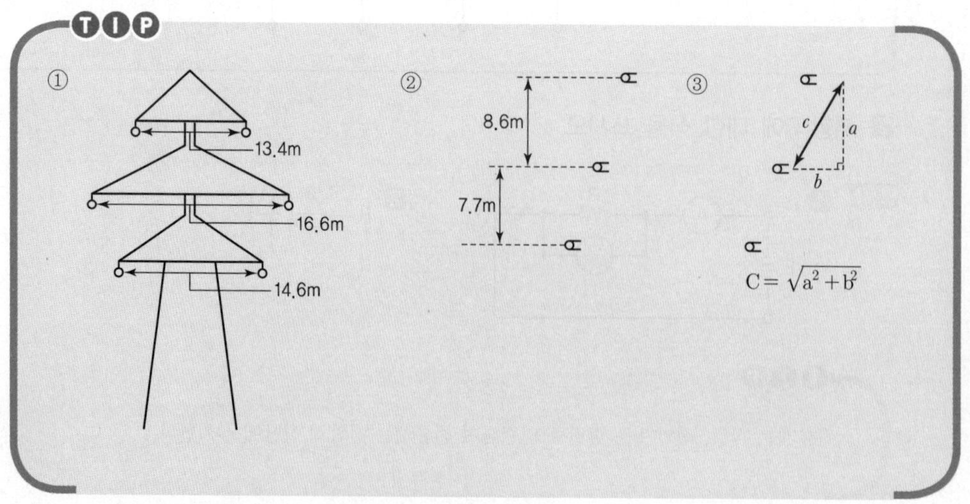

13 ★★★★★

[6점]

피뢰기에 대한 다음 각 물음에 답하시오.

1 피뢰기의 기능상 필요한 구비조건을 4가지만 쓰시오.

2 피뢰기의 설치장소 4개소를 쓰시오.

해답 **1** ① 충격 방전개시 전압이 낮을 것
② 상용주파 방전개시 전압이 높을 것
③ 속류 차단 능력이 클 것
④ 제한 전압이 낮을 것

2 ① 가공 전선로에 접속하는 배전용 변압기의 고압 측 및 특별 고압 측
② 발전소, 변전소 또는 이에 준하는 장소의 가공전선 인입구 및 인출구
③ 가공 전선로와 지중 전선로가 접속되는 곳
④ 고압 및 특별고압 가공 전선로로부터 공급을 받는 수용장소의 인입구

14 ★★★☆☆

[5점]

정격용량 1,000[kVA], 역률 70[%]인 전동기 회로에 역률 개선용 콘덴서를 설치하여 역률 95[%]로 개선하기 위하여 다음 표를 이용하여 콘덴서 용량을 구하시오.

구분		개선 후의 역률														
		1.0	0.99	0.98	0.97	0.96	0.95	0.94	0.93	0.92	0.91	0.9	0.875	0.85	0.825	0.8
개선 전의 역률	0.4	230	216	210	205	201	197	194	190	187	184	182	175	168	161	155
	0.425	213	198	192	188	184	180	176	173	170	167	164	157	151	144	138
	0.45	198	183	177	173	168	165	161	158	155	152	149	143	136	129	123
	0.475	185	171	165	161	156	153	149	146	143	140	137	130	123	116	110
	0.5	173	159	153	148	144	140	137	134	130	128	125	118	111	104	93
	0.525	162	148	142	137	133	129	126	122	119	117	114	107	100	93	87
	0.55	152	138	132	127	123	119	116	112	109	106	104	97	90	83	77
	0.575	142	128	122	117	114	110	106	103	99	95	94	87	80	73	67
	0.6	133	119	113	108	104	101	97	94	91	88	85	78	71	65	58
	0.625	125	111	105	100	96	92	89	85	82	79	77	70	63	56	50
	0.65	116	103	97	92	88	84	81	77	74	71	69	62	55	48	42
	0.675	109	95	89	84	81	76	73	70	66	64	61	54	47	40	34
	0.7	102	88	81	77	73	69	66	62	59	56	54	46	40	33	27
	0.725	95	81	75	70	66	62	59	55	52	49	46	39	33	26	20
	0.75	88	74	67	63	58	55	52	49	45	43	40	33	26	19	13
	0.775	81	67	61	57	52	49	45	42	39	36	33	26	19	12	6.5
	0.8	75	61	54	50	46	42	39	35	34	29	27	19	13	6	
	0.825	69	54	48	44	40	36	32	29	26	23	21	14	7		
	0.85	62	48	42	37	33	29	26	22	19	16	14	7			
	0.875	55	41	35	30	26	23	18	16	13	10	7				
	0.9	48	34	28	23	19	16	12	9	6	2.8					

해답 계산 : $Q_c = VI\cos\theta \times k$

$= 1{,}000 \times 0.7 \times 0.69 = 483$

답 483[kVA]

TIP

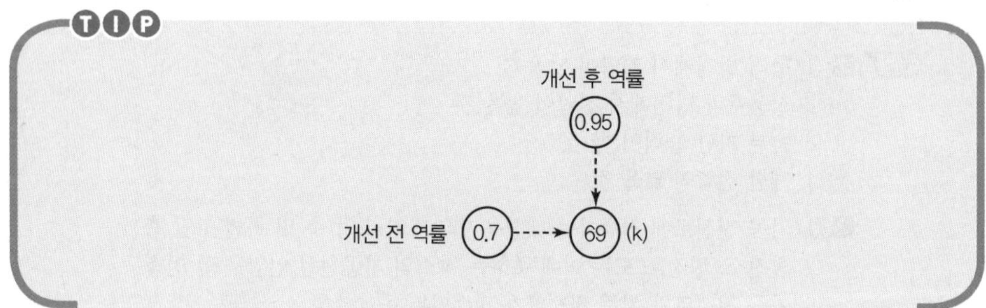

15 ★★★☆☆ [5점]

그림과 같은 3상 3선식 배전선로에서 불평형률을 구하고, 불량 또는 양호 여부를 판단하시오.

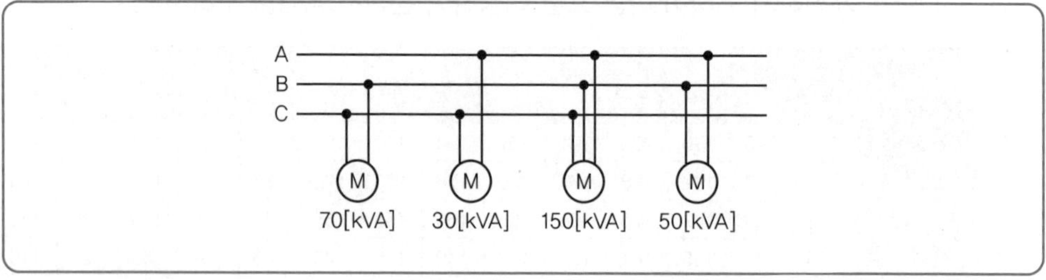

해답 ① 계산 : $\text{설비불평형률} = \dfrac{70-30}{(70+30+50+150)\times\dfrac{1}{3}} \times 100 = 40[\%]$

답 40[%]

② 30[%]를 초과하였으므로, 불량하다.

TIP

3상 3선식에서

① $\text{설비불평형률} = \dfrac{\text{각 선간에 접속되는 단상부하의 최대와 최소의 차}}{\text{총 부하설비용량의 } 1/3} \times 100[\%]$

② 불평형률은 30[%] 이하이어야 한다.

16 ★★★☆☆ [6점]

다음 그림과 같은 3상 3선식 배전선로가 있다. 각 물음에 답하시오.(단, 전선 1가닥 저항은 0.5[Ω/km]라고 한다.)

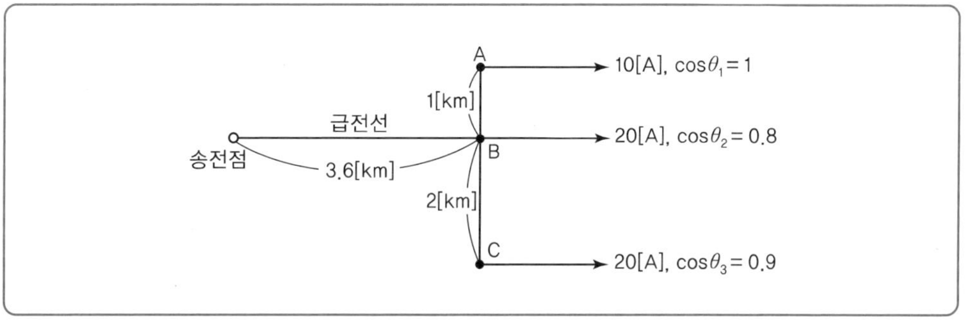

1 급전선에 흐르는 전류는 몇 [A]인가?

2 전체 선로 손실은 몇 [W]인가?

(해답) 1 계산 : $I = I_A + I_B + I_C$

$$= 10 + 20(0.8 - j0.6) + 20\left(0.9 - j\sqrt{1 - 0.9^2}\right) = 44 - j20.72 = 48.63[A]$$

답 48.63[A]

2 계산 : $P_l = 3I^2R(\text{급전선 손실}) + 3I^2R_A(\text{A점 손실}) + 3I^2R_C(\text{C점 손실})$

$$= 3 \times 48.63^2 \times (0.5 \times 3.6) + 3 \times 10^2 \times (0.5 \times 1) + 3 \times 20^2 \times (0.5 \times 2)$$

$$= 14{,}120.34[W]$$

답 14,120.34[W]

TIP

① 역률이 다르므로 실수전류와 허수전류를 각각 계산하여 합한다.

② 손실계산에서 B점의 손실은 급전선과의 거리가 없으므로 저항이 없다.

17 ★☆☆☆☆ [5점]

다음의 PLC프로그램을 보고, 래더 다이어그램을 완성하시오.

차례	명령	번지
0	STR	P00
1	OR	P01
2	STR NOT	P02
3	OR	P03
4	AND STR	–
5	AND NOT	P04
6	OUT	P10

해답

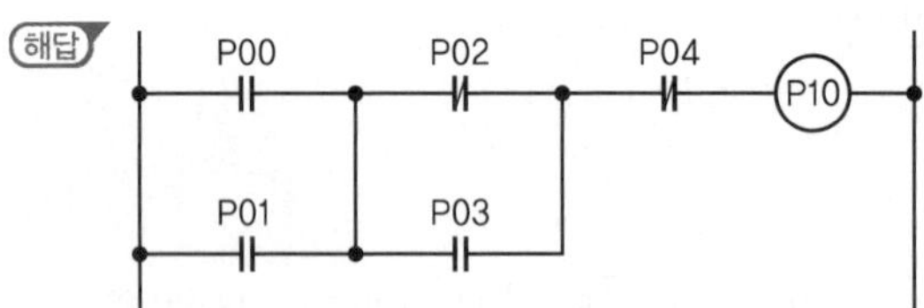

18 ★☆☆☆☆ [5점]

$\frac{3,150}{210}$[V]인 변압기의 용량이 각각 250[kVA], 200[kVA]이고, %임피던스 강하가 각각 2.5[%]와 3[%]일 때 그 병렬합성용량[kVA]은?

해답 계산 : $\frac{P_A}{P_B} = \frac{(kVA)A}{(kVA)B} \times \frac{\%Z_B}{\%Z_A} = \frac{250}{200} \times \frac{3}{2.5} = \frac{3}{2}$

부하분담비 $\frac{P_A}{P_B} = \frac{3}{2}$

$$P_B = P_A \times \frac{2}{3} = 250 \times \frac{2}{3} = 166.67$$

합성용량 $166.67 + 250 = 416.67$[kVA]

답 416.67[kVA]

TIP

➤ 합성용량 계산방법

P_A 변압기는 부하를 3개 분담하고, P_B 변압기는 부하를 2개 분담하며, %임피던스가 같지 않으면 임피던스가 작은 변압기가 더 많은 부하를 분담하여 부담이 커지므로 부하를 줄이거나 변압기 용량을 증가시켜야 한다.

그래서 총부하가 5개인데 P_A 변압기가 3개의 부하를 분담하므로 P_A 의 변압기는 250kVA 용량을 전부 사용한다고 하고 P_B 변압기의 용량을 구한 후 합성용량을 계산한다.

ENGINEER ELECTRICITY

2015년 과년도 문제풀이

↘ 전기기사

2015년도 1회 시험

과년도 기출문제

회독 체크	□1회독	월 일	□2회독	월 일	□3회독	월 일

2012 2013 2014 2015 2016 2017 2018 2019 2020 2021

01

★☆☆☆☆ [4점]

3상 농형 유도전동기의 역상제동에 대하여 간단하게 설명하시오.

해답 유도전동기의 3상 중 2상의 접속을 바꾸면 회전자계의 방향을 뒤집어 역방향으로 토크를 발생하여 제동하는 방식

TIP

➤ 유도전동기의 제동

① 회생제동 : 유도전동기를 유도발전기로 동작시켜 그 발생 전력을 전원 측으로 제동하는 방법

② 발전제동 : 전동기를 전원으로부터 개방한 후 1차 측에 직류전원을 공급하여 발전기로 동작시킨 후 발생된 전력을 저항에서 열로 소비시키는 방법

③ 역전(상) 제동(Plugging) : 유도전동기의 3상 중 2상의 접속을 바꾸면 회전자계의 방향을 뒤집어 역방향으로 토크를 발생하여 제동하는 방식

02

★★★☆☆ [6점]

정격전압 6,000[V], 정격출력 5,000[kVA]인 3상 교류발전기의 여자전류가 300[A]일 때 무부하 단자전압이 6,000[V]이고 또, 그 여자전류에 있어서의 3상 단락전류가 700[A]라고 한다. 다음 물음에 답하시오.

1 단락비를 구하시오.

2 수차발전기와 터빈발전기 중 단락비가 큰 것은?

3 다음 보기를 보고 ( ) 안에 알맞은 말을 기입하시오.

[보기]

높다(고), 낮다(고), 많다(고), 적다(고), 크다(고)

단락비가 큰 기계는 기기 치수가 (①), 가격은 (②), 철손 및 기계손이 (③) 안정도가 (④), 전압 변동률은 (⑤), 효율은 (⑥)

해답 1 계산 : 정격전류$(I_n) = \dfrac{P}{\sqrt{3} \times V} = \dfrac{5,000}{\sqrt{3} \times 6} = 481.14$

단락비$(K_s) = \dfrac{I_s}{I_n} = \dfrac{700}{481.14} = 1.45$

답 1.45

2 수차발전기

3 ① 크고 ② 높고 ③ 많고 ④ 높고 ⑤ 적고 ⑥ 낮다.

> **TIP**
>
> 단락비는 단위가 없다.

03 ★★☆☆☆ [8점]

가공전선로에 비교하여 지중전선로의 장점 4가지, 단점 4가지를 쓰시오.

해답 (1) 장점

① 도시의 미관상 좋다.

② 기상조건(뇌, 풍수해)에 의한 영향이 적다.

③ 통신선에 대한 유도장해가 작다.

④ 전선로 통과지(경과지)의 확보가 용이하다.

그 외

⑤ 감전 우려가 적다.

(2) 단점

① 고장점 검출이 어렵다.

② 건설비용이 고가이다.

③ 동일 전선인 경우 송전용량이 작다.

④ 공사기간이 많이 소요된다.

04 ★★☆☆☆ [7점]

스폿 네트워크(Spot Network) 수전방식에 대하여 설명하고 특징을 4가지만 쓰시오.

해답 (1) Spot Network 방식 : 전력회사의 변전소로부터 2회선 이상 수전하는 방식으로 변압기 2차측을 병렬로 운전하는 방식

(2) 특징

① 무정전 전력공급이 가능하다.

② 공급신뢰도가 높다.

③ 전압 변동률이 낮다.

④ 부하 증가에 대한 적응성이 좋다.

그 외

⑤ 기기의 이용률이 향상된다.

TIP

1. 목적
무정전 공급이 가능해서 신뢰도가 높고 전압변동률이 낮고 도심부의 부하 밀도가 높은 지역의 대용량 수용가에 공급하는 방식

2. 구성도

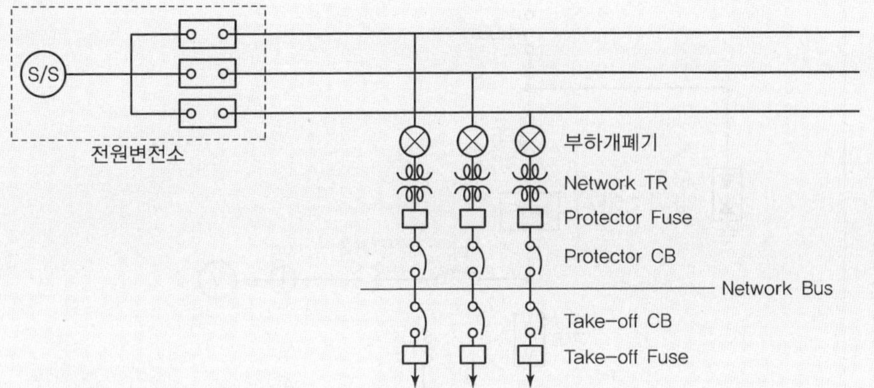

3. 주요 기기
(1) 부하개폐기(1차 개폐기)
Net Work TR 1차 측에 설치(SF_6 개폐기, 기중부하개폐기)

(2) Net Work TR
① 1회선 정전 시 다른 건전한 회선만으로 최대부하에 견딜 수 있을 것
② 130% 과부하에서 8시간 운전 가능할 것(Mold, SF_6, Gas TR 사용)
③ 변압기 용량$=\dfrac{\text{최대수용전력}}{\text{변압기 대수}-1}\times\dfrac{100}{\text{과부하율}}$[kVA](변압기 대수 1개당 1회선 연결)

05 ★★★☆☆ [12점]

다음은 $3\phi 4W$ 22.9[kV] 수전설비 단선결선도이다. 다음 각 물음에 답하시오.

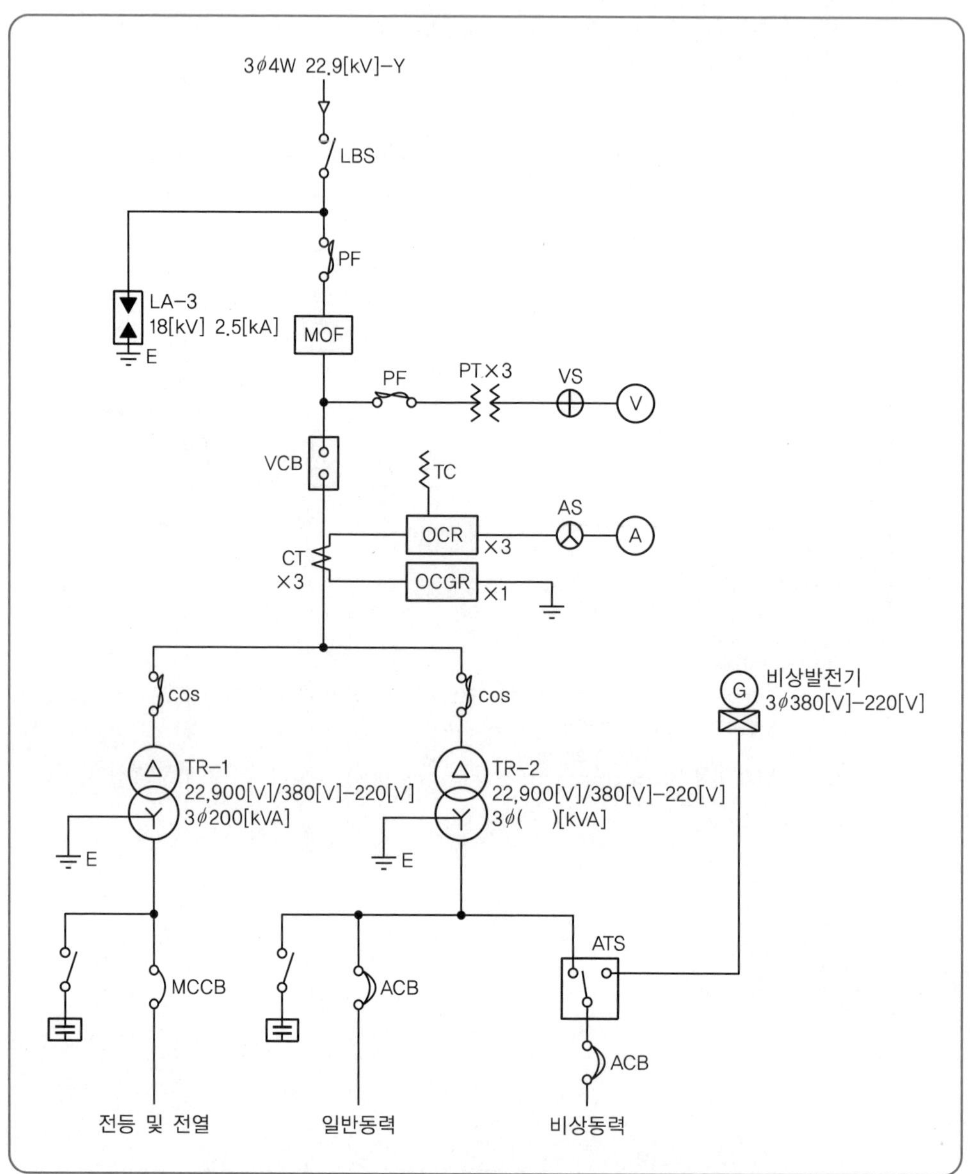

1 단선결선도에서 LA에 대한 다음 물음에 답하시오.

① LA의 명칭을 쓰시오

② LA의 기능을 설명하시오.

③ 구비조건 4가지를 쓰시오.

2 표 1을 보고 수전설비 단선결선도의 부하집계 및 입력환산표를 완성하시오.

| 표 1 |

구분	전등 및 전열	일반동력	비상동력		
설비용량 및 효율	합계 350[kW] 100[%]	합계 550[kW] 80[%]	유도전동기 1	7.5[kW]	2대 85[%]
			유도전동기 2	11[kW]	1대 85[%]
			유도전동기 3	15[kW]	1대 85[%]
			비상조명	8,000[W]	100[%]
평균(종합)역률	100[%]	90[%]	90[%]		
수용률	60[%]	50[%]	100[%]		

| 부하집계 및 입력환산표 |

구분		설비용량[kW]	효율[%]	역률[%]	입력환산[kVA]
전등 및 전열		350			
일반동력		550			
비상동력	유도전동기 1	7.5×2			
	유도전동기 2	11			
	유도전동기 3	15			
	비상조명	8			
	소계	–			

3 "**2**"항을 참고하여 TR－2의 변압기 용량을 선정하시오.

[조건]

- 일반동력과 비상동력 간의 부등률은 1.3이다.
- 변압기 용량은 10[%] 정도의 여유를 갖는다.
- 변압기의 표준규격[kVA]은 200, 300, 400, 500, 600이다.

4 단선결선도에서 TR－2의 2차 측 중성점 접지공사의 접지선 굵기[mm^2]를 구하시오.

[참고사항]

- 접지도체는 GV전선을 사용하고 표준굵기[mm^2]는 6, 10, 16, 25, 35, 50, 70 중에서 선정한다.
- GV전선의 표준굵기[mm^2]의 선정은 전기기기의 선정 및 설치－접지설비 및 보호도체(KS C IEC 60364－5－54)에 따른다.
- 과전류차단기를 통해 흐를 수 있는 예상 고장전류는 변압기 2차 정격전류의 20배로 본다.
- 도체, 절연물, 그 밖의 부분의 재질 및 초기온도와 최종온도에 따라 정해지는 계수는 143(구리도체)으로 한다.
- 변압기 2차의 과전류차단기는 고장전류에서 0.1초에 차단되는 것이다.

해답 **1** ① 피뢰기

② • 이상 전압이 내습해서 피뢰기의 단자전압이 어느 일정 값 이상으로 올라가면 즉시 방전해서 전압상승을 억제한다.

• 평상시에는 누설전류를 억제한다.

③ • 상용주파 방전 개시 전압이 높을 것

• 충격 방전 개시 전압이 낮을 것

• 방전내량이 크면서 제한 전압이 낮을 것

• 속류 차단 능력이 클 것

입력환산[kVA]= $\frac{\text{설비용량[kW]}}{\text{역률} \times \text{효율}}$ [kVA]

2

구분		설비용량[kW]	효율[%]	역률[%]	입력환산[kVA]
전등 및 전열		350	100	100	$\frac{350}{1 \times 1} = 350$
일반동력		550	80	90	$\frac{550}{0.8 \times 0.9} = 763.89$
비상동력	유도전동기 1	7.5×2	85	90	$\frac{7.5 \times 2}{0.85 \times 0.9} = 19.6$
	유도전동기 2	11	85	90	$\frac{11}{0.85 \times 0.9} = 14.4$
	유도전동기 3	15	85	90	$\frac{15}{0.85 \times 0.9} = 19.6$
	비상조명	8	100	90	$\frac{8}{1 \times 0.9} = 8.9$
	소계	−	−	−	62.5

3 계산 : 변압기 용량 TR−2= $\frac{\text{설비용량[kVA]} \times \text{수용률}}{\text{부등률}} \times \text{여유율[kVA]}$

$$= \frac{(763.89 \times 0.5) + ([19.6 + 14.4 + 19.6 + 8.9] \times 1)}{1.3} \times 1.1$$

=376.068[kVA]

답 400[kVA]

4 계산 : ① TR−2의 2차 측 정격전류는

$$I_2 = \frac{P}{\sqrt{3}V} = \frac{400 \times 10^3}{\sqrt{3} \times 380} = 607.74[A]$$

② 예상 고장전류(I)는 변압기 2차 정격전류의 20배이므로

$$I = 20I_2 = 20 \times 607.74 = 12,154.8[A]$$

$$\therefore\ S = \frac{\sqrt{I^2 t}}{k} = \frac{\sqrt{12,154.8^2 \times 0.1}}{143} = 26.88[mm^2]$$

답 35[mm^2]로 선정

TIP

① 피뢰기 기능은 목적과 동일
② 입력환산값은 (kVA) 피상전력이므로 변압기 용량 계산 시 $\cos\theta$을 제외한다.

06 ★☆☆☆☆ [4점]

다음 물음에 답하시오.

1. "색온도"에 대하여 간단히 설명하시오.
2. "연색성"에 대하여 간단히 설명하시오.

해답
1. 색온도 : 광원의 광색이 흑체의 광색과 같을 때 흑체의 온도를 말한다.
2. 연색성 : 조명에 의한 물체의 색깔을 결정하는 광원의 성질을 말한다.

07 ☆☆☆☆☆ [5점]

어떤 변전소로부터 3상 3선식 3.3[kV] 비접지식 배전선이 8회선 있다. 배전선의 긍장은 20[km/회선]일 때 이 배전선에 접속된 주상 변압기의 접지저항의 허용값[Ω]을 구하시오. (단, 2초 이내 동작하는 차단장치가 설치되어 있다.)

※ 구(舊) 규정에 따른 해설(본 문항만 적용)

해답 계산 : $I_g = 1 + \dfrac{\dfrac{V'}{3}\times L - 100}{150} = 1 + \dfrac{\dfrac{3.3/1.1}{3}\times(20\times8\times3) - 100}{150} = 4[A]$

$R_2 = \dfrac{300}{I_g} = \dfrac{300}{4} = 75[\Omega]$

답 75[Ω] 이하

TIP

➤ 구(舊) 규정

1) 전선에 케이블 이외의 것을 사용하는 전로에서의 1선 지락전류 I_g

$$I_g = 1 + \frac{\dfrac{V'}{3}\times L - 100}{150}[A]$$

① 우변 2항의 값 $\left(\dfrac{\dfrac{V'}{3}L - 100}{150}\right)$은 소수점 이하는 절상한다.

② $V' = \dfrac{\text{공칭전압}}{1.1}[kV]$

③ L : 동일모선에 접속되는 고압전로의 전선연장=회선×긍장×가닥 수

④ I_g값이 2 미만인 경우는 2로 한다.

2) 혼촉방지 접지공사의 접지저항 R

① $R = \frac{150}{1선\ 지락전류}$ [Ω]

② 2초 이내에 동작하는 자동차단장치가 있는 경우 : $R = \frac{300}{1선\ 지락전류}$ [Ω]

③ 1초 이내에 동작하는 자동차단장치가 있는 경우 : $R = \frac{600}{1선\ 지락전류}$ [Ω]

08 ★★★☆☆ [4점]

머리 루프(Murray Loop)법으로 선로의 고장지점을 찾고자 한다. 길이가 5[km](0.2[Ω/km])인 선로가 그림과 같이 지락고장이 생겼을 때 고장점까지의 거리 X는 몇 [km]인지 구하시오.(단, G는 검류계이고, P=170[Ω], Q=90[Ω]에서 브리지가 평형되었다고 한다.)

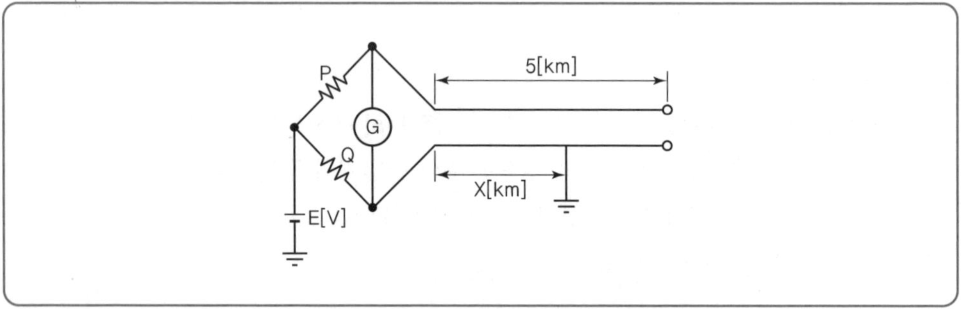

해답 계산 : PX = Q(10 − X)이므로

PX = 10Q − XQ

$$X = \frac{Q}{P+Q} \times 10 = \frac{90}{170+90} \times 10 = 3.461\,[\text{km}]$$

답 3.46[km]

TIP

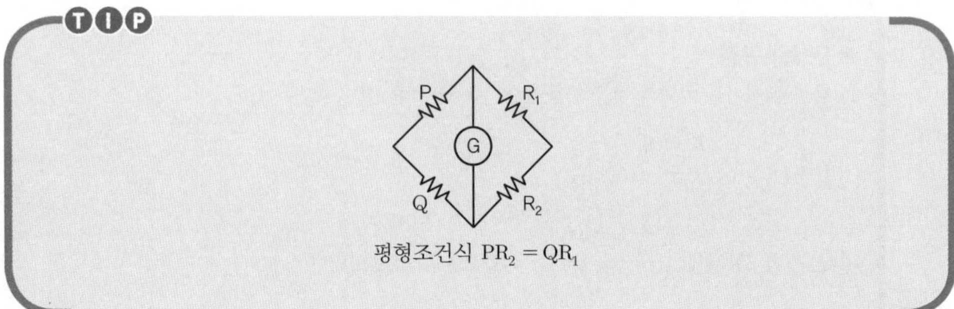

평형조건식 $PR_2 = QR_1$

09 ★★★★★

[6점]

그림과 같은 특성곡선을 갖는 부하에 필요한 축전지 용량은 몇 [Ah]인지 구하시오.(단, 방전전류 : $I_1 = 200[A]$, $I_2 = 300[A]$, $I_3 = 150[A]$, $I_4 = 100[A]$, 방전시간 : $T_1 = 130$[분], $T_2 = 120$[분], $T_3 = 40$[분], $T_4 = 5$[분], 용량환산시간 : $K_1 = 2.45$, $K_2 = 2.45$, $K_3 = 1.46$, $K_4 = 0.45$, 보수율은 0.8로 적용한다.)

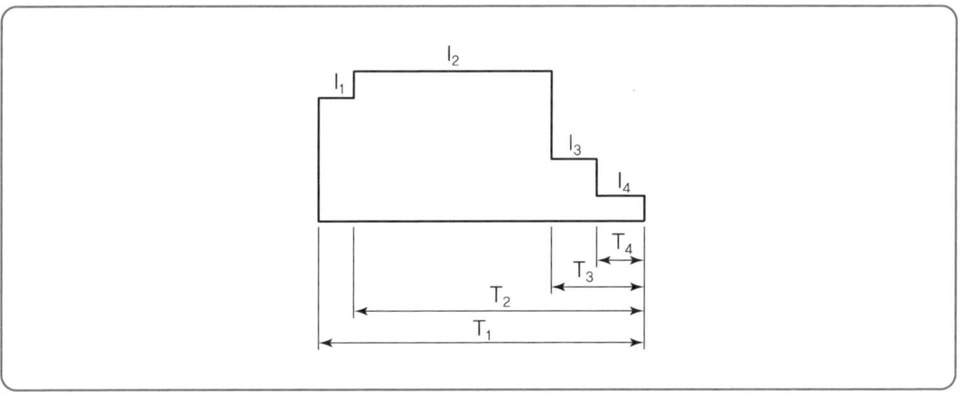

해답 계산 : $C = \frac{1}{L}[K_1I_1 + K_2(I_2 - I_1) + K_3(I_3 - I_2) + K_4(I_4 - I_3)]$

$= \frac{1}{0.8}[2.45 \times 200 + 2.45 \times (300-200) + 1.46 \times (150-300) + 0.45 \times (100-150)]$

$= 616.875[Ah]$

답 616.88[Ah]

10 ★★★☆☆

[5점]

단상 2선식 220[V], 28[W]×2등용 형광등 기구 100대를 16[A]의 분기회로로 설치하려고 하는 경우 필요 회선 수는 최소 몇 회로인지 구하시오.(단, 형광등의 역률은 80[%]이고, 안정기의 손실은 고려하지 않으며, 1회로의 부하전류는 분기회로 용량의 80[%]이다.)

해답 계산 : 분기회로 수 $N = \frac{\text{총 설비용량[VA]}}{\text{분기 설비용량[VA]}} = \frac{\frac{28 \times 2 \times 100}{0.8}}{220 \times 16 \times 0.8} = 2.49$회로

답 16[A] 분기 3회로

TIP

분기회로 수 $N = \frac{\text{총 설비용량[VA]}}{\text{분기 설비용량[VA]}} = \frac{\frac{[W]}{\cos\theta} \times \text{등 갯수}}{\text{전압} \times \text{분기회로전류}}$

11 ★★☆☆☆ [4점]

측정범위 1[mA], 내부저항 20[kΩ]의 전류계로 5[mA]까지 측정하고자 한다. 몇 [Ω]의 분류기를 사용하여야 하는가?

해답 계산 : 분류기 배율 $m = \frac{I}{I_a} = \frac{r_a}{R_s} + 1$ 에서

$$\frac{I}{I_a} - 1 = \frac{r_a}{R_s}$$

$$\therefore R_s = \frac{r_a}{\frac{I}{I_a} - 1} = \frac{20 \times 10^3}{\frac{5 \times 10^{-3}}{1 \times 10^{-3}} - 1} = 5 \times 10^3 [\Omega]$$

답 5,000[Ω]

TIP

분류기 : 전류계의 측정범위를 확대할 목적으로 저항을 병렬로 추가한 것

분배전류 $I_a = \frac{R_s}{r_a + R_s} I$ 를 통한 배율 $m = \frac{I}{I_a} = \frac{r_a}{R_s} + 1$ 이다.

단, I : 측정하고자 하는 전류값
- I_a : 전류계의 측정한도
- R_s : 분류기 저항
- r_a : 전류계 내부저항

12 ★★★☆☆ [5점]

철손이 1.2[kW], 전부하 시의 동손이 2.4[kW]인 변압기가 하루 중 7시간 무부하 운전, 11시간 1/2운전, 그리고 나머지 시간을 전부하 운전할 때 하루의 총 손실은 몇 [kWh]인가?

해답 계산 : 철손 $= P_i \times t = 1.2 \times 24 = 28.8$[kWh]

동손 $= m^2 P_c \times t = \left(\frac{1}{2}\right)^2 \times 2.4 \times 11 + 2.4 \times 6 = 21$[kWh]

총 손실 = 철손 + 동손 $= 28.8 + 21 = 49.8$[kWh]

답 49.8[kWh]

13 ★★★★☆ [6점]

어느 빌딩 수용가가 자가용 디젤발전기 설비를 계획하고 있다. 발전기 용량 산출에 필요한 부하의 종류 및 특성이 다음과 같을 때 주어진 조건과 표를 이용하여 전부하를 운전하는 데 필요한 발전기 용량[kVA]을 빈칸을 채우며 구하시오.

부하의 종류	출력[kW]	극수(극)	대수(대)	적용부하	기동방법
전동기	37	6	1	소화전펌프	리액터 기동
	22	6	2	급수펌프	리액터 기동
	11	6	2	배풍기	$Y-\Delta$ 기동
	5.5	4	1	배수펌프	직입기동
전등, 기타	50	–	–	비상 조명	–

[조건]

- 전동기 기동 시에 필요한 용량은 무시한다.
- 수용률 적용(동력) : 최대입력 전동기 1대에 대하여 100[%], 2대인 경우에는 80[%], 전등, 기타는 100[%]를 적용한다.
- 전등, 기타의 역률과 효율은 100[%]를 적용한다.

| 자가용 디젤 표준 출력[kVA] |

50	100	150	200	300	400

구분	효율[%]	역률[%]	입력[kVA]	수용률[%]	수용률 적용값[kVA]
37×1					
22×2					
11×2					
5.5×1					
50					
계					

발전기 용량 : [kVA]

| 전동기 전부하 특성표 |

정격 출력 [kW]	극수	동기회전 속도 [rpm]	전부하 특성		참고값		
			효율 η [%]	역률 pf [%]	무부하 I_o (각 상의 평균치) [A]	전부하 전류 I (각 상의 평균치) [A]	전부하 슬립 S[%]
0.75	2	3,600	70.0 이상	77.0 이상	1.9	3.5	7.5
1.5			76.5 이상	80.5 이상	3.1	6.3	7.5
2.2			79.5 이상	81.5 이상	4.2	8.7	6.5
3.7			82.5 이상	82.5 이상	6.3	14.0	6.0
5.5			84.5 이상	79.5 이상	10.0	20.9	6.0
7.5			85.5 이상	80.5 이상	12.7	28.2	6.0
11			86.5 이상	82.0 이상	16.4	40.0	5.5
15			88.0 이상	82.5 이상	21.8	53.6	5.5
18.5			88.0 이상	83.0 이상	26.4	65.5	5.5
22			89.0 이상	83.5 이상	30.9	76.4	5.0
30			89.0 이상	84.0 이상	40.9	102.7	5.0
37			90.0 이상	84.5 이상	50.0	125.5	5.0
0.75	4	1,800	71.5 이상	70.0 이상	2.5	3.8	8.0
1.5			78.0 이상	75.0 이상	3.9	6.6	7.5
2.2			81.0 이상	77.0 이상	5.0	9.1	7.0
3.7			83.0 이상	78.0 이상	8.2	14.6	6.5
5.5			85.0 이상	77.0 이상	11.8	21.8	6.0
7.5			86.0 이상	78.0 이상	14.5	29.1	6.0
11			87.0 이상	79.0 이상	20.9	40.9	6.0
15			88.0 이상	79.5 이상	26.4	55.5	5.5
18.5			88.5 이상	80.0 이상	31.8	67.3	5.5
22			89.0 이상	80.5 이상	36.4	78.2	5.5
30			89.5 이상	81.5 이상	47.3	105.5	5.5
37			90.0 이상	81.5 이상	56.4	129.1	5.5
0.75	6	1,200	70.0 이상	63.0 이상	3.1	4.4	8.5
1.5			76.0 이상	69.0 이상	4.7	7.3	8.0
2.2			79.5 이상	71.0 이상	6.2	10.1	7.0
3.7			82.5 이상	73.0 이상	9.1	15.8	6.5
5.5			84.5 이상	72.0 이상	13.6	23.6	6.0
7.5			85.5 이상	73.0 이상	17.3	30.9	6.0
11			86.5 이상	74.5 이상	23.6	43.6	6.0
15			87.5 이상	75.5 이상	30.0	58.2	6.0
18.5			88.0 이상	76.0 이상	37.3	71.8	5.5
22			88.5 이상	77.0 이상	40.0	82.7	5.5
30			89.0 이상	78.0 이상	50.9	111.8	5.5
37			90.0 이상	78.5 이상	60.9	136.4	5.5

해답

부하의 종류	출력 [kW]	극수	전부하 특성			수용률 [%]	수용률을 적용한 [kVA] 용량
			역률[%]	효율[%]	입력[kVA]		
전동기	37×1	6	78.5	90.0	$\frac{37}{0.785\times0.9}=52.37$	100	52.37
	22×2	6	77.0	88.5	$\frac{22\times2}{0.77\times0.885}=64.57$	80	51.66
	11×2	6	74.5	86.5	$\frac{11\times2}{0.745\times0.865}=34.14$	80	27.31
	5.5×1	4	77.0	85.0	$\frac{5.5}{0.77\times0.85}=8.40$	100	8.40
전등, 기타	50	–	100	100	50	100	50
합계	158.5	–	–	–	209.48	–	189.74

발전기 용량 : 200[kVA]

TIP

① 다음에 제시된 표에서 전동기 용량과 극수에 맞는 효율과 역률을 찾아 빈 곳에 기입

② 입력[kVA] = $\frac{\text{정격출력[kW]}}{\text{효율}\times\text{역률}}$ 로 계산한다.

③ 수용률 적용값[kVA] = 입력[kVA] × 수용률

14 ★★★☆☆ [4점]

3상 3선식 송전선로의 1선당 저항이 10[Ω], 리액턴스가 15[Ω]이고 수전단 전압이 60[kV], 부하전류가 200[A], 역률 0.8(지상)의 3상 평형 부하가 접속되어 있을 경우에 송전단 전압과 전압 강하율을 구하시오.

1 송전단 전압을 구하시오.

2 전압 강하율을 구하시오.

해답 1 계산 : 송전단 전압 $V_s = V_R + \sqrt{3}\,I(R\cos\theta + X\sin\theta)$

$=60{,}000+\sqrt{3}\times200\times(10\times0.8+15\times0.6)=65{,}888.97[\text{V}]$

답 65,888.97[V]

2 계산 : 전압 강하율 $\delta=\frac{\text{송전단전압}-\text{수전단전압}}{\text{수전단전압}}\times100$

$=\frac{65{,}888.97-60{,}000}{60{,}000}\times100=9.81[\%]$

답 9.81[%]

TIP

① 전압 강하율 $= \frac{\text{송전단 전압} - \text{수전단 전압}}{\text{수전단 전압}} \times 100[\%]$

② $V_s = V_R + \sqrt{3} I(R\cos\theta + X\sin\theta)$

15 ★★☆☆☆ [5점]

ACB가 설치되어 있는 배전반 전면에 전압계, 전류계, 전력계, CTT, PTT가 설치되어 있고, 수변전단선도가 없어 CT비를 알 수 없는 상태이다. 전류계의 지시는 L1, L2, L3상 모두 240[A]이고, CTT측 단자의 전류를 측정한 결과 2[A]였을 때 CT비(I_1/I_2)를 계산하시오. (단, CT 2차 측 전류는 5[A]로 한다.)

해답 계산 : 권수비(전류비) $a = \frac{I_2}{I_1} = \frac{2}{240} = \frac{1}{120}$

CT비의 2차 측은 5[A]이므로,

$\therefore$ CT비 $= \frac{I_1}{I_2} = \frac{120}{1} = \frac{600}{5}$

답 600/5

16 ★★★★★ [5점]

다음 회로를 이용하여 각 물음에 답하시오.

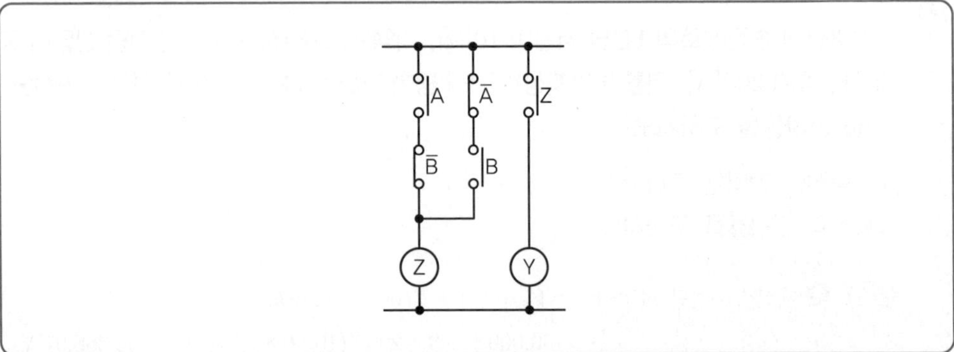

1 그림과 같은 회로의 명칭을 쓰시오.

2 논리식을 쓰시오.

3 무접점 논리회로를 그리시오.

해답 1 배타적 논리합 회로

2 $Z = A\overline{B} + \overline{A}B = A \oplus B,\ Y = Z$

3

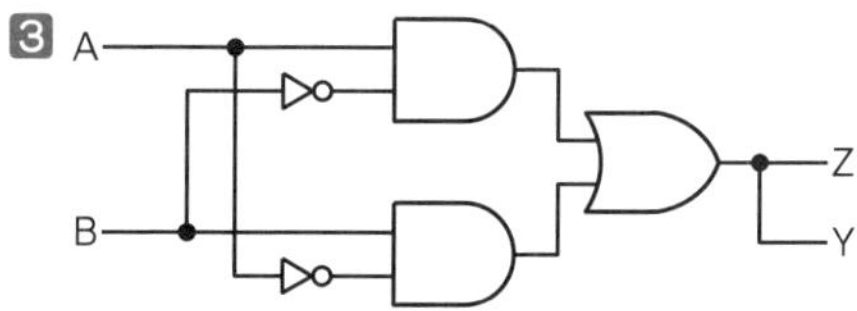

17 ★★★★☆ [5점]

가로가 20[m], 세로가 30[m], 천장 높이가 4.85[m]인 사무실이 있다. 평균 조도를 300[lx]로 하려고 할 때 다음 각 물음에 답하시오.

[조건]

- 사용되는 형광등 30[W] 1개의 광속은 2,890[lm]이며, 조명률은 50[%], 보수율은 70[%]라고 한다.
- 바닥에서 작업면까지의 높이는 0.85[m]이다.

1 실지수는 얼마인가?

2 형광등 기구(30[W] 2등용)의 수를 구하시오.

해답 1 계산 : 실지수 $K = \dfrac{XY}{H(X+Y)} = \dfrac{30 \times 20}{(4.85-0.85)(30+20)} = 3$

답 3

2 계산 : $N = \dfrac{EAD}{FU} = \dfrac{300 \times 30 \times 20 \times \dfrac{1}{0.7}}{2{,}890 \times 2 \times 0.5} = 88.98[\text{등}]$

답 89[등]

TIP

① 등고 H = 천장높이 − 작업면(책상) 높이

② 감광보상률$(D) = \dfrac{1}{\text{보수율}(M)}$

18 ★★★☆☆ [5점]

다음은 PLC 래더 다이어그램에 의한 프로그램이다. 아래의 명령어를 활용하여 각 스텝에 알맞은 내용으로 프로그램을 입력하시오.

[명령어]

- 입력 a접점 : LD
- 입력 b접점 : LDI
- 직렬 a접점 : AND
- 직렬 b접점 : ANI
- 병렬 a접점 : OR
- 병렬 b접점 : ORI
- 블록 간 병렬접속 : OB
- 블록 간 직렬접속 : ANB

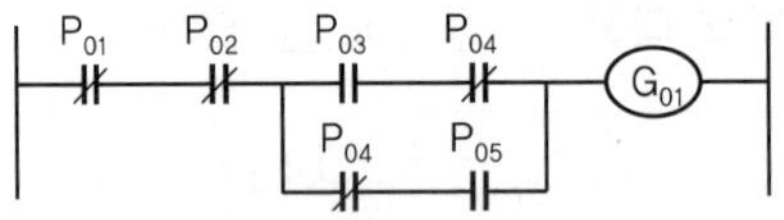

STEP	명령어	번지
1	LDI	P_{01}
2		
3		
4		
5		
6		
7		
8		
9	OUT	G_{01}

해답

STEP	명령어	번지
1	LDI	P_{01}
2	ANI	P_{02}
3	LD	P_{03}
4	ANI	P_{04}
5	LDI	P_{04}
6	AND	P_{05}
7	OB	–
8	ANB	–
9	OUT	G_{01}

과년도 기출문제

회독 체크	□1회독	월 일	□2회독	월 일	□3회독	월 일

01 ★★★★★ [5점]

설비불평형률에 대한 다음 각 물음에 답하시오.

1 저압, 고압 및 특별고압 수전의 3상 3선식 또는 3상 4선식에서 불평형 부하의 한도는 단상 접속부하로 계산하여 설비불평형률을 몇 [%] 이하로 하는 것을 원칙으로 하는가?

2 아래 그림과 같은 3상 4선식 380[V] 수전인 경우의 설비불평형률을 구하시오.(단, 전열부하의 역률은 1이다.)

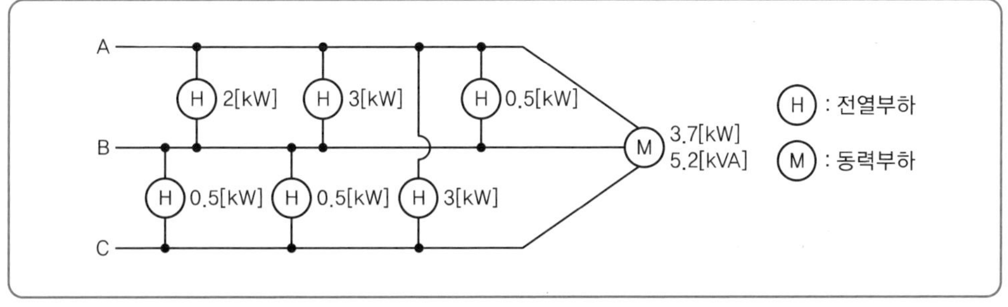

해답 1 30[%]

2 계산 : $\text{설비불평형률} = \dfrac{(2+3+0.5)-(0.5+0.5)}{(2+3+0.5+5.2+3+0.5+0.5)\times\dfrac{1}{3}}\times 100 = 91.84[\%]$

답 91.84[%]

TIP

➤ 3상 3선식 또는 3상 4선식의 경우

① $\text{설비불평형률} = \dfrac{\text{각 선간에 접속되는 단상부하의 최대와 최소의 차}}{\text{총 부하 설비용량의 1/3}}\times 100[\%]$

② 30%를 초과하지 말 것

02 ★★☆☆☆ [5점]

고압, 특고압 전로 및 변압기의 절연내력 시험전압에 ( )을 알맞게 쓰시오.

종류	시험전압
1. 최대사용전압 7[kV] 이하인 전로	최대사용전압의 ( )배의 전압
2. 최대사용전압 7[kV] 초과 25[kV] 이하인 중성점 접지식 전로(중성선을 가지는 것으로서 그 중성선을 다중접지 하는 것에 한한다.)	최대사용전압의 ( )배의 전압
3. 최대사용전압 7[kV] 초과 60[kV] 이하인 전로 (2란의 것을 제외한다.)	최대사용전압의 ( )배의 전압(10,500[V] 미만으로 되는 경우는 10,500[V])
4. 최대사용전압 60[kV] 초과 중성점 비접지식 전로 (전위 변성기를 사용하여 접지하는 것을 포함한다.)	최대사용전압의 ( )배의 전압
5. 최대사용전압 60[kV] 초과 중성점 접지식 전로 (전위 변성기를 사용하여 접지하는 것 및 6란과 7란의 것을 제외한다.)	최대사용전압의 ( )배의 전압(75[kV] 미만으로 되는 경우에는 75[kV])
6. 최대사용전압이 60[kV] 초과 중성점 직접접지식 전로 (7란의 것을 제외한다.)	최대사용전압의 ( )배의 전압
7. 최대사용전압이 170[kV] 초과 중성점 직접접지식 전로로서 그 중성점이 직접 접지되어 있는 발전소 또는 변전소 혹은 이에 준하는 장소에 시설하는 것	최대사용전압의 ( )배의 전압

해답

종류	시험전압
1. 최대사용전압 7[kV] 이하인 전로	최대사용전압의 (1.5)배의 전압
2. 최대사용전압 7[kV] 초과 25[kV] 이하인 중성점 접지식 전로 (중성선을 가지는 것으로서 그 중성선을 다중접지 하는 것에 한한다.)	최대사용전압의 (0.92)배의 전압
3. 최대사용전압 7[kV] 초과 60[kV] 이하인 전로 (2란의 것을 제외한다.)	최대사용전압의 (1.25)배의 전압(10,500[V] 미만으로 되는 경우는 10,500[V])
4. 최대사용전압 60[kV] 초과 중성점 비접지식 전로 (전위 변성기를 사용하여 접지하는 것을 포함한다.)	최대사용전압의 (1.25)배의 전압
5. 최대사용전압 60[kV] 초과 중성점 접지식 전로 (전위 변성기를 사용하여 접지하는 것 및 6란과 7란의 것을 제외한다.)	최대사용전압의 (1.1)배의 전압(75[kV] 미만으로 되는 경우에는 75[kV])
6. 최대사용전압이 60[kV] 초과 중성점 직접접지식 전로 (7란의 것을 제외한다.)	최대사용전압의 (0.72)배의 전압
7. 최대사용전압이 170[kV] 초과 중성점 직접접지식 전로로서 그 중성점이 직접 접지되어 있는 발전소 또는 변전소 혹은 이에 준하는 장소에 시설하는 것	최대사용전압의 (0.64)배의 전압

03 ★★★★★ [4점]

3상 3선식 송전선로에서 코로나가 발생되지 않으려면 코로나 임계전압을 크게 해야 한다. ①~④를 완성하시오.

요인	코로나 임계전압
전선의 굵기	①
표고[m]	②
온도	③
날씨상태	④

해답

요인	코로나 임계전압
전선의 굵기	전선이 굵을수록 임계전압 상승
표고[m]	표고가 낮으면 기압이 증가하여 임계전압 상승
온도	온도가 낮을수록 기압이 증가하여 임계전압 상승
날씨상태	맑을수록 임계전압이 상승

TIP

➤ 코로나 임계전압

$E_0 = 24.3 m_0 m_1 \delta d \log_{10}\frac{D}{r}$ [kV], $\delta = \frac{0.386b}{273+t}$

여기서, b : 기압
t : 온도
m_0 : 전선의 표면계수
m_1 : 날씨에 관계하는 계수(맑은 날 1.0, 우천 시 0.8)
δ : 상대공기밀도
d : 전선의 지름[cm]
r : 전선의 반지름[cm]
D : 전선의 등가 선간거리[cm]

04 ★★★☆☆ [5점]

THD(Total Harmonics Distortion)의 정의와 계산공식을 쓰시오. (단, 교류의 기본파 전압은 V_1[V], 고조파 전압은 V_3[V], V_5[V], V_7[V]이다.)

해답 ① 정의 : 기본파에 대한 전체 고조파 성분의 함유율

② 계산식 : $V_{THD} = \frac{\sqrt{V_3^2 + V_5^2 + V_7^2}}{V_1} \times 100$[%]

05 ★☆☆☆☆

[6점]

직류 분권전동기가 있다. 단자전압 215[V], 정격 전기자 전류 150[A], 정격 회전속도 1,500[rpm]이고, 브러시 접촉저항을 포함한 전기자 저항은 0.1[Ω], 자속은 항시 일정할 때, 다음 각 물음에 답하시오.

1 전기자 역기전력 E_a는 몇 [V]인지 구하시오.

2 이 전동기의 정격부하 시 회전자에서 발생하는 토크 τ[N · m]을 구하시오.

3 이 전동기는 70[%] 부하일 때 효율은 최대이다. 이때 고정손을 계산하시오.

해답 1 계산 : $E_a = V - I_a R_a = 215 - 150 \times 0.1 = 200[V]$

답 200[V]

2 계산 : $\tau = \dfrac{P}{2\pi n} = \dfrac{E_a I_a}{2\pi n} = \dfrac{200 \times 150}{2\pi \times \dfrac{1,500}{60}} = 190.99[N \cdot m]$

답 190.99[N · m]

3 계산 : $P_i = m^2 P_c = m^2 \times {I_a}^2 R_a = 0.7^2 \times 150^2 \times 0.1 = 1,102.5[W]$

답 1,102.5[W]

TIP

① 출력 $P = E_a I_a = 2\pi n \tau [W]$

② 직류기의 최대효율은 고정손과 부하손이 같을 때 발생한다.

$P_i = m^2 P_c = m^2 {I_a}^2 R_a$ 　　여기서, m : 부하율

06 ★★★★★

[6점]

그림의 회로는 Y − Δ 기동방식의 주 회로 부분이다. 도면을 보고 다음 각 물음에 답하시오.

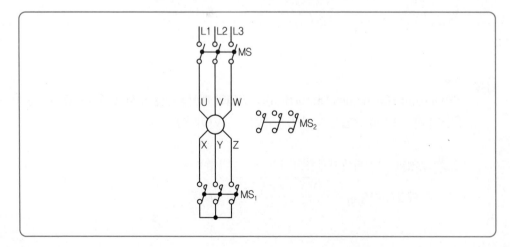

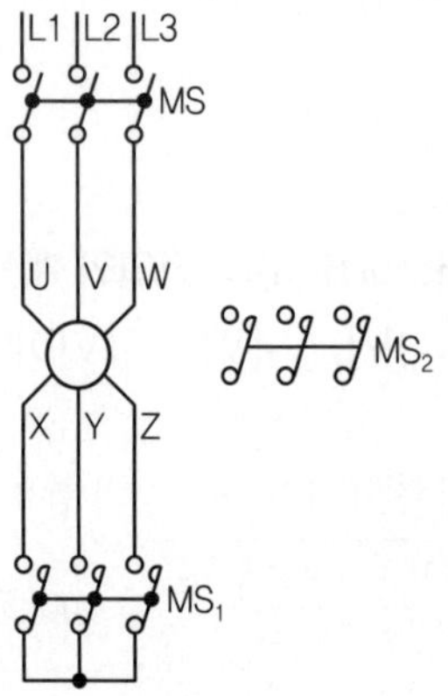

1 주 회로 부분의 미완성 회로에 대한 결선을 완성하시오.

2 $Y-\Delta$ 기동 시와 전전압 기동 시의 기동전류를 비교 설명하시오.

3 전동기를 운전할 때 $Y-\Delta$ 기동에 대한 기동 및 운전에 대한 조작 요령을 상세히 설명하시오.

해답 1

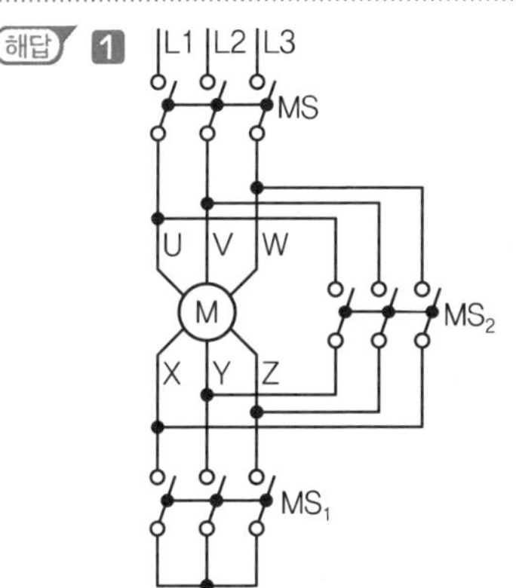

2 $Y-\Delta$ 기동전류는 전전압 기동전류의 $\frac{1}{3}$ 배이다.

3 Y결선으로 기동한 후 타이머 설정시간이 지나면 Δ결선으로 운전한다. 이때 Y와 Δ는 동시 투입되어서는 안 된다.

TIP

➤ $Y-\Delta$결선 방법 2가지

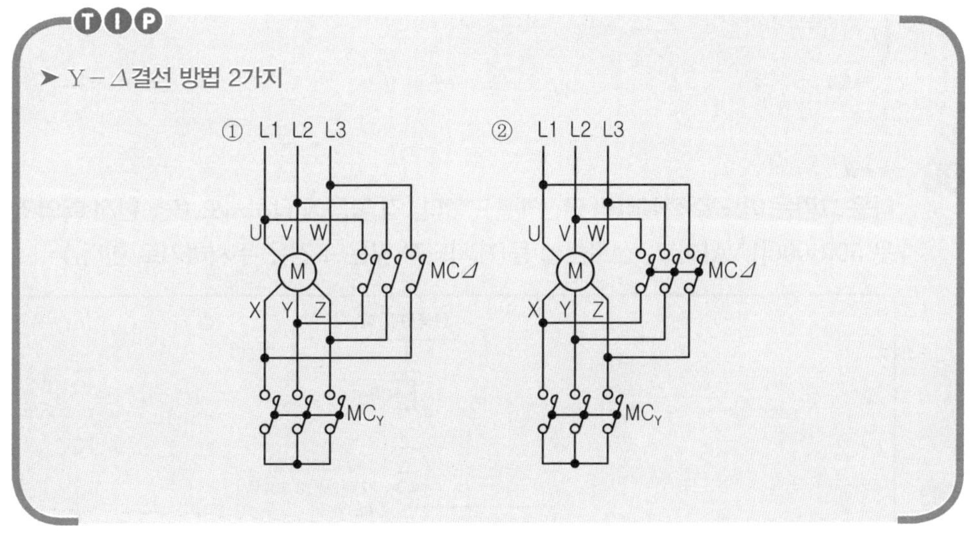

07 ★★☆☆☆ [5점]

6[kW], 200[V], 역률 0.6(늦음)의 부하에 전력을 공급하고 있는 단상 2선식의 배전선이 있다. 전선 1가닥의 저항이 0.15[Ω], 리액턴스가 0.1[Ω]이라고 할 때, 지금 부하의 역률을 1로 개선한다고 하면 역률 개선 전후의 전력손실 차이는 몇 [W]인지 계산하시오.

해답 계산

① $\cos\theta_1 = 0.6$

개선 전 부하전류 $I_1 = \dfrac{P}{V\cos\theta_1} = \dfrac{6,000}{200 \times 0.6} = 50[A]$

전력손실 $P_{L_1} = 2I_1^{\,2}R = 2 \times 50^2 \times 0.15 = 750[W]$

② $\cos\theta_2 = 1$

개선 후 부하전류 $I_2 = \dfrac{P}{V\cos\theta_2} = \dfrac{6,000}{200 \times 1} = 30[A]$

전력손실 $P_{L_2} = 2I_2^{\,2}R = 2 \times 30^2 \times 0.15 = 270[W]$

③ 역률개선 전후의 전력손실 차

$P_L = P_{L_1} - P_{L_2} = 750 - 270 = 480[W]$

답 480[W]

TIP

① 단상 2선식에서의 전력손실 $P_{L_1} = 2I^2R$

② 3상 3선식에서의 전력손실 $P_{L_3} = 3I^2R$

08 ★★★☆☆ [6점]

다음 그림은 어느 수전설비의 단선계통도이다. 각 물음에 답하시오.(단, 한전 측의 전원용량은 500,000[kVA]이고, 선로손실 등 제시되지 않은 조건은 무시하기로 한다.)

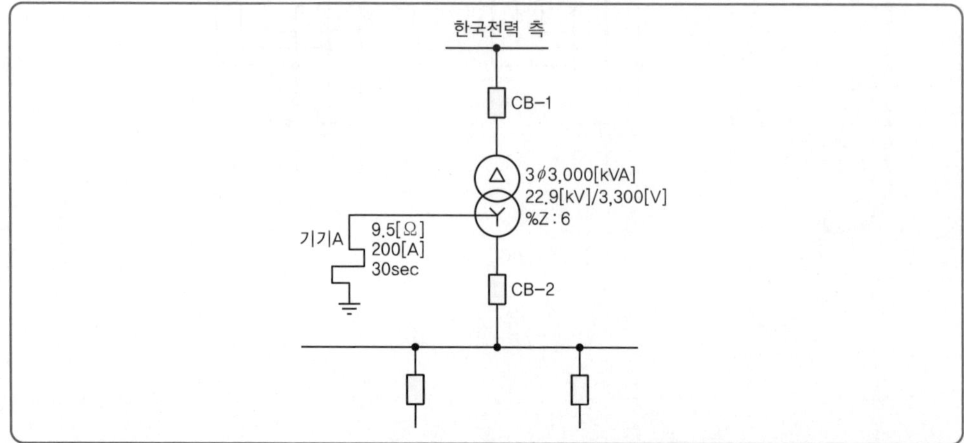

1 CB−2의 정격을 계산하시오.(단, 차단용량은 [MVA]로 표기하시오.)

2 기기 A의 명칭과 기능을 쓰시오.

해답 **1** 계산

기준용량 P_n을 3,000[kVA]로 하면

전원 측 $\%Z_s = \frac{P_n}{P_s} \times 100 = \frac{3,000}{500,000} \times 100 = 0.6[\%]$

CB−2 2차 측까지의 합성 임피던스 $\%Z = \%Z_s + \%Z_t = 0.6 + 6 = 6.6[\%]$

차단용량 $P_s = \frac{100}{\%Z} \times P_n = \frac{100}{6.6} \times 3,000 \times 10^{-3} = 45.45[MVA]$

답 45.45[MVA]

2 명칭 : 중성점 접지 저항기

기능 : 1선 지락 시 지락전류를 작게 한다.

TIP

전원 측의 용량을 주는 경우 %Z를 계산할 것

09 ★★☆☆☆ [5점]

다음 그림 X점에서 사고가 발생한 경우 3상 단락전류를 옴법을 이용하여 계산하시오.(단, 발전기 G_1, G_2, 변압기의 리액턴스는 30[%], 30[%], 10[%]이고 송전선로의 저항은 [km]당 0.2[Ω]이다.)

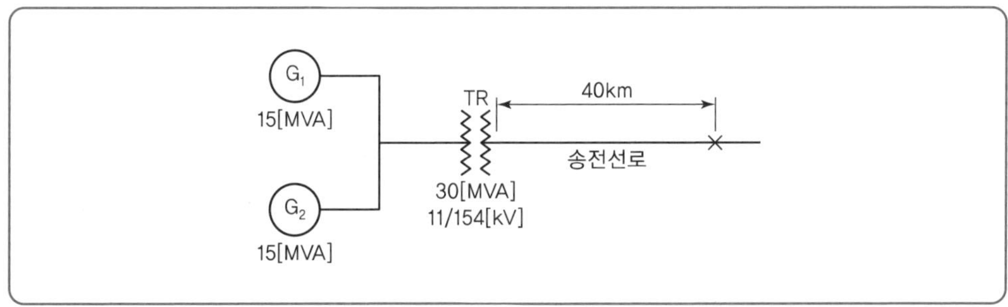

해답 계산

① 발전기 리액턴스 : • $X_g(30) = \frac{15 \times 10^3 \times X}{10 \times 11^2}$ $X = 2.42[\Omega]$

합성 리액턴스(병렬)$= \frac{2.42}{2} = 1.21[\Omega]$

• 고장점(2차 측) 환산

$$권수비(a) = \frac{V_1}{V_2} = \sqrt{\frac{Z_1}{Z_2}} = \sqrt{\frac{X_1}{X_2}}$$

$$a = \frac{11}{154}$$

$$a^2 = \frac{X_1}{X_2} \quad X_2 = \frac{1.21}{\left(\frac{11}{154}\right)^2} = 237.16[\Omega]$$

② 변압기 리액턴스 : $X_T(10) = \frac{30 \times 10^3 \times X}{10 \times 154^2} \qquad X = 79.053[\Omega]$

③ 송전선로 : $R = 0.2 \times 40 = 8[\Omega]$

④ 고장점까지 임피던스 : $Z = \sqrt{R^2 + X^2} = \sqrt{8^2 + (237.16 + 79.053)^2}$

$\therefore$ 단락전류 $I_S = \frac{E}{Z} = \frac{\frac{154,000}{\sqrt{3}}}{316.314} = 281.087$

답 281.09[A]

TIP

$\%X = \frac{PX}{10V^2}$

여기서, P[kVA] : 용량

V[kV] : 선간전압

X[Ω] : 리액턴스

10 ★★★★★ [5점]

출력 500[kW]의 발열량 10,000[kcal/kg]의 석탄 470[kg]를 사용하여 8시간 운전할 때 발전소의 종합효율은 몇 [%]인가?

해답 계산 : $\eta = \frac{860W}{mH} \times 100 = \frac{860 \times 500 \times 8}{10,000 \times 470} \times 100 = 73.19[\%]$

답 73.19[%]

TIP

$\eta = \frac{860W}{mH}$

여기서, m : kg

H : kcal/kg

W : 전력량(P×h)

11 ★★☆☆☆ [5점]

3상 농형 유도 전동기 부하가 다음 표와 같을 때 간선의 굵기를 구하려고 한다. 주어진 참고 표의 해당 부분을 적용시켜 간선의 최소 전선 굵기를 구하시오.(단, 전선은 XLPE 절연전선을 사용하며, 공사방법은 B1에 의하여 시공한다.)

상수	전압	용량	대수	기동방법
3상	220[V]	22[kW]	1대	기동기 사용
		7.5[kW]	1대	직입 기동
		5.5[kW]	1대	직입 기동
		1.5[kW]	1대	직입 기동
		0.75[kW]	1대	직입 기동

| 200[V] 3상 유도전동기의 간선의 굵기 및 기구의 용량 |

(B종 퓨즈의 경우) (동선)

전동기 [kW] 수의 총계 [kW] 이하	최대 사용 전류 [A] 이하	배선 종류에 의한 간선의 최소 굵기[mm²]						직입기동 전동기 중 최대 용량의 것											
		공사방법 A_1		공사방법 B_1		공사방법 C		0.75 이하	1.5	2.2	3.7	5.5	7.5	11	15	18.5	22	30	37 ~ 55
								기동기 사용 전동기 중 최대 용량의 것											
								–	–	–	5.5	7.5	11 15	18.5 22	–	30 37	–	45	55
		PVC	XLPE, EPR	PVC	XLPE, EPR	PVC	XLPE, EPR	과전류 차단기[A] …… (칸 위 숫자) 개폐기 용량[A] …… (칸 아래 숫자)											
3	15	2.5	2.5	2.5	2.5	2.5	2.5	15 30	20 30	30 30	–	–	–	–	–	–	–	–	–
4.5	20	4	2.5	2.5	2.5	2.5	2.5	20 30	20 30	30 30	50 60	–	–	–	–	–	–	–	–
6.3	30	6	4	6	4	4	2.5	30 30	30 30	50 60	50 60	75 100	–	–	–	–	–	–	–
8.2	40	10	6	10	6	6	4	50 60	50 60	50 60	75 100	75 100	100 100	–	–	–	–	–	–
12	50	16	10	10	10	10	6	50 60	50 60	50 60	75 100	75 100	100 100	150 200	–	–	–	–	–
15.7	75	35	25	25	16	16	16	75 100	75 100	75 100	75 100	100 100	100 100	150 200	150 200	–	–	–	–
19.5	90	50	25	35	25	25	16	100 100	100 100	100 100	100 100	100 100	150 200	150 200	200 200	200 200	–	–	–
23.2	100	50	35	35	25	35	25	100 100	100 100	100 100	100 100	100 100	150 200	150 200	200 200	200 200	200 200	–	–
30	125	70	50	50	35	50	35	150 200	150 200	150 200	150 200	150 200	150 200	150 200	200 200	200 200	200 200	–	–
37.5	150	95	70	70	50	70	50	150 200	150 200	150 200	150 200	150 200	150 200	150 200	200 200	300 300	300 300	300 300	–

45	175	120	70	95	50	70	50	200 200	200 200	200 200	200 200	200 200	200 200	200 200	200 200	300 300	300 300	300 300	300 300
52.5	200	150	95	95	70	95	70	200 200	200 200	200 200	200 200	200 200	200 200	200 200	200 200	300 300	300 300	400 400	400 400
63.7	250	240	150	–	95	120	95	300 300	300 300	300 300	300 300	300 300	300 300	300 300	300 300	300 300	400 400	400 400	500 600
75	300	300	185	–	120	185	120	300 300	300 300	300 300	300 300	300 300	300 300	300 300	300 300	300 300	400 400	400 400	500 600
86.2	350	–	240	–	–	240	150	400 400	400 400	400 400	400 400	400 400	400 400	400 400	400 400	400 400	400 400	400 400	600 600

[비 고]

1. 최소 전선 굵기는 1회선에 대한 것이며, 2회선 이상인 경우는 복수회로 보정계수를 적용하여야 한다.
2. 공사방법 A_1은 벽 내의 전선관에 공사한 절연전선 또는 단심케이블, B_1은 벽면의 전선관에 공사한 절연전선 또는 단심케이블, 공사방법 C는 벽면에 공사한 단심 또는 다심케이블을 시설하는 경우의 전선 굵기를 표시하였다.
3. 「전동기 중 최대의 것」에 동시 기동하는 경우를 포함한다.
4. 과전류차단기의 용량은 해당 조항에 규정되어 있는 범위에서 실용상 거의 최댓값을 표시한다.
5. 과전류차단기의 선정은 최대용량의 정격전류의 3배에 다른 전동기의 정격전류의 합계를 가산한 값 이하를 표시한다.
6. 고리퓨즈는 300[A] 이하에서 사용하여야 한다.

해답 전동기[kW] 수의 총 전력 $=22+7.5+5.5+1.5+0.75=37.25$[kW]

답 50[mm²]

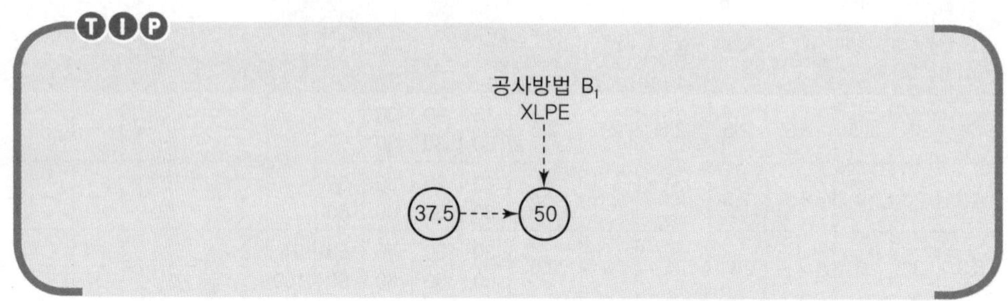

12 ★★★★☆ [5점]

어느 공장에서 기중기의 권상중량 50[t], 10[m] 높이를 6분에 권상하려고 한다. 이것에 필요한 권상 전동기의 출력을 구하시오.(단, 권상기구의 효율은 75[%]이다.)

해답 계산 : 권상기 출력 $P = \frac{W \cdot V}{6.12\eta} = \frac{50 \times 10/6}{6.12 \times 0.75} = 18.155[kW]$

답 18.16[kW]

TIP

권상용 전동기의 출력 $P = \frac{W \cdot V}{6.12\eta}[kW]$

여기서, W : 권상중량[ton]

V : 권상속도[m/min]

η : 효율

13 ★★★★☆ [7점]

변류기(CT)에 관한 다음 각 물음에 답하시오.

1 통전 중에 있는 변류기 2차 측에 접속된 기기를 교체하고자 할 때 가장 먼저 취하여야 할 사항을 설명하시오.

2 $Y-\Delta$로 결선한 주 변압기의 보호로 비율차동계전기를 사용한다면 CT의 결선은 어떻게 하여야 하는지 설명하시오.

3 수전전압이 154[kV], 수전설비의 부하전류가 80[A]이다. 100/5[A]의 변류기를 통하여 과부하 계전기를 시설하였다. 125[%]의 과부하에서 차단기를 차단시킨다면 과부하 계전기의 전류값은 몇 [A]로 설정해야 하는가?

해답 1 2차 측을 단락시킨다.

2 $\Delta-Y$을 결선하여 위상차를 보상한다.

3 계산 : 계전기 탭$=$부하전류$\times \frac{1}{CT비} \times (1.25 \sim 1.5) = 80 \times \frac{5}{100} \times 1.25 = 5[A]$

답 5[A]

TIP

① 비율차동계전기 CT결선은 30° 위상을 보정하기 위하여 변압기 결선과 반대로 한다.

② 점검 시 PT : 개방, CT : 단락(2차 측)

14 ★★★★☆ [4점]

다음 물음에 답하시오.

1. 축전지가 자기방전을 보충함과 동시에 다른 부하에 전원을 공급하는 충전방식의 명칭을 쓰시오.
2. 축전지의 각 전해조에 일어나는 전위치를 보정하기 위해 1~3개월마다 1회 정전압으로 10~12시간 충전하는 충전방식의 명칭을 쓰시오.

해답 1 부동충전방식
2 균등충전방식

TIP

① 보통충전 : 필요할 때마다 표준 시간율로 소정의 충전을 하는 방식
② 세류충전 : 축전지의 자기방전을 보충하기 위하여 부하를 off 한 상태에서 미소전류로 항상 충전하는 방식
③ 균등충전 : 각 전해조에서 일어나는 전위치를 보정하기 위하여 1~3개월마다 1회, 정전압 충전하여 각 전해조의 용량을 균일화하기 위하여 행하는 충전방식
④ 부동충전 : 축전지의 자기방전을 보충함과 동시에 사용 부하에 대한 전력공급은 충전기가 부담하도록 하되 충전기가 부담하기 어려운 일시적인 대전류의 부하는 축전지가 분담하도록 하는 방식

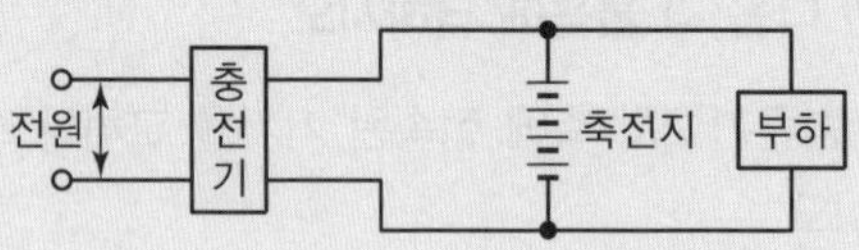

⑤ 급속충전 : 짧은 시간에 보통 충전 전류의 2~3배 전류로 충전하는 방식

15 ★★★★★ [6점]

전압 22,000[V], 주파수 60[Hz], 1회선의 3상 지중 전선로의 3상 무부하 충전전류 및 충전용량을 구하시오.(단, 송전선의 선로길이는 7[km], 케이블 1선당 작용 정전용량은 0.4[μF/km]라고 한다.)

1. 충전전류
2. 충전용량

해답 1 계산 : $I_c = 2\pi f C \times \frac{V}{\sqrt{3}} = 2\pi \times 60 \times 0.4 \times 10^{-6} \times 7 \times \frac{22{,}000}{\sqrt{3}} = 13.4[A]$

답 13.4[A]

2 계산 : $Q_c = 2\pi f C V^2 \times 10^{-3}$

$= 2\pi \times 60 \times 0.4 \times 10^{-6} \times 7 \times (22{,}000)^2 \times 10^{-3} = 510.898[\text{kVA}]$

답 510.90[kVA]

TIP

① 충전전류 $I_c = \dfrac{E}{\dfrac{1}{WC}} = WCE = WC\dfrac{V}{\sqrt{3}}[A]$

② 충전용량 $Q_c = 3E \cdot I_c = 3WCE^2 = WCV^2 \times 10^{-3}[\text{kVA}]$

여기서, E : 상전압, V : 선간전압

2012 2013 2014 2015 2016 2017 2018 2019 2020 2021

16 ★☆☆☆☆ [6점]

지중 케이블의 고장점 탐지법 3가지와 각각의 사용 용도를 간단하게 쓰시오.

고장점 탐지법	사용용도

해답

고장점 탐지법	사용용도
머레이 루프법	1선지락, 2선단락, 1선단선 사고 고장점 검출
펄스레이더법	지락, 단락 및 단선사고 시 고장점 측정
수색코일법	지락 고장점 검출

17 ★★☆☆☆ [6점]

발전소 및 변전소에 사용되는 다음 각 모선보호방식에 대하여 설명하시오.

1 전류 차동 계전방식
2 전압 차동 계전방식
3 위상 비교 계전방식
4 방향 비교 계전방식

해답 1 전류 차동 계전방식 : 고장 시 모선에 유입되는 전류와 유출되는 전류의 합이 다르게 되면 동작을 한다.

2 전압 차동 계전방식 : 임피던스가 큰 전압계전기로 모선 내 고장 시 계전기에 전압이 인가되어서 동작을 한다.

3 위상 비교 계전방식 : 모선에 연결된 회선의 전류위상을 비교하여 동작한다.

4 방향 비교 계전방식 : 모선 방향으로 고장전류가 유입이 있는 경우 모선고장이라 판단하여 동작한다.

18 ★★★★★ [4점]

다음 그림의 릴레이회로를 보고 물음에 답하시오.

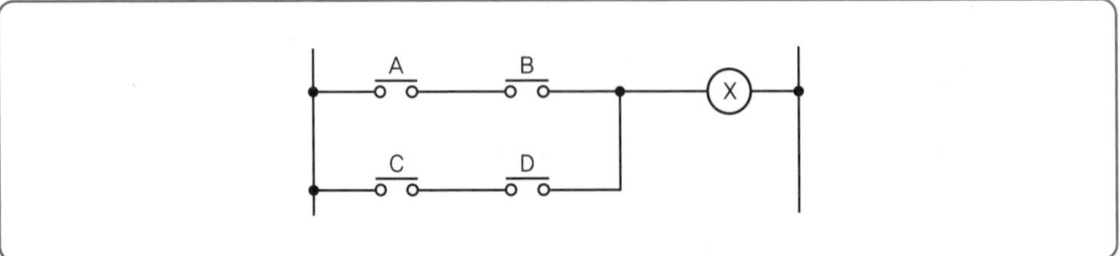

1. 논리식을 쓰시오.
2. 2입력 AND소자, 2입력 OR소자를 사용하여 로직회로를 바꾸시오.
3. 2입력 NAND소자만으로 회로를 바꾸시오.

해답 1 $X = AB + CD$

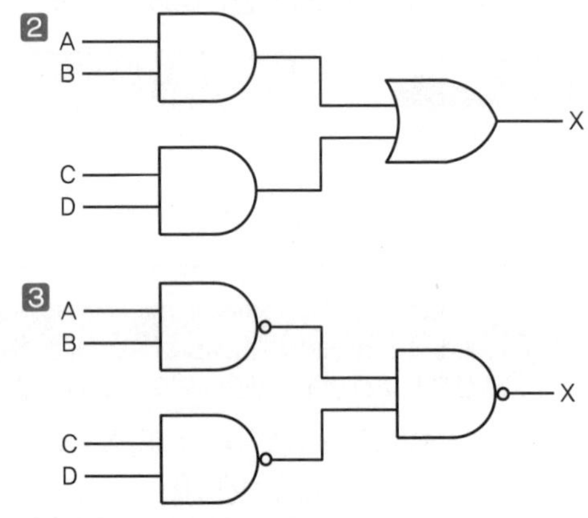

19 ★☆☆☆☆ [5점]

조명설계에서 감광보상률이란 무엇을 의미하는가?

해답 조명설계를 할 때 점등 중 광속의 감소를 고려하여 소요광속에 여유를 두는 것을 의미

TIP

감광보상률 $D = \frac{1}{\text{보수율}} = \frac{1}{M}$

과년도 기출문제

회독 체크	□1회독	월 일	□2회독	월 일	□3회독	월 일

01 ★★★★★ [7점]

다음 미완성 시퀀스도는 누름버튼 스위치 하나로 전동기를 기동, 정지를 제어하는 회로이다. 동작사항과 회로를 보고 각 물음에 답하시오.(단, R_1, R_2 : 8핀 릴레이, MS : 5a 2b 전자접촉기, PB : 누름버튼 스위치, RL : 적색램프이다.)

[동작사항]

- 누름버튼 스위치(PB)를 한 번 누르면 R_1에 의하여 MS 동작(전동기 운전), RL램프 점등한다.
- 누름버튼 스위치(PB)를 한 번 누르면 R_2에 의하여 MS 소자(전동기 정지), RL램프 소등한다.
- 누름버튼 스위치(PB)를 반복하여 누르면 전동기가 기동과 정지를 반복하여 동작한다.

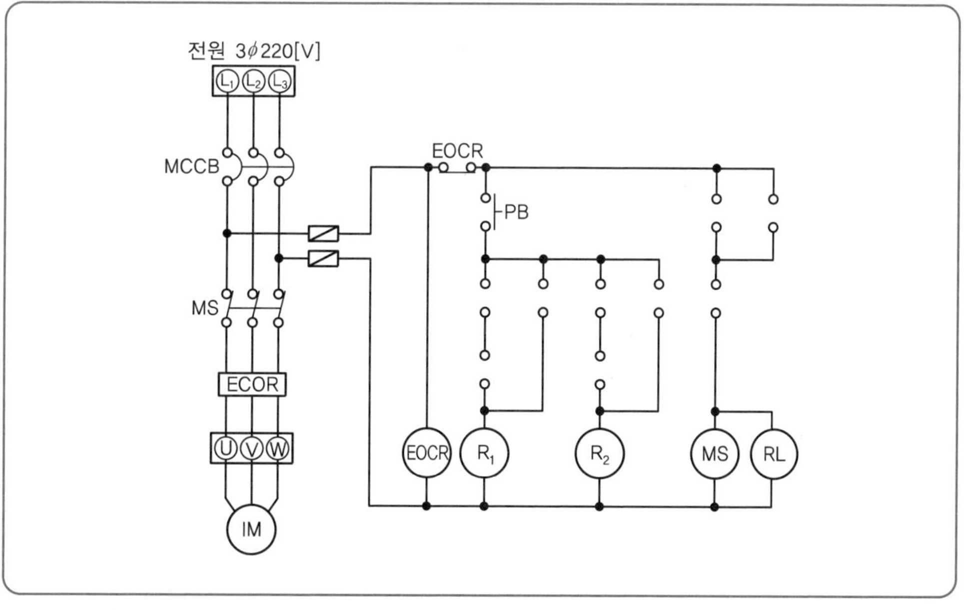

1 동작사항에 맞도록 보기를 참고하여 미완성 시퀀스도를 완성하시오.

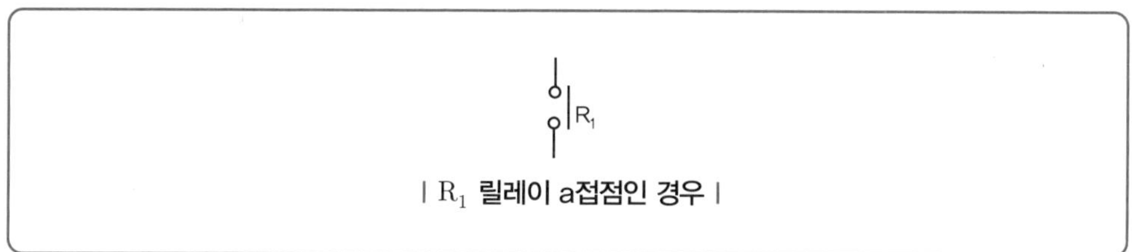

| R_1 릴레이 a접점인 경우 |

2 MCCB의 명칭을 쓰시오.

3 EOCR의 명칭과 사용목적을 쓰시오.

해답 1

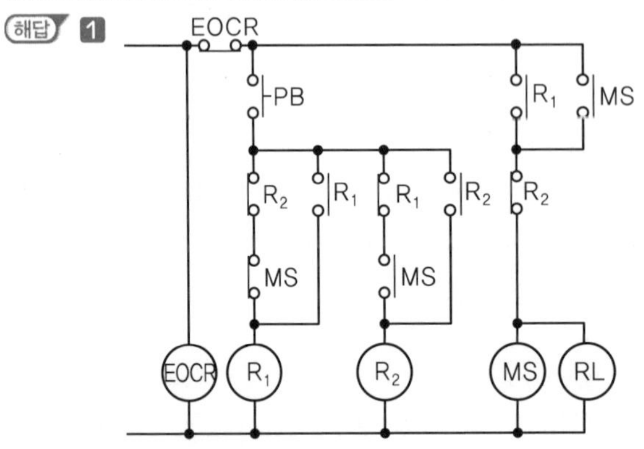

2 배선용 차단기

3 명칭 : 전자식 과전류 계전기
사용목적 : 전동기 과부하 운전 방지

02 ★☆☆☆☆ [5점]

변압기의 고압 측(1차 측)에 여러 개의 탭을 설치하는 이유는 무엇인가?

해답 2차 측의 전압을 조정하기 위해서다.

TIP

$$V_2 = V_1 \times \frac{\text{변경전압}[V_2]}{\text{현재전압}[V_2]}$$

03 ★★★★★ [5점]

아스팔트 포장의 자동차 도로(폭 25[m])의 양쪽에 광속 25,000[lm]의 등기구를 설치하여 노면 조도는 12[lx]로 하려면 도로 양쪽에 등 설치 시 간격은 얼마인가?(단, 조명률은 0.25, 감광보상률은 1.4이고 소숫점 이하는 무시한다.)

해답 계산 : $S = \frac{FUN}{ED} = \frac{25,000 \times 0.25 \times 1}{12 \times 1.4} = 372.02[m^2]$

도로 양쪽 조명 $S = \frac{a \times b}{2}$

$\therefore$ 간격 $a = \frac{S \times 2}{폭\ b} = \frac{372.02 \times 2}{25} = 29.76[m]$

답 29[m]

TIP

➤ 도로 조명의 면적(1등)

① 양쪽 조명(대치식)

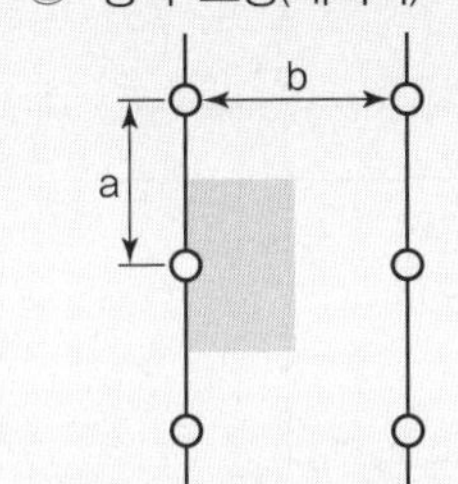

$S = \frac{a \times b}{2}[m^2]$

② 지그재그

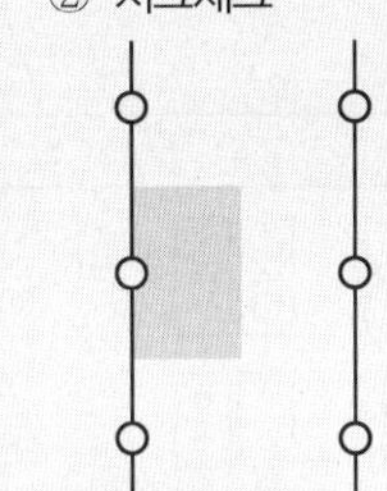

$S = \frac{a \times b}{2}[m^2]$

③ 일렬조명(한쪽)

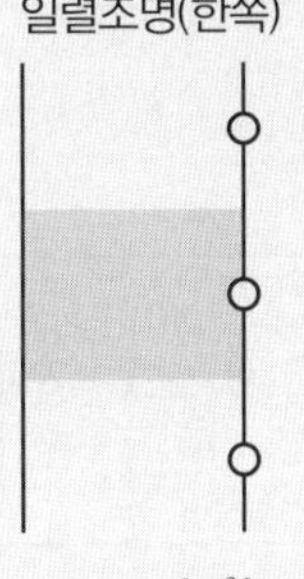

$S = a \times b[m^2]$

④ 일렬조명(중앙)

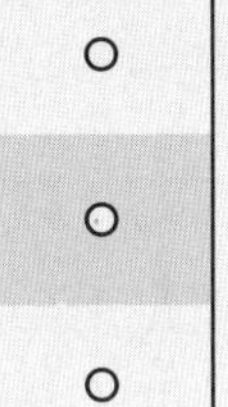

$S = a \times b[m^2]$

04 ★★☆☆☆ [5점]

접지공사의 목적을 3가지만 쓰시오.

해답 ① 감전 방지

② 기기 고장 방지

③ 보호계전기의 확실한 동작

05 ★★★★★ [13점]

도면과 같은 345[kV] 변전소의 단선도와 변전소에 사용되는 주요 제원을 이용하여 다음 각 물음에 답하시오.

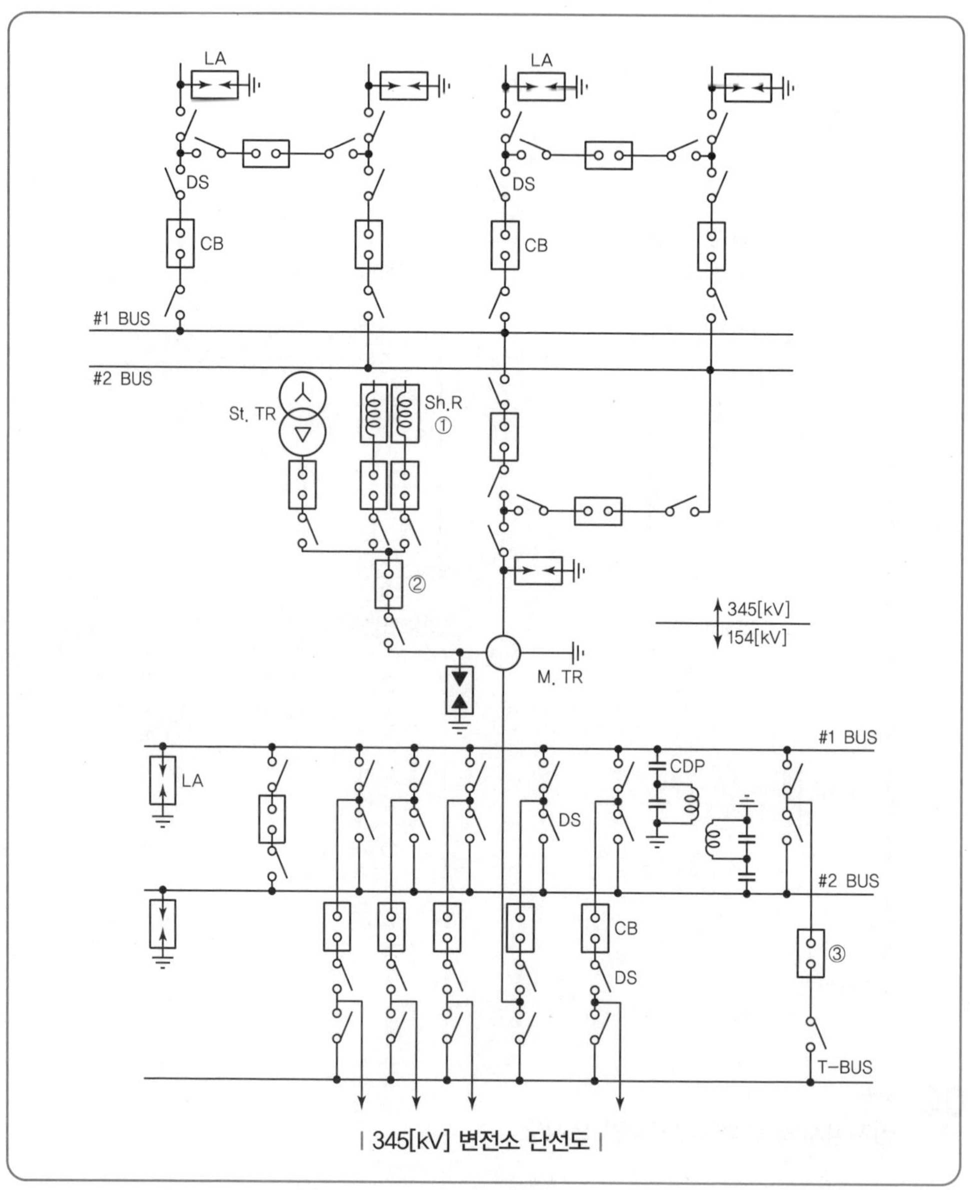

| 345[kV] 변전소 단선도 |

1 도면의 345[kV] 측 모선방식은 어떤 모선방식인가?

2 도면에서 ①번 기기의 설치목적은 무엇인가?

3 도면에 주어진 제원을 참조하여 주 변압기에 대한 등가 %임피던스(Z_H, Z_M, Z_L)를 구하고, ②번 22[kV] VCB의 차단용량을 계산하시오.(단, 그림과 같은 임피던스 회로는 100[MVA] 기준이다.)

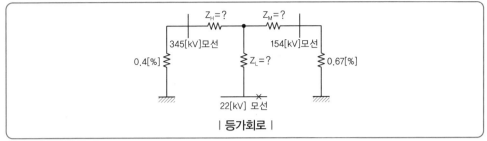

| 등가회로 |

① 등가 %임피던스(Z_H, Z_M, Z_L)

② 22[kV] VCB 차단용량

4 도면의 345[kV] GCB에 내장된 계전기용 BCT의 오차계급은 C800이다. 부담은 몇 [VA]인가?

5 도면에서 ③번 차단기의 설치목적을 설명하시오.

6 도면의 주 변압기 1Bank(단상×3대)를 증설하여 병렬운전시키고자 한다. 이때 병렬운전을 할 수 있는 조건 4가지를 쓰시오.

[기본 사항]

- 주 변압기
  단권변압기 345[kV]/154[kV]/22[kV](Y－Y－Δ)
  166.7[MVA]×3대≒500[MVA], OLTC부
  %임피던스(500[MVA] 기준) : 1~2차 : 10[%], 1~3차 : 78[%], 2~3차 : 67[%]
- 차단기
  362[kV] GCB 25[GVA] 4,000[A]~2,000[A]
  170[kV] GCB 15[GVA] 4,000[A]~2,000[A]
  25.8[kV] VCB (　)[MVA] 2,500[A]~1,200[A]
- 단로기
  362[kV] DS 4,000[A]~2,000[A]
  170[kV] DS 4,000[A]~2,000[A]
  25.8[kV] DS 2,500[A]~1,200[A]
- 피뢰기
  288[kV] LA 10[kA]
  144[kV] LA 10[kA]
  21[kV] LA 2.5[kA]
- 분로 리액터
  22[kV] Sh.R 40[MVAR]
- 주모선
  CU1－Tube 200ϕ

(해답) **1** 2중 모선 1.5 차단방식

2 페란티 현상 방지

3 ① 등가%임피던스

계산 : 500[MVA] 기준 %Z는 1~2차 $Z_{HM}=10[\%]$

2~3차 $Z_{ML}=67[\%]$

1~3차 $Z_{HL}=78[\%]$이므로

100[MVA] 기준으로 환산하면

$$Z_{HM}=10\times\frac{100}{500}=2[\%]$$

$$Z_{ML}=67\times\frac{100}{500}=13.4[\%]$$

$$Z_{HL}=78\times\frac{100}{500}=15.6[\%]$$

등가 임피던스

$$Z_H=\frac{1}{2}(Z_{HM}+Z_{HL}-Z_{ML})=\frac{1}{2}(2+15.6-13.4)=2.1[\%]$$

$$Z_M=\frac{1}{2}(Z_{HM}+Z_{ML}-Z_{HL})=\frac{1}{2}(2+13.4-15.6)=-0.1[\%]$$

$$Z_L=\frac{1}{2}(Z_{HL}+Z_{ML}-Z_{HM})=\frac{1}{2}(15.6+13.4-2)=13.5[\%]$$

답 $Z_H=2.1[\%]$, $Z_M=-0.1[\%]$, $Z_L=13.5[\%]$

② 22[kV] VCB 차단용량

계산 : 등가 회로로 그리면

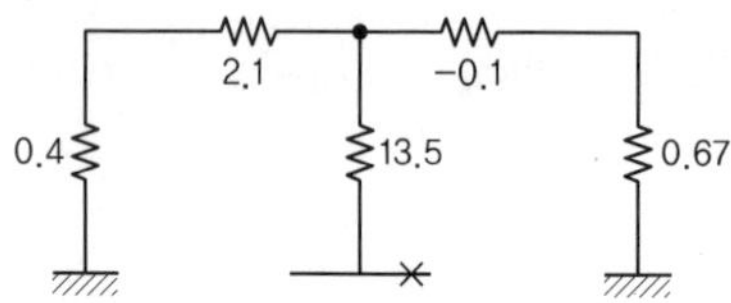

따라서, 등가회로를 알기 쉽게 다시 그리면 아래와 같이 된다.

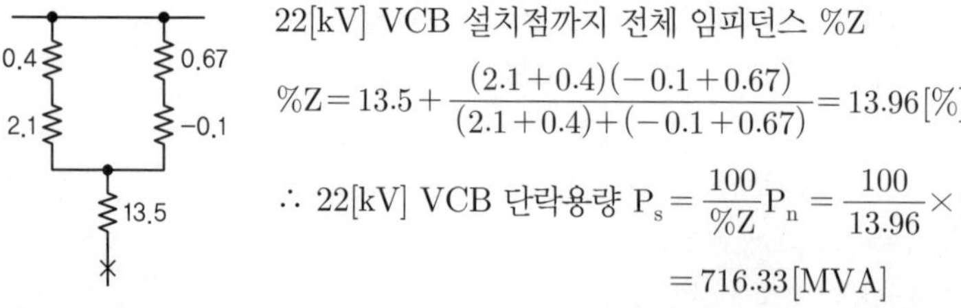

22[kV] VCB 설치점까지 전체 임피던스 %Z

$$\%Z=13.5+\frac{(2.1+0.4)(-0.1+0.67)}{(2.1+0.4)+(-0.1+0.67)}=13.96[\%]$$

$$\therefore\ 22[kV]\ \text{VCB 단락용량 } P_s=\frac{100}{\%Z}P_n=\frac{100}{13.96}\times100=716.33[MVA]$$

답 716.33[MVA]

4 계산 : 오차계급 C800에서 임피던스는 8[Ω]이므로

부담 $I^2R = 5^2 \times 8 = 200[VA]$

답 200[VA]

5 모선절체 : 무정전으로 점검하기 위해

6 ① 정격전압(권수비)이 같을 것
② 극성이 같을 것
③ %임피던스가 같을 것
④ 각 변위가 같을 것
그 외
⑤ 각 변압기의 저항과 누설리액턴스비가 같을 것
⑥ 상회전 방향이 같을 것

06 ★☆☆☆☆ [5점]

무정전 공급장치(UPS)의 2차 측에서 단락사고 등이 발생한 경우 회로를 차단하는 장치 2가지를 쓰시오.

해답 ① 배선용 차단기
② 한류형 퓨즈

07 ★★☆☆☆ [5점]

전동기를 보호하기 위해 과부하 보호 등 여러 가지 보호장치를 설치한다. 3상 교류 전동기 보호를 위한 종류를 5가지만 쓰시오.(단, 과부하 보호는 제외한다.)

해답 ① 지락보호
② 단락보호
③ 회전자 구속보호
④ 결상보호
⑤ 저전압 보호

2012 2013 2014 2015 2016 2017 2018 2019 2020 2021

08 ★★☆☆☆ [5점]

3상 6,000[V], 수전설비에 설치된 변압비 30인 계기용 변압기(PT)를 그림과 같이 연결하였다. 각 전압계 V_1, V_2, V_3에 나타나는 단자전압은 몇 [V]인가?

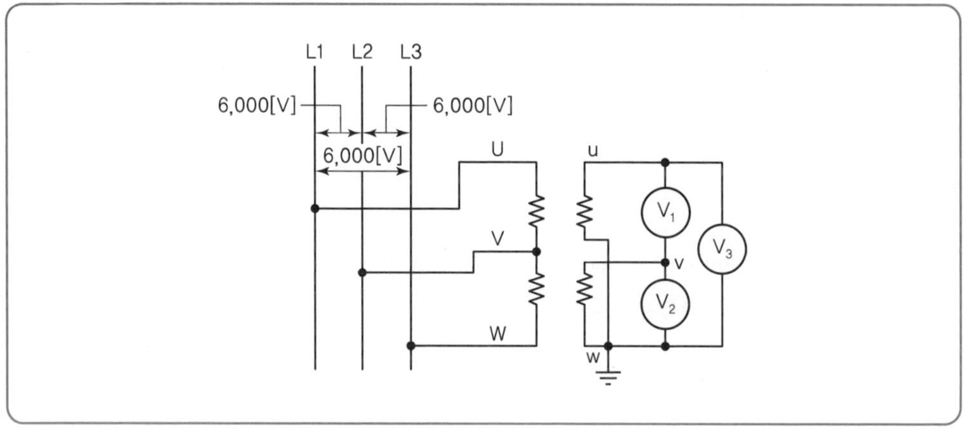

해답 ① 계산 : $V_1 = \sqrt{3} \times \frac{V}{a} = \sqrt{3} \times \frac{6,000}{30} = 346.41[V]$

답 346.41[V]

② 계산 : $V_2 = \frac{V}{a} = \frac{6,000}{30} = 200[V]$

답 200[V]

③ 계산 : $V_3 = \frac{V}{a} = \frac{6,000}{30} = 200[V]$

답 200[V]

TIP

$a = \frac{V_1}{V_2}$, $V_l = \sqrt{3}\,V$

여기서, a : 권수비

09 ★★☆☆☆ [6점]

동기발전기를 병렬로 접속하여 운전할 때 발생하는 횡류(순환전류)의 종류 3가지를 쓰고, 각각의 작용에 대하여 설명하시오.

해답 ① 무효횡류 : 발전기의 전압을 서로 같게 한다.

② 유효횡류 : 발전기의 위상을 서로 같게 한다.

③ 고조파 무효횡류 : 전기자 권선의 과열의 원인이 된다.

10 ★☆☆☆☆ [5점]

분전반에서 50[m]의 거리에 380[V], 4극 3상 유도전동기 37[kW]를 설치하였다. 전압강하를 5[V] 이하로 하기 위해서 전선의 굵기[mm^2]를 얼마로 선정하는 것이 적당한가?(단, 전압강하계수는 1.1, 전동기의 전부하전류는 75[A], 3상 3선식 회로임)

해답 계산 : 전선 단면적 $A = \frac{30.8LI}{1,000e} = \frac{30.8 \times 50 \times 75}{1,000 \times 5} \times 1.1 = 25.41[mm^2]$

답 35[mm^2]

TIP

➤ KSC IEC 규격

전선의 공칭 단면적[mm^2]		
1.5	2.5	4
6	10	16
25	35	50
70	95	120
150	185	240
300	400	500

➤ 전선의 단면적

단상 2선식	$A = \frac{35.6LI}{1,000 \cdot e}$
3상 3선식	$A = \frac{30.8LI}{1,000 \cdot e}$
단상 3선식 3상 4선식	$A = \frac{17.8LI}{1,000 \cdot e}$

11 ★☆☆☆☆ [4점]

전기 폭발방지설비의 의미를 설명하시오. ※ KEC 규정에 따라 변경

해답 증기가스 혹은 먼지가루 등으로 인한 폭발이 발생할 우려가 있는 곳에 설치하는 전기설비

TIP

➤ 폭발방지구조의 종류

① 내압 폭발방지구조 ② 유입 폭발방지구조 ③ 압력 폭발방지구조
④ 안전증 폭발방지구조 ⑤ 본질안전 폭발방지구조 ⑥ 특수 폭발방지구조

12 ★★★★☆ [5점]

역률 과보상 시 발생하는 현상에 대하여 3가지만 쓰시오.

해답 ① 모선 전압의 상승 ② 계전기 오동작 ③ 고조파 왜곡의 증대
그 외 ④ 송전 손실 증가

13 ★★★☆☆ [4점]

역률 80[%], 10,000[kVA]의 부하를 가진 변전소에 2,000[kVA]의 콘덴서를 설치하여 역률을 개선하면 변압기에 걸리는 부하는 몇 [kVA]인가?

해답 계산 : 역률 개선 전의 유효전력 $P = P_a \times \cos\theta = 10{,}000 \times 0.8 = 8{,}000$[kW]
무효전력 $Q_1 = P_a \times \sin\theta = 10{,}000 \times 0.6 = 6{,}000$[kVar]
따라서, 역률 개선 후의 무효전력 $Q_2 = 6{,}000 - 2{,}000 = 4{,}000$[kVar]
∴ 변압기용량 $P_a = \sqrt{P^2 + Q^2} = \sqrt{8{,}000^2 + 4{,}000^2} = 8{,}944.27$[kVA]

답 8,944.27[kVA]

14 ★★★★★ [5점]

유효낙차 100[m], 최대사용 수량 10[m³/sec]의 수력발전소에 발전기 1대를 설치하려고 한다. 적당한 발전기의 용량[kVA]은 얼마인지 계산하시오.(단, 수차와 발전기의 종합효율 0.9, 부하역률은 각각 85[%]로 한다.)

해답 계산 : $P_g = \dfrac{9.8QH\eta}{\cos\theta} = \dfrac{9.8 \times 10 \times 100 \times 0.9}{0.85} = 10{,}376.47$[kVA]

답 10,376.47[kVA]

TIP

① 발전기 용량이 [kVA]이므로 역률을 나눈다.
② 수차 발전기에서 효율은 곱한다.

15 ★★☆☆☆ [5점]

20개의 가로등이 300[m] 거리에 균등배열이 되어 있다. 한 등의 소요전류 3[A], 전선의 단면적 35[mm²], 도전율 97[%]라면 한쪽 끝에서 단상 220[V]로 급전할 때 최종 전등에 가해지는 전압[V]은 얼마인지 계산하시오.(단, 표준연동의 고유저항은 1/58[Ω/m－mm²]이다.)

해답 계산 : $e = 2IR = 2I \times \rho\frac{l}{A} = 2 \times 3 \times 20 \times \frac{1}{58} \times \frac{100}{97} \times \frac{300}{35} = 18.28[V]$

분포 부하의 전압강하는 말단 집중 부하 전압강하의 1/2이 되므로

최종 전등전압 $= 220 - \frac{18.28}{2} = 210.858[V]$

답 210.86[V]

TIP

➤ 전선의 고유저항

$\rho = \frac{1}{58} \times \frac{100}{C}$ 여기서, C : %도전율

16 ★☆☆☆☆ [5점]

과전류계전기와 고압차단기의 동작시험을 할 때 시험전류를 가하기 전에 준비하여야 장치(시험장치) 3가지를 쓰시오.

해답 ① 수저항기(물저항기), ② 전류계, ③ 사이클카운터

17 ★☆☆☆☆ [5점]

변압기 용량이 500[kVA], 자가용 수전설비가 있다. 전등, 전열설비 부하가 500[kW], 동력설비 부하가 350[kW]이라면 부하에 대한 수용률은 얼마인가?(단, 전등, 전열설비 부하의 역률은 1.0, 동력설비 부하의 역률은 0.8이고, 효율은 무시한다.)

해답 계산 : 유효전력 $P = 500 + 350[kW]$

무효전력 $Q = P\tan\theta = 350 \times \frac{0.6}{0.8}[kVar]$

부하설비용량 $P_a = \sqrt{P^2 + Q^2} = \sqrt{(500+350)^2 + \left(350 \times \frac{0.6}{0.8}\right)^2} = 889.61[kVA]$

최대수용전력 $= 500[KVA]$

수용률 $= \frac{\text{최대수용전력}}{\text{부하설비용량}} \times 100 = \frac{500}{889.61} \times 100 = 56.2[\%]$ 답 56.2[%]

TIP

① 수용률 $= \frac{\text{최대 수용전력}}{\text{부하 설비용량}} \times 100[\%]$

② 최대수용전력 = 변압기용량

18 ★★☆☆☆ [6점]

그림과 같이 전류 차동계전기에 의하여 보호되고 있는 3상 △ −Y결선 40[MVA], 66/22[kV] 변압기가 있다. 고장전류가 정격전류의 200[%] 이상에서 동작하는 계전기의 전류(I_p) 값은 얼마인지 구하시오.(단, 변압기 1차 측 및 2차 측 CT의 변류비는 각각 500/5[A], 2,000/5[A]이다.)

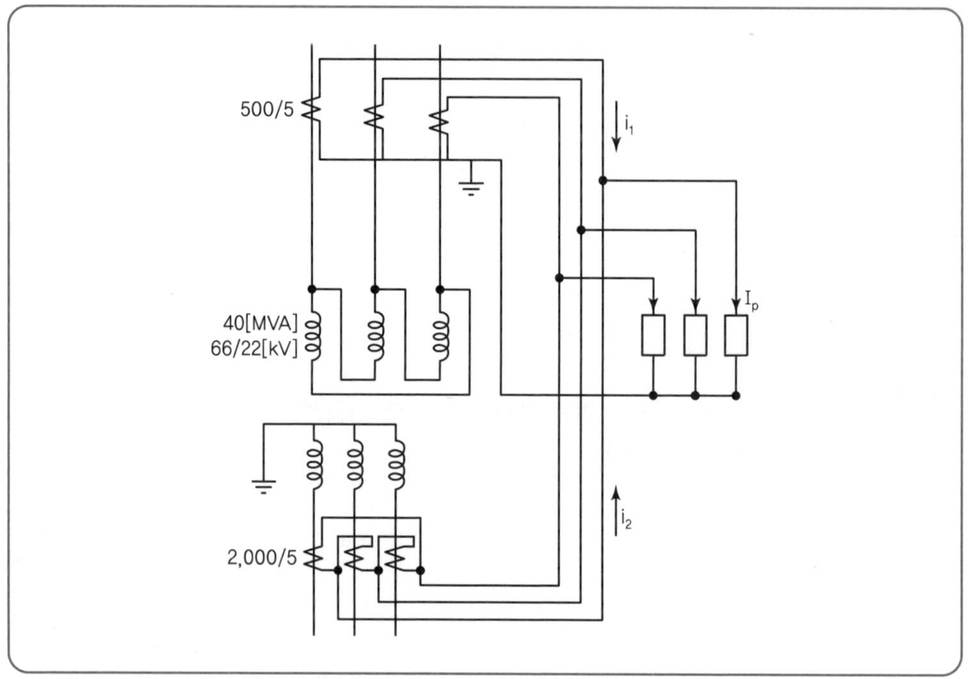

해답 계산 : $i_1 = I_1 \times \dfrac{1}{\text{CT비}} = \dfrac{40,000}{\sqrt{3} \times 66} \times \dfrac{5}{500} = 3.499[A]$

$i_2 = I_2 \times \dfrac{1}{\text{CT비}} \times \sqrt{3} = \dfrac{40,000}{\sqrt{3} \times 22} \times \dfrac{5}{2,000} \times \sqrt{3} = 4.545[A]$

$I_p \fallingdotseq (4.545 - 3.499) \times 2\text{배} = 2.09[A]$

답 2.09[A]

TIP

변압기 2차 측의 CT는 △을 하므로 $\sqrt{3}$가 더 지시된다.

ENGINEER ELECTRICITY

2016년 과년도 문제풀이

전기기사

2016년도 1회 시험

과년도 기출문제

회독 체크	□1회독	월 일	□2회독	월 일	□3회독	월 일

01 ★☆☆☆☆ [5점]

감리원은 공사 완료 후 준공검사 전에 공사업자로부터 시운전 절차를 준비하도록 하여 시운전에 입회할 수 있다. 시공 전 완료 후 성과품을 공사업자로부터 제출받아 검토한 후 발주자에게 인계하여야 할 사항 5가지를 쓰시오.

해답 ① 점검 항목 점검표
② 운전개시, 가동절차 및 방법
③ 운전 지침
④ 기기류의 단독 시운전 방법 검토 및 계획서
⑤ 실가동 다이어그램
⑥ 시험 구분, 방법, 사용매체를 확인하고, 계획서
⑦ 시험 성적서
⑧ 성능 시험 성적서(성능 시험 보고서)

02 ★★★★★ [3점]

다음 물음에 답하시오.

1 피뢰기의 제한전압에 대해서 쓰시오.
2 피뢰기의 정격전압에 대해서 쓰시오.
3 피뢰기의 구성요소에 대해서 쓰시오.

해답 1 피뢰기 동작 중 단자전압의 파고치
2 속류가 차단되는 상용주파 교류의 최고전압
3 직렬갭, 특성요소

03 ★★★★☆

[4점]

다음 그림과 같은 유접점 회로에 대한 주어진 미완성 PLC 래더 다이어그램을 완성하고, 표의 빈칸 ①~⑥에 해당하는 프로그램을 완성하시오.(단, 회로시작 LOAD, 출력 OUT, 직렬 AND, 병렬 OR, b접점 NOT, 그룹 간 묶음 AND LOAD이다.)

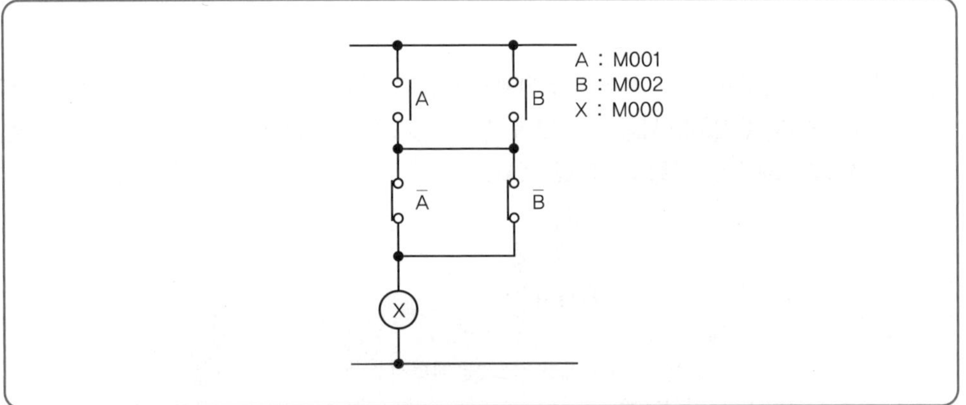

| 프로그램 |

차례	명칭	번지
0	LOAD	M001
1	①	M002
2	②	③
3	④	⑤
4	⑥	–
5	OUT	M000

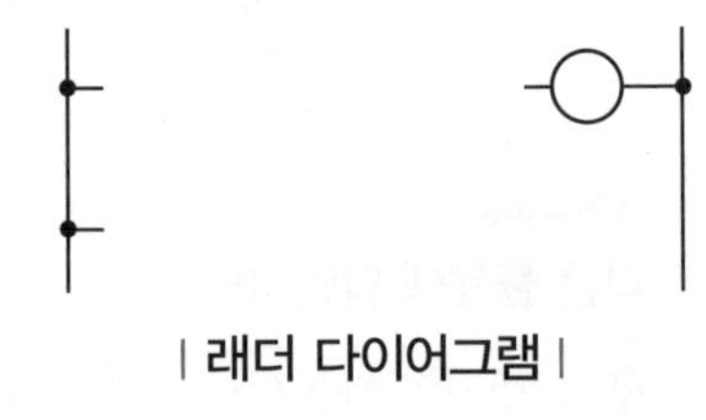

| 래더 다이어그램 |

해답 (1) 프로그램

① OR
② LOAD NOT
③ M001
④ OR NOT
⑤ M002
⑥ AND LOAD

(2) 래더 다이어그램

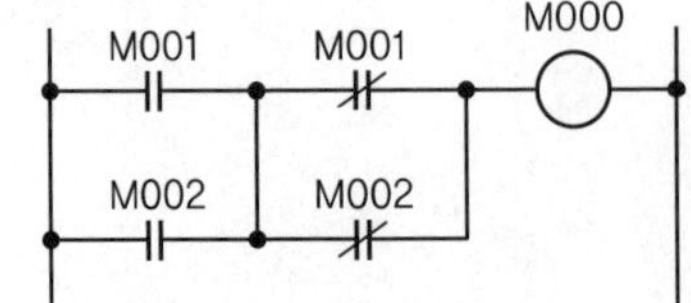

04 ★★★☆☆ [9점]

그림과 같은 수전계통을 보고 다음 각 물음에 답하시오.

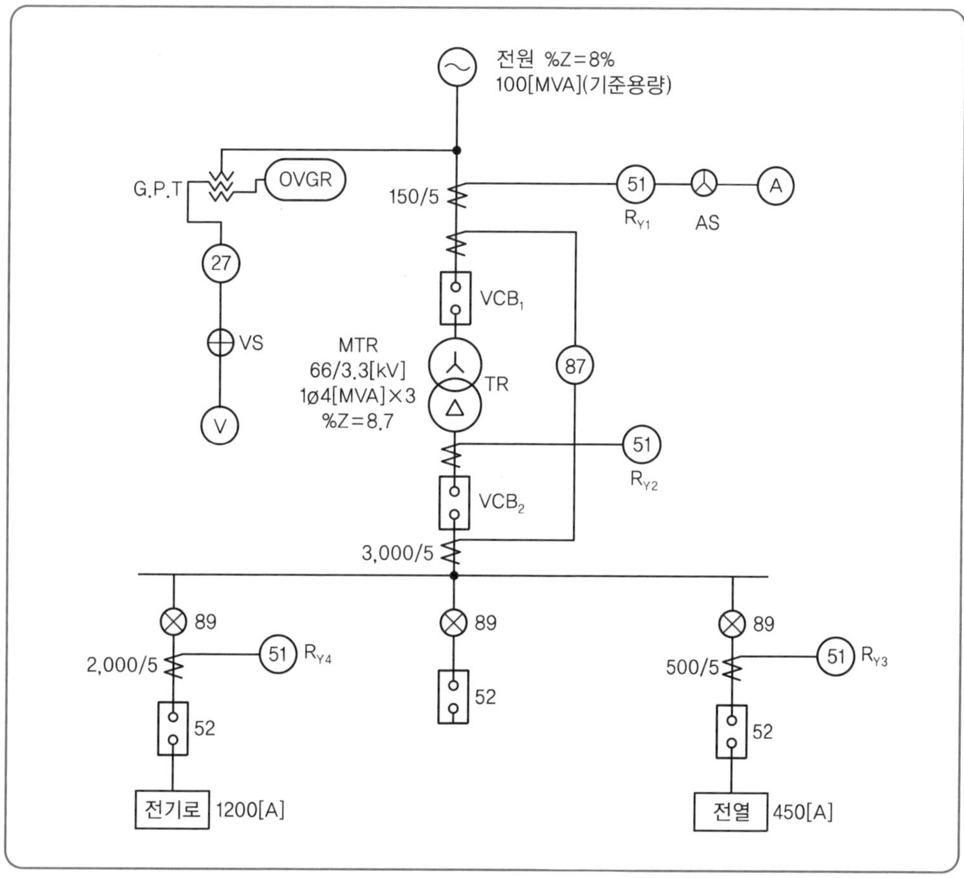

❶ "27"과 "87" 계전기의 명칭과 용도를 설명하시오.

계전기	명칭	용도
27		
87		

❷ 다음의 조건에서 과전류계전기 R_{Y1}, R_{Y2}, R_{Y3}, R_{Y4}의 탭(Tap) 설정값은 몇 [A]가 가장 적정한지를 계산에 의하여 정하시오.

[조건]

- R_{Y1}, R_{Y2}의 탭 설정값은 부하전류 160[%]에서 설정한다.
- R_{Y3}의 탭 설정값은 부하전류 150[%]에서 설정한다.
- R_{Y4}는 부하가 변동 부하이므로, 탭 설정값은 부하전류 200[%]에서 설정한다.
- 과전류 계전기의 전류탭은 2[A], 3[A], 4[A], 5[A], 6[A], 7[A], 8[A]가 있다.

3 차단기 VCB_1의 정격전압은 몇 [kV]인가?

4 전원 측 차단기 VCB_1의 정격용량을 계산하고, 다음 표에서 가장 적당한 것을 선정하도록 하시오.

| 차단기의 정격표준용량[MVA] |

1,000	1,500	2,000	3,500

해답 1

계전기	명칭	용도
27	교류 부족 전압 계전기	상용전원 정전 시, 전압이 부족한 경우 차단
87	비율 차동 계전기	단락, 지락 시 전류의 차로 동작하여 내부고장 검출

2

계전기	계산	설정값
R_{Y1}	$\frac{4\times10^6\times3}{\sqrt{3}\times66\times10^3}\times\frac{5}{150}\times1.6=5.6[A]$	6[A]
R_{Y2}	$\frac{4\times10^6\times3}{\sqrt{3}\times3.3\times10^3}\times\frac{5}{3,000}\times1.6=5.6[A]$	6[A]
R_{Y3}	$450\times\frac{5}{500}\times1.5=6.75[A]$	7[A]
R_{Y4}	$1,200\times\frac{5}{2,000}\times2=6[A]$	6[A]

3 사용 회로 공칭 전압 66[kV]의 차단기 정격전압은 72.5[kV]이다.

답 72.5[kV]

4 계산 : $P_s=\frac{100}{\%Z}\times P_n=\frac{100}{8}\times100=1,250[MVA]$

답 1,500[MVA] 선정

TIP

계전기탭=부하전류$(I_1)\times\frac{1}{CT비}\times$배수

05 ★★★☆☆ [7점]

단권변압기는 1차, 2차 회로에 공통된 권선부분을 가진 변압기이다. 단권변압기의 장점 3가지 및 단점 2가지, 용도 3가지에 대하여 쓰시오.

해답 (1) 장점

① 동량을 줄일 수 있어 경제적이다.

② 동손이 감소하여 효율이 좋아진다.

③ 전압강하, 전압변동률이 작다.

④ 소형화 할 수 있다.

(2) 단점

① 임피던스가 작아 단락전류가 크며, 차단기 용량도 증가한다.

② 1차 측에 이상전압이 발생 시 2차 측에도 고전압이 걸려 위험하다.

③ 1차, 2차 회로가 전기적으로 완전히 절연되지 않는다.

(3) 용도

① 초고압 전력용 변압기

② 승압 및 강압용 변압기

③ 기동보상기

06 ★★★☆☆ [5점]

우리나라 초고압 송전전압은 345[kV]이다. 송전거리가 200[km]인 경우 1회선당 가능한 송전전력은 몇 [kW]인지 still 식에 의해 구하시오.

해답 계산 : $V_s = 5.5\sqrt{0.6\ell + \frac{P}{100}}$ [kV]에서

$P = \left[\left(\frac{V_s}{5.5}\right)^2 - 0.6\ell\right] \times 100$이므로

$\left[\left(\frac{345}{5.5}\right)^2 - 0.6 \times 200\right] \times 100 = 381471.07[\text{kW}]$

답 381471.07[kW]

07 ★★★☆☆ [5점]

배전용 변전소에서 사용하는 접지목적을 3가지로 요약하여 설명하고 중요 접지개소에 대해 4가지만 쓰시오.

해답 (1) 접지목적
① 감전사고 방지
② 이상전압 억제
③ 보호계전기의 확실한 동작

(2) 접지개소
① 일반 기기 및 제어반 외함 접지
② 피뢰기 및 피뢰침 접지
③ 옥외 철구 및 경계책 접지
④ 계기용변성기 2차 측 접지

08 ☆☆☆☆☆ [4점]

380[V] 3상 유도 전동기 회로에 간선의 굵기와 용량을 주어진 표에 의하여 설계하고자 한다. 다음 조건을 이용하여 간선의 최소 굵기와 과전류 차단기의 용량을 구하시오.

※ KEC 규정에 따라 표 변경 또는 삭제

[조건]

부하	0.75[kW]×1대 직입기동 전동기(2.53[A])	전선관에 3본 이하의 전선을 사용 B1, PVC 절연전선을 사용
	1.5[kW]×1대 직입기동 전동기(4.16[A])	
	3.7[kW]×1대 직입기동 전동기(9.22[A])	
	3.7[kW]×1대 직입기동 전동기(9.22[A])	
	7.5[kW]×1대 기동기사용(17.69[A])	

| 380[V] 3상 유도전동기의 간선의 굵기 및 기구의 용량 |

전동기 [kW] 수의 총계 [kW] 이하	최대 사용 전류 [A] 이하	배선종류에 의한 간선의 최소 굵기[mm²]						직입기동 전동기 중 최대 용량의 것											
		공사방법 A_1		공사방법 B_1		공사방법 C		0.75 이하	1.5	2.2	3.7	5.5	7.5	11	15	18.5	22	30	37
								Y－Δ 기동기 사용 전동기 중 최대 용량의 것											
								–	–	–	5.5	5.5	7.5	11	15	18.5	22	30	37
		PVC	XLPE, EPR	PVC	XLPE, EPR	PVC	XLPE, EPR	과전류 차단기 용량[A] 직입기동[A](칸 위의 숫자) Y－Δ기동(칸 아래 숫자)											
3	7.9	2.5	2.5	2.5	2.5	2.5	2.5	15 –	15 –	30 –	–	–	–	–	–	–	–	–	–
4.5	10.5	2.5	2.5	2.5	2.5	2.5	2.5	15 –	15 –	20 –	30 –	–	–	–	–	–	–	–	–
6.3	15.8	2.5	2.5	2.5	2.5	2.5	2.5	20 –	20 –	30 –	30 –	40 30	–	–	–	–	–	–	–
8.2	21	4	2.5	2.5	2.5	2.5	2.5	30 –	30 –	30	30 –	40 30	50 30	–	–	–	–	–	–
12	26.3	6	4	4	2.5	4	2.5	40 –	40 –	40	40 –	40 40	50 40	75 40	–	–	–	–	–
15.7	39.5	10	6	10	6	6	4	50 –	50	50 –	50 –	50 50	60 50	75 50	100 60	–	–	–	–
19.5	47.4	16	10	10	6	10	6	60 –	60 –	60 –	60 –	60 60	75 60	75 60	100 60	125 75	–	–	–
23.2	52.6	16	10	16	10	10	10	75 –	75 –	75 –	75 –	75 75	75 75	100 75	100 75	125 75	125 100	–	–
30	65.8	25	16	16	10	16	10	100 –	100 –	100 –	100 –	100 100	100 100	100 100	125 100	125 100	125 100	–	–
37.5	78.9	35	25	25	16	25	16	100 –	100 –	100 –	100 –	100 100	100 100	100 100	125 100	125 100	125 100	125 125	–
45	92.1	50	25	35	25	25	16	125 –	125 –	125 –	125 –	125 125	125 125	125 125	125 125	125 125	125 125	125 125	125 125
52.5	105.3	50	35	35	25	35	25	125 –	125 –	125 –	125 –	125 125	125 125	125 125	125 125	125 125	125 125	125 125	150 150
63.7	131.6	70	50	50	35	50	35	175 –	175 –	175 –	175 –	175 175	175 175	175 175	175 175	175 175	175 175	175 175	175 175
75	157.9	95	70	70	50	70	50	200 –	200 –	200 –	200 –	200 200	200 200	200 200	200 200	200 200	200 200	200 200	200 200
86.2	184.2	120	95	95	70	95	70	225 –	225 –	225 –	225 –	225 225	225 225	225 225	225 225	225 225	225 225	225 225	225 225

해답 **1** 간선의 최소 굵기는 총 용량$(0.75+1.5+3.7+3.7+7.5=17.5 \leq 19.5[kW])$과 총 전류$(2.53+4.16+9.22+9.22+17.69=42.82 \leq 47.4[A])$를 좌측 열에서 선정하고, 동일 행에서 상단의 공사방법 B_1에 PVC와 만나는 10[mm²]을 선정한다.

답 10[mm²]

2 과전류 차단기 용량은 위 1에서 선정한 좌측 열과 상단의 전동기 중 최대용량 기동기 사용 7.5[kW]와 만나는 칸에서 아래에 있는 60[A]를 선정한다.

답 60[A]

09 ★★☆☆☆ [5점]

그림과 같은 교류 3상 3선식 전로에 연결된 3상 평형 부하가 있다. 이때 C상의 P점이 단선된 경우, 이 부하의 소비전력은 단선 전 소비전력에 비하여 어떻게 되는지 계산식을 이용하여 설명하시오.(단, 선간 전압은 E[V]이며, 부하의 저항은 R[Ω]이다.)

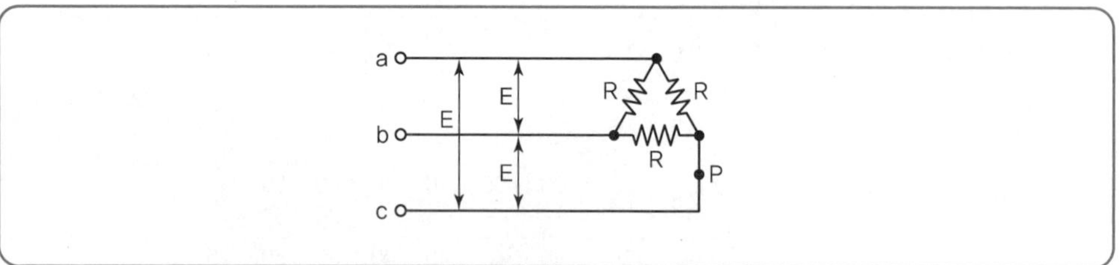

해답 계산 : 단선 전 소비전력 $[P_1] = 3 \cdot \dfrac{E^2}{R}$

단선 후 소비전력 $[P_2] = \dfrac{E^2}{R'} = \dfrac{E^2}{\dfrac{R \cdot 2R}{R+2R}}$

$= 3 \cdot \dfrac{E^2}{2R} = \dfrac{\text{단선 후 전력}}{\text{단선 전 전력}} = \dfrac{\dfrac{3}{2} \cdot \dfrac{E^2}{R}}{3\dfrac{E^2}{R}} = \dfrac{1}{2}$ 이 되므로

$\therefore P_2 = \dfrac{1}{2} P_1$

답 단선 전 $\dfrac{1}{2}$ 배가 된다.

TIP

➤ 단선 후 등가 회로

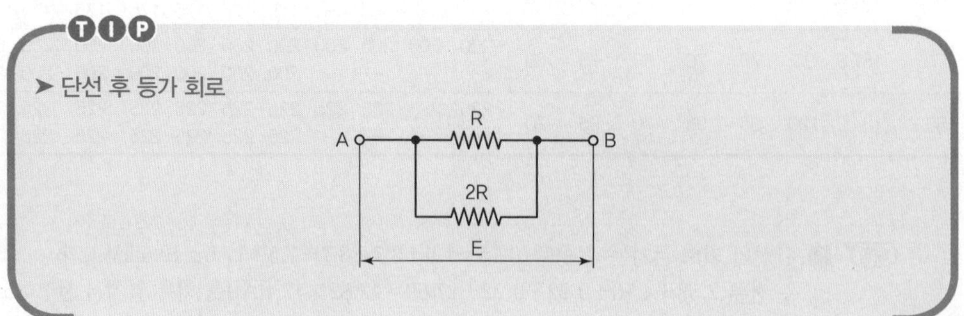

10 ★★★★☆ [8점]

가로 12[m], 세로 18[m], 천장 높이 3[m], 작업면 높이 0.8[m]인 사무실에 천장직부 형광등(22[W] × 2등용)을 설치하고자 할 때 다음 물음에 답하시오.

[참고자료]

| 확산형 기구(2등용) |

반사율 천장	80[%]				70[%]				50[%]				30[%]				0[%]
반사율 벽	70	50	30	10	70	50	30	10	70	50	30	10	70	50	30	10	0[%]
반사율 바닥	10[%]				10[%]				10[%]				10[%]				0[%]
실지수	조명률(%)																
1.5	67	58	50	45	64	55	49	43	58	51	45	41	52	46	42	38	33
2.0	72	64	57	52	69	61	55	50	62	56	51	47	57	52	48	44	38
2.5	75	68	62	57	72	66	60	55	65	60	56	52	60	55	52	48	42
3.0	78	71	66	61	74	69	64	59	68	63	59	55	62	58	55	52	45
4.0	81	76	71	67	77	73	69	65	71	67	64	61	65	62	59	56	50
5.0	83	78	75	71	79	75	72	69	73	70	67	64	67	64	62	60	52
7.0	85	82	79	76	82	79	76	73	75	73	71	68	79	67	65	64	56
10.0	87	85	82	80	84	82	79	77	78	76	75	72	71	70	68	67	59

[조건]

① 작업면 소요 조도 500[lx]
② 천장 반사율 50[%]
③ 벽 반사율 50[%]
④ 바닥 반사율 10[%]
⑤ 22[W] 1등의 광속 2,500[lm]
⑥ 보수율 70[%]

1 실지수를 구하시오.
2 조명률을 구하시오.
3 등기구를 효율적으로 배치하기 위한 등기구의 최소 수량을 구하시오.
4 형광등의 입력과 출력이 같을 때 하루 10시간 30일 동작 시 최소 소비전력량을 구하시오.

해답 1 계산 : 실지수 $K = \dfrac{X \times Y}{H(X+Y)} = \dfrac{12 \times 18}{(3-0.8) \times (12+18)} = 3.272$

답 3

2 답 63[%]

3 계산 : 소요등수 $N = \dfrac{DEA}{FU} = \dfrac{EA}{FUM} = \dfrac{500 \times (12 \times 18)}{2500 \times 0.63 \times 0.7 \times 2} = 48.979$

답 49[등]

4 계산 : 소요전력[kWh] = 소비전력 × 등수 × 시간

$= 22 \times 49 \times 2 \times 10 \times 30 \times 10^{-3} = 646.8$[kWh]

답 646.8[kWh]

TIP

➤ 실지수 분류 기호표

범위	4.5 이상	4.5~3.5	3.5~2.75	2.75~2.25	2.25~1.75
실지수	5.0	4.0	3.0	2.5	2.0
기호	A	B	C	D	F
범위	1.75~1.38	1.68~1.12	1.12~0.9	0.9~0.7	0.7 이하
실지수	1.5	1.25	1.0	0.8	0.6
기호	F	G	H	I	J

11 ★★★★★ [5점]

그림과 같이 3상 4선식 배전선로에 역률 100[%]인 부하 N, A, B, C 이 각 상과 중성선 간에 연결되어 있다. A, B, C 상에 흐르는 전류가 110[A], 86[A], 95[A]일 때 중성선에 흐르는 전류를 계산하시오.

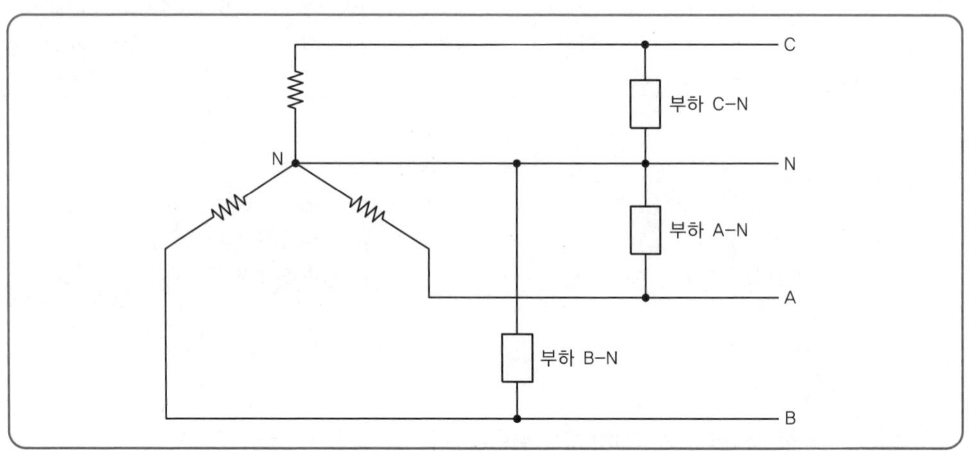

해답 계산 : $I_N = I_A + a^2 I_B + aI_C = 110 + 86\left(-\frac{1}{2} - j\frac{\sqrt{3}}{2}\right) + 95\left(-\frac{1}{2} + j\frac{\sqrt{3}}{2}\right)$

$= 110 - 43 - j43\sqrt{3} - 47.5 + j47.5\sqrt{3} = 19.5 + j7.79$

$\therefore |I_N| = \sqrt{19.5^2 + 7.79^2} = 20.998[A]$

답 21[A]

TIP

➤ 별해

중성선에 흐르는 전류 $I_N = I_A + I_B \angle -120° + I_C \angle 120° = I_A + a^2 I_B + aI_C$

$\therefore I_N = 110 + 86\angle -120° + 95\angle 120° = 19.5 + j7.79$

$|I_N| = \sqrt{19.5^2 + 7.79^2} \fallingdotseq 21[A]$

12 ★★☆☆☆ [5점]

변압기 특성과 관련된 다음 각 물음에 답하시오.

1 변압기의 호흡작용이란 무엇인지 쓰시오.

2 호흡작용으로 인하여 발생되는 현상 및 방지대책에 대하여 쓰시오.

- 발생현상
- 방지대책

해답 1 변압기 내부온도 상승 시 절연유의 부피가 팽창, 수축하게 되어 외부의 공기가 변압기 내부로 출입하게 되는 현상

2 • 발생현상 : 절연내력 저하, 냉각효과 감소
 • 방지대책 : 호흡기 설치

13 ★☆☆☆☆ [5점]

3상 3선식 3,000[V], 200[kVA]의 배전선로 전압을 3,100[V]로 승압하기 위해서 단상 변압기 3대를 그림과 같이 접속하였다. 이 변압기의 1, 2차 전압과 용량을 구하시오.(단, 변압기의 손실은 무시한다.)

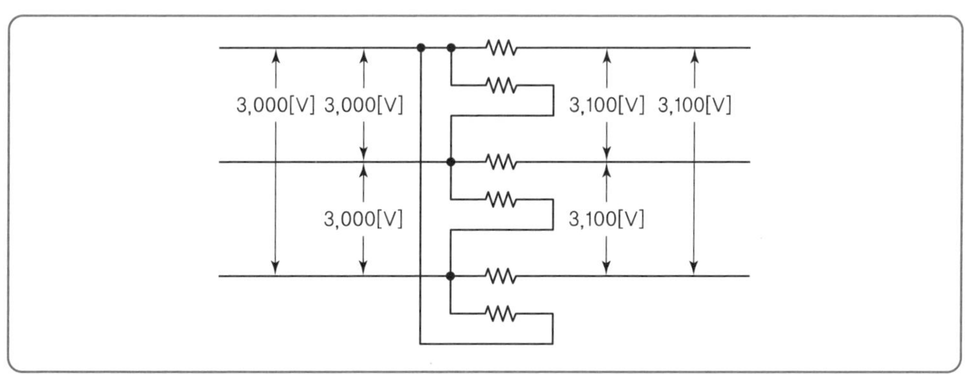

1 변압기 1, 2차 전압[V]

2 변압기 용량[kVA]

해답 1 계산 : $E_2 = E_1\left(1+\frac{3}{2}\frac{e_2}{e_1}\right)$에서

$$e_2 = \left(\frac{E_2}{E_1}-1\right)\frac{2}{3}\times e_1 = \left(\frac{3,100}{3,000}-1\right)\times\frac{2}{3}\times 3,000 = 66.666$$

답 1차 전압 : 3,000[V], 2차 전압 : 66.67[V]

2 계산 : $\dfrac{\text{자기용량}}{\text{부하용량}} = \dfrac{V_h{}^2 - V_\ell{}^2}{\sqrt{3}V_h \cdot V_\ell}$ 에서

$$\text{자기용량} = \frac{V_h{}^2 - V_\ell{}^2}{\sqrt{3}V_h \cdot V_\ell} \times \text{부하용량}$$

$$= \frac{3{,}100^2 - 3{,}000^2}{\sqrt{3} \times 3{,}100 \times 3{,}000} \times 200 - 7.573$$

답 7.57[kVA]

14 ★★★★★

[5점]

비상용 조명부하의 사용전압이 110[V]이고, 60[W]용 55등, 100[W]용 77등이 있다. 방전시간 30분 축전지 CS형 54[cell], 허용 최저전압 100[V], 최저 축전지 온도 10[℃]일 때 축전지 용량은 몇 [Ah]인지 계산하시오.(단, 경년용량 저하율이 0.8, 용량 환산시간 K=1.2이다.)

해답 계산 : 조명부하전류 $I = \dfrac{P}{V}$, $I = \dfrac{60 \times 55 + 100 \times 77}{110} = 100[A]$

축전지 용량 $C = \dfrac{1}{L}KI = \dfrac{1}{0.8} \times 1.2 \times 100 = 150[Ah]$

답 150[Ah]

15 ★★★★☆

[6점]

그림은 22.9[kV] 수전설비에서 접지형 계기용 변압기(GPT)의 미완성 결선도이다. 다음 각 물음에 답하시오.(단, GPT의 1차 및 2차 보호 퓨즈는 생략한다.)

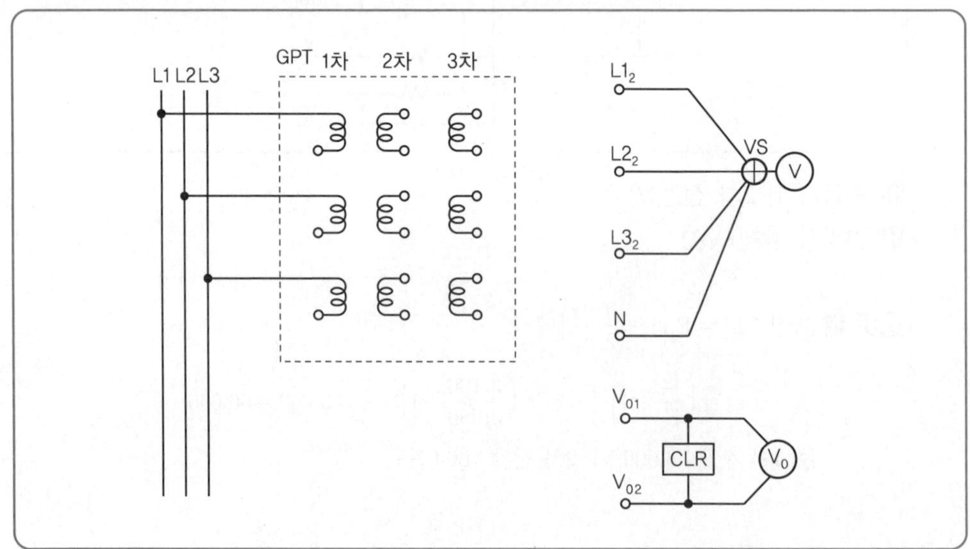

1 회로도에서 미완성 부분을 결선하시오.(접지 개소를 표시하시오.)
2 GPT 사용용도에 대하여 쓰시오.
3 GPT 정격 1차, 2차, 3차의 전압을 쓰시오.
4 GPT의 권선 각상에 110[V]의 램프 접속 시 어느 한상에서 지락사고가 발생하였다면 램프의 점등 상태는 어떻게 되는가?

해답 1

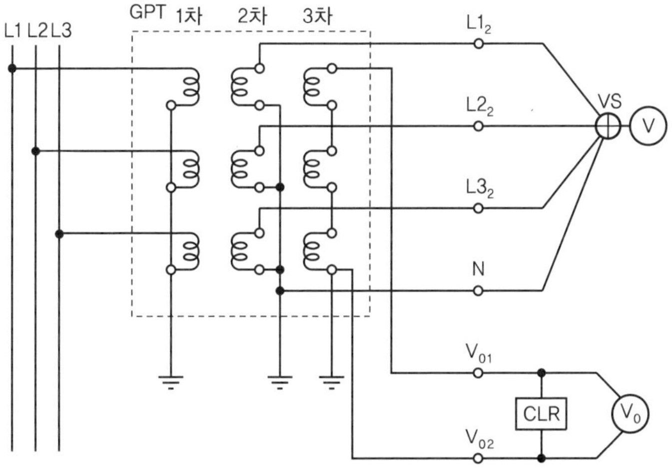

L1 L2 L3
GPT 1차 2차 3차
$L1_2$
$L2_2$
$L3_2$
N
VS
V
V_{01}
V_{02}
CLR
V_0

2 지락 시 영상전압검출을 위해 사용

3 1차 정격전압 : $\frac{22,900}{\sqrt{3}}$[V]=13.200[V]

2차 정격전압 : $\frac{190}{\sqrt{3}}$[V] 또는 110

3차 정격전압 : $\frac{190}{3}$[V] 또는 $\frac{110}{\sqrt{3}}$

4 지락된 상의 램프는 소등되고 건전상의 두 램프의 밝기는 더욱 밝아진다.

TIP

① CLR : 한류 저항기, 유효지락전류를 얻기 위하여 설치한다.
② 1차, 2차 측은 Y결선, 3차 측은 개방 Δ결선한다.

16 ★★★☆☆ [5점]

정격 출력 500[kW]의 발전기가 있다. 이 발전기를 발열량 10,000[kcal/L]인 중유 250[L]를 사용하여 운전하는 경우 몇 시간 운전이 가능한지 계산하시오.(단, 부하율은 0.5이고 발전기의 열효율은 34.4%이다.)

해답 계산 : $\eta = \frac{860W}{mH} \times 부하율 = \frac{860 \times p \times t}{mH} \times 부하율$

$$0.344 = \frac{860 \times 500 \times t \times 0.5}{250 \times 10{,}000}$$

여기서, η : 효율

W : 전력량

p : 전력

t : 시간

m : 중량(kg=L)

H : 열량

답 4시간

17 ★★★★☆ [6점]

다음과 같은 콘덴서 기동형 단상 유도전동기의 정역회전 회로도를 보고 다음 물음에 답하시오.(start 1을 누르면 정회전, start 2를 누르면 역회전한다.)

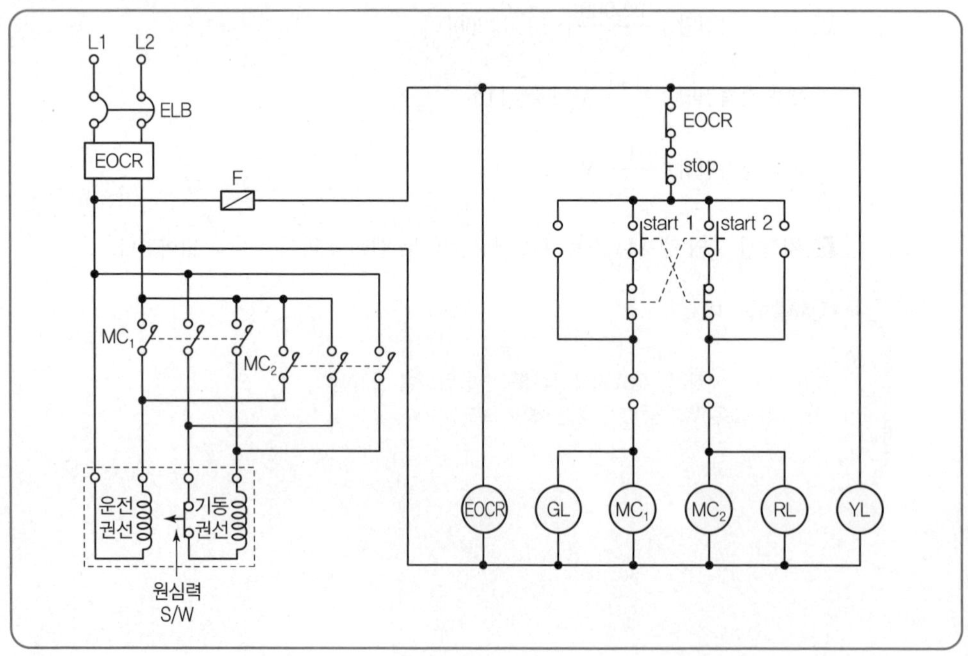

1 미완성 결선도를 완성하시오.

2 콘덴서 기동형 단상 유도전동기의 기동원리를 쓰시오.

3 전동기에 시설하는 접지공사의 종류를 쓰시오.
※ KEC 규정에 따라 삭제

4 YL, GL, RL은 어떤 표시등인지 쓰시오.

해답 1

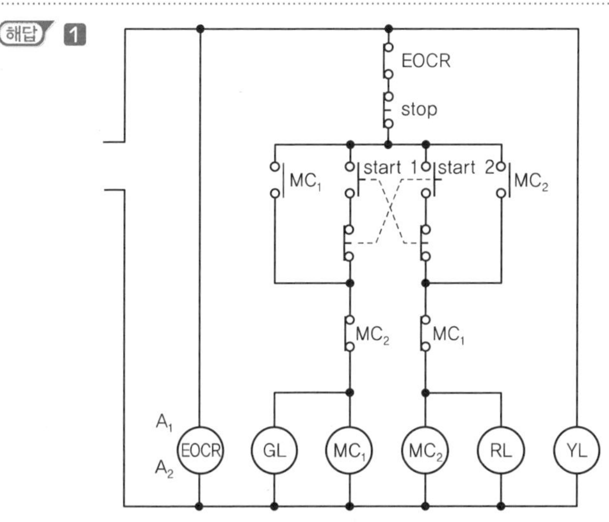

2 보조권선에 삽입된 콘덴서에 의해 위상이 변화된 공급전류가 되어 권선에 흐르게 되므로 전자력의 평형상태가 깨져 기동 토크를 얻게 된다. 이때, 회전자가 움직이기 시작하여 일정 회전수까지 속도가 상승되면 원심력 스위치에 의해 콘덴서를 분리하여 운전하는 방식이다.

3 제3종 접지공사 ※ KEC 규정에 따라 삭제

4 YL : 전원표시등, GL : 정회전운전표시등, RL : 역회전운전표시등

18 ★★★★☆ [8점]

어느 전등 수용가의 총부하는 120[kW]이고, 각 수용가의 수용률은 어느 곳이나 0.5라고 한다. 이 수용가군을 설비용량 50[kW], 40[kW] 및 30[kW]의 3군으로 나누어 그림처럼 변압기 T_1, T_2 및 T_3로 공급할 때 다음 각 물음에 답하시오.

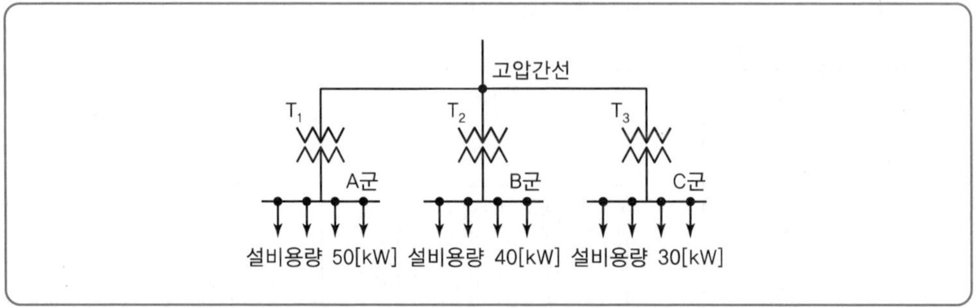

[조건]

- 각 변압기마다의 수용가 상호 간의 부등률은 T_1 : 1.2, T_2 : 1.1, T_3 : 1.2
- 각 변압기마다의 종합 부하율은 T_1 : 0.6, T_2 : 0.5, T_3 : 0.4
- 각 변압기 부하 상호 간의 부등률은 1.3이라 하고, 전력 손실은 무시하는 것으로 한다.

1 각 군(A군, B군, C군)의 종합최대수용전력[kW]을 구하시오.

구분	계산	답
A군		
B군		
C군		

2 고압간선에 걸리는 최대부하[kW]를 구하시오.

3 각 변압기의 평균수용전력[kW]을 구하시오.

구분	계산	답
A군		
B군		
C군		

4 고압간선의 종합부하율[%]을 구하시오.

해답

1 계산 : $종합최대전력=\frac{설비용량\times 수용률}{부등률}$

구분	계산	답
A군	$\frac{50\times 0.5}{1.2}=20.83[kW]$	20.83[kW]
B군	$\frac{40\times 0.5}{1.1}=18.18[kW]$	18.18[kW]
C군	$\frac{30\times 0.5}{1.2}=12.5[kW]$	12.5[kW]

2 계산 : $최대부하=\frac{개별\ 최대전력의\ 합}{부등률}=\frac{20.83+18.18+12.5}{1.3}=39.62[kW]$

답 39.62[kW]

3 계산 : 평균전력=최대전력×부하율

구분	계산	답
A군	$20.83\times 0.6=12.5[kW]$	12.5[kW]
B군	$18.18\times 0.5=9.09[kW]$	9.09[kW]
C군	$12.5\times 0.4=5[kW]$	5[kW]

4 계산 : $부하율=\frac{개별\ 평균(수용)전력의\ 합}{합성최대전력}\times 100=\frac{12.5+9.09+5}{39.62}\times 100=67.11[\%]$

답 67.11[%]

TIP

합성최대전력=최대전력=최대부하

전기기사

2016년도 2회 시험 과년도 기출문제

회독 체크	□1회독	월 일	□2회독	월 일	□3회독	월 일

01 ★★☆☆☆ [6점]

어떤 건축물의 변전설비가 22.9[kV−Y], 용량 500[kVA]이다. 변압기 2차 측 모선에 연결되어 있는 배선용 차단기(MCCB)에 대하여 다음 각 물음에 답하시오.(단, 변압기의 %Z = 5[%], 2차 전압은 380[V]이고, 선로의 임피던스는 무시한다.)

1 변압기 2차 측 정격전류[A]

2 변압기 2차 측 단락전류[A] 및 배선용 차단기의 최소차단전류[kA]
① 변압기 2차 측 단락전류[A]
② 배선용 차단기의 최소차단전류[kA]

3 차단용량[MVA]

해답 1 계산 : $I_{2n} = \frac{P}{\sqrt{3}V} = \frac{500 \times 10^3}{\sqrt{3} \times 380} = 759.67[A]$

답 759.67[A]

2 ① 계산 : $I_{2s} = \frac{100}{\%Z} I_{2n} = \frac{100}{5} \times 759.67 = 15,193.4[A]$

답 15,193.4[A]

② 15.2[kA]

3 계산 : $P_s = \frac{100}{\%Z} P_n = \frac{100}{5} \times 500 = 10,000[kVA] = 10[MVA]$

답 10[MVA]

02 ★★☆☆☆ [5점]

변압기, 발전기, 모선 또는 이를 지지하는 애자는 어느 전류에 의하여 생기는 기계적 충격에 견디는 강도를 가져야 하는가?

해답 단락전류

03 ★★★★★

[5점]

기동용량 500[kVA]인 유도전동기를 발전기에 연결하고자 한다. 기동 시 순시 전압강하는 20%, 발전기의 과도리액턴스 25%일 때이다. 전동기를 운전할 수 있는 자가 발전기의 최소 용량[kVA]을 구하여라.

해답 $P=\left(\dfrac{1}{\text{허용전압강하}}-1\right)\times$ 과도리액턴스 $X_d \times$ 시동(기동)용량 P_s

계산 : $P=\left(\dfrac{1}{0.2}-1\right)\times 0.25\times 500=500[\text{kVA}]$

답 500[kVA]

04 ★★★★☆

[5점]

지표면 상 20[m] 높이의 수조에 매초 0.2[m³]의 물을 양수하려고 한다. 여기에 사용되는 펌프용 전동기에 3상 전력을 공급하기 위해 단상 변압기 2대를 사용하였다. 다음 물음에 답하시오. (단, 펌프의 효율 75%, 3상 유도전동기의 역률은 80%)

1 변압기 1대의 용량은 몇 [kVA]인가?

2 변압기 결선방식은 무엇인가?

해답 1 계산 : 펌프용 전동기의 용량은 $P=\dfrac{9.8HQ}{\eta}=\dfrac{9.8\times 20\times 0.2}{0.75}=52.266[\text{kW}]$

V결선한 3상 용량은 $\dfrac{52.27}{0.8}=65.337[\text{kVA}]$

1대의 용량은 $P_1=\dfrac{P_V}{\sqrt{3}}=\dfrac{65.337}{\sqrt{3}}=37.72[\text{kVA}]$

답 37.72[kVA]

2 V−V결선

TIP

① 변압기 V결선 용량 $P_V=\sqrt{3}\times$1대 용량

② 변압기 3상 용량 $P_3=3\times$1대 용량

05 ★★★☆☆ [5점]

다음과 같은 그림에서 3상의 각 $Z = 24 - j32[\Omega]$일 때 소비전력을 구하시오.

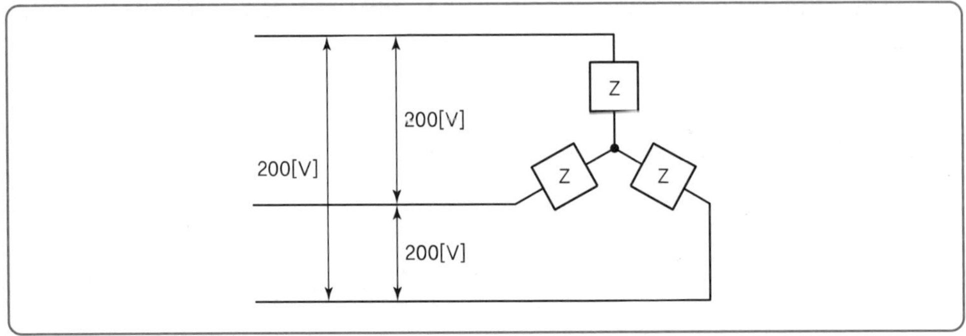

해답 계산 : $Z_p = 24 - j32 = \sqrt{24^2 + 32^2} = 40[\Omega]$

$$I_p = \frac{V_p}{Z_p} = \frac{\frac{V_\ell}{\sqrt{3}}}{Z_p} = \frac{V_\ell}{\sqrt{3}Z} = \frac{200}{\sqrt{3} \times 40} = 2.89[A]$$

$$\therefore P = 3{I_p}^2 R = 3 \times 2.89^2 \times 24 = 601.35[W]$$

답 601.35[W]

TIP

상전류 $I_p = \frac{V_p}{Z} = \frac{V_l}{\sqrt{3}Z} = \frac{200}{\sqrt{3} \times 40} = \frac{5\sqrt{3}}{3} \fallingdotseq 2.89[A]$이므로

소비전력을 계산 시 2.89 또는 $\frac{5\sqrt{3}}{3}$ 중 어느 것을 대입해도 되지만 오차가 존재할 수 있다.

① $P = 3I_p^2 R = 3 \times 2.89^2 \times 24 = 601.35[W]$

② $P = 3I_p^2 R = 3 \times \left(\frac{5\sqrt{3}}{3}\right)^2 \times 24 = 600[W]$

06 ★★★★☆ [8점]

다음은 3ϕ 4W 22.9[kV] 수전설비 단선결선도이다. 도면의 내용을 보고 다음 각 물음에 답하시오.

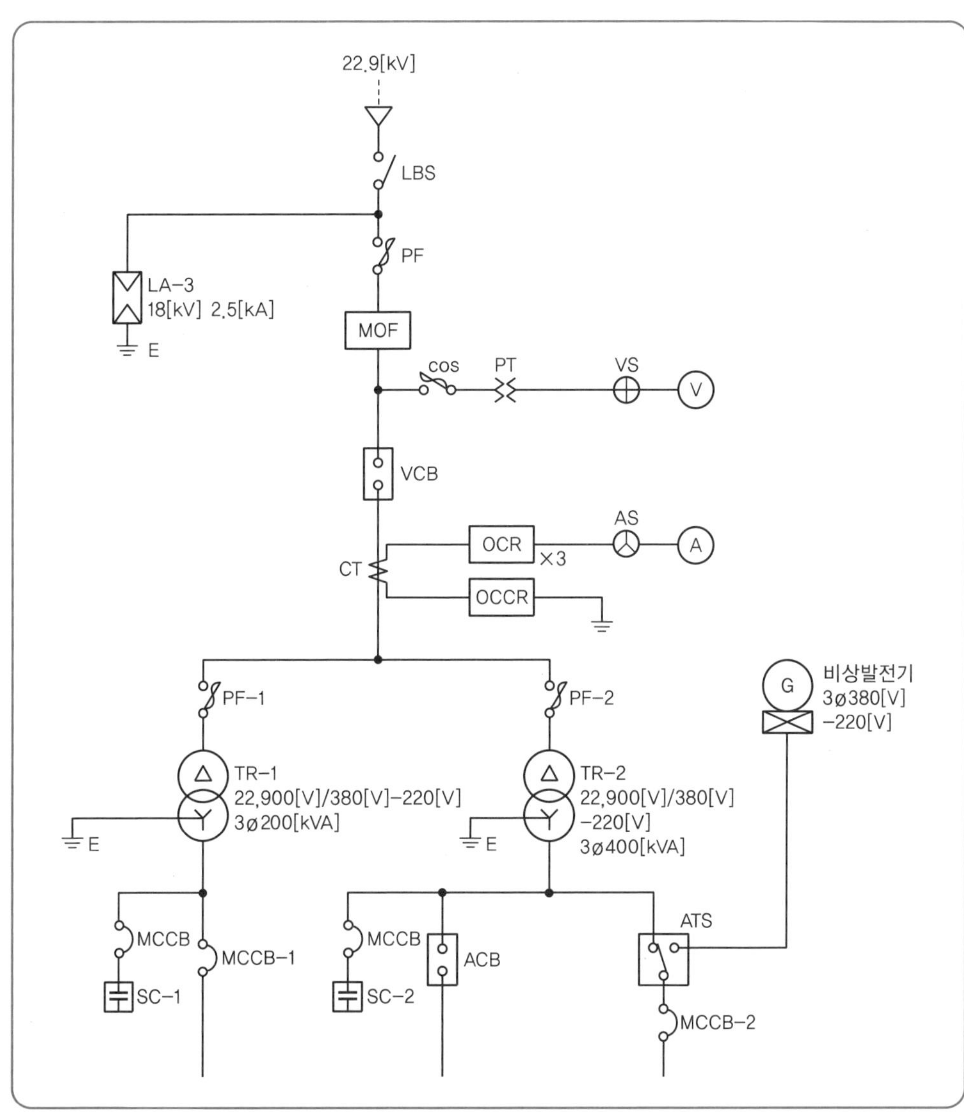

| 부하집계표 |

<table>
<tr><th>구분</th><th>전등 및 전열</th><th>일반동력</th><th>비상동력</th></tr>
<tr><td>설비용량</td><td>합계 350[kW]</td><td>합계 635[kW]</td><td rowspan="2">유도전동기 1 7.5[kW] 2대 85[%]
유도전동기 2 11[kW] 1대 85[%]
유도전동기 3 15[kW] 1대 85[%]
비상조명 8,000[W] 100[%]</td></tr>
<tr><td>효율</td><td>100[%]</td><td>85[%]</td></tr>
<tr><td>평균(종합)역률</td><td>80[%]</td><td>90[%]</td><td>90[%]</td></tr>
<tr><td>수용률</td><td>90[%]</td><td>50[%]</td><td>100[%]</td></tr>
</table>

1 LBS에 대하여 다음 물음에 답하시오.

① LBS의 명칭을 쓰시오.

② LBS의 역할은 무엇인가?

③ LBS와 같은 역할을 하는 유사한 기기 2가지를 쓰시오.

2 위의 수전설비 단선결선도의 부하집계 및 입력환산표를 다음에 완성하시오.(단, 입력환산[kVA] 시 계산값의 소수 둘째 자리 이하는 버린다.)

<table>
<tr><th colspan="2">구분</th><th>설비용량[kW]</th><th>효율[%]</th><th>역률[%]</th><th>입력환산[kVA]</th></tr>
<tr><td colspan="2">전등 및 전열</td><td>350</td><td></td><td></td><td></td></tr>
<tr><td colspan="2">일반동력</td><td>635</td><td></td><td></td><td></td></tr>
<tr><td rowspan="5">비상동력</td><td>유도전동기 1</td><td>7.5×2</td><td></td><td></td><td></td></tr>
<tr><td>유도전동기 2</td><td>11</td><td></td><td></td><td></td></tr>
<tr><td>유도전동기 3</td><td>15</td><td></td><td></td><td></td></tr>
<tr><td>비상조명</td><td>8</td><td></td><td></td><td></td></tr>
<tr><td>소계</td><td>–</td><td>–</td><td>–</td><td></td></tr>
</table>

3 위 결선도에서 VCB 개폐 시 발생하는 이상전압으로부터 TR1, TR2를 보호하기 위한 보호기기를 도면에 그리시오.

4 위의 결선도에서 비상동력부하 중 '기동[kW]－입력[kW]'의 값이 최대로 되는 전동기를 최후에 기동하는 데 필요한 발전기 용량[kVA]을 구하시오.

> [조건]
>
> • 유도전동기의 출력 1[kW]당 기동 [kVA]는 7.2로 한다.
>
> • 유도전동기의 기동방식은 직입 기동방식, 기동방식에 따른 계수는 1로 한다.
>
> • 부하의 종합효율은 0.85를 적용한다.
>
> • 발전기의 역률은 0.9로 한다.
>
> • 전동기의 기동 시 역률은 0.4로 한다.

해답 **1** ① 부하개폐기(고압부하개폐기)

② 정상상태의 부하전류를 개폐 및 PF의 결상사고 방지

③ 선로개폐기(LS), 자동고장구분개폐기(ASS)

2 입력환산[kVA] $= \dfrac{\text{설비용량[kW]}}{\text{효율} \times \text{역률}}$

- 전등 및 전열 : $\dfrac{350}{1 \times 0.8} = 437.5$
- 일반동력 : $\dfrac{635}{0.85 \times 0.9} = 830$
- 유도전동기 1 : $\dfrac{7.5 \times 2}{0.85 \times 0.9} = 19.6$
- 유도전동기 2 : $\dfrac{11}{0.85 \times 0.9} = 14.3$
- 유도전동기 3 : $\dfrac{15}{0.85 \times 0.9} = 19.6$
- 비상조명 : $\dfrac{8}{1 \times 0.9} = 8.8$

구분		설비용량[kW]	효율[%]	역률[%]	입력환산[kVA]
전등 및 전열		350	100	80	437.5
일반동력		635	85	90	830
비상동력	유도전동기 1	7.5×2	85	90	19.6
	유도전동기 2	11	85	90	14.3
	유도전동기 3	15	85	90	19.6
	비상조명	8	100	90	8.8
	소계	–	–	–	62.3

3

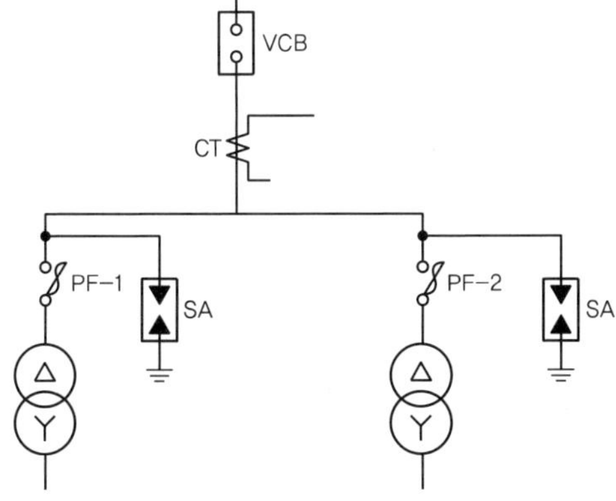

※ KEC 규정에 따라 3항에서 접지공사가 삭제됨

4 계산 : $PG_3 = \left[\dfrac{49-15}{0.85} + (15 \times 7.2 \times 1 \times 0.4)\right] \times \dfrac{1}{0.9} = 92.44[\text{kVA}]$

답 92.44[kVA]

TIP

➤ 최대 기동 전류를 갖는 전동기를 마지막으로 기동할 때 필요한 용량[kVA]

$$PG_3 = \left[\frac{\Sigma P_L - P_m}{\eta_L} + (P_m \cdot \beta \cdot C \cdot Pf_M)\right] \times \frac{1}{\cos\theta_L}[\text{kVA}]$$

여기서, ΣP_L : 부하의 출력 합계[kW], P_m : 최대 기동 전류를 갖는 전동기 또는 전동기군의 출력
η_L : 부하의 종합효율(불분명시 0.85 적용), β : 전동기 기동 계수
C : 전동기방식에 따른 계수
Pf_M : 최대 기동 전류를 갖는 전동기 기동 시 역률(불분명시 0.4 적용)
$\cos\theta_L$: 부하의 종합역률(불분명시 0.8 적용)

07 ★☆☆☆☆

[5점]

감리원은 매분기마다 공사업자로부터 안전관리결과보고서를 제출받아 이를 검토하고 미비한 사항이 있을 때에 시정조치 해야 한다. 안전관리결과보고서에 포함되어야 하는 서류 5가지는?

해답 ① 안전관리 조직표 ② 안전보건 관리체제
③ 재해발생 현황 ④ 산재요양신청서 사본
⑤ 안전교육 실적표 ⑥ 그 밖의 서류

08 ★★☆☆☆

[6점]

변압기에 대한 각 물음에 답하시오.

1 변압기의 무부하손 및 부하손에 대하여 설명하시오.
2 변압기의 효율을 구하는 공식을 쓰시오.
3 최대효율 조건을 쓰시오.

해답 1 • 무부하손 : 부하크기에 관계없이 발생하는 손실로 철손 등이 속한다.
• 부하손 : 변압기의 부하전류가 흐를 때 발생하는 손실로 동손이 대표적이다.

2 $\text{효율} = \dfrac{\text{출력}}{\text{출력}+\text{철손}+\text{동손}} \times 100[\%]$

3 철손과 동손이 같을 때 효율이 최대가 된다.

09 ★★★☆☆

[6점]

12×18[m]의 사무실의 조도를 200[lx]로 할 경우에 광속 4,600[lm]의 형광등 40[W]×2를 시설할 경우 등수 및 사무실의 최소분기회로 수는 얼마가 되는가?(단, 40[W]×2 형광등 기구 1개의 램프 전류는 0.87[A]이고 조명률 50[%], 감광 보상률은 1.3, 전기방식은 단상 2선식 200[V]이다.)

해답 ① 계산 : $\text{등수}(N) = \dfrac{AED}{FU} = \dfrac{12 \times 18 \times 200 \times 1.3}{4{,}600 \times 0.5} = 24.4$

답 25[등]

② 계산 : 40W×2등용 형광등 1등당 램프전류 0.87[A]이므로
총 부하전류는 $25 \times 0.87 = 21.75[A]$

$\text{분기회로 수}(N) = \dfrac{21.75}{16} = 1.34$

답 2회로

10 ★★★☆☆ [4점]

전압의 변동에 의하여 조명등이 깜박거리거나 텔레비전 영상이 일그러지는 등의 현상을 플리커라고 한다. 플리커 경감을 위하여 수용가 측에서 행하는 방법 중 전원계통에 리액터분을 보상하는 방법 2가지를 쓰시오.

해답 ① 직렬콘덴서 방식　② 3권선 보상변압기 방식

TIP

➤ 수용가 측에서의 대책

① 부하의 무효전력 변동분을 흡수하는 방법
- 동기조상기와 리액터 방식
- 사이리스터(Thyristor)를 이용하는 콘덴서 개폐 방식
- 사이리스터용 리액터

② 전원 계통에 리액터분을 보상하는 방법
- 직렬 콘덴서 방식
- 3권선 보상 변압기 방식

③ 전압강하를 보상하는 방법
- 부스터 방식
- 상호 보상 리액터 방식

④ 플리커 부하전류의 변동분을 억제하는 방법
- 직렬 리액터 방식
- 직렬 리액터 가포화 방식

11 ★★★★☆ [5점]

3상 380[V]의 전동기 부하가 분전반으로부터 300[m] 되는 지점에(전선 한 가닥의 길이로 본다) 설치되어 있다. 전동기는 1대로 입력이 78.979[kVA]라고 하며 전압강하를 6[V]로 하여 분기회로의 전선을 정하고자 한다. 표 1, 2를 참고하여 다음 물음에 답하시오.(단, 전선은 동선으로 하고, 전선관은 후강전선관으로 하며, 부하는 평형되어 있다고 한다.)

| 표 1. 전선 최대 길이(3상 3선식 380[V] · 전압강하 3.8[V]), 동선인 경우 |

전류[A]	전선의 굵기[mm^2]												
	2.5	4	6	10	16	25	35	50	95	150	185	240	300
	전선 최대 길이[m]												
1	534	854	1281	2135	3416	5337	7472	10674	20281	32022	39494	51236	64045
2	267	427	640	1067	1708	2669	3736	5337	10140	16011	19747	25618	32022
3	178	285	427	712	1139	1779	2491	3558	6760	10674	13165	17079	21348
4	133	213	320	534	854	1334	1868	2669	5070	8006	9874	12809	16011
5	107	171	256	427	683	1067	1494	2135	4056	6404	7899	10247	12809
6	89	142	213	356	569	890	1245	1779	3380	5337	6582	8539	10674
7	76	122	183	305	488	762	1067	1525	2897	4575	5642	7319	9149
8	67	107	160	267	427	667	934	1334	2535	4003	4937	6404	8006
9	59	95	142	237	380	593	830	1186	2253	3558	4388	5693	7116

12	44	71	107	178	285	445	623	890	1690	2669	3291	4270	5337
14	38	61	91	152	244	381	534	762	1449	2287	2821	3660	4575
15	36	57	85	142	228	356	498	712	1352	2135	2633	3416	4270
16	33	53	80	133	213	334	467	667	1268	2001	2468	3202	4003
18	30	47	71	119	190	297	415	593	1127	17779	2194	2846	3558
25	21	34	51	85	137	213	299	427	811	1281	1580	2049	2562
35	15	24	37	61	98	152	213	305	579	915	1128	1464	1830
45	12	19	28	47	76	119	166	237	451	712	878	1139	1423

[비고]
1. 전압강하가 2[%] 또는 3[%]의 경우, 전선길이는 각각 이 표의 2배 또는 3배가 된다. 다른 경우에도 이 예에 따른다.
2. 전류가 20[A] 또는 200[A] 경우의 전선길이는 각각 이 표 전류 2[A] 경우의 1/10 또는 1/100이 된다.
3. 이 표는 평형부하의 경우에 대한 것이다.
4. 이 표는 역률 1로 하여 계산한 것이다.

| 표 2. 후강 전선관 굵기의 선정 |

도체 단면적 [mm^2]	전선 본수									
	1	2	3	4	5	6	7	8	9	10
	전선관의 최소 굵기[mm]									
2.5	16	16	16	16	22	22	22	28	28	28
4	16	16	16	22	22	22	28	28	28	28
6	16	16	22	22	22	28	28	28	36	36
10	16	22	22	28	28	36	36	36	36	36
16	16	22	28	28	36	36	36	42	42	42
25	22	28	28	36	36	42	54	54	54	54
35	22	28	36	42	54	54	54	70	70	70
50	22	36	54	54	70	70	70	82	82	82
70	28	42	54	54	70	70	70	82	82	82
95	28	54	54	70	70	82	82	92	92	104
120	36	54	54	70	70	82	82	92		
150	36	70	70	82	92	92	104	104		
185	36	70	70	82	92	104				
240	42	82	82	92	104					

1 전선의 최소굵기를 선정하시오.

2 전선관 규격을 선정하시오.

해답 1 계산 : $I = \frac{P}{\sqrt{3}V} = \frac{78.979 \times 10^3}{\sqrt{3} \times 380} = 120[A]$

$$전선최대길이 = \frac{배전설계\ 길이 \times \frac{배전설계\ 전류}{표의\ 전류}}{\frac{배전설계의\ 전압강하}{표의\ 전압강하}}[m]$$

$$전선최대길이 = \frac{300 \times \frac{120}{12}}{\frac{6}{3.8}} = 1{,}900[m]$$

[표 1]에서 12[A] 기준 전선최대길이 1,900[m]보다 높은 2,669[m]를 선정하면

답 150[mm²]

2 선정과정 : [표 2] 후강전선관 굵기선정표에서 도체단면적 150[mm²]와 전선본수 3본을 적용하면 70[mm]

답 70[mm]

12 ★★★★★ [9점]

전력용 퓨즈에서 퓨즈에 대한 그 역할과 기능에 대해서 다음 각 물음에 답하시오.

1 퓨즈의 역할을 2가지로 대별하여 간단하게 설명하시오.

2 답안지 표와 같은 각종 개폐기와의 기능 비교표의 관계(동작)되는 해당 난에 ○표로 표시하시오.

능력 / 기능	회로분리		사고차단	
	무부하	부하	과부하	단락
퓨즈				
차단기				
개폐기				
단로기				
전자접촉기				

3 퓨즈의 성능(특성) 3가지를 쓰시오.

해답 1 ① 부하 전류를 안전하게 통전시킨다.
② 과전류를 차단하여 선로 및 기기를 보호한다.

2

능력 / 기능	회로분리		사고차단	
	무부하	부하	과부하	단락
퓨즈	○			○
차단기	○	○	○	○
개폐기	○	○	○	
단로기	○			
전자접촉기	○	○		

3 ① 용단 특성, ② 단시간 허용 특성, ③ 전차단 특성

TIP

① 개폐기는 자동고장구분 개폐기(ASS)
② 전자접촉기는 THR(열동계전기)이 없으므로 과부하 차단이 불가능
③ 전자개폐기는 THR(열동계전기)이 있으므로 과부하 차단이 가능함

13 ★★★★☆ [10점]

어느 변전소에서 그림과 같은 일부하 곡선을 가진 3개의 부하 A, B, C의 수용가에 있을 때, 다음 각 물음에 답하시오.(단, 부하전력은 부하곡선의 수치에 10^3을, 즉 수직축의 5는 5×10^3(kW)을 의미한다.)

[참고자료]

부하	평균전력(kW)	역률(%)
A	4,500	100
B	2,400	80
C	900	60

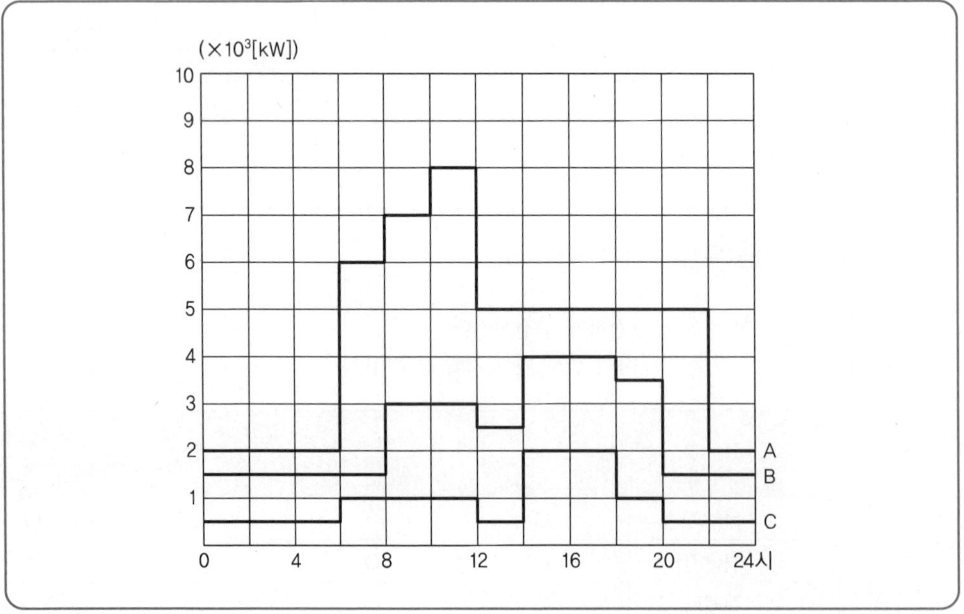

1 합성최대전력[kW]을 구하시오.

2 종합부하율[%]을 구하시오.

3 부등률을 구하시오.

4 최대부하 시 종합역률[%]을 구하시오.

5 A수용가에 대한 다음 물음에 답하시오.

① 첨두부하는 몇 [kW]인가?

② 첨두부하가 지속되는 시간은 몇 시부터 몇 시까지인가?

③ 하루 공급된 전력량은 몇 [MWh]인가?

해답 **1** 계산 : 합성최대전력(10시~12시) $=(8+3+1)\times10^3=12,000$[kW]

답 12,000[kW]

2 계산 : 종합부하율 $=\dfrac{\text{개별 평균전력의 합}}{\text{합성최대전력}}\times100=\dfrac{4,500+2,400+900}{12,000}\times100=65[\%]$

답 65[%]

3 계산 : 부등률 $=\dfrac{\text{개별 최대전력의 합}}{\text{합성최대전력}}=\dfrac{8,000+4,000+2,000}{12,000}=1.166$

답 1.17

4 계산

- A수용가 유효전력=8,000[kW], 무효전력=0
- B수용가 유효전력=3,000[kW], 무효전력 $=3,000\times\dfrac{0.6}{0.8}=2,250$[kVar]
- C수용가 유효전력=1,000[kW], 무효전력 $=1,000\times\dfrac{0.8}{0.6}=1,333.33$[kVar]

종합유효전력 $=8,000+3,000+1,000=12,000$[kW]

종합무효전력 $=0+2,250+1,333.33=3583.33$[kVar]

∴ 종합역률 $=\dfrac{12,000}{\sqrt{12,000^2+3583.33^2}}\times100\%=95.82[\%]$

답 95.82[%]

5 ① 8,000[kW]

② 10~12시

③ 계산 : $(2\times6)+(6\times2)+(7\times2)+(8\times2)+(5\times10)+(2\times2)$

$=108\times10^3[\text{kWh}]=108[\text{MWh}]$ 답 108[MWh]

14 ★★☆☆☆ [4점]

콘덴서의 회로에 3고조파의 유입으로 인한 사고를 방지하기 위하여 콘덴서 용량의 13[%]인 직렬 리액턴스를 설치하고자 한다. 이 경우 투입 시의 전류는 콘덴서의 정격 전류(정상 시 전류)의 몇 배의 전류가 흐르게 되는가?

해답 계산 : $I=I_n\left(1+\sqrt{\dfrac{X_C}{0.13X_C}}\right)=I_n\left(1+\sqrt{\dfrac{1}{0.13}}\right)=3.77I_n$ 답 3.77배

TIP

콘덴서 투입 시 돌입전류 $I = I_n\left(1+\sqrt{\frac{X_C}{X_L}}\right)$

15 ★★☆☆☆ [3점]

전력용 콘덴서의 정기점검 중 육안검사 항목 3가지 이상 쓰시오.

해답 ① 절연유 누설 : 주 1회 본체 또는 기기 하부를 육안으로 검사한다. 절연유가 부착된 부분을 한 번 닦아내고, 그 후에도 절연유로 더럽혀지는 경우 절연유 누설로 본다.
② 외함의 변형 여부
③ 접속단자의 이완 또는 헐거움 여부
그 외
④ 부싱커버의 파손 여부 등
⑤ 보호장치의 동작 : 육안검사 등을 통해 점검

16 ★☆☆☆☆ [4점]

3상 3선식 배전선로의 각 선간의 전압강하의 근삿값을 구하고자 하는 경우에 이용할 수 있는 약산식을 다음 조건을 이용하여 구하시오.

[조건]
- 배전선로의 길이 : L[m]
- 배전선의 굵기 : A[mm^2]
- 배전선의 전류 : I[A]
- 동선의 도전율 : 97[%]
- 선로의 리액턴스를 무시하며 역률은 1로 본다.

해답 계산

- 3상에서 전압강하 $e = \sqrt{3}\,I(R\cos\theta + X\sin\theta)$
  $= \sqrt{3}\,IR\,(\because \cos\theta = 1,\ X = \text{무시})$
- R(전선의 저항) $= \frac{1}{58} \times \frac{100}{C} \times \frac{L}{A}$ (C : 동선의 도전율)
  $= \frac{1}{58} \times \frac{100}{97} \times \frac{L}{A}$
- 전압강하 $e = \sqrt{3}\,I \times \frac{1}{58} \times \frac{100}{97} \times \frac{L}{A} = \frac{1}{32.48} \times \frac{IL}{A}$

답 $e = \frac{30.8LI}{1{,}000A}$ [V]

17 ★☆☆☆☆ [5점]

다음 조건과 같은 동작이 되도록 제어회로의 배선과 감시반 회로 배선단자를 상호 연결하시오.

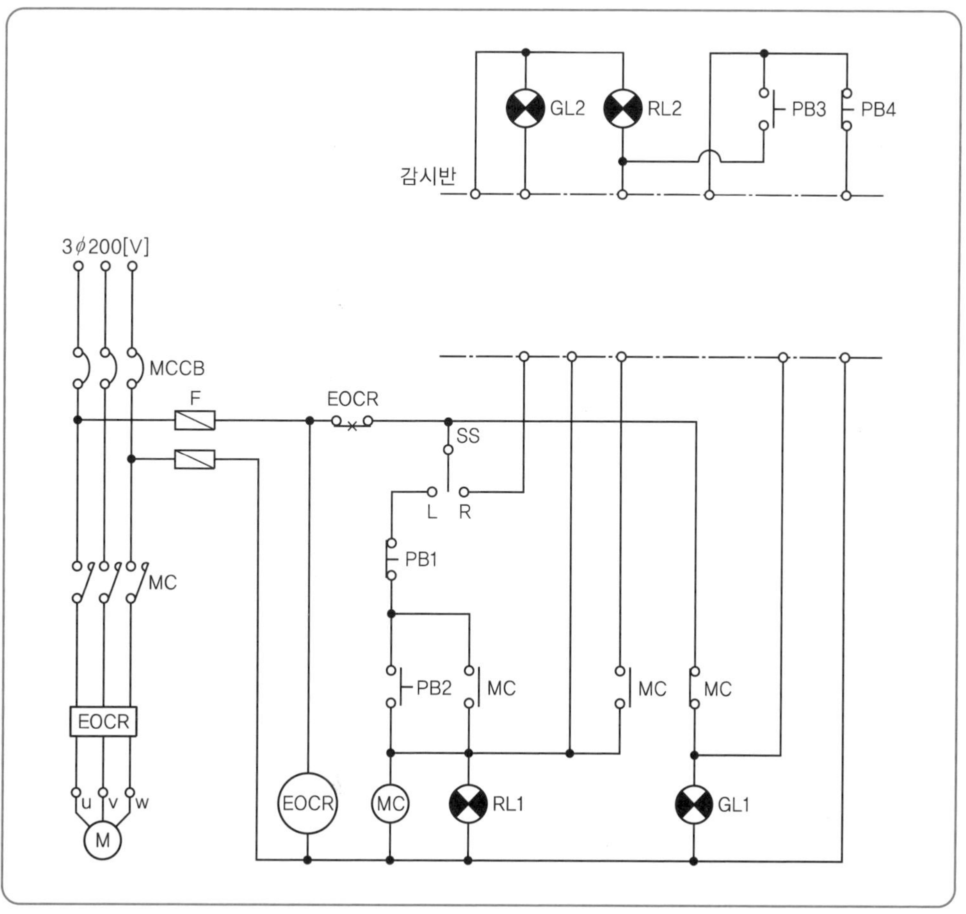

[조건]

- 배선용 차단기(MCCB)를 투입(ON)하면 GL1과 GL2가 점등된다.
- 선택스위치(SS)를 "L" 위치에 놓고 PB2를 누른 후 놓으면 전자접촉기(MC)에 의하여 전동기가 운전되고, RL1과 RL2는 점등, GL1과 GL2는 소등된다.
- 전동기 운전 중 PB1을 누르면 전동기는 정지하고, RL1과 RL2는 소등, GL1과 GL2는 점등된다.
- 선택스위치(SS)를 "R" 위치에 놓고 PB3를 누른 후 놓으면 전자접촉기(MC)에 의하여 전동기가 운전되고, RL1과 RL2는 점등, GL1과 GL2는 소등된다.
- 전동기 운전 중 PB4을 누르면 전동기는 정지하고, RL1과 RL2는 소등되고 GL1과 GL2가 점등된다.
- 전동기 운전 중 과부하에 의하여 EOCR이 작동되면 전동기는 정지하고 모든 램프는 소등되며, EOCR을 RESET하면 초기상태로 된다.

해답

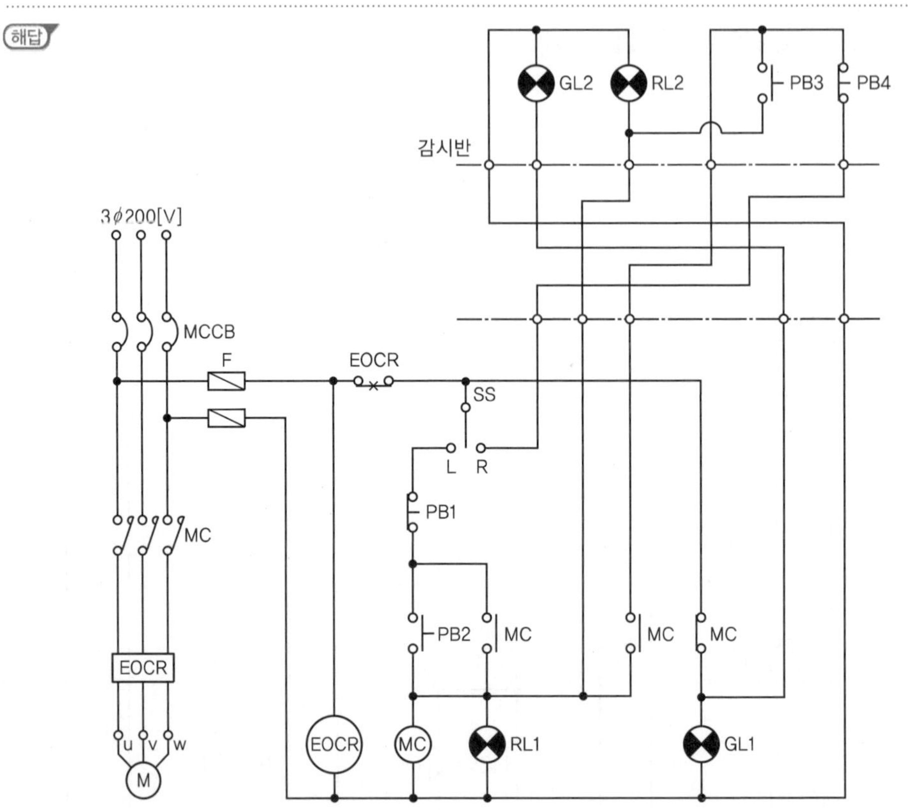

18 ★★☆☆☆ [5점]

전구를 수요자가 부담하는 종량 수용가에서 A, B 어느 전구를 사용하는 편이 유리한지 다음 표를 이용하여 산정하시오.

전구의 종류	전구의 수명	1[cd]당 소비전력[W] (수명 중의 평균)	평균 구면광도[cd]	1[kWh]당 전력요금[원]	전구의 값[원]
A	1,500시간	1.0	38	20	90
B	1,800시간	1.1	40	20	100

전구	전력비[원/시간]	전구비[원/시간]	계[원/시간]
A	$1 \times 38 \times 10^{-3} \times 20 = 0.76$	$\frac{90}{1,500} = 0.06$	0.82
B	$1.1 \times 40 \times 10^{-3} \times 20 = 0.88$	$\frac{100}{1,800} = 0.06$	0.94

해답 A전구가 유리하다.

과년도 기출문제

회독 체크	□1회독	월 일	□2회독	월 일	□3회독	월 일

2012
2013
2014
2015
2016
2017
2018
2019
2020
2021

01 ★★★★☆ [4점]

정격전압 380[V]인 3상 직입기동전동기 1.5[kW] 1대, 3.7[kW] 2대와 3상 15[kW] 기동기 사용 전동기 1대 및 3상 전열기 3[kW]를 간선에 연결하였다. 이때의 간선 굵기, 간선의 과전류 차단기 용량을 주어진 표를 이용하여 구하시오.(단, 공사방법은 B1, PVC 절연전선을 사용한 경우이다.)

간선의 굵기[mm^2]	과전류 차단기 용량[A]

| 표 1. 3상 농형 유도 전동기의 규약 전류값 |

출력[kW]	규약전류[A]	
	200[V]용	380[V]용
0.2	1.8	0.95
0.4	3.2	1.68
0.75	4.8	2.53
1.5	8.0	4.21
2.2	11.1	5.84
3.7	17.4	9.16
5.5	26	13.68
7.5	34	17.89
11	48	25.26
15	65	34.21
18.5	79	41.58
22	93	48.95
30	124	65.26
37	152	80
45	190	100
55	230	121
75	310	163
90	360	189.5
110	440	231.6
132	500	263

[비고]

1. 사용하는 회로의 표준전압이 220[V]인 경우 220[V]인 것의 0.9배로 한다.
2. 고효율 전동기는 제작자에 따라 차이가 있으므로 제작자의 기술자료를 참조할 것

| 표 2. 380[V] 3상 유도전동기의 간선의 굵기 및 기구의 용량 |

전동기 [kW] 수의 총계 [kW] 이하	최대 사용 전류 [A] 이하	배선 종류에 의한 간선의 최소 굵기[mm^2]						직입기동 전동기 중 최대 용량의 것											
		공사방법 A_1		공사방법 B_1		공사방법 C		0.75 이하	1.5	2.2	3.7	5.5	7.5	11	15	18.5	22	30	37
								Y－Δ 기동기 사용 전동기 중 최대 용량의 것											
		PVC	XLPE, EPR	PVC	XLPE, EPR	PVC	XLPE, EPR	–	–	–	–	5.5	7.5	11	15	18.5	22	30	37
								과전류 차단기(배선용 차단기) 용량[A] 직입기동 : 칸 위 숫자, Y－Δ기동 : 칸 아래 숫자											
3	7.9	2.5	2.5	2.5	2.5	2.5	2.5	15 –	15 –	15 –	–	–	–	–	–	–	–	–	–
4.5	10.5	2.5	2.5	2.5	2.5	2.5	2.5	15 –	15 –	20 –	30 –	–	–	–	–	–	–	–	–
6.3	15.8	2.5	2.5	2.5	2.5	2.5	2.5	20 –	20 –	30 –	30 –	40 30	–	–	–	–	–	–	–
8.2	21	4	2.5	2.5	2.5	2.5	2.5	30 –	30 –	30 –	30 –	40 30	50 30	–	–	–	–	–	–
12	26.3	6	4	4	2.5	4	2.5	40 –	40 –	40 –	40 –	40 40	50 40	75 40	–	–	–	–	–
15.7	39.5	10	6	10	6	6	4	50 –	50 –	50 –	50 –	50 50	60 50	75 50	100 60	–	–	–	–
19.5	47.4	16	10	10	6	10	6	60 –	60 –	60 –	60 –	60 60	75 60	75 60	100 60	125 75	–	–	–
23.2	52.6	16	10	16	10	10	10	75 –	75 –	75 –	75 –	75 75	75 75	100 75	100 75	125 75	125 100	–	–
30	65.8	25	16	16	10	16	10	100 –	100 –	100 –	100 –	100 100	100 100	100 100	125 100	125 100	125 100	–	–
37.5	78.9	35	25	25	16	25	16	100 –	100 –	100 –	100 –	100 100	100 100	100 100	125 100	125 100	125 100	125 125	–
45	92.1	50	25	35	25	25	16	125 –	125 –	125 –	125 –	100 100	125 125	125 125	125 125	125 125	125 125	125 125	125 125
52.5	105.3	50	35	35	25	35	25	125 –	125 –	125 –	125 –	125 125	125 125	125 125	125 125	125 125	125 125	125 125	150 150
63.7	131.6	70	50	50	35	50	35	175 –	175 –	175 –	175 –	175 175	175 175	175 175	175 175	175 175	175 175	175 175	175 175
75	157.9	95	70	70	50	70	50	200 –	200 –	200 –	200 –	200 200	200 200	200 200	200 200	200 200	200 200	200 200	200 200
86.2	184.2	120	95	95	70	95	70	225 –	225 –	225 –	225 –	225 225	225 225	225 225	225 225	225 225	225 225	225 225	225 225

[비고]

1. 최소 전선 굵기는 1회선에 대한 것이며, 2회선 이상일 경우는 부록 500-2의 복수회로 보정계수를 적용하여야 한다.
2. 공사방법 A_1은 벽 내의 전선관에 공사한 절연전선 또는 단심케이블, B_1은 벽면의 전선관에 공사한 절연전선 또는 단심케이블, 공사방법 C는 벽면에 공사한 단심 또는 다심케이블을 시설하는 경우의 전선 굵기를 표시하였다.
3. 「전동기 중 최대의 것」에 동시 기동하는 경우를 포함함
4. 과전류 차단기의 용량은 해당 조항에 규정되어 있는 범위에서 실용상 거의 최댓값을 표시함
5. 과전류 차단기의 선정은 최대용량의 정격전류의 3배에 다른 전동기의 정격전류의 합계를 가산한 값 이하를 표시함

6. 배선용 차단기를 배 · 분전반, 제어반 내부에 시설하는 경우는 그 반 내의 온도상승에 주의할 것

해답 계산 : 전동기[kW] 수의 총계=1.5+3.7+3.7+15=23.9[kW]

$$\text{최대사용전류}[A]=4.21+9.16+9.16+34.21+\frac{3\times10^3}{\sqrt{3}\times380}=61.3[A]$$

답

간선의 굵기	과전류차단기 용량
16[mm²]	100[A]

TIP

1) 26.9[kW]이므로 표 2에서 30[kW]을 선정, B_1(공사방법) PVC 선정
2) 전동기 전류는 표 1에서 선정, 전열기는 계산할 것
3) 과전류 차단기 선정 시 $Y-\Delta$ 기동법을 기준

02 ★☆☆☆☆ [4점]

전력시설물 공사감리업무 수행 중 공사 중지 명령을 하는데 부분 중지와 전면 중지로 구분된다. 부분 중지를 명령하는 경우 4가지를 쓰시오.

해답 부분 중지 명령

① 재시공 지시가 이행되지 않는 상태에서는 다음 단계의 공정이 진행됨으로써 하자발생이 될 수 있다고 판단될 때
② 안전시공 상 중대한 위험이 예상되어 물적, 인적 중대한 피해가 예견될 때
③ 동일 공정에 있어 3회 이상 시정지시가 이행되지 않을 때
④ 동일 공정에 있어 2회 이상 경고가 있었음에도 이행되지 않을 때

TIP

➤ 전면 중지 명령

① 공사업자가 고의로 공사의 추진을 지연시키거나, 공사의 부실 발생 우려가 짙은 상황에서 적절한 조치를 취하지 않은 채 공사를 계속 진행하는 경우
② 부분 중지가 이행되지 않음으로써 전체 공정에 영향을 끼칠 것으로 판단될 때
③ 지진 · 해일 · 폭풍 등 불가항력적인 사태가 발생하여 시공을 계속할 수 없다고 판단될 때
④ 천재지변 등으로 발주자의 지시가 있을 때

03 ★★★☆☆ [4점]

최대전력이 100[kW]이며, 뒤진 역률이 80[%]인 부하를 100[%]로 개선하기 위한 전력을 콘덴서의 용량은 몇 [kVar]가 필요한지 계산하시오.

해답 계산 : $Q_c = P(\tan\theta_1 - \tan\theta_2) = 100\left(\frac{0.6}{0.8} - \frac{0}{1}\right) = 75$

답 75[kVar]

TIP

콘덴서 용량의 단위는 (kVA)이지만 문제에서 (kVar)로 주어진다.

04 ★★★★☆ [7점]

그림과 같은 도면을 보고 각 차단기의 차단용량을 구하시오.

[조건]

- 발전기 G_1 : 용량 10(MVA), $X_{G1} = 10[\%]$
- 발전기 G_2 : 용량 20(MVA), $X_{G2} = 15[\%]$
- 변압기 T : 용량 30(MVA), $X_T = 12[\%]$
- F_1, F_2, F_3는 단락사고 발생 지점이며, 단락전류는 고려하지 않는다.

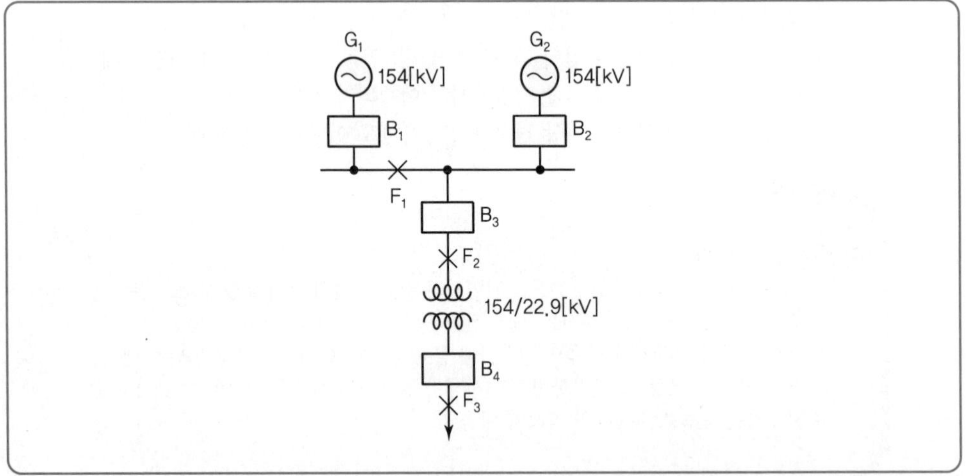

1 F_1 지점에서 단락사고가 발생하였을 때, B_1, B_2 차단기의 차단 용량[MVA]을 계산하시오.

2 F_2 지점에서 단락사고가 발생하였을 때, B_3 차단기의 차단 용량[MVA]을 계산하시오.

3 F_3 지점에서 단락사고가 발생하였을 때, B_4 차단기의 차단 용량[MVA]을 계산하시오.

해답 1 계산 : 기준용량 100[MVA]으로 선정 시

$X_{G_1} = \frac{100}{10} \times 10 = 100[\%]$, $X_{G_2} = \frac{100}{20} \times 15 = 75[\%]$

$B_1 = \frac{100}{\%X} P_s = \frac{100}{100} \times 100 = 100[MVA]$

$B_2 = \frac{100}{\%X} P_s = \frac{100}{75} \times 100 = 133.333[MVA]$

답 B_1 : 100[MVA], B_2 : 133.33[MVA]

2 계산 : 합성리액턴스(발전기 병렬) $= \frac{100 \times 75}{100 + 75} = 42.857$

$B_3 = \frac{100}{\%X} P_s = \frac{100}{42.857} \times 100 = 233.334[MVA]$

답 233.33[MVA]

3 계산 : $\%X_T = \frac{100}{30} \times 12 = 40\%$

합성리액턴스(발전기와 변압기 직렬) $= 42.857 + 40 = 82.857[\%]$

$B_4 = \frac{100}{\%X} P_s = \frac{100}{82.857} \times 100 = 120.689[MVA]$

답 120.69[MVA]

TIP

① %리액턴스 $= \frac{\text{기준용량}}{\text{자기용량}} \times \%X$

② %리액턴스 합성 시 전원 측을 기준하여 합성한다.

③ $P_s = \frac{100}{\%X} P$

05 ★★☆☆☆

3상 3선식 중성점 비접지식 6.6[kV] 배전선로가 있다. 지락전류가 5[A]일 때 이 전선로에 접속된 주상 변압기 220[V] 측 한 단자에 혼촉방지접지를 할 때 접지 저항값은 얼마 이하로 유지하여야 하는지 계산하시오.(단, 1초 이내에 자동적으로 전로를 차단하는 장치를 설치한 경우이다.)

해답 접지저항 $= \frac{600}{\text{1선지락 전류}} = \frac{600}{5} = 120$

답 120[Ω]

TIP

KEC 규정에서 지락전류는 실측으로 적용한다.

06 ★★★★☆ [7점]

피뢰기 접지공사를 실시한 후, 접지저항을 보조 접지 2개(A와 B)를 시설하여 측정하였더니 주접지와 A 사이의 저항은 110[Ω], A와 B 사이의 저항은 220[Ω], B와 주접지 사이의 저항은 120[Ω]이었다. 다음 각 물음에 답하시오.

1 피뢰기의 접지 저항값을 구하시오.

2 접지공사의 적합 여부를 판단하고, 그 이유를 설명하시오.

해답 1 계산 : $R_o = \frac{110 + 120 - 220}{2} = 5[\Omega]$

답 5[Ω]

2 • 적합 여부 : 적합

• 이유 : 피뢰기(LA)는 접지저항이 10[Ω] 이하일 것

TIP

①

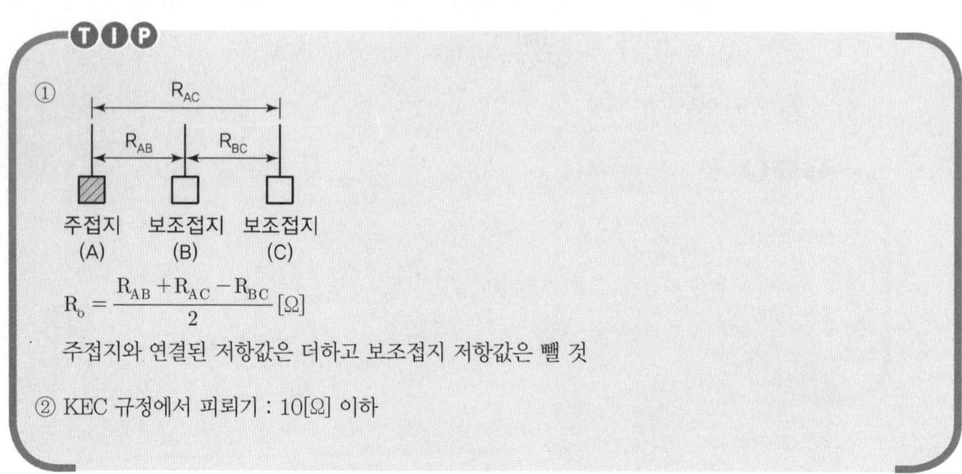

$R_o = \frac{R_{AB} + R_{AC} - R_{BC}}{2}[\Omega]$

주접지와 연결된 저항값은 더하고 보조접지 저항값은 뺄 것

② KEC 규정에서 피뢰기 : 10[Ω] 이하

07 ★★★★☆ [5점]

다음 동작설명을 보고 만족하는 주회로 및 제어회로의 미완성 결선도를 직접 그려 완성하시오.(단, 접점기호와 명칭 등을 정확히 나타내시오.)

[동작 설명]

- 전원스위치 MCB를 투입하면 주회로 및 제어회로에 전원이 공급된다.
- 누름버튼스위치(PB_1)를 누르면 MC_1이 여자되고 MC_1의 보조접점에 의하여 GL이 점등되며, 전동기는 정회전한다.
- 누름버튼스위치(PB_1)를 누른 후 손을 떼어도 MC_1은 자기유지 되어 전동기는 계속 정회전 한다.
- 전동기 운전 중 누름버튼스위치(PB_2)를 누르면 연동에 의하여 MC_1이 소자되어 전동기가 정지되고, GL은 소등된다. 이때 MC_2는 자기유지되어 전동기는 역회전(역상제동을 함)하고 타이머가 여자되며, RL이 점등된다.
- 타이머 설정시간 후 역회전 중인 전동기는 정지하고 RL도 소등된다. 또한 MC_1과 MC_2의 보조접점에 의하여 상호 인터록이 되어 동시에 동작되지 않는다.
- 전동기 운전 중 과전류가 감지되어 EOCR이 동작되면, 모든 제어회로의 전원은 차단되고 OL만 점등된다.

[미완성 도면]

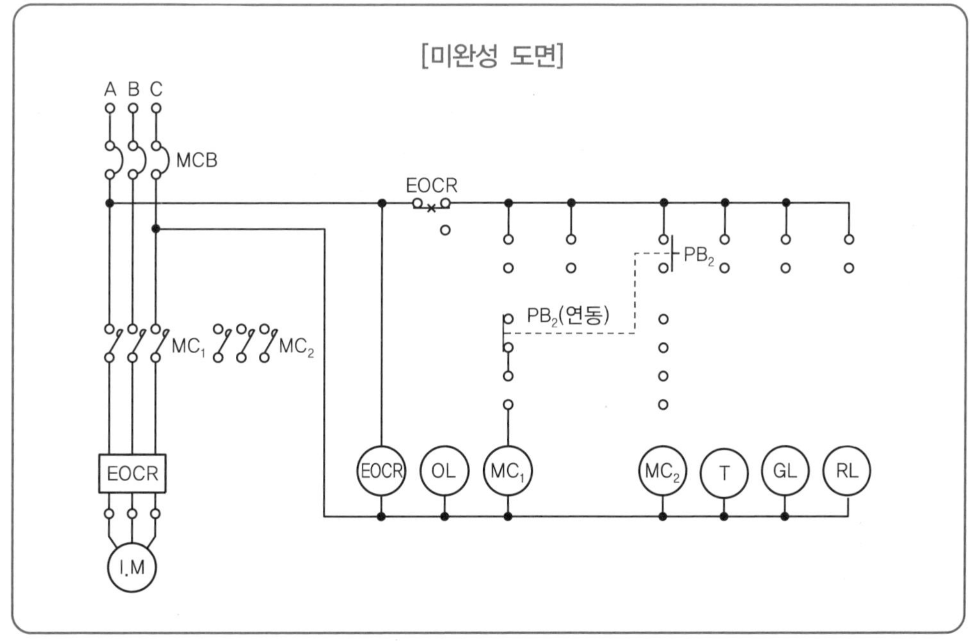

해답

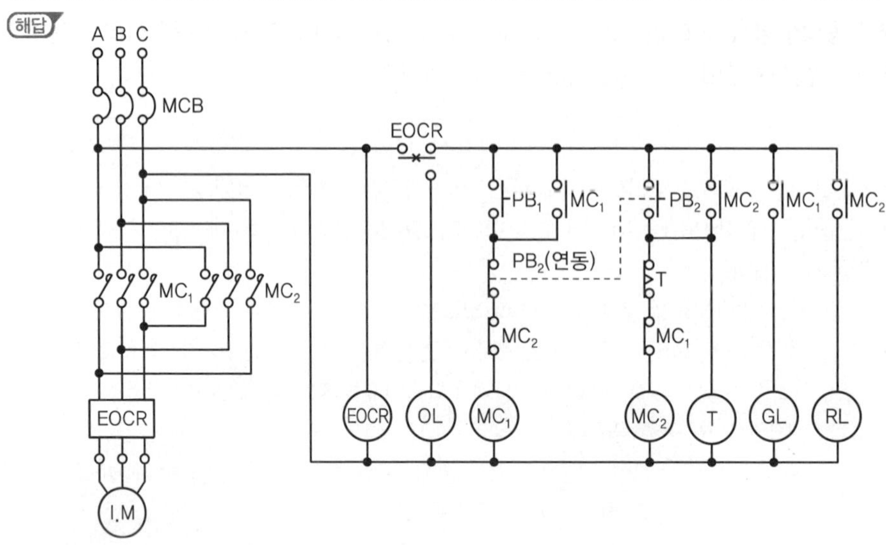

08 ★★★★★ [4점]

비상용 자가발전기를 구입하고자 한다. 부하는 단일 부하로서 유도전동기이며, 기동용량이 1800[kVA]이고, 기동 시의 전압강하는 20[%]까지 허용하며, 발전기의 과도 리액턴스는 26[%]로 본다면 자가발전기의 용량은 이론(계산)상 몇 [kVA] 이상의 것을 선정하여야 하는지 구하시오.

해답 계산 : $P = \left(\frac{1}{0.2} - 1\right) \times 0.26 \times 1{,}800 = 1{,}872[\mathrm{kVA}]$

답 1,872[kVA]

TIP

➤ 발전기용량

기동용량이 큰 부하가 있을 경우

$P[\mathrm{kVA}] \geq \left(\frac{1}{e} - 1\right) \times X_d \times 기동[\mathrm{kVA}]$

여기서, X_d : 발전기의 과도 리액턴스

e : 허용 전압 강하

09 ★★★☆☆ [7점]

다음은 가공송전계통도이다. 다음 각 물음에 답하시오.(단, KEC에 의한다.)

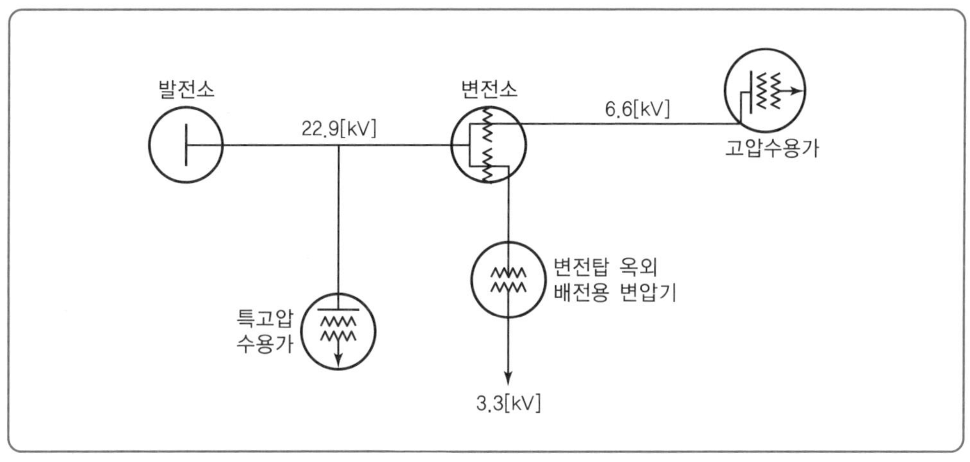

1 피뢰기를 설치하여야 하는 장소를 도면에 "●"로 표시하시오.

2 한국전기설비규정(KEC)에 의한 피뢰기를 설치하여야 하는 장소에 대한 기준 4가지를 쓰시오.

해답 1

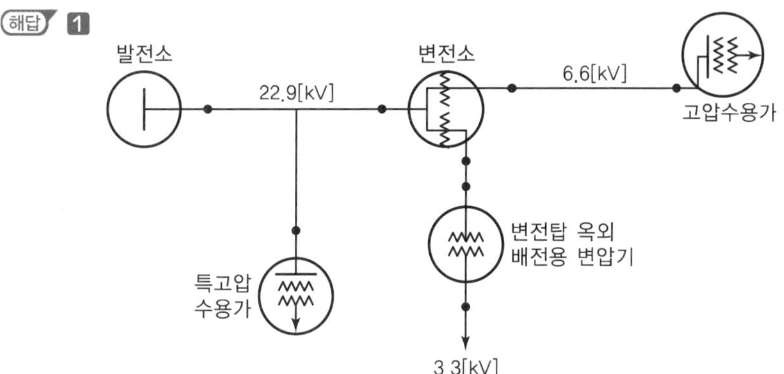

2 ① 발전소, 변전소의 가공전선 인입구 및 인출구
② 가공전선로와 지중전선로가 접속되는 곳
③ 고압, 특별고압 가공전선로로부터 공급 받는 수용가의 인입구
④ 가공전선로에 접속하는 배전용 변압기의 고압측 및 특별 고압측

TIP

피뢰기의 내용은 판단기준과 KEC 규정이 동일함

10 ★★★☆☆ [5점]

그림과 같은 유접점 시퀀스회로를 무접점 논리회로로 변경하여 그리시오.

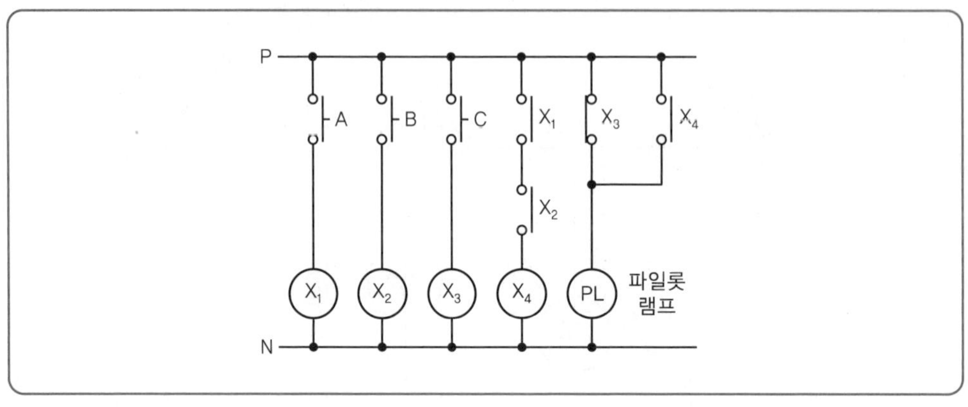

해답

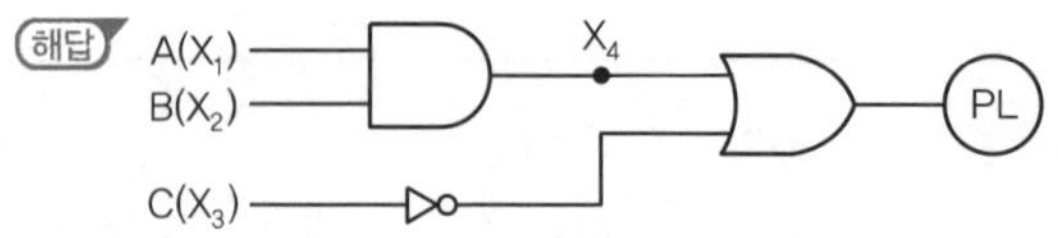

11 ★★★★☆ [11점]

일반 수용가의 개별 최대전력이 200[W], 300[W], 800[W], 1,200[W], 2,000[W]일 때 변압기의 용량을 결정하시오.(단, 부등률은 1.14, 역률은 0.9로 하며, 표준변압기 용량으로 선정한다.)

| 단상 변압기 표준용량 |

표준용량[kVA]	1, 2, 3, 5, 7.5, 10, 15, 20, 30, 50, 100, 150, 200

해답 계산 : $\text{kVA} = \frac{\text{개별 최대전력의 합}}{\text{부등률} \times \text{역률}} = \frac{200+300+800+1,200+2,000}{1.14 \times 0.9} \times 10^{-3} = 4.38[\text{kVA}]$

답 5[kVA]

TIP

① 변압기 용량$= \frac{\text{개별 최대전력의 합}}{\text{부등률} \times \cos\theta} \times 10^{-3}[\text{kVA}]$

② 개별최대전력 = 설비용량 × 수용률

12 ★★☆☆☆ [5점]

한국전기설비규정(KEC)에 따라 사용전압 154[kV]인 중성점 직접 접지식 전로의 절연내력 시험을 하고자 한다. 시험전압과 시험방법에 대하여 다음 각 물음에 답하시오.

1 절연내력 시험전압

2 시험방법

해답 1 계산 : 154,000×0.72＝110,880[V]

답 110,880[V]

2 전로와 대지 간 연속하여 10분간 인가 시 견디어야 한다.

TIP

➤ 전로의 종류 및 시험전압

전로의 종류	시험전압
1. 최대사용전압 7[kV] 이하인 전로	최대사용전압의 1.5배 전압
2. 최대사용전압 7[kV] 초과 25[kV] 이하인 중성점 접지식 전로(중성선을 가지는 것으로서 그 중성선을 다중접지 하는 것에 한한다.)	최대사용전압의 0.92배 전압
3. 최대사용전압 7[kV] 초과 60[kV] 이하인 전로(2란의 것을 제외한다.)	최대사용전압의 1.25배 전압 (10.5[kV] 미만으로 되는 경우는 10.5[kV])
4. 최대사용전압 60[kV] 초과 중성점 비접지식 전로(전위 변성기를 사용하여 접지하는 것을 포함한다.)	최대사용전압의 1.25배 전압
5. 최대사용전압 60[kV] 초과 중성점 접지식 전로(전위 변성기를 사용하여 접지하는 것 및 6란과 7란의 것을 제외한다.)	최대사용전압의 1.1배 전압 (75[kV] 미만으로 되는 경우는 75[kV])
6. 최대사용전압 60[kV] 초과 중성점 직접 접지식 전로(7란의 것을 제외한다.)	최대사용전압의 0.72배 전압
7. 최대사용전압이 170[kV] 초과 중성점 직접 접지식 전로로서 그 중성점이 직접 접지되어 있는 발전소 또는 변전소 혹은 이에 준하는 장소에 시설하는 것	최대사용전압의 0.64배 전압

13 ★★★☆☆ [5점]

단상 유도전동기는 반드시 기동장치가 필요하다. 다음 물음에 답하시오.

1 기동장치가 필요한 이유를 설명하시오.

2 단상 유도전동기의 기동방식에 따라 분류할 때 그 종류를 4가지 쓰시오.

해답 1 단상에서는 회전자계를 얻을 수 없으므로 기동장치를 이용하여 기동토크를 얻기 위해

2 ① 분상기동형
② 셰이딩코일형
③ 반발기동형
④ 콘덴서기동형

14 ★★★★☆ [5점]

그림과 같이 전류계 A_1, A_2, A_3, 25[Ω]의 저항 R을 접속하였더니, 전류계의 지시는 $A_1 = 10$[A], $A_2 = 4$[A], $A_3 = 7$[A]이다. 부하의 전력[W]과 역률을 구하면?

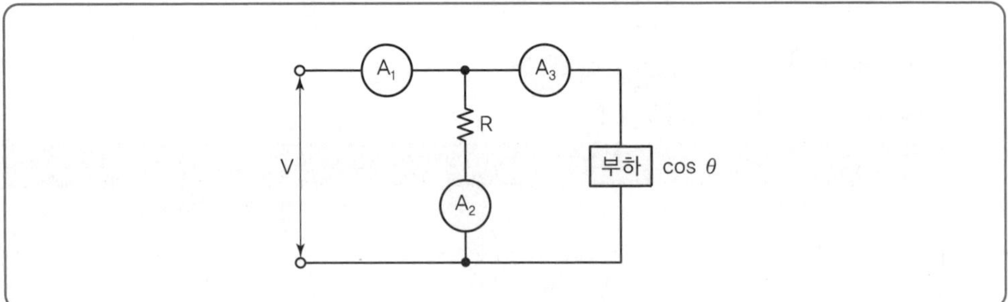

1 부하전력[W]
2 부하역률

해답 **1** 계산 : $P = \frac{25}{2} \times (10^2 - 4^2 - 7^2) = 437.5$[W]

답 437.5[W]

2 계산 : $\cos\theta = \frac{10^2 - 4^2 - 7^2}{2 \times 4 \times 7} \times 100 = 62.5$[%]

답 62.5[%]

TIP

$\overrightarrow{A_1} = \overrightarrow{A_2} + \overrightarrow{A_3}$

$A_1^2 = A_2^2 + A_3^2 + 2A_2A_3\cos\theta$

- $\cos\theta = \frac{A_1^2 - A_2^2 - A_3^2}{2A_2A_3}$
- $P = VI\cos\theta$
  $= A_2R \times A_3 \times \cos\theta = \frac{R}{2}(A_1^2 - A_2^2 - A_3^2)$

15 ★★☆☆☆ [3점]

한국전기설비규정(KEC)에 의하여 욕실 등 인체가 물에 젖어 있는 상태에서 물을 사용하는 장소에 콘센트를 시설하는 경우에 설치하여야 하는 저압차단기의 정확한 명칭을 쓰시오.

해답 인체감전보호용 누전차단기(정격감도전류 15[mA] 이하, 동작시간 0.03초 이내의 전류동작형)

TIP

➤ 옥내

정격감도전류 30[mA] 이하, 동작시간 0.03초 이내의 전류동작형

16 ★★☆☆☆ [16점]

다음 도면은 어느 수용가 계통도이다. 물음에 답하시오.

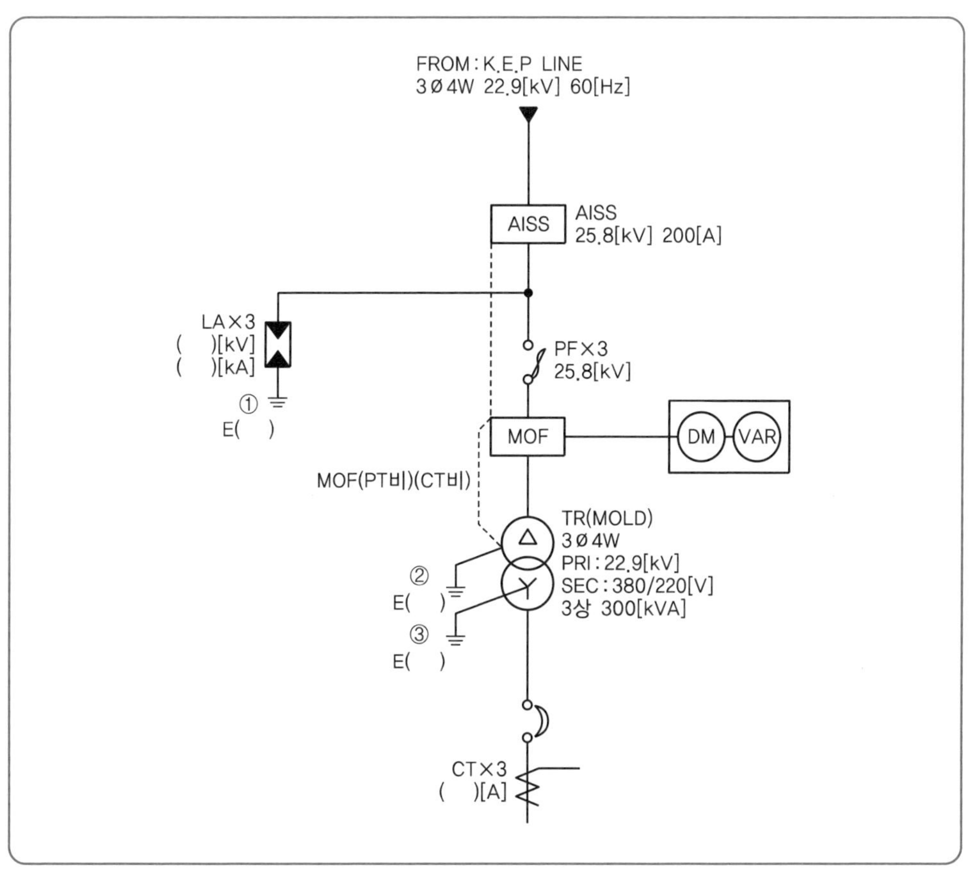

1 AISS의 명칭을 쓰고 기능을 2가지 쓰시오.

2 피뢰기의 정격전압 및 공칭 방전전류를 쓰고 그림에서의 Disconnector의 기능을 간단히 설명하시오.

3 ①~③ 접지 종별을 쓰시오. ※ KEC 규정에 따라 삭제

4 MOF의 정격을 구하시오.

5 MOLD TR의 장점 및 단점을 각각 2가지만 쓰시오.

6 ACB의 명칭을 쓰시오.

7 CT의 CT비를 구하시오.

해답 1 명칭 : 기중 자동고장 구분개폐기

기능 : ① 과부하 보호기능, 사고확대 방지

② 부하전류 차단

2 정격전압 : 18[kV], 공칭방전전류 : 2.5[kA]

Disconnector 기능 : 피뢰기 고장 시 대지로부터 분리하는 장치

3 ※ KEC 규정에 따라 삭제

4 PT비 : 13,200/110

CT비 : 10/5

계산 : CT 1차 전류 $I_1 = \frac{P}{\sqrt{3} \times V} \times (1.25 \sim 1.5) = \frac{300}{\sqrt{3} \times 22.9} \times 1.25 = 9.45$ 10/5 선정

5 1) 장점

① 소형, 경량이다.

② 난연성, 절연의 신뢰성이 좋다.

그 외

③ 내진, 내습성에 좋다.

④ 저전력 손실이다.

⑤ 단시간 과부하에 좋다.

⑥ 반입, 반출이 용이하다.

2) 단점

① 비싸다.

② 소음방지에 별도대책이 필요하다.

그 외

③ 옥외 설치 및 대용량 제작이 불가하다.

6 기중차단기

7 계산 : CT 1차 전류 $I_1 = \frac{P}{\sqrt{3} \times V} \times (1.25 \sim 1.5) = \frac{300 \times 10^3}{\sqrt{3} \times 380} \times 1.25 = 569.75[A]$

답 600/5

2012 2013 2014 2015 2016 2017 2018 2019 2020 2021

17 ★★☆☆☆ [5점]

정격전류가 15[A]인 전동기 두 대, 정격전류가 10[A]인 전열기 한 대에 공급하는 간선이 있다. 옥내 간선을 보호하는 과전류차단기의 정격전류 최대값은 몇 [A]인지 계산하시오.(단, 간선의 허용전류는 61[A]이며, 간선의 수용률은 100[%]로 한다.)

해답 계산 : 설계전류 $I_B = (15 \times 2) + 10 = 40$[A]

$I_B \le I_n \le I_Z$에서 $40 \le I_n \le 61$

따라서, 과전류차단기의 정격전류 최대값 $I_n = 61$[A]가 되어야 한다.

답 61[A]

TIP

➤ 도체와 과부하 보호장치 사이의 협조(KEC 212.4.1)

과부하에 대해 케이블(전선)을 보호하는 장치의 동작특성은 다음의 조건을 충족해야 한다.

$I_B \le I_n \le I_Z$, $I_2 \le 1.45 \times I_Z$

여기서, I_B : 회로의 설계전류(선도체를 흐르는 설계전류 또는 함유율이 높은 영상분 고조파, 특히 제3고조파가 지속적으로 흐르는 경우 중성선에 흐르는 전류이다.)

I_Z : 케이블의 허용전류

I_n : 보호장치의 정격전류(사용 현장에 적합하게 조정된 전류의 설정값)

I_2 : 보호장치가 규약시간 이내에 유효하게 동작하는 것을 보장하는 전류

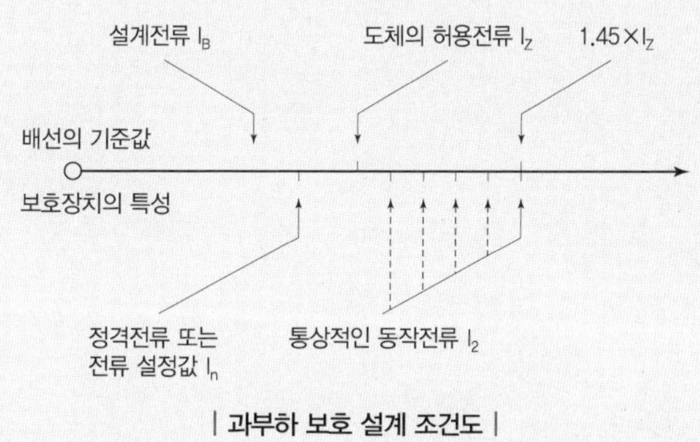

| 과부하 보호 설계 조건도 |

18 ★★☆☆☆ [3점]

4[L]의 물을 15[℃]에서 90[℃]로 온도를 높이는 데 1[kW]의 전열기로 30분간 가열하였다. 이 전열기의 효율을 계산하시오.

해답 계산 : $\eta = \frac{mc(T_2 - T_1)}{860Pt} = \frac{4 \times 1 \times (90-15)}{860 \times 1 \times \frac{1}{2}} \times 100 = 69.77[\%]$

답 69.77[%]

TIP

열량 : $860Pt\eta = mC(T_2 - T_1)$

여기서, m : 질량

C : 비열

$T_2 - T_1$: 온도차(θ)

P : 전력[kW]

t : 시간[h]

η : 효율[%]

ENGINEER ELECTRICITY

2017년 과 년 도 문제풀이

전기기사

2017년도 1회 시험

과년도 기출문제

회독 체크	□1회독	월 일	□2회독	월 일	□3회독	월 일

2012 2013 2014 2015 2016 **2017** 2018 2019 2020 2021

01 ★★★★★ [6점]

그림과 같은 방전 특성을 갖는 부하에 필요한 축전지 용량[Ah]을 구하시오.(단, 방전전류 : $I_1 = 500$[A], $I_2 = 300$[A], $I_3 = 100$[A], $I_4 = 200$[A], 방전시간 : $T_1 = 120$분, $T_2 = 119.9$분, $T_3 = 60$분, $T_4 = 1$분, 용량환산시간 : $K_1 = 2.49$, $K_2 = 2.49$, $K_3 = 1.46$, $K_4 = 0.57$, 보수율 : 0.8을 적용한다.)

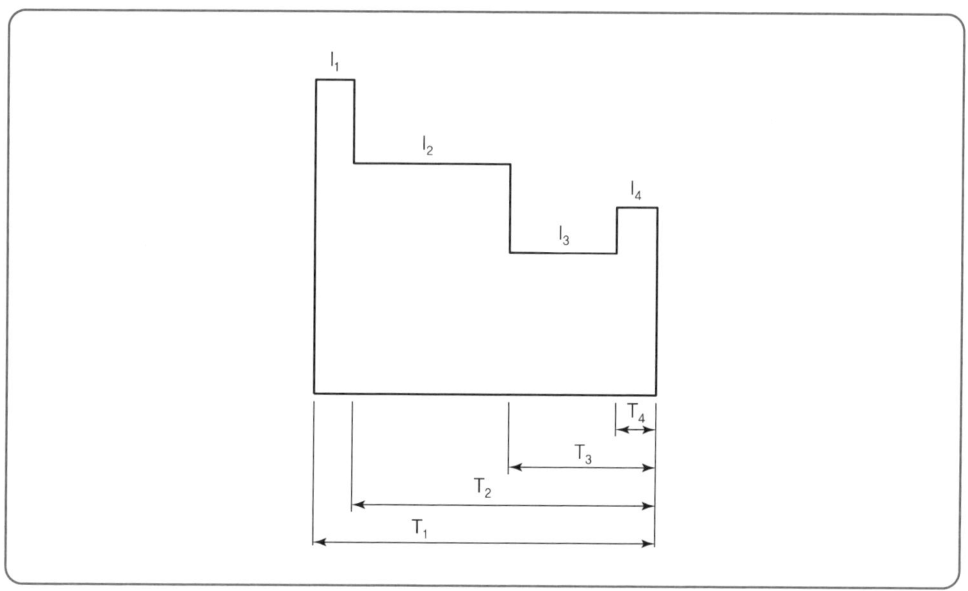

해답 계산 : $C = \frac{1}{L}[K_1 I_1 + K_2(I_2 - I_1) + K_3(I_3 - I_2) + K_4(I_4 - I_3)]$

$$= \frac{1}{0.8} \times [2.49 \times 500 + 2.49 \times (300 - 500) + 1.46 \times (100 - 300) + 0.57 \times (200 - 100)]$$

$$= 640$$

답 640[Ah]

02 ★★☆☆☆ [4점]

조명의 전등효율과 발광효율에 대하여 설명하시오.

1 전등효율

2 발광효율

해답 1 전등의 전 소비전력(P)에 대한 전발산광속(F)의 비율

2 방사속(ϕ)에 대한 광속(F)의 비율

03 ★★★☆☆ [4점]

변압기 결선은 보통 $\Delta - Y$ 결선방식을 사용하고 있다. 이 결선에 대한 장점과 단점을 각각 2가지씩 쓰시오.

1 장점

2 단점

해답 1 장점

① Y 측 중성점을 접지할 수 있어 이상전압 억제

② 2차 측 선간전압을 높일 수 있다.

2 단점

① 1 · 2차 간 30° 위상차

② 1대 고장 시 V결선 운전 불가능

04 ★★★★★ [10점]

어느 공장 구내 건물에 220/440[V] 단상 3선식을 채용하고, 공장 구내 변압기가 설치된 변전실에서 60[m] 되는 곳의 부하를 아래의 표와 같이 배분하는 분전반을 시설하고자 한다. 이 건물의 전기설비에 대하여 자료를 이용하여 다음 각 물음에 답하시오.(단, 전압강하는 2[%]로 하고 후강 전선관으로 시설하며, 간선의 수용률은 100[%]로 한다.)

| 표 1. 부하 집계표 |

회로 번호	부하 명칭	총 부하 [VA]	부하 분담[VA]		MCCB 규격			비고
			A선	B선	극수	AF	AT	
1	전등 1	4,920	4,920		1	30	20	
2	전등 2	3,920		3,920	1	30	20	
3	전열기 1	4,000	4,000(A, B 간)		2	50	20	
4	전열기 2	2,000	2,000(A, B 간)		2	50	15	
합계		14,840						

※ 전선 굵기 중 상과 중성선의 굵기는 같게 한다.

| 표 2. 후강 전선관 굵기 산정 |

도체 단면적 [mm²]	전선 본수									
	1	2	3	4	5	6	7	8	9	10
	전선관의 최소 굵기[mm]									
2.5	16	16	16	16	22	22	28	28	28	28
4	16	16	16	22	22	28	28	28	28	28
6	16	16	22	22	28	28	28	28	36	36
10	16	22	22	28	36	36	36	36	36	36
16	16	22	28	36	36	36	42	42	42	42
25	22	28	28	36	42	54	54	54	54	54
35	22	28	36	54	54	54	70	70	70	70
50	22	36	54	70	70	70	82	82	82	82
70	28	42	54	70	70	70	82	82	82	82
95	28	54	54	70	82	82	92	92	92	104
120	36	54	54	70	82	82	92	92		
150	36	70	70	92	92	104	104	104		
185	36	70	70	92	104					
240	42	82	82	104						

※ 비고 1. 전선의 1본수는 접지선 및 직류회로의 전선에도 적용한다.
2. 이 표는 실험결과와 경험을 기초로 하여 결정한 것이다.
3. 이 표는 KS C IEC 60227-3의 450/700[V] 일반 단심 비닐절연전선을 기준으로 한다.

1 간선의 단면적을 선정하시오.
2 간선 설비에 필요한 후강 전선관의 굵기를 선정하시오.
3 분전반의 복선결선도를 작성하시오.
4 부하집계표에 의한 설비불평형률을 구하시오.

해답 1 계산 : $I = \dfrac{4,920}{220} + \dfrac{4,000+2,000}{440} = 36[A]$

$e = 220 \times 0.02 = 4.4[V]$

$A = \dfrac{17.8LI}{1,000e} = \dfrac{17.8 \times 60 \times 36}{1,000 \times 4.4} = 8.74[mm^2]$

답 $10[mm^2]$

2 계산 : $10[mm^2]$ 3본이므로 $22[mm]$ 선정

답 $22[mm]$

TIP

전등부하의 부하 산정 시 큰 전류(큰 부하)를 기준으로 한다.

3

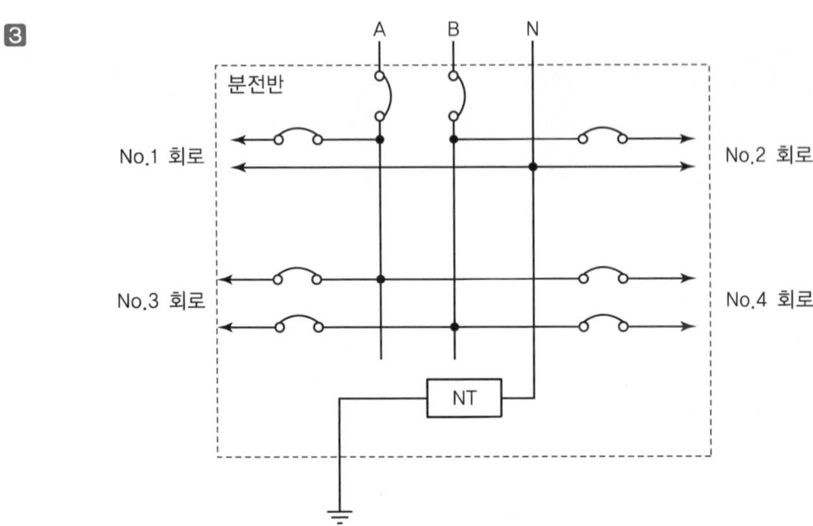

4 계산 : $\dfrac{4,920-3,920}{(4,920+3,920+4,000+2,000)\dfrac{1}{2}} \times 100 = 13.48[\%]$

답 13.48[%]

TIP

$$1\phi3W = \frac{\text{중성선과 각 전압선의 부하설비용량의 차}}{\text{총 부하설비용량} \times \frac{1}{2}} \times 100[\%]$$

05 ★★★★☆

[6점]

입력 설비용량 20[kW] 2대, 30[kW] 2대의 3상 380[V] 유도전동기 군이 있다. 그 부하곡선이 아래 그림과 같을 경우 최대 수용전력[kW], 수용률[%], 일부하율[%]을 각각 구하시오.

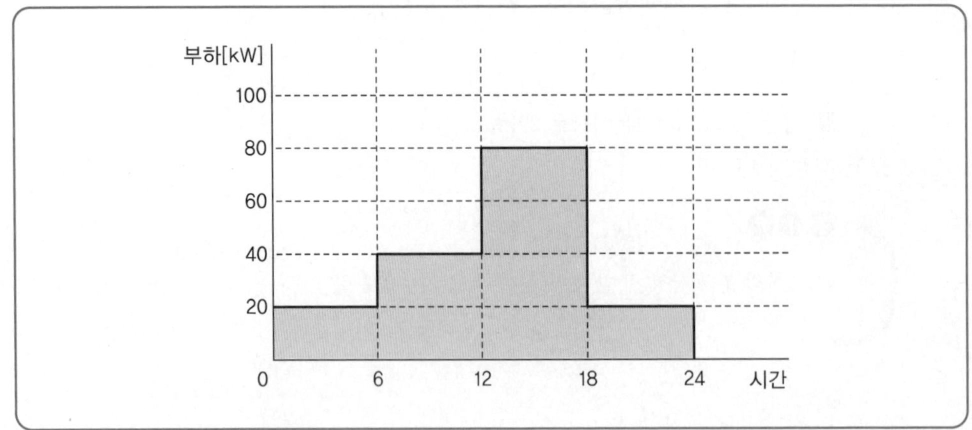

1 최대수용전력[kW]
2 수용률[%]
3 일부하율[%]

해답 1 80[kW]

2 계산 : $수용률 = \frac{최대수용전력}{설비용량} \times 100 = \frac{80}{20 \times 2 + 30 \times 2} \times 100 = 80[\%]$

답 80[%]

3 계산 : $일부하율 = \frac{전력량/24}{최대수용전력} \times 100 = \frac{(20+40+80+20) \times 6}{80 \times 24} \times 100 = 50[\%]$

답 50[%]

TIP

$$일부하율 = \frac{평균전력}{최대수용전력} \times 100 = \frac{전력량/24}{최대수용전력} \times 100$$

06 ★★★☆☆ [5점]

그림과 같은 단상 2선식 회로에서 공급점 A의 전압이 220[V]이고, A-B 사이의 1선마다의 저항이 0.02[Ω], B-C 사이의 1선마다의 저항이 0.04[Ω]이라 하면 40[A]를 소비하는 B점의 전압과 20[A]를 소비하는 C점의 전압 V_C를 구하시오.(단, 부하의 역률은 1이다.)

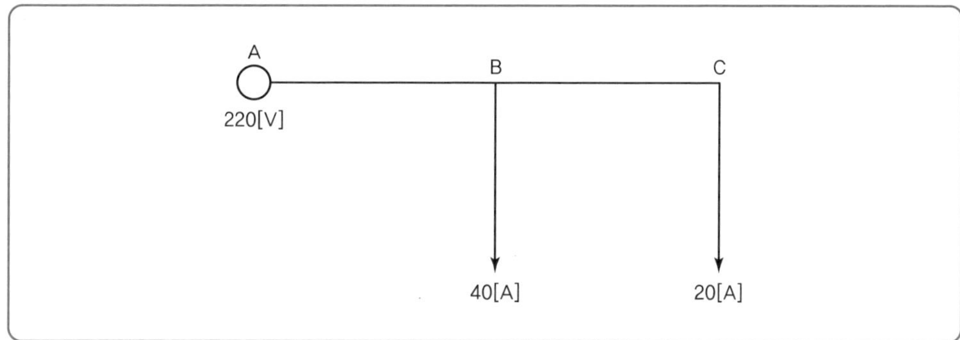

1 B점의 전압
2 C점의 전압

해답 1 B점의 전압 V_B

계산 : $V_B = V_A - 2IR$

$V_B = 220 - 2(40+20) \times 0.02 = 217.6[V]$ 답 217.6[V]

2 C점의 전압

계산 : $V_C = V_B - 2IR$

$V_C = 217.6 - 2 \times 20 \times 0.04 = 216[V]$　　답 216[V]

TIP

단상 2선식 전압강하(역률1)

$e - 2I(R\cos\theta + X\sin\theta)$

$= 2IR$ 여기서, R : 1선당 저항

∵ 단상 2선식은 2가닥을 기준하여 전압강하를 계산

07 ★★★★☆　　[5점]

각 방향에 900[cd]의 광도를 갖는 광원을 높이 3[m]에 취부한 경우 직하로부터 30° 방향의 수평면 조도[lx]를 구하시오.

해답 계산 : $E_h = \dfrac{I}{l^2}\cos\theta = \dfrac{I}{\left(\dfrac{h}{\cos\theta}\right)^2}\cos\theta = \dfrac{I}{h^2}\cos^3\theta = \dfrac{900}{3^2}\cos^3 30° = 64.95$

답 64.95[lx]

TIP

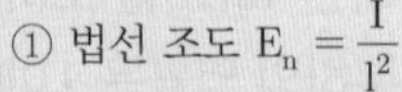

① 법선 조도 $E_n = \dfrac{I}{l^2}$

② 수직면 조도 $E_l = \dfrac{I}{l^2}\sin\theta$

③ 수평면 조도 $E_h = \dfrac{I}{l^2}\cos\theta$

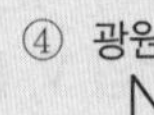

④ 광원

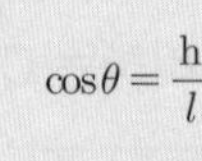

$\cos\theta = \dfrac{h}{l}$

$l = \dfrac{h}{\cos\theta}$

08 ★★★★★　　[8점]

교류 동기 발전기에 대한 다음 각 물음에 답하시오.

1 정격전압 6,000[V], 용량 5,000[kVA]인 3상 교류 동기 발전기에서 여자전류가 300[A], 무부하 단자전압은 6,000[V], 단락전류는 700[A]라고 한다. 이 발전기와 단락비를 구하시오.

2 다음 (　) 안에 알맞은 내용을 쓰시오.(단, ①~⑥의 내용은 크다(고), 작다(고), 낮다(고) 등으로 표현한다.)

단락비가 큰 교류발전기는 일반적으로 기계의 치수가 (①), 가격이 (②), 풍손, 마찰손, 철손이 (③), 효율은 (④), 전압 변동률은 (⑤), 안정도는 (⑥).

3 비상용 동기발전기의 병렬운전 조건 4가지를 쓰시오.

해답 1 계산 : $I_n = \frac{P}{\sqrt{3}V} = \frac{5,000 \times 10^3}{\sqrt{3} \times 6,000} = 481.13[A]$

$\therefore$ 단락비$(K_s) = \frac{I_s}{I_n} = \frac{700}{481.13} = 1.45$

답 1.45

2 ① 크고 ② 높고 ③ 많고 ④ 낮고 ⑤ 적고 ⑥ 높다

3 ① 기전력의 위상이 같을 것 ② 기전력의 크기가 같을 것
③ 기전력의 주파수가 같을 것 ④ 기전력의 파형이 같을 것

09 ★☆☆☆☆ [5점]

다음은 전력시설물 공사감리업무 수행지침과 관련된 사항이다. (　　) 안에 알맞은 내용을 답란에 쓰시오.

감리원은 설계도서 등에 대하여 공사계약문서 상호 간의 모순되는 사항, 현장 실정과의 부합여부 등 현장 시공을 주안으로 하여 해당 공사 시작 전에 검토하여야 하며 검토내용에는 다음 각 호의 사항 등이 포함되어야 한다.

1. 현장조건에 부합 여부
2. 시공의 (1) 여부
3. 다른 사업 또는 다른 공정과의 상호 부합 여부
4. (2), 설계설명서, 기술계산서, (3) 등의 내용에 대한 상호 일치 여부
5. (4), 오류 등 불명확한 부분의 존재 여부
6. 발주자가 제공한 (5)와 공사업자가 제출한 산출내역서의 수량 일치 여부
7. 시공상의 예상 문제점 및 대책 등

해답 1 실제 가능
2 설계도면
3 산출내역서
4 설계도서의 누락
5 물량내역서

10 ★★☆☆☆ [5점]

에너지 절약을 위한 동력설비의 대응방안을 5가지만 쓰시오.

해답 ① 전동기 제어시스템의 적용
② 고효율 전동기 채용
③ 전동기의 역률 개선(개별적 콘덴서 설치)
④ 엘리베이터의 효율적 관리
⑤ 에너지 절약형 공조기기 시스템 채택

TIP

⑥ VVVF 속도제어
⑦ 전동기 대수제어

11 ★★★★☆ [4점]

그림과 같은 무접점 논리회로를 유접점 시퀀스 회로로 변환하여 나타내시오.

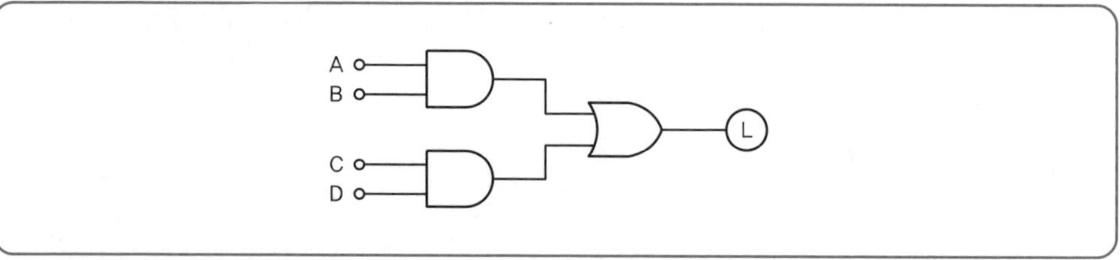

해답 유접점 시퀀스 회로

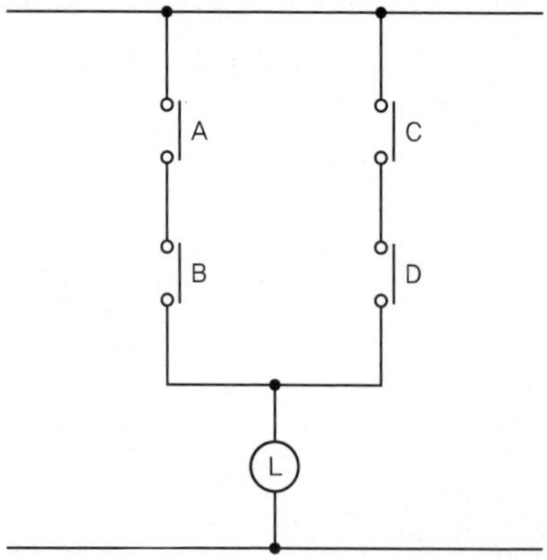

12 ★★★★☆

[5점]

그림과 같이 접속된 3상 3선식 고압 수전설비의 변류기 2차 전류가 언제나 4.2[A]이었다. 이때, 수전전력[kW]을 구하시오.(단, 수전전압은 6,600[V], 변류비는 50/5[A], 역률은 100[%]이다.)

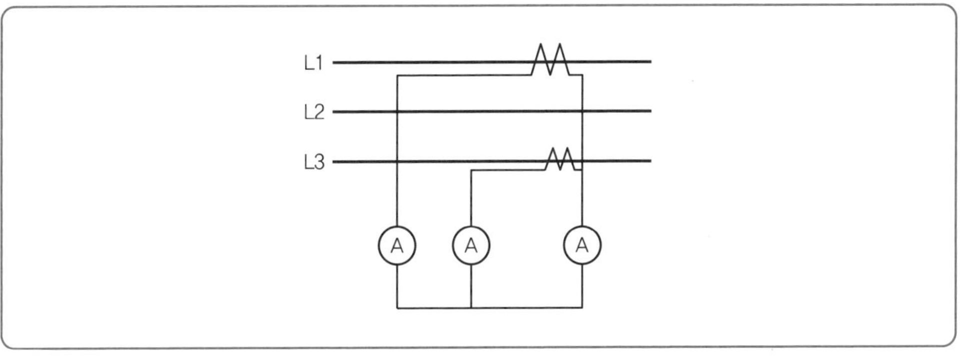

해답 계산 : $P = \sqrt{3}\,VI\cos\theta$

$$P = \sqrt{3} \times 6{,}600 \times 4.2 \times \frac{50}{5} \times 10^{-3} = 480.12[\text{kW}]$$

답 480.12[kW]

TIP

$I_1 = Ⓐ \times \text{CT 비}$　　여기서, I_1 : 부하전류

13 ★★★★☆

[5점]

그림과 같이 Y결선된 평형 부하의 전압을 측정할 때 전압계의 지시값이 $V_P = 150[V]$, $V_\ell = 220[V]$로 나타났다. 다음 각 물음에 답하시오.(단, 부하 측에 인가된 전압은 각 상 평형 전압이고 기본파와 제3고조파분 전압만이 포함되어 있다.)

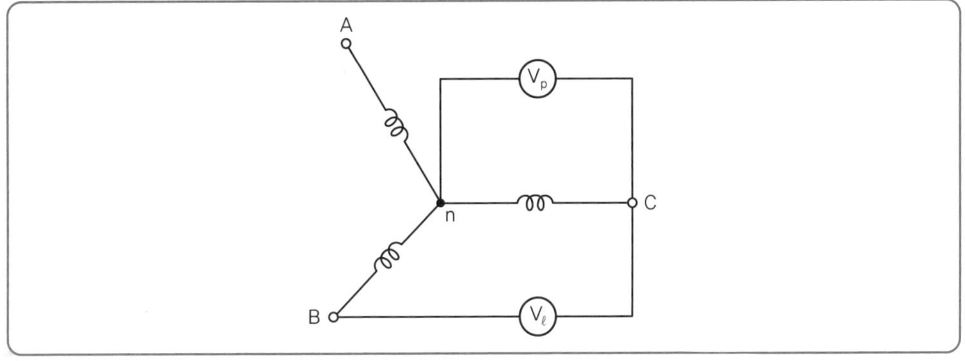

1 제3고조파 전압[V]를 구하시오.
2 전압의 왜형률[%]을 구하시오.

해답 1 계산 : $V_l = \sqrt{3}V_1$, $220 = \sqrt{3}V_1$

$$V_1 = \frac{220}{\sqrt{3}} = 127[V]$$

따라서 제3고조파 $V_3 = \sqrt{150^2 - 127.02^2} = 79.79[V]$

답 79.79[V]

2 계산 : $\frac{79.79}{127.02} \times 100 = 62.82[\%]$

답 62.82[%]

TIP

① 기본파 상전압 $V_P = \sqrt{{V_1}^2 + {V_3}^2}$

② 왜형률$= \frac{\text{전고조파 실효값}}{\text{기본파 실효값}} \times 100$

14 ★★★☆☆ [5점]

접지설비에서 보호도체에 대한 다음 각 물음에 답하시오.

1 보호도체란 안전을 목적으로 설치된 전선으로서 다음 표의 단면적 이상으로 선정하여야 한다. ①~③에 알맞은 보호도체 최소 단면적의 기준을 각각 쓰시오.

선도체 S의 단면적[mm^2]	보호도체의 최소 단면적[mm^2]
$S \leq 16$	①
$16 < S \leq 35$	②
$S > 35$	③

2 보호도체의 종류를 2가지만 쓰시오.

해답 1 ① S
② 16
③ $\frac{S}{2}$

2 ① 다심케이블 도체
② 고정배선의 나도체 또는 절연도체
③ 트렁킹에 수납된 나도체 및 절연도체

TIP

① 보호선의 최소 단면적은 보호선의 재질이 상전선과 같은 경우를 말한다.
② 선을 KEC 규정에 따라 도체로 변경

15 ★★☆☆☆ [5점]

3상 농형 유도전동기의 기동방식 중 리액터 기동방식에 대하여 설명하시오.

해답 전동기 전원 측에 리액터를 직렬로 연결하여 전동기에 인가되는 전압을 감압하여 기동하는 방식

16 ★★★★☆ [6점]

특고압 수전설비에 대한 다음 각 물음에 답하시오.

1 동력용 변압기에 연결된 동력부하 설비용량이 350[kW], 부하역률은 85[%], 효율 85[%], 수용률 60[%]일 때 동력용 3상 변압기의 용량은 몇 [kVA]인지를 산정하시오.(단, 변압기의 표준정격용량은 다음 표에서 산정한다.)

동력용 3상 변압기의 표준정격용량[kVA]					
200	250	300	400	500	600

2 3상 농형 유도전동기에 전용 차단기를 설치할 때 전용 차단기의 정격전류[A]를 구하시오.(단, 전동기는 160[kW]이고, 정격전압은 3,300[V], 역률은 85[%], 효율은 85[%], 차단기의 정격전류는 전동기 정격전류의 3배로 계산한다.)

해답 1 계산 : 변압기 용량 $= \dfrac{\text{설비용량} \times \text{수용률}}{\text{역률} \times \text{효율}} = \dfrac{350 \times 0.6}{0.85 \times 0.85} = 290.66[\text{kVA}]$

답 300[kVA]

2 계산 : 유도전동기의 전류 $I = \dfrac{P}{\sqrt{3}\,V\cos\theta \cdot \eta} = \dfrac{160 \times 10^3}{\sqrt{3} \times 3{,}300 \times 0.85 \times 0.85} = 38.74[\text{A}]$

차단기 정격전류는 전동기 정격전류의 3배를 적용

$I_n = 38.74 \times 3 = 116.22[\text{A}]$

답 116.22[A]

17 ★★☆☆☆ [8점]

전동기의 진동과 소음이 발생되는 원인에 대하여 다음 각 물음에 답하시오.

1 진동이 발생하는 원인을 5가지만 쓰시오.

2 전동기 소음을 크게 3가지로 분류하고 각각에 대하여 설명하시오.

해답 1 ① 회전부의 정적 불평형
② 베어링 불량
③ 축이음의 중심 불균형
④ 상대 기기와의 연결 불량
⑤ 고조파 등에 의한 회전자계 불평형
그 외
⑥ 회전자 편심

2 ① 기계적 소음 : 베어링의 회전음, 회전자의 불균형에 의한 소음, 브러시 섭동음
② 전기적 소음 : 고정자, 회전자에 작용하는 주기적인 전자기적 기전력에 의한 철심의 진동 소음
③ 통풍소음 : 통풍에 따라 냉각팬이나 회전자 덕트 등에서 발생하는 소음

18 ★★★☆☆ [4점]

공급점에서 30[m]의 지점에 80[A], 45[m]의 지점에 50[A], 60[m]의 지점에 30[A]의 부하가 걸려 있을 때, 부하 중심까지의 거리를 구하시오.

해답 계산 : $L = \frac{I_1\ell_1 + I_2\ell_2 + I_3\ell_3}{I_1 + I_2 + I_3} = \frac{30 \times 80 + 45 \times 50 + 60 \times 30}{80 + 50 + 30} = 40.312[m]$

답 40.31[m]

전기기사

2017년도 2회 시험 과년도 기출문제

회독 체크	□1회독	월 일	□2회독	월 일	□3회독	월 일

01

★★☆☆☆ [3점]

고압 배전선 전압을 조정하는 장치를 3가지만 쓰시오.

해답 ① 자동전압조정기, ② 유도전압조정기, ③ 변압기의 탭조정

TIP

④ 승압기 ⑤ SVC(정지형 무효전력 장치)

02

★★★☆☆ [5점]

154[kV] 중성점의 직접 접지 계통에서 접지계수가 0.75이고, 여유도가 1.1이라면 전력용 피뢰기의 정격전압은 피뢰기 정격전압 중 어느 것을 택하여야 하는가?

| 피뢰기의 정격전압(표준치 [kV]) |

126	144	154	168	182	196

해답 계산 : $V = \alpha\beta V_m = 0.75 \times 1.1 \times 170 = 140.25[kV]$ 답 144[kV]

TIP

➤ 퓨즈 · 차단기 · 피뢰기의 정격전압

공칭전압 계통전압 [kV]	퓨즈		차단기		피뢰기		
	퓨즈정격 전압[kV]	최대설계 전압[kV]	정격전압 [kV]	차단시간 [c/s]	정격전압[kV]		공칭 방전전류
					변전소	배전선로	
3.3			3.6		7.5	7.5	
6.6	6.9/7.5	8.25	7.2	5	7.5	7.5	
13.2	15	15.5					
22.9	23	25.8	25.8	5	21	18	2,500A
22			24		24		
66	69	72.5	72.5	5	72		5,000A
154	161	169	170	3	144		10,000A
345			362	3	288		
765			800	2			

22.9[KV-Y] 최대설계전압과 정격전류
ASS : 25.8[kV], 200[A] / LA : 18[kV], 2,500[A] / COS : 25[kV], 100[AF], 8[A]

03 ★★★★★

[6점]

그림의 회로는 Y－△ 기동방식의 주 회로 부분이다. 도면을 보고 다음 각 물음에 답하시오. (단, 전동기 각 상의 임피던스 Z, 전원전압은 V이다.)

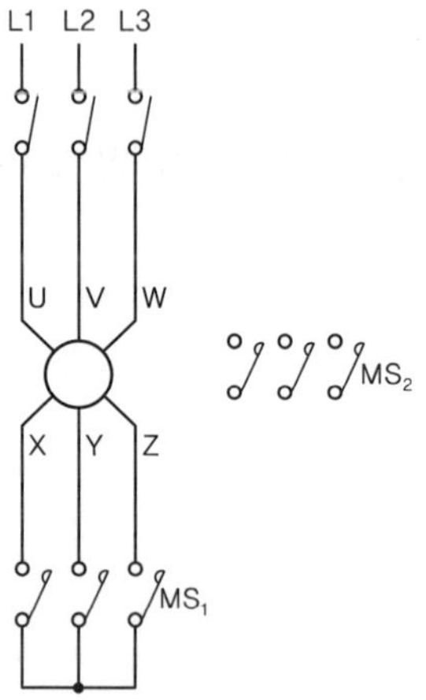

L1 L2 L3

U V W

X Y Z

MS_2

MS_1

1 주 회로 부분의 미완성 회로에 대한 결선을 완성하시오.

2 Y－△ 기동 시와 전전압 기동 시의 기동전류를 비교 설명하시오.

3 전동기를 운전할 때 Y－△ 기동에 대한 기동 및 운전에 대한 조작 요령을 상세히 설명하시오.

해답 1

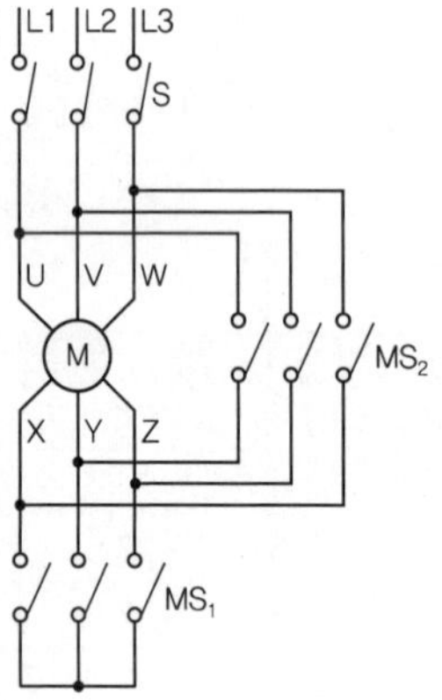

L1 L2 L3

S

U V W

M

X Y Z

MS_2

MS_1

2 Y－△ 기동전류는 전전압 기동전류의 $\frac{1}{3}$ 배이다.

3 Y결선으로 기동한 후 타이머 설정 시간이 지나면 △결선으로 운전한다. 이때 Y와 △는 동시 투입되어서는 안 된다.

TIP

Y－△ 기동법은 결선의 특징을 사용한 감전압기동법이라고 하는 것을 이해하자!

04 ★★★★☆

[6점]

그림은 누름버튼스위치 PB_1, PB_2, PB_3를 ON 조작하여 전동기 A, B, C를 운전하는 시퀀스 회로도이다. 이 회로를 타임차트 1~3의 요구사항과 같이 병렬 우선 순위회로로 고쳐서 그리시오.(단, R_1, R_2, R_3는 계전기이며, 이 계전기의 보조 a접점 또는 b접점을 추가 또는 삭제하여 작성하되 불필요한 접점을 사용하지 않도록 하며, 보조 접점에는 접점명을 기입하도록 한다.)

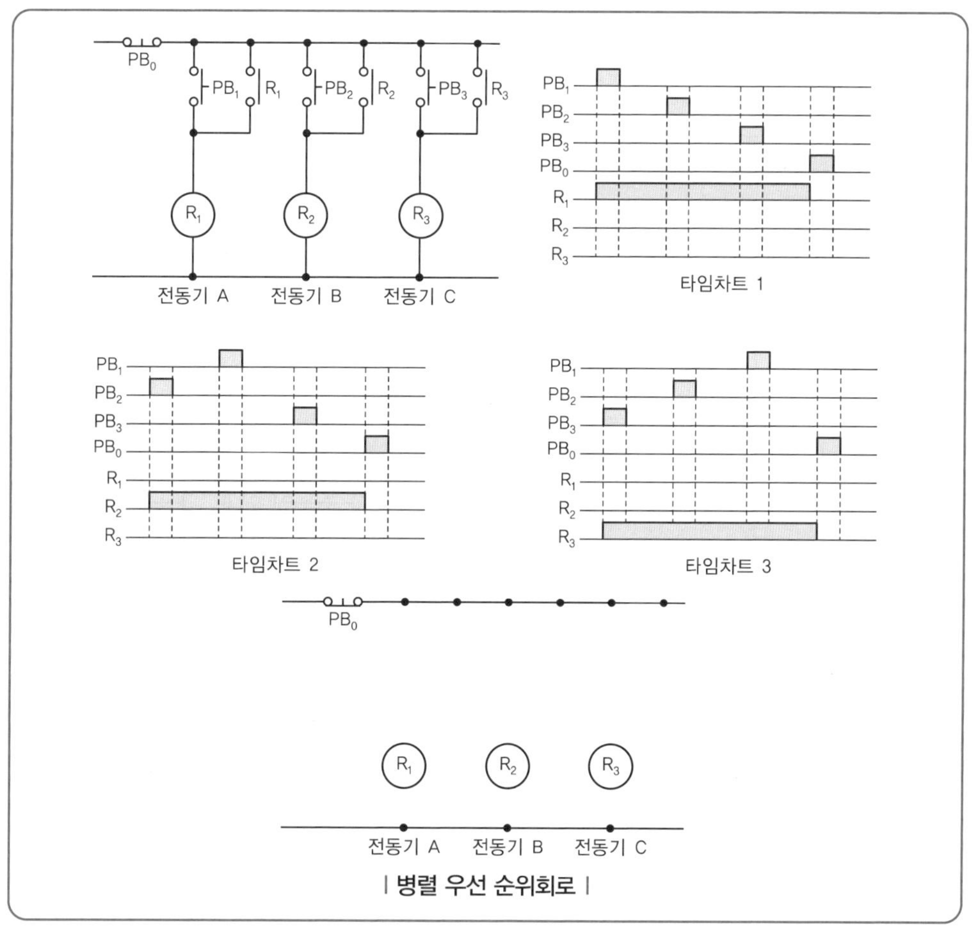

| 병렬 우선 순위회로 |

해답

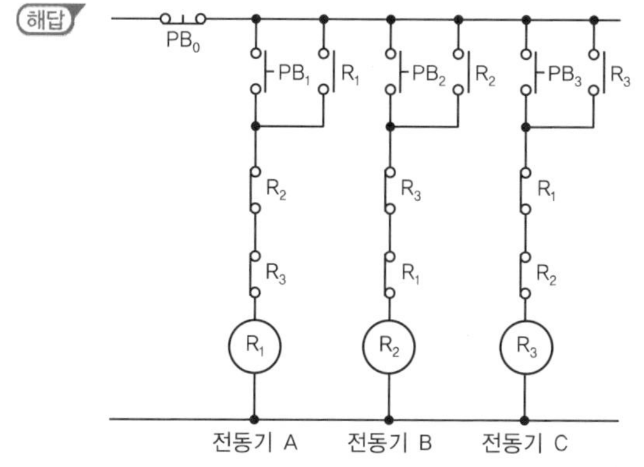

05 ★★★★★ [12점]

그림은 어떤 변전소의 도면이다. 변압기 상호 부등률이 1.3이고, 부하의 역률이 90[%]이다. STr의 내부 임피던스가 4.6[%], Tr_1, Tr_2, Tr_3의 내부 임피던스가 10[%], 154[kV] BUS의 내부 임피던스가 0.4[%]이다. 다음 물음에 답하시오.

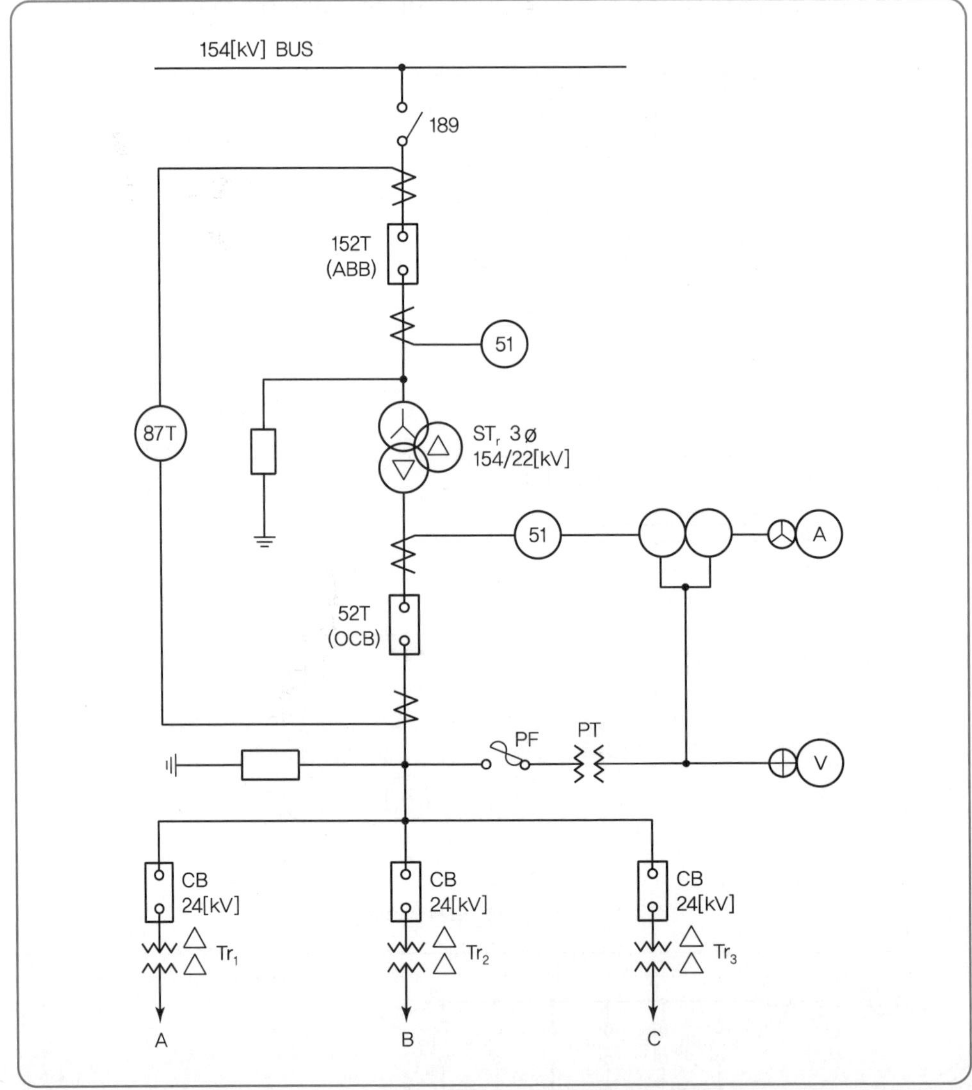

부하	용량	수용률	부등률
A	4,000[kW]	80[%]	1.2
B	3,000[kW]	84[%]	1.2
C	6,000[kW]	92[%]	1.2

154[kV] ABB 용량표[MVA]					
2,000	3,000	4,000	5,000	6,000	7,000

22[kV] OCB 용량표[MVA]					
200	300	400	500	600	700

154[kV] 변압기 용량표[kVA]					
10,000	15,000	20,000	30,000	40,000	50,000

22[kV] 변압기 용량표[kVA]					
2,000	3,000	4,000	5,000	6,000	7,000

1 Tr_1, Tr_2, Tr_3 변압기의 용량[kVA]은?

2 STr의 변압기 용량[kVA]은?

3 차단기 152T의 용량[MVA]은?

4 차단기 52T의 용량[MVA]은?

5 87T의 명칭은?

6 51의 명칭은?

해답 1 $Tr_1, Tr_2, Tr_3 = \dfrac{\text{개별최대전력(설비용량} \times \text{수용률)}}{\text{부등률} \times \text{역률}}$

계산 : $Tr_1 = \dfrac{4{,}000 \times 0.8}{1.2 \times 0.9} = 2{,}962.96[\text{kVA}]$ 답 3,000[kVA]

계산 : $Tr_2 = \dfrac{3{,}000 \times 0.84}{1.2 \times 0.9} = 2{,}333.33[\text{kVA}]$ 답 3,000[kVA]

계산 : $Tr_3 = \dfrac{6{,}000 \times 0.92}{1.2 \times 0.9} = 5{,}111.11[\text{kVA}]$ 답 6,000[kVA]

2 계산 : $STr = \dfrac{\text{개별 최대전력의 합}}{\text{부등률}} = \dfrac{2{,}962.96 + 2{,}333.33 + 5{,}111.11}{1.3} = 8{,}005.69$

답 10,000[kVA]

3 계산 : $P_s = \dfrac{100}{\%Z}P = \dfrac{100}{0.4} \times 10 = 2{,}500[\text{MVA}]$ 답 3,000[MVA]

4 $P_s = \dfrac{100}{\%Z}P = \dfrac{100}{0.4 + 4.6} \times 10 = 200[\text{MVA}]$ 답 200[MVA]

5 주 변압기 비율차동계전기

6 과전류 계전기

TIP

1 부하 측의 부등률이 주어지면 용도별(Tr_1, Tr_2, Tr_3) 변압기에 적용할 것

2 주 변압기 계산 시 변압기 간의 부등률을 적용하고, 계산값으로 변압기 용량을 구할 것

5 (87T) : 주 변압기 비율차동계전기

(87) : 비율차동계전기

06 ★★★★★

[10점]

그림의 단선결선도를 보고 ①~⑤에 들어갈 기기에 대하여 표준심벌을 그리고 약호, 명칭, 용도 또는 역할에 대하여 쓰시오.

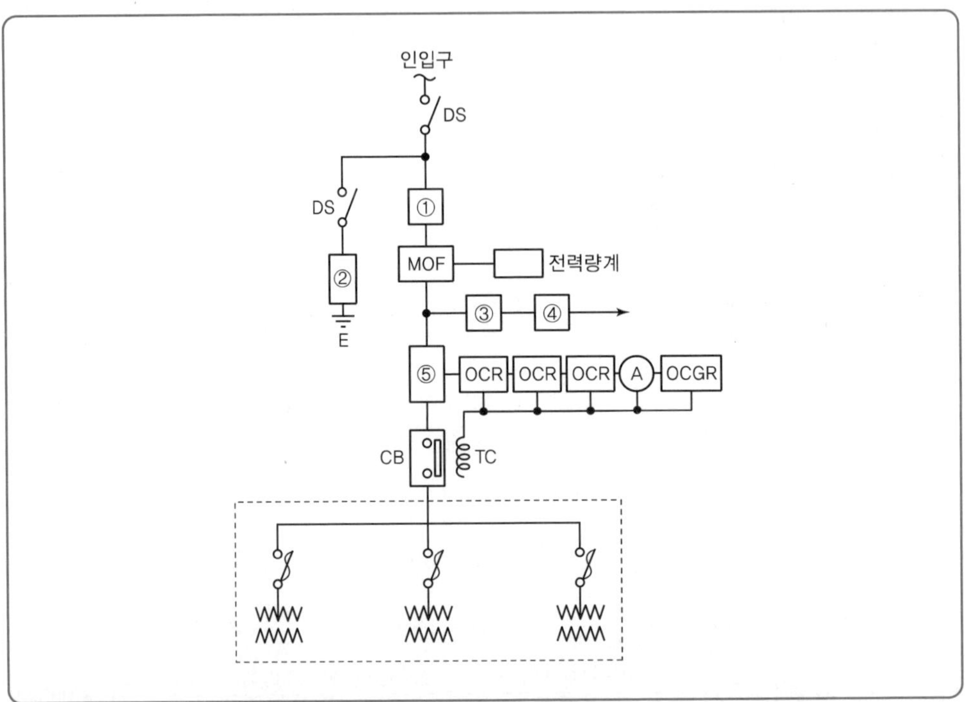

번호	심벌	약호	명칭	용도 및 역할
①				
②				
③				
④				
⑤				

해답

번호	심벌	약호	명칭	용도 및 역할
①		PF	전력용 퓨즈	고장전류 차단 및 사고 확대 방지
②		LA	피뢰기	이상 전압 침입 시 이를 대지로 방전시키며 속류를 차단
③		PF	전력용 퓨즈	PT 고장 시 사고확대 방지
④		PT	계기용 변압기	고전압을 저전압으로 변성
⑤		CT	계기용 변류기	대전류를 소전류로 변성

07 ★☆☆☆☆ [5점]

그림은 전위 강하법에 의한 접지저항 측정방법이다. 다음 물음에 답하시오.

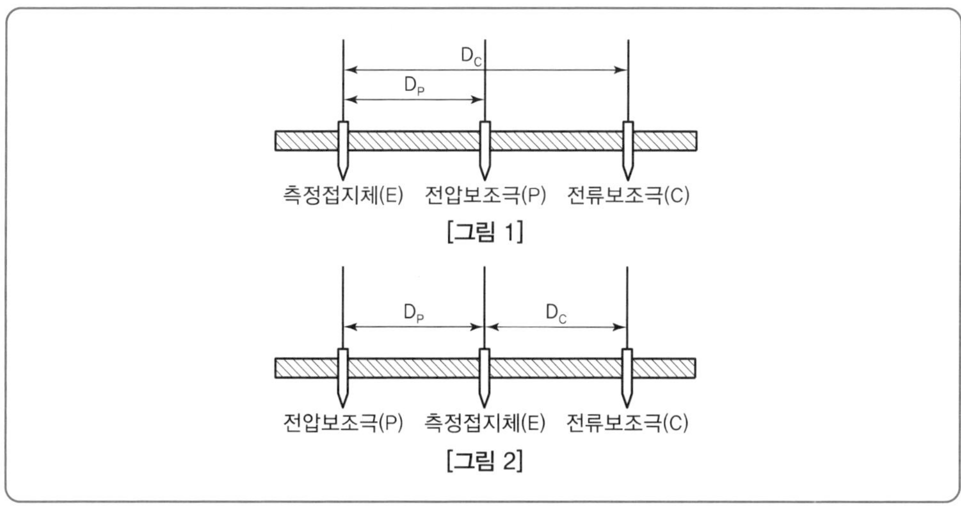

1 그림 1과 그림 2의 측정방법 중 접지저항값이 바르게 나오는 측정방법은?

2 접지저항을 측정할 때 E－C 간 거리의 몇 [%]인 곳에 전위 전극을 설치하면 정확한 접지저항값을 얻을 수 있는지 설명하시오.

해답 1 그림 1

2 61.8[%]

TIP

E－P 간의 간격은 E－C 간 간격의 61.8[%]로 측정할 때 정확한 저항값을 측정할 수 있다.

08 ★★★★★ [3점]

지표면 상 15[m] 높이의 수조가 있다. 이 수조에 20[m³/min]의 물을 양수하는 데 필요한 펌프용 전동기의 소요 동력은 몇 [kW]인가?(단, 펌프의 효율은 80[%]로 하고, 여유계수는 1.1로 한다.)

해답 계산 : $P = \frac{9.8QH}{n}K = \frac{9.8 \times 20/60 \times 15}{0.8} \times 1.1 = 67.4$[kW]　　답 67.4[kW]

TIP

$$P = \frac{QH}{6.12n}K = \frac{20 \times 15}{6.12 \times 0.8} \times 1.1 = 67.4$$

09 ★★★★★ [5점]

수용가의 직렬 리액터를 설치하고자 한다. 다음 각 물음에 답하시오.

1 제5고조파를 제거하기 위한 리액터는 콘덴서 용량의 몇 [%]인가?
2 주파수 변동 등의 여유를 고려하였을 때 몇 [%]인가?
3 제3고조파를 제거하기 위한 리액터는 콘덴서 용량의 몇 [%]인가?

해답 1 4[%]
2 6[%]
3 11.11[%]

TIP

$$3\omega L = \frac{1}{3\omega c}$$

$$\omega L = \frac{1}{9}\frac{1}{\omega c} = 0.1111\frac{1}{\omega c}$$

10 ★★★★☆ [6점]

그림과 같은 논리회로를 이용하여 다음 각 물음에 답하시오.

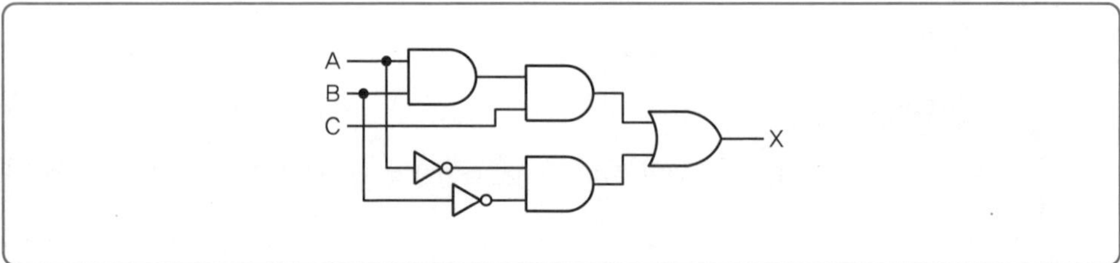

1 주어진 논리회로를 논리식으로 표현하시오.
2 논리회로의 동작 상태를 다음의 타임차트에 나타내시오.

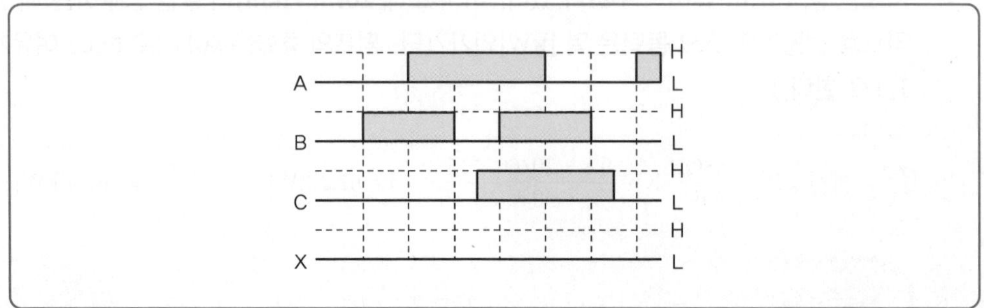

3 다음과 같은 진리표를 완성하시오.(단, L은 Low이고 H는 High이다.)

A	L	L	L	L	H	H	H	H
B	L	L	H	H	L	L	H	H
C	L	H	L	H	L	H	L	H
X								

해답 1 $X = A \cdot B \cdot C + \overline{A} \cdot \overline{B}$

2

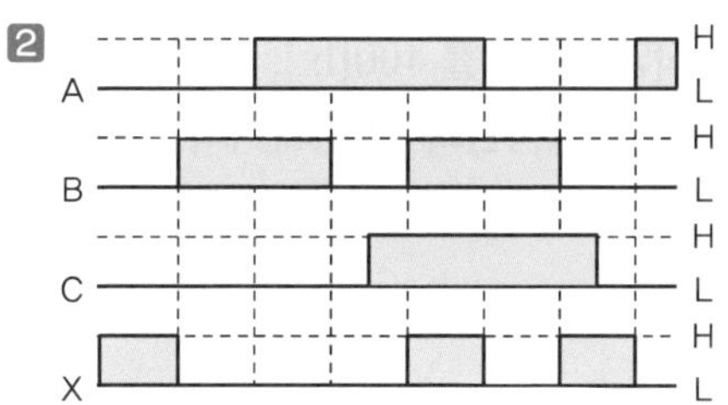

3

A	L	L	L	L	H	H	H	H
B	L	L	H	H	L	L	H	H
C	L	H	L	H	L	H	L	H
X	H	H	L	L	L	L	L	H

11 ★★★★★ [5점]

알칼리축전지의 정격 용량 100[Ah], 상시 부하 5[kW], 표준전압 100[V]인 부동충전방식이 있다. 다음 각 물음에 답하시오.

1 부동충전방식 충전기의 2차 전류는 몇 [A]인가?

2 부동충전방식의 회로도를 전원, 충전기(정류기), 축전지, 부하 등을 이용하여 간단히 그리시오. (단, 심벌은 일반적인 심벌로 표현하되 심벌 부근에 심벌에 따른 명칭을 쓰도록 하시오.)

해답 1 계산

$$\text{부동충전방식 충전기의 2차 전류} = \frac{\text{축전지의 정격용량[Ah]}}{\text{정격방전율[h]}} + \frac{\text{상시 부하용량[kW]}}{\text{표준전압[V]}}$$

$$I = \frac{100}{5} + \frac{5 \times 10^3}{100} = 70[A]$$

답 70[A]

2

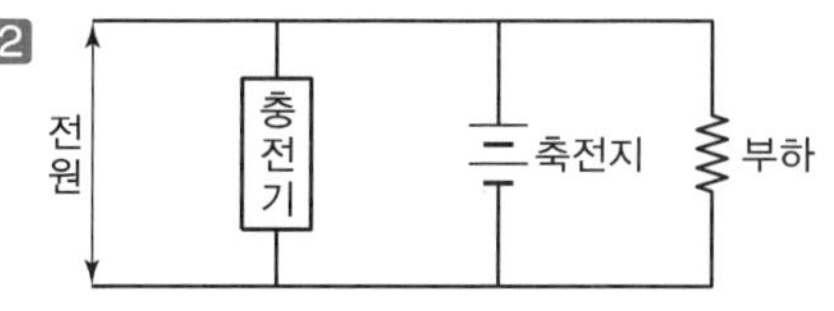

TIP

➤ 정격방전율
① 알칼리 : 5(h)　　② 납축 : 10(h)

12 ★★★★★ [5점]

가로 30[m], 세로 10[m], 높이 3.85[m]인 사무실에 1등의 광속 2,500[lm], 40[W] 2등용 형광등을 설치하려고 한다. 이 사무실의 작업면 조도를 400[lx], 조명률을 0.6, 감광보상률을 1.3으로 한다. 다음 물음에 답하시오.(단, 책상면과 천장 사이의 거리는 3[m]이다.)

1 이 사무실의 실지수는 얼마인가?
2 이 사무실에 필요한 등기구 수는?

해답 1 계산 : $실지수=\frac{XY}{H(X+Y)}=\frac{10\times 30}{3\times(10+30)}=2.5$

답 2.5

2 계산 : FUN=DEA

$$N=\frac{400\times 10\times 30\times 1.3}{2{,}500\times 2\times 0.6}=52$$

답 52[등]

13 ★☆☆☆☆ [5점]

발주자는 노선 변경, 공법 변경, 그 밖의 시설물 추가 등으로 설계변경이 필요한 경우에는 반드시 서면으로 책임감리원에게 설계변경을 하도록 지시하여야 한다. 관련 서류 5가지를 쓰시오.

해답 ① 설계변경 개요서　② 설계변경도면
③ 설계 설명서　④ 계산서
⑤ 수량산출 조서

14 ★☆☆☆☆ [5점]

1선 지락고장 시 접지계통에서 고장전류가 흐르는 경로를 답란에 쓰시오.

해답

단일접지계통	선로 → 지락점 → 대지 → 접지점 → 중성점 → 선로
중성점접지계통	선로 → 지락점 → 대지 → 접지점 → 중성점 → 선로
다중접지계통	선로 → 지락점 → 대지 → 다중 접지극의 접지점 → 중성점 → 선로

15 ★★★★★ [4점]

22.9[kV] 수전설비에서 부하전류가 30[A]이다. 60/5의 변류기를 통하여 과전류계전기를 시설하였다. 120[%]의 과부하에서 차단시킨다면 과부하 트립 전류값은 몇 [A]로 설정해야 하는가?

해답 계산 : 계전기 탭=부하전류$\times\frac{1}{\text{CT비}}\times(1.25\sim1.5)=30\times\frac{5}{60}\times1.2=3$[A]

답 3[A]

16 ★☆☆☆☆ [3점]

전력설비 점검 시 보호계전계통 보호계전기의 오동작 원인이 무엇인지 3가지를 쓰시오.

해답 ① 여자돌입전류
② 변류기의 포화
③ 고조파 유입

TIP

④ 불평형(전압 · 전류)

17 ★★★☆☆ [4점]

3상 유도전동기에 정격전류 320[A](역률 0.85)가 다음 표와 같은 선로에 흐를 때 선로의 전압강하를 계산하시오.

길이	150[m]
저항	$R=0.18$[Ω/km], 리액턴스 $\omega L=0.102$[Ω/km], ωC는 무시한다.

해답 계산 : $e=\sqrt{3}I(R\cos\theta+X\sin\theta)$

$=\sqrt{3}\times320(0.18\times0.15\times0.85+0.102\times0.15\times\sqrt{1-0.85^2})$

$=17.19$[V]

답 17.19[V]

18 ★★★★★ [5점]

전원에 고조파 성분이 포함되어 있는 경우 부하설비의 과열 및 이상현상이 발생하는 경우가 있다. 이러한 고조파 전류가 발생하는 경우 그 대책을 3가지만 쓰시오.

해답 ① 변압기의 다펄스화
② 능동필터 사용
③ 콘덴서용 직렬 리액터 설치

TIP
④ 단락용량 증대
⑤ 변압기 △결선
⑥ 리액터(AC, DC) 설치

19 ★★★★★ [3점]

다음 표를 보고 합성최대전력[kW]을 계산하시오.(단, 부등률은 1.1)

수용가	설비용량[kW]	수용률[%]
A	300	80
B	200	60
C	100	80

해답 계산 : $\text{합성최대전력} = \dfrac{\text{개별 최대수용전력의 합}}{\text{부등률}} = \dfrac{\text{설비 용량} \times \text{수용률}}{\text{부등률}}$

$$= \frac{300 \times 0.8 + 200 \times 0.6 + 100 \times 0.8}{1.1} = 400[\text{kW}]$$

답 400[kW]

2017년도 3회 시험

과년도 기출문제

회독 체크	□1회독	월 일	□2회독	월 일	□3회독	월 일

2012 2013 2014 2015 2016 2017 2018 2019 2020 2021

01 ★★★☆☆ [4점]

그림은 3상 4선식 전력량계의 결선도를 나타낸 것이다. PT와 CT를 사용하여 미완성 부분의 결선도를 완성하시오.(단, 접지는 생략한다.)

1S P1 2S P2 3S P3 P0 3L 2L 1L
P1 P2 P3 P0
1S 1L
2S 2L
3S 3L
1
2
3
0
전원
부하

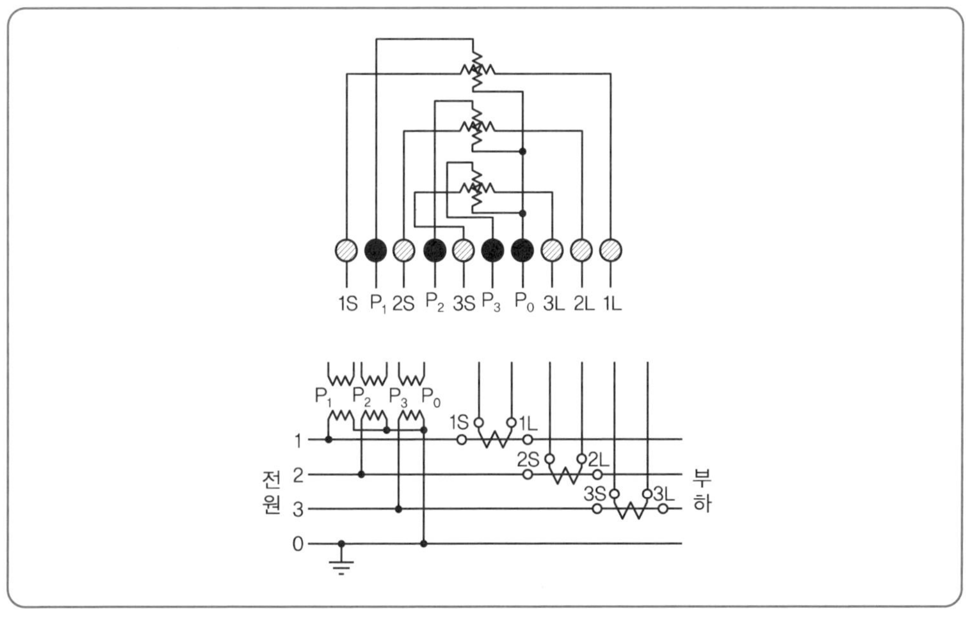

해답

1S P1 2S P2 3S P3 P0 3L 2L 1L
P1 P2 P3 P0
1S 1L
2S 2L
3S 3L
1
2
3
0
전원
부하

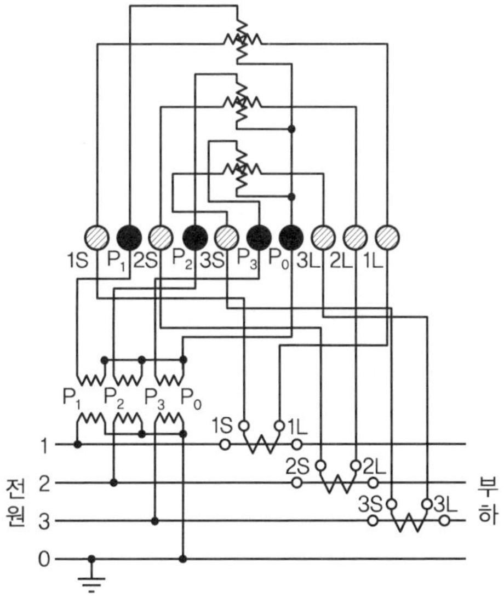

02 ★★★☆☆ [5점]

그림과 같은 점광원으로부터 원뿔 밑면까지의 거리가 4[m]이고, 밑면의 반지름이 3[m]인 원형 면의 평균 조도가 100[lx]라면 이 점광원의 평균 광도[cd]는?

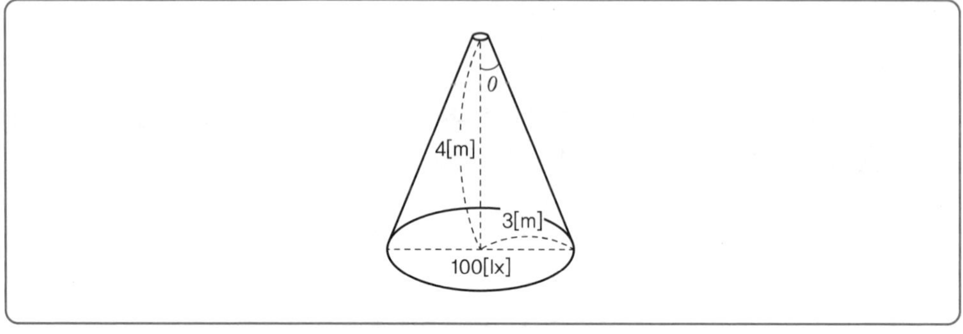

해답 계산 : $E = \frac{F}{S} = \frac{\omega I}{\pi r^2} = \frac{2\pi(1-\cos\theta)I}{\pi r^2}$

$100 = \frac{2I\left(1-\frac{4}{5}\right)}{3^2}$, $900 = 2I \times 0.2$, $I = 2,250$

답 2,250[cd]

TIP

$I = \frac{F}{\omega} = \frac{F}{2\pi(1-\cos\theta)}$[cd]　　여기서, F : 광속, I : 광도

03 ★★★★☆ [6점]

중심점 직접 접지 계통에 인접한 통신선의 전자 유도장해 경감대책에 관한 다음 물음에 답하시오.

1 근본대책
2 전력선 측 대책(3가지)
3 통신선 측 대책(3가지)

해답 1 근본대책 : 전력선과 통신선의 이격거리를 충분히 둔다.

2 전력선 측 대책(3가지)
① 중성점을 접지할 경우 저항값을 가능한 한 큰 값으로 한다.
② 고속도 지락 보호 계전 방식을 채용한다.
③ 차폐선을 설치한다.
그 외
④ 지중전선로 방식을 채용한다.

3 통신선 측 대책(3가지)
① 절연 변압기를 설치하여 구간을 분할한다.

② 연피통신케이블을 사용한다.
③ 통신선에 우수한 피뢰기를 사용한다.
그 외
④ 배류 코일을 설치한다.
⑤ 전력선과 교차 시 수직교차한다.

2012 2013 2014 2015 2016 2017 2018 2019 2020 2021

04 ★★★★☆ [7점]

그림은 3상 유도 전동기의 역상 제동 시퀀스 회로이다. 물음에 답하시오.(단, 플러깅 릴레이 Sp는 전동기가 회전하면 접점이 닫히고, 속도가 0에 가까우면 열리도록 되어 있다.)

1 회로에서 ①~④에 접점과 기호를 넣으시오.
2 MS_1, MS_2의 동작 과정을 간단히 설명하시오.
3 보조 릴레이 T와 저항 R의 용도 및 역할에 대하여 간단히 설명하시오.

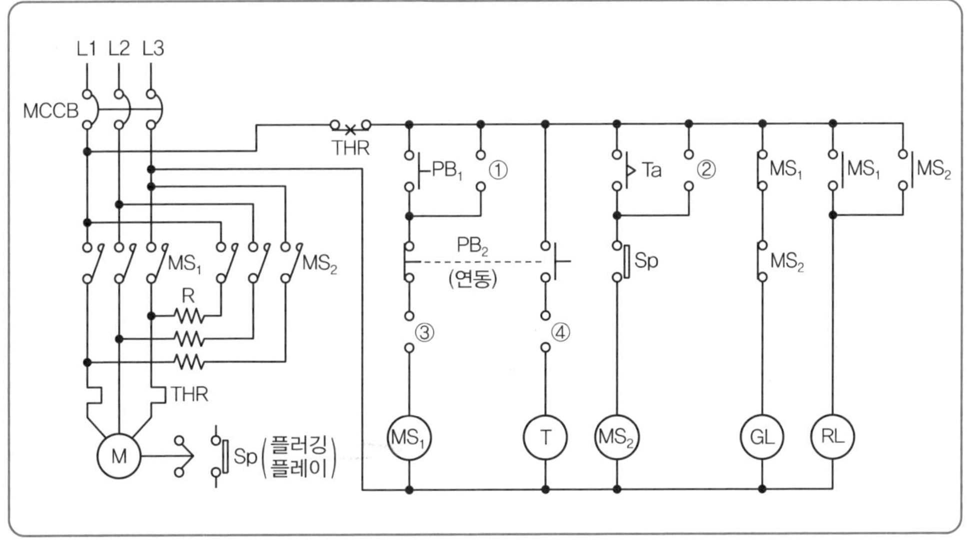

해답 1

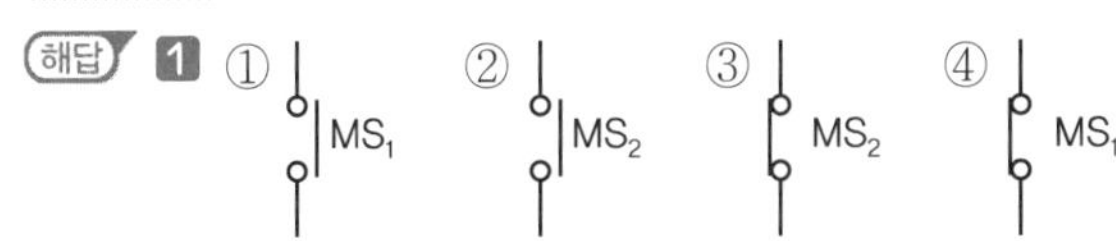

2 ① PB_1으로 MS_1을 여자시켜 전동기를 정회전 기동한다.
② PB_2 연동접점으로 MS_1은 소자되고 T는 여자되며, PB_2를 누르고 있으므로 타이머 설정 시간 후 MS_2가 여자되어 전동기는 역회전한다.
③ 전동기의 속도가 급격히 감소하여 0에 가까워지면 플러깅 릴레이에 의하여 전동기는 전원에서 완전히 분리되어 급정지한다.(플러깅 제동)

3 T : 시간 지연 릴레이를 사용하여 제동 시 전동기 손상 방지로 시간적인 여유를 주기 위함
R : 역상 제동 시 저항의 전압 강하로 전압을 줄이고 제동력을 제한함

05 ★★★☆☆ [5점]

사용전압 380[V]인 3상 직입기동전동기 1.5[kW] 1대, 3.7[kW] 2대와 3상 15[kW] 기동기 사용 전동기 1대 및 3상 전열기 3[kW]를 간선에 연결하였다. 이때의 간선 굵기, 간선의 과전류 차단기 용량을 다음 표를 이용하여 구하시오.(단, 공사방법은 B1, PVC 절연전선을 사용)

간선의 굵기[mm^2]	과전류 차단기 용량[A]

| 표 1. 3상 농형 유도 전동기의 규약 전류값 |

출력[kW]	규약 전류[A]	
	200[V]용	380[V]용
0.2	1.8	0.95
0.4	3.2	1.68
0.75	4.8	2.53
1.5	8.0	4.21
2.2	11.1	5.84
3.7	17.4	9.16
5.5	26	13.68
7.5	34	17.89
11	48	25.26
15	65	34.21
18.5	79	41.58
22	93	48.95
30	124	65.26
37	152	80
45	190	100
55	230	121
75	310	163
90	360	189.5
110	440	231.6
132	500	263

[비고]

1. 사용하는 회로의 표준전압이 220[V]인 경우 220[V]인 것의 0.9배로 한다.
2. 고효율 전동기는 제작자에 따라 차이가 있으므로 제작자의 기술자료를 참조할 것

| 표 2. 380[V] 3상 유도전동기의 간선의 굵기 및 기구의 용량 |

전동기 [kW] 수의 총계 [kW] 이하	최대 사용 전류 [A] 이하	배선 종류에 의한 간선의 최소 굵기[mm^2] 공사방법 A_1		공사방법 B_1		공사방법 C		직입기동 전동기 중 최대 용량의 것 / Y－Δ 기동기 사용 전동기 중 최대 용량의 것											
								0.75 이하 –	1.5 –	2.2 –	3.7 –	5.5 5.5	7.5 7.5	11 11	15 15	18.5 18.5	22 22	30 30	37 37
		PVC	XLPE, EPR	PVC	XLPE, EPR	PVC	XLPE, EPR	과전류 차단기(배선용 차단기) 용량[A] 직입기동 : 칸 위 숫자, Y－Δ기동 : 칸 아래 숫자											
3	7.9	2.5	2.5	2.5	2.5	2.5	2.5	15 –	15 –	15 –	–	–	–	–	–	–	–	–	–
4.5	10.5	2.5	2.5	2.5	2.5	2.5	2.5	15 –	15 –	20 –	30 –	–	–	–	–	–	–	–	–
6.3	15.8	2.5	2.5	2.5	2.5	2.5	2.5	20 –	20 –	30 –	30 –	40 30	–	–	–	–	–	–	–
8.2	21	4	2.5	2.5	2.5	2.5	2.5	30 –	30 –	30 –	30 –	40 30	50 30	–	–	–	–	–	–
12	26.3	6	4	4	2.5	4	2.5	40 –	40 –	40 –	40 –	40 40	50 40	75 40	–	–	–	–	–
15.7	39.5	10	6	10	6	6	4	50 –	50 –	50 –	50 –	50 50	60 50	75 50	100 60	–	–	–	–
19.5	47.4	16	10	10	6	10	6	60 –	60 –	60 –	60 –	60 60	75 60	75 60	100 60	125 75	–	–	–
23.2	52.6	16	10	16	10	10	10	75 –	75 –	75 –	75 –	75 75	75 75	100 75	100 75	125 75	125 100	–	–
30	65.8	25	16	16	10	16	10	100 –	100 –	100 –	100 –	100 100	100 100	100 100	125 100	125 100	125 100	–	–
37.5	78.9	35	25	25	16	25	16	100 –	100 –	100 –	100 –	100 100	100 100	100 100	125 100	125 100	125 100	125 125	–
45	92.1	50	25	35	25	25	16	125 –	125 –	125 –	125 –	100 100	125 125	125 125	125 125	125 125	125 125	125 125	125 125
52.5	105.3	50	35	35	25	35	25	125 –	125 –	125 –	125 –	125 125	125 125	125 125	125 125	125 125	125 125	125 125	150 150
63.7	131.6	70	50	50	35	50	35	175 –	175 –	175 –	175 –	175 175	175 175	175 175	175 175	175 175	175 175	175 175	175 175
75	157.9	95	70	70	50	70	50	200 –	200 –	200 –	200 –	200 200	200 200	200 200	200 200	200 200	200 200	200 200	200 200
86.2	184.2	120	95	95	70	95	70	225 –	225 –	225 –	225 –	225 225	225 225	225 225	225 225	225 225	225 225	225 225	225 225

[비고]
1. 최소 전선 굵기는 1회선에 대한 것이며, 2회선 이상일 경우는 부록 500-2의 복수회로 보정계수를 적용하여야 한다.
2. 공사방법 A_1은 벽 내의 전선관에 공사한 절연전선 또는 단심 케이블, B_1은 벽면의 전선관에 공사한 절연전선 또는 단심케이블, C는 벽면에 공사한 단심 또는 다심케이블을 시설하는 경우의 전선 굵기를 표시하였다.
3. 「전동기 중 최대의 것」에 동시 기동하는 경우를 포함함
4. 과전류 차단기의 용량은 해당 조항에 규정되어 있는 범위에서 실용상 거의 최댓값을 표시함
5. 과전류 차단기의 선정은 최대용량의 정격전류의 3배에 다른 전동기의 정격전류 합계를 가산한 값 이하를 표시함
6. 배선용 차단기를 배 · 분전반, 제어반 내부에 시설하는 경우는 그 반 내의 온도상승에 주의할 것

해답 계산 : 전동기[kW] 수의 총계 $=1.5+3.7+3.7+15=23.9$[kW]

최대사용전류[A] $=4.21+9.16+9.16+34.21+\dfrac{3\times10^3}{\sqrt{3}\times380}=61.3$[A]

답

간선의 굵기	과전류차단기 용량
16[mm²]	100[A]

TIP

① 26.9[kW]이므로 표 2에서 30[kW]을 선정, B_1(공사방법) PVC 선정
② 전동기 전류는 표 1에서 선정, 전열기는 계산할 것
③ 과전류 차단기 선정 시 $Y-\Delta$ 기동법을 기준으로 함

06 ★★★★★ [5점]

비접지선로의 접지전압을 검출하기 위하여 그림과 같은 ($Y-$개방Δ) 결선을 한 GPT가 있다. 다음 물음에 답하시오.

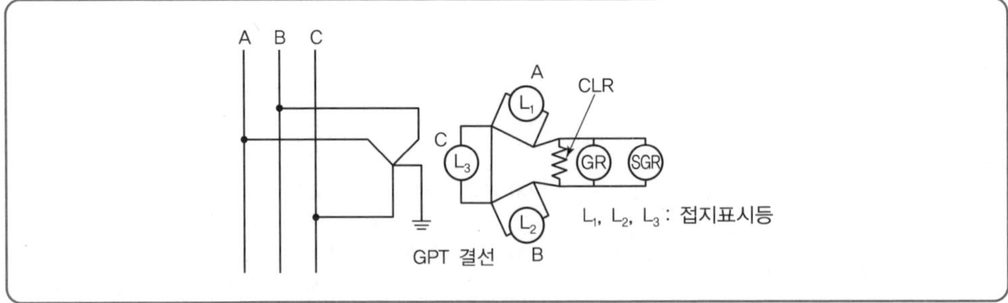

1 A상 고장 시(완전 지락 시), 2차 접지표시등 L_1, L_2, L_3의 점멸 여부와 밝기를 비교하시오.

2 1선 지락사고 시 건전상(사고가 나지 않은 상)의 대지 전위의 변화를 간단히 설명하시오.

3 GR, SGR의 정확한 명칭을 우리말로 쓰시오.

해답 1 L_1 : 소등, 어둡다. L_2, L_3 : 점등, 더욱 밝아진다.

2 전위가 상승한다.

3 GR : 지락(접지) 계전기, SGR : 선택지락(접지) 계전기

TIP

① 지락된 상의 전압은 0이고, 지락되지 않은 상은 전위가 상승한다. A상이 지락되었으므로 L_1은 소등하고, L_2, L_3는 점등한다.
② CLR : 한류저항기

07 ★★★★★ [5점]

변압기의 1일 부하 곡선이 그림과 같은 분포일 때 다음 물음에 답하시오.(단, 변압기의 전부하 동손은 130[W], 철손은 100[W]이다.)

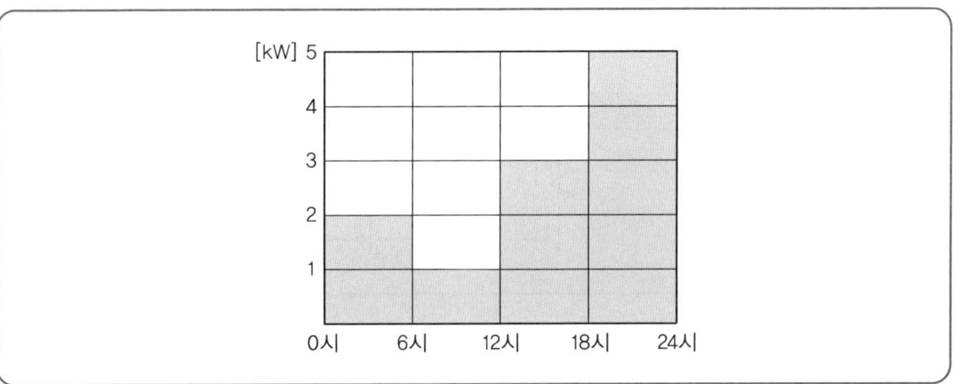

1 1일 중의 사용 전력량은 몇 [kWh]인가?

2 1일 중의 전손실 전력량은 몇 [kWh]인가?

3 1일 중 전일효율은 몇 [%]인가?

해답 1 1일 사용 전력량

계산 : 출력(전력량) W=전력×시간=2×6+1×6+3×6+5×6=66[kWh]

답 66[kWh]

2 1일 전손실

계산 : • 동손 : $P_c = m^2 \times P_c \times$ 시간

$$= \left[\left(\frac{2}{5}\right)^2 \times 0.13 + \left(\frac{1}{5}\right)^2 \times 0.13 + \left(\frac{3}{5}\right)^2 \times 0.13 + \left(\frac{5}{5}\right)^2 \times 0.13\right] \times 6$$

$= 1.22$[kWh]

• 철손 : $P_i = P_i \times$ 시간 $= 0.1 \times 24 = 2.4$[kWh]

전손실=철손+동손이므로

$\therefore P_L = P_i + P_c = 2.4 + 1.22 = 3.62$[kWh]

답 3.62[kWh]

3 계산 : 효율 $\eta = \dfrac{\text{출력}}{\text{출력} + \text{손실}} \times 100[\%] = \dfrac{66}{66 + 3.62} \times 100 = 94.8[\%]$

답 94.8[%]

2012
2013
2014
2015
2016
2017
2018
2019
2020
2021

08 ★★★★★

[5점]

평형 3상 회로에 변류비 100/5인 변류기 2개를 그림과 같이 접속하였을 때 전류계에 3[A]의 전류가 흘렀다. 1차 전류의 크기는 몇 [A]인가?

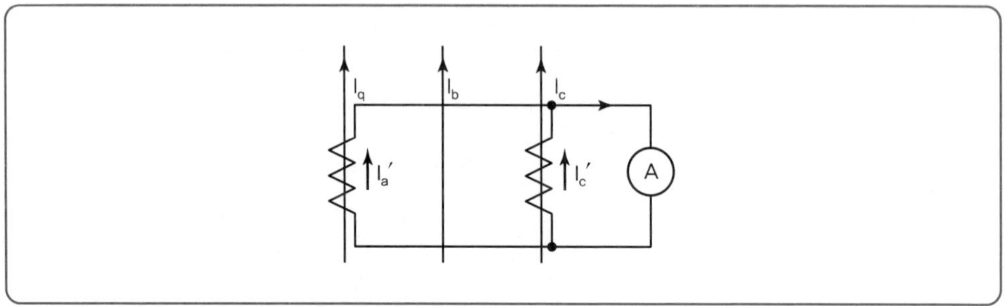

해답 계산 : 1차 전류 $I_1 = 전류계값 \times \frac{1}{CT비} = 3 \times \frac{100}{5} = 60$

답 60[A]

TIP

CT 결선은 화동(가동) 결선

09 ★★★★☆ [10점]

그림은 고압 전동기를 사용하는 고압 수전설비 결선도이다. 이 그림을 보고 다음 각 물음에 답하시오.

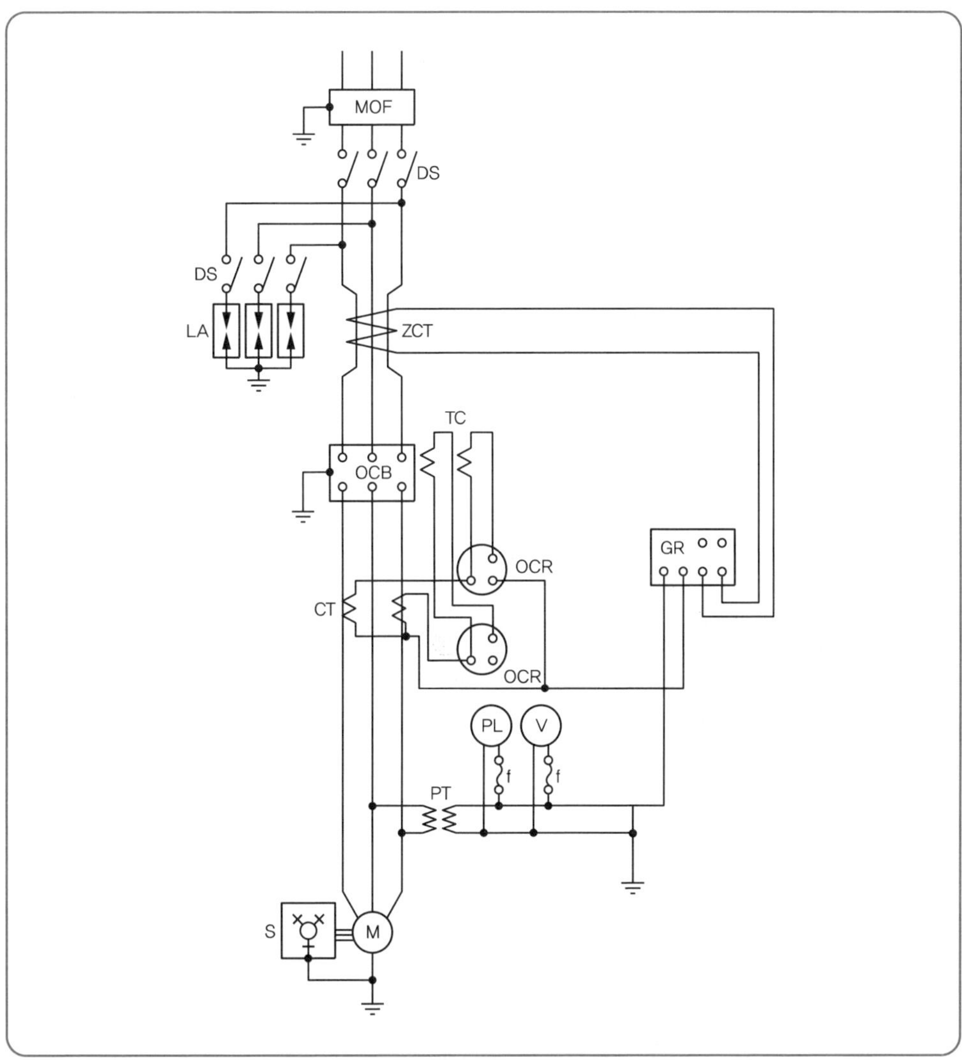

1 ①~⑥까지 명칭과 용도 또는 역할을 쓰시오.

번호	약호	명칭	용도 또는 역할
①	MOF		
②	LA		
③	ZCT		
④	OCB		
⑤	OC		
⑥	G		

2 본 도면에서 생략할 수 있는 부분은?
3 전력용 콘덴서에 고조파 전류가 흐를 때 사용하는 기기는 무엇인가?
4 도면의 접지 개소 ①~⑤의 접지 종별은? ※ KEC 규정에 따라 삭제

해답 1

번호	약호	명칭	용도 또는 역할
①	MOF	전력수급용 계기용 변성기	PT와 CT를 조합하여 사용 전력량을 측정
②	LA	피뢰기	뇌전류를 방전하고 속류 차단
③	ZCT	영상변류기	지락전류를 검출하여 지락계전기에 공급
④	OCB	유입차단기	사고전류를 차단
⑤	OC	과전류계전기	과전류로부터 동작하여 차단기 개방
⑥	G	지락계전기	지락전류로부터 차단기 개방

2 LA용 DS
3 직렬 리액터

10 ★★★★☆ [7점]

변압기의 절연내력 시험전압에 대한 ①~⑦의 알맞은 내용을 빈칸에 쓰시오.

구분	종류(최대사용전압을 기준으로)	시험전압
1	최대사용전압 7[kV] 이하인 권선 (단, 시험전압이 500[V] 미만으로 되는 경우에는 500[V])	최대사용전압×(①)배
2	7[kV]를 넘고 25[kV] 이하인 권선으로서 중성선 다중접지식에 접속되는 것	최대사용전압×(②)배
3	7[kV]를 넘고 60[kV] 이하인 권선(중성선 다중접지 제외) (단, 시험전압이 +10500[kV] 미만으로 되는 경우에는 10500[V])	최대사용전압×(③)배
4	60[kV]를 넘는 권선으로서 중성점 비접지식 전로에 접속되는 것	최대사용전압×(④)배
5	60[kV]를 넘는 권선으로서 중성점 접지식 전로에 접속하고 또한 성형결선의 권선의 경우에는 그 중성점 T좌 권선과 주좌 권선의 접속점에 피뢰기를 시설하는 것(단, 시험전압이 75[kV] 미만으로 되는 경우에는 75[kV])	최대사용전압×(⑤)배
6	60[kV]를 넘는 권선으로서 중성점 직접접지식 전로에 접속하는 것. 다만, 170[kV]를 초과하는 권선에는 그 중성점에 피뢰기를 시설하는 것	최대사용전압×(⑥)배
7	170[kV]를 넘는 권선으로서 중성점 직접접지식 전로에 접속하고 또는 그 중성점을 직접 접지하는 것	최대사용전압×(⑦)배
예시	기타의 권선	최대사용전압×(1.1)배

해답

구분	종류(최대사용전압을 기준으로)	시험전압
1	최대사용전압 7[kV] 이하인 권선 (단, 시험전압이 500[V] 미만으로 되는 경우에는 500[V])	최대사용전압×(1.5)배
2	7[kV]를 넘고 25[kV] 이하인 권선으로서 중성선 다중접지식에 접속되는 것	최대사용전압×(0.92)배
3	7[kV]를 넘고 60[kV] 이하인 권선(중성선 다중접지 제외) (단, 시험전압이 10,500[kV] 미만으로 되는 경우에는 10,500[V])	최대사용전압×(1.25)배
4	60[kV]를 넘는 권선으로서 중성점 비접지식 전로에 접속되는 것	최대사용전압×(1.25)배
5	60[kV]를 넘는 권선으로서 중성점 접지식 전로에 접속하고 또한 성형결선의 권선의 경우에는 그 중성점 T좌 권선과 주좌 권선의 접속점에 피뢰기를 시설하는 것(단, 시험전압이 75[kV] 미만으로 되는 경우에는 75[kV])	최대사용전압×(1.1)배
6	60[kV]를 넘는 권선으로서 중성점 직접접지식 전로에 접속하는 것. 다만, 170[kV]를 초과하는 권선에는 그 중성점에 피뢰기를 시설하는 것	최대사용전압×(0.72)배
7	170[kV]를 넘는 권선으로서 중성점 직접접지식 전로에 접속하고 또는 그 중성점을 직접 접지하는 것	최대사용전압×(0.64)배
예시	기타의 권선	최대사용전압×(1.1)배

11 ★☆☆☆☆ [6점]

다음 물음에 답하시오.

1 전압계, 전류계법으로 저항값을 측정하기 위한 회로를 완성하시오.

2 저항 R에 대한 식을 쓰시오.

1

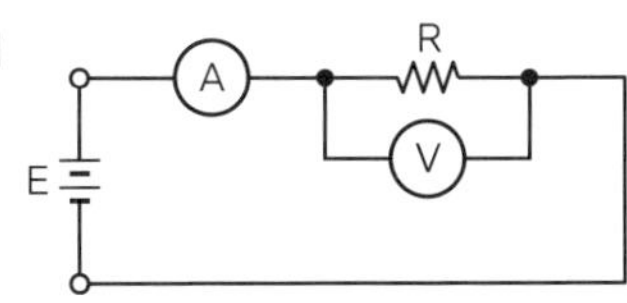

2 $R = \frac{Ⓥ}{Ⓐ}\left(\frac{V}{I}\right)$

TIP

전류계는 직렬, 전압계는 병렬로 연결하며 전류계는 전압계 전단에 설치한다.

12 ★★★☆☆ [5점]

전압 100[V], 저항 4[Ω], 유도 리액턴스 3[Ω]일 때 콘덴서를 병렬로 연결하여 역률 1로 만들기 위해 병렬 연결하는 용량성 리액턴스는 몇 [Ω]인가?

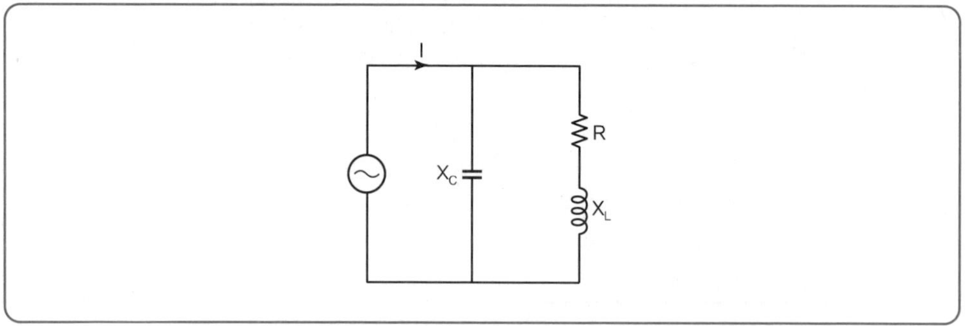

해답 계산 : $Y = Y_1 + Y_2 = \frac{1}{R + jW_L} + jW_C = \frac{R}{R^2 + (W_L)^2} + j\left(W_C - \frac{W_L}{R^2 + (W_L)^2}\right)$

역률이 1이 되려면 허수부가 0이 되어 병렬공진이 되어야 하므로

$W_C = \frac{W_L}{R^2 + (W_L)^2}$

$\therefore X_C = \frac{1}{W_C} = \frac{R^2 + (W_L)^2}{W_L} = \frac{4^2 + 3^2}{3} = 8.33[\Omega]$

답 8.33[Ω]

13 ★★★★☆

[6점]

그림은 인터록 회로이다. 이 그림을 보고 다음 각 물음에 답하시오.

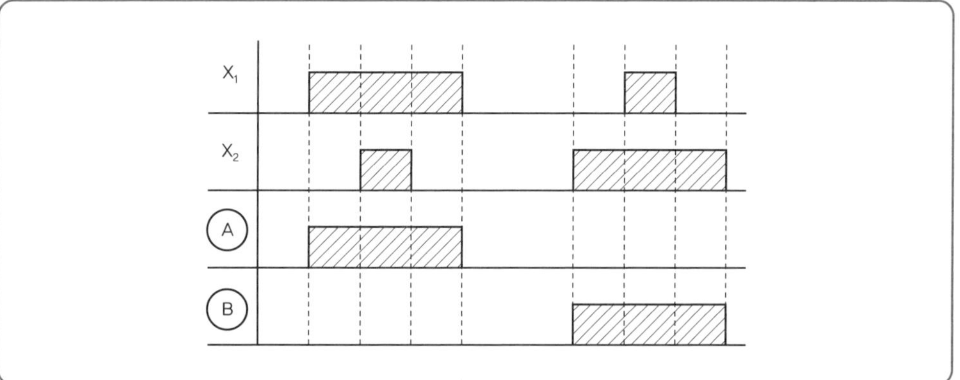

1 이 회로를 논리회로로 고쳐서 완성하시오.

2 논리식을 쓰고 진리표를 완성하시오.

① 논리식

② 진리표

X_1	X_2	A	B
0	0		
0	1		
1	0		

해답 **1**

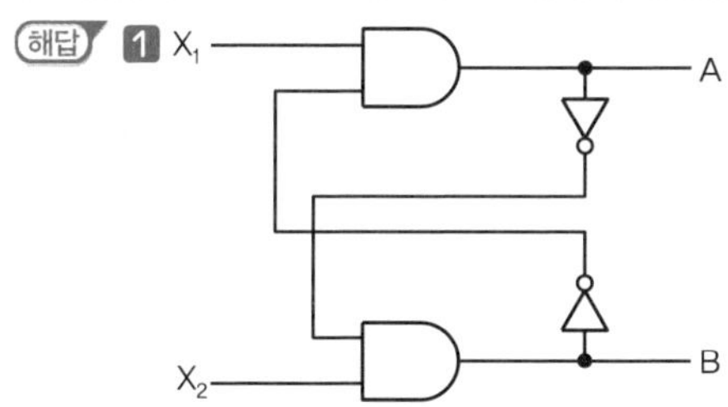

2 ① 논리식

$A = X_1 \cdot \overline{B}$, $B = X_2 \cdot \overline{A}$

② 진리표

X_1	X_2	A	B
0	0	0	0
0	1	0	1
1	0	1	0

14 ★★★★★ [4점]

다음은 컴퓨터 등의 중요한 부하에 대한 무정전 전원 공급을 위한 그림이다. ①~⑤에 적당한 전기시설물의 명칭을 쓰시오.

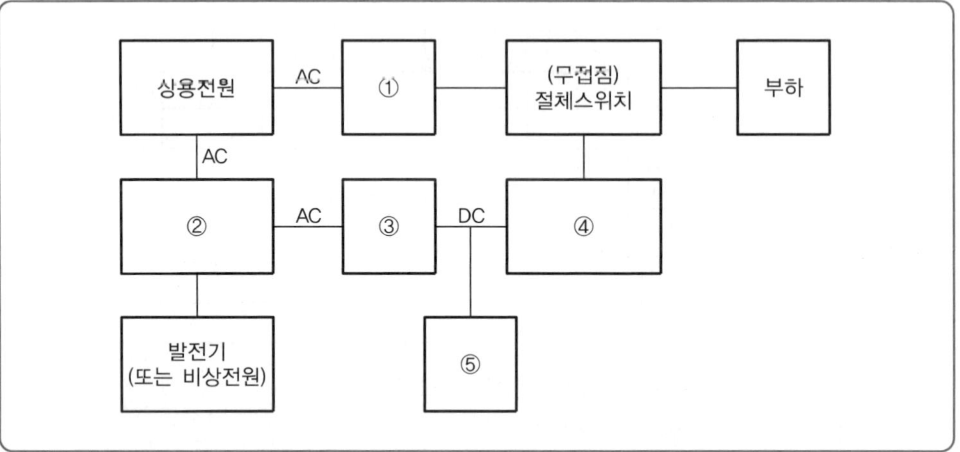

해답 ① 자동전압조정기(AVR)
② (무접점)절체스위치
③ 정류기
④ 인버터
⑤ 축전지

TIP

① 무접점 절체스위치 : 반도체를 이용한 스위치
② 축전지는 DC 상태에서 충전됨

15 ★☆☆☆☆ [5점]

주택 및 아파트에 설치하는 콘센트의 수는 주택의 크기, 생활수준, 생활방식 등에 따라 다르기 때문에 일률적으로 규정하기는 곤란하다. 내선규정에서는 이 점에 대하여 아래의 표와 같이 규모별로 표준적인 콘센트 수와 바람직한 콘센트 수를 규정하고 있다. 아래의 표를 완성하시오.

방의 크기(m^2)	표준적인 설치 수	바람직한 설치 수
5 미만	(1)	(2)
5~10 미만	(2)	(3)
10~15 미만	(3)	(4)
15~20 미만	(4)	(5)
부엌	(5)	(4)

비고 1. 콘센트 구수는 관계없이 1로 본다.
2. 콘센트는 2구용 이상의 것을 설치하는 것이 바람직하다.

해답 1 1 2 2
3 3 4 3
5 2

16 ★☆☆☆☆ [4점]

다음 기기의 명칭을 쓰시오.

1 가공배전선로 사고의 대부분이 나무에 의한 접촉이나 강풍 등에 의해 일시적으로 발생한 사고이므로 신속하게 고장구간을 차단하고 재투입하는 개폐장치이다.
2 책임 분기점에서 무부하 상태로 선로를 개폐하기 위하여 시설하는 것으로 근래에는 ASS를 사용하며, 66[kV] 이상의 경우에 사용하는 개폐장치이다.

해답 1 리클로우저(리클리우저)
2 선로개폐기

17 ★★☆☆☆ [5점]

전압과 역률이 일정할 때 전력손실이 2배가 되려면 전력은 몇 [%] 증가해야 하는가?

해답 계산 : $P_L \propto P^2$

$P = \sqrt{P_L} = \sqrt{2} = 1.4142$

여기서, P_L : 전력손실, P : 전력

답 41.42[%]

TIP

$P_L = 3I^2R = \dfrac{P^2R}{V^2\cos^2\theta} \times 10^{-3}[\text{kW}]$

18 ★★★★☆ [6점]

수전단 전압이 6,000[V]인 2[km] 3상 3선식 선로에서 380[V], 1,000[kW](지역률 0.8) 부하가 연결되었다고 한다. 다음 물음에 답하시오.(단, 1선당 저항은 0.3[Ω/km], 1선당 리액턴스는 0.4[Ω/km]이다.)

1. 선로의 전압강하를 구하시오.
2. 선로의 전압강하율을 구하시오.
3. 선로의 전력손실을 구하시오.

해답 1 계산 : $e = \dfrac{P}{V}(R + X\tan\theta)$

$$\therefore e = \frac{1{,}000 \times 10^3\left(0.3 \times 2 + 0.4 \times 2 \times \dfrac{0.6}{0.8}\right)}{6{,}000} = 200[\text{V}]$$

답 200[V]

2 계산 : $\delta = \dfrac{V_0 - V_r}{V_r} \times 100 = \dfrac{200}{6{,}000} \times 100 = 3.33[\%]$

답 3.33[%]

3 계산 : $P_L = 3I^2R = \dfrac{P^2R}{V^2\cos^2\theta} \times 10^{-3}[\text{kW}]$

$$\therefore P_L = \frac{(1{,}000 \times 10^3)^2 \times 0.3 \times 2}{6{,}000^2 \times 0.8^2} \times 10^{-3} = 26.04167[\text{kW}]$$

답 26.04[kW]

ENGINEER ELECTRICITY

2018년 과 년 도 문제풀이

↘ 전기기사

2018년도 1회 시험

과년도 기출문제

회독 체크	□1회독	월 일	□2회독	월 일	□3회독	월 일

01 ★★☆☆☆ [5점]

그림은 옥내 배선도의 일부를 표시한 것이다. ㉠, ㉡ 전등은 A 스위치로, ㉢, ㉣ 전등은 B 스위치로 점멸되도록 설계하고자 한다. 각 배선에 필요한 최소 전선 가닥수를 표시하시오.

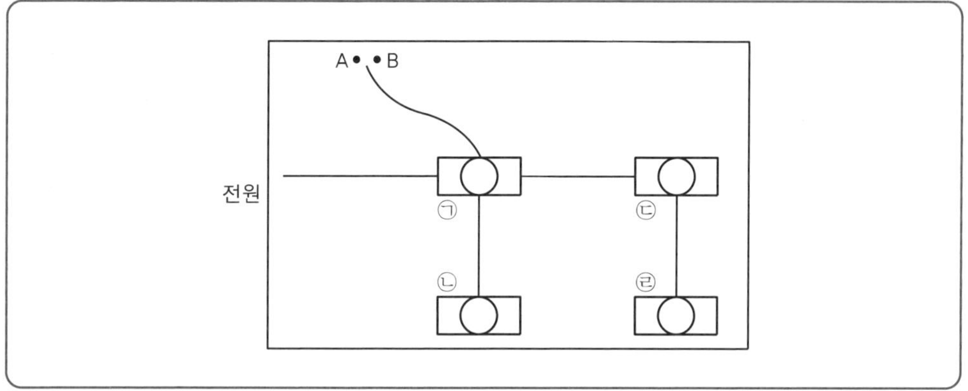

해답

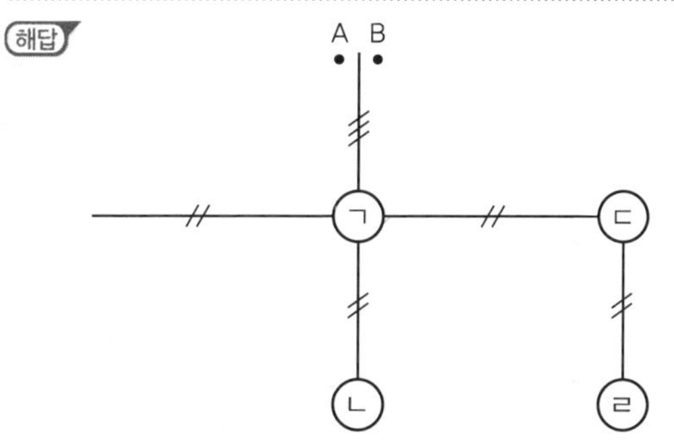

TIP

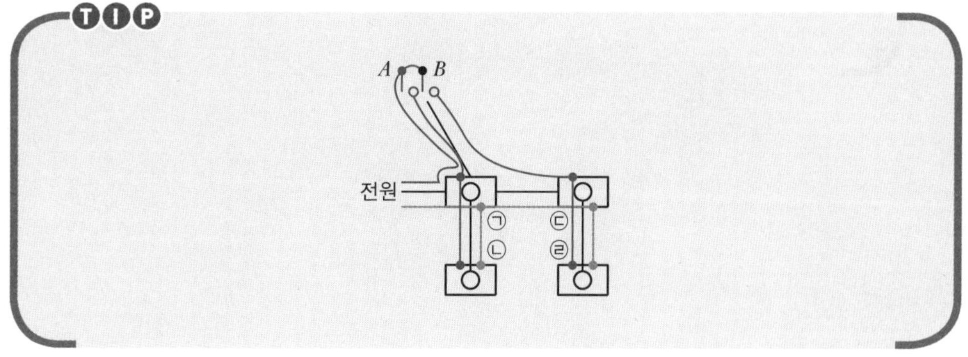

02 ★★★☆☆

[6점]

그림과 같은 단상 3선식 배전선의 a, b, c 각 선간에 부하가 접속되어 있다. 전선의 저항은 3선이 같고, 각각 0.06[Ω]이라고 한다. ab, bc, ca 간의 전압을 구하시오.(단, 선로의 리액턴스는 무시한다.)

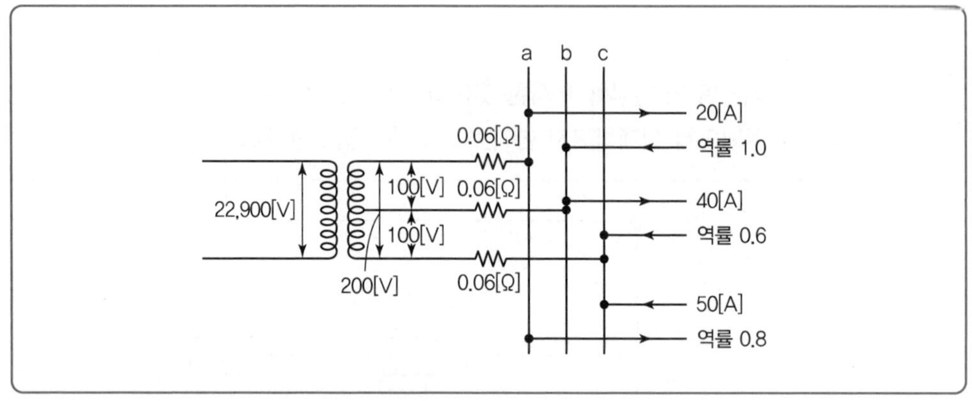

해답 계산 : 전압강하 $e = I \cdot R$

$V_{ab} = 100 - (I \cdot R) = 100 - (60 \times 0.06 - 4 \times 0.06) = 96.64[V]$ 답 96.64[V]

$V_{bc} = 100 - (I \cdot R) = 100 - (4 \times 0.06 + 64 \times 0.06) = 95.92[V]$ 답 95.92[V]

$V_{ca} = 200 - (I \cdot R) = 200 - (60 \times 0.06 + 64 \times 0.06) = 192.56[V]$ 답 192.56[V]

TIP

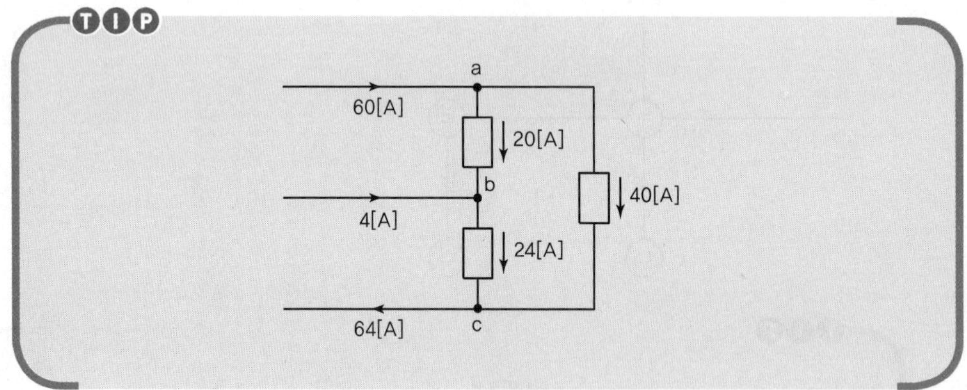

03 ★☆☆☆☆

[5점]

수용가의 건축전기설비에서 전력설비의 간선을 설계하고자 한다. 간선 결정 시 고려할 사항 5가지를 쓰시오.

해답 ① 설계조건의 정리
② 간선계통 결정
③ 간선경로 결정
④ 배선방식 결정
⑤ 간선의 굵기 선정

TIP

➤ 간선의 굵기 선정
허용전류, 전압강하, 기계적 강도, 온도, 증설 등

04 ★☆☆☆☆

[6점]

가공전선로를 이용하여 송전하는 경우 이상전압 발생을 방지하기 위한 방법 3가지만 쓰시오.

해답 ① 가공지선을 설치
② 매설지선을 설치
③ 연가설비
그 외
④ 소호환, 소호각

TIP

가공전선로이므로 철탑 등에서 설치된 것으로 작성

05 ★★★☆☆ [13점]

그림과 같은 특고압 간이 수전설비에 대한 결선도를 보고 다음 각 물음에 답하시오.

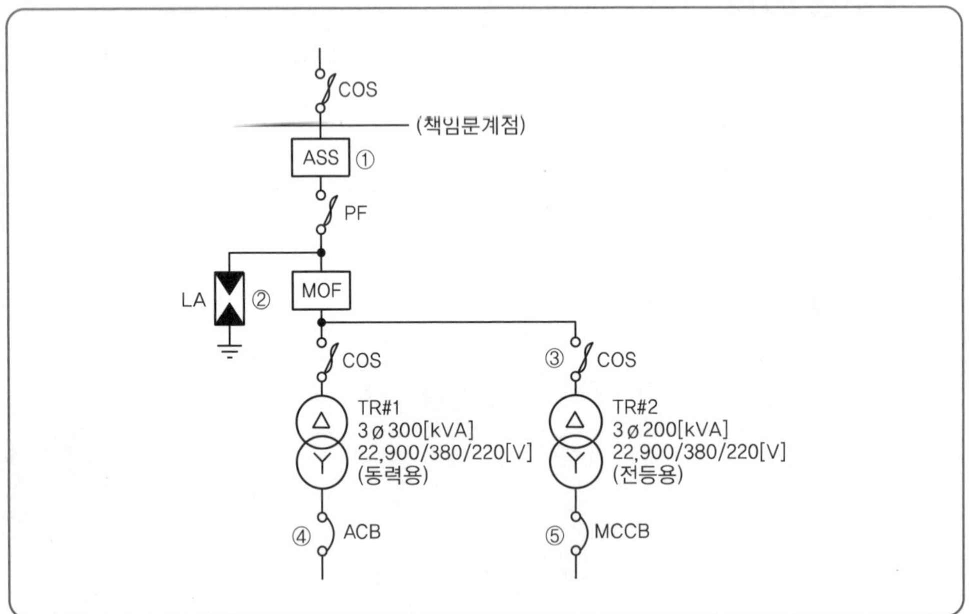

1 수전실의 형태를 Cubicle Type으로 할 경우 고압반(HV : High voltage) 4면과 저압반(LV : Low voltage) 2면으로 구성된다. 수용되는 기기의 명칭을 각각 쓰시오.

2 ①, ②, ③의 최대설계전압과 정격전류를 구하시오.

3 ④, ⑤ 차단기의 용량(AF, AT)은 어느 것을 선정하면 되겠는가?(단, 역률은 100[%]로 계산한다.)

해답 **1**
- 고압반 : 피뢰기, 전력 수급용 계기용 변성기, 전등용 변압기, 동력용 변압기, 컷아웃스위치, 전력퓨즈
- 저압반 : 기중 차단기, 배선용 차단기

2 ① 최대설계전압 : 25.8[kV], 정격전류 : 200[A]
② 최대설계전압 : 18[kV], 정격전류 : 2,500[A]
③ 최대설계전압 : 25[kV] 또는 25.8[kV], 정격전류 : 100[AF], 8[A]

3 ④ 계산 : $I_1 = \frac{P}{\sqrt{3}V} = \frac{500 \times 10^3}{\sqrt{3} \times 380} = 759.67[A]$

답 AF : 800[A], AT : 800[A]

⑤ 계산 : $I_1 = \frac{P}{\sqrt{3}V} = \frac{200 \times 10^3}{\sqrt{3} \times 380} = 303.87[A]$

답 AF : 400[A], AT : 350[A]

TIP

➤ ACB, MCCB(AT, AF)

AF	AT
400	250, 300, 350, 400
630	400(ACB), 500(MCCB), 630(600)
800	700, 800
1000	1,000
1200	1,200

06 ★★★☆☆

[6점]

수전전압이 6,600[V], 가공전선로의 %임피던스가 58.5[%]일 때 수전점의 3상 단락전류가 8,000[A]인 경우 기준용량과 수전용 차단기의 차단용량은 얼마인가?

차단기의 정격용량[MVA]										
10	20	30	50	75	100	150	250	300	400	500

1 기준용량

2 차단용량

해답 1 기준용량

계산 : $I_s = \frac{100}{\%Z} I_n$ 에서 $I_n = \frac{\%Z}{100} I_s = \frac{58.5}{100} \times 8{,}000 = 4{,}680[A]$

$\therefore\ P_n = \sqrt{3}\, V_n I_n = \sqrt{3} \times 6{,}600 \times 4{,}680 \times 10^{-6} = 53.499[MVA]$

답 53.5[MVA]

2 차단용량

계산 : 단락전류가 8[kA]이므로

$P_s = \sqrt{3}\, V_n I_s = \sqrt{3} \times 7.2 \times 8 = 99.77[MVA]$

표에서 100[MVA] 선정

답 100[MVA]

07 ★★★★☆ [7점]

CT 및 PT에 대한 다음 각 물음에 답하시오.

1. CT는 운전 중에 2차 측을 개방하여서는 아니된다. 그 이유는?
2. PT의 2차 측 정격전압과 CT의 2차 측 정격전류는 얼마인가?
   ① PT의 2차 측 정격전압
   ② CT의 2차 측 정격전류
3. 3상 간선의 전압 및 전류를 측정하기 위하여 PT와 CT를 설치할 때, 다음 그림의 결선도를 답안지에 완성하시오. 퓨즈와 접지가 필요한 곳에는 표시하시오.

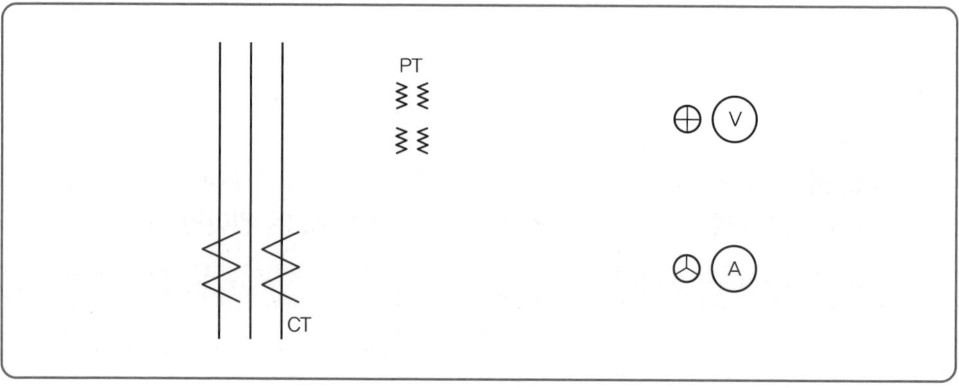

해답 1. CT의 2차 측 개방 시 과전압이 발생되어 절연소손

2. ① PT의 2차 정격전압
   답 110[V]
   ② CT의 2차 정격전류
   답 5[A]

3.

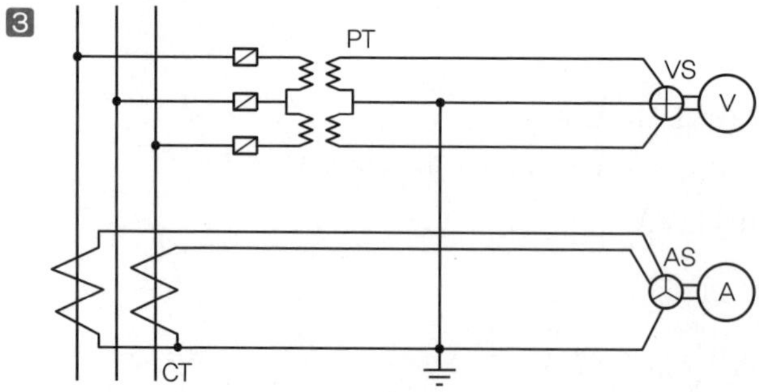

08 ★★☆☆☆ [6점]

고압 자가용 수용가가 있다. 이 수용가의 부하는 역률 1.0의 부하 50[kW]와 역률 0.8[지상]의 부하 100[kW]이다. 이 부하에 공급하는 변압기에 대해서 다음 물음에 답하시오.

1 △ 결선하였을 경우 필요한 1대당 최저용량[kVA]을 선정하시오.

| 변압기 표준용량 |

변압기 표준용량[kVA]	10, 15, 20, 30, 50, 75, 100, 150, 200, 300, 500, 750, 1000

2 1대 고장으로 V결선하였을 경우 과부하율[%]을 구하시오.

3 △ 결선 시의 변압기 동손($W_\triangle$)과 V결선 시의 변압기 동손(W_V)의 비율$\left(\dfrac{W_\triangle}{W_V}\right)$[%]을 구하시오.(단, 변압기는 단상 변압기를 사용하고, 부하는 변압기 V결선 시 과부하시키지 않는 것으로 한다.)

해답 **1** 계산 : 유효전력 $P = 50 + 100 = 150[\text{kW}]$

무효전력 $Q = 50 \times \dfrac{0}{1} + 100 \times \dfrac{0.6}{0.8} = 75[\text{kVar}]$

피상전력 $P_a = \sqrt{150^2 + 75^2} = 167.71[\text{kVA}]$

따라서 △결선 시 변압기 1대 용량 $P_1 = \dfrac{P_\triangle}{3} = \dfrac{167.71}{3} = 55.90[\text{kVA}]$

답 75[kVA] 선정

2 계산 : 1대 고장으로 V결선 시 출력 $P_V = P_a = \sqrt{3}P_1' = 167.71[\text{kVA}]$

V결선 시 변압기 1대 용량 $P_1' = \dfrac{P_V}{\sqrt{3}} = \dfrac{167.71}{\sqrt{3}} = 96.83[\text{kVA}]$

따라서 과부하율 $= \dfrac{P_1'}{P_1} = \dfrac{96.83}{75} \times 100 = 129.11[\%]$

답 129.11[%]

3 계산 : ① △결선 시 : 출력 $P_\triangle = 3VI_\triangle[\text{kVA}]$, 동손 $W_\triangle = 3I_\triangle^2 R[\text{W}]$

② V결선 시 : 출력 $P_V = \sqrt{3}VI_V[\text{kVA}]$, 동손 $W_V = 2I_V^2 R[\text{W}]$

③ V결선 시 과부하시키지 않아야 하므로 $3VI_\triangle = \sqrt{3}VI_V$

△결선 시 전류 $I_\triangle = \dfrac{I_V}{\sqrt{3}}[\text{A}]$

④ △결선 시 동손 $W_\triangle = 3I_\triangle^2 R = 3 \times \left(\dfrac{I_V}{\sqrt{3}}\right)^2 R = I_V^2 R[\text{W}]$

따라서 동손 비율 $\dfrac{W_\triangle}{W_V} \times 100 = \dfrac{I_V^2 R}{2I_V^2 R} \times 100 = 50[\%]$

답 50[%]

09 ★☆☆☆☆ [6점]

권수비 30인 단상 변압기의 1차에 6.6[kV]를 가할 때 다음 각 물음에 답하시오.(단, 변압기의 손실은 무시한다.)

1 2차 전압[V]

2 2차에 50[kW], 뒤진 역률 80[%]의 부하를 걸었을 때 2차 및 1차 전류[A]

3 1차 입력[kVA]

해답 1 계산 : 2차 전압 $V_2 = \frac{1}{a}V_1 = \frac{1}{30} \times 6.6 \times 10^3 = 220[V]$

답 220[V]

2 계산 : 2차 전류 $I_2 = \frac{P}{V\cos\theta} = \frac{50 \times 10^3}{220 \times 0.8} = 284.09[A]$

1차 전류 $I_1 = \frac{1}{a}I_2 = \frac{1}{30} \times 284.09 = 9.47[A]$

답 2차 전류 $I_2 = 284.09[A]$, 1차 전류 $I_1 = 9.47[A]$

3 계산 : 1차 입력 $P_1 = V_1 I_1 = 6.6 \times 10^3 \times 9.47 \times 10^{-3} = 62.50[kVA]$

답 62.50[kVA]

10 ★★☆☆☆ [5점]

사고전류(지락전류) 10,000[A], 사고전류 통전시간 0.5[sec], 접지선(동선)의 허용온도 상승을 1,000[℃]로 하였을 경우 접지선 단면적을 계산하시오.

KSC IEC 전선규격[mm²]						
2.5	4	6	10	16	25	35

해답 계산 : 접지 도선에 I[A]가 t초 동안 흐를 때 전선의 상승온도 θ는

$$\theta = 0.008\left(\frac{I}{A}\right)^2 t[℃]$$

$$A = \sqrt{\frac{0.008 \times t}{\theta}} \times I = \sqrt{\frac{0.008 \times 0.5}{1,000}} \times 10,000 = 20[mm^2]$$

답 25[mm²]

TIP

➤ KEC 접지도체 단면적 공식

$$S = \frac{\sqrt{I^2 \cdot t}}{k}$$

여기서, S : 단면적(mm²)

I : 보호장치를 통해 흐를 수 있는 예상 고장전류 실효값(A)

t : 자동차단을 위한 보호장치의 동작시간(Sec)

k : 재질 및 초기온도와 최종온도에 따라 정해지는 계수

11 ★☆☆☆☆ [5점]

감리원은 해당 공사현장에서 감리업무 수행상 필요한 서식을 비치하고 기록 보관하여야 한다. 해당 서류 5가지만 쓰시오.

해답
1. 감리업무일지
2. 근무상황판
3. 지원업무수행 기록부
4. 착수 신고서
5. 회의 및 협의내용 관리대장
6. 문서접수대장
7. 문서발송대장
8. 교육실적 기록부
9. 민원처리부
10. 지시부
11. 발주자 지시사항 처리부
12. 품질관리 검사・확인대장
13. 설계변경 현황
14. 검사 요청서
15. 검사 체크리스트
16. 시공기술자 실명부
17. 검사결과 통보서
18. 기술검토 의견서
19. 주요기자재 검수 및 수불부
20. 기성부분 감리조서
21. 발생품(잉여자재) 정리부
22. 기성부분 검사조서
23. 기성부분 검사원
24. 준공 검사원
25. 기성공정 내역서
26. 기성부분 내역서
27. 준공검사조서
28. 준공감리조서
29. 안전관리 점검표
30. 사고 보고서
31. 재해발생 관리부
32. 사후환경영향조사 결과보고서

12 ★★★★★ [11점]

단상 3선식 110/220[V]을 채용하고 있는 어떤 건물이 있다. 변압기가 설치된 수전실로부터 50[m]되는 곳에 부하집계표와 같은 분전반을 시설하고자 할 때 다음 조건과 전선의 허용전류표를 이용하여 다음 각 물음에 답하시오.

단, • 전압변동률은 2[%] 이하가 되도록 한다.
- 전압강하율은 2[%] 이하가 되도록 한다.(단, 중성선의 전압강하는 무시한다.)
- 후강 전선관 공사로 한다.
- 3선 모두 같은 선으로 한다.
- 부하의 수용률은 100[%]로 적용한다.
- 후강 전선관 내 전선의 점유율은 48[%] 이내를 유지한다.

| 전선의 허용전류표 |

단면적[mm^2]	허용전류[A]	전선관 3본 이하 수용 시[A]	피복 포함 단면적[mm^2]
6	54	48	32
10	75	66	43
16	100	88	58
25	133	117	88
35	164	144	104
50	198	175	163

| 부하집계표 |

회로 번호	부하 명칭	부하 [VA]	부하 분담[VA]		MCCB 크기			비고
			A	B	극수	AF	AT	
1	전등	2,400	1,200	1,200	2	50	16	
2	〃	1,400	700	700	2	50	16	
3	콘센트	1,000	1,000	–	2	50	20	
4	〃	1,400	1,400	–	2	50	20	
5	〃	600	–	600	2	50	20	
6	〃	1,000	–	1,000	2	50	20	
7	팬코일	700	700	–	2	30	16	
8	〃	700	–	700	2	30	16	
합계		9,200	5,000	4,200				

1. 간선의 공칭단면적[mm^2]을 선정하시오.
2. 후강 전선관의 굵기[mm]를 선정하시오.
3. 간선보호용 과전류차단기의 용량(AF, AT)을 선정하시오.

4 분전반의 복선 결선도를 완성하시오.(단, 접지공사의 종별을 같이 기입하시오.)

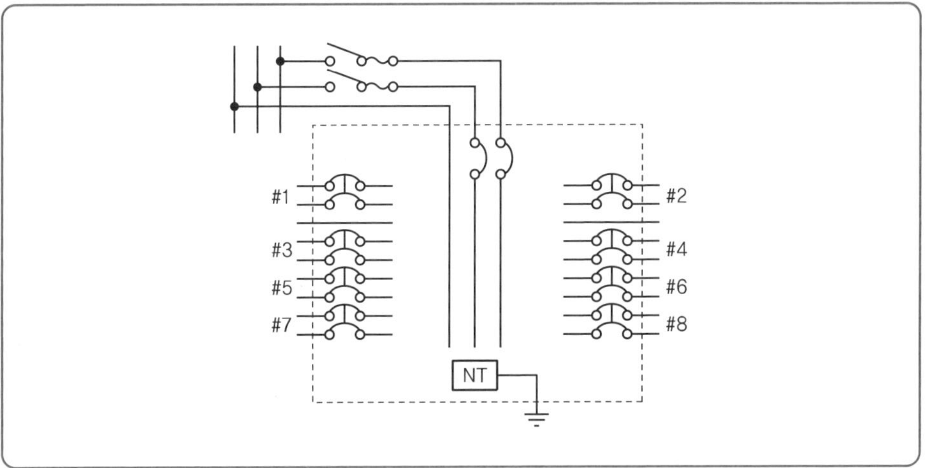

5 설비불평형률은 몇 [%]인지 구하시오.

해답 **1** 계산 : A선의 전류 $I_A = \frac{5,000}{110} = 45.45[A]$, B선의 전류 $I_B = \frac{4,200}{110} = 38.18[A]$

I_A, I_B 중 큰 값인 45.45[A]를 기준으로 함

$\therefore\ A = \frac{17.8LI}{1,000e} = \frac{17.8 \times 50 \times 45.45}{1,000 \times 110 \times 0.02} = 18.39[mm^2]$

답 $25[mm^2]$

2 계산 : [전선의 허용전류표]에서 $25[mm^2]$ 전선의 피복 포함 단면적이 $88[mm^2]$이므로

전선의 총 단면적 $A = 88 \times 3 = 264[mm^2]$

문제의 조건에서 후강 전선관 내단면적의 48[%] 이내를 유지해야 하므로

$A = \frac{1}{4}\pi d^2 \times 0.48 \geq 264$

$\therefore\ d = \sqrt{\frac{264 \times 4}{0.48 \times \pi}} = 26.46[mm]$

답 28[mm] 후강 전선관 선정

3 계산 : 설계전류 $I_B = 45.45[A]$이고 공칭단면적 $25[mm^2]$ 전선의 허용전류 $I_Z = 117[A]$이므로 $I_B \leq I_n \leq I_Z$의 조건을 만족하는 정격전류 $I_n = 100[A]$의 과전류차단기를 선정

답 • AF : 100[A]
• AT : 100[A]

4

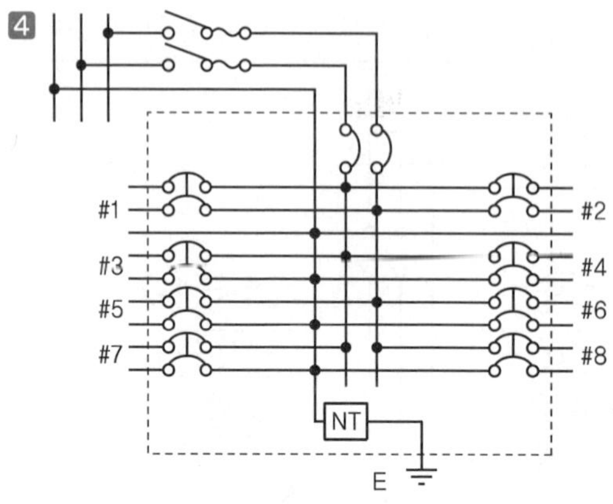

5 계산 : $\text{설비불평형률} = \dfrac{\text{중성선과 각 전압 측 전선 간에 접속되는 부하설비용량[kVA]의 차}}{\text{총 부하설비용량[kVA]의 1/2}} \times 100[\%]$

$$= \frac{3{,}100 - 2{,}300}{\frac{1}{2}(5{,}000 + 4{,}200)} \times 100 = 17.39[\%]$$

답 17.39[%]

13 ★★★★☆

[5점]

다음의 그림은 TN계통의 TN－C－S 방식의 저압배전선로의 접지계통이다. 결선도를 완성하시오.

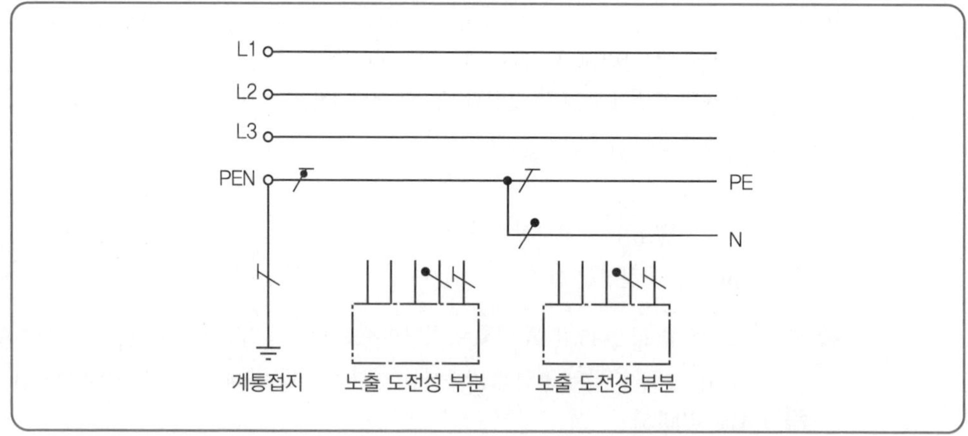

해답

L1
L2
L3
PEN
PE
N
계통접지
노출 도전성 부분
노출 도전성 부분

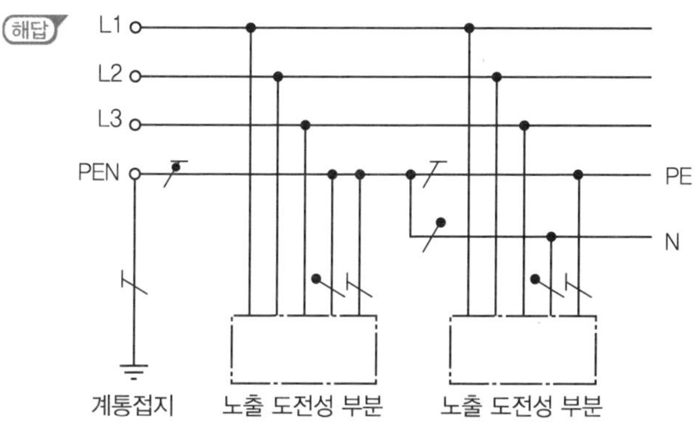

TIP

기호설명	
	중성선(N), 중간도체(M)
	보호도체(PE)
	중성선과 보호도체 겸용(PEN)

[비고] 기호 : TN계통, TT계통, IT계통에 동일 적용

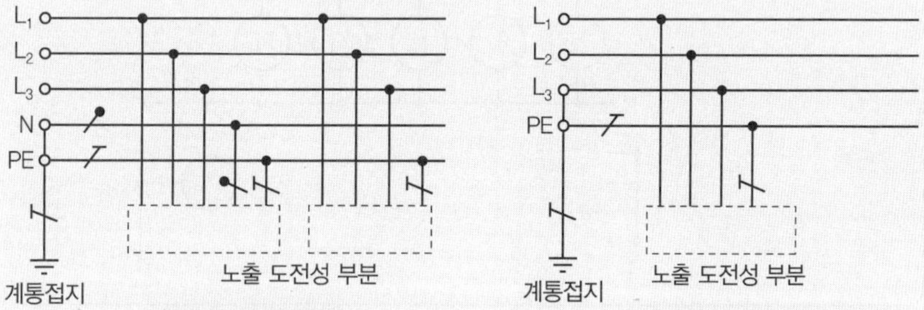

L_1
L_2
L_3
N
PE
계통접지
노출 도전성 부분
L_1
L_2
L_3
PE
계통접지
노출 도전성 부분

계통 전체의 중성선과 보호도체를 접속하여 사용한다.

계통 전체의 접지된 상전선과 보호도체를 접속하여 사용한다.

(a) TN－S계통

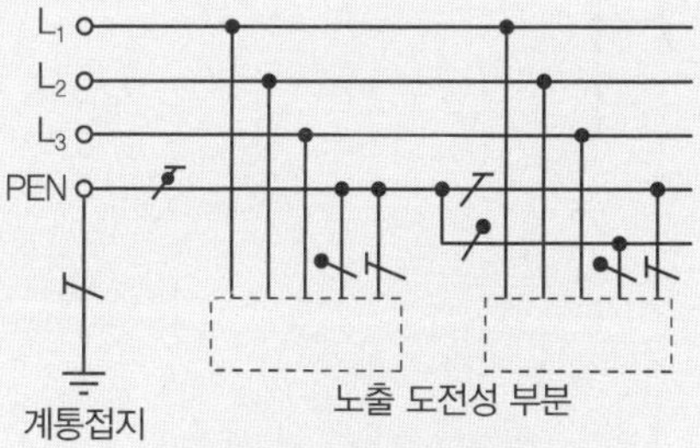

L_1
L_2
L_3
PEN
계통접지
노출 도전성 부분

계통 일부의 중성선과 보호도체를 동일전선으로 사용한다.

(b) TN－C－S계통

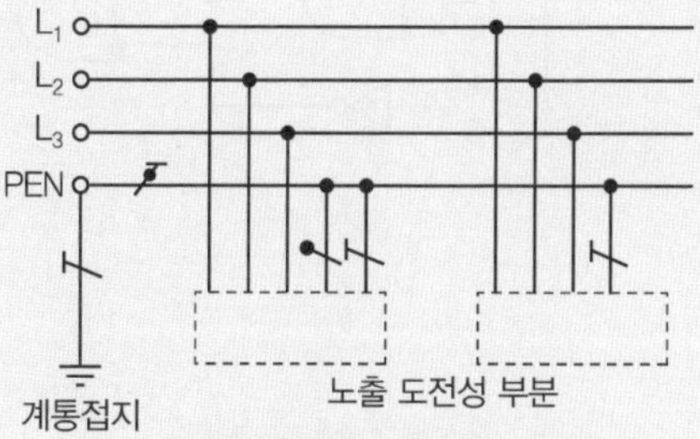

L_1
L_2
L_3
PEN
계통접지
노출 도전성 부분

계통 전체의 중성선과 보호도체를 동일전선으로 사용한다.

(c) TN－C계통

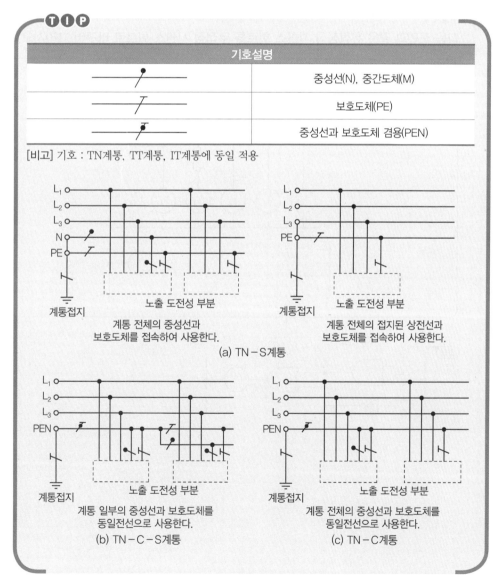

14 ★★★☆☆ [4점]

전력 퓨즈(P.F)의 역할은 무엇인가?

해답 부하전류를 안전하게 통전하고 사고 전류를 차단하여 전로와 기기를 보호한다.

TIP

역할=기능

15 ★★★★☆ [5점]

다음 도면과 같은 유접점식 시퀀스 회로를 무접점 시퀀스 회로로 바꾸어 그리시오.

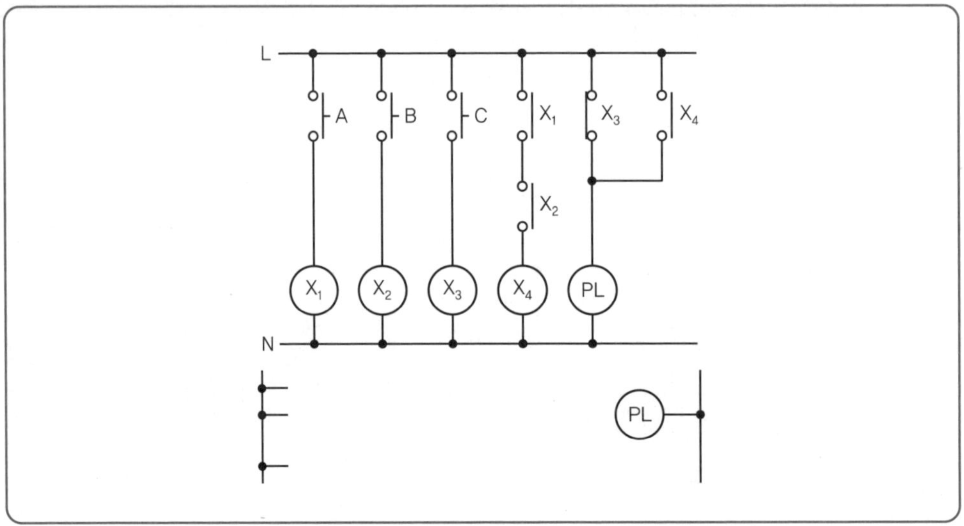

해답

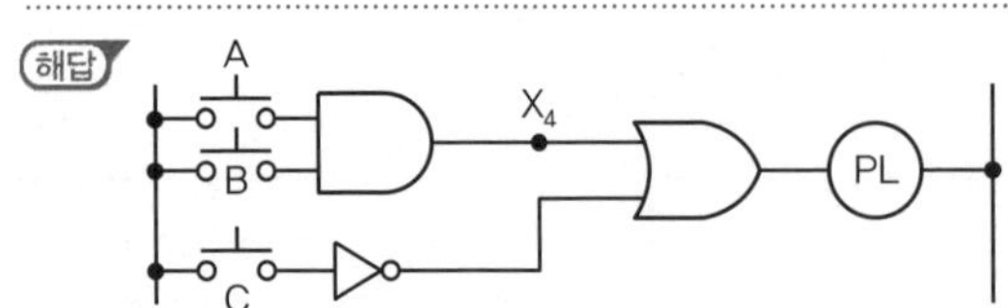

16 ★★★★★ [5점]

그림은 PB의 ON 스위치를 ON한 후 일정 시간이 지난 다음에 전동기 Ⓜ이 작동하는 회로이다. 여기에 사용한 타이머 Ⓣ는 입력 신호를 소멸했을 때 열려서 이탈되는 형식인데, 전동기가 회전하면 릴레이 Ⓧ가 복구되어 타이머에 입력 신호가 소멸되고 전동기는 계속 회전할 수 있도록 하고자 할 때 이 회로는 어떻게 수정되어야 하는지 수정하여 주어진 미완성 도면을 완성하시오.(단, 전자접촉기 MC의 보조 a, b접점 각각 1개씩만을 추가한다.)

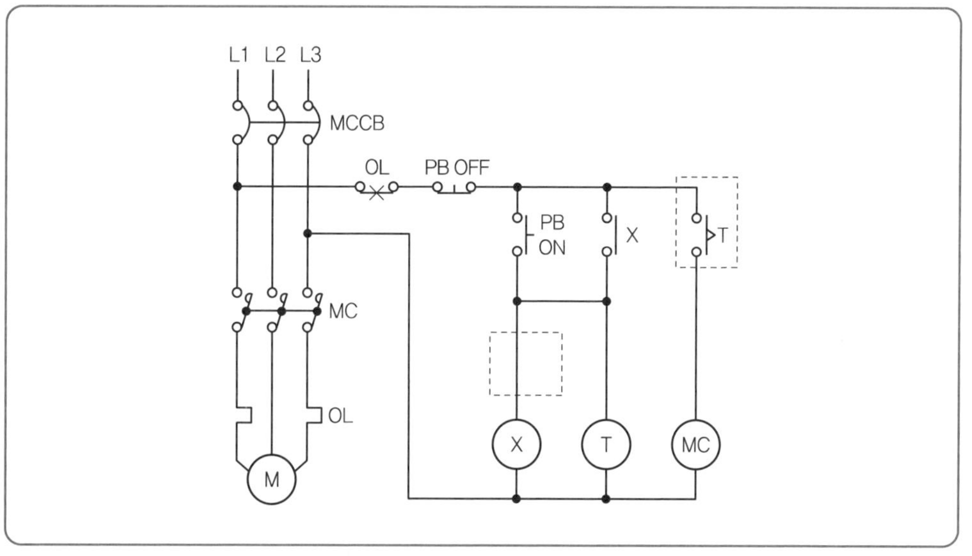

해답

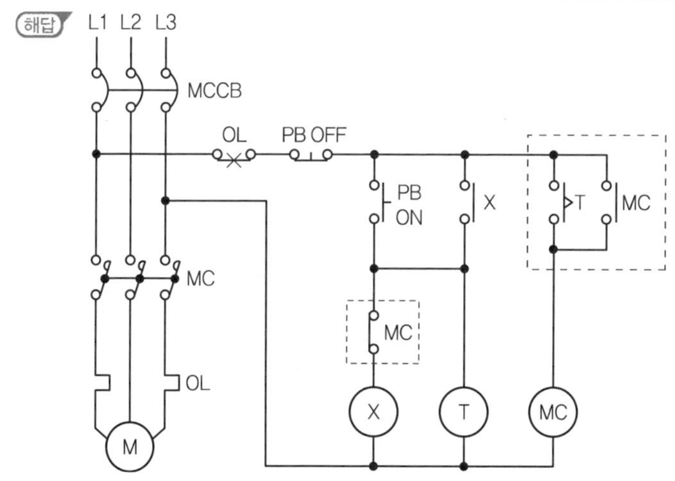

전기기사

2018년도 2회 시험 과년도 기출문제

회독 체크	□1회독	월 일	□2회독	월 일	□3회독	월 일

01 ★★★☆☆ [12점]

도면은 어떤 배전용 변전소의 단선결선도이다. 이 도면과 주어진 조건을 이용하여 다음 각 물음에 답하시오.

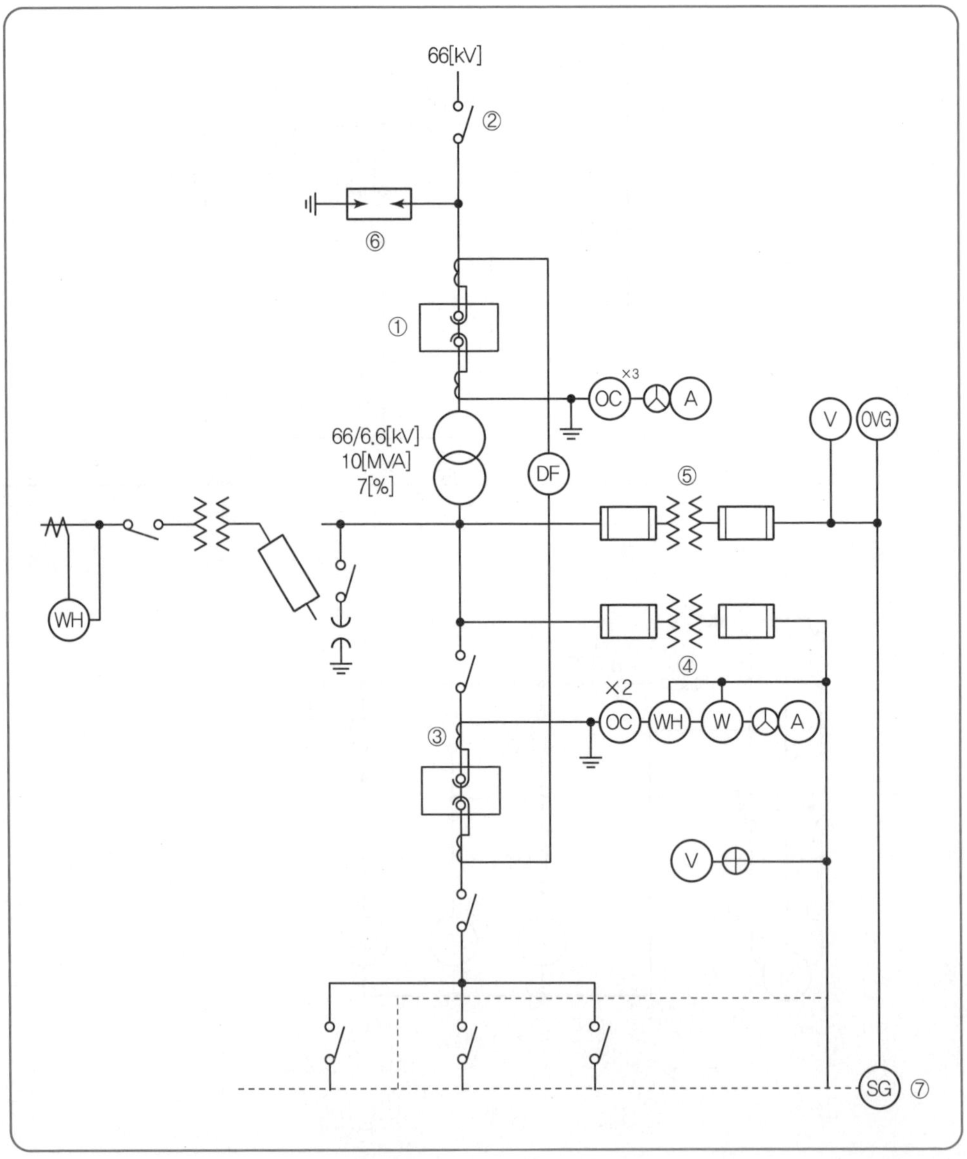

1 차단기 ①에 대한 정격차단용량과 정격전류를 산정하시오.

2 선로개폐기 ②에 대한 정격전류를 산정하시오.

3 변류기 ③에 대한 1차 정격전류를 산정하시오.

4 PT ④에 대한 1차 정격전압은 얼마인가?

5 ⑤로 표시된 기기의 명칭은 무엇인가?

6 피뢰기 ⑥에 대한 정격전압은 얼마인가?

7 ⑦의 역할을 간단히 설명하시오.

[조건]

① 주 변압기의 정격은 1차 정격전압 66[kV], 2차 정격전압 6.6[kV], 정격용량은 3상 10[MVA]라고 한다.

② 주 변압기의 1차 측(즉, 1차 모선)에서 본 전원 측 등가 임피던스는 100[MVA] 기준으로 16[%]이고, 변압기의 내부 임피던스는 자기 용량 기준으로 7[%]라고 한다.

③ 또한 각 Feeder에 연결된 부하는 거의 동일하다고 한다.

④ 차단기의 정격차단용량, 정격전류, 단로기의 정격전류, 변류기의 1차 정격전류 표준은 다음과 같다.

정격전압 [kV]	공칭전압 [kV]	정격차단용량 [MVA]	정격전류 [A]	정격차단시간 [Hz]
7.2	6.6	25	200	5
		50	400, 600	5
		100	400, 600, 800, 1,200	5
		150	400, 600, 800, 1,200	5
		200	600, 800, 1,200	5
		250	600, 800, 1,200, 2,000	5
72	66	1,000	600, 800	3
		1,500	600, 800, 1,200	3
		2,500	600, 800, 1,200	3
		3,500	800, 1,200	3

• 단로기(또는 선로개폐기 정격전류의 표준 규격)
72[kV] : 600[A], 1,200[A]
7.2[kV] 이하 : 400[A], 600[A], 1,200[A], 2,000[A]

• CT 1차 정격전류 표준 규격(단위 : [A])
50, 75, 100, 150, 200, 300, 400, 600, 800, 1,200, 1,500, 2,000

• CT 2차 정격전류는 5[A], PT의 2차 정격전압은 110[V]이다.

해답 1 계산 : $P_s = \frac{100}{\%Z}P_n = \frac{100}{16} \times 100 = 625[MVA]$

차단용량은 표에서 1,000[MVA] 선정

$I_n = \frac{P}{\sqrt{3} \times V} = \frac{10 \times 10^3}{\sqrt{3} \times 66} = 87.48[A]$이므로 정격전류는 표에서 600[A] 선정

답 차단용량 1,000[MVA], 정격전류 600[A]

2 계산 : 선로개폐기에 흐르는 전류

$I_n = \frac{P}{\sqrt{3} \times V} = \frac{10 \times 10^3}{\sqrt{3} \times 66} = 87.48[A]$이므로 조건에서 600[A] 선정

답 600[A]

3 계산 : $I_{2n} = \frac{10 \times 10^3}{\sqrt{3} \times 6.6} = 874.77[A]$이므로 변류기 1차 전류는

$I_{2n} \times (1.25 \sim 1.5) = 874.77 \times (1.25 \sim 1.5) = 1,093.46 \sim 1,312.16[A]$

따라서, 변류기 1차 정격전류는 표에서 1,200[A] 선정

답 1,200[A]

4 6,600[V]

5 접지 계기용 변압기

6 72[kV]

7 지락사고 시 지락 회선을 선택 차단하는 선택 접지 계전기

02 ★★★☆☆ [5점]

건축 조명방식 중 배광에 따른 종류 5가지를 쓰시오.

해답 ① 직접조명
② 반직접조명
③ 전반확산조명
④ 간접조명
⑤ 반간접조명

TIP

➤ 배치에 따른 종류
① 전반조명
② 국부조명
③ 전반국부조명

03 ★★☆☆☆

[5점]

변전소의 중성점 접지목적 3가지를 쓰시오.

해답
① 이상 전압을 억제
② 보호 계전기의 신속한 동작 확보
③ 단절연이 가능하여 절연비 경감

TIP

계통접지(고압, 특고압)	계통접지(저압)
① 비접지방식 ② 직접접지방식 ③ 저항접지방식 ④ 소호리액터방식	① TN접지 ② TT접지 ③ IT접지

04 ★★★★★

[4점]

단상 200[kVA] 변압기 두 대로 V결선하여 사용할 경우 최대용량은 몇 [kVA]인가?(단, 소수점 첫째 자리에서 반올림할 것)

해답 계산 : 최대용량 $= \sqrt{3} \times P_1 = \sqrt{3} \times 200 = 346.41$

답 346[kVA]

TIP

V결선 시 용량 $= \sqrt{3} \times 1$대 용량

05 ★★★★★

[6점]

인텔리전트 빌딩(Intelligent building)은 빌딩 자동화시스템, 사무자동화시스템, 정보통신시스템, 건축환경을 총망라한 건설과 유지관리의 경제성을 추구하는 빌딩이라 할 수 있다. 이러한 빌딩의 전산시스템을 유지하기 위하여 비상전원으로 사용되고 있는 UPS에 대해서 다음 각 물음에 답하시오.

1. UPS를 우리말로 하면 어떤 것을 뜻하는가?
2. UPS에서 AC → DC부와 DC → AC부로 변환하는 부분의 명칭을 각각 무엇이라 부르는가?
3. UPS가 동작되면 전력 공급을 위한 축전지가 필요한데 그 때의 축전지 용량을 구하는 공식을 쓰시오. 단, 사용기호에 대한 의미도 설명하시오.

해답 ❶ 무정전 전원 공급 장치
❷ • AC → DC : 컨버터
• DC → AC : 인버터
❸ $C = \frac{1}{L}KI$ [Ah]
여기서, C : 축전지의 용량[Ah], L : 보수율(경년용량 저하율)
K : 용량환산 시간 계수, I : 방전전류[A]

TIP

➤ UPS 기능
① 평상시 : 정전압, 정주파수 공급
② 정전시 : 무정전 전원공급

06

★☆☆☆☆ [4점]

다음은 상용전원과 예비전원 운전 시 유의하여야 할 사항이다. ( ) 안에 알맞은 내용을 쓰시오.

> 상용전원과 예비전원 사이에는 병렬운전을 하지 않는 것이 원칙이므로 상용전원용 차단기와 발전용 차단기 사이에는 기계적 또는 전기적 (❶) 장치를 시설해야 하며 또한 (❷)를 사용해야 한다.

해답 ❶ 인터록
❷ 자동전환(절체) 개폐기

07

★★★★★ [6점]

어느 건축물에서 하루에 240[kW]로 5시간, 100[kW]로 8시간, 75[kW]로 나머지 시간을 사용한다. 이에 따른 수전설비를 450[kVA]로 하였을 때, 부하의 평균역률이 0.8인 경우 다음 각 물음에 답하시오.

❶ 이 건물의 수용률[%]을 구하시오.
❷ 이 건물의 일부하율[%]을 구하시오.

해답 ❶ 계산 : 수용률 $= \frac{\text{최대전력}}{\text{설비용량}} \times 100 = \frac{240}{450 \times 0.8} \times 100 = 66.666$ [%]
답 66.67[%]

2 계산 : 부하율$=\dfrac{\text{평균전력}}{\text{최대전력}}\times 100=\dfrac{\dfrac{\text{전력량}}{\text{시간}}}{\text{최대전력}}\times 100$

$$=\frac{\dfrac{240\times 5+100\times 8+75\times 11}{24}}{240}\times 100=49.045[\%]$$

답 49.05[%]

08 ★★★☆☆ [5점]

다음 표의 절연내력 시험전압 ①, ②, ③을 구하시오.

공칭전압	6,000[V]	13,200[V] 중성점 다중접지	22,900[V] 중성점 다중접지
최대전압	6,900[V]	13,800[V]	24,000[V]
시험전압	①	②	③

해답 ① 계산 : 6,900×1.5=10,350[V] 답 10,350[V]
② 계산 : 13,800×0.92=12,696[V] 답 12,696[V]
③ 계산 : 24,000×0.92=22,080[V] 답 22,080[V]

TIP

➤ 전로의 종류 및 시험전압

전로의 종류	시험전압
1. 최대사용전압 7[kV] 이하인 전로	최대사용전압의 1.5배 전압
2. 최대사용전압 7[kV] 초과 25[kV] 이하인 중성점 접지식 전로(중성선을 가지는 것으로서 그 중성선을 다중접지 하는 것에 한한다.)	최대사용전압의 0.92배 전압
3. 최대사용전압 7[kV] 초과 60[kV] 이하인 전로(2란의 것을 제외한다.)	최대사용전압의 1.25배 전압 (10.5[kV] 미만으로 되는 경우는 10.5[kV])
4. 최대사용전압 60[kV] 초과 중성점 비접지식 전로(전위 변성기를 사용하여 접지하는 것을 포함한다.)	최대사용전압의 1.25배 전압
5. 최대사용전압 60[kV] 초과 중성점 접지식 전로(전위 변성기를 사용하여 접지하는 것 및 6란과 7란의 것을 제외한다.)	최대사용전압의 1.1배 전압 (75[kV] 미만으로 되는 경우는 75[kV])
6. 최대사용전압 60[kV] 초과 중성점 직접 접지식 전로(7란의 것을 제외한다.)	최대사용전압의 0.72배 전압
7. 최대사용전압이 170[kV] 초과 중성점 직접 접지식 전로로서 그 중성점이 직접 접지되어 있는 발전소 또는 변전소 혹은 이에 준하는 장소에 시설하는 것	최대사용전압의 0.64배 전압

09 ★★★☆☆

[5점]

50[mm²](0.3195[Ω/km]), 전장 3.6[km]인 3심 전력 케이블의 어떤 중간지점에서 1선 지락사고가 발생하여 전기적 사고점 탐지법의 하나인 머레이 루프법으로 측정한 결과 그림과 같은 상태에서 평형이 되었다고 한다. 측정점에서 사고지점까지의 거리를 구하시오.

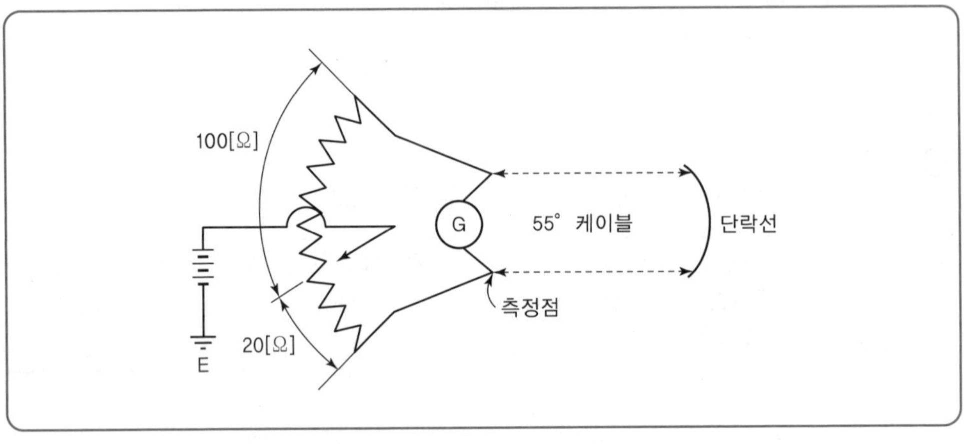

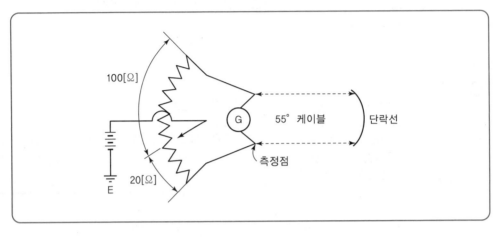

해답 계산 : 고장점까지의 거리가 x, 전장이 L[km] 일 때

$$20 \times (2L - x) = 100 \times x$$

$$x = \frac{40L}{120} = \frac{40 \times 3.6}{120} = 1.2[km]$$

답 1.2[km]

TIP

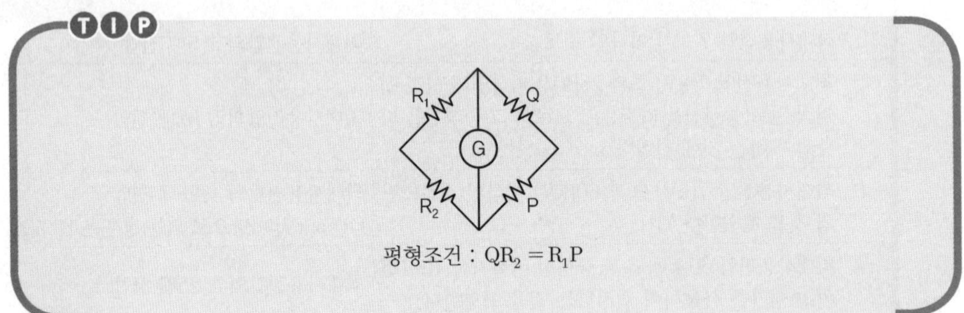

평형조건 : $QR_2 = R_1P$

10 ☆☆☆☆☆ [4점]

다음 그림과 같이 부하가 연결되어 있다. 간선의 허용전류[A]를 구하시오. (단, M : 전동기, H : 전열기) ※ KEC 규정에 따라 삭제

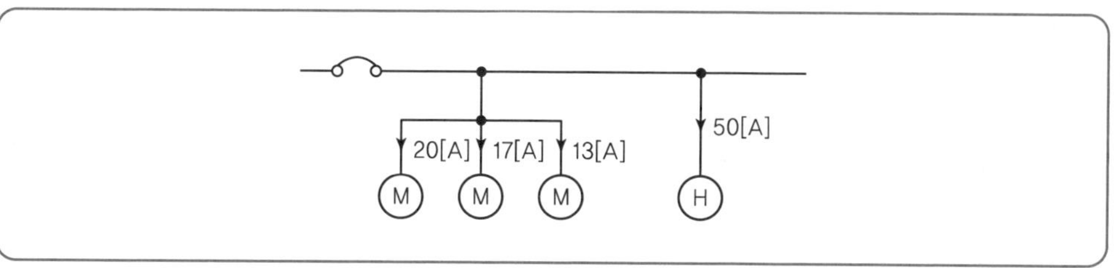

11 ★★☆☆☆ [6점]

$V_a = 7.3\angle 12.5$, $V_b = 0.4\angle 60$, $V_c = 4.4\angle 85$일 때 다음 값을 구하시오.

1. V_0의 값
2. V_1의 값
3. V_2의 값

해답

1. 계산 : $V_0 = \frac{1}{3}(V_a + V_b + V_c) = \frac{1}{3}[(7.3\angle 12.5) + (0.4\angle 60) + (4.4\angle 85)]$

$= 2.57 + j2.1 = 3.32\angle 39.29°$

답 $3.32\angle 39.29°$

2. 계산 : $V_1 = \frac{1}{3}(V_a + aV_b + a^2V_c)$

$= \frac{1}{3}[(7.3\angle 12.5) + (1\angle 120 \times 0.4\angle 60) + (1\angle 240 \times 4.4\angle 85)]$

$= 3.44 - j0.31 = 3.46\angle -5.22°$

답 $3.46\angle -5.22°$

3. 계산 : $V_2 = \frac{1}{3}(V_a + a^2V_b + aV_c)$

$= \frac{1}{3}[(7.3\angle 12.5) + (1\angle 240 \times 0.4\angle 60) + (1\angle 120 \times 4.4\angle 85)]$

$= 1.11 - j0.21 = 1.13\angle -10.61°$

답 $1.13\angle -10.61°$

12 ★★☆☆☆ [6점]

최근 수용가에서 전력사용이 증가하여 최대전력이 증가하고 있다. 최대전력을 억제할 수 있는 방법 3가지를 쓰시오.

해답 ① 최대전력 제어장치
② 부하이전(Peak shift)
③ 에너지저장장치(ESS)를 설치

13 ★★★★☆ [8점]

아래의 도면은 3상 농형 유도전동기(IM)의 Y－△ 기동 운전제어의 미완성 회로도이다. 이 회로도를 보고 다음 각 물음에 답하시오.

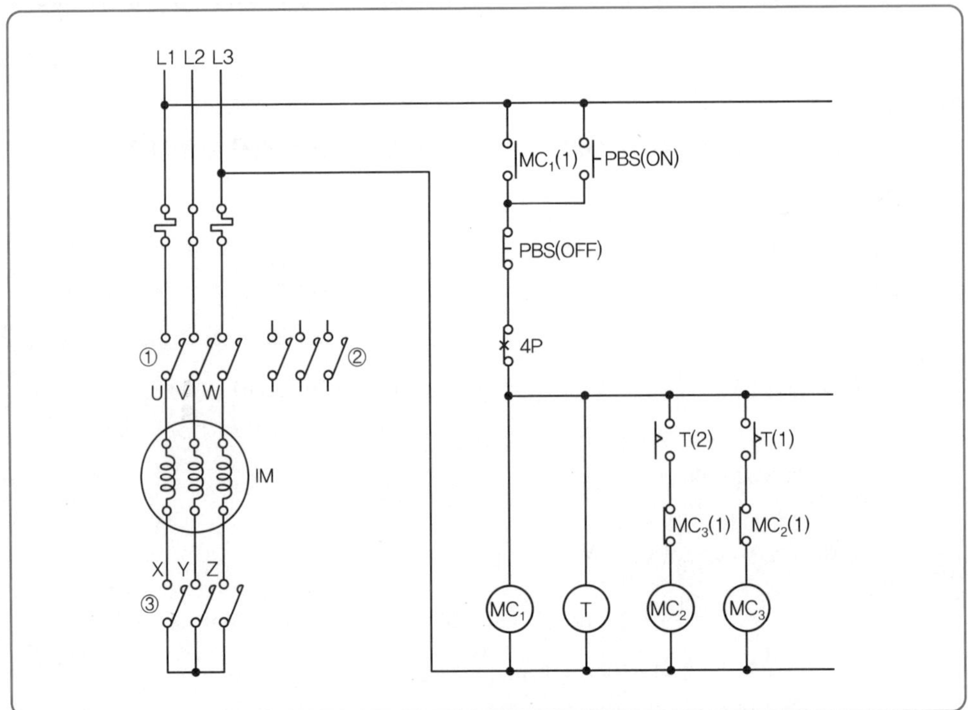

1 ①~③에 해당하는 전자접촉기 접점의 약호는 무엇인가?
2 전자접촉기 MC_2는 운전 중에는 어떤 상태로 있겠는가?
3 미완성 회로도의 주회로 부분에 Y－△ 기동 운전결선도를 작성하시오.

해답 1 ① MC_1, ② MC_3, ③ MC_2
2 개방(소자)상태

3

14 ★★★☆☆ [6점]

조건에 주어진 PLC 프로그램을 보고 다음 물음에 답하시오.

주소	명령어	번지
1	S	P000
2	AN	M000
3	ON	M001
4	W	P011

1 PLC 논리회로를 완성하시오.

2 논리식을 완성하시오.

해답 1

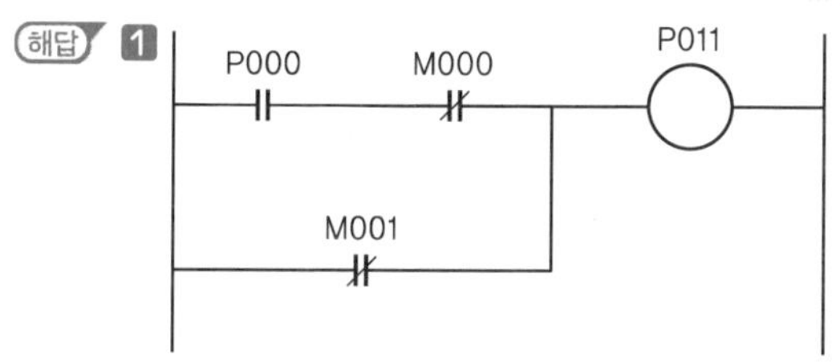

2 $P011 = P000 \cdot \overline{M000} + \overline{M001}$

15 ★★★★☆ [4점]

다음의 논리식을 간단히 하시오.

1 $Z = (A + B + C)A$

2 $Z = \overline{A}C + BC + AB + \overline{B}C$

(해답) **1** 계산 : $Z=(A+B+C)A=AA+AB+AC=A+AB+AC=A(1+B+C)=A$

답 $Z=A$

2 계산 : $Z=C(B+\overline{B})+AB+\overline{A}C=C+AB+\overline{A}C=C(1+\overline{A})+AB=AB+C$

답 $Z=AB+C$

16 ★★★★☆ [14점]

그림과 같은 송전계통 S점에서 3상 단락사고가 발생하였다. 주어진 도면과 조건을 참고하여 고장점 및 차단기를 통과하는 단락전류를 구하시오.

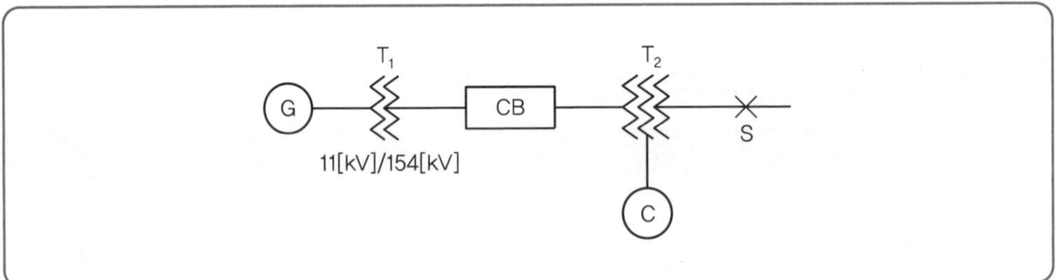

번호	기기명	용량	전압	%X
1	발전기(G)	50,000[kVA]	11[kV]	30
2	변압기(T_1)	50,000[kVA]	11/154[kV]	12
3	송전선		154[kV]	10(10,000[kVA] 기준)
4	변압기(T_2)	1차 25,000[kVA]	154[kV]	12(25,000[kVA] 기준, 1차~2차)
		2차 30,000[kVA]	77[kV]	15(25,000[kVA] 기준, 2차~3차)
		3차 10,000[kVA]	11[kV]	10.8(10,000[kVA] 기준, 3차~1차)
5	조상기(C)	10,000[kVA]	11[kV]	20(10,000[kVA])

1 고장점의 단락전류

2 차단기의 단락전류

(해답) **1** 계산 : $I_s=\frac{100}{\%Z}\times I_n$에서 $\%Z$를 구하기 위해서 먼저 100[MVA]로 환산

- G의 $\%X=\frac{100}{50}\times 30=60[\%]$
- T_1의 $\%X=\frac{100}{50}\times 12=24[\%]$
- 송전선의 $\%X=\frac{100}{10}\times 10=100[\%]$
- C의 $\%X=\frac{100}{10}\times 20=200[\%]$

• T_2의 %X

1~2차 : $\frac{100}{25} \times 12 = 48[\%]$

2~3차 : $\frac{100}{25} \times 15 = 60[\%]$

3~1차 : $\frac{100}{10} \times 10.8 = 108[\%]$

$$1차 = \frac{X_{12} + X_{31} - X_{23}}{2} = \frac{48 + 108 - 60}{2} = 48[\%]$$

$$2차 = \frac{X_{12} + X_{23} - X_{31}}{2} = \frac{48 + 60 - 108}{2} = 0[\%]$$

$$3차 = \frac{X_{23} + X_{31} - X_{12}}{2} = \frac{60 + 108 - 48}{2} = 60[\%]$$

G에서 T_2 1차까지 $\%X_1 = 60 + 24 + 100 + 48 = 232[\%]$

C에서 T_2 3차까지 $\%X_3 = 200 + 60 = 260[\%]$ (조상기는 3차 측 연결)

$$합성\ \%Z = \frac{\%X_1 \times \%X_3}{\%X_1 + \%X_3} + \%X_2 = \frac{232 \times 260}{232 + 260} + 0 = 122.6[\%]$$

$$고장점의\ 단락전류\ I_s = \frac{100}{122.6} \times \frac{100 \times 10^3}{\sqrt{3} \times 77} = 611.59[A]$$

답 611.59[A]

2 계산 : 차단기의 단락전류 I_s'는 전류분배의 법칙을 이용하여

$I_{s1}' = I_s \times \frac{\%X_3}{\%X_1 + \%X_3} = 611.59 \times \frac{260}{232 + 260}$ 을 구한 후,

전류와 전압의 반비례 관계를 이용해 154[kV]를 환산하면

차단기의 단락전류 $I_s' = 611.59 \times \frac{260}{232 + 260} \times \frac{77}{154} = 161.6[A]$

답 161.6[A]

TIP

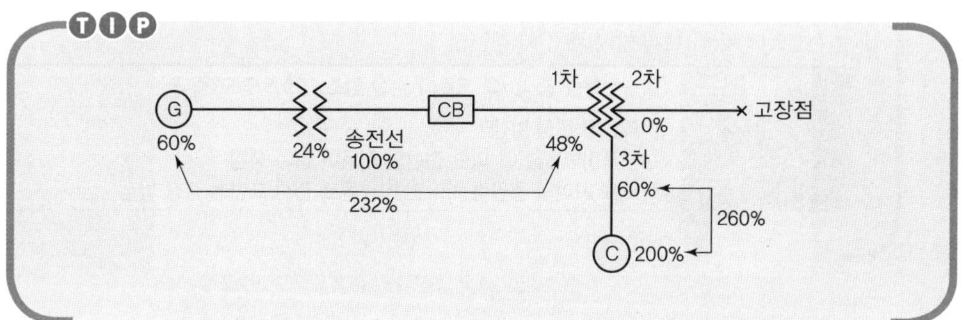

전기기사

2018년도 3회 시험

과년도 기출문제

회독 체크	□1회독	월 일	□2회독	월 일	□3회독	월 일

01 ★★★★☆ [6점]

다음은 가공 송전선로의 코로나 임계전압을 나타낸 식이다. 이 식을 보고 다음 각 물음에 답하시오.

$$E_0 = 24.3 m_0 m_1 \delta d \log_{10}\frac{D}{r}\ [kV]$$

1 기온 t[℃]에서의 기압을 b[mmHg]라고 할 때 $\delta = \frac{0.386b}{273+t}$로 나타내는데, 이때 δ는 무엇을 의미하는지 쓰시오.

2 m_1이 날씨에 의한 계수라면 m_0는 무엇에 의한 계수인지 쓰시오.

3 코로나에 의한 장해의 종류를 2가지만 쓰시오.

4 코로나 발생을 방지하기 위한 주요 대책을 2가지만 쓰시오.

해답 1 공기의 상대 밀도　　2 전선 표면의 상태 계수

3 송전용량 감소, 통신선 유도 장해, 그 외 전파장해, 전선부식

4 임계전압을 크게, 복도체를 사용, 그 외 굵은 전선을 사용

TIP

① Peek의 식

$$P_0 = \frac{241}{\delta}(f+25)\sqrt{\frac{d}{2D}}(E-E_0)^2 \times 10^{-5}(kW/km/1선)$$

여기서 δ : 상대공기밀도, f : 주파수, d : 지름, D : 선간거리, E : 대지전압

E_0 : 코로나 임계전압

② 송전선로에 복(다)도체 방식 채용 시 장단점

장점	① 송전용량 증대, ② 코로나 손실 감소, ③ 안정도 증대
단점	① 페란티 현상 발생 ② 강풍이나 빙설에 의한 전선의 진동이 많이 생김 ③ 도체 사이의 흡입력으로 인한 충돌로 전선 표면에 손상 발생

02 ★★★☆☆ [4점]

ALTS의 명칭 및 기능을 쓰시오.

해답 • 명칭 : 자동 부하 전환 개폐기

• 기능 : 수용가에서 이중전원을 확보하여 주전원이 정전될 경우 다른 전원으로 자동으로 전환되어 무정전 전원공급을 수행하는 개폐기이다.

TIP

➤ ATS(자동절환개폐기)
상용전원 정전 시 자동으로 비상발전기(예비전원)로 절환하는 장치

03 ★★★★☆ [9점]

오실로스코프의 감쇄 probe는 입력전압의 크기를 10배의 배율로 감소시키도록 설계되어 있다. 그림에서 오실로스코프의 입력 임피던스 R_s는 1[MΩ]이고, probe의 내부저항 R_p는 9[MΩ]이다.

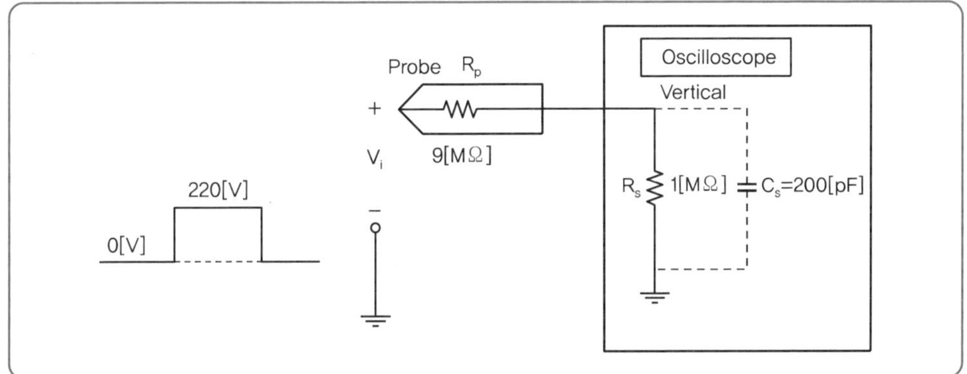

1 Probe의 입력전압이 $v_i = 220$[V]라면 Oscilloscope에 나타나는 전압은?

2 Oscilloscope의 내부저항 $R_s = 1$[MΩ]과 $C_s = 200$[pF]의 콘덴서가 병렬로 연결되어 있을 때 콘덴서 C_s에 대한 테브난의 등가회로가 다음과 같다면 시정수 τ와 $v_i = 220$[V]일 때의 테브난의 등가전압 E_{th}를 구하시오.

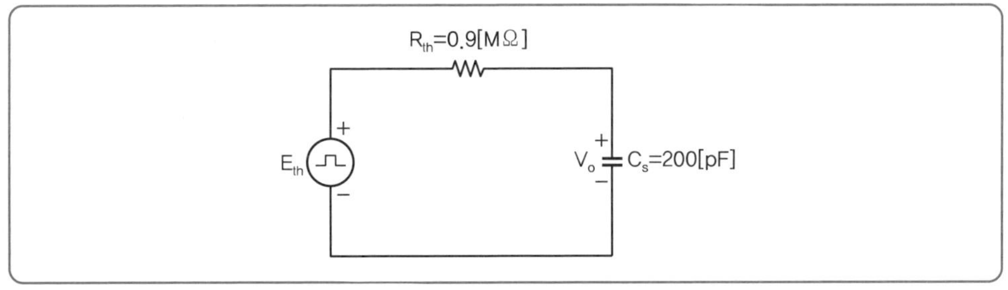

3 인가 주파수가 10[kHz]일 때 주기는 몇 [ms]인가?

해답 1 계산 : $V_0 = \frac{V_i}{n} = \frac{220}{10} = 22$[V] (여기서, n : 배율, V_i : 입력전압) 답 22[V]

2 계산 : 시정수 $\tau = R_{th}C_s = 0.9 \times 10^6 \times 200 \times 10^{-12} = 180 \times 10^{-6}[\text{sec}] = 180[\mu\text{sec}]$

등가전압 $E_{th} = \dfrac{R_s}{R_p + R_s} \times u_i = \dfrac{1}{9+1} \times 220 = 22[V]$ 　　답 22[V]

3 계산 : $T = \dfrac{1}{f} = \dfrac{1}{10 \times 10^3} = 0.1[\text{msec}]$ 　　답 0.1[msec]

04 ★★☆☆☆ [6점]

그림에서 각 지점 간의 저항이 동일하다고 가정하고 간선 AD 사이에 전원을 공급하려고 한다. 전력 손실이 최소가 되는 지점을 구하시오.

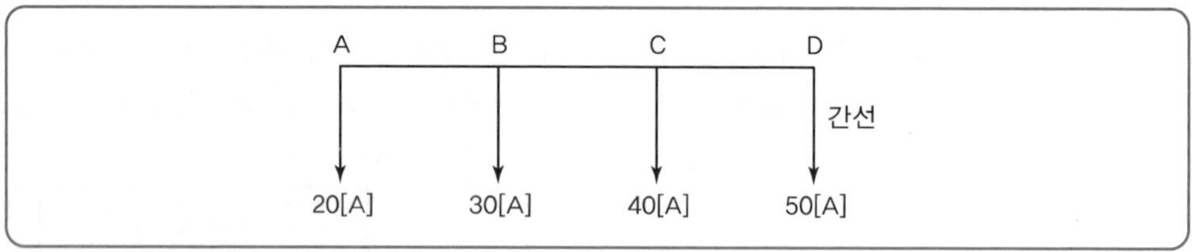

해답 계산

① 급전점 A : $P_A = (30+40+50)^2R + (40+50)^2R + 50^2R = 25{,}000R[W]$

② 급전점 B : $P_B = 20^2R + (40+50)^2R + 50^2R = 11{,}000R[W]$

③ 급전점 C : $P_C = (20+30)^2R + 20^2R + 50^2R = 5{,}400R[W]$

④ 급전점 D : $P_D = (20+30+40)^2R + (20+30)^2R + (20)^2R = 11{,}000R[W]$

답 C점

TIP

① 최소점 : C점, 최대점 : A점 　　② 전력손실 $P_L = I^2R$

05 ★★☆☆☆ [8점]

지중선을 가공선과 비교하였을 때 지중선의 장단점을 각각 4가지만 쓰시오.

1 지중선의 장점

2 지중선의 단점

해답 **1** 장점

① 수용밀도가 높은 도심지역에 전력 공급이 용이하다.

② 쾌적한 도심환경의 조성이 가능하다.

③ 뇌, 풍수해 등 외부사고에 대해서 신뢰도가 높다.

④ 유도장해를 경감한다.

2 단점
① 공사비용이 비싸고 공사기간이 길다.
② 고장점 발견과 복구가 어렵다.
③ 송전용량이 가공선에 비해 낮다.
④ 고장형태는 외상사고, 접속개소 시공불량에 의한 영구사고가 발생한다.

06 ★☆☆☆☆ [6점]

중성선, 분기회로, 등전위본딩에 대한 정의를 쓰시오.

해답 ① 중성선 : 다선식전로에서 전원의 중성극에 접속된 전선
② 분기회로 : 간선에서 분기하여 분기과전류차단기를 거쳐서 부하에 이르는 사이의 배선
③ 등전위본딩 : 등전위로 하기 위해 도전성 부분을 전기적으로 연결하는 것 또는 전로를 형성시키기 위해 금속 부분을 연결하는 것

07 ★★★★★ [5점]

어느 건물의 부하는 하루에 240[kW]로 5시간, 100[kW]로 8시간, 75[kW]로 나머지 시간을 사용한다. 이에 따른 수전설비를 450[kVA]로 하였을 때, 부하의 평균역률이 0.8인 경우 다음 각 물음에 답하시오.

1 이 건물의 수용률[%]을 구하시오.
2 이 건물의 일부하율[%]을 구하시오.

해답 **1** 계산 : $\text{수용률} = \dfrac{\text{최대수용전력}}{\text{설비용량}} \times 100 = \dfrac{240}{450 \times 0.80} \times 100 = 66.666[\%]$ 답 66.67[%]

2 계산 : $\text{일부하율} = \dfrac{\text{평균전력}}{\text{최대전력}} \times 100 = \dfrac{\dfrac{\text{1일 사용전력량[kWh]}}{24[h]}}{\text{최대전력[kW]}} \times 100$

$= \dfrac{\dfrac{240 \times 5 + 100 \times 8 + 75 \times 11}{24}}{240} \times 100 = 49.045[\%]$ 답 49.05[%]

08 ★☆☆☆☆ [5점]

변압기 모선방식의 종류 3가지를 쓰시오.

해답 ① 단일모선방식
② 환상모선방식
③ 2중(복) 모선방식
④ $1\frac{1}{2}$(1.5)차단기방식

09 ★☆☆☆☆ [5점]

1,000[kVA], 22.9[kV]인 변전실이 있다. 이 변전실의 높이 및 면적을 구하시오.(단, 추정 계수는 1.4)

해답
- 높이 : 4.5[m] 이상
- 면적 : 변전실 추정 면적=추정계수×변압기 용량$^{0.7}$

  $1.4 \times 1{,}000^{0.7} = 176.249$

답 176.25[m^2]

10 ★★★★☆ [10점]

도면은 어느 154[kV] 수용가의 수전설비 단선결선도의 일부분이다. 주어진 표와 도면을 이용하여 다음 각 물음에 답하시오.

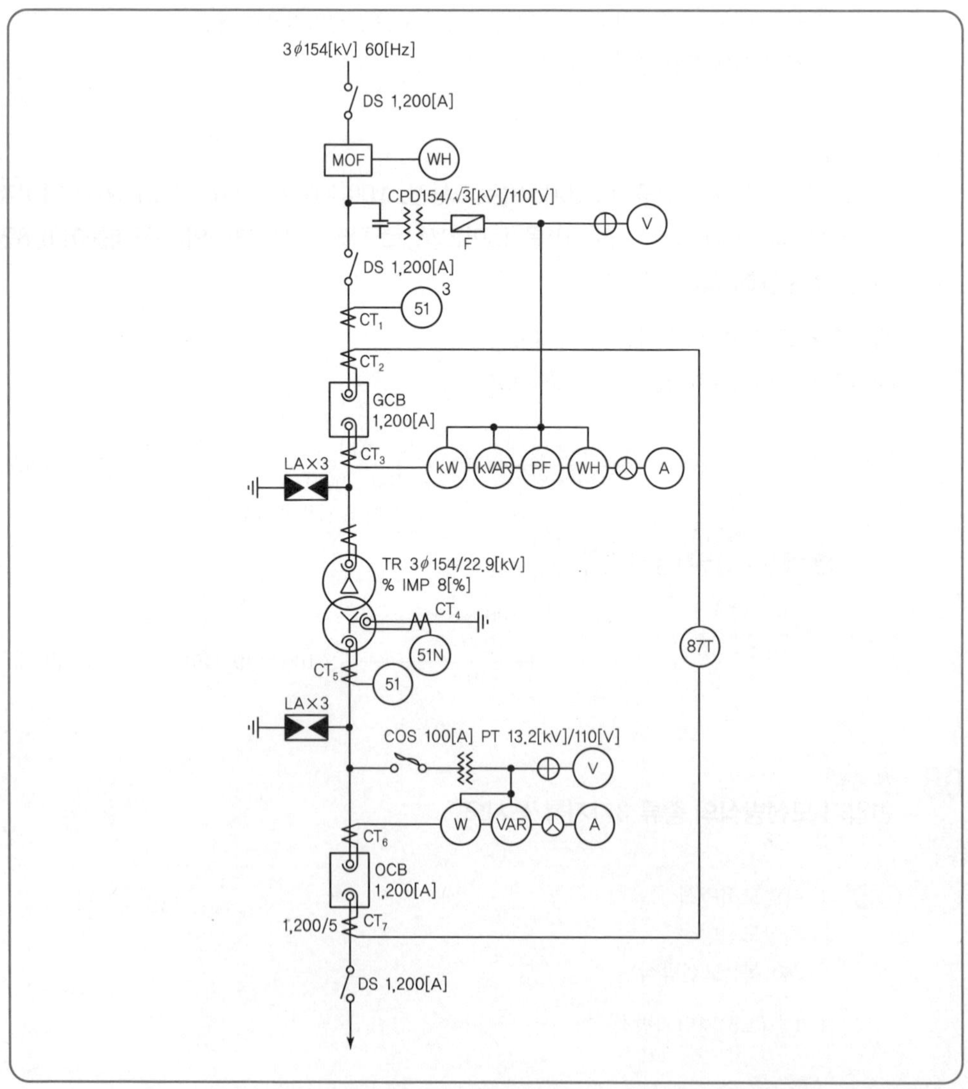

| CT의 정격 |

1차 정격전류[A]	200	400	600	800	1,200
2차 정격전류[A]			5		

1 변압기 2차 부하 설비용량이 51[MW], 수용률이 70[%], 부하역률이 90[%]일 때 도면의 변압기 용량은 몇 [MVA]가 되는가?
2 변압기 1차 측 DS의 정격전압은 몇 [kV]인가?
3 CT_1의 비는 얼마인지를 계산하고 표에서 산정하시오(여유율 1.25).
4 GCB 내에는 주로 어떤 가스가 사용되는지 그 가스의 명칭을 쓰시오.
5 OCB의 정격차단전류가 23[kA]일 때, 이 차단기의 차단용량은 몇 [MVA]인가?
6 과전류계전기의 정격부담이 9[VA]일 때, 이 계전기의 임피던스는 몇 [Ω]인가?
7 CT_7 1차 전류가 600[A]일 때 CT_7의 2차에서 비율차동계전기의 단자에 흐르는 전류는 몇 [A]인가?

해답 1 계산 : 변압기 용량 $= \dfrac{\text{설비용량} \times \text{수용률}}{\text{부등률} \times \text{역률}} = \dfrac{51 \times 0.7}{1 \times 0.9} = 39.666[\text{MVA}]$

답 39.67[MVA]

2 170[kV]

3 계산 : ① CT 1차 측 전류 : $I_1 = \dfrac{P}{\sqrt{3} \cdot V} = \dfrac{39.67 \times 10^3}{\sqrt{3} \cdot 154} = 148.72[\text{A}]$

② CT의 여유 배수 적용 : $I_1 \times 1.25 = 185.9[\text{A}]$

③ CT 정격을 선정 : $\dfrac{200}{5}$

답 $\dfrac{200}{5}$

4 SF_6 가스

5 계산 : 차단용량 $P_s = \sqrt{3}\, V_n I_s = \sqrt{3} \times 25.8 \times 23 = 1{,}027.798[\text{MVA}]$

답 1,027.8[MVA]

6 계산 : 2차부담 임피던스 $P = I_n{}^2 \cdot Z[\text{VA}]$

$Z = \dfrac{P}{I^2} = \dfrac{9}{5^2} = 0.36[\Omega]$

답 0.36[Ω]

7 계산 : $I_2 = \text{부하전류} \times \dfrac{1}{\text{CT비}} \times \sqrt{3} = 600 \times \dfrac{5}{1{,}200} \times \sqrt{3} = 4.33[\text{A}]$

답 4.33[A]

11 ★★★★★

[4점]

디젤 발전기를 운전할 때 연료 소비량이 250[L]이었다. 이 발전기의 정격출력은 500[kVA]일 때 발전기 운전시간[h]은?(단, 중유의 열량은 10,000[kcal/kg], 기관 효율, 발전기 효율 34.4[%], 1/2 부하이다.)

해답 계산 : 발전기의 출력 $P = \frac{mH\eta_g\eta_t}{860T\cos\theta}$ [kVA]

$$T = \frac{250 \times 10{,}000 \times 0.344}{860 \times 500 \times \frac{1}{2} \times 1} = 4[h]$$

답 4[h]

TIP

효율$(\eta) = \frac{860PT}{mH}$

여기서, m : 질량(kg), H : 열량(kcal/kg)

P : 출력(kW), T : 시간

12 ★★★☆☆

[7점]

교류용 적산전력계에 대한 다음 각 물음에 답하시오.

1 잠동(creeping) 현상에 대하여 설명하고 잠동을 막기 위한 유효한 방법을 2가지만 쓰시오.

2 적산전력계가 구비해야 할 전기적, 기계적 및 성능상 특성을 3가지만 쓰시오.

해답 1 ① 잠동 : 무부하 상태에서 정격주파수 및 정격전압의 110[%]를 인가하여 계기의 원판이 1회전 이상 회전하는 현상

② 방지대책

- 원판에 작은 구멍을 뚫는다.
- 원판에 작은 철편을 붙인다.

2 적산전력계가 구비해야 할 특성

① 과부하 내량이 클 것

② 온도나 주파수 변화에 보상이 되도록 할 것

③ 기계적 강도가 클 것

그 외

④ 부하특성이 좋을 것

⑤ 옥내 및 옥외 설치가 적당할 것

13 ★★★★☆ [12점]

다음은 3ϕ4W 22.9[kV] 수전설비 단선결선도이다. 다음 각 물음에 답하시오.

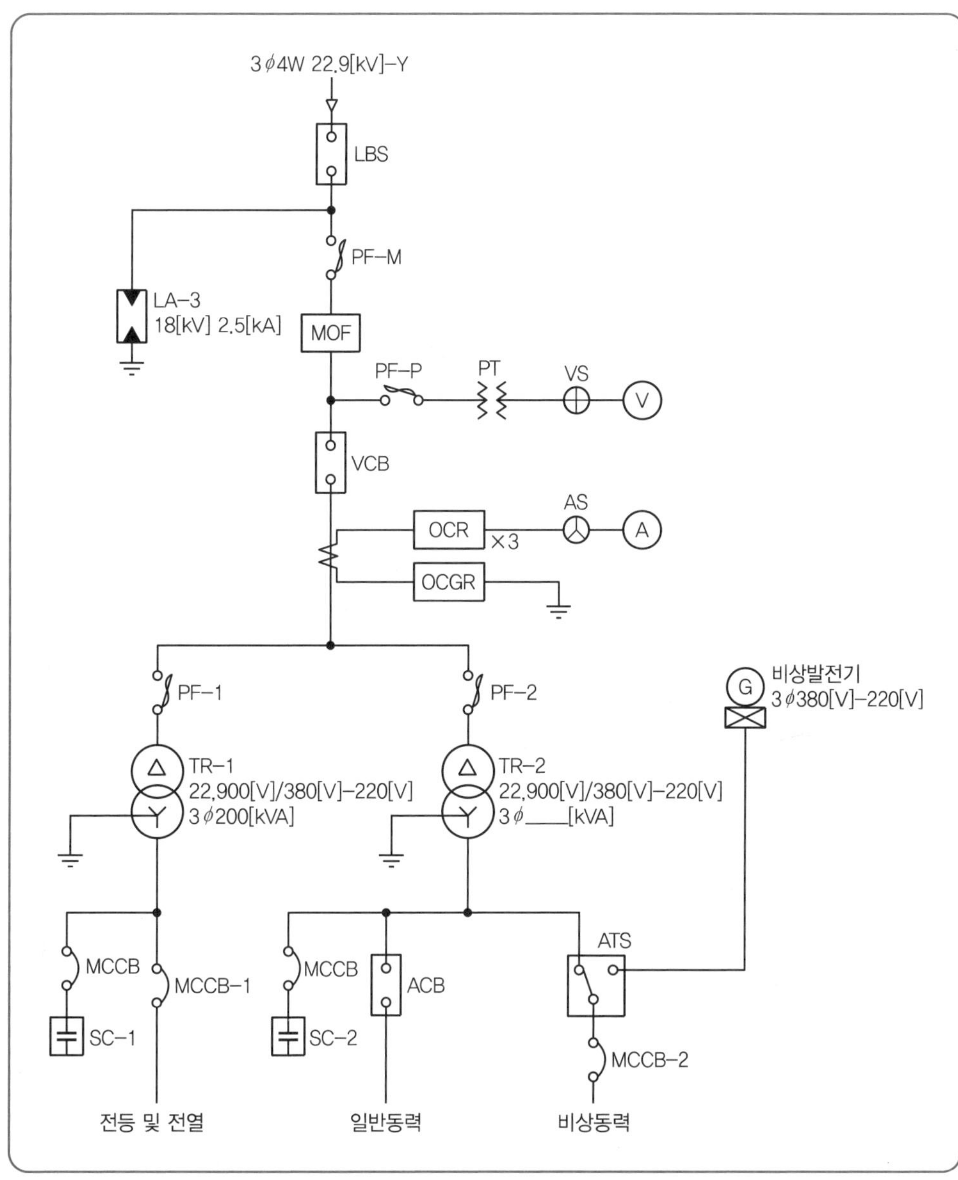

1 위 수전설비 단선결선도의 LA에 대하여 다음 물음에 답하시오.

① 우리말의 명칭은 무엇인가?

② 기능과 역할에 대해 간단히 설명하시오.

③ 요구되는 성능조건을 4가지만 쓰시오.

2 위 수전설비 단선결선도의 부하집계 및 입력환산표를 완성하시오.(단, 입력환산[kVA]은 계산 값의 소수 둘째 자리에서 반올림한다.)

구분	전등 및 전열	일반동력	비상동력
설비용량 및 효율	합계 350[kW] 100[%]	합계 635[kW] 85[%]	유도전동기1 7.5[kW] 2대 85[%] 유도전동기2 11[kW] 1대 85[%] 유도전동기3 15[kW] 1대 85[%] 비상조명 8,000[W] 100[%]
평균(종합)역률	80[%]	90[%]	90[%]
수용률	60[%]	45[%]	100[%]

구분		설비용량[kW]	효율[%]	역률[%]	입력환산[kVA]
전등 및 전열		350			
일반동력		635			
비상동력	유도전동기1	7.5×2			
	유도전동기2	11			
	유도전동기3	15			
	비상조명	8			
	소계	−			

3 단선결선도와 **2**의 부하집계표에 의한 TR-2의 적정 용량은 몇 [kVA]인지 구하시오.

> [참고사항]
> - 일반 동력군과 비상 동력군 간의 부등률은 1.3으로 본다.
> - 변압기 용량은 15[%] 정도의 여유를 갖게 한다.
> - 변압기의 표준규격[kVA]은 200, 300, 400, 500, 600으로 한다.

4 단선결선도에서 TR-2의 2차 측 중성점의 접지공사의 접지선 굵기[mm^2]를 구하시오.

> [참고사항]
> - 접지도체는 GV전선을 사용하고 표준굵기[mm^2]는 6, 10, 16, 25, 35, 50, 70 중에서 선정한다.
> - GV전선의 표준굵기[mm^2]의 선정은 전기기기의 선정 및 설치 – 접지설비 및 보호도체(KS CIEC 60364 – 5 – 54)에 따른다.
> - 과전류차단기를 통해 흐를 수 있는 예상 고장전류는 변압기 2차 정격전류의 20배로 본다.
> - 도체, 절연물, 그 밖의 부분의 재질 및 초기온도와 최종온도에 따라 정해지는 계수는 143(구리도체)으로 한다.
> - 변압기 2차의 과전류차단기는 고장전류에서 0.1초에 차단되는 것이다.

해답 **1** ① 피뢰기

② 이상전압 내습 시 대지에 방전하여 전기기계기구를 보호하고 속류를 차단한다.

③ ㉠ 상용주파 방전개시전압이 높을 것

㉡ 제한전압이 낮을 것

㉢ 충격방전개시전압이 낮을 것
㉣ 속류차단이 우수할 것

2 부하집계 및 입력환산표

입력환산[kVA]$=\dfrac{\text{설비용량[kW]}}{\text{역률}\times\text{효율}}$[kVA]

구분		설비용량[kW]	효율[%]	역률[%]	입력환산[kVA]
전등 및 전열		350	100	80	$\dfrac{350}{0.8\times1}=437.5$
일반동력		635	85	90	$\dfrac{635}{0.9\times0.85}=830.1$
비상동력	유도전동기1	7.5×2	85	90	$\dfrac{7.5\times2}{0.9\times0.85}=19.6$
	유도전동기2	11	85	90	$\dfrac{11}{0.9\times0.85}=14.4$
	유도전동기3	15	85	90	$\dfrac{15}{0.9\times0.85}=19.6$
	비상조명	8	100	90	$\dfrac{8}{0.9\times1}=8.9$
	소계	–	–	–	62.5

3 계산 : 변압기 용량 TR－2$=\dfrac{\text{설비용량[kVA]}\times\text{수용률}}{\text{부등률}}\times\text{여유율}$[kVA]

$$=\frac{830.1\times0.45+62.5\times1}{1.3}\times1.15=385.73\text{[kVA]}$$

답 400[kVA]

4 계산 : ① TR－2의 2차 측 정격전류

$$I_2=\frac{P}{\sqrt{3}\,V}=\frac{400\times10^3}{\sqrt{3}\times380}=607.74\text{[A]}$$

② 예상 고장전류(I)는 변압기 2차 정격전류의 20배이므로

$$I=20I_2=20\times607.74=12{,}154.8\text{[A]}$$

$$\therefore\ S=\frac{\sqrt{I^2t}}{k}=\frac{\sqrt{12{,}154.8^2\times0.1}}{143}=26.88\text{[mm}^2\text{]}$$

답 35[mm^2]

14 ★☆☆☆☆ [7점]

선로정수 A, B, C, D가 무부하 시 송전단에 154[kV]를 인가할 때 다음 물음에 답하시오. 이때 A=0.9, B=j70.7, C=j0.56×10⁻³, D=0.9이다.

1. 수전단 전압
2. 송전단 전류
3. 무부하 시 수전단 전압을 140[kV]로 유지하기 위해 필요한 조상설비용량[kVar]은?

해답 1 계산 : $V_r = \dfrac{1}{A}V_s = \dfrac{1}{0.9} \times 154 = 171.111[kV]$

답 171.11[kV]

2 계산 : $I_s = C \times E_r = j0.56 \times 10^{-3} \times \dfrac{171.11 \times 10^3}{\sqrt{3}} = j55.32[A]$

답 55.32[A]

3 계산 : $\begin{bmatrix} E_s \\ I_s \end{bmatrix} = \begin{bmatrix} A & B \\ C & D \end{bmatrix} \begin{bmatrix} E_r \\ I_r \end{bmatrix}$

$$\begin{bmatrix} \dfrac{154 \times 10^3}{\sqrt{3}} \\ I_s \end{bmatrix} = \begin{bmatrix} 0.9 & j70.7 \\ j0.56 \times 10^3 & 0.9 \end{bmatrix} \begin{bmatrix} \dfrac{140 \times 10^3}{\sqrt{3}} \\ I_c \end{bmatrix}$$

$$\frac{154 \times 10^3}{\sqrt{3}} = 0.9 \times \frac{140 \times 10^3}{\sqrt{3}} + j70.7I_c$$

$$\frac{154 \times 10^3}{\sqrt{3}} - \frac{0.9 \times 140 \times 10^3}{\sqrt{3}} = j70.7I_c$$

$$\therefore I_c = \frac{\dfrac{154 \times 10^3}{\sqrt{3}} - \dfrac{0.9 \times 140 \times 10^3}{\sqrt{3}}}{j70.7} = -j228.65[A]$$

∴ 조상설비용량 $Q_c = \sqrt{3}V_rI_c \times 10^{-3} = \sqrt{3} \times 140 \times 10^3 \times 228.65 \times 10^{-3}$

$= 55,444.68[kVar]$

답 55,444.68[kVar]

15 ★★★☆☆ [6점]

주어진 표는 어떤 부하 데이터의 예이다. 이 부하 데이터를 수용할 수 있는 발전기 용량을 계산하시오.

부하의 종류	출력[kW]	전부하 특성			
		역률[%]	효율[%]	입력[kVA]	입력[kW]
유도 전동기	37×6	87	81	52.5×6	45.7×6
유도 전동기	11	84	77	17	14.3
전등 · 전열기 등	30	100		30	30
합계		88			

1 전부하 정상 운전 시의 정격용량은 몇 [kVA]인지 구하시오.

2 이때 필요한 엔진 출력은 몇 [PS]인지 구하시오.(단, 효율은 92[%]이다.)

해답 **1** 계산 : 정격용량 $P = \frac{\text{부하입력[kW]}}{\text{역률}} = \frac{45.7 \times 6 + 14.3 + 30}{0.88} = 361.93[\text{kVA}]$

답 361.93[kVA]

2 계산 : 엔진출력 $P = \frac{\text{부하입력[kW]}}{\text{효율}} \times 1.36 = \frac{45.7 \times 6 + 14.3 + 30}{0.92} \times 1.36 = 470.83[\text{PS}]$

답 470.83[PS]

TIP

2 • 발전기 출력[kW]$= \frac{\text{부하 입력[kW]}}{\text{부하 효율}}$

• 단위환산 : $1[\text{kW}] = \frac{1}{0.7355} = \frac{1}{0.736} = 1.36[\text{PS}]$

memo

ENGINEER ELECTRICITY

2019년 과년도 문제풀이

2019년도 1회 시험 과년도 기출문제

회독 체크	□1회독	월 일	□2회독	월 일	□3회독	월 일

01 ★★★★★ [4점]

단상변압기 2대를 V결선하여 출력 11[kW], 역률 0.8, 효율 0.85의 전동기를 운전하려고 한다. 변압기 한 대의 용량을 선정하시오.(단, 변압기 표준용량은 5, 7.5, 10, 15, 20, 25, 50, 75, 100[kVA]이다.)

해답 단상변압기 2대를 V결선했을 경우의 출력 $P_V = \sqrt{3}P_1$[kVA]

전동기 $P' = \dfrac{P}{\eta \times \cos\theta} = \dfrac{11}{0.8 \times 0.85} = 16.18$[kVA]

$P_V = \sqrt{3}P_1 = 16.18$[kVA]

계산 : $P_1 = \dfrac{16.18}{\sqrt{3}} = 9.34$[kVA], 표준용량 10[kVA] 선정

답 10[kVA]

TIP

$P_V = \sqrt{3} \times$1대 용량(VI)

02 ★★★★☆ [4점]

3상 3선식 배전선로의 말단에 지역률 80[%]인 평형 3상의 말단집중 부하가 있다. 변전소 인출구의 전압이 6,600[V]인 경우 부하의 단자전압을 6,000[V] 이하로 떨어뜨리지 않으려면 부하 전력[kW]은 얼마인가?(단, 전선 1선의 저항은 1.4[Ω], 리액턴스는 1.8[Ω]으로 하고 그 이외의 선로정수는 무시한다.)

해답 계산 : $e = \dfrac{P}{V}(R + X\tan\theta)$

$600 = \dfrac{P}{6{,}000}\left(1.4 + 1.8 \times \dfrac{0.6}{0.8}\right)$

답 1,309.09[kW]

TIP

➤ 3상 3선식 전압강하

① $e = \sqrt{3}I(R\cos\theta + X\sin\theta)$ ② $e = \dfrac{P}{V}(R + X\tan\theta)$

03 ★★☆☆☆ [7점]

스폿 네트워크(Spot Network) 수전방식에 대하여 설명하고 특징을 4가지만 쓰시오.

해답 (1) Spot Network 방식 : 전력회사의 변전소로부터 2회선 이상 수전하는 방식으로 변압기 2차 측을 병렬로 운전하는 방식

(2) 특징

① 무정전 전력공급이 가능하다.

② 공급신뢰도가 높다.

③ 전압 변동률이 낮다.

④ 부하 증가에 대한 적응성이 좋다.

그 외

⑤ 기기의 이용률이 향상된다.

TIP

1. 목적

무정전 공급이 가능해서 신뢰도가 높고 전압변동률이 낮고 도심부의 부하 밀도가 높은 지역의 대용량 수용가에 공급하는 방식

2. 구성도

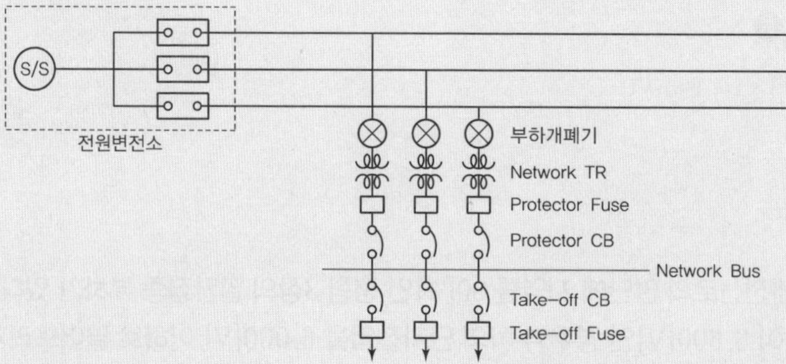

3. 주요 기기

(1) 부하개폐기(1차 개폐기)

Net Work TR 1차 측에 설치(SF_6 개폐기, 기중부하개폐기)

(2) Net Work TR

① 1회선 정전 시 다른 건전한 회선만으로 최대부하에 견딜 수 있을 것

② 130% 과부하에서 8시간 운전 가능할 것(Mold, SF_6, Gas TR 사용)

③ 변압기 용량$=\dfrac{\text{최대수용전력}}{\text{변압기 대수}-1}\times\dfrac{100}{\text{과부하율}}$[kVA](변압기 대수 1개당 1회선 연결)

04 ★★★☆☆ [6점]

그림과 같이 완전 확산형의 조명기구가 설치되어 있다. A 점에서의 광도와 수평면 조도를 계산하시오.(단, 조명기구의 전 광속은 18,500[lm]이다.)

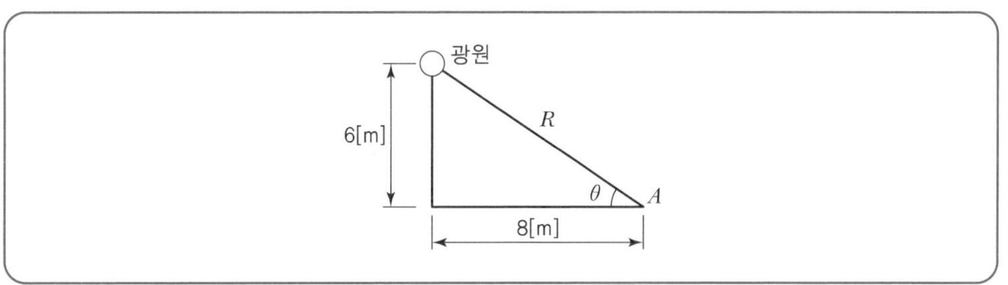

1 광도[cd]를 구하시오.

2 A점의 수평면 조도를 구하시오.

해답 **1** 광원의 광도

계산 : $I=\dfrac{F}{\omega}=\dfrac{F}{4\pi}=\dfrac{18{,}500}{4\pi}=1{,}472.18[\text{cd}]$ 답 1,472.18[cd]

2 수평면 조도

계산 : $E_h=\dfrac{I}{\ell^2}\cos\theta=\dfrac{1{,}472.18}{10^2}\times\dfrac{6}{\sqrt{6^2+8^2}}=8.83[\text{lx}]$ 답 8.83[lx]

05 ★★★★★ [4점]

주어진 논리회로의 출력을 입력변수로 나타내고, 이 식을 AND, OR, NOT 소자만의 논리회로로 변환하여 논리식과 논리회로를 그리시오.

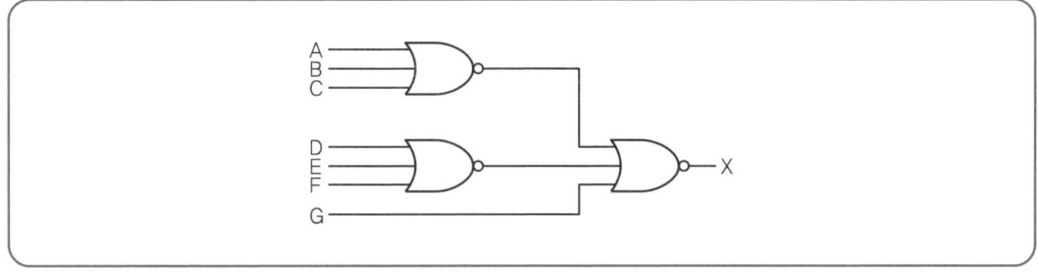

해답 논리식과 논리회로

$X=\overline{\overline{(A+B+C)}+\overline{(D+E+F)}+G}=(A+B+C)\cdot(D+E+F)\cdot\overline{G}$

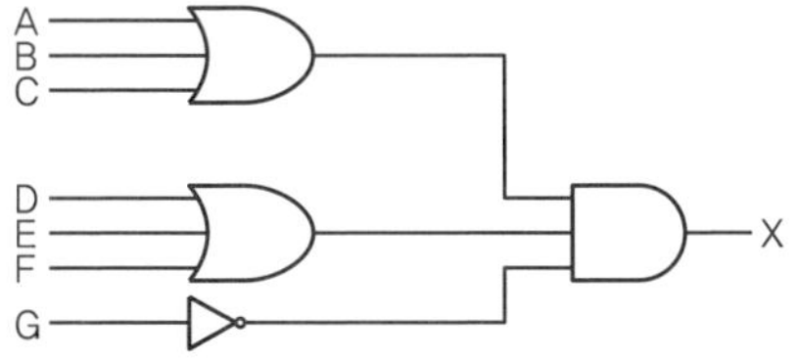

06 ★★★★★

[4점]

다음 도면을 참고하여 수용가의 역률이 0.9일 경우 변압기 용량을 구하시오.(단, 부등률은 1.35, 변압기 용량은 15[%] 여유를 두며, 변압기 표준용량은 50, 100, 250, 300, 500[kVA]이다.)

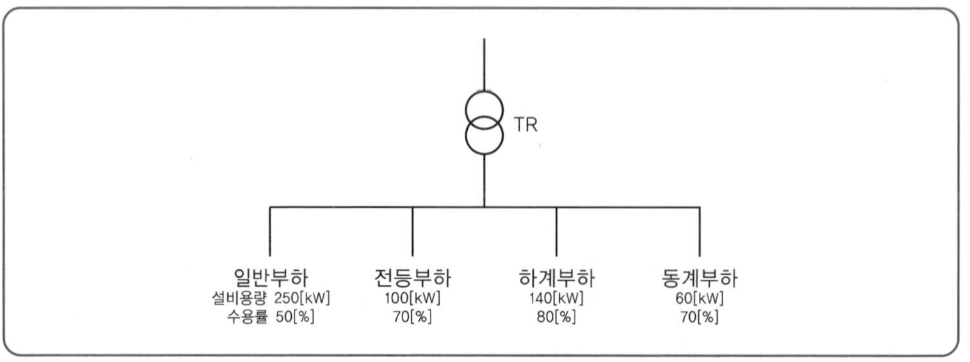

해답 계산 : $P = \dfrac{\text{설비용량} \times \text{수용률}}{\text{부등률} \times \text{역률}} \times \text{여유율}$

$= \dfrac{100 \times 0.7 + 250 \times 0.5 + 140 \times 0.8}{1.35 \times 0.9} \times 1.15 = 290.58[\text{kVA}]$

∴ 표준용량 300[kVA] 선정

답 300[kVA]

TIP

계절부하는 동시에 사용되지 않으므로 큰 부하인 하계부하를 기준으로 구한다.

07 ★☆☆☆☆

[6점]

고압에서 사용하는 진공차단기(VCB)의 특징 3가지를 적으시오.

해답 ① 차단성능이 주파수의 영향을 받지 않는다.

② 화재에 가장 안전하다.

③ 수명이 가장 길며 보수가 간단하다.

그 외

④ 차단 시 소음이 작다.

⑤ 동작 시 이상전압이 발생한다.

08 ★★★★☆ [15점]

그림은 통상적인 단락, 지락 보호에 쓰이는 방식으로서 주보호와 후비보호의 기능을 지니고 있다. 도면을 보고 다음 각 물음에 답하시오.

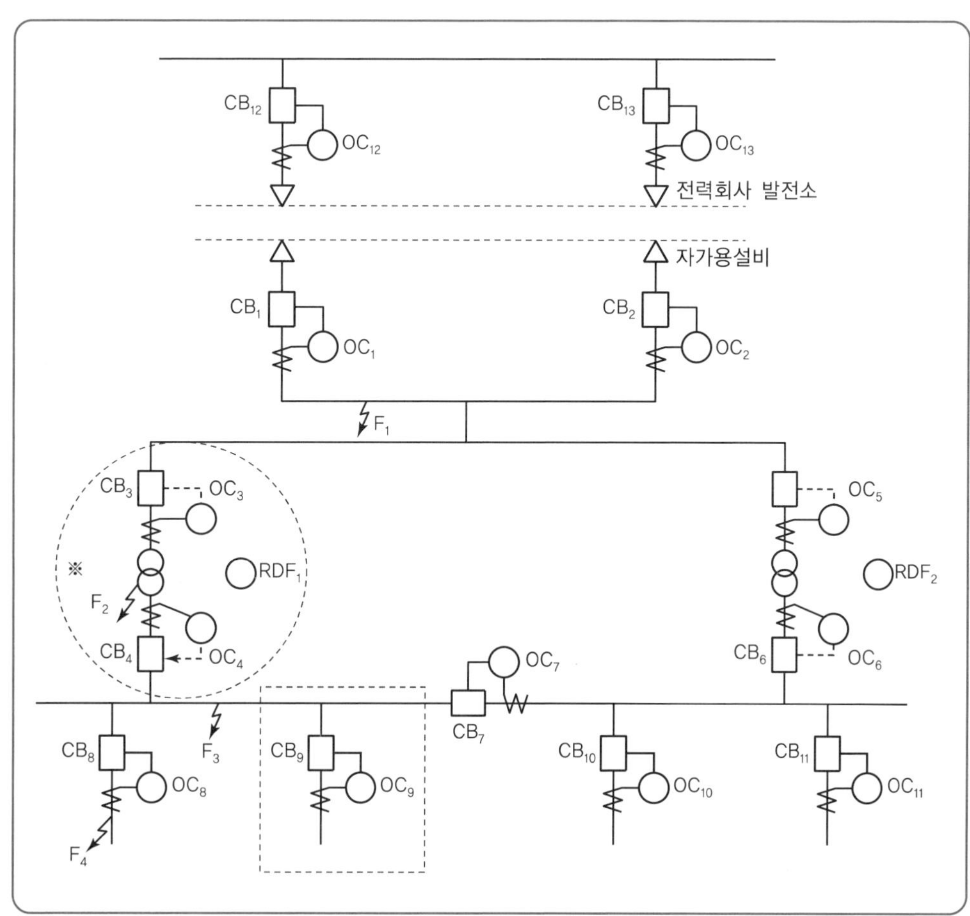

1 사고점이 F_1, F_2, F_3, F_4라고 할 때 주보호와 후비보호에 대한 표의 (　) 안을 채우시오.

사고점	주보호	후비보호
F_1	$OC_1+CB_1 And OC_2+CB_2$	(①)
F_2	(②)	$OC_1+CB_1 And OC_2+CB_2$
F_3	$OC_4+CB_4 And OC_7+CB_7$	$OC_3+CB_3 And OC_6+CB_6$
F_4	OC_8+CB_8	$OC_4+CB_4 And OC_7+CB_7$

2 그림은 도면의 ※표 부분을 좀 더 상세하게 나타낸 도면이다. 각 부분 ①~④의 명칭을 쓰고, 보호 기능 구성상 ⑤~⑦의 부분을 검출부, 판정부, 동작부로 나누어 표현하시오.

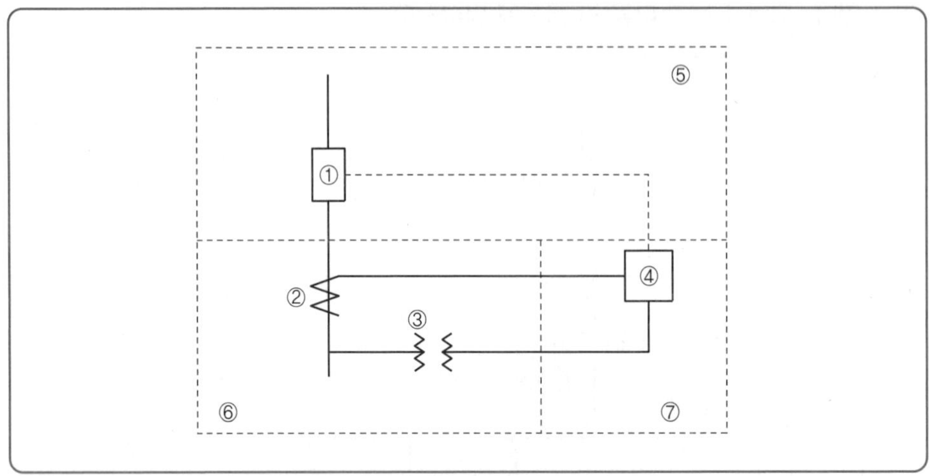

3 답란의 그림 F_2 사고와 관련된 검출부, 판정부, 동작부의 도면을 완성하시오.

4 자가용 전기 설비에 발전 시설이 구비되어 있을 경우 자가용 수용가에 설치되어야 할 계전기는 어떤 계전기인가?

해답 **1** ① $OC_{12}+CB_{12}$ And $OC_{13}+CB_{13}$

② $RDF_1+OC_4+CB_4$ And $RDF_1+OC_3+CB_3$

2 ① 교류 차단기　　② 변류기

③ 계기용 변압기　　④ 과전류 계전기

⑤ 동작부　　⑥ 검출부

⑦ 판정부

3

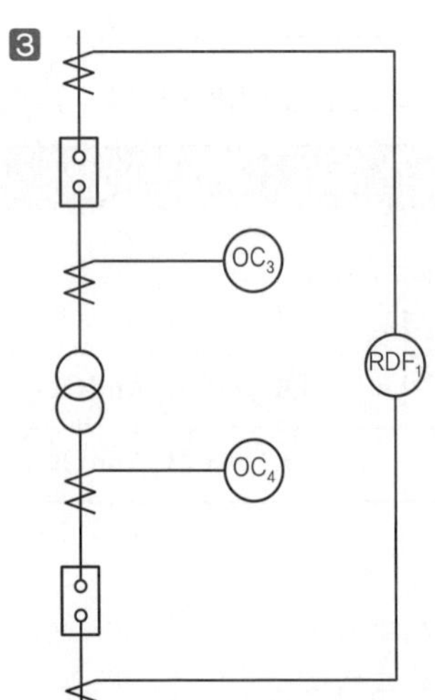

4 ① 과전류 계전기

② 과전압 계전기

③ 부족전압 계전기

④ 지락과전류 계전기

⑤ 비율 차동 계전기

TIP

① 주보호 : 수용가 측 보호, 후비보호 : 전력회사 측 보호
② 과년도에서는 F_3 및 F_4에 대하여도 출제되었다.

2012 2013 2014 2015 2016 2017 2018 2019 2020 2021

09 ★★★★★ [4점]

다음은 수용가에서 공급하는 경우의 전압강하표이다. 다음 표의 전압강하[%]를 완성하시오.

※ KEC 규정에 따라 문항 변경

부하 종별	저압으로 수전하는 경우	고압 이상으로 수전하는 경우
조명부하	(①)[%] 이하	(③)[%] 이하
기타부하	(②)[%] 이하	8[%] 이하

해답

부하 종별	저압으로 수전하는 경우	고압 이상으로 수전하는 경우
조명부하	3[%] 이하	6[%] 이하
기타부하	5[%] 이하	8[%] 이하

10 ★★★★★ [6점]

접지저항을 측정하고자 한다. 다음 각 물음에 답하시오.

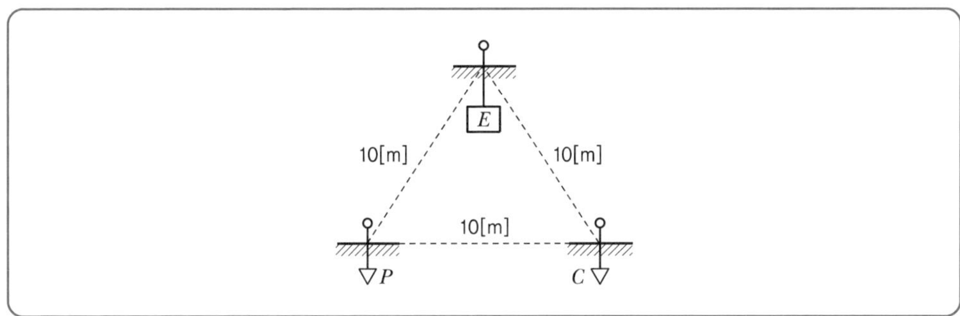

1 접지저항을 측정하기 위하여 사용되는 계측기는?

2 그림의 접지저항 측정방법은?

3 그림과 같이 본 접지 E에 제1보조접지 P, 제2보조접지 C를 설치하면 본 접지 E의 접지 저항은 몇 [Ω]인가?(단, 본 접지와 P 사이의 저항값은 86[Ω], 본 접지와 C 사이의 접지저항값은 92[Ω], P와 C 사이의 접지저항값은 160[Ω]이다.)

해답 1 어스 테스터기(접지저항기)

2 콜라우시 브리지에 의한 3극 접지저항 측정법

3 계산 : $R_E = \frac{1}{2}(R_{EP} + R_{EC} - R_{PC}) = \frac{1}{2}(86 + 92 - 160) = 9[\Omega]$

답 $9[\Omega]$

11 ★★★★★ [5점]

다음 3상 3선식 220[V]인 수전회로에서 Ⓗ는 전열부하이고, Ⓜ은 역률 0.8인 전동기이다. 이 그림을 보고 다음 각 물음에 답하시오.

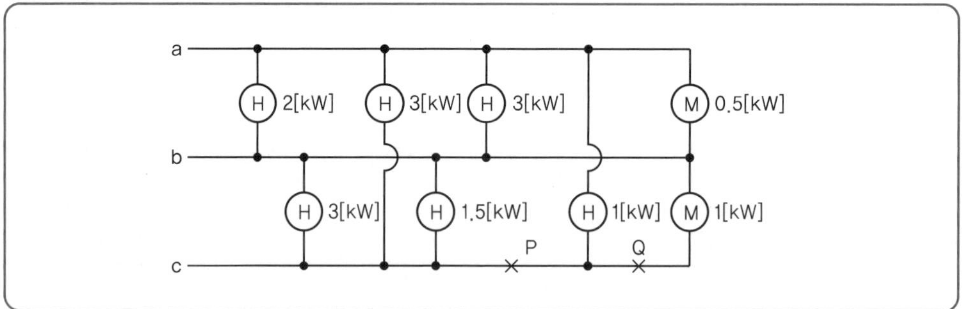

1 저압 수전의 3상 3선식 선로인 경우에 설비불평형률은 몇 [%] 이하로 하여야 하는가?

2 그림의 설비불평형률은 몇 [%]인가?(단, P, Q점은 단선이 아닌 것으로 계산한다.)

3 P, Q점에서 단선이 되었다면 설비불평형률은 몇 [%]가 되겠는가?

해답 1 30

2 계산 : 설비불평형률$= \dfrac{\left(3 + 1.5 + \dfrac{1}{0.8}\right) - (3+1)}{\dfrac{1}{3}\left(2 + 3 + \dfrac{0.5}{0.8} + 3 + 1.5 + \dfrac{1}{0.8} + 3 + 1\right)} \times 100 = 34.15[\%]$

답 34.15[%]

3 계산 : 설비불평형률$= \dfrac{\left(2 + 3 + \dfrac{0.5}{0.8}\right) - 3}{\dfrac{1}{3}\left(2 + 3 + \dfrac{0.5}{0.8} + 3 + 1.5 + 3\right)} \times 100 = 60[\%]$

답 60[%]

TIP

1, **2** 3상 3선식의 경우

$$\text{설비불평형률} = \frac{\text{각 선간에 접속되는 단상부하의 최대와 최소의 차}}{\text{총 부하 설비용량의 } 1/3} \times 100[\%]$$

여기서, 설비불평형률은 30[%] 이하가 되도록 하여야 한다.

3 P점에서 단선 후 변경된 회로

H 2[kW], H 3[kW], H 3[kW], M 0.5[kW], H 3[kW], H 1.5[kW]

12 ★★★★☆ [6점]

다음 회로도를 보고 물음에 답하시오.

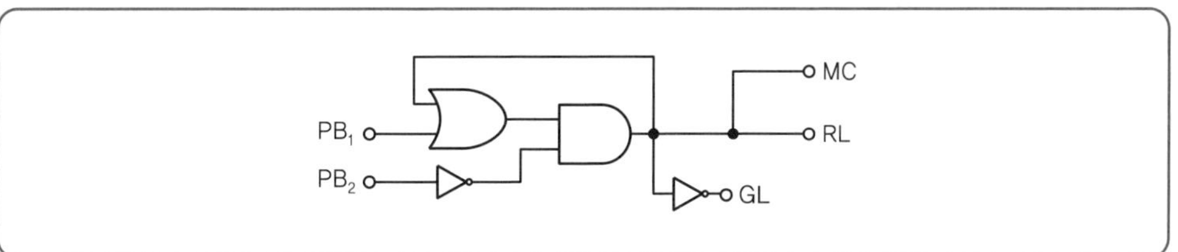

1 답안지의 시퀀스 회로도를 완성하시오.

2 논리식을 쓰시오.

해답 **1**

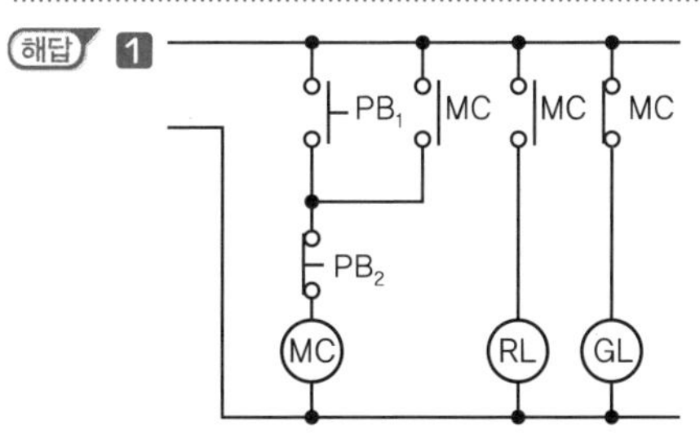

2 $MC = (PB_1 + MC) \cdot \overline{PB_2}$

$GL = \overline{MC}$

$RL = MC$

13 ★★☆☆☆ [6점]

태양광 발전의 장점 4가지와 단점 2가지를 쓰시오.

해답 1 장점

① 무인화가 가능하다.
② 유지보수가 용이하다.
③ 에너지 자원이 반영구적이다.
④ 수명이 길다.

2 단점

① 에너지 밀도가 낮다.
② 발전량이 일사량에 의존하므로 설치면적이 크고 설치비용이 많으며 발전단가가 높다.

14 ★★★★★ [6점]

부하의 역률 개선에 대한 다음 각 물음에 답하시오.

1 역률을 개선하는 원리를 간단히 설명하시오.
2 부하 설비의 역률이 저하하는 경우 수용기가 볼 수 있는 손해를 두 가지만 쓰시오.
3 어느 공장의 3상 부하가 30[kW]이고, 역률이 65[%]이다. 이것을 역률 90[%]로 개선하려면 전력용 콘덴서는 몇 [kVA]가 필요한가?

해답 1 병렬로 콘덴서를 설치하여 진상 전류를 흘려줌으로써 무효전력을 감소시켜 역률을 개선한다.

2 ① 전력 손실이 커진다.
② 전압 강하가 커진다.
그 외
③ 전기 요금이 증가한다.
④ 설비이용률이 감소한다.

3 계산 : $Q_c = 30\left(\frac{\sqrt{1-0.65^2}}{0.65} - \frac{\sqrt{1-0.9^2}}{0.9}\right) = 20.54[\text{kVA}]$

답 20.54[kVA]

TIP

$Q_c = P(\tan\theta_1 - \tan\theta_2)[\text{kVA}]$

여기서, P : 유효전력[kW]

$\tan\theta = \frac{\sin\theta}{\cos\theta}$

15 ★★★☆☆ [6점]

그림과 같은 3상 3선식 배전선로가 있다. 다음 각 물음에 답하시오.(단, 전선 1가닥의 저항은 0.5[Ω/km]이다.)

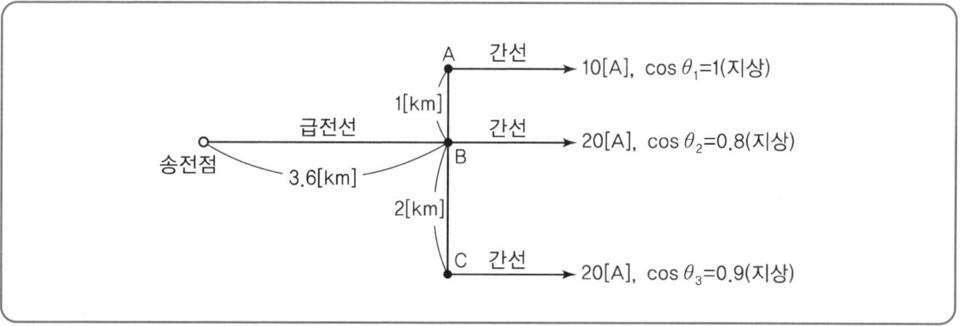

1 급전선에 흐르는 전류는 몇 [A]인가?

2 선로 손실[kW]을 구하시오.

해답 1 계산 : $I = I_A + I_B + I_C = 10 + 20(0.8 - j\,0.6) + 20(0.9 - j\,0.436)$

$= 44 - j\,20.717 = 48.63[A]$

답 48.63[A]

2 계산 : $P_l = 3I^2R$(급전선 손실)$+3I^2R_A$(A점 손실)$+3I^2R_C$(C점 손실)

$= [3 \times 48.63^2 \times (0.5 \times 3.6) + 3 \times 10^2 \times (0.5 \times 1) + 3 \times 20^2 \times (0.5 \times 2)] \times 10^{-3}$

$= 14.12[kW]$

답 14.12[kW]

TIP

① 역율이 다르므로 실수전류와허수전류를 각각 계산하여 합한다.

② 손실계산에서 B점의 손실은 급전선과의 거리가 없으므로 저항이 없다.

16 ★★★☆☆ [12점]

답안지의 그림과 같은 수전 설비 계통도의 미완성 도면을 보고 다음 각 물음에 답하시오.

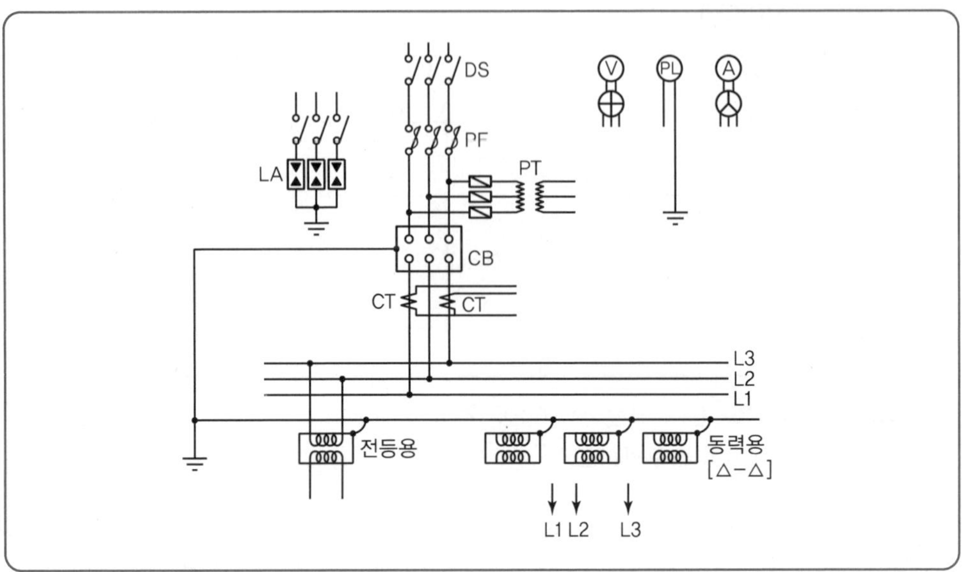

1 계통도를 완성하시오.

2 통전 중에 있는 변류기 2차 측 기기를 교체하고자 할 때 가장 먼저 취하여야 할 조치 및 그 이유를 쓰시오.

3 인입구 개폐기에서 단로기(DS) 대신 주로 사용하는 것의 명칭과 약호를 쓰시오.

4 진공차단기(VCB)와 몰드변압기를 사용할 때 보호기기 명칭과 설치위치를 쓰시오.

해답 1

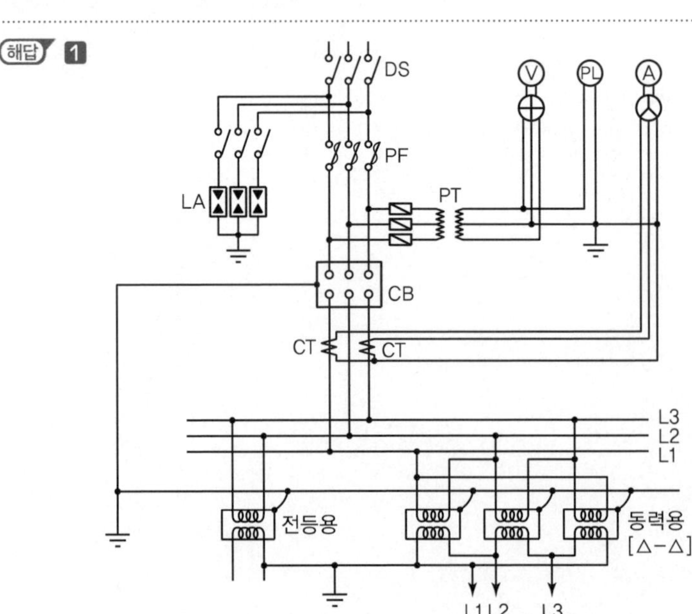

2 • 조치 : 2차 측을 단락시킨다.
• 이유 : 변류기의 2차 측을 개방하면 변류기 2차 측에 고전압을 유기하여 변류기의 절연이 소손한다.

3 • 명칭 : 자동고장구분 개폐기
• 약호 : ASS

4 • 명칭 : 서지흡수기
• 설치위치 : VCB와 몰드변압기 사이(몰드변압기 1차 측)

TIP

➤ **인입개폐기 종류**
① 단로기(DS)
② 자동고장구분 개폐기(ASS)

전기기사

2019년도 2회 시험

과년도 기출문제

회독 체크	□1회독	월 일	□2회독	월 일	□3회독	월 일

01 ★★★☆☆ [4점]

접지계기용 변압기(GPT)의 변압비는 $\frac{3,300}{\sqrt{3}} / \frac{110}{\sqrt{3}}$ 이다. 이때 2차 측의 영상전압을 구하시오.

해답 계산 : $\frac{110}{\sqrt{3}} \times 3 = 190.53[V]$

답 190.53[V]

TIP

GPT의 영상전압은 개방단이므로 3배의 전위 상승

02 ★★★★☆ [5점]

3상 4선식 교류 380[V], 50[kVA] 부하가 전기실 배전반에서 250[m] 떨어져 설치되어 있다. 허용전압강하는 얼마이며 이 경우 배전용 케이블의 최소 단면적은 얼마로 하여야 하는지 선정하시오.(단, 전기사용장소 내 시설한 변압기이며, 케이블은 IEC 규격에 의하며 6, 10, 16, 25, 35, 50, 70[mm²]이다.)

1 허용전압강하

2 케이블의 최소 단면적

해답 1 계산 : $e = 380 \times 0.055 = 20.9[V]$

$(250 - 100) \times 0.005 = 0.75[\%]$

$\therefore$ 0.5[%] 적용

답 20.9[V]

2 계산 : $I = \frac{P}{\sqrt{3}V} = \frac{50 \times 10^3}{\sqrt{3} \times 380} = 75.97[A]$

$A = \frac{17.8LI}{1,000e}$ 에서 $A = \frac{17.8 \times 250 \times 75.97}{1,000 \times 220 \times 0.055} = 27.94[mm^2]$

답 $35[mm^2]$

TIP

① 다른 조건을 고려하지 않을 경우 설비의 인입구로 부터 기기까지의 전압강하는 아래의 값 이하이어야 한다.

설비의 유형	조명[%]	기타[%]
A－저압으로 수전하는 경우	3	5
B * －고압 이상으로 수전하는 경우	6	8

* 가능한 한 최종회로 내의 전압강하가 A유형을 넘지 않도록 하는 것이 바람직하다. 사용자의 배선설비가 100[m] 넘는 부분의 전압강하는 미터당 0.005[%] 증가할 수 있으나 이러한 증가분은 0.5[%]를 넘지 않도록 한다.

② 배전방식에 따른 도체단면적

단상 2선식	$A=\dfrac{35.6LI}{1{,}000e}$	선간
3상 3선식	$A=\dfrac{30.8LI}{1{,}000e}$	선간
3상 4선식	$A=\dfrac{17.8LI}{1{,}000e}$	대지간

③ IEC 전선규격[mm^2]

1.5, 2.5, 4, 6, 10, 16, 25, 35, 50, 70, 95, 120, 150, 185⋯.

03 ★★★☆☆ [14점]

주어진 도면은 어떤 수용가의 수전 발전 설비의 단선 결선도이다. 도면과 참고표를 이용하여 물음에 답하시오.

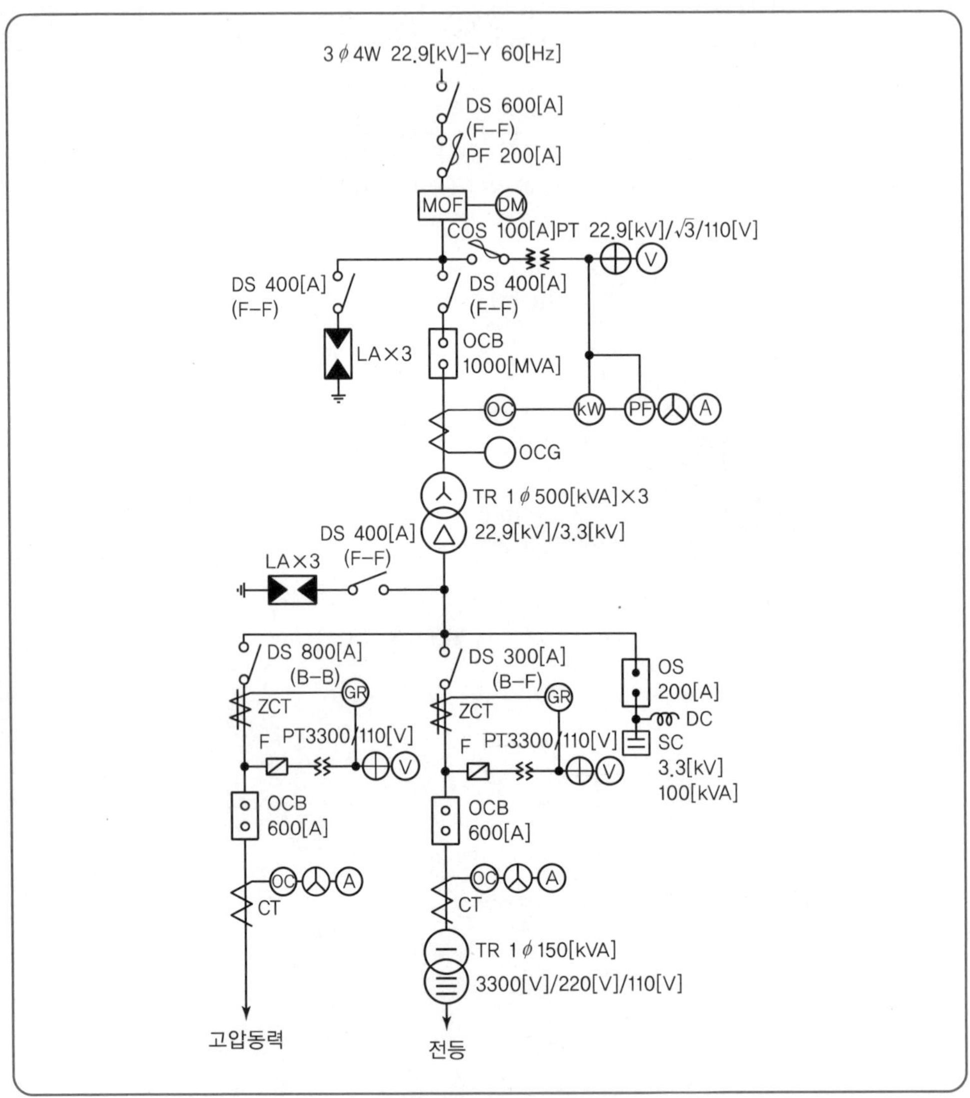

1 22.9[kV] 측 DS의 정격 전압은 몇[kV]인가?
2 ZCT의 기능을 쓰시오.
3 GR의 기능을 쓰시오.
4 MOF에 연결되어 있는 (DM)은 무엇인가?
5 1대의 전압계로 3상 전압을 측정하기 위한 개폐기를 약호로 쓰시오.
6 1대의 전류계로 3상 전류를 측정하기 위한 개폐기를 약호로 쓰시오.
7 22.9[kV] 측 LA의 정격 전압은 몇 [kV]인가?
8 PF의 기능을 쓰시오.
9 MOF의 기능을 쓰시오.
10 차단기의 기능을 쓰시오.
11 SC의 기능을 쓰시오..
12 OS의 명칭을 쓰시오.
13 3.3[kV] 측 차단기에 적힌 전류값 600[A]는 무엇을 의미하는가?

해답 1 25.8[kV]
2 지락(영상)전류를 검출한다.
3 지락전류로부터 차단기를 개방한다.
4 최대 수요 전력량계
5 VS
6 AS
7 18[kV]
8 • 부하전류를 안전하게 통전시킨다.
• 사고전류를 차단하여 전로나 기기를 보호한다.
9 PT와 CT를 조합하여 사용전력량을 측정한다.
10 부하전류 및 사고전류를 차단한다.
11 역률을 개선한다.
12 유입개폐기
13 정격전류

2012 2013 2014 2015 2016 2017 2018 2019 2020 2021

04 ★★★★☆ [13점]

도면과 같은 345[kV] 변전소의 단선도와 변전소에 사용되는 주요 제원을 이용하여 다음 각 물음에 답하시오.

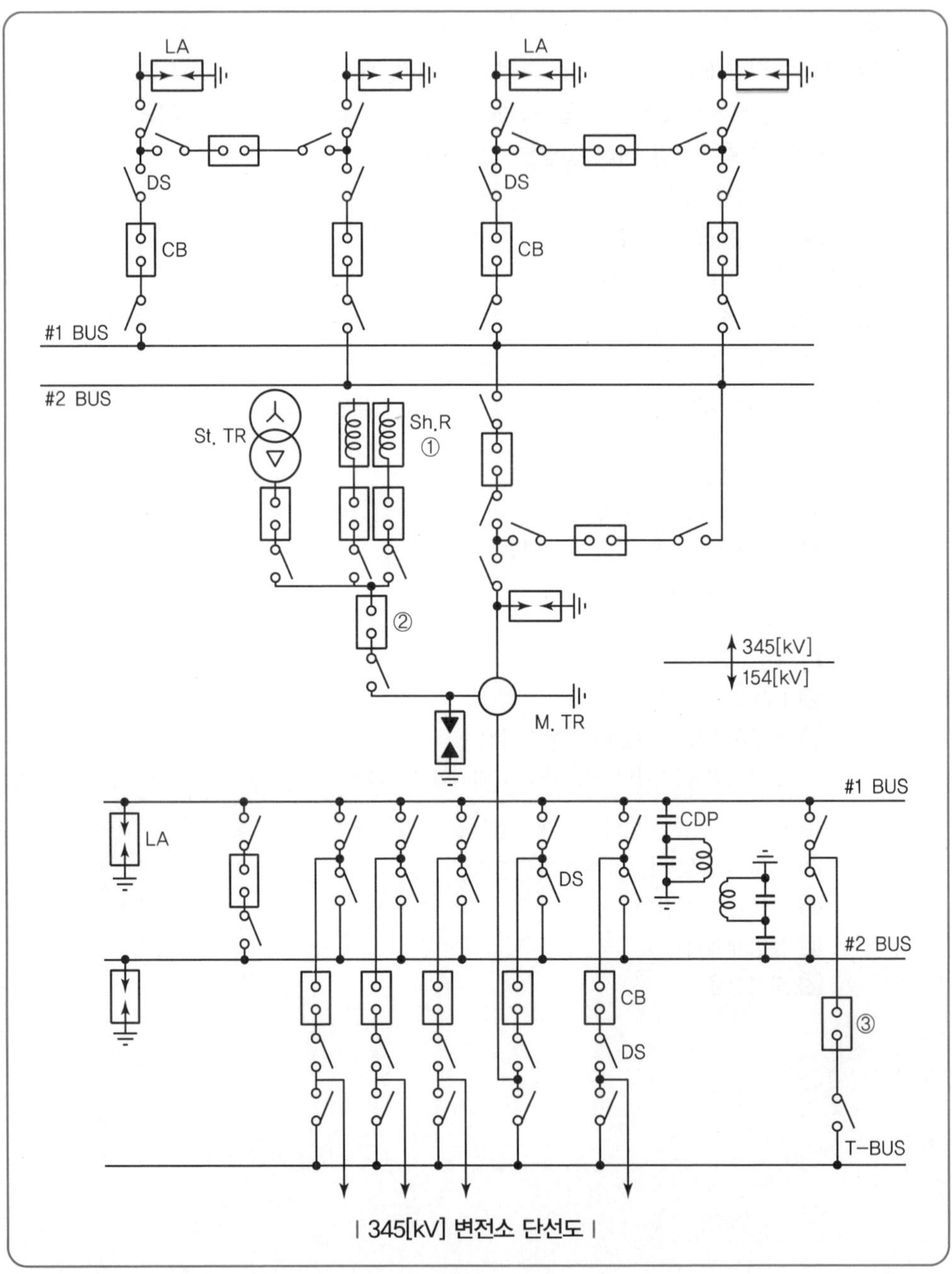

| 345[kV] 변전소 단선도 |

1 도면의 345[kV] 측 모선방식은 어떤 모선방식인가?

2 도면에서 ①번 기기의 설치목적은 무엇인가?

3 도면에 주어진 제원을 참조하여 주 변압기에 대한 등가 %임피던스(Z_H, Z_M, Z_L)를 구하고, ②번 22[kV] VCB의 차단용량을 계산하시오.(단, 그림과 같은 임피던스 회로는 100[MVA] 기준이다.)

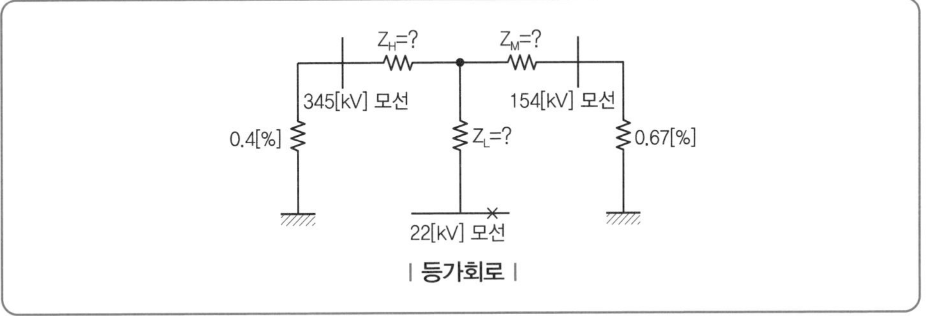

| **등가회로** |

① 등가 %임피던스(Z_H, Z_M, Z_L)

② 22[kV] VCB 차단용량

4 도면의 345[kV] GCB에 내장된 계전기용 BCT의 오차계급은 C800이다. 부담은 몇 [VA]인가?

5 도면에서 ③번 차단기의 설치목적을 설명하시오.

6 도면의 주 변압기 1Bank(단상×3대)를 증설하여 병렬운전시키고자 한다. 이때 병렬운전을 할 수 있는 조건 4가지를 쓰시오.

[기본 사항]

- 주 변압기
  단권변압기 345[kV]/154[kV]/22[kV](Y－Y－△)
  166.7[MVA]×3대≒500[MVA], OLTC부
  %임피던스(500[MVA] 기준) : 1~2차 : 10[%], 1~3차 : 78[%], 2~3차 : 67[%]
- 차단기
  362[kV] GCB 25[GVA] 4,000[A]~2,000[A]
  170[kV] GCB 15[GVA] 4,000[A]~2,000[A]
  25.8[kV] VCB ( )[MVA] 2,500[A]~1,200[A]
- 단로기
  362[kV] DS 4,000[A]~2,000[A]
  170[kV] DS 4,000[A]~2,000[A]
  25.8[kV] DS 2,500[A]~1,200[A]
- 피뢰기
  288[kV] LA 10[kA]
  144[kV] LA 10[kA]
  21[kV] LA 2.5[kA]

- 분로 리액터
  22[kV] Sh.R 40[MVAR]
- 주모선
  CU1 - Tube 200ϕ

해답 **1** 2중 모선 1.5 차단방식

2 페란티 현상 방지

3 ① 등가 % 임피던스

계산 : 500[MVA] 기준 %Z는 1~2차 $Z_{HM}=10[\%]$

2~3차 $Z_{ML}=67[\%]$

1~3차 $Z_{HL}=78[\%]$이므로

100[MVA] 기준으로 환산하면

$$Z_{HM}=10\times\frac{100}{500}=2[\%]$$

$$Z_{ML}=67\times\frac{100}{500}=13.4[\%]$$

$$Z_{HL}=78\times\frac{100}{500}=15.6[\%]$$

∴ 등가 임피던스

$$Z_H=\frac{1}{2}(Z_{HM}+Z_{HL}-Z_{ML})=\frac{1}{2}(2+15.6-13.4)=2.1[\%]$$

$$Z_M=\frac{1}{2}(Z_{HM}+Z_{ML}-Z_{HL})=\frac{1}{2}(2+13.4-15.6)=-0.1[\%]$$

$$Z_L=\frac{1}{2}(Z_{HL}+Z_{ML}-Z_{HM})=\frac{1}{2}(15.6+13.4-2)=13.5[\%]$$

답 $Z_H=2.1[\%]$, $Z_M=-0.1[\%]$, $Z_L=13.5[\%]$

② 22[kV] VCB 차단용량

계산 : 등가회로로 그리면

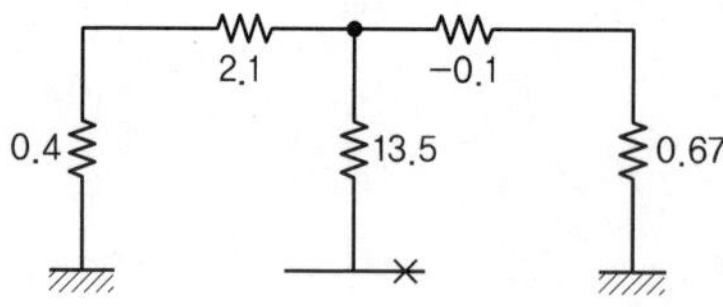

따라서, 등가회로를 알기 쉽게 다시 그리면 다음과 같다.

22[kV] VCB 설치점까지 전체 임피던스 %Z

$$\%Z=13.5+\frac{(2.1+0.4)(-0.1+0.67)}{(2.1+0.4)+(-0.1+0.67)}=13.96[\%]$$

∴ 22[kV] VCB 단락용량 $P_s=\frac{100}{\%Z}P_n=\frac{100}{13.96}\times100$

$=716.33[MVA]$

답 716.33[MVA]

4 계산 : 오차계급 C800에서 임피던스는 8[Ω]이므로

부담 $I^2R = 5^2 \times 8 = 200$[VA]

답 200[VA]

5 모선절체 : 무정전으로 점검하기 위해 설치한다.

6 ① 정격전압(권수비)이 같을 것 ② 극성이 같을 것
③ %임피던스가 같을 것 ④ 각 변위가 같을 것
그 외
⑤ 각 변압기의 저항과 누설리액턴스비가 같을 것
⑥ 상회전 방향이 같을 것

05 ★☆☆☆☆ [5점]

CT 비오차에 관하여 다음 물음에 답하시오.

1 비오차가 무엇인지 설명하시오.

2 비오차를 구하는 공식을 쓰시오.(단, 비오차 : ε, 공칭 변류비 : K_n, 측정 변류비 : K이다.)

해답 1 공칭 변류비와 측정 변류비 사이에서 발생된 백분율 오차를 말한다.

2 비오차 $= \dfrac{\text{공칭 변류비} - \text{측정 변류비}}{\text{측정 변류비}} \times 100[\%]$

$\therefore \varepsilon = \dfrac{K_n - K}{K} \times 100[\%]$

06 ★★☆☆☆ [6점]

도로 폭 20[m], 등주 길이가 10[m](폴)인 등을 대칭배열로 설계하고자 한다. 조도는 22.5[lx], 감광보상률 1.5, 조명률 0.5, 등은 20,000[lm], 300[W]의 메탈할라이드등을 사용한다. 물음에 답하시오.

1 간격을 구하시오.

2 운전자의 눈부심을 방지하기 위하여 컷오프(Cut off) 조명을 설치할 때 최소 등간격을 구하시오.

3 보수율을 구하시오.

해답 1 계산 : FUN = DEA

$\dfrac{a \times b}{2} = \dfrac{FUN}{DE}$

$a = \dfrac{2FUN}{bDE} = \dfrac{2 \times 20{,}000 \times 0.5 \times 1}{20 \times 1.5 \times 22.5} = 29.63$[m] 답 29.63[m]

2 계산 : $S \leq 3H = 3 \times 10 = 30$[m] 답 30[m] 이하

3 계산 : 보수율 $= \dfrac{1}{1.5} = 0.67$ 답 0.67

TIP

① 대칭배열(양쪽 배열)의 면적 $A=\frac{간격(a)\times 폭(b)}{2}$ ② 감광보상률(D)$=\frac{1}{보수율(유지율)}$

③ 보수율은 단위법을 사용한다.

07 ★★★☆☆ [5점]

다음은 고압 6.6[kV]에 설치하는 SA의 시설 적용을 나타낸 표이다. 빈칸에 적용 또는 불필요를 구분하여 쓰시오.

2차 보호기기 / 차단기 종류	전동기	변압기			콘덴서
		유입식	몰드식	건식	
VCB	①	②	③	④	⑤

해답 ① 적용 ② 불필요 ③ 적용 ④ 적용 ⑤ 불필요

TIP

건식, 몰드식 TR의 1차 측과 VCB 2차 측에 설치한다.

08 ★★☆☆☆ [5점]

고압 동력 부하의 사용 전력량을 측정하려고 한다. CT 및 PT 취부 3상 적산 전력량계를 그림과 같이 오결선(1S와 1L 및 P_1과 P_3가 바뀜) 하였을 경우 어느 기간 동안 사용 전력량이 3,000[kWh]였다면 그 기간 동안 실제 사용 전력량은 몇 [kWh]이겠는가?(단, 부하 역률은 0.8이다.)

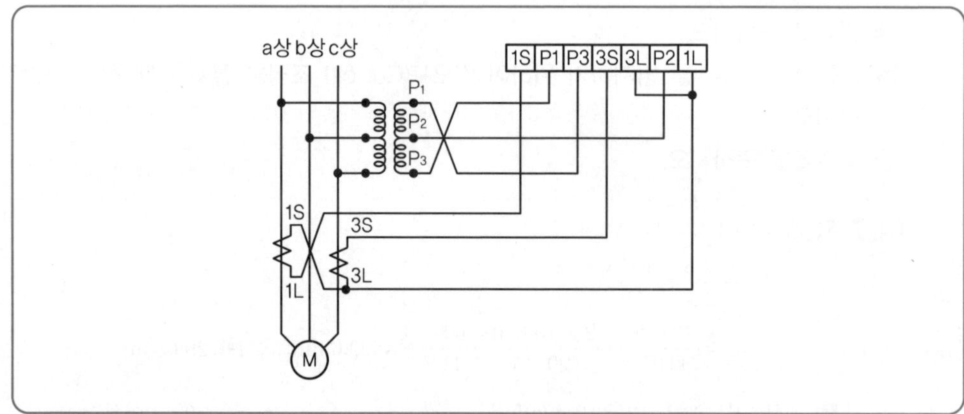

해답 계산 : $W = W_1 + W_2 = 2VI\sin\theta$이므로

$$VI = \frac{W_1 + W_2}{2\sin\theta} = \frac{3,000}{2\times 0.6} = \frac{1,500}{0.6}$$

∴ 실제 사용 전력량

$$W' = \sqrt{3}\,VI\cos\theta = \sqrt{3}\times\frac{1,500}{0.6}\times 0.8 = 3,464.1[kWh]$$

답 3,464.1[kWh]

TIP

E : 상전압, I : 선전류, V : 선간 전압, $\cos\theta$: 역률이라 하면

$W_1 = V_{32}I_1\cos(90-\theta) = VI\cos(90-\theta)$

$W_2 = V_{12}I_3\cos(90-\theta) = VI\cos(90-\theta)$

∴ $W = W_1 + W_2 = 2VI\cos(90-\theta) = 2VI\sin\theta$

09 ★★★☆☆ [5점]

지중선을 가공선과 비교하여 이에 대한 장단점을 각각 3가지만 쓰시오.

1 지중선의 장점

2 지중선의 단점

해답 1 장점

① 지중에 매설되어 있으므로 도시 미관을 해치지 않는다.

② 폭풍우, 뇌격 등의 외부 환경에 영향을 받지 않으므로 안전성 및 신뢰성이 높다.

③ 인축(人畜)에 대한 안정성이 높다.

그 외

④ 다수 회선을 동일 경과지에 부설할 수 있다.

⑤ 경과지 확보가 용이하다.

⑥ 지하 시설로 설비의 보안유지가 용이하다.

⑦ 유도장해를 경감한다.

2 단점

① 같은 굵기의 가공선식에 비하여 송전용량이 작다.

② 건설비가 고가이며, 사고복구에 시간이 많이 걸린다.

③ 건설작업 시 교통장해, 소음, 분진 등이 많다.

그 외

④ 건설공기가 길다.

10 ★★★★★

[8점]

도면은 유도 전동기 IM의 정회전 및 역회전용 운전의 단선 결선도이다. 이 도면을 이용하여 다음 각 물음에 답하시오.(단, 52F는 정회전용 전자접촉기이고, 52R은 역회전용 전자접촉기이다.)

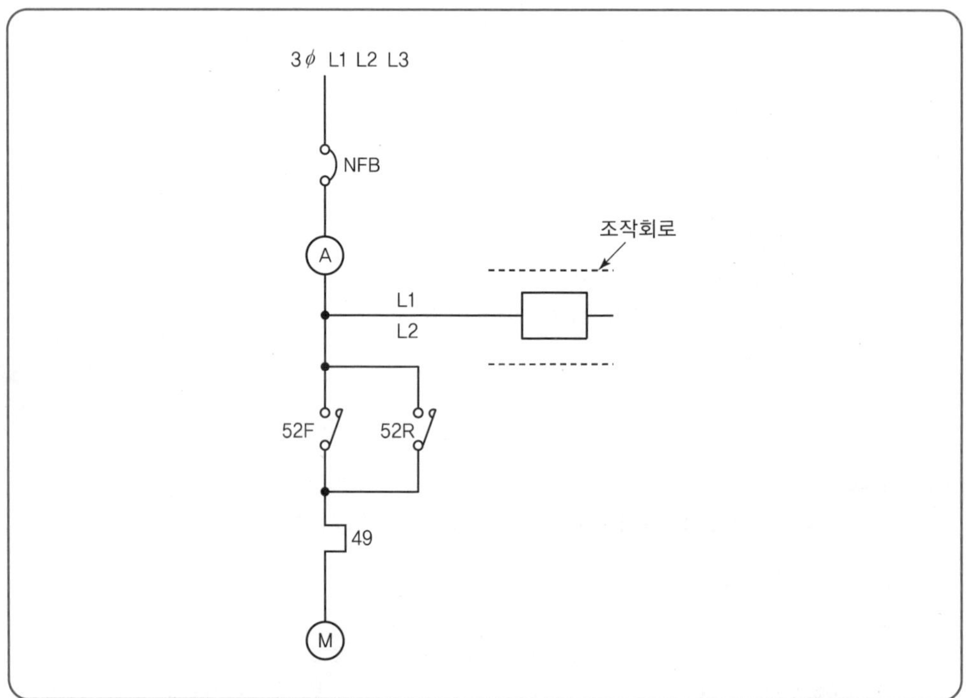

1 단선도를 이용하여 3선 결선도를 그리시오.(단, 점선 내의 조작회로는 제외하도록 한다.)

2 주어진 단선 결선도를 이용하여 정 · 역회전을 할 수 있도록 조작회로를 그리시오.(단, 누름버튼 스위치 OFF 버튼 2개, ON 버튼 2개 및 정회전 표시램프 RL, 역회전 표시램프 GL도 사용하도록 한다.)

L1

52F RL 52R GL

L2

해답 **1**

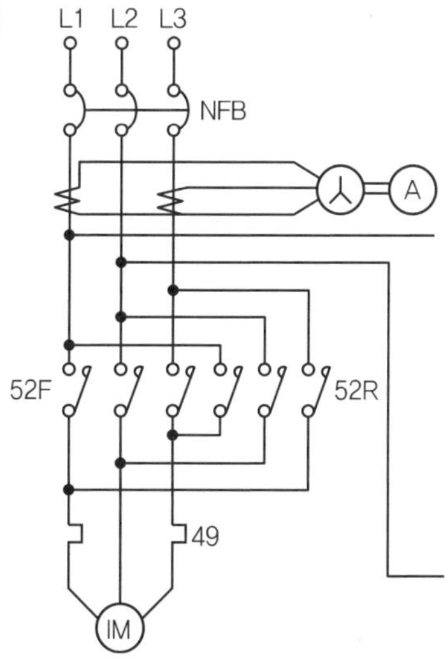

2

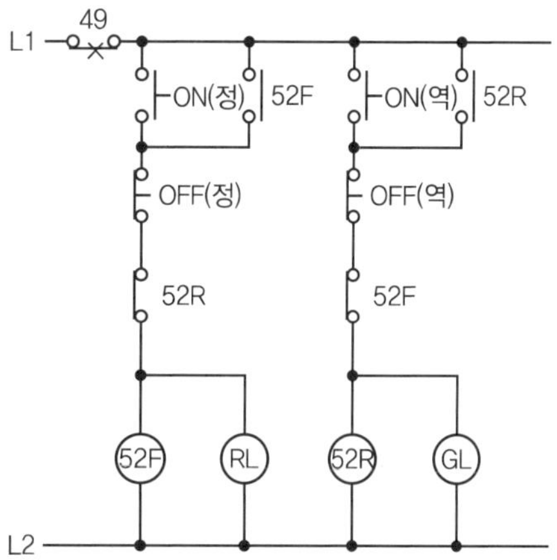

11 ★☆☆☆☆ [5점]

감리원은 설계도서 등에 대하여 공사계약문서 상호 간의 모순되는 사항, 현장 실정과의 부합 여부 등 현장 시공을 주안으로 하여 해당 공사 시작 전에 검토하여야 한다. 검토하여야 할 사항 3가지를 적으시오.

해답 ① 현장조건에 부합 여부

② 시공의 실제 가능 여부

③ 다른 사업 또는 다른 공정과의 상호 부합 여부

그 외

④ 설계도면, 설계설명서, 기술계산서, 산출내역서 등의 내용에 대한 상호 일치 여부

⑤ 설계도서의 누락, 오류 등 불명확한 부분의 존재 여부

⑥ 발주자가 제공한 물량 내역서와 공사업자가 제출한 산출내역서의 수량 일치 여부

⑦ 시공상의 예상 문제점 및 대책 등

12 ★☆☆☆☆ [6점]

다음 분전반 설치에 관한 설명에서 괄호 안에 들어갈 내용을 완성하시오.

(1) 분전반은 각 층마다 설치한다.

(2) 분전반은 분기회로의 길이가 (①)m 이하가 되도록 설계하며 사무실 용도인 경우 하나의 분전반에 담당하는 면적은 일반적으로 1,000m² 내외로 한다.

(3) 1개 분전반 또는 개폐기함 내에 설치할 수 있는 과전류장치는 예비회로(10~20%)를 포함하여 42개 이하(주개폐기 제외)로 하고, 이 회로수를 넘는 경우는 2개 분전반으로 분리하거나 (②)으로 한다. 다만, 2극, 3극 배선용 차단기는 과전류장치 소자 수량의 합계로 계산한다.

(4) 분전반의 설치높이는 긴급 시 도구를 사용하거나 바닥에 앉지 않고 조작할 수 있어야 하며, 일반적으로는 분전반 상단을 기준으로 하여 바닥 위 (③)m로 하고, 크기가 작은 경우는 분전반의 중간을 기준으로 하여 바닥 위 (④)m로 하거나 하단을 기준으로 하여 바닥 위 (⑤)m 정도로 한다.

(5) 분전반과 분전반은 도어의 열림 반경 이상으로 이격하여 안전성을 확보하고 2개 이상의 전원이 하나의 분전반에 수용되는 경우에는 각각의 전원 사이에는 해당하는 분전반과 동일한 재질로 (⑥)을 설치해야 한다.

해답 ① 30　② 자립형　③ 1.8
④ 1.4　⑤ 1.0　⑥ 격벽

13 ★★★★★ [7점]

다음 각 물음에 답하시오.

1 묽은황산의 농도는 표준이고, 액면이 저하하여 극판이 노출되어 있다. 어떤 조치를 하여야 하는가?

2 축전지의 과방전 및 방치상태, 가벼운 Sulfation(설페이션) 현상 등이 생겼을 때 기능 회복을 위해 실시하는 충전 방식은?

3 알칼리축전지의 공칭전압은 몇 [V]인가?

4 부하의 허용 최저 전압이 115[V]이고, 축전지와 부하 사이의 전압 강하가 5[V]일 경우 직렬로 접속한 축전지 개수가 55개라면 축전기 한 셀당 허용 최저 전압은 몇 [V]인가?

해답 1 증류수를 보충한다.
2 회복 충전 방식
3 1.2[V]
4 계산 : $V = \frac{V_a + V_c}{n} = \frac{115+5}{55} = 2.18[V]$
답 2.18[V]

14 ★★★★★ [6점]

전압이 22,900[V], 주파수가 60[Hz], 선로길이가 7[km]인 1회선의 3상 지중 송전선로가 있다. 이 지중 전선로의 3상 무부하 충전전류 및 충전용량을 구하시오.(단, 케이블의 1선당 작용 정전용량은 0.4[μF/km]이다.)

1 충전전류

2 충전용량

해답 1 계산 : $I_c = WC\dfrac{V}{\sqrt{3}} = 2\pi \times 60 \times 0.4 \times 10^{-6} \times 7 \times \left(\dfrac{22,900}{\sqrt{3}}\right) = 13.956[A]$

답 13.96[A]

2 계산 : $Q_c = WCV^2 \times 10^{-3} = 2\pi \times 60 \times 0.4 \times 10^{-6} \times 7 \times (22,900)^2 \times 10^{-3} = 553.553[kVA]$

답 553.55[kVA]

TIP

① 충전전류 $I_c = WCE$ E : 상전압($\dfrac{V}{\sqrt{3}}$)

② 충전용량 $Q_c = WCV^2$ V : 선간전압

15 ★☆☆☆☆ [6점]

지락사고 시 계전기가 동작하기 위하여 영상전류를 검출하는 방법 3가지를 쓰시오.

해답 ① 영상변류기에 의한 방법

② Y결선의 잔류회로를 이용하는 방법

③ 3권선 CT를 이용하는 방법(영상분로방식)

그 외

④ 중성선 CT에 의한 검출방법

⑤ 콘덴서접지와 누전차단기의 조합에 의한 방법

↘ 전기기사

2019년도 3회 시험 과년도 기출문제

회독 체크	□1회독	월 일	□2회독	월 일	□3회독	월 일

01 ★☆☆☆☆ [4점]

전압 1.0183[V]를 측정하는 데 전압계 측정값이 1.0092[V]이었다. 이 경우의 다음 각 물음에 답하시오.(단, 소수점 이하 넷째 자리까지 계산하시오.)

1 오차
- 계산 :
- 답 :

2 오차율
- 계산 :
- 답 :

3 보정계수(값)
- 계산 :
- 답 :

4 보정률
- 계산 :
- 답 :

해답 1 계산 : 오차 = 측정값 − 참값 = $1.0092 - 1.0183 = -0.0091$

답 -0.0091

2 계산 : 오차율 $= \dfrac{\text{측정값} - \text{참값}}{\text{참값}} \times 100$

$= \dfrac{1.0092 - 1.0183}{1.0183} \times 100 = -0.8936[\%]$

답 $-0.8936[\%]$

3 계산 : 보정값 = 참값 − 측정값 = $1.0183 - 1.0092 = 0.0091$

답 0.0091

4 계산 : 보정률 $= \dfrac{\text{보정값}}{\text{측정값}} \times 100 = \dfrac{0.0091}{1.0092} \times 100 = 0.9017[\%]$

답 $0.9017[\%]$

02 ★★★☆☆

[5점]

수용가의 부하설비가 50[kW], 30[kW], 15[kW], 25[kW]일 때 수용률이 각각 50[%], 65[%], 75[%], 60[%]라고 할 경우 변압기 용량을 선정하시오.(단, 부등률은 1.2, 부하 역률은 80[%]로 한다.)

• 계산 :

• 답 :

변압기 표준 용량표[kVA]						
25	30	50	75	100	150	200

해답 계산 : $kVA = \dfrac{\text{개별 최대 전력의 합(수용률} \times \text{설비용량)}}{\text{부등률} \times \text{역률}}$

$$P_a = \frac{50 \times 0.5 + 30 \times 0.65 + 15 \times 0.75 + 25 \times 0.6}{0.8 \times 1.2} = 73.6979[kVA]$$

답 75[kVA]

03 ★★★☆☆

[5점]

선로의 길이가 30[km]인 3상 3선식 2회선 송전 선로가 있다. 수전단에 30[kV], 6,000[kW], 역률 0.8의 3상 부하에 공급할 경우 송전 손실을 10[%] 이하로 하기 위해 필요한 전선의 단면적을 선정하시오.(단, 사용 전선의 고유 저항은 1/55[Ω · mm^2/m]이고 전선의 단면적은 2.5, 4, 6, 10, 16, 25, 35, 70, 90[mm^2]이다.)

해답 계산 : 송전 손실을 10[%] 이하로 하기 위한 전선의 굵기

$$P_l = 0.1 \times \left(6{,}000 \times \frac{1}{2}\right) = 300[kW]$$

$$I = \frac{P}{\sqrt{3}V\cos\theta} = \frac{3{,}000}{\sqrt{3} \times 30 \times 0.8} = 72.17[A]$$

$$P_l = 3I^2R = 3I^2 \times \frac{1}{55} \times \frac{L}{A} \text{ 에서}$$

$$A = \frac{3 \times I^2 \times L}{55 \times P_l} = \frac{3 \times 72.17^2 \times 30{,}000}{55 \times 300 \times 10^3} = 28.42[mm^2] \qquad \therefore 35[mm^2] \text{ 선정}$$

답 35[mm^2]

TIP

① 3상 1회선을 기준하므로 전력은 3,000[kW]가 된다.

② $R = \rho \dfrac{L}{A}[\Omega]$

여기서, ρ : 고유저항, L : 길이, A : 단면적, R : 저항

04 ★★☆☆☆ [5점]

부하 40[kW], 역률이 0.75인 교류 회로의 전압이 3,000[V]이다. 3,000/210[V]의 승압기 2대를 사용하여 승압할 경우 승압기 1대의 용량은 얼마인가?

해답 계산 : 승압기 용량$= e_2 I_2 = e_2 \times \dfrac{P}{\sqrt{3}\, V_h \cos\theta} = 210 \times \dfrac{40 \times 10^3}{\sqrt{3} \times 3{,}210 \times 0.75} \times 10^{-3}$

$= 2.01[\text{kVA}]$

$V_h = V_L\left(1 + \dfrac{1}{a}\right) = 3{,}000\left(1 + \dfrac{210}{3{,}000}\right) = 3{,}210[V]$

답 2.01[kVA]

TIP

부하전력 $P = V_h I_2 \cos\theta[\text{kW}]$

05 ★★★★☆ [13점]

다음 그림은 리액터 기동 정지 조작회로의 미완성 도면이다. 이 도면에 대하여 다음 물음에 답하시오.

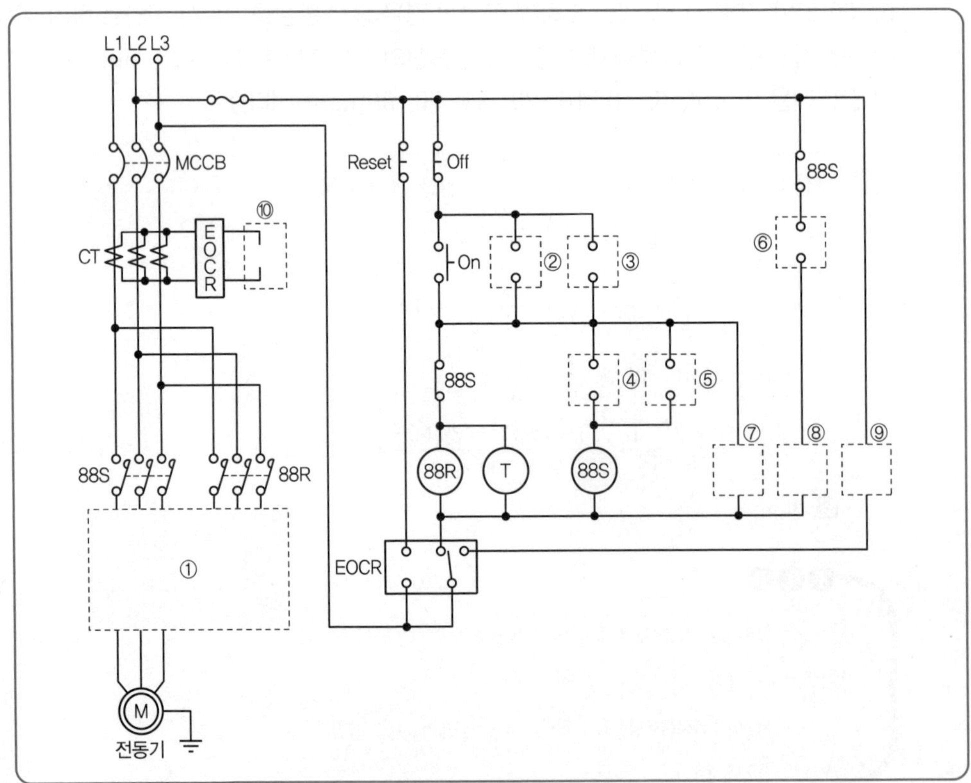

1 ① 부분의 미완성 주회로를 회로도에 직접 그리시오.

2 제어회로에서 ②, ③, ④, ⑤, ⑥ 부분의 접점을 완성하고 그 기호를 쓰시오.

3 ⑦, ⑧, ⑨, ⑩ 부분에 들어갈 LAMP와 계기의 그림 기호를 그리시오.(예 : Ⓖ 정지, Ⓡ 기동 및 운전, Ⓟ 과부하로 인한 정지)

4 직입기동 시 시동전류가 정격전류의 6배가 되는 전동기를 65[%] 탭에서 리액터 시동한 경우 시동전류는 약 몇 배 정도가 되는지 계산하시오.

5 직입기동 시 시동토크가 정격토크의 2배였다고 하면 65[%] 탭에서 리액터 시동한 경우 시동토크는 어떻게 되는지 설명하시오.

해답 **1**

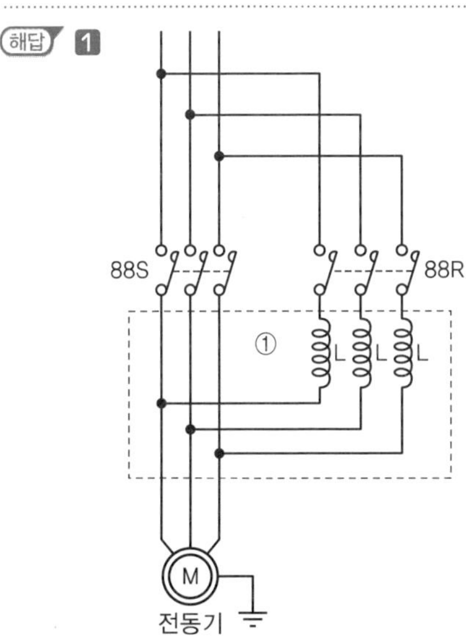

2

구분	②	③	④	⑤	⑥
접점 및 기호	88R	88S	T-a	88S	88R

3

구분	⑦	⑧	⑨	⑩
그림 기호	Ⓡ	Ⓖ	Ⓟ	Ⓐ

4 계산 : 기동 전류 $I_0 \propto V_1$이고, 시동 전류는 정격 전류의 6배이므로

$I_0 = 6I \times 0.65 = 3.9I$ 답 3.9배

5 계산 : 시동 토크 $T_0 \propto {V_1}^2$이고, 시동 토크는 정격 토크의 2배이므로

$T_0 = 2T \times 0.65^2 = 0.845T$ 답 0.85배

06 ★★★☆☆ [8점]

변압기 단락시험을 하고자 한다. 그림과 같이 있을 때 다음 각 물음에 답하시오.

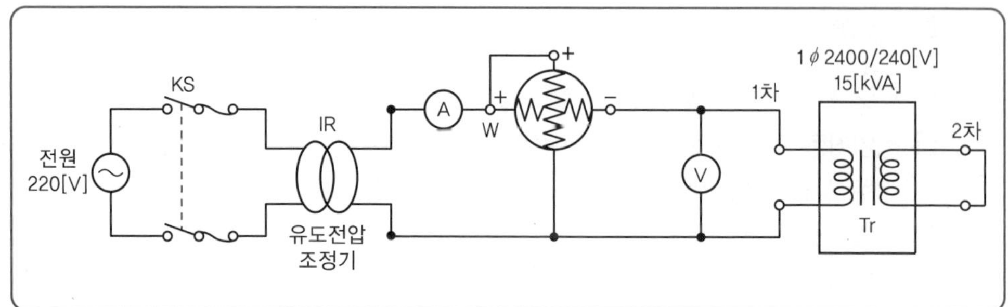

1 KS를 투입하기 전에 유도전압조정기(IR) 핸들은 어디에 위치시켜야 하는가?

2 시험할 변압기를 사용할 수 있는 상태로 두고, 유도전압조정기의 핸들을 서서히 돌려 전류계의 지시값이 (　　　)과 같게 될 때까지 전압을 가한다. 이때 어떤 전류가 전류계에 표시되는가?

3 유도전압조정기의 핸들을 서서히 돌려 전압을 인가하여 단락시험을 하였다. 이때 전압계의 지시값을 (　　　)전압, 전력계의 지시값을 (　　　)와트라 한다. (　　)에 공통으로 들어갈 말은?

4 %임피던스는 $\dfrac{\text{교류 전압계의 지시값}}{(\qquad\qquad)}\times 100[\%]$이다. (　　) 안에 들어갈 말은?

해답 1 전압이 0[V]가 되도록 위치한다.

2 1차 정격전류

3 임피던스

4 1차 정격전압

07 ★★☆☆☆ [4점]

반사율 ρ, 투과율 τ, 반지름 r인 완전 확산성 구형 글로브의 중심의 광도 I의 점광원을 켰을 때, 광속 발산도 R은?

해답 계산 : $R=\dfrac{F}{A}\cdot n=\dfrac{4\pi I(\text{구형})}{4\pi r^2(\text{구형})}n=\dfrac{I}{r^2}n=\dfrac{I}{r^2}\cdot\dfrac{\tau}{1-\rho}[\text{lm/m}^2]$

여기서, n : 효율

답 $R=\dfrac{I}{r^2}\cdot\dfrac{\tau}{1-\rho}[\text{lm/m}^2]$ 또는 [rlx]

08 ★★☆☆☆ [5점]

가스절연 변전소(G.I.S)의 특징을 5가지만 설명하시오.(단, 경제적이거나 비용에 관한 답은 제외한다.)

해답 ① 소형화할 수 있다.
② 충전부가 완전히 밀폐되어 안정성이 높다.
③ 소음이 적고 주변 환경과의 조화를 이룬다.
④ 대기 중의 오염물의 영향을 받지 않으므로 신뢰도가 높다.
⑤ 조작 중 소음이 적고 라디오 방해전파를 줄여 공해문제를 해결해 준다.
그 외
⑥ 설치공사기간이 단축된다.

TIP

G.I.S는 도시형 변전소로 이용된다.

09 ★★☆☆☆ [4점]

고조파의 유입으로 인한 장해를 방지하기 위하여 전력용 콘덴서 회로에 콘덴서 용량의 11[%]인 직렬 리액터를 설치하였다. 이 경우에 콘덴서의 정격전류가 10[A]라면 콘덴서 투입 전류는 몇 [A]인가?

- 계산 :
- 답 :

해답 계산 : $I = I_n\left(1+\sqrt{\dfrac{X_C}{X_L}}\right) = I_n\left(1+\sqrt{\dfrac{X_C}{0.11X_C}}\right)$

$= 10 \times \left(1+\sqrt{\dfrac{1}{0.11}}\right) = 40.15[A]$

여기서, I : 투입전류

I_n : 정격전류

답 40.15[A]

10 ★★★★★

[6점]

피뢰접지를 실시한 후, 접지저항을 보조 접지 2개(A와 B)를 시설하여 측정하였더니 본 접지와 A 사이의 저항은 86[Ω], A와 B 사이의 저항은 156[Ω], B와 본 접지 사이의 저항은 80[Ω]이었다. 이때 다음 각 물음에 답하시오.

1 피뢰기의 접지 저항값을 구하시오.

- 계산 :
- 답 :

2 피뢰접지의 적합 여부를 판단하고, 그 이유를 설명하시오.

- 적합 여부 :
- 이유 :

해답 **1** 계산 : $R_E = \frac{1}{2}(R_{Ea} - R_{bE} - R_{ab}) = \frac{1}{2}(86 + 80 - 156) = 5[\Omega]$

답 5[Ω]

2
- 적합 여부 : 적합
- 이유 : 피뢰기의 접지저항값은 10[Ω] 이하로 이를 만족한다.

TIP

① 피뢰기 접지공사(E_1) ⇒ 피뢰접지(KEC 기준)
② 피뢰기 접지저항 ⇒ 10[Ω] 이하(KEC 기준)

11 ★★☆☆☆

[4점]

역률이 0.6인 30[kW] 전동기 부하와 24[kW]의 전열기 부하에 전원을 공급하는 변압기가 있다. 이때 변압기 용량을 선정하시오.

| 단상 변압기 표준용량 |

표준용량[kVA]	1, 2, 3, 5, 7.5 10, 15, 20, 30, 50, 75, 100, 150, 200

- 계산 :
- 답 :

해답 계산 :
- 전동기 유효전력 $P = 30[kW]$
- 무효전력 $P_r = P\tan\theta = 30 \times \frac{0.8}{0.6} = 40[kVAR]$
- 전열기 유효전력 $P = 24[kW]$
- 무효전력 $P_r = 0$
- 변압기용량 $= \sqrt{P^2 + P_r^2} = \sqrt{(30+24)^2 + 40^2} = 67.2[kVA]$

답 75[kVA]

12 ★★★☆☆ [6점]

다음 PLC의 표를 보고 물음에 답하시오.

단계	명령어	번지
0	LOAD	P000
1	OR	P010
2	AND NOT	P001
3	AND NOT	P002
4	OUT	P010

1 래더 다이어그램을 그리시오.

2 논리회로를 그리시오.

해답 1

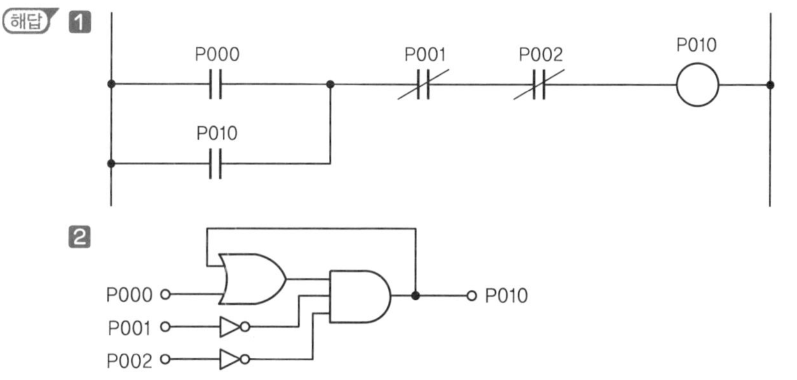

13 ★★☆☆☆ [5점]

피뢰기에 흐르는 정격방전전류는 변전소의 차폐유무와 그 지방의 연간 뇌우(雷雨) 발생일 수와 관계되나 모든 요소를 고려한 경우 일반적인 시설장소별 적용할 피뢰기의 공칭방전전류를 쓰시오.

공칭방전전류	설치장소	적용조건
①	변전소	• 154[kV] 이상의 계통 • 66[kV] 및 그 이하의 계통에서 Bank 용량이 3,000[kVA]를 초과하거나 특히 중요한 곳 • 장거리 송전케이블(배전선로 인출용 단거리 케이블은 제외) 및 정전축전기 Bank를 개폐하는 곳 • 배전선로 인출 측(배전 간선 인출용 장거리 케이블은 제외)
②	변전소	66[kV] 및 그 이하의 계통에서 Bank 용량이 3,000[kVA] 이하인 곳
③	선로	배전선로

해답 ① 10,000[A] ② 5,000[A] ③ 2,500[A]

14 ★★★★☆ [6점]

차단기 명판에 BIL 150[kV], 정격 차단전류 20[kA], 차단시간 5 사이클, 솔레노이드(solenoid)형이라고 기재되어 있다. 비유효 접지계에서 계산하는 것으로 할 경우 다음 각 물음에 답하시오.

1 BIL이란 무엇인가?

2 이 차단기의 정격전압은 몇 [kV]인가?

- 계산 :
- 답 :

3 이 차단기의 정격 차단 용량은 몇 [MVA]인가?

- 계산 :
- 답 :

해답 1 기준충격절연강도

2 계산 : BIL=절연계급×5+50[kV]에서 절연계급$=\dfrac{\text{BIL}-50}{5}$[kV]

$\therefore$ 절연계급$=\dfrac{150-50}{5}=20$[kV]

공칭전압=절연계급$\times 1.1=20\times 1.1=22$[kV]

정격전압 $V_n=22\times\dfrac{1.2}{1.1}=24$[kV]

$\therefore$ 정격전압 24[kV] 선정

답 24[kV]

3 계산 : $P_s=\sqrt{3}V_nI_s=\sqrt{3}\times 24\times 20=831.38$[MVA]

답 831.38[MVA]

15 ★★★☆☆ [6점]

우리나라에서 송전계통에 사용하는 차단기의 정격전압과 정격차단시간을 나타낸 표이다. 다음 빈칸을 채우시오.(단, 사이클은 60[Hz] 기준이다.)

공칭전압[kV]	22.9	154	345
정격전압[kV]	①	②	③
정격차단시간(사이클은 60[Hz] 기준)	④	⑤	⑥

해답 ① 25.8 ② 170 ③ 362 ④ 5 ⑤ 3 ⑥ 3

TIP

➤ 765[kV] 차단기

① 정격전압 : 800[kV] ② 정격차단시간 : 2사이클 이내

16 ★★☆☆☆ [13점]

그림은 고압 전동기를 사용하는 고압 수전 설비 결선도이다. 이 그림을 보고 다음 각 물음에 답하시오.

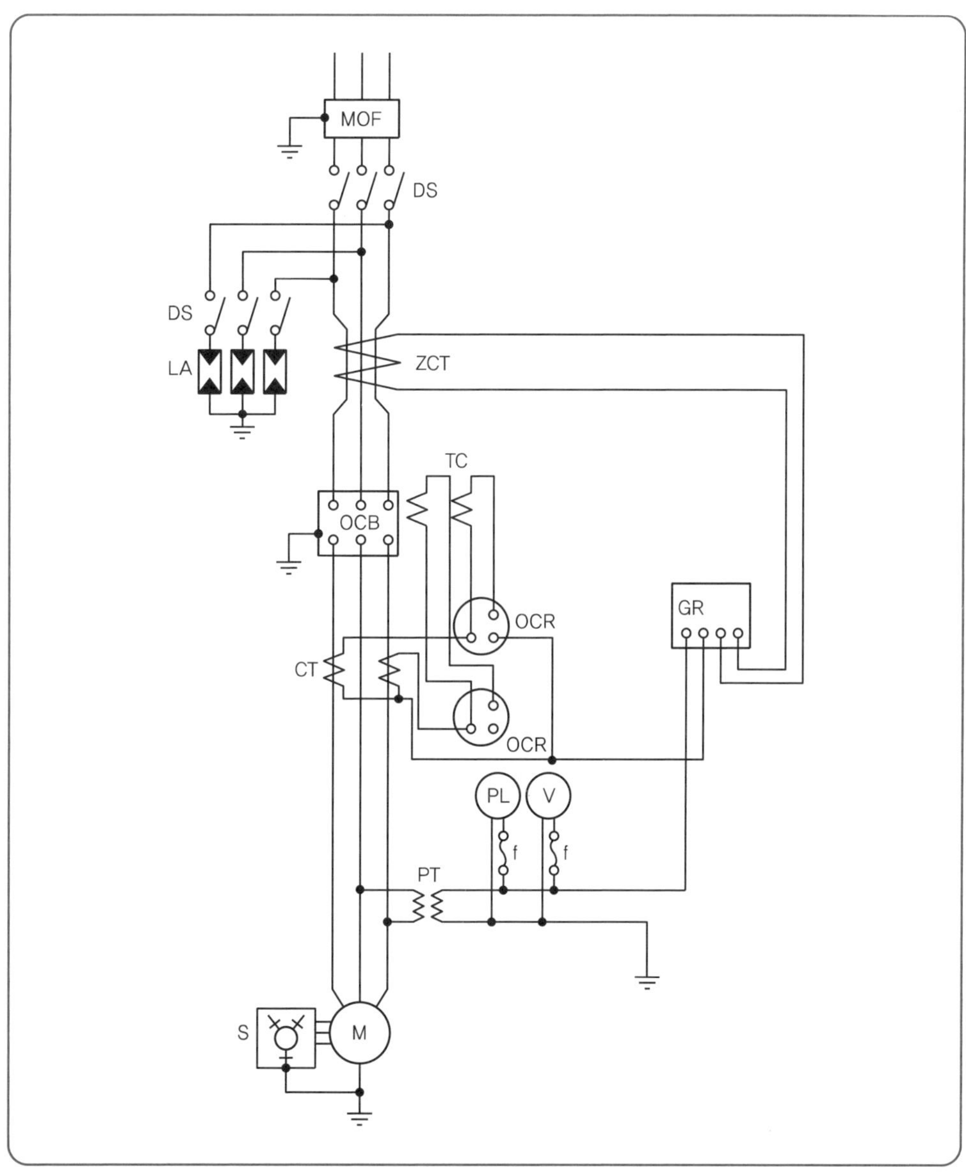

1 계전기용 변류기는 차단기의 전원 측에 설치하는 것이 바람직하다. 무슨 이유에서인가?

2 본 도면에서 생략할 수 있는 부분은?

3 진상 콘덴서에 연결하는 방전코일의 목적은?

4 도면에서 다음의 명칭은?

- ZCT
- TC

5 도면의 접지 개소 ①~⑤의 접지 종별은? ※ KEC 규정에 따라 삭제

해답 1 고장점 보호 범위를 넓히기 위하여

2 LA용 DS

3 전원 개방 시 콘덴서의 잔류전하 방전

4 ZCT : 영상 변류기, TC : 트립코일

TIP

KEC 규정에 따라 접지공사는 생략함

ENGINEER ELECTRICITY

2020년 과 년 도 문제풀이

전기기사

2020년도 1회 시험

과년도 기출문제

회독 체크	□1회독	월 일	□2회독	월 일	□3회독	월 일

01

★★☆☆☆ [5점]

어느 공장에 조명공사를 하는데 32[W] × 2 매입 하면개방형 형광등 30등을 32[W] × 3 매입 루버형으로 교체하고, 20[W] × 2 펜던트형 형광등 20등을 20[W] × 2 직부 개방형으로 교체하였다. 철거되는 20[W] × 2 펜던트형 형광등은 재사용할 것이다. 천장 구멍 뚫기 및 취부테 설치와 등기구 보강 작업은 계상하지 않으며, 공구손료 등을 제외한 직접 노무비만 계산하시오.(단, 인공계산은 소수점 셋째 자리까지 구하고, 내선전공의 노임은 225,000원으로 한다.)

종별	직부형	펜던트형	반매입 및 매입형
10[W] 이하×1	0.123	0.150	0.182
20[W] 이하×1	0.141	0.168	0.214
20[W] 이하×2	0.177	0.215	0.273
20[W] 이하×3	0.223	–	0.335
20[W] 이하×4	0.323	–	0.489
30[W] 이하×1	0.150	0.177	0.227
30[W] 이하×2	0.189	–	0.310
40[W] 이하×1	0.223	0.268	0.340
40[W] 이하×2	0.277	0.332	0.415
40[W] 이하×3	0.359	0.432	0.545
40[W] 이하×4	0.468	–	0.710
110[W] 이하×1	0.414	0.495	0.627
110[W] 이하×2	0.505	0.601	0.764

[해설] ① 하면 개방형 기준임, 루버 또는 아크릴 커버형일 경우 해당 등기구 설치품의 110[%]
② 등기구 조립 · 설치, 결선, 지지금구류 설치, 장내 소운반 및 잔재 정리 포함
③ 매입 또는 반매입 등기구의 천장 구멍 뚫기 및 취부테 설치 별도 가산
④ 매입 및 반매입 등기구에 등기구보강대를 별도로 설치할 경우 이 품의 20[%] 별도 계상
⑤ 광천장 방식은 직부형 품 적용
⑥ 폭발방지형 200[%]
⑦ 높이 1.5[m] 이하의 Pole형 등기구는 직부형 품의 150[%] 적용(기초대 설치 별도)
⑧ 형광등 안정기 교환은 해당 등기구 시설품의 110[%]. 다만, 펜던트형은 90[%]
⑨ 아크릴 간판의 형광등 안정기 교환은 매입형 등기구 설치품의 120[%]
⑩ 공동주택 및 교실 등과 같이 동일 반복 공정으로 비교적 쉬운 공사의 경우는 90[%]
⑪ 형광램프만 교체 시 해당 등기구 1등용 설치품의 10[%]
⑫ T-5(28[W]) 및 FLP(36[W], 55[W])는 FL40[W] 기준품 적용
⑬ 펜던트형은 파이프 펜던트형 기준, 체인 펜던트는 90[%]
⑭ 등의 증가 시 매 증가 1등에 대하여 직부형은 0.005[인], 매입 및 반매입형은 0.015[인] 가산
⑮ 철거 30[%], 재사용 철거 50[%]

해답 계산 : ① 설치인공

- 32[W]×3 매입 루버형 : 0.545×30×1.1=17.985[인]
- 20[W]×2 직부 개방형 : 0.177×20=3.54[인]

② 철거인공

- 32[W]×2 매입 하면 개방형 : 0.415×30×0.3=3.735[인]
- 20[W]×2 펜던트형 : 0.215×20×0.5=2.15[인]

③ 총 소요인공

내선전공=17.985+3.54+3.735+2.15=27.41[인]

④ 직접 노무비

직접 노무비=27.41×225,000=6,167,250[원]

답 6,167,250[원]

02 ★★★☆☆ [5점]

전등을 한 계통의 3개소에서 점멸하기 위하여 3로 스위치 2개와 4로 스위치 1개로 조합하는 경우 이들의 계통도(배선도)를 그리시오.

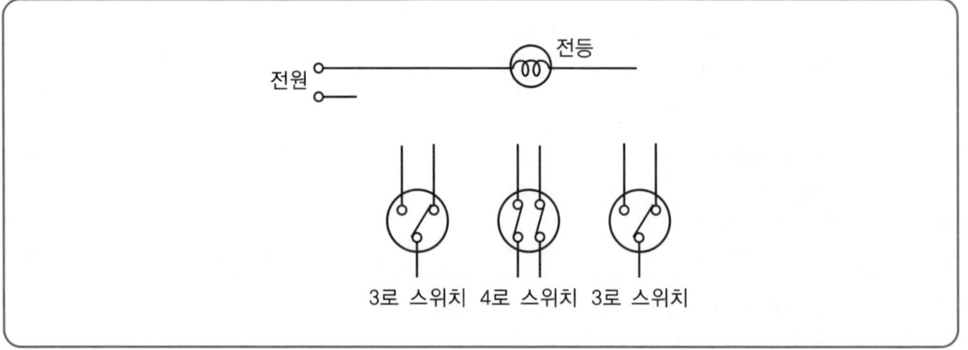

해답

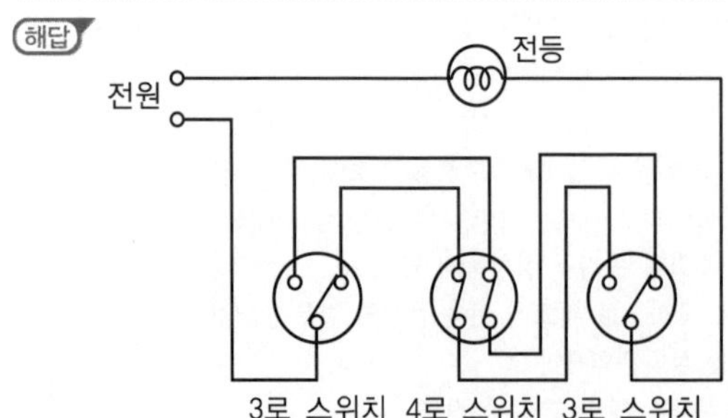

03 ★☆☆☆☆ [5점]

소선의 직경이 3.2[mm]인 37가닥의 연선을 사용할 경우 외경은 몇 [mm]인가?

해답 계산 : 소선의 가닥수가 37인 경우 3층이므로 $D=(1+2n)d=(1+2\times3)\times3.2=22.4[mm]$

답 22.4[mm]

TIP

층수	가닥수
1층	7가닥
2층	19가닥
3층	37가닥
4층	61가닥

04 ★★★★☆ [9점]

그림과 같은 평형 3상 회로로 운전하는 유도전동기가 있다. 이 회로에 그림과 같이 2개의 전력계 W_1, W_2, 전압계 Ⓥ, 전류계 Ⓐ를 접속한 후 지시값은 $W_1=6[kW]$, $W_2=2.9[kW]$, $V=200[V]$, $I=30[A]$이었다.

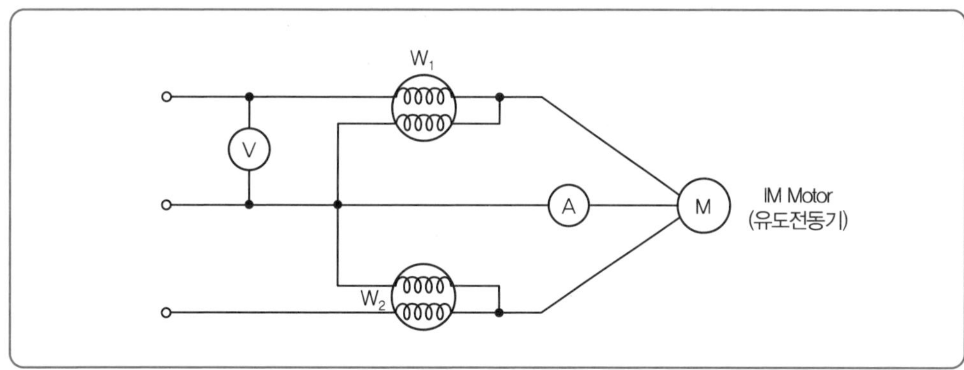

1 이 유도전동기의 역률은 몇 [%]인가?
2 역률을 90[%]로 개선시키려면 몇 [kVA] 용량의 콘덴서가 필요한가?
3 이 전동기로 만일 매분 20[m]의 속도로 물체를 권상한다면 몇 [ton]까지 가능한가?(단, 종합효율은 80[%]로 한다.)

해답 1 계산 : 전력 $P=W_1+W_2=6+2.9=8.9[kW]$

피상전력 $P_a=\sqrt{3}VI=\sqrt{3}\times200\times30\times10^{-3}=10.39[kVA]$

역률 $\cos\theta=\dfrac{8.9}{10.39}\times100=85.66[\%]$

답 85.66[%]

2 계산 : $Q_c = P(\tan\theta_1 - \tan\theta_2)$

$$= 8.9 \times \left(\frac{\sqrt{1-0.8566^2}}{0.8566} - \frac{\sqrt{1-0.9^2}}{0.9} \right) = 1.05[\text{kVA}]$$

답 1.05[kVA]

3 계산 : 권상용 전동기의 용량 $P = \dfrac{W \cdot V}{6.12\eta}[\text{kW}]$

$$\therefore \text{ 물체의 중량 } W = \frac{6.12 \times 0.8 \times 8.9}{20} = 2.18[\text{ton}]$$

답 2.18[ton]

05 ★★★★☆

[8점]

다음 그림은 변류기를 영상 접속시켜 그 잔류 회로에 지락계전기 DG를 삽입시킨 것이다. 선로의 전압은 66[kV], 중성점에 300[Ω]의 저항 접지로 하였고, 변류기의 변류비는 300/5[A]이다. 송전 전력이 20,000[kW], 역률이 0.8(지상)일 때 a상에 완전 지락 사고가 발생하였다. 다음 각 물음에 답하시오.(단, 부하의 정상, 역상 임피던스, 기타의 정수는 무시한다.)

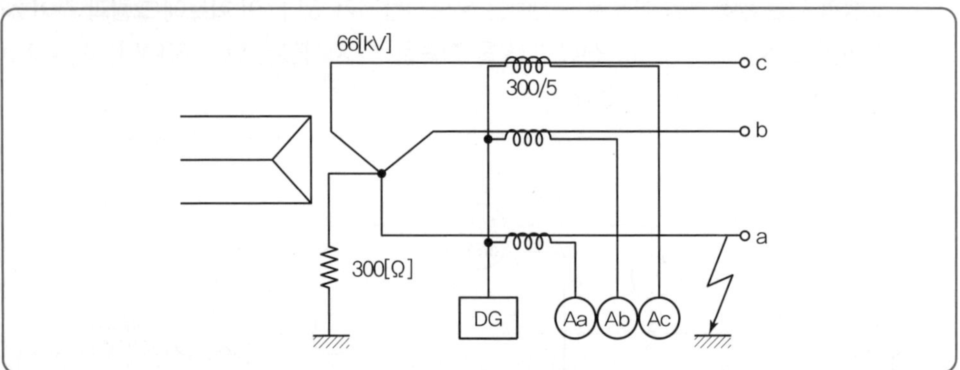

1 지락계전기 DG에 흐르는 전류는 몇 [A]인가?

2 a상 전류계 Aa에 흐르는 전류는 몇 [A]인가?

3 b상 전류계 Ab에 흐르는 전류는 몇 [A]인가?

4 c상 전류계 Ac에 흐르는 전류는 몇 [A]인가?

해답 계산 : 부하전류 $I_L = \dfrac{P}{\sqrt{3}V\cos\theta}(\cos\theta - j\sin\theta) = \dfrac{20,000}{\sqrt{3} \times 66 \times 0.8}(0.8 - j\,0.6)$

$$= 175 - j\,131.2 = 218.7[\text{A}]$$

지락전류 $I_g = \dfrac{E}{R} = \dfrac{66,000}{\sqrt{3} \times 300} = 127[\text{A}]$

건전상 b, c상에서는 부하전류만 흐르고 고장상 a상에는 I_L과 I_g가 중첩해서 흐른다.

따라서 $I_a = 175 - j\,131.2 + 127$

$$= 302 - j\,131.2 = \sqrt{302^2 + 131.2^2} = 329.26[\text{A}]$$

❶ 계산 : $i_n = I_g \times \frac{1}{CT비} = I_g \times \frac{5}{300} = 127 \times \frac{5}{300} = 2.116[A]$

답 2.12[A]

❷ 계산 : $i_a = I_a \times \frac{1}{CT비} = I_a \times \frac{5}{300} = 329.26 \times \frac{5}{300} = 5.487[A]$

답 5.49[A]

❸ 계산 : $i_b = I_L \times \frac{1}{CT비} = I_L \times \frac{5}{300} = 218.7 \times \frac{5}{300} = 3.645[A]$

답 3.65[A]

❹ 계산 : $i_c = I_b = 3.645[A]$

답 3.65[A]

TIP

➤ a상의 부하전류와 사고전류의 합을 구할 때 유의한다.

① 부하전류는 유효전류와 무효전류의 합이다.

② 지락전류는 접지선의 저항이 설치되어 있으므로 유효전류로 해석한다.

06 ★★★☆☆ [5점]

이상전압이 발생하였을 때 선로와 기기를 보호하기 위하여 피뢰기를 설치한다. 전기설비기술기준 및 판단기준에 의해 시설해야 하는 곳 3개소를 쓰시오.

해답 ① 발전소 및 변전소의 인입구 및 인출구

② 고압, 특고압 수용장소의 인입구

③ 가공전선로와 지중전선로의 접속점

TIP

④ 배전용 변압기의 고압 및 특고압측

07 ★★★★★ [3점]

설계자가 크기, 형상 등 전체적인 조화를 생각하여 형광등 기구를 벽면 상방 모서리에 숨겨서 설치하는 방식으로 기구로부터의 빛이 직접 벽면을 조명하는 건축화 조명을 무슨 조명이라 하는가?

해답 코니스 조명(cornice light)

08 ★★★★★

[6점]

그림과 같이 차동계전기에 의하여 보호되고 있는 △－Y결선 30[MVA], 33/11[kV] 변압기가 있다. 고장전류가 정격전류의 200[%] 이상에서 동작하는 계전기의 전류(i_r) 값은 얼마인가?(단, 변압기 1차 측 및 2차 측 CT의 변류비는 각각 500/5[A], 2,000/5[A]이다.)

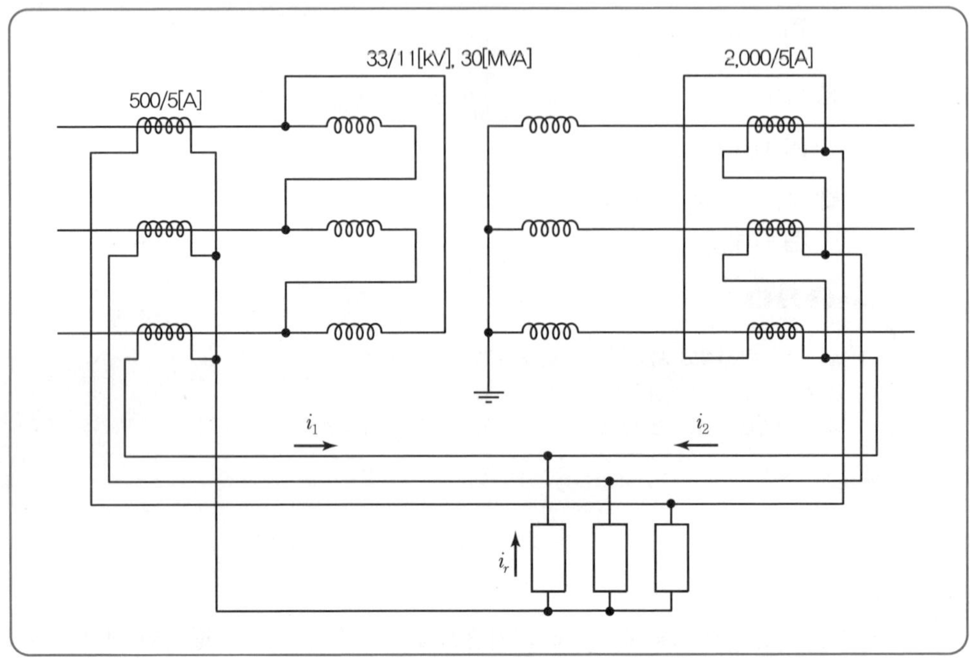

(해답) 계산 : $i_r = (i_2 - i_1) \times 2 = (6.82 - 5.25) \times 2$배$= 3.14$[A]

1차 전류	2차 전류
$i_1 = \frac{P}{\sqrt{3}V_1} \times \frac{1}{\text{CT비}}$ $= \frac{30 \times 10^3}{\sqrt{3} \times 33} \times \frac{5}{500} = 5.248$[A]	$i_2 = \frac{P}{\sqrt{3}V_2} \times \frac{1}{\text{CT비}} \times \sqrt{3}$ $= \frac{30 \times 10^3}{\sqrt{3} \times 11} \times \frac{5}{2{,}000} \times \sqrt{3} = 6.818$[A]

답 3.14[A]

TIP

변압기 2차 측의 CT는 △을 하므로 $\sqrt{3}$가 더 지시된다.

09 ★★★★★ [4점]

500[kVA] 단상 변압기 3대를 3상 △－△결선으로 사용하고 있었는데 부하 증가로 500[kVA] 예비 변압기 1대를 추가하여 공급한다면 몇 [kVA]로 공급할 수 있는가?

해답 계산 : 변압기가 4대이므로 V－V 2뱅크 운전이 된다.

$P_c = \sqrt{3} \times P \times 2대 = \sqrt{3} \times 500 \times 2 = 1{,}732.05[kVA]$ 답 1,732.05[kVA]

10 ★★★★★ [4점]

방의 가로 길이가 10[m], 세로 길이가 8[m], 방바닥에서 천장까지의 높이가 4.85[m]인 방에서 조명기구를 천장에 직접 취부하고자 한다. 이 방의 실지수를 구하시오.(단, 작업면은 방바닥에서 0.85[m]이다.)

해답 계산 : $H = 4.85 - 0.85 = 4$

$\therefore$ 실지수 $K = \dfrac{XY}{H(X+Y)} = \dfrac{10 \times 8}{4 \times (10+8)} = 1.11$ 답 1.11

TIP

작업면(책상)의 높이가 주어지지 않은 경우 0.85[m]를 생략

11 ★★★★★ [6점]

그림과 같은 특성곡선을 갖는 부하에 필요한 축전지 용량은 몇 [Ah]인지 구하시오.(단, 방전전류 : $I_1 = 200[A]$, $I_2 = 300[A]$, $I_3 = 150[A]$, $I_4 = 100[A]$, 방전시간 : $T_1 = 130[분]$, $T_2 = 120[분]$, $T_3 = 40[분]$, $T_4 = 5[분]$, 용량환산시간 : $K_1 = 2.45$, $K_2 = 2.45$, $K_3 = 1.46$, $K_4 = 0.45$, 보수율은 0.8로 적용한다.)

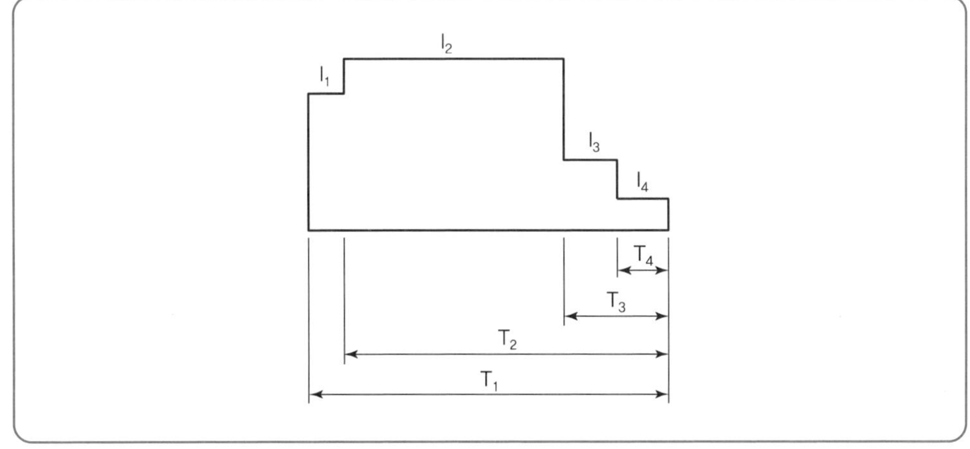

해답 계산

$$C = \frac{1}{L}[K_1I_1 + K_2(I_2 - I_1) + K_3(I_3 - I_2) + K_4(I_4 - I_3)]$$

$$= \frac{1}{0.8}[2.45 \times 200 + 2.45 \times (300 - 200) + 1.46 \times (150 - 300) + 0.45 \times (100 - 150)]$$

$$= 616.875[Ah]$$

답 616.88[Ah]

12 ★★☆☆☆ [4점]

공칭 변류비가 100/5[A]이다. 1차 측에 250[A]를 흘렸을 때 2차에 10[A]가 흘렀을 경우 비오차[%]는?

해답 계산 : $비오차 = \frac{공칭\ 변류비 - 측정\ 변류비}{측정\ 변류비} \times 100[\%]$

$$= \frac{\frac{100}{5} - \frac{250}{10}}{\frac{250}{10}} \times 100 = -20[\%]$$

답 −20[%]

13 ★★☆☆☆ [14점]

다음 간이수전설비도를 보고 물음에 답하시오.

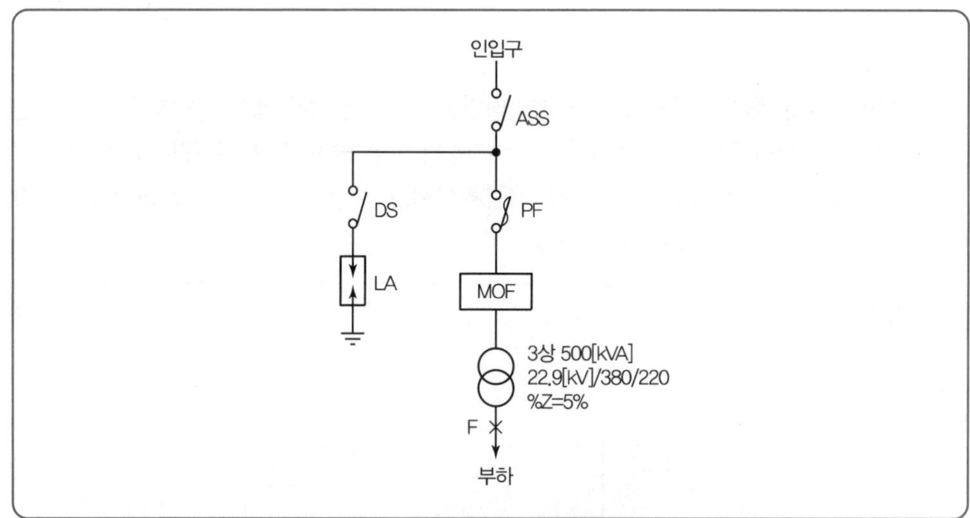

1 ASS의 LOCK 전류값과 LOCK 전류의 기능은 무엇인가?

① LOCK 전류

② LOCK 전류의 기능

2 LA 정격전압과 제1보호대상은 무엇인가?

① 정격전압

② 제1보호대상

3 PF(한류퓨즈)의 단점 2가지를 쓰시오.

4 MOF의 과전류 강도는 각 설치점에서 단락전류에 의해 계산하되, 22.9[kV]에서 60[A] 이하일 때 전기사업자 규격에 의한 MOF 최소 과전류 강도는 (①)배이고, 계산한 값이 75배 이상인 경우에는 (②)배를 적용하며, 60[A]를 초과 시 MOF 과전류 강도는 (③)배를 적용한다.

①	②	③

5 고장점 F에 흐르는 3상 단락전류와 선간(2상) 단락전류를 구하시오.

① 3상 단락전류

② 선간(2상) 단락전류

해답 1 ① 800[A]

② 정격 LOCK 전류(800[A]) 이상 발생 시 개폐기는 LOCK되며 후비보호장치 차단 후 개폐기(ASS)가 개방되어 고장구간을 자동 분리하는 기능을 한다.

2 ① 18[kV]

② 수전용 변압기(전력용 변압기)

3 ① 재투입을 할 수 없다.

② 과도 전류로 용단되기 쉽다.

그 외

③ 동작시간, 전류특성을 자유로이 조정할 수 없다.

④ 비보호 영역이 있다.

4

①	②	③
75	150	40

5 ① 3상 단락전류

계산 : $I_s = \frac{100}{\%Z} I_n = \frac{100}{5} \times \frac{500 \times 10^3}{\sqrt{3} \times 380} = 15{,}193.428[A]$

답 15,193.43[A]

② 선간(2상) 단락전류

계산 : 3상 단락전류의 86.6[%]에 해당하므로

$$I_s = \frac{100}{\%Z} I_n \times 0.866 = \frac{100}{5} \times \frac{500 \times 10^3}{\sqrt{3} \times 380} \times 0.866 = 13{,}157.508[A]$$

답 13,157.51[A]

14 ★☆☆☆☆ [6점]

다음 변류기(CT)의 과전류 강도에 대하여 답하시오.

1 정격 과전류 강도(S_n), 통전시간(t)일 때의 열적 과전류 강도(S)를 표시하는 식은?

2 기계적 과전류란 무엇인가?

해답 1 $S = \frac{S_n}{\sqrt{t}}$

2 단락 시 전자력에 의한 권선의 변형에 견디는 강도(열적 과전류 강도의 2.5배)

15 ★★★★★ [12점]

10층 사무실용 건물에 3상 3선식의 6,000[V]를 200[V]로 강압하여 수전하는 설비이다. 각종 부하 설비가 표와 같을 때 참고자료를 이용하여 다음 물음에 답하시오.

동력 부하 설비					
사용 목적	용량[kW]	대수	상용 동력[kW]	하계 동력[kW]	동계 동력[kW]
난방 관계					
• 보일러 펌프	6.0	1			6.0
• 오일 기어 펌프	0.4	1			0.4
• 온수 순환 펌프	3.0	1			3.0
공기 조화 관계					
• 1, 2, 3층 패키지 컴프레서	7.5	6		45.0	
• 컴프레서 팬	5.5	3	16.5		
• 냉각수 펌프	5.5	1		5.5	
• 쿨링 타워	1.5	1		1.5	
급수 · 배수 관계					
• 양수 펌프	3.0	1	3.0		
기타					
• 소화 펌프	5.5	1	5.5		
• 셔터	0.4	2	0.8		
합 계			25.8	52.0	9.4

조명 및 콘센트 부하 설비					
사용 목적	와트 수 [W]	설치 수량	환산 용량 [VA]	총 용량 [VA]	비고
전등관계					
• 수은등 A	200	4	260	1,040	200[V] 고역률
• 수은등 B	100	8	140	1,120	200[V] 고역률
• 형광등	40	820	55	45,100	200[V] 고역률
• 백열전등	60	10	60	600	

콘센트 관계					
• 일반 콘센트		80	150	12,000	2P 15[A]
• 환기팬용 콘센트		8	55	440	
• 히터용 콘센트		2		3,000	
• 복사기용 콘센트	1,500	4		3,600	
• 텔레타이프용 콘센트		2		2,400	
• 룸 쿨러용 콘센트		6		7,200	
기타 • 전화 교환용 정류기		1		800	
합 계				77,300	

| 참고자료 1. 변압기 보호용 전력퓨즈의 정격 전류 |

상수	단상				3상			
공칭전압	3.3[kV]		6.6[kV]		3.3[kV]		6.6[kV]	
변압기 용량 [kVA]	변압기 정격전류 [A]	정격전류 [A]	변압기 정격전류 [A]	정격전류 [A]	변압기 정격전류 [A]	정격전류 [A]	변압기 정격전류 [A]	정격전류 [A]
5	1.52	5	0.76	1.5	0.88	1.5	–	–
10	3.03	7.5	1.52	3	1.8	3	0.88	1.5
15	4.55	7.5	2.28	3	2.63	3	1.3	2
20	6.06	7.5	3.03	7.5	–	–	–	–
30	9.10	15	4.56	7.5	5.26	7.5	2.63	3
50	15.2	20	7.60	15	8.45	15	4.38	7.5
75	22.7	30	11.4	15	13.1	15	6.55	7.5
100	30.3	45	15.2	20	17.5	20	8.75	15
150	45.5	50	22.7	30	26.3	30	13.1	15
200	60.7	75	30.3	50	35.0	50	17.5	25
300	91.0	100	45.5	60	52.0	75	26.3	30
400	121.4	150	60.7	75	70.0	75	35.0	50
500	152.0	200	75.87	100	87.5	100	43.8	50

| 참고자료 2. 배전용 변압기의 정격 |

항목			소형 6[kV] 유입 변압기							중형 6[kV] 유입 변압기						
정격 용량[kVA]			3	5	7.5	10	15	20	30	50	75	100	150	200	300	500
정격 2차 전류 [A]	단상	105[V]	28.6	47.6	71.4	95.2	143	190	286	476	714	852	1,430	1,904	2,857	4,762
		210[V]	14.3	23.8	35.7	47.6	71.4	95.2	143	238	357	476	714	952	1,429	2,381
	3상	210[V]	8	13.7	20.6	27.5	41.2	55	82.5	137	206	275	412	550	825	1,376
정격 전압	정격 2차 전압		6,300[V] 6/3[kV] 공용 : 6,300[V]/3,150[V]							6,300[V] 6/3[kV] 공용 : 6,300[V]/3,150[V]						
	정격 2차 전압	단상	210[V] 및 105[V]							200[kVA] 이하의 것 : 210[V] 및 105[V] 200[kVA] 이하의 것 : 210[V]						
		3상	210[V]							210[V]						

<table>
<tr><td rowspan="4">탭
전
압</td><td rowspan="2">전용량
탭전압</td><td>단상</td><td>6,900[V], 6,600[V]
6/3[kV] 공용 : 6,300[V]/3,150[V]
6,600[V]/3,300[V]</td><td colspan="2">6,900[V], 6,600[V]</td></tr>
<tr><td>3상</td><td>6,600[V]
6/3[kV] 공용 : 6,600[V]/3,300[V],</td><td colspan="2">6/3[kV] 공용 : 6,300[V]/3,150[V]
6,600[V]/3,300[V]</td></tr>
<tr><td rowspan="2">저감
용량
탭전압</td><td>단상</td><td>6,000[V], 5,700[V]
6/3[kV] 공용 : 6,000[V]/3,000[V]
5,700[V]/2,850[V]</td><td colspan="2">6,000[V], 5,700[V]</td></tr>
<tr><td>3상</td><td>6,600[V]
6/3[kV] 공용 : 6,000[V]/3,300[V]</td><td colspan="2">6/3[kV] 공용 : 6,000[V]/3,300[V]
5,700[V]/2,850[V]</td></tr>
<tr><td colspan="2" rowspan="2">변압기의
결선</td><td>단상</td><td>2차 권선 : 분할 결선</td><td rowspan="2">3상</td><td rowspan="2">1차 권선 : 성형 권선
2차 권선 : 삼각 권선</td></tr>
<tr><td>3상</td><td>1차 권선 : 성형 권선, 2차 권선 : 성형 권선</td></tr>
</table>

| 참고자료 3. 역률개선용 콘덴서의 용량 계산표[%] |

구분		개선 후의 역률																	
		1.00	0.99	0.98	0.97	0.96	0.95	0.94	0.93	0.92	0.91	0.90	0.89	0.88	0.87	0.86	0.85	0.83	0.80
개선 전의 역률	0.50	173	159	153	148	144	140	137	134	131	128	125	122	119	117	114	111	106	98
	0.55	152	138	132	127	123	119	116	112	108	106	103	101	98	95	92	90	85	77
	0.60	133	119	113	108	104	100	97	94	91	88	85	82	79	77	74	71	66	58
	0.62	127	112	106	102	97	94	90	87	84	81	78	75	73	70	67	65	59	52
	0.64	120	106	100	95	91	87	84	81	78	76	72	69	66	63	61	58	53	45
	0.66	114	100	94	89	85	81	78	74	71	68	65	63	60	57	54	52	47	39
	0.68	108	94	88	83	79	75	72	68	65	62	59	57	54	51	49	46	41	33
	0.70	102	88	82	77	73	69	66	63	59	56	54	51	48	45	43	40	35	27
	0.72	96	82	76	71	67	64	60	57	54	51	48	45	42	40	37	34	29	21
	0.74	91	77	71	68	62	58	55	51	48	45	43	40	37	34	32	29	24	16
	0.76	86	71	65	60	58	53	49	46	43	40	37	34	32	29	26	24	18	11
	0.78	80	66	60	55	51	47	44	41	38	35	32	29	26	24	21	18	13	5
	0.79	78	63	57	53	48	45	41	38	34	32	29	25	24	21	18	16	10	2.6
	0.80	75	61	55	50	46	42	39	36	32	29	27	24	21	18	16	13	8	
	0.81	72	58	52	47	43	40	36	33	30	27	24	21	18	16	13	10	5	
	0.82	70	56	50	45	41	37	34	30	27	24	21	18	16	13	10	8	2.6	
	0.83	67	53	47	43	38	34	31	28	25	22	19	16	13	11	8	5		
	0.84	65	50	44	40	35	32	28	25	22	19	16	13	11	8	5	2.6		
	0.85	62	48	42	37	33	29	25	23	19	16	14	11	8	5	2.7			
	0.86	59	45	39	34	30	28	23	20	17	14	11	8	5	2.6				
	0.87	57	42	36	32	28	24	20	17	14	11	8	6	2.7					
	0.88	54	40	34	29	25	21	18	15	11	8	6	2.8						
	0.89	41	37	31	26	22	18	15	12	9	6	2.8							
	0.90	48	34	28	23	19	16	12	9	6	2.8								
	0.91	46	31	25	21	16	13	9	8	3									
	0.92	43	28	22	18	13	10	8	3.1										
	0.93	40	25	19	14	10	7	3.2											
	0.94	36	22	16	11	7	3.4												
	0.95	33	19	13	8	3.7													
	0.96	29	15	9	4.1														
	0.97	25	11	4.8															
	0.98	20	8																
	0.99	14																	

❶ 동계 난방 때 온수 순환 펌프는 상시 운전하고, 보일러용과 오일 기어 펌프의 수용률이 60[%]일 때 난방 동력 수용 부하는 몇 [kW]인가?

❷ 동력 부하의 역률이 전부 80[%]라고 한다면 피상 전력은 각각 몇 [kVA]인가?(단, 상용 동력, 하계 동력, 동계 동력별로 각각 계산하시오.)

구분	계산과정	답
상용 동력		
하계 동력		
동계 동력		

❸ 총 전기설비용량은 몇 [kVA]를 기준으로 하여야 하는가?

❹ 전등의 수용률은 70[%], 콘센트 설비의 수용률은 50[%]라고 한다면 몇 [kVA]의 단상 변압기에 연결하여야 하는가?(단, 전화 교환용 정류기는 100[%] 수용률로서 계산한 결과에 포함시키며 변압기 예비율은 무시한다.)

❺ 동력 설비 부하의 수용률이 모두 60[%]라면 동력 부하용 3상 변압기의 용량은 몇 [kVA]인가?(단, 동력 부하의 역률은 80[%]로 하며 변압기의 예비율은 무시한다.)

❻ 상기 건물에 시설된 변압기 총 용량은 몇 [kVA]인가?

❼ 단상 변압기와 3상 변압기의 1차 측의 전력 퓨즈의 정격 전류는 각각 몇 [A]의 것을 선택하여야 하는가?

❽ 선정된 동력용 변압기 용량에서 역률을 95[%]로 개선하려면 콘덴서 용량은 몇 [kVA]인가?

해답 ❶ 계산 : 난방 동력 수용 부하=(수용률 적용 부하×수용률)+수용률 비적용 부하
=((6.0+0.4)×0.6)+3.0=6.84[kW]

답 6.84[kW]

❷ 계산 : $\text{피상전력[kVA]} = \dfrac{\text{각 동력[kW]}}{\text{역률}}$

구분	계산과정	답
상용 동력	$\dfrac{25.8}{0.8}=32.25$[kVA]	32.25[kVA]
하계 동력	$\dfrac{52}{0.8}=65$[kVA]	65[kVA]
동계 동력	$\dfrac{9.4}{0.8}=11.75$[kVA]	11.75[kVA]

❸ 계산 : 총 전기설비용량=상용 동력[kVA]+하계 동력[kVA]+기타 설비용량[kVA]
=32.25+65+77.3=174.55[kVA]

답 174.55[kVA]

❹ 계산 : 수용 부하=Σ 각 관계 설비부하×수용률
=(1.04+1.12+45.1+0.6)×0.7+(12+0.44+3+3.6+2.4+7.2)×0.5
+0.8×1

$=48.622[kVA]$

일 때, 참고자료 1에서 선정하면 50[kVA]이다.

답 50[kVA]

5 계산 : 총 동력설비용량을 구할 때는 하계 동력과 동계 동력은 동시에 사용하지 않으므로, 용량이 큰 하계 동력을 선정하여 상용 동력과 합산한다.

총 동력설비용량$=(32.25+65)\times0.6=58.35[kVA]$일 때,

참고자료 1에서 선정하면 75[kVA]이다.

답 75[kVA]

6 계산 : 총 변압기 용량=단상 변압기 용량+3상 변압기 용량

$=50+75=125[kVA]$

답 125[kVA]

7 계산 : 참고자료 1의 6.6[kV]에서

단상은 50[kVA]일 때 15[A], 3상은 75[kVA]일 때 7.5[A]이다.

답 단상 : 15[A], 3상 : 7.5[A]

8 계산 : 동력설비의 개선 전 역률 80[%](물음 2 참조)에서 95[%]로 역률 개선 시 참고자료 3에서 80[%](세로)과 95[%](가로)가 만나는 0.42를 선정하면,

콘덴서의 용량$=[kW]\times0.42=$(변압기 용량[kVA]×개선 전 역률)×0.42

$=(75\times0.8)\times0.42=25.2[kVA]$

답 25.2[kVA]

16 ★☆☆☆☆ [4점]

ACSR 전선에 댐퍼를 설치하는 이유는 무엇인가?

해답 전선의 진동 방지

2020년도 2회 시험

과년도 기출문제

회독 체크	□1회독	월 일	□2회독	월 일	□3회독	월 일

01 ★★★☆☆ [7점]

3.7[kW]와 7.5[kW]의 직입기동 3상 농형 유도전동기 및 25[kW]의 3상 권선형 유도전동기 등 3대를 그림과 같이 접속하였다. 이때 다음 각 물음에 답하시오.(단, 공사방법 B1으로 XLPE 절연전선을 사용하였으며, 정격전압은 200[V]이고 간선 및 분기회로에 사용되는 전선 도체의 재질 및 종류는 같다.)

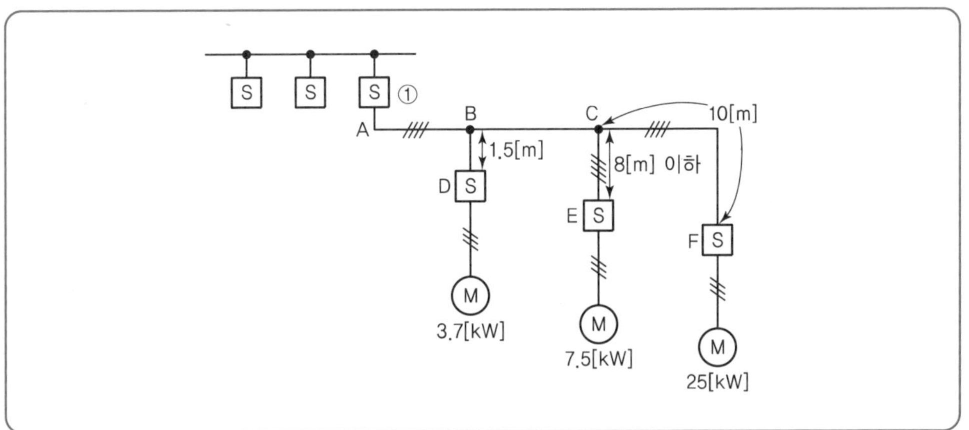

1 간선에 사용되는 과전류 차단기와 개폐기(①)의 최소 용량은 몇 [A]인가?

① 선정과정

② 과전류 차단기 용량

③ 개폐기 용량

2 간선의 최소 굵기는 몇 [mm^2]인가?

3 ※ KEC 규정에 따라 문항 삭제

4 ※ KEC 규정에 따라 문항 삭제

| 표 1. 200[V] 3상 유도 전동기의 간선 굵기 및 기구의 용량 |

(B종 퓨즈의 경우) (동선)

전동기 [kW] 수의 총계 [kW] 이하	최대 사용 전류 [A] 이하	배선 종류에 의한 간선의 최소 굵기[mm²]						직입기동 전동기 중 최대 용량의 것											
		공사방법 A_1		공사방법 B_1		공사방법 C		0.75 이하	1.5	2.2	3.7	5.5	7.5	11	15	18.5	22	30	37~55
								기동기 사용 전동기 중 최대 용량의 것											
								–	–	–	5.5	7.5	11 15	18.5 22	–	30 37	–	45	55
		PVC	XLPE, EPR	PVC	XLPE, EPR	PVC	XLPE, EPR	과전류 차단기[A] …… (칸 위 숫자) 개폐기 용량[A] …… (칸 아래 숫자)											
3	15	2.5	2.5	2.5	2.5	2.5	2.5	15 30	20 30	30 30	–	–	–	–	–	–	–	–	–
4.5	20	4	2.5	2.5	2.5	2.5	2.5	20 30	20 30	30 30	50 60	–	–	–	–	–	–	–	–
6.3	30	6	4	6	4	4	2.5	30 30	30 30	50 60	50 60	75 100	–	–	–	–	–	–	–
8.2	40	10	6	10	6	6	4	50 60	50 60	50 60	75 100	75 100	100 100	–	–	–	–	–	–
12	50	16	10	10	10	10	6	50 60	50 60	50 60	75 100	75 100	100 100	150 200	–	–	–	–	–
15.7	75	35	25	25	16	16	16	75 100	75 100	75 100	75 100	100 100	100 100	150 200	150 200	–	–	–	–
19.5	90	50	25	35	25	25	16	100 100	100 100	100 100	100 100	100 100	150 200	150 200	200 200	200 200	–	–	–
23.2	100	50	35	35	25	35	25	100 100	100 100	100 100	100 100	100 100	150 200	150 200	200 200	200 200	200 200	–	–
30	125	70	50	50	35	50	35	150 200	150 200	150 200	150 200	150 200	150 200	150 200	200 200	200 200	200 200	–	–
37.5	150	95	70	70	50	70	50	150 200	150 200	150 200	150 200	150 200	150 200	150 200	200 200	300 300	300 300	300 300	–
45	175	120	70	95	50	70	50	200 200	200 200	200 200	200 200	200 200	200 200	200 200	200 200	300 300	300 300	300 300	300 300
52.5	200	150	95	95	70	95	70	200 200	200 200	200 200	200 200	200 200	200 200	200 200	200 200	300 300	300 300	400 400	400 400
63.7	250	240	150	–	95	120	95	300 300	300 300	300 300	300 300	300 300	300 300	300 300	300 300	300 300	400 400	400 400	500 600
75	300	300	185	–	120	185	120	300 300	300 300	300 300	300 300	300 300	300 300	300 300	300 300	300 300	400 400	400 400	500 600
86.2	350	–	240	–	–	240	150	400 400	400 400	400 400	400 400	400 400	400 400	400 400	400 400	400 400	400 400	400 400	600 600

[비고]

1. 최소 전선 굵기는 1회선에 대한 것이다.
2. 공사방법 A_1은 벽 내의 전선관에 공사한 절연전선 또는 단심케이블, B_1은 벽면의 전선관에 공사한 절연전선 또는 단심케이블, 공사방법 C는 벽면에 공사한 단심 또는 다심케이블을 시설하는 경우의 전선 굵기를 표시하였다.
3. 「전동기 중 최대의 것」에 동시 기동하는 경우를 포함한다.
4. 과전류 차단기의 용량은 해당 조항에 규정되어 있는 범위에서 실용상 거의 최댓값을 표시한다.
5. 과전류 차단기의 선정은 최대용량의 정격전류의 3배에 다른 전동기의 정격전류의 합계를 가산한 값 이하를 표시한다.
6. 고리퓨즈는 300[A] 이하에서 사용하여야 한다.

해답 **1** 계산 : 전동기 수의 총 전력 $=3.7+7.5+25=36.2$[kW]

(기동기 사용)
30

표 1에서 37.5 ----- 300 / 300

답 과전류 차단기 용량 : 300[A], 개폐기 용량 : 300[A]

2 전동기 수의 총 전력 $=3.7+7.5+25=36.2$[kW]

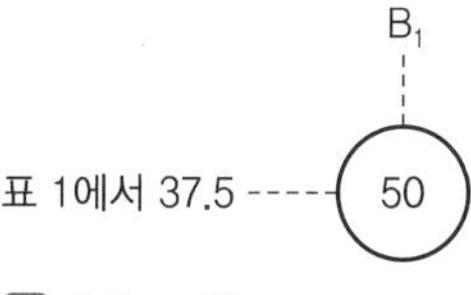

답 50[mm²]

TIP

➤ **분기회로의 개폐기 및 과전류 차단기의 시설**
분기회로에는 저압 옥내간선과의 분기점에서 전선의 길이가 3[m] 이하의 장소에 개폐기 및 과전류 차단기를 시설하여야 한다.

02 ★★☆☆☆ [5점]

도로의 너비가 30[m]인 곳의 양쪽으로 30[m] 간격으로 지그재그식으로 등주를 배치하여 도로 위의 평균 조도를 6[lx]가 되도록 하고자 한다. 도로면의 광속 조명률은 32[%], 유지율은 80[%]로 한다고 할 때 각 등주에 사용되는 수은등의 크기는 몇 [W]의 것을 사용하여야 하는지, 전광속을 계산하고, 주어진 수은등 규격표에서 찾아 쓰시오.

| 수은등의 규격표 |

크기[W]	전광속[lm]
100	2,200~3,000
200	4,000~5,500
250	7,700~8,500
300	10,000~11,000
500	13,000~14,000

해답 계산 : FUN=DEA

$$F = \frac{\frac{1}{0.8} \times 6 \times \frac{30 \times 30}{2}}{0.32 \times 1} = 10{,}546.875\,[\text{lm}]$$

답 300[W] 선정

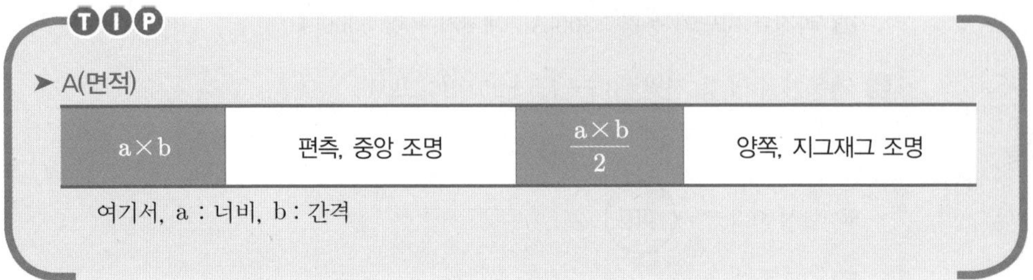

TIP

➤ A(면적)

$a \times b$	편측, 중앙 조명	$\frac{a \times b}{2}$	양쪽, 지그재그 조명

여기서, a : 너비, b : 간격

03 ★★☆☆☆ [8점]

아래 표에서 금속관 부품의 특징에 해당하는 부품명을 쓰시오.

부품명	특징
①	박스에 금속관을 고정할 때 커플링으로 관 상호 간을 접속할 때 커플링이 도는 것을 방지하기 위해서 사용된다. 6각형과 톱니형 두 가지가 있다. 톱니형은 두꺼운 전선관의 경우 54[mm] 이상을 사용한다.
②	전선의 절연 피복을 보호하기 위해서 금속관의 관 끝에 취부한다. 안쪽을 절연물로 피복하였기 때문에 안정성이 높다.
③	바닥 밑으로 매입배선을 할 때 콘센트 기타 바닥에 취부하는 기구를 취부할 때, 또는 배선을 시설하는 경우에 사용한다.
④	금속관을 아우트렛 박스 등의 녹아웃(Knock Out)에 취부할 때 녹아웃의 지름이 관의 지름보다 큰 관계로 록 너트만으로는 고정할 수 없을 때 보조적으로 사용한다.
⑤	금속관의 상호를 접속할 때 사용한다.
⑥	전선접속, 조명기구, 콘센트 등의 취부에 사용한다. 중형 4각(얕은형, 깊은형), 대형 4각(얕은형, 깊은형) 등 사용목적에 따라 여러 종류가 있다.
⑦	노출배관 공사와 점검할 수 있는 은폐배관 공사 등에서 전선관을 조영재에 취부해서 고정하는 경우에 사용한다.(1공형, 2공형)
⑧	서비스 캡이라고도 하며 노출배관에서 금속배관으로 들어갈 때 관단에 사용한다.

해답 ① 록 너트 ② 절연부싱
③ 플로어 박스 ④ 링리듀서
⑤ 커플링 ⑥ 아우트렛 박스
⑦ 새들 ⑧ 엔드

04 ★★★★★

[4점]

축전지의 정격용량 200[Ah], 상시부하 10[kW], 표준전압 100[V]인 부동충전방식의 2차 충전전륫값은 얼마인지 계산하시오.(단, 납축전지의 방전율은 10시간을, 알칼리축전지는 5시간을 방전률로 한다.)

1 납축전지

2 알칼리축전지

해답 1 계산 : 충전기 2차 전류[A] $= \dfrac{\text{축전지용량[Ah]}}{\text{정격방전율[h]}} + \dfrac{\text{상시 부하용량[VA]}}{\text{표준전압[V]}}$

$$I = \frac{200}{10} + \frac{10 \times 10^3}{100} = 120[A]$$

답 120[A]

2 계산 : $I = \dfrac{200}{5} + \dfrac{10 \times 10^3}{100} = 140[A]$

답 140[A]

TIP

➤ 방전율

① 알칼리 : 5[h]　　② 납축 : 10[h]

05 ★★★☆☆

[5점]

수용가에서 사용되고 있는 특고압용 및 저압용 차단기 종류 각 3가지의 영문약호와 한글명칭을 쓰시오.

1 특고압용 차단기

2 저압용 차단기

해답 1 특고압용 차단기

영문약호	한글명칭
VCB	진공차단기
GCB	가스차단기
ABB	공기차단기

2 저압용 차단기

영문약호	한글명칭
ACB	기중차단기
MCCB	배선용 차단기
ELB	누전차단기

TIP

OCB : 유입차단기

06

★☆☆☆☆ [5점]

전력퓨즈 정격사항에 대하여 주어진 표의 빈칸을 채우시오.

계통전압[kV]	퓨즈 정격	
	정격전압[kV]	최대설계전압[kV]
6.6	①	8.25
13.2	15	②
22 또는 22.9	③	25.8
66	69	④
154	⑤	169

해답 ① 6.9 또는 7.5 ② 15.5
③ 23 ④ 72.5 ⑤ 161

07

★★★★★ [6점]

고압 선로에서의 접지사고 검출 및 경보장치를 그림과 같이 시설하였다. A선에 누전사고가 발생하였을 때 다음 각 물음에 답하시오.(단, 전원이 인가되고 경보벨의 스위치는 닫혀 있는 상태라고 한다.)

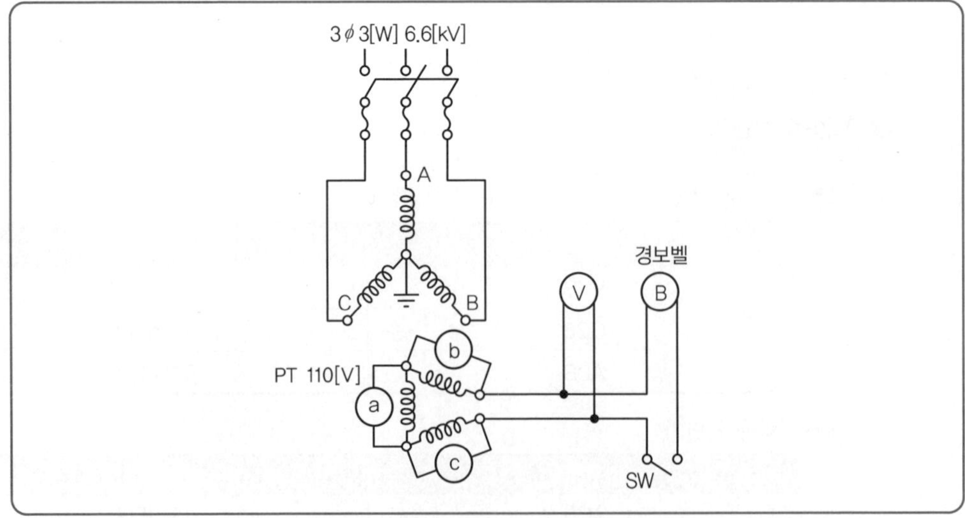

1 1차 측 A선의 대지 전압이 0[V]인 경우 B선 및 C선의 대지 전압은 각각 몇 [V]인가?

① B선의 대지전압

② C선의 대지전압

2 2차 측 전구 ⓐ의 전압이 0[V]인 경우 ⓑ 및 ⓒ 전구의 전압과 전압계 Ⓥ의 지시전압, 경보벨 Ⓑ에 걸리는 전압은 각각 몇 [V]인가?

① ⓑ 전구의 전압

② ⓒ 전구의 전압

③ 전압계 Ⓥ의 지시 전압

④ 경보벨 Ⓑ에 걸리는 전압

해답 **1** ① B선의 대지전압

계산 : $\frac{6,600}{\sqrt{3}} \times \sqrt{3} = 6,600$[V] 답 6,600[V]

② C선의 대지전압

계산 : $\frac{6,600}{\sqrt{3}} \times \sqrt{3} = 6,600$[V] 답 6,600[V]

2 ① ⓑ 전구의 전압

계산 : $\frac{110}{\sqrt{3}} \times \sqrt{3} = 110$[V] 답 110[V]

② ⓒ 전구의 전압

계산 : $\frac{110}{\sqrt{3}} \times \sqrt{3} = 110$[V] 답 110[V]

③ 전압계 Ⓥ의 지시 전압

계산 : $110 \times \sqrt{3} = 190.53$[V] 답 190.53[V]

④ 경보벨 Ⓑ에 걸리는 전압

계산 : $110 \times \sqrt{3} = 190.53$[V] 답 190.53[V]

TIP

① 지락된 상 : 0[V]

② 지락 안된 상 : $\sqrt{3}$ 배

③ 개방단 : 3배

08 ★★★★★

[5점]

그림과 같은 송전계통 S점에서 3상 단락사고가 발생하였다. 주어진 도면과 표를 참고하여 변압기(T_2)의 각각의 %리액턴스를 100[MVA] 출력으로 환산하고, 1차(P), 2차(T), 3차(S)의 %리액턴스를 구하시오.

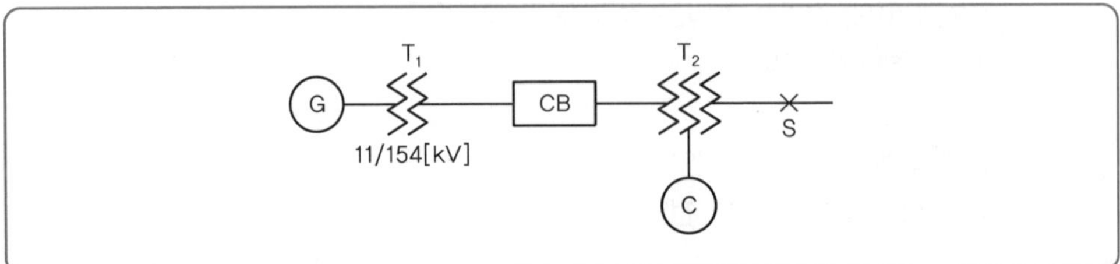

[조건]

번호	기기명	용량	전압	%X
1	발전기(G)	50,000[kVA]	11[kV]	30
2	변압기(T_1)	50,000[kVA]	11/154[kV]	12
3	송전선	10,000[kVA]	154[kV]	10
4	변압기(T_2)	1차 25,000[kVA]	154[kV]	1~2차 12
		2차 25,000[kVA]	77[kV]	2~3차 15
		3차 10,000[kVA]	11[kV]	3~1차 10.8
5	조상기(C)	10,000[kVA]	11[kV]	20

1 1차
2 2차
3 3차

해답 계산

- 1~2차간 : $X_{P-T} = \dfrac{100}{25} \times 12 = 48[\%]$
- 2~3차간 : $X_{T-S} = \dfrac{100}{25} \times 15 = 60[\%]$
- 3~1차간 : $X_{S-P} = \dfrac{100}{10} \times 10.8 = 108[\%]$

그러므로 1차 $X_P = \dfrac{X_{PT} + X_{SP} - X_{TS}}{2} = \dfrac{48 + 108 - 60}{2} = 48[\%]$

2차 $X_T = \dfrac{X_{PT} + X_{TS} - X_{SP}}{2} = \dfrac{48 + 60 - 108}{2} = 0[\%]$

3차 $X_S = \dfrac{X_{TS} + X_{SP} - X_{PT}}{2} = \dfrac{60 + 108 - 48}{2} = 60[\%]$

답 1 1차 : 48[%], 2 2차 : 0[%], 3 3차 : 60[%]

09 ★★★★☆ [6점]

수전전압 6,600[V], 가공 배전 전선로의 %임피던스가 60.5[%]일 때 수전점의 3상 단락 전류가 7,000[A]인 경우 기준 용량을 구하고 수전용 차단기의 차단 용량을 선정하시오.

| 차단기의 정격 용량[MVA] |

10	20	30	50	75	100	150	250	300	400	500

1 기준 용량을 구하시오.

2 1번의 기준용량을 이용하여 차단 용량을 구하시오.

해답 1 계산 : $I_s = \frac{100}{\%Z} I_n$

$I_n = \frac{I_s \%Z}{100} = \frac{60.5}{100} \times 7{,}000 = 4{,}235[A]$

$P = \sqrt{3}\, V I_n = \sqrt{3} \times 6{,}600 \times 4{,}235 \times 10^{-6} = 48.412[MVA]$

답 48.41[MVA]

2 계산 : $P_s = \frac{100}{\%Z} \times P = \frac{100}{60.5} \times 48.41 = 80.02[MVA]$

답 100[MVA]

10 ★★☆☆☆ [6점]

옥내 배선의 시설에 있어서 인입구 부근에 전기 저항치가 3[Ω] 이하의 값을 유지하는 수도관 또는 철골이 있는 경우에는 이것을 접지극으로 사용하여 이를 혼촉방지 접지 공사한 저압 전로의 중성선 또는 접지 측 전선에 추가 접지할 수 있다. 이 추가 접지의 목적은 저압전로에 침입하는 뇌격이나 고저압 혼촉으로 인한 이상 전압에 의한 옥내 배선의 전위 상승을 억제하는 역할을 한다. 또 지락사고 시에 단락 전류를 증가시킴으로써 과전류 차단기의 동작을 확실하게 하는 것이다. 그림에 있어서 (나)점에서 지락이 발생한 경우 추가 접지가 없는 경우의 지락 전류와 추가 접지가 있는 경우의 지락전류값을 구하시오. ※ KEC 규정에 따라 문항 변경

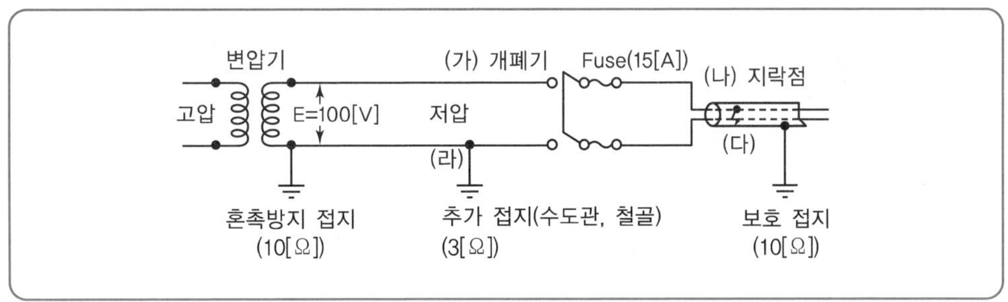

1 추가 접지가 없는 경우
2 추가 접지가 있는 경우

해답 1 추가 접지가 없는 경우

계산 : $I_s = \frac{E}{R_2 + R_3} = \frac{100}{10+10} = 5[A]$

답 5[A]

2 추가 접지가 있는 경우

계산 : $I_s = \frac{100}{10 + \frac{10 \times 3}{10+3}} = 8.125[A]$

답 8.13[A]

TIP

구 규정	KEC 규정
제2종 접지공사	변압기 중성점 접지(혼촉방지 접지)
제3종, 특3종 접지공사	저압 보호 접지

- 추가 접지가 없는 경우 : 보호접지와 혼촉방지접지가 직렬
- 추가 접지가 있는 경우 : 혼촉방지접지와 추가접지가 병렬이 되고 보호접지와는 직렬

11

★☆☆☆☆ [5점]

다음에 주어진 단상 유도전동기이다. 역회전이 가능한 방법을 보기에서 골라 ( )에 쓰시오.

1 반발기동형 ( )
2 분상기동형 ( )
3 셰이딩 코일형 ( )

[보기]

ㄱ. 역회전이 불가능하다.
ㄴ. 기동권선이 접속을 반대로 한다.
ㄷ. 브러시의 위치를 바꾼다.

해답 1 반발기동형 (ㄷ)
2 분상기동형 (ㄴ)
3 셰이딩 코일형 (ㄱ)

TIP

단상 반발전동기는 브러시 이동으로 속도 제어 및 역전이 가능하다. 셰이딩 코일형은 역회전이 불가능한 전동기이며, 분상기동형은 기동권선의 접속을 반대로 하여 역회전한다.

12 ★☆☆☆☆ [5점]

최대전류가 흐를 때의 손실이 100[kW]이며 부하율이 60[%]인 전선로의 평균 손실은 몇 [kW]인가?(단, 배전 선로의 손실 계수를 구하는 α는 0.2이다.)

해답 계산 : $H = \alpha F + (1-\alpha)F^2 = 0.2 \times 0.6 + (1-0.2) \times 0.6^2 = 0.408$

평균전력손실 = 최대전력손실 × H = 100 × 0.408 = 40.8[kW]

답 40.8[kW]

TIP

$$손실계수(H) = \frac{평균전력손실}{최대전력손실}$$

13 ★☆☆☆☆ [5점]

감리원은 공사가 시작된 경우에는 공사업자로부터 다음 서류가 포함된 착공신고서를 제출받아 적정성 여부를 검토하여 7일 이내 발주자에게 보고한다. 다음 빈칸을 완성하시오.

1 시공관리책임자 지정 통지서(현장관리조직, 안전관리자)
2 (①)
3 (②)
4 공사도급 계약서 사본 및 산출내역서
5 공사 시작 전 사진
6 현장기술자 경력사항 확인서 및 자격증
7 (③)
8 작업인원 및 장비투입 계획서
9 그 밖에 발주자가 지정한 사항

해답 ① 공사 예정 공정표
② 품질관리계획서
③ 안전관리계획서

14 ★☆☆☆☆ [12점]

다음 도면을 보고 물음에 답하시오.(단, 기준용량은 100[MVA]이며, 소수점 다섯째 자리에서 반올림하시오.)

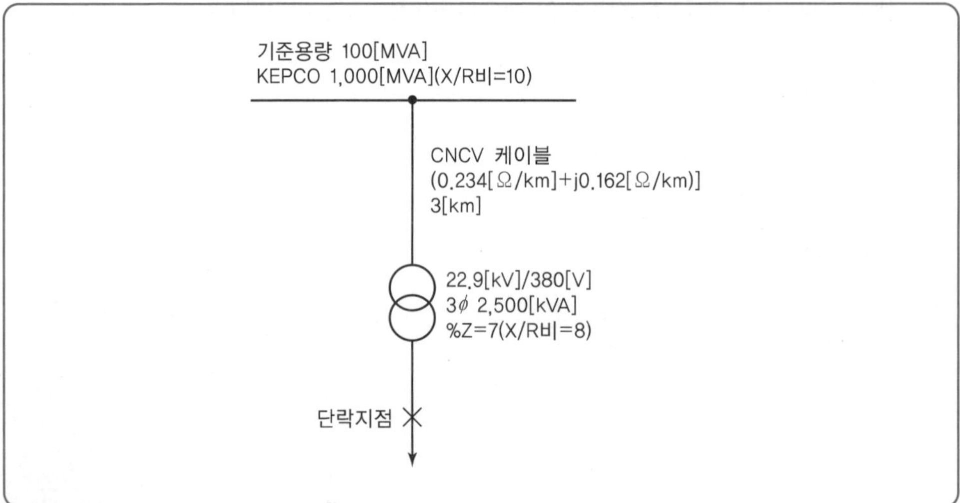

1. 전원 측 (%Z, %X, %R)를 구하시오.
   ① %Z
   ② %X
   ③ %R
2. 케이블의 %임피던스를 구하시오.
3. 변압기의 (%Z, %X, %R)를 구하시오.
   ① %Z
   ② %X
   ③ %R
4. 단락점까지 합성 %임피던스를 구하시오.
5. 단락점의 단락전류를 구하시오.

해답 **1** ① 계산 : $\%Z = \frac{100}{P_s}P = \frac{100}{1,000} \times 100 = 10[\%]$

답 10[%]

② 계산 : $\%X = 10 \cdot \%R = 10 \cdot 0.995037 = 9.95037[\%]$

답 9.9504[%]

③ 계산 : $\frac{X}{R} = 10$이므로

$\%Z^2 = \%R^2 + \%X^2 = \%R^2 + (10\%R)^2 = 101 \cdot \%R^2$

$10^2 = 101 \cdot \%R^2$에서 $\%R = \sqrt{\frac{10^2}{101}} = 0.995037[\%]$

답 0.9950[%]

2 계산 : $\%R = \frac{PR}{10V^2} = \frac{100 \times 10^3 \times 0.234 \times 3}{10 \times 22.9^2} = 13.3865[\%]$

$\%X = \frac{PX}{10V^2} = \frac{100 \times 10^3 \times 0.162 \times 3}{10 \times 22.9^2} = 9.2676[\%]$

$\%Z_L = \sqrt{13.3865^2 + 9.2676^2} = 16.2815[\%]$

답 $\%Z_L = 16.2815[\%]$

3 ① 계산 : $\%Z = 7 \times \frac{100}{2.5} = 280[\%]$

답 280[%]

② 계산 : $\%X = 8 \cdot \%R = 8 \cdot 34.72972 = 277.8378[\%]$

답 277.8378[%]

③ 계산 : $\frac{X}{R} = 8$이므로

$\%Z^2 = \%R^2 + \%X^2 = \%R^2 + (8\%R)^2 = 65 \cdot \%R^2$

$280^2 = 65 \cdot \%R^2$에서 $\%R = \sqrt{\frac{280^2}{65}} = 34.72972[\%]$

답 34.7297[%]

4 계산 : $\%R_t = 0.9950 + 13.3865 + 34.7297 = 49.1112[\%]$

$\%X_t = 9.9504 + 9.2676 + 277.8378 = 297.0558[\%]$

$\%Z = \sqrt{49.1112^2 + 297.0558^2} = 301.0881[\%]$

답 $\%Z = 301.0881[\%]$

5 계산 : $I_s = \frac{100}{\%Z}I_n = \frac{100}{301.0881} \times \frac{100 \times 10^6}{\sqrt{3} \times 380} \times 10^{-3} = 50.4617[kA]$

답 50.4617[kA]

15 ★★★★★ [6점]

다음은 전동기 Y－Δ 기동에 대한 시퀀스 도면이다. 회로 변경, 접점 추가, 접점 제거 또는 변경을 등을 활용하여 다음 조건에 맞는 동작을 할 수 있도록 도면에서 잘못된 부분을 고쳐서 그리시오.(단, 전자접촉기, 접점 등의 명칭을 시퀀스 도면 수정 시 정확히 표현하시오.)

[조건]

- PBS(ON)을 누르면 전자접촉기 MCM, MCS 타이머 T가 동작하며, 전동기 IM이 Y 결선으로 기동하고, PBS(ON)을 놓아도 자기 유지에 의해 동작이 유지된다.
- 타이머 설정시간 후 전자접촉기 MCS와 타이머 T가 소자되고, 전자접촉기 MCD가 동작하며, 전동기 IM이 Δ결선으로 운전한다.
- MCS와 MCD는 서로 동시에 투입되지 않도록 한다.
- PBS(OFF)를 누르면 모든 동작이 정지한다.
- 전동기운전과전류가 흐르면 THR에 의해 모든 동작이 정지한다.

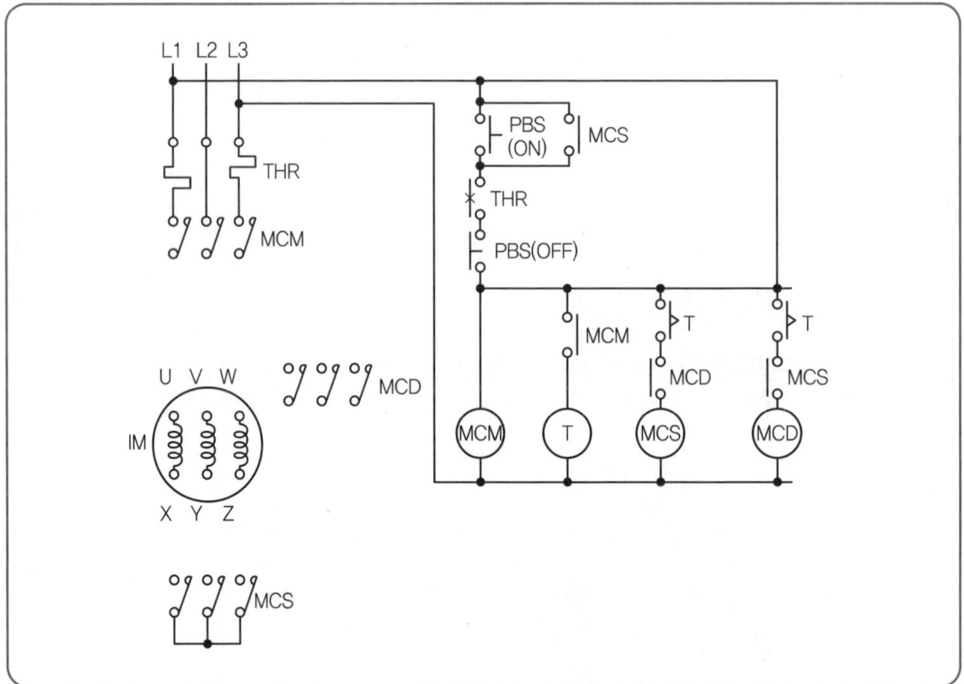

1 주회로를 완성하시오.

2 틀린 부분을 고쳐 올바르게 그리시오.

해답 1

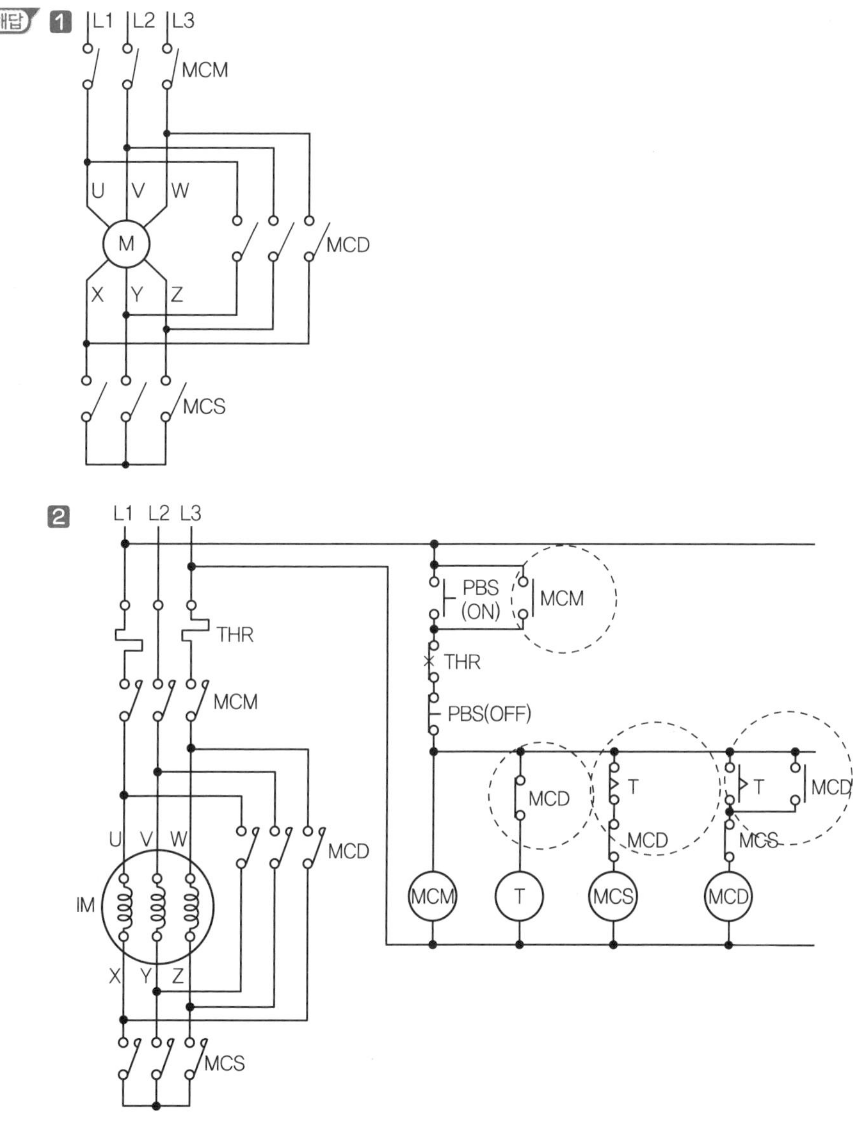

L1 L2 L3
MCM
U V W
M
MCD
X Y Z
MCS
2
L1 L2 L3
THR
MCM
MCD
U V W
IM
X Y Z
MCS
PBS (ON)
MCM
THR
PBS(OFF)
MCD
T
MCD
T
MCD
MCS
MCM
T
MCS
MCD

16 ★★★☆☆ [10점]

어느 변전소에서 그림과 같은 일부하 곡선을 가진 3개의 부하 A, B, C의 수용가에 있을 때, 다음 각 물음에 답하시오.(단, 부하 A, B, C의 역률은 각각 100[%], 80[%], 60[%]라 한다.)

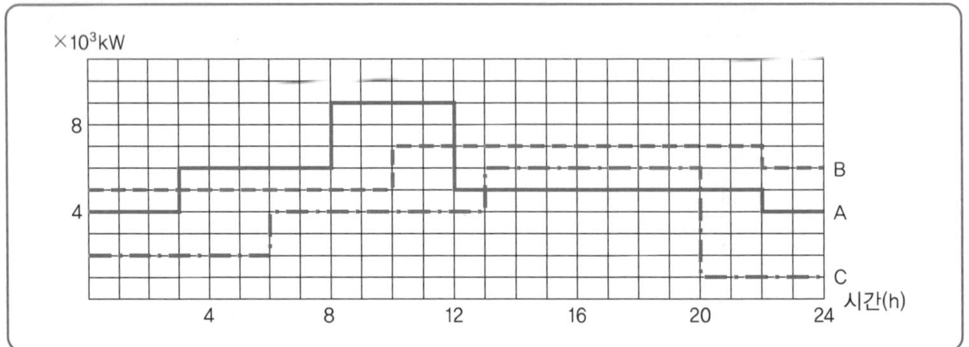

1 합성최대전력[kW]을 구하시오.

2 종합부하율[%]을 구하시오.

3 부등률을 구하시오.

4 최대부하 시 종합역률[%]을 구하시오.

5 A수용가에 대한 다음 물음에 답하시오.

① 첨두부하는 몇 [kW]인가?

② 첨두부하가 지속되는 시간은 몇 시부터 몇 시까지인가?

③ 하루 공급된 전력량은 몇 [MWh]인가?

해답 1 계산 : 합성최대전력은 도면에서 10~12시에 나타나며

$$P = (9+7+4)\times 10^3 = 20\times 10^3[\text{kW}]$$

답 20,000[kW]

2 계산 : A부하의 평균전력

$$P_A = \frac{\text{사용전력량}}{24} = \frac{\{(4\times 3)+(6\times 5)+(9\times 4)+(5\times 10)+(4\times 2)\}\times 10^3}{24}$$

$$= 5.67\times 10^3[\text{kW}]$$

B부하의 평균전력

$$P_B = \frac{\text{사용전력량}}{24} = \frac{\{(5\times 10)+(7\times 12)+(6\times 2)\}\times 10^3}{24} = 6.08\times 10^3[\text{kW}]$$

C부하의 평균전력

$$P_C = \frac{\text{사용전력량}}{24} = \frac{\{(2\times 6)+(4\times 7)+(6\times 7)+(1\times 4)\}\times 10^3}{24}$$

$$= 3.58\times 10^3[\text{kW}]$$

따라서, 종합 부하율$=\dfrac{\text{평균전력}}{\text{합성최대전력}}\times 100$

$$=\frac{\text{A, B, C 각 평균전력의 합계}}{\text{합성최대전력}}\times 100$$

$$=\frac{(5.67+6.08+3.58)\times 10^3}{20\times 10^3}\times 100=76.65[\%]$$

답 76.65[%]

3 계산 : 부등률$=\dfrac{\text{A, B, C 최대전력의 합계}}{\text{합성최대전력}}=\dfrac{(9+7+6)\times 10^3}{20\times 10^3}=1.1$

답 1.1

4 계산 : 먼저 최대부하 시 무효전력 Q를 구하면

$$Q=9\times 10^3\times\frac{0}{1}+7\times 10^3\times\frac{0.6}{0.8}+4\times 10^3\times\frac{0.8}{0.6}=10{,}583.33[\text{kVar}]$$

$$\cos\theta=\frac{P}{\sqrt{P^2+Q^2}}=\frac{20{,}000}{\sqrt{20{,}000^2+10{,}583.33^2}}\times 100=88.39[\%]$$

답 88.39[%]

5 ① $9\times 10^3[\text{kW}]$

② 8~12시

③ $W=\{(4\times 3)+(6\times 5)+(9\times 4)+(5\times 10)+(4\times 2)\}\times 10^3=136\times 10^3[\text{kWh}]$
$=136[\text{MWh}]$

TIP

① $\cos\theta=\dfrac{P}{\sqrt{P^2+Q^2}}\times 100$

$Q=P\tan\theta=P\dfrac{\sin\theta}{\cos\theta}$

여기서, P : 유효전력, Q : 무효전력

② 첨두부하=최대부하

전기기사

2020년도 3회 시험 과년도 기출문제

회독 체크	□1회독	월 일	□2회독	월 일	□3회독	월 일

01 ★☆☆☆☆ [5점]

154[kV] 2회선 송전선이 있다. 1회선만이 송전 중일 때 휴전 회선에 대한 정전유도전압은? (단, 송전 중의 회선과 휴전선 중의 회선과의 정전용량은 $C_a = 0.001[\mu F]$, $C_b = 0.0006[\mu F]$, $C_c = 0.0004[\mu F]$이고, 휴전선의 1선 대지정전용량은 $C_s = 0.0052[\mu F]$이다.)

해답 계산 : $E_n = \dfrac{\sqrt{C_a(C_a - C_b) + C_b(C_b - C_c) + C_c(C_c - C_a)}}{C_a + C_b + C_c + C_s} \times \dfrac{V}{\sqrt{3}}[V]$

$= \dfrac{\sqrt{0.001(0.001 - 0.0006) + 0.0006(0.0006 - 0.0004) + 0.0004(0.0004 - 0.001)}}{0.001 + 0.0006 + 0.0004 + 0.0052} \times \dfrac{154 \times 10^3}{\sqrt{3}} = 6{,}534.41[V]$

답 6,534.41[V]

02 ★★★★★ [5점]

그림과 같은 논리회로의 명칭을 쓰고 진리표를 완성하시오.

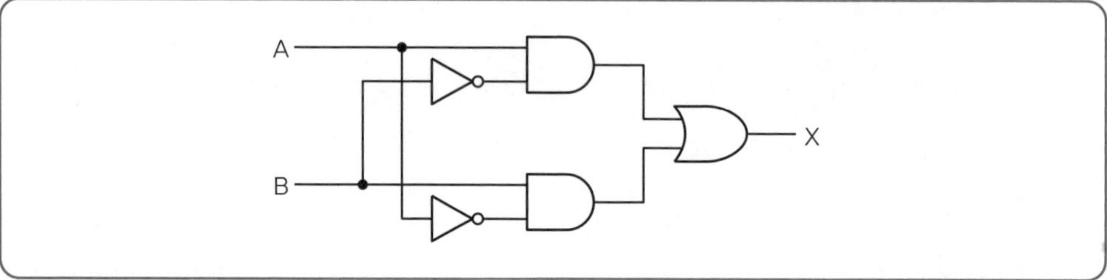

1 명칭을 쓰시오.

2 출력식을 쓰시오.

3 진리표를 완성하시오.

A	B	X
0	0	
0	1	
1	0	
1	1	

해답 ❶ 배타적 논리합 회로(Exclusive OR)

❷ 논리식 : $X = A\overline{B} + \overline{A}B$

❸ 진리표

A	B	X
0	0	0
0	1	1
1	0	1
1	1	0

03 ★★★☆☆

[5점]

단상변압기 100[kVA] 6,300/210[V] 2대로 병렬로 운전할 때 2차 측에서 단락 시 전원에 유입되는 단락전류의 값은?(단, 단상변압기 임피던스는 6[%]이다.)

해답 계산 : $I_s = \frac{100}{\%Z} I_n = \frac{100}{3} \times \frac{100 \times 10^3}{6,300} = 529.1[A]$ $\quad \%Z = \frac{6}{2} = 3[\%]$

답 529.1[A]

TIP

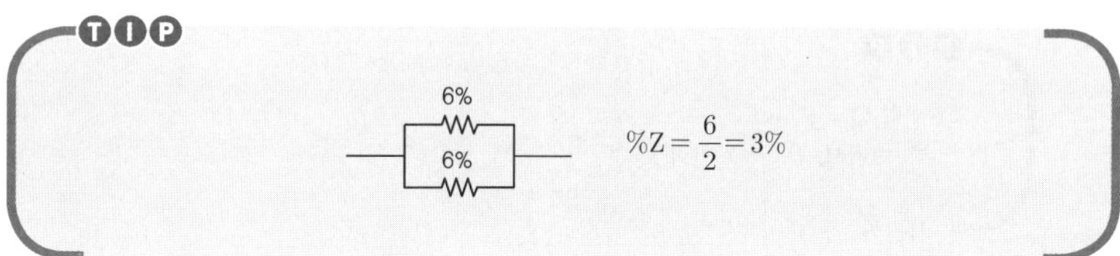

04 ★★★☆☆

[5점]

그림과 같이 20[kVA]의 단상 변압기 3대를 사용하여 45[kW], 역률 0.8(지상)인 3상 전동기 부하에 전력을 공급하는 배선이 있다. 지금 변압기 ⓐ, ⓑ의 중성점 n에 1선을 접속하여 ⓐn, nⓑ 사이에 같은 수의 전구를 점등하고자 한다. 60[W]의 전구를 사용하여 변압기가 과부하 되지 않는 한도 내에서 몇 등까지 점등할 수 있겠는가?

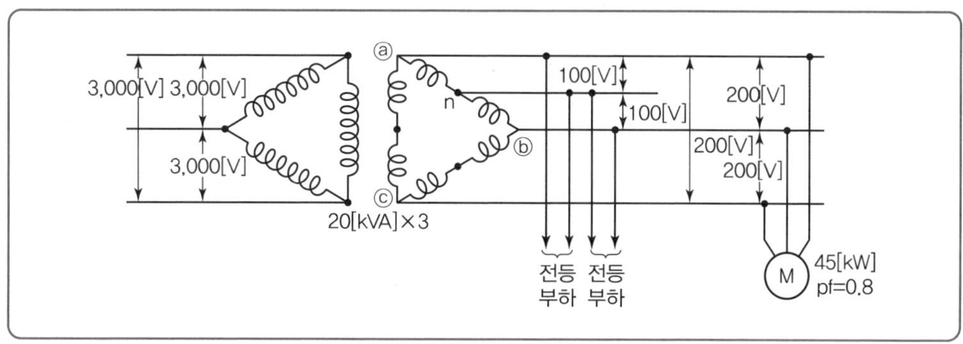

해답 피상^2 = 유효^2 + 무효^2

계산 : $20^2 = (15+P)^2 + \left(15 \times \frac{0.6}{0.8}\right)^2$

$$P = \sqrt{20^2 - \left(15 \times \frac{0.6}{0.8}\right)^2} - 15 = 1.535[kW]$$

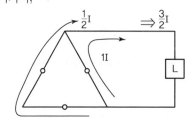

여기서,

$\frac{1}{2}I$ $\Rightarrow \frac{3}{2}I$

1I

L

$$P' = P \times \frac{3}{2} = 1.535 \times \frac{3}{2} = 2.303[kW]$$

$$\therefore \text{등수}(N) = \frac{2,303[W]}{60[W]} = 38.5[\text{등}]$$

변압기가 과부화되지 않는 한도 내에서이므로 38[등]까지 점등할 수 있다.

답 38[등]

TIP

무효전력 $Q = P\tan\theta$

여기서, P : 유효전력[kW]

05 ★★☆☆☆ [5점]

전동기에 콘덴서를 설치할 경우 발생할 수 있는 자기여자현상의 발생 원인과 현상을 설명하시오.

해답
- 원인 : 콘덴서 전류가 전동기 무부하 전류보다 큰 경우
- 현상 : 전동기 단자전압이 일시적으로 정격 전압을 초과하는 현상

06 ★★☆☆☆

[6점]

그림은 모선의 단락보호 계전방식을 도면화한 것이다. 이 도면을 보고 다음 각 물음에 답하시오.

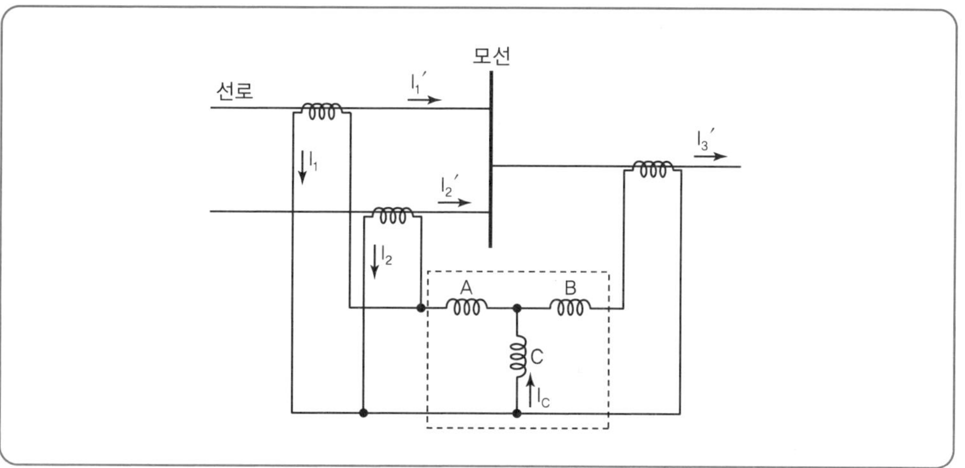

1 점선 안의 계전기 명칭은?

2 A, B, C 코일의 명칭을 쓰시오.

3 모선의 단락이 생길 때 코일 C의 전류 i_C는 어떻게 표현되는가?

해답 1 비율차동계전기

2 A : 억제코일, B : 억제코일, C : 동작코일

3 $i_C = |(i_1 + i_2) - i_3|$

07 ★★★☆☆

[5점]

바닥면적 100[m²] 강당에 분전반을 설치하려고 한다. 단위면적당 표준부하가 10[VA/m²]이고 공사시공법에 의한 전류 감소율은 0.7이라면 간선의 최소허용전류가 얼마인 것을 사용하여야 하는가?(단, 배전전압은 220[V]이다.) ※ KEC 규정에 따라 문항 변경

해답 계산 : I_B(설계전류) $\le I_n$(정격전류) $\le I_Z$(허용전류) 조건에 부합하여야 하고,

$$P_a = VI\,[VA] = m^2 \times \frac{VA}{m^2} = 100 \times 10 = 1{,}000[VA]$$

또한, 전류 감소율이 0.7이므로 $I_Z \times 0.7 \ge I_n\left(= \frac{P_a}{V}\right)$

$$\therefore I_Z \times 0.7 \ge \frac{1{,}000}{220}$$

$$I_Z \ge \frac{1{,}000}{220 \times 0.7} = 6.49[A]$$

답 6.49[A]

08 ★★★☆☆ [10점]

다음은 전동기의 결선도이다. 물음에 답하시오.

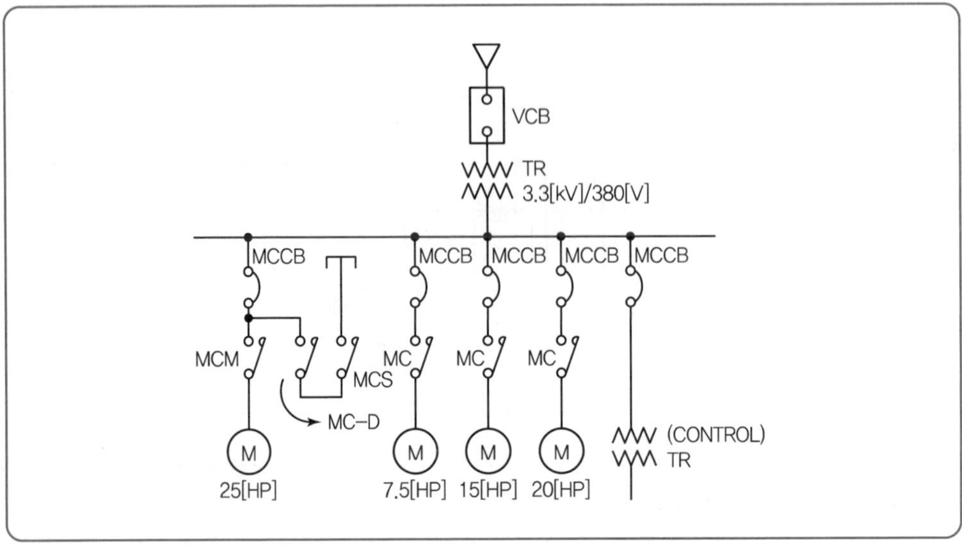

| 변압기의 표준용량[kVA] |

50	75	100	150	200	250

1. 3상 유도 전동기이다. 20[HP] 전동기의 분기회로의 케이블 선정 시 허용전류를 계산하시오.(단, 역률 0.9, 효율은 0.8이다.)
2. 상기 결선도의 3상 교류 유도 전동기의 변압기 용량을 계산하시오.(단, 수용률은 0.65이고, 역률 0.9, 효율은 0.8이다.)
3. 25[HP] 3상 농형 유도 전동기의 Y–△ 3선 결선도를 작성하시오.
4. CONTROL TR(제어용 변압기)의 목적은?
5. ※ KEC 규정에 따라 문항 삭제

해답 1 계산 : $I = \dfrac{P}{\sqrt{3}V\cos\theta\eta} = \dfrac{746 \times 20}{\sqrt{3} \times 380 \times 0.9 \times 0.8} = 31.48[A]$

$\therefore$ 허용전류 $I_a = 31.48$

답 31.48[A]

2 계산 : $P_a = \dfrac{\text{개별최대전력의합(설비용량} \times \text{수용률)}}{\text{역률} \times \text{효율}}$

$= \dfrac{(7.5+15+20+25) \times 0.65 \times 746}{0.9 \times 0.8} \times 10^{-3} = 45.46[kVA]$

답 45.46[kVA] or 표준용량 50[kVA]

❸ 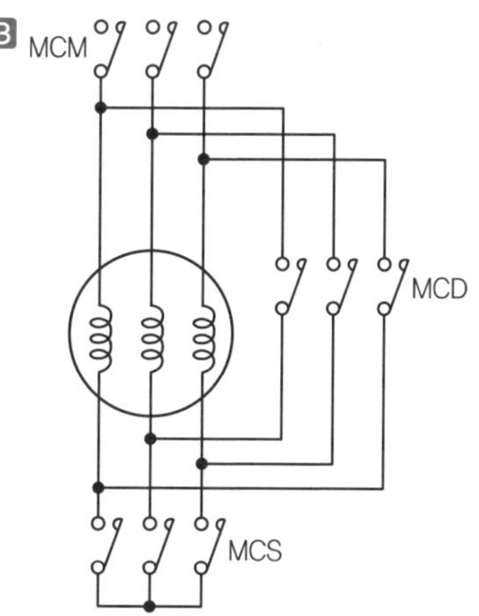

❹ 높은 전압을 저전압으로 변성하여 제어회로의 조작 전원으로 공급

09 ★★☆☆☆ [4점]

그림과 같은 2 : 1 로핑의 기어레스 엘리베이터에서 적재 하중은 1,000[kg], 속도는 140[m/min]이다. 구동 로프 바퀴의 직경은 760[mm]이며, 기체의 무게는 1,500[kg]인 경우 다음 각 물음에 답하시오.(단, 평형률은 0.6, 엘리베이터의 효율은 기어레스에서 1 : 1 로핑인 경우 85[%], 2 : 1 로핑인 경우는 80[%]이다.)

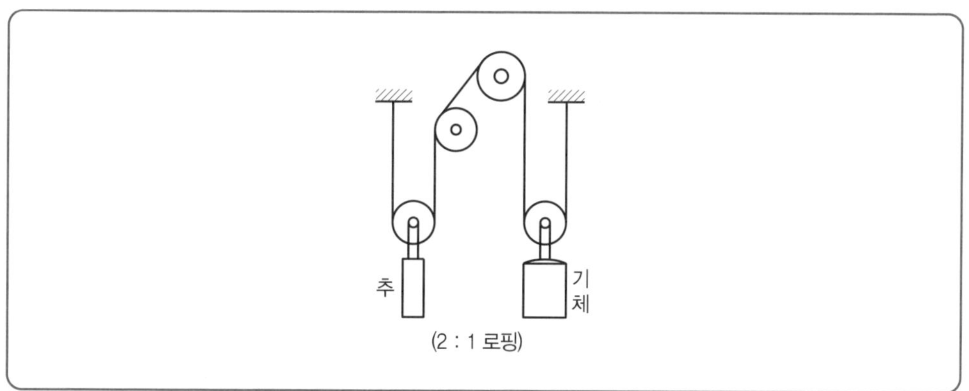

(2 : 1 로핑)

❶ 권상소요 동력은 몇 [kW]인지 계산하시오.

❷ 전동기의 회전수는 몇 [rpm]인지 계산하시오.

해답 ❶ 계산 : $P = \frac{WVK}{6.12\eta} = \frac{1 \times 140 \times 0.6}{6.12 \times 0.8} = 17.156[kW]$ 답 17.16[kW]

❷ 계산 : $N = \frac{V}{D\pi} = \frac{280}{0.76 \times \pi} = 117.27[rpm]$ 답 117.27[rpm]

TIP

$V = \pi DN$

여기서, N : 전동기 회전수, V : 엘리베이터 속도

10 ★★★★★ [13점]

단상 3선식 110/220[V]을 채용하고 있는 어떤 건물이 있다. 변압기가 설치된 수전실로부터 50[m]되는 곳에 부하집계표와 같은 분전반을 시설하고자 할 때 다음 조건과 전선의 허용전류표를 이용하여 다음 각 물음에 답하시오.

단, • 전압변동률은 2[%] 이하가 되도록 한다.
• 전압강하율은 2[%] 이하가 되도록 한다.(단, 중성선의 전압강하는 무시한다.)
• 후강 전선관 공사로 한다.
• 3선 모두 같은 선으로 한다.
• 부하의 수용률은 100[%]로 적용한다.
• 후강 전선관 내 전선의 점유율은 48[%] 이내를 유지한다.

| 전선의 허용전류표 |

단면적[mm²]	허용전류[A]	전선관 3본 이하 수용 시[A]	피복 포함 단면적[mm²]
6	54	48	32
10	75	66	43
16	100	88	58
25	133	117	88
35	164	144	104
50	198	175	163

| 부하집계표 |

회로 번호	부하 명칭	부하 [VA]	부하 분담[VA]		MCCB 크기			비고
			A	B	극수	AF	AT	
1	전등	2,400	1,200	1,200	2	50	16	
2	〃	1,400	700	700	2	50	16	
3	콘센트	1,000	1,000	–	2	50	20	
4	〃	1,400	1,400	–	2	50	20	
5	〃	600	–	600	2	50	20	
6	〃	1,000	–	1,000	2	50	20	
7	팬코일	700	700	–	2	30	16	
8	〃	700	–	700	2	30	16	
합계		9,200	5,000	4,200				

1 간선의 공칭단면적[mm²]을 선정하시오.

2 후강 전선관의 굵기[mm]를 선정하시오.

3 간선보호용 과전류차단기의 용량(AF, AT)을 선정하시오.

4 분전반의 복선 결선도를 완성하시오.(단, 접지공사의 종별을 같이 기입하시오.)

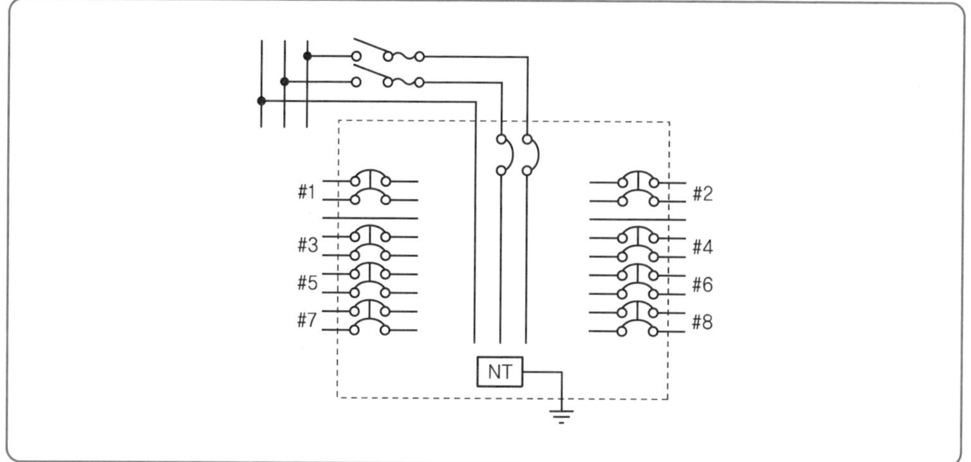

5 설비불평형률은 몇 [%]인지 구하시오.

해답 1 계산 : A선의 전류 $I_A = \frac{5,000}{110} = 45.45[A]$, B선의 전류 $I_B = \frac{4,200}{110} = 38.18[A]$

I_A, I_B 중 큰 값인 45.45[A]를 기준으로 함

$\therefore\ A = \frac{17.8LI}{1,000e} = \frac{17.8 \times 50 \times 45.45}{1,000 \times 110 \times 0.02} = 18.39[mm^2]$

답 25[mm²]

2 계산 : [전선의 허용전류표]에서 25[mm²] 전선의 피복 포함 단면적이 88[mm²]이므로

전선의 총 단면적 $A = 88 \times 3 = 264[mm^2]$

문제의 조건에서 후강 전선관 내단면적의 48[%] 이내를 유지해야 하므로

$A = \frac{1}{4}\pi d^2 \times 0.48 \geq 264$

$\therefore\ d = \sqrt{\frac{264 \times 4}{0.48 \times \pi}} = 26.46[mm]$

답 28[mm] 후강 전선관 선정

3 계산 : 설계전류 $I_B = 45.45[A]$이고 공칭단면적 25[mm²] 전선의 허용전류 $I_Z = 117[A]$이므로 $I_B \leq I_n \leq I_Z$의 조건을 만족하는 정격전류 $I_n = 100[A]$의 과전류차단기를 선정

답 • AF : 100[A] • AT : 100[A]

4

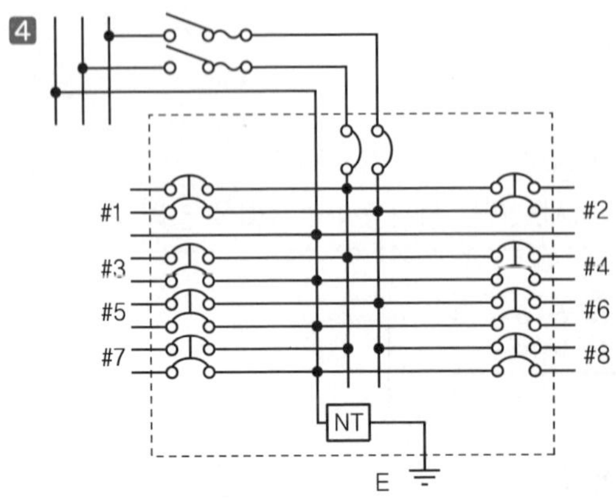

5 계산 : 설비불평형률

$$= \frac{\text{중성선과 각 전압 측 전선 간에 접속되는 부하설비 용량의 차}}{\text{총 부하 설비 용량의 } 1/2} \times 100[\%]$$

$$= \frac{3{,}100 - 2{,}300}{\frac{1}{2}(5{,}000 + 4{,}200)} \times 100 = 17.39[\%]$$

답 17.39[%]

11 ★☆☆☆☆ [4점]

다음 옥내용 변류기(C.T)에 대하여 ( ) 안에 알맞은 내용을 기입하시오.

1 24시간 동안 측정한 상대습도의 평균값은 ( )[%]를 초과하지 않는다.
2 24시간 동안 측정한 수증기압의 평균값은 ( )[kPa]을 초과하지 않는다.
3 1달 동안 측정한 상대습도의 평균값은 ( )[%]를 초과하지 않는다.
4 1달 동안 측정한 수증기압의 평균값은 ( )[kPa]을 초과하지 않는다.

해답 1 95[%]
2 2.2[kPa]
3 90[%]
4 1.8[kPa]

12 ★★☆☆☆ [5점]

아래 요구사항을 만족하는 주회로 및 제어회로의 미완성 결선도를 직접 그려 완성하시오. (단, 접점기호와 명칭 등을 정확히 나타내시오.)

[요구사항]

- 전원스위치 MCCB를 투입하면 주회로 및 제어회로에 전원이 공급된다.
- 누름버튼스위치(PB_1)를 누르면 MC_1이 여자되고 MC_1의 보조접점에 의하여 RL이 점등되며, 전동기는 정회전한다.
- 누름버튼스위치(PB_1)를 누른 후 손을 떼어도 MC_1은 자기유지되어 전동기는 계속 정회전한다.
- 전동기 운전 중 누름버튼스위치(PB_2)를 누르면 연동에 의하여 MC_1이 소자되어 전동기가 정지되고, RL은 소등된다. 이때 MC_2는 자기유지되어 전동기는 역회전(역상제동을 함)하고 타이머가 여자되며, GL이 점등된다.
- 타이머 설정시간 후 역회전 중인 전동기는 정지하고 GL도 소등된다. 또한 MC_1과 MC_2의 보조접점에 의하여 상호 인터록이 되어 동시에 동작되지 않는다.
- 전동기 운전 중 과전류가 감지되어 EOCR이 동작되면, 모든 제어회로의 전원은 차단되고 YL만 점등된다.
- EOCR을 리셋하면 초기상태로 복귀한다.

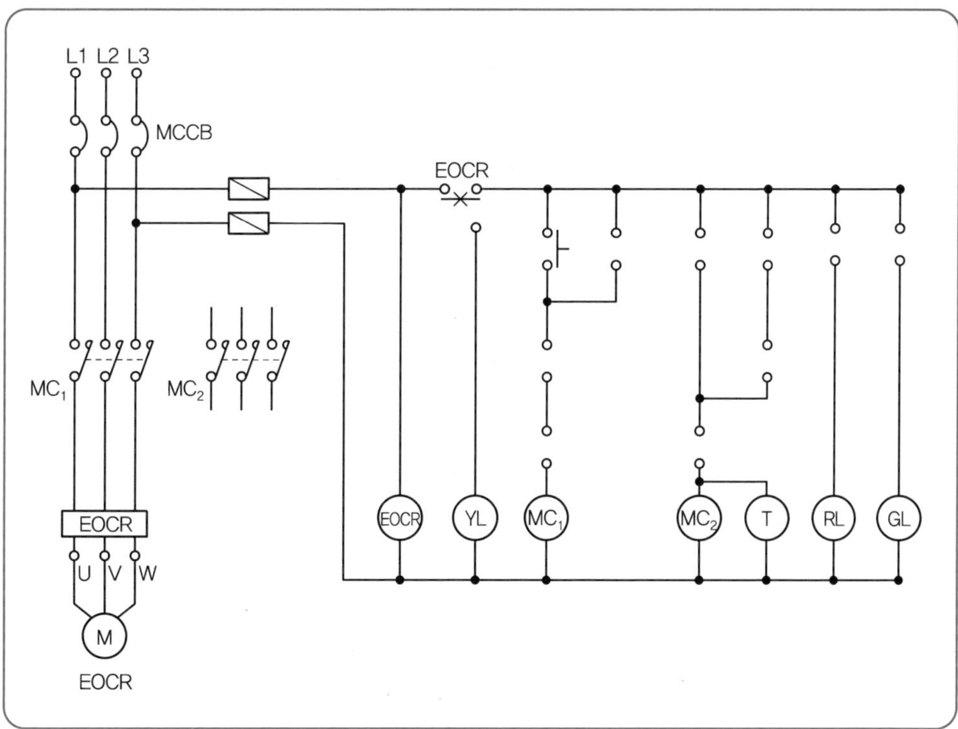

해답

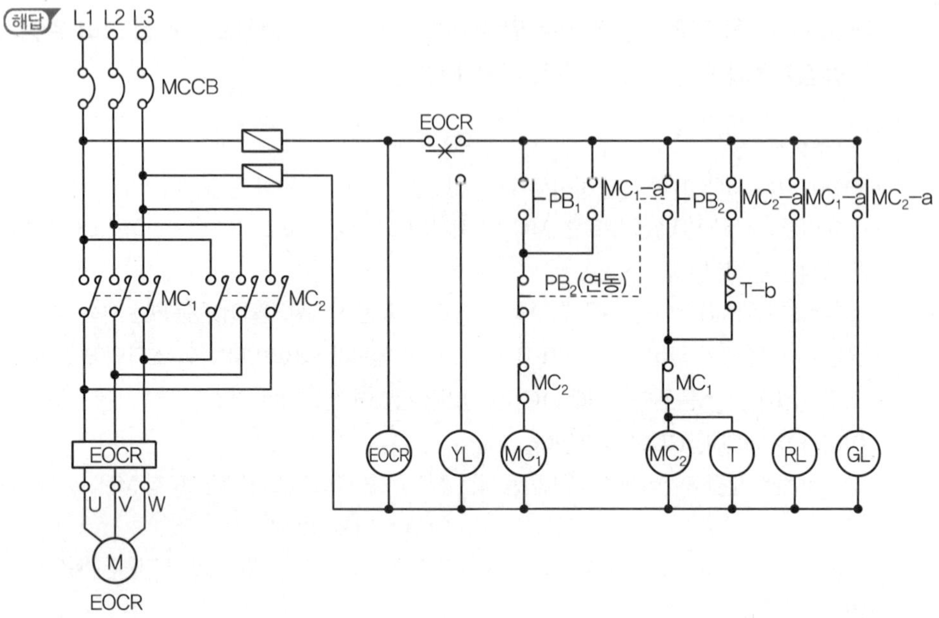

13 ★★★★☆ [6점]

교류 동기 발전기에 대한 다음 각 물음에 답하시오.

1 정격전압 6,000[V], 용량 5,000[kVA]인 3상 동기 발전기에서 계자전류가 10[A], 무부하 단자전압은 6,000[V], 단락전류 700[A]라고 한다. 이 발전기의 단락비는 얼마인가?

2 단락비가 큰 발전기는 전기자 권선의 권수가 적고 자속량이 (①)하기 때문에 부피가 크고, 중량이 무거우며, 동이 비교적 적고 철을 많이 사용하여 이른바 철기계가 되며 효율은 (②), 안정도는 (③) 선로 충전용량의 증대가 된다. ( ) 안의 내용은 증가(감소), 크다(작고), 높다(낮고), 적다(많고) 등으로 표현한다.

해답 **1** 계산 : $K_s = \dfrac{I_s}{I_n} = \dfrac{I_s}{\dfrac{P}{\sqrt{3}V}} = \dfrac{700}{\dfrac{5{,}000\times10^3}{\sqrt{3}\times6{,}000}} = 1.454$

답 1.45

2 ① 증가 ② 낮고 ③ 높고

TIP

➤ 동기 발전기의 병렬운전 조건

① 기전력의 위상이 같을 것
② 기전력의 크기가 같을 것
③ 기전력의 주파수가 같을 것
④ 기전력의 파형이 같을 것

14 ★★★★☆ [5점]

폭 15[m]의 무한히 긴 도로의 양측에 간격 20[m] 간격으로 가로등이 점등되고 있다. 1등당의 전광속은 3,000[lm]으로 그 45[%]가 도로 전면에 방사하는 것으로 하면 도로면의 평균조도는 얼마인가?

해답 계산 : FUN = DAE $E = \dfrac{3{,}000 \times 0.45 \times 1}{\dfrac{1}{2} \times 15 \times 20} = 9[\text{lx}]$

답 9[lx]

TIP

$N = \dfrac{EAD}{FU} = \dfrac{EA}{FUM}$ [등]

여기서, F : 광원 1개당의 광속[lm], N : 광원의 개수[등], E : 작업면상의 평균조도[lx]
A : 방의 면적[m^2], D : 감광보상률(D > 1), U : 조명률[%], M : 유지율(보수율)

15 ★☆☆☆☆ [5점]

책임 설계감리원이 설계감리의 기성 및 준공을 처리한 때에는 다음 각 호의 준공서류를 구비하여 발주자에게 제출하여야 한다. 준공서류 중 감리기록서류의 종류 5가지를 쓰시오.(단, 설계감리업무 수행지침에 따른다.)

해답 설계감리일지, 설계감리지시부, 설계감리기록부, 설계감리요청서, 설계자와 협의사항 기록부

16 ★☆☆☆☆ [5점]

3상 3선식 380[V] 전원에 그림과 같이 전동기용량이 3.75[kW], 2.2[kW], 7.5[kW]의 전동기 3대와 정격전류가 20[A]인 전열기 1대가 접속되어 있다. 이 회로의 동력 간선 A점에는 몇 [A] 이상의 허용전류를 갖는 전선을 사용해야 하는지 구하시오.(단, 전동기 역률은 3.75[kW]는 88[%], 2.2[kW]는 85[%], 7.5[kW]는 90[%]이다.)

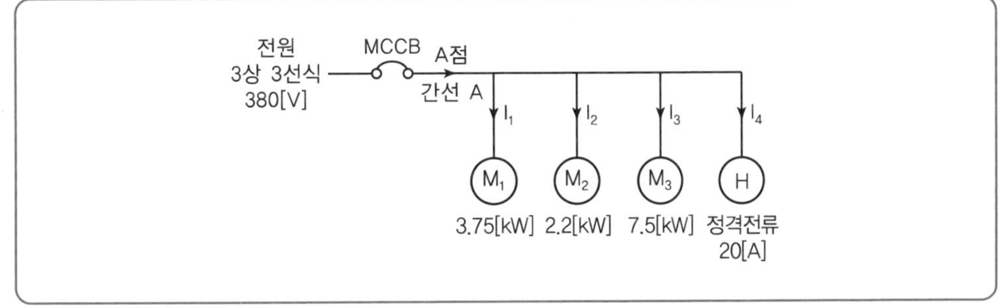

해답 계산 : ① 3.75[kW] 전동기

- 정격전류 $I = \frac{P}{\sqrt{3}V\cos\theta} = \frac{3,750}{\sqrt{3} \times 380 \times 0.88} = 6.47[A]$
- 유효전류 $I_r = I\cos\theta = 6.47 \times 0.88 = 5.69[A]$
- 무효전류 $I_q = I\sin\theta = 6.47 \times \sqrt{(1-0.88^2)} = 3.07[A]$

② 2.2[kW] 전동기

- 정격전류 $I = \frac{P}{\sqrt{3}V\cos\theta} = \frac{2,200}{\sqrt{3} \times 380 \times 0.85} = 3.93[A]$
- 유효전류 $I_r = I\cos\theta = 3.93 \times 0.85 = 3.34[A]$
- 무효전류 $I_q = I\sin\theta = 3.93 \times \sqrt{(1-0.85^2)} = 2.07[A]$

③ 7.5[kW] 전동기

- 정격전류 $I = \frac{P}{\sqrt{3}V\cos\theta} = \frac{7,500}{\sqrt{3} \times 380 \times 0.9} = 12.66[A]$
- 유효전류 $I_r = I\cos\theta = 12.66 \times 0.9 = 11.39[A]$
- 무효전류 $I_q = I\sin\theta = 12.66 \times \sqrt{(1-0.9^2)} = 5.52[A]$

④ 전열기

- 유효전류 $I_r = 20[A]$

따라서 설계전류 $I_n = \sqrt{\text{유효전류}^2 + \text{무효전류}^2}$

$= \sqrt{(5.69+3.34+11.39+20)^2 + (3.07+2.07+5.52)^2}$

$= \sqrt{40.42^2 + 10.66^2} = 41.8[A]$

$I_B \le I_n \le I_Z$의 조건을 만족하는 전선의 허용전류 $I_Z \ge 41.8[A]$

답 41.8[A]

17 ★★★☆☆ [7점]

어느 수용가의 변압기용량이 1,000[kVA]에 유효전력 200[kW], 무효전력 500[kVar] 부하가 걸려 있다. 여기에 전력 400[kW] 역률 0.8 부하를 증설하고, 전력용 콘덴서 350[kVA]를 병렬 연결하여 역률을 개선할 때 다음 물음에 답하시오.

1 콘덴서 설치 전의 종합역률을 구하시오.

2 콘덴서 설치 후, 부하 200[kW]를 추가로 설치할 때 변압기 용량이 1,000[kVA]가 과부하가 되지 않으려면 200[kW]에 대한 역률은 몇 이상이어야 하는가?

3 200[kW]의 부하가 추가되었을 때 종합역률은 몇인가?

해답 1 계산 : 유효전력 $P = 400 + 200 = 600[\text{kW}]$

무효전력 $Q = P_1 \tan\theta + Q_2 = 400 \times \dfrac{0.6}{0.8} + 500 = 800[\text{kVar}]$

$\therefore$ 역률 $\cos\theta = \dfrac{600}{\sqrt{600^2 + 800^2}} \times 100 = 60[\%]$

답 60[%]

2 계산 : 200[kW]의 $\cos\theta$ 부하가 추가되어 전용량을 공급하므로

$1{,}000 = \sqrt{(600+200)^2 + (800-350+Q)^2}$

이므로 200[kW] 부하의 무효전력은 $Q = 150[\text{kVar}]$

$\therefore$ 200[kW] 부하의 역률 $\cos\theta = \dfrac{200}{\sqrt{200^2 + 150^2}} \times 100 = 80[\%]$

답 80[%]

3 계산 : 200[kW] 역률 0.8의 부하가 추가되었으므로

$\therefore$ 역률 $\cos\theta = \dfrac{600+200}{\sqrt{(600+200)^2 + (800-350+150)^2}} \times 100 = 80[\%]$

답 80[%]

↘ 전기기사

2020년도 통합 4·5회 시험 과년도 기출문제

회독 체크	□1회독	월 일	□2회독	월 일	□3회독	월 일

01 ★★★☆☆ [7점]

3상 3선식으로 전압 6,600[V](경동선의 전선굵기 150[mm^2])이며 저항 0.2[Ω/km], 선로 길이 1[km]인 경우 다음 물음에 답하시오.(단, 부하의 역률은 0.9이다.)

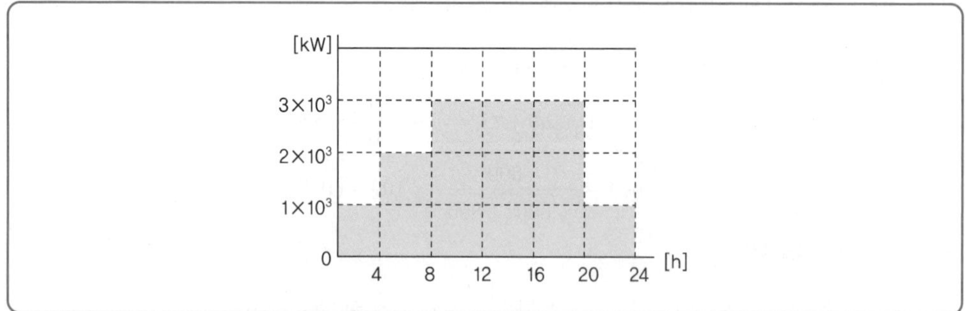

❶ 표의 부하율을 구하시오.

❷ 손실계수를 구하시오.

❸ 1일 손실 전력량을 구하시오.

해답 ❶ 계산 : $\text{부하율} = \dfrac{\text{평균전력}}{\text{최대 전력}} \times 100$

$$= \frac{(1{,}000\times4+2{,}000\times4+3{,}000+12+1{,}000\times4)/24}{3{,}000}\times100 = 72.22[\%]$$

답 72.22[%]

❷ 계산 : 1,000[kW] 부하전류를 I, 1선당 저항을 R이라고 하면 1일 동안의 전력손실 P_L은

$$P_L = 3I^2R\times4+3\times(2I)^2R\times4+3\times(3I)^2R\times12+3I^2R\times4$$

$$= 3I^2R(4+16+108+4) = 3I^2R\times132$$

$$\text{평균전력손실} = \frac{3I^2R\times132}{24} = 3I^2R\times5.5$$

$$\text{최대전력손실} = 3\times(3I)^2R = 3I^2R\times9$$

$$\text{손실계수(H)} = \frac{\text{평균 전력 손실}}{\text{최대 전력 손실}} = \frac{3I^2R\times5.5}{3I^2R\times9} = 0.61$$

답 0.61

❸ 계산 : $\text{1일 손실전력량} = 3\times\left(\dfrac{1{,}000}{\sqrt{3}\times6.6\times0.9}\right)^2\times0.2\times132\times10^{-3}$

$$= 748.22[\text{kWh}]$$

답 748.22[kWh]

02 ★★★☆☆ [5점]

다음 물음에 답하시오.

1 폭발방지형 전동기에 대하여 설명하시오.
2 전기설비 폭발방지구조의 종류 3가지를 쓰시오.

해답 1 지정된 폭발성 가스 중에서 사용에 적합한 구조의 전동기
2 종류 : ① 내압 폭발방지구조 ② 유입 폭발방지구조
③ 안전증 폭발방지구조
그 외
④ 본질안전 폭발방지구조 ⑤ 특수 폭발방지구조

TIP

➤ 폭발방지구조의 종류

구분	
폭발방지구조의 종류	내압 폭발방지구조(d)
	유입 폭발방지구조(o)
	압력 폭발방지구조(p)
	안전증 폭발방지구조(e)
	본질안전 폭발방지구조(ia, ib)
	특수 폭발방지구조(s)

03 ★★★★☆ [6점]

변류기(CT)에 관한 다음 각 물음에 답하시오.

1 Y-△로 결선한 주 변압기의 보호로 비율차동계전기를 사용한다면 CT의 결선은 어떻게 하여야 하는지를 설명하시오.
2 통전 중에 있는 변류기의 2차 측 기기를 교체하고자 할 때 가장 먼저 취하여야 할 조치를 설명하시오.
3 수전전압이 22.9[kV], 수전설비의 부하전류가 50[A]이다. 60/5[A]의 변류기를 통하여 과부하 계전기를 시설하였다. 120[%]의 과부하에서 차단시킨다면 과부하 트립 전륫값은 몇 [A]로 설정해야 하는가?

해답 1 변압기 결선이 Y-△이므로 CT는 △-Y결선을 한다.
2 변류기 2차 측을 단락시킨다.
3 계산 : 계전기 탭 $I_t = \text{부하전류} \times \frac{1}{\text{CT비}} \times (1.25 \sim 1.5) = 50 \times \frac{5}{60} \times 1.2 = 5[A]$ 답 5[A]

04 ★★★★★

[5점]

다음 그림과 같은 3상 3선식 380[V] 수전의 경우 설비불평형률[%]은 얼마인가?

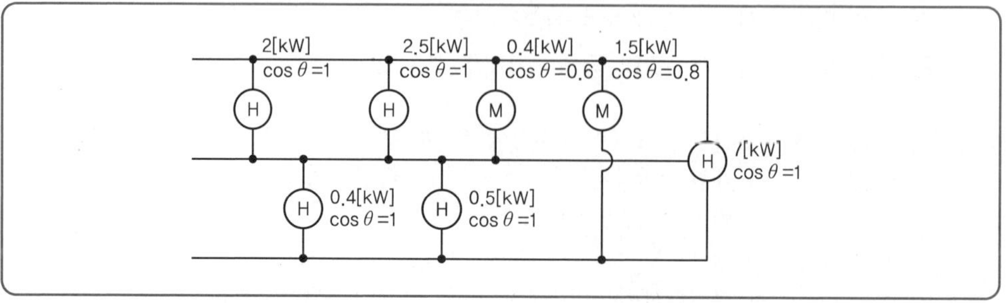

해답 계산 : $\text{설비불평형률} = \dfrac{\text{각 간선에 접속되는 단상 부하 총 설비용량의 최대와 최소의 차}}{\text{총 부하설비용량의 } \dfrac{1}{3}}$

$$= \frac{\left(2+2.5+\dfrac{0.4}{0.6}\right)-(0.4+0.5)}{\dfrac{1}{3}\left(2+2.5+\dfrac{0.4}{0.6}+0.4+0.5+\dfrac{1.5}{0.8}+7\right)} \times 100 = 85.67[\%]$$

답 85.67[%]

TIP

① 피상전력(VA, kVA)을 기준한다.

② 불평형부하의 제한

저압, 고압 및 특고압 수전의 3상 3선식 또는 3상 4선식에서 불평형 부하의 한도는 단상접속부하로 계산하여 설비불평형률을 30[%] 이하로 하는 것을 원칙으로 한다. 다만, 다음 각 호의 경우에는 이 제한에 따르지 아니할 수 있다.

- 저압수전에서 전용 변압기 등으로 수전하는 경우
- 고압 및 특고압 수전에서 100[kVA]([kW]) 이하의 단상부하인 경우
- 고압 및 특고압 수전에서 단상부하용량의 최대와 최소의 차가 100[kVA]([kW]) 이하인 경우
- 특고압 수전에서 100[kVA]([kW]) 이하의 단상 변압기 2대로 역V결선하는 경우

05 ★★★★★

[6점]

수전설비에서 단락용량 억제대책을 3가지 이상 쓰시오.

해답 ① 한류리액터 사용

② 캐스케이딩 보호

③ 계통연계기 사용

그 외

계통의 분리, 변압기 임피던스 제어, 한류 Fuse 백업 차단

06 ★★★☆☆

[5점]

답안지의 그림은 3상 4선식 전력량계의 결선도를 나타낸 것이다. PT와 CT를 사용하여 미완성 부분의 결선도를 완성하시오.(단, 접지종별은 적지 않는다.)

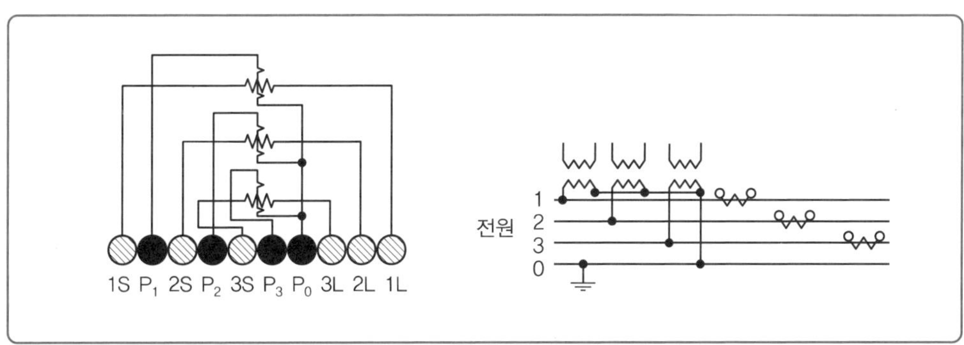

해답

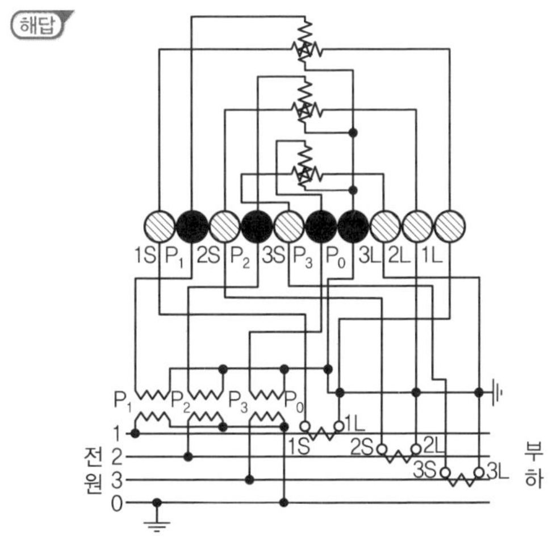

07 ★★★☆☆

[5점]

우리나라 초고압 송전전압은 345[kV]이다. 선로 길이가 200[km]인 경우 1회선당 가능한 송전전력은 몇 [kW]인지 Still의 식에 의거하여 구하시오.

해답 계산 : $V_s[\text{kV}] = 5.5\sqrt{0.6 \times \text{송전거리}[\text{km}] + \dfrac{\text{송전전력}[\text{kW}]}{100}}$

$$P = \left(\frac{V_s^{\ 2}}{5.5^2} - 0.6l\right) \times 100 = \left(\frac{345^2}{5.5^2} - 0.6 \times 200\right) \times 100 = 381{,}471.07[\text{kW}]$$

답 381,471.07[kW]

08 ★★★★★ [11점]

다음과 같은 아파트 단지를 계획하고 있다. 주어진 규모 및 참고자료를 이용하여 다음 각 물음에 답하시오.

[규모]

① 아파트 동수 및 세대수 : 2개동, 300세대

② 세대당 면적과 세대수

동별	세대당 면적[m^2]	세대수	동별	세대당 면적[m^2]	세대수
1동	50	30	2동	50	50
	70	40		70	30
	90	50		90	40
	110	30		110	30

③ 계단, 복도, 지하실 등의 공용면적 1동 : 1,700[m^2], 2동 : 1,700[m^2]

[조건]

① 면적의 [m^2]당 상정부하는 다음과 같다.
아파트 : 30[VA/m^2], 공용면적부분 : 7[VA/m^2]

② 세대당 추가로 가산하여야 할 상정부하는 다음과 같다.
- 80[m^2] 이하의 세대 : 750[VA]
- 150[m^2] 이하의 세대 : 1,000[VA]

③ 아파트 동별 수용률은 다음과 같다.
- 70세대 이하인 경우 : 65[%]
- 100세대 이하인 경우 : 60[%]
- 150세대 이하인 경우 : 55[%]
- 200세대 이하인 경우 : 50[%]

④ 모든 계산은 피상전력을 기준으로 한다.

⑤ 역률은 100[%]로 보고 계산한다.

⑥ 주변전실로부터 1동까지는 150[m]이며 동 내부의 전압 강하는 무시한다.

⑦ 각 세대의 공급 방식은 110/220[V]의 단상 3선식으로 한다.

⑧ 변전식의 변압기는 단상 변압기 3대로 구성한다.

⑨ 동간 부등률은 1.4로 본다.

⑩ 공용 부분의 수용률은 100[%]로 한다.

⑪ 주변전실에서 각 동까지의 전압 강하는 3[%]로 한다.

⑫ 간선의 후강 전선관 배선으로는 NR전선을 사용하며, 간선의 굵기는 300[mm^2] 이하로 사용하여야 한다.

⑬ 이 아파트 단지의 수전은 13,200/22,900[V]의 Y상 3상 4선식의 계통에서 수전한다.

⑭ 사용 설비에 의한 계약전력은 사용 설비의 개별 입력의 한계에 대하여 다음 표의 계약전력 환산율을 곱한 것으로 한다.

구분	계약전력환산율	비고
처음 75[kW]에 대하여	100[%]	계산의 합계치 단수가 1[kW] 미만일 경우 소수점 이하 첫째 자리에서 반올림한다.
다음 75[kW]에 대하여	85[%]	
다음 75[kW]에 대하여	75[%]	
다음 75[kW]에 대하여	65[%]	
300[kW] 초과분에 대하여	60[%]	

1 1동의 상정부하는 몇 [VA]인가?

2 2동의 수용부하는 몇 [VA]인가?

3 이 단지의 변압기는 단상 몇 [kVA]짜리 3대를 설치하여야 하는가?(단, 변압기의 용량은 10[%]의 여유율을 보이며 단상 변압기의 표준용량은 75, 100, 150, 200, 300[kVA] 등이다.)

4 한국전력공사와 변압기 설비에 의하여 계약한다면 몇 [kW]로 계약하여야 하는가?

5 한국전력공사와 사용 설비에 의하여 계약한다면 몇 [kW]로 계약하여야 하는가?

해답 1

세대당 면적 [m^2]	상정부하 [VA/m^2]	가산 부하 [VA]	세대수	상정부하[VA]
50	30	750	30	[(50×30)+750]×30=67,500
70	30	750	40	[(70×30)+750]×40=114,000
90	30	1,000	50	[(90×30)+1,000]×50=185,000
110	30	1,000	30	[(110×30)+1,000]×30=129,000
합계	495,500[VA]			

$\therefore$ 공용면적까지 고려한 상정부하 $= 495{,}500 + 1{,}700 \times 7 = 507{,}400$[VA]

상정부하 합계 : 507,400[VA]

2

세대당 면적 [m^2]	상정부하 [VA/m^2]	가산부하 [VA]	세대수	상정부하[VA]
50	30	750	50	[(50×30)+750]×50=112,500
70	30	750	30	[(70×30)+750]×30=85,500
90	30	1,000	40	[(90×30)+1,000]×40=148,000
110	30	1,000	30	[(110×30)+1,000]×30=129,000
합계	=475,000[VA]			

$\therefore$ 공용면적까지 고려한 수용 부하 $= 475{,}000 \times 0.55 + 1{,}700 \times 7 = 273{,}150$[VA]

수용부하 합계 : 273,150[VA]

3 계산 : 변압기 용량 ≥ 합성 최대 전력 $= \dfrac{\text{최대수용전력}}{\text{부등률}} = \dfrac{\text{설비 용량} \times \text{수용률}}{\text{부등률}}$

$$= \frac{495{,}500 \times 0.55 + 1{,}700 \times 7 + 273{,}150}{1.4} \times 10^{-3}$$

$= 398.27[kVA]$

변압기 용량$= \frac{398.27}{3} \times 1.1 = 146.03[kVA]$

∴ 표준 용량 150[kVA]를 선정

답 150[kVA]

4 변압기 용량 150[kVA] 3대이므로 450[kW]로 제약한다.

5 계산 : 설비용량$= (507,400 + 486,900) \times 10^{-3} = 994.3[kVA]$

계약전력$= 75 + 75 \times 0.85 + 75 \times 0.75 + 75 \times 0.65 + 694.3 \times 0.6 = 660.33[kW]$

답 660[kW]

09 ★★★★★ [8점]

가로 10[m], 세로 14[m], 천장 높이 2.75[m], 작업면 높이 0.75[m]인 사무실에 천장 직부 형광등 F32×2를 설치하려고 한다.

1 이 사무실의 실지수는 얼마인가?

2 F32×2의 심벌을 그리시오.

3 이 사무실의 작업면 조도를 250[lx], 천장 반사율 70[%], 벽 반사율 50[%], 바닥 반사율 10[%], 32[W] 형광등 1등의 광속 3,200[lm], 보수율 70[%], 조명률 50[%]로 한다면 이 사무실에 필요한 소요 등기구 수는 몇 등인가?

해답 1 계산 : $k = \frac{XY}{H(X+Y)} = \frac{10 \times 14}{(2.75 - 0.75)(10 + 14)} = 2.92$

답 2.92

2

F32×2

3 계산 : 등수 $N = \frac{EAD}{FU} = \frac{EA\frac{1}{M}}{FU} = \frac{250 \times 10 \times 14 \times \frac{1}{0.7}}{3,200 \times 2 \times 0.5} = 15.63$[등]

답 16[등]

TIP

감광보상률(D)$= \frac{1}{M(\text{보수율})}$

10 ★★★☆☆ [16점]

다음 그림은 어느 수용가의 수전설비 계통도이다. 다음 각 물음에 답하시오.

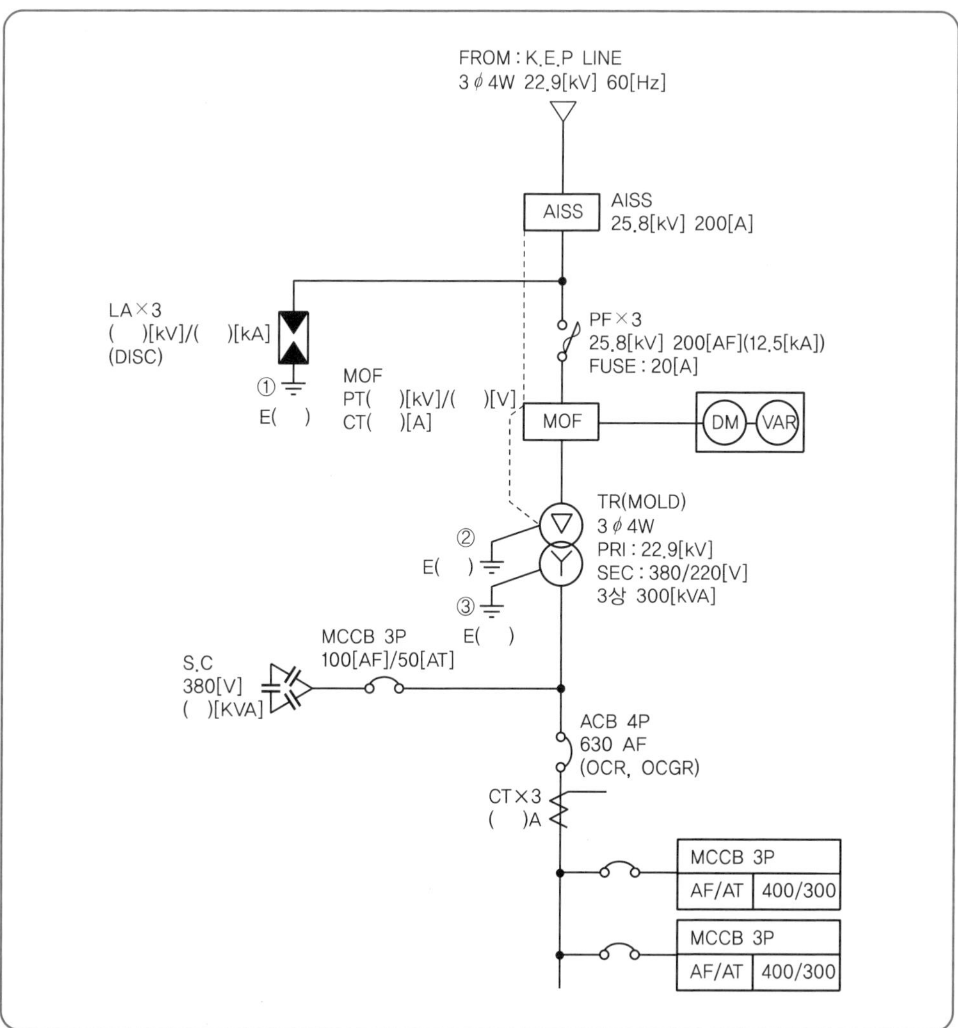

1 AISS의 명칭을 쓰고 기능을 2가지 쓰시오.

① 명칭

② 기능

2 피뢰기의 정격전압 및 공칭 방전전류를 쓰고 그림에서의 DISC의 기능을 간단히 설명하시오.

① 피뢰기 규격

② DISC(Disconnector)의 기능

3 ①~③의 접지 종별을 쓰시오. ※ KEC 규정에 따라 삭제

①	②	③

4 MOF의 정격을 구하시오.(단, CT의 여유율은 1.25배로 한다.)

5 MOLD TR의 장점 및 단점을 각각 2가지만 쓰시오.(단, 경제성 및 유지보수는 쓰지 말 것)

① 장점

② 단점

6 ACB의 명칭을 쓰시오.

7 CT의 정격(변류비)을 구하시오.(단, CT의 여유율은 1.25배로 한다.)

해답 1 ① 명칭 : 기중형 자동고장구분개폐기

② 기능 : • 고장 시 개방하여 정전사고 파급 방지

• 과부하 보호

2 ① 피뢰기 규격 : 18[kV], 2.5[kA]

② DISC(Disconnector)의 기능 : 피뢰기 내부 고장 시 대지와 분리

3 ※ KEC 규정에 따라 삭제

4 계산 : PT비 : 13,200/110

$$\text{CT비} : I = \frac{P}{\sqrt{3}\,V} \times 1.25 = \frac{300}{\sqrt{3} \times 22.9} \times 1.25 = 9.45[\text{A}]$$

∴ 변류비 10/5 선정

답 PT비 : 13,200/110

CT비 : 10/5

5 ① 장점

• 난연성이 우수하다.

• 저손실이므로 에너지 절약이 가능하다.

그 외

• 소형 경량화가 가능하다.

• 단시간 과부하 내량이 높다.

② 단점

• 고가이다.

• 충격파 내전압이 낮다.

그 외

• 수지층에 차폐물이 없으므로 운전 중 코일 표면에 접촉할 수 있어 위험하다.

6 기중차단기

7 계산 : $\text{CT비}\ I = \frac{P}{\sqrt{3}\,V} \times 1.25 = \frac{300}{\sqrt{3} \times 0.38} \times 1.25 = 569.75[\text{A}]$

∴ 600/5 선정

답 600/5

11 ★★☆☆☆ [5점]

어느 수용가에서 종량제 요금은 1개월(30일) 기본요금 100[원] 그리고 1[kWh]당 10원 추가된다. 정액제 요금은 1개월(30일)에 1등당 205[원]이다. 등수는 8[등]이고 1등당 전력은 60[W], 전구요금은 65[원]이다. 정액제 사용 시 수용가에서 전구요금은 부담하지 않는다. 종량제에서 일일 평균 몇 시간을 사용해야 정액제 요금과 같아질 수 있겠는가?(단, 전구의 수명은 1,000[h]이다.)

해답 계산 : 정액제 1개월 요금 205[원]×8[등]=1,640[원]

종량제 1개월 요금(1일 t시간 사용 시)

$$= 100 + 60 \times 8 \times t \times 30 \times 10^{-3} \times 10 + \frac{65}{1,000} \times 8 \times t \times 30[\text{원}]$$

$$= 100 + t(159.6)$$

1개월 간 종량제와 정액제 요금이 같아야 하므로

$$100 + t(159.6) = 1,640$$

$$t \cdot (159.6) = 1,540$$

$$\therefore\ t = \frac{1,540}{159.6} = 9.65$$

답 9.65[h]

12 ★☆☆☆☆ [5점]

조명기구에서 사용하는 램프(등)의 발광원리 3가지를 쓰시오.

해답 ① 온도복사(온도방사)
② 루미네선스
③ 유도방사(유도복사)

13 ★★★☆☆ [7점]

380/220[V] 3상 4선식 선로에서 150[m] 떨어진 곳에 다음 표와 같이 부하가 연결되어 있다. 간선의 허용전류와 표를 보고 단면적을 선정하시오.(단, 전압강하는 3[%]로 한다.)

종류	출력	수량	역률×효율	수용률
급수펌프	3상 380[V]/7.5[kW]	4	0.7	0.7
소방펌프	3상 380[V]/20[kW]	2	0.7	0.7
전열기	단상 220[V]/10[kW]	3(각상 평형배치)	1	0.5

1 간선의 허용전류를 구하시오.

2 간선의 단면적을 선정하시오.

전선의 공칭 단면적[mm^2]		
1.5	2.5	4
6	10	16
25	35	50
70	95	120
150	185	240
300	400	500

해답 1 계산 : 급수펌프의 허용전류 $I_M = \frac{\text{설비용량} \times \text{수용률}}{\sqrt{3}\,V\cos\theta} = \frac{7.5 \times 10^3 \times 4}{\sqrt{3} \times 380 \times 0.7} \times 0.7 = 45.58[A]$

소방펌프의 허용전류 $I_M = \frac{\text{설비용량} \times \text{수용률}}{\sqrt{3}\,V\cos\theta} = \frac{20 \times 10^3 \times 2}{\sqrt{3} \times 380 \times 0.7} \times 0.7 = 60.77[A]$

전열기 전류 $I_R = \frac{\text{설비용량} \times \text{수용률}}{V\cos\theta} = \frac{10 \times 10^3}{220 \times 1} \times 0.5 = 22.73[A]$

간선의 설계전류 $I_B = 45.58 + 60.77 + 22.73 = 129.08$

$\therefore I_B \le I_n \le I_Z$을 만족하는 허용전류 $I_Z \ge 129.08[A]$

답 $129.08[A]$

2 계산 : $A = \frac{17.8LI}{1{,}000e} = \frac{17.8 \times 150 \times 129.08}{1{,}000 \times 220 \times 0.03} = 52.22[mm^2]$

$\therefore 70[mm^2]$

답 $70[mm^2]$

14 ★☆☆☆☆ [5점]

감리원은 해당공사 완료 후 준공검사 전에 사전 시운전 등이 필요한 부분에 대하여 공사업자에게 시운전을 위한 계획을 수립하여 30일 이내 제출하도록 하여야 하는데, 이때 발주자에게 제출하여야 할 서류에 대하여 5가지 적으시오.

해답 ① 시운전 일정

② 시운전 항목 및 종류

③ 시운전 절차

④ 시험장비 확보 및 보정

⑤ 기계 기구 사용계획

그 외

⑥ 운전요원 및 검사요원 선임계획

15 ★☆☆☆☆ [4점]

다음은 PLC 래더 다이어그램방식의 프로그램이다. 프로그램을 참고하여 아래 빈칸을 채우시오.(단, 입력 : LOAD, 직렬 : AND, 직렬 반전 : AND NOT, 병렬 : OR, 병렬 반전 : OR NOT, 출력 : OUT이다.)

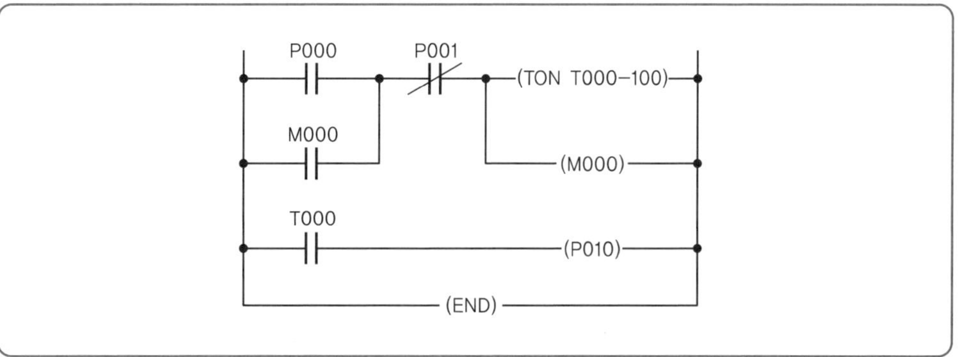

STEP	명령	번지
0	LOAD	P000
1		
2		
3	TON	T000
4	DATA	100
5		
6		
7	OUT	P010
8	END	

해답

STEP	명령	번지
0	LOAD	P000
1	OR	M000
2	AND NOT	P001
3	TON	T000
4	DATA	100
5	OUT	M000
6	LOAD	T000
7	OUT	P010
8	END	

2012 2013 2014 2015 2016 2017 2018 2019 2020 2021

memo

ENGINEER ELECTRICITY

2021년 과 년 도 문제풀이

전기기사

2021년도 1회 시험

과년도 기출문제

회독 체크	□1회독	월 일	□2회독	월 일	□3회독	월 일

2012 2013 2014 2015 2016 2017 2018 2019 2020 **2021**

01 ★★★☆☆ [5점]

보정률이 −0.8%일 경우 측정값이 103[V]이면 참값은 얼마가 되겠는가?

해답 보정률$=\frac{\text{보정}}{\text{측정값}}\times 100[\%]$에서 보정$=103\times(-0.008)=-0.824$

참값=보정+측정값$=-0.824+103=102.176$

답 102.18[V]

02 ★★★★☆ [9점]

수전단 전압이 3,000[V]인 3상 3선식 배전선로의 수전단에 역률이 0.8(지상) 되는 520[kW]의 부하가 접속되어 있다. 이 부하에 동일 역률의 부하 80[kW]를 추가하여 600[kW]로 증가시키되 부하와 병렬로 콘덴서를 설치하여 수전단 전압 및 선로전류를 일정하게 불변으로 유지하고자 한다. 이때 필요한 소요 콘덴서 용량 및 부하 증가 전후의 송전단 전압을 구하시오. (단, 전선의 1선당 저항 및 리액턴스는 각각 1.78[Ω], 1.17[Ω]이다.)

1 이 경우 필요한 전력용 콘덴서 용량은 몇 [kVA]인가?
2 부하 증가 전의 송전단 전압은 몇 [V]인가?
3 부하 증가 후의 송전단 전압은 몇 [V]인가?

해답 1 계산

소요 콘덴서 용량 : 520[kW](역률 0.8) 부하 시와 600[kW] 부하 시의 선로 전류 및 수전단 전압이 일정하므로

$$I=\frac{520\times10^3}{\sqrt{3}\times3,000\times0.8}=\frac{600\times10^3}{\sqrt{3}\times3,000\times x}$$

$$\therefore\ x=\frac{600}{520}\times0.8=0.923$$

소요 콘덴서 용량

$$Q_C=P(\tan\theta_1-\tan\theta_2)=600\times\left(\frac{0.6}{0.8}-\frac{\sqrt{1-0.923^2}}{0.923}\right)=199.859[\text{kVA}]$$

답 199.86[kVA]

2 부하 증가 전의 송전단 전압

계산 : 선로 전류 $I = \dfrac{P}{\sqrt{3}\,V_R \cos\theta} = \dfrac{520 \times 10^3}{\sqrt{3} \times 3,000 \times 0.8} = 125.09[A]$

전선의 저항 및 리액턴스는 $R = 1.78[\Omega]$, $X = 1.17[\Omega]$

또한 $\cos\theta = 0.8$이므로, $\sin\theta = 0.6$이다.

따라서, 송전단 전압

$V_S = V_R + \sqrt{3}\,I(R\cos\theta + X\sin\theta)$

$= 3,000 + \sqrt{3} \times 125.09 \times (1.78 \times 0.8 + 1.17 \times 0.6) = 3,460.62[V]$

답 3,460.62[V]

3 부하 증가 후의 송전단 전압

계산 : 선로 전류 $I = \dfrac{600 \times 10^3}{\sqrt{3} \times 3,000 \times 0.923} = 125.1[A]$

$V_S = 3,000 + \sqrt{3} \times 125.1(1.78 \times 0.92 + 1.17 \times 0.39)$

$= 3,453.705[V]$

답 3,453.71[V]

TIP

① 520[kW]에서 600[kW] 전력을 증가시키려면 콘덴서를 설치하여 역률을 개선해야 한다.

② 부하 증가 후 송전단 전압($\cos\theta_2 = 0.923$)을 계산하고 콘덴서 설치 전과 설치 후의 전압강하까지 계산해야 한다.

03 ★★★★☆ [5점]

용량 10[kVA], 철손 120[W], 전부하 동손 200[W]인 단상 변압기 2대를 V결선하여 부하를 걸었을 때, 전부하 효율은 몇 [%]인가?(단, 부하의 역률은 $\frac{1}{2}$이라 한다.)

해답 계산 : V결선 전부하 시 효율

$$\eta = \frac{\text{출력}}{\text{출력} + \text{철손} + \text{동손}} \times 100 = \frac{\sqrt{3}\,P_a \cos\theta}{\sqrt{3}\,P_a \cos\theta + 2P_i + 2P_c}$$

$$= \frac{\sqrt{3} \times 10 \times 10^3 \times \frac{1}{2}}{\sqrt{3} \times 10 \times 10^3 \times \frac{1}{2} + 2 \times 120 + 2 \times 200} \times 100 = 93.118[\%]$$

답 93.12[%]

TIP

V결선은 변압기가 2대이므로 동손, 철손은 2배가 된다.

04 ★★★☆☆

[6점]

다음은 한국전기설비규정에서 정하는 수용가 설비에서의 전압강하에 관한 내용이다. 다른 조건을 고려하지 않는다면 수용가 설비의 인입구로부터 기기까지의 전압강하는 표의 값 이하로 하여야 한다. 다음 물음에 답하시오.

| 수용가 설비의 전압강하 |

설비의 유형	조명(%)	기타(%)
A – 저압으로 수전하는 경우	(1)	(2)
B – 고압 이상으로 수전하는 경우[a]	(3)	(4)

[a] 가능한 한 최종회로 내의 전압강하가 A유형의 값을 넘지 않도록 하는 것이 바람직하다. 사용자의 배선설비가 100m를 넘는 부분의 전압강하는 미터당 0.005% 증가할 수 있으나 이러한 증가분은 0.5%를 넘지 않아야 한다.

(1)	(2)	(3)	(4)

1 전압강하 표를 완성하시오.

2 표보다 큰 전압강하를 허용할 수 있는 경우 2가지를 쓰시오.

해답 1

(1)	(2)	(3)	(4)
3	5	6	8

2 ① 기동시간 중의 전동기

② 돌입전류가 큰 기타 기기

05 ★★★★★

[5점]

그림과 같이 Y결선된 평형 부하의 전압을 측정할 때 전압계의 지시값이 $V_P = 150[V]$, $V_\ell = 220[V]$로 나타났다. 다음 각 물음에 답하시오.(단, 부하 측에 인가된 전압은 각 상의 평형 전압이고 기본파와 제3고조파분 전압만이 포함되어 있다.)

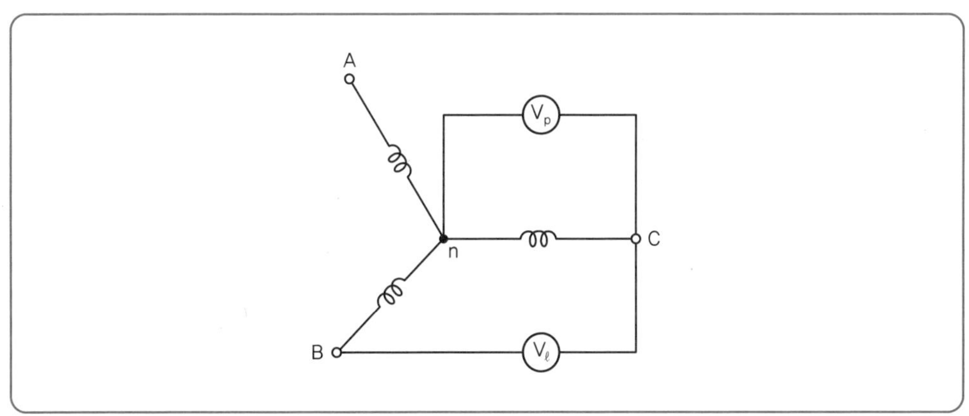

1 제3고조파 전압[V]을 구하시오.

2 전압의 왜형률[%]을 구하시오.

해답 1 계산 : $V_\ell = \sqrt{3}V_1$, $220 = \sqrt{3}V_1$

$$V_1 = \frac{220}{\sqrt{3}} = 127.02[V]$$

따라서 제3고조파 $V_3 = \sqrt{150^2 - 127.02^2} = 79.79[V]$

답 79.79[V]

2 계산 : $\frac{79.79}{127.02} \times 100 = 62.82[\%]$

답 62.82[%]

TIP

① 기본파 상전압 $V_P = \sqrt{{V_1}^2 + {V_3}^2}$

② 왜형률$= \frac{\text{전 고조파 실효값}}{\text{기본파 실효값}} \times 100$

06

★★☆☆☆ [5점]

4[L]의 물을 15[℃]에서 90[℃]로 온도를 높이는 데 1[kW]의 전열기로 25분간 가열하였다. 이 전열기의 효율[%]을 구하시오.(단, 비열은 1[kcal/kg · ℃]이며, 온도변화에 관계없이 일정하다.)

해답 계산 : 전열기의 용량 $P = \frac{mC\theta}{860 \cdot t \cdot \eta}$[kW]에서

전열기의 효율 $\eta = \frac{mC\theta}{860 \times t \times P} = \frac{4 \times 1 \times (90-15)}{860 \times \frac{25}{60} \times 1} = 0.8372 = 83.72[\%]$

답 83.72[%]

TIP

열량 : $860Pt\eta = mC\theta$

여기서, m : 질량, C : 비열, θ : 온도차$(T_2 - T_1)$

P : 전력[kW], t : 시간[h], η : 효율[%]

07 ★★★★☆ [11점]

인텔리전트 빌딩에 대한 등급별 추정 전원 용량에 대한 다음 표를 이용하여 각 물음에 답하시오.

| 등급별 추정 전원 용량[VA/m²] |

내용 \ 등급별	0등급	1등급	2등급	3등급
조명	32	22	22	29
콘센트	–	13	5	5
사무자동화(OA) 기기	–	–	34	36
일반동력	38	45	45	45
냉방동력	40	43	43	43
사무자동화(OA) 동력	–	2	8	8
합계	110	125	157	166

1 연면적 10,000[m²]인 인텔리전트 2등급인 사무실 빌딩의 전력 설비 용량을 상기 '등급별 추정 전원 용량[VA/m²]'을 이용하여 빈칸에 계산과정과 답을 쓰시오.

부하 내용	면적을 적용한 부하용량[kVA]
조명	
콘센트	
OA 기기	
일반동력	
냉방동력	
OA 동력	
합계	

2 물음 **1**에서 조명, 콘센트, 사무자동화 기기의 적정 수용률은 0.8, 일반동력 및 사무자동화 동력의 적정 수용률은 0.5, 냉방동력의 적정 수용률은 0.8이고, 주 변압기 부등률은 1.2로 적용한다. 이때 전압방식을 2단 강압 방식으로 채택할 경우 변압기의 용량에 따른 변전설비의 용량을 산출하시오.(단, 조명, 콘센트, 사무자동화 기기를 3상 변압기 1대로, 일반동력 및 사무자동화 동력을 3상 변압기 1대로, 냉방동력을 3상 변압기 1대로 구성하고 상기 부하에 대한 주 변압기 1대를 사용하도록 하며, 변압기 용량은 일반 규격 용량으로 정하도록 한다.)

① 조명, 콘센트, 사무자동화 기기에 필요한 변압기 용량 산정
② 일반동력, 사무자동화 동력에 필요한 변압기 용량 산정
③ 냉방동력에 필요한 변압기 용량 산정
④ 주 변압기 용량 산정

3 수전 설비의 단선 계통도를 간단하게 그리시오.

해답 1

부하 내용	면적을 적용한 부하용량[kVA]
조명	$22\times10{,}000\times10^{-3}=220$
콘센트	$5\times10{,}000\times10^{-3}=50$
OA 기기	$34\times10{,}000\times10^{-3}=340$
일반동력	$45\times10{,}000\times10^{-3}=450$
냉방동력	$43\times10{,}000\times10^{-3}=430$
OA 동력	$8\times10{,}000\times10^{-3}=80$
합계	$157\times10{,}000\times10^{-3}=1{,}570$

2 ① 계산 : $TR_1=$설비용량(부하용량)×수용률$=(220+50+340)\times0.8=488$

답 500[kVA]

② 계산 : $TR_2=$설비용량(부하용량)×수용률$=(450+80)\times0.5=265$

답 300[kVA]

③ 계산 : $TR_3=$설비용량(부하용량)×수용률$=430\times0.8=344$

답 500[kVA]

④ 계산 : 주 변압기 용량 $=\dfrac{\text{개별 최대전력의 합}}{\text{부등률}}=\dfrac{488+265+344}{1.2}=914.17$

답 1,000[kVA]

3

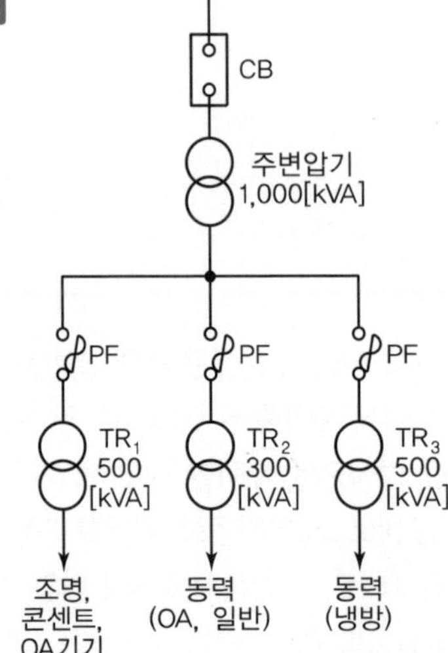

TIP

1) 3상 변압기 표준 용량
3, 5, 7.5, 10, 15, 20, 30, 50, 75, 100, 150, 200, 300, 500, 750, 1,000[kVA]

2) 변압기 용량 선정 시
① "표준 용량, 정격 용량, 선정하시오"라고 하면 표준 용량으로 답할 것
예 480[kVA]　　답 500[kVA]
② "계산하시오, 구하시오"라고 하면 계산값으로 답할 것
예 480[kVA]　　답 480[kVA], 500[kVA]

08 ★★★★★ [5점]

3상 4선식에서 역률 100[%]의 부하가 각 상과 중성선 간에 연결되어 있다. I_a상, I_b상, I_c상에 흐르는 전류가 각각 10[A], 8[A], 9[A]이다. 중성선에 흐르는 전류의 절댓값 크기를 계산하시오.(단, 각 상 전류의 위상차는 120°이다.)

해답 계산 : $I_N = I_a + a^2 I_b + aI_c[A] = 10 + \left(-\frac{1}{2} - j\frac{\sqrt{3}}{2}\right) \times 8 + \left(-\frac{1}{2} + j\frac{\sqrt{3}}{2}\right) \times 9 = 1.732[A]$

답 1.73 또는 $\sqrt{3}$ [A]

09 ★★★★★ [6점]

보조 릴레이 A, B, C의 계전기로 출력(H레벨)이 생기는 유접점 회로와 무접점 회로를 그리시오.(단, 보조 릴레이의 접점을 모두 a접점만을 사용하도록 한다.)

1 A와 B를 같이 ON 하거나 C를 ON 할 때 X_1 출력
① 유접점 회로
② 무접점 회로

2 A를 ON 하고 B 또는 C를 ON 할 때 X_2 출력
① 유접점 회로
② 무접점 회로

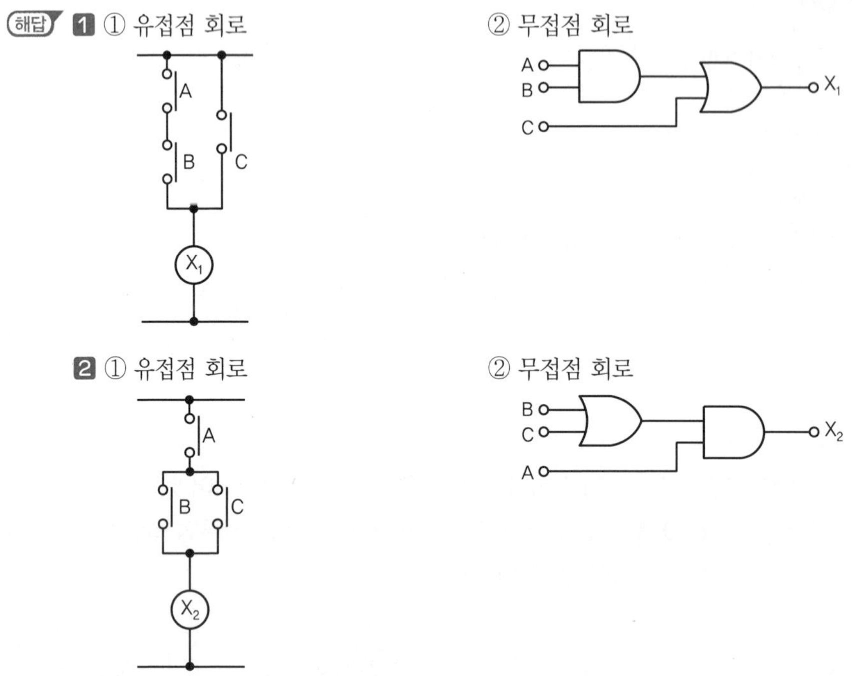

10 ★★☆☆☆ [4점]

다음 고압 배전선의 구성과 관련된 미완성 환상(루프식)식 배전간선의 단선도를 완성하시오.

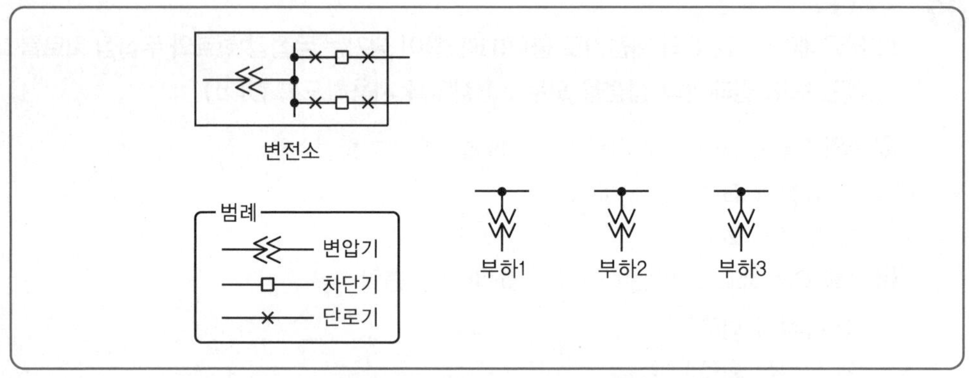

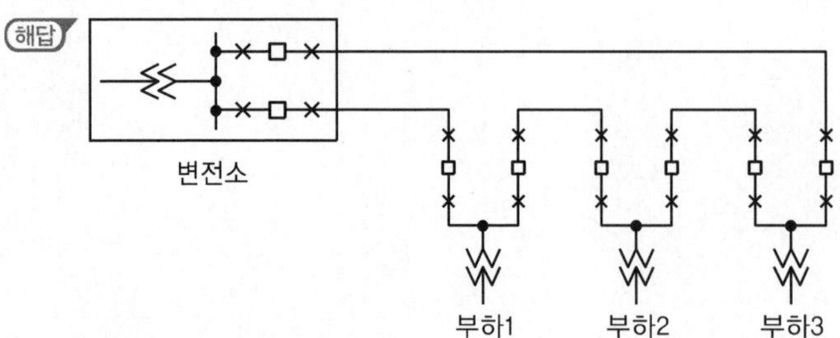

11 ★☆☆☆☆ [5점]

지름 20[cm]의 구형 외구의 광속발산도가 2,000[rlx]라고 한다. 이 외구의 중심에 있는 균등 점광원의 광도는 얼마인가?(단, 외구의 투과율은 90[%]라 한다.)

해답 계산 : $R=\frac{I}{r^2}\cdot\eta=\frac{I}{r^2}\cdot\frac{\tau}{1-\rho}=\frac{I\tau}{r^2(1-\rho)}$ 에서

$$I=\frac{(1-\rho)r^2}{\tau}\times R=\frac{(1-0)\times 0.1^2}{0.9}\times 2{,}000=22.22[cd]$$

답 22.22[cd]

12 ★★★☆☆ [6점]

다음은 저압전로의 절연성능에 관한 표이다. 다음 빈칸을 완성하시오.

전로의 사용전압[V]	DC 시험전압[V]	절연저항[MΩ]
SELV 및 PELV		
FELV, 500[V] 이하		
500[V] 초과		

[주] 특별저압(Extra Low Voltage : 2차 전압이 AC 50[V], DC 120[V] 이하)으로 SELV(비접지회로 구성) 및 PELV(접지회로 구성)은 1차와 2차가 전기적으로 절연된 회로, FELV는 1차와 2차가 전기적으로 절연되지 않은 회로

※ 특별저압(ELV, Extra Low Voltage)이란 인체에 위험을 초래하지 않을 정도의 저압을 말한다. 여기서 SELV(Safety Extra Low Voltage)는 비접지회로에 해당되며, PELV(Protective Extra Low Voltage)는 접지회로에 해당된다.)

해답

전로의 사용전압[V]	DC 시험전압[V]	절연저항[MΩ]
SELV 및 PELV	250	0.5
FELV, 500[V] 이하	500	1.0
500[V] 초과	1,000	1.0

13 ★★☆☆☆ [5점]

접지저항의 결정요인인 접지저항 요소 3가지를 쓰시오.

해답 ① 접지도체와 접지전극의 도체저항
② 접지전극의 표면과 토양 사이의 접촉저항
③ 접지전극 주위의 토양성분의 저항, 즉 대지저항률

14 ★★☆☆☆ [4점]

다음은 지중 케이블의 사고점 측정법과 절연의 건전도를 측정하는 방법을 열거한 것이다. 다음 방법 중 사고점 측정법과 절연 감시법을 구분하시오.

(1) Megger법
(2) Tanδ 측정법
(3) 부분 방전 측정법
(4) Murray Loop법
(5) Capacity Bridge법
(6) Pulse Radar법

1 사고점 측정법
2 절연 감시법

해답 1 사고점 측정법 : (4), (5), (6)
2 절연 감시법 : (1), (2), (3)

15 ★★☆☆☆ [4점]

다음 조명에 대한 각 물음에 답하시오.

1 어느 광원의 광색이 어느 온도의 흑체의 광색과 같을 때 그 흑체의 온도를 이 광원의 무엇이라 하는지 쓰시오.
2 빛의 분광 특성이 색의 보임에 미치는 효과를 말하며, 동일한 색을 가진 것이라도 조명하는 빛에 따라 다르게 보이는 특성을 무엇이라 하는지 쓰시오.

해답 1 색온도
2 연색성

16 ★☆☆☆☆ [8점]

주파수 60[Hz], 특성 임피던스 Z_0가 600[Ω], 선로길이 L인 무손실 장거리 송전선로에서 수전단의 부하 Z_0를 접속할 때 다음을 구하시오.(단, 전파속도는 3×10^5[km/s]이다.)

1 송전선로의 인덕턴스[H/km]와 커패시터[F/km]를 각각 구하시오.

2 전파의 파장[m]을 구하시오.

3 송전단에서 부하 측으로 본 합성 임피던스[Ω]를 구하시오.

해답 1 계산 : 무손실 선로에서의 특성 임피던스 $Z_0 = \sqrt{\frac{L}{C}} = 138\log_{10}\frac{D}{r} = 600[\Omega]$에서

$$\log_{10}\frac{D}{r} = \frac{600}{138}$$

$$\therefore \text{ 인덕턴스 } L = 0.05 + 0.4605\log_{10}\frac{D}{r}$$

$$= 0.05 + 0.4605 \times \frac{600}{138} = 2.05[\text{mH/km}] = 2.05\times10^{-3}[\text{H/km}]$$

$$\therefore \text{ 커패시터 } C = \frac{0.02413}{\log_{10}\frac{D}{r}} = \frac{0.02413}{\frac{600}{138}} = 5.55\times10^{-3}[\mu\text{F/km}] = 5.55\times10^{-9}[\text{F/km}]$$

답 인덕턴스 $L = 2.05\times10^{-3}$[H/km], 커패시터 $C = 5.55\times10^{-9}$[F/km]

2 계산 : 파장 $\lambda = \frac{v}{f} = \frac{3\times10^5}{60} = 5\times10^6[\text{m}]$

답 5×10^6[m]

3 계산 : 특성 임피던스는 길이와 관계없이 일정하다.

답 600[Ω]

2012 2013 2014 2015 2016 2017 2018 2019 2020 2021

17 ★★★☆☆ [7점]

다음 결선도는 수동 및 자동(하루 중 설정시간 동안 운전) Y－Δ 배기팬 MOTOR 결선도 및 조작회로이다. 다음 각 물음에 답하시오.

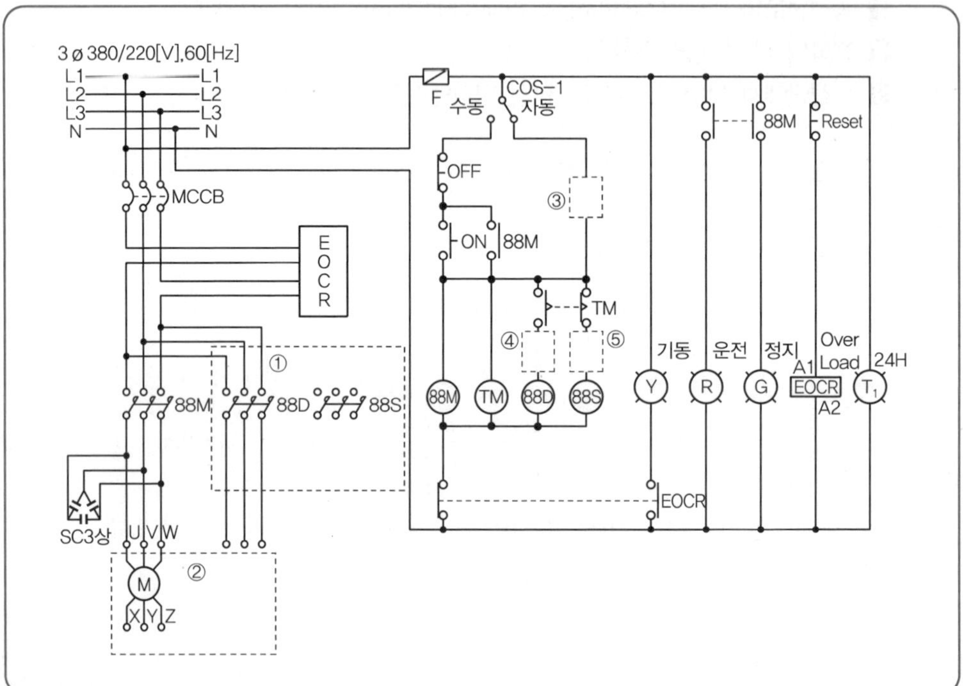

1 ③, ④, ⑤의 미완성 부분의 접점을 그리고 그 접점기호를 표기하시오.

2 ①, ② 부분의 누락된 회로를 완성하시오.

3 ─o^o─ 의 접점 명칭을 쓰시오.

해답 1 ③ T_1, ④ 88S, ⑤ 88D

2

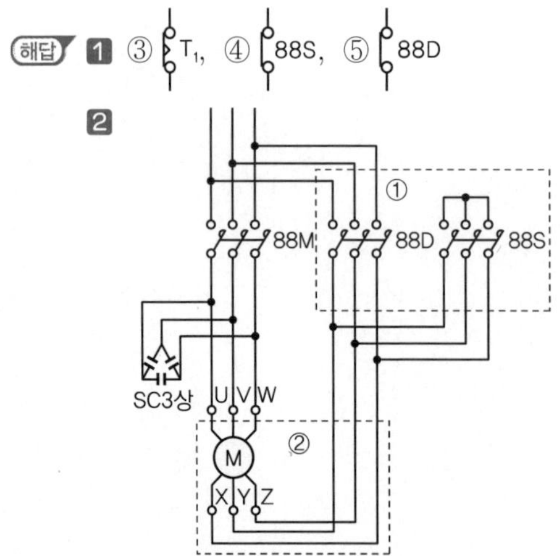

3 한시동작 순시복귀 a접점

전기기사

2021년도 2회 시험 과년도 기출문제

회독 체크	□1회독	월 일	□2회독	월 일	□3회독	월 일

2012 2013 2014 2015 2016 2017 2018 2019 2020 2021

01 ★☆☆☆☆ [6점]

피뢰시스템(LPS)의 특성은 보호대상 구조물의 특성과 피뢰레벨에 따라 결정된다. 피뢰시스템의 등급과 관계가 있는 데이터와 피뢰시스템의 등급과 관계없는 데이터를 구분하여 기호로 답하시오.

ⓐ 회전구체의 반지름, 메시(mesh)의 크기 및 반지름
ⓑ 인하도선 사이 및 환상도체 사이의 전형적인 최적거리
ⓒ 위험한 불꽃방전에 대비한 이격거리
ⓓ 접지극의 최소길이
ⓔ 수뢰부시스템으로 사용되는 금속관과 금속관의 최소두께
ⓕ 접속도체의 최소치수
ⓖ 피뢰시스템의 재료 및 사용조건
ⓗ 피뢰 등전위본딩

1 피뢰시스템의 등급과 관계가 있는 데이터
2 피뢰시스템의 등급과 관계없는 데이터

해답 1 ⓐ, ⓑ, ⓒ, ⓓ
2 ⓔ, ⓕ, ⓖ, ⓗ

02 ★★☆☆☆ [4점]

ALTS의 명칭과 사용 용도를 쓰시오.

해답 • 명칭 : 자동부하 전환개폐기
• 용도 : 변전소에서 2회선 중 주전원 정전 시 다른 전원으로 절체한다.

TIP
➤ ATS(자동절환개폐기)
상용전원 정전 시 자동으로 비상발전기(예비전원)로 절환하는 장치

03 ★★★☆☆

[4점]

$i(t) = 10\sin\omega t + 4\sin(2\omega t + 30°) + 3\sin(3\omega t + 60°)$[A]의 실효값을 구하시오.

해답 계산 : 실효값 $I = \sqrt{\left(\frac{10}{\sqrt{2}}\right)^2 + \left(\frac{4}{\sqrt{2}}\right)^2 + \left(\frac{3}{\sqrt{2}}\right)^2} = 7.91[A]$

답 7.91[A]

04 ★☆☆☆☆

[6점]

154[kV], 60[Hz]의 3상 송전선이 있다. 전선으로서 37/2.6[mm] 강심알루미늄전선(지름 1.6[cm])을 쓰고 D=400[cm]의 정삼각 배치로 되어 있다. 기온 t=30[℃]일 때 코로나 임계전압[kV] 및 코로나 손실[kW/km/선]을 Peek의 식에 의해 구하시오.(단, 날씨계수 $m_0 = 1$, 표면계수 $m_1 = 0.85$, 기압은 760[mmHg], 25[℃]일 때 상대공기밀도는 1이다.)

1 코로나 임계전압

2 코로나 손실

해답 1 계산 : 상대공기밀도 $\delta = \frac{b}{760} \times \frac{273+25}{273+t} = \frac{760}{760} \times \frac{273+25}{273+30} = 0.983$

$$E_0 = 24.3 m_0 m_1 \delta d \log_{10}\frac{D}{r}$$

$$= 24.3 \times 1 \times 0.85 \times 0.983 \times 1.6 \times \log\frac{400}{\frac{1.6}{2}} = 87.679[kV]$$

답 87.68[kV]

2 계산 : Peek의 식 $P_0 = \frac{241}{\delta}(f+25)\sqrt{\frac{d}{2D}}(E-E_0)^2 \times 10^{-5}$

$$= \frac{241}{0.983}(60+25)\sqrt{\frac{1.6}{2\times 400}}\left(\frac{154}{\sqrt{3}} - 87.679\right)^2 \times 10^{-5}$$

$$= 0.014[kW/km/선]$$

답 0.01[kW/km/선]

05 ★★☆☆☆

[4점]

다음은 등전위본딩 도체에 관한 내용이다. 빈칸에 들어갈 도체의 굵기를 쓰시오.

1 주접지단자에 접속하기 위한 등전위본딩 도체는 설비 내에 있는 가장 큰 보호접지 도체 단면적의 1/2 이상의 단면적을 가져야 하고 다음의 단면적 이상이어야 한다.

① 구리 도체 (①)[mm^2]

② 알루미늄 도체 (②)[mm^2]

③ 강철 도체 (③)[mm^2]

2 주접지단자에 접속하기 위한 보호본딩 도체의 단면적은 구리도체 (④)[mm^2] 또는 다른 재질의 동등한 단면적을 초과할 필요는 없다.

해답 **1** ① 구리 도체 6[mm^2]

② 알루미늄 도체 16[mm^2]

③ 강철 도체 50[mm^2]

2 ④ 25[mm^2]

06 ★★☆☆☆

[5점]

100[V], 20[A]용 단상 적산 전력계에 어느 부하를 가할 때 원판의 회전수 20[회]에 대하여 40.3[초] 걸렸다. 만일 이 계기의 20[A]에 있어서 오차가 +2[%]라 하면 부하 전력은 몇 [kW]인가?(단, 이 계기의 계기 정수는 1,000[Rev/kWh]이다.)

해답 계산 : 적산 전력계의 측정값 $P_M = \frac{3,600 \cdot n}{t \cdot k} = \frac{3,600 \times 20}{40.3 \times 1,000} = 1.79[kW]$

$\varepsilon = \frac{P_M - P_T}{P_T} \times 100[\%]$에서 $2 = \frac{1.79 - P_T}{P_T} \times 100[\%]$

$\therefore P_T = \frac{1.79}{1.02} = 1.75[kW]$

답 1.75[kW]

07 ★★★☆☆ [5점]

다음에 주어진 표에 들어갈 절연내력 시험전압은 몇 [V]인가? 빈칸에 채워 넣으시오.

공칭전압[V]	최대사용전압[V]	접지방식	시험전압[V]
6,600	6,900	비접지	①
13,200	13,800	중성점 다중접지	②
22,900	24,000	중성점 다중접지	③

해답 ① 6,900×1.5=10,350[V]
② 13,800×0.92=12,696[V]
③ 24,000×0.92=22,080[V]

TIP

➤ 전로의 종류 및 시험전압

전로의 종류	시험전압
1. 최대사용전압 7[kV] 이하인 전로	최대사용전압의 1.5배 전압
2. 최대사용전압 7[kV] 초과 25[kV] 이하인 중성점 접지식 전로(중성선을 가지는 것으로서 그 중성선을 다중접지 하는 것에 한한다.)	최대사용전압의 0.92배 전압
3. 최대사용전압 7[kV] 초과 60[kV] 이하인 전로(2란의 것을 제외한다.)	최대사용전압의 1.25배 전압 (10.5[kV] 미만으로 되는 경우는 10.5[kV])
4. 최대사용전압 60[kV] 초과 중성점 비접지식 전로(전위 변성기를 사용하여 접지하는 것을 포함한다.)	최대사용전압의 1.25배 전압
5. 최대사용전압 60[kV] 초과 중성점 접지식 전로(전위 변성기를 사용하여 접지하는 것 및 6란과 7란의 것을 제외한다.)	최대사용전압의 1.1배 전압 (75[kV] 미만으로 되는 경우는 75[kV])
6. 최대사용전압 60[kV] 초과 중성점 직접 접지식 전로(7란의 것을 제외한다.)	최대사용전압의 0.72배 전압
7. 최대사용전압이 170[kV] 초과 중성점 직접 접지식 전로로서 그 중성점이 직접 접지되어 있는 발전소 또는 변전소 혹은 이에 준하는 장소에 시설하는 것	최대사용전압의 0.64배 전압

08 ★★★★☆ [12점]

다음은 3ϕ4W 22.9[kV] 수전설비 단선결선도이다. 다음 각 물음에 답하시오.

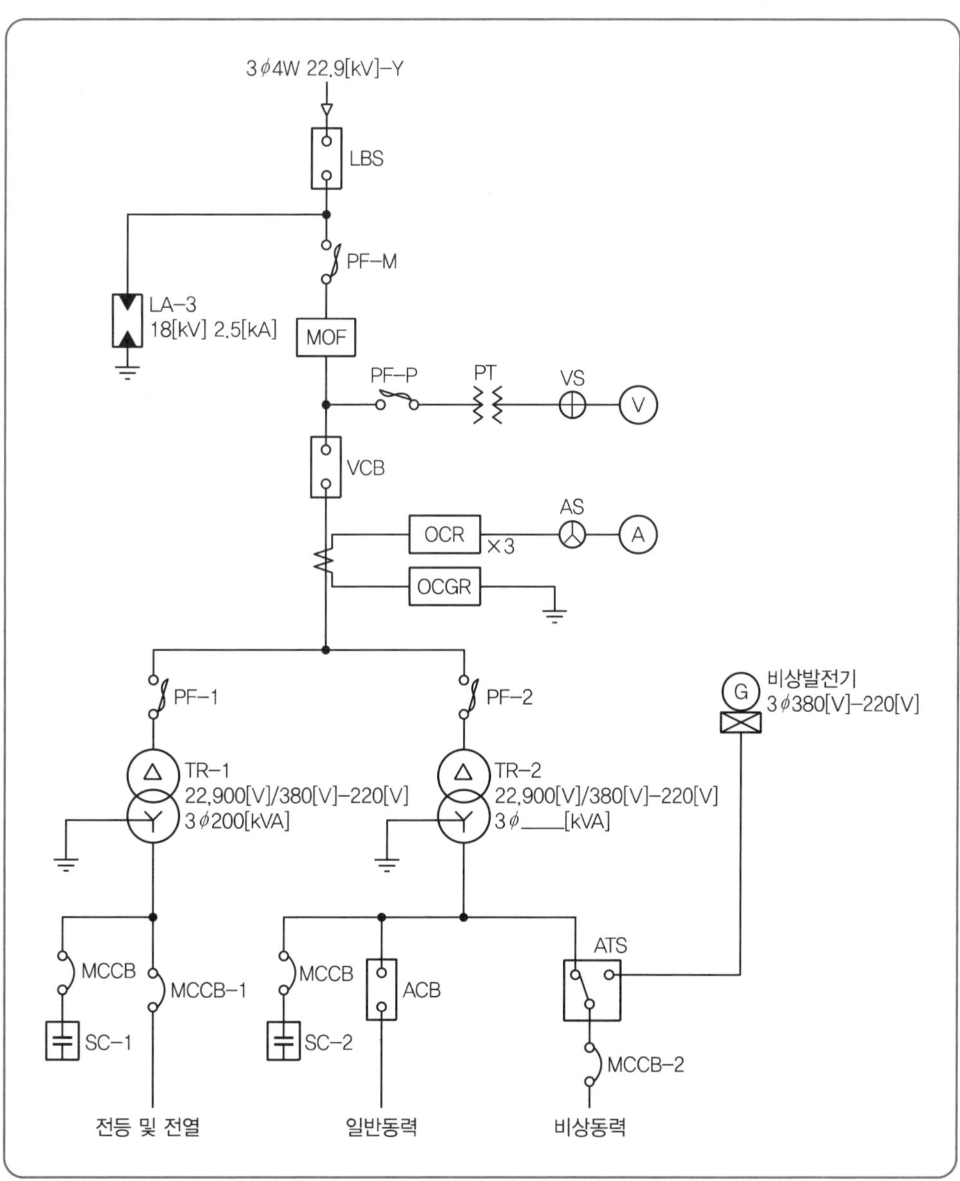

1 위 수전설비 단선결선도의 LA에 대하여 다음 물음에 답하시오.

① 우리말의 명칭은 무엇인가?

② 기능과 역할에 대해 간단히 설명하시오.

③ 요구되는 성능조건을 4가지만 쓰시오.

2 위 수전설비 단선결선도의 부하집계 및 입력환산표를 완성하시오.(단, 입력환산[kVA]은 계산 값의 소수 둘째 자리에서 반올림한다.)

구분	전등 및 전열	일반동력	비상동력
설비용량 및 효율	합계 350[kW] 100[%]	합계 635[kW] 85[%]	유도전동기1 7.5[kW] 2대 85[%] 유도전동기2 11[kW] 1대 85[%] 유도전동기3 15[kW] 1대 85[%] 비상조명 8,000[W] 100[%]
평균(종합)역률	80[%]	90[%]	90[%]
수용률	60[%]	45[%]	100[%]

구분		설비용량[kW]	효율[%]	역률[%]	입력환산[kVA]
전등 및 전열		350			
일반동력		635			
비상동력	유도전동기1	7.5×2			
	유도전동기2	11			
	유도전동기3	15			
	비상조명	8			
	소계	–			

3 단선결선도와 **2**의 부하집계표에 의한 TR–2의 적정 용량은 몇 [kVA]인지 구하시오.

> **[참고사항]**
> - 일반 동력군과 비상 동력군 간의 부등률은 1.3으로 본다.
> - 변압기 용량은 15[%] 정도의 여유를 갖게 한다.
> - 변압기의 표준규격[kVA]은 200, 300, 400, 500, 600으로 한다.

4 단선결선도에서 TR–2의 2차 측 중성점 접지공사의 접지선 굵기[mm^2]를 구하시오.

> **[참고사항]**
> - 접지도체는 GV전선을 사용하고 표준굵기[mm^2]는 6, 10, 16, 25, 35, 50, 70 중에서 선정한다.
> - GV전선의 표준굵기[mm^2]의 선정은 전기기기의 선정 및 설치 – 접지설비 및 보호도체(KS C IEC 60364 – 5 – 54)에 따른다.
> - 과전류차단기를 통해 흐를 수 있는 예상 고장전류는 변압기 2차 정격전류의 20배로 본다.
> - 도체, 절연물, 그 밖의 부분의 재질 및 초기온도와 최종온도에 따라 정해지는 계수는 143(구리도체)으로 한다.
> - 변압기 2차의 과전류차단기는 고장전류에서 0.1초에 차단되는 것이다.

해답 **1** ① 피뢰기

② 이상전압 내습 시 대지에 방전하여 전기기계기구를 보호하고 속류를 차단한다.

③ ㉠ 상용주파 방전개시전압이 높을 것

㉡ 제한전압이 낮을 것
㉢ 충격방전개시전압이 낮을 것
㉣ 속류차단이 우수할 것

2 부하집계 및 입력환산표

입력환산[kVA]$=\dfrac{\text{설비용량[kW]}}{\text{역률}\times\text{효율}}$[kVA]

구분		설비용량[kW]	효율[%]	역률[%]	입력환산[kVA]
전등 및 전열		350	100	80	$\dfrac{350}{0.8\times1}=437.5$
일반동력		635	85	90	$\dfrac{635}{0.9\times0.85}=830.1$
비상동력	유도전동기1	7.5×2	85	90	$\dfrac{7.5\times2}{0.9\times0.85}=19.6$
	유도전동기2	11	85	90	$\dfrac{11}{0.9\times0.85}=14.4$
	유도전동기3	15	85	90	$\dfrac{15}{0.9\times0.85}=19.6$
	비상조명	8	100	90	$\dfrac{8}{0.9\times1}=8.9$
	소계	–	–	–	62.5

3 계산 : 변압기 용량 TR－2$=\dfrac{\text{설비용량[kVA]}\times\text{수용률}}{\text{부등률}}\times\text{여유율}$[kVA]

$$=\frac{830.1\times0.45+62.5\times1}{1.3}\times1.15=385.73[\text{kVA}]$$

답 400[kVA]

4 계산 : ① TR－2의 2차 측 정격전류는

$$I_2=\frac{P}{\sqrt{3}V}=\frac{400\times10^3}{\sqrt{3}\times380}=607.74[\text{A}]$$

② 예상 고장전류(I)는 변압기 2차 정격전류의 20배이므로

$$I=20I_2=20\times607.74=12{,}154.8[\text{A}]$$

$$\therefore\ S=\frac{\sqrt{I^2t}}{k}=\frac{\sqrt{12{,}154.8^2\times0.1}}{143}=26.88[\text{mm}^2]$$

답 35[mm²]로 선정

TIP

구 규정	KEC 규정
제2종 접지공사	변압기 중성점 접지(혼촉방지접지)
제3종, 특3종 접지공사	저압보호접지

09 ★★★☆☆ [5점]

다음 그림은 345[kV] 송전선로 철탑 및 1상당 소도체를 나타낸 그림이다. 다음 각 물음에 답하시오.(단, 각 수치의 단위는 [mm]이며, 도체의 직경은 29.61[mm]이다.)

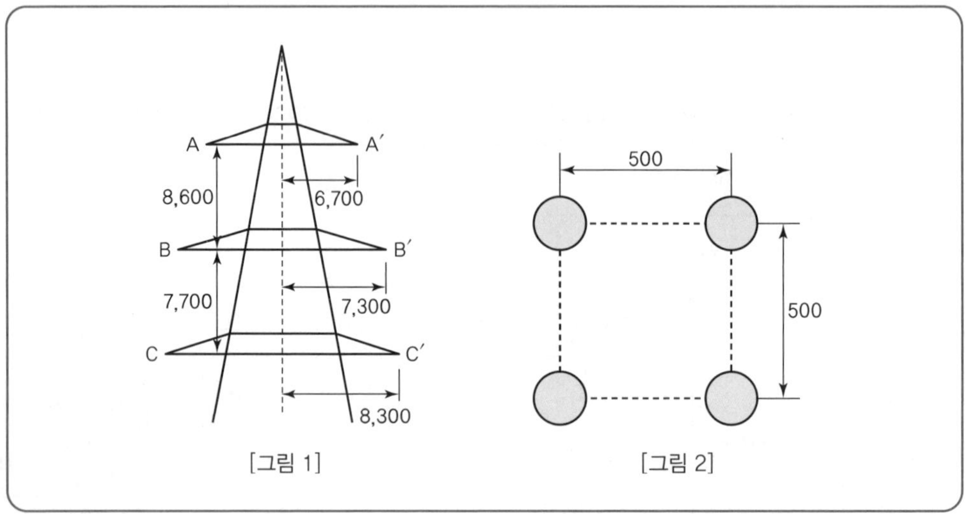

[그림 1] [그림 2]

1 송전철탑의 암의 길이 및 암 간격이 [그림 1]과 같은 경우 등가 선간거리[m]를 구하시오.

2 송전선로 1상당 소도체가 [그림 2]와 같이 구성되어 있을 경우 기하학적 평균거리[m]를 구하시오.

해답 1 계산 : $D_{AB} = \sqrt{8.6^2 + (7.3-6.7)^2} = 8.62[m]$

$D_{BC} = \sqrt{7.7^2 + (8.3-7.3)^2} = 7.76[m]$

$D_{CA} = \sqrt{(8.6+7.7)^2 + (8.3-6.7)^2} = 16.38[m]$

등가 선간거리 $D_e = \sqrt[3]{D_{AB} \cdot D_{BC} \cdot D_{CA}}$

$= \sqrt[3]{8.62 \times 7.76 \times 16.38} = 10.31[m]$ 답 10.31[m]

2 계산 : $D = \sqrt[6]{2}\,S = \sqrt[6]{2} \times 0.5 = 0.56[m]$ 답 0.56[m]

TIP

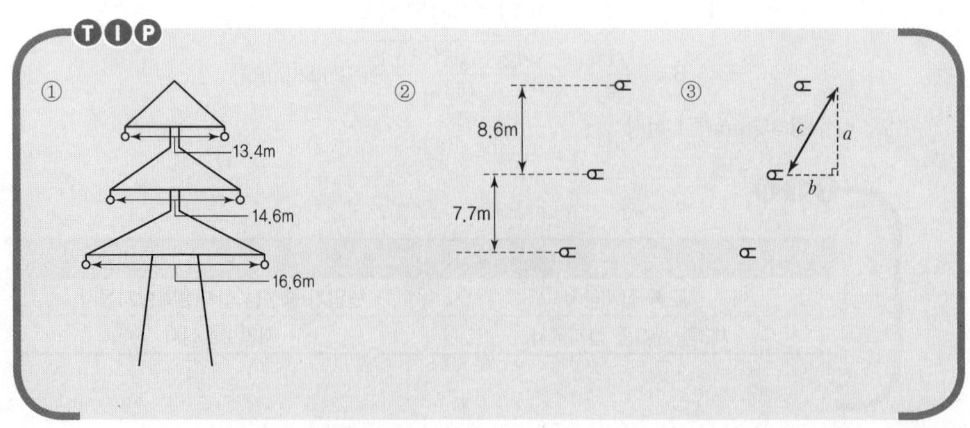

10 ★★★☆☆ [5점]

그림과 같은 회로에서 최대 눈금 15[A]의 직류 전류계 2개를 접속하고 전류 20[A]를 흘리면 각 전류계의 지시는 몇 [A]인가?(단, 전류계 최대 눈금의 전압강하는 A_1이 75[mV], A_2가 50[mV]이다.)

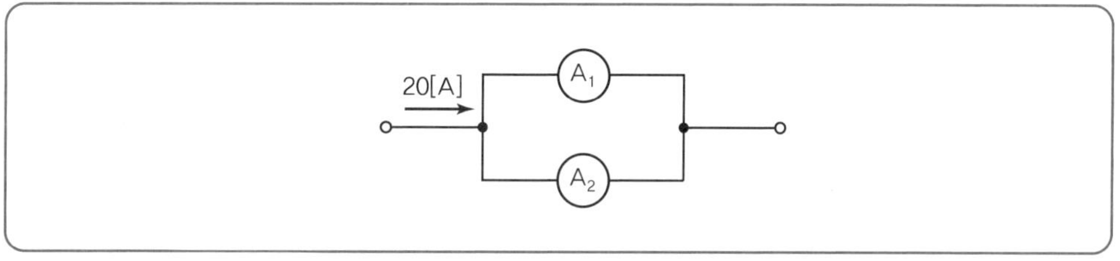

해답 계산 : ① 각 전류계의 내부저항

$$r_1 = \frac{V_1}{I_1} = \frac{75 \times 10^{-3}}{15} = \frac{1}{200}[\Omega]$$

$$r_2 = \frac{V_2}{I_2} = \frac{50 \times 10^{-3}}{15} = \frac{1}{300}[\Omega]$$

② 분배전류

$$A_1 = \frac{R_2}{R_1 + R_2} I = \frac{\frac{1}{300}}{\frac{1}{200} + \frac{1}{300}} \times 20 = 8[A]$$

$$\therefore A_2 = A_t - A_1 = 20 - 8 = 12[A]$$

$$\therefore A_1 = 8[A],\ A_2 = 12[A]$$

답 $A_1 = 8[A],\ A_2 = 12[A]$

11 ★★★☆☆ [5점]

그림에서 B점의 차단기 용량을 100[MVA]로 제한하기 위한 한류 리액터의 리액턴스는 몇 [%]인가?(단, 20[MVA]를 기준으로 한다.)

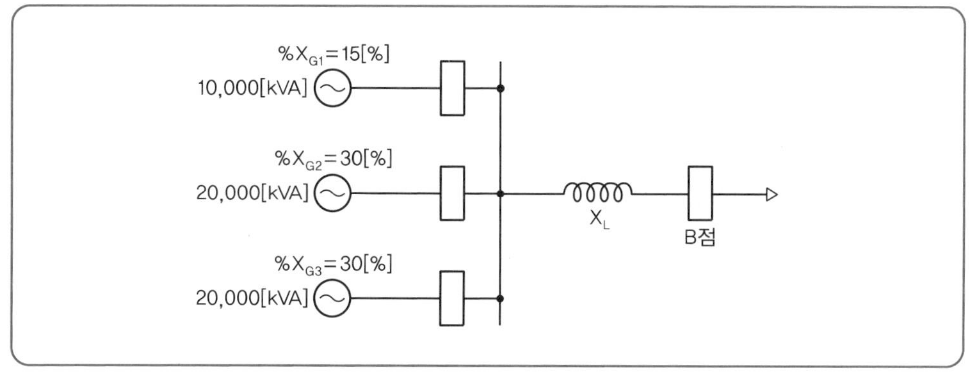

해답 계산 : 20[MVA] 기준이므로 우선 $\%X_{G1}$을 기준용량으로 환산한다.

$10[MVA] : 15[\%] = 20[MVA] : \%X'_{G1}$

$\%X'_{G1} = 30[\%]$

$\%X'_{G1}$, $\%X_{G2}$, $\%X_{G3}$는 병렬이므로 합성 $\%X_G = \frac{30}{3} = 10[\%]$

B점의 $\%X_B$를 구하면 $P_s = \frac{100}{\%X_B} \times P_n$에서

$\%X_B = \frac{100}{P_s} \times P_n = \frac{100}{100[MVA]} \times 20[MVA] = 20[\%]$

따라서, 합성 $\%X_G + \%X_L = \%X_B$

$\%X_L = \%X_B -$ 합성 $\%X_G = 20[\%] - 10[\%] = 10[\%]$

답 10[%]

TIP

① 한류 리액터 : 단락전류를 억제하기 위한 리액턴스

② $\%X(\%Z) = \frac{\text{기준용량}}{\text{자기용량}} \times \% \times \%Z$

③ 발전기 3대가 병렬이므로 $= \frac{1\text{대의 }\%X}{3}$

12 ★★★★☆ [5점]

3상 배전선로의 말단에 역률 80[%](lag)의 3상 평형부하가 있다. 변전소 인출구의 전압이 3,300[V]일 때 부하의 단자전압을 최소 3,000[V]로 유지하기 위한 최대 부하전력[kW]을 구하시오.(단, 전선 1선의 저항을 2[Ω], 리액턴스는 1.8[Ω]으로 하고 그 밖의 선로정수는 무시한다.)

해답 계산 : 전압강하 $e = V_s - V_r = 3{,}300 - 3{,}000 = 300[V]$

$e = \frac{P}{V_r}(R + X\tan\theta)[V]$

부하전력 $P = \frac{300 \times 3{,}000}{2 + 1.8 \times \frac{0.6}{0.8}} \times 10^{-3} = 268.66[kW]$

답 268.66[kW]

TIP

➤ 3상 3선식 전압강하

① $e = \sqrt{3}I(R\cos\theta + X\sin\theta)$

② $e = \frac{P}{V}(R + X\tan\theta)$

13 ★★★★★

[5점]

단상 2선식 220[V] 옥내 배선에서 소비전력 60[W], 역률 90[%]인 형광등 50개와 소비전력 100[W]인 백열등 60개를 설치할 때 최소 분기 회로수는 몇 회로인가?(단, 16[A] 분기회로로 한다.)

해답 계산 : 형광등 유효전력 $P = 60 \times 50 = 3{,}000[W]$

형광등 무효전력 $Q = P\tan\theta \times 등수 = 60 \times \frac{\sqrt{1-0.9^2}}{0.9} \times 50 = 1{,}452.97[Var]$

백열등 유효전력 $P = 100 \times 60 = 6{,}000[W]$

백열등 무효전력 $Q = 0[Var]$

전체 피상전력 $P_a = \sqrt{(3{,}000+6{,}000)^2 + 1{,}452.97^2} = 9{,}116.53[VA]$

분기회로수 $N = \frac{부하용량[kVA]}{정격전압[V] \times 분기회로전류[A]} = \frac{9{,}116.53}{220 \times 16} = 2.59$ 회로

답 16[A] 분기 3회로

14 ★★★★★

[5점]

지상 31[m] 되는 곳에 수조가 있다. 이 수조에 분당 12[m³]의 물을 양수하는 펌프용 전동기를 설치하여 3상 전력을 공급하려고 한다. 펌프 효율이 65[%]이고, 펌프 측 동력에 10[%]의 여유를 둔다고 할 때 다음 각 물음에 답하시오.(단, 펌프용 3상 농형 유도전동기의 역률은 100[%]로 가정한다.)

1 펌프용 전동기의 용량은 몇 [kW]인가?

2 3상 전력을 공급하고자 단상변압기 2대를 V결선하여 이용하고자 한다. 단상변압기 1대의 용량은 몇 [kVA]인가?

해답 1 계산 : $P = \frac{9.8QHK}{\eta} = \frac{9.8 \times 12 \times 31 \times 1.1}{60 \times 0.65} = 102.82[kW]$

답 $P = 102.82[kW]$

2 계산 : $P_a = \frac{P_v}{\sqrt{3}\cos\theta}[kVA] = \frac{102.82}{\sqrt{3} \times 1} = 59.36[kVA]$

답 $P_a = 59.36[kVA]$

TIP

① 변압기 2대 운전 시 V결선

㉠ $P_V = \sqrt{3} \times$1대 용량$\times \cos\theta$[kW]

㉡ 1대 용량$= \dfrac{P_V[kW]}{\sqrt{3} \times \cos\theta}$[kVA]

② 변압기 용량 선정 시

㉠ "표준용량, 정격용량, 선정하시오"라고 하면, 표준값을 적용

예 48.5[kVA]　답 50[kVA]

㉡ "구하라, 계산하시오"라고 하면, 계산값이나 표준값을 적용

예 48.5[kVA]　답 48.5[kVA] 또는 50[kVA]

③ $P = \dfrac{Q \times H}{6.12\eta} \times K$ [kW]

여기서, Q : 유량[m³/min], H : 낙차(양정)[m], η : 효율

15 ★★★★☆ [5점]

전압 22,900[V], 주파수 60[Hz], 선로길이 50[km] 1회선의 3상 지중 송전선로가 있다. 이 지중 전선로의 3상 무부하 충전용량을 구하시오.(단, 케이블의 1선당 작용 정전용량은 0.01[μF/km]라고 한다.)

해답 계산 : $Q_c = 3WCE^2 = 3WC(\frac{V}{\sqrt{3}})^2 = 3 \times 2\pi \times 60 \times 0.01 \times 10^{-6} \times 50 \times \left(\frac{22,900}{\sqrt{3}}\right)^2 \times 10^{-3}$

$= 98.848$[kVA]

답 98.85[kVA]

TIP

① 충전전류 $I_c = \dfrac{E}{\frac{1}{WC}} = WCE = WC\dfrac{V}{\sqrt{3}}$[A] 여기서, E : 상전압　V : 선간전압

② 충전용량 $Q_c = 3E \cdot I_c = 3WCE^2 = WCV^2 \times 10^{-3}$[kVA]

16 ★★☆☆☆ [6점]

정격전압 1차 6,600[V], 2차 210[V], 7.5[kVA]의 단상변압기 2대를 승압기로 V결선하여 6,300[V]의 3상 전원에 접속하였다. 다음 물음에 답하시오.

1 승압된 전압은 몇 [V]인지 계산하시오.

2 3상 V결선 승압기의 결선도를 완성하시오.

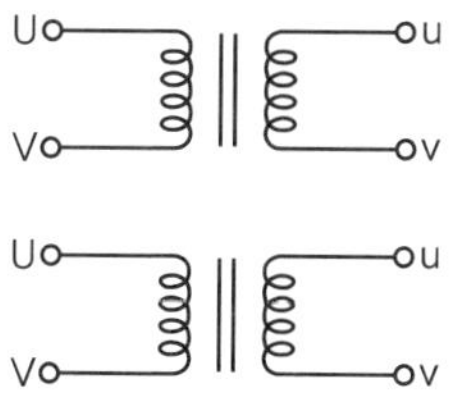

해답 **1** 계산 : 2차 전압 $V_2 = V_1\left(1+\frac{1}{a}\right) = 6{,}300\left(1+\frac{210}{6{,}600}\right) = 6{,}500.45[V]$

답 6,500.45[V]

2

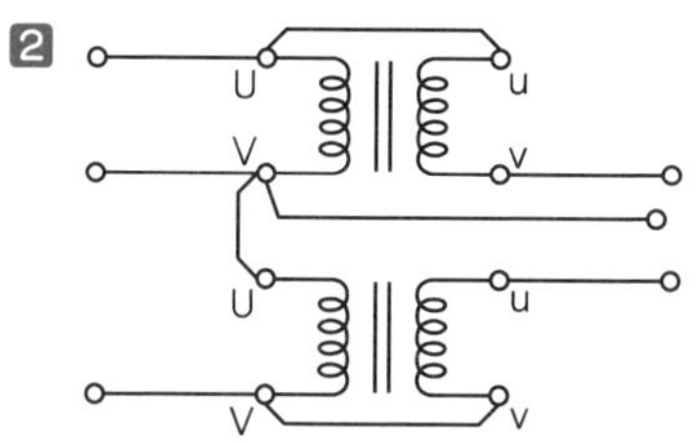

17 ★☆☆☆☆

[8점]

아래의 [요구사항]을 참고하여 미완성 시퀀스회로와 타임차트의 빈칸을 채워 완성하시오. (단, 타이머(T1, T2, T3, T4) 설정시간은 타이머의 한시동작 a(또는 b)접점이 동작된 시간을 의미하며, 아래의 예시를 활용하여 회로를 완성한다.)

[요구사항]

① 전원을 투입하면 주회로 및 제어회로에 전원이 공급된다.

② 푸시버튼스위치 PB1을 누르면 전자접촉기 MC1이 여자, 타이머 T1이 여자, 램프 RL이 점등되며 전동기 M1이 회전한다. 이때 푸시버튼스위치 PB2에 의해 릴레이 X가 여자될 수 있는 상태가 된다.

③ 타이머 T1의 설정시간 후 전자접촉기 MC2가 여자, 타이머 T2가 여자, 램프 GL이 점등되며, 타이머 T1이 소자되고 전동기 M2가 회전한다.

④ 타이머 T2의 설정시간 후 전자접촉기 MC3가 여자, 램프 WL이 점등되며, 타이머 T2가 소자되고 전동기 M3가 회전한다.

⑤ 푸시버튼스위치 PB2를 누르면 릴레이 X가 여자, 타이머 T3, T4가 여자, 전자접촉기 MC3가 소자되며, 램프 WL가 소등되고 전동기 M3가 정지한다.

⑥ 타이머 T3의 설정시간 후 전자접촉기 MC2가 소자되고 램프 GL이 소등되며, 전동기 M2가 정지한다.

⑦ 타이머 T4의 설정시간 후 전자접촉기 MC1이 소자되어 릴레이 X, 타이머 T3, T4가 소자되고 램프 RL이 소등되며, 전동기 M1이 정지한다.

⑧ 운전 중 푸시버튼스위치 PB0를 누르면 전동기의 모든 운동은 정지한다.

⑨ 전동기 운전 중 과전류가 감지되어 EOCR이 동작되면, 모든 제어회로의 전원은 차단되고 램프 YL만 점등된다.

⑩ EOCR을 리셋(RESET)하면 초기상태로 복귀된다.

[예시]

PB	PB	T	T	MC	MC	FR	FR

1 미완성 시퀀스회로의 빈칸을 채워 완성하시오.

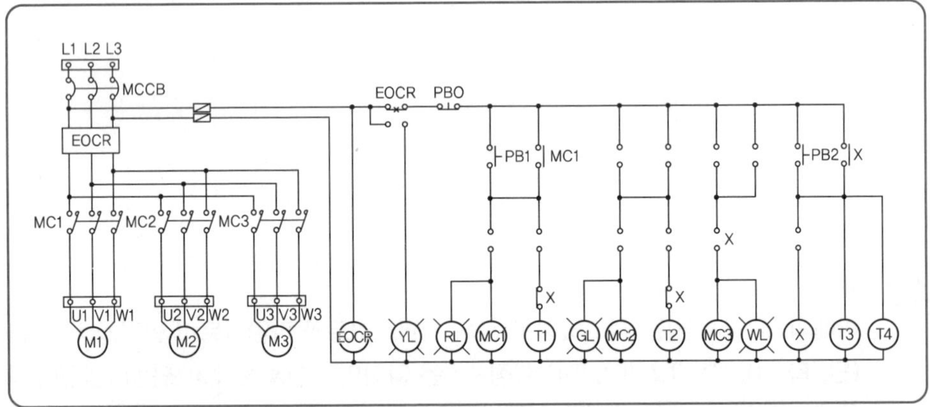

2 미완성 타임차트의 릴레이 X, 전자접촉기 MC1, MC2, MC3의 동작사항을 완성하시오.

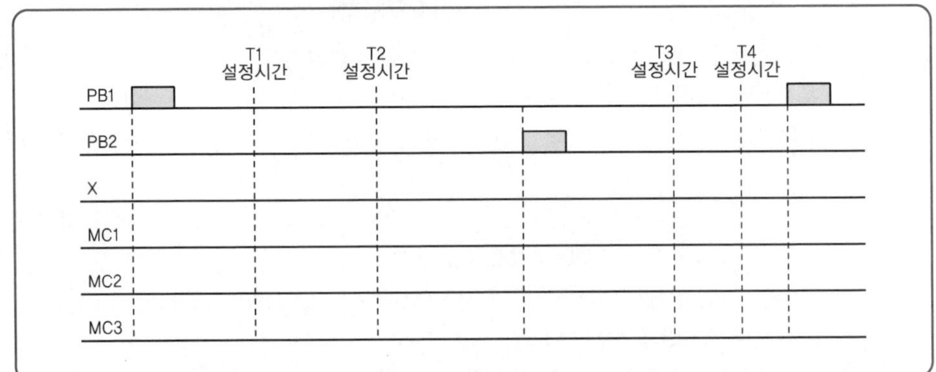

해답 1

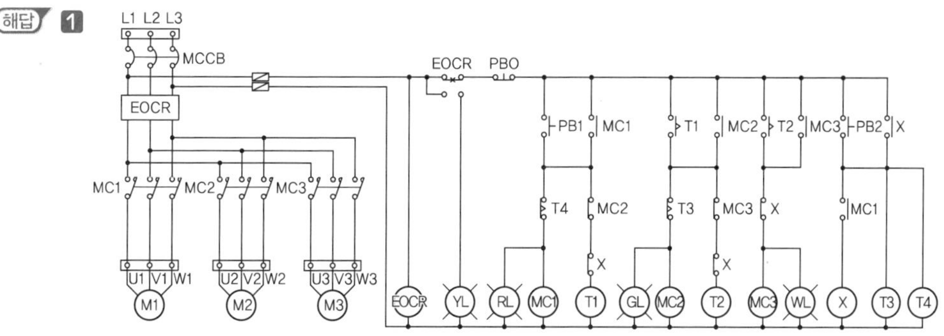

2

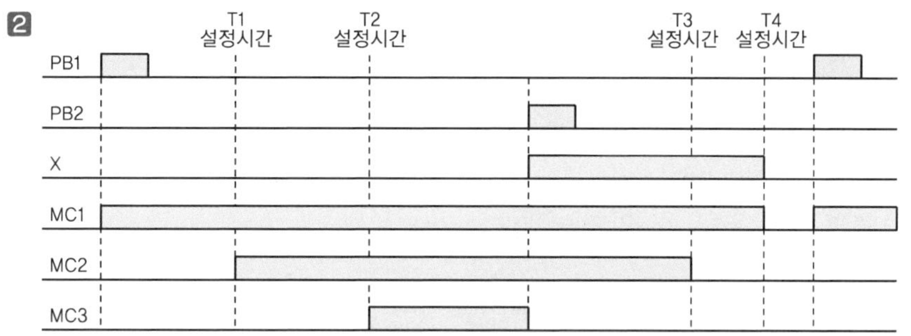

18 ★☆☆☆☆ [5점]

태양광발전 모듈의 조건이 다음과 같을 때 최대출력점에서의 최대출력(P_{MPP})은 몇 [W]인지 구하시오.

[조건]

- 태양광발전 모듈 직렬 구성 수 : 5개
- 태양광발전 모듈 병렬 구성 수 : 2개
- 태양광발전 모듈 개방전압(V_{OC}) : 22[V]
- 태양광발전 모듈 단락전류(I_{SC}) : 5[A]
- 태양광발전 모듈 효율(η) : 15[%]
- 태양광발전 모듈 크기 : (L)1,200[mm]×(W)500[mm]

해답 계산 : 태양광발전 모듈 효율 $\eta = \dfrac{P_{MPP}[W]}{A[m^2] \times S[W/m^2]} \times 100$

$$15(\%) = \frac{P_{MPP}}{(1.2 \times 0.5 \times 5 \times 2) \times 1,000} \times 100$$

$\therefore\ P_{MPP} = 0.15 \times (1.2 \times 0.5 \times 5 \times 2) \times 1,000 = 900[W]$

답 900[W]

↘ 전기기사

2021년도 3회 시험 과년도 기출문제

회독 체크	□1회독	월 일	□2회독	월 일	□3회독	월 일

01 ★★★★☆ [15점]

어느 건물의 가로 32[m], 세로 20[m]의 직접조명에 LED형광등 160[W], 효율 123[lm/W]의 평균조도로 500[lx]를 얻기 위한 광원의 소비전력을 구하려고 한다. 주어진 조건과 참고자료를 이용하여 다음 각 물음에 답하시오.

[조건]

- 천장 반사율 75[%], 벽면의 반사율은 50[%]이다.
- 광원과 작업면의 높이는 6[m]이다.
- 감광보상률의 보수 상태는 양호하다.
- 배광은 직접 조명으로 한다.
- 조명 기구는 금속 반사갓 직부형이다.

1 실지수 표를 이용하여 실지수를 구하시오.

2 실지수 그림을 이용하여 실지수를 구하시오.

3 조명률 표를 이용하여 조명률을 구하시오.

4 필요한 등수를 구하시오.

5 16[A] 분기회로수는 몇 회로인가?(단, 전압은 220[V]이다.)

6 등과 등 사이의 최대 거리는 얼마인가?

7 등과 벽 사이의 최대 거리는 얼마인가?(단, 벽면을 사용하지 않는 것으로 한다.)

8 ▭◯▭의 명칭은?

| 표 1. 조명률, 감광보상률 및 설치 간격 |

번호	배광	조명 기구	감광보상률 (D)	반사율 ρ 천장	0.75			0.50			0.3	
				벽	0.5	0.3	0.1	0.5	0.3	0.1	0.3	0.1
	설치 간격		보수상태 양중부	실지수	조명률 U[%]							
	간 접		전 구	J0.6	16	13	11	12	10	08	06	05
				I0.8	20	16	15	15	13	11	08	07
			1.5 1.7 2.0	H1.0	23	20	17	17	14	13	10	08
	0.80			G1.25	26	23	20	20	17	15	11	10
(1)			형 광 등	F1.5	29	26	22	22	19	17	12	11
				E2.0	32	29	26	24	21	19	13	12
				D2.5	36	32	30	26	24	22	15	14
	0			C3.0	38	35	32	28	25	24	16	15
			1.7 2.0 2.5	B4.0	42	39	36	30	29	27	18	17
	S ≤1.2H			A5.0	44	41	39	33	30	29	19	18

번호	배광 / 설치간격	조명기구	감광보상률(D) / 보수상태 양중부	반사율 ρ 천장	0.75			0.50			0.3	
				벽	0.5	0.3	0.1	0.5	0.3	0.1	0.3	0.1
				실지수	조명률 U[%]							
(2)	반간접		전 구	J0.6	18	14	12	14	11	09	08	07
	0.70			I0.8	22	19	17	17	15	13	10	09
			1.4 1.5 1.7	H1.0	26	22	19	20	17	15	12	10
				G1.25	29	25	22	22	19	17	14	12
				F1.5	32	28	25	24	21	19	15	14
			형광등	E2.0	35	32	29	27	24	21	17	15
	0.10			D2.5	39	35	32	29	26	24	19	18
				C3.0	42	38	35	31	28	27	20	19
			1.7 2.0 2.5	B4.0	46	42	39	34	31	29	22	21
	S ≤1.2H			A5.0	48	44	42	36	33	31	23	22
(3)	전반확산		전 구	J0.6	24	19	16	22	18	15	16	14
	0.40			I0.8	29	25	22	27	23	20	21	19
			1.3 1.4 1.5	H1.0	33	28	26	30	26	24	24	21
				G1.25	37	32	29	33	29	26	26	24
				F1.5	40	36	31	36	31	29	29	26
			형광등	E2.0	45	40	36	40	36	33	32	29
	0.40			D2.5	48	43	39	43	39	36	34	33
				C3.0	51	46	42	45	40	38	37	34
			1.4 1.7 2.0	B4.0	55	50	47	49	45	42	40	37
	S ≤1.2H			A5.0	57	53	49	51	47	44	41	40
(4)	반직접		전 구	J0.6	26	22	19	24	21	18	19	17
	0.25			I0.8	33	28	26	30	26	24	25	23
			1.3 1.4 1.5	H1.0	36	32	30	33	30	28	28	26
				G1.25	40	36	33	36	33	30	30	29
				F1.5	43	39	35	39	35	33	33	31
			형광등	E2.0	47	44	40	43	39	36	36	34
	0.05			D2.5	51	47	43	46	42	40	39	37
				C3.0	54	49	45	48	44	42	42	38
			1.6 1.7 1.8	B4.0	57	53	50	51	47	45	43	41
	S≤H			A5.0	59	55	52	53	49	47	47	43
(5)	직접		전 구	J0.6	34	29	26	32	29	27	29	27
	0			I0.8	43	38	35	39	36	35	36	34
			1.3 1.4 1.5	H1.0	47	43	40	41	40	38	40	38
				G1.25	50	47	44	44	43	41	42	41
				F1.5	52	50	47	46	44	43	44	43
			형광등	E2.0	58	55	52	49	48	46	47	46
	0.75			D2.5	62	58	56	52	51	49	50	49
				C3.0	64	61	58	54	52	51	51	50
			1.4 1.7 2.0	B4.0	67	64	62	55	53	52	52	52
	S≤1.3H			A5.0	68	66	64	56	54	53	54	52

| 표 2. 실지수 기호 |

기호	A	B	C	D	E	F	G	H	I	J
실지수	5.0	4.0	3.0	2.5	2.0	1.5	1.25	1.0	0.8	0.6
범위	4.5 이상	4.5 ~ 3.5	3.5 ~ 2.75	2.75 ~ 2.25	2.25 ~ 1.75	1.75 ~ 1.38	1.38 ~ 1.12	1.12 ~ 0.9	0.9 ~ 0.7	0.7 이하

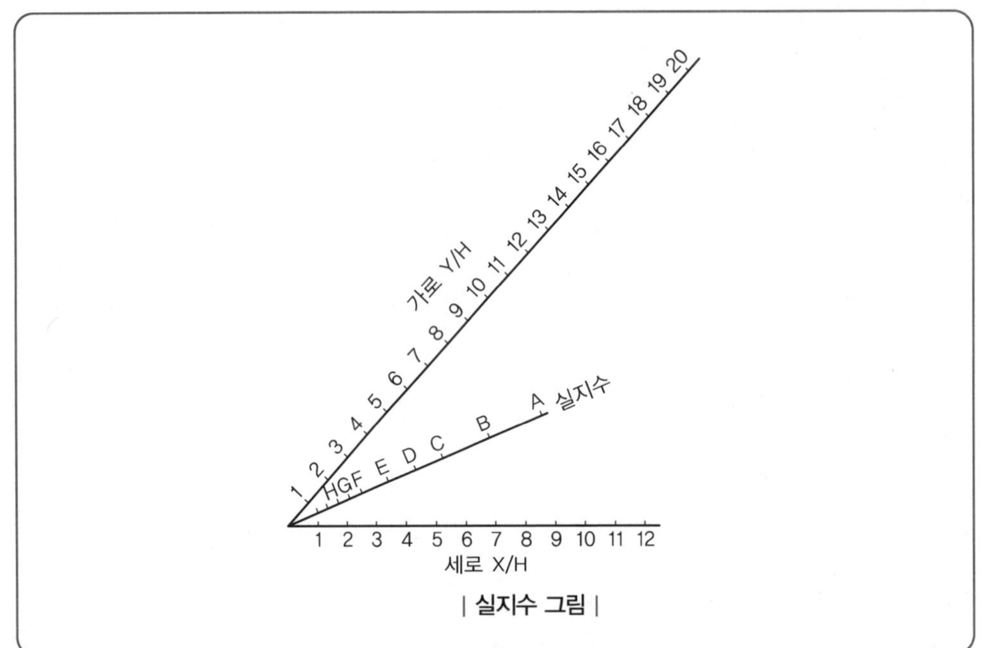

| 실지수 그림 |

해답 **1** $K=\dfrac{XY}{H(X+Y)}=\dfrac{32\times 20}{6(32+20)}=2.05$

∴ 표 2에서 실지수 E(2.0) 선정

답 E(2.0)

2 $\dfrac{Y}{H}=\dfrac{32}{6}=5.33$

$\dfrac{X}{H}=\dfrac{20}{6}=3.33$

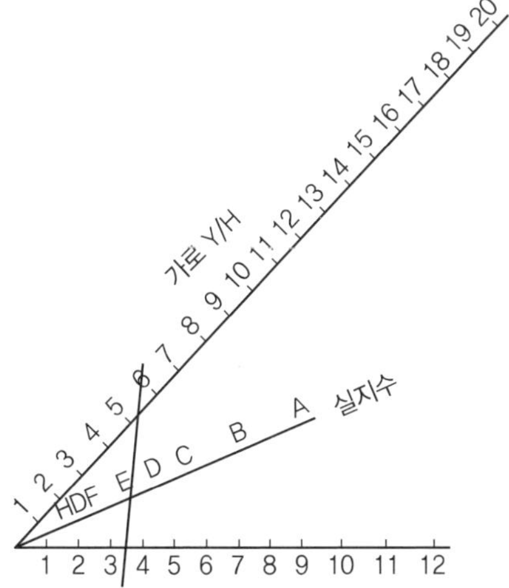

5.33과 3.33이 만나는 곳 실지수 E 선정

답 E

3 표 1의 직접에서 실지수 E2.0과 천장 반사율 75%, 벽반사율 50%의 교차점 58%로 선정

답 58%

4 표 1에서 직접조명의 보수상태 양호의 감광보상률 1.4 선정

계산 : $N = \frac{EAD}{FU} = \frac{500 \times 32 \times 20 \times 1.4}{160 \times 123 \times 0.58} = 39.249$[등]

답 40[등]

5 분기회로수 $N = \frac{\text{부하용량}}{\text{정격전압} \times \text{분기회로전류}} = \frac{40 \times 160}{220 \times 16} = 1.82$[회로]

답 16[A] 2분기회로

6 표 1에서 등과 등 사이 설치 간격 $S \leq 1.3H$이므로 $S \leq 1.3 \times 6$

$\therefore S \leq 7.8$

답 7.8[m]

7 벽면을 사용하지 않을 경우 $S \leq 0.5H$이므로 $S \leq 0.5 \times 6$

$\therefore S \leq 3$

답 3[m]

8 형광등

02 ★★★☆☆ [5점]

송전단 전압이 3,300[V]인 변전소로부터 3[km] 떨어진 곳까지 지중 송전으로 역률 0.8(지상) 1,000[kW]의 3상 동력 부하에 전력을 공급할 때 케이블의 허용전류(또는 안전전류) 범위 내에서 수전단 전압을 3,150[V]로 유지하려고 할 때 케이블을 선정하시오.(단, 도체(동선)의 고유저항은 1.818×10^{-2}[Ω · mm²/m]로 하고 케이블의 정전용량 및 리액턴스 등은 무시한다.)

| 전선의 굵기(mm²) |

95	120	150	225	325

해답 계산 : 전압강하 $e = V_s - V_R = 3{,}300 - 3{,}150 = 150[V]$

$\therefore\ e = \sqrt{3}\,I(R\cos\theta + X\sin\theta)$에서 리액턴스를 무시하면 $e = \sqrt{3}\,IR\cos\theta$

$$\therefore\ R = \frac{e}{\sqrt{3}\,I\cos\theta} = \frac{150}{\sqrt{3}\times\dfrac{1{,}000\times10^3}{\sqrt{3}\times3{,}150\times0.8}\times0.8} = 0.4725[\Omega]$$

$$\therefore\ A = \rho\frac{L}{R} = 1.818\times10^{-2}\times\frac{3{,}000}{0.4725} = 115.43[mm^2]$$

$\therefore$ 120[mm²] 선정

답 120[mm²]

03 ★★★☆☆ [8점]

어느 수용가가 자가용 디젤 발전기 설비를 계획하고 있다. 발전기 용량 산출에 필요한 부하의 종류 및 특성이 다음과 같을 때 주어진 조건과 참고자료를 이용하여 전부하 운전을 하는 데 필요한 발전기 용량[kVA]을 답안지의 빈칸을 채우면서 선정하시오.(단, 수용률을 적용한 [kVA] 합계를 구할 때는 유효분과 무효분을 나누어 구한다.)

[조건]

① 전동기 기동 시에 필요한 용량은 무시한다.
② 수용률 적용(동력) : 최대 입력 전동기 1대에 대하여 100[%], 2대는 80[%], 전등, 기타는 100[%]를 적용한다.
③ 전등, 기타의 역률은 100[%]를 적용한다.

부하의 종류	출력[kW]	극수(극)	대수(대)	적용 부하	기동방법
전동기	37	8	1	소화전 펌프	리액터 기동
	22	6	2	급수 펌프	리액터 기동
	11	6	2	배풍기	Y−Δ 기동
	5.5	4	1	배수 펌프	직입 기동
전등, 기타	50	−	−	비상 조명	−

| 표 1. 저압 특수 농형 2종 전동기(KSC 4202)[개방형 · 반밀폐형] |

정격 출력 [kW]	극수	동기 속도 [rpm]	전부하 특성		기동 전류 I_{st} 각 상의 평균값 [A]	비고		
			효율 η [%]	역률 pf [%]		무부하 전류 I_0 각 상의 전류값 [A]	전부하 전류 I 각 상의 평균값 [A]	전부하 슬립 S [%]
5.5	4	1,800	82.5 이상	79.5 이상	150 이하	12	23	5.5
7.5			83.5 이상	80.5 이상	190 이하	15	31	5.5
11			84.5 이상	81.5 이상	280 이하	22	44	5.5
15			85.5 이상	82.0 이상	370 이하	28	59	5.0
(19)			86.0 이상	82.5 이상	455 이하	33	74	5.0
22			86.5 이상	83.0 이상	540 이하	38	84	5.0
30			87.0 이상	83.5 이상	710 이하	49	113	5.0
37			87.5 이상	84.0 이상	875 이하	59	138	5.0
5.5	6	1,200	82.0 이상	74.5 이상	150 이하	15	25	5.5
7.5			83.0 이상	75.5 이상	185 이하	19	33	5.5
11			84.0 이상	77.0 이상	290 이하	25	47	5.5
15			85.0 이상	78.0 이상	380 이하	32	62	5.5
(19)	6	1,200	85.5 이상	78.5 이상	470 이하	37	78	5.0
22			86.0 이상	79.0 이상	555 이하	43	89	5.0
30			86.5 이상	80.0 이상	730 이하	54	119	5.0
37			87.0 이상	80.0 이상	900 이하	65	145	5.0
5.5	8	900	81.0 이상	72.0 이상	160 이하	16	26	6.0
7.5			82.0 이상	74.0 이상	210 이하	20	34	5.5
11			83.5 이상	75.5 이상	300 이하	26	48	5.5
15			84.0 이상	76.5 이상	405 이하	33	64	5.5
(19)			85.5 이상	77.0 이상	485 이하	39	80	5.5
22			85.0 이상	77.5 이상	575 이하	47	91	5.0
30			86.5 이상	78.5 이상	760 이하	56	121	5.0
37			87.0 이상	79.0 이상	940 이하	68	148	5.0

| 표 2. 자가용 디젤 표준 출력[kVA] |

50	100	150	200	300	4,400

	효율[%]	역률[%]	입력[kVA]	수용률[%]	수용률 적용값[kVA]
37×1					
22×2					
11×2					
5.5×1					
50					
계					

발전기 용량[kVA]

해답

	효율 [%]	역률 [%]	입력 [kVA]	수용률 [%]	수용률 적용값 [kVA]
37×1	87	79	$\frac{37}{0.87\times0.79}=53.83$	100	$53.83\times1=53.83$
22×2	86	79	$\frac{22\times2}{0.86\times0.79}=64.76$	80	$64.76\times0.8=51.81$
11×2	84	77	$\frac{11\times2}{0.84\times0.77}=34.01$	80	$34.01\times0.8=27.21$
5.5×1	82.5	79.5	$\frac{5.5}{0.825\times0.795}=8.39$	100	$8.39\times1=8.39$
50	100	100	50	100	50
계	–	–	–	–	① $53.83\times0.79=42.53$ $53.83\times\sqrt{1-0.79^2}=33$ ② $51.81\times0.79=40.93$ $51.81\times\sqrt{1-0.79^2}=31.765$ ③ $27.21\times0.77=20.95$ $27.21\times\sqrt{1-0.77^2}=17.36$ ④ $8.39\times0.795=6.67$ $8.39\times\sqrt{1-0.795^2}=5.09$ ⑤ 50 $\therefore\sqrt{(42.53+40.93+20.95+6.67+50)^2+(33+31.765+17.36+5.09)^2}$ $=183.175$

답 발전기 용량 : 200[kVA]

TIP

① 입력환산[kVA]= $\frac{\text{출력[kW]}}{\text{역률}\times\text{효율}}$

② 유효분 $P=P\cos\theta$, 무효분 $Q=P\sin\theta$

③ 발전기용량 $G=\sqrt{P^2+Q^2}$

04 ★★★☆☆ [5점]

한국전기설비규정에 따라 공칭 전압이 154[kV]인 중성점 직접 접지식 전로의 절연내력을 시험을 하려고 한다. 시험전압과 시험방법에 대하여 다음 각 물음에 답하시오.

1 절연내력 시험전압(단, 최고전압을 정격전압으로 시험한다.)

2 절연내력 시험방법

해답 1 시험전압 $= 170,000 \times 0.72 = 122,400$[V]

답 122,400[V]

2 전로와 대지 사이에 연속하여 10분간 가한다.

TIP

➤ 전로의 종류 및 시험전압

전로의 종류	시험전압
1. 최대사용전압 7[kV] 이하인 전로	최대사용전압의 1.5배 전압
2. 최대사용전압 7[kV] 초과 25[kV] 이하인 중성점 접지식 전로(중성선을 가지는 것으로서 그 중성선을 다중접지 하는 것에 한한다.)	최대사용전압의 0.92배 전압
3. 최대사용전압 7[kV] 초과 60[kV] 이하인 전로(2란의 것을 제외한다.)	최대사용전압의 1.25배 전압 (10.5[kV] 미만으로 되는 경우는 10.5[kV])
4. 최대사용전압 60[kV] 초과 중성점 비접지식 전로(전위 변성기를 사용하여 접지하는 것을 포함한다.)	최대사용전압의 1.25배 전압
5. 최대사용전압 60[kV] 초과 중성점 접지식 전로(전위 변성기를 사용하여 접지하는 것 및 6란과 7란의 것을 제외한다.)	최대사용전압의 1.1배 전압 (75[kV] 미만으로 되는 경우는 75[kV])
6. 최대사용전압 60[kV] 초과 중성점 직접 접지식 전로(7란의 것을 제외한다.)	최대사용전압의 0.72배 전압
7. 최대사용전압이 170[kV] 초과 중성점 직접 접지식 전로로서 그 중성점이 직접 접지되어 있는 발전소 또는 변전소 혹은 이에 준하는 장소에 시설하는 것	최대사용전압의 0.64배 전압

05 ★★☆☆☆ [5점]

선간전압 200[V], 역률 100[%], 효율 100[%], 용량 200[kVA] 6펄스 3상 UPS에서 전원을 공급할 때 기본파 전류와 제5고조파 전류를 계산하시오.(단, 제5고조파 저감계수 $K_5 = 0.5$이다.)

1 기본파 전류를 구하시오.

2 제5고조파 전류를 구하시오.

해답 1 계산 : 기본파 전류 $I_1 = \frac{P}{\sqrt{3}V} = \frac{200 \times 10^3}{\sqrt{3} \times 200} = 577.35[A]$

답 577.35[A]

2 계산 : 제5고조파 전류 $I_n = \frac{K_n I}{n} = \frac{0.5 \times 577.35}{5} = 57.74[A]$

답 57.74[A]

TIP

고조파 전류 $I_n = \frac{K_n I}{n}$

여기서, I : 기본파 전류, K_n : 고조파 저감계수, n : 고조파 차수

06 ★★☆☆☆ [5점]

어느 자가용 전기설비의 3상 고장전류가 8[kA]이고 CT비가 50/5[A]일 때 변류기의 정격과전류 강도(표준)는 얼마인지 쓰시오.(단, 열적과전류 강도는 40배, 75배, 150배, 300배에서 선정하며, 사고 발생 후 0.2초 이내에 한전 차단기가 동작하는 것으로 한다.)

해답 계산 : 열적과전류 강도 $S = \frac{S_n}{\sqrt{t}}$

여기서, S_n : 정격과전류 강도

t : 통전시간[sec]

$S_n = \sqrt{0.2} \times \frac{8{,}000}{50} = 71.55$배

∴ 정격과전류 강도 75배 선정

답 75배

TIP

정격 1차 전압[kV] / 정격 1차 전류	6.6/3.3	22.9/13.2
60[A] 이하	75배	75배
60[A] 초과 500[A] 미만	40배	40배
500[A] 이상	40배	40배

07 ★★☆☆☆ [8점]

그림과 주어진 조건 및 참고표를 이용하여 3상 단락용량, 3상 단락전류, 차단기의 차단용량 등을 계산하시오.

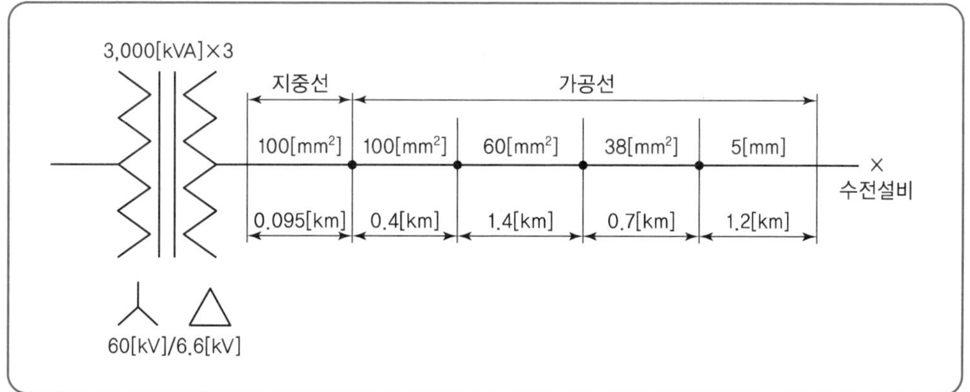

[조건]

수전설비 1차 측에서 본 1상당의 합성임피던스 $\%X_g = 1.5[\%]$이고, 변압기 명판에는 7.4[%]/9,000[kVA](기준용량은 10,000[kVA]이다.)

| 표 1. 유입차단기 전력퓨즈의 정격차단용량 |

정격전압[V]	정격 차단용량 표준치(3상[MVA])						
3,600	10	25	50	(75)	100	150	250
7,200	25	50	(75)	100	150	(200)	250

| 표 2. 가공 전선로(경동선) %임피던스 |

배선 방식	선의 굵기 / %r, %x	%r, %x의 값[%/km]									
		100	80	60	50	38	30	22	14	5[mm]	4[mm]
3상 3선 3[kV]	%r	16.5	21.1	27.9	34.8	44.8	57.2	75.7	119.15	83.1	127.8
	%x	29.3	30.6	31.4	32.0	32.9	33.6	34.4	35.7	35.1	36.4
3상 3선 6[kV]	%r	4.1	5.3	7.0	8.7	11.2	18.9	29.9	29.9	20.8	32.5
	%x	7.5	7.7	7.9	8.0	8.2	8.4	8.6	8.7	8.8	9.1
3상 4선 5.2[kV]	%r	5.5	7.0	9.3	11.6	14.9	19.1	25.2	39.8	27.7	43.3
	%x	10.2	10.5	10.7	10.9	11.2	11.5	11.8	12.2	12.0	12.4

※ 3상 4선식 5.2[kV] 선로에서 전압선 2선, 중앙선 1선인 경우 단락 용량의 계획은 3상 3선식 3[kV] 시에 따른다.

| 표 3. 지중 케이블 전로의 %임피던스 |

배선 방식	선의 굵기 / %r, %x	%r, %x의 값[%/km]										
		250	200	150	125	100	80	60	50	38	30	22
3상 3선 3[kV]	%r	6.6	8.2	13.7	13.4	16.8	20.9	27.6	32.7	43.4	55.9	118.5
	%x	5.5	5.6	5.8	5.9	6.0	6.2	6.5	6.6	6.8	7.1	8.3
3상 3선 6[kV]	%r	1.6	2.0	2.7	3.4	4.2	5.2	6.9	8.2	8.6	14.0	29.6
	%x	1.5	1.5	1.6	1.6	1.7	1.8	1.9	1.9	1.9	2.0	−
3상 4선 5.2[kV]	%r	2.2	2.7	3.6	4.5	5.6	7.0	9.2	14.5	14.5	18.6	−
	%x	2.0	2.0	2.1	2.2	2.3	2.3	2.4	2.6	2.6	2.7	−

※ 3상 4선식 5.2[kV] 전로의 %r, %x의 값은 6[kV] 케이블을 사용한 것으로서 계산한 것이다.
※ 3상 3선식 5.2[kV]에서 전압선 2선, 중앙선 1선의 경우 단락용량의 계산은 3상 3선식 3[kV] 전로에 따른다.

1 수전설비에서의 합성 %임피던스를 계산하시오.
2 수전설비에서의 3상 단락용량을 계산하시오.
3 수전설비에서의 3상 단락전류를 계산하시오.
4 수전설비에서의 정격차단용량을 계산하고, 표에서 적당한 용량을 찾아 선정하시오.

해답 1 계산 : 기준용량을 10,000[kVA]으로 환산하면

- 변압기 : $\%X_t = \frac{10,000}{9,000} \times j\,7.4 = j\,8.22[\%]$
- 지중선 : 표 3에 의해
  $\%Z_l = \%r + j\%x = (0.095 \times 4.2) + j(0.095 \times 1.7) = 0.399 + j0.1615$

• 가공선 : 표 2에 의해

구분		%r	%x
가공선	100[mm²]	0.4×4.1=1.64	0.4×7.5=3
	60[mm²]	1.4×7=9.8	1.4×7.9=11.06
	38[mm²]	0.7×11.2=7.84	0.7×8.2=5.74
	5[mm]	1.2×20.8=24.96	1.2×8.8=10.56
계		44.24	30.36

• 합성 %임피던스 $\%Z = \%Z_g + \%Z_T + \%Z_l$

$= j8.22 + 0.399 + j0.1615 + 44.24 + j30.36 + j1.5$

$= (0.399 + 44.24) + j(8.22 + 0.1615 + 30.36 + 1.5)$

$= 44.639 + j40.2415 = 60.1[\%]$

답 60.1[%]

2 계산 : 단락용량 $P_s = \dfrac{100}{\%Z}P_n = \dfrac{100}{60.1} \times 10{,}000 = 16{,}638.94[\text{kVA}]$

답 16,638.94[kVA]

3 계산 : 단락전류 $I_s = \dfrac{100}{\%Z}I_n = \dfrac{100}{60.1} \times \dfrac{10{,}000}{\sqrt{3} \times 6.6} = 1{,}455.53[\text{A}]$

답 1,455.53[A]

4 계산 : 차단용량$= \sqrt{3} \times$ 정격 전압 $\times$ 정격 차단 전류

$= \sqrt{3} \times 7{,}200 \times 1{,}455.53 \times 10^{-6} = 18.15[\text{MVA}]$

답 25[MVA] 선정

08 ★★★☆☆ [5점]

55[mm²](0.3195[Ω/km]), 전장 6[km]인 3심 전력 케이블의 어떤 중간지점에서 1선 지락 사고가 발생하여 전기적 사고점 탐지법의 하나인 머레이 루프법으로 측정한 결과 그림과 같은 상태에서 평형이 되었다고 한다. 측정점에서 사고지점까지의 거리를 구하시오.

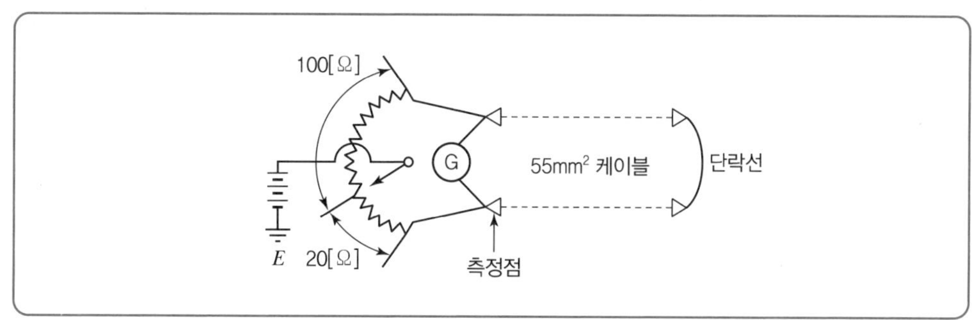

해답 고장점까지의 거리를 x, 전장을 L[km]라 하고 휘스톤 브리지의 원리에 의해

계산 : $20\times(2\times6-x)=100\times x$

$5x=12-x$

$5x+x=12$

$6x=12$

$x=\frac{12}{6}=2[\text{km}]$

답 2[km]

해설

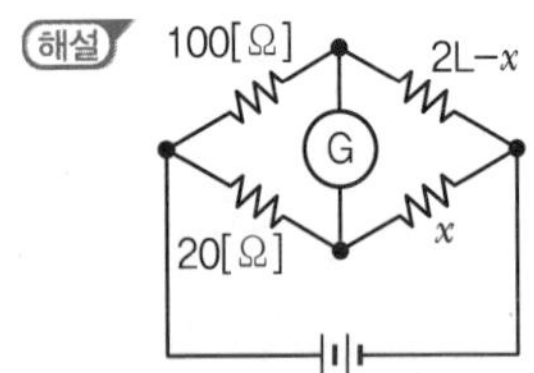

09 ★★☆☆☆ [5점]

자동차단시간을 위한 보호장치의 동작시간이 0.5초이며, 예상 고장전류 실효값이 25[kA]인 경우 보호도체의 최소 단면적을 구하시오.(단, 보호도체, 절연, 기타 부위의 재질 및 초기온도와 최종온도에 따라 정해지는 계수는 159이며, 동선을 사용하는 경우이다.)

해답 계산 : $S=\frac{\sqrt{t}}{K}I_n=\frac{\sqrt{0.5}}{159}\times25{,}000=111.18[\text{mm}^2]$

답 $120[\text{mm}^2]$

TIP

보호도체의 굵기 $S=\frac{\sqrt{t}}{K}I_n[\text{mm}^2]$

여기서, t : 고장계속시간[sec]

I_n : 고장점의 최대지락전류[A]

K : 보호도체의 절연물의 종류 및 주위온도에 따라 정해지는 계수

10 ★☆☆☆☆ [5점]

설계감리원은 필요한 경우 다음 각 호의 문서를 비치하고, 그 세부양식은 발주자의 승인을 받아 설계감리과정을 기록하여야 하며, 설계감리 완료와 동시에 발주자에게 제출하여야 한다. 다음 보기 중 비치하지 않아도 되는 문서 3가지를 고르시오.

[보기]

① 근무상황부
② 설계감리일지
③ 공사예정공정표
④ 설계감리기록부
⑤ 설계자와 협의사항 기록부
⑥ 설계감리 추진현황
⑦ 설계수행계획서
⑧ 설계감리 검토의견 및 조치 결과서
⑨ 설계도서(내역서, 수량산출 및 도면 등)를 검토한 근거서류
⑩ 타 공정 신청서

해답 ③, ⑦, ⑩

11 ★★★☆☆ [4점]

다음 PLC 래더 다이어그램을 이용하여 논리회로를 그리시오.(단, 입력 2개, 출력 1개로 이루어진 AND, OR, NOT 게이트를 조합한다.)

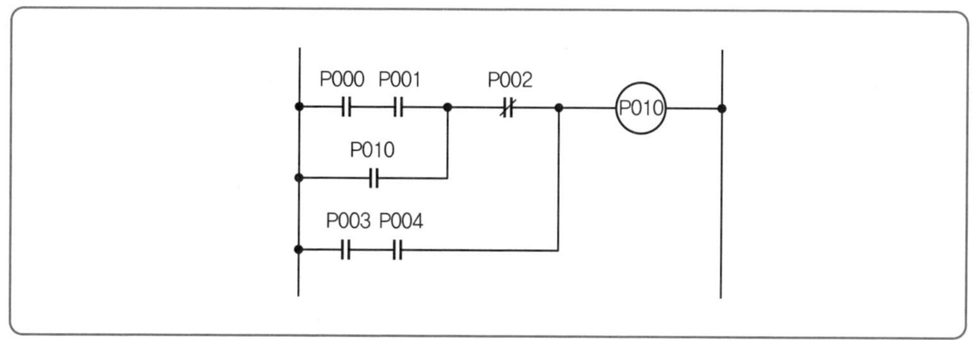

해답

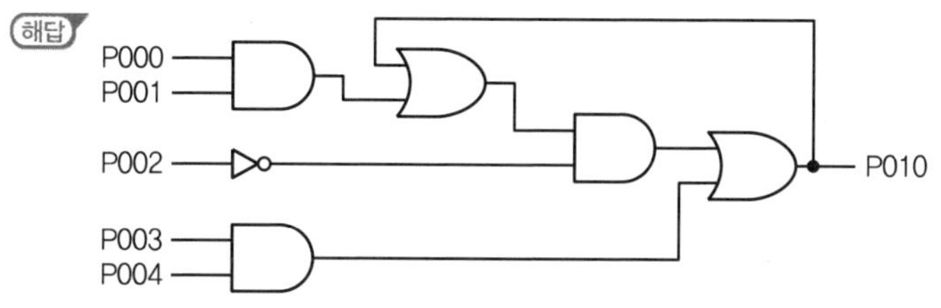

12 ★★★★★ [5점]

전동기 부하를 사용하는 곳의 역률개선을 위하여 회로에 병렬로 역률개선용 저압콘덴서를 설치(Y결선)하여 전동기의 역률을 개선하여 90[%] 이상으로 유지하려고 한다. 다음 물음에 답하시오.

1 정격전압 380[V], 정격출력 18.5[kW], 역률 70[%]인 전동기의 역률을 90[%]로 개선하고자 하는 경우 필요한 3상 콘덴서의 용량[kVA]을 구하시오.

2 물음 "1"에서 구한 3상 콘덴서의 용량[kVA]을 [μF]로 환산한 용량으로 구하시오.(단, 정격주파수는 60[Hz]로 계산한다.)

해답 1 계산 : $Q_c = P\left(\frac{\sqrt{1-\cos\theta_1^{\,2}}}{\cos\theta_1} - \frac{\sqrt{1-\cos\theta_2^{\,2}}}{\cos\theta_2}\right) = 18.5\left(\frac{\sqrt{1-0.7^2}}{0.7} - \frac{\sqrt{1-0.9^2}}{0.9}\right)$

$= 9.91[\text{kVA}]$

답 9.91[kVA]

2 계산 : $C = \frac{Q_c}{2\pi f V^2} = \frac{9.91\times10^3}{2\pi\times60\times380^2}\times10^6 = 182.04[\mu\text{F}]$

답 182.04[μF]

TIP

➤ 충전용량(콘덴서용량)

① Δ결선 $Q_\Delta = 3\omega CE^2 = 3\omega CV^2\times10^{-3}[\text{kVA}]$

② Y결선 $Q_Y = 3\omega CE^2 = 3\omega C(\frac{V}{\sqrt{3}})^2 = \omega CV^2\times10^{-3}\ [\text{kVA}]$

여기서, E : 상전압 V : 선간전압

13 ★☆☆☆☆ [5점]

다음의 계측장비를 주기적으로 교정하고 또한 안전장구의 성능을 적정하게 유지할 수 있도록 시험하여야 한다. 다음 표의 권장 교정 및 시험주기는 몇 년인가?

구분	년
절연저항 측정기	
계전기 시험기	
접지저항 측정기	
절연저항계	
클램프미터	

해답

구분	년
절연저항 측정기	1
계전기 시험기	1
접지저항 측정기	1
절연저항계	1
클램프미터	1

TIP

구분		권장 교정 및 시험주기(년)
계측 장비 교정	계전기 시험기	1
	절연내력 시험기	1
	절연유 내압 시험기	1
	적외선 열화상 카메라	1
	전원품질분석기	1
	절연저항 측정기(1,000[V], 2,000[MΩ])	1
	절연저항 측정기(500[V], 100[MΩ])	1
	회로시험기	1
	접지저항 측정기	1
	클램프미터	1
안전 장구 시험	특고압 COS 조작봉	1
	저압검전기	1
	고압 · 특고압 검전기	1
	고압절연장갑	1
	절연장화	1
	절연안전모	1

14 ★★☆☆☆ [5점]

다음 그림과 같이 높이 2.5[m]인 조명탑을 8[m] 간격을 두고 시설할 때 환기팬 중앙의 P 수평면 조도를 구하시오.(단, 중앙에서 광원으로 향하는 광도는 각각 270[cd]이다.)

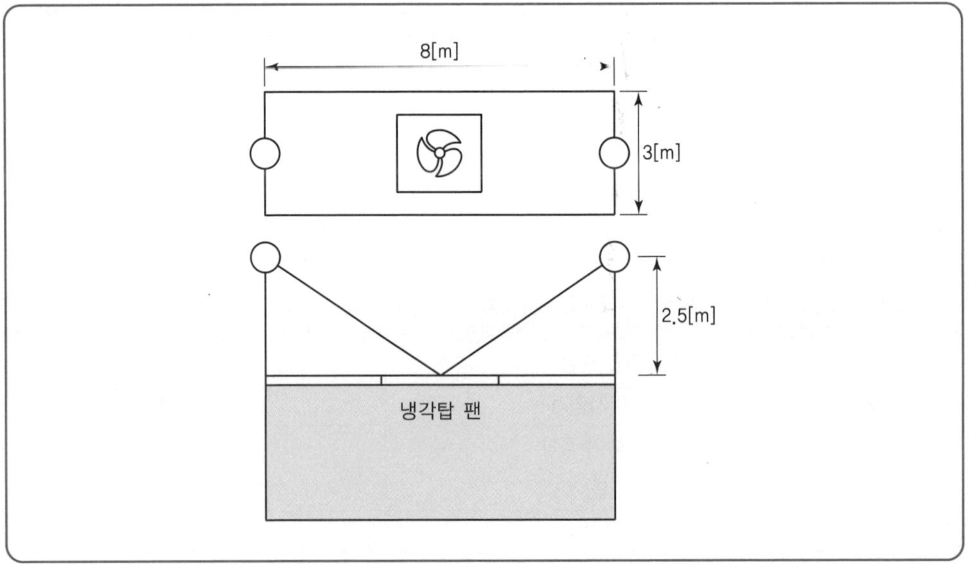

해답 계산 : 수평면 조도 $r = \sqrt{2.5^2 + 4^2} = 4.72[\text{m}]$

$$E_n = \frac{I}{r^2}\cos\theta = \frac{270}{4.72^2} \cdot \frac{2.5}{4.72} \times 2 = 12.86[\text{lx}]$$

답 12.86[lx]

TIP

① 간격이 8[m]이므로 조명탑 팬의 밑면이 4[m]가 된다.
② 램프가 2개이므로 조도는 2배가 된다.

15 ★★☆☆☆ [5점]

△-Y 결선방식의 주 변압기 보호에 사용되는 비율차동계전기의 간략화한 회로도이다. 주 변압기 1차 및 2차 측 변류기(CT)의 미결선된 2차 회로를 완성하시오.

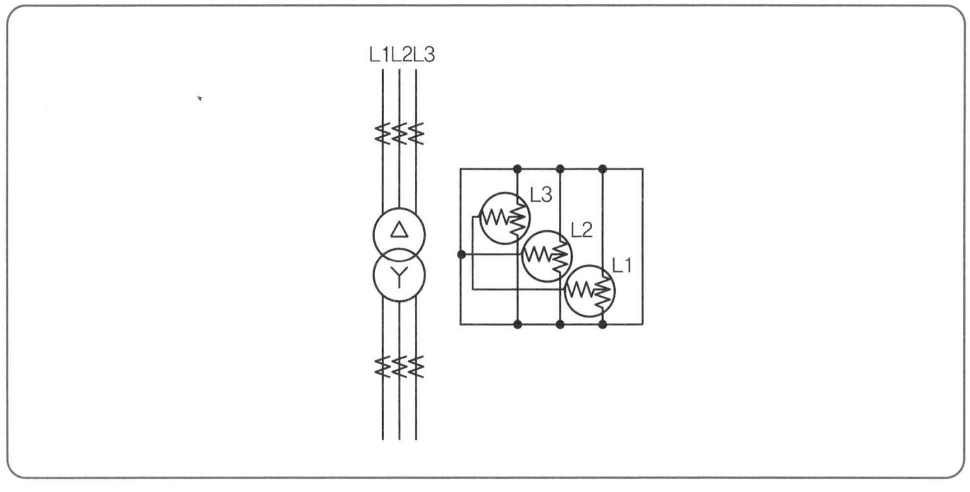

해답

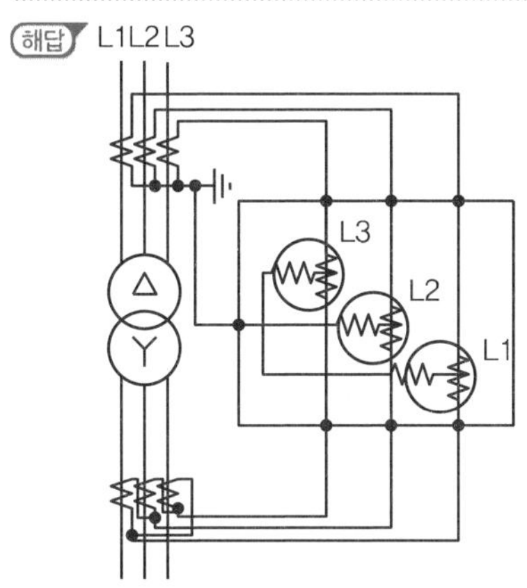

16 ★☆☆☆☆ [5점]

다음 요구사항을 만족하는 주회로 및 제어회로의 미완성 결선도를 완성하시오.(단, 아래의 예시를 참고하여 접점기호와 명칭을 정확히 표시하시오.)

[예시]

PB	PB	T	T	MC	MC	FR	FR

[요구사항]

- 전원을 투입하면 주회로 및 제어회로에 전원이 공급된다.

- 누름버튼스위치 PB1을 누르면 전자접촉기 MC1과 타이머 T1이 여자되고 MC1의 보조접점에 의하여 램프 GL이 점등되며, 이때 M1이 회전한다.
- 누름버튼스위치 PB1을 누른 후 손을 떼어도 MC1은 자기유지되어 전동기 M1은 계속 회전한다.
- 타이머 T1의 설정시간 후,
  - 전자접촉기 MC2와 타이머 T2, 플리커릴레이 FR이 여자되고, MC2의 보조접점에 의하여 램프 RL이 점등되며, 플리커릴레이의 b접점에 의해 램프 YL이 점등되고 이때 전동기 M2가 회전한다.
  - 플리커릴레이 FR의 설정시간 간격으로 램프 YL과 부저 BZ가 교대로 동작한다.
  - MC1과 타이머 T1이 소자되어 램프 GL이 소등되고 전동기 M1은 정지한다.
  - T1이 소자되어도 MC2는 자기유지되어 전동기 M2는 계속 회전한다.
- 타이어 T2의 설정시간 후 MC2와 타이머 T2, 플리커릴레이 FR이 소자되어 램프 RL, 램프 YL이 소등되고, 부저 BZ의 동작이 정지하며, 전동기 M2가 정지한다.
- 운전 중 누름버튼스위치 PB0를 누르면 모든 전동기의 운전은 정지한다.
- 전동기 운전 중 과전류가 감지되어 EOCR이 동작되면, 모든 제어회로의 전원은 차단되고 램프 WL만 점등된다.
- EOCR을 리셋(RESET)하면 초기상태로 복귀된다.

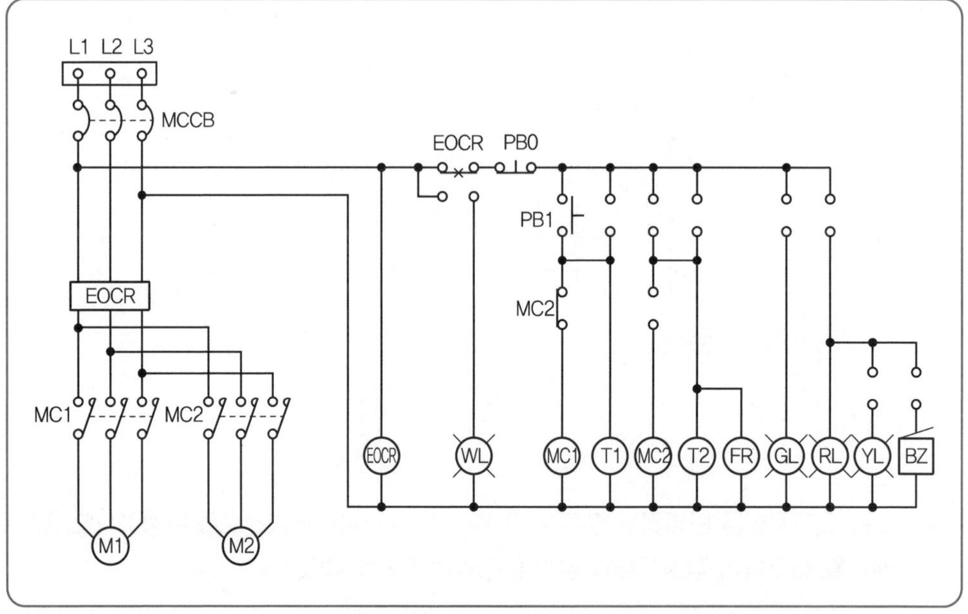

해답

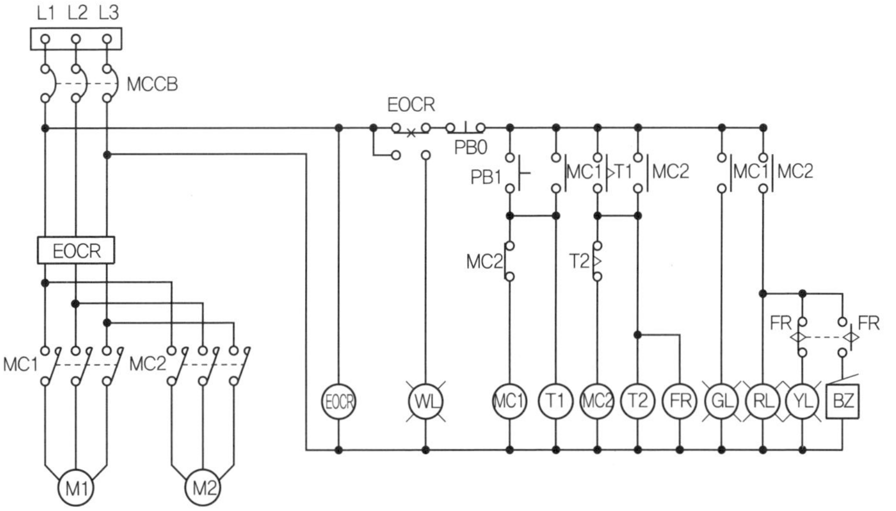

17 ★☆☆☆☆ [5점]

사용전압이 400[V] 이상인 저압 옥내 배선의 기능 여부를 시설장소에 따라 답안지 표의 빈칸에 ○, ×로 표시하시오.(단, ○는 시설장소, ×는 시설 불가능 표시를 의미한다.)

배선 방법	노출장소		은폐장소				옥측 배선	
			점검 가능		점검 불가능			
	건조한 장소	습기가 많은 장소	건조한 장소	습기가 많은 장소	건조한 장소	습기가 많은 장소	우선 내	우선 외
케이블공사	○		○				○	

해답

배선 방법	노출장소		은폐장소				옥측 배선	
			점검 가능		점검 불가능			
	건조한 장소	습기가 많은 장소	건조한 장소	습기가 많은 장소	건조한 장소	습기가 많은 장소	우선 내	우선 외
케이블공사	○	○	○	○	○	○	○	○

memo

ENGINEER ELECTRICITY

2022년 과년도 문제풀이

전기기사

2022년도 1회 시험

과년도 기출문제

회독 체크	□1회독	월 일	□2회독	월 일	□3회독	월 일

01 ★★★☆☆ [11점]

그림은 누전차단기를 적용하는 것으로 CVCF 출력 측의 접지용 콘덴서 $C_0 = 5[\mu F]$이고, 부하 측 라인필터의 대지정전용량 $C_1 = C_2 = 0.1[\mu F]$, 누전차단기 ELB_1에서 지락점까지의 케이블의 대지정전용량 $C_{L1} = 0.2[\mu F]$(ELB_1의 출력단에 지락 발생 예상), ELB_2에서 부하 2까지의 케이블 대지정전용량 $C_{L2} = 0.2[\mu F]$이다. 지락저항은 무시하며, 사용전압은 220[V], 주파수가 60[Hz]인 경우 다음 각 물음에 답하시오.

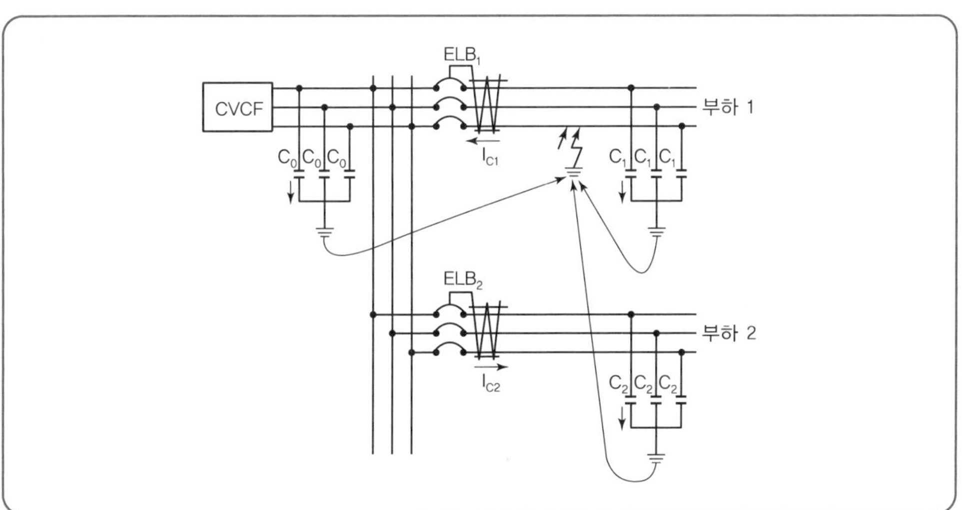

1. 도면에서 CVCF는 무엇인지 우리말로 그 명칭을 쓰시오.
2. 건전 피더(Feeder) ELB_2에 흐르는 지락전류 I_{C2}는 몇 [mA]인가?
3. 누전차단기 ELB_1, ELB_2가 불필요한 동작을 하지 않기 위해서는 정격감도 전류 몇 [mA] 범위의 것을 선정하여야 하는가?(단, 소수점 이하 절사한다.)

   ① ELB_1 ② ELB_2
4. 누전차단기의 시설 예에 대한 표의 빈칸에 ○, △, □를 표현하시오.

기계기구 시설장소 / 전로의 대지전압	옥내: 건조한 장소	옥내: 습기가 많은 장소	옥측: 우선 내	옥측: 우선 외	옥외	물기가 있는 장소
150[V] 이하	−	−	−			
150[V] 초과 300[V] 이하			−			

[조건]

- ELB_1에 흐르는 지락전류 $I_{C1}=3\times 2\pi fCE$에 의하여 계산한다.
- 누전차단기는 지락 시의 지락전류의 $\frac{1}{3}$에 동작 가능하여야 하며, 부동작 전류는 건전피더에 흐르는 지락전류의 2배 이상의 것으로 한다.
- 누전차단기의 시설 예에 대한 표시 기호는 다음과 같다.

○ : 누전차단기를 시설할 것

△ : 주택에 기계기구를 시설하는 경우에는 누전차단기를 시설할 것

□ : 주택구내 또는 도로에 접한 면에 룸에어컨디션, 아이스박스, 진열장, 자동판매기 등 전동기를 부품으로 한 기계기구를 시설하는 경우에는 누전차단기를 시설하는 것이 바람직하다.

* 사람이 조작하고자 하는 기계기구를 시설한 장소보다 전기적인 조건이 나쁜 장소에서 접촉할 우려가 있는 경우에는 전기적 조건이 나쁜 장소에 시설된 것으로 취급한다.

해답 **1** 정전압 정주파수 장치

2 계산 : 지락전류 $I_c=3\omega CE$에서

$$I_{C2}=3\times 2\pi f(C_2+C_{L2})\frac{V}{\sqrt{3}}=3\times 2\pi\times 60\times(0.2+0.1)\times 10^{-6}\times\frac{220}{\sqrt{3}}$$

$$=43.09[mA]$$

답 43.1[mA]

3 ① ELB_1

계산 : $I_{C1}=3\times\omega CE=3\times 2\pi f(C_0+C_{L1}+C_1+C_{L2}+C_2)\times\frac{V}{\sqrt{3}}$

$$=3\times 2\pi\times 60\times(5+0.2+0.1+0.2+0.1)\times 10^{-6}\times\frac{220}{\sqrt{3}}=804.456[mA]$$

$$=804.46[mA]$$

동작전류=지락전류$\times\frac{1}{3}$ 이므로,

$ELB_1=804.46\times\frac{1}{3}=268.15[mA]$ $\quad\therefore$ 268[mA]

부하 1측 cable 지락 시 건전피더의 전류

$$I_{C2}=3\times 2\pi f(C_{L2}+C_2)\times\frac{V}{\sqrt{3}}=3\times 2\pi\times 60(0.2+0.1)\times 10^{-6}\times\frac{220}{\sqrt{3}}$$

$=43.09[mA]$ $\quad\therefore$ 43.1[mA]

부동작 전류=건전피더 지락전류×2이므로,

$ELB_1=43.1\times 2=86.2[mA]$ $\quad\therefore$ 86[mA]

답 ELB_1 정격감도 전류 범위 : 86~268[mA]

② ELB_2

계산 : $I_{C1} = 3 \times \omega CE = 3 \times 2\pi f(C_0 + C_{L1} + C_1 + C_{L2} + C_2) \times \frac{V}{\sqrt{3}}$

$= 3 \times 2\pi \times 60 \times (5 + 0.2 + 0.1 + 0.2 + 0.1) \times 10^{-6} \times \frac{220}{\sqrt{3}} = 804.456[mA]$

$= 804.46[mA]$

동작전류 = 지락전류 × $\frac{1}{3}$ 이므로,

$ELB_2 = 804.46 \times \frac{1}{3} = 268.15[mA]$ $\quad \therefore 268[mA]$

부하 1측 cable 지락 시 건전피더의 전류

$I_{C2} = 3 \times 2\pi f(C_{L2} + C_2) \times \frac{V}{\sqrt{3}} = 3 \times 2\pi \times 60(0.2 + 0.1) \times 10^{-6} \times \frac{220}{\sqrt{3}}$

$= 43.09[mA]$ $\quad \therefore 43.1[mA]$

부동작 전류 = 건전피더 지락전류 × 2이므로,

$ELB_2 = 43.1 \times 2 = 86.2[mA]$ $\quad \therefore 86[mA]$

답 ELB_2 정격감도 전류 범위 : 86 ~ 268[mA]

4

전로의 대지전압 \ 기계기구 시설장소	옥내		옥측		옥외	물기가 있는 장소
	건조한 장소	습기가 많은 장소	우선 내	우선 외		
150[V] 이하	−	−	−	□	□	○
150[V] 초과 300[V] 이하	△	○	−	○	○	○

02 ★★★☆☆ [6점]

다음 각 상의 불평형 전압이 $V_a = 7.3\angle 12.5°$, $V_b = 0.4\angle -100°$, $V_c = 4.4\angle 154°$인 경우 대칭분 V_0, V_1, V_2를 구하시오.

1 V_0 2 V_1 3 V_2

해답 1 V_0 계산 : $V_0 = \frac{1}{3}(7.3\angle 12.5° + 0.4\angle -100° + 4.4\angle 154°)$

$= 1.47\angle 45.11°$

답 $1.47\angle 45.11°[V]$

2 V_1 계산 : $V_1 = \frac{1}{3}(7.3\angle 12.5° + (1\angle 120°) \times 0.4\angle -100° + (1\angle 240°) \times 4.4\angle 154°)$

$= 3.97\angle 20.54°$

답 $3.97\angle 20.54°[V]$

3 V_2 계산 : $V_2 = \frac{1}{3}(7.3\angle 12.5° + (1\angle 240°) \times 0.4\angle -100° + (1\angle 120°) \times 4.4\angle 154°)$

$= 2.52\angle -19.70°$

답 $2.52\angle -19.70°$[V]

TIP

영상분 $V_0 = \frac{1}{3}(V_a + V_b + V_c)$

정상분 $V_1 = \frac{1}{3}(V_a + aV_b + a^2V_c)$

역상분 $V_2 = \frac{1}{3}(V_a + a^2V_b + aV_c)$

$a = 1\angle 120° = -\frac{1}{2} + j\frac{\sqrt{3}}{2}$, $a^2 = 1\angle 240° = -\frac{1}{2} - j\frac{\sqrt{3}}{2}$

03 ★★★★★ [6점]

전압이 22,900[V], 주파수가 60[Hz], 선로길이가 7[km]인 1회선의 3상 지중 송전선로가 있다. 이 지중 전선로의 3상 무부하 충전전류 및 충전용량을 구하시오.(단, 케이블의 1선당 작용 정전용량은 0.4[μF/km]이다.)

1 충전전류

2 충전용량

해답 1 계산 : $I_c = WC\frac{V}{\sqrt{3}} = 2\pi \times 60 \times 0.4 \times 10^{-6} \times 7 \times \left(\frac{22,900}{\sqrt{3}}\right) = 13.956$[A]

답 13.96[A]

2 계산 : $Q_Y = 3WC(\frac{V}{\sqrt{3}})^2 \times 10^{-3} = 3 \times 2\pi \times 60 \times 0.4 \times 10^{-6} \times 7 \times \left(\frac{22,900}{\sqrt{3}}\right)^2 \times 10^{-3}$

$= 553.553$[kVA]

답 553.55[kVA]

TIP

① 충전전류 $I_c = \frac{E}{\frac{1}{WC}} = WCE = WC\frac{V}{\sqrt{3}}$[A]

② 충전용량 $Q_c = 3E \cdot I_c = 3WCE^2 = WCV^2 \times 10^{-3}$[kVA]

여기서, E : 상전압 V : 선간전압

04 ★★★☆☆ [5점]

전선 및 기계기구를 보호하기 위하여 중요한 곳에는 과전류 차단기를 시설하여야 하는데 과전류 차단기의 시설을 제한하고 있는 곳이 있다. 이 과전류 차단기의 시설 제한 개소를 한국전기설비규정에 의해 3가지 쓰시오.

해답 ① 접지 공사의 접지선
② 다선식 전로의 중성선
③ 저압 가공 전선로의 접지 측 전선

05 ★☆☆☆☆ [6점]

그림과 같은 논리 회로의 명칭을 쓰고 진리표를 완성하시오.

1 명칭을 쓰시오.
2 출력식을 쓰시오.
3 진리표를 완성하시오.

A	B	X
0	0	
0	1	
1	0	
1	1	

해답 1 명칭 : 배타적 부정 논리합(Exclusive−NOR=XNOR) 회로

2 출력식

계산 : $X = \overline{A\overline{B} + \overline{A}B} = \overline{A\overline{B}} \cdot \overline{\overline{A}B}$

$= (\overline{A}+B)(A+\overline{B})$

$= \overline{A}A + \overline{A}\,\overline{B} + AB + B\overline{B}$

$= \overline{A}\,\overline{B} + AB$

답 $X = \overline{A}\,\overline{B} + AB$

❸ 진리표

A	B	X
0	0	1
0	1	0
1	0	0
1	1	1

06 ★★☆☆☆

[5점]

단상 변압기에서 전부하 시 2차 전압은 115[V]이고, 전압 변동률은 2[%]이다. 1차 측 단자 전압은 몇 [V]인가?(단, 변압기 권선비는 20 : 1이다.)

해답 계산 : $\varepsilon = \dfrac{V_{20} - V_{2n}}{V_{2n}} \times 100[\%]$

$$V_{20} = \left(1 + \frac{\varepsilon}{100}\right)V_{2n} = \left(1 + \frac{2}{100}\right) \times 115 = 117.3[V] \qquad \therefore\ V_1 = 20 \times 117.3 = 2{,}346[V]$$

답 2,346[V]

07 ★★★★☆

[4점]

최대 수요 전력이 5,000[kW], 부하 역률 0.9, 네트워크(Network) 수전 회선수 4회선, 네트워크 변압기의 과부하율 130[%]인 경우 네트워크 변압기 용량은 몇 [kVA] 이상이어야 하는가?

해답 계산 : 네트워크 변압기 용량 $= \dfrac{\text{최대 수요 전력}}{\text{수전 회선수} - 1} \times \dfrac{100}{\text{과부하율}}[kVA]$

$$= \frac{5{,}000/0.9}{4-1} \times \frac{100}{130} = 1{,}424.50[kVA]$$

답 1,424.5[kVA]

08 ★★☆☆☆

[5점]

50[Hz]로 사용하던 역률개선용 콘덴서를 동일 전압의 60[Hz]로 사용하면 전류는 몇 [%] 증가 또는 감소인가?(단, 인가전압 변동은 없다.)

해답 계산 : 콘덴서에 흐르는 전류는 $I_c = 2\pi fCV$에서 주파수에 비례하므로

$$\frac{60\text{Hz 전류 } I_c'}{50\text{Hz 전류 } I_c} = \frac{60}{50} = \frac{6}{5} = 1.2$$

답 20[%] 증가

09 ★☆☆☆☆ [5점]

설계도서, 법령해석, 감리자의 지시 등이 서로 일치하지 아니하는 경우에 있어 계약으로 그 적용의 우선 순위를 정하지 아니한 때에는 다음의 순서를 원칙으로 한다. 보기의 기호를 순서대로 나열하시오.

ㄱ. 설계도면	ㄴ. 공사시방서
ㄷ. 산출내역서	ㄹ. 전문시방서
ㅁ. 표준시방서	ㅂ. 감리자의 지시사항

해답 ㄴ－ㄱ－ㄹ－ㅁ－ㄷ－ㅂ

TIP

➤ 설계도서 작성기준 중 설계도서 해석의 우선순위

설계도서, 법령해석, 감리자의 지시 등이 서로 일치하지 아니하는 경우에 있어 계약으로 그 적용의 우선 순위를 정하지 아니한 때에는 다음의 순서를 원칙으로 한다.

① 공사시방서	② 설계도면
③ 전문시방서	④ 표준시방서
⑤ 산출내역서	⑥ 승인된 상세시공도면
⑦ 관계법령의 유권해석	⑧ 감리자의 지시사항

10 ★★★☆☆ [4점]

500[kVA]의 변압기에 역률 60[%]의 부하 300[kVA]가 접속되어 있다. 지금 합성 역률을 90[%]로 개선하기 위하여 전력용 커패시터를 접속하면 부하는 몇 [kW] 증가시킬 수 있는가?

해답 계산 : $P_1 = P_a \times \cos\theta_1 = 500 \times 0.9 = 450[kW]$

$P_2 = P_a \times \cos\theta_2 = 500 \times 0.6 = 300[kW]$

$P = 450 - 300 = 150[kW]$

답 150[kW]

11 ★★☆☆☆ [5점]

대지 고유 저항률 400[Ω · m], 직경 19[mm], 길이 2,400[mm]인 접지봉을 전부 매입했다고 한다. 접지저항(대지저항) 값은 얼마인가?

해답 계산 : $R = \dfrac{\rho}{2\pi\ell} \times \ln\dfrac{2\ell}{r}$[Ω]에서 $R = \dfrac{400}{2\pi \times 2.4} \times \ln\dfrac{2 \times 2,400}{\frac{19}{2}} = 165.13[\Omega]$

답 165.13[Ω]

12 ★★★★☆ [4점]

154[kV] 중성점 직접 접지 계통에서 접지계수가 0.75이고, 여유도가 1.1이라면 전력용 피뢰기의 정격전압은 피뢰기 정격전압 중 어느 것을 택하여야 하는가?

| 피뢰기 정격전압(표준치 [kV]) |

126	144	154	168	182	196

해답 계산 : $V = \alpha\beta V_m = 0.75 \times 1.1 \times 170 = 140.25$[kV]

∴ 144[kV] 선정

답 144[kV]

TIP

➤ 퓨즈 · 차단기 · 피뢰기의 정격전압

공칭전압 계통전압 [kV]	퓨즈		차단기		피뢰기		
	퓨즈정격 전압[kV]	최대설계 전압[kV]	정격전압 [kV]	차단시간 [c/s]	정격전압[kV]		공칭 방전전류
					변전소	배전선로	
3.3			3.6		7.5	7.5	
6.6	6.9/7.5	8.25	7.2	5	7.5	7.5	
13.2	15	15.5					
22.9	23	25.8	25.8	5	21	18	2,500A
22			24		24		
66	69	72.5	72.5	5	72		5,000A
154	161	169	170	3	144		10,000A
345			362	3	288		
765			800	2			

22.9[KV-Y] 최대설계전압과 정격전류
ASS : 25.8[kV], 200[A] / LA : 18[kV], 2,500[A] / COS : 25[kV], 100[AF], 8[A]

13 ★☆☆☆☆ [5점]

다음과 같이 제조공장의 부하의 위치와 전력량 표가 주어졌을 경우 부하중심법을 이용하여 부하중심위치(X, Y)를 구하시오.(단, X는 X축 좌표, Y는 Y축 좌표를 의미한다.)

구분	전력량[kWh]	위치좌표 X[m]	위치좌표 Y[m]
물류	120	4	4
유틸리티	60	9	3
사무실	20	9	9
생산라인	320	6	12

해답 계산 : $X = \dfrac{(120 \times 4) + (60 \times 9) + (20 \times 9) + (320 \times 6)}{120 + 60 + 20 + 320} = 6$[m]

$$Y = \frac{(120\times4)+(60\times3)+(20\times9)+(320\times12)}{120+60+20+320} = 9[m]$$

답 X=6[m], Y=9[m]

TIP

$L = \frac{I \cdot \ell}{I} = \frac{W \cdot \ell}{W}$[m]

I : 전류
W : 전력

14 ★★☆☆☆

[9점]

154[kV] 송전계통 변전소에 다음과 같은 정격전압 및 용량을 가진 3권선 변압기가 설치되어 있다. 다음 각 물음에 답하시오.(단, 기타 주어지지 않은 조건은 무시한다.)

1차 입력 154[kV] 1차 용량 100[MVA] $\%X_{12}=9[\%]$(100[MVA] 기준)	2차 입력 66[kV] 2차 용량 100[MVA] $\%X_{23}=3[\%]$(50[MVA] 기준)	3차 입력 23[kV] 3차 용량 50[MVA] $\%X_{13}=8.5[\%]$(50[MVA] 기준)

1 각 권선의 %X를 100[MVA] 기준으로 구하시오.

① $\%X_1$

② $\%X_2$

③ $\%X_3$

2 1차 입력이 100[MVA](역률 90[%] Lead)이고, 3차 측에 전력용 콘덴서 50[MVA]를 설치했을 때 2차 출력[MVA]과 그 역률[%]을 구하시오.

① 2차 출력

② 역률

3 **2**조건으로 운전 중 1차 전압이 154[kV]이면, 2차, 3차 전압을 구하시오.

① 2차 전압

② 3차 전압

해답 **1** $\%X_{12}=9[\%]$, $\%X_{23}=\frac{100}{50}\times3=6[\%]$, $\%X_{13}=\frac{100}{50}\times8.5=17[\%]$

① $\%X_1=\frac{X_{12}+X_{13}-X_{23}}{2}=\frac{9+17-6}{2}=10[\%]$ 답 10[%]

② $\%X_2=\frac{X_{12}+X_{23}-X_{13}}{2}=\frac{9+6-17}{2}=-1[\%]$ 답 −1[%]

③ $\%X_3=\frac{X_{23}+X_{13}-X_{12}}{2}=\frac{6+17-9}{2}=7[\%]$ 답 7[%]

2 ① 2차 출력

계산 : $P_1 = P_a \times \cos\theta = 100 \times 0.9 = 90(MW)$

$Q_1 = P_a \times \sin\theta = 100 \times \sqrt{1-0.9} = -j43.59(MVar)$

$Q_3 = -j50(MVA)$

$\therefore$ 2차 출력$= \sqrt{90^2 - j43.59 - j50} = \sqrt{90^2 + 93.59^2} = 129.84[MVA]$

답 129.84[MVA]

② 역률

계산 : $\cos\theta = \frac{90}{129.84} \times 100 = 69.32[\%]$ 답 69.32[%]

3 ① 2차 전압(V_2)

전압강하율 $\delta = -1\%$

$V_{2S} = (1+\delta)V_{2R} = \left(1 + \frac{-1}{100}\right) \times 66 = 65.34(kV)$ 답 65.34[kV]

② 3차 전압

전압강하율 $\delta = 7\% \times \frac{50}{100} = 3.5\%$

$V_{3S} = (1+\delta)V_{3R} = \left(1 + \frac{3.5}{100}\right) \times 23 = 23.805(kV)$ 답 23.81[kV]

15 ★★☆☆☆ [5점]

다음 부하에 대한 발전기 최소용량[kVA]을 아래 식을 이용하여 산정하시오.(단, 전동기의 기동계수(c)는 2, 전동기의 [kW]당 입력환산계수(α)는 1.45, 발전기의 허용전압강하계수(k)는 1.45이다.)

$$PG_2 \geq [\Sigma P + \Sigma(P_m - P_L) \times \alpha + (P_L \times \alpha \times c)] \times k$$

여기서, PG : 발전기용량

P : 전동기 이외 부하의 입력용량[kVA]

P_m : 전동기 부하용량의 합계[kW]

P_L : 기동용량이 가장 큰 전동기의 부하용량[kW]

α : [kW]당 입력환산계수[kVA]

c : 전동기의 기동계수

k : 발전기의 허용전압강하계수

No.	부하의 종류	부하용량
1	유도전동기 부하	37[kW] 1대
2	유도전동기 부하	10[kW] 5대
3	전동기 이외의 부하의 입력용량	30[kVA]

(해답) 계산 : $PG_2 \geq [\Sigma P + \Sigma(P_m - P_L) \times \alpha + (P_L \times \alpha \times c)] \times k$

$\therefore PG_2 \geq [30 + (87-37) \times 1.45 + (37 \times 1.45 \times 2)] \times 1.45 = 304.21[kVA]$

답 304.21[kVA]

16 ★★★☆☆

[4점]

측정범위 1[mA], 내부저항 20[kΩ]의 전류계에 분류기를 붙여서 6[mA]까지 측정하고자 한다. 몇 [kΩ]의 분류기를 사용하여야 하는지 계산하시오.

(해답) 계산 : $m = \frac{I}{I_a} = \frac{r_a}{R_s} + 1$

$\frac{I}{I_a} - 1 = \frac{r_a}{R_s}$

$\therefore R_s = \frac{r_a}{\frac{I}{I_a} - 1} = \frac{20 \times 10^3}{\frac{6 \times 10^{-3}}{1 \times 10^{-3}} - 1} = 4,000$

답 4[kΩ]

17 ★★☆☆☆

[6점]

다음과 같은 380[V] 선로에 계기용 변압기 2개를 그림과 같이 설치하였다. 전압계 지시값은 얼마인지 각각 구하시오.(단, PT비는 380/110[V]이다.)

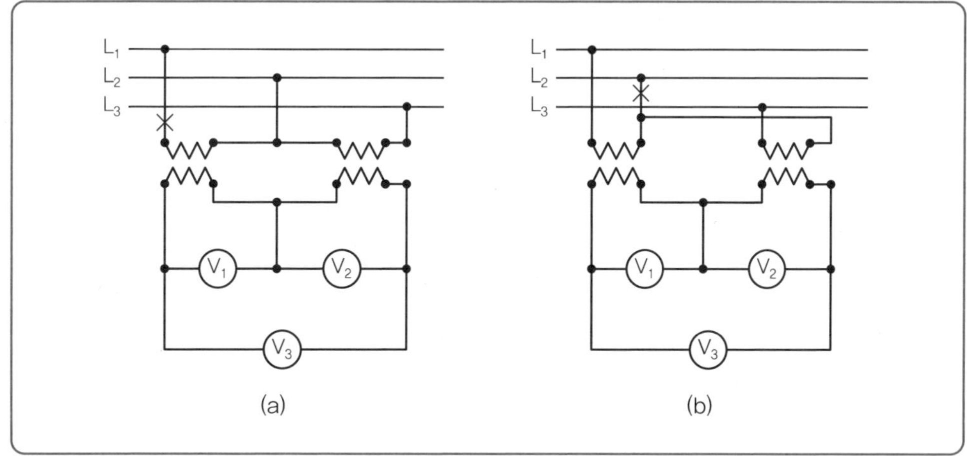

1 그림 (a)의 ×지점에서 단선사고가 발생하였을 경우 전압계 V_1, V_2, V_3의 지시값을 구하시오.

2 그림 (b)의 ×지점에서 단선사고가 발생하였을 경우 전압계 V_1, V_2, V_3의 지시값을 구하시오.

해답 **1** 계산 : $V_1 = 0[V]$ 답 0[V]

계산 : $V_2 = 380 \times \frac{110}{380} = 110[V]$ 답 110[V]

계산 : $V_3 = 0 + 380 \times \frac{110}{380} = 110[V]$ 답 110[V]

2 계산 : $V_1 = 380 \times \frac{1}{2} \times \frac{110}{380} = 55[V]$ 답 55[V]

계산 : $V_2 = 380 \times \frac{1}{2} \times \frac{110}{380} = 55[V]$ 답 55[V]

계산 : $V_3 = 380 \times \frac{1}{2} \times \frac{110}{380} - 380 \times \frac{1}{2} \times \frac{110}{380} = 0[V]$ 답 0[V]

TIP

1 V_1은 단선되어 전압이 0이 된다.

V_2는 정상적으로 $380 \times \frac{110}{380} = 110(V)$

V_3는 $V_3 = V_1 + V_2 = 0 + 110 = 110(V)$

2 V_1, V_2는 1차 측이 직렬(380V)이고 각 전압은 190(V)로 유도되므로 $V_1 = 190 \times \frac{110}{380} = 55(V)$가 되고

V_3는 $V_1 + (-V_2) = 50 - 50 = 0(V)$가 된다.

18 ★★★☆☆ [5점]

다음 논리식에 해당하는 유접점 회로를 그리시오.

• 논리식 : $L = (X + \overline{Y} + Z) \cdot (\overline{X} + Y)$ • 유접점 회로

해답

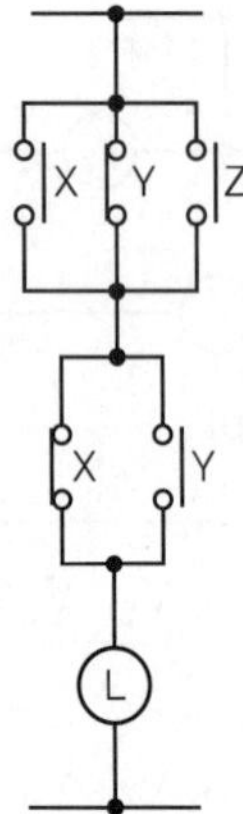

↘ 전기기사

2022년도 2회 시험

과년도 기출문제

회독 체크	□1회독	월 일	□2회독	월 일	□3회독	월 일

2022

01 ★☆☆☆☆ [5점]

안전관리업무를 대행하는 전기안전관리자가 전기설비가 설치된 장소 또는 사업장을 방문하여 실시해야 하는 용량별 점검횟수 및 간격에 해당하는 빈칸을 채우시오.

용량별		점검횟수	점검간격
저압	1~300[kW] 이하	월 1회	20일 이상
	300[kW] 초과	월 2회	10일 이상
고압 이상	1~300[kW] 이하	월 1회	20일 이상
	300[kW] 초과~500[kW] 이하	월 ① 회	② 일 이상
	500[kW] 초과~700[kW] 이하	월 ③ 회	④ 일 이상
	700[kW] 초과~1,500[kW] 이하	월 ⑤ 회	⑥ 일 이상
	1,500[kW] 초과~2,000[kW] 이하	월 ⑦ 회	⑧ 일 이상
	2,000[kW] 초과	월 ⑨ 회	⑩ 일 이상

해답 ① 2 ② 10
③ 3 ④ 7
⑤ 4 ⑥ 5
⑦ 5 ⑧ 4
⑨ 6 ⑩ 3

TIP

➤ 전기안전관리자의 직무에 관한 고시

제4조(점검주기 및 점검횟수) 안전관리업무를 대행하는 전기안전관리자는 전기설비가 설치된 장소 또는 사업장을 방문하여 점검을 실시해야 하며 그 기준은 다음과 같다.

용량별		점검횟수	점검간격
저압	1~300[kW] 이하	월 1회	20일 이상
	300[kW] 초과	월 2회	10일 이상
고압 이상	1~300[kW] 이하	월 1회	20일 이상
	300[kW] 초과~500[kW] 이하	월 2회	10일 이상
	500[kW] 초과~700[kW] 이하	월 3회	7일 이상
	700[kW] 초과~1,500[kW] 이하	월 4회	5일 이상
	1,500[kW] 초과~2,000[kW] 이하	월 5회	4일 이상
	2,000[kW] 초과	월 6회	3일 이상

02 ★★★★☆

[4점]

3상 3선식 배전선로의 말단에 지역률 80[%]인 평형 3상의 말단집중 부하가 있다. 변전소 인출구의 전압이 6,600[V]인 경우 부하의 단자전압을 6,000[V] 이하로 떨어뜨리지 않으려면 부하 전력[kW]은 얼마인가?(단, 전선 1선의 저항은 1.4[Ω], 리액턴스는 1.8[Ω]으로 하고 그 이외의 선로정수는 무시한다.)

해답 계산 : $e = \frac{P}{V}(R + X\tan\theta)$

$$600 = \frac{P}{6{,}000}\left(1.4 + 1.8 \times \frac{0.6}{0.8}\right)$$

답 1,309.09[kW]

TIP

➤ 3상 3선식 전압강하

① $e = \sqrt{3}I(R\cos\theta + X\sin\theta)$ ② $e = \frac{P}{V}(R + X\tan\theta)$

03 ★★★★★

[6점]

폭 15[m]의 무한히 긴 가로의 양측에 간격 20[m]를 두고 대칭배열로 수많은 가로등이 점등되고 있다. 1등당의 전광속은 8,000[lm]으로 그 45[%]가 가로 전면에 방사하는 것으로 하면 가로면의 평균조도는 얼마인가?

해답 계산 : $E = \frac{FU}{\frac{1}{2}BA} = \frac{8{,}000 \times 0.45}{\frac{1}{2} \times 15 \times 20} = 24[lx]$

답 24[lx]

TIP

➤ A : 면적

① 양쪽 배열, 지그재그 배열 : (간격×폭)×$\frac{1}{2}$

② 편측 배열, 중앙 배열 : (간격×폭)

04 ★★★★★ [4점]

수전전압이 6,600[V], 가공전선로의 %임피던스가 58.5[%]일 때 수전점의 3상 단락전류가 8,000[A]인 경우 기준용량과 수전용 차단기의 차단용량은 얼마인가?

차단기의 정격용량[MVA]										
10	20	30	50	75	100	150	250	300	400	500

1 기준용량

2 차단용량

해답 1 기준용량

계산 : $I_s = \frac{100}{\%Z} I_n$ 에서 $I_n = \frac{\%Z}{100} I_s = \frac{58.5}{100} \times 8{,}000 = 4{,}680[A]$

$\therefore\ P_n = \sqrt{3}\, V_n I_n = \sqrt{3} \times 6{,}600 \times 4{,}680 \times 10^{-6} = 53.499[MVA]$

답 53.5[MVA]

2 차단용량

계산 : 단락전류가 8[kA]이므로

$P_s = \sqrt{3}\, V_n I_s = \sqrt{3} \times 7.2 \times 8 = 99.77[MVA]$

표에서 100[MVA] 선정

답 100[MVA]

05 ★★★★☆ [14점]

주어진 도면은 어떤 수용가의 수전발전설비의 단선 결선도이다. 도면과 참고표를 이용하여 물음에 답하시오.

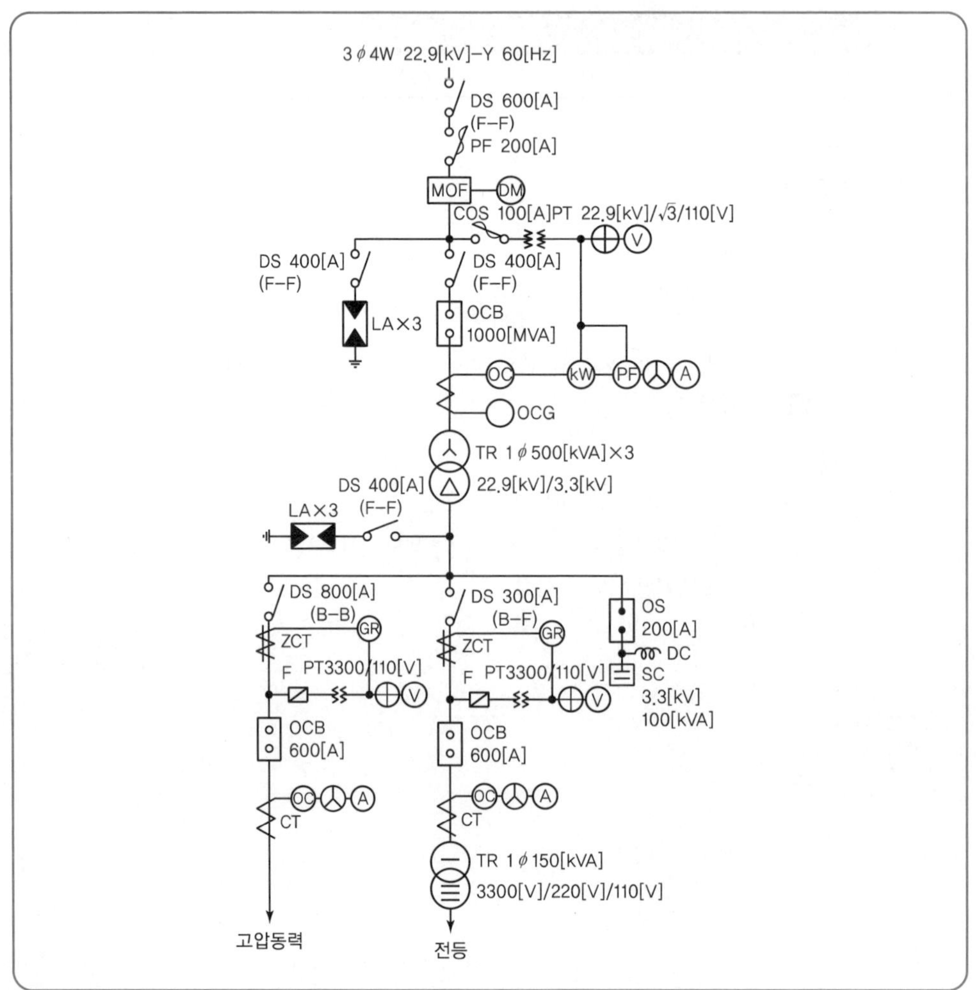

1. 22.9[kV] 측 DS의 정격전압은 몇[kV]인가?
2. ZCT의 기능을 쓰시오.
3. GR의 기능을 쓰시오.
4. MOF에 연결되어 있는 (DM)은 무엇인가?
5. 1대의 전압계로 3상 전압을 측정하기 위한 개폐기를 약호로 쓰시오.
6. 1대의 전류계로 3상 전류를 측정하기 위한 개폐기를 약호로 쓰시오.
7. 22.9[kV] 측 LA의 정격전압은 몇 [kV]인가?
8. PF의 기능을 쓰시오.
9. MOF의 기능을 쓰시오.
10. 차단기의 기능을 쓰시오.

11 SC의 기능을 쓰시오..
12 OS의 명칭을 쓰시오.
13 3.3[kV] 측 차단기에 적힌 전류값 600[A]는 무엇을 의미하는가?

해답 1 25.8[kV]
2 지락(영상)전류를 검출한다.
3 지락전류로부터 차단기를 개방한다.
4 최대 수요 전력량계
5 VS
6 AS
7 18[kV]
8 • 부하전류를 안전하게 통전시킨다.
• 사고전류를 차단하여 전로나 기기를 보호한다.
9 PT와 CT를 조합하여 사용전력량을 측정한다.
10 부하전류 및 사고전류를 차단한다.
11 역률을 개선한다.
12 유입개폐기
13 정격전류

06 ★★★★★ [6점]

지표면상 10[m] 높이에 수조가 있다. 이 수조에 초당 1[m³]의 물을 양수하려고 한다. 여기에 사용되는 펌프 모터에 3상 전력을 공급하기 위하여 단상변압기 2대를 사용하였다. 펌프 효율이 70[%]이고, 펌프축 동력에 20[%]의 여유를 두는 경우 다음 각 물음에 답하시오.(단, 펌프용 3상 농형 유도전동기의 역률은 100[%]로 가정한다.)

1 펌프용 전동기의 소요 동력은 몇 [kW]인가?
2 변압기 1대의 용량은 몇 [kVA]인가?

해답 1 계산 : $P=\dfrac{9.8QHK}{\eta}=\dfrac{9.8\times1\times10\times1.2}{0.7}=168[kW]$

답 168[kW]

2 계산 : $P_V=\sqrt{3}P_1[kVA]$

$$P_1=\frac{168}{\sqrt{3}\times1}=96.99[kVA]$$

답 96.99[kVA]

07 ★★☆☆☆ [4점]

다음 표는 한국전기설비규정에서 정한 전선의 색별표시에 관한 내용이다. 표를 완성하시오.

※ KEC 규정에 따라 변경

상(문자)	색상
L1	①
L2	검정색
L3	②
N	③
보호도체	④

해답

상(문자)	색상
L1	① 갈색
L2	검정색
L3	② 회색
N	③ 파란색
보호도체	④ 녹색 – 노란색

08 ★★★☆☆ [5점]

그림과 같이 전류계 A_1, A_2, A_3, 25[Ω]의 저항 R을 접속하였더니, 전류계의 지시는 $A_1 = 10$[A], $A_2 = 4$[A], $A_3 = 7$[A]이다. 부하의 전력[W]과 역률을 구하면?

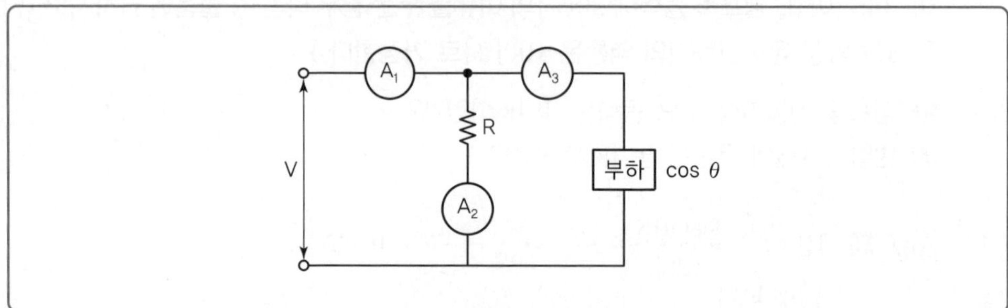

1 부하전력[W]
2 부하역률

해답 1 계산 : $A_1^2 = A_2^2 + A_3^2 + 2A_2A_3\cos\theta$이므로

$$\cos\theta = \frac{A_1^2 - A_2^2 - A_3^2}{2A_2A_3}$$

$$P = VI\cos\theta$$

$$= A_2 \cdot R \cdot A_3 \frac{A_1^2 - A_2^2 - A_3^2}{2A_2A_3}$$

$$=\frac{R}{2}(A_1^2-A_2^2-A_3^2)$$

$$\therefore\ P=\frac{25}{2}\times(10^2-4^2-7^2)=437.5[W]$$

답 437.5[W]

2 계산 : $\cos\theta=\dfrac{A_1^2-A_2^2-A_3^2}{2A_2A_3}$

$$=\frac{10^2-4^2-7^2}{2\times4\times7}\times100=62.5[\%]$$

답 62.5[%]

TIP

$\overrightarrow{A_1}=\overrightarrow{A_2}+\overrightarrow{A_3}$

$A_1^2=A_2^2+A_3^2+2A_2A_3\cos\theta$

- $\cos\theta=\dfrac{A_1^2-A_3^2-A_3^2}{2A_2A_3}$
- $P=VI\cos\theta$

  $=A_2R\times A_3\times\cos\theta=\dfrac{R}{2}(A_1^2-A_2^2-A_3^2)$

09 ★☆☆☆☆ [4점]

다음은 감리의 설계변경 및 계약금액 조정에 관한 내용이다. ( )를 완성하시오.

> 감리원은 설계변경 등으로 인한 계약금액의 조정을 위한 각종서류를 공사업자로부터 제출받아 검토 · 확인한 후 감리업자에게 보고하여야 하며, 감리업자는 소속 비상주감리원에게 검토 · 확인하게 하고 대표자 명의로 발주자에게 제출하여야 한다. 이때 변경 설계도서의 설계자는 (1), 심사자는 (2)이 날인하여야 한다. 다만, 대규모 통합감리의 경우, 설계자는 실제 설계 담당 감리원과 책임감리원이 연명으로 날인하고 변경 설계도서의 표지양식은 사전에 발주처와 협의하여 정한다.

해답 **1** 책임감리원

2 비상주감리원

10 ★★☆☆☆ [6점]

다음 각 상의 불평형 전류가 $I_a = 7.28\angle 15.95°$, $I_b = 12.81\angle -128.66°$, $I_c = 7.21\angle 123.69°$인 경우 대칭분 I_0, I_1, I_2를 구하시오.

1. I_0
2. I_1
3. I_2

해답 1. 영상전류 $I_0 = \frac{1}{3}(I_a + I_b + I_c) = \frac{1}{3}(7.28\angle 15.95° + 12.81\angle -128.66° + 7.21\angle 123.69°)$

$= 1.8\angle -158.17°$

2. 정상전류 $I_1 = \frac{1}{3}(I_a + aI_b + a^2 I_c) = \frac{1}{3}[7.28\angle 15.95° + (1\angle 120°)(12.81\angle -128.66°) + (1\angle 240°)(7.21\angle 123.69°)] = 8.95\angle 1.14°$

3. 역상전류 $I_2 = \frac{1}{3}(I_a + a^2 I_b + aI_c) = \frac{1}{3}[7.28\angle 15.95° + (1\angle 240°)(12.81\angle -128.66°) + (1\angle 120°)(7.21\angle 123.69°)] = 2.51\angle 96.55°$

11 ★★☆☆☆ [5점]

그림과 같이 접속된 3상 3선식 고압 수전설비 변류기 2차 전류가 언제나 4.2[A]이었다. 이때 수전전력은 몇 [kW]인가?(단, 수전전압은 6,600[V], 변류비는 50/5, 역률은 100[%]이다.)

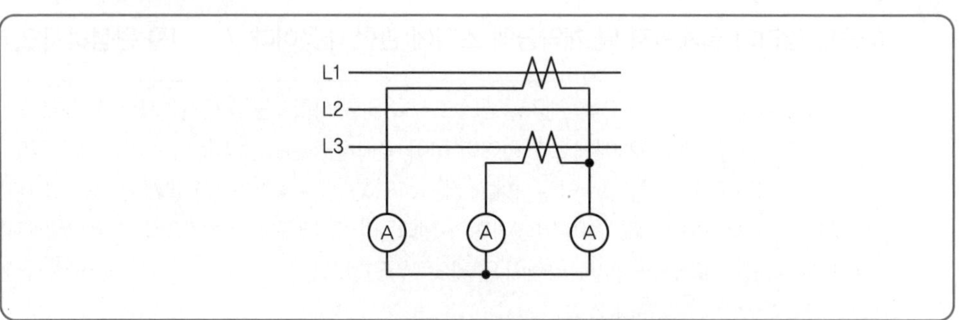

해답 수전전력 : $P = \sqrt{3}\, VI\cos\theta \times 10^{-3}$[kW]

$= \sqrt{3} \times 6{,}600 \times \left(4.2 \times \frac{50}{5}\right) \times 1 \times 10^{-3} = 480.12$[kW]

답 480.12[kW]

12 ★★☆☆☆ [4점]

한국전기설비규정에서 정하는 용어의 정의를 쓰시오.

1 PEL

2 PEM

해답 1 직류회로에서 선도체 겸용 보호도체

2 직류회로에서 중간선 겸용 보호도체

TIP

1 "PEN 도체(Protective Earthing Conductor and Neutral Conductor)"란 교류회로에서 중선선 겸용 보호도체를 말한다.

2 "PEM 도체(Protective Earthing Conductor and a Mid-Point Conductor)"란 직류회로에서 중간선 겸용 보호도체를 말한다.

13 ★★★☆☆ [6점]

어느 단상변압기의 2차 전압 2,300[V], 2차 정격전류 43.5[A], 2차 측에서 본 합성저항이 0.66[Ω], 무부하손 1,000[W]이다. 전부하 시 역률 100[%] 및 80[%]일 때의 효율을 각각 구하시오.

1 전부하 시 역률 100[%]인 경우 효율

2 전부하 시 역률 80[%]인 경우 효율

3 반부하 시 역률 100[%]인 경우 효율

4 반부하 시 역률 80[%]인 경우 효율

해답 1 전부하 시 역률 100[%]인 경우

계산 : $\eta = \dfrac{P\cos\theta}{P\cos\theta + P_i + P_c} \times 100$

$= \dfrac{2{,}300 \times 43.5 \times 1}{2{,}300 \times 43.5 \times 1 + 1{,}000 + 43.5^2 \times 0.66} \times 100 = 97.8[\%]$

답 97.8[%]

2 전부하 시 역률 80[%]인 경우

계산 : $\eta = \dfrac{P\cos\theta}{P\cos\theta + P_i + P_c} \times 100$

$= \dfrac{2{,}300 \times 43.5 \times 0.8}{2{,}300 \times 43.5 \times 0.8 + 1{,}000 + 43.5^2 \times 0.66} \times 100 = 97.27[\%]$

답 97.27[%]

3 반부하 시 역률 100[%]인 경우

계산 : $\eta = \dfrac{\dfrac{1}{2}\mathrm{P}\cos\theta}{\dfrac{1}{2}\mathrm{P}\cos\theta + \mathrm{P_i} + \left(\dfrac{1}{2}\right)^2 \mathrm{P_c}} \times 100$

$= \dfrac{\dfrac{1}{2} \times 2{,}300 \times 43.5 \times 1}{\dfrac{1}{2} \times 2{,}300 \times 43.5 \times 1 + 1{,}000 + \left(\dfrac{1}{2}\right)^2 \times 43.5^2 \times 0.66} \times 100 = 97.44[\%]$

답 97.44[%]

4 반부하 시 역률 80[%]인 경우

계산 : $\eta = \dfrac{\dfrac{1}{2}\mathrm{P}\cos\theta}{\dfrac{1}{2}\mathrm{P}\cos\theta + \mathrm{P_i} + \left(\dfrac{1}{2}\right)^2 \mathrm{P_c}} \times 100$

$= \dfrac{\dfrac{1}{2} \times 2{,}300 \times 43.5 \times 0.8}{\dfrac{1}{2} \times 2{,}300 \times 43.5 \times 0.8 + 1{,}000 + \left(\dfrac{1}{2}\right)^2 \times 43.5^2 \times 0.66} \times 100 = 96.83[\%]$

답 96.83[%]

14 ★★☆☆☆ [6점]

입력 A, B, C에 대한 출력 Y_1, Y_2를 다음의 진리표와 같이 동작시키고자 할 때, 다음 각 물음에 답하시오.

A	B	C	Y1	Y2
0	0	0	0	1
0	0	1	0	1
0	1	0	0	1
0	1	1	0	0
1	0	0	0	1
1	0	1	1	1
1	1	0	1	1
1	1	1	1	0

접속점 표기 방식	
접속	비접속
┼ (점 표시)	┼

1 출력 Y_1, Y_2에 대한 논리식을 간략화하시오.(단, 간략화된 논리식은 최소한의 논리게이트와 접점 사용을 고려한 논리식이다.)

2 1에서 구한 논리식을 논리회로로 나타내시오.

3 1에서 구한 논리식을 시퀀스회로로 나타내시오.

해답 1 $Y_1 = A\overline{B}C + AB\overline{C} + ABC$

$= A\overline{B}C + AB(\overline{C} + C) = A\overline{B}C + AB = A(\overline{B}C + B) = A(B + C)$

$$Y_2 = \overline{A}\,\overline{B}\,\overline{C} + \overline{A}\,\overline{B}\,C + \overline{A}\,B\,\overline{C} + A\,\overline{B}\,\overline{C} + A\,\overline{B}\,C + A\,B\,\overline{C}$$
$$= \overline{A}\,\overline{B}(\overline{C}+C) + A\overline{B}(\overline{C}+C) + B\overline{C}(\overline{A}+A)$$
$$= \overline{A}\,\overline{B} + A\overline{B} + B\overline{C} = \overline{B}(\overline{A}+A) + B\overline{C} = \overline{B} + B\overline{C} = \overline{B} + \overline{C}$$

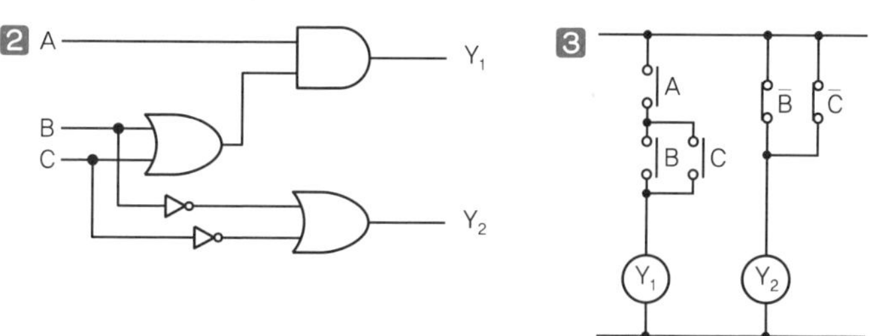

15 ★★★★☆

[4점]

어느 수용가의 주어진 조건이 다음과 같을 때 합성최대전력[kW]을 구하시오.

전력[kW]	10	20	20	30
수용률[%]	80	80	60	60
부등률	1.3			

해답 계산 : 합성최대전력 $= \dfrac{\text{설비용량} \times \text{수용률}}{\text{부등률}}$

$$= \frac{10 \times 0.8 + 20 \times 0.8 + 20 \times 0.6 + 30 \times 0.6}{1.3} = 41.538 = 41.54[\text{kW}]$$

답 41.54[kW]

16 ★★★★☆

[8점]

변압기용량이 5,000[kVA]에 5,000[kVA]의 역률 0.75(지상)가 연결되어 있다. 여기에 커패시터를 병렬로 연결하여 역률을 개선할 때 다음 물음에 답하시오.

1. 커패시터 1,000[kVA] 추가 시 개선된 역률을 구하시오.
2. 커패시터 설치 후, 역률 80[%]의 부하를 증설할 때 변압기 전용량까지 증설할 수 있는 최대부하[kW]는 얼마인가?
3. 부하가 추가되었을 때 종합역률을 구하시오.

해답 1 계산 : 유효전력 : $P = P_a \times \cos\theta = 5{,}000 \times 0.75 = 3{,}750[\text{kW}]$

커패시터 설치 후 무효전력 $Q = P_a \times \sin\theta - Q_c = 5{,}000 \times \sqrt{1-0.75^2} - 1{,}000$
$= 2{,}307.19[\text{kVar}]$

$$\therefore \text{역률 } \cos\theta = \frac{3{,}750}{\sqrt{3{,}750^2 + 2{,}307.19^2}} \times 100 = 85.17[\%]$$

답 85.17[%]

2 계산 : $5,000 = \sqrt{P^2 + Q^2}$

$5,000 = \sqrt{(3,750 + 0.8P_a)^2 + (2,307.19 + 0.6P_a)^2}$

$P_a = 599.32[kVA]$

최대부하 $P = 599.32 \times 0.8 = 479.456[kW]$

답 479.46[kW]

3 계산 : 합성역률$= \dfrac{3,750 + 479.46}{5,000} \times 100 = 84.589[\%]$

답 84.59[%]

17 ★★☆☆☆ [4점]

다음 유접점 회로의 논리식을 쓰고 무접점 회로를 그리시오.

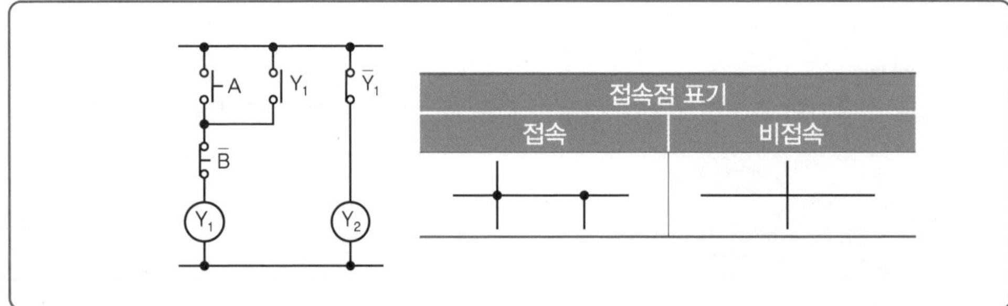

접속점 표기	
접속	비접속

1 논리식
2 무접점 회로

해답 1 $Y_1 = (A + Y_1)\overline{B}$

$Y_2 = \overline{Y_1}$

2

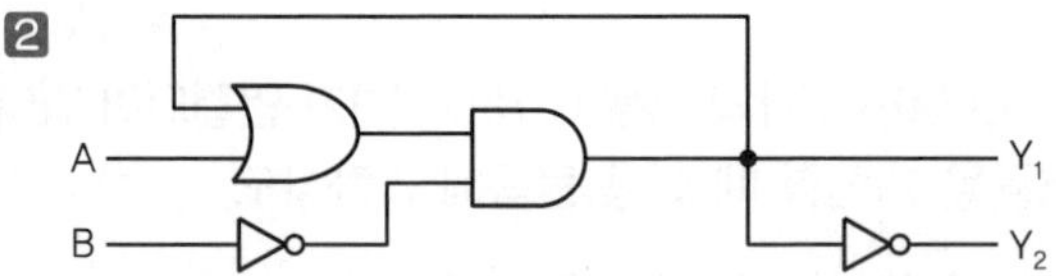

18 ★★★☆☆ [5점]

그림과 같은 전력계통이 있다. 각 계통의 %임피던스는 그림과 같으며, 10[MVA] 기준으로 환산된 것이다. a차단기의 차단용량은 얼마인가?

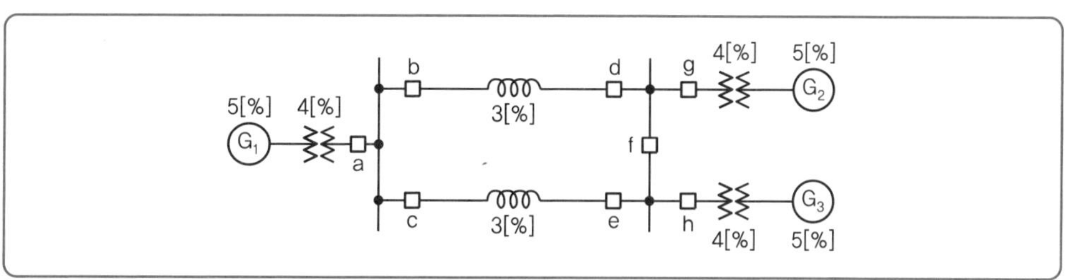

해답 ① G_1 발전기로부터 a점으로 흐르는 고장전류에 의한 차단기 용량

$\%Z = 5 + 4 = 9[\%]$

$P_s = \dfrac{100}{\%Z}P = \dfrac{100}{9} \times 10 = 111.11[\text{MVA}]$

② G_2, G_3 발전기로부터 흐르는 고장전류에 의한 차단기 용량

$\%Z = \dfrac{4+5}{2} + \dfrac{3}{2} = 6[\%]$

$P_s = \dfrac{100}{\%Z}P = \dfrac{100}{6} \times 10 = 166.67[\text{MVA}]$

∴ 166.67[MVA] 선정

답 166.67[MVA]

전기기사

2022년도 3회 시험 과년도 기출문제

회독 체크	□1회독	월 일	□2회독	월 일	□3회독	월 일

01 ★★★☆☆ [9점]

다음 그림과 같은 사무실이 있다. 이 사무실의 평균조도를 200[lx]로 하고자 할 때 다음 각 물음에 답하시오.

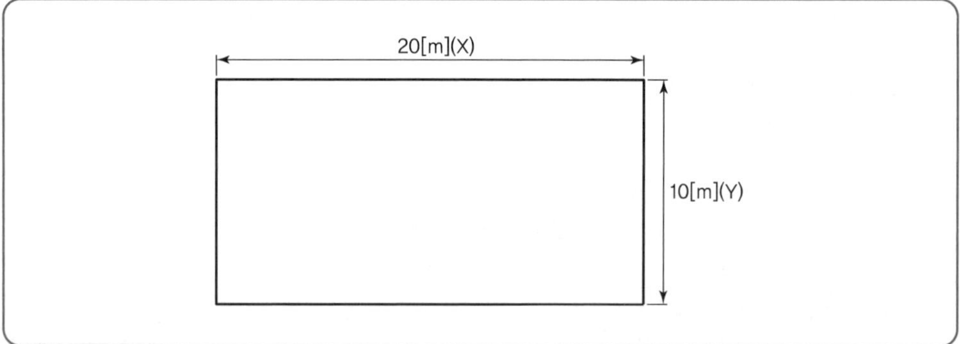

1 여기에 필요한 형광등의 개수를 구하시오.

[조건]
- 형광등은 40[W]를 사용한다.
- 광속은 형광등 40[W]에서 2,500[lm]으로 한다.
- 조명률은 0.6으로 한다.
- 감광보상률은 1.2로 한다.

2 등기구를 배치하시오.

[조건]
- 기둥은 없는 것으로 한다.
- 가장 경제적인 것으로 한다.
- 간격은 등기구 센터를 기준으로 한다.
- 등기구는 ○으로 표현한다.

3 등 간의 간격과 최외각에 설치된 등기구와 건물 벽 간의 간격(A, B, C, D)은 각각 몇 [m]인가?

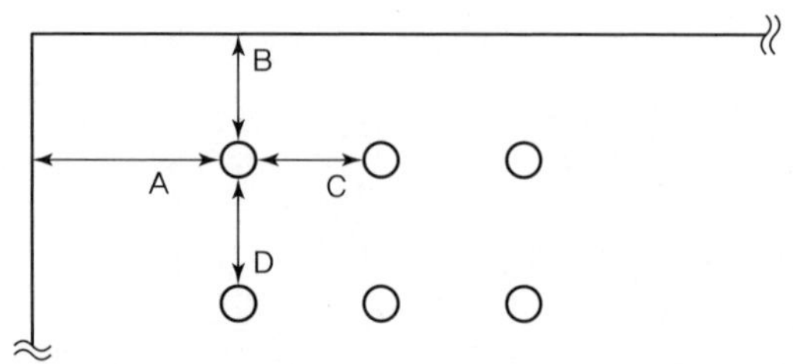

4 만일 주파수 60[Hz]에 사용하는 형광방전등을 50[Hz]에서 사용한다면 광속과 점등시간은 어떻게 변화되는가?(단, 증가, 감소, 빠름, 느림 등으로 표현할 것)

5 양호한 전반 조명이라면 등 간격은 등 높이의 몇 배 이하로 해야 하는가?

해답 1 계산 : $N = \dfrac{DEA}{FU} = \dfrac{1.2 \times 200 \times (10 \times 20)}{2,500 \times 0.6} = 32$[등]

답 32[등]

2

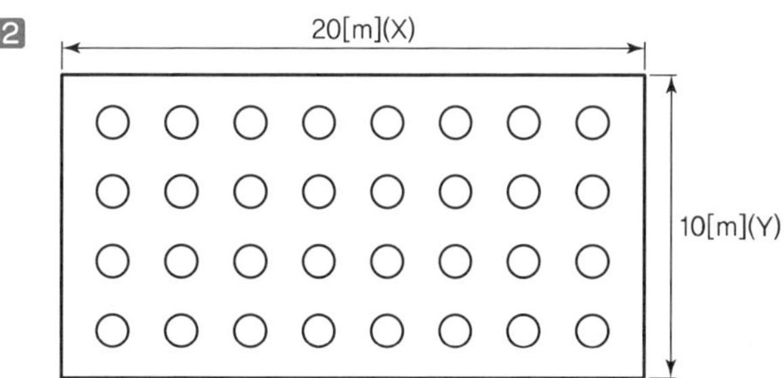

3 • A : 1.25[m]　• B : 1.25[m]
• C : 2.5[m]　• D : 2.5[m]

4 • 광속 : 증가
• 점등시간 : 느림

5 1.5배

02 ★★★★★ [4점]

어떤 부하에 그림과 같이 접속된 전압계, 전류계 및 전력계의 지시가 각각 $V = 220$[V], $I = 25$[A], $W_1 = 5.6$[kW], $W_2 = 2.4$[kW]이다. 이 부하에 대하여 다음 각 물음에 답하시오.

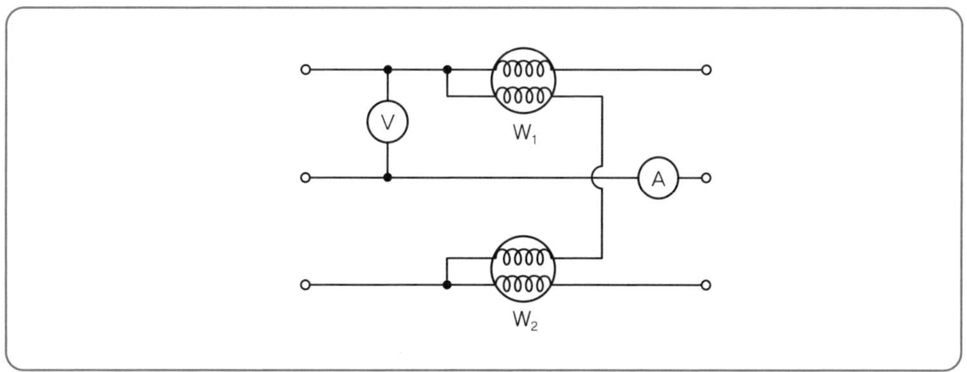

1 소비전력은 몇 [kW]인가?

2 부하역률은 몇 [%]인가?

해답 1 계산 : 소비전력 $P = W_1 + W_2 = 5.6 + 2.4 = 8[kW]$

답 8[kW]

2 계산 : 역률 $\cos\theta = \frac{P}{P_a} = \frac{8}{\sqrt{3} \times 220 \times 25 \times 10^{-3}} \times 100 = \frac{8}{9.53} \times 100 = 83.95[\%]$

답 83.95[%]

03 ★★★★☆ [6점]

다음 논리회로를 보고 물음에 답하시오.

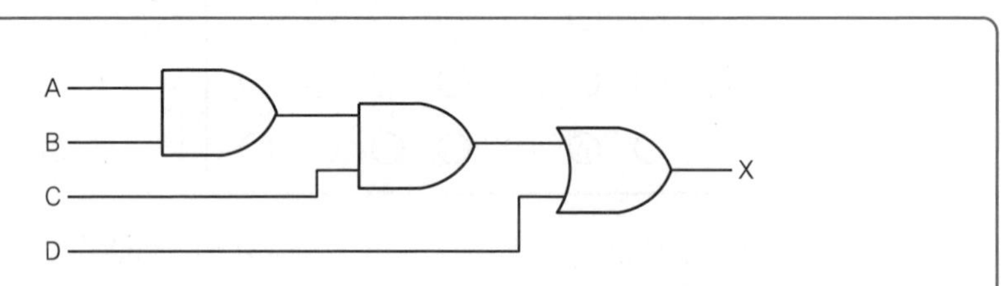

1 논리식을 작성하시오.

2 유접점회로로 나타내시오.

해답 1 $X = ABC + D$

2

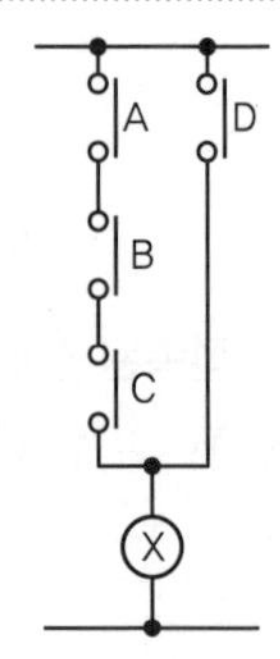

04 ★★☆☆☆

[8점]

5[km]의 3상 3선식 배전선로의 말단에 1,000[kW], 역률 80[%](지상)의 부하가 접속되어 있다. 지금 전력용 콘덴서로 역률이 95[%]로 개선되었다면 이 선로의 전압강하와 전력손실은 역률 전의 몇 [%]로 되겠는가?(단, 선로의 임피던스는 1선당 0.3+j0.4[Ω/km]라 하고 부하전압은 6,000[V]로 일정하다고 한다.)

1 전압강하

2 전력손실

해답 1 계산 : $e = \dfrac{P}{V}(R + X\tan\theta)$

- 개선 전 : $e = \dfrac{1{,}000 \times 10^3}{6{,}000}\left(0.3 \times 5 + 0.4 \times 5 \times \dfrac{0.6}{0.8}\right) = 500[V]$
- 개선 후 : $e = \dfrac{1{,}000 \times 10^3}{6{,}000}\left(0.3 \times 5 + 0.4 \times 5 \times \dfrac{\sqrt{1-0.95^2}}{0.95}\right) = 359.56[V]$

$\dfrac{359.56}{500} \times 100 = 71.912[\%]$

답 71.91[%]

2 계산 : $P_L = 3I^2R = \dfrac{P^2R}{V^2\cos^2\theta}[W]$

$P_L \propto \dfrac{1}{\cos^2\theta} = \dfrac{0.8^2}{0.95^2} \times 100 = 70.914[\%]$

답 70.91[%]

05 ★★★★☆

[5점]

최대출력 400[kW], 일부하율 40[%], 중유의 발열량 9,600[kcal/L], 열효율 36[%]일 때 하루 동안의 연료소비량[L]은 얼마인가?

해답 계산 : $\eta = \dfrac{860W}{mH} \times 100[\%]$

$m = \dfrac{860 \times 400 \times 0.4 \times 24}{0.36 \times 9{,}600} = 955.56[L]$

답 955.56[L]

06 ★★★☆☆ [4점]

어느 기간 중에서의 수용가의 최대수요전력[kW]과 그 수용가가 설치하고 있는 설비용량의 합계[kW]와의 비를 말하는 것은 무엇인가?

해답 수용률

TIP

$$수용률 = \frac{최대수용전력[kW]}{설비용량[kW]} \times 100$$

07 ★★★☆☆ [6점]

정격전압이 같은 두 변압기가 병렬로 운전 중이다. A변압기의 정격용량은 20[kVA], %임피던스는 4[%]이고 B변압기의 정격용량은 75[kVA], %임피던스는 5[%]일 때 다음 각 물음에 답하시오. [단, 변압기 A, B의 내부저항과 누설리액턴스비는 같다. ($R_a/X_a = R_b/X_b$)]

1. 2차 측의 부하용량이 60[kVA]일 때 각 변압기가 분담하는 전력은 얼마인가?
   ① A변압기
   ② B변압기

2. 2차 측의 부하용량이 120[kVA]일 때 각 변압기가 분담하는 전력은 얼마인가?
   ① A변압기
   ② B변압기

3. 변압기가 과부하되지 않는 범위 내에서 2차 측 최대부하용량은 얼마인가?

해답 1 계산 : 분담용량 $\frac{P_a}{P_b} = \frac{P_A}{P_B} \times \frac{\%Z_B}{\%Z_A} \rightarrow \frac{20}{75} \times \frac{5}{4} = \frac{1}{3}$

$a변압기 = 60 \times \frac{1}{4} = 15[kVA]$

$b변압기 = 60 \times \frac{3}{4} = 45[kVA]$

답 ① 15[kVA], ② 45[kVA]

2 계산 : $\frac{P_a}{P_b} = \frac{1}{3}$에서 부하용량 120[kVA]일 때

$a변압기 = 120 \times \frac{1}{4} = 30[kVA]$

$b변압기 = 120 \times \frac{3}{4} = 90[kVA]$

답 ① 30[kVA], ② 90[kVA]

❸ 계산 : $\frac{P_b}{P_a} = \frac{3}{1} \times 20 = 60$[kVA]

a변압기 용량 20+b변압기 용량 60=80[kVA]

답 80[kVA]

TIP

$\frac{P_a}{P_b} = \frac{1}{3}$ 에서 a변압기 정격용량이 20[kVA]이고 b변압기 정격용량이 75[kVA]에서

a변압기 용량을 줄이면 과부하가 걸리므로 b변압기 용량을 줄여 합성용량을 구한다.

08 ★★★★☆ [4점]

무접점 논리회로에 대응하는 유접점회로를 그리고, 논리식으로 표현하시오.

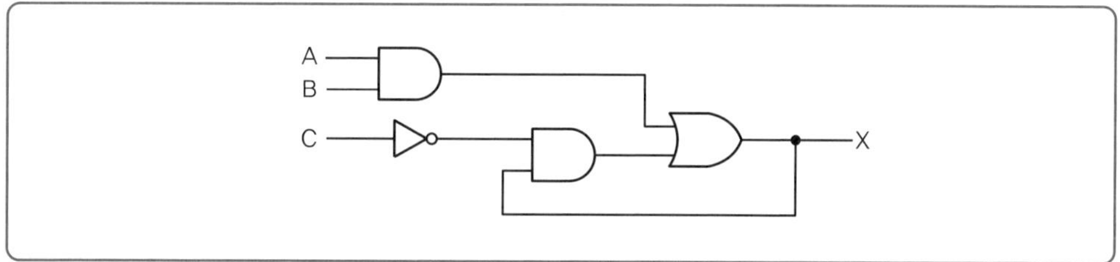

❶ 유접점회로

❷ 논리식

해답 ❶

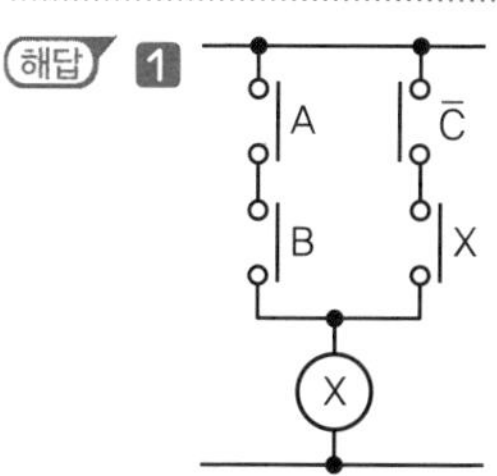

❷ $X = AB + \overline{C}X$

09 ★★★★★ [6점]

그림은 22.9[kV－Y] 1,000[kVA] 이하에 적용 가능한 특고압 간이수전설비 표준결선도이다. 이 결선도를 보고 다음 각 물음에 답하시오.

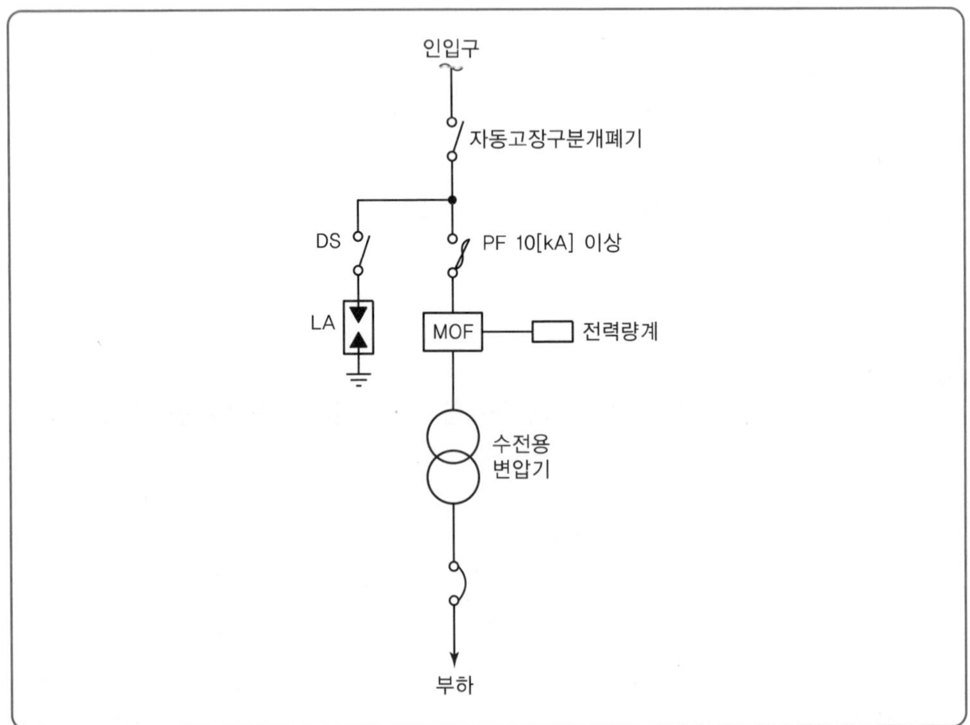

1 본 도면에서 생략할 수 있는 것은?

2 22.9[kV－Y]용의 LA는 (　　) 붙임형을 사용하여야 한다. (　　) 안에 알맞은 것은?

3 인입선을 지중선으로 시설하는 경우로서 공동주택 등 사고 시 정전피해가 큰 수전설비 인입선은 예비선을 포함하여 몇 회선으로 시설하는 것이 바람직한가?

4 22.9[kV－Y] 지중 인입선에는 어떤 케이블을 사용하여야 하는가?

5 300[kVA] 이하인 경우 PF 대신 COS를 사용하였다. 이것의 비대칭차단전류 용량은 몇 [kA] 이상의 것을 사용하여야 하는가?

6 용량 300[kVA] 이하에서 ASS 대신 사용할 수 있는 것은?

해답
1 LA용 DS
2 디스커넥터
3 2회선
4 CNCV－W 케이블(수밀형) 또는 TR CNCV－W(트리억제형)
5 10[kA]
6 인터럽터 스위치(기중부하개폐기)

TIP

➤ 특고압 간이수전설비

① LA용 DS는 생략할 수 있으며 22.9[kV－Y]용 LA는 Disconnector(또는 Isolator) 붙임형을 사용하여야 한다.
② 인입선을 지중선으로 시설하는 경우로 공동주택 등 고장 시 정전 피해가 큰 경우는 예비지중선을 포함하여 2회선으로 시설하는 것이 바람직하다.
③ 지중인입선의 경우에 22.9[kV－Y] 계통은 CNCV－W 케이블(수밀형) 또는 TR CNCV－W(트리억제형)을 사용하여야 한다. 다만, 전력구 · 공동구 · 덕트 · 건물구 내 등 화재 우려가 있는 장소에서는 FR CNCO－W(난연) 케이블을 사용하는 것이 바람직하다.
④ 300[kVA] 이하인 경우는 PF 대신 COS(비대칭 차단전류 10[kA] 이상의 것)을 사용할 수 있다.
⑤ 특별고압 간이수전설비는 PF의 용단 등의 결상사고에 대한 대책이 없으므로 변압기 2차 측에 설치되는 주차단기에는 결상계전기 등을 설치하여 결상사고에 대한 보호능력이 있도록 함이 바람직하다.

10 ★★★★☆ [4점]

다음 각 계전기의 이름을 작성하시오.

1 OCR　　2 OVR

3 UVR　　4 GR

해답
1 과전류 계전기(Over Current Relay)
2 과전압 계전기(Over Voltage Relay)
3 부족전압 계전기(Under Voltage Relay)
4 지락 계전기(Ground Relay)

11 ★★★★☆ [4점]

전기설비의 폭발방지구조 종류를 4가지만 쓰시오.

해답
① 내압 폭발방지구조
② 유입 폭발방지구조
③ 압력 폭발방지구조
④ 안전증 폭발방지구조

TIP

➤ 폭발방지구조의 종류

구분	
폭발방지구조의 종류	내압 폭발방지구조(d)
	유입 폭발방지구조(o)
	압력 폭발방지구조(p)
	안전증 폭발방지구조(e)
	본질안전 폭발방지구조(ia, ib)
	특수 폭발방지구조(s)

12 ★★★★★

[6점]

가로 10[m], 세로 16[m], 천장높이 3.85[m], 작업면 높이 0.85[m], 작업면 조도 300[lx]인 사무실에 천장 직부 형광등 F40×2를 설치하려고 한다. 다음 각 물음에 답하시오.

1 이 사무실의 실지수는 얼마인가?

2 이 사무실의 천장 반사율 70[%], 벽 반사율 50[%], 바닥 반사율 10[%], 40[W]인 형광등 1등의 광속 3,150[lm], 보수율 70[%], 조명률 61[%]로 한다면 이 사무실에 필요한 소요 등기구 수는 몇 등인가?

해답 1 계산 : 실지수 $K = \frac{X \cdot Y}{H(X+Y)}$, H(등고) : $3.85 - 0.85 = 3$

$$K = \frac{10 \times 16}{3 \times (10+16)} = 2.051$$

답 2.05

2 계산 : 등수 $N = \frac{DES}{FU} = \frac{ES}{FUM} = \frac{300 \times (10 \times 16)}{3{,}150 \times 2 \times 0.61 \times 0.7} = 17.84$[등]

답 18[등]

13 ★★★★★

[6점]

전력계통에 이용되는 리액터에 대한 명칭을 쓰시오.

단락전류 제한	(1)
페란티 현상 방지	(2)
변압기 중성점 아크 소호	(3)

해답 (1) 한류리액터, (2) 분로리액터, (3) 소호리액터

14 ★★☆☆☆

[4점]

다음 상용전원과 예비전원 운전 시 유의하여야 할 사항이다. (   ) 안에 알맞은 내용을 쓰시오.

> 상용전원과 예비전원 사이에는 병렬운전을 하지 않는 것이 원칙이므로 수전용 차단기와 발전용 차단기 사이에는 전기적 또는 기계적 (①)을 시설해야 하며 (②)를 사용해야 한다.

해답 ① 인터록
② 자동전환개폐기

15 ★★☆☆☆

[5점]

다음 설비 도면을 보고 각 물음에 답하시오.

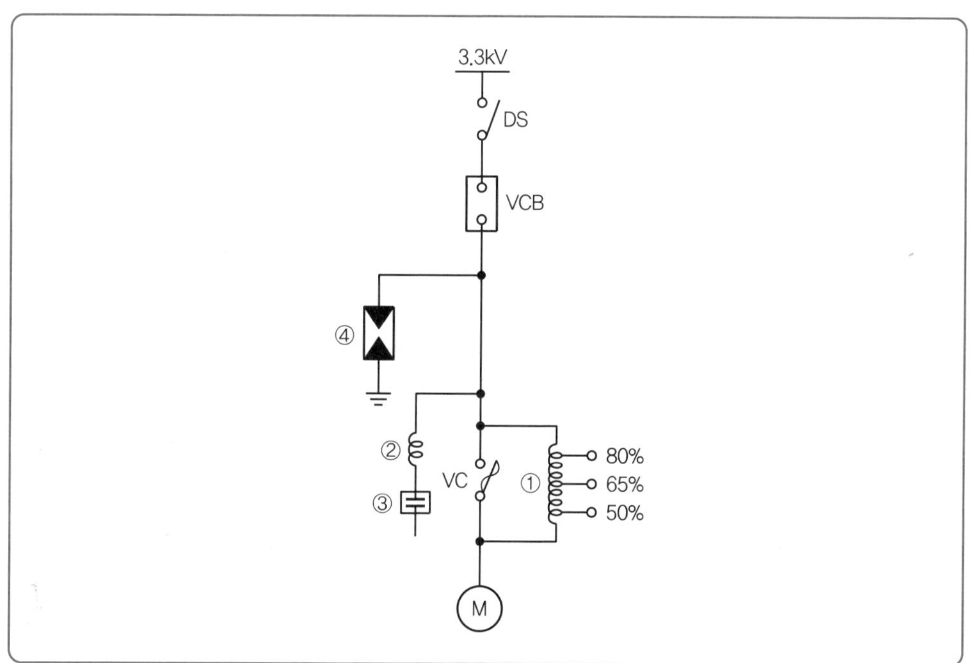

1 도면의 고압유도전동기의 기동방식이 무엇인지 쓰시오.

2 ①~④의 명칭을 작성하시오.

해답 1 리액터 기동방식

2 ① 기동용 리액터　② 직렬리액터
③ 전력용 콘덴서　④ 서지흡수기

16 ★★★★★ [6점]

고압 선로에서의 접지사고 검출 및 경보장치를 그림과 같이 시설하였다. A선에 누전사고가 발생하였을 때 다음 각 물음에 답하시오.(단, 전원이 인가되고 경보벨의 스위치는 닫혀 있는 상태라고 한다.)

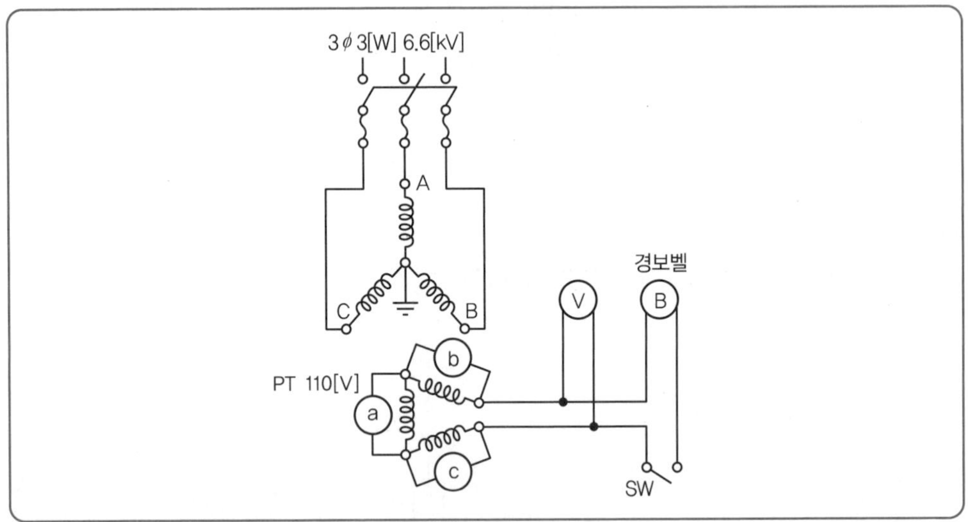

1 1차 측 A선의 대지 전압이 0[V]인 경우 B선 및 C선의 대지 전압은 각각 몇 [V]인가?

① B선의 대지전압

② C선의 대지전압

2 2차 측 전구 ⓐ의 전압이 0[V]인 경우 ⓑ 및 ⓒ 전구의 전압과 전압계 Ⓥ의 지시전압, 경보벨 Ⓑ에 걸리는 전압은 각각 몇 [V]인가?

① ⓑ 전구의 전압

② ⓒ 전구의 전압

③ 전압계 Ⓥ의 지시 전압

④ 경보벨 Ⓑ에 걸리는 전압

해답 **1** ① B선의 대지전압

계산 : $\frac{6,600}{\sqrt{3}} \times \sqrt{3} = 6,600[V]$ 답 6,600[V]

② C선의 대지전압

계산 : $\frac{6,600}{\sqrt{3}} \times \sqrt{3} = 6,600[V]$ 답 6,600[V]

2 ① ⓑ 전구의 전압

계산 : $\frac{110}{\sqrt{3}} \times \sqrt{3} = 110[V]$ 답 110[V]

② ⓒ 전구의 전압

계산 : $\frac{110}{\sqrt{3}} \times \sqrt{3} = 110[V]$ 답 110[V]

③ 전압계 Ⓥ의 지시 전압

계산 : $110 \times \sqrt{3} = 190.53[V]$ 답 190.53[V]

④ 경보벨 Ⓑ에 걸리는 전압

계산 : $110 \times \sqrt{3} = 190.53[V]$ 답 190.53[V]

TIP

① 지락된 상 : 0[V]
② 지락 안된 상 : $\sqrt{3}$ 배
③ 개방단 : 3배

17 ★★★★★ [6점]

그림과 같이 높이 5[m]의 점에 있는 백열전등에서 광도 12,500[cd]의 빛이 수평거리 7.5[m]의 점 P에 주어지고 있다. 다음 각 물음에 답하시오.

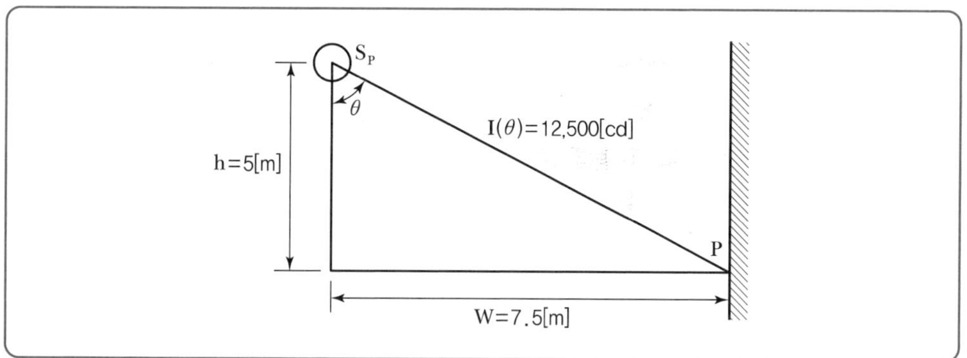

1 P점의 수평면 조도를 구하시오.
2 P점의 수직면 조도를 구하시오.

해답 1 계산 : 수평면 조도 $E_h = \frac{I}{\ell^2}\cos\theta = \frac{12{,}500}{5^2+7.5^2} \times \frac{5}{\sqrt{5^2+7.5^2}} = 85.338[lx]$

답 85.34[lx]

2 계산 : 수직면 조도 $E_v = \frac{I}{\ell^2}\sin\theta = \frac{12{,}500}{5^2+7.5^2} \times \frac{7.5}{\sqrt{5^2+7.5^2}} = 128.007[lx]$

답 128.01[lx]

18 ★★★★☆ [7점]

단상 3선식 110/220[V]을 채용하고 있는 어떤 건물이 있다. 변압기가 설치된 수전실로부터 100[m]되는 곳에 부하집계표와 같은 분전반을 시설하고자 한다. 다음 조건과 전선의 허용전류표를 이용하여 다음 각 물음에 답하시오.(단, 전압변동률 및 전압강하율은 2[%] 이하가 되도록 하며 중성선의 전압강하는 무시한다.)

[조건]

- 후강 전선관 공사로 한다.
- 3선 모두 같은 선으로 한다.
- 부하의 수용률은 100[%]로 적용
- 후강 전선관 내 전선의 점유율을 48[%] 이내를 유지할 것

| 표 1. 전선 허용전류표 |

단면적[mm^2]	허용전류[A]	전선관 3본 이하 수용 시[A]	피복 포함 단면적[mm^2]
5.5	34	31	28
14	61	55	66
22	80	72	88
38	113	102	121
50	133	119	161

| 표 2. 부하 집계표 |

회로 번호	부하 명칭	부하 [VA]	부하 분담[VA]		MCCB 크기			비고
			A	B	극수	AF	AT	
1	전등	2,400	1,200	1,200	2	50	15	
2		1,400	700	700	2	50	15	
3	콘센트	1,000	1,000	–	1	50	20	
4		1,400	1,400	–	1	50	20	
5		600	–	600	1	50	20	
6		1,000	–	1,000	1	50	20	
7	팬코일	700	700	–	1	30	15	
8		700	–	700	1	30	15	
합계		9,200	5,000	4,200				

| 표 3. 후강 전선관 규격 |

호칭	G16	G22	G28	G36	G42	G54

1. 간선의 공칭단면적[mm^2]을 선정하시오.
2. 후강 전선관의 호칭을 표에서 선정하시오.

3 설비 불평형률은 몇 [%]인지 구하시오.

해답 **1** 계산 : • $I_A = \frac{5,000}{110} = \frac{3,800}{220} + \frac{3,100}{110} = 45.45[A]$

• $I_B = \frac{4,200}{110} = \frac{3,800}{220} + \frac{2,300}{110} = 38.18[A]$

$\therefore I_A = 45.45[A]$ 기준

$A = \frac{17.8LI}{1,000e} = \frac{17.8 \times 100 \times 45.45}{1,000 \times 110 \times 0.02} = 36.77[mm^2]$이므로 $38[mm^2]$ 선정

답 $38[mm^2]$ 선정

2 표1.에서 단면적 $38[mm^2]$ 난의 피복 포함 단면적이 $121[mm^2]$이므로

$A = \frac{\pi d^2}{4} \times 0.48 \geq 121 \times 3$

$\therefore d = \sqrt{\frac{121 \times 3 \times 4}{\pi \times 0.48}} = 31.03[mm]$이므로 표3.에서 G36 선정

답 G36 선정

3 계산 : $설비불평형률[\%] = \frac{\text{중성선과 전압 측 전선 간에 접속되는 설비용량의 차}}{\text{총부하설비용량} \times \frac{1}{2}} \times 100[\%]$

$= \frac{3,100 - 2,300}{(5,000 + 4,200) \times \frac{1}{2}} \times 100 = 17.39[\%]$

답 $17.39[\%]$

memo

ENGINEER ELECTRICITY

2023년 과 년 도 문제풀이

전기기사

2023년도 1회 시험 과년도 기출문제

회독 체크	□1회독	월 일	□2회독	월 일	□3회독	월 일

2022 2023

01 ★☆☆☆☆ [6점]

다음 그림의 단상 3선식 회로에서 각 선에 흐르는 전류를 구하시오.(단, 부하의 역률은 100[%]이다.)

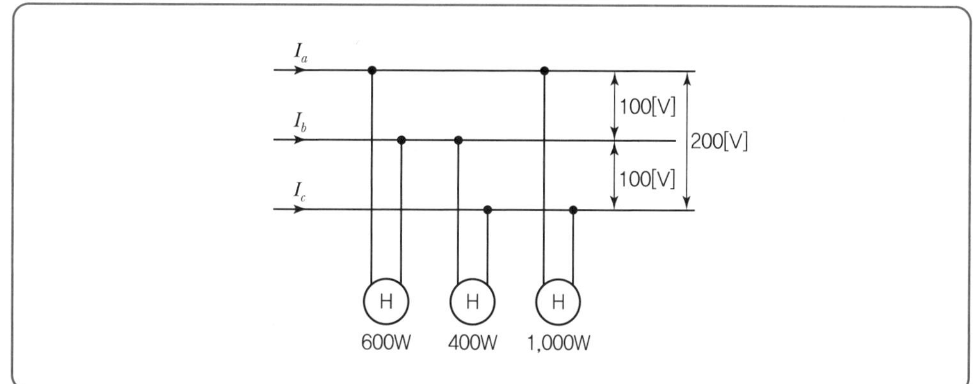

1 I_a

2 I_b

3 I_c

해답 **1** 계산 : $I_a = I_{ab} + I_{ac} = \frac{600}{100} + \frac{1,000}{200} = 11[A]$ 답 $11[A]$

2 계산 : $I_b = I_{ab} - I_{bc} = \frac{600}{100} - \frac{400}{100} = -2[A]$ 답 $-2[A]$

3 계산 : $I_c = -I_{bc} + (-I_{ca}) = -\frac{400}{100} + \left(-\frac{1,000}{200}\right) = -9[A]$ 답 $-9[A]$

TIP

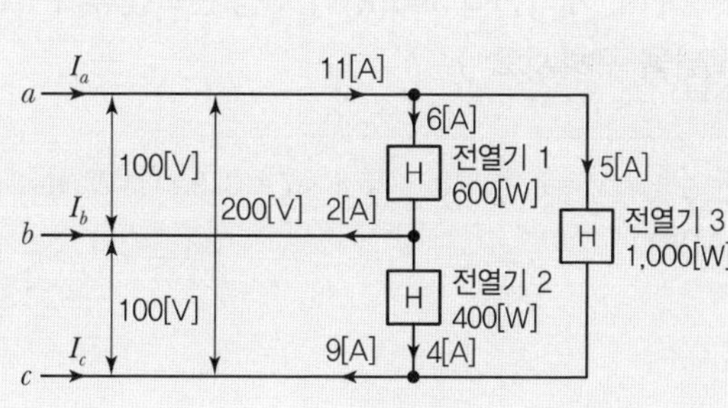

02 ★★☆☆☆ [5점]

회전날개의 지름이 31[m]인 프로펠러형 풍차의 풍속이 16.5[m/s]일 때 풍력 에너지[kW]를 계산하시오.(단, 공기의 밀도는 1.225[kg/m³]이다.)

해답 계산 : $P = \frac{1}{2}mV^2 = \frac{1}{2}(\rho AV)V^2 - \frac{1}{2}\rho AV^3$

여기서, P : 에너지[W], m : 에너지[kg], V : 평균풍속[m/s]

ρ : 공기의 밀도(1.225[kg/m³]), A : 로터의 단면적[m²]

$\therefore P = \frac{1}{2}\rho AV^3 = \frac{1}{2} \times 1.225 \times \pi \times \left(\frac{31}{2}\right)^2 \times 16.5^3 \times 10^{-3} = 2{,}076.69[kW]$

답 2,076.69[kW]

TIP

➤ 풍차에너지 출력(P)

$$P = \frac{1}{2}mV^2 = \frac{1}{2}(\rho AV) \cdot V^2 = \frac{1}{2}\rho AV^3(W)$$

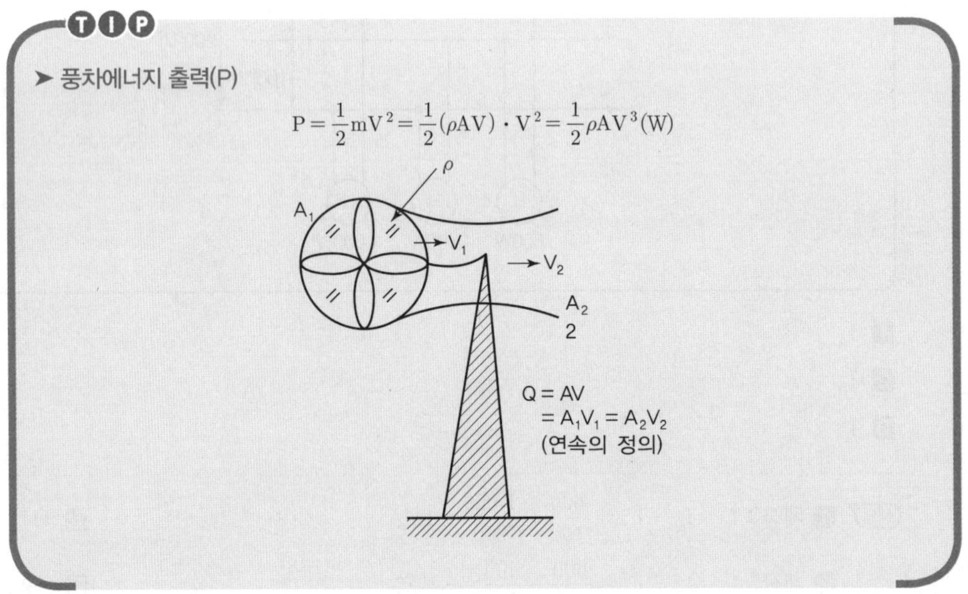

03 ★★★★☆ [4점]

수전단전압 22,900[V], 계약전력 300[kW], 3상 단락전류가 7,000[A]일 때 수전단 차단기의 차단용량[MVA]을 구하시오.

해답 계산 : $P_s = \sqrt{3} \times V \times I_s = \sqrt{3} \times 25.8 \times 7 = 312.81[MVA]$

답 312.81[MVA]

04 ★★☆☆☆ [4점]

수용가의 건축전기설비에서 전력설비의 간선을 설계하고자 한다. 간선 결정 시 고려할 사항 5가지를 쓰시오.

해답 ① 설계조건의 정리
② 간선계통 결정
③ 간선경로 결정
④ 배선방식 결정
⑤ 간선의 굵기 선정

TIP

➤ 간선의 굵기 선정
허용전류, 전압강하, 기계적 강도, 온도, 증설 등

05 ★★★☆☆ [4점]

전력용콘덴서의 개폐제어는 크게 수동조작과 자동조작으로 나눌 수 있다. 자동조작방식을 제어요소에 따라 분류할 때 그 제어요소는 어떤 것이 있는지 4가지만 쓰시오.

해답 ① 부하전류에 의한 제어
② 수전점 역률에 의한 제어
③ 모선전압에 의한 제어
④ 프로그램에 의한 제어
그 외
⑤ 수전점 무효전력에 의한 제어
⑥ 특성부하 개폐신호에 의한 제어

06 ★☆☆☆☆ [5점]

최대전력이 전달되도록 단자 a−b 사이에 저항을 삽입하고자 한다. 다음 각 물음에 답하시오.(단, 효율은 90[%]이다.)

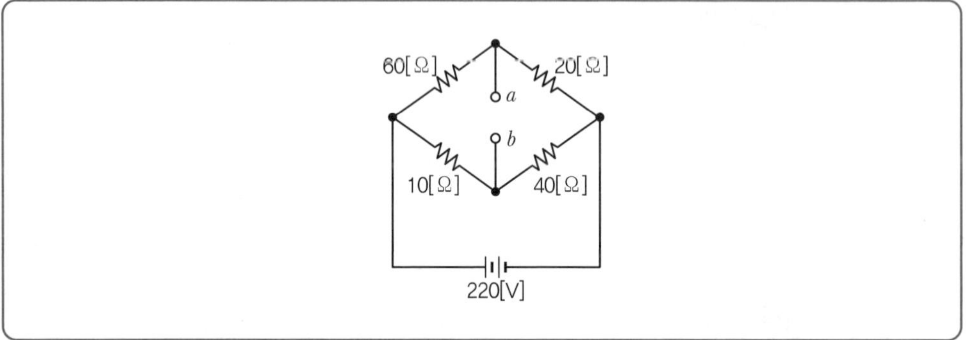

1 최대전력을 전달하기 위한 단자 a−b 사이에 넣어야 할 저항값을 구하시오.

2 10분간 전원을 인가할 경우 삽입한 저항이 한 일의 양은 몇 [kJ]인가 구하시오.

해답 1 계산

테브난의 등가회로는 아래와 같다.

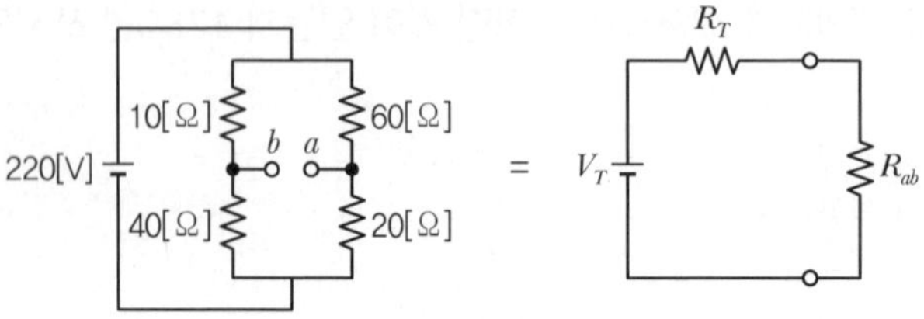

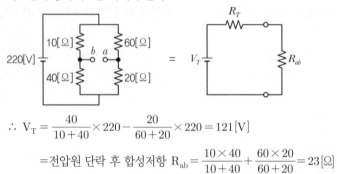

$$\therefore\ V_T = \frac{40}{10+40}\times 220 - \frac{20}{60+20}\times 220 = 121[V]$$

$$= \text{전압원 단락 후 합성저항 } R_{ab} = \frac{10\times 40}{10+40} + \frac{60\times 20}{60+20} = 23[\Omega]$$

결국 최대전력전송 조건 $R_{ab} = R_T$이므로 $R_T = 23[\Omega]$(ab 사이에 삽입할 저항)

답 23[Ω]

2 외부저항에서 소비되는 최대전력

$$P_m = \frac{E^2}{4R} = \frac{121^2}{4\times 23} = 159.14[W]$$

효율 90% 시 전력량 $W = Pt\cdot\eta$

$= 159.14\times 10\times 60\times 0.9\times 10^{-3} = 85.94[kJ]$

답 85.94[kJ]

07 ★★★★★

[5점]

그림과 같이 3상 4선식 배전선로에 역률 100[%]인 부하 a−N, b−N, c−N이 각 상과 중성선 간에 연결되어 있다. a, b, c 상에 흐르는 전류가 220[A], 172[A], 190[A]일 때 중성선에 흐르는 전류를 계산하시오.

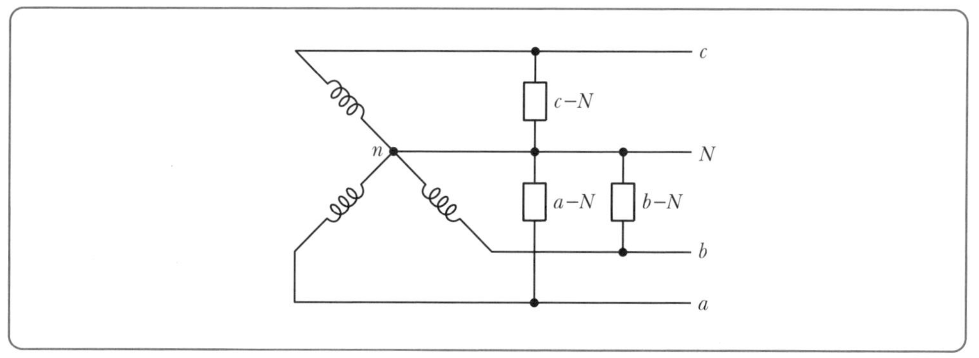

해답 $I_N = I_a + I_b + I_c = I_a + a^2 I_b + a I_c = 220\angle 0° + 172\angle -120° + 190\angle -240° = 39 + j9\sqrt{3}$

$\therefore |I_N| = \sqrt{39^2 + (9\sqrt{3})^2} = 42[A]$

답 42[A]

08 ★★★★★

[6점]

다음 논리식에 대한 물음에 답하시오.(단, A, B, C는 입력, X는 출력이다.)

[논리식] $X = A + B \cdot \overline{C}$

1 논리식을 로직 시퀀스도로 나타내시오.

2 물음 1에서 로직 시퀀스도로 표현된 것을 2입력 NAND gate를 최소로 사용하여 동일한 출력이 나오도록 회로를 변환하시오.

3 물음 1에서 로직 시퀀스도로 표현된 것을 2입력 NOR gate를 최소로 사용하여 동일한 출력이 나오도록 회로를 변환하시오.

해답

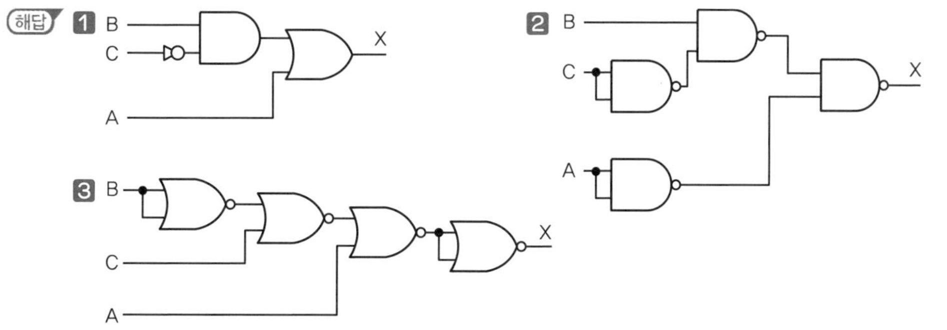

09 ★★☆☆☆ [5점]

다음 조건과 같은 동작이 되도록 보조회로의 배선과 감시반 회로 배선단자의 상호 연결을 빈칸에 채우시오.

[조건]

- 배선용차단기 MCCB를 투입하면 GL1과 GL2가 점등된다.
- 셀렉터스위치(SS)를 "L"에 위치하고 PB2를 누른 후, 떼어도 전자접촉기(MC)에 의하여 전동기가 운전되고, RL1과 RL2가 점등, GL1과 GL2는 소등된다.
- 전동기 운전 중, PB1을 누르면, 전동기는 정지하고, RL1과 RL2는 소등, GL1과 GL2는 점등된다.
- 셀렉터스위치(SS)를 "R"에 위치하고 PB3를 누른 후, 떼어도 전자접촉기(MC)에 의하여 전동기가 운전되고, RL1과 RL2가 점등, GL1과 GL2는 소등된다.
- 전동기 운전 중, PB4를 누르면, 전동기는 정지하고, RL1과 RL2는 소등, GL1과 GL2는 점등된다.
- 전동기 운전 중 과부하에 의하여 EOCR이 동작되면 전동기는 정지하고, 모든 램프는 소등되며, EOCR을 RESET하면 초기상태로 간다.

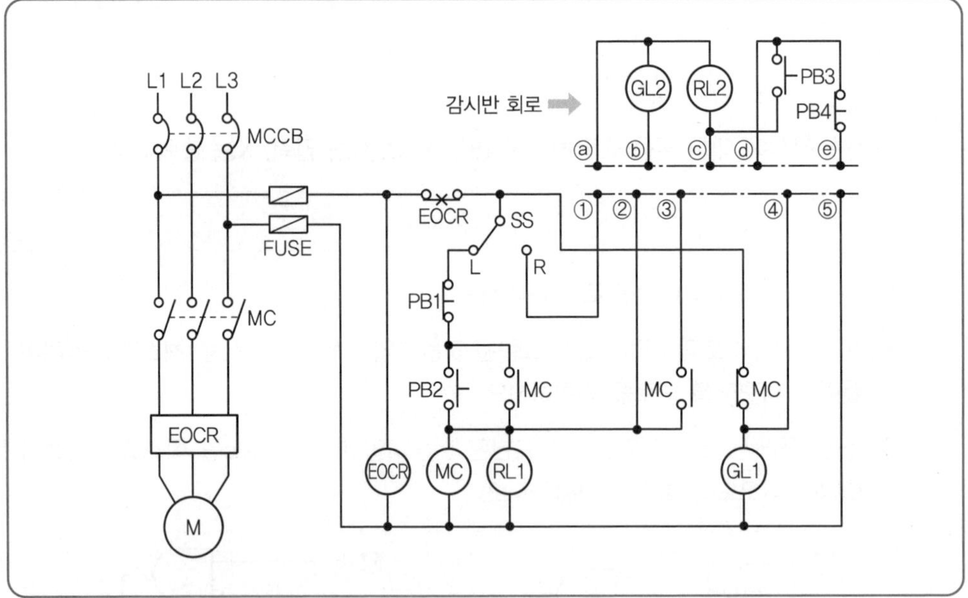

해답 ANS 13 :

ⓐ	ⓑ	ⓒ	ⓓ	ⓔ
⑤	④	②	③	①

10 ★★★★☆ [10점]

어느 변전소에서 그림과 같은 일부하 곡선을 가진 3개의 부하 A, B, C의 수용가에 있을 때, 다음 각 물음에 답하시오.(단, 부하 A, B, C의 역률은 각각 100[%], 80[%], 60[%]라 한다.)

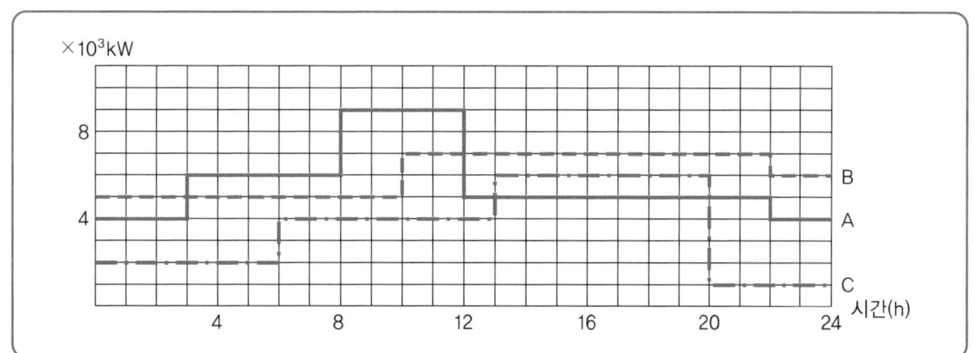

1 합성최대전력[kW]을 구하시오.

2 종합부하율[%]을 구하시오.

3 부등률을 구하시오.

4 최대부하 시 종합역률[%]을 구하시오.

해답 1 계산 : 합성최대전력은 도면에서 10~12시에 나타나며

$P = (9+7+4) \times 10^3 = 20 \times 10^3 [kW]$

답 20,000[kW]

2 계산 : A부하의 평균전력

$$P_A = \frac{사용전력량}{24} = \frac{\{(4\times3)+(6\times5)+(9\times4)+(5\times10)+(4\times2)\}\times10^3}{24}$$

$= 5.67 \times 10^3 [kW]$

B부하의 평균전력

$$P_B = \frac{사용전력량}{24} = \frac{\{(5\times10)+(7\times12)+(6\times2)\}\times10^3}{24} = 6.08\times10^3 [kW]$$

C부하의 평균전력

$$P_C = \frac{사용전력량}{24} = \frac{\{(2\times6)+(4\times7)+(6\times7)+(1\times4)\}\times10^3}{24}$$

$= 3.58 \times 10^3 [kW]$

$$\text{따라서, 종합 부하율} = \frac{\text{평균전력}}{\text{합성최대전력}} \times 100$$
$$= \frac{\text{A, B, C 각 평균전력의 합계}}{\text{합성최대전력}} \times 100$$
$$= \frac{(5.67+6.08+3.58)\times 10^3}{20\times 10^3} \times 100 = 76.65[\%]$$

답 76.65[%]

3 계산 : $\text{부등률} = \frac{\text{A, B, C 최대전력의 합계}}{\text{합성최대전력}} = \frac{(9+7+6)\times 10^3}{20\times 10^3} = 1.1$

답 1.1

4 계산 : 먼저 최대부하 시 무효전력 Q를 구하면

$$Q = 9\times 10^3 \times \frac{0}{1} + 7\times 10^3 \times \frac{0.6}{0.8} + 4\times 10^3 \times \frac{0.8}{0.6} = 10{,}583.33[\text{kVar}]$$
$$\cos\theta = \frac{P}{\sqrt{P^2+Q^2}} = \frac{20{,}000}{\sqrt{20{,}000^2+10{,}583.33^2}} \times 100 = 88.39[\%]$$

답 88.39[%]

11 ★★☆☆☆ [6점]

1차 정격전압이 6,600[V], 권수비가 30인 3상 변압기가 있다. 다음 물음에 답하시오.

1 2차 정격전압[V]을 구하시오.
2 용량 50[kW], 역률 0.8인 부하를 2차에 접속할 경우 1차 전류 및 2차 전류를 구하시오.
3 1차 입력[kVA]을 구하시오.

해답 1 계산 : $V_2 = \frac{V_1}{a} = \frac{6{,}600}{30} = 220[V]$ 답 220[V]

2 ① 1차 전류

계산 : $I_1 = \frac{P}{\sqrt{3}\,V_1\cos\theta} = \frac{50\times 10^3}{\sqrt{3}\times 6{,}600\times 0.8} = 5.47[A]$ 답 5.47[A]

② 2차 전류

계산 : $I_2 = \frac{P}{\sqrt{3}\,V_3\cos\theta} = \frac{50\times 10^3}{\sqrt{3}\times 220\times 0.8} = 164.02[A]$ 답 164.02[A]

3 계산 : $P = \sqrt{3}\,V_1 I_1 = \sqrt{3}\times 6{,}600\times 5.47\times 10^{-3} = 62.53[\text{kVA}]$ 답 62.53[kVA]

12 ★★★★☆ [3점]

지중 전선로는 어떤 방식에 의하여 시설하여야 하는지 3가지만 쓰시오.

해답 ① 직접매설식
② 관로식
③ 암거식

13 ★★★★☆ [5점]

평형 3상 회로에 변류비 100/5인 변류기 2개를 그림과 같이 접속하였을 때 전류계에 3[A]의 전류가 흘렀다. 1차 전류의 크기는 몇 [A]인가?

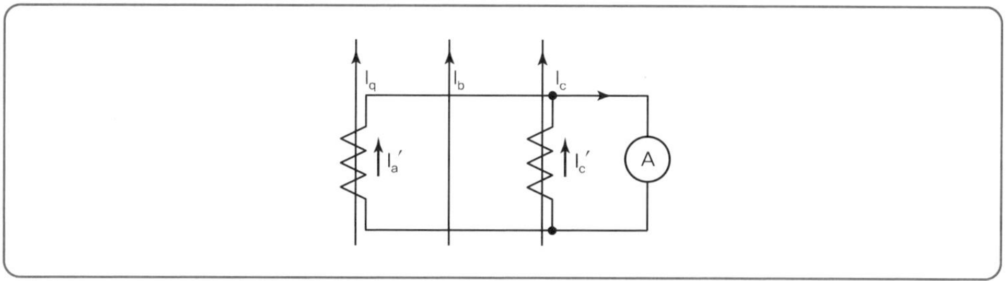

해답 계산 : $I_1 = \text{전류계 지시값} \times \text{CT비} = I_2 \times \text{CT비} = 3 \times \frac{100}{5} = 60$

답 60[A]

TIP

CT 결선은 화동(가동) 결선

14 ★★☆☆☆ [5점]

전력용 콘덴서에 직력 리액터를 사용하여 제3고조파를 제거할 경우 직렬 리액터의 용량은 콘덴서 용량의 몇 [%]인지 구하시오.(단, 주파수 변동 등을 고려하여 2% 여유를 둔다.)

해답 계산 : $3\omega L = \frac{1}{3\omega C}$ 에서 $\omega L = \frac{1}{9} \times \frac{1}{\omega C} = 0.11 \times \frac{1}{\omega C}$

이론적으로는 콘덴서 용량의 11[%]를 산정한다. 주파수 변화 등을 고려하여 13[%]의 값을 사용한다.

답 13[%]

15 ★☆☆☆☆

[4점]

빙설이 많은 지방에서 을종 풍압하중을 적용하는 전선 기타 가섭선 주위에 부착되는 빙설의 두께와 비중을 구하시오.

1 두께 2 비중

해답 1 6[mm]

2 0.9

16 ★★★★★

[6점]

전압 33,000[V], 주파수 60[c/s], 선로길이 7[km]인 1회선의 3상 지중 송전선로가 있다. 이 중 전선로의 3상 무부하 충전전류 및 충전용량을 구하시오.(단, 케이블의 1선당 작용 정전용량은 0.4[μF/km]라고 한다.)

1 충전전류 2 충전용량

해답 1 충전전류 계산 : $I_c = WCE = WC\dfrac{V}{\sqrt{3}}$

$$= 2\pi \times 60 \times 0.4 \times 10^{-6} \times 7 \times \left(\frac{33{,}000}{\sqrt{3}}\right) = 20.11[A]$$

답 20.11[A]

2 충전용량 계산 : $Q_c = 3WC\left(\dfrac{V}{\sqrt{3}}\right)^2 = WCV^2$

$$= 2\pi \times 60 \times 0.4 \times 10^{-6} \times 7 \times 33{,}000^2 \times 10^{-3} = 1{,}149.52[kVA]$$

답 1,149.52[kVA]

TIP

① 충전전류 $I_c = \dfrac{E}{\dfrac{1}{WC}} = WCE = WC\dfrac{V}{\sqrt{3}}[A]$

② 충전용량 $Q_c = 3E \cdot I_c = 3WCE^2 = WCV^2 \times 10^{-3}[kVA]$

여기서, E : 상전압, V : 선간전압

17 ★★★☆☆

[5점]

가스절연 변전소(G.I.S)의 특징을 5가지만 설명하시오.(단, 경제적이거나 비용에 관한 답은 제외한다.)

해답 ① 소형화할 수 있다.
② 충전부가 완전히 밀폐되어 안정성이 높다.
③ 소음이 적고 주변 환경과의 조화를 이룬다.
④ 대기 중의 오염물의 영향을 받지 않으므로 신뢰도가 높다.
⑤ 조작 중 소음이 적고 라디오 방해전파를 줄여 공해문제를 해결해 준다.
그 외
⑥ 설치공사기간이 단축된다.

TIP

G.I.S는 도시형 변전소로 이용된다.

18 ★☆☆☆☆

[12점]

그림과 같은 154[kV] 계통에서 X를 친 F점(모선 ③)에서 3상 단락 고장이 발생하였을 경우 다음 사항을 구하시오.(단, 그림에 표시된 수치는 모두 154[kVA], 100[MVA] 기준 %임피던스를 표시하여 모선 ①의 좌측 및 모선 ②의 우측 %임피던스는 각각 40[%], 4[%]로서 모선 전원 측 등가 임피던스를 표시한다.)

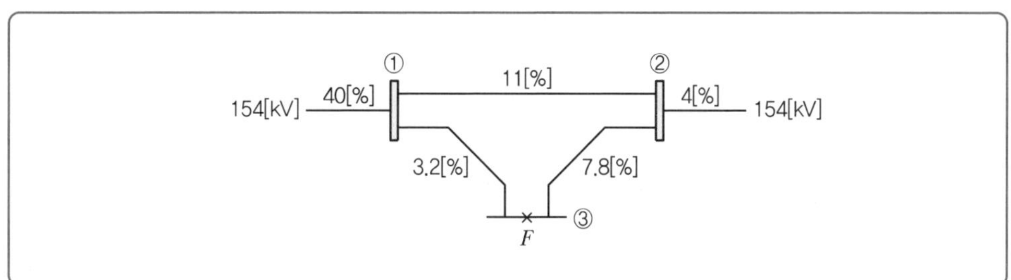

1 모선 1–2의 고장전류 I_{s12}를 구하시오.

2 모선 1–3의 고장전류 I_{s13}를 구하시오.

3 모선 2–3의 고장전류 I_{s23}을 구하시오.

4 모선 1–2의 고장전력 P_{s12}를 구하시오.

5 모선 1–3의 고장전력 P_{s13}을 구하시오.

6 모선 2–3의 고장전력 P_{s23}를 구하시오.

해답 (1) 먼저 모선 ①, ②, ③의 마디를 △결선에서 Y결선으로 등가변환하여 단락전류를 계산한다.

- $\%Z_1 = \dfrac{3.2 \times 11}{3.2+7.8+11} = 1.6[\%]$

  $\%Z_2 = \dfrac{11 \times 7.8}{3.2+7.8+11} = 3.9[\%]$

  $\%Z_3 = \dfrac{3.2 \times 7.8}{3.2+7.8+11} = 1.1345[\%]$

- 합성 $\%Z = \%Z_3 + \dfrac{\%Z_1 \times \%Z_2}{\%Z_1 + \%Z_2} = 1.1345 + \dfrac{(40+1.6)\times(4+3.9)}{(40+1.6)+(4+3.9)} = 7.77[\%]$

  여기서 모선 ①과 $\%Z_1$과 직렬 (40+1.6)

  모선 ②와 $\%Z_2$과 직렬 (4+3.9)

따라서 단락전류 $I_s = \dfrac{100}{\%Z} I = \dfrac{100}{7.77} \times \dfrac{100 \times 10^3}{\sqrt{3} \times 154} = 4{,}825[A]$

(2) 병렬 분배전류를 이용한다.

$I_1 = \dfrac{\%Z_2}{\%Z_1 + \%Z_2} I_s = \dfrac{7.9}{41.6+7.9} \times 4{,}825 = 770.05[A]$

$I_2 = 4{,}825 - 770.05 = 4{,}054.95[A]$

(3) 각 %Z를 Z로 변환한다.

- $\%Z = \dfrac{PZ}{10V^2}$ 에서

  $Z = \dfrac{\%Z \times 10 \times 154^2}{100 \times 10^3} = \%Z \cdot 2.3716$

  $\%Z_1$ 에서 $Z_1 = 1.6 \times 2.3716 = 3.79\,[\Omega]$

  $\%Z_2$ 에서 $Z_2 = 3.9 \times 2.3716 = 9.25\,[\Omega]$

  $\%Z_3$ 에서 $Z_3 = 1.1345 \times 2.3716 = 2.69\,[\Omega]$

- $V_1 = I_1 Z_1 + I_3 Z_3 = (770.05 \times 3.79) + (4{,}825 \times 2.69) = 15{,}897.74[V]$

  $V_2 = I_2 Z_2 + I_3 Z_3 = (4{,}054.95 \times 9.25) + (4{,}825 \times 2.69) = 50{,}487.54[V]$

1 계산 : $I_{s12} = \dfrac{V_1 - V_2}{Z} = \dfrac{15{,}897.74 - 50{,}487.54}{11 \times 2.3716} = -1{,}325.91[A]$

답 $-1{,}325.91[A]$

2 계산 : $I_{s13} = \dfrac{15{,}897.74 - 0}{3.2 \times 2.3716} = 2{,}094.81[A]$

답 2,094.81[A]

3 계산 : $I_{s23} = \dfrac{50{,}487.54 - 0}{7.8 \times 2.3716} = 2{,}729.28[A]$

답 2,729.28[A]

4 계산 : $P_{s12} = 3 \times I_{s12}^2 \times Z_{12} = 3 \times 1{,}325.91^2 \times (11 \times 2.3716) \times 10^{-6} = 137.59[MVA]$

답 $137.59[MVA]$

5 계산 : $P_{s13} = 3 \times I_{s13}^2 \times Z_{13} = 3 \times 2{,}094{,}81^2 \times (3.2 \times 2.3716) \times 10^{-6} = 99.91[MVA]$

답 $99.91[MVA]$

6 계산 : $P_{s23} = 3 \times I_{s23}^2 \times Z_{23} = 3 \times 2729.28^2 \times (7.8 \times 2.3716) \times 10^{-6} = 413.38[MVA]$

답 $413.38[MVA]$

전기기사

2023년도 2회 시험 과년도 기출문제

회독 체크	□1회독	월 일	□2회독	월 일	□3회독	월 일

01 ★★★★☆ [6점]

그림과 같이 변압기가 설치되어 있다. 도면과 조건을 이용하여 다음 각 물음에 답하여라.

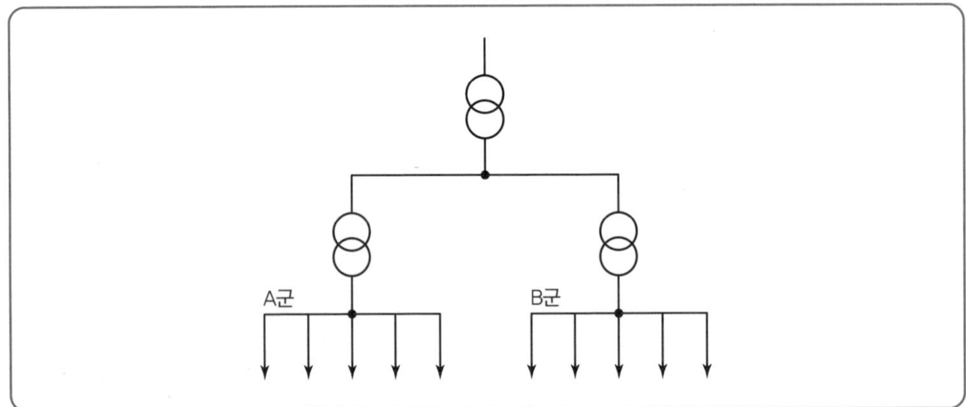

[조건]

구분	A군	B군
설비용량[kW]	50	30
역률	1	1
수용률	0.6	0.5
부등률	1.2	1.2
변압기간 부등률	1.3	

1. A수용가의 변압기 용량[kVA]을 구하시오.
2. B수용가의 변압기 용량[kVA]을 구하시오.
3. 고압간선에 걸리는 최대부하[kW]를 구하시오.

해답

1. 계산 : $TR_A = \frac{\text{설비용량} \times \text{수용률}}{\text{부등률} \times \text{역률}} = \frac{50 \times 0.6}{1.2 \times 1} = 25[\text{kVA}]$

   답 25[kVA]

2. 계산 : $TR_B = \frac{\text{설비용량} \times \text{수용률}}{\text{부등률} \times \text{역률}} = \frac{30 \times 0.5}{1.2 \times 1} = 12.5[\text{kVA}]$

   답 12.5[kVA]

3. 계산 : 최대부하 $P = \frac{\text{개별 최대전력의 합}}{\text{부등률}} = \frac{25 + 12.5}{1.3} = 28.85[\text{kW}]$

   답 28.85[kW]

02 ★★★★★

[7점]

전동기 부하를 사용하는 곳에 역률 개선을 위하여 회로에 병렬로 역률 개선용 저압 콘덴서를 설치하여 전동기의 역률을 90[%] 이상으로 유지하고자 하는 경우에 다음 각 물음에 답하시오.

1 정격전압 380[V], 정격출력 7.5[kW], 역률 80[%]인 전동기의 역률을 90[%]로 개선하고자 하는 경우에 필요한 3상 전력용 콘덴서의 용량[kVA]을 구하시오.

2 1에서 구한 콘덴서 한 상의 용량[kVA]을 [μF]으로 환산하시오.(단, 정격주파수는 60[Hz]이고 Δ 결선이다.)

해답 1 계산 : 콘덴서 용량 $Q_C = P(\tan\theta_1 - \tan\theta_2) = 7.5\left(\dfrac{0.6}{0.8} - \dfrac{\sqrt{1-0.9^2}}{0.9}\right) = 1.992[\text{kVA}]$

답 1.99[kVA]

2 계산 : 콘덴서 용량 $Q_\Delta = 3WC_\Delta V^2$에서

$$C_\Delta = \frac{Q_C}{3WV^2} = \frac{1.99\times10^3}{3\times2\pi\times60\times380^2}\times10^6 = 12.19[\mu\text{F}]$$

답 12.19[μF]

TIP

➤ 충전용량(콘덴서 용량)

① Δ결선 $Q_\Delta = 3WCE^2 = 3WCV^2\times10^{-3}[\text{kVA}]$

② Y결선 $Q_Y = 3WCE^2 = 3WC(\frac{V}{\sqrt{3}})^2 = WCV^2\times10^{-3}$ [kVA]

여기서, E : 상전압 V : 선간전압

03 ★☆☆☆☆

[5점]

다음은 주택용 배선용 차단기 과전류트립 동작시간 및 특성을 나타낸 표이다. 다음 표의 ①~⑤에 들어갈 알맞은 내용을 쓰시오.

형	순시트립 범위
①	$3I_n$ 초과 ~ $5I_n$ 이하
②	$5I_n$ 초과 ~ $10I_n$ 이하
③	$10I_n$ 초과 ~ $20I_n$ 이하

[비고]
1. B, C, D : 순시트립전류에 따른 차단기 분류
2. I_n : 차단기 정격전류

정격전류의 구분	시간	전격전류의 배수(모든 극에 통전)	
		부동작전류	동작전류
63A 이하	60분	④	⑤
63A 초과	120분	④	⑤

해답 ① B ② C ③ D ④ 1.13 ⑤ 1.45

TIP

과전류 차단기로 저압전로에 사용하는 배선용 차단기
다만, 일반인이 접촉할 우려가 있는 장소(세대 내 분전반 및 이와 유사한 장소)에는 주택용 배선차단기를 시설하여야 한다.

[과전류트립 동작시간 및 특성(산업용 배선용 차단기)]

정격전류의 구분	시간	정격전류의 배수(모든 극에 통전)	
		부동작전류	동작전류
63[A] 이하	60분	1.05배	1.3배
63[A] 초과	120분	1.05배	1.3배

[순시트립에 따른 구분(주택용 배선용 차단기)]

형	순시트립 범위
B	$3I_n$ 초과 ~ $5I_n$ 이하
C	$5I_n$ 초과 ~ $10I_n$ 이하
D	$10I_n$ 초과 ~ $20I_n$ 이하

[비고]
1. B, C, D : 순시트립전류에 따른 차단기 분류
2. I_n : 차단기 정격전류
3. 돌입전류에 대한 순시트립 범위를 말한다.

예 배선용 차단기 명판에 D20A
차단기 정격전류 20[A], 돌입전류가 10배를 초과~20배 이하인 경우 0.1초에 차단한다.

[과전류트립 동작시간 및 특성(주택용 배선용 차단기)]

정격전류의 구분	시간	정격전류의 배수(모든 극에 통전)	
		부동작전류	동작전류
63[A] 이하	60분	1.13배	1.45배
63[A] 초과	120분	1.13배	1.45배

04 ★★★★☆ [5점]

3,300[V]/220[V]인 변압기의 용량이 각각 250[kVA], 200[kVA]이고, %임피던스 강하가 각각 2.7[%], 3[%]이다. 이때, 두 변압기를 병렬운전하고자 하는 경우의 병렬합성용량[kVA]을 구하시오.

해답 계산 : $\dfrac{P_A}{P_B} = \dfrac{(kVA)A}{(kVA)B} \times \dfrac{\%Z_B}{\%Z_A} = \dfrac{250}{200} \times \dfrac{3}{2.7} = 1.39$

부하분담비 $\dfrac{P_A}{P_B} = 1.39$

$P_B = P_A \times \dfrac{1}{1.39} = 250 \times \dfrac{1}{1.39} = 179.86$

합성용량 $= 179.86 + 250 = 429.86$[kVA]

답 429.86[kVA]

TIP

$P_A = P_B \times 1.39 = 200 \times 1.39 = 278$[kVA] 이므로 A변압기는 과부하가 소손된다.

05 ★★★★★ [4점]

변류비 50/5인 변류기 2대를 다음 그림과 같이 접속하였다. 변류기 2차 측 전류계에 2[A]의 전류가 흐를 경우의 1차 측 전류[A]를 구하시오.

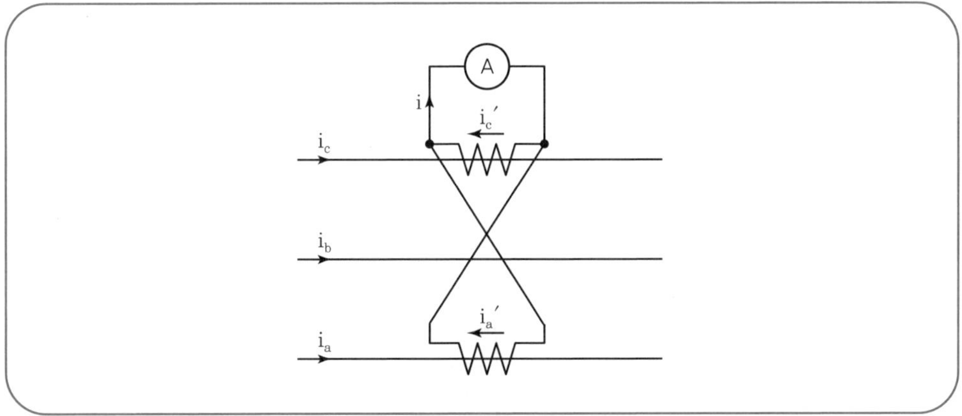

해답 계산 : 부하전류 $I_1 = \dfrac{Ⓐ}{\sqrt{3}} \times CT\ 비 = \dfrac{2}{\sqrt{3}} \times \dfrac{50}{5} = 11.55$[A]

답 11.55[A]

06 ★★★★☆

[5점]

다음은 한국전기설비규정에 따른 피뢰기(L.A) 설치장소를 나타낸 것이다. 빈칸에 알맞은 말을 채우시오.

1 (①)의 가공전선 인입구 및 인출구
2 (②)에 접속하는 (③) 변압기의 고압 및 특고압 측
3 고압 및 특고압 가공전선로로부터 공급을 받는 (④)의 인입구
4 가공전선로와 (⑤)의 접속점

해답 ① 발전소 · 변전소 또는 이에 준하는 장소
② 특고압 가공전선로
③ 배전용
④ 수용장소
⑤ 지중전선로

07 ★★★☆☆

[4점]

다음 그림은 TN-S 계통접지이다. 중성선(N), 보호선(PE), 보호선과 중성선을 겸한 선(PEN)을 도면을 완성하고 표시하시오.(단, 중성선은 ⫽•, 보호선은 ⫽, 보호선과 중성선을 겸한 선은 ⫽•로 표시한다.)

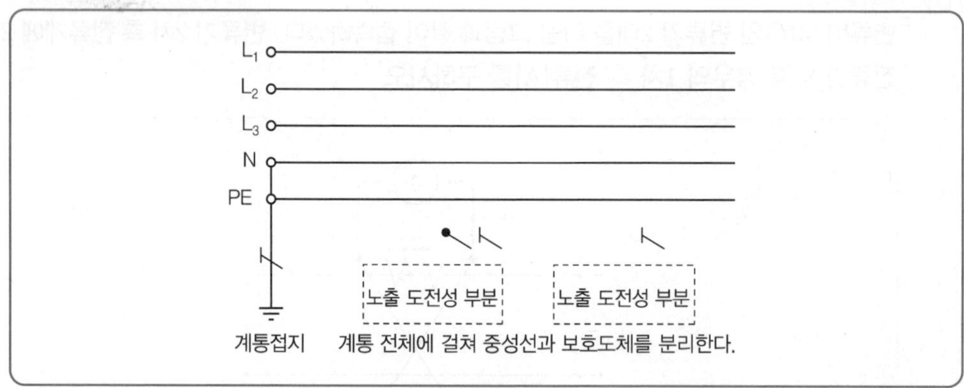

해답

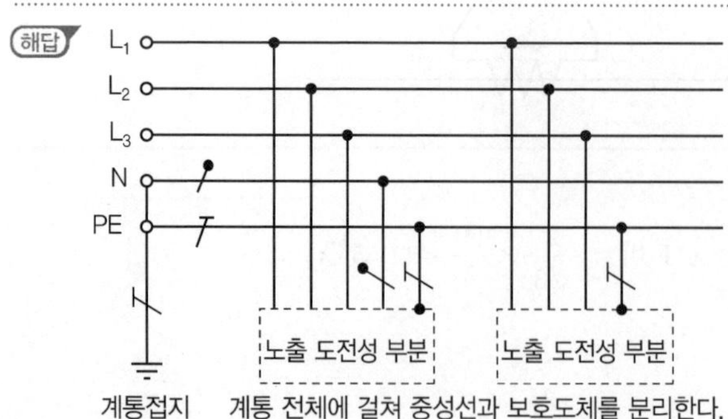

TIP

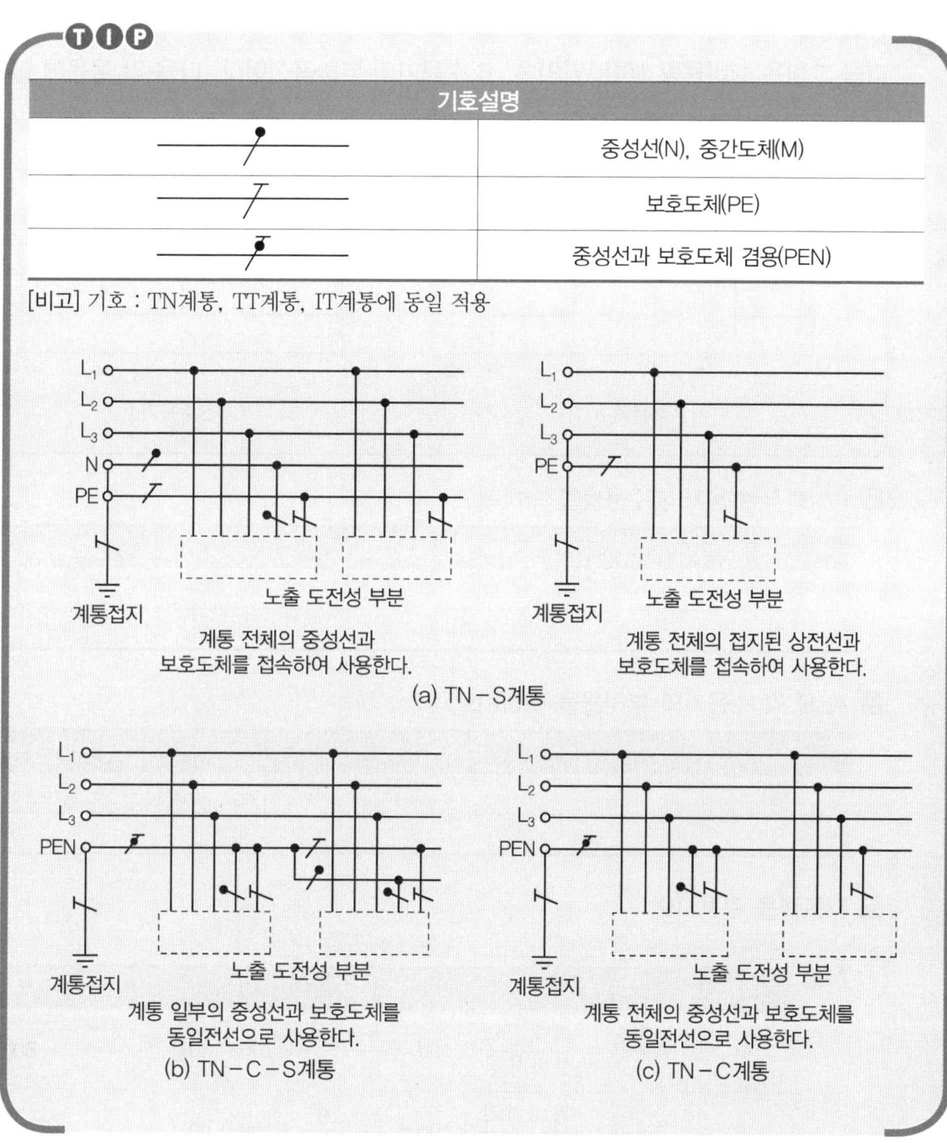

기호설명	
	중성선(N), 중간도체(M)
	보호도체(PE)
	중성선과 보호도체 겸용(PEN)

[비고] 기호 : TN계통, TT계통, IT계통에 동일 적용

계통 전체의 중성선과 보호도체를 접속하여 사용한다.

계통 전체의 접지된 상전선과 보호도체를 접속하여 사용한다.

(a) TN－S계통

계통 일부의 중성선과 보호도체를 동일전선으로 사용한다.

(b) TN－C－S계통

계통 전체의 중성선과 보호도체를 동일전선으로 사용한다.

(c) TN－C계통

08 ★★★★★ [5점]

다음 그림은 설비용량 10[kW]인 A, B 수용가의 부하곡선이다. 다음 각 물음에 답하시오.

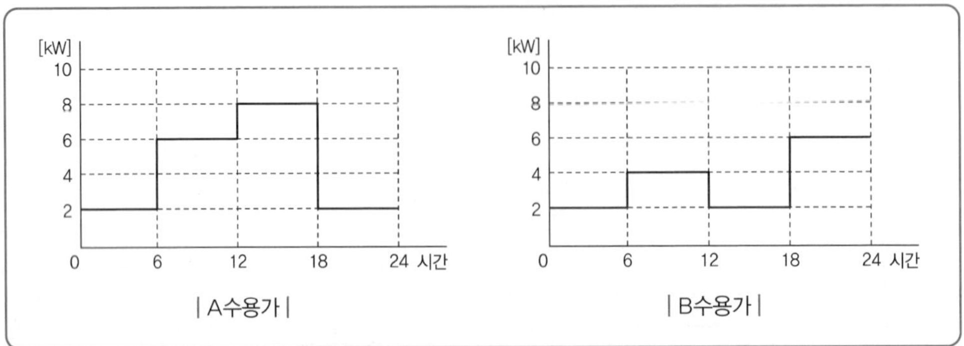

1 A, B 각 수용가의 수용률을 구하시오.

구분	계산식	수용률
A		
B		

2 A, B 각 수용가의 부하율을 구하시오.

구분	계산식	부하율
A		
B		

3 부등률을 구하시오.

해답 **1**

구분	계산식	수용률
A	$수용률=\frac{최대전력}{설비용량}\times 100=\frac{8\times 10^3}{10\times 10^3}\times 100=80[\%]$	80[%]
B	$수용률=\frac{최대전력}{설비용량}\times 100=\frac{6\times 10^3}{10\times 10^3}\times 100=60[\%]$	60[%]

2

구분	계산식	부하율
A	$부하율=\frac{평균전력}{최대전력}\times 100$ $=\frac{(2+6+8+2)\times 10^3\times 6}{8\times 10^3\times 24}\times 100=56.25[\%]$	56.25[%]
B	$부하율=\frac{평균전력}{최대전력}\times 100$ $=\frac{(2+4+2+6)\times 10^3\times 6}{6\times 10^3\times 24}\times 100=58.33[\%]$	58.33[%]

❸ 계산 : $부등률 = \frac{개별\ 최대전력의\ 합}{합성최대전력} = \frac{8+6}{10} = 1.4$

답 1.4

09 ★★★☆☆

[5점]

그림과 같은 점광원으로부터 원뿔 밑면까지의 거리가 4[m]이고, 밑면의 반지름이 3[m]인 원형 면의 평균 조도가 100[lx]라면 이 점광원의 평균 광도[cd]는?

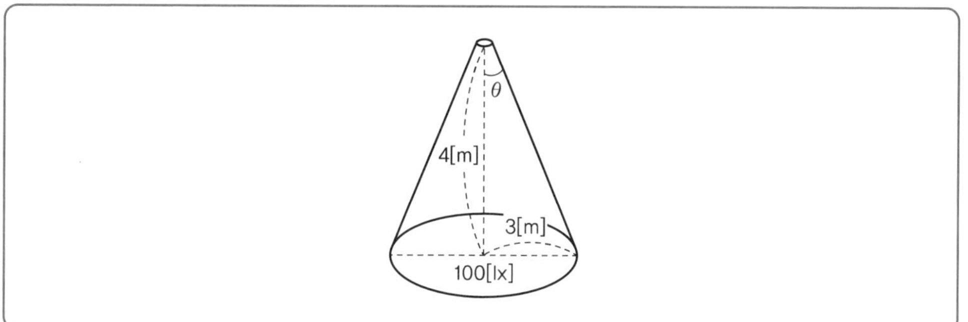

해답 계산 : $E = \frac{F}{S} = \frac{\omega I}{\pi r^2} = \frac{2\pi(1-\cos\theta)I}{\pi r^2}$

$$100 = \frac{2I\left(1-\frac{4}{5}\right)}{3^2},\ 900 = 2I \times 0.2,\ I = 2,250$$

답 2,250[cd]

TIP

$I = \frac{F}{\omega} = \frac{F}{2\pi(1-\cos\theta)}$[cd] 여기서, F : 광속, I : 광도

10 ★★☆☆☆

[4점]

고압 측 1선 지락사고 시 지락전류가 100[A]인 경우 이 전로에 접속된 주상 변압기 380[V] 측 한 단자에 중성점 접지공사를 할 때 접지 저항값은 얼마 이하로 유지하여야 하는지 구하시오.(단, 1초를 초과 2초 이내에 자동적으로 전로를 차단하는 장치를 설치한 경우이다.)

해답 계산 : $R_g = \frac{300}{I_g} = \frac{300}{100} = 3[\Omega]$

답 3[Ω]

11 ★★★★★

[14점]

그림과 같은 송전계통 S점에서 3상 단락사고가 발생하였다. 주어진 도면과 조건을 참고하여 다음 각 물음에 답하시오.

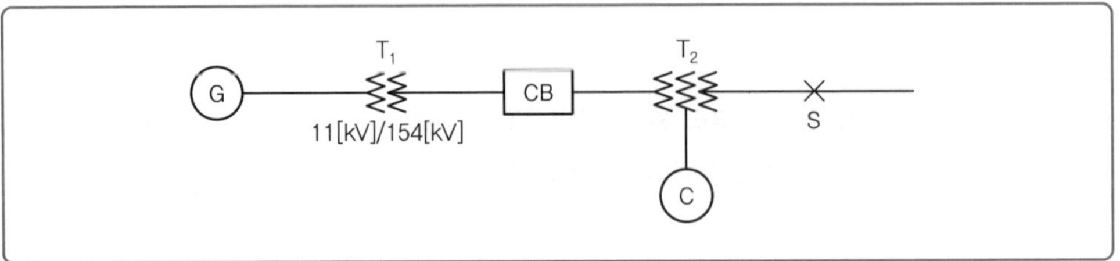

[조건]

번호	기기명	용량	전압	%Z
1	발전기(G)	50,000[kVA]	11[kV]	25
2	변압기(T_1)	50,000[kVA]	11/154[kV]	10
3	송전선		154[kV]	8(10,000[kVA] 기준)
4	변압기(T_2)	1차 25,000[kVA]	154[kV]	12(25,000[kVA] 기준, 1차~2차)
		2차 30,000[kVA]	77[kV]	16(25,000[kVA] 기준, 2차~3차)
		3차 10,000[kVA]	11[kV]	9.5(10,000[kVA] 기준, 3차~1차)
5	조상기(C)	10,000[kVA]	11[kV]	15

1 변압기(T_2)의 %임피던스를 10[MVA] 기준으로 각각 환산하시오.

① 1차~2차

② 2차~3차

③ 3차~1차

2 변압기(T_2)의 1차($\%Z_1$), 2차($\%Z_2$), 3차($\%Z_3$) %임피던스를 구하시오.

① $\%Z_1$

② $\%Z_2$

③ $\%Z_3$

3 단락점 S점에서 바라본 전원 측 합성 %임피던스를 10[MVA] 기준으로 구하시오.

4 고장점의 단락용량[MVA]를 구하시오.

5 고장점을 흐르는 단락전류[A]를 구하시오.

해답 **1** ① 계산 : $\%Z_{12} = 12 \times \frac{10}{25} = 4.8[\%]$ 답 4.8[%]

② 계산 : $\%Z_{23} = 16 \times \frac{10}{25} = 6.4[\%]$ 답 6.4[%]

③ 계산 : $\%Z_{31} = 9.5 \times \frac{10}{10} = 9.5[\%]$ 답 9.5[%]

2 ① 계산 : $\%Z_1 = \frac{Z_{12}+Z_{31}-Z_{23}}{2} = \frac{4.8+9.5-6.4}{2} = 3.95[\%]$ 답 3.95[%]

② 계산 : $\%Z_2 = \frac{Z_{12}+Z_{23}-Z_{31}}{2} = \frac{4.8+6.4-9.5}{2} = 0.85[\%]$ 답 0.85[%]

③ 계산 : $\%Z_3 = \frac{Z_{23}+Z_{31}-Z_{12}}{2} = \frac{6.4+9.5-4.8}{2} = 5.55[\%]$ 답 5.55[%]

3 계산 : 발전기 10[MVA] 기준으로 환산하면 $\frac{10}{50} \times 25 = 5[\%]$

변압기 10[MVA] 기준으로 환산하면 $\frac{10}{50} \times 10 = 2[\%]$

변압기(T_2) 1차 : $\%Z_G + \%Z_{T_1} + \%Z_L + \%Z_1 = 5+2+8+3.95 = 18.95$

3차 : $\%Z_C + \%Z_3 = 15 + 5.55 = 20.55[\%]$

단락점에서 1차와 3차는 병렬이고 2차는 직렬이므로

합성 $\%Z = \frac{\%Z_{1차} \times \%Z_{3차}}{\%Z_{1차} + \%Z_{3차}} + \%Z_{2차} = \frac{18.95 \times 20.55}{18.95 + 20.55} + 0.85 = 10.71[\%]$

답 10.71[%]

4 계산 : $P_S = \frac{100}{\%Z}P = \frac{100}{10.71} \times 10 = 93.37[MVA]$ 답 93.37[MVA]

5 계산 : $I_S = \frac{100}{\%Z}I_n = \frac{100}{10.71} \times \frac{10{,}000}{\sqrt{3} \times 77} = 700.1[A]$ 답 700.1[A]

12 ★☆☆☆☆ [4점]

다음은 전기안전관리자의 직무에 관한 고시 제6조에 대한 사항이다. 빈칸에 알맞은 말을 채우시오.

> 전기안전관리자는 제1항에 따라 기록한 서류(전자문서를 포함한다)를 전기설비 설치장소로 하는 사업장마다 갖추어 주고, 그 기록서류를 (①)년간 보존하여야 한다. 전기안전관리자는 법 제11조에 따른 정기검사 시, 제1항에 따라 기록한 서류(전자문서를 포함한다)를 제출하여야 한다. 다만, 법 제38조에 따른 전기안전종합정보시스템에 매월 (②)회 이상 안전관리를 위한 확인 및 점검 결과 등을 입력한 경우에는 제출하지 아니할 수 있다.

해답 ① 4 ② 1

13 ★★★★★

[4점]

380[V], 4극 37[kW], 3상 유도전동기의 분기회로 긍장이 50[m]인 경우, 전압강하를 5[V] 이하로 하는 데 필요한 전선의 단면적[mm²]을 구하시오.(단, 전동기의 전부하 전류는 75[A]이고, 3상 3선식 배선이다.)

해답 계산 : $A = \frac{30.8LI}{1,000e} = \frac{30.8 \times 50 \times 75}{1,000 \times 5} = 23.1\,[mm^2]$

답 25[mm²]

TIP

① 다른 조건을 고려하지 않을 경우 설비의 인입구로부터 기기까지의 전압강하는 아래의 값 이하이어야 한다.

설비의 유형	조명[%]	기타[%]
A – 저압으로 수전하는 경우	3	5
B * – 고압 이상으로 수전하는 경우	6	8

* 가능한 한 최종회로 내의 전압강하가 A유형을 넘지 않도록 하는 것이 바람직하다. 사용자의 배선설비가 100[m] 넘는 부분의 전압강하는 미터당 0.005[%] 증가할 수 있으나 이러한 증가분은 0.5[%]를 넘지 않도록 한다.

② 배전방식에 따른 도체단면적

단상 2선식	$A = \frac{35.6LI}{1,000e}$	선간
3상 3선식	$A = \frac{30.8LI}{1,000e}$	선간
3상 4선식	$A = \frac{17.8LI}{1,000e}$	대지간

③ IEC 전선규격[mm²]

1.5, 2.5, 4, 6, 10, 16, 25, 35, 50, 70, 95, 120, 150, 185….

14 ★★★★☆ [6점]

다음 불평형 3상 교류회로에서 대칭분이 다음과 같을 경우 각 상의 전류 $I_a[A]$, $I_b[A]$, $I_c[A]$를 구하시오. 단, 각 상은 a, b, c의 순서이다.

영상분	1.8∠−159.17
정상분	8.95∠1.14
역상분	2.51∠96.55

1 I_a

2 I_b

3 I_c

해답 1 계산 : $I_a = I_0 + I_1 + I_2 = 1.8\angle-159.17 + 8.95\angle1.14 + 2.51\angle96.55$
$= 6.98 + j2.03 = 7.27\angle16.23$

답 $7.27\angle16.2$

2 계산 : $I_b = I_0 + a^2I_1 + aI_2$
$= 1.8\angle-159.17 + (1\angle240 \times 8.95\angle1.14) + (1\angle120 \times 2.51\angle96.55)$
$= -8.02 - j9.97 = 12.8\angle-128.8$

답 $12.8\angle-128.8$

3 계산 : $I_c = I_0 + aI_1 + a^2I_2$
$= 1.8\angle-159.17 + (1\angle120 \times 8.95\angle1.14) + (1\angle240 \times 2.51\angle96.55)$
$= -4.01 + j6.02 = 7.23\angle123.65$

답 $7.23\angle123.65$

15 ★☆☆☆☆ [6점]

다음 회로는 저항 $R = 20[\Omega]$, 전원 전압 $V = 220\sqrt{2}\sin(120\pi t)[V]$, 변압비 1 : 1인 단상 전파 브리지 정류회로를 나타낸 것이다. 다음 각 물음에 답하시오.(단, 직류 측의 평활회로(리플 감소)는 무시한다.)

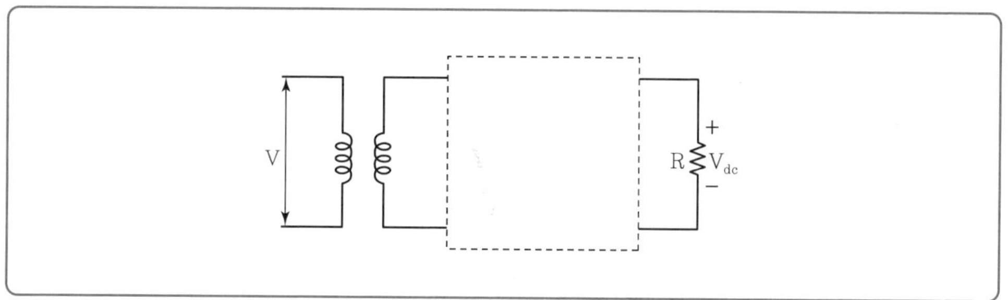

1 점선 안에 브리지 회로를 완성하시오.

2 V_{dc}의 평균전압[V]을 구하시오.

3 R의 평균전류[A]를 구하시오.

해답 1

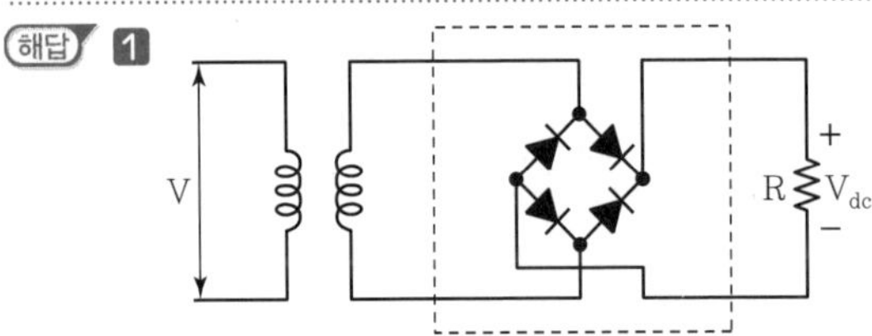

2 계산 : $V_{av} = \frac{2V_m}{\pi} = \frac{2 \times 220\sqrt{2}}{\pi} = 198.07[V]$

답 198.07[V]

3 계산 : $I_{av} = \frac{V_{av}}{R} = \frac{198.07}{20} = 9.9[A]$

답 9.9[A]

TIP

단상 전파 평균전압 $V_{av} = \frac{2\sqrt{2}}{\pi} V_{rms} = \frac{2V_m}{\pi}[V]$

여기서, V_{rms} : 실효값, V_m : 최댓값

16 ★☆☆☆☆ [3점]

다음 그림과 같이 3상 평형부하 Z가 접속되어 있는 경우 전압계의 지시값 220[V], 전류계의 지시값 20[A], 전력계의 지시값 2[kW]인 경우에 다음 각 물음에 답하시오.

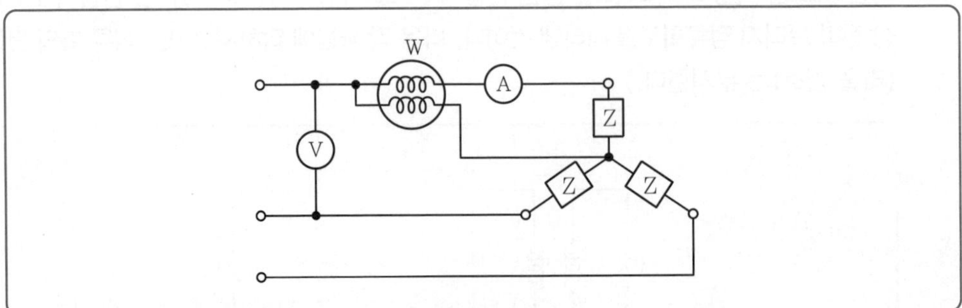

1 부하의 소비전력[kW]을 구하시오.

2 부하의 임피던스[Ω]를 복소수 형태로 표현하시오.

해답 **1** 계산 : 1상 유효전력 $W_1 = 2[kW]$

3상 유효전력 $W_3 = 3W = 3 \times 2 = 6[kW]$

답 6[kW]

2 계산 : 임피던스 $Z = \frac{E}{I} = \frac{\frac{220}{\sqrt{3}}}{20} = \frac{11}{\sqrt{3}}[\Omega]$

1상의 전력 $W = I^2R$에서 $R = \frac{W}{I^2} = \frac{2 \times 10^3}{20^2} = 5[\Omega]$

리액턴스 $X = \sqrt{Z^2 - R^2} = \sqrt{\left(\frac{11}{\sqrt{3}}\right)^2 - 5^2} = 3.92[\Omega]$

답 $5 + j3.92[\Omega]$

17 ★★★★☆ [7점]

스위치 S_1, S_2, S_3에 의하여 직접 제어되는 계전기 A, B, C가 있다. 전등 Y_1, Y_2가 진리표와 같이 점등된다고 할 경우 다음 각 물음에 답하시오.(단, 최소 접점수로 접점 표시하시오.)

A	B	C	Y_1	Y_2
0	0	0	1	1
0	0	1	0	0
0	1	0	0	1
0	1	1	0	1
1	0	0	1	1
1	0	1	0	0
1	1	0	1	1
1	1	1	0	1

접속점 표기	
접속	비접속

1 출력 Y_1과 Y_2에 대한 논리식을 간략화하시오.(단, 간략화된 논리식은 최소한의 논리게이트와 접점 사용을 고려한 논리식이다.)

2 **1**에서 구한 논리식을 무접점 회로로 표현하시오.

3 **1**에서 구한 논리식을 유접점 회로로 표현하시오.

해답 **1** $Y_1 = \overline{A}\,\overline{B}\,\overline{C} + A\overline{B}\,\overline{C} + AB\overline{C}$

$= \overline{B}\,\overline{C}(\overline{A} + A) + AB\overline{C} = \overline{B}\,\overline{C} + AB\overline{C} = \overline{C}(\overline{B} + AB)$

$= \overline{C}\{(\overline{B} + A)(\overline{B} + B)\} = \overline{C}(\overline{B} + A) = \overline{C}(A + \overline{B})$

$$
\begin{aligned}
Y_2 &= \overline{A}\,\overline{B}\,\overline{C} + \overline{A}B\overline{C} + \overline{A}BC + A\overline{B}\,\overline{C} + AB\overline{C} + ABC \\
&= \overline{A}\,\overline{C}(\overline{B}+B) + AB(\overline{C}+C) + \overline{A}BC + A\overline{B}\,\overline{C} \\
&= \overline{A}\,\overline{C} + AB + \overline{A}BC + A\overline{B}\,\overline{C} = \overline{A}(\overline{C}+BC) + A(B+\overline{B}\,\overline{C}) \\
&= \overline{A}\{(\overline{C}+B)(\overline{C}+C)\} + A\{(B+\overline{B})(B+\overline{C})\} \\
&= \overline{A}(B+\overline{C}) + A(B+\overline{C}) = \overline{A}B + \overline{A}\,\overline{C} + AB + A\overline{C} \\
&= B(\overline{A}+A) + \overline{C}(\overline{A}+A) = B + \overline{C}
\end{aligned}
$$

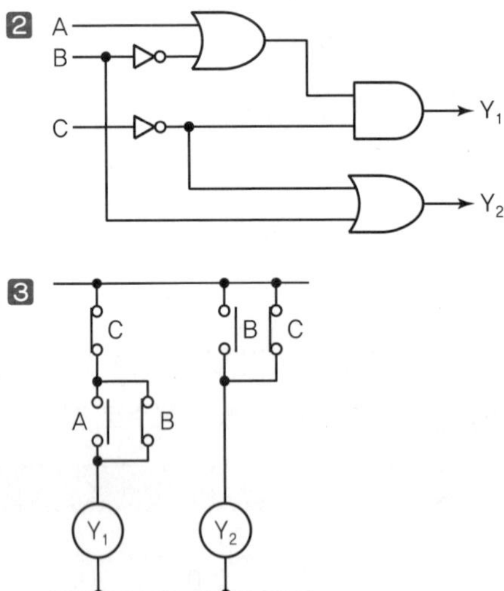

18 ★★★☆☆ [5점]

유도전동기를 유도전동기가 있는 현장반과 현장에서 조금 이격된 제어반의 어느 쪽에서든지 기동 및 정지 제어가 가능하도록, 전자접촉기(MC)와 기동버튼스위치(PB-ON용) 및 정지버튼스위치(PB-OFF용)를 이용하여 2개소 제어회로를 점선 안에 완성하시오.

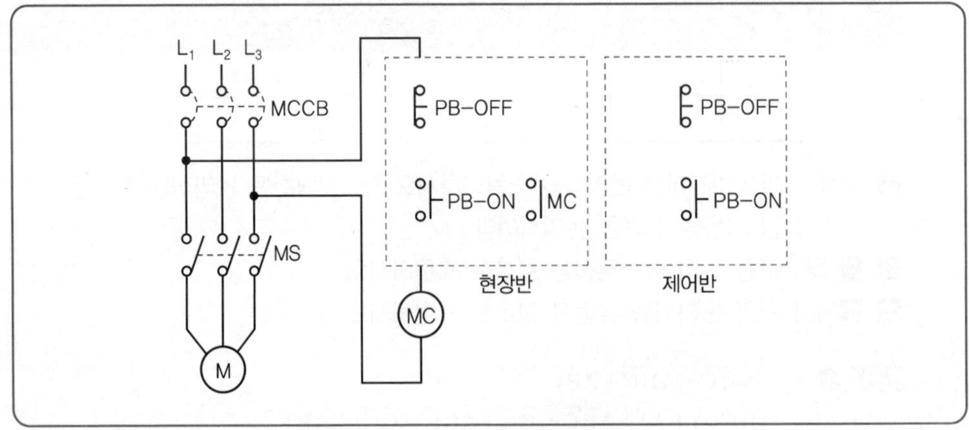

해답

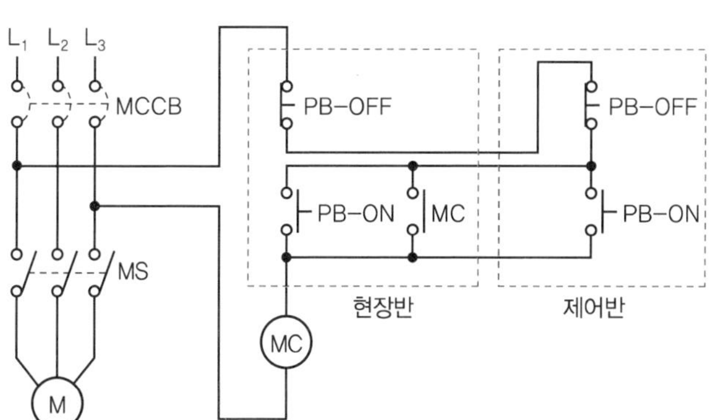

전기기사

2023년도 3회 시험 과년도 기출문제

회독 체크	□1회독	월 일	□2회독	월 일	□3회독	월 일

01 ★★★★☆ [8점]

그림과 같이 주상 변압기 2대와 수저항기를 사용하여 변압기의 절연내력시험을 할 수 있다. 이때 다음 각 물음에 답하시오.(단, 최대 사용전압 6,900[V]의 변압기의 권선을 시험할 경우이며, $\frac{E_2}{E_1}=105/6,300$[V]이다.)

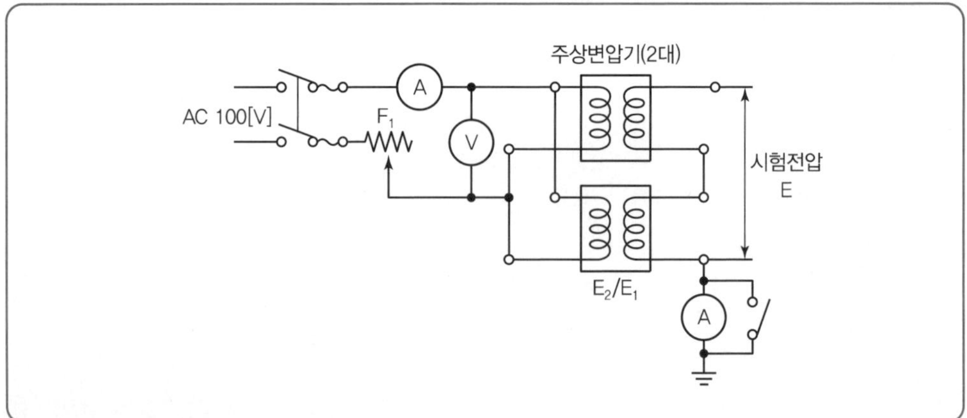

1 절연내력시험전압은 몇 [V]이며, 이 시험전압을 몇 분간 가하여 이에 견디어야 하는가?
① 절연내력시험전압
② 가하는 시간

2 시험 시 전압계 Ⓥ로 측정되는 전압은 몇 [V]인가?

3 도면의 오른쪽 하단에 접지되어 있는 전류계는 어떤 용도로 사용되는가?

해답 1 ① 절연내력시험전압
계산 : 절연내력시험전압 $V = 6,900 \times 1.5 = 10,350$[V]
답 10,350[V]
② 가하는 시간 : 10분

2 계산 : $V = 10,350 \times \frac{1}{2} \times \frac{105}{6,300} = 86.25$[V]
답 86.25[V]

3 누설전류의 측정

TIP

ⓥ전압계 지시값은 2차 전압 10,350[V]는 변압기 2대 값이고, 1차 전압은 변압기가 병렬(전압이 일정)이므로 1대 값이 된다.

즉, 10,350[V]$\times\frac{1}{2}$이 된다.

02 ★☆☆☆☆ [5점]

소선의 직경이 3.2[mm]인 37가닥의 연선을 사용할 경우 외경은 몇 [mm]인가?

해답 계산 : $D=(2n+1)d=(2\times3+1)\times3.2=22.4[mm]$

답 22.4[mm]

TIP

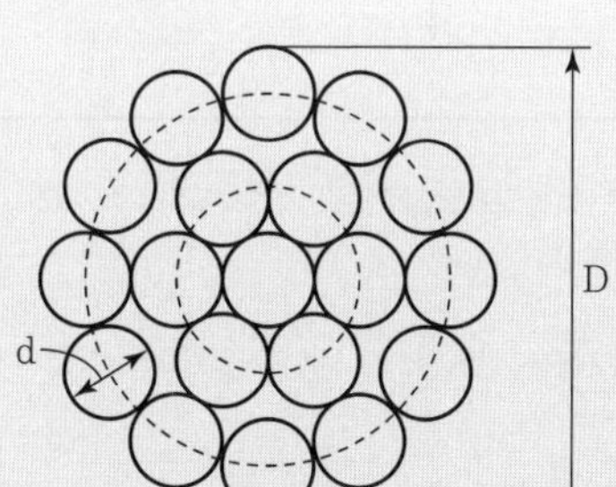

| n = 2인 연선의 구조 |

- $N=3n(n+1)+1$
- $D=(2n+1)d[mm]$
- $A=Na[mm^2]$

여기서, N : 소선의 총수, n : 소선의 층수
D : 연선의 외경, d : 소선의 지름
A : 연선의 단면적, a : 소선의 단면적

소선의 층수(n)	소선의 총수(N)
1	7
2	19
3	37
4	61

03 ★★★☆☆ [3점]

다음은 과부하 보호장치의 설치위치에 대한 내용이다. 빈칸에 알맞은 값은?

분기회로(S_2)의 보호장치(P_2)는 보호장치의 전원 측에서 분기점(O) 사이에 다른 분기회로 또는 콘센트의 접속이 없고, 단락의 위험과 화재 및 인체에 대한 위험성이 최소화되도록 시설된 경우, 분기회로의 보호장치(P_2)는 분기회로의 분기점으로부터 (①)[m]까지 이동하여 설치할 수 있다.

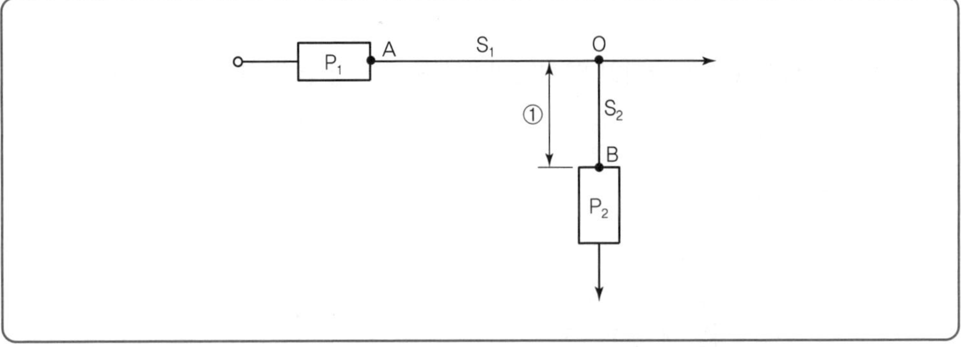

해답 3[m]

TIP

➤ **과부하 보호장치의 설치위치**

분기회로(S_2)의 보호장치(P_2)는 P_2의 전원 측에서 분기점(O) 사이에 다른 분기회로 또는 콘센트의 접속이 없고, 단락의 위험과 화재 및 인체에 대한 위험성이 최소화되도록 시설된 경우, 분기회로의 보호장치(P_2)는 분기회로의 분기점(O)으로부터 3[m]까지 이동하여 설치할 수 있다.

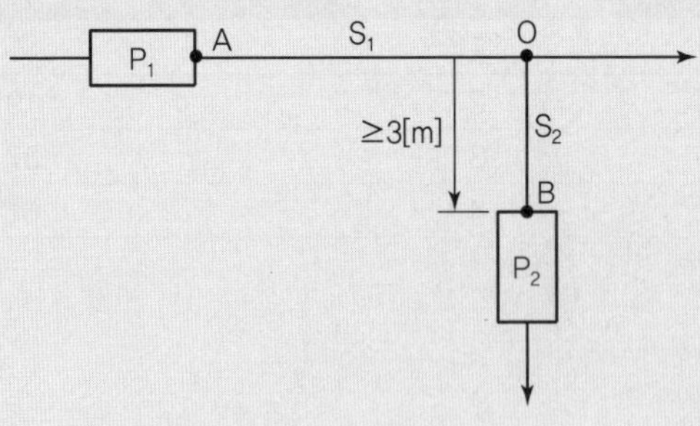

04 ★★★★☆

[6점]

다음 차단기 트립방식에 대한 설명을 읽고 빈칸에 알맞은 답을 쓰시오.

트립방식	(①)	(②)	(③)
내용	고장 시 변류기 2차 전류에 의해 트립되는 방식	고장 시 콘덴서 충전전하에 의해 트립되는 방식	고장 시 전압의 저하에 의해 트립되는 방식

해답 ① 과전류 트립방식
② 콘덴서 트립방식
③ 부족전압 트립방식

TIP

➤ 차단기 트립방식
① 직류전압 트립방식 : 별도로 설치된 축전지 등의 제어용 직류 전원의 에너지에 의하여 트립되는 방식
② 과전류 트립방식 : 차단기의 주회로에 접속된 변류기의 2차 전류에 의하여 차단기가 트립되는 방식
③ 콘덴서 트립방식 : 충전된 콘덴서의 에너지에 의하여 트립되는 방식
④ 부족전압 트립방식 : 부족전압 트립장치에 인가되어 있는 전압의 저하에 의하여 차단기가 트립되는 방식

05 ★★★☆☆

[6점]

6,600/220[V] 두 대의 단상 변압기 A, B가 있다. A는 30[kVA]로서 2차로 환산한 저항과 리액턴스의 값은 $r_A = 0.03[\Omega]$, $x_A = 0.04[\Omega]$이고, B의 용량은 20[kVA]로서 2차로 환산한 값은 $r_B = 0.03[\Omega]$, $x_B = 0.06[\Omega]$이다. 이 두 변압기를 병렬 운전해서 40[kVA]의 부하를 건 경우 A기의 분담부하[kVA]는 얼마인가?

해답 계산 : $\%Z_A = \dfrac{PZ_A}{10V_2^2} = \dfrac{30 \times \sqrt{0.03^2 + 0.04^2}}{10 \times 0.22^2} = 3.099[\%]$

$$\%Z_B = \frac{PZ_B}{10V_2^2} = \frac{20 \times \sqrt{0.03^2 + 0.06^2}}{10 \times 0.22^2} = 2.771[\%]$$

$$\frac{P_A'}{P_B'} = \frac{P_A}{P_B} \times \frac{\%Z_B}{\%Z_A} = \frac{30}{20} \times \frac{2.771}{3.099} = 1.341$$

$$P_B' = \frac{P_A'}{1.341}$$

$$P_A' + P_B' = P_A' + \frac{P_A'}{1.341} = \frac{2.341}{1.341} P_A' = 40[kVA]$$

$$P_A' = 22.913[kVA]$$

답 22.91[kVA]

TIP

① $\%Z = \sqrt{(\%R)^2 + (\%X)^2}$

② $\%Z = \frac{P \cdot Z}{10V^2}$ 에서 기준단위 : P[kVA], V[kV]

06 ★★★★★

[6점]

어떤 공장의 어느 날 부하실적이 1일 사용전력량 192[kWh]이며, 1일의 최대전력이 12[kW]이고, 최대전력일 때의 전류값이 34[A]이었을 경우 다음 각 물음에 답하시오.(단, 이 공장은 220[V], 11[kW]인 3상 유도전동기를 부하설비로 사용한다.)

1 일 부하율은 몇 [%]인가?

2 최대공급전력일 때의 역률은 몇 [%]인가?

해답 1 계산 : $\text{부하율} = \frac{\text{전력량/시간}}{\text{최대전력}} \times 100 = \frac{192/24}{12} \times 100 = 66.666[\%]$

답 66.67[%]

2 계산 : $\cos\theta = \frac{P}{\sqrt{3}VI} = \frac{12 \times 10^3}{\sqrt{3} \times 220 \times 34} \times 100 = 92.62[\%]$

답 92.62[%]

TIP

$\text{부하율} = \frac{\text{평균전력}}{\text{최대전력}} \times 100 = \frac{\text{전력량/시간}}{\text{최대전력}} \times 100$

07 ★★★★☆

[5점]

정격차단전류가 24[kA], VCB의 정격전압이 170[kV]인 경우 수용가의 수전용 차단기의 차단용량은 몇 [MVA]인가?

차단기 정격용량[MVA]				
5,800	6,600	7,300	9,200	12,000

해답 계산 : 차단용량 $P_S = \sqrt{3} \times \text{정격전압} \times \text{정격차단전류}$

$= \sqrt{3} \times 170 \times 10^3 \times 24 \times 10^3 \times 10^{-6} = 7,066.77[\text{MVA}]$

답 7,300[MVA]

08 ★★★☆☆ [4점]

△ 결선 변압기의 한 대가 고장으로 제거되어 V결선으로 공급할 때, 변압기의 출력비와 이용률은 각각 몇 [%]인가?

해답 ① 출력비 : 57.74[%]
② 이용률 : 86.6[%]

TIP

➤ 변압기 V결선

이용률 $= \frac{\sqrt{3}}{2} \times 100 = 86.6[\%]$

출력비 $= \frac{\sqrt{3}}{3} \times 100 = 57.74[\%]$

09 ★★★☆☆ [4점]

한국전기설비규정 KEC에 따른 과전류 보호에 대한 설명이다. 다음 빈칸에 알맞은 내용을 쓰시오. ※ KEC 규정에 따라 변경

중성선을 (①) 및 (②)하는 회로의 경우에 설치하는 개폐기 및 차단기는 (①) 시에는 중성선이 선도체보다 늦게 (①)되어야 하며, (②) 시에는 선도체와 동시 또는 그 이전에 (②)되는 것을 설치하여야 한다.

해답 ① 차단
② 재연결

TIP

➤ 중성선의 차단 및 재연결(KEC)

중성선을 차단 및 재연결하는 회로의 경우에 설치하는 개폐기 및 차단기는 차단 시에는 중성선이 선도체보다 늦게 차단되어야 하며, 재연결 시에는 선도체와 동시 또는 그 이전에 재연결되는 것을 설치하여야 한다.

10 ★★★☆☆ [4점]

다음 차단기 약호를 보고 명칭을 쓰시오.

1 OCB
2 ABB
3 GCB
4 MBB

해답
1 OCB : 유입차단기
2 ABB : 공기차단기
3 GCB : 가스차단기
4 MBB : 자기차단기

11 ★★★☆☆ [5점]

그림과 같은 논리회로를 이용하여 아래 진리표를 완성하시오. (단, L은 Low이고, H는 High이다.)

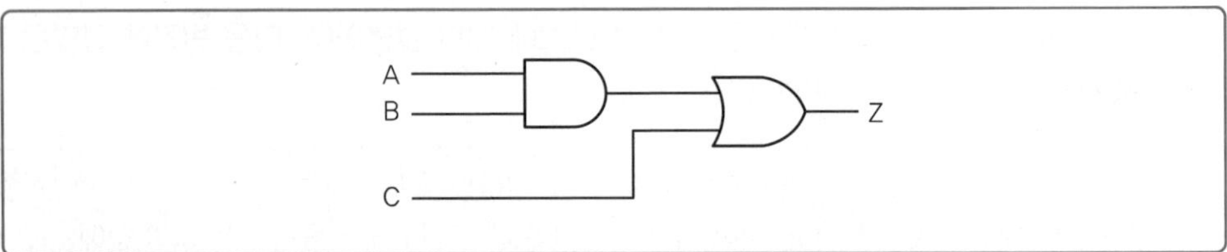

A	L	L	L	L	H	H	H	H
B	L	L	H	H	L	L	H	H
C	L	H	L	H	L	H	L	H
Z								

해답

A	L	L	L	L	H	H	H	H
B	L	L	H	H	L	L	H	H
C	L	H	L	H	L	H	L	H
Z	L	H	L	H	L	H	H	H

12 ★★★★☆ [4점]

동기발전기의 병렬운전 조건 4가지를 쓰시오.

해답 ① 기전력의 위상이 같을 것
② 기전력의 크기가 같을 것
③ 기전력의 주파수가 같을 것
④ 기전력의 파형이 같을 것

TIP

➤ 동기발전기 병렬운전

병렬운전 조건	조건이 맞지 않을 경우	횡류의 작용
기전력의 크기가 같을 것	무효순환전류 흐름(무효횡류)	두 발전기의 역률이 달라지고, 발전기 과열
기전력의 위상이 같을 것	동기화전류 흐름(유효횡류)	출력이 주기적으로 동요, 발전기 과열
기전력의 주파수가 같을 것	난조 발생	
기전력의 파형이 같을 것	고조파 무효순환전류 흐름	저항손실 증가, 권선 과열
상회전 방향이 같을 것(3상)		

13 ★☆☆☆☆ [5점]

연료전지의 특징 3가지를 쓰시오.

해답 ① 발전효율이 높다.
② 다양한 연료 사용이 가능하다.
③ 친환경으로 수용가 근처에 설치할 수 있다.
그 외
④ 날씨와 계절에 상관없이 전기와 열의 생산이 가능하다.

14 ★★★★☆ [5점]

그림은 전자개폐기 MC에 의한 시퀀스 회로를 개략적으로 그린 것이다. 이 그림을 보고 다음 각 물음에 답하시오.

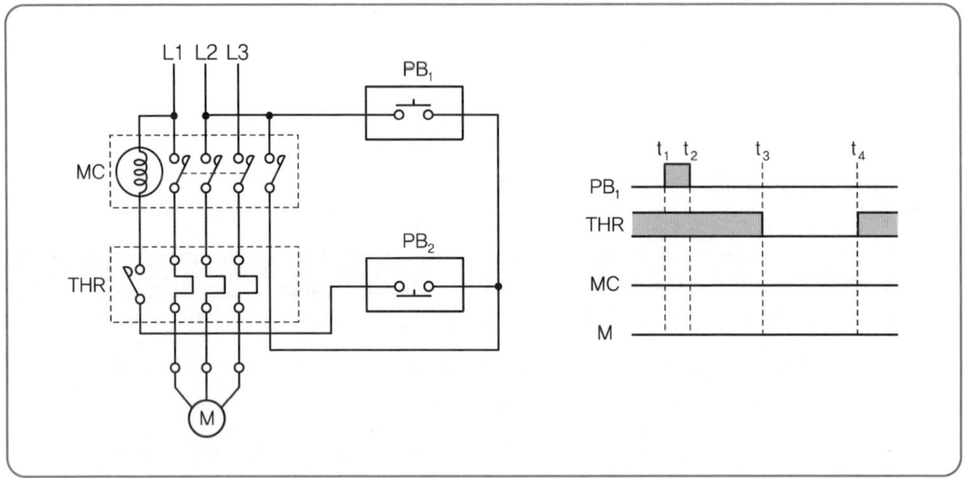

1 그림과 같은 회로용 전자개폐기 MC의 보조 접점을 사용하여 자기유지가 될 수 있는 일반적인 시퀀스 회로로 다시 작성하여 그리시오.

2 시간 t_3에 열동계전기가 작동하고, 시간 t_4에서 수동으로 복귀하였다. 이때의 동작을 타임차트로 표시하시오.

해답 1

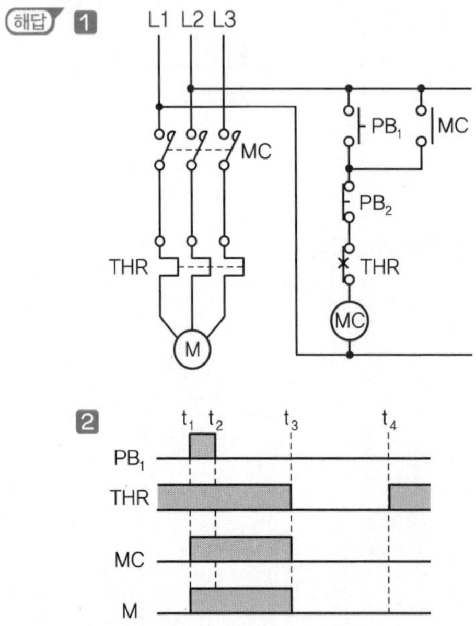

15 ★★★★★ [13점]

도면과 같은 345[kV] 변전소의 단선도와 변전소에 사용되는 주요 제원을 이용하여 다음 각 물음에 답하시오.

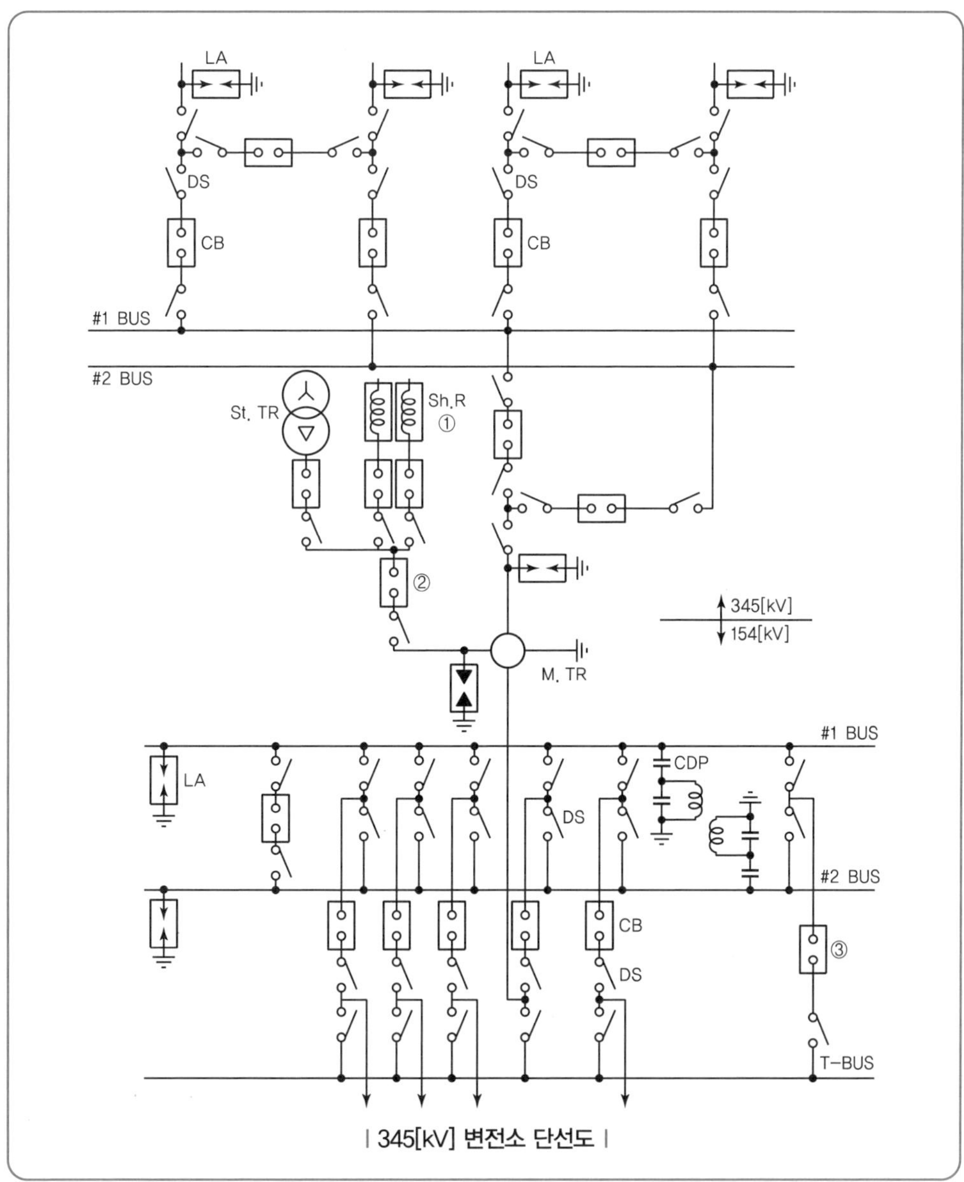

| 345[kV] 변전소 단선도 |

1 도면의 345[kV] 측 모선방식은 어떤 모선방식인가?

2 도면에서 ①번 기기의 설치목적은 무엇인가?

3 도면에 주어진 제원을 참조하여 주 변압기에 대한 등가 %임피던스(Z_H, Z_M, Z_L)를 구하고, ②번 22[kV] VCB의 차단용량을 계산하시오.(단, 그림과 같은 임피던스 회로는 100[MVA] 기준이다.)

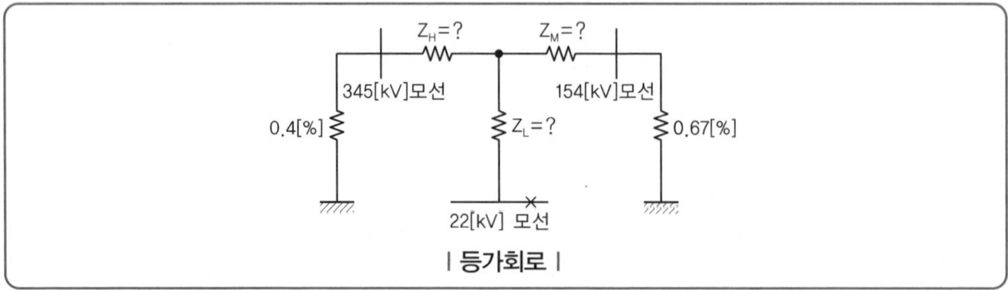

| 등가회로 |

① 등가 %임피던스(Z_H, Z_M, Z_L)

② 22[kV] VCB 차단용량

4 도면의 345[kV] GCB에 내장된 계전기용 BCT의 오차계급은 C800이다. 부담은 몇 [VA]인가?

5 도면에서 ③번 차단기의 설치목적을 설명하시오.

6 도면의 주 변압기 1Bank(단상×3대)를 증설하여 병렬운전시키고자 한다. 이때 병렬운전을 할 수 있는 조건 4가지를 쓰시오.

[기본 사항]

- 주 변압기
  단권변압기 345[kV]/154[kV]/22[kV](Y－Y－△)
  166.7[MVA]×3대≒500[MVA], OLTC부
  %임피던스(500[MVA] 기준) : 1~2차 : 10[%], 1~3차 : 78[%], 2~3차 : 67[%]
- 차단기
  362[kV] GCB 25[GVA] 4,000[A]~2,000[A]
  170[kV] GCB 15[GVA] 4,000[A]~2,000[A]
  25.8[kV] VCB ( )[MVA] 2,500[A]~1,200[A]
- 단로기
  362[kV] DS 4,000[A]~2,000[A]
  170[kV] DS 4,000[A]~2,000[A]
  25.8[kV] DS 2,500[A]~1,200[A]
- 피뢰기
  288[kV] LA 10[kA]
  144[kV] LA 10[kA]
  21[kV] LA 2.5[kA]
- 분로 리액터
  22[kV] Sh.R 40[MVAR]
- 주모선
  CU1－Tube 200ϕ

해답 **1** 2중 모선 1.5 차단방식

2 페란티 현상 방지

3 ① 등가 %임피던스

계산 : 500[MVA] 기준 %Z는 1~2차 $Z_{HM}=10[\%]$

2~3차 $Z_{ML}=67[\%]$

1~3차 $Z_{HL}=78[\%]$이므로

100[MVA] 기준으로 환산하면

$$Z_{HM}=10\times\frac{100}{500}=2[\%]$$

$$Z_{ML}=67\times\frac{100}{500}=13.4[\%]$$

$$Z_{HL}=78\times\frac{100}{500}=15.6[\%]$$

등가 임피던스

$$Z_H=\frac{1}{2}(Z_{HM}+Z_{HL}-Z_{ML})=\frac{1}{2}(2+15.6-13.4)=2.1[\%]$$

$$Z_M=\frac{1}{2}(Z_{HM}+Z_{ML}-Z_{HL})=\frac{1}{2}(2+13.4-15.6)=-0.1[\%]$$

$$Z_L=\frac{1}{2}(Z_{HL}+Z_{ML}-Z_{HM})=\frac{1}{2}(15.6+13.4-2)=13.5[\%]$$

답 $Z_H=2.1[\%]$, $Z_M=-0.1[\%]$, $Z_L=13.5[\%]$

② 22[kV] VCB 차단용량

계산 : 등가 회로로 그리면

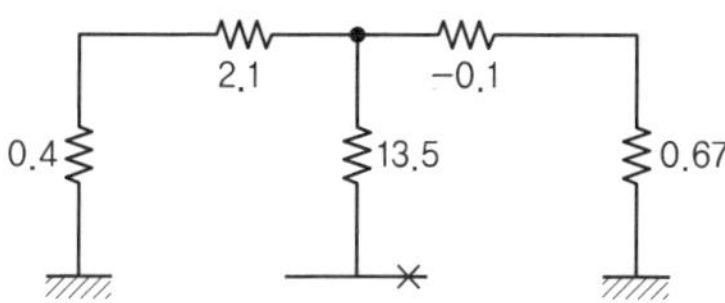

따라서, 등가회로를 알기 쉽게 다시 그리면 아래와 같이 된다.

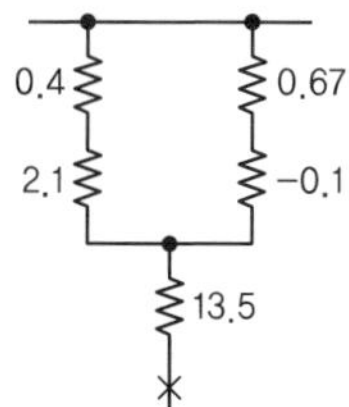

22[kV] VCB 설치점까지 전체 임피던스 %Z

$$\%Z=13.5+\frac{(2.1+0.4)(-0.1+0.67)}{(2.1+0.4)+(-0.1+0.67)}=13.96[\%]$$

$$\therefore \text{ 22[kV] VCB 단락용량 } P_s=\frac{100}{\%Z}P_n=\frac{100}{13.96}\times100$$

$$=716.33[MVA]$$

답 716.33[MVA]

4 계산 : 오차계급 C800에서 임피던스는 8[Ω]이므로

부담 $I^2R=5^2\times8=200[VA]$

답 200[VA]

5 모선절체 : 무정전으로 점검하기 위해

6 ① 정격전압(권수비)이 같을 것
② 극성이 같을 것
③ %임피던스가 같을 것
④ 각 변위가 같을 것
그 외
⑤ 각 변압기의 저항과 누설리액턴스비가 같을 것
⑥ 상회전 방향이 같을 것

16 ★★☆☆☆ [6점]

진공차단기(VCB)의 특징 3가지를 쓰시오.

해답 ① 소형 경량이다.
② 저소음으로 수명이 길다.
③ 고속도 개폐가 가능하고 차단성능이 우수하다.
그 외
④ 화재 우려가 없다.

17 ★★★☆☆ [6점]

22.9[kV−Y] 중성선 다중 접지 전선로에 정격전압 13.2[kV], 정격용량 250[kVA]의 단상 변압기 3대를 이용하여 아래 그림과 같이 Y−△ 결선하고자 한다. 다음 각 물음에 답하시오.

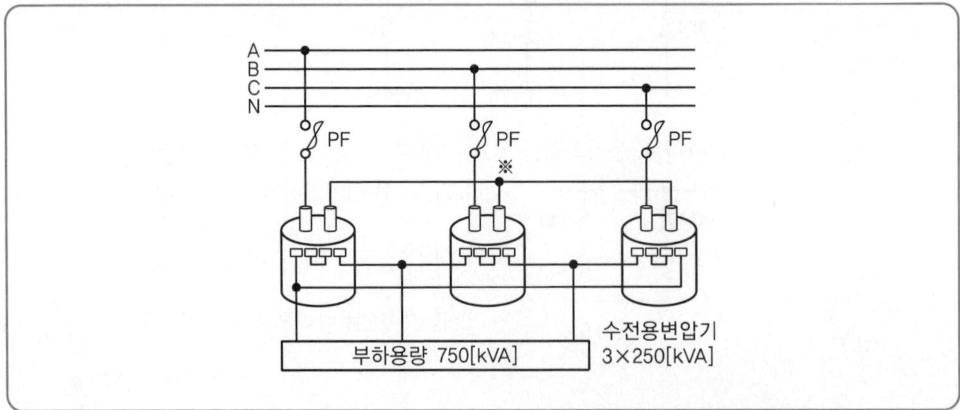

1 변압기 1차 측 Y결선의 중성점(※ 부분)을 전선로 N선에 연결해야 하는가? 연결해서는 안 되는가?

2 연결해야 한다면 연결해야 할 이유를, 연결해서는 안 된다면 연결해서는 안 되는 이유를 설명하시오.

❸ 전력 퓨즈의 용량은 몇 [A]인지 선정하시오.(단, 퓨즈 용량은 전부하전류에 1.25배를 고려한다.)

| 퓨즈의 정격용량[A] |

1	3	5	10	15	20	30	40	50	60	75	100	125	150	200	250	300	400

해답 ❶ 연결해서는 안 된다.

❷ 한 상이 결상 시 나머지 2대의 변압기가 역V결선되므로 과부하로 인하여 변압기가 소손될 수 있다.

❸ 계산 : 전부하전류 $I=\frac{P}{\sqrt{3}\times V}=\frac{750\times10^3}{\sqrt{3}\times22{,}900}=18.91[A]$

1.25배를 적용하여,

$18.91\times1.25=23.64[A]$

답 30[A]

18 ★★★★☆ [5점]

아래 부하집계표에 의한 변압기 용량[kVA]을 구하시오.

구분	설비 용량[kW]	수용률[%]	부등률	역률[%]
전등설비	60	80	–	95
전열설비	40	50	–	90
동력설비	70	40	1.4	90

| 변압기 정격[kVA] |

50	75	100	150	200	300

해답 계산 : 전등부하 유효전력 $P_1=\text{설비용량}\times\text{수용률}=60\times0.8=48[kW]$

전등부하 무효전력 $Q_1=P\tan\theta=48\times\frac{\sqrt{1-0.95^2}}{0.95}=15.78[kVar]$

전열부하 유효전력 $P_2=\text{설비용량}\times\text{수용률}=40\times0.5=20[kW]$

전열부하 무효전력 $Q_2=P\tan\theta=20\times\frac{\sqrt{1-0.9^2}}{0.9}=9.69[kVar]$

동력부하 유효전력 $P_3=\frac{\text{설비용량}\times\text{수용률}}{\text{부등률}}=\frac{70\times0.4}{1.4}=20[kW]$

동력부하 무효전력 $Q_3=P\tan\theta=20\times\frac{\sqrt{1-0.9^2}}{0.9}=9.69[kVar]$

변압기 용량 $P_a=\sqrt{P^2+Q^2}=\sqrt{(48+20+20)^2+(15.78+9.69+9.69)^2}$

$=94.76[kVA]$

답 100[kVA]

memo

전기기사 실기
+무료동영상
22개년 기출+핵심요약 핸드북

발행일 | 2022. 1. 15 초판 발행
2022. 5. 1 초판 2쇄
2023. 1. 10 개정 1판 1쇄
2024. 1. 10 개정 2판 1쇄

저 자 | 강준희 · 주진열
발행인 | 정용수
발행처 | 예문사

주 소 | 경기도 파주시 직지길 460(출판도시) 도서출판 예문사
TEL | 031) 955－0550
FAX | 031) 955－0660
등록번호 | 11－76호

정가 : 40,000원

ISBN 978-89-274-5235-5 13560